《高等代数学（第四版）》配套学习用书

高等代数

（第四版）

谢启鸿　姚慕生　编著

复旦大學 出版社

《高等代数（第四版）》学习指导书多媒体资料

1.高等代数习题课在线课程网址链接

https://www.bilibili.com/video/BV1X7411F7fK

2.高等代数博客网址链接

https://www.cnblogs.com/torsor/

第四版前言

本书的第三版自 2015 年出版以来，得到了广大读者的关心与肯定．一方面，在 7 年来的教学实践过程中，我们陆续收到了兄弟院校的同行专家以及学生们的各种意见和建议；另一方面，复旦大学高等代数课程被认定为 2020 年首批国家级一流本科课程，我们遂以此两点为契机开始本书的再次修订．

本书的第四版保持了第三版原有的框架和体系，但在以下几个方面作了进一步的修改和完善．首先，更正了第三版中出现的错误和不当之处．其次，将第三版每章例题解析中按照方法和技巧分类的小节升格为节，这使得全书层次更加分明、主题分类更加清晰，利于读者查找相关的方法技巧等．最后，每一章节都增加了大量的例题，使得总例题数达到了 830 余道，全书内容更加丰富．

不同于一般的高等代数习题集或考研辅导类的学习指导书，本书具有以下几个特点：

第一，本书与教材《高等代数 (第四版)》高度匹配，不仅编写的章节顺序完全相同，而且讲述的思想、方法和技巧都是教材内容的自然延拓与提升，这使初学者能同步地学习教材和指导书，循序渐进地掌握高等代数中的各类知识点和解题方法．

第二，在主题的划分和例题的选取上主要按照方法和技巧进行分类，而不是将例题按照章节内容简单地罗列在一起，强调思想、方法和技巧在高等代数学习过程中发挥的重要作用．

第三，每一章的结构都是先阐述基本概念和定理，然后讲解典型例题，最后还安排了一定数量的基础训练题 (全书共 440 道)，包括单选题、填空题和解答题 3 种类型．这一顺序符合学习的规律，也是复旦大学数学科学学院高等代数习题课通常的授课方式，得到了历届学生的肯定，取得了良好的教学效果．

第四，在每一节的开始部分或在某些例题解答之后的备注中，都会对相同类型问题的解题方法和技巧作一归纳和总结，使读者通过典型例题的学习之后能够举一反三、触类旁通，避免陷于题海战术之中．

第五，对书中 160 余道典型例题给出了多种证法或解法，这些不同的方法往往穿插在各章节之中，并随着课程的深入不断地被挖掘出来．这不仅反映了高等代数各类知识点之间的有机联系，也将极大地激发读者的发散性思维，提高读者的解题能力．

第六，本书的第四版融入了编者多年来在复旦大学数学科学学院教授高等代数课程所积累的教学体会以及最新的教学成果 (参考 [6]). 书中所选例题层次丰富、难度不一，大部分来自复旦大学数学科学学院高等代数期中、期末考试试题以及高等代数每周一题，还有一些例题选自兄弟院校的研究生入学考试试题以及全国大学生数学竞赛试题等.

第七，本书通过讲解典型例题，给出了许多重要知识点相关性质的完整总结，比如伴随矩阵和矩阵迹的性质等. 另外，许多重要思想方法的应用虽然分散在各章节中，但只要读者通篇阅读之后仍然可将它们连线串珠、合为一体，比如降阶公式和摄动法的应用等. 因此，本书同样适合参加研究生入学考试或参加全国大学生数学竞赛的读者备考之用.

在编者看来，学好高等代数的方法应该是 "深刻理解几何意义；熟练掌握代数方法；强调代数与几何之间的相互转换和有机统一"，而这也正是本书编写的指导思想. 希望读者能通过参考本书更好地掌握高等代数的知识.

本书第四版作为国家级一流本科课程的建设成果出版，借此机会谨向复旦大学数学科学学院、复旦大学出版社以及多年来一直关心和支持本书的读者们表示衷心的感谢！我们真诚地欢迎读者以及同行提出进一步的批评意见和建议.

谢启鸿　姚慕生

2022 年 7 月于复旦大学

目　录

第 1 章 行列式

§ 1.1 基本概念

1.1.1 行列式的定义

1. 行列式的概念

n^2 个数 (或称元素) 依次排成 n 行、n 列, 并用两条竖线围起的式子:

$$|\boldsymbol{A}| = \begin{vmatrix} a_{11} & a_{12} & \cdots & a_{1n} \\ a_{21} & a_{22} & \cdots & a_{2n} \\ \vdots & \vdots & & \vdots \\ a_{n1} & a_{n2} & \cdots & a_{nn} \end{vmatrix} \tag{1.1}$$

称为 n 阶行列式.

2. 余子式

设 $|\boldsymbol{A}|$ 是一个 n 阶行列式, 划去 $|\boldsymbol{A}|$ 的第 i 行及第 j 列, 剩下的 $(n-1)^2$ 个元素按原来的顺序组成一个 $n-1$ 阶行列式, 这个行列式称为 $|\boldsymbol{A}|$ 的第 (i,j) 元素的余子式, 记为 M_{ij}.

3. 行列式值的递归定义

设 $|\boldsymbol{A}|$ 是如 (1.1) 式所示的行列式, 若 $n=1$, 即 $|\boldsymbol{A}|$ 只含一个元素 a_{11}, 则定义 $|\boldsymbol{A}|$ 的值就等于 a_{11}. 假设 $n-1$ 阶行列式的值已定义好, 那么对任意的 i,j, $|\boldsymbol{A}|$ 的第 (i,j) 元素 a_{ij} 的余子式 M_{ij} 的值已定义好, 定义 $|\boldsymbol{A}|$ 的值为

$$|\boldsymbol{A}| = a_{11}M_{11} - a_{21}M_{21} + \cdots + (-1)^{i+1}a_{i1}M_{i1} + \cdots + (-1)^{n+1}a_{n1}M_{n1}. \tag{1.2}$$

4. 代数余子式

设 $|\boldsymbol{A}|$ 是如 (1.1) 式所示的 n 阶行列式, M_{ij} 是 $|\boldsymbol{A}|$ 的第 (i,j) 元素的余子式, 定义 $|\boldsymbol{A}|$ 的第 (i,j) 元素的代数余子式为

$$A_{ij}=(-1)^{i+j}M_{ij}. \tag{1.3}$$

5. 定理

设 $|\boldsymbol{A}|$ 是如 (1.1) 式所示的 n 阶行列式, 则对任意的 $1\leq j\leq n$,

$$|\boldsymbol{A}|=(-1)^{1+j}a_{1j}M_{1j}+\cdots+(-1)^{i+j}a_{ij}M_{ij}+\cdots+(-1)^{n+j}a_{nj}M_{nj}, \tag{1.4}$$

或用代数余子式表示为

$$|\boldsymbol{A}|=a_{1j}A_{1j}+\cdots+a_{ij}A_{ij}+\cdots+a_{nj}A_{nj}. \tag{1.5}$$

(1.4) 式和 (1.5) 式称为行列式按第 j 列进行展开. 由对称性, 行列式也可以按第 i 行进行展开:

$$|\boldsymbol{A}|=(-1)^{i+1}a_{i1}M_{i1}+\cdots+(-1)^{i+j}a_{ij}M_{ij}+\cdots+(-1)^{i+n}a_{in}M_{in}, \tag{1.6}$$

或用代数余子式表示为

$$|\boldsymbol{A}|=a_{i1}A_{i1}+\cdots+a_{ij}A_{ij}+\cdots+a_{in}A_{in}. \tag{1.7}$$

6. 行列式值的组合定义

设 $|\boldsymbol{A}|$ 是 n 阶行列式, 它的第 (i,j) 元素是 a_{ij}, 定义 $|\boldsymbol{A}|$ 的值为

$$\sum_{(k_1,\cdots,k_n)\in S_n}(-1)^{N(k_1,\cdots,k_n)}a_{k_11}a_{k_22}\cdots a_{k_nn},$$

其中 $N(k_1,\cdots,k_n)$ 表示排列 $(k_1,\cdots,k_n)$ 的逆序数.

1.1.2 行列式的性质及行列式的计算

1. 行列式的性质

性质 1 上 (下) 三角行列式的值等于其主对角线上元素之积.

性质 2 若行列式的某一行 (或某一列) 全为零, 则行列式的值等于零.

性质 3 用某个常数 c 乘以行列式的某一行 (或某一列), 所得行列式的值等于原行列式值的 c 倍.

性质 4 对换行列式的两行 (或两列), 行列式的值改变符号.

性质 5 若行列式的某两行 (或某两列) 成比例, 则行列式的值等于零.

性质 6 若行列式的某一行 (或某一列) 元素 $a_{ij} = b_{ij} + c_{ij}$, 则该行列式可分解为两个行列式之和, 其中一个行列式的相应行 (或列) 的元素为 b_{ij}, 另一个行列式的相应行 (或列) 的元素为 c_{ij}, 用式子来表示就是:

$$\begin{vmatrix} a_{11} & a_{12} & \cdots & a_{1n} \\ \vdots & \vdots & & \vdots \\ b_{i1}+c_{i1} & b_{i2}+c_{i2} & \cdots & b_{in}+c_{in} \\ \vdots & \vdots & & \vdots \\ a_{n1} & a_{n2} & \cdots & a_{nn} \end{vmatrix} = \begin{vmatrix} a_{11} & a_{12} & \cdots & a_{1n} \\ \vdots & \vdots & & \vdots \\ b_{i1} & b_{i2} & \cdots & b_{in} \\ \vdots & \vdots & & \vdots \\ a_{n1} & a_{n2} & \cdots & a_{nn} \end{vmatrix} + \begin{vmatrix} a_{11} & a_{12} & \cdots & a_{1n} \\ \vdots & \vdots & & \vdots \\ c_{i1} & c_{i2} & \cdots & c_{in} \\ \vdots & \vdots & & \vdots \\ a_{n1} & a_{n2} & \cdots & a_{nn} \end{vmatrix},$$

对列也有类似等式成立.

性质 7 将行列式的某一行 (或某一列) 乘以常数 c 加到另一行 (或另一列) 上去, 行列式的值不变.

性质 8 行列式转置后的值不变, 即 $|\boldsymbol{A}'| = |\boldsymbol{A}|$.

2. 行列式的计算

如果用定义来计算行列式, 除了极少量的行列式可以比较容易算出外, 大多数行列式的计算十分繁琐. 行列式的计算主要运用它的性质来进行.

1.1.3 Cramer 法则

Cramer 法则适用于计算含有 n 个未知数、n 个方程式的线性方程组.

1. 线性方程组

线性方程组的一般形式为

$$\begin{cases} a_{11}x_1 + a_{12}x_2 + \cdots + a_{1n}x_n = b_1, \\ a_{21}x_1 + a_{22}x_2 + \cdots + a_{2n}x_n = b_2, \\ \cdots\cdots\cdots\cdots \\ a_{n1}x_1 + a_{n2}x_2 + \cdots + a_{nn}x_n = b_n, \end{cases} \tag{1.8}$$

其中 $x_1, x_2, \cdots, x_n$ 是未知数; $a_{ij}\,(1 \leq i, j \leq n)$ 是常数, 称为各未知数的系数; $b_1, b_2, \cdots, b_n$ 也是常数, 称为常数项. (1.8) 式称为 n 个未知数、n 个方程式的线性方程组的标准式.

现设有如 (1.8) 式的线性方程组, (1.8) 式中诸未知数的系数按式中的顺序排列组成一个 n 阶行列式 $|\boldsymbol{A}|$:

$$|\boldsymbol{A}| = \begin{vmatrix} a_{11} & a_{12} & \cdots & a_{1n} \\ a_{21} & a_{22} & \cdots & a_{2n} \\ \vdots & \vdots & & \vdots \\ a_{n1} & a_{n2} & \cdots & a_{nn} \end{vmatrix},$$

$|\boldsymbol{A}|$ 称为线性方程组 (1.8) 的系数行列式.

将常数项 $b_1, b_2, \cdots, b_n$ 依次置换 $|\boldsymbol{A}|$ 的第 i 列元素, 可得行列式 $|\boldsymbol{A}_i|$ $(1 \leq i \leq n)$:

$$|\boldsymbol{A}_i| = \begin{vmatrix} a_{11} & \cdots & b_1 & \cdots & a_{1n} \\ a_{21} & \cdots & b_2 & \cdots & a_{2n} \\ \vdots & & \vdots & & \vdots \\ a_{n1} & \cdots & b_n & \cdots & a_{nn} \end{vmatrix}.$$

2. 定理 (Cramer 法则)

设有 n 个未知数、n 个方程式的线性方程组如 (1.8) 式所示, 若它的系数行列式 $|\boldsymbol{A}|$ 的值不等于零, 则该方程组有且只有一组解:

$$x_1 = \frac{|\boldsymbol{A}_1|}{|\boldsymbol{A}|},\ x_2 = \frac{|\boldsymbol{A}_2|}{|\boldsymbol{A}|},\ \cdots,\ x_n = \frac{|\boldsymbol{A}_n|}{|\boldsymbol{A}|}.$$

1.1.4 行列式的其他性质

1. Vandermonde 行列式

Vandermonde 行列式的值为

$$V_n = \begin{vmatrix} 1 & x_1 & x_1^2 & \cdots & x_1^{n-1} \\ 1 & x_2 & x_2^2 & \cdots & x_2^{n-1} \\ \vdots & \vdots & \vdots & & \vdots \\ 1 & x_{n-1} & x_{n-1}^2 & \cdots & x_{n-1}^{n-1} \\ 1 & x_n & x_n^2 & \cdots & x_n^{n-1} \end{vmatrix} = \prod_{1 \leq i < j \leq n} (x_j - x_i).$$

2. 分块上 (下) 三角行列式

$$\begin{vmatrix} \boldsymbol{A} & \boldsymbol{M} \\ \boldsymbol{O} & \boldsymbol{B} \end{vmatrix} = |\boldsymbol{A}||\boldsymbol{B}|, \quad \begin{vmatrix} \boldsymbol{A} & \boldsymbol{O} \\ \boldsymbol{N} & \boldsymbol{B} \end{vmatrix} = |\boldsymbol{A}||\boldsymbol{B}|.$$

3. Laplace 定理

设 $|\boldsymbol{A}|$ 是 n 阶行列式, 在 $|\boldsymbol{A}|$ 中任取 k 行 (列), 那么含于这 k 行 (列) 的全部 k 阶子式与它们所对应的代数余子式的乘积之和等于 $|\boldsymbol{A}|$, 即若取定 k 个行: $1 \le i_1 < i_2 < \cdots < i_k \le n$, 则

$$|\boldsymbol{A}| = \sum_{1 \le j_1 < j_2 < \cdots < j_k \le n} \boldsymbol{A}\begin{pmatrix} i_1 & i_2 & \cdots & i_k \\ j_1 & j_2 & \cdots & j_k \end{pmatrix} \widehat{\boldsymbol{A}}\begin{pmatrix} i_1 & i_2 & \cdots & i_k \\ j_1 & j_2 & \cdots & j_k \end{pmatrix}.$$

同样, 若取定 k 个列: $1 \le j_1 < j_2 < \cdots < j_k \le n$, 则

$$|\boldsymbol{A}| = \sum_{1 \le i_1 < i_2 < \cdots < i_k \le n} \boldsymbol{A}\begin{pmatrix} i_1 & i_2 & \cdots & i_k \\ j_1 & j_2 & \cdots & j_k \end{pmatrix} \widehat{\boldsymbol{A}}\begin{pmatrix} i_1 & i_2 & \cdots & i_k \\ j_1 & j_2 & \cdots & j_k \end{pmatrix}.$$

§ 1.2 降阶法

降阶法 利用行列式的性质, 将行列式的某一行 (列) 化出尽可能多的零, 然后按照这一行 (列) 展开, 进行降阶处理.

例 1.1 计算 n 阶行列式:

$$|\boldsymbol{A}| = \begin{vmatrix} 1 & 1 & \cdots & 1 \\ 1 & \mathrm{C}_2^1 & \cdots & \mathrm{C}_n^1 \\ 1 & \mathrm{C}_3^2 & \cdots & \mathrm{C}_{n+1}^2 \\ \vdots & \vdots & & \vdots \\ 1 & \mathrm{C}_n^{n-1} & \cdots & \mathrm{C}_{2n-2}^{n-1} \end{vmatrix}.$$

解 根据规律, 行列式的第 $(i,1)$ 元素为 $\mathrm{C}_{i-1}^{i-1} = 1$, 行列式的第 $(1,j)$ 元素为 $\mathrm{C}_{j-1}^0 = 1$, 因此可将第一列 (行) 的 $n-1$ 个 1 变成 0, 再按照第一列 (行) 展开, 进行降阶处理.

依次将行列式的第 $i-1$ 行乘以 -1 加到第 i 行上去 $(i = n, \cdots, 2)$, 并利用组合数公式 $\mathrm{C}_m^{k-1} + \mathrm{C}_m^k = \mathrm{C}_{m+1}^k$ 进行化简. 再按照第一列进行展开, 得到的 $n-1$ 阶行列

式恰好是原行列式的左下角部分, 并具有相同的规律. 不断地这样做下去, 最后可得 $|\boldsymbol{A}| = \mathrm{C}_{n-1}^{n-1} = 1$.

$$|\boldsymbol{A}| = \begin{vmatrix} \mathrm{C}_0^0 & \mathrm{C}_1^0 & \cdots & \mathrm{C}_{n-1}^0 \\ 0 & \mathrm{C}_1^1 & \cdots & \mathrm{C}_{n-1}^1 \\ 0 & \mathrm{C}_2^2 & \cdots & \mathrm{C}_n^2 \\ \vdots & \vdots & & \vdots \\ 0 & \mathrm{C}_{n-1}^{n-1} & \cdots & \mathrm{C}_{2n-3}^{n-1} \end{vmatrix} = \begin{vmatrix} \mathrm{C}_1^1 & \cdots & \mathrm{C}_{n-1}^1 \\ \mathrm{C}_2^2 & \cdots & \mathrm{C}_n^2 \\ \vdots & & \vdots \\ \mathrm{C}_{n-1}^{n-1} & \cdots & \mathrm{C}_{2n-3}^{n-1} \end{vmatrix} = \cdots = \mathrm{C}_{n-1}^{n-1} = 1.$$

也可以依次将行列式的第 $j-1$ 列乘以 -1 加到第 j 列上去 $(j = n, \cdots, 2)$, 再按照第一行进行展开, 得到的 $n-1$ 阶行列式恰好是原行列式的右上角部分, 并具有相同的规律. 不断地这样做下去, 最后可得 $|\boldsymbol{A}| = \mathrm{C}_{n-1}^0 = 1$. □

利用行列式的性质, 还可将行列式化为上 (下) 三角行列式或其他重要的模板 (例如: 爪型行列式、Vandermonde 行列式等), 然后可直接得到结果.

例 1.2 计算 n 阶行列式:

$$|\boldsymbol{A}| = \begin{vmatrix} 1 & 2 & 3 & \cdots & n \\ -1 & 0 & 3 & \cdots & n \\ -1 & -2 & 0 & \cdots & n \\ \vdots & \vdots & \vdots & & \vdots \\ -1 & -2 & -3 & \cdots & 0 \end{vmatrix}.$$

解 将第一行依次加到其他行上便得到一个上三角行列式且主对角线上元素依次为 $1, 2, \cdots, n$. 因此 $|\boldsymbol{A}| = n!$. □

例 1.3 计算 n 阶行列式:

$$|\boldsymbol{A}| = \begin{vmatrix} a_1b_1 & a_1b_2 & a_1b_3 & \cdots & a_1b_n \\ a_1b_2 & a_2b_2 & a_2b_3 & \cdots & a_2b_n \\ a_1b_3 & a_2b_3 & a_3b_3 & \cdots & a_3b_n \\ \vdots & \vdots & \vdots & & \vdots \\ a_1b_n & a_2b_n & a_3b_n & \cdots & a_nb_n \end{vmatrix}.$$

解 先将 $|\boldsymbol{A}|$ 的第一行提出公因子 a_1, 再将第一行乘以 $-a_i$ 加到第 i 行上 $(2 \leq$

$i \le n$), 最后按第 n 列进行展开可得

$$
|\boldsymbol{A}| = a_1 \begin{vmatrix} b_1 & b_2 & b_3 & \cdots & b_n \\ a_1b_2 - a_2b_1 & 0 & 0 & \cdots & 0 \\ a_1b_3 - a_3b_1 & a_2b_3 - a_3b_2 & 0 & \cdots & 0 \\ \vdots & \vdots & \vdots & & \vdots \\ a_1b_n - a_nb_1 & a_2b_n - a_nb_2 & a_3b_n - a_nb_3 & \cdots & 0 \end{vmatrix}
$$

$$
= a_1b_n \prod_{i=1}^{n-1}(a_{i+1}b_i - a_ib_{i+1}). \ \square
$$

下面是所谓的爪型行列式, 它也可以化为三角行列式来计算.

例 1.4 (爪型行列式) 计算 n 阶行列式, 其中 $a_i \ne 0\,(2 \le i \le n)$:

$$
|\boldsymbol{A}| = \begin{vmatrix} a_1 & b_2 & b_3 & \cdots & b_n \\ c_2 & a_2 & 0 & \cdots & 0 \\ c_3 & 0 & a_3 & \cdots & 0 \\ \vdots & \vdots & \vdots & & \vdots \\ c_n & 0 & 0 & \cdots & a_n \end{vmatrix}.
$$

解 将第 i 列乘以 $-\dfrac{c_i}{a_i}$ 加到第一列上 $(2 \le i \le n)$, 可得

$$
|\boldsymbol{A}| = \begin{vmatrix} a_1 - \sum\limits_{i=2}^{n} \dfrac{b_ic_i}{a_i} & b_2 & b_3 & \cdots & b_n \\ 0 & a_2 & 0 & \cdots & 0 \\ 0 & 0 & a_3 & \cdots & 0 \\ \vdots & \vdots & \vdots & & \vdots \\ 0 & 0 & 0 & \cdots & a_n \end{vmatrix} = \left(a_1 - \sum_{i=2}^{n} \frac{b_ic_i}{a_i}\right) a_2a_3\cdots a_n. \ \square
$$

注 去掉 $a_i \ne 0\,(2 \le i \le n)$ 的条件, 我们仍可求出

$$
|\boldsymbol{A}| = a_1a_2\cdots a_n - \sum_{i=2}^{n} a_2\cdots \widehat{a_i} \cdots a_nb_ic_i,
$$

其中 $\widehat{a_i}$ 表示 a_i 不在连乘式中. 例如, 若 $a_i = 0$, 则先按 c_i 所在的行进行展开, 再按 b_i 所在的列进行展开, 即得结论. 请读者自行验证, 并与例 1.4 的结论进行比较.

例 1.5 计算 n 阶行列式, 其中 $a_i \neq 0\,(1 \le i \le n)$:

$$|\boldsymbol{A}| = \begin{vmatrix} x_1 - a_1 & x_2 & x_3 & \cdots & x_n \\ x_1 & x_2 - a_2 & x_3 & \cdots & x_n \\ x_1 & x_2 & x_3 - a_3 & \cdots & x_n \\ \vdots & \vdots & \vdots & & \vdots \\ x_1 & x_2 & x_3 & \cdots & x_n - a_n \end{vmatrix}.$$

解 第一行乘以 -1 依次加到其余各行上去, 可得

$$|\boldsymbol{A}| = \begin{vmatrix} x_1 - a_1 & x_2 & x_3 & \cdots & x_n \\ a_1 & -a_2 & 0 & \cdots & 0 \\ a_1 & 0 & -a_3 & \cdots & 0 \\ \vdots & \vdots & \vdots & & \vdots \\ a_1 & 0 & 0 & \cdots & -a_n \end{vmatrix}.$$

这是一个爪型行列式, 故由例 1.4 的结论可得

$$|\boldsymbol{A}| = (-1)^{n-1} a_2 \cdots a_n \left(x_1 - a_1 + \sum_{i=2}^{n} \frac{a_1 x_i}{a_i} \right) = (-1)^{n-1} a_1 a_2 \cdots a_n \left(\sum_{i=1}^{n} \frac{x_i}{a_i} - 1 \right). \square$$

注 由例 1.4 的注可知, 去掉 $a_i \neq 0$ 的条件, 我们仍可求出

$$|\boldsymbol{A}| = (-1)^{n-1} \sum_{i=1}^{n} a_1 \cdots a_{i-1} x_i a_{i+1} \cdots a_n + (-1)^n a_1 a_2 \cdots a_n.$$

例 1.5 也是一个有用的模板 (除了主对角元素外, 每行都一样), 利用它可以直接给出例 1.10、例 1.11 和例 1.37 的计算结果.

在某一行 (列) 元素零比较多时或在某些理论证明题中, 也可以按照某一行 (列) 直接进行展开.

例 1.6 计算 n 阶行列式:

$$|\boldsymbol{A}| = \begin{vmatrix} a & 0 & \cdots & 0 & 1 \\ 0 & a & \cdots & 0 & 0 \\ \vdots & \vdots & & \vdots & \vdots \\ 0 & 0 & \cdots & a & 0 \\ 1 & 0 & \cdots & 0 & a \end{vmatrix}.$$

解　按第一列展开, 经计算可得

$$|\boldsymbol{A}|=a^n+(-1)^{n+1}\begin{vmatrix}0&0&\cdots&0&1\\a&0&\cdots&0&0\\\vdots&\vdots&&\vdots&\vdots\\0&0&\cdots&a&0\end{vmatrix}=a^n-a^{n-2}.$$

本题也可以直接利用例 1.4 的注来得到结论. □

例 1.7　设 $|\boldsymbol{A}|=|a_{ij}|$ 是一个 n 阶行列式, A_{ij} 是它的第 (i,j) 元素的代数余子式, 求证:

$$\begin{vmatrix}a_{11}&a_{12}&\cdots&a_{1n}&x_1\\a_{21}&a_{22}&\cdots&a_{2n}&x_2\\\vdots&\vdots&&\vdots&\vdots\\a_{n1}&a_{n2}&\cdots&a_{nn}&x_n\\y_1&y_2&\cdots&y_n&z\end{vmatrix}=z|\boldsymbol{A}|-\sum_{i=1}^n\sum_{j=1}^n A_{ij}x_iy_j.$$

证明　将上述行列式按最后一列展开, 展开式的第一项为

$$(-1)^{n+2}x_1\begin{vmatrix}a_{21}&a_{22}&\cdots&a_{2n}\\\vdots&\vdots&&\vdots\\a_{n1}&a_{n2}&\cdots&a_{nn}\\y_1&y_2&\cdots&y_n\end{vmatrix}.$$

再将上面行列式按最后一行展开, 得到

$$(-1)^{n+2}x_1(-1)^{n+1}(y_1A_{11}+y_2A_{12}+\cdots+y_nA_{1n})=-\sum_{j=1}^n x_1y_jA_{1j}.$$

同理可得原行列式展开式的第 i 项为 $-\sum\limits_{j=1}^n x_iy_jA_{ij}$ $(1\le i\le n)$, 而最后一项为 $z|\boldsymbol{A}|$, 因此原行列式的值为

$$z|\boldsymbol{A}|-\sum_{i=1}^n\sum_{j=1}^n A_{ij}x_iy_j.\ \square$$

§ 1.3　求和法

求和法　若一个行列式各行 (各列) 的元素和相等, 则可以将这些行 (列) 的所有元素加起来, 提取公因子后得到元素 1, 然后再利用降阶法等方法对行列式进行求值.

例 1.8 设 x_1, x_2, x_3 是方程 $x^3 + px + q = 0$ 的 3 个根, 求下列行列式的值:

$$|\boldsymbol{A}| = \begin{vmatrix} x_1 & x_2 & x_3 \\ x_2 & x_3 & x_1 \\ x_3 & x_1 & x_2 \end{vmatrix}.$$

解 由 Vieta 定理可得 $x_1 + x_2 + x_3 = 0$, 将后两列都加到第一列上去, 第一列变为零, 因此 $|\boldsymbol{A}| = 0$. □

例 1.9 设 $b_{ij} = (a_{i1} + a_{i2} + \cdots + a_{in}) - a_{ij}$, 求证:

$$\begin{vmatrix} b_{11} & \cdots & b_{1n} \\ \vdots & & \vdots \\ b_{n1} & \cdots & b_{nn} \end{vmatrix} = (-1)^{n-1}(n-1) \begin{vmatrix} a_{11} & \cdots & a_{1n} \\ \vdots & & \vdots \\ a_{n1} & \cdots & a_{nn} \end{vmatrix}.$$

证明 将左边行列式的后 $n-1$ 列都加到第一列上, 第一列变成 $(n-1)(a_{i1} + a_{i2} + \cdots + a_{in})\,(1 \le i \le n)$. 将 $n-1$ 提出, 并将第一列乘以 -1 加到后面每一列上, 再将后 $n-1$ 列都加到第一列上, 最后将后 $n-1$ 列的 -1 提出即得结论. □

例 1.10 计算 n 阶行列式:

$$|\boldsymbol{A}| = \begin{vmatrix} 0 & 1 & \cdots & 1 & 1 \\ 1 & 0 & \cdots & 1 & 1 \\ \vdots & \vdots & & \vdots & \vdots \\ 1 & 1 & \cdots & 0 & 1 \\ 1 & 1 & \cdots & 1 & 0 \end{vmatrix}.$$

解 从第二列起将每一列加到第一列上并提出公因子 $n-1$, 得到

$$|\boldsymbol{A}| = (n-1) \begin{vmatrix} 1 & 1 & \cdots & 1 & 1 \\ 1 & 0 & \cdots & 1 & 1 \\ \vdots & \vdots & & \vdots & \vdots \\ 1 & 1 & \cdots & 0 & 1 \\ 1 & 1 & \cdots & 1 & 0 \end{vmatrix}.$$

再将第一行乘以 -1 依次加到后面各行, 得到

$$|\boldsymbol{A}|=(n-1)\begin{vmatrix}1 & 1 & \cdots & 1 & 1\\ 0 & -1 & \cdots & 0 & 0\\ \vdots & \vdots & & \vdots & \vdots\\ 0 & 0 & \cdots & -1 & 0\\ 0 & 0 & \cdots & 0 & -1\end{vmatrix}=(-1)^{n-1}(n-1). \square$$

例 1.11 计算 n 阶行列式:

$$|\boldsymbol{A}|=\begin{vmatrix}a_1+b & a_2 & a_3 & \cdots & a_n\\ a_1 & a_2+b & a_3 & \cdots & a_n\\ a_1 & a_2 & a_3+b & \cdots & a_n\\ \vdots & \vdots & \vdots & & \vdots\\ a_1 & a_2 & a_3 & \cdots & a_n+b\end{vmatrix}.$$

解 从第二列起将各列依次加到第一列上并提取公因子 $b+\sum\limits_{i=1}^{n}a_i$, 得到

$$|\boldsymbol{A}|=(b+\sum_{i=1}^{n}a_i)\begin{vmatrix}1 & a_2 & a_3 & \cdots & a_n\\ 1 & a_2+b & a_3 & \cdots & a_n\\ 1 & a_2 & a_3+b & \cdots & a_n\\ \vdots & \vdots & \vdots & & \vdots\\ 1 & a_2 & a_3 & \cdots & a_n+b\end{vmatrix},$$

再将第一行乘以 -1 依次加到后面每一行, 得到

$$|\boldsymbol{A}|=(b+\sum_{i=1}^{n}a_i)b^{n-1}. \square$$

例 1.12 计算 n 阶行列式:

$$|\boldsymbol{A}|=\begin{vmatrix}1 & 2 & 3 & \cdots & n-1 & n\\ n & 1 & 2 & \cdots & n-2 & n-1\\ n-1 & n & 1 & \cdots & n-3 & n-2\\ \vdots & \vdots & \vdots & & \vdots & \vdots\\ 3 & 4 & 5 & \cdots & 1 & 2\\ 2 & 3 & 4 & \cdots & n & 1\end{vmatrix}.$$

解　将后 $n-1$ 列加到第一列, 提出公因子 $\frac{1}{2}n(n+1)$, 用第 $(1,1)$ 元消去同列的其他元素, 再按第一列展开得到 $n-1$ 阶行列式:

$$
\begin{aligned}
|\boldsymbol{A}| &= \frac{1}{2}n(n+1)\begin{vmatrix} 1 & 2 & 3 & \cdots & n-1 & n \\ 1 & 1 & 2 & \cdots & n-2 & n-1 \\ 1 & n & 1 & \cdots & n-3 & n-2 \\ \vdots & \vdots & \vdots & & \vdots & \vdots \\ 1 & 4 & 5 & \cdots & 1 & 2 \\ 1 & 3 & 4 & \cdots & n & 1 \end{vmatrix} \\
&= \frac{1}{2}n(n+1)\begin{vmatrix} 1 & 2 & 3 & \cdots & n-1 & n \\ 0 & -1 & -1 & \cdots & -1 & -1 \\ 0 & n-2 & -2 & \cdots & -2 & -2 \\ \vdots & \vdots & \vdots & & \vdots & \vdots \\ 0 & 2 & 2 & \cdots & 2-n & 2-n \\ 0 & 1 & 1 & \cdots & 1 & 1-n \end{vmatrix} \\
&= \frac{1}{2}n(n+1)\begin{vmatrix} -1 & -1 & \cdots & -1 & -1 \\ n-2 & -2 & \cdots & -2 & -2 \\ \vdots & \vdots & & \vdots & \vdots \\ 2 & 2 & \cdots & 2-n & 2-n \\ 1 & 1 & \cdots & 1 & 1-n \end{vmatrix}.
\end{aligned}
$$

用所得 $n-1$ 阶行列式的第 $(1,1)$ 元消去同行的其他元素, 再按第一行展开得到 $n-2$ 阶上三角行列式:

$$
\begin{aligned}
|\boldsymbol{A}| &= \frac{1}{2}n(n+1)\begin{vmatrix} -1 & 0 & \cdots & 0 & 0 \\ n-2 & -n & \cdots & -n & -n \\ \vdots & \vdots & & \vdots & \vdots \\ 2 & 0 & \cdots & -n & -n \\ 1 & 0 & \cdots & 0 & -n \end{vmatrix} \\
&= -\frac{1}{2}n(n+1)\begin{vmatrix} -n & \cdots & -n & -n \\ & \ddots & \vdots & \vdots \\ & & -n & -n \\ & & & -n \end{vmatrix} = (-1)^{n-1}\frac{n+1}{2}n^{n-1}. \square
\end{aligned}
$$

§ 1.4 递推法与数学归纳法

递推法 按行或列展开行列式, 比较原行列式和降阶后行列式的异同, 找出递推关系. 如降阶一次仍看不出关系, 可再降一次试试. 从递推式求通式往往需要一定的技巧, 读者可细心体会之.

注 为了方便从递推式求通式, 我们可以递归地定义 $n\,(n\geq 0)$ 阶行列式的值. 定义 0 阶行列式的值等于 1. 假设 $n-1$ 阶行列式的值已定义好, 则 n 阶行列式 $|\boldsymbol{A}|$ 的值定义为

$$|\boldsymbol{A}| = a_{11}M_{11} - a_{21}M_{21} + \cdots + (-1)^{n+1}a_{n1}M_{n1},$$

其中 M_{i1} 是第 $(i,1)$ 元 a_{i1} 的余子式. 显然, 1 阶行列式 $|a_{11}| = a_{11}M_{11} = a_{11}$. 因此上述定义相容于 §§ 1.1.1 中 $n\,(n\geq 1)$ 阶行列式值的递归定义, 这也说明: 0 阶行列式的值定义为 1 是合理的.

例 1.13 (三对角行列式) 求下列行列式的递推关系式 (空白处均为 0):

$$D_n = \begin{vmatrix} a_1 & b_1 & & & & \\ c_1 & a_2 & b_2 & & & \\ & c_2 & a_3 & \ddots & & \\ & & \ddots & \ddots & \ddots & \\ & & & \ddots & a_{n-1} & b_{n-1} \\ & & & & c_{n-1} & a_n \end{vmatrix}.$$

解 当 $n\geq 2$ 时, 注意到 a_n 的余子式是 D_{n-1}, b_{n-1} 的余子式中 c_{n-1} 的余子式是 D_{n-2}, 故 D_n 按最后一列进行展开可得

$$D_n = a_nD_{n-1} - b_{n-1}c_{n-1}D_{n-2}\,(n\geq 2),\ D_0 = 1,\ D_1 = a_1. \ \square$$

注 令 $b_1 = \cdots = b_{n-1} = 1$, $c_1 = \cdots = c_{n-1} = -1$, 则行列式 D_n 与连分数密切相关 (参考解答题 8). 进一步, 令 $a_1 = \cdots = a_n = 1$, 则行列式 D_n 满足:

$$D_n = D_{n-1} + D_{n-2}\,(n\geq 2),\ D_0 = 1,\ D_1 = 1,$$

这就是著名的 Fibonacci 数列.

例 1.14 计算 n 阶行列式 $(bc \neq 0)$:

$$D_n = \begin{vmatrix} a & b & & & & \\ c & a & b & & & \\ & c & a & b & & \\ & & \ddots & \ddots & \ddots & \\ & & & c & a & b \\ & & & & c & a \end{vmatrix}.$$

解 由例 1.13 可知递推式为 $D_n = aD_{n-1} - bcD_{n-2}\,(n \geq 2)$. 为方便后面计算通项, 可由 $D_0 = 1$, $D_1 = a$ 解出 $D_{-1} = 0$. 令 $a = \alpha + \beta$, $bc = \alpha\beta$, 则

$$D_n - \alpha D_{n-1} = \beta(D_{n-1} - \alpha D_{n-2}),\ D_n - \beta D_{n-1} = \alpha(D_{n-1} - \beta D_{n-2}).$$

于是

$$D_n - \alpha D_{n-1} = \beta^n,\ D_n - \beta D_{n-1} = \alpha^n.$$

因此, 若 $a^2 \neq 4bc$ (即 $\alpha \neq \beta$), 则

$$D_n = \frac{\alpha^{n+1} - \beta^{n+1}}{\alpha - \beta};$$

若 $a^2 = 4bc$ (即 $\alpha = \beta$), 则

$$D_n = (n+1)\left(\frac{a}{2}\right)^n. \ \square$$

注 对由递推式决定的数列如何求其通项一般来说并不容易, 如果在递推式中系数为常数, 我们将有一个统一的方法来处理, 参考例 6.54.

例 1.15 求证: n 阶行列式

$$|\boldsymbol{A}| = \begin{vmatrix} \cos x & 1 & 0 & 0 & \cdots & 0 & 0 & 0 \\ 1 & 2\cos x & 1 & 0 & \cdots & 0 & 0 & 0 \\ 0 & 1 & 2\cos x & 1 & \cdots & 0 & 0 & 0 \\ \vdots & \vdots & \vdots & \vdots & & \vdots & \vdots & \vdots \\ 0 & 0 & 0 & 0 & \cdots & 1 & 2\cos x & 1 \\ 0 & 0 & 0 & 0 & \cdots & 0 & 1 & 2\cos x \end{vmatrix} = \cos nx.$$

证明　由行列式的性质 6, 将 $|\boldsymbol{A}|$ 的第一列进行拆分, 可得

$$
\begin{aligned}
|\boldsymbol{A}| =& \begin{vmatrix}
2\cos x & 1 & 0 & 0 & \cdots & 0 & 0 & 0 \\
1 & 2\cos x & 1 & 0 & \cdots & 0 & 0 & 0 \\
0 & 1 & 2\cos x & 1 & \cdots & 0 & 0 & 0 \\
\vdots & \vdots & \vdots & \vdots & & \vdots & \vdots & \vdots \\
0 & 0 & 0 & 0 & \cdots & 1 & 2\cos x & 1 \\
0 & 0 & 0 & 0 & \cdots & 0 & 1 & 2\cos x
\end{vmatrix} \\
&- \begin{vmatrix}
\cos x & 1 & 0 & 0 & \cdots & 0 & 0 & 0 \\
0 & 2\cos x & 1 & 0 & \cdots & 0 & 0 & 0 \\
0 & 1 & 2\cos x & 1 & \cdots & 0 & 0 & 0 \\
\vdots & \vdots & \vdots & \vdots & & \vdots & \vdots & \vdots \\
0 & 0 & 0 & 0 & \cdots & 1 & 2\cos x & 1 \\
0 & 0 & 0 & 0 & \cdots & 0 & 1 & 2\cos x
\end{vmatrix} \\
=& D_n - \cos x D_{n-1},
\end{aligned}
$$

其中 D_n 是形如例 1.14 的行列式, 其中 $a = 2\cos x$, $b = c = 1$. 根据例 1.14 的结论, 可以事先解出: $\alpha = \cos x + \mathrm{i}\sin x$, $\beta = \cos x - \mathrm{i}\sin x$.

若 $x \neq k\pi\,(k \in \mathbb{Z})$, 则 $\alpha \neq \beta$, 从而

$$
\begin{aligned}
D_n &= \frac{\alpha^{n+1} - \beta^{n+1}}{\alpha - \beta} \\
&= \frac{\big(\cos(n+1)x + \mathrm{i}\sin(n+1)x\big) - \big(\cos(n+1)x - \mathrm{i}\sin(n+1)x\big)}{(\cos x + \mathrm{i}\sin x) - (\cos x - \mathrm{i}\sin x)} \\
&= \frac{\sin(n+1)x}{\sin x}, \\
|\boldsymbol{A}| &= D_n - \cos x D_{n-1} = \frac{\sin(n+1)x - \cos x \sin nx}{\sin x} \\
&= \cos nx.
\end{aligned}
$$

若 $x = k\pi\,(k \in \mathbb{Z})$, 则 $\alpha = \beta$, 从而

$$
\begin{aligned}
D_n &= (n+1)\left(\frac{a}{2}\right)^n = (n+1)(\cos x)^n = (n+1)(-1)^{kn}, \\
|\boldsymbol{A}| &= D_n - \cos x D_{n-1} = (n+1)(-1)^{kn} - (-1)^k n(-1)^{k(n-1)} \\
&= (-1)^{kn} = \cos nx. \ \square
\end{aligned}
$$

例 1.16 计算 n 阶行列式:

$$D_n=\begin{vmatrix}x_1 & y & y & \cdots & y & y\\ z & x_2 & y & \cdots & y & y\\ z & z & x_3 & \cdots & y & y\\ \vdots & \vdots & \vdots & & \vdots & \vdots\\ z & z & z & \cdots & x_{n-1} & y\\ z & z & z & \cdots & z & x_n\end{vmatrix}.$$

解 对第 n 列进行拆分即可得到递推公式:

$$\begin{aligned}D_n &= \begin{vmatrix}x_1 & y & y & \cdots & y & y+0\\ z & x_2 & y & \cdots & y & y+0\\ z & z & x_3 & \cdots & y & y+0\\ \vdots & \vdots & \vdots & & \vdots & \vdots\\ z & z & z & \cdots & x_{n-1} & y+0\\ z & z & z & \cdots & z & y+x_n-y\end{vmatrix}\\ &= \begin{vmatrix}x_1 & y & y & \cdots & y & y\\ z & x_2 & y & \cdots & y & y\\ z & z & x_3 & \cdots & y & y\\ \vdots & \vdots & \vdots & & \vdots & \vdots\\ z & z & z & \cdots & x_{n-1} & y\\ z & z & z & \cdots & z & y\end{vmatrix}+\begin{vmatrix}x_1 & y & y & \cdots & y & 0\\ z & x_2 & y & \cdots & y & 0\\ z & z & x_3 & \cdots & y & 0\\ \vdots & \vdots & \vdots & & \vdots & \vdots\\ z & z & z & \cdots & x_{n-1} & 0\\ z & z & z & \cdots & z & x_n-y\end{vmatrix}\\ &= \begin{vmatrix}x_1-z & y-z & y-z & \cdots & y-z & 0\\ 0 & x_2-z & y-z & \cdots & y-z & 0\\ 0 & 0 & x_3-z & \cdots & y-z & 0\\ \vdots & \vdots & \vdots & & \vdots & \vdots\\ 0 & 0 & 0 & \cdots & x_{n-1}-z & 0\\ z & z & z & \cdots & z & y\end{vmatrix}+(x_n-y)D_{n-1}\\ &= (x_n-y)D_{n-1}+y\prod_{i=1}^{n-1}(x_i-z).\end{aligned}$$

同理 (转置) 有

$$D_n=(x_n-z)D_{n-1}+z\prod_{i=1}^{n-1}(x_i-y).$$

若 $y\neq z$, 解得

$$D_n=\frac{1}{z-y}\left[z\prod_{i=1}^n(x_i-y)-y\prod_{i=1}^n(x_i-z)\right];$$

若 $y=z$, 由递推可得

$$D_n=\prod_{i=1}^n(x_i-y)+y\sum_{i=1}^n\prod_{j\neq i}(x_j-y).\ \square$$

例 1.17 求下列 n 阶行列式的值:

$$D_n=\begin{vmatrix}1-a_1 & a_2 & 0 & 0 & \cdots & 0 & 0\\ -1 & 1-a_2 & a_3 & 0 & \cdots & 0 & 0\\ 0 & -1 & 1-a_3 & a_4 & \cdots & 0 & 0\\ \vdots & \vdots & \vdots & \vdots & & \vdots & \vdots\\ 0 & 0 & 0 & 0 & \cdots & -1 & 1-a_n\end{vmatrix}.$$

解 将所有行加到第一行上, 再按第一行展开可得 $D_n=-a_1D_{n-1}+1$, 这里 D_{n-i} 表示以 $a_{i+1},\cdots,a_n$ 为未定元的 $n-i$ 阶行列式. 由递推不难得到

$$D_n=1-a_1+a_1a_2-a_1a_2a_3+\cdots+(-1)^na_1a_2\cdots a_n.\ \square$$

例 1.18 (Cauchy 行列式) 计算 n 阶行列式:

$$|\boldsymbol{A}|=\begin{vmatrix}(a_1+b_1)^{-1} & (a_1+b_2)^{-1} & \cdots & (a_1+b_n)^{-1}\\ (a_2+b_1)^{-1} & (a_2+b_2)^{-1} & \cdots & (a_2+b_n)^{-1}\\ \vdots & \vdots & & \vdots\\ (a_n+b_1)^{-1} & (a_n+b_2)^{-1} & \cdots & (a_n+b_n)^{-1}\end{vmatrix}.$$

解 记 $|\boldsymbol{A}|$ 为 D_n, 我们来求 D_n 与 D_{n-1} 之间的递推公式. 注意下面计算中的第一步是将行列式的前 $n-1$ 列每列都减去第 n 列; 第三步是将行列式的前 $n-1$ 行每行都减去第 n 行; 第二步和第四步都是提取公因式.

$$
\begin{aligned}
D_n &= \begin{vmatrix} \frac{1}{a_1+b_1} & \cdots & \frac{1}{a_1+b_{n-1}} & \frac{1}{a_1+b_n} \\ \vdots & & \vdots & \vdots \\ \frac{1}{a_{n-1}+b_1} & \cdots & \frac{1}{a_{n-1}+b_{n-1}} & \frac{1}{a_{n-1}+b_n} \\ \frac{1}{a_n+b_1} & \cdots & \frac{1}{a_n+b_{n-1}} & \frac{1}{a_n+b_n} \end{vmatrix} \\
&= \begin{vmatrix} \frac{b_n-b_1}{(a_1+b_1)(a_1+b_n)} & \cdots & \frac{b_n-b_{n-1}}{(a_1+b_{n-1})(a_1+b_n)} & \frac{1}{a_1+b_n} \\ \vdots & & \vdots & \vdots \\ \frac{b_n-b_1}{(a_{n-1}+b_1)(a_{n-1}+b_n)} & \cdots & \frac{b_n-b_{n-1}}{(a_{n-1}+b_{n-1})(a_{n-1}+b_n)} & \frac{1}{a_{n-1}+b_n} \\ \frac{b_n-b_1}{(a_n+b_1)(a_n+b_n)} & \cdots & \frac{b_n-b_{n-1}}{(a_n+b_{n-1})(a_n+b_n)} & \frac{1}{a_n+b_n} \end{vmatrix} \\
&= \frac{\prod\limits_{i=1}^{n-1}(b_n-b_i)}{\prod\limits_{j=1}^{n}(a_j+b_n)} \cdot \begin{vmatrix} \frac{1}{a_1+b_1} & \cdots & \frac{1}{a_1+b_{n-1}} & 1 \\ \vdots & & \vdots & \vdots \\ \frac{1}{a_{n-1}+b_1} & \cdots & \frac{1}{a_{n-1}+b_{n-1}} & 1 \\ \frac{1}{a_n+b_1} & \cdots & \frac{1}{a_n+b_{n-1}} & 1 \end{vmatrix} \\
&= \frac{\prod\limits_{i=1}^{n-1}(b_n-b_i)}{\prod\limits_{j=1}^{n}(a_j+b_n)} \cdot \begin{vmatrix} \frac{a_n-a_1}{(a_1+b_1)(a_n+b_1)} & \cdots & \frac{a_n-a_1}{(a_1+b_{n-1})(a_n+b_{n-1})} & 0 \\ \vdots & & \vdots & \vdots \\ \frac{a_n-a_{n-1}}{(a_{n-1}+b_1)(a_n+b_1)} & \cdots & \frac{a_n-a_{n-1}}{(a_{n-1}+b_{n-1})(a_n+b_{n-1})} & 0 \\ \frac{1}{a_n+b_1} & \cdots & \frac{1}{a_n+b_{n-1}} & 1 \end{vmatrix} \\
&= \frac{\prod\limits_{i=1}^{n-1}(a_n-a_i)(b_n-b_i)}{\prod\limits_{j=1}^{n}(a_j+b_n)\prod\limits_{k=1}^{n-1}(a_n+b_k)} \cdot \begin{vmatrix} \frac{1}{a_1+b_1} & \cdots & \frac{1}{a_1+b_{n-1}} \\ \vdots & & \vdots \\ \frac{1}{a_{n-1}+b_1} & \cdots & \frac{1}{a_{n-1}+b_{n-1}} \end{vmatrix} \\
&= \frac{\prod\limits_{i=1}^{n-1}(a_n-a_i)(b_n-b_i)}{\prod\limits_{j=1}^{n}(a_j+b_n)\prod\limits_{k=1}^{n-1}(a_n+b_k)} \cdot D_{n-1}.
\end{aligned}
$$

不断递推下去即得

$$|\boldsymbol{A}| = \prod_{1\le i<j\le n}(a_j-a_i)(b_j-b_i)\Big/\prod_{i,j=1}^n(a_i+b_j).\ \square$$

数学归纳法 本质上也是一种递推法,但须事先知道结论. 因此有时可以先猜出结论,然后再归纳地证明它.

例 1.19 设 n 阶行列式

$$A_n=\begin{vmatrix} a_0+a_1 & a_1 & 0 & 0 & \cdots & 0 & 0\\ a_1 & a_1+a_2 & a_2 & 0 & \cdots & 0 & 0\\ 0 & a_2 & a_2+a_3 & a_3 & \cdots & 0 & 0\\ \vdots & \vdots & \vdots & \vdots & & \vdots & \vdots\\ 0 & 0 & 0 & 0 & \cdots & a_{n-1} & a_{n-1}+a_n \end{vmatrix},$$

求证:

$$A_n=a_0a_1\cdots a_n\left(\frac{1}{a_0}+\frac{1}{a_1}+\cdots+\frac{1}{a_n}\right).$$

证明 对阶数 n 进行归纳, $n=1,2$ 时结论显然成立. 假设阶数小于 n 时结论成立,现证明 n 阶的情形. 由例 1.13 可知递推式为 $A_n=(a_{n-1}+a_n)A_{n-1}-a_{n-1}^2A_{n-2}$, 将归纳假设代入上面的式子即得结论. □

例 1.15 的证法 2 对阶数 n 进行归纳, $n=1,2$ 时结论显然成立. 假设阶数小于 n 时结论成立,现证明 n 阶的情形. 由例 1.13 可知递推式为 $A_n=2\cos xA_{n-1}-A_{n-2}$, 将归纳假设代入上面的式子即得结论. □

例 1.17 的解法 2 假设我们已经知道了结论,现对阶数 n 进行归纳, $n=1,2$ 时结论显然成立. 假设阶数小于 n 时结论成立,现证明 n 阶的情形. 由例 1.13 可知递推式为 $D_n=(1-a_n)D_{n-1}+a_nD_{n-2}=D_{n-1}-a_n(D_{n-1}-D_{n-2})$, 这里 D_{n-i} 表示以 $a_1,\cdots,a_{n-i}$ 为未定元的 $n-i$ 阶行列式,将归纳假设代入上面的式子即得结论. □

例 1.20 设 $n\,(n>2)$ 阶行列式 $|\boldsymbol{A}|$ 的所有元素或为 1 或为 -1, 求证: $|\boldsymbol{A}|$ 的绝对值小于等于 $\dfrac{2}{3}n!$.

证明 对阶数 n 进行归纳. 当 $n=3$ 时,将 $|\boldsymbol{A}|$ 的第一列中元素等于 -1 的行乘以 -1, $|\boldsymbol{A}|$ 的绝对值不变,因此不妨设 $|\boldsymbol{A}|$ 的第一列元素全是 1. 用同样方法将 $|\boldsymbol{A}|$

的第一行除 (1,1) 元素外的元素全变成 -1. 将第一列加到第二、第三列上, 可得

$$\mathrm{abs}(|\boldsymbol{A}|)=\mathrm{abs}\left(\begin{vmatrix}1&0&0\\1&a&b\\1&c&d\end{vmatrix}\right),$$

其中 abs 表示绝对值. 由于 a,b,c,d 为 0 或 2, 故 $\mathrm{abs}(|\boldsymbol{A}|)=\mathrm{abs}(ad-bc)\leq 4=\dfrac{2}{3}3!$.

假设 $n-1$ 阶时结论成立, 现证 n 阶的情形. 将 $|\boldsymbol{A}|$ 按第一行展开:

$$|\boldsymbol{A}|=a_{11}A_{11}+a_{12}A_{12}+\cdots+a_{1n}A_{1n}.$$

因为 $a_{1i}=\pm1$, 故

$$\begin{aligned}\mathrm{abs}(|\boldsymbol{A}|)&\leq \mathrm{abs}(A_{11})+\mathrm{abs}(A_{12})+\cdots+\mathrm{abs}(A_{1n})\\&\leq n\cdot\frac{2}{3}(n-1)!=\frac{2}{3}n!.\ \square\end{aligned}$$

例 1.21 设 $f_{ij}(t)$ 是可微函数,

$$F(t)=\begin{vmatrix}f_{11}(t)&f_{12}(t)&\cdots&f_{1n}(t)\\f_{21}(t)&f_{22}(t)&\cdots&f_{2n}(t)\\\vdots&\vdots&&\vdots\\f_{n1}(t)&f_{n2}(t)&\cdots&f_{nn}(t)\end{vmatrix},$$

求证: $\dfrac{\mathrm{d}}{\mathrm{d}t}F(t)=\sum\limits_{j=1}^{n}F_j(t)$, 其中

$$F_j(t)=\begin{vmatrix}f_{11}(t)&f_{12}(t)&\cdots&\frac{\mathrm{d}}{\mathrm{d}t}f_{1j}(t)&\cdots&f_{1n}(t)\\f_{21}(t)&f_{22}(t)&\cdots&\frac{\mathrm{d}}{\mathrm{d}t}f_{2j}(t)&\cdots&f_{2n}(t)\\\vdots&\vdots&&\vdots&&\vdots\\f_{n1}(t)&f_{n2}(t)&\cdots&\frac{\mathrm{d}}{\mathrm{d}t}f_{nj}(t)&\cdots&f_{nn}(t)\end{vmatrix}.$$

证明　对阶数 n 进行归纳, $n=1$ 时显然成立. 设结论对 $n-1$ 阶行列式成立, 现证 n 阶行列式的情形. 将 $F(t)$ 按第一列展开:

$$F(t)=f_{11}(t)A_{11}(t)+f_{21}(t)A_{21}(t)+\cdots+f_{n1}(t)A_{n1}(t),$$

其中 $A_{i1}(t)$ 是元素 $f_{i1}(t)$ 的代数余子式. 对上式两边求导数并记 $A_{ij}^k(t)$ 为对 $A_{ij}(t)$ 的第 k 列元素求导数后得到的行列式, 则

$$\begin{aligned}\frac{\mathrm{d}}{\mathrm{d}t}F(t) &= \frac{\mathrm{d}}{\mathrm{d}t}\Big(\sum_{i=1}^n f_{i1}(t)A_{i1}(t)\Big) = \sum_{i=1}^n f_{i1}'(t)A_{i1}(t) + \sum_{i=1}^n f_{i1}(t)A_{i1}'(t) \\ &= F_1(t) + \sum_{i=1}^n f_{i1}(t)\Big(\sum_{k=1}^{n-1} A_{i1}^k(t)\Big) = F_1(t) + \sum_{k=1}^{n-1}\sum_{i=1}^n f_{i1}(t)A_{i1}^k(t).\end{aligned}$$

由行列式的定义可知 $\sum\limits_{i=1}^n f_{i1}(t)A_{i1}^k(t) = F_{k+1}(t)\,(1 \le k \le n-1)$, 故

$$\frac{\mathrm{d}}{\mathrm{d}t}F(t) = F_1(t) + F_2(t) + \cdots + F_n(t). \ \square$$

§ 1.5 拆分法

拆分法 利用行列式的性质 6 可将一个行列式拆分为两个或多个行列式之和来计算. 合理地运用拆分法会起到很好的化简效果. 比如在例 1.16 中, 我们就用拆分法得到了递推式. 例 1.22 是运用拆分法的一个典型例子, 也是一个重要的模板, 在后面的例题中有众多的应用.

例 1.22 设 t 是一个参数,

$$|\boldsymbol{A}(t)| = \begin{vmatrix} a_{11}+t & a_{12}+t & \cdots & a_{1n}+t \\ a_{21}+t & a_{22}+t & \cdots & a_{2n}+t \\ \vdots & \vdots & & \vdots \\ a_{n1}+t & a_{n2}+t & \cdots & a_{nn}+t \end{vmatrix},$$

求证:

$$|\boldsymbol{A}(t)| = |\boldsymbol{A}(0)| + t\sum_{i,j=1}^n A_{ij},$$

其中 A_{ij} 是 a_{ij} 在 $|\boldsymbol{A}(0)|$ 中的代数余子式.

证明 将行列式的第一列拆成两列再展开:

$$|\boldsymbol{A}(t)| = \begin{vmatrix} a_{11} & a_{12}+t & \cdots & a_{1n}+t \\ a_{21} & a_{22}+t & \cdots & a_{2n}+t \\ \vdots & \vdots & & \vdots \\ a_{n1} & a_{n2}+t & \cdots & a_{nn}+t \end{vmatrix} + \begin{vmatrix} t & a_{12}+t & \cdots & a_{1n}+t \\ t & a_{22}+t & \cdots & a_{2n}+t \\ \vdots & \vdots & & \vdots \\ t & a_{n2}+t & \cdots & a_{nn}+t \end{vmatrix}.$$

上式右边的第二个行列式用 -1 乘以第一列加到后面的列上去, 得到:

$$\begin{vmatrix} t & a_{12} & \cdots & a_{1n} \\ t & a_{22} & \cdots & a_{2n} \\ \vdots & \vdots & & \vdots \\ t & a_{n2} & \cdots & a_{nn} \end{vmatrix} = t(A_{11} + A_{21} + \cdots + A_{n1}).$$

再对另一个行列式的第二列拆成两列展开, 不断这样做下去就可得到结论. □

注 用上面的方法不难证明更一般的结论.

推论 设

$$|\boldsymbol{A}| = \begin{vmatrix} a_{11} & a_{12} & \cdots & a_{1n} \\ a_{21} & a_{22} & \cdots & a_{2n} \\ \vdots & \vdots & & \vdots \\ a_{n1} & a_{n2} & \cdots & a_{nn} \end{vmatrix},$$

则

$$|\boldsymbol{A}(t_1, t_2, \cdots, t_n)| = \begin{vmatrix} a_{11}+t_1 & a_{12}+t_2 & \cdots & a_{1n}+t_n \\ a_{21}+t_1 & a_{22}+t_2 & \cdots & a_{2n}+t_n \\ \vdots & \vdots & & \vdots \\ a_{n1}+t_1 & a_{n2}+t_2 & \cdots & a_{nn}+t_n \end{vmatrix} = |\boldsymbol{A}| + \sum_{j=1}^{n}\left(t_j \sum_{i=1}^{n} A_{ij}\right).$$

我们将用上面例题的结论来计算下面的行列式. 虽然这个行列式可以直接套用例 1.16 的结论, 但是下面的方法仍具有一定的启发性.

例 1.23 计算 n 阶行列式:

$$|\boldsymbol{A}| = \begin{vmatrix} a & b & \cdots & b \\ c & a & \cdots & b \\ \vdots & \vdots & & \vdots \\ c & c & \cdots & a \end{vmatrix}.$$

解 令

$$|\boldsymbol{A}(t)| = \begin{vmatrix} a+t & b+t & \cdots & b+t \\ c+t & a+t & \cdots & b+t \\ \vdots & \vdots & & \vdots \\ c+t & c+t & \cdots & a+t \end{vmatrix} = |\boldsymbol{A}| + tu, \quad u = \sum_{i,j=1}^{n} A_{ij}.$$

注意 u 和 t 无关. 当 $t=-b$ 时, 可得

$$|\boldsymbol{A}(-b)|=\begin{vmatrix}a-b & 0 & \cdots & 0\\ c-b & a-b & \cdots & 0\\ \vdots & \vdots & & \vdots\\ c-b & c-b & \cdots & a-b\end{vmatrix}=|\boldsymbol{A}|-bu=(a-b)^n.$$

同理, 当 $t=-c$ 时, $|\boldsymbol{A}(-c)|=|\boldsymbol{A}|-cu=(a-c)^n$. 若 $b\neq c$, 消去 u 可得

$$|\boldsymbol{A}|=\frac{b(a-c)^n-c(a-b)^n}{b-c}.$$

若 $b=c$, 这是一个各行和相等的行列式, 用求和法可得

$$|\boldsymbol{A}|=(a+(n-1)b)(a-b)^{n-1}. \square$$

例 1.24 设 $f_1(x),f_2(x),\cdots,f_n(x)$ 是次数不超过 $n-2$ 的多项式, 求证: 对任意 n 个数 $a_1,a_2,\cdots,a_n$, 均有

$$\begin{vmatrix}f_1(a_1) & f_2(a_1) & \cdots & f_n(a_1)\\ f_1(a_2) & f_2(a_2) & \cdots & f_n(a_2)\\ \vdots & \vdots & & \vdots\\ f_1(a_n) & f_2(a_n) & \cdots & f_n(a_n)\end{vmatrix}=0.$$

证明 因为 $f_k(x)\,(1\leq k\leq n)$ 的次数不超过 $n-2$, 所以它们都是单项式 $1,x,\cdots,x^{n-2}$ 的线性组合. 将原行列式中每一列的多项式都按这 $n-1$ 个单项式进行拆分, 最后得到若干个简单行列式之和, 这些行列式中每一列的多项式只是单项式. 由于行列式有 n 列, 根据抽屉原理, 至少有两列是共用同一个单项式 (可能相差一个系数), 于是这两列成比例, 从而所有这样的简单行列式都等于零, 因此原行列式也等于零. $\square$

例 1.25 求下列 n 阶行列式的值:

$$D_n=\begin{vmatrix}1+a_1^2 & a_1a_2 & \cdots & a_1a_n\\ a_2a_1 & 1+a_2^2 & \cdots & a_2a_n\\ \vdots & \vdots & & \vdots\\ a_na_1 & a_na_2 & \cdots & 1+a_n^2\end{vmatrix}.$$

解 对第 n 列进行拆分, 可得

$$D_n = \begin{vmatrix} 1+a_1^2 & a_1a_2 & \cdots & 0 \\ a_2a_1 & 1+a_2^2 & \cdots & 0 \\ \vdots & \vdots & & \vdots \\ a_na_1 & a_na_2 & \cdots & 1 \end{vmatrix} + \begin{vmatrix} 1+a_1^2 & a_1a_2 & \cdots & a_1a_n \\ a_2a_1 & 1+a_2^2 & \cdots & a_2a_n \\ \vdots & \vdots & & \vdots \\ a_na_1 & a_na_2 & \cdots & a_n^2 \end{vmatrix}.$$

上式右边第一个行列式等于 D_{n-1}. 若 $a_n \neq 0$, 则第二个行列式的第 n 列可消去前面 $n-1$ 列成比例的部分, 由此可得

$$D_n = D_{n-1} + \begin{vmatrix} 1 & 0 & \cdots & a_1a_n \\ 0 & 1 & \cdots & a_2a_n \\ \vdots & \vdots & & \vdots \\ 0 & 0 & \cdots & a_n^2 \end{vmatrix} = D_{n-1} + a_n^2.$$

若 $a_n = 0$, 则第二个行列式等于零, 上述递推式仍然成立. 最后由递推式易得

$$D_n = 1 + \sum_{i=1}^n a_i^2. \ \Box$$

§ 1.6 Vandermonde 行列式

Vandermonde 行列式不仅是一个常见模板, 而且在后续章节中有重要的应用. 下面是几个相关的例子, 其中的行列式都可以归结为 Vandermonde 行列式来计算, 但通常需要一定的技巧, 读者也许可从中得到某些启发.

例 1.26 计算下列行列式的值:

$$|\boldsymbol{A}| = \begin{vmatrix} a_1^{n-1} & a_1^{n-2}b_1 & \cdots & a_1b_1^{n-2} & b_1^{n-1} \\ a_2^{n-1} & a_2^{n-2}b_2 & \cdots & a_2b_2^{n-2} & b_2^{n-1} \\ \vdots & \vdots & & \vdots & \vdots \\ a_n^{n-1} & a_n^{n-2}b_n & \cdots & a_nb_n^{n-2} & b_n^{n-1} \end{vmatrix}.$$

解 若所有的 a_i 都不为零, 则从第 i 行提出公因子 $a_i^{n-1}\,(1 \leq i \leq n)$, 得到的行列式是一个 Vandermonde 行列式, 因此原行列式的值为

$$|\boldsymbol{A}| = \prod_{i=1}^n a_i^{n-1} \cdot \prod_{1 \leq i < j \leq n} \left(\frac{b_j}{a_j} - \frac{b_i}{a_i}\right) = \prod_{1 \leq i < j \leq n} (a_ib_j - a_jb_i).$$

若只有一个 $a_i=0$, 则按第 i 行进行展开, 得到的行列式是具有相同类型的 $n-1$ 阶行列式. 若至少有两个 $a_i=a_j=0$, 则第 i 行与第 j 行成比例, 因此行列式的值等于零. 经过简单的计算发现, 后面两种情形的答案都可以统一到第一种情形的答案. □

例 1.27 设 $f_k(x)=x^k+a_{k1}x^{k-1}+a_{k2}x^{k-2}+\cdots+a_{kk}$, 求下列行列式的值:

$$\begin{vmatrix} 1 & f_1(x_1) & f_2(x_1) & \cdots & f_{n-1}(x_1) \\ 1 & f_1(x_2) & f_2(x_2) & \cdots & f_{n-1}(x_2) \\ \vdots & \vdots & \vdots & & \vdots \\ 1 & f_1(x_n) & f_2(x_n) & \cdots & f_{n-1}(x_n) \end{vmatrix}.$$

解　将原行列式写为

$$\begin{vmatrix} 1 & x_1+a_{11} & x_1^2+a_{21}x_1+a_{22} & \cdots & f_{n-1}(x_1) \\ 1 & x_2+a_{11} & x_2^2+a_{21}x_2+a_{22} & \cdots & f_{n-1}(x_2) \\ \vdots & \vdots & \vdots & & \vdots \\ 1 & x_n+a_{11} & x_n^2+a_{21}x_n+a_{22} & \cdots & f_{n-1}(x_n) \end{vmatrix}.$$

显然, 利用行列式的性质, 可将每一列消去除最高次项外的其他项, 从而得到一个 Vandermonde 行列式, 因此行列式的值为 $\prod\limits_{1\leq i<j\leq n}(x_j-x_i)$. □

例 1.28 求下列行列式的值:

$$|\boldsymbol{A}|=\begin{vmatrix} 1 & \cos\theta_1 & \cos 2\theta_1 & \cdots & \cos(n-1)\theta_1 \\ 1 & \cos\theta_2 & \cos 2\theta_2 & \cdots & \cos(n-1)\theta_2 \\ \vdots & \vdots & \vdots & & \vdots \\ 1 & \cos\theta_n & \cos 2\theta_n & \cdots & \cos(n-1)\theta_n \end{vmatrix}.$$

解　由 De Moivre 公式及二项式定理可得

$$\begin{aligned} \cos k\theta+\mathrm{i}\sin k\theta &= (\cos\theta+\mathrm{i}\sin\theta)^k \\ &= \cos^k\theta+\mathrm{i}\mathrm{C}_k^1\cos^{k-1}\theta\sin\theta-\mathrm{C}_k^2\cos^{k-2}\theta\sin^2\theta+\cdots. \end{aligned}$$

比较实部并将 $\sin^2\theta$ 用 $1-\cos^2\theta$ 代替便可将 $\cos k\theta$ 表示为 $\cos\theta$ 的多项式, 且最高次项 $\cos^k\theta$ 的系数为 2^{k-1} $(1+\mathrm{C}_k^2+\mathrm{C}_k^4+\cdots=2^{k-1})$. 利用这个事实, 依次将行列式各列表示成 $\cos\theta_j$ 的多项式. 类似上题, 可将后面各列的低次项消去, 提出 2 的某个

幂后得到一个 Vandermonde 行列式:

$$|\boldsymbol{A}| = 2^{\frac{1}{2}(n-1)(n-2)}\begin{vmatrix} 1 & \cos\theta_1 & \cos^2\theta_1 & \cdots & \cos^{n-1}\theta_1 \\ 1 & \cos\theta_2 & \cos^2\theta_2 & \cdots & \cos^{n-1}\theta_2 \\ \vdots & \vdots & \vdots & & \vdots \\ 1 & \cos\theta_n & \cos^2\theta_n & \cdots & \cos^{n-1}\theta_n \end{vmatrix}.$$

因此

$$|\boldsymbol{A}| = 2^{\frac{1}{2}(n-1)(n-2)}\prod_{1\le i<j\le n}(\cos\theta_j - \cos\theta_i). \ \square$$

例 1.29 求下列行列式的值:

$$|\boldsymbol{A}| = \begin{vmatrix} \sin\theta_1 & \sin 2\theta_1 & \cdots & \sin n\theta_1 \\ \sin\theta_2 & \sin 2\theta_2 & \cdots & \sin n\theta_2 \\ \vdots & \vdots & & \vdots \\ \sin\theta_n & \sin 2\theta_n & \cdots & \sin n\theta_n \end{vmatrix}.$$

解 可以用与上题类似的方法来解, 但我们给出另外一种解法, 目的是直接利用上题的结论.

不难验证下列等式 (和差化积公式):

$$\sin k\theta - \sin(k-2)\theta = 2\sin\theta\cos(k-1)\theta,\ k\ge 2.$$

依次将 $|\boldsymbol{A}|$ 的第 $k-2$ 列乘以 -1 加到第 k 列上 $(k=n,n-1,\cdots,3)$, 利用上面的公式进行化简. 将每一行的公因子 $\sin\theta_i$ 提出, 再将后面 $n-1$ 列的公因子 2 提出, 剩下的行列式就是上题中的行列式, 因此可求得

$$|\boldsymbol{A}| = 2^{\frac{1}{2}n(n-1)}\prod_{i=1}^{n}\sin\theta_i\cdot\prod_{1\le i<j\le n}(\cos\theta_j-\cos\theta_i). \ \square$$

我们还可以利用 Vandermonde 行列式和 Cramer 法则来证明一个关于多项式的命题.

例 1.30 设多项式

$$f(x) = a_nx^n + a_{n-1}x^{n-1} + \cdots + a_1x + a_0,$$

若 $f(x)$ 有 $n+1$ 个不同的根 $b_1,b_2,\cdots,b_{n+1}$, 即 $f(b_1)=f(b_2)=\cdots=f(b_{n+1})=0$, 求证: $f(x)$ 是零多项式, 即 $a_n=a_{n-1}=\cdots=a_1=a_0=0$.

证明　由假设 $x_0=a_0, x_1=a_1, \cdots, x_{n-1}=a_{n-1}, x_n=a_n$ 是下列线性方程组的解:

$$\begin{cases} x_0+b_1x_1+\cdots+b_1^{n-1}x_{n-1}+b_1^nx_n=0, \\ x_0+b_2x_1+\cdots+b_2^{n-1}x_{n-1}+b_2^nx_n=0, \\ \cdots\cdots\cdots\cdots \\ x_0+b_{n+1}x_1+\cdots+b_{n+1}^{n-1}x_{n-1}+b_{n+1}^nx_n=0. \end{cases}$$

上述线性方程组的系数行列式是一个 Vandermonde 行列式, 由于 $b_1,b_2,\cdots,b_{n+1}$ 互不相同, 所以系数行列式不等于零. 由 Cramer 法则可知上述线性方程组只有零解, 即有 $a_n=a_{n-1}=\cdots=a_1=a_0=0$. □

§ 1.7 升阶法

升阶法　计算行列式通常用降阶法, 但有时候也可反其道而行之. 升阶法常常用于一些"缺少"某行 (列) 的行列式, 加上适当的行 (列) 后反而可以简化问题. 下面是 3 个典型的例子.

例 1.31　计算 n 阶行列式:

$$|\boldsymbol{A}|=\begin{vmatrix} 1+x_1 & 1+x_1^2 & \cdots & 1+x_1^n \\ 1+x_2 & 1+x_2^2 & \cdots & 1+x_2^n \\ \vdots & \vdots & & \vdots \\ 1+x_n & 1+x_n^2 & \cdots & 1+x_n^n \end{vmatrix}.$$

解　将行列式升阶为

$$|\boldsymbol{A}|=\begin{vmatrix} 1 & 0 & 0 & \cdots & 0 \\ 1 & 1+x_1 & 1+x_1^2 & \cdots & 1+x_1^n \\ 1 & 1+x_2 & 1+x_2^2 & \cdots & 1+x_2^n \\ \vdots & \vdots & \vdots & & \vdots \\ 1 & 1+x_n & 1+x_n^2 & \cdots & 1+x_n^n \end{vmatrix}=\begin{vmatrix} 1 & -1 & -1 & \cdots & -1 \\ 1 & x_1 & x_1^2 & \cdots & x_1^n \\ 1 & x_2 & x_2^2 & \cdots & x_2^n \\ \vdots & \vdots & \vdots & & \vdots \\ 1 & x_n & x_n^2 & \cdots & x_n^n \end{vmatrix}.$$

将第一行拆开, 可得

$$|\boldsymbol{A}|=\begin{vmatrix}2 & 0 & 0 & \cdots & 0\\ 1 & x_1 & x_1^2 & \cdots & x_1^n\\ 1 & x_2 & x_2^2 & \cdots & x_2^n\\ \vdots & \vdots & \vdots & & \vdots\\ 1 & x_n & x_n^2 & \cdots & x_n^n\end{vmatrix}+\begin{vmatrix}-1 & -1 & -1 & \cdots & -1\\ 1 & x_1 & x_1^2 & \cdots & x_1^n\\ 1 & x_2 & x_2^2 & \cdots & x_2^n\\ \vdots & \vdots & \vdots & & \vdots\\ 1 & x_n & x_n^2 & \cdots & x_n^n\end{vmatrix}.$$

后面一个行列式的第一行提出公因子 -1 后是一个关于 $1, x_1, x_2, \cdots, x_n$ 的 Vandermonde 行列式, 从而可得

$$|\boldsymbol{A}|=\Big(2x_1x_2\cdots x_n-(x_1-1)(x_2-1)\cdots(x_n-1)\Big)\prod_{1\le i<j\le n}(x_j-x_i). \square$$

例 1.32 求下列 n 阶行列式的值 $(1\le i\le n-1)$:

$$|\boldsymbol{A}|=\begin{vmatrix}1 & x_1 & \cdots & x_1^{i-1} & x_1^{i+1} & \cdots & x_1^n\\ 1 & x_2 & \cdots & x_2^{i-1} & x_2^{i+1} & \cdots & x_2^n\\ \vdots & \vdots & & \vdots & \vdots & & \vdots\\ 1 & x_n & \cdots & x_n^{i-1} & x_n^{i+1} & \cdots & x_n^n\end{vmatrix}.$$

解 注意这个行列式和 Vandermonde 行列式的区别在于它缺少 i 次幂的列. 现添上一行一列使之成为 Vandermonde 行列式, 再求出 y^i 的系数即可得到结果为

$$\begin{aligned}|\boldsymbol{B}| &= \begin{vmatrix}1 & x_1 & \cdots & x_1^{i-1} & x_1^{i} & x_1^{i+1} & \cdots & x_1^n\\ 1 & x_2 & \cdots & x_2^{i-1} & x_2^{i} & x_2^{i+1} & \cdots & x_2^n\\ \vdots & \vdots & & \vdots & \vdots & \vdots & & \vdots\\ 1 & x_n & \cdots & x_n^{i-1} & x_n^{i} & x_n^{i+1} & \cdots & x_n^n\\ 1 & y & \cdots & y^{i-1} & y^{i} & y^{i+1} & \cdots & y^n\end{vmatrix}\\ &= (y-x_1)(y-x_2)\cdots(y-x_n)\prod_{1\le i<j\le n}(x_j-x_i).\end{aligned}$$

因此 y^i 的系数是

$$\sum_{1\le k_1<k_2<\cdots<k_{n-i}\le n}(-1)^{n-i}x_{k_1}x_{k_2}\cdots x_{k_{n-i}}\prod_{1\le i<j\le n}(x_j-x_i).$$

而 $|\boldsymbol{B}|$ 中元素 y^i 的代数余子式为 $(-1)^{n+1+i+1}|\boldsymbol{A}|=(-1)^{n+i}|\boldsymbol{A}|$, 因此

$$|\boldsymbol{A}|=\sum_{1\le k_1<k_2<\cdots<k_{n-i}\le n}x_{k_1}x_{k_2}\cdots x_{k_{n-i}}\prod_{1\le i<j\le n}(x_j-x_i). \square$$

例 1.33 求下列 n 阶行列式的值, 其中 $a_i \neq 0\,(1 \leq i \leq n)$:

$$|\boldsymbol{A}| = \begin{vmatrix} 0 & a_1+a_2 & \cdots & a_1+a_{n-1} & a_1+a_n \\ a_2+a_1 & 0 & \cdots & a_2+a_{n-1} & a_2+a_n \\ \vdots & \vdots & & \vdots & \vdots \\ a_{n-1}+a_1 & a_{n-1}+a_2 & \cdots & 0 & a_{n-1}+a_n \\ a_n+a_1 & a_n+a_2 & \cdots & a_n+a_{n-1} & 0 \end{vmatrix}.$$

解 将原行列式 $|\boldsymbol{A}|$ 升阶, 考虑如下 $n+1$ 阶行列式:

$$|\boldsymbol{B}| = \begin{vmatrix} 1 & -a_1 & -a_2 & \cdots & -a_{n-1} & -a_n \\ 0 & 0 & a_1+a_2 & \cdots & a_1+a_{n-1} & a_1+a_n \\ 0 & a_2+a_1 & 0 & \cdots & a_2+a_{n-1} & a_2+a_n \\ \vdots & \vdots & \vdots & & \vdots & \vdots \\ 0 & a_{n-1}+a_1 & a_{n-1}+a_2 & \cdots & 0 & a_{n-1}+a_n \\ 0 & a_n+a_1 & a_n+a_2 & \cdots & a_n+a_{n-1} & 0 \end{vmatrix},$$

显然 $|\boldsymbol{A}| = |\boldsymbol{B}|$. 将 $|\boldsymbol{B}|$ 的第一行分别加到余下的 n 行上, 可得

$$|\boldsymbol{B}| = \begin{vmatrix} 1 & -a_1 & -a_2 & \cdots & -a_{n-1} & -a_n \\ 1 & -a_1 & a_1 & \cdots & a_1 & a_1 \\ 1 & a_2 & -a_2 & \cdots & a_2 & a_2 \\ \vdots & \vdots & \vdots & & \vdots & \vdots \\ 1 & a_{n-1} & a_{n-1} & \cdots & -a_{n-1} & a_{n-1} \\ 1 & a_n & a_n & \cdots & a_n & -a_n \end{vmatrix}.$$

再次将上述行列式升阶, 考虑如下 $n+2$ 阶行列式:

$$|\boldsymbol{C}| = \begin{vmatrix} 1 & 0 & 0 & 0 & \cdots & 0 & 0 \\ 0 & 1 & -a_1 & -a_2 & \cdots & -a_{n-1} & -a_n \\ -a_1 & 1 & -a_1 & a_1 & \cdots & a_1 & a_1 \\ -a_2 & 1 & a_2 & -a_2 & \cdots & a_2 & a_2 \\ \vdots & \vdots & \vdots & \vdots & & \vdots & \vdots \\ -a_{n-1} & 1 & a_{n-1} & a_{n-1} & \cdots & -a_{n-1} & a_{n-1} \\ -a_n & 1 & a_n & a_n & \cdots & a_n & -a_n \end{vmatrix},$$

显然 $|\boldsymbol{A}|=|\boldsymbol{B}|=|\boldsymbol{C}|$. 将 $|\boldsymbol{C}|$ 的第一列分别加到最后的 n 列上, 可得

$$|\boldsymbol{C}|=\begin{vmatrix} 1 & 0 & 1 & 1 & \cdots & 1 & 1 \\ 0 & 1 & -a_1 & -a_2 & \cdots & -a_{n-1} & -a_n \\ -a_1 & 1 & -2a_1 & 0 & \cdots & 0 & 0 \\ -a_2 & 1 & 0 & -2a_2 & \cdots & 0 & 0 \\ \vdots & \vdots & \vdots & \vdots & & \vdots & \vdots \\ -a_{n-1} & 1 & 0 & 0 & \cdots & -2a_{n-1} & 0 \\ -a_n & 1 & 0 & 0 & \cdots & 0 & -2a_n \end{vmatrix}.$$

上述行列式是爪型行列式 (参考例 1.4), 只要利用非零主对角元将爪的一边消去, 变成 (分块) 上 (下) 三角行列式即可计算出结果. 我们选择消去前两列的爪边, 在上述行列式中, 将第 i 列 $(i=3,4,\cdots,n+2)$ 乘以 $-\dfrac{1}{2}$ 都加到第一列上, 再将第 i 列 $(i=3,4,\cdots,n+2)$ 乘以 $\dfrac{1}{2a_{i-2}}$ 都加到第二列上, 可得

$$|\boldsymbol{C}|=\begin{vmatrix} 1-\dfrac{n}{2} & \dfrac{T}{2} & 1 & 1 & \cdots & 1 & 1 \\ \dfrac{S}{2} & 1-\dfrac{n}{2} & -a_1 & -a_2 & \cdots & -a_{n-1} & -a_n \\ 0 & 0 & -2a_1 & 0 & \cdots & 0 & 0 \\ 0 & 0 & 0 & -2a_2 & \cdots & 0 & 0 \\ \vdots & \vdots & \vdots & \vdots & & \vdots & \vdots \\ 0 & 0 & 0 & 0 & \cdots & -2a_{n-1} & 0 \\ 0 & 0 & 0 & 0 & \cdots & 0 & -2a_n \end{vmatrix},$$

其中 $S=a_1+a_2+\cdots+a_n$, $T=\dfrac{1}{a_1}+\dfrac{1}{a_2}+\cdots+\dfrac{1}{a_n}$. 注意到上述行列式是分块上三角行列式, 从而可得

$$|\boldsymbol{A}|=|\boldsymbol{C}|=(-2)^{n-2}\prod_{i=1}^n a_i\left((n-2)^2-\left(\sum_{i=1}^n a_i\right)\left(\sum_{i=1}^n \frac{1}{a_i}\right)\right).\ \square$$

§ 1.8 求根法

求根法 我们在 § 5.9 中给出了求根法的严格证明, 其中需要用到多元多项式的整性, 下面只简单复述一下结论.

设 n 阶行列式 $|\boldsymbol{A}|$ 的元素 $a_{ij}=a_{ij}(x_1,x_2,\cdots,x_m)$ 都是关于未定元 $x_1,x_2,\cdots,x_m$ 的多项式, 则 $|\boldsymbol{A}|$ 是一个多元多项式. 若把 x_1 看成主未定元, 则可将 $|\boldsymbol{A}|$ 整理成关于 x_1 的一元多项式:

$$|\boldsymbol{A}|=c_0(x_2,\cdots,x_m)x_1^d+c_1(x_2,\cdots,x_m)x_1^{d-1}+\cdots+c_d(x_2,\cdots,x_m), \tag{1.9}$$

其中 $c_0(x_2,\cdots,x_m)\neq 0$, $d\geq 1$ 为次数. 假设存在互异的多项式 $g_1(x_2,\cdots,x_m),\cdots,$ $g_d(x_2,\cdots,x_m)$, 使得当 $x_1=g_i(x_2,\cdots,x_m)\,(1\leq i\leq d)$ 时 $|\boldsymbol{A}|=0$, 则

$$|\boldsymbol{A}|=c_0(x_2,\cdots,x_m)\cdot\big(x_1-g_1(x_2,\cdots,x_m)\big)\cdots\big(x_1-g_d(x_2,\cdots,x_m)\big).$$

求根法的原理

(1) 确定主未定元 x_1 的次数 d 以及方程 (1.9) 的 d 个不同的根 $g_i(x_2,\cdots,x_m)$;

(2) 首项系数 $c_0(x_2,\cdots,x_m)$ 或可直接得到, 或可通过第一步的方法继续确定;

(3) 若 $|\boldsymbol{A}|$ 是对称多项式, 则可将主未定元进行轮换, 简化讨论的过程.

例 1.34 试用求根法计算 Vandermonde 行列式:

$$D_n=\begin{vmatrix}1 & x_1 & \cdots & x_1^{n-2} & x_1^{n-1}\\ 1 & x_2 & \cdots & x_2^{n-2} & x_2^{n-1}\\ \vdots & \vdots & & \vdots & \vdots\\ 1 & x_{n-1} & \cdots & x_{n-1}^{n-2} & x_{n-1}^{n-1}\\ 1 & x_n & \cdots & x_n^{n-2} & x_n^{n-1}\end{vmatrix}.$$

解 将 x_n 看成主未定元, 则次数为 $n-1$, 首项系数为 D_{n-1}. 当 $x_n=x_i\,(1\leq i\leq n-1)$ 时, 行列式有两行相同, 故 $D_n=0$, 从而 $x_1,\cdots,x_{n-1}$ 是 $n-1$ 个不同的根, 于是

$$D_n=D_{n-1}\cdot(x_n-x_1)\cdots(x_n-x_{n-1}).$$

再对系数 D_{n-1} 做类似的讨论, 不断这样做下去, 最后可得 $D_n=\prod\limits_{1\leq i<j\leq n}(x_j-x_i)$. 也可以直接讨论, 将任一 x_j 看成主未定元, 则其余未定元 $x_i\,(i\neq j)$ 都是 D_n 的根, 故 $D_n=c\prod\limits_{1\leq i<j\leq n}(x_j-x_i)$. 规定未定元的字典排序为 $x_n\succ x_{n-1}\succ\cdots\succ x_1$, 则由行列式的组合定义可知 D_n 的首项为 $x_n^{n-1}x_{n-1}^{n-2}\cdots x_2$, 比较之后即得 $c=1$. □

例 1.35 求下列行列式的值:

$$|\boldsymbol{A}|=\begin{vmatrix}1 & 1 & 2 & 3\\ 1 & 2-x^2 & 2 & 3\\ 2 & 3 & 1 & 5\\ 2 & 3 & 1 & 9-x^2\end{vmatrix}.$$

解 上述行列式按组合定义展开将得到一个关于未定元 x 的首项系数为 -3 的四次多项式, 注意到当 $2-x^2=1$ 或 $9-x^2=5$ 时, 行列式均有两行相同, 从而值为零. 因此 $x=\pm1,\pm2$ 是上述一元四次多项式的 4 个不同的根, 从而由求根法可知 $|\boldsymbol{A}|=-3(x^2-1)(x^2-4)$. □

例 1.24 设 $f_1(x),f_2(x),\cdots,f_n(x)$ 是次数不超过 $n-2$ 的多项式, 求证: 对任意 n 个数 $a_1,a_2,\cdots,a_n$, 均有

$$\begin{vmatrix} f_1(a_1) & f_2(a_1) & \cdots & f_n(a_1) \\ f_1(a_2) & f_2(a_2) & \cdots & f_n(a_2) \\ \vdots & \vdots & & \vdots \\ f_1(a_n) & f_2(a_n) & \cdots & f_n(a_n) \end{vmatrix}=0.$$

证法 2 作行列式

$$g(x)=\begin{vmatrix} f_1(x) & f_2(x) & \ldots & f_n(x) \\ f_1(a_2) & f_2(a_2) & \ldots & f_n(a_2) \\ \vdots & \vdots & & \vdots \\ f_1(a_n) & f_2(a_n) & \ldots & f_n(a_n) \end{vmatrix},$$

这是一个次数不超过 $n-2$ 的多项式. 若 $a_2,\cdots,a_n$ 中有相同者, 则显然 $g(x)=0$. 若 $a_2,\cdots,a_n$ 互不相同, 则由 $g(a_i)=0\,(2\le i\le n)$ 可知 $g(x)$ 有 $n-1$ 个不同的根, 再由例 1.30 可得 $g(x)=0$. 总之, $g(x)$ 是一个恒为零的多项式, 因此原行列式的值 $g(a_1)=0$. □

例 1.36 计算行列式:

$$|\boldsymbol{A}|=\begin{vmatrix} x & y & z & w \\ y & x & w & z \\ z & w & x & y \\ w & z & y & x \end{vmatrix}.$$

解 设 $|\boldsymbol{A}|=f(x)$, 将所有行加到第一行上可以提出因子 $x+y+z+w$. 第二行乘以 1, 第三、第四行乘以 -1 加到第一行上可提出因子 $x+y-z-w$. 同理可知 $|\boldsymbol{A}|$ 有因子 $x+z-y-w$, $x+w-y-z$. 又 $|\boldsymbol{A}|$ 看成为 x 的多项式是四次的, 首项系数为 1, 故 $|\boldsymbol{A}|=(x+y+z+w)(x+y-z-w)(x+z-y-w)(x+w-y-z)$. □

注 利用行列式的性质可以给出例 1.36 的另一种解法, 请参考 [1] 的例 1.5.10.

例 1.37 计算行列式:

$$|\boldsymbol{A}|=\begin{vmatrix}1+x & 1 & 1 & 1\\ 1 & 1-x & 1 & 1\\ 1 & 1 & 1+y & 1\\ 1 & 1 & 1 & 1-y\end{vmatrix}.$$

解 显然当 $x=0$ 或 $y=0$ 时 $|\boldsymbol{A}|=0$. 因此 $|\boldsymbol{A}|$ 含有因子 xy. 若将 $-x$ 代 x, 所得行列式仍和 $|\boldsymbol{A}|$ 相等 (只要将第一、第二行对换, 再将第一、第二列对换). 可见, $|\boldsymbol{A}|$ 含有因子 x^2, 同理 $|\boldsymbol{A}|$ 含有因子 y^2. 而 x^2y^2 项的系数是 1, 因此 $|\boldsymbol{A}|=x^2y^2$. □

例 1.38 求下列行列式的值:

$$|\boldsymbol{A}|=\begin{vmatrix}(a+b)^2 & c^2 & c^2\\ a^2 & (b+c)^2 & a^2\\ b^2 & b^2 & (c+a)^2\end{vmatrix}.$$

解 若 $a=0$, 则第一列和第三列成比例, 故行列式值为零, 于是 a 是 $|\boldsymbol{A}|$ 的因子, 同理可证 b,c 也是 $|\boldsymbol{A}|$ 的因子. 注意到第一列减去第二列, 以及第三列减去第二列均可提出公因子 $a+b+c$, 于是 $|\boldsymbol{A}|=abc(a+b+c)^2f(a,b,c)$, 其中 $f(a,b,c)$ 是一次齐次多项式. 设 $f(a,b,c)=k_1a+k_2b+k_3c$, 若将 a,b,c 做置换, 容易验证 $|\boldsymbol{A}|$ 的值仍不变, 故 $k_1=k_2=k_3$, 于是 $|\boldsymbol{A}|=kabc(a+b+c)^3$. 最后取 $a=b=c=1$ 可以确定 $k=2$, 因此 $|\boldsymbol{A}|=2abc(a+b+c)^3$. □

例 1.18 (Cauchy 行列式) 计算 n 阶行列式:

$$|\boldsymbol{A}|=\begin{vmatrix}(a_1+b_1)^{-1} & (a_1+b_2)^{-1} & \cdots & (a_1+b_n)^{-1}\\ (a_2+b_1)^{-1} & (a_2+b_2)^{-1} & \cdots & (a_2+b_n)^{-1}\\ \vdots & \vdots & & \vdots\\ (a_n+b_1)^{-1} & (a_n+b_2)^{-1} & \cdots & (a_n+b_n)^{-1}\end{vmatrix}.$$

解法 2 将 $|\boldsymbol{A}|$ 的每一行提出公分母, 得到

$$|\boldsymbol{A}|=\prod_{i,j=1}^{n}(a_i+b_j)^{-1}|\boldsymbol{B}|,$$

其中 $|\boldsymbol{B}|$ 是一个 n 阶行列式, 它的第 (i,j) 元素为

$$\prod_{k=1}^{n}(a_i+b_k)\Big/(a_i+b_j).$$

现来计算 $|\boldsymbol{B}|$. 若 $a_i = a_j\,(i \neq j)$, 则显然 $|\boldsymbol{B}| = 0$ (有两行相同), 因此 $|\boldsymbol{B}|$ 含有因子 $a_i - a_j$. 同理可证 $|\boldsymbol{B}|$ 也含有因子 $b_i - b_j$. 又 a_i 在 $|\boldsymbol{B}|$ 展开式中的次数为 $n-1$, b_i 的次数也是 $n-1$, 因此

$$|\boldsymbol{B}| = k \prod_{1 \le i < j \le n} (a_i - a_j)(b_i - b_j).$$

为确定 k 的值, 令 $a_i = -b_i\,(i = 1, 2, \cdots, n)$. $|\boldsymbol{B}|$ 这时成为对角行列式, 注意到 $b_i = -a_i$, 我们有

$$|\boldsymbol{B}| = \prod_{1 \le i \neq j \le n} (a_i - a_j) = \prod_{1 \le i < j \le n} (a_i - a_j)(b_i - b_j).$$

这表明 $k = 1$. 因此

$$|\boldsymbol{A}| = \frac{\prod\limits_{1 \le i < j \le n} (a_i - a_j)(b_i - b_j)}{\prod\limits_{i,j=1}^{n} (a_i + b_j)}. \square$$

§ 1.9 组合定义

组合定义 教材 [1] 是从行列式的递归定义出发, 先利用数学归纳法证明行列式的所有性质, 再推导出行列式的组合定义. 事实上, 也可以从行列式的组合定义出发, 先证明行列式的所有性质, 再推导出行列式的递归定义. 因此两种定义体系是完全等价的. 行列式的组合定义通常在理论证明中使用, 如利用它可以证明 Laplace 定理等.

例 1.39 若 n 阶行列式 $|\boldsymbol{A}|$ 中零元素的个数超过 $n^2 - n$ 个, 证明: $|\boldsymbol{A}| = 0$.

证明 由行列式的组合定义可得

$$|\boldsymbol{A}| = \sum_{(k_1, k_2, \cdots, k_n) \in S_n} (-1)^{N(k_1, k_2, \cdots, k_n)} a_{k_1 1} a_{k_2 2} \cdots a_{k_n n}.$$

由于 $|\boldsymbol{A}|$ 中零元素的个数超过 $n^2 - n$ 个, 故 $a_{k_1 1}, a_{k_2 2}, \cdots, a_{k_n n}$ 中至少有一个为零, 从而 $a_{k_1 1} a_{k_2 2} \cdots a_{k_n n} = 0$, 因此 $|\boldsymbol{A}| = 0$. 如直接利用行列式的性质, 也可以这样来证明: 因为 $|\boldsymbol{A}|$ 中零元素的个数超过 $n^2 - n$ 个, 由抽屉原理可知, $|\boldsymbol{A}|$ 至少有一列其零元素的个数大于等于 $\left[\dfrac{n^2 - n}{n}\right] + 1 = n$, 即 $|\boldsymbol{A}|$ 至少有一列其元素全为零, 因此 $|\boldsymbol{A}| = 0$. $\square$

例 1.21 设 $f_{ij}(t)$ 是可微函数,

$$F(t)=\begin{vmatrix} f_{11}(t) & f_{12}(t) & \cdots & f_{1n}(t) \\ f_{21}(t) & f_{22}(t) & \cdots & f_{2n}(t) \\ \vdots & \vdots & & \vdots \\ f_{n1}(t) & f_{n2}(t) & \cdots & f_{nn}(t) \end{vmatrix},$$

求证: $\dfrac{\mathrm{d}}{\mathrm{d}t}F(t)=\sum\limits_{j=1}^{n}F_j(t)$, 其中

$$F_j(t)=\begin{vmatrix} f_{11}(t) & f_{12}(t) & \cdots & \dfrac{\mathrm{d}}{\mathrm{d}t}f_{1j}(t) & \cdots & f_{1n}(t) \\ f_{21}(t) & f_{22}(t) & \cdots & \dfrac{\mathrm{d}}{\mathrm{d}t}f_{2j}(t) & \cdots & f_{2n}(t) \\ \vdots & \vdots & & \vdots & & \vdots \\ f_{n1}(t) & f_{n2}(t) & \cdots & \dfrac{\mathrm{d}}{\mathrm{d}t}f_{nj}(t) & \cdots & f_{nn}(t) \end{vmatrix}.$$

证法 2 由行列式的组合定义可得

$$F(t)=\sum_{(k_1,k_2,\cdots,k_n)\in S_n}(-1)^{N(k_1,k_2,\cdots,k_n)}f_{k_11}(t)f_{k_22}(t)\cdots f_{k_nn}(t).$$

因此

$$\begin{aligned}\frac{\mathrm{d}}{\mathrm{d}t}F(t) &= \sum_{(k_1,k_2,\cdots,k_n)\in S_n}(-1)^{N(k_1,k_2,\cdots,k_n)}f'_{k_11}(t)f_{k_22}(t)\cdots f_{k_nn}(t) \\ &\quad+\sum_{(k_1,k_2,\cdots,k_n)\in S_n}(-1)^{N(k_1,k_2,\cdots,k_n)}f_{k_11}(t)f'_{k_22}(t)\cdots f_{k_nn}(t) \\ &\quad+\cdots+\sum_{(k_1,k_2,\cdots,k_n)\in S_n}(-1)^{N(k_1,k_2,\cdots,k_n)}f_{k_11}(t)f_{k_22}(t)\cdots f'_{k_nn}(t) \\ &= F_1(t)+F_2(t)+\cdots+F_n(t).\ \Box\end{aligned}$$

例 1.40 设

$$f(x)=\begin{vmatrix} x-a_{11} & -a_{12} & \cdots & -a_{1n} \\ -a_{21} & x-a_{22} & \cdots & -a_{2n} \\ \vdots & \vdots & & \vdots \\ -a_{n1} & -a_{n2} & \cdots & x-a_{nn} \end{vmatrix},$$

其中 x 是未定元, a_{ij} 是常数. 证明: $f(x)$ 是一个最高次项系数为 1 的 n 次多项式, 且其 $n-1$ 次项的系数等于 $-(a_{11}+a_{22}+\cdots+a_{nn})$.

证明 由行列式的组合定义可知, $f(x)$ 的最高次项出现在组合定义展开式中的单项 $(x-a_{11})(x-a_{22})\cdots(x-a_{nn})$ 中, 且展开式中的其他单项作为 x 的多项式其次数小于等于 $n-2$. 因此 $f(x)$ 是一个最高次项系数为 1 的 n 次多项式, 且其 $n-1$ 次项的系数等于 $-(a_{11}+a_{22}+\cdots+a_{nn})$. □

例 1.41 设 $\boldsymbol{A}=(a_{ij})$ 为 n 阶复矩阵, 证明: $|\overline{\boldsymbol{A}}|=\overline{|\boldsymbol{A}|}$.

证明 复数的共轭保持加法和乘法: $\overline{z_1+z_2}=\overline{z_1}+\overline{z_2}$, $\overline{z_1\cdot z_2}=\overline{z_1}\cdot\overline{z_2}$, 故由行列式的组合定义可得

$$\begin{aligned}\overline{|\boldsymbol{A}|} &= \overline{\sum_{(k_1,k_2,\cdots,k_n)\in S_n}(-1)^{N(k_1,k_2,\cdots,k_n)}a_{k_11}a_{k_22}\cdots a_{k_nn}}\\ &= \sum_{(k_1,k_2,\cdots,k_n)\in S_n}(-1)^{N(k_1,k_2,\cdots,k_n)}\overline{a_{k_11}}\,\overline{a_{k_22}}\cdots\overline{a_{k_nn}}=|\overline{\boldsymbol{A}}|.\ \square\end{aligned}$$

例 1.42 设 $\boldsymbol{A}=(a_{ij})$ 是 $n\,(n\geq 2)$ 阶非异整数方阵, 满足对任意的 i,j, $|\boldsymbol{A}|$ 均可整除 a_{ij}, 证明: $|\boldsymbol{A}|=\pm 1$.

证明 $|\boldsymbol{A}|$ 可整除每个元素 a_{ij}, 故由行列式的组合定义

$$|\boldsymbol{A}|=\sum_{(k_1,k_2,\cdots,k_n)\in S_n}(-1)^{N(k_1,k_2,\cdots,k_n)}a_{k_11}a_{k_22}\cdots a_{k_nn}$$

可知 $|\boldsymbol{A}|^n$ 可整除 $|\boldsymbol{A}|$ 中每个单项 $a_{k_11}a_{k_22}\cdots a_{k_nn}$, 从而 $|\boldsymbol{A}|^n$ 可整除 $|\boldsymbol{A}|$, 即有 $|\boldsymbol{A}|^{n-1}$ 可整除 1, 于是 $|\boldsymbol{A}|^{n-1}=\pm 1$. 又 $|\boldsymbol{A}|$ 是整数, 从而只能是 $|\boldsymbol{A}|=\pm 1$. □

例 1.43 如果 n 阶行列式 $|\boldsymbol{A}|$ 的元素满足 $a_{ij}=-a_{ji}\,(1\leq i,j\leq n)$, 则称为反对称行列式. 求证: 奇数阶反对称行列式的值等于零.

证明 由于 $|\boldsymbol{A}|$ 的主对角元全为 0, 故由组合定义, 只需考虑下列单项:

$$T=\{a_{k_11}a_{k_22}\cdots a_{k_nn}\mid k_i\neq i\,(1\leq i\leq n)\}.$$

定义映射 $\boldsymbol{\varphi}:T\to T$, $a_{k_11}a_{k_22}\cdots a_{k_nn}\mapsto a_{1k_1}a_{2k_2}\cdots a_{nk_n}$. 显然 $\boldsymbol{\varphi}^2=\mathbf{Id}_T$, 于是 $\boldsymbol{\varphi}$ 是一个双射. 我们断言: $a_{k_11}a_{k_22}\cdots a_{k_nn}$ 和 $a_{1k_1}a_{2k_2}\cdots a_{nk_n}$ 作为 $|\boldsymbol{A}|$ 的单项不相同, 否则 $\{1,2,\cdots,n\}$ 必可分成若干对 (i_1,j_1), $\cdots$, (i_l,j_l), 使得 $a_{k_11}a_{k_22}\cdots a_{k_nn}=a_{i_1j_1}a_{j_1i_1}\cdots a_{i_lj_l}a_{j_li_l}$, 这与 n 为奇数矛盾. 将上述两个单项看成一组, 则它们在 $|\boldsymbol{A}|$ 中符号均为 $(-1)^{N(k_1,k_2,\cdots,k_n)}$. 由于 $|\boldsymbol{A}|$ 反对称, 故

$$a_{1k_1}a_{2k_2}\cdots a_{nk_n}=(-1)^n a_{k_11}a_{k_22}\cdots a_{k_nn}=-a_{k_11}a_{k_22}\cdots a_{k_nn},$$

从而每组和为 0, 于是 $|\boldsymbol{A}|=0$. 如直接利用行列式的性质, 也可以这样来证明: 由反对称行列式的定义可知, $|\boldsymbol{A}|$ 的转置 $|\boldsymbol{A}'|$ 与 $|\boldsymbol{A}|$ 的每个元素都相差一个符号, 将 $|\boldsymbol{A}'|$ 的每一行都提出公因子 -1 可得 $|\boldsymbol{A}|=|\boldsymbol{A}'|=(-1)^n|\boldsymbol{A}|=-|\boldsymbol{A}|$, 从而 $|\boldsymbol{A}|=0$. □

§ 1.10 Laplace 定理

Laplace 定理推广了 "行列式可以按任意一行 (列) 进行展开" 这一性质: 行列式可以按任意 k 行 (列) 进行展开. 由 Laplace 定理可以推出: 分块上 (下) 三角行列式的值等于主对角块行列式值的乘积, 这一推论是行列式性质 1 的推广, 在后续章节中有着众多的应用. Laplace 定理通常在理论证明中使用, 下面是几个典型的例子.

例 1.44 利用行列式的 Laplace 定理证明恒等式:

$$(ab'-a'b)(cd'-c'd)-(ac'-a'c)(bd'-b'd)+(ad'-a'd)(bc'-b'c)=0.$$

证明 显然下列行列式的值为零:

$$\begin{vmatrix} a & a' & a & a' \\ b & b' & b & b' \\ c & c' & c & c' \\ d & d' & d & d' \end{vmatrix}.$$

用 Laplace 定理按第一、第二列展开即得. □

例 1.45 求 $2n$ 阶行列式的值 (空缺处都是零):

$$\begin{vmatrix} a & & & & & b \\ & \ddots & & & \iddots & \\ & & a & b & & \\ & & b & a & & \\ & \iddots & & & \ddots & \\ b & & & & & a \end{vmatrix}.$$

解 不断用 Laplace 定理 (第一行及最后一行), 即可求得行列式的值为

$$(a^2-b^2)^n. \ \square$$

例 1.46 设 $\boldsymbol{A},\boldsymbol{B}$ 都是 n 阶矩阵, 求证:

$$|\boldsymbol{A}+\boldsymbol{B}|=|\boldsymbol{A}|+|\boldsymbol{B}|+\sum_{1\le k\le n-1}\left(\sum_{\substack{1\le i_1<i_2<\cdots<i_k\le n\\1\le j_1<j_2<\cdots<j_k\le n}}\boldsymbol{A}\begin{pmatrix} i_1 & i_2 & \cdots & i_k \\ j_1 & j_2 & \cdots & j_k \end{pmatrix}\widehat{\boldsymbol{B}}\begin{pmatrix} i_1 & i_2 & \cdots & i_k \\ j_1 & j_2 & \cdots & j_k \end{pmatrix}\right).$$

证明　设 $|\boldsymbol{A}|=|\boldsymbol{\alpha}_1,\boldsymbol{\alpha}_2,\cdots,\boldsymbol{\alpha}_n|$, $|\boldsymbol{B}|=|\boldsymbol{\beta}_1,\boldsymbol{\beta}_2,\cdots,\boldsymbol{\beta}_n|$, 其中 $\boldsymbol{\alpha}_i$, $\boldsymbol{\beta}_i$ 分别是 $\boldsymbol{A}$ 和 $\boldsymbol{B}$ 的列向量. 注意到

$$|\boldsymbol{A}+\boldsymbol{B}|=|\boldsymbol{\alpha}_1+\boldsymbol{\beta}_1,\boldsymbol{\alpha}_2+\boldsymbol{\beta}_2,\cdots,\boldsymbol{\alpha}_n+\boldsymbol{\beta}_n|.$$

对 $|\boldsymbol{A}+\boldsymbol{B}|$, 按列用行列式性质 6 展开, 使每个行列式的每一列或者只含 $\boldsymbol{\alpha}_i$, 或者只含 $\boldsymbol{\beta}_i$ (即按列向量完全拆分开), 则 $|\boldsymbol{A}+\boldsymbol{B}|$ 可以表示为 2^n 个这样的行列式之和. 对每个行列式用 Laplace 定理按含有 $\boldsymbol{A}$ 的列向量的那些列展开便可得到结论. □

注　当 $\boldsymbol{A},\boldsymbol{B}$ 之一是比较简单的矩阵 (例如对角阵或秩较小的矩阵) 时, 可利用例 1.46 来计算 $|\boldsymbol{A}+\boldsymbol{B}|$. 下面是两道典型例题, 其中例 1.47 是例 1.40 的推广.

例 1.47　设 $\boldsymbol{A}=(a_{ij})$ 为 n 阶方阵, x 为未定元,

$$f(x)=|x\boldsymbol{I}_n-\boldsymbol{A}|=\begin{vmatrix}x-a_{11} & -a_{12} & \cdots & -a_{1n}\\ -a_{21} & x-a_{22} & \cdots & -a_{2n}\\ \vdots & \vdots & & \vdots\\ -a_{n1} & -a_{n2} & \cdots & x-a_{nn}\end{vmatrix}.$$

证明: $f(x)=x^n+a_1x^{n-1}+\cdots+a_{n-1}x+a_n$, 其中

$$a_k=(-1)^k\sum_{1\le i_1<i_2<\cdots<i_k\le n}\boldsymbol{A}\begin{pmatrix}i_1 & i_2 & \cdots & i_k\\ i_1 & i_2 & \cdots & i_k\end{pmatrix},\ 1\le k\le n.$$

证明　注意到 $x\boldsymbol{I}_n$ 非零的 $n-k$ 阶子式只有 $n-k$ 阶主子式, 其值为 x^{n-k}, 故由例 1.46 即得结论. □

例 1.33　求下列 n 阶行列式的值, 其中 $a_i\neq 0\,(1\le i\le n)$:

$$|\boldsymbol{A}|=\begin{vmatrix}0 & a_1+a_2 & \cdots & a_1+a_{n-1} & a_1+a_n\\ a_2+a_1 & 0 & \cdots & a_2+a_{n-1} & a_2+a_n\\ \vdots & \vdots & & \vdots & \vdots\\ a_{n-1}+a_1 & a_{n-1}+a_2 & \cdots & 0 & a_{n-1}+a_n\\ a_n+a_1 & a_n+a_2 & \cdots & a_n+a_{n-1} & 0\end{vmatrix}.$$

解法 2　设

$$\boldsymbol{B}=\begin{pmatrix}2a_1 & a_1+a_2 & \cdots & a_1+a_n\\ a_2+a_1 & 2a_2 & \cdots & a_2+a_n\\ \vdots & \vdots & & \vdots\\ a_n+a_1 & a_n+a_2 & \cdots & 2a_n\end{pmatrix},\ \boldsymbol{C}=\begin{pmatrix}-2a_1 & & & \\ & -2a_2 & & \\ & & \ddots & \\ & & & -2a_n\end{pmatrix},$$

则 $\boldsymbol{A}=\boldsymbol{B}+\boldsymbol{C}$. 我们先来计算 $|\boldsymbol{B}|$, 拆分 $|\boldsymbol{B}|$ 的第一列得到两个行列式, 再用第一列分别消去后面 $n-1$ 列的对应部分, 最后可得

$$\begin{aligned}
|\boldsymbol{B}| &= \begin{vmatrix} a_1 & a_1+a_2 & \cdots & a_1+a_n \\ a_2 & 2a_2 & \cdots & a_2+a_n \\ \vdots & \vdots & & \vdots \\ a_n & a_n+a_2 & \cdots & 2a_n \end{vmatrix} + \begin{vmatrix} a_1 & a_1+a_2 & \cdots & a_1+a_n \\ a_1 & 2a_2 & \cdots & a_2+a_n \\ \vdots & \vdots & & \vdots \\ a_1 & a_n+a_2 & \cdots & 2a_n \end{vmatrix} \\
&= \begin{vmatrix} a_1 & a_2 & \cdots & a_n \\ a_2 & a_2 & \cdots & a_n \\ \vdots & \vdots & & \vdots \\ a_n & a_2 & \cdots & a_n \end{vmatrix} + \begin{vmatrix} a_1 & a_1 & \cdots & a_1 \\ a_1 & a_2 & \cdots & a_2 \\ \vdots & \vdots & & \vdots \\ a_1 & a_n & \cdots & a_n \end{vmatrix}.
\end{aligned}$$

因此, 当 $n\geq 3$ 时, $|\boldsymbol{B}|=0$; 当 $n=2$ 时, $|\boldsymbol{B}|=-(a_1-a_2)^2$; 当 $n=1$ 时, $|\boldsymbol{B}|=2a_1$. 由于 $\boldsymbol{B}$ 的任一 k 阶主子式也具有相同的形状, 故上面也给出了 $\boldsymbol{B}$ 的所有主子式的计算结果. 注意到 $\boldsymbol{C}$ 只有主子式非零, 故由例 1.46 可得

$$\begin{aligned}
|\boldsymbol{A}| &= |\boldsymbol{B}|+|\boldsymbol{C}|+\sum_{1\leq k\leq n-1}\sum_{\substack{1\leq i_1<i_2<\cdots<i_k\leq n \\ 1\leq j_1<j_2<\cdots<j_k\leq n}} \boldsymbol{B}\begin{pmatrix} i_1 & i_2 & \cdots & i_k \\ j_1 & j_2 & \cdots & j_k \end{pmatrix}\widehat{\boldsymbol{C}}\begin{pmatrix} i_1 & i_2 & \cdots & i_k \\ j_1 & j_2 & \cdots & j_k \end{pmatrix} \\
&= |\boldsymbol{C}|+\sum_{i=1}^n \boldsymbol{B}\begin{pmatrix} i \\ i \end{pmatrix}\widehat{\boldsymbol{C}}\begin{pmatrix} i \\ i \end{pmatrix}+\sum_{1\leq i<j\leq n}\boldsymbol{B}\begin{pmatrix} i & j \\ i & j \end{pmatrix}\widehat{\boldsymbol{C}}\begin{pmatrix} i & j \\ i & j \end{pmatrix} \\
&= (-2)^n a_1a_2\cdots a_n+\sum_{i=1}^n(2a_i)(-2)^{n-1}a_1\cdots\widehat{a_i}\cdots a_n \\
&\quad +\sum_{1\leq i<j\leq n}\Big(-(a_i-a_j)^2(-2)^{n-2}a_1\cdots\widehat{a_i}\cdots\widehat{a_j}\cdots a_n\Big) \\
&= (-2)^{n-2}\prod_{i=1}^n a_i\left((n-2)^2-\left(\sum_{i=1}^n a_i\right)\left(\sum_{i=1}^n\frac{1}{a_i}\right)\right). \ \square
\end{aligned}$$

§ 1.11 综合运用

我们在前面几节介绍了行列式计算的 9 种方法, 分别是: 降阶法、求和法、递推法与数学归纳法、拆分法、Vandermonde 行列式、升阶法、求根法、组合定义和 Laplace 定理. 在矩阵这一章中, 我们还将介绍: 矩阵乘法、Cauchy-Binet 公式和降阶公式这 3 种方法, 合在一起共 12 种方法.

另外, 一些重要的例题, 如例 1.4 (爪型行列式)、例 1.5 (除主对角元素外每行相等型)、例 1.7 (添加一行一列型)、例 1.12 (循环行列式)、例 1.13 (三对角行列式)、例 1.18 (Cauchy 行列式)、例 1.21 (行列式求导)、例 1.22 (元素增量相等型) 及其推论、例 1.27 (类 Vandermonde 行列式)、例 1.46 ($|\boldsymbol{A}+\boldsymbol{B}|$ 型) 等, 都可看成是某种模板, 今后可直接利用其结论去计算相关的行列式. 我们亦可称之为模板法.

行列式的计算具有相当的技巧性, 有时可以用数种方法来解一道题, 有时也需要综合运用各种方法来进行计算. 但不管利用怎样的方法, 熟练运用行列式的性质总是最基本的要求. 下面我们再列举一些典型的例题加以说明.

例 1.48 求下列 n 阶行列式的值:

$$|\boldsymbol{A}|=\begin{vmatrix}(x-a_1)^2 & a_2^2 & \cdots & a_n^2\\ a_1^2 & (x-a_2)^2 & \cdots & a_n^2\\ \vdots & \vdots & & \vdots\\ a_1^2 & a_2^2 & \cdots & (x-a_n)^2\end{vmatrix}.$$

解 注意到 $(x-a_i)^2=a_i^2-(2a_i-x)x$, 因此直接利用例 1.5 的结论可得

$$\begin{aligned}|\boldsymbol{A}|=&\sum_{i=1}^{n}(x^2-2a_1x)\cdots(x^2-2a_{i-1}x)a_i^2(x^2-2a_{i+1}x)\cdots(x^2-2a_nx)\\&+(x^2-2a_1x)\cdots(x^2-2a_nx).\ \square\end{aligned}$$

我们直接利用行列式的性质给出例 1.38 的另一解法.

例 1.38 求下列行列式的值:

$$|\boldsymbol{A}|=\begin{vmatrix}(a+b)^2 & c^2 & c^2\\ a^2 & (b+c)^2 & a^2\\ b^2 & b^2 & (c+a)^2\end{vmatrix}.$$

解法 2 将第二列乘以 -1 分别加到第一列和第三列上, 再将第一列和第三列的公因子提出, 可得

$$|\boldsymbol{A}|=(a+b+c)^2\begin{vmatrix}a+b-c & c^2 & 0\\ a-b-c & (b+c)^2 & a-b-c\\ 0 & b^2 & a+c-b\end{vmatrix}.$$

将上述行列式的第一行和第三行分别乘以 -1 加到第二行上; 再将第一列乘以 $\dfrac{c}{2}$ 加

到第二列上, 将第三列乘以 $\dfrac{b}{2}$ 加到第二列上; 最后将第二列的公因子提出, 可得

$$\begin{aligned}
|\boldsymbol{A}| &= (a+b+c)^2\begin{vmatrix} a+b-c & c^2 & 0 \\ -2b & 2bc & -2c \\ 0 & b^2 & a+c-b \end{vmatrix} \\
&= (a+b+c)^2\begin{vmatrix} a+b-c & \dfrac{c}{2}(a+b+c) & 0 \\ -2b & 0 & -2c \\ 0 & \dfrac{b}{2}(a+b+c) & a+c-b \end{vmatrix} \\
&= (a+b+c)^3\begin{vmatrix} a+b-c & \dfrac{c}{2} & 0 \\ -2b & 0 & -2c \\ 0 & \dfrac{b}{2} & a+c-b \end{vmatrix} \\
&= 2abc(a+b+c)^3. \ \square
\end{aligned}$$

例 1.31 计算下列行列式:

$$|\boldsymbol{A}| = \begin{vmatrix} 1+x_1 & 1+x_1^2 & \cdots & 1+x_1^n \\ 1+x_2 & 1+x_2^2 & \cdots & 1+x_2^n \\ \vdots & \vdots & & \vdots \\ 1+x_n & 1+x_n^2 & \cdots & 1+x_n^n \end{vmatrix}.$$

解法 2 利用例 1.22 和例 1.27 来进行计算. 设

$$|\boldsymbol{B}(t)| = \begin{vmatrix} x_1+t & x_1^2+t & \cdots & x_1^n+t \\ x_2+t & x_2^2+t & \cdots & x_2^n+t \\ \vdots & \vdots & & \vdots \\ x_n+t & x_n^2+t & \cdots & x_n^n+t \end{vmatrix},$$

且 B_{ij} 是 $|\boldsymbol{B}(0)|$ 的第 (i,j) 元素的代数余子式, 则由例 1.22 可得

$$|\boldsymbol{A}| = |\boldsymbol{B}(1)| = |\boldsymbol{B}(0)| + \sum_{i,j=1}^{n} B_{ij}, \quad |\boldsymbol{B}(-1)| = |\boldsymbol{B}(0)| - \sum_{i,j=1}^{n} B_{ij},$$

从而 $|\boldsymbol{A}| = 2|\boldsymbol{B}(0)| - |\boldsymbol{B}(-1)|$. 注意到 $|\boldsymbol{B}(0)| = x_1x_2\cdots x_n \prod\limits_{1\le i<j\le n}(x_j-x_i)$, 又由例 1.27 可得 $|\boldsymbol{B}(-1)| = (x_1-1)(x_2-1)\cdots(x_n-1)\prod\limits_{1\le i<j\le n}(x_j-x_i)$, 故可得

$$|\boldsymbol{A}| = \Big(2x_1x_2\cdots x_n - (x_1-1)(x_2-1)\cdots(x_n-1)\Big)\prod_{1\le i<j\le n}(x_j-x_i). \ \square$$

例 1.49 设 n 阶行列式 $|\boldsymbol{A}|=|a_{ij}|$, A_{ij} 是元素 a_{ij} 的代数余子式, 求证:

$$|\boldsymbol{B}|=\begin{vmatrix} a_{11}-a_{12} & a_{12}-a_{13} & \cdots & a_{1,n-1}-a_{1n} & 1 \\ a_{21}-a_{22} & a_{22}-a_{23} & \cdots & a_{2,n-1}-a_{2n} & 1 \\ a_{31}-a_{32} & a_{32}-a_{33} & \cdots & a_{3,n-1}-a_{3n} & 1 \\ \vdots & \vdots & & \vdots & \vdots \\ a_{n1}-a_{n2} & a_{n2}-a_{n3} & \cdots & a_{n,n-1}-a_{nn} & 1 \end{vmatrix}=\sum_{i,j=1}^{n} A_{ij}.$$

证法 1 设行列式 $|\boldsymbol{A}|$ 的列向量依次为 $\boldsymbol{\alpha}_1,\boldsymbol{\alpha}_2,\cdots,\boldsymbol{\alpha}_n$, 并且 $\mathbf{1}$ 表示元素都是 1 的列向量, 则

$$|\boldsymbol{B}|=|\boldsymbol{\alpha}_1-\boldsymbol{\alpha}_2,\boldsymbol{\alpha}_2-\boldsymbol{\alpha}_3,\cdots,\boldsymbol{\alpha}_{n-1}-\boldsymbol{\alpha}_n,\mathbf{1}|.$$

依次将第 i 列加到第 $i-1$ 列上去 $(i=n-1,\cdots,2)$, 可得

$$|\boldsymbol{B}|=|\boldsymbol{\alpha}_1-\boldsymbol{\alpha}_n,\boldsymbol{\alpha}_2-\boldsymbol{\alpha}_n,\cdots,\boldsymbol{\alpha}_{n-1}-\boldsymbol{\alpha}_n,\mathbf{1}|.$$

将第 n 列写成 $(\boldsymbol{\alpha}_n+\mathbf{1})-\boldsymbol{\alpha}_n$, 进行拆分可得

$$|\boldsymbol{B}|=|\boldsymbol{\alpha}_1-\boldsymbol{\alpha}_n,\boldsymbol{\alpha}_2-\boldsymbol{\alpha}_n,\cdots,\boldsymbol{\alpha}_{n-1}-\boldsymbol{\alpha}_n,\boldsymbol{\alpha}_n+\mathbf{1}|-|\boldsymbol{\alpha}_1-\boldsymbol{\alpha}_n,\boldsymbol{\alpha}_2-\boldsymbol{\alpha}_n,\cdots,\boldsymbol{\alpha}_{n-1}-\boldsymbol{\alpha}_n,\boldsymbol{\alpha}_n|.$$

将上述两个行列式的第 n 列依次加到前 $n-1$ 列上, 可得

$$|\boldsymbol{B}|=|\boldsymbol{\alpha}_1+\mathbf{1},\boldsymbol{\alpha}_2+\mathbf{1},\cdots,\boldsymbol{\alpha}_{n-1}+\mathbf{1},\boldsymbol{\alpha}_n+\mathbf{1}|-|\boldsymbol{\alpha}_1,\boldsymbol{\alpha}_2,\cdots,\boldsymbol{\alpha}_{n-1},\boldsymbol{\alpha}_n|,$$

最后由例 1.22 即得本题的结论.

证法 2 由例 1.7 可知

$$-\sum_{i,j=1}^{n} A_{ij}=\begin{vmatrix} \boldsymbol{\alpha}_1 & \boldsymbol{\alpha}_2 & \cdots & \boldsymbol{\alpha}_n & \mathbf{1} \\ 1 & 1 & \cdots & 1 & 0 \end{vmatrix}.$$

依次将第 i 列乘以 -1 加到第 $i-1$ 列上去 $(i=2,\cdots,n)$, 再按第 $n+1$ 行展开可得

$$\begin{aligned} -\sum_{i,j=1}^{n} A_{ij} &= \begin{vmatrix} \boldsymbol{\alpha}_1-\boldsymbol{\alpha}_2 & \boldsymbol{\alpha}_2-\boldsymbol{\alpha}_3 & \cdots & \boldsymbol{\alpha}_{n-1}-\boldsymbol{\alpha}_n & \boldsymbol{\alpha}_n & \mathbf{1} \\ 0 & 0 & \cdots & 0 & 1 & 0 \end{vmatrix} \\ &= -|\boldsymbol{\alpha}_1-\boldsymbol{\alpha}_2,\boldsymbol{\alpha}_2-\boldsymbol{\alpha}_3,\cdots,\boldsymbol{\alpha}_{n-1}-\boldsymbol{\alpha}_n,\mathbf{1}|=-|\boldsymbol{B}|, \end{aligned}$$

结论得证. □

下面的例题给出了行列式的刻画: 在方阵 n 个列向量上的多重线性和反对称性, 以及正规性 (即单位矩阵处的取值为 1), 唯一确定了行列式这个函数.

例 1.50 设 f 为从 n 阶方阵全体构成的集合到数集上的映射, 使得对任意的 n 阶方阵 $\boldsymbol{A}$, 任意的指标 $1 \leq i \leq n$, 以及任意的常数 c, 满足下列条件:

(1) 设 $\boldsymbol{A}$ 的第 i 列是方阵 $\boldsymbol{B}$ 和 $\boldsymbol{C}$ 的第 i 列之和, 且 $\boldsymbol{A}$ 的其余列与 $\boldsymbol{B}$ 和 $\boldsymbol{C}$ 的对应列完全相同, 则 $f(\boldsymbol{A}) = f(\boldsymbol{B}) + f(\boldsymbol{C})$;

(2) 将 $\boldsymbol{A}$ 的第 i 列乘以常数 c 得到方阵 $\boldsymbol{B}$, 则 $f(\boldsymbol{B}) = cf(\boldsymbol{A})$;

(3) 对换 $\boldsymbol{A}$ 的任意两列得到方阵 $\boldsymbol{B}$, 则 $f(\boldsymbol{B}) = -f(\boldsymbol{A})$;

(4) $f(\boldsymbol{I}_n) = 1$, 其中 $\boldsymbol{I}_n$ 是 n 阶单位阵.

求证: $f(\boldsymbol{A}) = |\boldsymbol{A}|$.

证明 设 $\boldsymbol{A} = (\boldsymbol{\alpha}_1, \boldsymbol{\alpha}_2, \cdots, \boldsymbol{\alpha}_n)$, 其中 $\boldsymbol{\alpha}_i$ 为 $\boldsymbol{A}$ 的第 i 列, $\boldsymbol{e}_1, \boldsymbol{e}_2, \cdots, \boldsymbol{e}_n$ 为标准单位列向量, 则

$$\boldsymbol{\alpha}_j = a_{1j}\boldsymbol{e}_1 + a_{2j}\boldsymbol{e}_2 + \cdots + a_{nj}\boldsymbol{e}_n = \sum_{i=1}^{n} a_{ij}\boldsymbol{e}_i.$$

由条件 (1) 和 (2) 可得

$$f(\boldsymbol{A}) = \sum_{(k_1,k_2,\cdots,k_n)} a_{k_1 1}a_{k_2 2}\cdots a_{k_n n} f(\boldsymbol{e}_{k_1}, \boldsymbol{e}_{k_2}, \cdots, \boldsymbol{e}_{k_n}).$$

由条件 (3) 可知, 若 $k_i = k_j$, 则 $f(\boldsymbol{e}_{k_1}, \boldsymbol{e}_{k_2}, \cdots, \boldsymbol{e}_{k_n}) = 0$. 因此在 $f(\boldsymbol{A})$ 的表达式中, 只剩下 k_i 互不相同的项. 通过 $N(k_1, k_2, \cdots, k_n)$ 次相邻对换可将 $(\boldsymbol{e}_{k_1}, \boldsymbol{e}_{k_2}, \cdots, \boldsymbol{e}_{k_n})$ 变成 $\boldsymbol{I}_n = (\boldsymbol{e}_1, \boldsymbol{e}_2, \cdots, \boldsymbol{e}_n)$, 故由条件 (3) 和 (4) 可得

$$f(\boldsymbol{e}_{k_1}, \boldsymbol{e}_{k_2}, \cdots, \boldsymbol{e}_{k_n}) = (-1)^{N(k_1,k_2,\cdots,k_n)} f(\boldsymbol{I}_n) = (-1)^{N(k_1,k_2,\cdots,k_n)},$$

于是

$$f(\boldsymbol{A}) = \sum_{(k_1,k_2,\cdots,k_n)\in S_n} (-1)^{N(k_1,k_2,\cdots,k_n)} a_{k_1 1}a_{k_2 2}\cdots a_{k_n n} = |\boldsymbol{A}|. \square$$

在例 1.49 的证明过程中, 我们综合运用了行列式的性质、拆分法以及模板法 (例 1.22 或例 1.7) 进行计算. 另一方面, 我们也给出了众多例题的多种解法或证法, 比如例 1.5, 可以用爪型行列式、升阶法、求和法、拆分法与递推法、模板法 (例 1.46) 和降阶公式这 6 种方法来求解. 可见, 要真正熟练地掌握行列式的计算, 并将上述各种方法运用自如, 需要读者在做题的过程中认真思索, 不断总结, 才能融会贯通.

§ 1.12 基础训练

1.12.1 训 练 题

一、单选题

1. 若行列式 $\begin{vmatrix} 1 & 2 & 5 \\ 1 & 3 & -2 \\ 2 & 5 & x \end{vmatrix} = 0$, 则 $x =$ (　　).

(A) 2　　(B) -2　　(C) 3　　(D) -3

2. 在关于 x 的多项式 $f(x) = \begin{vmatrix} 2 & x & -5 & 3 \\ 1 & 2 & 3 & 4 \\ -1 & 0 & -2 & -3 \\ -1 & 7 & -2 & -2 \end{vmatrix}$ 中, 一次项的系数是 (　　).

(A) 1　　(B) 2　　(C) -1　　(D) -2

3. n 阶行列式 $\begin{vmatrix} 0 & 0 & \cdots & 0 & 1 \\ 0 & 0 & \cdots & 1 & 0 \\ \vdots & \vdots & & \vdots & \vdots \\ 0 & 1 & \cdots & 0 & 0 \\ 1 & 0 & \cdots & 0 & 0 \end{vmatrix}$ 的值为 (　　).

(A) $(-1)^{n^2}$　　(B) $(-1)^{\frac{1}{2}n(n-1)}$　　(C) $(-1)^{\frac{1}{2}n(n+1)}$　　(D) 1

4. 行列式 $\begin{vmatrix} 0 & a & 0 & 0 \\ b & c & 0 & 0 \\ 0 & 0 & d & e \\ 0 & 0 & 0 & f \end{vmatrix}$ 的值等于 (　　).

(A) $abcdef$　　(B) $-abdf$　　(C) $abdf$　　(D) cdf

5. 若 $|\boldsymbol{A}|$ 是 n 阶行列式, $|\boldsymbol{B}|$ 是 m 阶行列式, 它们的值都不为零, 记

$$\begin{vmatrix} \boldsymbol{A} & \boldsymbol{O} \\ \boldsymbol{O} & \boldsymbol{B} \end{vmatrix} = |\boldsymbol{C}|, \quad \begin{vmatrix} \boldsymbol{O} & \boldsymbol{A} \\ \boldsymbol{B} & \boldsymbol{O} \end{vmatrix} = |\boldsymbol{D}|,$$

则 $|\boldsymbol{C}| : |\boldsymbol{D}|$ 的值是 (　　).

(A) 1　　(B) -1　　(C) $(-1)^n$　　(D) $(-1)^{mn}$

6. 若一个 $n\,(n > 1)$ 阶行列式中元素或为 1 或为 -1, 则其值必为 (　　).

(A) 1　　(B) -1　　(C) 奇数　　(D) 偶数

7. 行列式 $\begin{vmatrix} 8 & 27 & 64 & 125 \\ 4 & 9 & 16 & 25 \\ 2 & 3 & 4 & 5 \\ 1 & 1 & 1 & 1 \end{vmatrix} = (\quad)$.

(A) 12　　(B) -12　　(C) 16　　(D) -16

8. 行列式 $\begin{vmatrix} a_1 & 0 & b_1 & 0 \\ 0 & c_1 & 0 & d_1 \\ a_2 & 0 & b_2 & 0 \\ 0 & c_2 & 0 & d_2 \end{vmatrix} = (\quad)$.

(A) $a_1c_1b_2d_2 - a_2b_1c_2d_1$　　(B) $(a_2b_2 - a_1b_1)(c_2d_2 - c_1d_1)$

(C) $a_1a_2b_1b_2c_1c_2d_1d_2$　　(D) $(a_1b_2 - a_2b_1)(c_1d_2 - c_2d_1)$

9. 如行列式 $\begin{vmatrix} a_{11} & a_{12} & a_{13} \\ a_{21} & a_{22} & a_{23} \\ a_{31} & a_{32} & a_{33} \end{vmatrix} = d$, 则 $\begin{vmatrix} 3a_{31} & 3a_{32} & 3a_{33} \\ 2a_{21} & 2a_{22} & 2a_{23} \\ -a_{11} & -a_{12} & -a_{13} \end{vmatrix} = (\quad)$.

(A) $-6d$　　(B) $6d$　　(C) $4d$　　(D) $-4d$

10. 当 (　　) 时, 下列线性方程组有唯一解:

$$\begin{cases} bx_1 + x_2 + 2x_3 = 1, \\ 2x_1 - x_2 + 2x_3 = -4, \\ 4x_1 + x_2 + 4x_3 = -2. \end{cases}$$

(A) $b \neq 1$　　(B) $b \neq 2$　　(C) $b \neq 3$　　(D) $b \neq -1$

11. 下列论断错误的是 (　　).

(A) 行列式 $|\boldsymbol{A}|$ 的第 (i,j) 元素的代数余子式等于其余子式乘以 $(-1)^{i+j}$

(B) 将行列式 $|\boldsymbol{A}|$ 的第一行元素都乘以 2, 第二行元素都乘以 $\dfrac{1}{2}$, 行列式值不变

(C) 行列式转置后的值等于原行列式值的相反数

(D) 将行列式的第一行和第二行对换, 再将第一列和第二列对换, 其值不变

12. 下列论断正确的是 (　　).

(A) 将 $n\,(n>1)$ 阶行列式 $|\boldsymbol{A}|$ 的每个元素都乘以 2, 所得行列式的值是原行列式值的 2 倍

(B) 某线性方程组的系数行列式 $|\boldsymbol{A}|$ 的值等于零, 则方程组的解全为零

(C) 若上三角行列式的值为零, 则行列式主对角线上必有一个元素等于零

(D) 若上三角行列式主对角线上方的所有元素等于零, 则行列式的值为零

13. 设 $f(x) = \begin{vmatrix} 1 & 1 & 2 \\ 1 & 1 & x^2-2 \\ 2 & x^2+1 & 1 \end{vmatrix}$, 则 $f(x) = 0$ 的根为 (　　).

(A) $1,1,2,2$　　(B) $-1,-1,2,2$　　(C) $1,-1,2,-2$　　(D) $-1,-1,-2,-2$

14. 设 $f(x)=\begin{vmatrix} x-2 & x-1 & x-2 & x-3 \\ 2x-2 & 2x-1 & 2x-2 & 2x-3 \\ 3x-3 & 3x-2 & 4x-5 & 3x-5 \\ 4x & 4x-3 & 5x-7 & 4x-3 \end{vmatrix}$, 则 $f(x)=0$ 的根为 (　　).

(A) $0,1,2,3$　　(B) $0,1,2$　　(C) $0,1,1$　　(D) $0,1$

15. n 阶行列式 $\begin{vmatrix} 2 & 1 & 0 & \cdots & 0 & 0 \\ 1 & 2 & 1 & \cdots & 0 & 0 \\ 0 & 1 & 2 & \cdots & 0 & 0 \\ \vdots & \vdots & \vdots & & \vdots & \vdots \\ 0 & 0 & 0 & \cdots & 2 & 1 \\ 0 & 0 & 0 & \cdots & 1 & 2 \end{vmatrix}$ 的值为 (　　).

(A) n　　(B) $n+1$　　(C) $n-1$　　(D) $n(n+1)$

二、填空题

1. 行列式 $\begin{vmatrix} a_1b_1 & a_1b_2 & a_1b_3 & a_1b_4 \\ a_2b_1 & a_2b_2 & a_2b_3 & a_2b_4 \\ a_3b_1 & a_3b_2 & a_3b_3 & a_3b_4 \\ a_4b_1 & a_4b_2 & a_4b_3 & a_4b_4 \end{vmatrix}$ 的值为 (　　).

2. 行列式 $\begin{vmatrix} 1 & -1 & 1 & x-1 \\ 1 & -1 & x+1 & -1 \\ 1 & x-1 & 1 & -1 \\ x+1 & -1 & 1 & -1 \end{vmatrix}$ 的值为 (　　).

3. 行列式 $\begin{vmatrix} x_1^3 & x_1^2y_1 & x_1y_1^2 & y_1^3 \\ x_2^3 & x_2^2y_2 & x_2y_2^2 & y_2^3 \\ x_3^3 & x_3^2y_3 & x_3y_3^2 & y_3^3 \\ x_4^3 & x_4^2y_4 & x_4y_4^2 & y_4^3 \end{vmatrix}$ 的值为 (　　).

4. 已知 n 阶行列式 $|\boldsymbol{A}|=\begin{vmatrix} a_{11} & a_{12} & \cdots & a_{1n} \\ a_{21} & a_{22} & \cdots & a_{2n} \\ \vdots & \vdots & & \vdots \\ a_{n1} & a_{n2} & \cdots & a_{nn} \end{vmatrix}$ 的值为 c, $b_1,b_2,\cdots,b_n$ 为常数, 则行列式

$|\boldsymbol{B}|=\begin{vmatrix} a_{11}b_1^2 & a_{12}b_1b_2 & \cdots & a_{1n}b_1b_n \\ a_{21}b_2b_1 & a_{22}b_2^2 & \cdots & a_{2n}b_2b_n \\ \vdots & \vdots & & \vdots \\ a_{n1}b_nb_1 & a_{n2}b_nb_2 & \cdots & a_{nn}b_n^2 \end{vmatrix}$ 的值为 (　　).

5. 行列式 $\begin{vmatrix} 103 & 100 & 204 \\ 199 & 200 & 395 \\ 301 & 300 & 600 \end{vmatrix}$ 的值为 (　　).

6. 设 $|\boldsymbol{A}| = \begin{vmatrix} a_1 & b_1 & c_1 \\ a_2 & b_2 & c_2 \\ a_3 & b_3 & c_3 \end{vmatrix} = 2$, $|\boldsymbol{B}| = \begin{vmatrix} a_1 & b_1 & d_1 \\ a_2 & b_2 & d_2 \\ a_3 & b_3 & d_3 \end{vmatrix} = 3$, 则 $\begin{vmatrix} a_1 & b_1 & 2c_1 - d_1 \\ a_2 & b_2 & 2c_2 - d_2 \\ a_3 & b_3 & 2c_3 - d_3 \end{vmatrix} = $ (　　).

7. 设行列式

$$|\boldsymbol{A}| = \begin{vmatrix} 2 & 2 & 3 \\ 1 & 1 & 2 \\ 2 & x & y \end{vmatrix},$$

其代数余子式 $A_{11} + A_{12} + A_{13} = 1$, 则 $|\boldsymbol{A}| = $ (　　).

8. 设行列式

$$|\boldsymbol{A}| = \begin{vmatrix} 1 & 1 & 1 & 2 \\ 1 & 1 & -2 & 0 \\ 1 & 2 & 0 & -1 \\ 2 & -3 & 4 & 3 \end{vmatrix},$$

则 $|\boldsymbol{A}|$ 的第四行元素的代数余子式之和 $A_{41} + A_{42} + A_{43} + A_{44} = $ (　　).

9. 设 $\boldsymbol{\alpha}_1, \boldsymbol{\alpha}_2, \boldsymbol{\alpha}_3, \boldsymbol{\beta}$ 依次是行列式 $|\boldsymbol{A}|$ 的第一、第二、第三、第四列, $\boldsymbol{\alpha}_1, \boldsymbol{\alpha}_3, \boldsymbol{\gamma}, \boldsymbol{\alpha}_2$ 依次是行列式 $|\boldsymbol{B}|$ 的第一、第二、第三、第四列. 又已知 $|\boldsymbol{A}| = a$, $|\boldsymbol{B}| = b$, 则行列式 $|\boldsymbol{\alpha}_2, \boldsymbol{\alpha}_3, \boldsymbol{\alpha}_1, \boldsymbol{\beta} + \boldsymbol{\gamma}|$ 的值为 (　　).

10. n 阶行列式 $|\boldsymbol{A}|$ 的值为 c, 若将 $|\boldsymbol{A}|$ 的第一列移到最后一列, 其余各列依次保持原来次序向左移动, 则得到的行列式的值为 (　　).

11. n 阶行列式 $|\boldsymbol{A}|$ 的值为 c, 若将 $|\boldsymbol{A}|$ 的所有元素改变符号, 则得到的行列式的值为 (　　).

12. n 阶行列式 $|\boldsymbol{A}|$ 的值为 c, 若将 $|\boldsymbol{A}|$ 的每个第 (i, j) 元素 a_{ij} 换到第 $(n-i+1, n-j+1)$ 元素的位置上, 则得到的行列式的值为 (　　).

13. n 阶行列式 $|\boldsymbol{A}|$ 的值为 c, 若将 $|\boldsymbol{A}|$ 的每个元素 a_{ij} 换成 $(-1)^{i+j}a_{ij}$, 则得到的行列式的值为 (　　).

14. n 阶行列式 $|\boldsymbol{A}|$ 的值为 c, 若将 $|\boldsymbol{A}|$ 的每个元素 a_{ij} 换成 $b^{i-j}a_{ij}\ (b \neq 0)$, 则得到的行列式的值为 (　　).

15. n 阶行列式 $|\boldsymbol{A}|$ 的值为 c, 若从第二列开始每一列加上它前面的一列, 同时对第一列加上 $|\boldsymbol{A}|$ 的第 n 列, 则得到的行列式的值为 (　　).

三、解答题

1. 求下列行列式的值:

$$\begin{vmatrix} 0 & 0 & \cdots & n \\ \vdots & \vdots & & \vdots \\ 0 & 2 & \cdots & 0 \\ 1 & 0 & \cdots & 0 \end{vmatrix}.$$

2. 已知五阶行列式 $|\boldsymbol{A}|=2$, $|\boldsymbol{B}|=3$, 求十阶行列式 $\begin{vmatrix} \boldsymbol{O} & \boldsymbol{A} \\ \boldsymbol{B} & \boldsymbol{O} \end{vmatrix}$ 的值.

3. 若 $a_1, a_2, \cdots, a_{n-1}$ 互不相同, 求解方程:

$$\begin{vmatrix} 1 & x & x^2 & \cdots & x^{n-1} \\ 1 & a_1 & a_1^2 & \cdots & a_1^{n-1} \\ 1 & a_2 & a_2^2 & \cdots & a_2^{n-1} \\ \vdots & \vdots & \vdots & & \vdots \\ 1 & a_{n-1} & a_{n-1}^2 & \cdots & a_{n-1}^{n-1} \end{vmatrix} = 0.$$

4. 设 $a_1, a_2, \cdots, a_n$ 互不相同, 求证下列线性方程组有唯一组解:

$$\begin{cases} x_1 + x_2 + \cdots + x_n = 1, \\ a_1 x_1 + a_2 x_2 + \cdots + a_n x_n = b, \\ a_1^2 x_1 + a_2^2 x_2 + \cdots + a_n^2 x_n = b^2, \\ \qquad\qquad \cdots\cdots\cdots\cdots \\ a_1^{n-1} x_1 + a_2^{n-1} x_2 + \cdots + a_n^{n-1} x_n = b^{n-1}. \end{cases}$$

5. 计算下列行列式的值:

$$\begin{vmatrix} 1 & 1 & 1 & \cdots & 1 \\ x_1+1 & x_2+1 & x_3+1 & \cdots & x_n+1 \\ x_1^2+x_1 & x_2^2+x_2 & x_3^2+x_3 & \cdots & x_n^2+x_n \\ \vdots & \vdots & \vdots & & \vdots \\ x_1^{n-1}+x_1^{n-2} & x_2^{n-1}+x_2^{n-2} & x_3^{n-1}+x_3^{n-2} & \cdots & x_n^{n-1}+x_n^{n-2} \end{vmatrix}.$$

6. 求解方程:

$$\begin{vmatrix} 1 & 1 & 1 & \cdots & 1 \\ 1 & 1-x & 1 & \cdots & 1 \\ 1 & 1 & 2-x & \cdots & 1 \\ \vdots & \vdots & \vdots & & \vdots \\ 1 & 1 & 1 & \cdots & (n-1)-x \end{vmatrix} = 0.$$

7. 求证: 对 $n \geq 2$ 的上三角行列式 $|\boldsymbol{A}|$, 若 $i < j$, 则 $A_{ij} = M_{ij} = 0$.

8. 令

$$(a_1a_2\cdots a_n) = \begin{vmatrix} a_1 & 1 & & & & \\ -1 & a_2 & 1 & & & \\ & -1 & a_3 & \ddots & & \\ & & \ddots & \ddots & \ddots & \\ & & & \ddots & a_{n-1} & 1 \\ & & & & -1 & a_n \end{vmatrix},$$

证明关于连分数的如下等式成立:

$$a_1 + \cfrac{1}{a_2 + \cfrac{1}{a_3 + \ddots + \cfrac{1}{a_{n-1} + \cfrac{1}{a_n}}}} = \frac{(a_1a_2\cdots a_n)}{(a_2a_3\cdots a_n)}.$$

9. 求证: 若下列 n 阶行列式中 $a \neq b$, 则

$$\begin{vmatrix} a+b & ab & 0 & \cdots & 0 & 0 \\ 1 & a+b & ab & \cdots & 0 & 0 \\ 0 & 1 & a+b & \cdots & 0 & 0 \\ \vdots & \vdots & \vdots & & \vdots & \vdots \\ 0 & 0 & 0 & \cdots & 1 & a+b \end{vmatrix} = \frac{a^{n+1} - b^{n+1}}{a - b}.$$

10. 求 $n\,(n > 1)$ 阶行列式的值:

$$\begin{vmatrix} a & b & 0 & 0 & \cdots & 0 & 0 \\ 0 & a & b & 0 & \cdots & 0 & 0 \\ 0 & 0 & a & b & \cdots & 0 & 0 \\ \vdots & \vdots & \vdots & \vdots & & \vdots & \vdots \\ 0 & 0 & 0 & 0 & \cdots & a & b \\ b & 0 & 0 & 0 & \cdots & 0 & a \end{vmatrix}.$$

11. 求下列行列式的值:

$$\begin{vmatrix} a_0 & a_1 & a_2 & \cdots & a_n \\ a_0 & x & a_2 & \cdots & a_n \\ a_0 & a_1 & x & \cdots & a_n \\ \vdots & \vdots & \vdots & & \vdots \\ a_0 & a_1 & a_2 & \cdots & x \end{vmatrix}.$$

12. 求下列 n 阶行列式的值:

$$\begin{vmatrix} x & a & \cdots & a \\ -a & x & \cdots & a \\ \vdots & \vdots & & \vdots \\ -a & -a & \cdots & x \end{vmatrix}.$$

13. 设 $|\boldsymbol{A}|$ 是 n 阶行列式, $|\boldsymbol{A}|$ 的第 (i,j) 元素 $a_{ij}=\max\{i,j\}$, 试求 $|\boldsymbol{A}|$ 的值.

14. 设 $|\boldsymbol{A}|$ 是 n 阶行列式, $|\boldsymbol{A}|$ 的第 (i,j) 元素 $a_{ij}=|i-j|$, 试求 $|\boldsymbol{A}|$ 的值.

15. 求下列 n 阶行列式的值:

$$|\boldsymbol{A}|=\begin{vmatrix} 1 & x_1(x_1-a) & x_1^2(x_1-a) & \cdots & x_1^{n-1}(x_1-a) \\ 1 & x_2(x_2-a) & x_2^2(x_2-a) & \cdots & x_2^{n-1}(x_2-a) \\ \vdots & \vdots & \vdots & & \vdots \\ 1 & x_n(x_n-a) & x_n^2(x_n-a) & \cdots & x_n^{n-1}(x_n-a) \end{vmatrix}.$$

1.12.2 训练题答案

一、单选题

1. 应选择 (C). 本题可将行列式展开得到一个一次方程, 再解方程. 但这样比较繁. 注意到前两行之和为 $2,5,3$, 若 $x=3$, 则行列式的值就等于零.

2. 应选择 (C). 对这类题目一般没有必要将行列式的值求出来. 我们注意到如按第一行展开, 只有一项含有未知数 x, 因此只需求出元素 x 的代数余子式即可. 它等于

$$(-1)^{1+2}\begin{vmatrix} 1 & 3 & 4 \\ -1 & -2 & -3 \\ -1 & -2 & -2 \end{vmatrix}=-1.$$

3. 应选择 (B). 根据行列式的组合定义, 展开式中只有一项非零, 即为

$$(-1)^{N(n,n-1,\cdots,2,1)}a_{n,1}a_{n-1,2}\cdots a_{2,n-1}a_{1n}=(-1)^{(n-1)+(n-2)+\cdots+1}=(-1)^{\frac{1}{2}n(n-1)}.$$

4. 应选择 (B). 这是个分块行列式, 左上角一块的值为 $-ab$, 右下角一块的值为 df, 故行列式的值等于 $-abdf$.

5. 应选择 (D). 对第二个行列式需要用行列式的性质加以变形, 使之成为和第一个行列式形状相似的行列式. 将 $|\boldsymbol{A}|$ 的第一列依次和 $|\boldsymbol{B}|$ 的第 m 列, 第 $m-1$ 列, $\cdots$, 第一列对换, 共换了 m 次; 再将 $|\boldsymbol{A}|$ 的第二列依次和 $|\boldsymbol{B}|$ 的第 m 列, 第 $m-1$ 列, $\cdots$, 第一列对换, 又换了 m 次; $\cdots$. 综上所述, 经过 mn 次对换可将第二个行列式变为第一个行列式. 因此 $|\boldsymbol{D}|=(-1)^{mn}|\boldsymbol{C}|$, 于是 $|\boldsymbol{C}|:|\boldsymbol{D}|=(-1)^{mn}$.

6. 应选择 (D). 因为将该行列式的任意一行加到另一行上去得到的行列式有一行元素全是偶数 (注意: 零也是偶数), 由性质知道, 可将因子 2 提出, 剩下的行列式的元素都是整数, 其值也是整数, 乘以 2 后必是偶数.

7. 应选择 (A). 这是一个 Vandermonde 行列式, 计算得其值为 12.

8. 应选择 (D). 本题可以按行 (或列) 展开法做, 但是下列做法比较容易. 将行列式的第二、第三行对换, 再将得到的行列式的第二、第三列对换, 得到一个分块行列式:

$$\begin{vmatrix} a_1 & b_1 & 0 & 0 \\ a_2 & b_2 & 0 & 0 \\ 0 & 0 & c_1 & d_1 \\ 0 & 0 & c_2 & d_2 \end{vmatrix},$$

其值容易算出, 等于 $(a_1b_2 - a_2b_1)(c_1d_2 - c_2d_1)$.

9. 应选择 (B). 本题应用行列式性质来做. 将原行列式的第一、第三行对换, 行列式的值变号. 再将所得行列式的第一行乘以 3, 第二行乘以 2, 第三行乘以 -1, 根据行列式的性质可知, 最后行列式的值为原行列式值的 6 倍.

10. 应选择 (B). 当方程组的系数行列式不等于零时, 方程组有唯一解. 因此

$$\begin{vmatrix} b & 1 & 2 \\ 2 & -1 & 2 \\ 4 & 1 & 4 \end{vmatrix} \neq 0,$$

解得 $b \neq 2$.

11. 应选择 (C). 行列式转置后的值等于原行列式的值.

12. 应选择 (C).

13. 应选择 (C). 本题可先把行列式计算出来再解方程, 但下列方法更好. 注意到若第 (3,2) 元素 x^2+1 等于 2, 则行列式的第一、第二列相同, 行列式的值等于零, 故 $x^2=1$, 即 $x=\pm1$. 同理, 若第 (2,3) 元素 x^2-2 等于 2, 则行列式的第一、第二行相同, 行列式的值等于零, 故 $x^2=4$, 即 $x=\pm2$.

14. 应选择 (D). 将原行列式的第一列乘以 -1 分别加到其他 3 列, 得

$$\begin{aligned} f(x) &= \begin{vmatrix} x-2 & 1 & 0 & -1 \\ 2x-2 & 1 & 0 & -1 \\ 3x-3 & 1 & x-2 & -2 \\ 4x & -3 & x-7 & -3 \end{vmatrix} = \begin{vmatrix} x-2 & 1 & 0 & 0 \\ 2x-2 & 1 & 0 & 0 \\ 3x-3 & 1 & x-2 & -1 \\ 4x & -3 & x-7 & -6 \end{vmatrix} \\ &= \begin{vmatrix} x-2 & 1 \\ 2x-2 & 1 \end{vmatrix} \cdot \begin{vmatrix} x-2 & -1 \\ x-7 & -6 \end{vmatrix} = 5x(x-1). \end{aligned}$$

所以 $f(x)$ 有两个根 $x_1=0$, $x_2=1$.

15. 应选择 (B). 用递推法可求得行列式的值为 $n+1$.

二、填空题

1. 行列式的第一、第二行元素成比例, 因此行列式的值为零.

2. x^4 (可参考例 1.37).

3. $\prod\limits_{1\le i<j\le 4}(x_iy_j-x_jy_i)$ (可参考例 1.26).

4. 观察 $|\boldsymbol{A}|,|\boldsymbol{B}|$ 的异同就可以发现, 如将 $|\boldsymbol{B}|$ 的各行依次提出公因子 $b_1,b_2,\cdots,b_n$, 再将 $|\boldsymbol{B}|$ 的各列依次提出公因子 $b_1,b_2,\cdots,b_n$, 余下的行列式就是 $|\boldsymbol{A}|$, 因此 $|\boldsymbol{B}|=b_1^2b_2^2\cdots b_n^2c$.

5. 将第二列乘以 -1 加到第一列上, 将第二列乘以 -2 加到第三列上, 再将 100 从第二列提出即可计算出行列式的值为 2000.

6. 1.

7. 将第二行乘以 -1 加到第一行, 行列式的值不变, 再按第一行进行展开, 即得 $|\boldsymbol{A}|=A_{11}+A_{12}+A_{13}=1$.

8. 计算下列行列式:

$$|\boldsymbol{B}|=\begin{vmatrix}1&1&1&2\\1&1&-2&0\\1&2&0&-1\\1&1&1&1\end{vmatrix}=-3,$$

注意到这个行列式和 $|\boldsymbol{A}|$ 前 3 行相同, 因此第四行元素的代数余子式也相同, 故 $A_{41}+A_{42}+A_{43}+A_{44}=-3$.

9. 由 $|\boldsymbol{\alpha}_1,\boldsymbol{\alpha}_2,\boldsymbol{\alpha}_3,\boldsymbol{\beta}|=a$ 得 $|\boldsymbol{\alpha}_2,\boldsymbol{\alpha}_3,\boldsymbol{\alpha}_1,\boldsymbol{\beta}|=a$, 由 $|\boldsymbol{\alpha}_1,\boldsymbol{\alpha}_3,\boldsymbol{\gamma},\boldsymbol{\alpha}_2|=b$ 得 $|\boldsymbol{\alpha}_2,\boldsymbol{\alpha}_3,\boldsymbol{\alpha}_1,\boldsymbol{\gamma}|=b$, 故 $|\boldsymbol{\alpha}_2,\boldsymbol{\alpha}_3,\boldsymbol{\alpha}_1,\boldsymbol{\beta}+\boldsymbol{\gamma}|=a+b$.

10. $(-1)^{n-1}c$.

11. $(-1)^nc$.

12. 这个过程相当于将 $|\boldsymbol{A}|$ 的关于“中轴”对称的两列都对换, 然后将对称的两行也对换. 因此行列式的值不变, 为 c.

13. 相当于将 $|\boldsymbol{A}|$ 的每个第 i 行乘以 $(-1)^i$, 每个第 j 列乘以 $(-1)^j$. 因此行列式的值不变, 仍为 c.

14. 相当于将 $|\boldsymbol{A}|$ 的每个第 i 行乘以 b^i, 每个第 j 列乘以 b^{-j}. 因此行列式的值不变, 仍为 c.

15. 将得到的行列式按列拆分为行列式的和, 可知: 若 n 为奇数, 则得到的行列式的值为 $2c$; 若 n 为偶数, 则得到的行列式的值为零.

三、解答题

1. $(-1)^{\frac{1}{2}n(n-1)}n!$.

2. -6.

3. 方程的根为 $a_1,a_2,\cdots,a_{n-1}$.

4. 该方程组的系数行列式是一个 Vandermonde 行列式, 因为 a_i 各不相同, 故此行列式不等于零, 从而方程组有唯一组解.

5. 依次将第 i 行乘以 -1 加到第 $i+1$ 行上 $(i=1,2,\cdots,n-1)$, 就得到一个 Vandermonde 行列式, 因此答案是: $\prod\limits_{1\le i<j\le n}(x_j-x_i)$.

6. 方程的根为 $0,1,2,\cdots,n-2$.

7. M_{ij} 是一个上三角行列式且主对角线上至少有一个 0, 因此 $M_{ij}=0$, 从而 $A_{ij}=0$.

8. 行列式按第一列展开得到递推式, 再对 n 进行归纳即得.

9. 利用例 1.14.

10. 按第一列展开即得行列式的值为 $a^n+(-1)^{n+1}b^n$.

11. 从第二行起, 每一行减去第一行得到一个上三角行列式, 因此答案为 $a_0(x-a_1)\cdots(x-a_n)$.

12. 利用例 1.16 或例 1.23 的结论或方法可得行列式的值为 $\dfrac{1}{2}\big((x-a)^n+(x+a)^n\big)$.

13. 写出行列式为

$$\begin{vmatrix} 1 & 2 & 3 & \cdots & n \\ 2 & 2 & 3 & \cdots & n \\ 3 & 3 & 3 & \cdots & n \\ \vdots & \vdots & \vdots & & \vdots \\ n & n & n & \cdots & n \end{vmatrix}.$$

依次将第 i 行乘以 -1 加到第 $i-1$ 行上去 $(i=2,\cdots,n)$, 就可以得到一个下三角行列式, 求得值为 $(-1)^{n-1}n$.

14. 写出行列式为

$$\begin{vmatrix} 0 & 1 & 2 & \cdots & n-1 \\ 1 & 0 & 1 & \cdots & n-2 \\ 2 & 1 & 0 & \cdots & n-3 \\ \vdots & \vdots & \vdots & & \vdots \\ n-1 & n-2 & n-3 & \cdots & 0 \end{vmatrix}.$$

从最后一列起每一列减去前一列, 再将得到的行列式的最后一行加到前面的每一行上去, 就可以得到一个下三角行列式, 求得值为 $(-1)^{n-1}(n-1)2^{n-2}$.

15. 将原行列式升阶为如下行列式:

$$|\boldsymbol{B}|=\begin{vmatrix} 1 & x_1-a & x_1(x_1-a) & x_1^2(x_1-a) & \cdots & x_1^{n-1}(x_1-a) \\ 1 & x_2-a & x_2(x_2-a) & x_2^2(x_2-a) & \cdots & x_2^{n-1}(x_2-a) \\ \vdots & \vdots & \vdots & \vdots & & \vdots \\ 1 & x_n-a & x_n(x_n-a) & x_n^2(x_n-a) & \cdots & x_n^{n-1}(x_n-a) \\ 1 & y-a & y(y-a) & y^2(y-a) & \cdots & y^{n-1}(y-a) \end{vmatrix}.$$

利用例 1.27 可求出 $|\boldsymbol{B}|$ 的值. 另一方面, 将 $|\boldsymbol{B}|$ 按最后一行展开成为关于 y 的多项式. 若 $a=0$, 比较 y 前面的系数可得 $|\boldsymbol{A}|=\prod\limits_{1\le i<j\le n}(x_j-x_i)\Big(\sum\limits_{i=1}^n x_1\cdots x_{i-1}x_{i+1}\cdots x_n\Big)$; 若 $a\ne 0$, 比较常数项可得 $|\boldsymbol{A}|=\dfrac{1}{a}\prod\limits_{1\le i<j\le n}(x_j-x_i)\Big(\prod\limits_{i=1}^n x_i-\prod\limits_{i=1}^n(x_i-a)\Big)$.

第 2 章
矩　　阵

§ 2.1 基本概念

2.1.1 矩阵及其运算

1. 矩阵的定义

由 $m \times n$ 个数 $a_{ij}\,(1 \le i \le m,\, 1 \le j \le n)$ 排成 m 行 n 列的如下矩形阵列:

$$\boldsymbol{A} = \begin{pmatrix} a_{11} & a_{12} & \cdots & a_{1n} \\ a_{21} & a_{22} & \cdots & a_{2n} \\ \vdots & \vdots & & \vdots \\ a_{m1} & a_{m2} & \cdots & a_{mn} \end{pmatrix}$$

称为 m 行 n 列矩阵, 简称 $m \times n$ 矩阵.

2. 矩阵的运算

(1) 矩阵的加法与数乘. 设有两个 $m \times n$ 矩阵 $\boldsymbol{A} = (a_{ij})$, $\boldsymbol{B} = (b_{ij})$, 定义 $\boldsymbol{A}+\boldsymbol{B}$ 仍是一个 $m \times n$ 矩阵, 且 $\boldsymbol{A}+\boldsymbol{B}$ 的第 (i,j) 元素等于 $a_{ij}+b_{ij}$, 即 $\boldsymbol{A}+\boldsymbol{B} = (a_{ij}+b_{ij})$. 若 k 是一个数, 定义 k 和矩阵 $\boldsymbol{A}$ 的乘法也是一个 $m \times n$ 矩阵, 且 $k\boldsymbol{A}$ 的第 (i,j) 元素等于 ka_{ij}, 即 $k\boldsymbol{A} = (ka_{ij})$.

矩阵的加法和数乘适合的法则 (我们假设下列矩阵都是 $m \times n$ 矩阵):

(i) $\boldsymbol{A}+\boldsymbol{B} = \boldsymbol{B}+\boldsymbol{A}$;

(ii) $(\boldsymbol{A}+\boldsymbol{B})+\boldsymbol{C} = \boldsymbol{A}+(\boldsymbol{B}+\boldsymbol{C})$;

(iii) $\boldsymbol{O}+\boldsymbol{A} = \boldsymbol{A}+\boldsymbol{O} = \boldsymbol{A}$ (这里 $\boldsymbol{O}$ 表示 $m \times n$ 零矩阵);

(iv) $\boldsymbol{A}+(-\boldsymbol{A}) = \boldsymbol{O}$;

(v) $1 \cdot \boldsymbol{A} = \boldsymbol{A}$;

(vi) $k(\boldsymbol{A}+\boldsymbol{B}) = k\boldsymbol{A}+k\boldsymbol{B}$;

(vii) $(k+l)\boldsymbol{A} = k\boldsymbol{A}+l\boldsymbol{A}$;

(viii) $(kl)\boldsymbol{A}=k(l\boldsymbol{A})$.

(2) 矩阵的乘法. 设 $\boldsymbol{A}=(a_{ij})$, $\boldsymbol{B}=(b_{ij})$ 分别是 $m\times k$ 矩阵和 $k\times n$ 矩阵, 定义 $\boldsymbol{A}$ 与 $\boldsymbol{B}$ 的乘积 $\boldsymbol{AB}$ 是一个 $m\times n$ 矩阵, 它的第 (i,j) 元素 c_{ij} 等于:

$$c_{ij}=a_{i1}b_{1j}+a_{i2}b_{2j}+\cdots+a_{ik}b_{kj}.$$

矩阵乘法适合的法则:

(i) $(\boldsymbol{AB})\boldsymbol{C}=\boldsymbol{A}(\boldsymbol{BC})$;

(ii) $(\boldsymbol{A}+\boldsymbol{B})\boldsymbol{C}=\boldsymbol{AC}+\boldsymbol{BC}$, $\boldsymbol{C}(\boldsymbol{A}+\boldsymbol{B})=\boldsymbol{CA}+\boldsymbol{CB}$;

(iii) $k(\boldsymbol{AB})=(k\boldsymbol{A})\boldsymbol{B}=\boldsymbol{A}(k\boldsymbol{B})$.

(3) 方阵的幂. 设 $\boldsymbol{A}=(a_{ij})$ 是 n 阶方阵, 定义 $\boldsymbol{A}$ 的 k 次幂为 k 个 $\boldsymbol{A}$ 的乘积, 即 $\boldsymbol{A}^k=\boldsymbol{A}\cdot\boldsymbol{A}\cdot\cdots\cdot\boldsymbol{A}\,(k\text{个}\,\boldsymbol{A})$.

方阵幂适合的法则:

(i) $\boldsymbol{A}^r\boldsymbol{A}^s=\boldsymbol{A}^{r+s}$;

(ii) $(\boldsymbol{A}^r)^s=\boldsymbol{A}^{rs}$.

(4) 矩阵的转置. 设 $\boldsymbol{A}=(a_{ij})$ 是一个 $m\times n$ 矩阵, 定义 $\boldsymbol{A}$ 的转置 $\boldsymbol{A}'$ (或写为 $\boldsymbol{A}^{\mathrm{T}}$) 为一个 $n\times m$ 矩阵, 它的第 j 行正好是 $\boldsymbol{A}$ 的第 j 列 $(1\leq j\leq n)$.

矩阵转置适合的法则:

(i) $(\boldsymbol{A}')'=\boldsymbol{A}$;

(ii) $(\boldsymbol{A}+\boldsymbol{B})'=\boldsymbol{A}'+\boldsymbol{B}'$;

(iii) $(k\boldsymbol{A})'=k\boldsymbol{A}'$;

(iv) $(\boldsymbol{AB})'=\boldsymbol{B}'\boldsymbol{A}'$.

(5) 矩阵的共轭. 设 $\boldsymbol{A}=(a_{ij})$ 是一个 $m\times n$ 复数矩阵, 定义 $\boldsymbol{A}$ 的共轭为一个 $m\times n$ 矩阵 $\overline{\boldsymbol{A}}=(\overline{a_{ij}})$.

矩阵共轭适合的法则:

(i) $\overline{\boldsymbol{A}+\boldsymbol{B}}=\overline{\boldsymbol{A}}+\overline{\boldsymbol{B}}$;

(ii) $\overline{k\boldsymbol{A}}=\overline{k}\,\overline{\boldsymbol{A}}$;

(iii) $\overline{\boldsymbol{AB}}=\overline{\boldsymbol{A}}\,\overline{\boldsymbol{B}}$;

(iv) $\overline{(\boldsymbol{A}')}=(\overline{\boldsymbol{A}})'$.

3. 方阵乘积的行列式

定理 两个同阶方阵乘积的行列式等于行列式的乘积, 即有 $|\boldsymbol{AB}|=|\boldsymbol{A}||\boldsymbol{B}|$.

2.1.2 逆 矩 阵

1. 逆矩阵的概念

设 $\boldsymbol{A}$ 是 n 阶方阵, 如果存在 n 阶方阵 $\boldsymbol{B}$, 使得 $\boldsymbol{AB}=\boldsymbol{BA}=\boldsymbol{I}_n$ (其中 $\boldsymbol{I}_n$ 是 n 阶单位矩阵), 则称 $\boldsymbol{A}$ 是可逆矩阵, 称 $\boldsymbol{B}$ 是 $\boldsymbol{A}$ 的逆矩阵, 记 $\boldsymbol{B}=\boldsymbol{A}^{-1}$. 可逆矩阵也称非奇异矩阵, 简称非异阵. 并不是任意一个非零的 n 阶方阵都是可逆矩阵, 不是可逆矩阵的方阵称为奇异矩阵, 简称奇异阵.

求逆运算适合下列法则 (下列矩阵均假设是可逆矩阵):

(i) $(\boldsymbol{A}^{-1})^{-1}=\boldsymbol{A}$;

(ii) $(\boldsymbol{AB})^{-1}=\boldsymbol{B}^{-1}\boldsymbol{A}^{-1}$;

(iii) $(k\boldsymbol{A})^{-1}=k^{-1}\boldsymbol{A}^{-1}$ (k 是非零常数);

(iv) $(\boldsymbol{A}')^{-1}=(\boldsymbol{A}^{-1})'$.

2. 可逆矩阵和奇异阵的性质

性质 1 可逆矩阵之积必是可逆矩阵.

性质 2 任意一个方阵和同阶奇异阵之积必是奇异阵.

3. 伴随矩阵

设 $\boldsymbol{A}=(a_{ij})$ 是一个 n 阶方阵, 行列式 $|\boldsymbol{A}|$ 中元素 a_{ij} 的代数余子式记为 A_{ij}, 称下列矩阵为 $\boldsymbol{A}$ 的伴随矩阵, 记为 $\boldsymbol{A}^*$:

$$\boldsymbol{A}^*=\begin{pmatrix} A_{11} & A_{21} & \cdots & A_{n1} \\ A_{12} & A_{22} & \cdots & A_{n2} \\ \vdots & \vdots & & \vdots \\ A_{1n} & A_{2n} & \cdots & A_{nn} \end{pmatrix}.$$

伴随矩阵具有下列重要的性质:

$$\boldsymbol{AA}^*=\boldsymbol{A}^*\boldsymbol{A}=|\boldsymbol{A}|\boldsymbol{I}_n.$$

4. 定理

设 $\boldsymbol{A}=(a_{ij})$ 是 n 阶方阵, 则 $\boldsymbol{A}$ 是可逆矩阵的充要条件是 $\boldsymbol{A}$ 的行列式 $|\boldsymbol{A}|\neq 0$, 此时

$$\boldsymbol{A}^{-1}=\frac{1}{|\boldsymbol{A}|}\boldsymbol{A}^*.$$

2.1.3 矩阵的初等变换与初等矩阵

1. 初等变换

下列 3 种矩阵变换分别称为矩阵的第一、第二、第三类初等行 (列) 变换:

(1) 对换矩阵中的某两行 (列);

(2) 用非零常数 k 乘以矩阵的某一行 (列);

(3) 将矩阵的某一行 (列) 乘以常数 k 后加到另一行 (列) 上去.

2. 定理

任一 $m \times n$ 矩阵 $\boldsymbol{A} = (a_{ij})$ 总可经过有限次初等变换化为下列形式的 $m \times n$ 矩阵:

$$\begin{pmatrix} \boldsymbol{I}_r & \boldsymbol{O} \\ \boldsymbol{O} & \boldsymbol{O} \end{pmatrix}.$$

这是一个分块矩阵, $\boldsymbol{I}_r$ 表示 r 阶单位矩阵, $\boldsymbol{O}$ 表示零矩阵.

3. 初等矩阵

设 $\boldsymbol{I}_n$ 是 n 阶单位矩阵, 对换 $\boldsymbol{I}_n$ 的第 i 行和第 j 行, 得到第一类初等矩阵 $\boldsymbol{P}_{ij}$; 用非零常数 k 乘以 $\boldsymbol{I}_n$ 的第 i 行, 得到第二类初等矩阵 $\boldsymbol{P}_i(k)$; 将 $\boldsymbol{I}_n$ 的第 i 行乘以常数 k 后加到第 j 行上去, 得到第三类初等矩阵 $\boldsymbol{T}_{ij}(k)$.

三类初等矩阵都是可逆矩阵, 即为非异阵.

三类初等矩阵的行列式值分别为: $|\boldsymbol{P}_{ij}| = -1$, $|\boldsymbol{P}_i(k)| = k$, $|\boldsymbol{T}_{ij}(k)| = 1$.

4. 定理

设 $\boldsymbol{A}$ 是 $m \times n$ 矩阵, 则对 $\boldsymbol{A}$ 作一次初等行变换后得到的矩阵等于用一个相应的 m 阶初等矩阵左乘 $\boldsymbol{A}$ 所得的积, 矩阵 $\boldsymbol{A}$ 作一次初等列变换后得到的矩阵等于用一个相应的 n 阶初等矩阵右乘 $\boldsymbol{A}$ 所得的积.

5. 矩阵的等价 (相抵)

如果矩阵 $\boldsymbol{A}$ 经过若干次初等变换后变成矩阵 $\boldsymbol{B}$, 则称矩阵 $\boldsymbol{A}$ 和 $\boldsymbol{B}$ 等价 (相抵).

两个同阶矩阵等价 (相抵) 当且仅当它们具有相同的秩.

6. 与初等变换、矩阵奇异性相关的几个命题

定理 1 一个奇异阵经过初等变换后仍是奇异阵; 一个可逆矩阵经过初等变换后仍是可逆矩阵.

定理 2 以下是矩阵可逆的等价命题:

(1) n 阶方阵 $\boldsymbol{A}$ 可逆的充要条件是 $\boldsymbol{A}$ 的行列式 $|\boldsymbol{A}| \neq 0$;

(2) n 阶方阵 $\boldsymbol{A}$ 可逆的充要条件是 $\boldsymbol{A}$ 等价 (相抵) 于 n 阶单位矩阵;

(3) n 阶方阵 $\boldsymbol{A}$ 可逆的充要条件是 $\boldsymbol{A}$ 可以表示为有限个初等矩阵的积;

(4) n 阶方阵 $\boldsymbol{A}$ 可逆的充要条件是 $\boldsymbol{A}$ 的 n 个行向量 (列向量) 线性无关.

7. 用初等变换法求逆矩阵

设 $\boldsymbol{A}$ 是 n 阶非异阵, 作 $n \times 2n$ 矩阵 $(\boldsymbol{A} \vdots \boldsymbol{I}_n)$, 对这个矩阵作初等行变换, 将 $\boldsymbol{A}$ 变成单位矩阵 $\boldsymbol{I}_n$, 这时右边一块就变成了 $\boldsymbol{A}^{-1}$.

2.1.4 分块矩阵

1. 分块矩阵的概念

设 $\boldsymbol{A}$ 是一个 $m \times n$ 矩阵, 若用若干条横虚线将它分成 r 块, 再用若干条纵虚线将它分成 s 块, 则得到了一个有 rs 块的分块矩阵, 可记为

$$\boldsymbol{A} = \begin{pmatrix} \boldsymbol{A}_{11} & \boldsymbol{A}_{12} & \cdots & \boldsymbol{A}_{1s} \\ \boldsymbol{A}_{21} & \boldsymbol{A}_{22} & \cdots & \boldsymbol{A}_{2s} \\ \vdots & \vdots & & \vdots \\ \boldsymbol{A}_{r1} & \boldsymbol{A}_{r2} & \cdots & \boldsymbol{A}_{rs} \end{pmatrix}.$$

这里 $\boldsymbol{A}_{ij}$ 表示一个矩阵, 而不是一个数. $\boldsymbol{A}_{ij}$ 通常称为 $\boldsymbol{A}$ 的第 (i,j) 块.

2. 分块矩阵的运算

分块矩阵的运算在形式上和数字矩阵完全一样, 我们在这里不再赘述. 最重要的分块矩阵是下面的分块对角阵.

3. 分块对角阵

分块对角阵经常要用到的运算是:

(1) 乘法: 若 $\boldsymbol{A}, \boldsymbol{B}$ 是分块对角阵且符合相乘条件, 则 $\boldsymbol{AB}$ 也是分块对角阵, 即

有

$$\begin{pmatrix} \boldsymbol{A}_1 & & & \\ & \boldsymbol{A}_2 & & \\ & & \ddots & \\ & & & \boldsymbol{A}_s \end{pmatrix} \begin{pmatrix} \boldsymbol{B}_1 & & & \\ & \boldsymbol{B}_2 & & \\ & & \ddots & \\ & & & \boldsymbol{B}_s \end{pmatrix} = \begin{pmatrix} \boldsymbol{A}_1\boldsymbol{B}_1 & & & \\ & \boldsymbol{A}_2\boldsymbol{B}_2 & & \\ & & \ddots & \\ & & & \boldsymbol{A}_s\boldsymbol{B}_s \end{pmatrix}.$$

(2) 乘方:

$$\begin{pmatrix} \boldsymbol{A}_1 & & & \\ & \boldsymbol{A}_2 & & \\ & & \ddots & \\ & & & \boldsymbol{A}_s \end{pmatrix}^k = \begin{pmatrix} \boldsymbol{A}_1^k & & & \\ & \boldsymbol{A}_2^k & & \\ & & \ddots & \\ & & & \boldsymbol{A}_s^k \end{pmatrix}.$$

(3) 求逆: 若 $\boldsymbol{A}_1, \boldsymbol{A}_2, \cdots, \boldsymbol{A}_s$ 都是可逆矩阵, 则

$$\begin{pmatrix} \boldsymbol{A}_1 & & & \\ & \boldsymbol{A}_2 & & \\ & & \ddots & \\ & & & \boldsymbol{A}_s \end{pmatrix}^{-1} = \begin{pmatrix} \boldsymbol{A}_1^{-1} & & & \\ & \boldsymbol{A}_2^{-1} & & \\ & & \ddots & \\ & & & \boldsymbol{A}_s^{-1} \end{pmatrix}.$$

4. 分块初等变换

所谓分块初等变换和普通的初等变换类似, 包含 3 类:

第一类: 对换分块矩阵的两个分块行 (分块列);

第二类: 以某个可逆矩阵左乘以分块矩阵的某一分块行, 或右乘以某一分块列;

第三类: 以某个矩阵左乘以分块矩阵的某一分块行后加到另一分块行上去, 或以某个矩阵右乘以分块矩阵的某一分块列后加到另一分块列上去.

我们假设上面所提到的运算都是可以进行的.

5. 分块初等矩阵

和普通矩阵一样, 我们也有分块初等矩阵的概念. 记 $\boldsymbol{I} = \mathrm{diag}\{\boldsymbol{I}_{m_1}, \boldsymbol{I}_{m_2}, \cdots, \boldsymbol{I}_{m_k}\}$ 是分块单位矩阵, 定义下列 3 种矩阵为 3 类分块初等矩阵:

第一类: 对换 $\boldsymbol{I}$ 的第 i 分块行与第 j 分块行得到的矩阵;

第二类: 以可逆矩阵 $\boldsymbol{C}$ 左乘以 $\boldsymbol{I}$ 的第 i 分块行得到的矩阵;

第三类: 以矩阵 $\boldsymbol{B}$ 左乘以 $\boldsymbol{I}$ 的第 i 分块行后加到第 j 分块行上得到的矩阵.

分块初等矩阵都是可逆矩阵, 其中第三类分块初等矩阵的行列式值等于 1.

6. 定理

矩阵的分块初等行 (列) 变换等价于用同类分块初等矩阵左 (右) 乘以被变换的矩阵. 特别地, 第三类分块初等变换不改变矩阵的行列式值; 分块初等变换不改变矩阵的秩 (秩的概念将在下一章介绍).

2.1.5 Cauchy-Binet 公式

Cauchy-Binet 公式可以看成是矩阵乘法的行列式定理的推广. 它是矩阵理论中的一个重要定理, 有许多重要的应用. 这个定理及其推论的证明请参考教材 [1] 的 § 2.7.

1. 定理 (Cauchy-Binet 公式)

设 $\boldsymbol{A}=(a_{ij})$ 是 $m\times n$ 矩阵, $\boldsymbol{B}=(b_{ij})$ 是 $n\times m$ 矩阵. $\boldsymbol{A}\begin{pmatrix} i_1 & \cdots & i_s \\ j_1 & \cdots & j_s \end{pmatrix}$ 表示 $\boldsymbol{A}$ 的一个 s 阶子式, 它是由 $\boldsymbol{A}$ 的第 $i_1,\cdots,i_s$ 行与第 $j_1,\cdots,j_s$ 列交点上的元素按原次序排列组成的行列式. 同理定义 $\boldsymbol{B}$ 的 s 阶子式.

(1) 若 $m>n$, 则有 $|\boldsymbol{AB}|=0$;

(2) 若 $m\le n$, 则有

$$|\boldsymbol{AB}|=\sum_{1\le j_1<j_2<\cdots<j_m\le n}\boldsymbol{A}\begin{pmatrix} 1 & 2 & \cdots & m \\ j_1 & j_2 & \cdots & j_m \end{pmatrix}\boldsymbol{B}\begin{pmatrix} j_1 & j_2 & \cdots & j_m \\ 1 & 2 & \cdots & m \end{pmatrix}.$$

2. 推论

设 $\boldsymbol{A}=(a_{ij})$ 是 $m\times n$ 矩阵, $\boldsymbol{B}=(b_{ij})$ 是 $n\times m$ 矩阵, r 是一个正整数且 $r\le m$.

(1) 若 $r>n$, 则 $\boldsymbol{AB}$ 的任意 r 阶子式都等于零;

(2) 若 $r\le n$, 则 $\boldsymbol{AB}$ 的 r 阶子式

$$\boldsymbol{AB}\begin{pmatrix} i_1 & i_2 & \cdots & i_r \\ j_1 & j_2 & \cdots & j_r \end{pmatrix}=\sum_{1\le k_1<k_2<\cdots<k_r\le n}\boldsymbol{A}\begin{pmatrix} i_1 & i_2 & \cdots & i_r \\ k_1 & k_2 & \cdots & k_r \end{pmatrix}\boldsymbol{B}\begin{pmatrix} k_1 & k_2 & \cdots & k_r \\ j_1 & j_2 & \cdots & j_r \end{pmatrix}.$$

§ 2.2 特殊矩阵

本节将介绍 8 类特殊的矩阵. 随着学习的深入, 读者会发现这些特殊矩阵在矩阵结构的研究中发挥了重要的作用.

1. 标准单位向量

n 维标准单位列向量是指下列 n 个 n 维列向量:

$$\boldsymbol{e}_1=\begin{pmatrix}1\\0\\\vdots\\0\end{pmatrix},\quad \boldsymbol{e}_2=\begin{pmatrix}0\\1\\\vdots\\0\end{pmatrix},\quad \cdots,\quad \boldsymbol{e}_n=\begin{pmatrix}0\\0\\\vdots\\1\end{pmatrix}.$$

向量组 $\boldsymbol{e}_1',\boldsymbol{e}_2',\cdots,\boldsymbol{e}_n'$ 则被称为 n 维标准单位行向量. 设 $\boldsymbol{f}_1,\boldsymbol{f}_2,\cdots,\boldsymbol{f}_m$ 是 m 维标准单位列向量, 则容易验证标准单位向量有下列基本性质 (请读者自己完成):

(1) 若 $i\neq j$, 则 $\boldsymbol{e}_i'\boldsymbol{e}_j=0$, 而 $\boldsymbol{e}_i'\boldsymbol{e}_i=1$;

(2) 若 $\boldsymbol{A}=(a_{ij})$ 是 $m\times n$ 矩阵, 则 $\boldsymbol{A}\boldsymbol{e}_i$ 是 $\boldsymbol{A}$ 的第 i 个列向量; $\boldsymbol{f}_i'\boldsymbol{A}$ 是 $\boldsymbol{A}$ 的第 i 个行向量;

(3) 若 $\boldsymbol{A}=(a_{ij})$ 是 $m\times n$ 矩阵, 则 $\boldsymbol{f}_i'\boldsymbol{A}\boldsymbol{e}_j=a_{ij}$;

(4) 判定准则　设 $\boldsymbol{A},\boldsymbol{B}$ 都是 $m\times n$ 矩阵, 则 $\boldsymbol{A}=\boldsymbol{B}$ 当且仅当 $\boldsymbol{A}\boldsymbol{e}_i=\boldsymbol{B}\boldsymbol{e}_i\,(1\leq i\leq n)$ 成立, 也当且仅当 $\boldsymbol{f}_i'\boldsymbol{A}=\boldsymbol{f}_i'\boldsymbol{B}\,(1\leq i\leq m)$ 成立.

2. 基础矩阵

n 阶基础矩阵 (又称初级矩阵) 是指 n^2 个 n 阶矩阵 $\{\boldsymbol{E}_{ij},1\leq i,j\leq n\}$. 这里 $\boldsymbol{E}_{ij}$ 是一个 n 阶矩阵, 它的第 (i,j) 元素等于 1, 其他元素全为 0. 基础矩阵也可以看成是标准单位向量的积: $\boldsymbol{E}_{ij}=\boldsymbol{e}_i\boldsymbol{e}_j'$. 由此不难证明基础矩阵的下列性质:

(1) 若 $j\neq k$, 则 $\boldsymbol{E}_{ij}\boldsymbol{E}_{kl}=\boldsymbol{O}$;

(2) 若 $j=k$, 则 $\boldsymbol{E}_{ij}\boldsymbol{E}_{kl}=\boldsymbol{E}_{il}$;

(3) 若 $\boldsymbol{A}$ 是 n 阶矩阵且 $\boldsymbol{A}=(a_{ij})$, 则 $\boldsymbol{A}=\sum\limits_{i,j=1}^{n}a_{ij}\boldsymbol{E}_{ij}$;

(4) 若 $\boldsymbol{A}$ 是 n 阶矩阵且 $\boldsymbol{A}=(a_{ij})$, 则 $\boldsymbol{E}_{ij}\boldsymbol{A}$ 的第 i 行是 $\boldsymbol{A}$ 的第 j 行, $\boldsymbol{E}_{ij}\boldsymbol{A}$ 的其他行全为零;

(5) 若 $\boldsymbol{A}$ 是 n 阶矩阵且 $\boldsymbol{A}=(a_{ij})$, 则 $\boldsymbol{A}\boldsymbol{E}_{ij}$ 的第 j 列是 $\boldsymbol{A}$ 的第 i 列, $\boldsymbol{A}\boldsymbol{E}_{ij}$ 的其他列全为零;

(6) 若 $\boldsymbol{A}$ 是 n 阶矩阵且 $\boldsymbol{A}=(a_{ij})$, 则 $\boldsymbol{E}_{ij}\boldsymbol{A}\boldsymbol{E}_{kl}=a_{jk}\boldsymbol{E}_{il}$.

标准单位向量和基础矩阵虽然很简单, 但如能灵活应用就可以得到出乎意外的结果. 我们在今后将经常应用它们, 因此请读者熟记这些结论.

3. 基础循环矩阵

例 2.1 设 n 阶基础循环矩阵

$$\boldsymbol{A}=\begin{pmatrix}0&1&0&\cdots&0\\0&0&1&\cdots&0\\\vdots&\vdots&\vdots&&\vdots\\0&0&0&\cdots&1\\1&0&0&\cdots&0\end{pmatrix},$$

求证:

$$\boldsymbol{A}^k=\begin{pmatrix}\boldsymbol{O}&\boldsymbol{I}_{n-k}\\\boldsymbol{I}_k&\boldsymbol{O}\end{pmatrix},\ 1\leq k\leq n.$$

证明 将 $\boldsymbol{A}$ 写为 $\boldsymbol{A}=(\boldsymbol{e}_n,\boldsymbol{e}_1,\boldsymbol{e}_2,\cdots,\boldsymbol{e}_{n-1})$, 其中 $\boldsymbol{e}_i$ 是标准单位列向量. 由分块矩阵乘法并注意 $\boldsymbol{A}\boldsymbol{e}_i$ 就是 $\boldsymbol{A}$ 的第 i 列, 因此

$$\boldsymbol{A}^2=(\boldsymbol{A}\boldsymbol{e}_n,\boldsymbol{A}\boldsymbol{e}_1,\boldsymbol{A}\boldsymbol{e}_2,\cdots,\boldsymbol{A}\boldsymbol{e}_{n-1})=(\boldsymbol{e}_{n-1},\boldsymbol{e}_n,\boldsymbol{e}_1,\cdots,\boldsymbol{e}_{n-2}).$$

不断这样做下去就可得到结论. □

4. 幂零 Jordan 块

例 2.2 设 n 阶幂零 Jordan 块

$$\boldsymbol{A}=\begin{pmatrix}0&1&0&\cdots&0\\0&0&1&\cdots&0\\\vdots&\vdots&\vdots&&\vdots\\0&0&0&\cdots&1\\0&0&0&\cdots&0\end{pmatrix},$$

求证:

$$\boldsymbol{A}^k=\begin{pmatrix}\boldsymbol{O}&\boldsymbol{I}_{n-k}\\\boldsymbol{O}&\boldsymbol{O}\end{pmatrix},\ 1\leq k\leq n.$$

证明 将 $\boldsymbol{A}$ 写为 $\boldsymbol{A}=(\boldsymbol{0},\boldsymbol{e}_1,\boldsymbol{e}_2,\cdots,\boldsymbol{e}_{n-1})$, 其中 $\boldsymbol{e}_i$ 是标准单位列向量. 由分块矩阵乘法并注意 $\boldsymbol{A}\boldsymbol{e}_i$ 就是 $\boldsymbol{A}$ 的第 i 列, 因此

$$\boldsymbol{A}^2=(\boldsymbol{0},\boldsymbol{A}\boldsymbol{e}_1,\boldsymbol{A}\boldsymbol{e}_2,\cdots,\boldsymbol{A}\boldsymbol{e}_{n-1})=(\boldsymbol{0},\boldsymbol{0},\boldsymbol{e}_1,\cdots,\boldsymbol{e}_{n-2}).$$

不断这样做下去就可得到结论. □

5. 多项式的友阵与 Frobenius 块

例 2.3 设首一多项式 $f(x)=x^n+a_1x^{n-1}+\cdots+a_{n-1}x+a_n$, $f(x)$ 的友阵

$$\boldsymbol{C}(f(x))=\begin{pmatrix}0 & 0 & \cdots & 0 & -a_n\\ 1 & 0 & \cdots & 0 & -a_{n-1}\\ 0 & 1 & \cdots & 0 & -a_{n-2}\\ \vdots & \vdots & & \vdots & \vdots\\ 0 & 0 & \cdots & 1 & -a_1\end{pmatrix},$$

求证: $|x\boldsymbol{I}_n-\boldsymbol{C}(f(x))|=f(x)$. $\boldsymbol{C}(f(x))$ 的转置 $\boldsymbol{F}(f(x))$ 称为 $f(x)$ 的 Frobenius 块.

证明 教材 [1] 的例 1.5.7 给出了上述行列式的计算, 这里不再赘述. 注意到 $\boldsymbol{C}(f(x))$ 具有以下性质, 其中 $\boldsymbol{e}_i$ 是标准单位列向量:

$$\boldsymbol{C}(f(x))\boldsymbol{e}_i=\boldsymbol{e}_{i+1}\,(1\le i\le n-1),\ \boldsymbol{C}(f(x))\boldsymbol{e}_n=-\sum_{i=1}^n a_{n-i+1}\boldsymbol{e}_i.\ \square$$

6. 对称阵与反对称阵

例 2.4 设 $\boldsymbol{A}$ 为 n 阶对称阵, 求证: $\boldsymbol{A}$ 是零矩阵的充要条件是对任意的 n 维列向量 $\boldsymbol{\alpha}$, 有

$$\boldsymbol{\alpha}'\boldsymbol{A}\boldsymbol{\alpha}=0.$$

证明 只要证明充分性. 设 $\boldsymbol{A}=(a_{ij})$, 令 $\boldsymbol{\alpha}=\boldsymbol{e}_i$ 是第 i 个标准单位列向量. 因为 $\boldsymbol{e}_i'\boldsymbol{A}\boldsymbol{e}_i$ 是 $\boldsymbol{A}$ 的第 (i,i) 元素, 故 $a_{ii}=0$. 又令 $\boldsymbol{\alpha}=\boldsymbol{e}_i+\boldsymbol{e}_j\,(i\neq j)$, 则

$$0=(\boldsymbol{e}_i+\boldsymbol{e}_j)'\boldsymbol{A}(\boldsymbol{e}_i+\boldsymbol{e}_j)=a_{ii}+a_{jj}+a_{ij}+a_{ji}.$$

由于 $\boldsymbol{A}$ 是对称阵, 故 $a_{ij}=a_{ji}$, 又上面已经证明 $a_{ii}=a_{jj}=0$, 从而 $a_{ij}=0$, 这就证明了 $\boldsymbol{A}=\boldsymbol{O}$. $\square$

应用上题结论, 我们可以证明下列基本结论, 即反对称阵的刻画.

例 2.5 设 $\boldsymbol{A}$ 为 n 阶方阵, 求证: $\boldsymbol{A}$ 是反对称阵的充要条件是对任意的 n 维列向量 $\boldsymbol{\alpha}$, 有

$$\boldsymbol{\alpha}'\boldsymbol{A}\boldsymbol{\alpha}=0.$$

证明 若 $\boldsymbol{A}$ 是反对称阵, 则对任意的 n 维列向量 $\boldsymbol{\alpha}$, 有 $(\boldsymbol{\alpha}'\boldsymbol{A}\boldsymbol{\alpha})'=-\boldsymbol{\alpha}'\boldsymbol{A}\boldsymbol{\alpha}$. 而 $\boldsymbol{\alpha}'\boldsymbol{A}\boldsymbol{\alpha}$ 是数, 因此 $(\boldsymbol{\alpha}'\boldsymbol{A}\boldsymbol{\alpha})'=\boldsymbol{\alpha}'\boldsymbol{A}\boldsymbol{\alpha}$. 比较上面两个式子便有 $\boldsymbol{\alpha}'\boldsymbol{A}\boldsymbol{\alpha}=0$. 反之, 若

上式对任意的 n 维列向量 $\boldsymbol{\alpha}$ 成立, 则 $\boldsymbol{\alpha}'\boldsymbol{A}'\boldsymbol{\alpha}=0$, 故 $\boldsymbol{\alpha}'(\boldsymbol{A}+\boldsymbol{A}')\boldsymbol{\alpha}=0$. 因为矩阵 $\boldsymbol{A}+\boldsymbol{A}'$ 是对称阵, 故由上题可得 $\boldsymbol{A}+\boldsymbol{A}'=\boldsymbol{O}$, 即 $\boldsymbol{A}'=-\boldsymbol{A}$, $\boldsymbol{A}$ 是反对称阵. □

7. 对角阵, 上 (下) 三角阵, 分块对角阵, 分块上 (下) 三角阵

例 2.6 设 $\boldsymbol{A}$ 是 n 阶上三角阵且主对角线上元素全为零, 求证: $\boldsymbol{A}^n=\boldsymbol{O}$.

证法 1 设 $\boldsymbol{A}=(a_{ij})$, 当 $i\geq j$ 时, $a_{ij}=0$. 将 $\boldsymbol{A}$ 表示为基础矩阵 $\boldsymbol{E}_{ij}$ 之和:

$$\boldsymbol{A}=\sum_{i<j}a_{ij}\boldsymbol{E}_{ij}.$$

因为当 $j\neq k$ 时, $\boldsymbol{E}_{ij}\boldsymbol{E}_{kl}=\boldsymbol{O}$, 故在 $\boldsymbol{A}^n$ 的乘法展开式中, 可能非零的项只能是具有形状 $\boldsymbol{E}_{ij_1}\boldsymbol{E}_{j_1j_2}\boldsymbol{E}_{j_2j_3}\cdots\boldsymbol{E}_{j_{n-1}j_n}$, 但足标必须满足条件 $1\leq i<j_1<j_2<j_3<\cdots<j_n\leq n$. 显然这样的项也不存在, 因此 $\boldsymbol{A}^n=\boldsymbol{O}$.

证法 2 由假设 $\boldsymbol{A}\boldsymbol{e}_i=a_{1i}\boldsymbol{e}_1+\cdots+a_{i-1,i}\boldsymbol{e}_{i-1}\,(1\leq i\leq n)$, 我们只要用归纳法证明: $\boldsymbol{A}^k\boldsymbol{e}_k=\boldsymbol{0}$ 对任意的 $1\leq k\leq n$ 都成立, 则 $\boldsymbol{A}^n\boldsymbol{e}_i=\boldsymbol{0}$ 对任意的 $1\leq i\leq n$ 都成立, 从而 $\boldsymbol{A}^n=\boldsymbol{O}$ 成立. 显然, $\boldsymbol{A}\boldsymbol{e}_1=\boldsymbol{0}$ 成立. 假设 $\boldsymbol{A}^i\boldsymbol{e}_i=\boldsymbol{0}$ 对任意的 $i<k$ 都成立, 则

$$\begin{aligned}\boldsymbol{A}^k\boldsymbol{e}_k &= \boldsymbol{A}^{k-1}(\boldsymbol{A}\boldsymbol{e}_k)=\boldsymbol{A}^{k-1}(a_{1k}\boldsymbol{e}_1+\cdots+a_{k-1,k}\boldsymbol{e}_{k-1})\\ &= a_{1k}\boldsymbol{A}^{k-1}\boldsymbol{e}_1+\cdots+a_{k-1,k}\boldsymbol{A}^{k-1}\boldsymbol{e}_{k-1}=\boldsymbol{0}.\ \square\end{aligned}$$

8. 初等阵, 分块初等阵

我们将在 § 2.5 详细讨论初等变换与初等阵, 在 § 2.10 详细讨论分块初等变换与分块初等阵.

§ 2.3 矩阵的运算

矩阵的运算包括加减法、数乘、乘法、转置和共轭等. 对于方阵, 还有幂、多项式、伴随和求逆等运算. 我们将在 § 2.4 讨论求逆, 在 § 2.6 讨论伴随. 首先来看一个矩阵乘法的简单例子.

例 2.7 若 $\boldsymbol{A},\boldsymbol{B}$ 都是由非负实数组成的矩阵且 $\boldsymbol{AB}$ 有一行等于零, 求证: 或者 $\boldsymbol{A}$ 有一行为零, 或者 $\boldsymbol{B}$ 有一行为零.

证明 设 $\boldsymbol{A}=(a_{ij})_{m\times n}$, $\boldsymbol{B}=(b_{ij})_{n\times s}$. 假设 $\boldsymbol{C}=\boldsymbol{AB}$, $\boldsymbol{C}=(c_{ij})_{m\times s}$ 的第 i 行为零, 则对任意的 j, $c_{ij}=a_{i1}b_{1j}+a_{i2}b_{2j}+\cdots+a_{in}b_{nj}=0$. 已知 $a_{ij}\geq 0$, $b_{ij}\geq 0$. 若

$\boldsymbol{A}$ 的第 i 行元素不全为零, 不妨设 $a_{ik} \neq 0$, 而 $a_{il} = 0, l = 1, \cdots, k-1$, 则 $b_{kj} = 0$ 对一切 j 成立, 这就是说 $\boldsymbol{B}$ 的第 k 行为零. □

上 (下) 三角阵是指主对角线下 (上) 方所有元素全为零的方阵, 它们在矩阵理论中发挥了重要的作用.

例 2.8 求证: 上 (下) 三角阵的加减、数乘、乘积 (幂)、多项式、伴随和求逆仍然是上 (下) 三角阵, 并且所得上 (下) 三角阵的主对角元是原上 (下) 三角阵对应主对角元的加减、数乘、乘积 (幂)、多项式、伴随和求逆.

证明　只证上三角阵的情形, 下三角阵的情形完全类似. 上三角阵的加减、数乘、乘积 (幂) 以及多项式结论的证明比较简单, 留给读者完成. 下面来证明伴随和求逆的结论. 设 $\boldsymbol{A} = (a_{ij})$ 为 n 阶上三角阵, 即满足 $a_{ij} = 0\,(\forall i > j)$. 取定 $i \leq j$, 设 a_{ij} 的余子式 $M_{ij} = |b_{kl}|$, 代数余子式 $A_{ij} = (-1)^{i+j}M_{ij}$, 则有

$$b_{kl} = \begin{cases} a_{kl}, & \text{当 } k \leq i-1 \text{ 且 } l \leq j-1 \text{ 时}; \quad \cdots(1) \\ a_{k,l+1}, & \text{当 } k \leq i-1 \text{ 且 } l \geq j \text{ 时}; \quad \cdots(2) \\ a_{k+1,l}, & \text{当 } k \geq i \text{ 且 } l \leq j-1 \text{ 时}; \quad \cdots(3) \\ a_{k+1,l+1}, & \text{当 } k \geq i \text{ 且 } l \geq j \text{ 时}. \quad \cdots(4) \end{cases}$$

若 $k > l$, 则在情况 (1,3,4) 中有 $b_{kl} = 0$, 并且情况 (2) 不可能发生, 因为此时有 $i > k > l \geq j$, 这与 $i \leq j$ 矛盾. 因此, A_{ij} 是一个上三角行列式. 进一步, 若 $i < j$, 则在情况 (3) 中, 在闭区间 $[i, j-1]$ 里一定可取到 $k = l$, 此时 $b_{kk} = a_{k+1,k} = 0$, 即 A_{ij} 的主对角元中至少有一个为零, 从而 $A_{ij} = 0\,(\forall i < j)$ 成立. 若 $i = j$, 则由情况 (1,4) 可知, $b_{kk}\,(1 \leq k \leq n-1)$ 可取到 $a_{11}, \cdots, a_{i-1,i-1}, a_{i+1,i+1}, \cdots, a_{nn}$, 由此可知 $A_{ii} = a_{11} \cdots \widehat{a_{ii}} \cdots a_{nn}$, 这个数称为 a_{ii} 的伴随, 这就完成了 $\boldsymbol{A}^*$ 结论的证明. 由于 $\boldsymbol{A}^{-1} = \dfrac{1}{|\boldsymbol{A}|}\boldsymbol{A}^*$, 故 $\boldsymbol{A}^{-1}$ 也是上三角阵, 其主对角元为 $\dfrac{1}{|\boldsymbol{A}|}A_{ii} = a_{ii}^{-1}$, 结论得证. □

下面的例子也可用矩阵的迹来证明, 我们将在 § 2.7 中进行讨论.

例 2.9 求证:
(1) $m \times n$ 实矩阵 $\boldsymbol{A}$ 适合条件 $\boldsymbol{A}\boldsymbol{A}' = \boldsymbol{O}$ 的充要条件是 $\boldsymbol{A} = \boldsymbol{O}$;
(2) $m \times n$ 复矩阵 $\boldsymbol{A}$ 适合条件 $\boldsymbol{A}\overline{\boldsymbol{A}}' = \boldsymbol{O}$ 的充要条件是 $\boldsymbol{A} = \boldsymbol{O}$.

证明　(1) 设 $\boldsymbol{A} = (a_{ij})_{m \times n}$, 则 $\boldsymbol{A}\boldsymbol{A}'$ 的第 (i,i) 元素等于零, 即

$$a_{i1}^2 + a_{i2}^2 + \cdots + a_{in}^2 = 0.$$

因为 a_{ij} 都是实数, 必有 $a_{ij} = 0$.

(2) 同理可证明. □

例 2.10 求证: 任一 n 阶方阵均可表示为一个对称阵与一个反对称阵之和.

证明 设 $\boldsymbol{A}$ 是 n 阶方阵, 则 $\boldsymbol{A}+\boldsymbol{A}'$ 是对称阵, $\boldsymbol{A}-\boldsymbol{A}'$ 是反对称阵, 并且

$$\boldsymbol{A}=\frac{1}{2}(\boldsymbol{A}+\boldsymbol{A}')+\frac{1}{2}(\boldsymbol{A}-\boldsymbol{A}'). \ \square$$

注 上例中的 $\frac{1}{2}(\boldsymbol{A}+\boldsymbol{A}')$ 称为 $\boldsymbol{A}$ 的对称化, $\frac{1}{2}(\boldsymbol{A}-\boldsymbol{A}')$ 称为 $\boldsymbol{A}$ 的反对称化. 上述分解使得我们可以利用对称阵和反对称阵的众多性质去研究方阵的性质.

例 2.11 求证: 和所有 n 阶矩阵乘法可交换的矩阵必是纯量阵 $k\boldsymbol{I}_n$.

证明 设 $\boldsymbol{A}=(a_{ij})$ 和所有 n 阶矩阵乘法可交换.

证法 1 设 $\boldsymbol{E}_{ij}\,(1\leq i\neq j\leq n)$ 为基础矩阵, 则 $\boldsymbol{E}_{ij}\boldsymbol{A}=\boldsymbol{A}\boldsymbol{E}_{ij}$. 注意到 $\boldsymbol{E}_{ij}\boldsymbol{A}$ 是将 $\boldsymbol{A}$ 的第 j 行变为第 i 行而其他行都是零的 n 阶矩阵, $\boldsymbol{A}\boldsymbol{E}_{ij}$ 是将 $\boldsymbol{A}$ 的第 i 列变为第 j 列而其他列都是零的 n 阶矩阵, 它们相等导致 $a_{ji}=0\,(i\neq j)$, $a_{ii}=a_{jj}$, 因此 $\boldsymbol{A}$ 是纯量阵.

证法 2 设 $\boldsymbol{D}=\mathrm{diag}\{1,2,\cdots,n\}$ 为对角阵, 则由 $\boldsymbol{A}\boldsymbol{D}=\boldsymbol{D}\boldsymbol{A}$ 可得 $\boldsymbol{A}=\mathrm{diag}\{a_{11},a_{22},\cdots,a_{nn}\}$ 也为对角阵. 设 $\boldsymbol{P}_{ij}\,(1\leq i\neq j\leq n)$ 为第一类初等阵, 则由 $\boldsymbol{A}\boldsymbol{P}_{ij}=\boldsymbol{P}_{ij}\boldsymbol{A}$ 可得 $a_{ii}=a_{jj}\,(1\leq i\neq j\leq n)$, 于是 $\boldsymbol{A}$ 为纯量阵.

证法 3 考虑 $\boldsymbol{A}$ 与第二类初等阵 $\boldsymbol{P}_i(c)\,(c\neq 1,\,1\leq i\leq n)$ 以及与第一类初等阵 $\boldsymbol{P}_{ij}\,(1\leq i\neq j\leq n)$ 的乘法交换性, 马上可得 $\boldsymbol{A}$ 为纯量阵. $\square$

注 由证法 1 可知: 和所有奇异阵乘法可交换的矩阵必是纯量阵; 由证法 2 可知: 和所有非异阵乘法可交换的矩阵必是纯量阵; 由证法 3 可知: 和所有初等阵乘法可交换的矩阵必是纯量阵; 在证法 3 中取 $c=-1$, 则可知: 和所有正交阵乘法可交换的矩阵必是纯量阵.

例 2.12 计算下列矩阵的 k 次幂, 其中 k 为正整数:

(1) $\boldsymbol{A}=\begin{pmatrix}a&1&0\\0&a&1\\0&0&a\end{pmatrix}$; (2) $\boldsymbol{A}=\begin{pmatrix}1&2&4\\2&4&8\\3&6&12\end{pmatrix}$.

解 (1) 设 $\boldsymbol{J}=\begin{pmatrix}0&1&0\\0&0&1\\0&0&0\end{pmatrix}$, 则 $\boldsymbol{A}=a\boldsymbol{I}_3+\boldsymbol{J}$. 注意到 $a\boldsymbol{I}_3$ 和 $\boldsymbol{J}$ 乘法可交换, 并

且 $\boldsymbol{J}^3=\boldsymbol{O}$, 因此我们可用二项式定理来求 $\boldsymbol{A}$ 的 k 次幂:

$$\begin{aligned}\boldsymbol{A}^k &= (a\boldsymbol{I}_3+\boldsymbol{J})^k=(a\boldsymbol{I}_3)^k+\mathrm{C}_k^1(a\boldsymbol{I}_3)^{k-1}\boldsymbol{J}+\mathrm{C}_k^2(a\boldsymbol{I}_3)^{k-2}\boldsymbol{J}^2\\ &= a^k\boldsymbol{I}_3+\mathrm{C}_k^1a^{k-1}\boldsymbol{J}+\mathrm{C}_k^2a^{k-2}\boldsymbol{J}^2=\begin{pmatrix}a^k & \mathrm{C}_k^1a^{k-1} & \mathrm{C}_k^2a^{k-2}\\ 0 & a^k & \mathrm{C}_k^1a^{k-1}\\ 0 & 0 & a^k\end{pmatrix}.\end{aligned}$$

(2) 注意到 $\boldsymbol{A}$ 的列向量成比例, 故可设 $\boldsymbol{\alpha}=(1,2,3)$, $\boldsymbol{\beta}=(1,2,4)$, 则 $\boldsymbol{A}=\boldsymbol{\alpha}'\boldsymbol{\beta}$. 由矩阵乘法的结合律并注意到 $\boldsymbol{\beta}\boldsymbol{\alpha}'=17$, 可得

$$\begin{aligned}\boldsymbol{A}^k &= (\boldsymbol{\alpha}'\boldsymbol{\beta})(\boldsymbol{\alpha}'\boldsymbol{\beta})\cdots(\boldsymbol{\alpha}'\boldsymbol{\beta})=\boldsymbol{\alpha}'(\boldsymbol{\beta}\boldsymbol{\alpha}')\cdots(\boldsymbol{\beta}\boldsymbol{\alpha}')\boldsymbol{\beta}\\ &= (\boldsymbol{\beta}\boldsymbol{\alpha}')^{k-1}\boldsymbol{\alpha}'\boldsymbol{\beta}=17^{k-1}\boldsymbol{A}=\begin{pmatrix}17^{k-1} & 2\cdot17^{k-1} & 4\cdot17^{k-1}\\ 2\cdot17^{k-1} & 4\cdot17^{k-1} & 8\cdot17^{k-1}\\ 3\cdot17^{k-1} & 6\cdot17^{k-1} & 12\cdot17^{k-1}\end{pmatrix}.\ \square\end{aligned}$$

例 2.13 设 $\boldsymbol{A}$ 是二阶矩阵, 若存在 $n>2$, 使得 $\boldsymbol{A}^n=\boldsymbol{O}$, 求证: $\boldsymbol{A}^2=\boldsymbol{O}$.

证明 由 $\boldsymbol{A}^n=\boldsymbol{O}$ 可得 $0=|\boldsymbol{A}^n|=|\boldsymbol{A}|^n$, 从而 $|\boldsymbol{A}|=0$. 因为 $\boldsymbol{A}$ 是二阶矩阵, 由 $|\boldsymbol{A}|=0$ 容易验证 $\boldsymbol{A}$ 的两个列向量成比例, 于是存在二维行向量 $\boldsymbol{\alpha},\boldsymbol{\beta}$, 使得 $\boldsymbol{A}=\boldsymbol{\alpha}'\boldsymbol{\beta}$. 注意到 $\boldsymbol{\beta}\boldsymbol{\alpha}'$ 是一个数, 由矩阵乘法的结合律可得

$$\begin{aligned}\boldsymbol{O} &= \boldsymbol{A}^n=(\boldsymbol{\alpha}'\boldsymbol{\beta})(\boldsymbol{\alpha}'\boldsymbol{\beta})\cdots(\boldsymbol{\alpha}'\boldsymbol{\beta})=\boldsymbol{\alpha}'(\boldsymbol{\beta}\boldsymbol{\alpha}')\cdots(\boldsymbol{\beta}\boldsymbol{\alpha}')\boldsymbol{\beta}\\ &= (\boldsymbol{\beta}\boldsymbol{\alpha}')^{n-1}\boldsymbol{\alpha}'\boldsymbol{\beta}=(\boldsymbol{\beta}\boldsymbol{\alpha}')^{n-1}\boldsymbol{A}.\end{aligned}$$

因此或者 $\boldsymbol{\beta}\boldsymbol{\alpha}'=0$, 或者 $\boldsymbol{A}=\boldsymbol{O}$, 但无论哪种情况, 我们最后都有

$$\boldsymbol{A}^2=(\boldsymbol{\alpha}'\boldsymbol{\beta})(\boldsymbol{\alpha}'\boldsymbol{\beta})=\boldsymbol{\alpha}'(\boldsymbol{\beta}\boldsymbol{\alpha}')\boldsymbol{\beta}=(\boldsymbol{\beta}\boldsymbol{\alpha}')\boldsymbol{A}=\boldsymbol{O}.\ \square$$

例 2.14 下列形状的矩阵称为循环矩阵:

$$\begin{pmatrix}a_1 & a_2 & a_3 & \cdots & a_n\\ a_n & a_1 & a_2 & \cdots & a_{n-1}\\ a_{n-1} & a_n & a_1 & \cdots & a_{n-2}\\ \vdots & \vdots & \vdots & & \vdots\\ a_2 & a_3 & a_4 & \cdots & a_1\end{pmatrix}.$$

求证: 同阶循环矩阵之积仍是循环矩阵.

证明　设基础循环矩阵

$$\boldsymbol{J}=\begin{pmatrix}\boldsymbol{O} & \boldsymbol{I}_{n-1}\\ 1 & \boldsymbol{O}\end{pmatrix},$$

则由例 2.1 可知, 上述循环矩阵 $\boldsymbol{A}$ 可表示为基础循环矩阵 $\boldsymbol{J}$ 的多项式:

$$\boldsymbol{A}=a_1\boldsymbol{I}_n+a_2\boldsymbol{J}+a_3\boldsymbol{J}^2+\cdots+a_n\boldsymbol{J}^{n-1}.$$

反之, 若一个矩阵能表示为基础循环矩阵 $\boldsymbol{J}$ 的上述多项式形状, 则它必是循环矩阵. 两个循环矩阵之积可写为 $\boldsymbol{J}$ 的两个多项式之积, 注意到 $\boldsymbol{J}^n=\boldsymbol{I}_n$, 由此即得结论. □

例 2.15　设 n 阶方阵 $\boldsymbol{A}$ 的每一行元素之和等于常数 c, 求证:

(1) 对任意的正整数 k, $\boldsymbol{A}^k$ 的每一行元素之和等于 c^k;

(2) 若 $\boldsymbol{A}$ 为可逆阵, 则 $c\neq 0$ 并且 $\boldsymbol{A}^{-1}$ 的每一行元素之和等于 c^{-1}.

证明　设 $\boldsymbol{\alpha}=(1,1,\cdots,1)'$, 则由矩阵乘法可知, $\boldsymbol{A}$ 的每一行元素之和等于 c 当且仅当 $\boldsymbol{A\alpha}=c\cdot\boldsymbol{\alpha}$ 成立.

(1) 由 $\boldsymbol{A\alpha}=c\cdot\boldsymbol{\alpha}$ 不断递推可得 $\boldsymbol{A}^k\boldsymbol{\alpha}=c^k\cdot\boldsymbol{\alpha}$, 故结论成立.

(2) 若 $c=0$, 则由 $\boldsymbol{A}$ 可逆以及 $\boldsymbol{A\alpha}=\boldsymbol{0}$ 可得 $\boldsymbol{\alpha}=\boldsymbol{0}$, 矛盾. 在 $\boldsymbol{A\alpha}=c\cdot\boldsymbol{\alpha}$ 的两边同时左乘 $c^{-1}\boldsymbol{A}^{-1}$, 可得 $\boldsymbol{A}^{-1}\boldsymbol{\alpha}=c^{-1}\cdot\boldsymbol{\alpha}$, 由此即得结论. □

例 2.16　求下列 n 阶矩阵的逆矩阵:

$$\boldsymbol{A}=\begin{pmatrix}0 & 1 & 1 & \cdots & 1\\ 1 & 0 & 1 & \cdots & 1\\ 1 & 1 & 0 & \cdots & 1\\ \vdots & \vdots & \vdots & & \vdots\\ 1 & 1 & 1 & \cdots & 0\end{pmatrix}.$$

解　我们用两种方法来求解, 第一种是利用矩阵乘法的结合律, 比如例 2.12 (2) 和例 2.13, 第二种是利用基础循环矩阵的多项式来表示循环矩阵, 比如例 2.14.

解法 1　设 $\boldsymbol{\alpha}=(1,1,\cdots,1)'$, 则 $\boldsymbol{A}=-\boldsymbol{I}_n+\boldsymbol{\alpha\alpha}'$. 设 $\boldsymbol{B}=c\boldsymbol{I}_n+d\boldsymbol{\alpha\alpha}'$, 则通过简单的计算可知 $\boldsymbol{AB}=-c\boldsymbol{I}_n+(c+(n-1)d)\boldsymbol{\alpha\alpha}'$. 令 $c=-1$, $c+(n-1)d=0$, 则 $d=\dfrac{1}{n-1}$, 于是 $\boldsymbol{AB}=\boldsymbol{I}_n$, 从而 $\boldsymbol{A}^{-1}=\boldsymbol{B}=-\boldsymbol{I}_n+\dfrac{1}{n-1}\boldsymbol{\alpha\alpha}'$.

解法 2　设 $\boldsymbol{J}$ 为基础循环矩阵, 则 $\boldsymbol{A}=\boldsymbol{J}+\boldsymbol{J}^2+\cdots+\boldsymbol{J}^{n-1}$. 设 $\boldsymbol{B}=c\boldsymbol{I}_n+\boldsymbol{J}+\boldsymbol{J}^2+\cdots+\boldsymbol{J}^{n-1}$, 其中 c 为待定系数, 则通过简单的计算可得

$$\boldsymbol{AB}=(n-1)\boldsymbol{I}_n+(c+n-2)(\boldsymbol{J}+\boldsymbol{J}^2+\cdots+\boldsymbol{J}^{n-1}).$$

只要令 $c=2-n$, 则 $\boldsymbol{AB}=(n-1)\boldsymbol{I}_n$, 于是 $\boldsymbol{A}^{-1}=\dfrac{1}{n-1}\boldsymbol{B}$. □

§ 2.4 可逆矩阵

判定 n 阶方阵 $\boldsymbol{A}$ 是可逆矩阵的常见方法有以下 5 种, 本节主要介绍前两种方法:

(1) 行列式的计算　若 $|\boldsymbol{A}| \neq 0$, 则 $\boldsymbol{A}$ 是可逆阵, 否则 $\boldsymbol{A}$ 是不可逆阵;

(2) 凑因子法　找到或验证同阶方阵 $\boldsymbol{B}$, 使得 $\boldsymbol{AB} = \boldsymbol{I}_n$ 或 $\boldsymbol{BA} = \boldsymbol{I}_n$;

(3) 线性方程组求解理论的应用　参考 § 3.7 的第 2 部分;

(4) 互素多项式的应用　参考 § 5.11;

(5) 特征值的计算　参考 § 6.2 的第 5 部分.

1. 行列式的计算

这是第 1 章的主要内容. 例如, 当 $x_1, x_2, \cdots, x_n$ 互异时, Vandermonde 行列式 $|\boldsymbol{A}| = \prod\limits_{1 \leq i < j \leq n} (x_j - x_i) \neq 0$, 从而 Vandermonde 矩阵

$$\boldsymbol{A} = \begin{pmatrix} 1 & x_1 & \cdots & x_1^{n-1} \\ 1 & x_2 & \cdots & x_2^{n-1} \\ \vdots & \vdots & & \vdots \\ 1 & x_n & \cdots & x_n^{n-1} \end{pmatrix}$$

是可逆阵. 我们再来看几个典型的例子.

例 2.17　设 $\boldsymbol{A}$ 是非零实矩阵且 $\boldsymbol{A}^* = \boldsymbol{A}'$. 求证: $\boldsymbol{A}$ 是可逆阵.

证明　设 $\boldsymbol{A} = (a_{ij})$, a_{ij} 的代数余子式记为 A_{ij}, 由已知, $a_{ij} = A_{ij}$. 由于 $\boldsymbol{A}$ 是非零实矩阵, 故必有某个 $a_{rs} \neq 0$, 将 $|\boldsymbol{A}|$ 按第 r 行展开, 可得

$$|\boldsymbol{A}| = a_{r1}A_{r1} + \cdots + a_{rs}A_{rs} + \cdots + a_{rn}A_{rn} = a_{r1}^2 + \cdots + a_{rs}^2 + \cdots + a_{rn}^2 > 0.$$

特别地, $|\boldsymbol{A}| \neq 0$, 即 $\boldsymbol{A}$ 是可逆阵. □

例 2.18　设 $\boldsymbol{A}$ 是奇数阶矩阵, 满足 $\boldsymbol{AA}' = \boldsymbol{I}_n$ 且 $|\boldsymbol{A}| > 0$, 证明: $\boldsymbol{I}_n - \boldsymbol{A}$ 是奇异阵.

证明　由 $1 = |\boldsymbol{I}_n| = |\boldsymbol{AA}'| = |\boldsymbol{A}||\boldsymbol{A}'| = |\boldsymbol{A}|^2$ 以及 $|\boldsymbol{A}| > 0$ 可得 $|\boldsymbol{A}| = 1$. 因为

$$|\boldsymbol{I}_n - \boldsymbol{A}| = |\boldsymbol{AA}' - \boldsymbol{A}| = |\boldsymbol{A}||\boldsymbol{A}' - \boldsymbol{I}_n| = |(\boldsymbol{A} - \boldsymbol{I}_n)'| = |\boldsymbol{A} - \boldsymbol{I}_n| = (-1)^n|\boldsymbol{I}_n - \boldsymbol{A}|,$$

又 n 是奇数, 故 $|\boldsymbol{I}_n - \boldsymbol{A}| = -|\boldsymbol{I}_n - \boldsymbol{A}|$, 从而 $|\boldsymbol{I}_n - \boldsymbol{A}| = 0$, 即 $\boldsymbol{I}_n - \boldsymbol{A}$ 是奇异阵. □

例 2.19 设 $\boldsymbol{A},\boldsymbol{B}$ 为 n 阶可逆阵, 满足 $\boldsymbol{A}^2=\boldsymbol{B}^2$ 且 $|\boldsymbol{A}|+|\boldsymbol{B}|=0$, 求证: $\boldsymbol{A}+\boldsymbol{B}$ 是奇异阵.

证明 由已知 $\boldsymbol{A}$, $\boldsymbol{B}$ 都是可逆阵且 $|\boldsymbol{B}|=-|\boldsymbol{A}|$, 因此

$$|\boldsymbol{A}||\boldsymbol{A}+\boldsymbol{B}|=|\boldsymbol{A}^2+\boldsymbol{A}\boldsymbol{B}|=|\boldsymbol{B}^2+\boldsymbol{A}\boldsymbol{B}|=|\boldsymbol{B}+\boldsymbol{A}||\boldsymbol{B}|=-|\boldsymbol{A}||\boldsymbol{A}+\boldsymbol{B}|,$$

于是 $|\boldsymbol{A}||\boldsymbol{A}+\boldsymbol{B}|=0$. 因为 $|\boldsymbol{A}|\neq 0$, 故 $|\boldsymbol{A}+\boldsymbol{B}|=0$, 即 $\boldsymbol{A}+\boldsymbol{B}$ 是奇异阵. □

2. 凑因子法

通过给定条件的重组变化, 把方阵 $\boldsymbol{A}$ 的逆阵凑出来. 凑因子的过程通常需要一定的技巧, 下面是几个典型的例子.

例 2.20 设 n 阶方阵 $\boldsymbol{A}$ 适合等式 $\boldsymbol{A}^2-3\boldsymbol{A}+2\boldsymbol{I}_n=\boldsymbol{O}$, 求证: $\boldsymbol{A}$ 和 $\boldsymbol{A}+\boldsymbol{I}_n$ 都是可逆阵, 而若 $\boldsymbol{A}\neq\boldsymbol{I}_n$, 则 $\boldsymbol{A}-2\boldsymbol{I}_n$ 必不是可逆阵.

证明 由已知得 $\boldsymbol{A}(\boldsymbol{A}-3\boldsymbol{I}_n)=-2\boldsymbol{I}_n$, 因此 $\boldsymbol{A}$ 是可逆阵. 又 $\boldsymbol{A}^2-3\boldsymbol{A}-4\boldsymbol{I}_n=-6\boldsymbol{I}_n$, 于是 $(\boldsymbol{A}+\boldsymbol{I}_n)(\boldsymbol{A}-4\boldsymbol{I}_n)=-6\boldsymbol{I}_n$, 故 $\boldsymbol{A}+\boldsymbol{I}_n$ 也是可逆阵.

另一方面, 由已知等式可得 $(\boldsymbol{A}-\boldsymbol{I}_n)(\boldsymbol{A}-2\boldsymbol{I}_n)=\boldsymbol{O}$, 如果 $\boldsymbol{A}-2\boldsymbol{I}_n$ 可逆, 则 $\boldsymbol{A}-\boldsymbol{I}_n=\boldsymbol{O}$, $\boldsymbol{A}=\boldsymbol{I}_n$ 和假设不合, 因此 $\boldsymbol{A}-2\boldsymbol{I}_n$ 不是可逆阵. □

例 2.21 设 n 阶方阵 $\boldsymbol{A}$ 和 $\boldsymbol{B}$ 满足 $\boldsymbol{A}+\boldsymbol{B}=\boldsymbol{A}\boldsymbol{B}$, 求证: $\boldsymbol{I}_n-\boldsymbol{A}$ 是可逆阵且 $\boldsymbol{A}\boldsymbol{B}=\boldsymbol{B}\boldsymbol{A}$.

证明 因为

$$(\boldsymbol{I}_n-\boldsymbol{A})(\boldsymbol{I}_n-\boldsymbol{B})=\boldsymbol{I}_n-\boldsymbol{A}-\boldsymbol{B}+\boldsymbol{A}\boldsymbol{B}=\boldsymbol{I}_n,$$

所以 $\boldsymbol{I}_n-\boldsymbol{A}$ 是可逆阵. 另一方面, 由上式可得 $(\boldsymbol{I}_n-\boldsymbol{A})^{-1}=(\boldsymbol{I}_n-\boldsymbol{B})$, 故

$$\boldsymbol{I}_n=(\boldsymbol{I}_n-\boldsymbol{B})(\boldsymbol{I}_n-\boldsymbol{A})=\boldsymbol{I}_n-\boldsymbol{B}-\boldsymbol{A}+\boldsymbol{B}\boldsymbol{A},$$

从而 $\boldsymbol{B}\boldsymbol{A}=\boldsymbol{A}+\boldsymbol{B}=\boldsymbol{A}\boldsymbol{B}$. □

例 2.22 设 $\boldsymbol{A},\boldsymbol{B},\boldsymbol{A}\boldsymbol{B}-\boldsymbol{I}_n$ 都是 n 阶可逆阵, 证明: $\boldsymbol{A}-\boldsymbol{B}^{-1}$ 与 $(\boldsymbol{A}-\boldsymbol{B}^{-1})^{-1}-\boldsymbol{A}^{-1}$ 均可逆, 并求它们的逆矩阵.

证明 注意到 $\boldsymbol{A}-\boldsymbol{B}^{-1}=(\boldsymbol{A}\boldsymbol{B}-\boldsymbol{I}_n)\boldsymbol{B}^{-1}$, 故 $\boldsymbol{A}-\boldsymbol{B}^{-1}$ 是可逆矩阵, 并且 $(\boldsymbol{A}-\boldsymbol{B}^{-1})^{-1}=\boldsymbol{B}(\boldsymbol{A}\boldsymbol{B}-\boldsymbol{I}_n)^{-1}$. 注意到如下变形:

$$\begin{aligned}
&(\boldsymbol{A}-\boldsymbol{B}^{-1})^{-1}-\boldsymbol{A}^{-1}\\
=\ &\boldsymbol{B}(\boldsymbol{A}\boldsymbol{B}-\boldsymbol{I}_n)^{-1}-\boldsymbol{A}^{-1}=\boldsymbol{A}^{-1}\big(\boldsymbol{A}\boldsymbol{B}(\boldsymbol{A}\boldsymbol{B}-\boldsymbol{I}_n)^{-1}-\boldsymbol{I}_n\big)\\
=\ &\boldsymbol{A}^{-1}\big(\boldsymbol{A}\boldsymbol{B}-(\boldsymbol{A}\boldsymbol{B}-\boldsymbol{I}_n)\big)(\boldsymbol{A}\boldsymbol{B}-\boldsymbol{I}_n)^{-1}=\boldsymbol{A}^{-1}(\boldsymbol{A}\boldsymbol{B}-\boldsymbol{I}_n)^{-1},
\end{aligned}$$

故 $(\boldsymbol{A}-\boldsymbol{B}^{-1})^{-1}-\boldsymbol{A}^{-1}$ 可逆, 并且 $\left((\boldsymbol{A}-\boldsymbol{B}^{-1})^{-1}-\boldsymbol{A}^{-1}\right)^{-1}=(\boldsymbol{A}\boldsymbol{B}-\boldsymbol{I}_n)\boldsymbol{A}$. □

例 2.23 设 $\boldsymbol{A}$ 为 $m\times n$ 矩阵, $\boldsymbol{B}$ 为 $n\times m$ 矩阵, 使得 $\boldsymbol{I}_m+\boldsymbol{A}\boldsymbol{B}$ 可逆, 求证: $\boldsymbol{I}_n+\boldsymbol{B}\boldsymbol{A}$ 也可逆.

证明 注意到 $\boldsymbol{A}(\boldsymbol{I}_n+\boldsymbol{B}\boldsymbol{A})=(\boldsymbol{I}_m+\boldsymbol{A}\boldsymbol{B})\boldsymbol{A}$, 故 $(\boldsymbol{I}_m+\boldsymbol{A}\boldsymbol{B})^{-1}\boldsymbol{A}(\boldsymbol{I}_n+\boldsymbol{B}\boldsymbol{A})=\boldsymbol{A}$, 于是 $\boldsymbol{B}(\boldsymbol{I}_m+\boldsymbol{A}\boldsymbol{B})^{-1}\boldsymbol{A}(\boldsymbol{I}_n+\boldsymbol{B}\boldsymbol{A})=\boldsymbol{B}\boldsymbol{A}$, 从而

$$\begin{aligned}\boldsymbol{I}_n &= \boldsymbol{I}_n+\boldsymbol{B}\boldsymbol{A}-\boldsymbol{B}\boldsymbol{A}=(\boldsymbol{I}_n+\boldsymbol{B}\boldsymbol{A})-\boldsymbol{B}(\boldsymbol{I}_m+\boldsymbol{A}\boldsymbol{B})^{-1}\boldsymbol{A}(\boldsymbol{I}_n+\boldsymbol{B}\boldsymbol{A})\\ &= (\boldsymbol{I}_n-\boldsymbol{B}(\boldsymbol{I}_m+\boldsymbol{A}\boldsymbol{B})^{-1}\boldsymbol{A})(\boldsymbol{I}_n+\boldsymbol{B}\boldsymbol{A}).\end{aligned}$$

于是 $(\boldsymbol{I}_n+\boldsymbol{B}\boldsymbol{A})^{-1}=\boldsymbol{I}_n-\boldsymbol{B}(\boldsymbol{I}_m+\boldsymbol{A}\boldsymbol{B})^{-1}\boldsymbol{A}$. □

例 2.23 是一个很强的结论, 我们给出它的两个应用.

例 2.24 设 $\boldsymbol{A},\boldsymbol{B}$ 均为 n 阶可逆阵, 使得 $\boldsymbol{A}^{-1}+\boldsymbol{B}^{-1}$ 可逆, 证明: $\boldsymbol{A}+\boldsymbol{B}$ 也可逆, 并且

$$(\boldsymbol{A}+\boldsymbol{B})^{-1}=\boldsymbol{A}^{-1}-\boldsymbol{A}^{-1}(\boldsymbol{A}^{-1}+\boldsymbol{B}^{-1})^{-1}\boldsymbol{A}^{-1}.$$

证明 注意到 $\boldsymbol{A}+\boldsymbol{B}=\boldsymbol{A}(\boldsymbol{A}^{-1}+\boldsymbol{B}^{-1})\boldsymbol{B}$, 故 $\boldsymbol{A}+\boldsymbol{B}$ 可逆. 由例 2.23 可得

$$(\boldsymbol{I}_n+\boldsymbol{A}^{-1}\boldsymbol{B})^{-1}=\boldsymbol{I}_n-\boldsymbol{A}^{-1}(\boldsymbol{I}_n+\boldsymbol{B}\boldsymbol{A}^{-1})^{-1}\boldsymbol{B}=\boldsymbol{I}_n-\boldsymbol{A}^{-1}(\boldsymbol{A}^{-1}+\boldsymbol{B}^{-1})^{-1},$$

于是

$$\begin{aligned}(\boldsymbol{A}+\boldsymbol{B})^{-1} &= (\boldsymbol{A}(\boldsymbol{I}_n+\boldsymbol{A}^{-1}\boldsymbol{B}))^{-1}=(\boldsymbol{I}_n+\boldsymbol{A}^{-1}\boldsymbol{B})^{-1}\boldsymbol{A}^{-1}\\ &= \boldsymbol{A}^{-1}-\boldsymbol{A}^{-1}(\boldsymbol{A}^{-1}+\boldsymbol{B}^{-1})^{-1}\boldsymbol{A}^{-1}.\ \square\end{aligned}$$

例 2.25 (Sherman-Morrison-Woodbury 公式) 设 $\boldsymbol{A}$ 为 n 阶可逆阵, $\boldsymbol{C}$ 为 m 阶可逆阵, $\boldsymbol{B}$ 为 $n\times m$ 矩阵, $\boldsymbol{D}$ 为 $m\times n$ 矩阵, 使得 $\boldsymbol{C}^{-1}+\boldsymbol{D}\boldsymbol{A}^{-1}\boldsymbol{B}$ 可逆. 求证: $\boldsymbol{A}+\boldsymbol{B}\boldsymbol{C}\boldsymbol{D}$ 也可逆, 并且

$$(\boldsymbol{A}+\boldsymbol{B}\boldsymbol{C}\boldsymbol{D})^{-1}=\boldsymbol{A}^{-1}-\boldsymbol{A}^{-1}\boldsymbol{B}(\boldsymbol{C}^{-1}+\boldsymbol{D}\boldsymbol{A}^{-1}\boldsymbol{B})^{-1}\boldsymbol{D}\boldsymbol{A}^{-1}.$$

证明 注意到 $\boldsymbol{A}+\boldsymbol{B}\boldsymbol{C}\boldsymbol{D}=\boldsymbol{A}(\boldsymbol{I}_n+\boldsymbol{A}^{-1}\boldsymbol{B}\boldsymbol{C}\boldsymbol{D})$, 将 $\boldsymbol{A}^{-1}\boldsymbol{B}$ 和 $\boldsymbol{C}\boldsymbol{D}$ 分别看成整体, 此时 $\boldsymbol{I}_m+(\boldsymbol{C}\boldsymbol{D})(\boldsymbol{A}^{-1}\boldsymbol{B})=\boldsymbol{C}(\boldsymbol{C}^{-1}+\boldsymbol{D}\boldsymbol{A}^{-1}\boldsymbol{B})$ 可逆, 故由例 2.23 的结论可知 $\boldsymbol{I}_n+(\boldsymbol{A}^{-1}\boldsymbol{B})(\boldsymbol{C}\boldsymbol{D})$ 也可逆, 并且

$$\begin{aligned}(\boldsymbol{I}_n+\boldsymbol{A}^{-1}\boldsymbol{B}\boldsymbol{C}\boldsymbol{D})^{-1} &= \boldsymbol{I}_n-\boldsymbol{A}^{-1}\boldsymbol{B}(\boldsymbol{I}_m+\boldsymbol{C}\boldsymbol{D}\boldsymbol{A}^{-1}\boldsymbol{B})^{-1}\boldsymbol{C}\boldsymbol{D}\\ &= \boldsymbol{I}_n-\boldsymbol{A}^{-1}\boldsymbol{B}(\boldsymbol{C}^{-1}+\boldsymbol{D}\boldsymbol{A}^{-1}\boldsymbol{B})^{-1}\boldsymbol{D}.\end{aligned}$$

于是 $\boldsymbol{A}+\boldsymbol{BCD}=\boldsymbol{A}(\boldsymbol{I}_n+\boldsymbol{A}^{-1}\boldsymbol{BCD})$ 也可逆, 并且

$$(\boldsymbol{A}+\boldsymbol{BCD})^{-1}=\boldsymbol{A}^{-1}-\boldsymbol{A}^{-1}\boldsymbol{B}(\boldsymbol{C}^{-1}+\boldsymbol{DA}^{-1}\boldsymbol{B})^{-1}\boldsymbol{DA}^{-1}.\ \Box$$

若已知逆阵的表达式, 当然可以采取直接验证的方法进行证明, 下面是两个例子. 注意到例 2.24 其实是例 2.25 的特例, 而例 2.26 与例 2.24 之间可以相互推导, 请读者验证它们之间的等价性.

例 2.26 设 $\boldsymbol{A},\boldsymbol{B},\boldsymbol{A}-\boldsymbol{B}$ 都是 n 阶可逆阵, 证明:

$$\boldsymbol{B}^{-1}-\boldsymbol{A}^{-1}=\big(\boldsymbol{B}+\boldsymbol{B}(\boldsymbol{A}-\boldsymbol{B})^{-1}\boldsymbol{B}\big)^{-1}.$$

证明 只需直接验证即可:

$$\begin{aligned}
&\big(\boldsymbol{B}+\boldsymbol{B}(\boldsymbol{A}-\boldsymbol{B})^{-1}\boldsymbol{B}\big)(\boldsymbol{B}^{-1}-\boldsymbol{A}^{-1})\\
=\ &\boldsymbol{I}_n+\boldsymbol{B}(\boldsymbol{A}-\boldsymbol{B})^{-1}-\boldsymbol{BA}^{-1}-\boldsymbol{B}(\boldsymbol{A}-\boldsymbol{B})^{-1}\boldsymbol{BA}^{-1}\\
=\ &(\boldsymbol{A}-\boldsymbol{B}+\boldsymbol{B})(\boldsymbol{A}-\boldsymbol{B})^{-1}-(\boldsymbol{A}-\boldsymbol{B}+\boldsymbol{B})(\boldsymbol{A}-\boldsymbol{B})^{-1}\boldsymbol{BA}^{-1}\\
=\ &\boldsymbol{A}(\boldsymbol{A}-\boldsymbol{B})^{-1}-\boldsymbol{A}(\boldsymbol{A}-\boldsymbol{B})^{-1}\boldsymbol{BA}^{-1}\\
=\ &\boldsymbol{A}(\boldsymbol{A}-\boldsymbol{B})^{-1}(\boldsymbol{A}-\boldsymbol{B})\boldsymbol{A}^{-1}=\boldsymbol{I}_n.\ \Box
\end{aligned}$$

注意到例 2.27 是例 2.25 的特例, 只要取 $\boldsymbol{C}=(1)$ 为一阶可逆阵即可.

例 2.27 (Sherman-Morrison 公式) 设 $\boldsymbol{A}$ 是 n 阶可逆阵, $\boldsymbol{\alpha},\boldsymbol{\beta}$ 是 n 维列向量, 且 $1+\boldsymbol{\beta}'\boldsymbol{A}^{-1}\boldsymbol{\alpha}\neq 0$. 求证:

$$(\boldsymbol{A}+\boldsymbol{\alpha\beta}')^{-1}=\boldsymbol{A}^{-1}-\frac{1}{1+\boldsymbol{\beta}'\boldsymbol{A}^{-1}\boldsymbol{\alpha}}\boldsymbol{A}^{-1}\boldsymbol{\alpha\beta}'\boldsymbol{A}^{-1}.$$

证明 只需直接验证即可 (其中注意到 $\boldsymbol{\beta}'\boldsymbol{A}^{-1}\boldsymbol{\alpha}$ 是一个数, 可以提出):

$$\begin{aligned}
&(\boldsymbol{A}+\boldsymbol{\alpha\beta}')\Big(\boldsymbol{A}^{-1}-\frac{1}{1+\boldsymbol{\beta}'\boldsymbol{A}^{-1}\boldsymbol{\alpha}}\boldsymbol{A}^{-1}\boldsymbol{\alpha\beta}'\boldsymbol{A}^{-1}\Big)\\
=\ &\boldsymbol{I}_n+\boldsymbol{\alpha\beta}'\boldsymbol{A}^{-1}-\frac{1}{1+\boldsymbol{\beta}'\boldsymbol{A}^{-1}\boldsymbol{\alpha}}\boldsymbol{\alpha\beta}'\boldsymbol{A}^{-1}-\frac{1}{1+\boldsymbol{\beta}'\boldsymbol{A}^{-1}\boldsymbol{\alpha}}\boldsymbol{\alpha}(\boldsymbol{\beta}'\boldsymbol{A}^{-1}\boldsymbol{\alpha})\boldsymbol{\beta}'\boldsymbol{A}^{-1}\\
=\ &\boldsymbol{I}_n+\boldsymbol{\alpha\beta}'\boldsymbol{A}^{-1}-\frac{1+\boldsymbol{\beta}'\boldsymbol{A}^{-1}\boldsymbol{\alpha}}{1+\boldsymbol{\beta}'\boldsymbol{A}^{-1}\boldsymbol{\alpha}}\boldsymbol{\alpha\beta}'\boldsymbol{A}^{-1}\\
=\ &\boldsymbol{I}_n+\boldsymbol{\alpha\beta}'\boldsymbol{A}^{-1}-\boldsymbol{\alpha\beta}'\boldsymbol{A}^{-1}=\boldsymbol{I}_n.\ \Box
\end{aligned}$$

例 2.16 求下列 n 阶矩阵的逆矩阵:

$$\boldsymbol{A}=\begin{pmatrix}0&1&1&\cdots&1\\1&0&1&\cdots&1\\1&1&0&\cdots&1\\\vdots&\vdots&\vdots&&\vdots\\1&1&1&\cdots&0\end{pmatrix}.$$

解法 3 设 $\boldsymbol{\alpha}=(1,1,\cdots,1)'$, 则 $\boldsymbol{A}=-\boldsymbol{I}_n+\boldsymbol{\alpha}\boldsymbol{\alpha}'$. 由 Sherman-Morrison 公式可得

$$\begin{aligned}\boldsymbol{A}^{-1}=(-\boldsymbol{I}_n+\boldsymbol{\alpha}\boldsymbol{\alpha}')^{-1}&=(-\boldsymbol{I}_n)^{-1}-\frac{1}{1+\boldsymbol{\alpha}'(-\boldsymbol{I}_n)^{-1}\boldsymbol{\alpha}}(-\boldsymbol{I}_n)^{-1}\boldsymbol{\alpha}\boldsymbol{\alpha}'(-\boldsymbol{I}_n)^{-1}\\&=-\boldsymbol{I}_n+\frac{1}{n-1}\boldsymbol{\alpha}\boldsymbol{\alpha}'.\ \square\end{aligned}$$

§ 2.5 初等变换及其应用

本节主要介绍初等变换在相抵标准型和求逆阵这两方面的应用.

1. 相抵标准型

任一矩阵经过初等变换可化为相抵标准型. 下面的例题说明了相抵标准型的用处, 即通常可先对相抵标准型证明矩阵问题的结论, 然后再化归到一般矩阵的情形, 这是矩阵理论中的常用方法. 在 § 3.8 中, 我们会给出相抵标准型更多的应用.

例 2.28 求证: n 阶方阵 $\boldsymbol{A}$ 是奇异阵的充要条件是存在不为零的同阶方阵 $\boldsymbol{B}$, 使得 $\boldsymbol{AB}=\boldsymbol{O}$.

证明 显然若 $\boldsymbol{A}$ 可逆, 则从 $\boldsymbol{AB}=\boldsymbol{O}$ 可得到 $\boldsymbol{B}=\boldsymbol{O}$, 因此充分性成立.

反之, 若 $\boldsymbol{A}$ 是奇异阵, 则存在可逆阵 $\boldsymbol{P},\boldsymbol{Q}$, 使得 $\boldsymbol{PAQ}=\begin{pmatrix}\boldsymbol{I}_r&\boldsymbol{O}\\\boldsymbol{O}&\boldsymbol{O}\end{pmatrix}$, 其中 $r<n$. 令 $\boldsymbol{C}=\begin{pmatrix}\boldsymbol{O}&\boldsymbol{O}\\\boldsymbol{O}&\boldsymbol{I}_{n-r}\end{pmatrix}$, 则 $\boldsymbol{PAQC}=\boldsymbol{O}$. 又因为 $\boldsymbol{P}$ 可逆, 故 $\boldsymbol{AQC}=\boldsymbol{O}$. 只要令 $\boldsymbol{B}=\boldsymbol{QC}$ 就得到了结论. $\square$

例 2.29 求证: n 阶方阵 $\boldsymbol{A}$ 是奇异阵的充要条件是存在 n 维非零列向量 $\boldsymbol{x}$, 使得 $\boldsymbol{Ax}=\boldsymbol{0}$.

证明　显然若 $\boldsymbol{A}$ 可逆, 则从 $\boldsymbol{Ax}=\boldsymbol{0}$ 可得到 $\boldsymbol{x}=\boldsymbol{0}$, 因此充分性成立.

反之, 若 $\boldsymbol{A}$ 是奇异阵, 则存在可逆阵 $\boldsymbol{P},\boldsymbol{Q}$, 使 $\boldsymbol{PAQ}=\begin{pmatrix}\boldsymbol{I}_r & \boldsymbol{O}\\ \boldsymbol{O} & \boldsymbol{O}\end{pmatrix}$, 其中 $r<n$. 令 $\boldsymbol{y}=(0,\cdots,0,1)'$ 为 n 维列向量, 则 $\boldsymbol{PAQy}=\boldsymbol{0}$. 又因为 $\boldsymbol{P}$ 可逆, 故 $\boldsymbol{AQy}=\boldsymbol{0}$. 只要令 $\boldsymbol{x}=\boldsymbol{Qy}$ 就得到了结论. □

例 2.29 可以用来判定矩阵是否非异, 这个判定准则在有些时候特别有用.

例 2.30　设 $\boldsymbol{A}$ 为 n 阶实反对称阵, 证明: $\boldsymbol{I}_n-\boldsymbol{A}$ 是非异阵.

证明　用反证法证明. 设 $\boldsymbol{I}_n-\boldsymbol{A}$ 是奇异阵, 则由例 2.29 可知存在 n 维非零列向量 $\boldsymbol{x}$, 使得 $(\boldsymbol{I}_n-\boldsymbol{A})\boldsymbol{x}=\boldsymbol{0}$, 即 $\boldsymbol{Ax}=\boldsymbol{x}$. 事实上, 通过例 2.29 的证明还可以知道, 因为 $\boldsymbol{A}$ 是实矩阵, 所以非异阵 $\boldsymbol{P},\boldsymbol{Q}$ 可以取为实矩阵, 从而 $\boldsymbol{x}$ 也可取为非零实列向量. 设 $\boldsymbol{x}=(a_1,a_2,\cdots,a_n)'$, 其中 a_i 都是实数, 则由 $\boldsymbol{A}$ 的反对称性以及例 2.5 可得

$$0=\boldsymbol{x}'\boldsymbol{Ax}=\boldsymbol{x}'\boldsymbol{x}=a_1^2+a_2^2+\cdots+a_n^2,$$

从而 $a_1=a_2=\cdots=a_n=0$, 即 $\boldsymbol{x}=\boldsymbol{0}$, 这与已知矛盾. □

例 2.31　设 $\boldsymbol{A}$ 为 n 阶可逆阵, 求证: 只用第三类初等变换就可以将 $\boldsymbol{A}$ 化为如下形状:

$$\mathrm{diag}\{1,\cdots,1,|\boldsymbol{A}|\}.$$

证明　假设 $\boldsymbol{A}$ 的第 $(1,1)$ 元素等于零, 因为 $\boldsymbol{A}$ 可逆, 故第一行必有元素不为零. 用第三类初等变换将非零元素所在的列加到第一列, 则得到的矩阵中第 $(1,1)$ 元素不为零. 因此不妨设 $\boldsymbol{A}$ 的第 $(1,1)$ 元素非零, 于是可用第三类初等变换将 $\boldsymbol{A}$ 的第一行及第一列其余元素都消为零. 这就是说, $\boldsymbol{A}$ 经过第三类初等变换可化为如下形状:

$$\begin{pmatrix}a & \boldsymbol{O}\\ \boldsymbol{O} & \boldsymbol{A}_1\end{pmatrix}.$$

再对 $\boldsymbol{A}_1$ 同样处理, 不断做下去, 可将 $\boldsymbol{A}$ 化为对角阵. 因此我们只要对对角阵证明结论即可. 为简化讨论, 我们先考虑二阶矩阵:

$$\begin{pmatrix}a & 0\\ 0 & b\end{pmatrix}.$$

将其第一行乘以 $(1-a)a^{-1}$ 加到第二行上, 再将第二行加到第一行上得到:

$$\begin{pmatrix}a & 0\\ 0 & b\end{pmatrix}\to\begin{pmatrix}a & 0\\ 1-a & b\end{pmatrix}\to\begin{pmatrix}1 & b\\ 1-a & b\end{pmatrix}.$$

将其第一列乘以 $-b$ 加到第二列上, 再将第一行乘以 $a-1$ 加到第二行上得到:

$$\begin{pmatrix} 1 & b \\ 1-a & b \end{pmatrix} \to \begin{pmatrix} 1 & 0 \\ 1-a & ab \end{pmatrix} \to \begin{pmatrix} 1 & 0 \\ 0 & ab \end{pmatrix}.$$

显然上述方法对 n 阶对角阵也适用, 而我们所用的初等变换始终是第三类初等变换. 这就得到了结论. □

例 2.32 求证: 任一 n 阶矩阵均可表示为形如 $\boldsymbol{I}_n + a_{ij}\boldsymbol{E}_{ij}$ 这样的矩阵之积, 其中 $\boldsymbol{E}_{ij}$ 是 n 阶基础矩阵.

证明 任意一个 n 阶矩阵都可表示为有限个初等阵和具有下列形状的对角阵 $\boldsymbol{D}$ 之积:

$$\boldsymbol{D} = \mathrm{diag}\{1, \cdots, 1, 0, \cdots, 0\},$$

故只要对初等阵和 $\boldsymbol{D}$ 证明结论即可. 对 $\boldsymbol{D}$, 假设 $\boldsymbol{D}$ 有 r 个 1, 则

$$\boldsymbol{D} = (\boldsymbol{I}_n - \boldsymbol{E}_{r+1,r+1}) \cdots (\boldsymbol{I}_n - \boldsymbol{E}_{nn}).$$

第三类初等阵已经是这种形状了. 对第二类初等阵 $\boldsymbol{P}_i(c)$, 显然我们有 $\boldsymbol{P}_i(c) = \boldsymbol{I}_n + (c-1)\boldsymbol{E}_{ii}$. 对第一类初等阵 $\boldsymbol{P}_{ij}$, 由例 2.31 可知, 只用第三类初等变换就可以将 $\boldsymbol{P}_{ij}$ 化为 $\boldsymbol{P}_n(-1) = \mathrm{diag}\{1, \cdots, 1, -1\}$, 因此对第一类初等阵结论也成立. 具体地, 我们可以写出:

$$\boldsymbol{P}_{ij} = (\boldsymbol{I}_n - \boldsymbol{E}_{ij})(\boldsymbol{I}_n + \boldsymbol{E}_{ji})(\boldsymbol{I}_n - 2\boldsymbol{E}_{jj})(\boldsymbol{I}_n + \boldsymbol{E}_{ij}). \ \square$$

2. 求逆阵

初等变换可以用来求可逆阵的逆阵. 这种方法不仅对数字矩阵有效, 对文字矩阵也同样有效. 下面是几个典型的例子, 请读者细心领会其中的技巧. 注意到例 2.16 是例 2.33 的特例, 于是我们得到了例 2.16 的第四种解法.

例 2.33 求下列 n 阶矩阵的逆阵, 其中 $a_i \neq 0\,(1 \leq i \leq n)$:

$$\boldsymbol{A} = \begin{pmatrix} 1+a_1 & 1 & 1 & \cdots & 1 \\ 1 & 1+a_2 & 1 & \cdots & 1 \\ 1 & 1 & 1+a_3 & \cdots & 1 \\ \vdots & \vdots & \vdots & & \vdots \\ 1 & 1 & 1 & \cdots & 1+a_n \end{pmatrix}.$$

解　对 $(\boldsymbol{A} \vdots \boldsymbol{I}_n)$ 用初等变换法, 将第 i 行乘以 $a_i^{-1}\,(1 \le i \le n)$, 有

$$
\left(\begin{array}{ccccc|ccccc}
1+a_1 & 1 & 1 & \cdots & 1 & 1 & 0 & 0 & \cdots & 0 \\
1 & 1+a_2 & 1 & \cdots & 1 & 0 & 1 & 0 & \cdots & 0 \\
1 & 1 & 1+a_3 & \cdots & 1 & 0 & 0 & 1 & \cdots & 0 \\
\vdots & \vdots & \vdots & & \vdots & \vdots & \vdots & \vdots & & \vdots \\
1 & 1 & 1 & \cdots & 1+a_n & 0 & 0 & 0 & \cdots & 1
\end{array}\right) \to
$$

$$
\left(\begin{array}{ccccc|ccccc}
1+\dfrac{1}{a_1} & \dfrac{1}{a_1} & \dfrac{1}{a_1} & \cdots & \dfrac{1}{a_1} & \dfrac{1}{a_1} & 0 & 0 & \cdots & 0 \\
\dfrac{1}{a_2} & 1+\dfrac{1}{a_2} & \dfrac{1}{a_2} & \cdots & \dfrac{1}{a_2} & 0 & \dfrac{1}{a_2} & 0 & \cdots & 0 \\
\dfrac{1}{a_3} & \dfrac{1}{a_3} & 1+\dfrac{1}{a_3} & \cdots & \dfrac{1}{a_3} & 0 & 0 & \dfrac{1}{a_3} & \cdots & 0 \\
\vdots & \vdots & \vdots & & \vdots & \vdots & \vdots & \vdots & & \vdots \\
\dfrac{1}{a_n} & \dfrac{1}{a_n} & \dfrac{1}{a_n} & \cdots & 1+\dfrac{1}{a_n} & 0 & 0 & 0 & \cdots & \dfrac{1}{a_n}
\end{array}\right).
$$

将下面的行都加到第一行上, 并令 $s = 1 + \dfrac{1}{a_1} + \dfrac{1}{a_2} + \cdots + \dfrac{1}{a_n}$, 则上面的矩阵变为

$$
\left(\begin{array}{ccccc|ccccc}
s & s & s & \cdots & s & \dfrac{1}{a_1} & \dfrac{1}{a_2} & \dfrac{1}{a_3} & \cdots & \dfrac{1}{a_n} \\
\dfrac{1}{a_2} & 1+\dfrac{1}{a_2} & \dfrac{1}{a_2} & \cdots & \dfrac{1}{a_2} & 0 & \dfrac{1}{a_2} & 0 & \cdots & 0 \\
\dfrac{1}{a_3} & \dfrac{1}{a_3} & 1+\dfrac{1}{a_3} & \cdots & \dfrac{1}{a_3} & 0 & 0 & \dfrac{1}{a_3} & \cdots & 0 \\
\vdots & \vdots & \vdots & & \vdots & \vdots & \vdots & \vdots & & \vdots \\
\dfrac{1}{a_n} & \dfrac{1}{a_n} & \dfrac{1}{a_n} & \cdots & 1+\dfrac{1}{a_n} & 0 & 0 & 0 & \cdots & \dfrac{1}{a_n}
\end{array}\right) \to
$$

$$
\left(\begin{array}{ccccc|ccccc}
1 & 1 & 1 & \cdots & 1 & \dfrac{1}{sa_1} & \dfrac{1}{sa_2} & \dfrac{1}{sa_3} & \cdots & \dfrac{1}{sa_n} \\
\dfrac{1}{a_2} & 1+\dfrac{1}{a_2} & \dfrac{1}{a_2} & \cdots & \dfrac{1}{a_2} & 0 & \dfrac{1}{a_2} & 0 & \cdots & 0 \\
\dfrac{1}{a_3} & \dfrac{1}{a_3} & 1+\dfrac{1}{a_3} & \cdots & \dfrac{1}{a_3} & 0 & 0 & \dfrac{1}{a_3} & \cdots & 0 \\
\vdots & \vdots & \vdots & & \vdots & \vdots & \vdots & \vdots & & \vdots \\
\dfrac{1}{a_n} & \dfrac{1}{a_n} & \dfrac{1}{a_n} & \cdots & 1+\dfrac{1}{a_n} & 0 & 0 & 0 & \cdots & \dfrac{1}{a_n}
\end{array}\right) \to
$$

$$\left(\begin{array}{ccccc:ccccc}1&1&1&\cdots&1&\dfrac{1}{sa_1}&\dfrac{1}{sa_2}&\dfrac{1}{sa_3}&\cdots&\dfrac{1}{sa_n}\\0&1&0&\cdots&0&-\dfrac{1}{sa_2a_1}&\dfrac{sa_2-1}{sa_2^2}&-\dfrac{1}{sa_2a_3}&\cdots&-\dfrac{1}{sa_2a_n}\\0&0&1&\cdots&0&-\dfrac{1}{sa_3a_1}&-\dfrac{1}{sa_3a_2}&\dfrac{sa_3-1}{sa_3^2}&\cdots&-\dfrac{1}{sa_3a_n}\\\vdots&\vdots&\vdots&&\vdots&\vdots&\vdots&\vdots&&\vdots\\0&0&0&\cdots&1&-\dfrac{1}{sa_na_1}&-\dfrac{1}{sa_na_2}&-\dfrac{1}{sa_na_3}&\cdots&\dfrac{sa_n-1}{sa_n^2}\end{array}\right).$$

再消去第一行的后 $n-1$ 个 1 就得到

$$\boldsymbol{A}^{-1}=-\frac{1}{s}\begin{pmatrix}\dfrac{1-sa_1}{a_1^2}&\dfrac{1}{a_1a_2}&\dfrac{1}{a_1a_3}&\cdots&\dfrac{1}{a_1a_n}\\\dfrac{1}{a_2a_1}&\dfrac{1-sa_2}{a_2^2}&\dfrac{1}{a_2a_3}&\cdots&\dfrac{1}{a_2a_n}\\\dfrac{1}{a_3a_1}&\dfrac{1}{a_3a_2}&\dfrac{1-sa_3}{a_3^2}&\cdots&\dfrac{1}{a_3a_n}\\\vdots&\vdots&\vdots&&\vdots\\\dfrac{1}{a_na_1}&\dfrac{1}{a_na_2}&\dfrac{1}{a_na_3}&\cdots&\dfrac{1-sa_n}{a_n^2}\end{pmatrix}. \square$$

例 2.34 求矩阵 $\boldsymbol{A}$ 的逆阵:

$$\boldsymbol{A}=\begin{pmatrix}1&2&3&\cdots&n-1&n\\n&1&2&\cdots&n-2&n-1\\n-1&n&1&\cdots&n-3&n-2\\\vdots&\vdots&\vdots&&\vdots&\vdots\\2&3&4&\cdots&n&1\end{pmatrix}.$$

解 对 $(\boldsymbol{A}\,|\,\boldsymbol{I}_n)$ 用初等变换法, 将所有行加到第一行上, 再将第一行乘以 s^{-1}, 其中 $s=\dfrac{1}{2}n(n+1)$, 得到

$$\left(\begin{array}{cccccc:cccccc}1&2&3&\cdots&n-1&n&1&0&0&\cdots&0&0\\n&1&2&\cdots&n-2&n-1&0&1&0&\cdots&0&0\\n-1&n&1&\cdots&n-3&n-2&0&0&1&\cdots&0&0\\\vdots&\vdots&\vdots&&\vdots&\vdots&\vdots&\vdots&\vdots&&\vdots&\vdots\\2&3&4&\cdots&n&1&0&0&0&\cdots&0&1\end{array}\right)\to$$

$$
\left(\begin{array}{cccccc:ccccc}
1 & 1 & 1 & \cdots & 1 & 1 & \frac{1}{s} & \frac{1}{s} & \frac{1}{s} & \cdots & \frac{1}{s} & \frac{1}{s} \\
n & 1 & 2 & \cdots & n-2 & n-1 & 0 & 1 & 0 & \cdots & 0 & 0 \\
n-1 & n & 1 & \cdots & n-3 & n-2 & 0 & 0 & 1 & \cdots & 0 & 0 \\
\vdots & \vdots & \vdots & & \vdots & \vdots & \vdots & \vdots & \vdots & & \vdots & \vdots \\
2 & 3 & 4 & \cdots & n & 1 & 0 & 0 & 0 & \cdots & 0 & 1
\end{array}\right).
$$

从第二行起依次减去下一行, 得到

$$
\left(\begin{array}{cccccc:ccccc}
1 & 1 & 1 & \cdots & 1 & 1 & \frac{1}{s} & \frac{1}{s} & \frac{1}{s} & \cdots & \frac{1}{s} & \frac{1}{s} \\
1 & 1-n & 1 & \cdots & 1 & 1 & 0 & 1 & -1 & \cdots & 0 & 0 \\
1 & 1 & 1-n & \cdots & 1 & 1 & 0 & 0 & 1 & \cdots & 0 & 0 \\
\vdots & \vdots & \vdots & & \vdots & \vdots & \vdots & \vdots & \vdots & & \vdots & \vdots \\
2 & 3 & 4 & \cdots & n & 1 & 0 & 0 & 0 & \cdots & 0 & 1
\end{array}\right).
$$

消去第一列除第一行外的所有元素后, 得到

$$
\left(\begin{array}{cccccc:ccccc}
1 & 1 & 1 & \cdots & 1 & 1 & \frac{1}{s} & \frac{1}{s} & \frac{1}{s} & \cdots & \frac{1}{s} & \frac{1}{s} \\
0 & -n & 0 & \cdots & 0 & 0 & -\frac{1}{s} & \frac{s-1}{s} & -\frac{s+1}{s} & \cdots & -\frac{1}{s} & -\frac{1}{s} \\
0 & 0 & -n & \cdots & 0 & 0 & -\frac{1}{s} & -\frac{1}{s} & \frac{s-1}{s} & \cdots & -\frac{1}{s} & -\frac{1}{s} \\
\vdots & \vdots & \vdots & & \vdots & \vdots & \vdots & \vdots & \vdots & & \vdots & \vdots \\
0 & 1 & 2 & \cdots & n-2 & -1 & -\frac{2}{s} & -\frac{2}{s} & -\frac{2}{s} & \cdots & -\frac{2}{s} & \frac{s-2}{s}
\end{array}\right).
$$

从第二行到第 $n-1$ 行分别乘以 $-\frac{1}{n}$, 得到

$$
\left(\begin{array}{cccccc:ccccc}
1 & 1 & 1 & \cdots & 1 & 1 & \frac{1}{s} & \frac{1}{s} & \frac{1}{s} & \cdots & \frac{1}{s} & \frac{1}{s} \\
0 & 1 & 0 & \cdots & 0 & 0 & \frac{1}{ns} & \frac{1-s}{ns} & \frac{s+1}{ns} & \cdots & \frac{1}{ns} & \frac{1}{ns} \\
0 & 0 & 1 & \cdots & 0 & 0 & \frac{1}{ns} & \frac{1}{ns} & \frac{1-s}{ns} & \cdots & \frac{1}{ns} & \frac{1}{ns} \\
\vdots & \vdots & \vdots & & \vdots & \vdots & \vdots & \vdots & \vdots & & \vdots & \vdots \\
0 & 1 & 2 & \cdots & n-2 & -1 & -\frac{2}{s} & -\frac{2}{s} & -\frac{2}{s} & \cdots & -\frac{2}{s} & \frac{s-2}{s}
\end{array}\right).
$$

将第一行依次减去第二行, 第三行, $\cdots\cdots$, 第 $n-1$ 行, 得到

$$\left(\begin{array}{cccccc:ccccc}
1 & 0 & 0 & \cdots & 0 & 1 & \frac{2}{ns} & \frac{s+2}{ns} & \frac{2}{ns} & \cdots & \frac{2}{ns} & \frac{2-s}{ns} \\
0 & 1 & 0 & \cdots & 0 & 0 & \frac{1}{ns} & \frac{1-s}{ns} & \frac{s+1}{ns} & \cdots & \frac{1}{ns} & \frac{1}{ns} \\
0 & 0 & 1 & \cdots & 0 & 0 & \frac{1}{ns} & \frac{1}{ns} & \frac{1-s}{ns} & \cdots & \frac{1}{ns} & \frac{1}{ns} \\
\vdots & \vdots & \vdots & & \vdots & \vdots & \vdots & \vdots & \vdots & & \vdots & \vdots \\
0 & 1 & 2 & \cdots & n-2 & -1 & -\frac{2}{s} & -\frac{2}{s} & -\frac{2}{s} & \cdots & -\frac{2}{s} & \frac{s-2}{s}
\end{array}\right).$$

将第二行乘以 -1 加到最后一行, 将第三行乘以 -2 加到最后一行, $\cdots\cdots$, 将第 $n-1$ 行乘以 $2-n$ 加到最后一行, 得到

$$\left(\begin{array}{cccccc:ccccc}
1 & 0 & 0 & \cdots & 0 & 1 & \frac{2}{ns} & \frac{s+2}{ns} & \frac{2}{ns} & \cdots & \frac{2}{ns} & \frac{2-s}{ns} \\
0 & 1 & 0 & \cdots & 0 & 0 & \frac{1}{ns} & \frac{1-s}{ns} & \frac{s+1}{ns} & \cdots & \frac{1}{ns} & \frac{1}{ns} \\
0 & 0 & 1 & \cdots & 0 & 0 & \frac{1}{ns} & \frac{1}{ns} & \frac{1-s}{ns} & \cdots & \frac{1}{ns} & \frac{1}{ns} \\
\vdots & \vdots & \vdots & & \vdots & \vdots & \vdots & \vdots & \vdots & & \vdots & \vdots \\
0 & 0 & 0 & \cdots & 0 & -1 & -\frac{s+1}{ns} & -\frac{1}{ns} & -\frac{1}{ns} & \cdots & -\frac{1}{ns} & \frac{s-1}{ns}
\end{array}\right).$$

将最后一行加到第一行, 再将最后一行乘以 -1, 得到

$$\left(\begin{array}{cccccc:ccccc}
1 & 0 & 0 & \cdots & 0 & 0 & \frac{1-s}{ns} & \frac{1+s}{ns} & \frac{1}{ns} & \cdots & \frac{1}{ns} & \frac{1}{ns} \\
0 & 1 & 0 & \cdots & 0 & 0 & \frac{1}{ns} & \frac{1-s}{ns} & \frac{s+1}{ns} & \cdots & \frac{1}{ns} & \frac{1}{ns} \\
0 & 0 & 1 & \cdots & 0 & 0 & \frac{1}{ns} & \frac{1}{ns} & \frac{1-s}{ns} & \cdots & \frac{1}{ns} & \frac{1}{ns} \\
\vdots & \vdots & \vdots & & \vdots & \vdots & \vdots & \vdots & \vdots & & \vdots & \vdots \\
0 & 0 & 0 & \cdots & 0 & 1 & \frac{s+1}{ns} & \frac{1}{ns} & \frac{1}{ns} & \cdots & \frac{1}{ns} & \frac{1-s}{ns}
\end{array}\right).$$

因此

$$\boldsymbol{A}^{-1}=\frac{1}{ns}\begin{pmatrix}
1-s & 1+s & 1 & \cdots & 1 & 1 \\
1 & 1-s & 1+s & \cdots & 1 & 1 \\
1 & 1 & 1-s & \cdots & 1 & 1 \\
\vdots & \vdots & \vdots & & \vdots & \vdots \\
1+s & 1 & 1 & \cdots & 1 & 1-s
\end{pmatrix}. \square$$

§ 2.6 伴随矩阵

n 阶矩阵 $\boldsymbol{A}$ 及其伴随矩阵 $\boldsymbol{A}^*$ 最重要的关系是 $\boldsymbol{A}\boldsymbol{A}^* = \boldsymbol{A}^*\boldsymbol{A} = |\boldsymbol{A}|\boldsymbol{I}_n$, 由此可得: 若 $|\boldsymbol{A}| \neq 0$, 则 $\boldsymbol{A}^{-1} = \dfrac{1}{|\boldsymbol{A}|}\boldsymbol{A}^*$ 或 $\boldsymbol{A}^* = |\boldsymbol{A}|\boldsymbol{A}^{-1}$. 因此, 伴随矩阵与逆阵之间有着密不可分的关系. 回忆一下求逆运算的一些性质, 其中 $\boldsymbol{A}, \boldsymbol{B}$ 为可逆阵, $c \neq 0$ 为常数:

(1) $(\boldsymbol{A}\boldsymbol{B})^{-1} = \boldsymbol{B}^{-1}\boldsymbol{A}^{-1}$; (2) $(\boldsymbol{A}')^{-1} = (\boldsymbol{A}^{-1})'$; (3) $(c\boldsymbol{A})^{-1} = c^{-1}\boldsymbol{A}^{-1}$;
(4) $|\boldsymbol{A}^{-1}| = |\boldsymbol{A}|^{-1}$; (5) $(\boldsymbol{A}^{-1})^{-1} = \boldsymbol{A}$.

我们将在本节介绍伴随运算对应的性质, 它们原则上都可以用上述关系和相抵标准型理论推出来. 我们还将在 § 2.11 用摄动法重新证明伴随矩阵的所有性质.

注 对于一阶矩阵 $\boldsymbol{A} = (a)$, 其伴随矩阵定义为一阶矩阵 $\boldsymbol{A}^* = (1)$. 由于之前我们定义了 0 阶行列式等于 1, 因此上述定义相容于阶数 $n \geq 2$ 时伴随矩阵的定义. 这个定义使得去掉矩阵阶数的限制之后, 伴随矩阵的性质仍然成立.

例 2.35 设 $\boldsymbol{A}$ 为 n 阶矩阵, 满足 $\boldsymbol{A}^m = \boldsymbol{I}_n$, 求证: $(\boldsymbol{A}^*)^m = \boldsymbol{I}_n$.

证明 由 $\boldsymbol{A}^m = \boldsymbol{I}_n$ 得 $|\boldsymbol{A}|^m = 1$. 又 $\boldsymbol{A}^* = |\boldsymbol{A}|\boldsymbol{A}^{-1}$, 故

$$(\boldsymbol{A}^*)^m = |\boldsymbol{A}|^m(\boldsymbol{A}^{-1})^m = |\boldsymbol{A}|^m\boldsymbol{A}^{-m} = \boldsymbol{I}_n. \ \Box$$

例 2.36 设 $\boldsymbol{A}, \boldsymbol{B}$ 为 n 阶矩阵, 求证: $(\boldsymbol{A}\boldsymbol{B})^* = \boldsymbol{B}^*\boldsymbol{A}^*$.

证明 设 $\boldsymbol{C} = \boldsymbol{A}\boldsymbol{B}$. 记 M_{ij}, N_{ij}, P_{ij} 分别是 $\boldsymbol{A}, \boldsymbol{B}, \boldsymbol{C}$ 中第 (i,j) 元素的余子式, A_{ij}, B_{ij}, C_{ij} 分别是 $\boldsymbol{A}, \boldsymbol{B}, \boldsymbol{C}$ 中第 (i,j) 元素的代数余子式. 注意到

$$\boldsymbol{A}^* = \begin{pmatrix} A_{11} & A_{21} & \cdots & A_{n1} \\ A_{12} & A_{22} & \cdots & A_{n2} \\ \vdots & \vdots & & \vdots \\ A_{1n} & A_{2n} & \cdots & A_{nn} \end{pmatrix}, \quad \boldsymbol{B}^* = \begin{pmatrix} B_{11} & B_{21} & \cdots & B_{n1} \\ B_{12} & B_{22} & \cdots & B_{n2} \\ \vdots & \vdots & & \vdots \\ B_{1n} & B_{2n} & \cdots & B_{nn} \end{pmatrix},$$

$\boldsymbol{B}^*\boldsymbol{A}^*$ 的第 (i,j) 元素为 $\sum\limits_{k=1}^{n} B_{ki}A_{jk}$. 而 $\boldsymbol{C}^*$ 的第 (i,j) 元素就是 $C_{ji} = (-1)^{j+i}P_{ji}$. 由 Cauchy-Binet 公式可得

$$\begin{aligned} C_{ji} &= (-1)^{j+i}P_{ji} = (-1)^{j+i}\sum_{k=1}^{n} M_{jk}N_{ki} \\ &= \sum_{k=1}^{n}(-1)^{j+k}M_{jk}(-1)^{i+k}N_{ki} = \sum_{k=1}^{n} A_{jk}B_{ki}, \end{aligned}$$

故结论成立. $\Box$

例 2.37 设 $\boldsymbol{A}$ 为 n 阶矩阵, c 为常数, 求证:

(1) $(\boldsymbol{A}')^* = (\boldsymbol{A}^*)'$; (2) $(c\boldsymbol{A})^* = c^{n-1}\boldsymbol{A}^*$;

(3) 若 $\boldsymbol{A}$ 为可逆阵, 则 $\boldsymbol{A}^*$ 也可逆, 并且 $(\boldsymbol{A}^*)^{-1} = (\boldsymbol{A}^{-1})^*$.

证明 (1) 和 (2) 由伴随矩阵的定义以及行列式的性质即得.

(3) 由例 2.36 可得

$$\boldsymbol{A}^*(\boldsymbol{A}^{-1})^* = (\boldsymbol{A}^{-1}\boldsymbol{A})^* = \boldsymbol{I}_n^* = \boldsymbol{I}_n,$$

从而 $(\boldsymbol{A}^*)^{-1} = (\boldsymbol{A}^{-1})^*$. □

例 2.38 设 $\boldsymbol{A}$ 为 n 阶矩阵, 求证: $|\boldsymbol{A}^*| = |\boldsymbol{A}|^{n-1}$.

证明 若 $\boldsymbol{A}$ 可逆, 则在关系式 $\boldsymbol{A}\boldsymbol{A}^* = |\boldsymbol{A}|\boldsymbol{I}_n$ 的两边同取行列式, 可得

$$|\boldsymbol{A}||\boldsymbol{A}^*| = |\boldsymbol{A}\boldsymbol{A}^*| = \big||\boldsymbol{A}|\boldsymbol{I}_n\big| = |\boldsymbol{A}|^n,$$

从而 $|\boldsymbol{A}^*| = |\boldsymbol{A}|^{n-1}$.

若 $\boldsymbol{A}$ 不可逆, 即 $|\boldsymbol{A}| = 0$, 则存在可逆阵 $\boldsymbol{P}, \boldsymbol{Q}$, 使得 $\boldsymbol{PAQ} = \boldsymbol{\Lambda} = \begin{pmatrix} \boldsymbol{I}_r & \boldsymbol{O} \\ \boldsymbol{O} & \boldsymbol{O} \end{pmatrix}$, 其中 $r < n$. 我们注意到: 若 $r \leq n-2$, 则 $\boldsymbol{\Lambda}^* = \boldsymbol{O}$; 若 $r = n-1$, 则 $\boldsymbol{\Lambda}^* = \begin{pmatrix} \boldsymbol{O} & \boldsymbol{O} \\ \boldsymbol{O} & 1 \end{pmatrix}$. 无论是哪种情况, 我们都有 $|\boldsymbol{\Lambda}^*| = 0$, 从而

$$0 = |(\boldsymbol{PAQ})^*| = |\boldsymbol{Q}^*\boldsymbol{A}^*\boldsymbol{P}^*| = |\boldsymbol{Q}^*||\boldsymbol{A}^*||\boldsymbol{P}^*|.$$

由例 2.37 可知 $\boldsymbol{P}^*, \boldsymbol{Q}^*$ 都是可逆阵, 因此 $|\boldsymbol{A}^*| = 0 = |\boldsymbol{A}|^{n-1}$ 仍然成立. □

例 2.39 设 $\boldsymbol{A}$ 为 $n\,(n > 2)$ 阶矩阵, 求证: $(\boldsymbol{A}^*)^* = |\boldsymbol{A}|^{n-2}\boldsymbol{A}$.

证明 若 $\boldsymbol{A}$ 可逆, 则在关系式 $\boldsymbol{A}^*\boldsymbol{A} = |\boldsymbol{A}|\boldsymbol{I}_n$ 的两边同取伴随并由例 2.36 可得

$$\boldsymbol{A}^*(\boldsymbol{A}^*)^* = (\boldsymbol{A}^*\boldsymbol{A})^* = (|\boldsymbol{A}|\boldsymbol{I}_n)^* = |\boldsymbol{A}|^{n-1}\boldsymbol{I}_n.$$

而 $\boldsymbol{A}^* = |\boldsymbol{A}|\boldsymbol{A}^{-1}$, 代入即可解得 $(\boldsymbol{A}^*)^* = |\boldsymbol{A}|^{n-2}\boldsymbol{A}$.

若 $\boldsymbol{A}$ 不可逆, 即 $|\boldsymbol{A}| = 0$, 则存在可逆阵 $\boldsymbol{P}, \boldsymbol{Q}$, 使得 $\boldsymbol{PAQ} = \boldsymbol{\Lambda} = \begin{pmatrix} \boldsymbol{I}_r & \boldsymbol{O} \\ \boldsymbol{O} & \boldsymbol{O} \end{pmatrix}$, 其中 $r < n$. 由与例 2.38 类似的讨论可得 $\boldsymbol{\Lambda}^{**} = \boldsymbol{O}$, 从而

$$\boldsymbol{O} = (\boldsymbol{PAQ})^{**} = \boldsymbol{P}^{**}\boldsymbol{A}^{**}\boldsymbol{Q}^{**}.$$

由例 2.37 可知 $\boldsymbol{P}^{**}, \boldsymbol{Q}^{**}$ 都是可逆阵, 因此 $\boldsymbol{A}^{**} = \boldsymbol{O} = |\boldsymbol{A}|^{n-2}\boldsymbol{A}$ 仍然成立. □

例 2.40 设 $\boldsymbol{A}$ 为 m 阶矩阵, $\boldsymbol{B}$ 为 n 阶矩阵, 求分块对角阵 $\boldsymbol{C}$ 的伴随矩阵:

$$\boldsymbol{C}=\begin{pmatrix}\boldsymbol{A} & \boldsymbol{O}\\ \boldsymbol{O} & \boldsymbol{B}\end{pmatrix}.$$

解 设 $\boldsymbol{A}=(a_{ij})_{m\times m}$, 元素 a_{ij} 的余子式和代数余子式分别记为 M_{ij} 和 A_{ij}; $\boldsymbol{B}=(b_{ij})_{n\times n}$, 元素 b_{ij} 的余子式和代数余子式分别记为 N_{ij} 和 B_{ij}. 利用 Laplace 定理可以容易地计算出: 当 $1\le i,j\le m$ 时, $\boldsymbol{C}$ 的第 (i,j) 元素的代数余子式为 $(-1)^{i+j}M_{ij}|\boldsymbol{B}|=|\boldsymbol{B}|A_{ij}$; 当 $m+1\le i,j\le m+n$ 时, $\boldsymbol{C}$ 的第 (i,j) 元素的代数余子式为 $(-1)^{i+j}N_{i-m,j-m}|\boldsymbol{A}|=|\boldsymbol{A}|B_{i-m,j-m}$; 当 i,j 属于其他范围时, $\boldsymbol{C}$ 的第 (i,j) 元素的代数余子式等于零. 因此我们有

$$\boldsymbol{C}^*=\begin{pmatrix}|\boldsymbol{B}|\boldsymbol{A}^* & \boldsymbol{O}\\ \boldsymbol{O} & |\boldsymbol{A}|\boldsymbol{B}^*\end{pmatrix}. \ \square$$

例 2.41 已知 $\boldsymbol{A}^*=\begin{pmatrix}1 & -2 & 1\\ 0 & 2 & -2\\ -1 & 2 & 1\end{pmatrix}$, 求 $\boldsymbol{A}$.

解 计算行列式可得 $|\boldsymbol{A}^*|=4$, 由例 2.38 可知, $|\boldsymbol{A}^*|=|\boldsymbol{A}|^2=4$, 从而 $|\boldsymbol{A}|=\pm2$.

若 $|\boldsymbol{A}|=2$, 则

$$\boldsymbol{A}^{-1}=\frac{1}{2}\boldsymbol{A}^*=\begin{pmatrix}\frac{1}{2} & -1 & \frac{1}{2}\\ 0 & 1 & -1\\ -\frac{1}{2} & 1 & \frac{1}{2}\end{pmatrix},$$

于是

$$\boldsymbol{A}=(\boldsymbol{A}^{-1})^{-1}=\begin{pmatrix}3 & 2 & 1\\ 1 & 1 & 1\\ 1 & 0 & 1\end{pmatrix}.$$

若 $|\boldsymbol{A}|=-2$, 则 $\boldsymbol{A}^{-1}=-\dfrac{1}{2}\boldsymbol{A}^*$, 于是

$$\boldsymbol{A}=\begin{pmatrix}-3 & -2 & -1\\ -1 & -1 & -1\\ -1 & 0 & -1\end{pmatrix}. \ \square$$

例 2.42 设 n 阶矩阵

$$\boldsymbol{A}=\begin{pmatrix}2&2&2&\cdots&2\\0&1&1&\cdots&1\\0&0&1&\cdots&1\\\vdots&\vdots&\vdots&&\vdots\\0&0&0&\cdots&1\end{pmatrix},$$

求 $\sum\limits_{i,j=1}^{n}A_{ij}$.

解法 1 显然 $|\boldsymbol{A}|=2$, 用初等变换不难求出

$$\boldsymbol{A}^{-1}=\begin{pmatrix}\frac{1}{2}&-1&0&\cdots&0&0\\0&1&-1&\cdots&0&0\\\vdots&\vdots&\vdots&&\vdots&\vdots\\0&0&0&\cdots&1&-1\\0&0&0&\cdots&0&1\end{pmatrix},$$

故

$$\boldsymbol{A}^{*}=2\boldsymbol{A}^{-1}=\begin{pmatrix}1&-2&0&\cdots&0&0\\0&2&-2&\cdots&0&0\\\vdots&\vdots&\vdots&&\vdots&\vdots\\0&0&0&\cdots&2&-2\\0&0&0&\cdots&0&2\end{pmatrix}.$$

将 $\boldsymbol{A}^{*}$ 的所有元素加起来, 可得 $\sum\limits_{i,j=1}^{n}A_{ij}=1$.

解法 2 由例 1.7 可得

$$-\sum_{i,j=1}^{n}A_{ij}=\begin{vmatrix}2&2&2&\cdots&2&1\\0&1&1&\cdots&1&1\\0&0&1&\cdots&1&1\\\vdots&\vdots&\vdots&&\vdots&\vdots\\0&0&0&\cdots&1&1\\1&1&1&\cdots&1&0\end{vmatrix}=\begin{vmatrix}2&2&2&\cdots&2&1\\0&1&1&\cdots&1&1\\0&0&1&\cdots&1&1\\\vdots&\vdots&\vdots&&\vdots&\vdots\\0&0&0&\cdots&1&1\\0&0&0&\cdots&0&-\frac{1}{2}\end{vmatrix}=-1,$$

于是 $\sum\limits_{i,j=1}^{n}A_{ij}=1$.

解法 3　由例 1.22 可得 $|\boldsymbol{A}(-1)|=|\boldsymbol{A}|-\sum\limits_{i,j=1}^{n}A_{ij}$, 又 $|\boldsymbol{A}|=2$ 且

$$|\boldsymbol{A}(-1)|=\begin{vmatrix}1&1&\cdots&1&1\\-1&0&\cdots&0&0\\-1&-1&\cdots&0&0\\\vdots&\vdots&&\vdots&\vdots\\-1&-1&\cdots&-1&0\end{vmatrix}=(-1)^{n+1}\begin{vmatrix}-1&0&\cdots&0\\-1&-1&\cdots&0\\\vdots&\vdots&&\vdots\\-1&-1&\cdots&-1\end{vmatrix}=1,$$

故 $\sum\limits_{i,j=1}^{n}A_{ij}=|\boldsymbol{A}|-|\boldsymbol{A}(-1)|=1$.

解法 4　由例 1.49 可得

$$\sum_{i,j=1}^{n}A_{ij}=\begin{vmatrix}0&0&\cdots&0&1\\-1&0&\cdots&0&1\\0&-1&\cdots&0&1\\\vdots&\vdots&&\vdots&\vdots\\0&0&\cdots&-1&1\end{vmatrix}=(-1)^{n+1}\begin{vmatrix}-1&0&\cdots&0\\0&-1&\cdots&0\\\vdots&\vdots&&\vdots\\0&0&\cdots&-1\end{vmatrix}=1.\ \square$$

§ 2.7　矩阵的迹

设 $\boldsymbol{A}=(a_{ij})$ 是 n 阶矩阵, 则 $\boldsymbol{A}$ 主对角线上元素之和

$$a_{11}+a_{22}+\cdots+a_{nn}$$

称为矩阵 $\boldsymbol{A}$ 的迹, 记为 $\mathrm{tr}(\boldsymbol{A})$. 迹是矩阵的一个重要不变量 (相似不变量). 用迹来证明某些问题有时特别简单, 我们将在后面的章节中陆续介绍. 这里我们介绍迹的几个基本性质, 首先是迹的 “线性”、“对称性” 和 “交换性”.

例 2.43　设 $\boldsymbol{A}, \boldsymbol{B}$ 是 n 阶矩阵, 求证:

(1) $\mathrm{tr}(\boldsymbol{A}+\boldsymbol{B})=\mathrm{tr}(\boldsymbol{A})+\mathrm{tr}(\boldsymbol{B})$;　　(2) $\mathrm{tr}(k\boldsymbol{A})=k\,\mathrm{tr}(\boldsymbol{A})$;

(3) $\mathrm{tr}(\boldsymbol{A}')=\mathrm{tr}(\boldsymbol{A})$;　　(4) $\mathrm{tr}(\boldsymbol{AB})=\mathrm{tr}(\boldsymbol{BA})$.

证明　(1)、(2) 以及 (3) 由迹的定义即得, 下面证明 (4) 的一个推广. 设

$$\boldsymbol{A}=\begin{pmatrix}a_{11}&a_{12}&\cdots&a_{1n}\\a_{21}&a_{22}&\cdots&a_{2n}\\\vdots&\vdots&&\vdots\\a_{m1}&a_{m2}&\cdots&a_{mn}\end{pmatrix},\quad \boldsymbol{B}=\begin{pmatrix}b_{11}&b_{12}&\cdots&b_{1m}\\b_{21}&b_{22}&\cdots&b_{2m}\\\vdots&\vdots&&\vdots\\b_{n1}&b_{n2}&\cdots&b_{nm}\end{pmatrix}$$

分别为 $m\times n$ 矩阵、$n\times m$ 矩阵, 则 $\boldsymbol{AB}=(c_{ij})$ 为 m 阶方阵, $\boldsymbol{BA}=(d_{ij})$ 为 n 阶方阵, 于是

$$\operatorname{tr}(\boldsymbol{AB})=\sum_{i=1}^{m}c_{ii}=\sum_{i=1}^{m}\sum_{k=1}^{n}a_{ik}b_{ki},\quad \operatorname{tr}(\boldsymbol{BA})=\sum_{k=1}^{n}d_{kk}=\sum_{k=1}^{n}\sum_{i=1}^{m}b_{ki}a_{ik}.$$

由求和的交换性即得: $\operatorname{tr}(\boldsymbol{AB})=\operatorname{tr}(\boldsymbol{BA})$. □

例 2.44 求证: 不存在 n 阶矩阵 $\boldsymbol{A},\boldsymbol{B}$, 使得 $\boldsymbol{AB}-\boldsymbol{BA}=k\boldsymbol{I}_n\,(k\neq 0)$.

证明 用反证法证明. 若存在 n 阶矩阵 $\boldsymbol{A},\boldsymbol{B}$ 满足条件 $\boldsymbol{AB}-\boldsymbol{BA}=k\boldsymbol{I}_n\,(k\neq 0)$, 则 $kn=\operatorname{tr}(k\boldsymbol{I}_n)=\operatorname{tr}(\boldsymbol{AB}-\boldsymbol{BA})=\operatorname{tr}(\boldsymbol{AB})-\operatorname{tr}(\boldsymbol{BA})=0$, 矛盾. □

例 2.45 设 $\boldsymbol{A}$ 是 n 阶矩阵, $\boldsymbol{P}$ 是同阶可逆阵, 求证: $\operatorname{tr}(\boldsymbol{P}^{-1}\boldsymbol{AP})=\operatorname{tr}(\boldsymbol{A})$, 即相似矩阵具有相同的迹.

证明 因为 $\operatorname{tr}(\boldsymbol{AB})=\operatorname{tr}(\boldsymbol{BA})$, 故 $\operatorname{tr}(\boldsymbol{P}^{-1}\boldsymbol{AP})=\operatorname{tr}(\boldsymbol{APP}^{-1})=\operatorname{tr}(\boldsymbol{A})$. □

迹还有一个基本性质是所谓的 “正定性”, 用它可以证明一个矩阵是零矩阵.

例 2.46 证明下列结论:

(1) 若 $\boldsymbol{A}$ 是 $m\times n$ 实矩阵, 则 $\operatorname{tr}(\boldsymbol{AA}')\geq 0$, 等号成立的充要条件是 $\boldsymbol{A}=\boldsymbol{O}$;

(2) 若 $\boldsymbol{A}$ 是 $m\times n$ 复矩阵, 则 $\operatorname{tr}(\boldsymbol{A}\overline{\boldsymbol{A}}')\geq 0$, 等号成立的充要条件是 $\boldsymbol{A}=\boldsymbol{O}$.

证明 (1) 设 $\boldsymbol{A}=(a_{ij})$ 为 $m\times n$ 实矩阵, 则通过计算可得

$$\operatorname{tr}(\boldsymbol{AA}')=\sum_{i=1}^{m}\sum_{j=1}^{n}a_{ij}^2\geq 0,$$

等号成立当且仅当 $a_{ij}=0\,(1\leq i\leq m,\,1\leq j\leq n)$, 即 $\boldsymbol{A}=\boldsymbol{O}$.

(2) 设 $\boldsymbol{A}=(a_{ij})$ 为 $m\times n$ 复矩阵, 则通过计算可得

$$\operatorname{tr}(\boldsymbol{A}\overline{\boldsymbol{A}}')=\sum_{i=1}^{m}\sum_{j=1}^{n}|a_{ij}|^2\geq 0,$$

等号成立当且仅当 $a_{ij}=0\,(1\leq i\leq m,\,1\leq j\leq n)$, 即 $\boldsymbol{A}=\boldsymbol{O}$. □

例 2.47 设 $\boldsymbol{A}_1,\boldsymbol{A}_2,\cdots,\boldsymbol{A}_k$ 是实对称阵且 $\boldsymbol{A}_1^2+\boldsymbol{A}_2^2+\cdots+\boldsymbol{A}_k^2=\boldsymbol{O}$, 证明: 每个 $\boldsymbol{A}_i=\boldsymbol{O}$.

证明 对题设中的等式两边同时取迹, 可得

$$0=\operatorname{tr}(\boldsymbol{O})=\operatorname{tr}(\boldsymbol{A}_1^2+\boldsymbol{A}_2^2+\cdots+\boldsymbol{A}_k^2)=\operatorname{tr}(\boldsymbol{A}_1\boldsymbol{A}_1')+\operatorname{tr}(\boldsymbol{A}_2\boldsymbol{A}_2')+\cdots+\operatorname{tr}(\boldsymbol{A}_k\boldsymbol{A}_k').$$

由例 2.46 可得 $\operatorname{tr}(\boldsymbol{A}_i\boldsymbol{A}_i')\geq 0$, 从而只可能是 $\operatorname{tr}(\boldsymbol{A}_i\boldsymbol{A}_i')=0\,(1\leq i\leq k)$, 再次由例 2.46 可得 $\boldsymbol{A}_i=\boldsymbol{O}\,(1\leq i\leq k)$. □

例 2.48 证明下列结论:

(1) 设 n 阶实矩阵 $\boldsymbol{A}$ 适合 $\boldsymbol{A}'=-\boldsymbol{A}$, 如果存在同阶实矩阵 $\boldsymbol{B}$, 使得 $\boldsymbol{AB}=\boldsymbol{B}$, 则 $\boldsymbol{B}=\boldsymbol{O}$;

(2) 设 n 阶复矩阵 $\boldsymbol{A}$ 适合 $\overline{\boldsymbol{A}}'=-\boldsymbol{A}$, 如果存在同阶复矩阵 $\boldsymbol{B}$, 使得 $\boldsymbol{AB}=\boldsymbol{B}$, 则 $\boldsymbol{B}=\boldsymbol{O}$.

证明 (1) 在等式 $\boldsymbol{AB}=\boldsymbol{B}$ 两边同时左乘 $\boldsymbol{B}'$ 可得

$$\boldsymbol{B}'\boldsymbol{AB}=\boldsymbol{B}'\boldsymbol{B}.$$

上式两边同时转置并注意到 $\boldsymbol{A}'=-\boldsymbol{A}$, 可得

$$\boldsymbol{B}'\boldsymbol{B}=(\boldsymbol{B}'\boldsymbol{B})'=(\boldsymbol{B}'\boldsymbol{AB})'=\boldsymbol{B}'\boldsymbol{A}'\boldsymbol{B}=-\boldsymbol{B}'\boldsymbol{AB}=-\boldsymbol{B}'\boldsymbol{B},$$

从而有 $\boldsymbol{B}'\boldsymbol{B}=\boldsymbol{O}$. 两边同时取迹, 由例 2.46 可得 $\boldsymbol{B}=\boldsymbol{O}$.

(2) 的证明与 (1) 类似. □

注 例 2.48 也可用例 2.30 及其复版本来证明, 我们把细节留给读者完成.

例 2.49 设 $\boldsymbol{A}$ 为 n 阶实矩阵, 求证: $\operatorname{tr}(\boldsymbol{A}^2)\leq\operatorname{tr}(\boldsymbol{AA}')$, 等号成立当且仅当 $\boldsymbol{A}$ 是对称阵.

证明 由迹的线性、对称性、交换性和正定性可得

$$\begin{aligned}
&\operatorname{tr}\left((\boldsymbol{A}-\boldsymbol{A}')(\boldsymbol{A}-\boldsymbol{A}')'\right)\\
=&\operatorname{tr}\left((\boldsymbol{A}-\boldsymbol{A}')(\boldsymbol{A}'-\boldsymbol{A})\right)=\operatorname{tr}\left(\boldsymbol{AA}'-\boldsymbol{A}^2-(\boldsymbol{A}')^2+\boldsymbol{A}'\boldsymbol{A}\right)\\
=&2\operatorname{tr}(\boldsymbol{AA}')-2\operatorname{tr}(\boldsymbol{A}^2)\geq 0,
\end{aligned}$$

故要证的不等式成立. 若上述不等式的等号成立, 则由迹的正定性可知 $\boldsymbol{A}-\boldsymbol{A}'=\boldsymbol{O}$, 即 $\boldsymbol{A}$ 为对称阵. □

矩阵求迹的技巧也常常和基础矩阵联系在一起, 让我们来看下面两个例题.

例 2.50 设 $\boldsymbol{A},\boldsymbol{B}$ 是两个 n 阶矩阵, 使得 $\operatorname{tr}(\boldsymbol{ABC})=\operatorname{tr}(\boldsymbol{CBA})$ 对任意 n 阶矩阵 $\boldsymbol{C}$ 成立, 求证: $\boldsymbol{AB}=\boldsymbol{BA}$.

证明 设 $\boldsymbol{AB}=(d_{ij})$, $\boldsymbol{BA}=(e_{ij})$, 令 $\boldsymbol{C}=\boldsymbol{E}_{kl}\,(1\leq k,l\leq n)$, 则

$$\operatorname{tr}(\boldsymbol{ABC})=d_{lk},\quad \operatorname{tr}(\boldsymbol{CBA})=e_{lk},$$

因此 $d_{lk}=e_{lk}\,(1\leq k,l\leq n)$, 即有 $\boldsymbol{AB}=\boldsymbol{BA}$. □

注　若 $\boldsymbol{A},\boldsymbol{B}$ 是实 (复) 矩阵, 我们还可以通过迹的正定性来证明结论. 事实上, 由迹的交换性和线性可得 $\mathrm{tr}\big((\boldsymbol{AB}-\boldsymbol{BA})\boldsymbol{C}\big)=0$, 令 $\boldsymbol{C}$ 为 $\boldsymbol{AB}-\boldsymbol{BA}$ 的转置 (共轭转置), 再由例 2.46 即得结论.

下面的例题给出了迹的刻画, 它告诉我们迹函数由线性、交换性和正规性 (即单位矩阵处的取值为其阶数) 唯一决定.

例 2.51　设 f 是数域 $\mathbb{F}$ 上 n 阶矩阵集合到 $\mathbb{F}$ 的一个映射, 它满足下列条件:

(1) 对任意的 n 阶矩阵 $\boldsymbol{A}$, $\boldsymbol{B}$, $f(\boldsymbol{A}+\boldsymbol{B})=f(\boldsymbol{A})+f(\boldsymbol{B})$;

(2) 对任意的 n 阶矩阵 $\boldsymbol{A}$ 和 $\mathbb{F}$ 中的数 k, $f(k\boldsymbol{A})=kf(\boldsymbol{A})$;

(3) 对任意的 n 阶矩阵 $\boldsymbol{A}$, $\boldsymbol{B}$, $f(\boldsymbol{AB})=f(\boldsymbol{BA})$;

(4) $f(\boldsymbol{I}_n)=n$.

求证: f 就是迹, 即 $f(\boldsymbol{A})=\mathrm{tr}(\boldsymbol{A})$ 对一切 $\mathbb{F}$ 上 n 阶矩阵 $\boldsymbol{A}$ 成立.

证明　设 $\boldsymbol{E}_{ij}$ 是 n 阶基础矩阵. 由 (1) 和 (4), 有

$$n=f(\boldsymbol{I}_n)=f(\boldsymbol{E}_{11}+\boldsymbol{E}_{22}+\cdots+\boldsymbol{E}_{nn})=f(\boldsymbol{E}_{11})+f(\boldsymbol{E}_{22})+\cdots+f(\boldsymbol{E}_{nn}).$$

又由 (3), 有

$$f(\boldsymbol{E}_{ii})=f(\boldsymbol{E}_{ij}\boldsymbol{E}_{ji})=f(\boldsymbol{E}_{ji}\boldsymbol{E}_{ij})=f(\boldsymbol{E}_{jj}),$$

所以 $f(\boldsymbol{E}_{ii})=1\,(1\le i\le n)$. 另一方面, 若 $i\ne j$, 则

$$f(\boldsymbol{E}_{ij})=f(\boldsymbol{E}_{i1}\boldsymbol{E}_{1j})=f(\boldsymbol{E}_{1j}\boldsymbol{E}_{i1})=f(\boldsymbol{O})=f(0\cdot\boldsymbol{I}_n)=0\cdot f(\boldsymbol{I}_n)=0.$$

设 n 阶矩阵 $\boldsymbol{A}=(a_{ij})$, 则

$$f(\boldsymbol{A})=f\left(\sum_{i,j=1}^n a_{ij}\boldsymbol{E}_{ij}\right)=\sum_{i,j=1}^n a_{ij}f(\boldsymbol{E}_{ij})=\sum_{i=1}^n a_{ii}=\mathrm{tr}(\boldsymbol{A}).\ \square$$

§ 2.8　矩阵乘法与行列式的计算

设 $\boldsymbol{A},\boldsymbol{B}$ 是两个 n 阶矩阵, 则 $|\boldsymbol{AB}|=|\boldsymbol{A}||\boldsymbol{B}|$. 这个结论可以用来简化某些行列式的计算, 例如在以下 3 种情形, 矩阵 $\boldsymbol{C}$ 的行列式都很容易计算出来:

(1) $\boldsymbol{C}=\boldsymbol{AB}$, 其中 $\boldsymbol{A},\boldsymbol{B}$ 的行列式都很容易计算;

(2) $\boldsymbol{CA}=\boldsymbol{B}$, 其中 $\boldsymbol{A}$ 与 $\boldsymbol{C}$ 密切相关, $\boldsymbol{B}$ 的行列式很容易计算;

(3) $\boldsymbol{CA}=\boldsymbol{B}$, 其中 $\boldsymbol{A},\boldsymbol{B}$ 的行列式都很容易计算.

下面几个例子告诉我们如何灵活地应用这种方法来计算行列式.

例 2.52 设 $n \geq 3$, 证明下列矩阵 $\boldsymbol{A}$ 的行列式值等于零:

$$\boldsymbol{A} = \begin{pmatrix} 1+x_1y_1 & 1+x_1y_2 & \cdots & 1+x_1y_n \\ 1+x_2y_1 & 1+x_2y_2 & \cdots & 1+x_2y_n \\ \vdots & \vdots & & \vdots \\ 1+x_ny_1 & 1+x_ny_2 & \cdots & 1+x_ny_n \end{pmatrix}.$$

证明 从下列分解即可得到结论:

$$\boldsymbol{A} = \begin{pmatrix} 1 & x_1 & 0 & \cdots & 0 \\ 1 & x_2 & 0 & \cdots & 0 \\ 1 & x_3 & 0 & \cdots & 0 \\ \vdots & \vdots & \vdots & & \vdots \\ 1 & x_n & 0 & \cdots & 0 \end{pmatrix} \begin{pmatrix} 1 & 1 & 1 & \cdots & 1 \\ y_1 & y_2 & y_3 & \cdots & y_n \\ 0 & 0 & 0 & \cdots & 0 \\ \vdots & \vdots & \vdots & & \vdots \\ 0 & 0 & 0 & \cdots & 0 \end{pmatrix}. \square$$

例 2.53 计算下列 $n+1$ 阶矩阵的行列式的值:

$$\boldsymbol{A} = \begin{pmatrix} (a_0+b_0)^n & (a_0+b_1)^n & \cdots & (a_0+b_n)^n \\ (a_1+b_0)^n & (a_1+b_1)^n & \cdots & (a_1+b_n)^n \\ \vdots & \vdots & & \vdots \\ (a_n+b_0)^n & (a_n+b_1)^n & \cdots & (a_n+b_n)^n \end{pmatrix}.$$

解 将 $\boldsymbol{A}$ 分解为

$$\boldsymbol{A} = \begin{pmatrix} 1 & \mathrm{C}_n^1 a_0 & \mathrm{C}_n^2 a_0^2 & \cdots & \mathrm{C}_n^n a_0^n \\ 1 & \mathrm{C}_n^1 a_1 & \mathrm{C}_n^2 a_1^2 & \cdots & \mathrm{C}_n^n a_1^n \\ \vdots & \vdots & \vdots & & \vdots \\ 1 & \mathrm{C}_n^1 a_n & \mathrm{C}_n^2 a_n^2 & \cdots & \mathrm{C}_n^n a_n^n \end{pmatrix} \begin{pmatrix} b_0^n & b_1^n & b_2^n & \cdots & b_n^n \\ b_0^{n-1} & b_1^{n-1} & b_2^{n-1} & \cdots & b_n^{n-1} \\ \vdots & \vdots & \vdots & & \vdots \\ 1 & 1 & 1 & \cdots & 1 \end{pmatrix},$$

于是

$$|\boldsymbol{A}| = \mathrm{C}_n^1 \mathrm{C}_n^2 \cdots \mathrm{C}_n^n \prod_{0 \leq i < j \leq n} (a_j - a_i)(b_i - b_j). \square$$

例 2.54 设 $s_k = x_1^k + x_2^k + \cdots + x_n^k \ (k \geq 1)$, $s_0 = n$,

$$\boldsymbol{S} = \begin{pmatrix} s_0 & s_1 & s_2 & \cdots & s_{n-1} \\ s_1 & s_2 & s_3 & \cdots & s_n \\ s_2 & s_3 & s_4 & \cdots & s_{n+1} \\ \vdots & \vdots & \vdots & & \vdots \\ s_{n-1} & s_n & s_{n+1} & \cdots & s_{2n-2} \end{pmatrix},$$

求 $|\boldsymbol{S}|$ 的值并证明若 x_i 是实数, 则 $|\boldsymbol{S}| \geq 0$.

解　设

$$\boldsymbol{V} = \begin{pmatrix} 1 & 1 & 1 & \cdots & 1 \\ x_1 & x_2 & x_3 & \cdots & x_n \\ x_1^2 & x_2^2 & x_3^2 & \cdots & x_n^2 \\ \vdots & \vdots & \vdots & & \vdots \\ x_1^{n-1} & x_2^{n-1} & x_3^{n-1} & \cdots & x_n^{n-1} \end{pmatrix},$$

则 $\boldsymbol{S} = \boldsymbol{V}\boldsymbol{V}'$, 因此

$$|\boldsymbol{S}| = |\boldsymbol{V}|^2 = \prod_{1 \leq i < j \leq n} (x_j - x_i)^2 \geq 0. \square$$

例 2.55　计算下列矩阵 $\boldsymbol{A}$ 的行列式的值:

$$\boldsymbol{A} = \begin{pmatrix} x & -y & -z & -w \\ y & x & -w & z \\ z & w & x & -y \\ w & -z & y & x \end{pmatrix}.$$

解　注意到

$$\boldsymbol{A}\boldsymbol{A}' = \begin{pmatrix} x & -y & -z & -w \\ y & x & -w & z \\ z & w & x & -y \\ w & -z & y & x \end{pmatrix} \begin{pmatrix} x & y & z & w \\ -y & x & w & -z \\ -z & -w & x & y \\ -w & z & -y & x \end{pmatrix} = \begin{pmatrix} u & 0 & 0 & 0 \\ 0 & u & 0 & 0 \\ 0 & 0 & u & 0 \\ 0 & 0 & 0 & u \end{pmatrix},$$

其中 $u = x^2 + y^2 + z^2 + w^2$, 因此

$$|\boldsymbol{A}|^2 = (x^2 + y^2 + z^2 + w^2)^4.$$

在矩阵 $\boldsymbol{A}$ 中令 $x = 1, y = z = w = 0$, 显然 $|\boldsymbol{A}| = 1$, 故

$$|\boldsymbol{A}| = (x^2 + y^2 + z^2 + w^2)^2. \square$$

例 2.56　计算下列循环矩阵 $\boldsymbol{A}$ 的行列式的值:

$$\boldsymbol{A} = \begin{pmatrix} a_1 & a_2 & a_3 & \cdots & a_n \\ a_n & a_1 & a_2 & \cdots & a_{n-1} \\ a_{n-1} & a_n & a_1 & \cdots & a_{n-2} \\ \vdots & \vdots & \vdots & & \vdots \\ a_2 & a_3 & a_4 & \cdots & a_1 \end{pmatrix}.$$

解　作多项式 $f(x)=a_1+a_2x+a_3x^2+\cdots+a_nx^{n-1}$, 令 $\varepsilon_1,\varepsilon_2,\cdots,\varepsilon_n$ 是 1 的所有 n 次方根. 又令

$$\boldsymbol{V}=\begin{pmatrix}1&1&1&\cdots&1\\ \varepsilon_1&\varepsilon_2&\varepsilon_3&\cdots&\varepsilon_n\\ \varepsilon_1^2&\varepsilon_2^2&\varepsilon_3^2&\cdots&\varepsilon_n^2\\ \vdots&\vdots&\vdots&&\vdots\\ \varepsilon_1^{n-1}&\varepsilon_2^{n-1}&\varepsilon_3^{n-1}&\cdots&\varepsilon_n^{n-1}\end{pmatrix},\ \boldsymbol{\Lambda}=\begin{pmatrix}f(\varepsilon_1)&0&0&\cdots&0\\ 0&f(\varepsilon_2)&0&\cdots&0\\ 0&0&f(\varepsilon_3)&\cdots&0\\ \vdots&\vdots&\vdots&&\vdots\\ 0&0&0&\cdots&f(\varepsilon_n)\end{pmatrix},$$

则

$$\boldsymbol{AV}=\begin{pmatrix}f(\varepsilon_1)&f(\varepsilon_2)&f(\varepsilon_3)&\cdots&f(\varepsilon_n)\\ \varepsilon_1f(\varepsilon_1)&\varepsilon_2f(\varepsilon_2)&\varepsilon_3f(\varepsilon_3)&\cdots&\varepsilon_nf(\varepsilon_n)\\ \varepsilon_1^2f(\varepsilon_1)&\varepsilon_2^2f(\varepsilon_2)&\varepsilon_3^2f(\varepsilon_3)&\cdots&\varepsilon_n^2f(\varepsilon_n)\\ \vdots&\vdots&\vdots&&\vdots\\ \varepsilon_1^{n-1}f(\varepsilon_1)&\varepsilon_2^{n-1}f(\varepsilon_2)&\varepsilon_3^{n-1}f(\varepsilon_3)&\cdots&\varepsilon_n^{n-1}f(\varepsilon_n)\end{pmatrix}=\boldsymbol{V\Lambda}.$$

因此

$$|\boldsymbol{A}||\boldsymbol{V}|=|\boldsymbol{AV}|=|\boldsymbol{V\Lambda}|=|\boldsymbol{V}||\boldsymbol{\Lambda}|.$$

因为 ε_i 互不相同, 所以 $|\boldsymbol{V}|\neq0$, 从而

$$|\boldsymbol{A}|=|\boldsymbol{\Lambda}|=f(\varepsilon_1)f(\varepsilon_2)\cdots f(\varepsilon_n).\ \square$$

例 2.57　计算下列矩阵 $\boldsymbol{A}$ 的行列式的值:

$$\boldsymbol{A}=\begin{pmatrix}\cos\theta&\cos2\theta&\cos3\theta&\cdots&\cos n\theta\\ \cos n\theta&\cos\theta&\cos2\theta&\cdots&\cos(n-1)\theta\\ \cos(n-1)\theta&\cos n\theta&\cos\theta&\cdots&\cos(n-2)\theta\\ \vdots&\vdots&\vdots&&\vdots\\ \cos2\theta&\cos3\theta&\cos4\theta&\cdots&\cos\theta\end{pmatrix}.$$

解　由上面的结论可知

$$|\boldsymbol{A}|=f(\varepsilon_1)f(\varepsilon_2)\cdots f(\varepsilon_n),$$

其中 $\varepsilon_1,\varepsilon_2,\cdots,\varepsilon_n$ 是 1 的所有 n 次方根, $f(x)=\cos\theta+x\cos2\theta+\cdots+x^{n-1}\cos n\theta$. 令

$$g(x)=\sin\theta+x\sin2\theta+\cdots+x^{n-1}\sin n\theta,$$

则

$$f(x)+\mathrm{i}g(x)=(\cos\theta+\mathrm{i}\sin\theta)+x(\cos\theta+\mathrm{i}\sin\theta)^2+\cdots+x^{n-1}(\cos\theta+\mathrm{i}\sin\theta)^n.$$

用等比级数求和再比较实部, 可得

$$f(x)=\frac{\cos n\theta\cdot x^{n+1}-\cos(n+1)\theta\cdot x^n-x+\cos\theta}{x^2-2\cos\theta\cdot x+1}.$$

对任意的 ε_i, 经计算并化简, 可得

$$f(\varepsilon_i)=\frac{\Big(\cos\theta-\cos(n+1)\theta\Big)-\varepsilon_i(1-\cos n\theta)}{\Big((\cos\theta+\mathrm{i}\sin\theta)-\varepsilon_i\Big)\Big((\cos\theta-\mathrm{i}\sin\theta)-\varepsilon_i\Big)}.$$

注意到对任意的 a,b, 有 $a^n-b^n=(a-\varepsilon_1 b)(a-\varepsilon_2 b)\cdots(a-\varepsilon_n b)$, 因此

$$\begin{aligned}|\boldsymbol{A}|=\prod_{i=1}^n f(\varepsilon_i) &= \frac{\Big(\cos\theta-\cos(n+1)\theta\Big)^n-(1-\cos n\theta)^n}{\Big((\cos n\theta+\mathrm{i}\sin n\theta)-1\Big)\Big((\cos n\theta-\mathrm{i}\sin n\theta)-1\Big)}\\ &= \frac{\Big(\cos\theta-\cos(n+1)\theta\Big)^n-(1-\cos n\theta)^n}{2(1-\cos n\theta)}\\ &= 2^{n-2}\sin^{n-2}\frac{n\theta}{2}\left(\sin^n\frac{(n+2)\theta}{2}-\sin^n\frac{n\theta}{2}\right).\ \Box\end{aligned}$$

§ 2.9 Cauchy-Binet 公式

若 $\boldsymbol{A},\boldsymbol{B}$ 分别是 $m\times n$, $n\times m$ 矩阵, 则 Cauchy-Binet 公式给出了 $\boldsymbol{AB}$ 的行列式及其 r 阶子式的计算公式. 我们已在例 2.36 中利用 Cauchy-Binet 公式证明了 $(\boldsymbol{AB})^*=\boldsymbol{B}^*\boldsymbol{A}^*$, 下面再来看一些典型例题.

例 2.58 设 $n\geq 3$, 证明下列矩阵是奇异阵:

$$\boldsymbol{A}=\begin{pmatrix}\cos(\alpha_1-\beta_1) & \cos(\alpha_1-\beta_2) & \cdots & \cos(\alpha_1-\beta_n)\\ \cos(\alpha_2-\beta_1) & \cos(\alpha_2-\beta_2) & \cdots & \cos(\alpha_2-\beta_n)\\ \vdots & \vdots & & \vdots\\ \cos(\alpha_n-\beta_1) & \cos(\alpha_n-\beta_2) & \cdots & \cos(\alpha_n-\beta_n)\end{pmatrix}.$$

证明　利用三角公式 $\cos(\alpha-\beta)=\cos\alpha\cos\beta+\sin\alpha\sin\beta$ 可将矩阵 $\boldsymbol{A}$ 分解为如下形式:

$$\boldsymbol{A}=\begin{pmatrix}\cos\alpha_1 & \sin\alpha_1\\ \cos\alpha_2 & \sin\alpha_2\\ \vdots & \vdots\\ \cos\alpha_n & \sin\alpha_n\end{pmatrix}\begin{pmatrix}\cos\beta_1 & \cos\beta_2 & \cdots & \cos\beta_n\\ \sin\beta_1 & \sin\beta_2 & \cdots & \sin\beta_n\end{pmatrix}.$$

因为 $n>2$, 由 Cauchy-Binet 公式马上得到 $|\boldsymbol{A}|=0$. □

例 2.52　设 $n\geq 3$, 证明下列矩阵 $\boldsymbol{A}$ 的行列式值等于零:

$$\boldsymbol{A}=\begin{pmatrix}1+x_1y_1 & 1+x_1y_2 & \cdots & 1+x_1y_n\\ 1+x_2y_1 & 1+x_2y_2 & \cdots & 1+x_2y_n\\ \vdots & \vdots & & \vdots\\ 1+x_ny_1 & 1+x_ny_2 & \cdots & 1+x_ny_n\end{pmatrix}.$$

证法 2　将矩阵 $\boldsymbol{A}$ 分解为如下形式:

$$\boldsymbol{A}=\begin{pmatrix}1 & x_1\\ 1 & x_2\\ 1 & x_3\\ \vdots & \vdots\\ 1 & x_n\end{pmatrix}\begin{pmatrix}1 & 1 & 1 & \cdots & 1\\ y_1 & y_2 & y_3 & \cdots & y_n\end{pmatrix}.$$

因为 $n>2$, 由 Cauchy-Binet 公式马上得到 $|\boldsymbol{A}|=0$. □

例 1.24　设 $f_1(x),f_2(x),\cdots,f_n(x)$ 是次数不超过 $n-2$ 的多项式, 求证: 对任意 n 个数 $a_1,a_2,\cdots,a_n$, 均有

$$\begin{vmatrix}f_1(a_1) & f_2(a_1) & \cdots & f_n(a_1)\\ f_1(a_2) & f_2(a_2) & \cdots & f_n(a_2)\\ \vdots & \vdots & & \vdots\\ f_1(a_n) & f_2(a_n) & \cdots & f_n(a_n)\end{vmatrix}=0.$$

证法 3　设多项式

$$f_k(x)=c_{k,n-2}x^{n-2}+\cdots+c_{k1}x+c_{k0},\ 1\leq k\leq n,$$

则有如下的矩阵分解:

$$\begin{pmatrix} f_1(a_1) & f_2(a_1) & \dots & f_n(a_1) \\ f_1(a_2) & f_2(a_2) & \dots & f_n(a_2) \\ \vdots & \vdots & & \vdots \\ f_1(a_n) & f_2(a_n) & \dots & f_n(a_n) \end{pmatrix} = \begin{pmatrix} 1 & a_1 & \cdots & a_1^{n-2} \\ 1 & a_2 & \cdots & a_2^{n-2} \\ \vdots & \vdots & & \vdots \\ 1 & a_n & \cdots & a_n^{n-2} \end{pmatrix} \begin{pmatrix} c_{10} & c_{20} & \cdots & c_{n0} \\ c_{11} & c_{21} & \cdots & c_{n1} \\ \vdots & \vdots & & \vdots \\ c_{1,n-2} & c_{2,n-2} & \cdots & c_{n,n-2} \end{pmatrix}.$$

注意到上式右边的两个矩阵分别是 $n\times(n-1)$ 和 $(n-1)\times n$ 矩阵, 故由 Cauchy-Binet 公式马上得到左边矩阵的行列式值等于零. □

例 2.59 设 $\boldsymbol{A}$ 是 $m\times n$ 实矩阵, 求证: 矩阵 $\boldsymbol{AA}'$ 的任一主子式都非负.

证明 若 $r\leq n$, 则由 Cauchy-Binet 公式可得

$$\boldsymbol{AA}'\begin{pmatrix} i_1 & i_2 & \cdots & i_r \\ i_1 & i_2 & \cdots & i_r \end{pmatrix} = \sum_{1\leq j_1<j_2<\cdots<j_r\leq n} \boldsymbol{A}\begin{pmatrix} i_1 & i_2 & \cdots & i_r \\ j_1 & j_2 & \cdots & j_r \end{pmatrix}^2 \geq 0;$$

若 $r>n$, 则 $\boldsymbol{AA}'$ 的任一 r 阶主子式都等于零, 结论也成立. □

例 2.60 设 $\boldsymbol{A}$ 是 n 阶实方阵且 $\boldsymbol{AA}'=\boldsymbol{I}_n$. 求证: 若 $1\leq i_1<i_2<\cdots<i_r\leq n$, 则

$$\sum_{1\leq j_1<j_2<\cdots<j_r\leq n} \boldsymbol{A}\begin{pmatrix} i_1 & i_2 & \cdots & i_r \\ j_1 & j_2 & \cdots & j_r \end{pmatrix}^2 = 1.$$

证明 类似例 2.59, 对等式 $\boldsymbol{AA}'=\boldsymbol{I}_n$ 两边同时求 r 阶主子式即得结论. □

例 2.61 设 $\boldsymbol{A},\boldsymbol{B}$ 分别是 $m\times n$, $n\times m$ 矩阵, 求证: $\boldsymbol{AB}$ 和 $\boldsymbol{BA}$ 的 r 阶主子式之和相等, 其中 $1\leq r\leq \min\{m,n\}$.

证明 由 Cauchy-Binet 公式可得

$$\begin{aligned}
&\sum_{1\leq i_1<i_2<\cdots<i_r\leq m} \boldsymbol{AB}\begin{pmatrix} i_1 & i_2 & \cdots & i_r \\ i_1 & i_2 & \cdots & i_r \end{pmatrix} \\
=&\sum_{1\leq i_1<i_2<\cdots<i_r\leq m}\ \sum_{1\leq j_1<j_2<\cdots<j_r\leq n} \boldsymbol{A}\begin{pmatrix} i_1 & i_2 & \cdots & i_r \\ j_1 & j_2 & \cdots & j_r \end{pmatrix}\boldsymbol{B}\begin{pmatrix} j_1 & j_2 & \cdots & j_r \\ i_1 & i_2 & \cdots & i_r \end{pmatrix} \\
=&\sum_{1\leq j_1<j_2<\cdots<j_r\leq n}\ \sum_{1\leq i_1<i_2<\cdots<i_r\leq m} \boldsymbol{B}\begin{pmatrix} j_1 & j_2 & \cdots & j_r \\ i_1 & i_2 & \cdots & i_r \end{pmatrix}\boldsymbol{A}\begin{pmatrix} i_1 & i_2 & \cdots & i_r \\ j_1 & j_2 & \cdots & j_r \end{pmatrix} \\
=&\sum_{1\leq j_1<j_2<\cdots<j_r\leq n} \boldsymbol{BA}\begin{pmatrix} j_1 & j_2 & \cdots & j_r \\ j_1 & j_2 & \cdots & j_r \end{pmatrix}. \ \square
\end{aligned}$$

注　当 $r=1$ 时, 本命题就是 $\operatorname{tr}(\boldsymbol{AB})=\operatorname{tr}(\boldsymbol{BA})$.

下面介绍 Cauchy-Binet 公式的两个重要应用, 它们分别是著名的 Lagrange 恒等式和 Cauchy-Schwarz 不等式. 这两个结论也可以用其他方法证明, 但用矩阵方法显得非常简洁.

例 2.62　证明 Lagrange 恒等式 ($n\geq 2$):

$$\left(\sum_{i=1}^n a_i^2\right)\left(\sum_{i=1}^n b_i^2\right)-\left(\sum_{i=1}^n a_ib_i\right)^2=\sum_{1\leq i<j\leq n}(a_ib_j-a_jb_i)^2.$$

证明　左边的式子等于

$$\begin{vmatrix}\sum\limits_{i=1}^n a_i^2 & \sum\limits_{i=1}^n a_ib_i\\ \sum\limits_{i=1}^n a_ib_i & \sum\limits_{i=1}^n b_i^2\end{vmatrix},$$

这个行列式对应的矩阵可化为

$$\begin{pmatrix}a_1 & a_2 & \cdots & a_n\\ b_1 & b_2 & \cdots & b_n\end{pmatrix}\begin{pmatrix}a_1 & b_1\\ a_2 & b_2\\ \vdots & \vdots\\ a_n & b_n\end{pmatrix}.$$

由 Cauchy-Binet 公式可得

$$\begin{vmatrix}\sum\limits_{i=1}^n a_i^2 & \sum\limits_{i=1}^n a_ib_i\\ \sum\limits_{i=1}^n a_ib_i & \sum\limits_{i=1}^n b_i^2\end{vmatrix}=\sum_{1\leq i<j\leq n}\begin{vmatrix}a_i & a_j\\ b_i & b_j\end{vmatrix}\begin{vmatrix}a_i & b_i\\ a_j & b_j\end{vmatrix}=\sum_{1\leq i<j\leq n}(a_ib_j-a_jb_i)^2.\ \square$$

例 2.63　设 a_i, b_i 都是实数, 证明 Cauchy-Schwarz 不等式:

$$\left(\sum_{i=1}^n a_i^2\right)\left(\sum_{i=1}^n b_i^2\right)\geq\left(\sum_{i=1}^n a_ib_i\right)^2.$$

证明　由上例, 恒等式右边总非负, 即得结论. □

例 2.64　设 $\boldsymbol{A}$, $\boldsymbol{B}$ 都是 $m\times n$ 实矩阵, 求证:

$$|\boldsymbol{AA}'||\boldsymbol{BB}'|\geq|\boldsymbol{AB}'|^2.$$

证明　若 $m>n$, 则 $|\boldsymbol{AA}'|=|\boldsymbol{BB}'|=|\boldsymbol{AB}'|=0$, 结论显然成立.

若 $m\le n$, 则由 Cauchy-Binet 公式可得

$$
\begin{aligned}
|\boldsymbol{AA}'| &= \sum_{1\le j_1<j_2<\cdots<j_m\le n} \boldsymbol{A}\begin{pmatrix}1 & 2 & \cdots & m\\ j_1 & j_2 & \cdots & j_m\end{pmatrix}^2;\\
|\boldsymbol{BB}'| &= \sum_{1\le j_1<j_2<\cdots<j_m\le n} \boldsymbol{B}\begin{pmatrix}1 & 2 & \cdots & m\\ j_1 & j_2 & \cdots & j_m\end{pmatrix}^2;\\
|\boldsymbol{AB}'| &= \sum_{1\le j_1<j_2<\cdots<j_m\le n} \boldsymbol{A}\begin{pmatrix}1 & 2 & \cdots & m\\ j_1 & j_2 & \cdots & j_m\end{pmatrix}\boldsymbol{B}\begin{pmatrix}1 & 2 & \cdots & m\\ j_1 & j_2 & \cdots & j_m\end{pmatrix},
\end{aligned}
$$

再由例 2.63 即得结论. □

§ 2.10　分块初等变换与降阶公式

分块初等变换与分块初等矩阵是处理分块矩阵问题的有力工具, 我们将会在后面的章节中陆续看到它们的各种应用. 在这一节我们主要向读者介绍分块初等变换在行列式的求值以及求逆阵中的应用.

例 2.65　设 $\boldsymbol{A}$ 是 n 阶可逆阵, $\boldsymbol{\alpha},\boldsymbol{\beta}$ 是 n 维列向量, b 是常数, 现有分块矩阵

$$
\boldsymbol{Q}=\begin{pmatrix}\boldsymbol{A} & \boldsymbol{\alpha}\\ \boldsymbol{\beta}' & b\end{pmatrix}.
$$

求证: 矩阵 $\boldsymbol{Q}$ 是可逆阵的充要条件是 $b\neq\boldsymbol{\beta}'\boldsymbol{A}^{-1}\boldsymbol{\alpha}$.

证明　对矩阵 $\boldsymbol{Q}$ 施以分块初等变换, 以 $-\boldsymbol{\beta}'\boldsymbol{A}^{-1}$ 左乘以第一分块行加到第二分块行上:

$$
\boldsymbol{Q}=\begin{pmatrix}\boldsymbol{A} & \boldsymbol{\alpha}\\ \boldsymbol{\beta}' & b\end{pmatrix}\to\begin{pmatrix}\boldsymbol{A} & \boldsymbol{\alpha}\\ \boldsymbol{O} & b-\boldsymbol{\beta}'\boldsymbol{A}^{-1}\boldsymbol{\alpha}\end{pmatrix}.
$$

由于第三类分块初等变换不改变行列式的值, 故 $|\boldsymbol{Q}|=|\boldsymbol{A}|(b-\boldsymbol{\beta}'\boldsymbol{A}^{-1}\boldsymbol{\alpha})$. 又 $|\boldsymbol{A}|\neq 0$, 于是 $|\boldsymbol{Q}|\neq 0$ 当且仅当 $b\neq\boldsymbol{\beta}'\boldsymbol{A}^{-1}\boldsymbol{\alpha}$. □

例 2.66 (行列式的降阶公式)　设 $\boldsymbol{A}$ 是 m 阶矩阵, $\boldsymbol{D}$ 是 n 阶矩阵, $\boldsymbol{B}$ 是 $m\times n$ 矩阵, $\boldsymbol{C}$ 是 $n\times m$ 矩阵, 证明:

(1) 若 $\boldsymbol{A}$ 可逆, 则

$$
\begin{vmatrix}\boldsymbol{A} & \boldsymbol{B}\\ \boldsymbol{C} & \boldsymbol{D}\end{vmatrix}=|\boldsymbol{A}||\boldsymbol{D}-\boldsymbol{C}\boldsymbol{A}^{-1}\boldsymbol{B}|;
$$

(2) 若 $\boldsymbol{D}$ 可逆, 则

$$\begin{vmatrix} \boldsymbol{A} & \boldsymbol{B} \\ \boldsymbol{C} & \boldsymbol{D} \end{vmatrix} = |\boldsymbol{D}||\boldsymbol{A} - \boldsymbol{B}\boldsymbol{D}^{-1}\boldsymbol{C}|;$$

(3) 若 $\boldsymbol{A}, \boldsymbol{D}$ 都可逆, 则

$$|\boldsymbol{D}||\boldsymbol{A} - \boldsymbol{B}\boldsymbol{D}^{-1}\boldsymbol{C}| = |\boldsymbol{A}||\boldsymbol{D} - \boldsymbol{C}\boldsymbol{A}^{-1}\boldsymbol{B}|.$$

证明 (1) 用第三类分块初等变换, 以 $-\boldsymbol{C}\boldsymbol{A}^{-1}$ 左乘以第一分块行加到第二分块行上, 得到

$$\begin{pmatrix} \boldsymbol{A} & \boldsymbol{B} \\ \boldsymbol{C} & \boldsymbol{D} \end{pmatrix} \to \begin{pmatrix} \boldsymbol{A} & \boldsymbol{B} \\ \boldsymbol{O} & \boldsymbol{D} - \boldsymbol{C}\boldsymbol{A}^{-1}\boldsymbol{B} \end{pmatrix}.$$

由于第三类分块初等变换不改变行列式的值, 故结论即得. (2) 同理可证. (3) 是 (1) 和 (2) 的推论. □

注 (1) 例如当 $m > n$ 时, 利用降阶公式可以把高阶行列式 $|\boldsymbol{A} - \boldsymbol{B}\boldsymbol{D}^{-1}\boldsymbol{C}|$ 的计算化为低阶行列式 $|\boldsymbol{D} - \boldsymbol{C}\boldsymbol{A}^{-1}\boldsymbol{B}|$ 的计算.

(2) 降阶公式的用法: 根据元素的特点, 将复杂矩阵 $\boldsymbol{M}$ 进行分解 $\boldsymbol{M} = \boldsymbol{A} - \boldsymbol{B}\boldsymbol{D}^{-1}\boldsymbol{C}$, 其中 $\boldsymbol{A}, \boldsymbol{D}$ 可取为简单矩阵, 例如非异对角阵等. 这个过程等价于从矩阵 $\boldsymbol{M}$ 反向构造高阶矩阵 $\begin{pmatrix} \boldsymbol{A} & \boldsymbol{B} \\ \boldsymbol{C} & \boldsymbol{D} \end{pmatrix}$, 然后就可以利用降阶公式计算行列式了.

(3) 如果用 $-\boldsymbol{B}$ 替代 $\boldsymbol{B}$, 则可得等式: $|\boldsymbol{D}||\boldsymbol{A} + \boldsymbol{B}\boldsymbol{D}^{-1}\boldsymbol{C}| = |\boldsymbol{A}||\boldsymbol{D} + \boldsymbol{C}\boldsymbol{A}^{-1}\boldsymbol{B}|$, 这是降阶公式的另一种形式.

例 2.67 求下列矩阵的行列式的值:

$$\boldsymbol{A} = \begin{pmatrix} a_1^2 & a_1a_2 + 1 & \cdots & a_1a_n + 1 \\ a_2a_1 + 1 & a_2^2 & \cdots & a_2a_n + 1 \\ \vdots & \vdots & & \vdots \\ a_na_1 + 1 & a_na_2 + 1 & \cdots & a_n^2 \end{pmatrix}.$$

解 将 $\boldsymbol{A}$ 化为

$$\boldsymbol{A} = -\boldsymbol{I}_n + \begin{pmatrix} a_1 & 1 \\ a_2 & 1 \\ \vdots & \vdots \\ a_n & 1 \end{pmatrix} \boldsymbol{I}_2^{-1} \begin{pmatrix} a_1 & a_2 & \cdots & a_n \\ 1 & 1 & \cdots & 1 \end{pmatrix}.$$

由降阶公式得到

$$
\begin{aligned}
|\boldsymbol{A}| &= |\boldsymbol{I}_2|^{-1}|-\boldsymbol{I}_n|\left|\boldsymbol{I}_2+\begin{pmatrix} a_1 & a_2 & \cdots & a_n \\ 1 & 1 & \cdots & 1 \end{pmatrix}(-\boldsymbol{I}_n)^{-1}\begin{pmatrix} a_1 & 1 \\ a_2 & 1 \\ \vdots & \vdots \\ a_n & 1 \end{pmatrix}\right| \\
&= (-1)^n\left|\boldsymbol{I}_2-\begin{pmatrix} \sum\limits_{i=1}^n a_i^2 & \sum\limits_{i=1}^n a_i \\ \sum\limits_{i=1}^n a_i & n \end{pmatrix}\right| \\
&= (-1)^n\left((1-n)(1-\sum_{i=1}^n a_i^2)-(\sum_{i=1}^n a_i)^2\right). \square
\end{aligned}
$$

例 2.68 求下列矩阵的行列式的值:

$$
\boldsymbol{A}=\begin{pmatrix} 0 & 2 & 3 & \cdots & n \\ 1 & 0 & 3 & \cdots & n \\ 1 & 2 & 0 & \cdots & n \\ \vdots & \vdots & \vdots & & \vdots \\ 1 & 2 & 3 & \cdots & 0 \end{pmatrix}.
$$

解 将 $\boldsymbol{A}$ 化为

$$
\boldsymbol{A}=\begin{pmatrix} -1 & 0 & \cdots & 0 \\ 0 & -2 & \cdots & 0 \\ \vdots & \vdots & & \vdots \\ 0 & 0 & \cdots & -n \end{pmatrix}+\begin{pmatrix} 1 \\ 1 \\ \vdots \\ 1 \end{pmatrix}(1,2,\cdots,n),
$$

利用降阶公式容易求得 $|\boldsymbol{A}|=(-1)^n n!(1-n)$. □

例 1.33 求下列矩阵的行列式的值, 其中 $a_i\neq 0\,(1\leq i\leq n)$:

$$
\boldsymbol{A}=\begin{pmatrix} 0 & a_1+a_2 & \cdots & a_1+a_n \\ a_2+a_1 & 0 & \cdots & a_2+a_n \\ \vdots & \vdots & & \vdots \\ a_n+a_1 & a_n+a_2 & \cdots & 0 \end{pmatrix}.
$$

解法 3　将 $\boldsymbol{A}$ 化为

$$\boldsymbol{A}=\begin{pmatrix}-2a_1 & & & \\ & -2a_2 & & \\ & & \ddots & \\ & & & -2a_n\end{pmatrix}+\begin{pmatrix}a_1 & 1\\ a_2 & 1\\ \vdots & \vdots\\ a_n & 1\end{pmatrix}\boldsymbol{I}_2^{-1}\begin{pmatrix}1 & 1 & \cdots & 1\\ a_1 & a_2 & \cdots & a_n\end{pmatrix}.$$

由降阶公式得到

$$\begin{aligned}|\boldsymbol{A}| &= |\boldsymbol{I}_2|^{-1}\begin{vmatrix}-2a_1 & & & \\ & -2a_2 & & \\ & & \ddots & \\ & & & -2a_n\end{vmatrix}\\ &\quad\cdot\left|\boldsymbol{I}_2+\begin{pmatrix}1 & 1 & \cdots & 1\\ a_1 & a_2 & \cdots & a_n\end{pmatrix}\begin{pmatrix}-2a_1 & & & \\ & -2a_2 & & \\ & & \ddots & \\ & & & -2a_n\end{pmatrix}^{-1}\begin{pmatrix}a_1 & 1\\ a_2 & 1\\ \vdots & \vdots\\ a_n & 1\end{pmatrix}\right|\\ &= (-2)^n\prod_{i=1}^n a_i\begin{vmatrix}1-\dfrac{n}{2} & -\dfrac{1}{2}\sum\limits_{i=1}^n\dfrac{1}{a_i}\\ -\dfrac{1}{2}\sum\limits_{i=1}^n a_i & 1-\dfrac{n}{2}\end{vmatrix}\\ &= (-2)^{n-2}\prod_{i=1}^n a_i\left((n-2)^2-\left(\sum_{i=1}^n a_i\right)\left(\sum_{i=1}^n\frac{1}{a_i}\right)\right).\ \square\end{aligned}$$

例 2.69　设 $\boldsymbol{A},\boldsymbol{B}$ 是 n 阶矩阵, 求证:

$$\begin{vmatrix}\boldsymbol{A} & \boldsymbol{B}\\ \boldsymbol{B} & \boldsymbol{A}\end{vmatrix}=|\boldsymbol{A}+\boldsymbol{B}||\boldsymbol{A}-\boldsymbol{B}|.$$

证明　将分块矩阵的第二行加到第一行上, 再将第二列减去第一列, 可得

$$\begin{pmatrix}\boldsymbol{A} & \boldsymbol{B}\\ \boldsymbol{B} & \boldsymbol{A}\end{pmatrix}\to\begin{pmatrix}\boldsymbol{A}+\boldsymbol{B} & \boldsymbol{A}+\boldsymbol{B}\\ \boldsymbol{B} & \boldsymbol{A}\end{pmatrix}\to\begin{pmatrix}\boldsymbol{A}+\boldsymbol{B} & \boldsymbol{O}\\ \boldsymbol{B} & \boldsymbol{A}-\boldsymbol{B}\end{pmatrix}.$$

第三类分块初等变换不改变行列式的值, 因此可得

$$\begin{vmatrix}\boldsymbol{A} & \boldsymbol{B}\\ \boldsymbol{B} & \boldsymbol{A}\end{vmatrix}=\begin{vmatrix}\boldsymbol{A}+\boldsymbol{B} & \boldsymbol{O}\\ \boldsymbol{B} & \boldsymbol{A}-\boldsymbol{B}\end{vmatrix}=|\boldsymbol{A}+\boldsymbol{B}||\boldsymbol{A}-\boldsymbol{B}|.\ \square$$

例 1.36 计算:

$$|\boldsymbol{A}|=\begin{vmatrix} x & y & z & w \\ y & x & w & z \\ z & w & x & y \\ w & z & y & x \end{vmatrix}.$$

解法 2 令

$$\boldsymbol{B}=\begin{pmatrix} x & y \\ y & x \end{pmatrix},\quad \boldsymbol{C}=\begin{pmatrix} z & w \\ w & z \end{pmatrix},$$

则 $|\boldsymbol{A}|=\begin{vmatrix} \boldsymbol{B} & \boldsymbol{C} \\ \boldsymbol{C} & \boldsymbol{B} \end{vmatrix}$. 由例 2.69 可得

$$\begin{aligned} |\boldsymbol{A}| &= |\boldsymbol{B}+\boldsymbol{C}||\boldsymbol{B}-\boldsymbol{C}|=\begin{vmatrix} x+z & y+w \\ y+w & x+z \end{vmatrix}\begin{vmatrix} x-z & y-w \\ y-w & x-z \end{vmatrix} \\ &= (x+y+z+w)(x+z-y-w)(x+y-z-w)(x+w-y-z). \square \end{aligned}$$

例 2.70 设 $\boldsymbol{A}, \boldsymbol{B}, \boldsymbol{C}, \boldsymbol{D}$ 都是 n 阶矩阵, 求证:

$$|\boldsymbol{M}|=\begin{vmatrix} \boldsymbol{A} & \boldsymbol{B} & \boldsymbol{C} & \boldsymbol{D} \\ \boldsymbol{B} & \boldsymbol{A} & \boldsymbol{D} & \boldsymbol{C} \\ \boldsymbol{C} & \boldsymbol{D} & \boldsymbol{A} & \boldsymbol{B} \\ \boldsymbol{D} & \boldsymbol{C} & \boldsymbol{B} & \boldsymbol{A} \end{vmatrix}=|\boldsymbol{A}+\boldsymbol{B}+\boldsymbol{C}+\boldsymbol{D}||\boldsymbol{A}+\boldsymbol{B}-\boldsymbol{C}-\boldsymbol{D}||\boldsymbol{A}-\boldsymbol{B}+\boldsymbol{C}-\boldsymbol{D}||\boldsymbol{A}-\boldsymbol{B}-\boldsymbol{C}+\boldsymbol{D}|.$$

证明 反复利用例 2.69 的结论可得

$$\begin{aligned} |\boldsymbol{M}| &= \left|\begin{pmatrix} \boldsymbol{A} & \boldsymbol{B} \\ \boldsymbol{B} & \boldsymbol{A} \end{pmatrix}+\begin{pmatrix} \boldsymbol{C} & \boldsymbol{D} \\ \boldsymbol{D} & \boldsymbol{C} \end{pmatrix}\right|\cdot\left|\begin{pmatrix} \boldsymbol{A} & \boldsymbol{B} \\ \boldsymbol{B} & \boldsymbol{A} \end{pmatrix}-\begin{pmatrix} \boldsymbol{C} & \boldsymbol{D} \\ \boldsymbol{D} & \boldsymbol{C} \end{pmatrix}\right| \\ &= \begin{vmatrix} \boldsymbol{A}+\boldsymbol{C} & \boldsymbol{B}+\boldsymbol{D} \\ \boldsymbol{B}+\boldsymbol{D} & \boldsymbol{A}+\boldsymbol{C} \end{vmatrix}\cdot\begin{vmatrix} \boldsymbol{A}-\boldsymbol{C} & \boldsymbol{B}-\boldsymbol{D} \\ \boldsymbol{B}-\boldsymbol{D} & \boldsymbol{A}-\boldsymbol{C} \end{vmatrix} \\ &= |\boldsymbol{A}+\boldsymbol{B}+\boldsymbol{C}+\boldsymbol{D}||\boldsymbol{A}-\boldsymbol{B}+\boldsymbol{C}-\boldsymbol{D}||\boldsymbol{A}+\boldsymbol{B}-\boldsymbol{C}-\boldsymbol{D}||\boldsymbol{A}-\boldsymbol{B}-\boldsymbol{C}+\boldsymbol{D}|. \square \end{aligned}$$

例 2.71 设 $\boldsymbol{A}, \boldsymbol{B}$ 是 n 阶复矩阵, 求证:

$$\begin{vmatrix} \boldsymbol{A} & -\boldsymbol{B} \\ \boldsymbol{B} & \boldsymbol{A} \end{vmatrix}=|\boldsymbol{A}+\mathrm{i}\boldsymbol{B}||\boldsymbol{A}-\mathrm{i}\boldsymbol{B}|.$$

证明 将分块矩阵的第二行乘以 i 加到第一行上, 再将第一列乘以 $-$i 加到第二列上, 可得

$$\begin{pmatrix} \boldsymbol{A} & -\boldsymbol{B} \\ \boldsymbol{B} & \boldsymbol{A} \end{pmatrix}\to\begin{pmatrix} \boldsymbol{A}+\mathrm{i}\boldsymbol{B} & \mathrm{i}\boldsymbol{A}-\boldsymbol{B} \\ \boldsymbol{B} & \boldsymbol{A} \end{pmatrix}\to\begin{pmatrix} \boldsymbol{A}+\mathrm{i}\boldsymbol{B} & \boldsymbol{O} \\ \boldsymbol{B} & \boldsymbol{A}-\mathrm{i}\boldsymbol{B} \end{pmatrix}.$$

第三类分块初等变换不改变行列式的值, 因此可得

$$\begin{vmatrix} A & -B \\ B & A \end{vmatrix} = \begin{vmatrix} A+\mathrm{i}B & O \\ B & A-\mathrm{i}B \end{vmatrix} = |A+\mathrm{i}B||A-\mathrm{i}B|. \square$$

例 2.72 设 A, B 是 n 阶矩阵且 $AB = BA$, 求证:

$$\begin{vmatrix} A & -B \\ B & A \end{vmatrix} = |A^2+B^2|.$$

证明 由例 2.71 的结论可得

$$\begin{aligned} \begin{vmatrix} A & -B \\ B & A \end{vmatrix} &= |A+\mathrm{i}B|\cdot|A-\mathrm{i}B| = |(A+\mathrm{i}B)(A-\mathrm{i}B)| \\ &= |A^2+B^2-\mathrm{i}(AB-BA)| = |A^2+B^2|. \square \end{aligned}$$

例 2.73 设 A, B 是 n 阶实矩阵, 求证: $\begin{vmatrix} A & -B \\ B & A \end{vmatrix} \geq 0.$

证明 注意到 A, B 都是实矩阵, 故 $\overline{|A+\mathrm{i}B|} = |\overline{A+\mathrm{i}B}| = |A-\mathrm{i}B|$, 再由例 2.71 的结论可得

$$\begin{vmatrix} A & -B \\ B & A \end{vmatrix} = |A+\mathrm{i}B|\cdot|A-\mathrm{i}B| = |A+\mathrm{i}B|\cdot\overline{|A+\mathrm{i}B|} \geq 0. \square$$

例 2.55 求下列矩阵的行列式的值:

$$A = \begin{pmatrix} x & -y & -z & -w \\ y & x & -w & z \\ z & w & x & -y \\ w & -z & y & x \end{pmatrix}.$$

解法 2 令

$$B = \begin{pmatrix} x & -y \\ y & x \end{pmatrix},\quad C = \begin{pmatrix} z & w \\ w & -z \end{pmatrix},$$

则 $|A| = \begin{vmatrix} B & -C \\ C & B \end{vmatrix}$. 由例 2.71 可得

$$\begin{aligned} |A| &= |B+\mathrm{i}C||B-\mathrm{i}C| = \begin{vmatrix} x+\mathrm{i}z & -y+\mathrm{i}w \\ y+\mathrm{i}w & x-\mathrm{i}z \end{vmatrix}\begin{vmatrix} x-\mathrm{i}z & -y-\mathrm{i}w \\ y-\mathrm{i}w & x+\mathrm{i}z \end{vmatrix} \\ &= (x^2+y^2+z^2+w^2)^2. \square \end{aligned}$$

例 2.74 已知 $\boldsymbol{A}$ 和 $\boldsymbol{D}$ 是可逆阵, 求下列分块矩阵的逆阵

$$\begin{pmatrix} \boldsymbol{A} & \boldsymbol{B} \\ \boldsymbol{O} & \boldsymbol{D} \end{pmatrix}.$$

解 设 $\boldsymbol{A}, \boldsymbol{D}$ 分别是 m, n 阶矩阵. 对下列分块矩阵进行分块初等变换, 先将第二分块行左乘以 $-\boldsymbol{B}\boldsymbol{D}^{-1}$ 加到第一分块行上去:

$$\left(\begin{array}{cc|cc} \boldsymbol{A} & \boldsymbol{B} & \boldsymbol{I}_m & \boldsymbol{O} \\ \boldsymbol{O} & \boldsymbol{D} & \boldsymbol{O} & \boldsymbol{I}_n \end{array}\right) \to \left(\begin{array}{cc|cc} \boldsymbol{A} & \boldsymbol{O} & \boldsymbol{I}_m & -\boldsymbol{B}\boldsymbol{D}^{-1} \\ \boldsymbol{O} & \boldsymbol{D} & \boldsymbol{O} & \boldsymbol{I}_n \end{array}\right),$$

再用 $\boldsymbol{A}^{-1}$ 和 $\boldsymbol{D}^{-1}$ 分别左乘以第一分块行及第二分块行得到:

$$\left(\begin{array}{cc|cc} \boldsymbol{I}_m & \boldsymbol{O} & \boldsymbol{A}^{-1} & -\boldsymbol{A}^{-1}\boldsymbol{B}\boldsymbol{D}^{-1} \\ \boldsymbol{O} & \boldsymbol{I}_n & \boldsymbol{O} & \boldsymbol{D}^{-1} \end{array}\right).$$

因此原矩阵的逆阵为

$$\begin{pmatrix} \boldsymbol{A}^{-1} & -\boldsymbol{A}^{-1}\boldsymbol{B}\boldsymbol{D}^{-1} \\ \boldsymbol{O} & \boldsymbol{D}^{-1} \end{pmatrix}. \ \square$$

§ 2.11 摄动法及其应用

摄动法是矩阵理论中的常用方法, 它利用连续函数的性质将一般矩阵问题的讨论转化为对非异阵的讨论. 在本节中, 我们将详细阐述摄动法的原理及其在伴随矩阵性质的证明和行列式求值中的应用. 我们将会在后面的章节中陆续看到摄动法的进一步应用.

首先, 我们来证明一个简单的命题, 它告诉我们对任意的 n 阶矩阵 $\boldsymbol{A}$, 经过微小的一维摄动之后, $t\boldsymbol{I}_n + \boldsymbol{A}$ 总能成为一个非异阵.

例 2.75 设 $\boldsymbol{A}$ 是一个 n 阶方阵, 求证: 存在一个正数 a, 使得对任意的 $0 < t < a$, 矩阵 $t\boldsymbol{I}_n + \boldsymbol{A}$ 都是非异阵.

证明 通过简单的计算可得

$$|t\boldsymbol{I}_n + \boldsymbol{A}| = t^n + a_1 t^{n-1} + \cdots + a_{n-1} t + a_n,$$

这是一个关于未定元 t 的 n 次多项式. 由例 1.30 可知上述多项式至多只有 n 个不同的根. 若上述多项式的根都是零, 则不妨取 $a = 1$; 若上述多项式有非零根, 则令 a 为

$|t\boldsymbol{I}_n+\boldsymbol{A}|$ 所有非零根的模长的最小值. 因此对任意的 $0<t_0<a$, t_0 都不是 $|t\boldsymbol{I}_n+\boldsymbol{A}|$ 的根, 即 $|t_0\boldsymbol{I}_n+\boldsymbol{A}|\neq 0$, 从而 $t_0\boldsymbol{I}_n+\boldsymbol{A}$ 是非异阵. □

摄动法的原理

(1) 证明矩阵问题对非异阵成立.

(2) 对任意的 n 阶矩阵 $\boldsymbol{A}$, 由上例可知, 存在一列有理数 $t_k\to 0$, 使得 $t_k\boldsymbol{I}_n+\boldsymbol{A}$ 都是非异阵. 验证 $t_k\boldsymbol{I}_n+\boldsymbol{A}$ 仍满足矩阵问题的条件, 从而该问题对 $t_k\boldsymbol{I}_n+\boldsymbol{A}$ 成立.

(3) 若矩阵问题关于 t_k 连续, 则可取极限令 $t_k\to 0$, 从而得到该问题对一般的矩阵 $\boldsymbol{A}$ 也成立.

注 (1) 矩阵问题对非异阵成立以及矩阵问题关于 t_k 连续, 这两个要求缺一不可, 否则将不能使用摄动法进行证明. 请参考例 7.72 及其注.

(2) 验证摄动矩阵仍然满足矩阵问题的条件是必要的. 例如, 若矩阵问题中有 $\boldsymbol{AB}=-\boldsymbol{BA}$ 这一条件, 但 $(t_k\boldsymbol{I}_n+\boldsymbol{A})\boldsymbol{B}\neq-\boldsymbol{B}(t_k\boldsymbol{I}_n+\boldsymbol{A})$, 因此便不能使用摄动法.

(3) 根据实际问题的需要, 也可以使用其他非异阵来替代 $\boldsymbol{I}_n$ 对 $\boldsymbol{A}$ 进行摄动.

首先, 我们给出伴随矩阵的几个基本性质的摄动法证明.

例 2.36 设 $\boldsymbol{A},\boldsymbol{B}$ 为 n 阶矩阵, 求证: $(\boldsymbol{AB})^*=\boldsymbol{B}^*\boldsymbol{A}^*$.

证法 2 若 $\boldsymbol{A},\boldsymbol{B}$ 均为非异阵, 则 $\boldsymbol{A}^*=|\boldsymbol{A}|\boldsymbol{A}^{-1}$, $\boldsymbol{B}^*=|\boldsymbol{B}|\boldsymbol{B}^{-1}$, 从而

$$(\boldsymbol{AB})^*=|\boldsymbol{AB}|(\boldsymbol{AB})^{-1}=|\boldsymbol{A}||\boldsymbol{B}|(\boldsymbol{B}^{-1}\boldsymbol{A}^{-1})=(|\boldsymbol{B}|\boldsymbol{B}^{-1})(|\boldsymbol{A}|\boldsymbol{A}^{-1})=\boldsymbol{B}^*\boldsymbol{A}^*.$$

对于一般的方阵 $\boldsymbol{A},\boldsymbol{B}$, 可取到一列有理数 $t_k\to 0$, 使得 $t_k\boldsymbol{I}_n+\boldsymbol{A}$ 与 $t_k\boldsymbol{I}_n+\boldsymbol{B}$ 均为非异阵. 由非异阵情形的证明可得

$$\big((t_k\boldsymbol{I}_n+\boldsymbol{A})(t_k\boldsymbol{I}_n+\boldsymbol{B})\big)^*=(t_k\boldsymbol{I}_n+\boldsymbol{B})^*(t_k\boldsymbol{I}_n+\boldsymbol{A})^*.$$

注意到上式两边均为 n 阶方阵, 其元素都是 t_k 的多项式, 从而关于 t_k 连续. 上式两边同时取极限, 令 $t_k\to 0$, 即有 $(\boldsymbol{AB})^*=\boldsymbol{B}^*\boldsymbol{A}^*$ 成立. □

例 2.38 设 $\boldsymbol{A}$ 为 n 阶矩阵, 求证: $|\boldsymbol{A}^*|=|\boldsymbol{A}|^{n-1}$.

证法 2 若 $\boldsymbol{A}$ 是非异阵, 例 2.38 的证法 1 已经证明了 $|\boldsymbol{A}^*|=|\boldsymbol{A}|^{n-1}$. 对于一般的方阵 $\boldsymbol{A}$, 可取到一列有理数 $t_k\to 0$, 使得 $t_k\boldsymbol{I}_n+\boldsymbol{A}$ 为非异阵. 由非异阵情形的证明可得

$$\big|(t_k\boldsymbol{I}_n+\boldsymbol{A})^*\big|=|t_k\boldsymbol{I}_n+\boldsymbol{A}|^{n-1}.$$

注意到上式两边均为行列式的幂次, 其值都是 t_k 的多项式, 从而关于 t_k 连续. 上式两边同时取极限, 令 $t_k\to 0$, 即有 $|\boldsymbol{A}^*|=|\boldsymbol{A}|^{n-1}$ 成立. □

例 2.39 设 $\boldsymbol{A}$ 为 $n\,(n>2)$ 阶矩阵, 求证: $(\boldsymbol{A}^*)^*=|\boldsymbol{A}|^{n-2}\boldsymbol{A}$.

证法 2 若 $\boldsymbol{A}$ 是非异阵, 例 2.39 的证法 1 已经证明了 $(\boldsymbol{A}^*)^*=|\boldsymbol{A}|^{n-2}\boldsymbol{A}$. 对于一般的方阵 $\boldsymbol{A}$, 可取到一列有理数 $t_k\to 0$, 使得 $t_k\boldsymbol{I}_n+\boldsymbol{A}$ 为非异阵. 由非异阵情形的证明可得

$$\big((t_k\boldsymbol{I}_n+\boldsymbol{A})^*\big)^*=|t_k\boldsymbol{I}_n+\boldsymbol{A}|^{n-2}(t_k\boldsymbol{I}_n+\boldsymbol{A}).$$

注意到上式两边均为 n 阶方阵, 其元素都是 t_k 的多项式, 从而关于 t_k 连续. 上式两边同时取极限, 令 $t_k\to 0$, 即有 $(\boldsymbol{A}^*)^*=|\boldsymbol{A}|^{n-2}\boldsymbol{A}$ 成立. □

例 2.40 设 $\boldsymbol{A}$ 为 m 阶矩阵, $\boldsymbol{B}$ 为 n 阶矩阵, 求分块对角阵 $\boldsymbol{C}$ 的伴随矩阵:

$$\boldsymbol{C}=\begin{pmatrix}\boldsymbol{A} & \boldsymbol{O}\\ \boldsymbol{O} & \boldsymbol{B}\end{pmatrix}.$$

解法 2 若 $\boldsymbol{A},\boldsymbol{B}$ 均为非异阵, 则

$$\begin{aligned}\boldsymbol{C}\begin{pmatrix}|\boldsymbol{B}|\boldsymbol{A}^* & \boldsymbol{O}\\ \boldsymbol{O} & |\boldsymbol{A}|\boldsymbol{B}^*\end{pmatrix}&=\begin{pmatrix}\boldsymbol{A} & \boldsymbol{O}\\ \boldsymbol{O} & \boldsymbol{B}\end{pmatrix}\begin{pmatrix}|\boldsymbol{B}|\boldsymbol{A}^* & \boldsymbol{O}\\ \boldsymbol{O} & |\boldsymbol{A}|\boldsymbol{B}^*\end{pmatrix}\\ &=\begin{pmatrix}|\boldsymbol{B}|\boldsymbol{A}\boldsymbol{A}^* & \boldsymbol{O}\\ \boldsymbol{O} & |\boldsymbol{A}|\boldsymbol{B}\boldsymbol{B}^*\end{pmatrix}=\begin{pmatrix}|\boldsymbol{A}||\boldsymbol{B}|\boldsymbol{I}_m & \boldsymbol{O}\\ \boldsymbol{O} & |\boldsymbol{A}||\boldsymbol{B}|\boldsymbol{I}_n\end{pmatrix}\\ &=|\boldsymbol{C}|\boldsymbol{I}_{m+n}=\boldsymbol{C}\boldsymbol{C}^*,\end{aligned}$$

注意到 $\boldsymbol{C}$ 非异, 故由上式可得

$$\boldsymbol{C}^*=\begin{pmatrix}\boldsymbol{A} & \boldsymbol{O}\\ \boldsymbol{O} & \boldsymbol{B}\end{pmatrix}^*=\begin{pmatrix}|\boldsymbol{B}|\boldsymbol{A}^* & \boldsymbol{O}\\ \boldsymbol{O} & |\boldsymbol{A}|\boldsymbol{B}^*\end{pmatrix}.$$

对于一般的方阵 $\boldsymbol{A},\boldsymbol{B}$, 可取到一列有理数 $t_k\to 0$, 使得 $t_k\boldsymbol{I}_m+\boldsymbol{A}$ 与 $t_k\boldsymbol{I}_n+\boldsymbol{B}$ 均为非异阵. 由非异阵情形的证明可得

$$\begin{pmatrix}t_k\boldsymbol{I}_m+\boldsymbol{A} & \boldsymbol{O}\\ \boldsymbol{O} & t_k\boldsymbol{I}_n+\boldsymbol{B}\end{pmatrix}^*=\begin{pmatrix}|t_k\boldsymbol{I}_n+\boldsymbol{B}|(t_k\boldsymbol{I}_m+\boldsymbol{A})^* & \boldsymbol{O}\\ \boldsymbol{O} & |t_k\boldsymbol{I}_m+\boldsymbol{A}|(t_k\boldsymbol{I}_n+\boldsymbol{B})^*\end{pmatrix}.$$

注意到上式两边均为 $m+n$ 阶方阵, 其元素都是 t_k 的多项式, 从而关于 t_k 连续. 上式两边同时取极限, 令 $t_k\to 0$, 即有 $\begin{pmatrix}\boldsymbol{A} & \boldsymbol{O}\\ \boldsymbol{O} & \boldsymbol{B}\end{pmatrix}^*=\begin{pmatrix}|\boldsymbol{B}|\boldsymbol{A}^* & \boldsymbol{O}\\ \boldsymbol{O} & |\boldsymbol{A}|\boldsymbol{B}^*\end{pmatrix}$ 成立. □

下面两个例子显示了摄动法在行列式求值中的作用.

例 2.76 设 $\boldsymbol{A},\boldsymbol{B},\boldsymbol{C},\boldsymbol{D}$ 是 n 阶矩阵且 $\boldsymbol{AC}=\boldsymbol{CA}$, 求证:

$$\begin{vmatrix}\boldsymbol{A} & \boldsymbol{B}\\ \boldsymbol{C} & \boldsymbol{D}\end{vmatrix}=|\boldsymbol{AD}-\boldsymbol{CB}|.$$

证明 若 $\boldsymbol{A}$ 是非异阵, 则由降阶公式可得

$$\begin{vmatrix}\boldsymbol{A} & \boldsymbol{B}\\ \boldsymbol{C} & \boldsymbol{D}\end{vmatrix}=|\boldsymbol{A}||\boldsymbol{D}-\boldsymbol{CA}^{-1}\boldsymbol{B}|=|\boldsymbol{AD}-\boldsymbol{ACA}^{-1}\boldsymbol{B}|=|\boldsymbol{AD}-\boldsymbol{CB}|.$$

对于一般的方阵 $\boldsymbol{A}$, 可取到一列有理数 $t_k\to 0$, 使得 $t_k\boldsymbol{I}_n+\boldsymbol{A}$ 为非异阵, 并且条件 $(t_k\boldsymbol{I}_n+\boldsymbol{A})\boldsymbol{C}=\boldsymbol{C}(t_k\boldsymbol{I}_n+\boldsymbol{A})$ 仍然成立. 由非异阵情形的证明可得

$$\begin{vmatrix}t_k\boldsymbol{I}_n+\boldsymbol{A} & \boldsymbol{B}\\ \boldsymbol{C} & \boldsymbol{D}\end{vmatrix}=|(t_k\boldsymbol{I}_n+\boldsymbol{A})\boldsymbol{D}-\boldsymbol{CB}|.$$

注意到上式两边均为行列式, 其值都是 t_k 的多项式, 从而关于 t_k 连续. 上式两边同时取极限, 令 $t_k\to 0$, 即有 $\begin{vmatrix}\boldsymbol{A} & \boldsymbol{B}\\ \boldsymbol{C} & \boldsymbol{D}\end{vmatrix}=|\boldsymbol{AD}-\boldsymbol{CB}|$ 成立. □

注 例 2.76 也给出了例 2.72 的摄动法证明.

例 1.7 设 $|\boldsymbol{A}|=|a_{ij}|$ 是一个 n 阶行列式, A_{ij} 是它的第 (i,j) 元素的代数余子式, 求证:

$$\begin{vmatrix}a_{11} & a_{12} & \cdots & a_{1n} & x_1\\ a_{21} & a_{22} & \cdots & a_{2n} & x_2\\ \vdots & \vdots & & \vdots & \vdots\\ a_{n1} & a_{n2} & \cdots & a_{nn} & x_n\\ y_1 & y_2 & \cdots & y_n & z\end{vmatrix}=z|\boldsymbol{A}|-\sum_{i=1}^{n}\sum_{j=1}^{n}A_{ij}x_iy_j.$$

证法 2 设 $\boldsymbol{x}=(x_1,x_2,\cdots,x_n)'$, $\boldsymbol{y}=(y_1,y_2,\cdots,y_n)'$. 若 $\boldsymbol{A}$ 是非异阵, 则由降阶公式可得

$$\begin{vmatrix}\boldsymbol{A} & \boldsymbol{x}\\ \boldsymbol{y}' & z\end{vmatrix}=|\boldsymbol{A}|(z-\boldsymbol{y}'\boldsymbol{A}^{-1}\boldsymbol{x})=z|\boldsymbol{A}|-\boldsymbol{y}'\boldsymbol{A}^*\boldsymbol{x}.$$

对于一般的方阵 $\boldsymbol{A}$, 可取到一列有理数 $t_k\to 0$, 使得 $t_k\boldsymbol{I}_n+\boldsymbol{A}$ 为非异阵. 由非异阵情形的证明可得

$$\begin{vmatrix}t_k\boldsymbol{I}_n+\boldsymbol{A} & \boldsymbol{x}\\ \boldsymbol{y}' & z\end{vmatrix}=z|t_k\boldsymbol{I}_n+\boldsymbol{A}|-\boldsymbol{y}'(t_k\boldsymbol{I}_n+\boldsymbol{A})^*\boldsymbol{x}.$$

注意到上式两边都是关于 t_k 的多项式, 从而关于 t_k 连续. 上式两边同时取极限, 令 $t_k \to 0$, 即有

$$\begin{vmatrix} \boldsymbol{A} & \boldsymbol{x} \\ \boldsymbol{y}' & z \end{vmatrix} = z|\boldsymbol{A}| - \boldsymbol{y}'\boldsymbol{A}^*\boldsymbol{x} = z|\boldsymbol{A}| - \sum_{i=1}^{n}\sum_{j=1}^{n} A_{ij}x_iy_j. \square$$

§ 2.12 基础训练

2.12.1 训 练 题

一、单选题

1. 设 $\boldsymbol{A}$ 是 $m \times k$ 矩阵, $\boldsymbol{B}$ 是 $k \times t$ 矩阵, 若 $\boldsymbol{B}$ 的第 j 列元素全为零, 则下列结论中正确的是 (　　).

(A) $\boldsymbol{AB}$ 的第 j 行元素全等于零　　(B) $\boldsymbol{AB}$ 的第 j 列元素全等于零
(C) $\boldsymbol{BA}$ 的第 j 行元素全等于零　　(D) $\boldsymbol{BA}$ 的第 j 列元素全等于零

2. 设 $\boldsymbol{A}$ 是 n 阶矩阵, $\boldsymbol{A}$ 适合下列条件 (　　) 时, $\boldsymbol{I}_n - \boldsymbol{A}$ 必是可逆矩阵.
(A) $\boldsymbol{A}^n = \boldsymbol{O}$　　(B) $\boldsymbol{A}$ 是可逆矩阵
(C) $|\boldsymbol{A}| = 0$　　(D) $\boldsymbol{A}$ 的主对角线上元素全为零

3. 设 $\boldsymbol{A}, \boldsymbol{B}, \boldsymbol{C}$ 均是 n 阶矩阵, 下列命题正确的是 (　　).
(A) 若 $\boldsymbol{A}$ 是可逆矩阵, 则从 $\boldsymbol{AB} = \boldsymbol{AC}$ 可推出 $\boldsymbol{BA} = \boldsymbol{CA}$
(B) 若 $\boldsymbol{A}$ 是可逆矩阵, 则必有 $\boldsymbol{AB} = \boldsymbol{BA}$
(C) 若 $\boldsymbol{A} \neq \boldsymbol{O}$, 则从 $\boldsymbol{AB} = \boldsymbol{AC}$ 可推出 $\boldsymbol{B} = \boldsymbol{C}$
(D) 若 $\boldsymbol{B} \neq \boldsymbol{C}$, 则必有 $\boldsymbol{AB} \neq \boldsymbol{AC}$

4. 下列命题错误的是 (　　).
(A) 若干个初等矩阵的积必是可逆矩阵
(B) 可逆矩阵之和未必是可逆矩阵
(C) 两个初等矩阵的积仍是初等矩阵
(D) 可逆矩阵必是有限个初等矩阵的积

5. 下列关于同阶不可逆矩阵及可逆矩阵的命题正确的是 (　　).
(A) 两个不可逆矩阵之和仍是不可逆矩阵
(B) 两个可逆矩阵之和仍是可逆矩阵
(C) 两个不可逆矩阵之积必是不可逆矩阵
(D) 一个不可逆矩阵与一个可逆矩阵之积必是可逆矩阵

6. 下列关于矩阵乘法交换性的结论中错误的是 (　　).

(A) 若 $\boldsymbol{A}$ 是可逆矩阵, 则 $\boldsymbol{A}$ 与 $\boldsymbol{A}^{-1}$ 乘法可交换

(B) 可逆矩阵必与初等矩阵乘法可交换

(C) 任一 n 阶矩阵与 $c\boldsymbol{I}_n$ 乘法可交换, 这里 c 是常数

(D) 初等矩阵与初等矩阵乘法未必可交换

7. 设 $\boldsymbol{A}$ 是可逆矩阵, 则 (　　) 成立.

(A) $\boldsymbol{A}$ 和任一同阶矩阵之积必是可逆矩阵

(B) 若 $\boldsymbol{B}$ 是同阶初等矩阵, 则 $\boldsymbol{AB}$ 的行列式不等于零

(C) 若 $\boldsymbol{B}$ 是同阶可逆矩阵, 则 $\boldsymbol{A}+\boldsymbol{B}$ 的行列式不等于零

(D) $\boldsymbol{A}$ 和任一常数之积仍是可逆矩阵

8. 设矩阵 $\boldsymbol{A}$ 经过有限次初等变换后得到矩阵 $\boldsymbol{B}$, 则结论正确的是 (　　).

(A) 若 $\boldsymbol{A}$ 和 $\boldsymbol{B}$ 都是 n 阶方阵, 则 $|\boldsymbol{A}|=|\boldsymbol{B}|$

(B) 若 $\boldsymbol{A}$ 和 $\boldsymbol{B}$ 都是 n 阶方阵, 则 $|\boldsymbol{A}|$ 和 $|\boldsymbol{B}|$ 同时为零或同时不为零

(C) 若 $\boldsymbol{A}$ 是可逆矩阵, 则 $\boldsymbol{B}$ 未必是可逆矩阵

(D) $\boldsymbol{A}=\boldsymbol{B}$

9. 设 $\boldsymbol{A}$ 是 n 阶方阵, $\boldsymbol{A}^*$ 是其伴随矩阵, 则结论错误的是 (　　).

(A) 若 $\boldsymbol{A}$ 是可逆矩阵, 则 $\boldsymbol{A}^*$ 也是可逆矩阵

(B) 若 $\boldsymbol{A}$ 是不可逆矩阵, 则 $\boldsymbol{A}^*$ 也是不可逆矩阵

(C) 若 $|\boldsymbol{A}^*|\neq 0$, 则 $\boldsymbol{A}$ 是可逆矩阵

(D) $|\boldsymbol{A}\boldsymbol{A}^*|=|\boldsymbol{A}|$

10. 下列矩阵中可以化为有限个初等矩阵之积的矩阵是 (　　).

(A) $\begin{pmatrix}1 & 2 & 3\\0 & 4 & 2\end{pmatrix}$　　(B) $\begin{pmatrix}1 & 2 & 0\\0 & -1 & 3\\0 & 0 & 2\end{pmatrix}$

(C) $\begin{pmatrix}0 & 1 & 0\\1 & 0 & 1\\1 & 0 & 1\end{pmatrix}$　　(D) $\begin{pmatrix}-1 & 2 & 3\\0 & -2 & -1\\-3 & 2 & 7\end{pmatrix}$

11. 初等矩阵 (　　).

(A) 都可逆　　(B) 相加仍是初等矩阵

(C) 行列式值都等于 1　　(D) 相乘仍是初等矩阵

12. 设

$$\boldsymbol{A}=\begin{pmatrix}a_{11} & \cdots & a_{1n}\\\vdots & & \vdots\\a_{n1} & \cdots & a_{nn}\end{pmatrix},\quad \boldsymbol{B}=\begin{pmatrix}A_{11} & \cdots & A_{1n}\\\vdots & & \vdots\\A_{n1} & \cdots & A_{nn}\end{pmatrix},$$

其中 A_{ij} 是 a_{ij} 的代数余子式, 则 (　　).

(A) $\boldsymbol{A}$ 是 $\boldsymbol{B}$ 的伴随　　(B) $\boldsymbol{B}$ 是 $\boldsymbol{A}$ 的伴随

(C) $\boldsymbol{B}$ 是 $\boldsymbol{A}'$ 的伴随　　(D) 以上结论都不对

13. 设 $\boldsymbol{A},\boldsymbol{B}$ 为方阵, 分块对角矩阵 $\boldsymbol{C}=\begin{pmatrix}\boldsymbol{A} & \boldsymbol{O}\\ \boldsymbol{O} & \boldsymbol{B}\end{pmatrix}$, 则 $\boldsymbol{C}^*$=(　　).

(A) $\begin{pmatrix}\boldsymbol{A}^* & \boldsymbol{O}\\ \boldsymbol{O} & \boldsymbol{B}^*\end{pmatrix}$　　(B) $\begin{pmatrix}|\boldsymbol{A}|\boldsymbol{A}^* & \boldsymbol{O}\\ \boldsymbol{O} & |\boldsymbol{B}|\boldsymbol{B}^*\end{pmatrix}$

(C) $\begin{pmatrix}|\boldsymbol{B}|\boldsymbol{A}^* & \boldsymbol{O}\\ \boldsymbol{O} & |\boldsymbol{A}|\boldsymbol{B}^*\end{pmatrix}$　　(D) $\begin{pmatrix}|\boldsymbol{A}||\boldsymbol{B}|\boldsymbol{A}^* & \boldsymbol{O}\\ \boldsymbol{O} & |\boldsymbol{A}||\boldsymbol{B}|\boldsymbol{B}^*\end{pmatrix}$

14. 设 $\boldsymbol{A}$ 是 n 阶方阵, $\boldsymbol{B}$ 是对换 $\boldsymbol{A}$ 中两列所得之方阵, 若 $|\boldsymbol{A}|\neq|\boldsymbol{B}|$, 则 (　　).

(A) $|\boldsymbol{A}|$ 可能为零　　(B) $|\boldsymbol{A}|\neq 0$

(C) $|\boldsymbol{A}+\boldsymbol{B}|\neq 0$　　(D) $|\boldsymbol{A}-\boldsymbol{B}|\neq 0$

15. 设 $\boldsymbol{A},\boldsymbol{B},\boldsymbol{A}+\boldsymbol{B}$ 均为 n 阶可逆矩阵, 则 $(\boldsymbol{A}^{-1}+\boldsymbol{B}^{-1})^{-1}$ 为 (　　).

(A) $\boldsymbol{A}+\boldsymbol{B}$　　(B) $\boldsymbol{A}-\boldsymbol{B}$

(C) $(\boldsymbol{A}+\boldsymbol{B})^{-1}$　　(D) $\boldsymbol{A}(\boldsymbol{A}+\boldsymbol{B})^{-1}\boldsymbol{B}$

二、填空题

1. 矩阵 $\begin{pmatrix}1 & a & 0\\ 2 & 1 & 0\\ 1 & 3 & 1\end{pmatrix}$ 不是可逆矩阵, 则 a 的值等于 (　　).

2. 设 n 为正整数, 则 $\begin{pmatrix}1 & 1 & 0 & 0\\ 0 & 1 & 0 & 0\\ 0 & 0 & 2 & 0\\ 0 & 0 & 0 & 3\end{pmatrix}^n=\begin{pmatrix} & & & \\ & & & \\ & & & \\ & & & \end{pmatrix}$.

3. 设 $\boldsymbol{A}$ 和 $\boldsymbol{B}$ 是 n 阶矩阵, $|\boldsymbol{A}|=2$, $|\boldsymbol{B}|=-3$, 则 $|2\boldsymbol{A}^*\boldsymbol{B}^{-1}|=$ (　　).

4. 设 $\boldsymbol{A}$ 为三阶方阵, $\boldsymbol{A}^*$ 为 $\boldsymbol{A}$ 的伴随阵, 又 $|\boldsymbol{A}|=\dfrac{1}{2}$, 则 $|(3\boldsymbol{A})^{-1}-2\boldsymbol{A}^*|=$ (　　).

5. 设 $\boldsymbol{A}=\begin{pmatrix}a_{11} & a_{12} & \cdots & a_{1n}\\ 0 & a_{22} & \cdots & a_{2n}\\ \vdots & \vdots & & \vdots\\ 0 & 0 & \cdots & a_{nn}\end{pmatrix}$ 是上三角阵, 则 $\boldsymbol{A}$ 是可逆矩阵的充要条件是 (　　).

6. 若分块矩阵 $\boldsymbol{M}=\begin{pmatrix}\boldsymbol{A} & \boldsymbol{O}\\ \boldsymbol{B} & \boldsymbol{C}\end{pmatrix}$ 中的 $\boldsymbol{A}$ 是可逆矩阵, $\boldsymbol{C}$ 是不可逆矩阵, 则 $\boldsymbol{M}$ 是不是可逆矩阵 (　　)?

7. 设 k 是正整数, 则 $\begin{pmatrix}\cos\theta & \sin\theta\\ -\sin\theta & \cos\theta\end{pmatrix}^k=\begin{pmatrix} & \\ & \end{pmatrix}$.

8. 设 $a_i \neq 0\,(1 \leq i \leq n)$, 则 $\begin{pmatrix} 0 & a_1 & 0 & \cdots & 0 \\ 0 & 0 & a_2 & \cdots & 0 \\ \vdots & \vdots & \vdots & & \vdots \\ 0 & 0 & 0 & \cdots & a_{n-1} \\ a_n & 0 & 0 & \cdots & 0 \end{pmatrix}^{-1} = \begin{pmatrix} & & & & \\ & & & & \\ & & & & \\ & & & & \\ & & & & \end{pmatrix}$.

9. 设 $\boldsymbol{A}, \boldsymbol{B}$ 都是可逆矩阵, 则 $\begin{pmatrix} \boldsymbol{O} & \boldsymbol{A} \\ \boldsymbol{B} & \boldsymbol{O} \end{pmatrix}^{-1} = \begin{pmatrix} & \\ & \end{pmatrix}$.

10. 设 $\boldsymbol{A} = \mathrm{diag}\{\boldsymbol{A}_1, \boldsymbol{A}_2, \cdots, \boldsymbol{A}_k\}$ 是分块对角矩阵, 每个 $\boldsymbol{A}_i$ 都是方阵, 则 $|\boldsymbol{A}| = (\quad)$.

11. $\begin{pmatrix} 1 & a & 0 \\ 0 & 1 & a \\ 0 & 0 & 1 \end{pmatrix}^k = \begin{pmatrix} & & \\ & & \\ & & \end{pmatrix}$.

12. 和矩阵 $\boldsymbol{A} = \begin{pmatrix} 1 & 1 \\ 0 & 1 \end{pmatrix}$ 乘法可交换的所有矩阵为 $\begin{pmatrix} & \\ & \end{pmatrix}$.

13. 矩阵方程 $\begin{pmatrix} 1 & 1 \\ 0 & 1 \end{pmatrix} \boldsymbol{X} = \begin{pmatrix} 2 & 1 \\ 1 & -1 \end{pmatrix}$ 的解 $\boldsymbol{X} = \begin{pmatrix} & \\ & \end{pmatrix}$.

14. 和任意一个 n 阶对角矩阵乘法可交换的矩阵为 (　　).

15. 设 $\boldsymbol{A}, \boldsymbol{B}$ 均为可逆矩阵, 则 $\begin{pmatrix} \boldsymbol{A} & \boldsymbol{C} \\ \boldsymbol{O} & \boldsymbol{B} \end{pmatrix}^{-1} = \begin{pmatrix} & \\ & \end{pmatrix}$.

三、解答题

1. 求证: 不存在 n 阶奇异矩阵 $\boldsymbol{A}$, 适合条件 $\boldsymbol{A}^2 + \boldsymbol{A} + \boldsymbol{I}_n = \boldsymbol{O}$.

2. 设 $\boldsymbol{A}$ 是 n 阶矩阵, 且 $\boldsymbol{A}^2 = \boldsymbol{A}$, 求证: $\boldsymbol{I}_n - 2\boldsymbol{A}$ 是可逆矩阵.

3. 若 $\boldsymbol{A}$ 是 n 阶矩阵, 且 $2\boldsymbol{A}(\boldsymbol{A} - \boldsymbol{I}_n) = \boldsymbol{A}^3$, 求证: $\boldsymbol{I}_n - \boldsymbol{A}$ 可逆.

4. 设 $\boldsymbol{A}$ 为 n 阶幂零矩阵, $\boldsymbol{B}$ 为 n 阶矩阵, 使得 $\boldsymbol{AB} + \boldsymbol{BA} = \boldsymbol{B}$, 求证: $\boldsymbol{B} = \boldsymbol{O}$.

5. 求矩阵 $\boldsymbol{A}$ 的逆矩阵:

$$\boldsymbol{A} = \begin{pmatrix} 1 & a & a^2 & a^3 & \cdots & a^n \\ 0 & 1 & a & a^2 & \cdots & a^{n-1} \\ 0 & 0 & 1 & a & \cdots & a^{n-2} \\ \vdots & \vdots & \vdots & \vdots & & \vdots \\ 0 & 0 & 0 & 0 & \cdots & 1 \end{pmatrix}.$$

6. 求下列矩阵的逆矩阵 ($a_n \neq 0$):

$$\boldsymbol{F} = \begin{pmatrix} 0 & 0 & \cdots & 0 & -a_n \\ 1 & 0 & \cdots & 0 & -a_{n-1} \\ 0 & 1 & \cdots & 0 & -a_{n-2} \\ \vdots & \vdots & & \vdots & \vdots \\ 0 & 0 & \cdots & 1 & -a_1 \end{pmatrix}.$$

7. 设 $s_k = x_1^k + x_2^k + \cdots + x_n^k \, (k \geq 1)$, $s_0 = n$, 计算矩阵 $\boldsymbol{A}$ 的行列式的值:

$$\boldsymbol{A} = \begin{pmatrix} s_0 & s_1 & \cdots & s_{n-1} & 1 \\ s_1 & s_2 & \cdots & s_n & x \\ \vdots & \vdots & & \vdots & \vdots \\ s_n & s_{n+1} & \cdots & s_{2n-1} & x^n \end{pmatrix}.$$

8. 计算矩阵 $\boldsymbol{A}$ 的行列式的值:

$$\boldsymbol{A} = \begin{pmatrix} 1+a_1^2 & a_1a_2 & \cdots & a_1a_n \\ a_2a_1 & 1+a_2^2 & \cdots & a_2a_n \\ \vdots & \vdots & & \vdots \\ a_na_1 & a_na_2 & \cdots & 1+a_n^2 \end{pmatrix}.$$

9. 计算矩阵 $\boldsymbol{A}$ 的行列式的值:

$$\boldsymbol{A} = \begin{pmatrix} a_1-b_1 & a_1-b_2 & \cdots & a_1-b_n \\ a_2-b_1 & a_2-b_2 & \cdots & a_2-b_n \\ \vdots & \vdots & & \vdots \\ a_n-b_1 & a_n-b_2 & \cdots & a_n-b_n \end{pmatrix}.$$

10. 若 n 阶实方阵 $\boldsymbol{A}$ 满足 $\boldsymbol{A}\boldsymbol{A}' = \boldsymbol{I}_n$, 则称为正交矩阵. 证明: 不存在 n 阶正交矩阵 $\boldsymbol{A}, \boldsymbol{B}$ 满足 $\boldsymbol{A}^2 = c\boldsymbol{A}\boldsymbol{B} + \boldsymbol{B}^2$, 其中 c 是非零常数.

11. 设 $\boldsymbol{A}, \boldsymbol{B}$ 为 n 阶实对称阵, 证明: $\mathrm{tr}\left((\boldsymbol{A}\boldsymbol{B})^2\right) \leq \mathrm{tr}(\boldsymbol{A}^2\boldsymbol{B}^2)$, 并求等号成立的充要条件.

12. 设 $\boldsymbol{A}, \boldsymbol{B}$ 为 n 阶方阵, 满足 $\boldsymbol{A}\boldsymbol{B} = \boldsymbol{B}\boldsymbol{A}$, 证明: $\boldsymbol{A}\boldsymbol{B}^* = \boldsymbol{B}^*\boldsymbol{A}$.

13. 设 b 为非零常数, 下列形状的矩阵称为 b–循环矩阵:

$$\boldsymbol{A} = \begin{pmatrix} a_1 & a_2 & a_3 & \cdots & a_n \\ ba_n & a_1 & a_2 & \cdots & a_{n-1} \\ ba_{n-1} & ba_n & a_1 & \cdots & a_{n-2} \\ \vdots & \vdots & \vdots & & \vdots \\ ba_2 & ba_3 & ba_4 & \cdots & a_1 \end{pmatrix}.$$

(1) 证明: 同阶 b–循环矩阵的乘积仍然是 b–循环矩阵;

(2) 求上述 b–循环矩阵 $\boldsymbol{A}$ 的行列式的值.

14. 设 n 阶矩阵 $\boldsymbol{A}$ 的每一行、每一列的元素之和都为零, 证明: $\boldsymbol{A}$ 的每个元素的代数余子式都相等.

15. 设 $\boldsymbol{A}=(a_{ij})$ 为 n 阶方阵, 定义函数 $f(\boldsymbol{A})=\sum\limits_{i,j=1}^{n} a_{ij}^2$. 设 $\boldsymbol{P}$ 为 n 阶可逆矩阵, 使得对任意的 n 阶方阵 $\boldsymbol{A}$ 成立: $f(\boldsymbol{PAP}^{-1})=f(\boldsymbol{A})$. 证明: 存在非零常数 c, 使得 $\boldsymbol{P}'\boldsymbol{P}=c\boldsymbol{I}_n$.

2.12.2 训练题答案

一、单选题

1. 应选择 (B). 由矩阵乘法定义即得.
2. 应选择 (A). 因为当 $\boldsymbol{A}^n=\boldsymbol{O}$ 时, $\boldsymbol{I}_n=\boldsymbol{I}_n-\boldsymbol{A}^n=(\boldsymbol{I}_n-\boldsymbol{A})(\boldsymbol{I}_n+\boldsymbol{A}+\boldsymbol{A}^2+\cdots+\boldsymbol{A}^{n-1})$.
3. 应选择 (A). 由 $\boldsymbol{A}$ 可逆, 从 $\boldsymbol{AB}=\boldsymbol{AC}$ 可得 $\boldsymbol{B}=\boldsymbol{C}$, 故 $\boldsymbol{BA}=\boldsymbol{CA}$.
4. 应选择 (C). 初等矩阵之积未必是初等矩阵.
5. 应选择 (C).
6. 应选择 (B).
7. 应选择 (B). 初等变换不改变矩阵的非异性.
8. 应选择 (B).
9. 应选择 (D). 由 $\boldsymbol{AA}^*=|\boldsymbol{A}|\boldsymbol{I}_n$ 可得 $|\boldsymbol{AA}^*|=|\boldsymbol{A}|^n$.
10. 应选择 (B). 显然 (B) 中矩阵可逆, 可逆矩阵可表示为若干个初等矩阵之积.
11. 应选择 (A).
12. 应选择 (C).
13. 应选择 (C).
14. 应选择 (B).
15. 应选择 (D). $(\boldsymbol{A}^{-1}+\boldsymbol{B}^{-1})\boldsymbol{A}(\boldsymbol{A}+\boldsymbol{B})^{-1}\boldsymbol{B}=\boldsymbol{B}^{-1}(\boldsymbol{B}+\boldsymbol{A})(\boldsymbol{A}+\boldsymbol{B})^{-1}\boldsymbol{B}=\boldsymbol{I}_n$.

二、填空题

1. 该矩阵的行列式为零, 求得 $a=\dfrac{1}{2}$.
2. 经计算后结果为 $\begin{pmatrix}1&n&0&0\\0&1&0&0\\0&0&2^n&0\\0&0&0&3^n\end{pmatrix}$.
3. 由 $\boldsymbol{AA}^*=|\boldsymbol{A}|\boldsymbol{I}_n$, 得 $|\boldsymbol{AA}^*|=2^n$, $|\boldsymbol{A}^*|=2^{n-1}$, 故

$$|2\boldsymbol{A}^*\boldsymbol{B}^{-1}|=2^n\cdot 2^{n-1}\cdot\left(-\frac{1}{3}\right)=-\frac{2^{2n-1}}{3}.$$

4. $\boldsymbol{A}^* = |\boldsymbol{A}|\boldsymbol{A}^{-1} = \frac{1}{2}\boldsymbol{A}^{-1}$, 故

$$|(3\boldsymbol{A})^{-1} - 2\boldsymbol{A}^*| = |\frac{1}{3}\boldsymbol{A}^{-1} - \boldsymbol{A}^{-1}| = | -\frac{2}{3}\boldsymbol{A}^{-1}| = (-\frac{2}{3})^3 \cdot 2 = -\frac{16}{27}.$$

5. $a_{ii} \neq 0,\ 1 \leq i \leq n.$

6. 不可逆.

7. 先试算, 再用归纳法可得

$$\begin{pmatrix} \cos\theta & \sin\theta \\ -\sin\theta & \cos\theta \end{pmatrix}^k = \begin{pmatrix} \cos k\theta & \sin k\theta \\ -\sin k\theta & \cos k\theta \end{pmatrix}.$$

8. 用初等变换法计算比较简单:

$$\left(\begin{array}{cccccc|cccccc}
0 & a_1 & 0 & \cdots & 0 & & 1 & 0 & 0 & \cdots & 0 & 0 \\
0 & 0 & a_2 & \cdots & 0 & & 0 & 1 & 0 & \cdots & 0 & 0 \\
\vdots & \vdots & \vdots & & \vdots & & \vdots & \vdots & \vdots & & \vdots & \vdots \\
0 & 0 & 0 & \cdots & a_{n-1} & & 0 & 0 & 0 & \cdots & 1 & 0 \\
a_n & 0 & 0 & \cdots & 0 & & 0 & 0 & 0 & \cdots & 0 & 1
\end{array}\right)$$

$$\to \left(\begin{array}{ccccc|cccccc}
a_n & 0 & 0 & \cdots & 0 & 0 & 0 & 0 & \cdots & 0 & 1 \\
0 & a_1 & 0 & \cdots & 0 & 1 & 0 & 0 & \cdots & 0 & 0 \\
0 & 0 & a_2 & \cdots & 0 & 0 & 1 & 0 & \cdots & 0 & 0 \\
\vdots & \vdots & \vdots & & \vdots & \vdots & \vdots & \vdots & & \vdots & \vdots \\
0 & 0 & 0 & \cdots & a_{n-1} & 0 & 0 & 0 & \cdots & 1 & 0
\end{array}\right)$$

$$\to \left(\begin{array}{ccccc|cccccc}
1 & 0 & 0 & \cdots & 0 & 0 & 0 & 0 & \cdots & 0 & a_n^{-1} \\
0 & 1 & 0 & \cdots & 0 & a_1^{-1} & 0 & 0 & \cdots & 0 & 0 \\
0 & 0 & 1 & \cdots & 0 & 0 & a_2^{-1} & 0 & \cdots & 0 & 0 \\
\vdots & \vdots & \vdots & & \vdots & \vdots & \vdots & \vdots & & \vdots & \vdots \\
0 & 0 & 0 & \cdots & 1 & 0 & 0 & 0 & \cdots & a_{n-1}^{-1} & 0
\end{array}\right).$$

因此原矩阵的逆矩阵为:

$$\begin{pmatrix}
0 & \cdots & 0 & 0 & a_n^{-1} \\
a_1^{-1} & \cdots & 0 & 0 & 0 \\
\vdots & & \vdots & \vdots & \vdots \\
0 & \cdots & a_{n-2}^{-1} & 0 & 0 \\
0 & \cdots & 0 & a_{n-1}^{-1} & 0
\end{pmatrix}.$$

9. 用初等变换法比较简单:

$$\left(\begin{array}{cc|cc} \boldsymbol{O} & \boldsymbol{A} & \boldsymbol{I} & \boldsymbol{O} \\ \boldsymbol{B} & \boldsymbol{O} & \boldsymbol{O} & \boldsymbol{I} \end{array}\right) \to \left(\begin{array}{cc|cc} \boldsymbol{B} & \boldsymbol{O} & \boldsymbol{O} & \boldsymbol{I} \\ \boldsymbol{O} & \boldsymbol{A} & \boldsymbol{I} & \boldsymbol{O} \end{array}\right) \to \left(\begin{array}{cc|cc} \boldsymbol{I} & \boldsymbol{O} & \boldsymbol{O} & \boldsymbol{B}^{-1} \\ \boldsymbol{O} & \boldsymbol{I} & \boldsymbol{A}^{-1} & \boldsymbol{O} \end{array}\right).$$

因此

$$\begin{pmatrix} \boldsymbol{O} & \boldsymbol{A} \\ \boldsymbol{B} & \boldsymbol{O} \end{pmatrix}^{-1} = \begin{pmatrix} \boldsymbol{O} & \boldsymbol{B}^{-1} \\ \boldsymbol{A}^{-1} & \boldsymbol{O} \end{pmatrix}.$$

10. $|\boldsymbol{A}_1||\boldsymbol{A}_2|\cdots|\boldsymbol{A}_k|$.

11. $\begin{pmatrix} 1 & a & 0 \\ 0 & 1 & a \\ 0 & 0 & 1 \end{pmatrix}^k = \begin{pmatrix} 1 & ka & \mathrm{C}_k^2 a^2 \\ 0 & 1 & ka \\ 0 & 0 & 1 \end{pmatrix}$. 解答过程请参考例 2.12 (1).

12. 设和 $\boldsymbol{A}$ 乘法可交换的矩阵为 $\begin{pmatrix} a & b \\ c & d \end{pmatrix}$, 则

$$\begin{pmatrix} a & b \\ c & d \end{pmatrix}\begin{pmatrix} 1 & 1 \\ 0 & 1 \end{pmatrix} = \begin{pmatrix} 1 & 1 \\ 0 & 1 \end{pmatrix}\begin{pmatrix} a & b \\ c & d \end{pmatrix},$$

即

$$\begin{pmatrix} a & a+b \\ c & c+d \end{pmatrix} = \begin{pmatrix} a+c & b+d \\ c & d \end{pmatrix},$$

比较等式两边得 $c=0, a=d$, 因此和 $\boldsymbol{A}$ 乘法可交换的矩阵具有形状 $\begin{pmatrix} a & b \\ 0 & a \end{pmatrix}$.

13. $\boldsymbol{X} = \begin{pmatrix} 1 & 1 \\ 0 & 1 \end{pmatrix}^{-1}\begin{pmatrix} 2 & 1 \\ 1 & -1 \end{pmatrix}$. 这类问题通常用初等变换法比较简单 (请读者和求逆阵的方法对比):

$$\left(\begin{array}{cc:cc} 1 & 1 & 2 & 1 \\ 0 & 1 & 1 & -1 \end{array}\right) \to \left(\begin{array}{cc:cc} 1 & 0 & 1 & 2 \\ 0 & 1 & 1 & -1 \end{array}\right),$$

因此 $\boldsymbol{X} = \begin{pmatrix} 1 & 2 \\ 1 & -1 \end{pmatrix}$.

14. $\boldsymbol{A}$ 必是对角矩阵.

15. 分块上三角矩阵的逆矩阵也是分块上三角矩阵, 因此可用待定元素法. 设原矩阵的逆矩阵为 $\begin{pmatrix} \boldsymbol{A}^{-1} & \boldsymbol{X} \\ \boldsymbol{O} & \boldsymbol{B}^{-1} \end{pmatrix}$, 则

$$\begin{pmatrix} \boldsymbol{A} & \boldsymbol{C} \\ \boldsymbol{O} & \boldsymbol{B} \end{pmatrix}\begin{pmatrix} \boldsymbol{A}^{-1} & \boldsymbol{X} \\ \boldsymbol{O} & \boldsymbol{B}^{-1} \end{pmatrix} = \begin{pmatrix} \boldsymbol{I} & \boldsymbol{O} \\ \boldsymbol{O} & \boldsymbol{I} \end{pmatrix},$$

即

$$\begin{pmatrix} \boldsymbol{I} & \boldsymbol{AX}+\boldsymbol{CB}^{-1} \\ \boldsymbol{O} & \boldsymbol{I} \end{pmatrix} = \begin{pmatrix} \boldsymbol{I} & \boldsymbol{O} \\ \boldsymbol{O} & \boldsymbol{I} \end{pmatrix},$$

故 $\boldsymbol{AX}+\boldsymbol{CB}^{-1}=\boldsymbol{O}$, $\boldsymbol{X} = -\boldsymbol{A}^{-1}\boldsymbol{CB}^{-1}$. 因此原矩阵的逆矩阵为

$$\begin{pmatrix} \boldsymbol{A}^{-1} & -\boldsymbol{A}^{-1}\boldsymbol{CB}^{-1} \\ \boldsymbol{O} & \boldsymbol{B}^{-1} \end{pmatrix}.$$

注　本题也可用分块初等变换法, 请参考例 2.74.

三、解答题

1. 由已知 $\boldsymbol{A}^2+\boldsymbol{A}+\boldsymbol{I}_n=\boldsymbol{O}$, 则 $(\boldsymbol{A}-\boldsymbol{I}_n)(\boldsymbol{A}^2+\boldsymbol{A}+\boldsymbol{I}_n)=\boldsymbol{A}^3-\boldsymbol{I}_n=\boldsymbol{O}$, 即 $\boldsymbol{A}^3=\boldsymbol{I}_n$, 于是 $\boldsymbol{A}$ 是可逆矩阵.

2. 因为 $(\boldsymbol{I}_n-2\boldsymbol{A})^2=\boldsymbol{I}_n-4\boldsymbol{A}+4\boldsymbol{A}^2=\boldsymbol{I}_n$, 故 $\boldsymbol{I}_n-2\boldsymbol{A}$ 是可逆矩阵.

3. 由已知 $\boldsymbol{A}^3-2\boldsymbol{A}^2+2\boldsymbol{A}-\boldsymbol{I}_n=-\boldsymbol{I}_n$, 即 $(\boldsymbol{A}-\boldsymbol{I}_n)(\boldsymbol{A}^2-\boldsymbol{A}+\boldsymbol{I}_n)=-\boldsymbol{I}_n$, 于是 $(\boldsymbol{I}_n-\boldsymbol{A})^{-1}=\boldsymbol{A}^2-\boldsymbol{A}+\boldsymbol{I}_n$.

4. 假设 $\boldsymbol{A}^k=\boldsymbol{O}$, 其中 k 为某个正整数. 由条件可得 $\boldsymbol{A}\boldsymbol{B}=\boldsymbol{B}(\boldsymbol{I}_n-\boldsymbol{A})$, 于是 $\boldsymbol{O}=\boldsymbol{A}^k\boldsymbol{B}=\boldsymbol{B}(\boldsymbol{I}_n-\boldsymbol{A})^k$. 由单选题 2 知 $\boldsymbol{I}_n-\boldsymbol{A}$ 是可逆矩阵, 从而 $\boldsymbol{B}=\boldsymbol{O}$.

5. 用初等变换法不难求得

$$\boldsymbol{A}^{-1}=\begin{pmatrix}1 & -a & 0 & \cdots & 0\\ 0 & 1 & -a & \cdots & 0\\ 0 & 0 & 1 & \cdots & 0\\ \vdots & \vdots & \vdots & & \vdots\\ 0 & 0 & 0 & \cdots & -a\\ 0 & 0 & 0 & \cdots & 1\end{pmatrix}.$$

6. 用初等变换法不难求得

$$\boldsymbol{F}^{-1}=\begin{pmatrix}-\dfrac{a_{n-1}}{a_n} & 1 & 0 & \cdots & 0\\ -\dfrac{a_{n-2}}{a_n} & 0 & 1 & \cdots & 0\\ -\dfrac{a_{n-3}}{a_n} & 0 & 0 & \cdots & 0\\ \vdots & \vdots & \vdots & & \vdots\\ -\dfrac{1}{a_n} & 0 & 0 & \cdots & 0\end{pmatrix}.$$

7. 将矩阵 $\boldsymbol{A}$ 分解为两个矩阵的乘积:

$$\boldsymbol{A}=\begin{pmatrix}1 & 1 & \cdots & 1 & 1\\ x_1 & x_2 & \cdots & x_n & x\\ \vdots & \vdots & & \vdots & \vdots\\ x_1^{n-1} & x_2^{n-1} & \cdots & x_n^{n-1} & x^{n-1}\\ x_1^n & x_2^n & \cdots & x_n^n & x^n\end{pmatrix}\begin{pmatrix}1 & x_1 & \cdots & x_1^{n-1} & 0\\ 1 & x_2 & \cdots & x_2^{n-1} & 0\\ \vdots & \vdots & & \vdots & \vdots\\ 1 & x_n & \cdots & x_n^{n-1} & 0\\ 0 & 0 & \cdots & 0 & 1\end{pmatrix},$$

因此 $|\boldsymbol{A}|=(x-x_1)(x-x_2)\cdots(x-x_n)\prod\limits_{1\le i<j\le n}(x_j-x_i)^2$.

8. 矩阵 $\boldsymbol{A}$ 可化为

$$\boldsymbol{A}=\boldsymbol{I}_n+\begin{pmatrix}a_1\\a_2\\\vdots\\a_n\end{pmatrix}(a_1,a_2,\cdots,a_n),$$

由降阶公式可得 $|\boldsymbol{A}|=1+\sum\limits_{i=1}^{n}a_i^2$.

9. 矩阵 $\boldsymbol{A}$ 可化为

$$\boldsymbol{A}=\begin{pmatrix}a_1&1\\a_2&1\\\vdots&\vdots\\a_n&1\end{pmatrix}\begin{pmatrix}1&1&\cdots&1\\-b_1&-b_2&\cdots&-b_n\end{pmatrix}.$$

当 $n>2$ 时, 由 Cauchy-Binet 公式可得 $|\boldsymbol{A}|=0$; 当 $n=2$ 时, $|\boldsymbol{A}|=a_1b_1+a_2b_2-a_1b_2-b_1a_2$.

10. 用反证法, 设存在 n 阶正交阵 $\boldsymbol{A},\boldsymbol{B}$, 使得 $\boldsymbol{A}^2=c\boldsymbol{A}\boldsymbol{B}+\boldsymbol{B}^2\,(c\neq 0)$. 在等式两边同时左乘 $\boldsymbol{A}'$, 右乘 $\boldsymbol{B}'$, 可得 $\boldsymbol{A}\boldsymbol{B}'=c\boldsymbol{I}_n+\boldsymbol{A}'\boldsymbol{B}$, 从而 $c\boldsymbol{I}_n=\boldsymbol{A}'\boldsymbol{B}-\boldsymbol{A}\boldsymbol{B}'$. 两边同时取迹, 可得 $nc=\mathrm{tr}(c\boldsymbol{I}_n)=\mathrm{tr}(\boldsymbol{A}'\boldsymbol{B})-\mathrm{tr}(\boldsymbol{A}\boldsymbol{B}')=\mathrm{tr}\left((\boldsymbol{A}'\boldsymbol{B})'\right)-\mathrm{tr}(\boldsymbol{A}\boldsymbol{B}')=\mathrm{tr}(\boldsymbol{B}'\boldsymbol{A})-\mathrm{tr}(\boldsymbol{A}\boldsymbol{B}')=0$, 矛盾.

11. 由例 2.49 的结论以及矩阵迹的交换性可知

$$\mathrm{tr}\left((\boldsymbol{A}\boldsymbol{B})^2\right)\leq\mathrm{tr}\left((\boldsymbol{A}\boldsymbol{B})(\boldsymbol{A}\boldsymbol{B})'\right)=\mathrm{tr}(\boldsymbol{A}\boldsymbol{B}\boldsymbol{B}\boldsymbol{A})=\mathrm{tr}(\boldsymbol{A}^2\boldsymbol{B}^2),$$

等号成立当且仅当 $\boldsymbol{A}\boldsymbol{B}$ 是对称阵, 也即 $\boldsymbol{A}\boldsymbol{B}=\boldsymbol{B}\boldsymbol{A}$.

12. 若 $\boldsymbol{B}$ 为非异阵, 则由 $\boldsymbol{A}\boldsymbol{B}=\boldsymbol{B}\boldsymbol{A}$ 可得 $\boldsymbol{A}\boldsymbol{B}^{-1}=\boldsymbol{B}^{-1}\boldsymbol{A}$. 又 $\boldsymbol{B}^*=|\boldsymbol{B}|\boldsymbol{B}^{-1}$, 于是 $\boldsymbol{A}\boldsymbol{B}^*=\boldsymbol{B}^*\boldsymbol{A}$ 成立. 对于一般的方阵 $\boldsymbol{B}$, 可取到一列有理数 $t_k\to 0$, 使得 $t_k\boldsymbol{I}_n+\boldsymbol{B}$ 为非异阵, 此时 $\boldsymbol{A}(t_k\boldsymbol{I}_n+\boldsymbol{B})=(t_k\boldsymbol{I}_n+\boldsymbol{B})\boldsymbol{A}$ 仍然成立. 由非异阵情形的证明可得

$$\boldsymbol{A}(t_k\boldsymbol{I}_n+\boldsymbol{B})^*=(t_k\boldsymbol{I}_n+\boldsymbol{B})^*\boldsymbol{A}.$$

注意到上式两边均为 n 阶方阵, 其元素都是 t_k 的多项式, 从而关于 t_k 连续. 上式两边同时取极限, 令 $t_k\to 0$, 即有 $\boldsymbol{A}\boldsymbol{B}^*=\boldsymbol{B}^*\boldsymbol{A}$ 成立.

13. 本题是例 2.14 和例 2.56 的推广.

(1) 设 $\boldsymbol{J}_b=\begin{pmatrix}\boldsymbol{O}&\boldsymbol{I}_{n-1}\\b&\boldsymbol{O}\end{pmatrix}$, 则 $\boldsymbol{J}_b^n=b\boldsymbol{I}_n$ 且 $\boldsymbol{A}=a_1\boldsymbol{I}_n+a_2\boldsymbol{J}_b+a_3\boldsymbol{J}_b^2+\cdots+a_n\boldsymbol{J}_b^{n-1}$. 因此同阶 b–循环矩阵的乘积仍然是 b–循环矩阵.

(2) 作多项式 $f(x)=a_1+a_2x+a_3x^2+\cdots+a_nx^{n-1}$, 令 $\varepsilon_1,\varepsilon_2,\cdots,\varepsilon_n$ 是 b 的所有 n 次方根. 完全类似于例 2.56 的解法, 最后可得 $|\boldsymbol{A}|=f(\varepsilon_1)f(\varepsilon_2)\cdots f(\varepsilon_n)$.

14. 设 $\boldsymbol{A}=(a_{ij})$, $\boldsymbol{x}=(x_1,x_2,\cdots,x_n)'$, $\boldsymbol{y}=(y_1,y_2,\cdots,y_n)'$, 考虑如下 $n+1$ 阶矩阵的行列式求值:

$$\boldsymbol{B}=\begin{pmatrix}\boldsymbol{A}&\boldsymbol{x}\\\boldsymbol{y}'&0\end{pmatrix}.$$

一方面, 由例 1.7 可得 $|\boldsymbol{B}|=-\sum\limits_{i=1}^{n}\sum\limits_{j=1}^{n}A_{ij}x_iy_j$. 另一方面, 先把行列式 $|\boldsymbol{B}|$ 的第二行, $\cdots$, 第 n 行全部加到第一行上; 再将第二列, $\cdots$, 第 n 列全部加到第一列上, 可得

$$\begin{vmatrix} a_{11} & a_{12} & \cdots & a_{1n} & x_1 \\ a_{21} & a_{22} & \cdots & a_{2n} & x_2 \\ \vdots & \vdots & & \vdots & \vdots \\ a_{n1} & a_{n2} & \cdots & a_{nn} & x_n \\ y_1 & y_2 & \cdots & y_n & 0 \end{vmatrix} = \begin{vmatrix} 0 & 0 & \cdots & 0 & \sum\limits_{i=1}^{n}x_i \\ a_{21} & a_{22} & \cdots & a_{2n} & x_2 \\ \vdots & \vdots & & \vdots & \vdots \\ a_{n1} & a_{n2} & \cdots & a_{nn} & x_n \\ y_1 & y_2 & \cdots & y_n & 0 \end{vmatrix} = \begin{vmatrix} 0 & 0 & \cdots & 0 & \sum\limits_{i=1}^{n}x_i \\ 0 & a_{22} & \cdots & a_{2n} & x_2 \\ \vdots & \vdots & & \vdots & \vdots \\ 0 & a_{n2} & \cdots & a_{nn} & x_n \\ \sum\limits_{j=1}^{n}y_j & y_2 & \cdots & y_n & 0 \end{vmatrix}.$$

依次按照第一行和第一列进行展开, 可得 $|\boldsymbol{B}|=-A_{11}\sum\limits_{i=1}^{n}\sum\limits_{j=1}^{n}x_iy_j$. 比较上述两个结果, 可得 $\boldsymbol{A}$ 的所有代数余子式都相等.

15. 由假设知 $f(\boldsymbol{A})=\mathrm{tr}(\boldsymbol{A}\boldsymbol{A}')$, 因此

$$f(\boldsymbol{P}\boldsymbol{A}\boldsymbol{P}^{-1})=\mathrm{tr}\left(\boldsymbol{P}\boldsymbol{A}\boldsymbol{P}^{-1}(\boldsymbol{P}')^{-1}\boldsymbol{A}'\boldsymbol{P}'\right)=\mathrm{tr}\left((\boldsymbol{P}'\boldsymbol{P})\boldsymbol{A}(\boldsymbol{P}'\boldsymbol{P})^{-1}\boldsymbol{A}'\right)=\mathrm{tr}(\boldsymbol{A}\boldsymbol{A}').$$

以下设 $\boldsymbol{P}'\boldsymbol{P}=(c_{ij})$, $(\boldsymbol{P}'\boldsymbol{P})^{-1}=(d_{ij})$. 注意 $\boldsymbol{P}'\boldsymbol{P}$ 是对称矩阵, 后面要用到. 令 $\boldsymbol{A}=\boldsymbol{E}_{ij}$ 并代入上式, 则通过简单的计算可得

$$c_{ii}d_{jj}=1.$$

再令 $\boldsymbol{A}=\boldsymbol{E}_{ij}+\boldsymbol{E}_{kl}$ 并代入上式, 则通过简单的计算可得

$$c_{ii}d_{jj}+c_{kk}d_{ll}+c_{ki}d_{jl}+c_{ik}d_{lj}=2+2\delta_{ik}\delta_{jl},$$

其中 δ_{ik} 是 Kronecker 符号. 由上述两个关系式可得

$$c_{ki}d_{jl}+c_{ik}d_{lj}=2\delta_{ik}\delta_{jl}.$$

在上式中令 $j=l, i\neq k$, 注意到 $d_{jj}\neq 0$, 故有 $c_{ik}+c_{ki}=0$, 又因为 $c_{ik}=c_{ki}$, 故 $c_{ik}=0$, $\forall\, i\neq k$. 于是 $\boldsymbol{P}'\boldsymbol{P}$ 是一个对角矩阵, 从而 $d_{jj}=c_{jj}^{-1}$, 由此可得 $c_{ii}=c_{jj}$, $\forall\, i,j$. 因此 $\boldsymbol{P}'\boldsymbol{P}=c\boldsymbol{I}_n$, 其中 $c=c_{11}\neq 0$.

第 3 章

线性空间与线性方程组

§ 3.1 基本概念

3.1.1 向量与向量空间

1. 定义

设 $\mathbb{F}$ 是一个数域, $\mathbb{F}$ 中 n 个元素 $a_1, a_2, \cdots, a_n$ 组成的有序组 $\boldsymbol{\alpha} = (a_1, a_2, \cdots, a_n)$ 称为数域 $\mathbb{F}$ 上的一个 n 维行向量. 若将这 n 个元素排成一列:

$$\boldsymbol{\alpha}' = \begin{pmatrix} a_1 \\ a_2 \\ \vdots \\ a_n \end{pmatrix},$$

则称之为 n 维列向量.

2. 向量的运算

若 $\boldsymbol{\alpha} = (a_1, a_2, \cdots, a_n)$, $\boldsymbol{\beta} = (b_1, b_2, \cdots, b_n)$, 定义向量加法为

$$\boldsymbol{\alpha} + \boldsymbol{\beta} = (a_1 + b_1, a_2 + b_2, \cdots, a_n + b_n).$$

又若 $k \in \mathbb{F}$, 定义 k 与 $\boldsymbol{\alpha}$ 的数乘为

$$k\boldsymbol{\alpha} = (ka_1, ka_2, \cdots, ka_n).$$

3. 向量运算适合的规则

(1) 加法交换律: $\boldsymbol{\alpha} + \boldsymbol{\beta} = \boldsymbol{\beta} + \boldsymbol{\alpha}$;

(2) 加法结合律: $(\boldsymbol{\alpha} + \boldsymbol{\beta}) + \boldsymbol{\gamma} = \boldsymbol{\alpha} + (\boldsymbol{\beta} + \boldsymbol{\gamma})$;

(3) $\boldsymbol{\alpha} + \mathbf{0} = \boldsymbol{\alpha}$;

(4) $\boldsymbol{\alpha}+(-\boldsymbol{\alpha})=\mathbf{0}$;

(5) $1\cdot\boldsymbol{\alpha}=\boldsymbol{\alpha}$;

(6) $k(\boldsymbol{\alpha}+\boldsymbol{\beta})=k\boldsymbol{\alpha}+k\boldsymbol{\beta}$;

(7) $(k+l)\boldsymbol{\alpha}=k\boldsymbol{\alpha}+l\boldsymbol{\alpha}$;

(8) $k(l\boldsymbol{\alpha})=(kl)\boldsymbol{\alpha}$.

4. 定义

设 V 是一个集合, $\mathbb{F}$ 是数域, 若在 V 上定义了元素的加法和 $\mathbb{F}$ 中的数对 V 中元素的数乘, 且这两种运算适合上面的 8 条运算规则, 则称 V 是数域 $\mathbb{F}$ 上的线性空间或向量空间.

3.1.2 向量的线性关系

1. 定义

设 V 是数域 $\mathbb{F}$ 上的向量空间, $\boldsymbol{\alpha}_1,\boldsymbol{\alpha}_2,\cdots,\boldsymbol{\alpha}_m$ 是 V 中的向量, 若存在 $\mathbb{F}$ 中不全为零的 m 个数 $a_1,a_2,\cdots,a_m$, 使得

$$a_1\boldsymbol{\alpha}_1+a_2\boldsymbol{\alpha}_2+\cdots+a_m\boldsymbol{\alpha}_m=\mathbf{0},$$

则称向量组 $\boldsymbol{\alpha}_1,\boldsymbol{\alpha}_2,\cdots,\boldsymbol{\alpha}_m$ 线性相关. 反之, 若不存在这样的数使得上式成立, 则称 $\boldsymbol{\alpha}_1,\boldsymbol{\alpha}_2,\cdots,\boldsymbol{\alpha}_m$ 线性无关.

2. 定义

设 V 是数域 $\mathbb{F}$ 上的向量空间, $\boldsymbol{\beta},\boldsymbol{\alpha}_1,\boldsymbol{\alpha}_2,\cdots,\boldsymbol{\alpha}_m$ 是 V 中向量, 若存在 $\mathbb{F}$ 中 m 个数 $a_1,a_2,\cdots,a_m$, 使得

$$\boldsymbol{\beta}=a_1\boldsymbol{\alpha}_1+a_2\boldsymbol{\alpha}_2+\cdots+a_m\boldsymbol{\alpha}_m,$$

则称向量 $\boldsymbol{\beta}$ 是 $\boldsymbol{\alpha}_1,\boldsymbol{\alpha}_2,\cdots,\boldsymbol{\alpha}_m$ 的线性组合, 或称向量 $\boldsymbol{\beta}$ 可用向量组 $\boldsymbol{\alpha}_1,\boldsymbol{\alpha}_2,\cdots,\boldsymbol{\alpha}_m$ 来线性表示 (或线性表出).

3. 定理

设 $\boldsymbol{\alpha}_1,\boldsymbol{\alpha}_2,\cdots,\boldsymbol{\alpha}_m,\boldsymbol{\beta}$ 是线性空间 V 中的向量.

(1) 若 $\boldsymbol{\alpha}_1,\boldsymbol{\alpha}_2,\cdots,\boldsymbol{\alpha}_m$ 线性相关, 则任意一组包含这组向量的向量组必线性相关; 若 $\boldsymbol{\alpha}_1,\boldsymbol{\alpha}_2,\cdots,\boldsymbol{\alpha}_m$ 线性无关, 则从这组向量中任意取出一组向量必线性无关.

(2) 向量组 $\boldsymbol{\alpha}_1,\boldsymbol{\alpha}_2,\cdots,\boldsymbol{\alpha}_m$ 线性相关的充要条件是其中至少有一个向量可以表示为其余向量的线性组合.

(3) 若 $\boldsymbol{\beta}$ 可表示为 $\boldsymbol{\alpha}_1,\boldsymbol{\alpha}_2,\cdots,\boldsymbol{\alpha}_m$ 的线性组合, 即

$$\boldsymbol{\beta}=k_1\boldsymbol{\alpha}_1+k_2\boldsymbol{\alpha}_2+\cdots+k_m\boldsymbol{\alpha}_m,$$

则表示唯一的充要条件是向量 $\boldsymbol{\alpha}_1,\boldsymbol{\alpha}_2,\cdots,\boldsymbol{\alpha}_m$ 线性无关.

4. 定理

设向量组 $A=\{\boldsymbol{\alpha}_1,\boldsymbol{\alpha}_2,\cdots,\boldsymbol{\alpha}_m\}$, $B=\{\boldsymbol{\beta}_1,\boldsymbol{\beta}_2,\cdots,\boldsymbol{\beta}_n\}$ 和 $C=\{\boldsymbol{\gamma}_1,\boldsymbol{\gamma}_2,\cdots,\boldsymbol{\gamma}_p\}$ 满足: A 中任一向量都是 B 中向量的线性组合, B 中任一向量都是 C 中向量的线性组合, 则 A 中任一向量都是 C 中向量的线性组合.

3.1.3 基与维数

1. 定义

设线性空间 V 中有一族向量 S, 如果在 S 中存在一组向量 $\boldsymbol{\alpha}_1,\boldsymbol{\alpha}_2,\cdots,\boldsymbol{\alpha}_r$, 适合如下条件:

(1) $\boldsymbol{\alpha}_1,\boldsymbol{\alpha}_2,\cdots,\boldsymbol{\alpha}_r$ 线性无关;

(2) S 中任一向量都可以用 $\boldsymbol{\alpha}_1,\boldsymbol{\alpha}_2,\cdots,\boldsymbol{\alpha}_r$ 线性表示,

则称向量组 $\{\boldsymbol{\alpha}_1,\boldsymbol{\alpha}_2,\cdots,\boldsymbol{\alpha}_r\}$ 是向量族 S 的极大无关组. 向量族的极大无关组可能有许多, 但由下面的定理可得: 每个极大无关组所含向量的个数都相同. 这个数称为向量族的秩.

2. 定理

设 A,B 是两组向量, A 含有 r 个向量, B 含有 s 个向量, 且 A 中每个向量均可用 B 中向量线性表示. 若 A 中向量线性无关, 则 $r\le s$.

3. 定义

数域 $\mathbb{F}$ 上的向量空间 V 的一个极大无关组称为 V 的一组基. 若 V 的基含 n 个向量, 则称 V 是 n 维向量空间.

在向量空间 V 中引进一组基 $\{\boldsymbol{e}_1,\boldsymbol{e}_2,\cdots,\boldsymbol{e}_n\}$ 以后, V 中任意一个向量 $\boldsymbol{\alpha}$ 有且只有一种方法表示为基向量的线性组合. 设 $\boldsymbol{\alpha}=a_1\boldsymbol{e}_1+a_2\boldsymbol{e}_2+\cdots+a_n\boldsymbol{e}_n$, 则称 n 维列向量 $(a_1,a_2,\cdots,a_n)'$ 为向量 $\boldsymbol{\alpha}$ 在基 $\{\boldsymbol{e}_1,\boldsymbol{e}_2,\cdots,\boldsymbol{e}_n\}$ 下的坐标向量. 映射

$\varphi: V \to \mathbb{F}^n$, $\varphi(\alpha) = (a_1, a_2, \cdots, a_n)'$, 是一个一一对应.

4. 定义

设 V 和 U 都是数域 $\mathbb{F}$ 上的线性空间, 若存在 V 到 U 的映射 φ 适合条件:

(1) $\varphi(\alpha+\beta) = \varphi(\alpha) + \varphi(\beta)$ 对任意的 $\alpha, \beta \in V$ 成立;

(2) $\varphi(k\alpha) = k\varphi(\alpha)$ 对任意的 $\alpha \in V$, $k \in \mathbb{F}$ 成立;

(3) φ 是一一对应的,

则称 φ 是 V 到 U 的线性同构.

将任一向量映射为它在给定基下的坐标向量的映射 $\varphi: V \to \mathbb{F}^n$ 是线性同构.

5. 定理

(1) 同构关系是一种等价关系;

(2) 线性同构不仅将线性相关的向量组映射为线性相关的向量组, 而且将线性无关的向量组映射为线性无关的向量组;

(3) 同一个数域 $\mathbb{F}$ 上的线性空间同构的充要条件是它们具有相同的维数.

3.1.4 基变换与过渡矩阵

1. 过渡矩阵

设 $\{e_1, e_2, \cdots, e_n\}$ 和 $\{f_1, f_2, \cdots, f_n\}$ 是 n 维线性空间 V 的两组基, 若

$$\begin{cases} f_1 = a_{11}e_1 + a_{21}e_2 + \cdots + a_{n1}e_n, \\ f_2 = a_{12}e_1 + a_{22}e_2 + \cdots + a_{n2}e_n, \\ \quad\cdots\cdots\cdots\cdots \\ f_n = a_{1n}e_1 + a_{2n}e_2 + \cdots + a_{nn}e_n, \end{cases}$$

则矩阵

$$A = \begin{pmatrix} a_{11} & a_{12} & \cdots & a_{1n} \\ a_{21} & a_{22} & \cdots & a_{2n} \\ \vdots & \vdots & & \vdots \\ a_{n1} & a_{n2} & \cdots & a_{nn} \end{pmatrix}$$

称为从基 $\{e_1, e_2, \cdots, e_n\}$ 到基 $\{f_1, f_2, \cdots, f_n\}$ 的过渡矩阵.

2. 同一向量在不同基下坐标向量的关系

设 V 是数域 $\mathbb{F}$ 上 n 维线性空间, 从基 $\{\boldsymbol{e}_1,\boldsymbol{e}_2,\cdots,\boldsymbol{e}_n\}$ 到基 $\{\boldsymbol{f}_1,\boldsymbol{f}_2,\cdots,\boldsymbol{f}_n\}$ 的过渡矩阵为 $\boldsymbol{A}=(a_{ij})$. 若 V 中向量 $\boldsymbol{\alpha}$ 在基 $\{\boldsymbol{e}_1,\boldsymbol{e}_2,\cdots,\boldsymbol{e}_n\}$ 下的坐标向量是 $(x_1,x_2,\cdots,x_n)'$, 在基 $\{\boldsymbol{f}_1,\boldsymbol{f}_2,\cdots,\boldsymbol{f}_n\}$ 下的坐标向量是 $(y_1,y_2,\cdots,y_n)'$, 则

$$\begin{pmatrix} x_1 \\ x_2 \\ \vdots \\ x_n \end{pmatrix} = \begin{pmatrix} a_{11} & a_{12} & \cdots & a_{1n} \\ a_{21} & a_{22} & \cdots & a_{2n} \\ \vdots & \vdots & & \vdots \\ a_{n1} & a_{n2} & \cdots & a_{nn} \end{pmatrix} \begin{pmatrix} y_1 \\ y_2 \\ \vdots \\ y_n \end{pmatrix}.$$

3. 定理

矩阵 $\boldsymbol{A}$ 是 n 维线性空间 V 的基 $\{\boldsymbol{e}_1,\boldsymbol{e}_2,\cdots,\boldsymbol{e}_n\}$ 到基 $\{\boldsymbol{f}_1,\boldsymbol{f}_2,\cdots,\boldsymbol{f}_n\}$ 的过渡矩阵, 则 $\boldsymbol{A}$ 是可逆矩阵且从基 $\{\boldsymbol{f}_1,\boldsymbol{f}_2,\cdots,\boldsymbol{f}_n\}$ 到基 $\{\boldsymbol{e}_1,\boldsymbol{e}_2,\cdots,\boldsymbol{e}_n\}$ 的过渡矩阵为 $\boldsymbol{A}^{-1}$. 又若 $\boldsymbol{B}$ 是从基 $\{\boldsymbol{f}_1,\boldsymbol{f}_2,\cdots,\boldsymbol{f}_n\}$ 到基 $\{\boldsymbol{g}_1,\boldsymbol{g}_2,\cdots,\boldsymbol{g}_n\}$ 的过渡矩阵, 则从基 $\{\boldsymbol{e}_1,\boldsymbol{e}_2,\cdots,\boldsymbol{e}_n\}$ 到基 $\{\boldsymbol{g}_1,\boldsymbol{g}_2,\cdots,\boldsymbol{g}_n\}$ 的过渡矩阵为 $\boldsymbol{AB}$.

3.1.5 子 空 间

1. 定义

设 V 是数域 $\mathbb{F}$ 上的线性空间, U 是 V 的非空子集, 若 U 在 V 的向量加法与数乘下也成为线性空间, 则称 U 是 V 的子空间.

要验证线性空间 V 的非空子集 U 是子空间, 只要验证 U 中元素在向量加法与数乘下封闭即可.

2. 子空间的运算

设 V_1, V_2 是线性空间 V 的子空间, 定义 $V_1+V_2=\{\boldsymbol{v}_1+\boldsymbol{v}_2 \mid \boldsymbol{v}_1\in V_1,\ \boldsymbol{v}_2\in V_2\}$, 则 V_1+V_2 是 V 的子空间, 称为 V_1 与 V_2 的和空间. 又交集 $V_1\cap V_2$ 也是 V 的子空间, 称为 V_1 与 V_2 的交空间.

3. 生成

设 S 是线性空间 V 的子集, V 中所有包含 S 的子空间的交称为由子集 S 生成的子空间, 记为 $L(S)$. $L(S)$ 是 V 中包含子集 S 的最小子空间, 它由 S 中向量所有可能的线性组合组成.

4. 直和

设 $V_1, V_2, \cdots, V_k$ 是线性空间 V 的子空间, 若对任意的 $i\,(1 \le i \le k)$, 均有

$$V_i \cap (V_1 + \cdots + V_{i-1} + V_{i+1} + \cdots + V_k) = 0,$$

则称和 $V_1 + V_2 + \cdots + V_k$ 是直接和, 简称直和, 记为 $V_1 \oplus V_2 \oplus \cdots \oplus V_k$.

5. 定理

设 $V_1, V_2, \cdots, V_k$ 是线性空间 V 的子空间, $V_0 = V_1 + V_2 + \cdots + V_k$, 则下列命题等价:

(1) $V_0 = V_1 \oplus V_2 \oplus \cdots \oplus V_k$ 是直和;

(2) 对任意的 $2 \le i \le k$, 有 $V_i \cap (V_1 + V_2 + \cdots + V_{i-1}) = 0$;

(3) $\dim V_0 = \dim V_1 + \dim V_2 + \cdots + \dim V_k$;

(4) $V_1, V_2, \cdots, V_k$ 的一组基可以拼成 V_0 的一组基;

(5) V_0 中的向量表示为 $V_1, V_2, \cdots, V_k$ 中的向量之和时其表示唯一.

6. 定理 (交和空间维数公式)

设 V_1, V_2 是线性空间 V 的两个子空间, 则

$$\dim(V_1 + V_2) = \dim V_1 + \dim V_2 - \dim(V_1 \cap V_2).$$

3.1.6 矩 阵 的 秩

1. 定义

设 $\boldsymbol{A}$ 是 $m \times n$ 矩阵, $\boldsymbol{A}$ 的行向量组 (或列向量组) 的秩定义为 $\boldsymbol{A}$ 的秩.

2. 定理

矩阵的秩在矩阵的初等变换下不变.

3. 推论

(1) 对任意一个秩为 r 的 $m \times n$ 矩阵 $\boldsymbol{A}$, 总存在 m 阶非异阵 $\boldsymbol{P}$ 和 n 阶非异阵 $\boldsymbol{Q}$, 使得

$$\boldsymbol{PAQ} = \begin{pmatrix} \boldsymbol{I}_r & \boldsymbol{O} \\ \boldsymbol{O} & \boldsymbol{O} \end{pmatrix}.$$

(2) 任一矩阵与非异阵相乘, 其秩不变.

(3) n 阶方阵是可逆阵的充要条件是它是满秩阵, 即它的秩等于 n.

(4) 两个 $m \times n$ 矩阵等价 (相抵) 的充要条件是它们具有相同的秩.

4. 定理

矩阵 $\boldsymbol{A}$ 的秩等于 r 的充要条件是 $\boldsymbol{A}$ 有一个 r 阶子式不等于零, 而 $\boldsymbol{A}$ 的所有 $r+1$ 阶子式都等于零.

3.1.7 线性方程组的解

1. 定理

设有 n 个未知数 m 个方程式组成的线性方程组

$$\begin{cases} a_{11}x_1 + a_{12}x_2 + \cdots + a_{1n}x_n = b_1, \\ a_{21}x_1 + a_{22}x_2 + \cdots + a_{2n}x_n = b_2, \\ \qquad\qquad \cdots\cdots\cdots\cdots \\ a_{m1}x_1 + a_{m2}x_2 + \cdots + a_{mn}x_n = b_m. \end{cases}$$

它的系数矩阵记为 $\boldsymbol{A}$, 增广矩阵记为 $\widetilde{\boldsymbol{A}}$, 则

(1) 若 $\widetilde{\boldsymbol{A}}$ 和 $\boldsymbol{A}$ 的秩都等于 n, 则方程组有且只有一组解.

(2) 若 $\widetilde{\boldsymbol{A}}$ 和 $\boldsymbol{A}$ 的秩相等但小于 n, 则方程组有无穷多组解.

(3) 若 $\widetilde{\boldsymbol{A}}$ 和 $\boldsymbol{A}$ 的秩不相等, 则方程组无解.

2. 定义

设 $\boldsymbol{Ax} = \boldsymbol{0}$ 是 n 个变元 m 个方程式的齐次线性方程组. 假设 $\boldsymbol{\eta}_1, \boldsymbol{\eta}_2, \cdots, \boldsymbol{\eta}_k$ 是它的一组解向量, 若这组解向量线性无关且方程组的任意一个解向量均可表示为它们的线性组合, 则 $\boldsymbol{\eta}_1, \boldsymbol{\eta}_2, \cdots, \boldsymbol{\eta}_k$ 称为齐次线性方程组 $\boldsymbol{Ax} = \boldsymbol{0}$ 的一个基础解系.

3. 定理

设 $\boldsymbol{Ax} = \boldsymbol{0}$ 是 n 个变元 m 个方程式的齐次线性方程组. 假设系数矩阵 $\boldsymbol{A}$ 的秩等于 $r < n$, 则方程组有非零解且每个基础解系均由 $n - r$ 个向量组成.

4. 定理

设 $\boldsymbol{Ax} = \boldsymbol{\beta}$ 是 n 个变元 m 个方程式的非齐次线性方程组. 假设 $\boldsymbol{A}$ 的秩等于增广矩阵 $\widetilde{\boldsymbol{A}}$ 的秩, 又假设该方程组的相伴齐次线性方程组 (或称导出组) $\boldsymbol{Ax} = \boldsymbol{0}$ 的基

础解系为 $\boldsymbol{\eta}_1,\boldsymbol{\eta}_2,\cdots,\boldsymbol{\eta}_{n-r}$, 向量 $\boldsymbol{\gamma}$ 是 $\boldsymbol{Ax}=\boldsymbol{\beta}$ 的一个解 (也称为特解), 则非齐次线性方程组 $\boldsymbol{Ax}=\boldsymbol{\beta}$ 的所有解均可表示为下列形状:

$$a_1\boldsymbol{\eta}_1+a_2\boldsymbol{\eta}_2+\cdots+a_{n-r}\boldsymbol{\eta}_{n-r}+\boldsymbol{\gamma},$$

其中 $a_1,a_2,\cdots,a_{n-r}$ 可取任意数.

§ 3.2 向量的线性关系

对线性空间 V 中的一组向量 $\boldsymbol{\alpha}_1,\boldsymbol{\alpha}_2,\cdots,\boldsymbol{\alpha}_m$, 判定它们是线性相关还是线性无关, 这是线性空间理论中的一个基本问题. 处理这类问题通常有两种方法, 一种是代数方法, 即矩阵的初等变换以及秩的理论; 另一种是几何方法, 即向量线性关系的定义以及发展起来的线性空间理论.

1. 代数方法和具体计算问题

矩阵 $\boldsymbol{A}$ 的第 i 行从左至右第一个非零元素称为第 i 行的阶梯点. 若矩阵 $\boldsymbol{A}$ 的阶梯点的列指标随着行数严格递增, 则称这样的矩阵为阶梯形矩阵. 利用数学归纳法容易证明: 对任一矩阵 $\boldsymbol{A}$, 经过若干次初等行变换之后, 均可以化为阶梯形矩阵.

例 3.1 设 $\boldsymbol{A}$ 是 $m\times n$ 阶梯形矩阵, 证明: $\boldsymbol{A}$ 的秩等于其非零行的个数, 且阶梯点所在的列向量是 $\boldsymbol{A}$ 的列向量的极大无关组.

证明 设

$$\boldsymbol{A}=\begin{pmatrix} 0 & \cdots & a_{1k_1} & \cdots & \cdots & \cdots & \cdots & \cdots \\ 0 & \cdots & 0 & \cdots & a_{2k_2} & \cdots & \cdots & \cdots \\ \vdots & & \vdots & & \vdots & & \vdots & \vdots \\ 0 & \cdots & 0 & \cdots & 0 & \cdots & a_{rk_r} & \cdots \\ & & & & \boldsymbol{O} & & & \end{pmatrix},$$

其中 $a_{1k_1},a_{2k_2},\cdots,a_{rk_r}$ 是 $\boldsymbol{A}$ 的阶梯点. 设 $\boldsymbol{\alpha}_1,\boldsymbol{\alpha}_2,\cdots,\boldsymbol{\alpha}_r$ 是 $\boldsymbol{A}$ 的前 r 行, 我们先证明它们线性无关. 设

$$c_1\boldsymbol{\alpha}_1+c_2\boldsymbol{\alpha}_2+\cdots+c_r\boldsymbol{\alpha}_r=\boldsymbol{0},$$

其中 $c_1,c_2,\cdots,c_r$ 是常数. 上式是关于 n 维行向量的等式, 先考察行向量的第 k_1 分量, 可得 $c_1a_{1k_1}=0$. 因为 $a_{1k_1}\neq 0$, 故 $c_1=0$; 再依次考察行向量的第 $k_2,\cdots,k_r$ 分

量, 最后可得 $c_1 = c_2 = \cdots = c_r = 0$. 因此 $\boldsymbol{\alpha}_1, \boldsymbol{\alpha}_2, \cdots, \boldsymbol{\alpha}_r$ 线性无关, 从而 $\boldsymbol{A}$ 的秩等于 r, 即其非零行的个数.

再将 r 个阶梯点所在的列向量取出, 拼成一个新的矩阵:

$$\boldsymbol{B} = \begin{pmatrix} a_{1k_1} & \cdots & \cdots & \cdots \\ 0 & a_{2k_2} & \cdots & \cdots \\ \vdots & \vdots & & \vdots \\ 0 & 0 & \cdots & a_{rk_r} \\ & & \boldsymbol{O} & \end{pmatrix}.$$

采用相同的方法可证明矩阵 $\boldsymbol{B}$ 的前 r 行线性无关, 因此 $\mathrm{r}(\boldsymbol{B}) = r$, 从而阶梯点所在的列向量组的秩也等于 r. 又因为 $\mathrm{r}(\boldsymbol{A}) = r$, 故它们是 $\boldsymbol{A}$ 的列向量的极大无关组. □

例 3.2 设 $\boldsymbol{A} = (\boldsymbol{\alpha}_1, \boldsymbol{\alpha}_2, \cdots, \boldsymbol{\alpha}_n)$ 是一个 $m \times n$ 矩阵, $\boldsymbol{\alpha}_1, \boldsymbol{\alpha}_2, \cdots, \boldsymbol{\alpha}_n$ 是列向量. $\boldsymbol{P}$ 是一个 m 阶可逆矩阵, $\boldsymbol{B} = \boldsymbol{PA} = (\boldsymbol{\beta}_1, \boldsymbol{\beta}_2, \cdots, \boldsymbol{\beta}_n)$, 其中 $\boldsymbol{\beta}_j = \boldsymbol{P}\boldsymbol{\alpha}_j\,(1 \le j \le n)$. 证明: 若 $\boldsymbol{\alpha}_{i_1}, \boldsymbol{\alpha}_{i_2}, \cdots, \boldsymbol{\alpha}_{i_r}$ 是 $\boldsymbol{A}$ 的列向量的极大无关组, 则 $\boldsymbol{\beta}_{i_1}, \boldsymbol{\beta}_{i_2}, \cdots, \boldsymbol{\beta}_{i_r}$ 是 $\boldsymbol{B}$ 的列向量的极大无关组.

证明　先证明向量组 $\boldsymbol{\beta}_{i_1}, \boldsymbol{\beta}_{i_2}, \cdots, \boldsymbol{\beta}_{i_r}$ 线性无关. 设

$$c_1\boldsymbol{\beta}_{i_1} + c_2\boldsymbol{\beta}_{i_2} + \cdots + c_r\boldsymbol{\beta}_{i_r} = \mathbf{0},$$

即

$$c_1\boldsymbol{P}\boldsymbol{\alpha}_{i_1} + c_2\boldsymbol{P}\boldsymbol{\alpha}_{i_2} + \cdots + c_r\boldsymbol{P}\boldsymbol{\alpha}_{i_r} = \mathbf{0}.$$

已知 $\boldsymbol{P}$ 是可逆矩阵, 因此

$$c_1\boldsymbol{\alpha}_{i_1} + c_2\boldsymbol{\alpha}_{i_2} + \cdots + c_r\boldsymbol{\alpha}_{i_r} = \mathbf{0}.$$

而向量组 $\boldsymbol{\alpha}_{i_1}, \boldsymbol{\alpha}_{i_2}, \cdots, \boldsymbol{\alpha}_{i_r}$ 线性无关, 故 $c_1 = c_2 = \cdots = c_r = 0$, 这证明了向量组 $\boldsymbol{\beta}_{i_1}, \boldsymbol{\beta}_{i_2}, \cdots, \boldsymbol{\beta}_{i_r}$ 线性无关. 要证这是 $\boldsymbol{B}$ 的列向量的极大无关组, 只需证明 $\boldsymbol{B}$ 的任意一个列向量都是这些向量的线性组合即可. 设 $\boldsymbol{\beta}_j$ 是 $\boldsymbol{B}$ 的任意一个列向量, 则 $\boldsymbol{\beta}_j = \boldsymbol{P}\boldsymbol{\alpha}_j$. 因为 $\boldsymbol{\alpha}_{i_1}, \boldsymbol{\alpha}_{i_2}, \cdots, \boldsymbol{\alpha}_{i_r}$ 是 $\boldsymbol{A}$ 的列向量的极大无关组, 故 $\boldsymbol{\alpha}_j$ 可用 $\boldsymbol{\alpha}_{i_1}, \boldsymbol{\alpha}_{i_2}, \cdots, \boldsymbol{\alpha}_{i_r}$ 线性表示. 不妨设

$$\boldsymbol{\alpha}_j = b_1\boldsymbol{\alpha}_{i_1} + b_2\boldsymbol{\alpha}_{i_2} + \cdots + b_r\boldsymbol{\alpha}_{i_r},$$

则

$$\boldsymbol{P}\boldsymbol{\alpha}_j = b_1\boldsymbol{P}\boldsymbol{\alpha}_{i_1} + b_2\boldsymbol{P}\boldsymbol{\alpha}_{i_2} + \cdots + b_r\boldsymbol{P}\boldsymbol{\alpha}_{i_r},$$

即

$$\boldsymbol{\beta}_j = b_1\boldsymbol{\beta}_{i_1} + b_2\boldsymbol{\beta}_{i_2} + \cdots + b_r\boldsymbol{\beta}_{i_r}. \square$$

注 (1) 由于矩阵的秩在初等变换下不变, 因此由例 3.1 得到一个求矩阵秩的方法: 用初等行变换将一个矩阵 $\boldsymbol{A}$ 化为阶梯形矩阵 $\boldsymbol{B}$, 则矩阵 $\boldsymbol{B}$ 的非零行个数就是矩阵 $\boldsymbol{A}$ 的秩.

(2) 求矩阵秩的方法也可以用来求行 (列) 向量组的秩, 方法是将行 (列) 向量组拼成一个矩阵, 用初等变换求出矩阵的秩, 由于矩阵的秩就是其行 (列) 向量组的秩, 从而就得到了向量组的秩.

(3) 知道向量组的秩之后, 我们就可以判定向量组是否线性相关了. 若向量组的秩等于向量的个数, 则向量组线性无关; 若向量组的秩小于向量的个数, 则向量组线性相关.

(4) 进一步还可以求行 (列) 向量组的极大无关组, 注意此时应将行 (列) 向量组按列分块的方式拼成矩阵 $\boldsymbol{A}$, 并用初等行变换将矩阵变为阶梯形矩阵 $\boldsymbol{B}$. 由例 3.1 知 $\boldsymbol{B}$ 的阶梯点所在的列向量是 $\boldsymbol{B}$ 的列向量的极大无关组, 再由例 3.2 知初等行变换保持 $\boldsymbol{A}, \boldsymbol{B}$ 列向量的极大无关组的列指标, 从而可得 $\boldsymbol{A}$ 的列向量的极大无关组.

遇到具体的行 (列) 向量组, 要判定线性相关还是线性无关, 或者要求出它的秩和极大无关组, 我们通常都是利用上面的代数方法去做.

例 3.3 求下列向量组的秩:

$$(1, 0, -1, 3, -2), (2, 1, 0, -1, 0), (3, 1, -1, 2, -2).$$

解 将向量拼成矩阵, 并用初等行变换化为阶梯形矩阵:

$$\begin{pmatrix} 1 & 0 & -1 & 3 & -2 \\ 2 & 1 & 0 & -1 & 0 \\ 3 & 1 & -1 & 2 & -2 \end{pmatrix} \to \begin{pmatrix} 1 & 0 & -1 & 3 & -2 \\ 0 & 1 & 2 & -7 & 4 \\ 0 & 0 & 0 & 0 & 0 \end{pmatrix},$$

上述矩阵的秩为 2, 故向量组的秩也为 2. $\square$

例 3.4 判定下列两组向量是线性相关还是线性无关:

(1) $(-1, 3, 1), (2, 1, 0), (1, 4, 1)$;

(2) $(2, 3, 0), (-1, 4, 0), (0, 0, 2)$.

解 (1) 将向量拼成矩阵, 并用初等行变换化为阶梯形矩阵:

$$\begin{pmatrix} -1 & 3 & 1 \\ 2 & 1 & 0 \\ 1 & 4 & 1 \end{pmatrix} \to \begin{pmatrix} -1 & 3 & 1 \\ 0 & 7 & 2 \\ 0 & 7 & 2 \end{pmatrix} \to \begin{pmatrix} -1 & 3 & 1 \\ 0 & 7 & 2 \\ 0 & 0 & 0 \end{pmatrix},$$

上述矩阵的秩等于 2, 故向量组线性相关.

(2) 将向量拼成矩阵, 并用初等行变换化为阶梯形矩阵:

$$\begin{pmatrix} 2 & 3 & 0 \\ -1 & 4 & 0 \\ 0 & 0 & 2 \end{pmatrix} \to \begin{pmatrix} -1 & 4 & 0 \\ 2 & 3 & 0 \\ 0 & 0 & 2 \end{pmatrix} \to \begin{pmatrix} -1 & 4 & 0 \\ 0 & 11 & 0 \\ 0 & 0 & 2 \end{pmatrix},$$

上述矩阵秩等于 3, 故向量组线性无关. □

要判定一个向量 $\boldsymbol{\beta}$ 是向量组 $\boldsymbol{\alpha}_1, \boldsymbol{\alpha}_2, \cdots, \boldsymbol{\alpha}_m$ 的线性组合, 也可以用矩阵方法. 先求出向量组 $\boldsymbol{\alpha}_1, \boldsymbol{\alpha}_2, \cdots, \boldsymbol{\alpha}_m$ 的秩, 再求出向量组 $\boldsymbol{\alpha}_1, \boldsymbol{\alpha}_2, \cdots, \boldsymbol{\alpha}_m, \boldsymbol{\beta}$ 的秩, 如果两者相等, 则 $\boldsymbol{\beta}$ 可用 $\boldsymbol{\alpha}_1, \boldsymbol{\alpha}_2, \cdots, \boldsymbol{\alpha}_m$ 线性表示, 否则 $\boldsymbol{\beta}$ 不能用 $\boldsymbol{\alpha}_1, \boldsymbol{\alpha}_2, \cdots, \boldsymbol{\alpha}_m$ 线性表示. 这种方法实际上和求解非齐次线性方程组是一回事, 即判断是否存在 $x_1, x_2, \cdots, x_m$, 使得 $\boldsymbol{\beta} = x_1\boldsymbol{\alpha}_1 + x_2\boldsymbol{\alpha}_2 + \cdots + x_m\boldsymbol{\alpha}_m$. 求出 x_i 就可以得到具体的表达式, 同时还可以判断表示是否唯一.

例 3.5 判定下列向量 $\boldsymbol{\beta}$ 能否用向量组 $\boldsymbol{\alpha}_1, \boldsymbol{\alpha}_2, \boldsymbol{\alpha}_3$ 线性表示:

(1) $\boldsymbol{\beta} = (5, 4, -2, 4)$; $\boldsymbol{\alpha}_1 = (1, 0, -1, 3), \boldsymbol{\alpha}_2 = (2, 1, 0, 1), \boldsymbol{\alpha}_3 = (0, -2, 1, 1)$;

(2) $\boldsymbol{\beta} = (1, 1, 1, 1)$; $\boldsymbol{\alpha}_1 = (-1, 2, -1, 1), \boldsymbol{\alpha}_2 = (4, 0, 1, -1), \boldsymbol{\alpha}_3 = (3, 2, 0, 0)$.

解 (1) 将向量按列分块方式拼成矩阵, 并用初等行变换化为阶梯形矩阵:

$$\left(\begin{array}{ccc:c} 1 & 2 & 0 & 5 \\ 0 & 1 & -2 & 4 \\ -1 & 0 & 1 & -2 \\ 3 & 1 & 1 & 4 \end{array}\right) \to \left(\begin{array}{ccc:c} 1 & 2 & 0 & 5 \\ 0 & 1 & -2 & 4 \\ 0 & 2 & 1 & 3 \\ 0 & 1 & 4 & -2 \end{array}\right) \to$$

$$\left(\begin{array}{ccc:c} 1 & 2 & 0 & 5 \\ 0 & 1 & -2 & 4 \\ 0 & 0 & 5 & -5 \\ 0 & 0 & 6 & -6 \end{array}\right) \to \left(\begin{array}{ccc:c} 1 & 2 & 0 & 5 \\ 0 & 1 & -2 & 4 \\ 0 & 0 & 5 & -5 \\ 0 & 0 & 0 & 0 \end{array}\right) \to \left(\begin{array}{ccc:c} 1 & 0 & 0 & 1 \\ 0 & 1 & 0 & 2 \\ 0 & 0 & 1 & -1 \\ 0 & 0 & 0 & 0 \end{array}\right),$$

故 $\boldsymbol{\beta}$ 能用向量组 $\boldsymbol{\alpha}_1, \boldsymbol{\alpha}_2, \boldsymbol{\alpha}_3$ 线性表示. 由线性方程组的求解理论可知上述表示是唯一的, 且

$$\boldsymbol{\beta} = \boldsymbol{\alpha}_1 + 2\boldsymbol{\alpha}_2 - \boldsymbol{\alpha}_3.$$

(2) 将向量按列分块方式拼成矩阵, 并用初等行变换化为阶梯形矩阵:

$$\left(\begin{array}{ccc:c} -1 & 4 & 3 & 1 \\ 2 & 0 & 2 & 1 \\ -1 & 1 & 0 & 1 \\ 1 & -1 & 0 & 1 \end{array}\right) \to \left(\begin{array}{ccc:c} -1 & 4 & 3 & 1 \\ 0 & 8 & 8 & 3 \\ 0 & -3 & -3 & 0 \\ 0 & 0 & 0 & 2 \end{array}\right) \to$$

$$\left(\begin{array}{ccc:c} -1 & 4 & 3 & 1 \\ 0 & 0 & 0 & 3 \\ 0 & -3 & -3 & 0 \\ 0 & 0 & 0 & 2 \end{array}\right) \to \left(\begin{array}{ccc:c} -1 & 4 & 3 & 1 \\ 0 & -3 & -3 & 0 \\ 0 & 0 & 0 & 3 \\ 0 & 0 & 0 & 0 \end{array}\right),$$

故 $\boldsymbol{\beta}$ 不能用向量组 $\boldsymbol{\alpha}_1, \boldsymbol{\alpha}_2, \boldsymbol{\alpha}_3$ 线性表示. □

例 3.6 求下列向量组的一个极大无关组:

$$\boldsymbol{\alpha}_1 = (1,1,2,2,1), \boldsymbol{\alpha}_2 = (0,2,1,5,-1), \boldsymbol{\alpha}_3 = (2,0,3,-1,3), \boldsymbol{\alpha}_4 = (1,1,0,4,-1).$$

解 将向量按列分块方式拼成矩阵, 并用初等行变换化为阶梯形矩阵:

$$\begin{pmatrix} 1 & 0 & 2 & 1 \\ 1 & 2 & 0 & 1 \\ 2 & 1 & 3 & 0 \\ 2 & 5 & -1 & 4 \\ 1 & -1 & 3 & -1 \end{pmatrix} \to \begin{pmatrix} 1 & 0 & 2 & 1 \\ 0 & 1 & -1 & -2 \\ 0 & 0 & 0 & 4 \\ 0 & 0 & 0 & 0 \\ 0 & 0 & 0 & 0 \end{pmatrix}.$$

注意到右边阶梯形矩阵中阶梯点所在的列指标为 1, 2, 4, 所以 $\boldsymbol{\alpha}_1, \boldsymbol{\alpha}_2, \boldsymbol{\alpha}_4$ 是向量组的一个极大无关组. 注意到极大无关组一般并不唯一, 在本题中, 除了 $\boldsymbol{\alpha}_1, \boldsymbol{\alpha}_2, \boldsymbol{\alpha}_4$ 之外, $\boldsymbol{\alpha}_1, \boldsymbol{\alpha}_3, \boldsymbol{\alpha}_4$ 和 $\boldsymbol{\alpha}_2, \boldsymbol{\alpha}_3, \boldsymbol{\alpha}_4$ 也都是极大无关组, 但 $\boldsymbol{\alpha}_1, \boldsymbol{\alpha}_2, \boldsymbol{\alpha}_3$ 不是极大无关组. □

2. 几何方法和理论证明问题

遇到向量线性关系的证明题, 通常我们从线性关系的定义出发, 利用发展起来的线性空间理论加以证明. 下面我们给出一些典型的例题.

例 3.7 在 $n\,(n \geq 2)$ 维线性空间 V 中, 试回答如下问题:

(1) 若 $\boldsymbol{\alpha}_1, \boldsymbol{\alpha}_2$ 线性相关, $\boldsymbol{\beta}_1, \boldsymbol{\beta}_2$ 线性相关, 问 $\boldsymbol{\alpha}_1 + \boldsymbol{\beta}_1, \boldsymbol{\alpha}_2 + \boldsymbol{\beta}_2$ 是否必线性相关?

(2) 若 $\boldsymbol{\alpha}_1, \boldsymbol{\alpha}_2$ 线性无关, $\boldsymbol{\beta}$ 是另一个向量, 问 $\boldsymbol{\alpha}_1 + \boldsymbol{\beta}, \boldsymbol{\alpha}_2 + \boldsymbol{\beta}$ 是否必线性无关?

(3) 若 $\boldsymbol{\alpha}, \boldsymbol{\beta}$ 线性无关, $\boldsymbol{\beta}, \boldsymbol{\gamma}$ 线性无关, $\boldsymbol{\gamma}, \boldsymbol{\alpha}$ 线性无关, 问 $\boldsymbol{\alpha}, \boldsymbol{\beta}, \boldsymbol{\gamma}$ 是否必线性无关?

解　(1) 设 $\boldsymbol{\alpha}_1,\boldsymbol{\beta}_1$ 线性无关, $\boldsymbol{\alpha}_2=\boldsymbol{\alpha}_1$, $\boldsymbol{\beta}_2=-\boldsymbol{\beta}_1$, 容易验证 $\boldsymbol{\alpha}_1+\boldsymbol{\beta}_1,\boldsymbol{\alpha}_2+\boldsymbol{\beta}_2$ 线性无关.

(2) 设 $\boldsymbol{\alpha}_1,\boldsymbol{\alpha}_2$ 线性无关, $\boldsymbol{\beta}=-\dfrac{1}{2}(\boldsymbol{\alpha}_1+\boldsymbol{\alpha}_2)$, 容易验证 $\boldsymbol{\alpha}_1+\boldsymbol{\beta},\boldsymbol{\alpha}_2+\boldsymbol{\beta}$ 线性相关.

(3) 设 $\boldsymbol{\alpha},\boldsymbol{\beta}$ 线性无关, $\boldsymbol{\gamma}=\dfrac{1}{2}(\boldsymbol{\alpha}+\boldsymbol{\beta})$, 容易验证 $\boldsymbol{\beta},\boldsymbol{\gamma}$ 线性无关, $\boldsymbol{\gamma},\boldsymbol{\alpha}$ 线性无关, 但 $\boldsymbol{\alpha},\boldsymbol{\beta},\boldsymbol{\gamma}$ 线性相关. □

例 3.8　设 $\boldsymbol{\alpha}_1,\boldsymbol{\alpha}_2,\cdots,\boldsymbol{\alpha}_m$ 是线性空间 V 中一组线性无关的向量, $\boldsymbol{\beta}$ 是 V 中的向量. 求证: 或者 $\boldsymbol{\alpha}_1,\boldsymbol{\alpha}_2,\cdots,\boldsymbol{\alpha}_m,\boldsymbol{\beta}$ 线性无关, 或者 $\boldsymbol{\beta}$ 是 $\boldsymbol{\alpha}_1,\boldsymbol{\alpha}_2,\cdots,\boldsymbol{\alpha}_m$ 的线性组合.

证明　若 $\boldsymbol{\alpha}_1,\boldsymbol{\alpha}_2,\cdots,\boldsymbol{\alpha}_m,\boldsymbol{\beta}$ 线性无关, 则结论得证. 若 $\boldsymbol{\alpha}_1,\boldsymbol{\alpha}_2,\cdots,\boldsymbol{\alpha}_m,\boldsymbol{\beta}$ 线性相关, 则存在不全为零的数 $c_1,c_2,\cdots,c_m,d$, 使得

$$c_1\boldsymbol{\alpha}_1+c_2\boldsymbol{\alpha}_2+\cdots+c_m\boldsymbol{\alpha}_m+d\boldsymbol{\beta}=\mathbf{0}.$$

若 $d=0$, 则 $c_1,c_2,\cdots,c_m$ 不全为零且 $c_1\boldsymbol{\alpha}_1+c_2\boldsymbol{\alpha}_2+\cdots+c_m\boldsymbol{\alpha}_m=\mathbf{0}$, 这与 $\boldsymbol{\alpha}_1,\boldsymbol{\alpha}_2,\cdots,\boldsymbol{\alpha}_m$ 线性无关矛盾. 因此 $d\neq 0$, 从而

$$\boldsymbol{\beta}=-\frac{c_1}{d}\boldsymbol{\alpha}_1-\frac{c_2}{d}\boldsymbol{\alpha}_2-\cdots-\frac{c_m}{d}\boldsymbol{\alpha}_m,$$

即 $\boldsymbol{\beta}$ 是 $\boldsymbol{\alpha}_1,\boldsymbol{\alpha}_2,\cdots,\boldsymbol{\alpha}_m$ 的线性组合. □

注　上述结论等价于: 若 $\boldsymbol{\alpha}_1,\boldsymbol{\alpha}_2,\cdots,\boldsymbol{\alpha}_m$ 线性无关且 $\boldsymbol{\beta}\notin L(\boldsymbol{\alpha}_1,\boldsymbol{\alpha}_2,\cdots,\boldsymbol{\alpha}_m)$, 则 $\boldsymbol{\alpha}_1,\boldsymbol{\alpha}_2,\cdots,\boldsymbol{\alpha}_m,\boldsymbol{\beta}$ 线性无关. 虽然这个等价命题很简单, 但后面经常会用到.

例 3.9　设向量 $\boldsymbol{\beta}$ 可由向量 $\boldsymbol{\alpha}_1,\boldsymbol{\alpha}_2,\cdots,\boldsymbol{\alpha}_m$ 线性表示, 但不能由其中任何个数少于 m 的部分向量线性表示, 求证: 这 m 个向量线性无关.

证明　用反证法, 设 $\boldsymbol{\alpha}_1,\boldsymbol{\alpha}_2,\cdots,\boldsymbol{\alpha}_m$ 线性相关, 则至少有一个向量是其余向量的线性组合. 不妨设 $\boldsymbol{\alpha}_m$ 是 $\boldsymbol{\alpha}_1,\boldsymbol{\alpha}_2,\cdots,\boldsymbol{\alpha}_{m-1}$ 的线性组合, 则由线性组合的传递性可知, $\boldsymbol{\beta}$ 也是 $\boldsymbol{\alpha}_1,\boldsymbol{\alpha}_2,\cdots,\boldsymbol{\alpha}_{m-1}$ 的线性组合, 这与假设矛盾. □

例 3.10　设线性空间 V 中向量 $\boldsymbol{\alpha}_1,\boldsymbol{\alpha}_2,\cdots,\boldsymbol{\alpha}_r$ 线性无关, 已知有序向量组 $\{\boldsymbol{\beta},\boldsymbol{\alpha}_1,\boldsymbol{\alpha}_2,\cdots,\boldsymbol{\alpha}_r\}$ 线性相关, 求证: 最多只有一个 $\boldsymbol{\alpha}_i$ 可以表示为前面向量的线性组合.

证明　用反证法, 设存在 $1\leq i<j\leq r$, 使得

$$\begin{aligned}\boldsymbol{\alpha}_i &= b\boldsymbol{\beta}+a_1\boldsymbol{\alpha}_1+a_2\boldsymbol{\alpha}_2+\cdots+a_{i-1}\boldsymbol{\alpha}_{i-1},\\ \boldsymbol{\alpha}_j &= d\boldsymbol{\beta}+c_1\boldsymbol{\alpha}_1+c_2\boldsymbol{\alpha}_2+\cdots+c_{j-1}\boldsymbol{\alpha}_{j-1}.\end{aligned}$$

由于 $\boldsymbol{\alpha}_1,\boldsymbol{\alpha}_2,\cdots,\boldsymbol{\alpha}_r$ 线性无关, 故 $b\neq 0$. 将第一个等式乘以 $-\dfrac{d}{b}$ 加到第二个等式上, 可得 $\boldsymbol{\alpha}_j$ 是 $\boldsymbol{\alpha}_1,\boldsymbol{\alpha}_2,\cdots,\boldsymbol{\alpha}_{j-1}$ 的线性组合, 这与 $\boldsymbol{\alpha}_1,\boldsymbol{\alpha}_2,\cdots,\boldsymbol{\alpha}_r$ 线性无关矛盾. □

例 3.11 设 n 维列向量 $\boldsymbol{\alpha}_1,\boldsymbol{\alpha}_2,\cdots,\boldsymbol{\alpha}_m$ 线性无关, $\boldsymbol{A}$ 为 n 阶可逆矩阵, 求证: $\boldsymbol{A}\boldsymbol{\alpha}_1,\boldsymbol{A}\boldsymbol{\alpha}_2,\cdots,\boldsymbol{A}\boldsymbol{\alpha}_m$ 线性无关.

证明 由例 3.2 即得. □

例 3.12 设 $\boldsymbol{A}$ 是 $n\times m$ 矩阵, $\boldsymbol{B}$ 是 $m\times n$ 矩阵, 满足 $\boldsymbol{AB}=\boldsymbol{I}_n$, 求证: $\boldsymbol{B}$ 的 n 个列向量线性无关.

证明 设 $\boldsymbol{B}=(\boldsymbol{\beta}_1,\boldsymbol{\beta}_2,\cdots,\boldsymbol{\beta}_n)$ 为列分块, 则 $\boldsymbol{AB}=(\boldsymbol{A\beta}_1,\boldsymbol{A\beta}_2,\cdots,\boldsymbol{A\beta}_n)$. 由 $\boldsymbol{AB}=\boldsymbol{I}_n$ 可得 $\boldsymbol{A\beta}_i=\boldsymbol{e}_i\,(1\leq i\leq n)$, 其中 $\boldsymbol{e}_i$ 是 n 维标准单位列向量. 设

$$c_1\boldsymbol{\beta}_1+c_2\boldsymbol{\beta}_2+\cdots+c_n\boldsymbol{\beta}_n=\boldsymbol{0},$$

上式两边同时左乘 $\boldsymbol{A}$, 可得

$$\boldsymbol{0}=c_1\boldsymbol{A\beta}_1+c_2\boldsymbol{A\beta}_2+\cdots+c_n\boldsymbol{A\beta}_n=c_1\boldsymbol{e}_1+c_2\boldsymbol{e}_2+\cdots+c_n\boldsymbol{e}_n=(c_1,c_2,\cdots,c_n)',$$

因此 $c_1=c_2=\cdots=c_n=0$, 即 $\boldsymbol{B}$ 的 n 个列向量 $\boldsymbol{\beta}_1,\boldsymbol{\beta}_2,\cdots,\boldsymbol{\beta}_n$ 线性无关. □

例 3.13 设 $\{\boldsymbol{\alpha}_i=(a_{i1},a_{i2},\cdots,a_{in}),\,1\leq i\leq m\}$ 是一组 n 维行向量, $1\leq j_1<j_2<\cdots<j_t\leq n$ 是给定的 $t\,(t<n)$ 个指标. 定义 $\widetilde{\boldsymbol{\alpha}}_i=(a_{ij_1},a_{ij_2},\cdots,a_{ij_t})$, 称 $\widetilde{\boldsymbol{\alpha}}_i$ 为 $\boldsymbol{\alpha}_i$ 的 t 维缩短向量. 求证:

(1) 若 $\boldsymbol{\alpha}_1,\boldsymbol{\alpha}_2,\cdots,\boldsymbol{\alpha}_m$ 线性相关, 则 $\widetilde{\boldsymbol{\alpha}}_1,\widetilde{\boldsymbol{\alpha}}_2,\cdots,\widetilde{\boldsymbol{\alpha}}_m$ 也线性相关;

(2) 设 n 维行向量 $\boldsymbol{\alpha}=(a_1,a_2,\cdots,a_n)$ 是 $\boldsymbol{\alpha}_1,\boldsymbol{\alpha}_2,\cdots,\boldsymbol{\alpha}_m$ 的线性组合, 则 $\widetilde{\boldsymbol{\alpha}}$ 也是 $\widetilde{\boldsymbol{\alpha}}_1,\widetilde{\boldsymbol{\alpha}}_2,\cdots,\widetilde{\boldsymbol{\alpha}}_m$ 的线性组合.

证明 (1) 由假设存在不全为零的数 $c_1,c_2,\cdots,c_m$, 使得

$$\boldsymbol{0}=c_1\boldsymbol{\alpha}_1+c_2\boldsymbol{\alpha}_2+\cdots+c_m\boldsymbol{\alpha}_m=(\sum_{i=1}^m c_ia_{i1},\sum_{i=1}^m c_ia_{i2},\cdots,\sum_{i=1}^m c_ia_{in}).$$

在等式两边同时取 t 维缩短向量, 可得

$$\boldsymbol{0}=(\sum_{i=1}^m c_ia_{ij_1},\sum_{i=1}^m c_ia_{ij_2},\cdots,\sum_{i=1}^m c_ia_{ij_t})=c_1\widetilde{\boldsymbol{\alpha}}_1+c_2\widetilde{\boldsymbol{\alpha}}_2+\cdots+c_m\widetilde{\boldsymbol{\alpha}}_m,$$

从而结论成立.

(2) 设 $\boldsymbol{\alpha}=c_1\boldsymbol{\alpha}_1+c_2\boldsymbol{\alpha}_2+\cdots+c_m\boldsymbol{\alpha}_m$, 则由 (1) 的证明过程可得

$$\widetilde{\boldsymbol{\alpha}}=c_1\widetilde{\boldsymbol{\alpha}}_1+c_2\widetilde{\boldsymbol{\alpha}}_2+\cdots+c_m\widetilde{\boldsymbol{\alpha}}_m,$$

从而结论成立. □

例 3.14 设 V 是实数域上连续函数全体构成的实线性空间, 求证下列函数线性无关:

(1) $\sin x,\sin 2x,\cdots,\sin nx$; (2) $1,\cos x,\cos 2x,\cdots,\cos nx$;

(3) $1,\sin x,\cos x,\sin 2x,\cos 2x,\cdots,\sin nx,\cos nx$.

证法 1 根据向量线性无关的基本性质, 我们只要证明 (3) 即可. 对 n 进行归纳, 当 $n=0$ 时, 显然 1 作为一个函数线性无关. 假设命题对小于 n 的自然数成立, 现证明等于 n 的情形. 设

$$a+b_1\sin x+c_1\cos x+b_2\sin 2x+c_2\cos 2x+\cdots+b_n\sin nx+c_n\cos nx=0,$$

其中 a,b_i,c_i 都是实数. 对上式两次求导, 可得

$$-b_1\sin x-c_1\cos x-4b_2\sin 2x-4c_2\cos 2x-\cdots-n^2b_n\sin nx-n^2c_n\cos nx=0,$$

再将第一个式子乘以 n^2 加到第二个式子上, 可得

$$an^2+\sum_{i=1}^{n-1}b_i(n^2-i^2)\sin ix+\sum_{i=1}^{n-1}c_i(n^2-i^2)\cos ix=0,$$

由归纳假设即得 $a=b_1=c_1=\cdots=b_{n-1}=c_{n-1}=0$. 将此结论代入第一个式子可得 $b_n\sin nx+c_n\cos nx=0$. 若 $b_n\neq 0$ ($c_n\neq 0$), 则 $\tan nx=-c_n/b_n$ ($\cot nx=-b_n/c_n$) 为常数, 矛盾. 因此, $b_n=c_n=0$.

证法 2 设

$$f(x)=a+b_1\sin x+c_1\cos x+b_2\sin 2x+c_2\cos 2x+\cdots+b_n\sin nx+c_n\cos nx=0,$$

其中 a,b_i,c_i 都是实数. 依次设 $g(x)=1,\sin x,\cos x,\sin 2x,\cos 2x,\cdots,\sin nx,\cos nx$, 并分别计算定积分 $\int_0^{2\pi}f(x)g(x)\mathrm{d}x$, 可得 $a=b_1=c_1=\cdots=b_n=c_n=0$. □

例 3.15 设向量组 $\boldsymbol{\alpha}_1,\boldsymbol{\alpha}_2,\cdots,\boldsymbol{\alpha}_r$ 线性无关, 又

$$\begin{cases}\boldsymbol{\beta}_1=a_{11}\boldsymbol{\alpha}_1+a_{12}\boldsymbol{\alpha}_2+\cdots+a_{1r}\boldsymbol{\alpha}_r,\\ \boldsymbol{\beta}_2=a_{21}\boldsymbol{\alpha}_1+a_{22}\boldsymbol{\alpha}_2+\cdots+a_{2r}\boldsymbol{\alpha}_r,\\ \qquad\cdots\cdots\cdots\cdots\\ \boldsymbol{\beta}_r=a_{r1}\boldsymbol{\alpha}_1+a_{r2}\boldsymbol{\alpha}_2+\cdots+a_{rr}\boldsymbol{\alpha}_r.\end{cases}$$

求证: $\boldsymbol{\beta}_1,\boldsymbol{\beta}_2,\cdots,\boldsymbol{\beta}_r$ 线性相关的充要条件是系数矩阵 $\boldsymbol{A}=(a_{ij})_{r\times r}$ 的行列式为零.

证明　记 $\boldsymbol{A}$ 的行向量为 $\boldsymbol{\gamma}_1,\boldsymbol{\gamma}_2,\cdots,\boldsymbol{\gamma}_r$. 若 $|\boldsymbol{A}|=0$, 则 $\boldsymbol{A}$ 的行向量线性相关, 即存在不全为零的 r 个数 $c_1,c_2,\cdots,c_r$, 使得

$$c_1\boldsymbol{\gamma}_1+c_2\boldsymbol{\gamma}_2+\cdots+c_r\boldsymbol{\gamma}_r=\mathbf{0}.$$

经简单计算可得

$$c_1\boldsymbol{\beta}_1+c_2\boldsymbol{\beta}_2+\cdots+c_r\boldsymbol{\beta}_r=\mathbf{0},$$

从而 $\boldsymbol{\beta}_1,\boldsymbol{\beta}_2,\cdots,\boldsymbol{\beta}_r$ 线性相关.

反之, 若 $\boldsymbol{A}$ 可逆, 如有 $k_1,k_2,\cdots,k_r$, 使得

$$k_1\boldsymbol{\beta}_1+k_2\boldsymbol{\beta}_2+\cdots+k_r\boldsymbol{\beta}_r=\mathbf{0},$$

将 $\boldsymbol{\beta}_i$ 代入, 并利用 $\boldsymbol{\alpha}_1,\boldsymbol{\alpha}_2,\cdots,\boldsymbol{\alpha}_r$ 的线性无关性, 可得以 k_i 为未知数的线性方程组:

$$\begin{cases}a_{11}k_1+a_{21}k_2+\cdots+a_{r1}k_r=0,\\ a_{12}k_1+a_{22}k_2+\cdots+a_{r2}k_r=0,\\ \cdots\cdots\cdots\cdots\\ a_{1r}k_1+a_{2r}k_2+\cdots+a_{rr}k_r=0.\end{cases}$$

因为 $\boldsymbol{A}$ 可逆, 所以该方程组只有零解, 从而 $\boldsymbol{\beta}_1,\boldsymbol{\beta}_2,\cdots,\boldsymbol{\beta}_r$ 线性无关. □

我们可以得到例 3.15 在计算方面的应用.

例 3.16　设向量组 $\boldsymbol{\alpha}_1,\boldsymbol{\alpha}_2,\boldsymbol{\alpha}_3$ 线性无关, 向量组 $\boldsymbol{\beta}_1,\boldsymbol{\beta}_2,\boldsymbol{\beta}_3$ 可由 $\boldsymbol{\alpha}_1,\boldsymbol{\alpha}_2,\boldsymbol{\alpha}_3$ 线性表示:

$$\begin{cases}\boldsymbol{\beta}_1=\boldsymbol{\alpha}_1+2\boldsymbol{\alpha}_2+3\boldsymbol{\alpha}_3,\\ \boldsymbol{\beta}_2=3\boldsymbol{\alpha}_1-\boldsymbol{\alpha}_2+4\boldsymbol{\alpha}_3,\\ \boldsymbol{\beta}_3=\boldsymbol{\alpha}_2+\boldsymbol{\alpha}_3.\end{cases}$$

问 $\boldsymbol{\beta}_1,\boldsymbol{\beta}_2,\boldsymbol{\beta}_3$ 是否线性无关?

解　由计算可知系数矩阵

$$\begin{pmatrix}1&2&3\\3&-1&4\\0&1&1\end{pmatrix}$$

的行列式值等于 -2, 因此向量组 $\boldsymbol{\beta}_1,\boldsymbol{\beta}_2,\boldsymbol{\beta}_3$ 线性无关. □

例 3.17 设向量组 $\boldsymbol{\alpha}_1, \boldsymbol{\alpha}_2, \boldsymbol{\alpha}_3$ 是齐次线性方程组 $\boldsymbol{Ax}=\boldsymbol{0}$ 的一个基础解系, 问向量组

$$\boldsymbol{\alpha}_1+2\boldsymbol{\alpha}_2+\boldsymbol{\alpha}_3,\ 2\boldsymbol{\alpha}_1+\boldsymbol{\alpha}_2+2\boldsymbol{\alpha}_3,\ \boldsymbol{\alpha}_1+\boldsymbol{\alpha}_2+\boldsymbol{\alpha}_3$$

是否也是齐次线性方程组 $\boldsymbol{Ax}=\boldsymbol{0}$ 的一个基础解系?

解 由计算可知系数矩阵

$$\begin{pmatrix} 1 & 2 & 1 \\ 2 & 1 & 2 \\ 1 & 1 & 1 \end{pmatrix}$$

的行列式值等于 0, 故要判定的向量组线性相关, 不可能是 $\boldsymbol{Ax}=\boldsymbol{0}$ 的基础解系. □

我们还可以将例 3.15 进一步推广为如下有用的命题, 它将文字向量组秩的判定也归结为矩阵秩的计算.

例 3.18 设 $\boldsymbol{\alpha}_1, \boldsymbol{\alpha}_2, \cdots, \boldsymbol{\alpha}_m$ 是一组线性无关的向量, 向量组 $\boldsymbol{\beta}_1, \boldsymbol{\beta}_2, \cdots, \boldsymbol{\beta}_k$ 可用 $\boldsymbol{\alpha}_1, \boldsymbol{\alpha}_2, \cdots, \boldsymbol{\alpha}_m$ 线性表示如下:

$$\begin{cases} \boldsymbol{\beta}_1 = a_{11}\boldsymbol{\alpha}_1 + a_{12}\boldsymbol{\alpha}_2 + \cdots + a_{1m}\boldsymbol{\alpha}_m, \\ \boldsymbol{\beta}_2 = a_{21}\boldsymbol{\alpha}_1 + a_{22}\boldsymbol{\alpha}_2 + \cdots + a_{2m}\boldsymbol{\alpha}_m, \\ \qquad\cdots\cdots\cdots\cdots \\ \boldsymbol{\beta}_k = a_{k1}\boldsymbol{\alpha}_1 + a_{k2}\boldsymbol{\alpha}_2 + \cdots + a_{km}\boldsymbol{\alpha}_m. \end{cases}$$

记表示矩阵 $\boldsymbol{A}=(a_{ij})_{k\times m}$, 求证: 向量组 $\boldsymbol{\beta}_1, \boldsymbol{\beta}_2, \cdots, \boldsymbol{\beta}_k$ 的秩等于 $\mathrm{r}(\boldsymbol{A})$.

证明 设 $\mathrm{r}(\boldsymbol{A})=r$, 记 $\boldsymbol{A}$ 的 k 个行向量为 $\boldsymbol{\gamma}_1, \boldsymbol{\gamma}_2, \cdots, \boldsymbol{\gamma}_k$. 不失一般性, 可假设 $\boldsymbol{A}$ 的前 r 个行向量线性无关, 其余行向量均可用前 r 个行向量线性表示. 若

$$\boldsymbol{\gamma}_i = c_1\boldsymbol{\gamma}_1 + c_2\boldsymbol{\gamma}_2 + \cdots + c_r\boldsymbol{\gamma}_r,$$

则经过简单计算可得

$$\boldsymbol{\beta}_i = c_1\boldsymbol{\beta}_1 + c_2\boldsymbol{\beta}_2 + \cdots + c_r\boldsymbol{\beta}_r.$$

另一方面, 若

$$c_1\boldsymbol{\beta}_1 + c_2\boldsymbol{\beta}_2 + \cdots + c_r\boldsymbol{\beta}_r = \boldsymbol{0},$$

则

$$c_1(a_{11}\boldsymbol{\alpha}_1 + \cdots + a_{1m}\boldsymbol{\alpha}_m) + \cdots + c_r(a_{r1}\boldsymbol{\alpha}_1 + \cdots + a_{rm}\boldsymbol{\alpha}_m) = \boldsymbol{0},$$

即
$$(c_1a_{11}+\cdots+c_ra_{r1})\boldsymbol{\alpha}_1+\cdots+(c_1a_{1m}+\cdots+c_ra_{rm})\boldsymbol{\alpha}_m=\mathbf{0}.$$
因为 $\boldsymbol{\alpha}_1,\cdots,\boldsymbol{\alpha}_m$ 线性无关, 故可得
$$\begin{cases}a_{11}c_1+a_{21}c_2+\cdots+a_{r1}c_r=0,\\a_{12}c_1+a_{22}c_2+\cdots+a_{r2}c_r=0,\\\qquad\cdots\cdots\cdots\cdots\\a_{1m}c_1+a_{2m}c_2+\cdots+a_{rm}c_r=0.\end{cases}$$
将上述方程组看成是未知数 c_i 的齐次线性方程组, 其系数矩阵的秩为 r, 未知数个数也是 r, 因此只有唯一一组解, 即零解. 这表明 $\boldsymbol{\beta}_1,\boldsymbol{\beta}_2,\cdots,\boldsymbol{\beta}_r$ 是向量组 $\boldsymbol{\beta}_1,\boldsymbol{\beta}_2,\cdots,\boldsymbol{\beta}_k$ 的极大无关组, 因此向量组 $\boldsymbol{\beta}_1,\boldsymbol{\beta}_2,\cdots,\boldsymbol{\beta}_k$ 的秩等于 r. □

下列命题对判断向量组秩的大小是很有用的.

例 3.19 设 $\boldsymbol{\alpha}_1,\boldsymbol{\alpha}_2,\cdots,\boldsymbol{\alpha}_m$ 是向量空间 V 中一组向量, 向量组 $\boldsymbol{\beta}_1,\boldsymbol{\beta}_2,\cdots,\boldsymbol{\beta}_k$ 可用 $\boldsymbol{\alpha}_1,\boldsymbol{\alpha}_2,\cdots,\boldsymbol{\alpha}_m$ 线性表出, 求证: 向量组 $\boldsymbol{\beta}_1,\boldsymbol{\beta}_2,\cdots,\boldsymbol{\beta}_k$ 的秩小于等于向量组 $\boldsymbol{\alpha}_1,\boldsymbol{\alpha}_2,\cdots,\boldsymbol{\alpha}_m$ 的秩.

证明 不失一般性, 可设 $\boldsymbol{\alpha}_1,\boldsymbol{\alpha}_2,\cdots,\boldsymbol{\alpha}_r$ 是向量组 $\boldsymbol{\alpha}_1,\boldsymbol{\alpha}_2,\cdots,\boldsymbol{\alpha}_m$ 的极大无关组, $\boldsymbol{\beta}_1,\boldsymbol{\beta}_2,\cdots,\boldsymbol{\beta}_s$ 是向量组 $\boldsymbol{\beta}_1,\boldsymbol{\beta}_2,\cdots,\boldsymbol{\beta}_k$ 的极大无关组. 因为 $\boldsymbol{\alpha}_1,\boldsymbol{\alpha}_2,\cdots,\boldsymbol{\alpha}_m$ 可用 $\boldsymbol{\alpha}_1,\boldsymbol{\alpha}_2,\cdots,\boldsymbol{\alpha}_r$ 线性表出, 所以 $\boldsymbol{\beta}_1,\boldsymbol{\beta}_2,\cdots,\boldsymbol{\beta}_s$ 也可用 $\boldsymbol{\alpha}_1,\boldsymbol{\alpha}_2,\cdots,\boldsymbol{\alpha}_r$ 线性表出, 从而由 §§ 3.1.3 定理 2 可知 $s\le r$, 结论成立. □

注 如果将向量组 $\boldsymbol{\alpha}_1,\boldsymbol{\alpha}_2,\cdots,\boldsymbol{\alpha}_m$ 称为原向量组, 将向量组 $\boldsymbol{\beta}_1,\boldsymbol{\beta}_2,\cdots,\boldsymbol{\beta}_k$ 称为表出向量组, 则例 3.19 可简述为: “表出向量组的秩不超过原向量组的秩.” 从几何上看, 这是一个自然的结果. 因为每个 $\boldsymbol{\beta}_i$ 都属于由 $\boldsymbol{\alpha}_1,\boldsymbol{\alpha}_2,\cdots,\boldsymbol{\alpha}_m$ 生成的子空间, 故它们的秩不会超过该子空间的维数.

如果已知向量组的秩, 那么判定其极大无关组有如下简洁的方法, 它在后面会经常用到.

例 3.20 设 $\boldsymbol{\alpha}_1,\boldsymbol{\alpha}_2,\cdots,\boldsymbol{\alpha}_m$ 是向量空间 V 中一组向量且其秩等于 r, $\boldsymbol{\alpha}_{i_1},\boldsymbol{\alpha}_{i_2},\cdots,\boldsymbol{\alpha}_{i_r}$ 是其中 r 个向量. 假设下列条件之一成立:

(1) $\boldsymbol{\alpha}_{i_1},\boldsymbol{\alpha}_{i_2},\cdots,\boldsymbol{\alpha}_{i_r}$ 线性无关;

(2) 任一 $\boldsymbol{\alpha}_i$ 均可由 $\boldsymbol{\alpha}_{i_1},\boldsymbol{\alpha}_{i_2},\cdots,\boldsymbol{\alpha}_{i_r}$ 线性表示.

求证: $\boldsymbol{\alpha}_{i_1},\boldsymbol{\alpha}_{i_2},\cdots,\boldsymbol{\alpha}_{i_r}$ 是向量组的极大无关组.

证明 (1) 设 $\boldsymbol{\alpha}_{i_1},\boldsymbol{\alpha}_{i_2},\cdots,\boldsymbol{\alpha}_{i_r}$ 线性无关, 又设 $\boldsymbol{\alpha}_{j_1},\boldsymbol{\alpha}_{j_2},\cdots,\boldsymbol{\alpha}_{j_r}$ 是向量组的极大无关组. 对任意的 $1 \le i \le m$, $\boldsymbol{\alpha}_{i_1},\boldsymbol{\alpha}_{i_2},\cdots,\boldsymbol{\alpha}_{i_r},\boldsymbol{\alpha}_i$ 均可由 $\boldsymbol{\alpha}_{j_1},\boldsymbol{\alpha}_{j_2},\cdots,\boldsymbol{\alpha}_{j_r}$ 线性表示, 由 §§ 3.1.3 定理 2 的逆否命题可知 $\boldsymbol{\alpha}_{i_1},\boldsymbol{\alpha}_{i_2},\cdots,\boldsymbol{\alpha}_{i_r},\boldsymbol{\alpha}_i$ 必线性相关. 再由例 3.8 可知 $\boldsymbol{\alpha}_i$ 可由 $\boldsymbol{\alpha}_{i_1},\boldsymbol{\alpha}_{i_2},\cdots,\boldsymbol{\alpha}_{i_r}$ 线性表示, 从而 $\boldsymbol{\alpha}_{i_1},\boldsymbol{\alpha}_{i_2},\cdots,\boldsymbol{\alpha}_{i_r}$ 也是向量组的极大无关组.

(2) 设任一 $\boldsymbol{\alpha}_i$ 均可由 $\boldsymbol{\alpha}_{i_1},\boldsymbol{\alpha}_{i_2},\cdots,\boldsymbol{\alpha}_{i_r}$ 线性表示. 不失一般性, 可设 $\boldsymbol{\alpha}_{i_1},\boldsymbol{\alpha}_{i_2},\cdots,\boldsymbol{\alpha}_{i_s}$ 是向量组 $\boldsymbol{\alpha}_{i_1},\boldsymbol{\alpha}_{i_2},\cdots,\boldsymbol{\alpha}_{i_r}$ 的极大无关组. 因此, $\boldsymbol{\alpha}_{i_1},\boldsymbol{\alpha}_{i_2},\cdots,\boldsymbol{\alpha}_{i_s}$ 线性无关. 再由线性组合的传递性可知, 任一 $\boldsymbol{\alpha}_i$ 均可由 $\boldsymbol{\alpha}_{i_1},\boldsymbol{\alpha}_{i_2},\cdots,\boldsymbol{\alpha}_{i_s}$ 线性表示, 故 $\boldsymbol{\alpha}_{i_1},\boldsymbol{\alpha}_{i_2},\cdots,\boldsymbol{\alpha}_{i_s}$ 是原向量组的极大无关组, 从而 $s=r$, 即 $\boldsymbol{\alpha}_{i_1},\boldsymbol{\alpha}_{i_2},\cdots,\boldsymbol{\alpha}_{i_r}$ 是原向量组的极大无关组. □

若两个向量组可以互相线性表示, 则称它们为等价的向量组. 注意向量组的等价与矩阵的等价 (相抵) 不是一回事. 两个矩阵 $\boldsymbol{A}$ 和 $\boldsymbol{B}$ 等价 (相抵) 是指通过初等变换可将 $\boldsymbol{A}$ 变成 $\boldsymbol{B}$. 两个矩阵等价 (相抵) 的充要条件是它们具有相同的秩. 但是, 两个向量组如果只具有相同的秩还不能保证它们等价. 比如 $A=\{(1,0)\}$, $B=\{(0,1)\}$, 它们的秩都等于 1, 但它们不等价. 下面的例题给出了两个向量组等价的充要条件.

例 3.21 设有两个向量组 $A=\{\boldsymbol{\alpha}_1,\boldsymbol{\alpha}_2,\cdots,\boldsymbol{\alpha}_m\}$ 和 $B=\{\boldsymbol{\beta}_1,\boldsymbol{\beta}_2,\cdots,\boldsymbol{\beta}_n\}$. 求证: 它们等价的充要条件是它们的秩相等且其中一组向量可以用另外一组向量线性表示.

证明 必要性由向量组等价的定义和例 3.19 即得, 下证充分性. 假设向量组 A 可用向量组 B 线性表示, 且它们的秩都等于 r. 不失一般性, 设 $\boldsymbol{\alpha}_1,\boldsymbol{\alpha}_2,\cdots,\boldsymbol{\alpha}_r$ 是向量组 A 的极大无关组, $\boldsymbol{\beta}_1,\boldsymbol{\beta}_2,\cdots,\boldsymbol{\beta}_r$ 是向量组 B 的极大无关组. 考虑向量组 $C=\{\boldsymbol{\alpha}_1,\boldsymbol{\alpha}_2,\cdots,\boldsymbol{\alpha}_r;\boldsymbol{\beta}_1,\boldsymbol{\beta}_2,\cdots,\boldsymbol{\beta}_r\}$. 因为 $\boldsymbol{\alpha}_1,\boldsymbol{\alpha}_2,\cdots,\boldsymbol{\alpha}_r$ 可用 $\boldsymbol{\beta}_1,\boldsymbol{\beta}_2,\cdots,\boldsymbol{\beta}_r$ 线性表示, 故 $\boldsymbol{\beta}_1,\boldsymbol{\beta}_2,\cdots,\boldsymbol{\beta}_r$ 是向量组 C 的极大无关组, 从而向量组 C 的秩等于 r. 又因为 $\boldsymbol{\alpha}_1,\boldsymbol{\alpha}_2,\cdots,\boldsymbol{\alpha}_r$ 线性无关, 故由例 3.20 可知, $\boldsymbol{\alpha}_1,\boldsymbol{\alpha}_2,\cdots,\boldsymbol{\alpha}_r$ 也是向量组 C 的极大无关组, 从而 $\boldsymbol{\beta}_1,\boldsymbol{\beta}_2,\cdots,\boldsymbol{\beta}_r$ 可用 $\boldsymbol{\alpha}_1,\boldsymbol{\alpha}_2,\cdots,\boldsymbol{\alpha}_r$ 线性表示, 于是向量组 B 也可用向量组 A 线性表示. 因此, 向量组 A 与向量组 B 等价. □

§ 3.3 线性空间及其基

线性空间理论是整个高等代数的核心. 因此, 判断某个集合是否构成线性空间, 如何计算线性空间的维数或确定其一组基, 这些都是线性空间理论中的重要问题. 本节将给出这方面的典型例题.

例 3.22 通常的教科书 (如 [1]) 都会提及以下线性空间的典型例子:

(1) 数域 $\mathbb{K}$ 上 n 维行 (列) 向量集合 $\mathbb{K}_n\,(\mathbb{K}^n)$, 在行 (列) 向量的加法和数乘下成为 $\mathbb{K}$ 上的线性空间, 称为数域 $\mathbb{K}$ 上的 n 维行 (列) 向量空间.

(2) 数域 $\mathbb{K}$ 上的一元多项式全体 $\mathbb{K}[x]$, 在多项式的加法和数乘下成为 $\mathbb{K}$ 上的线性空间. 在 $\mathbb{K}[x]$ 中, 取次数小于等于 n 的多项式全体, 记这个集合为 $\mathbb{K}_n[x]$, 则 $\mathbb{K}_n[x]$ 也是 $\mathbb{K}$ 上的线性空间.

(3) 数域 $\mathbb{K}$ 上 $m\times n$ 矩阵全体 $M_{m\times n}(\mathbb{K})$, 在矩阵的加法和数乘下成为 $\mathbb{K}$ 上的线性空间.

(4) 若两个数域 $\mathbb{K}_1\subseteq\mathbb{K}_2$, 则 $\mathbb{K}_2$ 可以看成是 $\mathbb{K}_1$ 上的线性空间. 向量就是 $\mathbb{K}_2$ 中的数, 向量的加法就是数的加法, 数乘就是 $\mathbb{K}_1$ 中的数乘以 $\mathbb{K}_2$ 中的数. 特别地, 数域 $\mathbb{K}$ 也可以看成是 $\mathbb{K}$ 自身上的线性空间.

(5) 实数域 $\mathbb{R}$ 上的连续函数全体记为 $C(\mathbb{R})$, 函数的加法及数乘分别定义为 $(f+g)(x)=f(x)+g(x)$, $(kf)(x)=kf(x)$, 则 $C(\mathbb{R})$ 是 $\mathbb{R}$ 上的线性空间. □

在上面的例子中, 列举的线性空间及其运算 (加法和数乘) 在某种意义下都是标准的. 然而下面的例题却告诉我们, 某些特殊的集合或者常见线性空间上, 还可以定义一些特殊的加法或数乘, 它们或者是或者不是线性空间. 这足以反映线性空间这一概念的广泛包容性.

例 3.23 判断下列集合是否构成实数域 $\mathbb{R}$ 上的线性空间:

(1) V 为次数等于 $n\,(n\geq 1)$ 的实系数多项式全体, 加法和数乘就是多项式的加法和数乘.

(2) $V=M_n(\mathbb{R})$, 数乘就是矩阵的数乘, 加法 $\oplus$ 定义为 $\boldsymbol{A}\oplus\boldsymbol{B}=\boldsymbol{AB}-\boldsymbol{BA}$, 其中等式右边是矩阵的乘法和减法.

(3) $V=M_n(\mathbb{R})$, 数乘就是矩阵的数乘, 加法 $\oplus$ 定义为 $\boldsymbol{A}\oplus\boldsymbol{B}=\boldsymbol{AB}+\boldsymbol{BA}$, 其中等式右边是矩阵的乘法和加法.

(4) V 是以 0 为极限的实数数列全体, 即 $V=\left\{\{a_n\}\mid \lim\limits_{n\to\infty}a_n=0\right\}$, 定义两个数列的加法 $\oplus$ 及数乘 $\circ$ 为: $\{a_n\}\oplus\{b_n\}=\{a_n+b_n\}$, $k\circ\{a_n\}=\{ka_n\}$, 其中等式右边分别是数的加法和乘法.

(5) V 是正实数全体 $\mathbb{R}^+$, 加法 $\oplus$ 定义为 $a\oplus b=ab$, 数乘 $\circ$ 定义为 $k\circ a=a^k$, 其中等式右边分别是数的乘法和乘方.

(6) V 为实数对全体 $\{(a,b)\mid a,b\in\mathbb{R}\}$, 加法 $\oplus$ 定义为 $(a_1,b_1)\oplus(a_2,b_2)=(a_1+a_2,b_1+b_2+a_1a_2)$, 数乘 $\circ$ 定义为 $k\circ(a,b)=(ka,kb+\dfrac{k(k-1)}{2}a^2)$, 其中等式右边分别是数的加法和乘法.

解　(1) V 不是线性空间, 因为加法不封闭.

(2) V 不是线性空间, 因为加法不满足交换律, 即 $\boldsymbol{A}\oplus\boldsymbol{B}\neq\boldsymbol{B}\oplus\boldsymbol{A}$.

(3) V 不是线性空间, 因为加法不满足结合律, 即 $(\boldsymbol{A}\oplus\boldsymbol{B})\oplus\boldsymbol{C}\neq\boldsymbol{A}\oplus(\boldsymbol{B}\oplus\boldsymbol{C})$.

(4)、(5)、(6) V 都是线性空间, 特别是 (5) 和 (6), 其加法和数乘的定义都不是线性的, 但它们竟然都是线性空间! 请读者自己验证线性空间的 8 条公理的确成立, 在下一节我们会从线性同构的角度来说明它们成为线性空间的深层次理由. □

如果考虑的向量族是整个线性空间 V, 那么其极大无关组就称为线性空间 V 的一组基. 因此, 要验证 V 中若干个向量是否组成 V 的一组基必须验证两点: 一是它们线性无关, 二是 V 中任一向量均可表示为这些向量的线性组合. 但是, 如果已知 V 的维数为 n, 而所要验证的向量恰为 n 个, 则我们可以用下面的命题.

例 3.24　设 V 是 n 维线性空间, $\boldsymbol{e}_1,\boldsymbol{e}_2,\cdots,\boldsymbol{e}_n$ 是 V 中 n 个向量. 若它们满足下列条件之一:

(1) $\boldsymbol{e}_1,\boldsymbol{e}_2,\cdots,\boldsymbol{e}_n$ 线性无关;

(2) V 中任一向量均可由 $\boldsymbol{e}_1,\boldsymbol{e}_2,\cdots,\boldsymbol{e}_n$ 线性表示,

求证: $\boldsymbol{e}_1,\boldsymbol{e}_2,\cdots,\boldsymbol{e}_n$ 是 V 的一组基.

证明　完全类似于例 3.20 的证明. □

下面的命题通常称为基扩张定理, 它在后面会经常用到.

例 3.25　设 V 是 n 维线性空间, $\boldsymbol{v}_1,\boldsymbol{v}_2,\cdots,\boldsymbol{v}_m$ 是一组线性无关的向量 (V 的子空间 U 的一组基), $\boldsymbol{e}_1,\boldsymbol{e}_2,\cdots,\boldsymbol{e}_n$ 是 V 的一组基. 求证: 必可在 $\boldsymbol{e}_1,\boldsymbol{e}_2,\cdots,\boldsymbol{e}_n$ 中选出 $n-m$ 个向量, 使之和 $\boldsymbol{v}_1,\boldsymbol{v}_2,\cdots,\boldsymbol{v}_m$ 一起组成 V 的一组基.

证明　若 $m<n$, 将 $\boldsymbol{e}_i\,(1\leq i\leq n)$ 依次加入向量组 $\boldsymbol{v}_1,\boldsymbol{v}_2,\cdots,\boldsymbol{v}_m$, 则必有一个 $\boldsymbol{e}_i$, 使得 $\boldsymbol{v}_1,\boldsymbol{v}_2,\cdots,\boldsymbol{v}_m,\boldsymbol{e}_i$ 线性无关. 这是因为若任意一个 $\boldsymbol{e}_i$ 加入 $\boldsymbol{v}_1,\boldsymbol{v}_2,\cdots,\boldsymbol{v}_m$ 后均线性相关, 则每个 $\boldsymbol{e}_i$ 都可用 $\boldsymbol{v}_1,\boldsymbol{v}_2,\cdots,\boldsymbol{v}_m$ 线性表示, 由例 3.19 可得 $n\leq m$, 矛盾. 现不妨设 $i=m+1$. 若 $m+1<n$, 又可从 $\boldsymbol{e}_1,\boldsymbol{e}_2,\cdots,\boldsymbol{e}_n$ 中找到一个向量, 加入之后仍线性无关. 不断这样做下去, 便可将 $\boldsymbol{v}_1,\boldsymbol{v}_2,\cdots,\boldsymbol{v}_m$ 扩张成为 V 的一组基. □

容易验证 n 维标准单位行 (列) 向量是数域 $\mathbb{K}$ 上的 n 维行 (列) 向量空间的一组基. 下面我们接着给出一些常见线性空间的基的例子.

例 3.26　设 V 是数域 $\mathbb{K}$ 上次数不超过 n 的多项式全体构成的线性空间, 求证: $\{1,x,x^2,\cdots,x^n\}$ 是 V 的一组基, 并且 $\{1,x+1,(x+1)^2,\cdots,(x+1)^n\}$ 也是 V 的一组基.

证明 根据多项式的定义容易验证 $\{1,x,x^2,\cdots,x^n\}$ 是 V 的一组基, 特别地, $\dim V=n+1$. 对任意的 $f(x)\in V$, 设 $y=x+1$, 则

$$f(x)=f(y-1)=b_ny^n+\cdots+b_1y+b_0=b_n(x+1)^n+\cdots+b_1(x+1)+b_0,$$

其中 $b_n,\cdots,b_1,b_0$ 是 $\mathbb{K}$ 中的数. 因此, V 中任一多项式 $f(x)$ 均可由 $1,x+1,(x+1)^2,\cdots,(x+1)^n$ 线性表示. 由例 3.24 可知, $\{1,x+1,(x+1)^2,\cdots,(x+1)^n\}$ 是 V 的一组基. □

例 3.27 设 V 是数域 $\mathbb{K}$ 上次数小于 n 的多项式全体构成的线性空间, a_1, a_2, $\cdots$, a_n 是 $\mathbb{K}$ 中互不相同的 n 个数, $f(x)=(x-a_1)(x-a_2)\cdots(x-a_n)$, $f_i(x)=f(x)/(x-a_i)$, 求证: $\{f_1(x),f_2(x),\cdots,f_n(x)\}$ 组成 V 的一组基.

证明 因为 V 是 n 维线性空间, 故由例 3.24 只需证明 n 个向量 $f_1(x)$, $f_2(x)$, $\cdots$, $f_n(x)$ 线性无关即可. 设

$$k_1f_1(x)+k_2f_2(x)+\cdots+k_nf_n(x)=0,$$

依次令 $x=a_1,a_2,\cdots,a_n$, 即可求出 $k_1=k_2=\cdots=k_n=0$. □

例 3.28 设 V 是数域 $\mathbb{K}$ 上 $m\times n$ 矩阵全体组成的线性空间, 令 $\boldsymbol{E}_{ij}$ $(1\le i\le m$, $1\le j\le n)$ 是第 (i,j) 元素为 1、其余元素为 0 的 $m\times n$ 矩阵, 求证: 全体 $\boldsymbol{E}_{ij}$ 组成了 V 的一组基, 从而 V 是 mn 维线性空间.

证明 一方面, 对任意的 $\boldsymbol{A}=(a_{ij})\in V$, 容易验证 $\boldsymbol{A}=\sum\limits_{i=1}^{m}\sum\limits_{j=1}^{n}a_{ij}\boldsymbol{E}_{ij}$. 另一方面, 设 mn 个数 $c_{ij}\,(1\le i\le m,1\le j\le n)$ 满足 $\sum\limits_{i=1}^{m}\sum\limits_{j=1}^{n}c_{ij}\boldsymbol{E}_{ij}=\boldsymbol{O}$, 则由矩阵相等的定义可得所有的 $c_{ij}=0$. 因此, 全体 $\boldsymbol{E}_{ij}$ 组成了 V 的一组基, 从而 $\dim V=mn$. □

例 3.29 求下列线性空间 V 的维数:

(1) V 是数域 $\mathbb{K}$ 上 n 阶上三角矩阵全体组成的线性空间;

(2) V 是数域 $\mathbb{K}$ 上 n 阶对称矩阵全体组成的线性空间;

(3) V 是数域 $\mathbb{K}$ 上 n 阶反对称矩阵全体组成的线性空间.

解 (1) 容易验证 $\{\boldsymbol{E}_{ij}\,(1\le i\le j\le n)\}$ 是 V 的一组基, 因此 $\dim V=\dfrac{n(n+1)}{2}$.

(2) 容易验证 $\{\boldsymbol{E}_{ii}\,(1\le i\le n);\ \boldsymbol{E}_{ij}+\boldsymbol{E}_{ji}\,(1\le i<j\le n)\}$ 是 V 的一组基, 因此 $\dim V=\dfrac{n(n+1)}{2}$.

(3) 容易验证 $\{\boldsymbol{E}_{ij}-\boldsymbol{E}_{ji}\,(1\le i<j\le n)\}$ 是 V 的一组基, 因此 $\dim V=\dfrac{n(n-1)}{2}$. □

例 3.30 设 $V_1 = \{\boldsymbol{A} \in M_n(\mathbb{C}) \mid \overline{\boldsymbol{A}}' = \boldsymbol{A}\}$ 为 n 阶 Hermite 矩阵全体, $V_2 = \{\boldsymbol{A} \in M_n(\mathbb{C}) \mid \overline{\boldsymbol{A}}' = -\boldsymbol{A}\}$ 为 n 阶斜 Hermite 矩阵全体, 求证: 在矩阵加法和实数关于矩阵的数乘下, V_1, V_2 成为实数域 $\mathbb{R}$ 上的线性空间, 并且具有相同的维数.

证明 首先, 容易证明对任意的 $\boldsymbol{A}, \boldsymbol{B} \in V_i$, $c \in \mathbb{R}$, 我们有 $\boldsymbol{A}+\boldsymbol{B} \in V_i$, $c\boldsymbol{A} \in V_i$, 这就验证了上述加法和数乘是定义好的运算. 其次, 容易验证线性空间的 8 条公理成立, 因此 V_1, V_2 是实线性空间 (注意虽然向量都是复矩阵, 但它们绝不是复线性空间). 最后, 容易验证 $\{\boldsymbol{E}_{ii}\,(1 \le i \le n);\ \boldsymbol{E}_{ij}+\boldsymbol{E}_{ji}\,(1 \le i < j \le n);\ \mathrm{i}\boldsymbol{E}_{ij}-\mathrm{i}\boldsymbol{E}_{ji}\,(1 \le i < j \le n)\}$ 是 V_1 的一组基, $\{\mathrm{i}\boldsymbol{E}_{ii}\,(1 \le i \le n);\ \boldsymbol{E}_{ij}-\boldsymbol{E}_{ji}\,(1 \le i < j \le n);\ \mathrm{i}\boldsymbol{E}_{ij}+\mathrm{i}\boldsymbol{E}_{ji}\,(1 \le i < j \le n)\}$ 是 V_2 的一组基, 因此 $\dim_{\mathbb{R}} V_1 = \dim_{\mathbb{R}} V_2 = n^2$. □

例 3.31 设 $\mathbb{Q}(\sqrt[3]{2}) = \{a + b\sqrt[3]{2} + c\sqrt[3]{4}\}$, 其中 a, b, c 均是有理数, 证明: $\mathbb{Q}(\sqrt[3]{2})$ 是有理数域上的线性空间并求其维数.

证明 事实上, 我们可以证明 $\mathbb{Q}(\sqrt[3]{2})$ 是一个数域. 加法、减法和乘法的封闭性都是显然的, 我们只要证明除法封闭, 或等价地证明非零数的倒数封闭即可. 为此首先需要找出一个数非零的充要条件. 我们断言以下 3 个结论等价:

(1) $a + b\sqrt[3]{2} + c\sqrt[3]{4} = 0$; (2) $a^3 + 2b^3 + 4c^3 - 6abc = 0$; (3) $a = b = c = 0$.

由公式 $(x+y+z)(x^2+y^2+z^2-xy-yz-zx) = x^3+y^3+z^3-3xyz$ 很容易从 (1) 推出 (2). 假设 (2) 对不全为零的有理数 a, b, c 成立, 将 (2) 式两边同时乘以 a, b, c 公分母的立方, 可将 a, b, c 化为整数; 又可将整数 a, b, c 的最大公因数从 (2) 式提出, 因此不妨假设满足 (2) 式的 a, b, c 是互素的整数. 由 (2) 式可得 a 是偶数, 可设 $a = 2a_1$, 代入 (2) 式可得 (2′) $4a_1^3 + b^3 + 2c^3 - 6a_1bc = 0$; 由 (2′) 式可得 b 是偶数, 可设 $b = 2b_1$, 代入 (2′) 式可得 (2″) $2a_1^3 + 4b_1^3 + c^3 - 6a_1b_1c = 0$; 由 (2″) 式可得 c 是偶数, 可设 $c = 2c_1$, 这样 a, b, c 就有了公因子 2, 这与它们互素矛盾. 因此, 从 (2) 可以推出 (3). 从 (3) 推出 (1) 是显然的.

任取 $\mathbb{Q}(\sqrt[3]{2})$ 中的非零数 $a + b\sqrt[3]{2} + c\sqrt[3]{4}$, 由上述充要条件以及公式可得

$$(a+b\sqrt[3]{2}+c\sqrt[3]{4})\Big((a^2-2bc)+(2c^2-ab)\sqrt[3]{2}+(b^2-ac)\sqrt[3]{4}\Big) = a^3+2b^3+4c^3-6abc \neq 0,$$

从而 $(a^2-2bc)+(2c^2-ab)\sqrt[3]{2}+(b^2-ac)\sqrt[3]{4} \neq 0$. 将倒数 $\dfrac{1}{(a+b\sqrt[3]{2}+c\sqrt[3]{4})}$ 的分子分母同时乘以非零数 $(a^2-2bc)+(2c^2-ab)\sqrt[3]{2}+(b^2-ac)\sqrt[3]{4}$ 进行化简, 可得

$$\frac{1}{a+b\sqrt[3]{2}+c\sqrt[3]{4}} = \frac{(a^2-2bc)+(2c^2-ab)\sqrt[3]{2}+(b^2-ac)\sqrt[3]{4}}{a^3+2b^3+4c^3-6abc} \in \mathbb{Q}(\sqrt[3]{2}).$$

这就证明了 $\mathbb{Q}(\sqrt[3]{2})$ 是一个数域. 因为 $\mathbb{Q} \subseteq \mathbb{Q}(\sqrt[3]{2})$, 故由例 3.22 可知, $\mathbb{Q}(\sqrt[3]{2})$ 是有理数域上的线性空间.

由 $\mathbb{Q}(\sqrt[3]{2})$ 的定义可知, $\mathbb{Q}(\sqrt[3]{2})$ 中每个数都是 $1, \sqrt[3]{2}, \sqrt[3]{4}$ 的 $\mathbb{Q}$–线性组合; 又由上述充要条件可知, $1, \sqrt[3]{2}, \sqrt[3]{4}$ 是 $\mathbb{Q}$–线性无关的. 因此, $\{1, \sqrt[3]{2}, \sqrt[3]{4}\}$ 是 $\mathbb{Q}(\sqrt[3]{2})$ 的一组基. 特别地, $\dim_{\mathbb{Q}} \mathbb{Q}(\sqrt[3]{2}) = 3$. □

例 3.32 设 $\mathbb{K}_1, \mathbb{K}_2, \mathbb{K}_3$ 是数域且 $\mathbb{K}_1 \subseteq \mathbb{K}_2 \subseteq \mathbb{K}_3$. 若将 $\mathbb{K}_2$ 看成是 $\mathbb{K}_1$ 上的线性空间, 其维数为 m, 又将 $\mathbb{K}_3$ 看成是 $\mathbb{K}_2$ 上的线性空间, 其维数为 n, 求证: 如将 $\mathbb{K}_3$ 看成是 $\mathbb{K}_1$ 上的线性空间, 则其维数为 mn.

证明 $\mathbb{K}_2$ 作为 $\mathbb{K}_1$ 上的线性空间, 取其一组基为 $\{\alpha_1, \alpha_2, \cdots, \alpha_m\}$; $\mathbb{K}_3$ 作为 $\mathbb{K}_2$ 上的线性空间, 取其一组基为 $\{\beta_1, \beta_2, \cdots, \beta_n\}$. 注意到 α_i, β_j 都是数, 现在我们断言: $\mathbb{K}_3$ 作为 $\mathbb{K}_1$ 上的线性空间, $\{\alpha_i\beta_j\,(1 \leq i \leq m,\, 1 \leq j \leq n)\}$ 恰为其一组基.

一方面, 对 $\mathbb{K}_3$ 中任一数 a, 存在 $\mathbb{K}_2$ 中的数 $b_1, b_2, \cdots, b_n$, 使得

$$a = b_1\beta_1 + b_2\beta_2 + \cdots + b_n\beta_n.$$

又对 $b_j \in \mathbb{K}_2$, 存在 $\mathbb{K}_1$ 中的数 $c_{1j}, c_{2j}, \cdots, c_{mj}$, 使得

$$b_j = c_{1j}\alpha_1 + c_{2j}\alpha_2 + \cdots + c_{mj}\alpha_m,\ 1 \leq j \leq n.$$

将上述两式进行整理, 可得

$$a = \sum_{j=1}^{n} b_j\beta_j = \sum_{j=1}^{n} \left(\sum_{i=1}^{m} c_{ij}\alpha_i\right)\beta_j = \sum_{j=1}^{n}\sum_{i=1}^{m} c_{ij}\alpha_i\beta_j,$$

即 $\mathbb{K}_3$ 中任一数均可由 $\{\alpha_i\beta_j\,(1 \leq i \leq m,\, 1 \leq j \leq n)\}$ 线性表示.

另一方面, 设有 $\mathbb{K}_1$ 中的数 $k_{ij}\,(1 \leq i \leq m,\, 1 \leq j \leq n)$, 使得

$$\sum_{j=1}^{n}\sum_{i=1}^{m} k_{ij}\alpha_i\beta_j = 0,$$

则经过变形可得

$$\sum_{j=1}^{n}\left(\sum_{i=1}^{m} k_{ij}\alpha_i\right)\beta_j = 0.$$

注意到 $\sum\limits_{i=1}^{m} k_{ij}\alpha_i \in \mathbb{K}_2$ 且 $\beta_1, \beta_2, \cdots, \beta_n$ 是 $\mathbb{K}_3/\mathbb{K}_2$ 的一组基, 故有 $\sum\limits_{i=1}^{m} k_{ij}\alpha_i = 0\,(1 \leq j \leq n)$. 又因为 $\{\alpha_1, \alpha_2, \cdots, \alpha_m\}$ 是 $\mathbb{K}_2/\mathbb{K}_1$ 的一组基, 故有 $k_{ij} = 0\,(1 \leq i \leq m,\, 1 \leq j \leq n)$, 即 $\{\alpha_i\beta_j\,(1 \leq i \leq m,\, 1 \leq j \leq n)\}$ 是 $\mathbb{K}_1$–线性无关的.

综上所述, $\{\alpha_i\beta_j\,(1 \leq i \leq m,\, 1 \leq j \leq n)\}$ 是 $\mathbb{K}_3/\mathbb{K}_1$ 的一组基, 特别地, $\dim_{\mathbb{K}_1} \mathbb{K}_3 = mn = \dim_{\mathbb{K}_1} \mathbb{K}_2 \cdot \dim_{\mathbb{K}_2} \mathbb{K}_3$. □

注　设 $\mathbb{F} \subseteq \mathbb{K}$ 为数域, $\mathbb{K}$ 作为 $\mathbb{F}$ 上的线性空间, 一组基为 $\{\alpha_1, \alpha_2, \cdots, \alpha_m\}$; 设 V 为 $\mathbb{K}$ 上的 n 维线性空间, 一组基为 $\{\boldsymbol{e}_1, \boldsymbol{e}_2, \cdots, \boldsymbol{e}_n\}$. 由与例 3.32 完全类似的证明可知, V 是 $\mathbb{F}$ 上的 mn 维线性空间, 一组基可选择为 $\{\alpha_i \boldsymbol{e}_j \, (1 \leq i \leq m, 1 \leq j \leq n)\}$.

例 3.33　证明下列线性空间是实数域上的无限维线性空间:

(1) 实数域 $\mathbb{R}$ 上的连续函数全体构成的线性空间 $C(\mathbb{R})$ (见例 3.22 (5));

(2) 以 0 为极限的实数数列全体构成的线性空间 $V = \left\{\{a_n\} \mid \lim\limits_{n\to\infty} a_n = 0\right\}$ (见例 3.23 (4)).

证明　我们用反证法来证明.

(1) 若 $C(\mathbb{R})$ 是有限维线性空间, 则可取到正整数 $k > \dim C(\mathbb{R})$. 然而由例 3.14 可知 $\sin x, \sin 2x, \cdots, \sin kx$ 是 $\mathbb{R}$–线性无关的, 矛盾.

(2) 若 V 是有限维线性空间, 则可取到正整数 $k > \dim V$. 构造 V 中 k 个数列:

$$\{a_n^{(1)} = \frac{1}{n}\},\ \{a_n^{(2)} = \frac{1}{n^2}\},\ \cdots,\ \{a_n^{(k)} = \frac{1}{n^k}\}.$$

设有实数 $c_1, c_2, \cdots, c_k$, 使得

$$c_1\{a_n^{(1)}\} + c_2\{a_n^{(2)}\} + \cdots + c_k\{a_n^{(k)}\} = \{0\},$$

则对于任意的正整数 n, 成立

$$\frac{c_1}{n} + \frac{c_2}{n^2} + \cdots + \frac{c_k}{n^k} = 0.$$

任取 k 个不同的正整数代入上式, 并利用 Vandermonde 行列式即得 $c_1 = c_2 = \cdots = c_k = 0$, 从而上述 k 个数列线性无关, 矛盾. □

事实上, 对于无限维线性空间也可以定义基的概念. 首先, 需要适当地修改线性无关和线性表示的定义.

定义　设 $B = \{\boldsymbol{e}_i\}_{i\in I}$ 为线性空间 V 中的向量族, 若 B 中任意有限个向量都线性无关, 则称向量族 B 线性无关; 若向量 $\boldsymbol{\alpha}$ 可表示为 B 中有限个向量的线性组合, 则称 $\boldsymbol{\alpha}$ 可被向量族 B 线性表示. 若线性空间 V 中存在线性无关的向量族 B, 使得 $V = L(B)$, 即 V 中任一向量都可被 B 线性表示, 则称向量族 B 是 V 的一组基.

然后, 再利用选择公理或 Zorn 引理就可以证明任意线性空间中基的存在性了.

由于高等代数主要研究有限维线性空间理论, 故我们不对上述内容做进一步的展开, 有兴趣的读者可以参考相关的教材. 虽然如此, 在本书中我们还是会适当地强调有限维线性空间和无限维线性空间在某些性质上的巨大差异, 这些讨论将为我们学习后续专业课程提供几何上的想象和例证.

§ 3.4 线性同构和几何问题代数化

同一个数域 $\mathbb{K}$ 上的两个线性空间 V, U 称为是线性同构的, 若存在一个一一对应 $\varphi : V \to U$, 使得 φ 保持两个线性空间的代数运算 (加法和数乘). 因此, 线性同构的两个线性空间实际上具有相同的代数结构 (即线性结构), 从而 φ 保持对应向量组的线性关系和秩. 特别地, V 和 U 具有相同的维数 (参考 §§ 3.1.3 定理 5).

我们先来看几个线性同构的例子.

例 3.34 验证下列映射是线性同构:

(1) 一维实行向量空间 $\mathbb{R}$, 例 3.23 (5) 中的实线性空间 $\mathbb{R}^+$, 映射 $\boldsymbol{\varphi} : \mathbb{R} \to \mathbb{R}^+$ 定义为 $\boldsymbol{\varphi}(x) = \mathrm{e}^x$;

(2) 二维实行向量空间 $\mathbb{R}_2$, 例 3.23 (6) 中的实线性空间 V, 映射 $\boldsymbol{\varphi} : \mathbb{R}_2 \to V$ 定义为 $\boldsymbol{\varphi}(a, b) = (a, b + \dfrac{1}{2}a^2)$.

解 (1) $\boldsymbol{\varphi}$ 的逆映射是 $\boldsymbol{\psi} : \mathbb{R}^+ \to \mathbb{R}$, $\boldsymbol{\psi}(y) = \ln y$, 故 $\boldsymbol{\varphi}$ 是一一对应. 根据加法和数乘的定义可得

$$\boldsymbol{\varphi}(x + y) = \mathrm{e}^{x+y} = \mathrm{e}^x \mathrm{e}^y = \boldsymbol{\varphi}(x) \oplus \boldsymbol{\varphi}(y), \ \boldsymbol{\varphi}(kx) = \mathrm{e}^{kx} = (\mathrm{e}^x)^k = k \circ \boldsymbol{\varphi}(x),$$

因此 $\boldsymbol{\varphi} : \mathbb{R} \to \mathbb{R}^+$ 是线性同构.

(2) $\boldsymbol{\varphi}$ 的逆映射是 $\boldsymbol{\psi} : V \to \mathbb{R}_2$, $\boldsymbol{\psi}(x, y) = (x, y - \dfrac{x^2}{2})$, 故 $\boldsymbol{\varphi}$ 是一一对应. 根据具体的计算可得

$$\boldsymbol{\varphi}(a_1 + a_2, b_1 + b_2) = \boldsymbol{\varphi}(a_1, b_1) \oplus \boldsymbol{\varphi}(a_2, b_2), \ \boldsymbol{\varphi}(ka, kb) = k \circ \boldsymbol{\varphi}(a, b),$$

因此 $\boldsymbol{\varphi} : \mathbb{R}_2 \to V$ 是线性同构. □

注 从上例可以看出, 例 3.23 (5) 和 (6) 中的对象和常见的线性空间之间存在着线性同构, 所以即使它们的加法和数乘定义得极其不自然, 但仍然可使它们成为线性空间.

例 3.35 构造下列线性空间之间的线性同构:

(1) V 是数域 $\mathbb{K}$ 上的 n 阶上三角矩阵构成的线性空间, U 是数域 $\mathbb{K}$ 上的 n 阶对称矩阵构成的线性空间 (参考例 3.29);

(2) V 是数域 $\mathbb{K}$ 上主对角元全为零的 n 阶上三角矩阵构成的线性空间, U 是数域 $\mathbb{K}$ 上的 n 阶反对称矩阵构成的线性空间 (参考例 3.29);

(3) V 是 n 阶 Hermite 矩阵构成的实线性空间, U 是 n 阶斜 Hermite 矩阵构成的实线性空间 (参考例 3.30).

解　(1) $\boldsymbol{\varphi}: V \to U$ 定义为: 对任意的 $\boldsymbol{A} = (a_{ij}) \in V$, 当 $i \leq j$ 时, 矩阵 $\boldsymbol{\varphi}(\boldsymbol{A})$ 的第 (i,j) 元素为 a_{ij}; 当 $i > j$ 时, 矩阵 $\boldsymbol{\varphi}(\boldsymbol{A})$ 的第 (i,j) 元素为 a_{ji}. 容易验证 $\boldsymbol{\varphi}: V \to U$ 是定义好的映射, 并且是数域 $\mathbb{K}$ 上的线性同构.

(2) $\boldsymbol{\varphi}: V \to U$ 定义为: 对任意的 $\boldsymbol{A} = (a_{ij}) \in V$, $\boldsymbol{\varphi}(\boldsymbol{A}) = \boldsymbol{A} - \boldsymbol{A}'$. 容易验证 $\boldsymbol{\varphi}: V \to U$ 是定义好的映射, 并且是数域 $\mathbb{K}$ 上的线性同构.

(3) $\boldsymbol{\varphi}: V \to U$ 定义为: 对任意的 $\boldsymbol{A} = (a_{ij}) \in V$, $\boldsymbol{\varphi}(\boldsymbol{A}) = \mathrm{i}\boldsymbol{A}$. 容易验证 $\boldsymbol{\varphi}: V \to U$ 是定义好的映射, 并且是实数域上的线性同构. 注意到 $\boldsymbol{\varphi}$ 的逆映射 $\boldsymbol{\psi}: U \to V$ 为: $\boldsymbol{\psi}(\boldsymbol{B}) = -\mathrm{i}\boldsymbol{B}$. □

我们还有一类特别重要的线性同构. 设 V 是数域 $\mathbb{K}$ 上的 n 维线性空间, $\{\boldsymbol{e}_1, \boldsymbol{e}_2, \cdots, \boldsymbol{e}_n\}$ 是 V 的一组基并固定次序. 对任一向量 $\boldsymbol{\alpha} \in V$, 设 $\boldsymbol{\alpha} = \lambda_1\boldsymbol{e}_1 + \lambda_2\boldsymbol{e}_2 + \cdots + \lambda_n\boldsymbol{e}_n$, 则映射 $\boldsymbol{\eta}: V \to \mathbb{K}^n$ 定义为: $\boldsymbol{\eta}(\boldsymbol{\alpha}) = (\lambda_1, \lambda_2, \cdots, \lambda_n)'$, 即 $\boldsymbol{\eta}$ 将 V 中的向量映射到它在给定基下的坐标向量. 容易验证 $\boldsymbol{\eta}: V \to \mathbb{K}^n$ 是一个线性同构. 因此, 通过这个线性同构, 我们可将抽象的线性空间 V 和具体的列向量空间 $\mathbb{K}^n$ 等同起来. 进一步, 将 §§ 3.1.3 定理 5 运用到线性同构 $\boldsymbol{\eta}$ 上, 我们可以得到如下重要的定理.

定理　假设和记号同上, 设 $\boldsymbol{\alpha}_1, \boldsymbol{\alpha}_2, \cdots, \boldsymbol{\alpha}_m, \boldsymbol{\beta}$ 是 V 中向量, 它们在给定基下的坐标向量记为 $\widetilde{\boldsymbol{\alpha}}_1, \widetilde{\boldsymbol{\alpha}}_2, \cdots, \widetilde{\boldsymbol{\alpha}}_m, \widetilde{\boldsymbol{\beta}}$, 则

(1) $\boldsymbol{\alpha}_1, \boldsymbol{\alpha}_2, \cdots, \boldsymbol{\alpha}_m$ 线性无关的充要条件是 $\widetilde{\boldsymbol{\alpha}}_1, \widetilde{\boldsymbol{\alpha}}_2, \cdots, \widetilde{\boldsymbol{\alpha}}_m$ 线性无关.

(2) $\boldsymbol{\beta}$ 可以用 $\boldsymbol{\alpha}_1, \boldsymbol{\alpha}_2, \cdots, \boldsymbol{\alpha}_m$ 线性表示的充要条件是 $\widetilde{\boldsymbol{\beta}}$ 可以用 $\widetilde{\boldsymbol{\alpha}}_1, \widetilde{\boldsymbol{\alpha}}_2, \cdots, \widetilde{\boldsymbol{\alpha}}_m$ 线性表示.

(3) $\boldsymbol{\alpha}_{i_1}, \boldsymbol{\alpha}_{i_2}, \cdots, \boldsymbol{\alpha}_{i_r}$ 是向量组 $\boldsymbol{\alpha}_1, \boldsymbol{\alpha}_2, \cdots, \boldsymbol{\alpha}_m$ 的极大无关组的充要条件是 $\widetilde{\boldsymbol{\alpha}}_{i_1}, \widetilde{\boldsymbol{\alpha}}_{i_2}, \cdots, \widetilde{\boldsymbol{\alpha}}_{i_r}$ 是向量组 $\widetilde{\boldsymbol{\alpha}}_1, \widetilde{\boldsymbol{\alpha}}_2, \cdots, \widetilde{\boldsymbol{\alpha}}_m$ 的极大无关组. 特别地, 我们有

$$\mathrm{r}(\boldsymbol{\alpha}_1, \boldsymbol{\alpha}_2, \cdots, \boldsymbol{\alpha}_m) = \mathrm{r}(\widetilde{\boldsymbol{\alpha}}_1, \widetilde{\boldsymbol{\alpha}}_2, \cdots, \widetilde{\boldsymbol{\alpha}}_m).$$

由上述定理, 我们可以将抽象线性空间 V 中向量组线性关系的判定和秩的计算, 转化为具体列向量空间 $\mathbb{K}^n$ 中由它们的坐标向量构成的列向量组线性关系的判定和秩的计算. 由于后者通常可以通过矩阵的方法来处理, 故上述过程被称为 “几何问题代数化”. 接下来我们将给出几个典型例题, 体会一下 “几何问题代数化” 这一技巧.

例 3.18　设 $\boldsymbol{\alpha}_1, \boldsymbol{\alpha}_2, \cdots, \boldsymbol{\alpha}_m$ 是一组线性无关的向量, 向量组 $\boldsymbol{\beta}_1, \boldsymbol{\beta}_2, \cdots, \boldsymbol{\beta}_k$ 可用 $\boldsymbol{\alpha}_1, \boldsymbol{\alpha}_2, \cdots, \boldsymbol{\alpha}_m$ 线性表示如下:

$$\begin{cases}\boldsymbol{\beta}_1 = a_{11}\boldsymbol{\alpha}_1 + a_{12}\boldsymbol{\alpha}_2 + \cdots + a_{1m}\boldsymbol{\alpha}_m, \\ \boldsymbol{\beta}_2 = a_{21}\boldsymbol{\alpha}_1 + a_{22}\boldsymbol{\alpha}_2 + \cdots + a_{2m}\boldsymbol{\alpha}_m, \\ \qquad\qquad \cdots\cdots\cdots\cdots \\ \boldsymbol{\beta}_k = a_{k1}\boldsymbol{\alpha}_1 + a_{k2}\boldsymbol{\alpha}_2 + \cdots + a_{km}\boldsymbol{\alpha}_m. \end{cases}$$

记表示矩阵 $\boldsymbol{A} = (a_{ij})_{k\times m}$, 求证: 向量组 $\boldsymbol{\beta}_1, \boldsymbol{\beta}_2, \cdots, \boldsymbol{\beta}_k$ 的秩等于 $\mathrm{r}(\boldsymbol{A})$.

证法 2 令 V 是由 $\boldsymbol{\alpha}_1, \boldsymbol{\alpha}_2, \cdots, \boldsymbol{\alpha}_m$ 生成的向量空间. 因为 $\boldsymbol{\alpha}_1, \boldsymbol{\alpha}_2, \cdots, \boldsymbol{\alpha}_m$ 线性无关, 故它们组成 V 的一组基, V 的维数等于 m. 注意到 $\boldsymbol{\beta}_i$ 在这组基下的坐标向量为 $(a_{i1}, a_{i2}, \cdots, a_{im})'$, 故由这些列向量组成的矩阵就是 $\boldsymbol{A}'$, 从而向量组 $\boldsymbol{\beta}_1, \boldsymbol{\beta}_2, \cdots, \boldsymbol{\beta}_k$ 的秩等于 $\mathrm{r}(\boldsymbol{A}') = \mathrm{r}(\boldsymbol{A})$. □

例 3.36 设 $\boldsymbol{\alpha}_1, \boldsymbol{\alpha}_2, \cdots, \boldsymbol{\alpha}_k; \boldsymbol{\beta}_1, \boldsymbol{\beta}_2, \cdots, \boldsymbol{\beta}_m$ 是向量空间 V 中的向量, 且满足:

$$\begin{cases}\boldsymbol{\beta}_1 = c_{11}\boldsymbol{\alpha}_1 + c_{12}\boldsymbol{\alpha}_2 + \cdots + c_{1k}\boldsymbol{\alpha}_k, \\ \boldsymbol{\beta}_2 = c_{21}\boldsymbol{\alpha}_1 + c_{22}\boldsymbol{\alpha}_2 + \cdots + c_{2k}\boldsymbol{\alpha}_k, \\ \qquad\qquad \cdots\cdots\cdots\cdots \\ \boldsymbol{\beta}_m = c_{m1}\boldsymbol{\alpha}_1 + c_{m2}\boldsymbol{\alpha}_2 + \cdots + c_{mk}\boldsymbol{\alpha}_k. \end{cases}$$

记上述表示式中的系数矩阵为 $\boldsymbol{C} = (c_{ij})_{m\times k}$, 求证:

(1) 若 $\mathrm{r}(\boldsymbol{C}) = k$, 则这两组向量等价.

(2) 若 $\mathrm{r}(\boldsymbol{C}) = r$, 则向量组 $\boldsymbol{\beta}_1, \boldsymbol{\beta}_2, \cdots, \boldsymbol{\beta}_m$ 的秩不超过 r.

证明 (1) 在 V 中取定一组基 $\boldsymbol{e}_1, \boldsymbol{e}_2, \cdots, \boldsymbol{e}_n$, 假设在这组基下 $\boldsymbol{\alpha}_i$ 的坐标向量是 $\widetilde{\boldsymbol{\alpha}}_i\,(1 \leq i \leq k)$, $\boldsymbol{\beta}_j$ 的坐标向量是 $\widetilde{\boldsymbol{\beta}}_j\,(1 \leq j \leq m)$, 则

$$\begin{cases}\widetilde{\boldsymbol{\beta}}_1 = c_{11}\widetilde{\boldsymbol{\alpha}}_1 + c_{12}\widetilde{\boldsymbol{\alpha}}_2 + \cdots + c_{1k}\widetilde{\boldsymbol{\alpha}}_k, \\ \widetilde{\boldsymbol{\beta}}_2 = c_{21}\widetilde{\boldsymbol{\alpha}}_1 + c_{22}\widetilde{\boldsymbol{\alpha}}_2 + \cdots + c_{2k}\widetilde{\boldsymbol{\alpha}}_k, \\ \qquad\qquad \cdots\cdots\cdots\cdots \\ \widetilde{\boldsymbol{\beta}}_m = c_{m1}\widetilde{\boldsymbol{\alpha}}_1 + c_{m2}\widetilde{\boldsymbol{\alpha}}_2 + \cdots + c_{mk}\widetilde{\boldsymbol{\alpha}}_k, \end{cases}$$

写成矩阵形式为

$$(\widetilde{\boldsymbol{\beta}}_1, \widetilde{\boldsymbol{\beta}}_2, \cdots, \widetilde{\boldsymbol{\beta}}_m) = (\widetilde{\boldsymbol{\alpha}}_1, \widetilde{\boldsymbol{\alpha}}_2, \cdots, \widetilde{\boldsymbol{\alpha}}_k)\boldsymbol{C}'.$$

因为 $\boldsymbol{C}'$ 是一个行满秩 $k \times m$ 矩阵, 故由例 3.91 可知, 存在 $m \times k$ 矩阵 $\boldsymbol{T}$, 使得 $\boldsymbol{C}'\boldsymbol{T} = \boldsymbol{I}_k$, 于是

$$(\widetilde{\boldsymbol{\beta}}_1, \widetilde{\boldsymbol{\beta}}_2, \cdots, \widetilde{\boldsymbol{\beta}}_m)\boldsymbol{T} = (\widetilde{\boldsymbol{\alpha}}_1, \widetilde{\boldsymbol{\alpha}}_2, \cdots, \widetilde{\boldsymbol{\alpha}}_k).$$

这表明 $\boldsymbol{\alpha}_1,\boldsymbol{\alpha}_2,\cdots,\boldsymbol{\alpha}_k$ 可用 $\boldsymbol{\beta}_1,\boldsymbol{\beta}_2,\cdots,\boldsymbol{\beta}_m$ 来线性表示, 于是这两组向量等价.

(2) 类似于 (1) 的讨论, 可用两个矩阵乘积的秩不超过每个矩阵的秩得到. □

例 3.37 设 $\boldsymbol{\alpha}_1,\boldsymbol{\alpha}_2,\cdots,\boldsymbol{\alpha}_m$ 是数域 $\mathbb{F}$ 上 n 维线性空间 V 中的 m 个向量, 且已知它们的秩等于 r. 求证: 全体满足 $x_1\boldsymbol{\alpha}_1+x_2\boldsymbol{\alpha}_2+\cdots+x_m\boldsymbol{\alpha}_m=\boldsymbol{0}$ 的列向量 $(x_1,x_2,\cdots,x_m)'\,(x_i\in\mathbb{F})$ 构成数域 $\mathbb{F}$ 上 m 维列向量空间 $\mathbb{F}^m$ 的 $m-r$ 维子空间.

证明 在 V 中引进基以后, 记 $\widetilde{\boldsymbol{\alpha}}_i$ 是 $\boldsymbol{\alpha}_i$ 的坐标向量, 则 $x_1\boldsymbol{\alpha}_1+x_2\boldsymbol{\alpha}_2+\cdots+x_m\boldsymbol{\alpha}_m=\boldsymbol{0}$ 等价于 $x_1\widetilde{\boldsymbol{\alpha}}_1+x_2\widetilde{\boldsymbol{\alpha}}_2+\cdots+x_m\widetilde{\boldsymbol{\alpha}}_m=\boldsymbol{0}$. 而后者是一个齐次线性方程组, 其系数矩阵的秩等于 r (将 x_i 视为未知数), 故其解构成 $\mathbb{F}^m$ 的 $m-r$ 维子空间. □

例 3.38 设 $\{\boldsymbol{e}_1,\boldsymbol{e}_2,\cdots,\boldsymbol{e}_n\}$ 是线性空间 V 的一组基, 问: $\{\boldsymbol{e}_1,\boldsymbol{e}_1+\boldsymbol{e}_2,\cdots,\boldsymbol{e}_1+\boldsymbol{e}_2+\cdots+\boldsymbol{e}_n\}$ 是否也是 V 的基?

答 将 $\{\boldsymbol{e}_1,\boldsymbol{e}_1+\boldsymbol{e}_2,\cdots,\boldsymbol{e}_1+\boldsymbol{e}_2+\cdots+\boldsymbol{e}_n\}$ 对应的坐标向量拼成如下矩阵:

$$\boldsymbol{A}=\begin{pmatrix}1&1&\cdots&1\\0&1&\cdots&1\\\vdots&\vdots&&\vdots\\0&0&\cdots&1\end{pmatrix}.$$

显然 $|\boldsymbol{A}|=1$, 从而 $\boldsymbol{A}$ 是满秩阵, 于是 $\{\boldsymbol{e}_1,\boldsymbol{e}_1+\boldsymbol{e}_2,\cdots,\boldsymbol{e}_1+\boldsymbol{e}_2+\cdots+\boldsymbol{e}_n\}$ 也是 V 的一组基. □

例 3.39 已知向量组 $\{\boldsymbol{\alpha}_1,\boldsymbol{\alpha}_2,\cdots,\boldsymbol{\alpha}_s\}\,(s>1)$ 是线性空间 V 的一组基, 设 $\boldsymbol{\beta}_1=\boldsymbol{\alpha}_1+\boldsymbol{\alpha}_2$, $\boldsymbol{\beta}_2=\boldsymbol{\alpha}_2+\boldsymbol{\alpha}_3$, $\cdots$, $\boldsymbol{\beta}_s=\boldsymbol{\alpha}_s+\boldsymbol{\alpha}_1$. 讨论向量 $\boldsymbol{\beta}_1,\boldsymbol{\beta}_2,\cdots,\boldsymbol{\beta}_s$ 的线性相关性.

解 将 $\boldsymbol{\beta}_1,\boldsymbol{\beta}_2,\cdots,\boldsymbol{\beta}_s$ 对应的坐标向量拼成如下矩阵:

$$\boldsymbol{A}=\begin{pmatrix}1&0&\cdots&1\\1&1&\cdots&0\\0&1&\cdots&0\\\vdots&\vdots&&\vdots\\0&0&\cdots&1\end{pmatrix}.$$

经计算可得 $|\boldsymbol{A}|=1+(-1)^{s+1}$. 因此当 s 为偶数时, $|\boldsymbol{A}|=0$, 从而向量 $\boldsymbol{\beta}_1,\boldsymbol{\beta}_2,\cdots,\boldsymbol{\beta}_s$ 线性相关; 当 s 为奇数时, $|\boldsymbol{A}|=2$, 从而向量 $\boldsymbol{\beta}_1,\boldsymbol{\beta}_2,\cdots,\boldsymbol{\beta}_s$ 线性无关. □

例 3.40 设 $\{\boldsymbol{e}_1,\boldsymbol{e}_2,\boldsymbol{e}_3,\boldsymbol{e}_4\}$ 是线性空间 V 的一组基, 已知

$$\begin{cases}\boldsymbol{\alpha}_1=\boldsymbol{e}_1+\boldsymbol{e}_2+\boldsymbol{e}_3+3\boldsymbol{e}_4,\\ \boldsymbol{\alpha}_2=-\boldsymbol{e}_1-3\boldsymbol{e}_2+5\boldsymbol{e}_3+\boldsymbol{e}_4,\\ \boldsymbol{\alpha}_3=3\boldsymbol{e}_1+2\boldsymbol{e}_2-\boldsymbol{e}_3+4\boldsymbol{e}_4,\\ \boldsymbol{\alpha}_4=-2\boldsymbol{e}_1-6\boldsymbol{e}_2+10\boldsymbol{e}_3+2\boldsymbol{e}_4,\end{cases}$$

求 $\boldsymbol{\alpha}_1,\boldsymbol{\alpha}_2,\boldsymbol{\alpha}_3,\boldsymbol{\alpha}_4$ 的一个极大无关组.

解 将 $\boldsymbol{\alpha}_1,\boldsymbol{\alpha}_2,\boldsymbol{\alpha}_3,\boldsymbol{\alpha}_4$ 对应的坐标向量拼成如下矩阵, 并用初等行变换将其化为阶梯形矩阵:

$$\boldsymbol{A}=\begin{pmatrix}1&-1&3&-2\\1&-3&2&-6\\1&5&-1&10\\3&1&4&2\end{pmatrix}\to\begin{pmatrix}1&-1&3&-2\\0&-2&-1&-4\\0&0&-7&0\\0&0&0&0\end{pmatrix}.$$

因此, 矩阵 $\boldsymbol{A}$ 的第一列、第二列和第三列是坐标向量组的极大无关组, 从而 $\boldsymbol{\alpha}_1,\boldsymbol{\alpha}_2,\boldsymbol{\alpha}_3$ 是 $\boldsymbol{\alpha}_1,\boldsymbol{\alpha}_2,\boldsymbol{\alpha}_3,\boldsymbol{\alpha}_4$ 的一个极大无关组. □

例 3.41 设 $a_1,a_2,\cdots,a_n$ 是 n 个不同的数, $\{\boldsymbol{e}_1,\boldsymbol{e}_2,\cdots,\boldsymbol{e}_n\}$ 是线性空间 V 的一组基, 已知

$$\begin{cases}\boldsymbol{\alpha}_1=\boldsymbol{e}_1+a_1\boldsymbol{e}_2+\cdots+a_1^{n-1}\boldsymbol{e}_n,\\ \boldsymbol{\alpha}_2=\boldsymbol{e}_1+a_2\boldsymbol{e}_2+\cdots+a_2^{n-1}\boldsymbol{e}_n,\\ \qquad\cdots\cdots\cdots\cdots\\ \boldsymbol{\alpha}_n=\boldsymbol{e}_1+a_n\boldsymbol{e}_2+\cdots+a_n^{n-1}\boldsymbol{e}_n,\end{cases}$$

求证: $\{\boldsymbol{\alpha}_1,\boldsymbol{\alpha}_2,\cdots,\boldsymbol{\alpha}_n\}$ 也是 V 的一组基.

证明 将 $\boldsymbol{\alpha}_1,\boldsymbol{\alpha}_2,\cdots,\boldsymbol{\alpha}_n$ 对应的坐标向量拼成如下矩阵:

$$\boldsymbol{A}=\begin{pmatrix}1&1&\cdots&1\\a_1&a_2&\cdots&a_n\\\vdots&\vdots&&\vdots\\a_1^{n-1}&a_2^{n-1}&\cdots&a_n^{n-1}\end{pmatrix}.$$

显然, $|\boldsymbol{A}|=\prod\limits_{1\le i<j\le n}(a_j-a_i)\neq0$, 故 $\boldsymbol{A}$ 是满秩阵, 从而 $\{\boldsymbol{\alpha}_1,\boldsymbol{\alpha}_2,\cdots,\boldsymbol{\alpha}_n\}$ 也是 V 的一组基. □

§ 3.5 基变换与过渡矩阵

例 3.42 设 $\{\boldsymbol{u}_1,\boldsymbol{u}_2,\cdots,\boldsymbol{u}_n\}$, $\{\boldsymbol{e}_1,\boldsymbol{e}_2,\cdots,\boldsymbol{e}_n\}$, $\{\boldsymbol{f}_1,\boldsymbol{f}_2,\cdots,\boldsymbol{f}_n\}$ 是向量空间 V 的 3 组基. 若从 $\boldsymbol{u}_1,\boldsymbol{u}_2,\cdots,\boldsymbol{u}_n$ 到 $\boldsymbol{e}_1,\boldsymbol{e}_2,\cdots,\boldsymbol{e}_n$ 的过渡矩阵是 $\boldsymbol{A}$, 从 $\boldsymbol{u}_1,\boldsymbol{u}_2,\cdots,\boldsymbol{u}_n$ 到 $\boldsymbol{f}_1,\boldsymbol{f}_2,\cdots,\boldsymbol{f}_n$ 的过渡矩阵是 $\boldsymbol{B}$, 求从 $\boldsymbol{e}_1,\boldsymbol{e}_2,\cdots,\boldsymbol{e}_n$ 到 $\boldsymbol{f}_1,\boldsymbol{f}_2,\cdots,\boldsymbol{f}_n$ 的过渡矩阵.

解 从 $\boldsymbol{e}_1,\boldsymbol{e}_2,\cdots,\boldsymbol{e}_n$ 到 $\boldsymbol{u}_1,\boldsymbol{u}_2,\cdots,\boldsymbol{u}_n$ 的过渡矩阵为 $\boldsymbol{A}^{-1}$, 故从 $\boldsymbol{e}_1,\boldsymbol{e}_2,\cdots,\boldsymbol{e}_n$ 到 $\boldsymbol{f}_1,\boldsymbol{f}_2,\cdots,\boldsymbol{f}_n$ 的过渡矩阵为 $\boldsymbol{A}^{-1}\boldsymbol{B}$. □

例 3.43 在四维行向量空间中求从基 $\boldsymbol{e}_1,\boldsymbol{e}_2,\cdots,\boldsymbol{e}_n$ 到 $\boldsymbol{f}_1,\boldsymbol{f}_2,\cdots,\boldsymbol{f}_n$ 的过渡矩阵, 其中

$$\boldsymbol{e}_1=(1,1,0,1),\ \boldsymbol{e}_2=(2,1,2,0),\ \boldsymbol{e}_3=(1,1,0,0),\ \boldsymbol{e}_4=(0,1,-1,-1),$$
$$\boldsymbol{f}_1=(1,0,0,1),\ \boldsymbol{f}_2=(0,0,1,-1),\ \boldsymbol{f}_3=(2,1,0,3),\ \boldsymbol{f}_4=(-1,0,1,2).$$

解 这类题如用求解线性方程组的方法比较繁, 可采用下列方法.

设该向量空间的标准基为

$$\boldsymbol{u}_1=(1,0,0,0),\ \boldsymbol{u}_2=(0,1,0,0),\ \boldsymbol{u}_3=(0,0,1,0),\ \boldsymbol{u}_4=(0,0,0,1),$$

则从 $\boldsymbol{u}_1,\boldsymbol{u}_2,\boldsymbol{u}_3,\boldsymbol{u}_4$ 到 $\boldsymbol{e}_1,\boldsymbol{e}_2,\boldsymbol{e}_3,\boldsymbol{e}_4$ 的过渡矩阵为

$$\boldsymbol{A}=\begin{pmatrix}1&2&1&0\\1&1&1&1\\0&2&0&-1\\1&0&0&-1\end{pmatrix},$$

从 $\boldsymbol{u}_1,\boldsymbol{u}_2,\boldsymbol{u}_3,\boldsymbol{u}_4$ 到 $\boldsymbol{f}_1,\boldsymbol{f}_2,\boldsymbol{f}_3,\boldsymbol{f}_4$ 的过渡矩阵为

$$\boldsymbol{B}=\begin{pmatrix}1&0&2&-1\\0&0&1&0\\0&1&0&1\\1&-1&3&2\end{pmatrix}.$$

根据上例, 从基 $\boldsymbol{e}_1,\boldsymbol{e}_2,\boldsymbol{e}_3,\boldsymbol{e}_4$ 到 $\boldsymbol{f}_1,\boldsymbol{f}_2,\boldsymbol{f}_3,\boldsymbol{f}_4$ 的过渡矩阵为 $\boldsymbol{A}^{-1}\boldsymbol{B}$. 它可以用初等变换和求逆矩阵类似的方法直接求得 (对矩阵 $(\boldsymbol{A}\,\vdots\,\boldsymbol{B})$ 进行初等行变换, 将 $\boldsymbol{A}$ 化为单位矩阵, 则右边一块就化为了 $\boldsymbol{A}^{-1}\boldsymbol{B}$):

$$(\boldsymbol{A} \vdots \boldsymbol{B})=\left(\begin{array}{cccc:cccc}1 & 2 & 1 & 0 & 1 & 0 & 2 & -1 \\ 1 & 1 & 1 & 1 & 0 & 0 & 1 & 0 \\ 0 & 2 & 0 & -1 & 0 & 1 & 0 & 1 \\ 1 & 0 & 0 & -1 & 1 & -1 & 3 & 2\end{array}\right) \rightarrow$$

$$\left(\begin{array}{cccc:cccc}1 & 2 & 1 & 0 & 1 & 0 & 2 & -1 \\ 0 & -1 & 0 & 1 & -1 & 0 & -1 & 1 \\ 0 & 2 & 0 & -1 & 0 & 1 & 0 & 1 \\ 0 & -2 & -1 & -1 & 0 & -1 & 1 & 3\end{array}\right) \rightarrow$$

$$\left(\begin{array}{cccc:cccc}1 & 0 & 1 & 2 & -1 & 0 & 0 & 1 \\ 0 & -1 & 0 & 1 & -1 & 0 & -1 & 1 \\ 0 & 0 & 0 & 1 & -2 & 1 & -2 & 3 \\ 0 & 0 & -1 & -3 & 2 & -1 & 3 & 1\end{array}\right) \rightarrow$$

$$\left(\begin{array}{cccc:cccc}1 & 0 & 0 & -1 & 1 & -1 & 3 & 2 \\ 0 & -1 & 0 & 1 & -1 & 0 & -1 & 1 \\ 0 & 0 & -1 & -3 & 2 & -1 & 3 & 1 \\ 0 & 0 & 0 & 1 & -2 & 1 & -2 & 3\end{array}\right) \rightarrow$$

$$\left(\begin{array}{cccc:cccc}1 & 0 & 0 & 0 & -1 & 0 & 1 & 5 \\ 0 & -1 & 0 & 0 & 1 & -1 & 1 & -2 \\ 0 & 0 & -1 & 0 & -4 & 2 & -3 & 10 \\ 0 & 0 & 0 & 1 & -2 & 1 & -2 & 3\end{array}\right) \rightarrow$$

$$\left(\begin{array}{cccc:cccc}1 & 0 & 0 & 0 & -1 & 0 & 1 & 5 \\ 0 & 1 & 0 & 0 & -1 & 1 & -1 & 2 \\ 0 & 0 & 1 & 0 & 4 & -2 & 3 & -10 \\ 0 & 0 & 0 & 1 & -2 & 1 & -2 & 3\end{array}\right).$$

因此, 所求之过渡矩阵为

$$\begin{pmatrix}-1 & 0 & 1 & 5 \\ -1 & 1 & -1 & 2 \\ 4 & -2 & 3 & -10 \\ -2 & 1 & -2 & 3\end{pmatrix}. \square$$

例 3.44 设 a 为常数, 求向量 $\boldsymbol{\alpha}=(a_1,a_2,\cdots,a_n)$ 在基

$$\{\boldsymbol{f}_1=(a^{n-1},a^{n-2},\cdots,a,1),\boldsymbol{f}_2=(a^{n-2},a^{n-3},\cdots,1,0),\cdots,\boldsymbol{f}_n=(1,0,\cdots,0,0)\}$$

下的坐标.

解 设 $\boldsymbol{e}_1,\boldsymbol{e}_2,\cdots,\boldsymbol{e}_n$ 是标准单位行向量, 则从 $\{\boldsymbol{e}_1,\boldsymbol{e}_2,\cdots,\boldsymbol{e}_n\}$ 到 $\{\boldsymbol{f}_1,\boldsymbol{f}_2,\cdots,\boldsymbol{f}_n\}$ 的过渡矩阵是

$$\boldsymbol{A}=\begin{pmatrix}a^{n-1}&a^{n-2}&\cdots&1\\a^{n-2}&a^{n-3}&\cdots&0\\\vdots&\vdots&&\vdots\\a&1&\cdots&0\\1&0&\cdots&0\end{pmatrix}.$$

设 $\boldsymbol{\alpha}$ 在 $\{\boldsymbol{f}_1,\boldsymbol{f}_2,\cdots,\boldsymbol{f}_n\}$ 下的坐标向量为 $\boldsymbol{x}=(x_1,x_2,\cdots,x_n)$, 则有 $\boldsymbol{A}\boldsymbol{x}'=\boldsymbol{\alpha}'$. 这是一个非齐次线性方程组, 可由初等行变换求出方程组的解:

$$\left(\begin{array}{cccc|c}a^{n-1}&a^{n-2}&\cdots&1&a_1\\a^{n-2}&a^{n-3}&\cdots&0&a_2\\\vdots&\vdots&&\vdots&\vdots\\a&1&\cdots&0&a_{n-1}\\1&0&\cdots&0&a_n\end{array}\right)\to\left(\begin{array}{cccc|c}0&a^{n-2}&\cdots&1&a_1-a^{n-1}a_n\\0&a^{n-3}&\cdots&0&a_2-a^{n-2}a_n\\\vdots&\vdots&&\vdots&\vdots\\0&1&\cdots&0&a_{n-1}-aa_n\\1&0&\cdots&0&a_n\end{array}\right)\to$$

$$\left(\begin{array}{cccc|c}0&0&\cdots&1&a_1-aa_2\\0&0&\cdots&0&a_2-aa_3\\\vdots&\vdots&&\vdots&\vdots\\0&1&\cdots&0&a_{n-1}-aa_n\\1&0&\cdots&0&a_n\end{array}\right)\to\left(\begin{array}{cccc|c}1&0&\cdots&0&a_n\\0&1&\cdots&0&a_{n-1}-aa_n\\\vdots&\vdots&&\vdots&\vdots\\0&0&\cdots&0&a_2-aa_3\\0&0&\cdots&1&a_1-aa_2\end{array}\right),$$

因此 $\boldsymbol{x}=(a_n,a_{n-1}-aa_n,\cdots,a_2-aa_3,a_1-aa_2)$. □

例 3.45 设 V 是次数不超过 n 的实系数多项式全体组成的线性空间, 求从基 $\{1,x,x^2,\cdots,x^n\}$ 到基 $\{1,x-a,(x-a)^2,\cdots,(x-a)^n\}$ 的过渡矩阵, 并以此证明多项式的 Taylor 公式:

$$f(x)=f(a)+\frac{f'(a)}{1!}(x-a)+\frac{f''(a)}{2!}(x-a)^2+\cdots+\frac{f^{(n)}(a)}{n!}(x-a)^n,$$

其中 $f^{(n)}(x)$ 表示 $f(x)$ 的 n 次导数.

解　过渡矩阵 ($n+1$ 阶) 容易求出为

$$P=\begin{pmatrix}1 & -a & a^2 & \cdots & (-1)^n a^n\\ 0 & 1 & -2a & \cdots & (-1)^{n-1}na^{n-1}\\ 0 & 0 & 1 & \cdots & (-1)^{n-2}\dfrac{n(n-1)}{2!}a^{n-2}\\ \vdots & \vdots & \vdots & & \vdots\\ 0 & 0 & 0 & \cdots & 1\end{pmatrix}.$$

注意 P 的逆矩阵 P^{-1} 可通过变换 $x\to(x+a)$ 马上得到 (不必用初等变换法求逆矩阵):

$$P^{-1}=\begin{pmatrix}1 & a & a^2 & \cdots & a^n\\ 0 & 1 & 2a & \cdots & na^{n-1}\\ 0 & 0 & 1 & \cdots & \dfrac{n(n-1)}{2!}a^{n-2}\\ \vdots & \vdots & \vdots & & \vdots\\ 0 & 0 & 0 & \cdots & 1\end{pmatrix}.$$

设 $f(x)=a_0+a_1x+a_2x^2+\cdots+a_nx^n$, 则 $f(x)$ 在基 $\{1,x-a,(x-a)^2,\cdots,(x-a)^n\}$ 下的坐标向量为

$$P^{-1}\begin{pmatrix}a_0\\ a_1\\ a_2\\ \vdots\\ a_n\end{pmatrix}=\begin{pmatrix}1 & a & a^2 & \cdots & a^n\\ 0 & 1 & 2a & \cdots & na^{n-1}\\ 0 & 0 & 1 & \cdots & \dfrac{n(n-1)}{2!}a^{n-2}\\ \vdots & \vdots & \vdots & & \vdots\\ 0 & 0 & 0 & \cdots & 1\end{pmatrix}\begin{pmatrix}a_0\\ a_1\\ a_2\\ \vdots\\ a_n\end{pmatrix}=\begin{pmatrix}f(a)\\ \dfrac{f'(a)}{1!}\\ \vdots\\ \dfrac{f^{(n)}(a)}{n!}\end{pmatrix},$$

由此即得结论. □

§ 3.6　子空间与商空间

例 3.46　设 $V=M_n(\mathbb{K})$ 是数域 $\mathbb{K}$ 上的 n 阶矩阵全体组成的线性空间, $A\in V$, 求证: 与 A 乘法可交换的矩阵全体 $C(A)$ 组成 V 的子空间且其维数不为零. 又若 T 是 V 的非空子集, 求证: 与 T 中任一矩阵乘法可交换的矩阵全体 $C(T)$ 也构成 V 的子空间且其维数不为零.

证明　由于纯量阵 $c\boldsymbol{I}_n$ 与任一 n 阶矩阵 $\boldsymbol{A}$ 乘法可交换, 故 $L(\boldsymbol{I}_n)\subseteq C(\boldsymbol{A})$. 任取 $\boldsymbol{B},\boldsymbol{C}\in C(\boldsymbol{A})$, $k\in\mathbb{K}$, 容易验证 $\boldsymbol{B}+\boldsymbol{C}\in C(\boldsymbol{A})$, $k\boldsymbol{B}\in C(\boldsymbol{A})$, 故 $C(\boldsymbol{A})$ 是 $M_n(\mathbb{K})$ 的子空间且其维数不为零. $C(T)$ 的结论同理可证. □

下面的例 3.47 给出了求子空间的和空间以及交空间的矩阵方法. 对抽象的线性空间, 可将它等同于行 (列) 向量空间, 然后用矩阵方法来求解, 这样做往往比较简便.

例 3.47　设 $\boldsymbol{\alpha}_1=(1,0,-1,0),\boldsymbol{\alpha}_2=(0,1,2,1),\boldsymbol{\alpha}_3=(2,1,0,1)$ 是四维实行向量空间 V 中的向量, 它们生成的子空间为 V_1, 又向量 $\boldsymbol{\beta}_1=(-1,1,1,1),\boldsymbol{\beta}_2=(1,-1,-3,-1),\boldsymbol{\beta}_3=(-1,1,-1,1)$ 生成的子空间为 V_2, 求子空间 V_1+V_2 和 $V_1\cap V_2$ 的基.

解法 1　V_1+V_2 是由 $\boldsymbol{\alpha}_i$ 和 $\boldsymbol{\beta}_i$ 生成的, 因此只要求出这 6 个向量的极大无关组即可. 将这 6 个向量按列分块方式拼成矩阵, 并用初等行变换将其化为阶梯形矩阵:

$$\begin{pmatrix}1&0&2&-1&1&-1\\0&1&1&1&-1&1\\-1&2&0&1&-3&-1\\0&1&1&1&-1&1\end{pmatrix}\to\begin{pmatrix}1&0&2&-1&1&-1\\0&1&1&1&-1&1\\0&2&2&0&-2&-2\\0&0&0&0&0&0\end{pmatrix}\to$$

$$\begin{pmatrix}1&0&2&-1&1&-1\\0&1&1&1&-1&1\\0&0&0&-2&0&-4\\0&0&0&0&0&0\end{pmatrix},$$

故可取 $\boldsymbol{\alpha}_1,\boldsymbol{\alpha}_2,\boldsymbol{\beta}_1$ 为 V_1+V_2 的基 (不唯一).

再来求 $V_1\cap V_2$ 的基. 首先注意到 $\boldsymbol{\alpha}_1,\boldsymbol{\alpha}_2$ 是 V_1 的基 (从上面的矩阵即可看出), 又不难验证 $\boldsymbol{\beta}_1,\boldsymbol{\beta}_2$ 是 V_2 的基, V_2 中的向量可以表示为 $\boldsymbol{\beta}_1,\boldsymbol{\beta}_2$ 的线性组合. 假设 $t_1\boldsymbol{\beta}_1+t_2\boldsymbol{\beta}_2$ 属于 V_1, 则向量组 $\boldsymbol{\alpha}_1,\boldsymbol{\alpha}_2,t_1\boldsymbol{\beta}_1+t_2\boldsymbol{\beta}_2$ 和向量组 $\boldsymbol{\alpha}_1,\boldsymbol{\alpha}_2$ 的秩相等 (因为 $\boldsymbol{\alpha}_1,\boldsymbol{\alpha}_2$ 是 V_1 的基). 因此, 我们可以用矩阵方法来求出参数 t_1,t_2. 注意到

$$\begin{pmatrix}1&0&-t_1+t_2\\0&1&t_1-t_2\\-1&2&t_1-3t_2\\0&1&t_1-t_2\end{pmatrix}\to\begin{pmatrix}1&0&-t_1+t_2\\0&1&t_1-t_2\\0&2&-2t_2\\0&0&0\end{pmatrix}\to\begin{pmatrix}1&0&-t_1+t_2\\0&1&t_1-t_2\\0&0&-2t_1\\0&0&0\end{pmatrix},$$

故可得 $t_1=0$, 所以 $V_1\cap V_2$ 的基可取为 $\boldsymbol{\beta}_2$.

解法 2 求 V_1+V_2 的基同解法 1, 现用解线性方程组的方法来求 $V_1\cap V_2$ 的基. 因为 $\boldsymbol{\alpha}_1,\boldsymbol{\alpha}_2$ 是 V_1 的基, $\boldsymbol{\beta}_1,\boldsymbol{\beta}_2$ 是 V_2 的基, 故对任一向量 $\boldsymbol{\gamma}\in V_1\cap V_2$, $\boldsymbol{\gamma}=x_1\boldsymbol{\alpha}_1+x_2\boldsymbol{\alpha}_2=(-x_3)\boldsymbol{\beta}_1+(-x_4)\boldsymbol{\beta}_2$. 因此, 求向量 $\boldsymbol{\gamma}$ 等价于求解线性方程组

$$x_1\boldsymbol{\alpha}_1+x_2\boldsymbol{\alpha}_2+x_3\boldsymbol{\beta}_1+x_4\boldsymbol{\beta}_2=\mathbf{0}.$$

通过初等行变换将其系数矩阵 $(\boldsymbol{\alpha}_1,\boldsymbol{\alpha}_2,\boldsymbol{\beta}_1,\boldsymbol{\beta}_2)$ 进行化简:

$$\begin{pmatrix}1&0&-1&1\\0&1&1&-1\\0&0&-2&0\\0&0&0&0\end{pmatrix}\to\begin{pmatrix}1&0&0&1\\0&1&0&-1\\0&0&1&0\\0&0&0&0\end{pmatrix},$$

故上述线性方程组的通解为 $(x_1,x_2,x_3,x_4)=k(-1,1,0,1)$, 从而 $\boldsymbol{\gamma}=-k(\boldsymbol{\alpha}_1-\boldsymbol{\alpha}_2)=-k\boldsymbol{\beta}_2\,(k\in\mathbb{R})$, 于是 $\boldsymbol{\beta}_2$ 是 $V_1\cap V_2$ 的基. □

要证明向量空间 V 是其子空间 V_1,V_2 的直和, 只需证明两件事: 一是证明 V 中任一向量均可表示为 V_1 与 V_2 中向量之和, 即 $V=V_1+V_2$; 二是证明 V_1 与 V_2 的交等于零. 下面是两个典型的例子.

例 3.48 设 V 是数域 $\mathbb{F}$ 上 n 阶矩阵组成的向量空间, V_1 和 V_2 分别是 $\mathbb{F}$ 上对称矩阵和反对称矩阵组成的子集. 求证: V_1 和 V_2 都是 V 的子空间且 $V=V_1\oplus V_2$.

证明 由于对称矩阵之和仍是对称矩阵, 一个数乘以对称矩阵仍是对称矩阵, 因此 V_1 是 V 的子空间. 同理 V_2 也是 V 的子空间. 又由例 2.10 可知, 任一 n 阶矩阵都可以表示为一个对称矩阵和一个反对称矩阵之和, 故 $V=V_1+V_2$. 若一个矩阵既是对称矩阵又是反对称矩阵, 则它一定是零矩阵. 这就是说 $V_1\cap V_2=0$. 于是 $V=V_1\oplus V_2$. □

例 3.49 设 V_1,V_2 分别是数域 $\mathbb{F}$ 上的齐次线性方程组 $x_1=x_2=\cdots=x_n$ 与 $x_1+x_2+\cdots+x_n=0$ 的解空间, 求证: $\mathbb{F}^n=V_1\oplus V_2$.

证明 由线性方程组解的定理知, V_1 的维数是 1, V_2 的维数是 $n-1$. 若列向量 $\boldsymbol{\alpha}\in V_1\cap V_2$, 则 $\boldsymbol{\alpha}$ 既是第一个线性方程组的解, 也是第二个线性方程组的解, 不难看出 $\boldsymbol{\alpha}$ 只能等于零向量, 因此 $V_1\cap V_2=0$. 又因为

$$\dim(V_1\oplus V_2)=\dim V_1+\dim V_2=1+(n-1)=n=\dim\mathbb{F}^n,$$

故 $\mathbb{F}^n=V_1\oplus V_2$. □

例 3.50 设 U,V 是数域 $\mathbb{K}$ 上的两个线性空间, $W=U\times V$ 是 U 和 V 的积集合, 即 $W=\{(\boldsymbol{u},\boldsymbol{v})\,|\,\boldsymbol{u}\in U,\boldsymbol{v}\in V\}$. 现在 W 上定义加法和数乘:

$$(\boldsymbol{u}_1,\boldsymbol{v}_1)+(\boldsymbol{u}_2,\boldsymbol{v}_2)=(\boldsymbol{u}_1+\boldsymbol{u}_2,\boldsymbol{v}_1+\boldsymbol{v}_2),\ k(\boldsymbol{u},\boldsymbol{v})=(k\boldsymbol{u},k\boldsymbol{v}).$$

验证: W 是 $\mathbb{K}$ 上的线性空间 (这个线性空间称为 U 和 V 的外直和).

又若设 $U'=\{(\boldsymbol{u},\boldsymbol{0})\,|\,\boldsymbol{u}\in U\}$, $V'=\{(\boldsymbol{0},\boldsymbol{v})\,|\,\boldsymbol{v}\in V\}$, 求证: U',V' 是 W 的子空间, U' 和 U 同构, V' 和 V 同构, 并且 $W=U'\oplus V'$.

证明 容易验证 W 在上述加法和数乘下满足线性空间的 8 条公理, 从而是 $\mathbb{K}$ 上的线性空间. 任取 $(\boldsymbol{u}_1,\boldsymbol{0}),(\boldsymbol{u}_2,\boldsymbol{0})\in U'$, $k\in\mathbb{K}$, 则 $(\boldsymbol{u}_1,\boldsymbol{0})+(\boldsymbol{u}_2,\boldsymbol{0})=(\boldsymbol{u}_1+\boldsymbol{u}_2,\boldsymbol{0})\in U'$, $k(\boldsymbol{u}_1,\boldsymbol{0})=(k\boldsymbol{u}_1,\boldsymbol{0})\in U'$, 因此 U' 是 W 的子空间. 同理可证 V' 是 W 的子空间. 构造映射 $\boldsymbol{\varphi}:U\to U'$, $\boldsymbol{\varphi}(\boldsymbol{u})=(\boldsymbol{u},\boldsymbol{0})$, 容易验证 $\boldsymbol{\varphi}$ 是一一对应并且保持加法和数乘运算, 所以 $\boldsymbol{\varphi}:U\to U'$ 是一个线性同构. 构造映射 $\boldsymbol{\psi}:V\to V'$, $\boldsymbol{\psi}(\boldsymbol{v})=(\boldsymbol{0},\boldsymbol{v})$, 同理可证 $\boldsymbol{\psi}:V\to V'$ 是一个线性同构. 显然 $U'\cap V'=0$, 又对 W 中任一向量 $(\boldsymbol{u},\boldsymbol{v})$, 有 $(\boldsymbol{u},\boldsymbol{v})=(\boldsymbol{u},\boldsymbol{0})+(\boldsymbol{0},\boldsymbol{v})\in U'+V'$, 因此 $W=U'\oplus V'$. □

例 3.51 设 U 是 V 的子空间, 求证: 存在 V 的子空间 W, 使得 $V=U\oplus W$. 这样的子空间 W 称为子空间 U 在 V 中的补空间.

证明 取子空间 U 的一组基 $\{\boldsymbol{e}_1,\cdots,\boldsymbol{e}_m\}$, 由基扩张定理可将其扩张为 V 的一组基 $\{\boldsymbol{e}_1,\cdots,\boldsymbol{e}_m,\boldsymbol{e}_{m+1},\cdots,\boldsymbol{e}_n\}$. 令 $W=L(\boldsymbol{e}_{m+1},\cdots,\boldsymbol{e}_n)$, 则 $V=U+W$. 由于 $\{\boldsymbol{e}_{m+1},\cdots,\boldsymbol{e}_n\}$ 是 W 的一组基, 故 $\dim V=\dim U+\dim W$, 从而 $V=U\oplus W$. □

注 在上例中 $U\cap W=\{\boldsymbol{0}\}$, 而不是 $U\cap W=\emptyset$; 同时 $V=U+W$ 是子空间的和, 而不是 $V=U\cup W$. 因此, 补空间绝不是补集, 请读者务必注意! 一般来说, 补空间并不唯一. 例如, 若 $\dim V-\dim U\geq 1$ 且 $\dim U\geq 1$, 则 U 有无限个补空间.

和两个子空间的情形不同, 要判定子空间 $V_1,V_2,\cdots,V_m\,(m\geq 3)$ 的和是否为直和, 只验证 $V_i\cap V_j=0\,(1\leq i<j\leq m)$ 是远远不够的. 例如 $\mathbb{R}_2$ 的 3 个子空间: $V_1=\{(a,0)\,|\,a\in\mathbb{R}\}$, $V_2=\{(0,b)\,|\,b\in\mathbb{R}\}$, $V_3=\{(a,a)\,|\,a\in\mathbb{R}\}$, 它们满足 $V_i\cap V_j=0\,(1\leq i<j\leq 3)$, 但 $V_1+V_2+V_3$ 不是直和. 因此在子空间个数多于两个的情形下, 我们通常需要利用 §§ 3.1.5 定理 5 来进行直和判定.

例 3.52 若 $V=U\oplus W$ 且 $U=U_1\oplus U_2$, 求证: $V=U_1\oplus U_2\oplus W$.

证明 由 $U=U_1\oplus U_2$ 可得 $U_1\cap U_2=0$; 由 $V=U\oplus W$ 可得 $(U_1+U_2)\cap W=U\cap W=0$, 因此由 §§ 3.1.5 定理 5 (2) 可得 U_1+U_2+W 是直和, 从而 $V=U_1+U_2+W=U_1\oplus U_2\oplus W$. □

例 3.53 求证: 每一个 n 维线性空间均可表示为 n 个一维子空间的直和.

证明 设 V 是 n 维线性空间, 取其一组基为 $\{\boldsymbol{e}_1,\boldsymbol{e}_2,\cdots,\boldsymbol{e}_n\}$. 设 $V_i=L(\boldsymbol{e}_i)\,(1\le i\le n)$, 则 V_i 是 V 的一维子空间且 $V=V_1+V_2+\cdots+V_n$. 注意到 $\dim V=n=\dim V_1+\dim V_2+\cdots+\dim V_n$, 故由 §§ 3.1.5 定理 5 (3) 可知, $V=V_1\oplus V_2\oplus\cdots\oplus V_n$. 注意到 V_i 的基是 $\{\boldsymbol{e}_i\}$, 因此 $V_i\,(1\le i\le n)$ 的基能拼成 V 的基, 故由 §§ 3.1.5 定理 5 (4) 也可得到结论. 再注意到 V 中任一向量写成基向量 $\{\boldsymbol{e}_1,\boldsymbol{e}_2,\cdots,\boldsymbol{e}_n\}$ 的线性组合时, 其表示是唯一的. 这就是说, V 中任一向量写成 V_i 中的向量之和时, 其表示是唯一的, 故由 §§ 3.1.5 定理 5 (5) 同样可得结论. □

例 3.54 设 $V_1,V_2,\cdots,V_m$ 是数域 $\mathbb{F}$ 上向量空间 V 的 m 个真子空间, 证明: 在 V 中必存在一个向量 $\boldsymbol{\alpha}$, 它不属于任何一个 V_i.

证明 对个数 m 进行归纳, 当 $m=1$ 时结论显然成立. 设 $m=k$ 时结论成立, 现要证明 $m=k+1$ 时结论也成立. 由归纳假设, 存在向量 $\boldsymbol{\alpha}$, 它不属于任何一个 $V_i\,(1\le i\le k)$. 若 $\boldsymbol{\alpha}$ 也不属于 V_{k+1}, 则结论已成立, 因此可设 $\boldsymbol{\alpha}\in V_{k+1}$. 在 V_{k+1} 外选一个向量 $\boldsymbol{\beta}$, 作集合 $M=\{t\boldsymbol{\alpha}+\boldsymbol{\beta}\,|\,t\in\mathbb{F}\}$. 事实上, 我们可将 M 看成是通过 $\boldsymbol{\beta}$ 的终点且平行于 $\boldsymbol{\alpha}$ 的一根“直线”, 现要证明它和每个 V_i 最多只有一个交点. 首先, M 和 V_{k+1} 无交点, 因为若 $t\boldsymbol{\alpha}+\boldsymbol{\beta}\in V_{k+1}$, 则从 $t\boldsymbol{\alpha}\in V_{k+1}$ 可推出 $\boldsymbol{\beta}\in V_{k+1}$, 与假设矛盾. 又若对某个 $V_i\,(i<k+1)$, 存在 $t_1\ne t_2$, 使得 $t_1\boldsymbol{\alpha}+\boldsymbol{\beta}\in V_i$, $t_2\boldsymbol{\alpha}+\boldsymbol{\beta}\in V_i$, 则 $(t_1-t_2)\boldsymbol{\alpha}\in V_i$, 从而导致 $\boldsymbol{\alpha}\in V_i$, 与假设矛盾. 因此, M 中只有有限个向量属于 V_i 的并集, 而 t 有无穷多个选择, 由此即得结论. □

注 上述证明要用到任意一个数域都有无穷个元素这一事实. 因此, 对于有限域 (读者以后可能会学到) 上的向量空间, 上例结论不一定成立.

例 3.55 设 $V_1,V_2,\cdots,V_m$ 是数域 $\mathbb{F}$ 上向量空间 V 的 m 个真子空间, 证明: V 中必有一组基, 使得每个基向量都不在诸 V_i 的并中.

证明 由例 3.54 可知, 存在非零向量 $\boldsymbol{e}_1\in V$, 使得 $\boldsymbol{e}_1\notin\bigcup\limits_{i=1}^{m}V_i$. 定义 $V_{m+1}=L(\boldsymbol{e}_1)$, 再由例 3.54 可知, 存在向量 $\boldsymbol{e}_2\in V$, 使得 $\boldsymbol{e}_2\notin\bigcup\limits_{i=1}^{m+1}V_i$. 由例 3.8 可知, $\boldsymbol{e}_2\notin L(\boldsymbol{e}_1)$ 意味着 $\boldsymbol{e}_1,\boldsymbol{e}_2$ 线性无关. 重新定义 $V_{m+1}=L(\boldsymbol{e}_1,\boldsymbol{e}_2)$, 再由例 3.54 可知, 存在向量 $\boldsymbol{e}_3\in V$, 使得 $\boldsymbol{e}_3\notin\bigcup\limits_{i=1}^{m+1}V_i$. 再由例 3.8 可知, $\boldsymbol{e}_3\notin L(\boldsymbol{e}_1,\boldsymbol{e}_2)$ 意味着 $\boldsymbol{e}_1,\boldsymbol{e}_2,\boldsymbol{e}_3$ 线性无关. 不断重复上述讨论, 即添加线性无关的向量重新定义 V_{m+1}, 并反复利用例 3.54 和例 3.8 的结论, 最后可以得到 n 个线性无关的向量 $\boldsymbol{e}_1,\boldsymbol{e}_2,\cdots,\boldsymbol{e}_n$, 它们构成 V 的一组基, 且满足 $\boldsymbol{e}_j\notin\bigcup\limits_{i=1}^{m}V_i\,(1\le j\le n)$. □

利用“几何问题代数化”这一技巧, 我们可以给出上述两道例题的一个统一证法.

例 3.54 和例 3.55 的证法 2　任取 V 的一组基 $\{\boldsymbol{e}_1, \boldsymbol{e}_2, \cdots, \boldsymbol{e}_n\}$. 对任意的正整数 k, 构造 V 中向量 $\boldsymbol{\alpha}_k = \boldsymbol{e}_1 + k\boldsymbol{e}_2 + \cdots + k^{n-1}\boldsymbol{e}_n$, 设向量族 $S = \{\boldsymbol{\alpha}_k \mid k = 1, 2, \cdots\}$. 由例 3.41 可知, S 中任意 n 个不同的向量都构成 V 的一组基. 因为 V_i 都是 V 的真子空间, 所以每个 V_i 至多包含 S 中 $n-1$ 个向量. 由于 S 是无限集合, 故存在某个向量 $\boldsymbol{\alpha}_k$, 使得 $\boldsymbol{\alpha}_k$ 不属于任何一个 V_i, 这就证明了例 3.54. 进一步, 在 S 中还存在 n 个不同的向量 $\boldsymbol{\alpha}_{k_1}, \boldsymbol{\alpha}_{k_2}, \cdots, \boldsymbol{\alpha}_{k_n}$, 使得每个 $\boldsymbol{\alpha}_{k_j}$ 都不属于任何一个 V_i, 此时 $\{\boldsymbol{\alpha}_{k_1}, \boldsymbol{\alpha}_{k_2}, \cdots, \boldsymbol{\alpha}_{k_n}\}$ 就构成了 V 的一组基, 这就证明了例 3.55. □

在下面两个例子中, 我们将介绍商空间的概念及其基本性质, 并证明商空间与补空间同构.

例 3.56　设 V 是数域 $\mathbb{K}$ 上的线性空间, U 是 V 的子空间. 对任意的 $\boldsymbol{v} \in V$, 集合 $\boldsymbol{v} + U := \{\boldsymbol{v} + \boldsymbol{u} \mid \boldsymbol{u} \in U\}$ 称为 $\boldsymbol{v}$ 的 U–陪集. 在所有 U–陪集构成的集合 $S = \{\boldsymbol{v} + U \mid \boldsymbol{v} \in V\}$ 中, 定义加法和数乘如下, 其中 $\boldsymbol{v}_1, \boldsymbol{v}_2 \in V$, $k \in \mathbb{K}$:

$$(\boldsymbol{v}_1 + U) + (\boldsymbol{v}_2 + U) := (\boldsymbol{v}_1 + \boldsymbol{v}_2) + U, \quad k \cdot (\boldsymbol{v}_1 + U) := k \cdot \boldsymbol{v}_1 + U.$$

证明下列结论成立:

(1) U–陪集之间的关系是: 作为集合或者相等, 或者不相交;

(2) $\boldsymbol{v}_1 + U = \boldsymbol{v}_2 + U$ (作为集合相等) 当且仅当 $\boldsymbol{v}_1 - \boldsymbol{v}_2 \in U$. 特别地, $\boldsymbol{v} + U$ 是 V 的子空间当且仅当 $\boldsymbol{v} \in U$;

(3) S 中的加法以及 $\mathbb{K}$ 关于 S 的数乘不依赖于代表元的选取, 即若 $\boldsymbol{v}_1 + U = \boldsymbol{v}_1' + U$ 以及 $\boldsymbol{v}_2 + U = \boldsymbol{v}_2' + U$, 则 $(\boldsymbol{v}_1 + U) + (\boldsymbol{v}_2 + U) = (\boldsymbol{v}_1' + U) + (\boldsymbol{v}_2' + U)$, 以及 $k \cdot (\boldsymbol{v}_1 + U) = k \cdot (\boldsymbol{v}_1' + U)$;

(4) S 在上述加法和数乘下成为数域 $\mathbb{K}$ 上的线性空间, 称为 V 关于子空间 U 的商空间, 记为 V/U.

证明　(1) 设 $(\boldsymbol{v}_1 + U) \cap (\boldsymbol{v}_2 + U) \neq \emptyset$, 即存在 $\boldsymbol{u}_1, \boldsymbol{u}_2 \in U$, 使得 $\boldsymbol{v}_1 + \boldsymbol{u}_1 = \boldsymbol{v}_2 + \boldsymbol{u}_2$, 从而 $\boldsymbol{v}_1 - \boldsymbol{v}_2 = \boldsymbol{u}_2 - \boldsymbol{u}_1 \in U$, 于是

$$\boldsymbol{v}_1 + U = \boldsymbol{v}_2 + (\boldsymbol{v}_1 - \boldsymbol{v}_2) + U \subseteq \boldsymbol{v}_2 + U, \ \boldsymbol{v}_2 + U = \boldsymbol{v}_1 + (\boldsymbol{v}_2 - \boldsymbol{v}_1) + U \subseteq \boldsymbol{v}_1 + U,$$

因此 $\boldsymbol{v}_1 + U = \boldsymbol{v}_2 + U$.

(2) 由 (1) 的证明过程即得. 特别地, $\boldsymbol{v} + U$ 是 V 的子空间 $\Rightarrow \boldsymbol{0} \in \boldsymbol{v} + U \Rightarrow \boldsymbol{v} \in U \Rightarrow \boldsymbol{v} + U = U$ 是 V 的子空间.

(3) 若 $\boldsymbol{v}_1+U=\boldsymbol{v}_1'+U$ 以及 $\boldsymbol{v}_2+U=\boldsymbol{v}_2'+U$, 则存在 $\boldsymbol{u}_1,\boldsymbol{u}_2\in U$, 使得 $\boldsymbol{v}_1-\boldsymbol{v}_1'=\boldsymbol{u}_1$, $\boldsymbol{v}_2-\boldsymbol{v}_2'=\boldsymbol{u}_2$, 从而 $(\boldsymbol{v}_1+\boldsymbol{v}_2)-(\boldsymbol{v}_1'+\boldsymbol{v}_2')=\boldsymbol{u}_1+\boldsymbol{u}_2\in U$, $k\cdot\boldsymbol{v}_1-k\cdot\boldsymbol{v}_1'=k\cdot\boldsymbol{u}_1\in U$, 于是

$$(\boldsymbol{v}_1+U)+(\boldsymbol{v}_2+U)=(\boldsymbol{v}_1+\boldsymbol{v}_2)+U=(\boldsymbol{v}_1'+\boldsymbol{v}_2')+U=(\boldsymbol{v}_1'+U)+(\boldsymbol{v}_2'+U),$$

$$k\cdot(\boldsymbol{v}_1+U)=k\cdot\boldsymbol{v}_1+U=k\cdot\boldsymbol{v}_1'+U=k\cdot(\boldsymbol{v}_1'+U).$$

(4) 请读者自行验证加法和数乘满足线性空间的 8 条公理. □

例 3.57 设 V 是数域 $\mathbb{K}$ 上的 n 维线性空间, U 是 V 的子空间, W 是 U 的补空间, 证明: $\dim V/U=\dim V-\dim U$, 并且存在线性同构 $\boldsymbol{\varphi}:W\to V/U$.

证明 取子空间 U 的一组基 $\{\boldsymbol{e}_1,\cdots,\boldsymbol{e}_m\}$, 补空间 W 的一组基 $\{\boldsymbol{e}_{m+1},\cdots,\boldsymbol{e}_n\}$, 则 $\{\boldsymbol{e}_1,\cdots,\boldsymbol{e}_m,\boldsymbol{e}_{m+1},\cdots,\boldsymbol{e}_n\}$ 是 V 的一组基. 我们断言 $\{\boldsymbol{e}_{m+1}+U,\cdots,\boldsymbol{e}_n+U\}$ 是商空间 V/U 的一组基. 一方面, 对任意的 $\boldsymbol{v}\in V$, 设 $\boldsymbol{v}=\sum\limits_{i=1}^n a_i\boldsymbol{e}_i$, 则

$$\boldsymbol{v}+U=\left(\sum_{i=1}^n a_i\boldsymbol{e}_i\right)+U=\left(\sum_{i=m+1}^n a_i\boldsymbol{e}_i\right)+U=\sum_{i=m+1}^n a_i(\boldsymbol{e}_i+U).$$

另一方面, 设 $a_{m+1},\cdots,a_n\in\mathbb{K}$, 使得 $\sum\limits_{i=m+1}^n a_i(\boldsymbol{e}_i+U)=\boldsymbol{0}+U$, 即 $\left(\sum\limits_{i=m+1}^n a_i\boldsymbol{e}_i\right)+U=U$, 从而 $\sum\limits_{i=m+1}^n a_i\boldsymbol{e}_i\in U$. 于是存在 $a_1,\cdots,a_m\in\mathbb{K}$, 使得 $\sum\limits_{i=m+1}^n a_i\boldsymbol{e}_i=-\sum\limits_{i=1}^m a_i\boldsymbol{e}_i$, 即 $\sum\limits_{i=1}^n a_i\boldsymbol{e}_i=\boldsymbol{0}$, 从而 $a_i=0\,(1\le i\le n)$. 因此, $\dim V/U=n-m=\dim V-\dim U$.

对任意的 $\boldsymbol{w}\in W$, 设 $\boldsymbol{w}=\sum\limits_{i=m+1}^n a_i\boldsymbol{e}_i$, 定义映射 $\boldsymbol{\varphi}:W\to V/U$ 为

$$\boldsymbol{\varphi}(\boldsymbol{w})=\boldsymbol{w}+U=\sum_{i=m+1}^n a_i(\boldsymbol{e}_i+U).$$

容易验证 $\boldsymbol{\varphi}$ 保持加法和数乘, 并且是一一对应, 从而是线性同构. □

§ 3.7 矩阵的秩

矩阵秩的计算及估计在高等代数中有着诸多的应用, 例如在 § 3.2 中, 我们利用矩阵秩的计算可以判定向量组的线性关系等. 秩的等式 (不等式) 的证明是矩阵理论中的一个难点, 要证明它们通常需要一定的技巧, 而且我们还将发现, 随着矩阵的秩

在高等代数中应用的深入, 相关的证明技巧将会更丰富, 也更具有难度. 在本节中, 我们将主要介绍 3 种方法, 分别是利用矩阵的初等变换、线性方程组的求解理论和线性空间理论来进行矩阵秩的等式 (不等式) 的证明.

1. 初等变换法

因为矩阵的秩在初等变换或分块初等变换下不变, 故初等变换法是处理矩阵秩的首要方法, 然后再配合利用如下矩阵秩的基本公式, 就可以证明一系列结论.

矩阵秩的基本公式 (将在下面的例题中依次证明):

(1) 若 $k\neq 0$, $\mathrm{r}(k\boldsymbol{A})=\mathrm{r}(\boldsymbol{A})$;

(2) $\mathrm{r}(\boldsymbol{AB})\leq\min\{\mathrm{r}(\boldsymbol{A}),\mathrm{r}(\boldsymbol{B})\}$;

(3) $\mathrm{r}\begin{pmatrix}\boldsymbol{A}&\boldsymbol{O}\\\boldsymbol{O}&\boldsymbol{B}\end{pmatrix}=\mathrm{r}(\boldsymbol{A})+\mathrm{r}(\boldsymbol{B})$;

(4) $\mathrm{r}\begin{pmatrix}\boldsymbol{A}&\boldsymbol{C}\\\boldsymbol{O}&\boldsymbol{B}\end{pmatrix}\geq\mathrm{r}(\boldsymbol{A})+\mathrm{r}(\boldsymbol{B})$, $\mathrm{r}\begin{pmatrix}\boldsymbol{A}&\boldsymbol{O}\\\boldsymbol{D}&\boldsymbol{B}\end{pmatrix}\geq\mathrm{r}(\boldsymbol{A})+\mathrm{r}(\boldsymbol{B})$;

(5) $\mathrm{r}(\boldsymbol{A}\,¦\,\boldsymbol{B})\leq\mathrm{r}(\boldsymbol{A})+\mathrm{r}(\boldsymbol{B})$, $\mathrm{r}\begin{pmatrix}\boldsymbol{A}\\\boldsymbol{B}\end{pmatrix}\leq\mathrm{r}(\boldsymbol{A})+\mathrm{r}(\boldsymbol{B})$;

(6) $\mathrm{r}(\boldsymbol{A}+\boldsymbol{B})\leq\mathrm{r}(\boldsymbol{A})+\mathrm{r}(\boldsymbol{B})$, $\mathrm{r}(\boldsymbol{A}-\boldsymbol{B})\leq\mathrm{r}(\boldsymbol{A})+\mathrm{r}(\boldsymbol{B})$;

(7) $\mathrm{r}(\boldsymbol{A}-\boldsymbol{B})\geq|\,\mathrm{r}(\boldsymbol{A})-\mathrm{r}(\boldsymbol{B})|$.

例 3.58 设 $\boldsymbol{A}$ 是 $m\times n$ 矩阵, $k\neq 0$, 求证: $\mathrm{r}(k\boldsymbol{A})=\mathrm{r}(\boldsymbol{A})$.

证明 由于 $k\boldsymbol{A}=\boldsymbol{P}_1(k)\boldsymbol{P}_2(k)\cdots\boldsymbol{P}_m(k)\boldsymbol{A}$, 故 $\mathrm{r}(k\boldsymbol{A})=\mathrm{r}(\boldsymbol{A})$. □

例 3.59 设 $\boldsymbol{A}=(a_{ij})$, $\boldsymbol{B}=(b_{ij})$ 是 $m\times n$ 矩阵, 且 $b_{ij}=(-1)^{i+j}a_{ij}$. 求证: $\mathrm{r}(\boldsymbol{A})=\mathrm{r}(\boldsymbol{B})$.

证明 将 $\boldsymbol{A}$ 的第 i 行乘以 $(-1)^i$, 又将第 j 列乘以 $(-1)^j$, 即得矩阵 $\boldsymbol{B}$, 因此 $\boldsymbol{A}$ 和 $\boldsymbol{B}$ 相抵, 故结论成立. □

例 3.60 求证: $\mathrm{r}(\boldsymbol{AB})\leq\min\{\mathrm{r}(\boldsymbol{A}),\mathrm{r}(\boldsymbol{B})\}$.

证明 设 $\boldsymbol{A}$ 是 $m\times n$ 矩阵, $\boldsymbol{B}$ 是 $n\times s$ 矩阵. 将矩阵 $\boldsymbol{B}$ 按列分块, $\boldsymbol{B}=(\boldsymbol{\beta}_1,\boldsymbol{\beta}_2,\cdots,\boldsymbol{\beta}_s)$, 则 $\boldsymbol{AB}=(\boldsymbol{A\beta}_1,\boldsymbol{A\beta}_2,\cdots,\boldsymbol{A\beta}_s)$. 若 $\boldsymbol{B}$ 列向量的极大无关组为 $\{\boldsymbol{\beta}_{j_1},\boldsymbol{\beta}_{j_2},\cdots,\boldsymbol{\beta}_{j_r}\}$, 则 $\boldsymbol{B}$ 的任一列向量 $\boldsymbol{\beta}_j$ 均可用 $\{\boldsymbol{\beta}_{j_1},\boldsymbol{\beta}_{j_2},\cdots,\boldsymbol{\beta}_{j_r}\}$ 线性表示. 于是任一 $\boldsymbol{A\beta}_j$ 也可用 $\{\boldsymbol{A\beta}_{j_1},\boldsymbol{A\beta}_{j_2},\cdots,\boldsymbol{A\beta}_{j_r}\}$ 来线性表示. 因此, 向量组 $\{\boldsymbol{A\beta}_1,\boldsymbol{A\beta}_2,\cdots,\boldsymbol{A\beta}_s\}$ 的秩不超过 r, 即 $\mathrm{r}(\boldsymbol{AB})\leq\mathrm{r}(\boldsymbol{B})$. 同理, 对矩阵 $\boldsymbol{A}$ 用行分块的方法可以证明 $\mathrm{r}(\boldsymbol{AB})\leq\mathrm{r}(\boldsymbol{A})$. □

注　上例即是说, 矩阵相乘之后秩相等或变小. 这是证明矩阵秩的不等式时一个重要的技巧, 关键是如何选取适当的矩阵 (可以是奇异矩阵) 以取得较好的效果.

例 3.61　求证: $\mathrm{r}\begin{pmatrix} \boldsymbol{A} & \boldsymbol{O} \\ \boldsymbol{O} & \boldsymbol{B} \end{pmatrix} = \mathrm{r}(\boldsymbol{A}) + \mathrm{r}(\boldsymbol{B})$.

证明　设 $\boldsymbol{A}, \boldsymbol{B}$ 的秩分别为 r_1, r_2, 则存在非异阵 $\boldsymbol{P}_1, \boldsymbol{Q}_1$ 和非异阵 $\boldsymbol{P}_2, \boldsymbol{Q}_2$, 使得

$$\boldsymbol{P}_1\boldsymbol{A}\boldsymbol{Q}_1 = \begin{pmatrix} \boldsymbol{I}_{r_1} & \boldsymbol{O} \\ \boldsymbol{O} & \boldsymbol{O} \end{pmatrix},\ \boldsymbol{P}_2\boldsymbol{B}\boldsymbol{Q}_2 = \begin{pmatrix} \boldsymbol{I}_{r_2} & \boldsymbol{O} \\ \boldsymbol{O} & \boldsymbol{O} \end{pmatrix}.$$

于是

$$\begin{pmatrix} \boldsymbol{P}_1 & \boldsymbol{O} \\ \boldsymbol{O} & \boldsymbol{P}_2 \end{pmatrix}\begin{pmatrix} \boldsymbol{A} & \boldsymbol{O} \\ \boldsymbol{O} & \boldsymbol{B} \end{pmatrix}\begin{pmatrix} \boldsymbol{Q}_1 & \boldsymbol{O} \\ \boldsymbol{O} & \boldsymbol{Q}_2 \end{pmatrix} = \begin{pmatrix} \boldsymbol{P}_1\boldsymbol{A}\boldsymbol{Q}_1 & \boldsymbol{O} \\ \boldsymbol{O} & \boldsymbol{P}_2\boldsymbol{B}\boldsymbol{Q}_2 \end{pmatrix} = \begin{pmatrix} \boldsymbol{I}_{r_1} & \boldsymbol{O} & \boldsymbol{O} & \boldsymbol{O} \\ \boldsymbol{O} & \boldsymbol{O} & \boldsymbol{O} & \boldsymbol{O} \\ \boldsymbol{O} & \boldsymbol{O} & \boldsymbol{I}_{r_2} & \boldsymbol{O} \\ \boldsymbol{O} & \boldsymbol{O} & \boldsymbol{O} & \boldsymbol{O} \end{pmatrix}.$$

因此, $\mathrm{r}\begin{pmatrix} \boldsymbol{A} & \boldsymbol{O} \\ \boldsymbol{O} & \boldsymbol{B} \end{pmatrix} = r_1 + r_2 = \mathrm{r}(\boldsymbol{A}) + \mathrm{r}(\boldsymbol{B})$. □

注　例 3.61 是关于矩阵秩的一个十分基本的公式, 它除了告诉我们分块对角矩阵的秩等于每个对角矩阵秩的和之外, 我们还可以反过来用这个公式, 即看到两个矩阵秩之和时, 可以把这两个矩阵拼成一个分块对角矩阵去考虑问题. 但如果是分块上 (下) 三角矩阵, 通常我们只能得到如下秩的不等式.

例 3.62　求证: $\mathrm{r}\begin{pmatrix} \boldsymbol{A} & \boldsymbol{C} \\ \boldsymbol{O} & \boldsymbol{B} \end{pmatrix} \geq \mathrm{r}(\boldsymbol{A}) + \mathrm{r}(\boldsymbol{B})$, $\mathrm{r}\begin{pmatrix} \boldsymbol{A} & \boldsymbol{O} \\ \boldsymbol{D} & \boldsymbol{B} \end{pmatrix} \geq \mathrm{r}(\boldsymbol{A}) + \mathrm{r}(\boldsymbol{B})$.

证法 1　我们只证明第一个不等式, 第二个不等式同理可证. 采用与例 3.61 相同的证法和记号, 可得

$$\begin{pmatrix} \boldsymbol{P}_1 & \boldsymbol{O} \\ \boldsymbol{O} & \boldsymbol{P}_2 \end{pmatrix}\begin{pmatrix} \boldsymbol{A} & \boldsymbol{C} \\ \boldsymbol{O} & \boldsymbol{B} \end{pmatrix}\begin{pmatrix} \boldsymbol{Q}_1 & \boldsymbol{O} \\ \boldsymbol{O} & \boldsymbol{Q}_2 \end{pmatrix} = \begin{pmatrix} \boldsymbol{P}_1\boldsymbol{A}\boldsymbol{Q}_1 & \boldsymbol{P}_1\boldsymbol{C}\boldsymbol{Q}_2 \\ \boldsymbol{O} & \boldsymbol{P}_2\boldsymbol{B}\boldsymbol{Q}_2 \end{pmatrix} = \begin{pmatrix} \boldsymbol{I}_{r_1} & \boldsymbol{O} & \boldsymbol{C}_{11} & \boldsymbol{C}_{12} \\ \boldsymbol{O} & \boldsymbol{O} & \boldsymbol{C}_{21} & \boldsymbol{C}_{22} \\ \boldsymbol{O} & \boldsymbol{O} & \boldsymbol{I}_{r_2} & \boldsymbol{O} \\ \boldsymbol{O} & \boldsymbol{O} & \boldsymbol{O} & \boldsymbol{O} \end{pmatrix}.$$

在上面的分块矩阵中实施第三类分块初等变换, 用 $\boldsymbol{I}_{r_1}$ 消去同行的矩阵; 用 $\boldsymbol{I}_{r_2}$ 消去

同列的矩阵, 再将 $\boldsymbol{C}_{22}$ 对换到第 $(2,2)$ 位置:

$$\begin{pmatrix} \boldsymbol{I}_{r_1} & \boldsymbol{O} & \boldsymbol{C}_{11} & \boldsymbol{C}_{12} \\ \boldsymbol{O} & \boldsymbol{O} & \boldsymbol{C}_{21} & \boldsymbol{C}_{22} \\ \boldsymbol{O} & \boldsymbol{O} & \boldsymbol{I}_{r_2} & \boldsymbol{O} \\ \boldsymbol{O} & \boldsymbol{O} & \boldsymbol{O} & \boldsymbol{O} \end{pmatrix} \to \begin{pmatrix} \boldsymbol{I}_{r_1} & \boldsymbol{O} & \boldsymbol{O} & \boldsymbol{O} \\ \boldsymbol{O} & \boldsymbol{O} & \boldsymbol{O} & \boldsymbol{C}_{22} \\ \boldsymbol{O} & \boldsymbol{O} & \boldsymbol{I}_{r_2} & \boldsymbol{O} \\ \boldsymbol{O} & \boldsymbol{O} & \boldsymbol{O} & \boldsymbol{O} \end{pmatrix} \to \begin{pmatrix} \boldsymbol{I}_{r_1} & \boldsymbol{O} & \boldsymbol{O} & \boldsymbol{O} \\ \boldsymbol{O} & \boldsymbol{C}_{22} & \boldsymbol{O} & \boldsymbol{O} \\ \boldsymbol{O} & \boldsymbol{O} & \boldsymbol{I}_{r_2} & \boldsymbol{O} \\ \boldsymbol{O} & \boldsymbol{O} & \boldsymbol{O} & \boldsymbol{O} \end{pmatrix},$$

最后由例 3.61 可得

$$\mathrm{r}\begin{pmatrix} \boldsymbol{A} & \boldsymbol{C} \\ \boldsymbol{O} & \boldsymbol{B} \end{pmatrix} = \mathrm{r}(\boldsymbol{I}_{r_1}) + \mathrm{r}(\boldsymbol{C}_{22}) + \mathrm{r}(\boldsymbol{I}_{r_2}) \geq r_1 + r_2 = \mathrm{r}(\boldsymbol{A}) + \mathrm{r}(\boldsymbol{B}).$$

证法 2　我们也可用子式法来证明. 设 $\mathrm{r}\begin{pmatrix} \boldsymbol{A} & \boldsymbol{O} \\ \boldsymbol{O} & \boldsymbol{B} \end{pmatrix} = r$, 则由 §§ 3.1.6 定理 4 可知, $\begin{pmatrix} \boldsymbol{A} & \boldsymbol{O} \\ \boldsymbol{O} & \boldsymbol{B} \end{pmatrix}$ 有一个 r 阶子式不为零, 不妨设为 $\begin{vmatrix} \boldsymbol{A}_1 & \boldsymbol{O} \\ \boldsymbol{O} & \boldsymbol{B}_1 \end{vmatrix}$, 其中 $\boldsymbol{A}_1, \boldsymbol{B}_1$ 分别是 $\boldsymbol{A}, \boldsymbol{B}$ 的子阵. 注意 $\boldsymbol{A}_1$ 或 $\boldsymbol{B}_1$ 允许是零阶矩阵, 这对应于该子式完全包含在 $\boldsymbol{B}$ 或 $\boldsymbol{A}$ 中, 但若 $\boldsymbol{A}_1, \boldsymbol{B}_1$ 的阶数都大于零, 则通过该子式非零容易验证 $\boldsymbol{A}_1, \boldsymbol{B}_1$ 都是方阵. 设在矩阵 $\begin{pmatrix} \boldsymbol{A} & \boldsymbol{C} \\ \boldsymbol{O} & \boldsymbol{B} \end{pmatrix}$ 中对应的 r 阶子式是 $\begin{vmatrix} \boldsymbol{A}_1 & \boldsymbol{C}_1 \\ \boldsymbol{O} & \boldsymbol{B}_1 \end{vmatrix}$, 则由 Laplace 定理可得 $\begin{vmatrix} \boldsymbol{A}_1 & \boldsymbol{C}_1 \\ \boldsymbol{O} & \boldsymbol{B}_1 \end{vmatrix} = |\boldsymbol{A}_1||\boldsymbol{B}_1| = \begin{vmatrix} \boldsymbol{A}_1 & \boldsymbol{O} \\ \boldsymbol{O} & \boldsymbol{B}_1 \end{vmatrix} \neq 0$, 再次由 §§ 3.1.6 定理 4 可得

$$\mathrm{r}\begin{pmatrix} \boldsymbol{A} & \boldsymbol{C} \\ \boldsymbol{O} & \boldsymbol{B} \end{pmatrix} \geq r = \mathrm{r}\begin{pmatrix} \boldsymbol{A} & \boldsymbol{O} \\ \boldsymbol{O} & \boldsymbol{B} \end{pmatrix} = \mathrm{r}(\boldsymbol{A}) + \mathrm{r}(\boldsymbol{B}). \ \square$$

例 3.63　求证: $\mathrm{r}(\boldsymbol{A} \mid \boldsymbol{B}) \leq \mathrm{r}(\boldsymbol{A}) + \mathrm{r}(\boldsymbol{B})$, $\mathrm{r}\begin{pmatrix} \boldsymbol{A} \\ \boldsymbol{B} \end{pmatrix} \leq \mathrm{r}(\boldsymbol{A}) + \mathrm{r}(\boldsymbol{B})$.

证明　注意到

$$(\boldsymbol{I} \mid \boldsymbol{I})\begin{pmatrix} \boldsymbol{A} & \boldsymbol{O} \\ \boldsymbol{O} & \boldsymbol{B} \end{pmatrix} = (\boldsymbol{A} \mid \boldsymbol{B}), \ \begin{pmatrix} \boldsymbol{A} & \boldsymbol{O} \\ \boldsymbol{O} & \boldsymbol{B} \end{pmatrix}\begin{pmatrix} \boldsymbol{I} \\ \boldsymbol{I} \end{pmatrix} = \begin{pmatrix} \boldsymbol{A} \\ \boldsymbol{B} \end{pmatrix},$$

故由例 3.60 和例 3.61 即得结论. □

例 3.64　求证: $\mathrm{r}(\boldsymbol{A} + \boldsymbol{B}) \leq \mathrm{r}(\boldsymbol{A}) + \mathrm{r}(\boldsymbol{B})$, $\mathrm{r}(\boldsymbol{A} - \boldsymbol{B}) \leq \mathrm{r}(\boldsymbol{A}) + \mathrm{r}(\boldsymbol{B})$.

证明　注意到

$$(\boldsymbol{A} \mid \boldsymbol{B})\begin{pmatrix} \boldsymbol{I} \\ \boldsymbol{I} \end{pmatrix} = \boldsymbol{A} + \boldsymbol{B}, \ (\boldsymbol{A} \mid \boldsymbol{B})\begin{pmatrix} \boldsymbol{I} \\ -\boldsymbol{I} \end{pmatrix} = \boldsymbol{A} - \boldsymbol{B},$$

故由例 3.60 和例 3.63 即得结论. □

例 3.65 求证: $\mathrm{r}(\boldsymbol{A}-\boldsymbol{B}) \geq |\mathrm{r}(\boldsymbol{A})-\mathrm{r}(\boldsymbol{B})|$.

证明 由于 $\mathrm{r}(\boldsymbol{A}-\boldsymbol{B})=\mathrm{r}(\boldsymbol{B}-\boldsymbol{A})$, 故不妨设 $\mathrm{r}(\boldsymbol{A}) \geq \mathrm{r}(\boldsymbol{B})$, 则由例 3.64 可得 $\mathrm{r}(\boldsymbol{A}-\boldsymbol{B})+\mathrm{r}(\boldsymbol{B}) \geq \mathrm{r}(\boldsymbol{A}-\boldsymbol{B}+\boldsymbol{B})=\mathrm{r}(\boldsymbol{A})$, 即 $\mathrm{r}(\boldsymbol{A}-\boldsymbol{B}) \geq \mathrm{r}(\boldsymbol{A})-\mathrm{r}(\boldsymbol{B})$. □

例 3.66 (Sylvester 不等式) 设 $\boldsymbol{A}$ 是 $m\times n$ 矩阵, $\boldsymbol{B}$ 是 $n\times t$ 矩阵, 求证:

$$\mathrm{r}(\boldsymbol{AB}) \geq \mathrm{r}(\boldsymbol{A})+\mathrm{r}(\boldsymbol{B})-n.$$

证明 考虑下列矩阵的分块初等变换:

$$\begin{pmatrix} \boldsymbol{I}_n & \boldsymbol{O} \\ \boldsymbol{O} & \boldsymbol{AB} \end{pmatrix} \to \begin{pmatrix} \boldsymbol{I}_n & \boldsymbol{O} \\ \boldsymbol{A} & \boldsymbol{AB} \end{pmatrix} \to \begin{pmatrix} \boldsymbol{I}_n & -\boldsymbol{B} \\ \boldsymbol{A} & \boldsymbol{O} \end{pmatrix} \to \begin{pmatrix} \boldsymbol{B} & \boldsymbol{I}_n \\ \boldsymbol{O} & \boldsymbol{A} \end{pmatrix},$$

由例 3.61 和例 3.62 可得

$$\mathrm{r}(\boldsymbol{AB})+n=\mathrm{r}\begin{pmatrix} \boldsymbol{I}_n & \boldsymbol{O} \\ \boldsymbol{O} & \boldsymbol{AB} \end{pmatrix}=\mathrm{r}\begin{pmatrix} \boldsymbol{B} & \boldsymbol{I}_n \\ \boldsymbol{O} & \boldsymbol{A} \end{pmatrix} \geq \mathrm{r}(\boldsymbol{A})+\mathrm{r}(\boldsymbol{B}),$$

即 $\mathrm{r}(\boldsymbol{AB}) \geq \mathrm{r}(\boldsymbol{A})+\mathrm{r}(\boldsymbol{B})-n$. □

推论 若 $\boldsymbol{A}$ 是 $m\times n$ 矩阵, $\boldsymbol{B}$ 是 $n\times t$ 矩阵且 $\boldsymbol{AB}=\boldsymbol{O}$, 则 $\mathrm{r}(\boldsymbol{A})+\mathrm{r}(\boldsymbol{B}) \leq n$.

例 3.67 设 $\boldsymbol{A},\boldsymbol{B}$ 为 n 阶方阵, 满足 $\boldsymbol{AB}=\boldsymbol{O}$. 证明: 若 n 是奇数, 则 $\boldsymbol{AB}'+\boldsymbol{A}'\boldsymbol{B}$ 必为奇异阵; 若 n 为偶数, 举例说明上述结论一般不成立.

证明 由例 3.66 的推论可知, $\mathrm{r}(\boldsymbol{A})+\mathrm{r}(\boldsymbol{B}) \leq n$. 若 n 为奇数, 则 $\mathrm{r}(\boldsymbol{A}),\mathrm{r}(\boldsymbol{B})$ 中至少有一个小于等于 $\dfrac{n}{2}$, 从而小于等于 $\dfrac{n-1}{2}$. 不妨设 $\mathrm{r}(\boldsymbol{A}) \leq \dfrac{n-1}{2}$, 于是

$$\mathrm{r}(\boldsymbol{AB}'+\boldsymbol{A}'\boldsymbol{B}) \leq \mathrm{r}(\boldsymbol{AB}')+\mathrm{r}(\boldsymbol{A}'\boldsymbol{B}) \leq \mathrm{r}(\boldsymbol{A})+\mathrm{r}(\boldsymbol{A}')=2\,\mathrm{r}(\boldsymbol{A}) \leq n-1,$$

从而 $\boldsymbol{AB}'+\boldsymbol{A}'\boldsymbol{B}$ 为奇异阵. 例如, 当 $n=2$ 时, 令 $\boldsymbol{A}=\boldsymbol{B}=\begin{pmatrix} 0 & 1 \\ 0 & 0 \end{pmatrix}$, 则 $\boldsymbol{AB}=\boldsymbol{O}$, 但 $\boldsymbol{AB}'+\boldsymbol{A}'\boldsymbol{B}=\boldsymbol{I}_2$ 为非异阵. □

例 3.68 设 $\boldsymbol{A}_1,\boldsymbol{A}_2,\cdots,\boldsymbol{A}_m$ 为 n 阶方阵, 求证:

$$\mathrm{r}(\boldsymbol{A}_1)+\mathrm{r}(\boldsymbol{A}_2)+\cdots+\mathrm{r}(\boldsymbol{A}_m) \leq (m-1)n+\mathrm{r}(\boldsymbol{A}_1\boldsymbol{A}_2\cdots\boldsymbol{A}_m).$$

特别地, 若 $\boldsymbol{A}_1\boldsymbol{A}_2\cdots\boldsymbol{A}_m=\boldsymbol{O}$, 则 $\mathrm{r}(\boldsymbol{A}_1)+\mathrm{r}(\boldsymbol{A}_2)+\cdots+\mathrm{r}(\boldsymbol{A}_m) \leq (m-1)n$.

证明　反复利用例 3.66 可得

$$\begin{aligned}&\mathrm{r}(\boldsymbol{A}_1)+\mathrm{r}(\boldsymbol{A}_2)+\mathrm{r}(\boldsymbol{A}_3)+\cdots+\mathrm{r}(\boldsymbol{A}_m)\\ \le\ & n+\mathrm{r}(\boldsymbol{A}_1\boldsymbol{A}_2)+\mathrm{r}(\boldsymbol{A}_3)+\cdots+\mathrm{r}(\boldsymbol{A}_m)\\ \le\ & 2n+\mathrm{r}(\boldsymbol{A}_1\boldsymbol{A}_2\boldsymbol{A}_3)+\cdots+\mathrm{r}(\boldsymbol{A}_m)\\ \le\ & \cdots\le(m-1)n+\mathrm{r}(\boldsymbol{A}_1\boldsymbol{A}_2\cdots\boldsymbol{A}_m).\ \square\end{aligned}$$

我们还可以将 Sylvester 不等式进行如下的推广.

例 3.69 (Frobenius 不等式)　证明: $\mathrm{r}(\boldsymbol{ABC})\ge\mathrm{r}(\boldsymbol{AB})+\mathrm{r}(\boldsymbol{BC})-\mathrm{r}(\boldsymbol{B})$.

证明　考虑下列分块初等变换:

$$\begin{pmatrix}\boldsymbol{ABC}&\boldsymbol{O}\\ \boldsymbol{O}&\boldsymbol{B}\end{pmatrix}\to\begin{pmatrix}\boldsymbol{ABC}&\boldsymbol{AB}\\ \boldsymbol{O}&\boldsymbol{B}\end{pmatrix}\to\begin{pmatrix}\boldsymbol{O}&\boldsymbol{AB}\\ -\boldsymbol{BC}&\boldsymbol{B}\end{pmatrix}\to\begin{pmatrix}\boldsymbol{AB}&\boldsymbol{O}\\ \boldsymbol{B}&\boldsymbol{BC}\end{pmatrix}.$$

由例 3.61 和例 3.62 可得

$$\mathrm{r}(\boldsymbol{ABC})+\mathrm{r}(\boldsymbol{B})=\mathrm{r}\begin{pmatrix}\boldsymbol{ABC}&\boldsymbol{O}\\ \boldsymbol{O}&\boldsymbol{B}\end{pmatrix}=\mathrm{r}\begin{pmatrix}\boldsymbol{AB}&\boldsymbol{O}\\ \boldsymbol{B}&\boldsymbol{BC}\end{pmatrix}\ge\mathrm{r}(\boldsymbol{AB})+\mathrm{r}(\boldsymbol{BC}),$$

由此即得结论. □

下面我们给出幂等矩阵和对合矩阵关于秩的判定准则.

例 3.70　求证: n 阶矩阵 $\boldsymbol{A}$ 是幂等矩阵 (即 $\boldsymbol{A}^2=\boldsymbol{A}$) 的充要条件是:

$$\mathrm{r}(\boldsymbol{A})+\mathrm{r}(\boldsymbol{I}_n-\boldsymbol{A})=n.$$

证明　在下列矩阵的分块初等变换中矩阵的秩保持不变:

$$\begin{pmatrix}\boldsymbol{A}&\boldsymbol{O}\\ \boldsymbol{O}&\boldsymbol{I}-\boldsymbol{A}\end{pmatrix}\to\begin{pmatrix}\boldsymbol{A}&\boldsymbol{A}\\ \boldsymbol{O}&\boldsymbol{I}-\boldsymbol{A}\end{pmatrix}\to\begin{pmatrix}\boldsymbol{A}&\boldsymbol{A}\\ \boldsymbol{A}&\boldsymbol{I}\end{pmatrix}\to\begin{pmatrix}\boldsymbol{A}-\boldsymbol{A}^2&\boldsymbol{A}\\ \boldsymbol{O}&\boldsymbol{I}\end{pmatrix}\to\begin{pmatrix}\boldsymbol{A}-\boldsymbol{A}^2&\boldsymbol{O}\\ \boldsymbol{O}&\boldsymbol{I}\end{pmatrix}.$$

因此

$$\mathrm{r}\begin{pmatrix}\boldsymbol{A}&\boldsymbol{O}\\ \boldsymbol{O}&\boldsymbol{I}-\boldsymbol{A}\end{pmatrix}=\mathrm{r}\begin{pmatrix}\boldsymbol{A}-\boldsymbol{A}^2&\boldsymbol{O}\\ \boldsymbol{O}&\boldsymbol{I}\end{pmatrix},$$

即 $\mathrm{r}(\boldsymbol{A})+\mathrm{r}(\boldsymbol{I}-\boldsymbol{A})=\mathrm{r}(\boldsymbol{A}-\boldsymbol{A}^2)+n$, 由此即得结论. □

例 3.71　求证: n 阶矩阵 $\boldsymbol{A}$ 是对合矩阵 (即 $\boldsymbol{A}^2=\boldsymbol{I}_n$) 的充要条件是:

$$\mathrm{r}(\boldsymbol{I}_n+\boldsymbol{A})+\mathrm{r}(\boldsymbol{I}_n-\boldsymbol{A})=n.$$

证明　在下列矩阵的分块初等变换中, 矩阵的秩保持不变:

$$\begin{pmatrix} I_n+A & O \\ O & I_n-A \end{pmatrix} \to \begin{pmatrix} I_n+A & I_n+A \\ O & I_n-A \end{pmatrix} \to \begin{pmatrix} I_n+A & I_n+A \\ I_n+A & 2I_n \end{pmatrix} \to$$

$$\begin{pmatrix} \frac{1}{2}(I_n-A^2) & I_n+A \\ O & 2I_n \end{pmatrix} \to \begin{pmatrix} \frac{1}{2}(I_n-A^2) & O \\ O & 2I_n \end{pmatrix}.$$

因此

$$\mathrm{r}\begin{pmatrix} I_n+A & O \\ O & I_n-A \end{pmatrix} = \mathrm{r}\begin{pmatrix} \frac{1}{2}(I_n-A^2) & O \\ O & 2I_n \end{pmatrix},$$

即 $\mathrm{r}(I_n+A)+\mathrm{r}(I_n-A)=\mathrm{r}(I_n-A^2)+n$, 由此即得结论. □

例 3.72　设 A 是 n 阶矩阵, 求证: $\mathrm{r}(A)+\mathrm{r}(I_n+A)\geq n$.

证法 1　由下列分块初等变换即得结论

$$\begin{pmatrix} A & O \\ O & I+A \end{pmatrix} \to \begin{pmatrix} A & A \\ O & I+A \end{pmatrix} \to \begin{pmatrix} A & A \\ -A & I \end{pmatrix} \to \begin{pmatrix} A+A^2 & A \\ O & I \end{pmatrix} \to \begin{pmatrix} A+A^2 & O \\ O & I \end{pmatrix}.$$

证法 2　$\mathrm{r}(A)+\mathrm{r}(I+A)=\mathrm{r}(-A)+\mathrm{r}(I+A)\geq \mathrm{r}(-A+I+A)=\mathrm{r}(I)=n$. □

例 3.73 (秩的降阶公式)　设有分块矩阵 $M=\begin{pmatrix} A & B \\ C & D \end{pmatrix}$, 证明:

(1) 若 A 可逆, 则 $\mathrm{r}(M)=\mathrm{r}(A)+\mathrm{r}(D-CA^{-1}B)$;

(2) 若 D 可逆, 则 $\mathrm{r}(M)=\mathrm{r}(D)+\mathrm{r}(A-BD^{-1}C)$;

(3) 若 A,D 都可逆, 则 $\mathrm{r}(A)+\mathrm{r}(D-CA^{-1}B)=\mathrm{r}(D)+\mathrm{r}(A-BD^{-1}C)$.

证明　(1) 由分块初等变换可得

$$\begin{pmatrix} A & B \\ C & D \end{pmatrix} \to \begin{pmatrix} A & B \\ O & D-CA^{-1}B \end{pmatrix} \to \begin{pmatrix} A & O \\ O & D-CA^{-1}B \end{pmatrix},$$

由此即得结论.

(2) 同理可证明.

(3) 由 (1) 和 (2) 即得. □

例 3.74　设

$$M=\begin{pmatrix} a_1^2 & a_1a_2+1 & \cdots & a_1a_n+1 \\ a_2a_1+1 & a_2^2 & \cdots & a_2a_n+1 \\ \vdots & \vdots & & \vdots \\ a_na_1+1 & a_na_2+1 & \cdots & a_n^2 \end{pmatrix},$$

证明: $\mathrm{r}(\boldsymbol{M}) \geq n-1$, 等号成立当且仅当 $|\boldsymbol{M}|=0$.

证明　若 $n=1$, 结论显然成立. 下设 $n \geq 2$. 取 $\boldsymbol{A}=-\boldsymbol{I}_n$, $\boldsymbol{D}=-\boldsymbol{I}_2$, $\boldsymbol{C}=\boldsymbol{B}'=\begin{pmatrix} a_1 & a_2 & \cdots & a_n \\ 1 & 1 & \cdots & 1 \end{pmatrix}$, 则 $\boldsymbol{M}=\boldsymbol{A}-\boldsymbol{B}\boldsymbol{D}^{-1}\boldsymbol{C}$. 注意到 $\boldsymbol{D}-\boldsymbol{C}\boldsymbol{A}^{-1}\boldsymbol{B}=\begin{pmatrix} \sum\limits_{i=1}^n a_i^2-1 & \sum\limits_{i=1}^n a_i \\ \sum\limits_{i=1}^n a_i & n-1 \end{pmatrix}$, 从而 $\mathrm{r}(\boldsymbol{D}-\boldsymbol{C}\boldsymbol{A}^{-1}\boldsymbol{B}) \geq 1$. 由秩的降阶公式可得

$$2+\mathrm{r}(\boldsymbol{M})=\mathrm{r}(\boldsymbol{D})+\mathrm{r}(\boldsymbol{M})=\mathrm{r}(\boldsymbol{A})+\mathrm{r}(\boldsymbol{D}-\boldsymbol{C}\boldsymbol{A}^{-1}\boldsymbol{B}) \geq n+1,$$

于是 $\mathrm{r}(\boldsymbol{M}) \geq n-1$, 等号成立当且仅当 $\boldsymbol{M}$ 不满秩, 即 $|\boldsymbol{M}|=0$. □

例 3.75　设 $\boldsymbol{A}, \boldsymbol{B}$ 都是数域 $\mathbb{K}$ 上的 n 阶矩阵且 $\boldsymbol{AB}=\boldsymbol{BA}$, 证明:

$$\mathrm{r}(\boldsymbol{A}+\boldsymbol{B}) \leq \mathrm{r}(\boldsymbol{A})+\mathrm{r}(\boldsymbol{B})-\mathrm{r}(\boldsymbol{AB}).$$

证明　考虑如下分块矩阵的乘法:

$$\begin{pmatrix} \boldsymbol{I} & \boldsymbol{I} \\ \boldsymbol{O} & \boldsymbol{I} \end{pmatrix}\begin{pmatrix} \boldsymbol{A} & \boldsymbol{O} \\ \boldsymbol{O} & \boldsymbol{B} \end{pmatrix}\begin{pmatrix} \boldsymbol{I} & -\boldsymbol{B} \\ \boldsymbol{I} & \boldsymbol{A} \end{pmatrix}=\begin{pmatrix} \boldsymbol{A}+\boldsymbol{B} & -\boldsymbol{AB}+\boldsymbol{BA} \\ \boldsymbol{B} & \boldsymbol{BA} \end{pmatrix}=\begin{pmatrix} \boldsymbol{A}+\boldsymbol{B} & \boldsymbol{O} \\ \boldsymbol{B} & \boldsymbol{AB} \end{pmatrix}.$$

由例 3.60 和例 3.62 可得

$$\mathrm{r}(\boldsymbol{A})+\mathrm{r}(\boldsymbol{B})=\mathrm{r}\begin{pmatrix} \boldsymbol{A} & \boldsymbol{O} \\ \boldsymbol{O} & \boldsymbol{B} \end{pmatrix} \geq \mathrm{r}\begin{pmatrix} \boldsymbol{A}+\boldsymbol{B} & \boldsymbol{O} \\ \boldsymbol{B} & \boldsymbol{BA} \end{pmatrix} \geq \mathrm{r}(\boldsymbol{A}+\boldsymbol{B})+\mathrm{r}(\boldsymbol{AB}),$$

由此即得结论. □

2. 利用线性方程组的求解理论讨论矩阵的秩

设 $\boldsymbol{A}$ 是数域 $\mathbb{K}$ 上的 $m \times n$ 矩阵, 则齐次线性方程组 $\boldsymbol{Ax}=\boldsymbol{0}$ 的解集 $V_{\boldsymbol{A}}$ 是 n 维列向量空间 $\mathbb{K}^n$ 的子空间. 根据线性方程组的求解理论, 我们有

$$\dim V_{\boldsymbol{A}}+\mathrm{r}(\boldsymbol{A})=n,$$

即齐次线性方程组解空间的维数与系数矩阵的秩之和等于未知数的个数. 根据上述公式, 由矩阵的秩可以讨论线性方程组解的性质; 反过来, 也可以由线性方程组解的性质讨论矩阵的秩. 下面的几个例子具有一定的典型性.

例 3.76　设 $\boldsymbol{A}$ 是 $m \times n$ 实矩阵, 求证: $\mathrm{r}(\boldsymbol{A}'\boldsymbol{A})=\mathrm{r}(\boldsymbol{AA}')=\mathrm{r}(\boldsymbol{A})$.

证明　首先证明 $\mathrm{r}(\boldsymbol{A}'\boldsymbol{A})=\mathrm{r}(\boldsymbol{A})$, 为此我们将证明齐次线性方程组 $\boldsymbol{A}\boldsymbol{x}=\boldsymbol{0}$ 和 $\boldsymbol{A}'\boldsymbol{A}\boldsymbol{x}=\boldsymbol{0}$ 同解. 显然 $\boldsymbol{A}\boldsymbol{x}=\boldsymbol{0}$ 的解都是 $\boldsymbol{A}'\boldsymbol{A}\boldsymbol{x}=\boldsymbol{0}$ 的解. 反之, 任取方程组 $\boldsymbol{A}'\boldsymbol{A}\boldsymbol{x}=\boldsymbol{0}$ 的解 $\boldsymbol{\alpha}\in\mathbb{R}^n$, 则 $\boldsymbol{\alpha}'\boldsymbol{A}'\boldsymbol{A}\boldsymbol{\alpha}=0$, 即 $(\boldsymbol{A}\boldsymbol{\alpha})'(\boldsymbol{A}\boldsymbol{\alpha})=0$. 记 $\boldsymbol{A}\boldsymbol{\alpha}=(b_1,b_2,\cdots,b_m)'\in\mathbb{R}^m$, 则

$$b_1^2+b_2^2+\cdots+b_m^2=0.$$

因为 b_i 是实数, 故每个 $b_i=0$, 即 $\boldsymbol{A}\boldsymbol{\alpha}=\boldsymbol{0}$, 也即 $\boldsymbol{\alpha}$ 是 $\boldsymbol{A}\boldsymbol{x}=\boldsymbol{0}$ 的解. 这就证明了方程组 $\boldsymbol{A}\boldsymbol{x}=\boldsymbol{0}$ 和 $\boldsymbol{A}'\boldsymbol{A}\boldsymbol{x}=\boldsymbol{0}$ 同解, 即 $V_{\boldsymbol{A}}=V_{\boldsymbol{A}'\boldsymbol{A}}$, 于是 $\mathrm{r}(\boldsymbol{A}'\boldsymbol{A})=\mathrm{r}(\boldsymbol{A})$. 在上述等式中用 $\boldsymbol{A}'$ 替代 $\boldsymbol{A}$ 可得 $\mathrm{r}(\boldsymbol{A}\boldsymbol{A}')=\mathrm{r}(\boldsymbol{A}')$, 又因为 $\mathrm{r}(\boldsymbol{A})=\mathrm{r}(\boldsymbol{A}')$, 故结论得证. □

注　类似的方法可证明: 若 $\boldsymbol{A}$ 是 $m\times n$ 复矩阵, 则 $\mathrm{r}\left(\overline{\boldsymbol{A}}'\boldsymbol{A}\right)=\mathrm{r}\left(\boldsymbol{A}\overline{\boldsymbol{A}}'\right)=\mathrm{r}(\boldsymbol{A})$.

例 3.77　设 $\boldsymbol{A}$ 和 $\boldsymbol{B}$ 是数域 $\mathbb{K}$ 上的 n 阶矩阵, 若线性方程组 $\boldsymbol{A}\boldsymbol{x}=\boldsymbol{0}$ 和 $\boldsymbol{B}\boldsymbol{x}=\boldsymbol{0}$ 同解, 且每个方程组的基础解系含 m 个线性无关的向量, 求证: $\mathrm{r}(\boldsymbol{A}-\boldsymbol{B})\leq n-m$.

证明　由方程组 $\boldsymbol{A}\boldsymbol{x}=\boldsymbol{0}$ 和 $\boldsymbol{B}\boldsymbol{x}=\boldsymbol{0}$ 同解可知, $\boldsymbol{A}\boldsymbol{x}=\boldsymbol{0}$ 的解都是 $(\boldsymbol{A}-\boldsymbol{B})\boldsymbol{x}=\boldsymbol{0}$ 的解, 即 $V_{\boldsymbol{A}}\subseteq V_{\boldsymbol{A}-\boldsymbol{B}}$, 从而 $\dim V_{\boldsymbol{A}-\boldsymbol{B}}\geq\dim V_{\boldsymbol{A}}=m$, 于是 $\mathrm{r}(\boldsymbol{A}-\boldsymbol{B})\leq n-m$. □

例 3.78　设 $\boldsymbol{A}$ 是 $m\times n$ 矩阵, $\boldsymbol{B}$ 是 $n\times k$ 矩阵, 证明: 方程组 $\boldsymbol{A}\boldsymbol{B}\boldsymbol{x}=\boldsymbol{0}$ 和方程组 $\boldsymbol{B}\boldsymbol{x}=\boldsymbol{0}$ 同解的充要条件是 $\mathrm{r}(\boldsymbol{A}\boldsymbol{B})=\mathrm{r}(\boldsymbol{B})$.

证明　显然方程组 $\boldsymbol{B}\boldsymbol{x}=\boldsymbol{0}$ 的解都是方程组 $\boldsymbol{A}\boldsymbol{B}\boldsymbol{x}=\boldsymbol{0}$ 的解, 即 $V_{\boldsymbol{B}}\subseteq V_{\boldsymbol{A}\boldsymbol{B}}$, 于是两个线性方程组同解, 即 $V_{\boldsymbol{B}}=V_{\boldsymbol{A}\boldsymbol{B}}$ 的充要条件是 $\dim V_{\boldsymbol{B}}=\dim V_{\boldsymbol{A}\boldsymbol{B}}$. 又 $\dim V_{\boldsymbol{B}}=k-\mathrm{r}(\boldsymbol{B})$, $\dim V_{\boldsymbol{A}\boldsymbol{B}}=k-\mathrm{r}(\boldsymbol{A}\boldsymbol{B})$, 因此上述两个方程组同解的充要条件是 $\mathrm{r}(\boldsymbol{A}\boldsymbol{B})=\mathrm{r}(\boldsymbol{B})$. □

例 3.79　设 $\boldsymbol{A}$ 是 $m\times n$ 矩阵, $\boldsymbol{B}$ 是 $n\times k$ 矩阵. 若 $\boldsymbol{A}\boldsymbol{B}$ 和 $\boldsymbol{B}$ 有相同的秩, 求证: 对任意的 $k\times l$ 矩阵 $\boldsymbol{C}$, 矩阵 $\boldsymbol{A}\boldsymbol{B}\boldsymbol{C}$ 和矩阵 $\boldsymbol{B}\boldsymbol{C}$ 也有相同的秩.

证法 1　由假设和例 3.78 可知, 方程组 $\boldsymbol{A}\boldsymbol{B}\boldsymbol{x}=\boldsymbol{0}$ 和方程组 $\boldsymbol{B}\boldsymbol{x}=\boldsymbol{0}$ 同解. 要证明 $\mathrm{r}(\boldsymbol{A}\boldsymbol{B}\boldsymbol{C})=\mathrm{r}(\boldsymbol{B}\boldsymbol{C})$, 我们只要证明方程组 $\boldsymbol{A}\boldsymbol{B}\boldsymbol{C}\boldsymbol{x}=\boldsymbol{0}$ 和方程组 $\boldsymbol{B}\boldsymbol{C}\boldsymbol{x}=\boldsymbol{0}$ 同解即可. 显然方程组 $\boldsymbol{B}\boldsymbol{C}\boldsymbol{x}=\boldsymbol{0}$ 的解都是方程组 $\boldsymbol{A}\boldsymbol{B}\boldsymbol{C}\boldsymbol{x}=\boldsymbol{0}$ 的解. 反之, 若列向量 $\boldsymbol{\alpha}$ 是方程组 $\boldsymbol{A}\boldsymbol{B}\boldsymbol{C}\boldsymbol{x}=\boldsymbol{0}$ 的解, 则 $\boldsymbol{C}\boldsymbol{\alpha}$ 是方程组 $\boldsymbol{A}\boldsymbol{B}\boldsymbol{x}=\boldsymbol{0}$ 的解, 因此 $\boldsymbol{C}\boldsymbol{\alpha}$ 也是方程组 $\boldsymbol{B}\boldsymbol{x}=\boldsymbol{0}$ 的解, 即 $\boldsymbol{B}\boldsymbol{C}\boldsymbol{\alpha}=\boldsymbol{0}$, 于是 $\boldsymbol{\alpha}$ 也是方程组 $\boldsymbol{B}\boldsymbol{C}\boldsymbol{x}=\boldsymbol{0}$ 的解. 这就证明了方程组 $\boldsymbol{A}\boldsymbol{B}\boldsymbol{C}\boldsymbol{x}=\boldsymbol{0}$ 和方程组 $\boldsymbol{B}\boldsymbol{C}\boldsymbol{x}=\boldsymbol{0}$ 同解, 从而结论得证.

证法 2　由 Frobenius 不等式可得

$$\mathrm{r}(\boldsymbol{A}\boldsymbol{B}\boldsymbol{C})\geq\mathrm{r}(\boldsymbol{A}\boldsymbol{B})+\mathrm{r}(\boldsymbol{B}\boldsymbol{C})-\mathrm{r}(\boldsymbol{B})=\mathrm{r}(\boldsymbol{B}\boldsymbol{C}),$$

又因为 $\mathrm{r}(\boldsymbol{A}\boldsymbol{B}\boldsymbol{C})\leq\mathrm{r}(\boldsymbol{B}\boldsymbol{C})$, 故结论得证. □

例 3.75 设 $\boldsymbol{A}, \boldsymbol{B}$ 都是数域 $\mathbb{K}$ 上的 n 阶矩阵且 $\boldsymbol{AB}=\boldsymbol{BA}$, 证明:

$$\mathrm{r}(\boldsymbol{A}+\boldsymbol{B}) \leq \mathrm{r}(\boldsymbol{A})+\mathrm{r}(\boldsymbol{B})-\mathrm{r}(\boldsymbol{AB}).$$

证法 2 设 $V_{\boldsymbol{A}}$ 是方程组 $\boldsymbol{Ax}=\boldsymbol{0}$ 的解空间, $V_{\boldsymbol{B}}, V_{\boldsymbol{AB}}, V_{\boldsymbol{A}+\boldsymbol{B}}$ 的意义同理. 若列向量 $\boldsymbol{\alpha} \in V_{\boldsymbol{A}} \cap V_{\boldsymbol{B}}$, 即 $\boldsymbol{\alpha}$ 满足 $\boldsymbol{A\alpha}=\boldsymbol{0}$ 且 $\boldsymbol{B\alpha}=\boldsymbol{0}$, 于是 $(\boldsymbol{A}+\boldsymbol{B})\boldsymbol{\alpha}=\boldsymbol{0}$, 即 $\boldsymbol{\alpha} \in V_{\boldsymbol{A}+\boldsymbol{B}}$, 从而 $V_{\boldsymbol{A}} \cap V_{\boldsymbol{B}} \subseteq V_{\boldsymbol{A}+\boldsymbol{B}}$. 同理可证 $V_{\boldsymbol{A}} \subseteq V_{\boldsymbol{BA}}$, $V_{\boldsymbol{B}} \subseteq V_{\boldsymbol{AB}}$. 因为 $\boldsymbol{AB}=\boldsymbol{BA}$, 所以 $V_{\boldsymbol{BA}}=V_{\boldsymbol{AB}}$, 从而 $V_{\boldsymbol{A}}+V_{\boldsymbol{B}} \subseteq V_{\boldsymbol{AB}}$. 因此, 我们有

$$\dim(V_{\boldsymbol{A}} \cap V_{\boldsymbol{B}}) \leq \dim V_{\boldsymbol{A}+\boldsymbol{B}}=n-\mathrm{r}(\boldsymbol{A}+\boldsymbol{B}),\ \dim(V_{\boldsymbol{A}}+V_{\boldsymbol{B}}) \leq \dim V_{\boldsymbol{AB}}=n-\mathrm{r}(\boldsymbol{AB}).$$

将上面两个不等式相加, 再由交和空间维数公式可得

$$\begin{aligned} n-\mathrm{r}(\boldsymbol{A}+\boldsymbol{B})+n-\mathrm{r}(\boldsymbol{AB}) &\geq \dim(V_{\boldsymbol{A}} \cap V_{\boldsymbol{B}})+\dim(V_{\boldsymbol{A}}+V_{\boldsymbol{B}}) \\ &= \dim V_{\boldsymbol{A}}+\dim V_{\boldsymbol{B}}=n-\mathrm{r}(\boldsymbol{A})+n-\mathrm{r}(\boldsymbol{B}), \end{aligned}$$

因此 $\mathrm{r}(\boldsymbol{A}+\boldsymbol{B})+\mathrm{r}(\boldsymbol{AB}) \leq \mathrm{r}(\boldsymbol{A})+\mathrm{r}(\boldsymbol{B})$, 结论得证. $\square$

例 3.80 设数域 $\mathbb{K}$ 上的 n 阶矩阵 $\boldsymbol{A}=(a_{ij})$ 满足: $|\boldsymbol{A}|=0$ 且某个元素 a_{ij} 的代数余子式 $A_{ij} \neq 0$. 求证: 齐次线性方程组 $\boldsymbol{Ax}=\boldsymbol{0}$ 的所有解都可写为下列形式:

$$k\begin{pmatrix} A_{i1} \\ A_{i2} \\ \vdots \\ A_{in} \end{pmatrix},\ k \in \mathbb{K}.$$

证明 显然 $\boldsymbol{A}$ 的秩等于 $n-1$, 因此线性方程组 $\boldsymbol{Ax}=\boldsymbol{0}$ 的基础解系只含一个向量. 注意到 $|\boldsymbol{A}|=0$, 故 $\boldsymbol{AA}^*=|\boldsymbol{A}|\boldsymbol{I}_n=\boldsymbol{O}$, 于是伴随矩阵 $\boldsymbol{A}^*$ 的任一列向量都是 $\boldsymbol{Ax}=\boldsymbol{0}$ 的解. 又已知 $A_{ij} \neq 0$, 因此 $\boldsymbol{A}^*$ 的第 i 个列向量 $(A_{i1}, A_{i2}, \cdots, A_{in})'$ 是 $\boldsymbol{Ax}=\boldsymbol{0}$ 的基础解系. $\square$

例 3.81 设 n 阶矩阵 $\boldsymbol{A}$ 的行列式等于零, 证明: $\boldsymbol{A}^*$ 的秩不超过 1.

证明 若 $\boldsymbol{A}$ 的秩小于 $n-1$, 则 $\boldsymbol{A}$ 的任意一个 $n-1$ 阶子式等于零, 故 $\boldsymbol{A}^*=\boldsymbol{O}$, $\boldsymbol{A}^*$ 的秩为零. 若 $\boldsymbol{A}$ 的秩等于 $n-1$, 则由上题可知 $\boldsymbol{A}^*$ 的 n 个列向量都成比例且至少有一列不为零, 故 $\boldsymbol{A}^*$ 的秩等于 1. $\square$

注 当 $n>2$ 时, 若 $\boldsymbol{A}$ 不是可逆矩阵, 则由上题可知 $(\boldsymbol{A}^*)^*=\boldsymbol{O}$, 这就给出了例 2.39 的证法 3.

第 2 章解答题 14 设 n 阶矩阵 $\boldsymbol{A}$ 的每一行、每一列的元素之和都为零, 证明: $\boldsymbol{A}$ 的每个元素的代数余子式都相等.

证法 2 由假设可知 $\boldsymbol{A}$ 是奇异矩阵. 若 $\boldsymbol{A}$ 的秩小于 $n-1$, 则 $\boldsymbol{A}$ 的任意一个代数余子式 A_{ij} 都等于零, 结论显然成立. 若 $\boldsymbol{A}$ 的秩等于 $n-1$, 则线性方程组 $\boldsymbol{Ax}=\boldsymbol{0}$ 的基础解系只含一个向量. 又因为 $\boldsymbol{A}$ 的每一行元素之和都等于零, 我们可以选取 $\boldsymbol{\alpha}=(1,1,\cdots,1)'$ 作为 $\boldsymbol{Ax}=\boldsymbol{0}$ 的基础解系. 由例 3.80 的证明可知 $\boldsymbol{A}^*$ 的每一列都与 $\boldsymbol{\alpha}$ 成比例, 特别地, $\boldsymbol{A}^*$ 的每一行都相等. 对 $\boldsymbol{A}'$ 重复上面的讨论, 注意到 $(\boldsymbol{A}')^*=(\boldsymbol{A}^*)'$, 从而 $\boldsymbol{A}^*$ 的每一列都相等, 于是 $\boldsymbol{A}$ 的所有代数余子式 A_{ij} 都相等. □

由公式 $\dim V_{\boldsymbol{A}}+\mathrm{r}(\boldsymbol{A})=n$ 可以得到一个简单的推论, 即线性方程组 $\boldsymbol{Ax}=\boldsymbol{0}$ 只有零解的充要条件是 $\boldsymbol{A}$ 为列满秩阵. 特别地, 若 $\boldsymbol{A}$ 是方阵, 则线性方程组 $\boldsymbol{Ax}=\boldsymbol{0}$ 只有零解的充要条件是 $\boldsymbol{A}$ 为非异阵. 这一充要条件可以用来证明方阵的非异性 (参考 § 2.4), 我们在例 2.30 中应用过, 下面再来看几个典型例题.

例 3.82 设 $\boldsymbol{A}$ 是 n 阶实反对称阵, $\boldsymbol{D}=\mathrm{diag}\{d_1,d_2,\cdots,d_n\}$ 是同阶对角阵且主对角元素全大于零, 求证: $|\boldsymbol{A}+\boldsymbol{D}|>0$. 特别地, $|\boldsymbol{I}_n\pm\boldsymbol{A}|>0$, 从而 $\boldsymbol{I}_n\pm\boldsymbol{A}$ 都是非异阵.

证明 先证明 $|\boldsymbol{A}+\boldsymbol{D}|\neq 0$, 只需证明 $(\boldsymbol{A}+\boldsymbol{D})\boldsymbol{x}=\boldsymbol{0}$ 只有零解. 因为 $\boldsymbol{x}'(\boldsymbol{A}+\boldsymbol{D})\boldsymbol{x}=0$, 转置可得 $\boldsymbol{x}'(-\boldsymbol{A}+\boldsymbol{D})\boldsymbol{x}=0$, 上述两式相加即得 $\boldsymbol{x}'\boldsymbol{D}\boldsymbol{x}=0$. 若设 $\boldsymbol{x}=(x_1,x_2,\cdots,x_n)'$, 则有 $d_1x_1^2+d_2x_2^2+\cdots+d_nx_n^2=0$. 由于 d_i 都大于零并且 x_i 都是实数, 故只能是 $x_1=x_2=\cdots=x_n=0$, 即有 $\boldsymbol{x}=\boldsymbol{0}$.

再证明本题的结论. 设 $f(t)=|t\boldsymbol{A}+\boldsymbol{D}|$, 则 $f(t)$ 是关于 t 的多项式, 从而是关于 t 的连续函数. 注意到对任意的实数 t, $t\boldsymbol{A}$ 仍是实反对称阵, 故由上面的讨论可得 $f(t)=|t\boldsymbol{A}+\boldsymbol{D}|\neq 0$, 即 $f(t)$ 是 $\mathbb{R}$ 上处处不为零的连续函数. 注意到当 $t=0$ 时, $f(0)=|\boldsymbol{D}|>0$, 因此 $f(t)$ 只能是 $\mathbb{R}$ 上取值恒为正数的连续函数. 特别地, $f(1)=|\boldsymbol{A}+\boldsymbol{D}|>0$. □

例 3.83 如果 n 阶实方阵 $\boldsymbol{A}=(a_{ij})$ 适合条件:

$$|a_{ii}|>\sum_{j=1,j\neq i}^{n}|a_{ij}|,\ 1\leq i\leq n,$$

则称 $\boldsymbol{A}$ 是严格对角占优阵. 求证: 严格对角占优阵必是非异阵. 若上述条件改为

$$a_{ii}>\sum_{j=1,j\neq i}^{n}|a_{ij}|,\ 1\leq i\leq n,$$

求证: $|\boldsymbol{A}|>0$.

证明 对第一个结论, 只需证明线性方程组 $\boldsymbol{A}\boldsymbol{x}=\boldsymbol{0}$ 只有零解. 若有非零解, 设为 $(c_1,c_2,\cdots,c_n)$, 假设 c_k 是其中绝对值最大者. 将解代入该方程组的第 k 个方程式, 得

$$a_{k1}c_1+\cdots+a_{kk}c_k+\cdots+a_{kn}c_n=0,$$

即有

$$-a_{kk}c_k=a_{k1}c_1+\cdots+a_{k,k-1}c_{k-1}+a_{k,k+1}c_{k+1}+\cdots+a_{kn}c_n.$$

上式两边同取绝对值, 由三角不等式以及 c_k 是绝对值最大的假设可得

$$\begin{aligned}|a_{kk}||c_k| &\leq |a_{k1}||c_1|+\cdots+|a_{k,k-1}||c_{k-1}|+|a_{k,k+1}||c_{k+1}|+\cdots+|a_{kn}||c_n|\\ &\leq \Big(\sum_{j=1,j\neq k}^{n}|a_{kj}|\Big)|c_k|,\end{aligned}$$

从而有

$$|a_{kk}|\leq\sum_{j=1,j\neq k}^{n}|a_{kj}|,$$

得到矛盾. 因此, 方程组 $\boldsymbol{A}\boldsymbol{x}=\boldsymbol{0}$ 只有零解.

第二个结论的证明可借助连续函数的性质. 考虑矩阵 $t\boldsymbol{I}_n+\boldsymbol{A}$, 当 $t\geq 0$ 时, 这是一个严格对角占优阵, 因此其行列式 $f(t)=|t\boldsymbol{I}_n+\boldsymbol{A}|$ 不为零. 又 $f(t)$ 是关于 t 的多项式且首项系数为 1, 所以当 t 充分大时, $f(t)>0$. 注意到 $f(t)$ 是 $[0,+\infty)$ 上处处不为零的连续函数, 并且当 t 充分大时取值为正, 因此 $f(t)$ 在 $[0,+\infty)$ 上取值恒为正. 特别地, $f(0)=|\boldsymbol{A}|>0$. □

例 3.84 设 $\boldsymbol{A}$ 是 n 阶实对称阵, 求证: $\boldsymbol{I}_n+\mathrm{i}\boldsymbol{A}$ 和 $\boldsymbol{I}_n-\mathrm{i}\boldsymbol{A}$ 都是非异阵.

证明 只需证明 $(\boldsymbol{I}_n+\mathrm{i}\boldsymbol{A})\boldsymbol{x}=\boldsymbol{0}$ 只有零解. 由 $\overline{\boldsymbol{x}}'(\boldsymbol{I}_n+\mathrm{i}\boldsymbol{A})\boldsymbol{x}=0$ 共轭转置可得 $\overline{\boldsymbol{x}}'(\boldsymbol{I}_n-\mathrm{i}\boldsymbol{A})\boldsymbol{x}=0$. 上述两式相加, 可得 $\overline{\boldsymbol{x}}'\boldsymbol{I}_n\boldsymbol{x}=0$, 因此 $\boldsymbol{x}=\boldsymbol{0}$. □

3. 利用线性空间理论讨论矩阵的秩

按照最初的定义, 矩阵的秩就是矩阵的行 (列) 向量组的秩, 因此通过线性空间理论去讨论矩阵的秩是十分自然的事情. 下面我们列举一些典型的例题.

例 3.62 求证: $\mathrm{r}\begin{pmatrix}\boldsymbol{A} & \boldsymbol{C}\\ \boldsymbol{O} & \boldsymbol{B}\end{pmatrix}\geq \mathrm{r}(\boldsymbol{A})+\mathrm{r}(\boldsymbol{B})$.

证法 3 设 $\boldsymbol{A}=(\boldsymbol{\alpha}_1,\boldsymbol{\alpha}_2,\cdots,\boldsymbol{\alpha}_n)$ 是 $\boldsymbol{A}$ 的列分块, $\boldsymbol{\alpha}_{i_1},\boldsymbol{\alpha}_{i_2},\cdots,\boldsymbol{\alpha}_{i_r}$ 是 $\boldsymbol{A}$ 的列向量的极大无关组; 设 $\boldsymbol{B}=(\boldsymbol{\beta}_1,\boldsymbol{\beta}_2,\cdots,\boldsymbol{\beta}_l)$, $\boldsymbol{C}=(\boldsymbol{\gamma}_1,\boldsymbol{\gamma}_2,\cdots,\boldsymbol{\gamma}_l)$ 是 $\boldsymbol{B},\boldsymbol{C}$ 的列分

块, $\boldsymbol{\beta}_{j_1},\boldsymbol{\beta}_{j_2},\cdots,\boldsymbol{\beta}_{j_s}$ 是 $\boldsymbol{B}$ 的列向量的极大无关组, 则 $\mathrm{r}(\boldsymbol{A})=r$ 且 $\mathrm{r}(\boldsymbol{B})=s$. 我们接下来证明: 作为 $\begin{pmatrix}\boldsymbol{A} & \boldsymbol{C}\\ \boldsymbol{O} & \boldsymbol{B}\end{pmatrix}$ 的列向量, $\begin{pmatrix}\boldsymbol{\alpha}_{i_1}\\ \boldsymbol{0}\end{pmatrix},\cdots,\begin{pmatrix}\boldsymbol{\alpha}_{i_r}\\ \boldsymbol{0}\end{pmatrix},\begin{pmatrix}\boldsymbol{\gamma}_{j_1}\\ \boldsymbol{\beta}_{j_1}\end{pmatrix},\cdots,\begin{pmatrix}\boldsymbol{\gamma}_{j_s}\\ \boldsymbol{\beta}_{j_s}\end{pmatrix}$ 线性无关. 设

$$c_1\begin{pmatrix}\boldsymbol{\alpha}_{i_1}\\ \boldsymbol{0}\end{pmatrix}+\cdots+c_r\begin{pmatrix}\boldsymbol{\alpha}_{i_r}\\ \boldsymbol{0}\end{pmatrix}+d_1\begin{pmatrix}\boldsymbol{\gamma}_{j_1}\\ \boldsymbol{\beta}_{j_1}\end{pmatrix}+\cdots+d_s\begin{pmatrix}\boldsymbol{\gamma}_{j_s}\\ \boldsymbol{\beta}_{j_s}\end{pmatrix}=\boldsymbol{0},$$

即

$$c_1\boldsymbol{\alpha}_{i_1}+\cdots+c_r\boldsymbol{\alpha}_{i_r}+d_1\boldsymbol{\gamma}_{j_1}+\cdots+d_s\boldsymbol{\gamma}_{j_s}=\boldsymbol{0},\ d_1\boldsymbol{\beta}_{j_1}+\cdots+d_s\boldsymbol{\beta}_{j_s}=\boldsymbol{0}.$$

由上面的假设即得 $c_1=\cdots=c_r=d_1=\cdots=d_s=0$, 于是上述结论得证. 因为 $\begin{pmatrix}\boldsymbol{A} & \boldsymbol{C}\\ \boldsymbol{O} & \boldsymbol{B}\end{pmatrix}$ 的列向量中有 $r+s$ 个线性无关, 故 $\mathrm{r}\begin{pmatrix}\boldsymbol{A} & \boldsymbol{C}\\ \boldsymbol{O} & \boldsymbol{B}\end{pmatrix}\geq r+s=\mathrm{r}(\boldsymbol{A})+\mathrm{r}(\boldsymbol{B})$. □

设 $\boldsymbol{A}$ 是矩阵, $|\boldsymbol{D}|$ 是 $\boldsymbol{A}$ 的 r 阶子式, $\boldsymbol{A}$ 中所有包含 $|\boldsymbol{D}|$ 为 r 阶子式的 $r+1$ 子式称为 $|\boldsymbol{D}|$ 的 $r+1$ 阶加边子式. 下面的例题给出了矩阵的秩关于加边子式的判定准则.

例 3.85 求证: 矩阵 $\boldsymbol{A}$ 的秩等于 r 的充要条件是 $\boldsymbol{A}$ 存在一个 r 阶子式 $|\boldsymbol{D}|$ 不等于零, 而 $|\boldsymbol{D}|$ 的所有 $r+1$ 阶加边子式全等于零.

证明 只需证明充分性. 不失一般性, 我们可设 $|\boldsymbol{D}|$ 是由 $\boldsymbol{A}$ 的前 r 行和前 r 列构成的 r 阶子式. 设

$$\boldsymbol{A}=\begin{pmatrix}\boldsymbol{\alpha}_1\\ \boldsymbol{\alpha}_2\\ \vdots\\ \boldsymbol{\alpha}_m\end{pmatrix}=(\boldsymbol{\beta}_1,\boldsymbol{\beta}_2,\cdots,\boldsymbol{\beta}_n)$$

为矩阵 $\boldsymbol{A}$ 的行分块和列分块, 记 $\tau_{\leq r}\boldsymbol{\alpha}_i$ 为行向量 $\boldsymbol{\alpha}_i$ 关于前 r 列的缩短向量 (缩短向量的定义请参考例 3.13), $\tau_{\leq r}\boldsymbol{\beta}_j$ 为列向量 $\boldsymbol{\beta}_j$ 关于前 r 行的缩短向量. 由 $|\boldsymbol{D}|\neq 0$ 可得 $\tau_{\leq r}\boldsymbol{\alpha}_1,\cdots,\tau_{\leq r}\boldsymbol{\alpha}_r$ 线性无关, 由例 3.13 可知 $\boldsymbol{\alpha}_1,\cdots,\boldsymbol{\alpha}_r$ 线性无关. 我们只要证明 $\boldsymbol{\alpha}_1,\cdots,\boldsymbol{\alpha}_r$ 是 $\boldsymbol{A}$ 的行向量的极大无关组即可得到 $\mathrm{r}(\boldsymbol{A})=r$. 用反证法证明, 若它们不是极大无关组, 则可以添加一个行向量, 不妨设为 $\boldsymbol{\alpha}_{r+1}$, 使得 $\boldsymbol{\alpha}_1,\cdots,\boldsymbol{\alpha}_r,\boldsymbol{\alpha}_{r+1}$ 线性无关. 设 $\boldsymbol{A}_1$ 是 $\boldsymbol{A}$ 的前 $r+1$ 行构成的矩阵, 则 $\boldsymbol{A}_1=(\tau_{\leq r+1}\boldsymbol{\beta}_1,\tau_{\leq r+1}\boldsymbol{\beta}_2,\cdots,\tau_{\leq r+1}\boldsymbol{\beta}_n)$ 且 $\mathrm{r}(\boldsymbol{A}_1)=r+1$. 由 $|\boldsymbol{D}|\neq 0$ 可得 $\tau_{\leq r}\boldsymbol{\beta}_1,\cdots,\tau_{\leq r}\boldsymbol{\beta}_r$ 线性无关, 由例 3.13 可知 $\tau_{\leq r+1}\boldsymbol{\beta}_1,\cdots,\tau_{\leq r+1}\boldsymbol{\beta}_r$ 线性无关. 因为 $\mathrm{r}(\boldsymbol{A}_1)=r+1$, 故存在 $\boldsymbol{A}_1$ 的一个列向量, 不妨设为 $\tau_{\leq r+1}\boldsymbol{\beta}_{r+1}$, 使得 $\tau_{\leq r+1}\boldsymbol{\beta}_1,\cdots,\tau_{\leq r+1}\boldsymbol{\beta}_r,\tau_{\leq r+1}\boldsymbol{\beta}_{r+1}$

线性无关. 设 $\boldsymbol{A}_2=(\tau_{\leq r+1}\boldsymbol{\beta}_1,\cdots,\tau_{\leq r+1}\boldsymbol{\beta}_r,\tau_{\leq r+1}\boldsymbol{\beta}_{r+1})$, 即 $\boldsymbol{A}_2$ 是 $\boldsymbol{A}$ 的前 $r+1$ 行和前 $r+1$ 列构成的方阵, 则 $\mathrm{r}(\boldsymbol{A}_2)=r+1$. 因此, $|\boldsymbol{A}_2|\neq 0$ 是包含 $|\boldsymbol{D}|$ 的 $r+1$ 阶加边子式, 这与假设矛盾. □

例 3.86 设 $m\times n$ 矩阵 $\boldsymbol{A}$ 的 m 个行向量为 $\boldsymbol{\alpha}_1,\boldsymbol{\alpha}_2,\cdots,\boldsymbol{\alpha}_m$, 且 $\boldsymbol{\alpha}_{i_1},\boldsymbol{\alpha}_{i_2},\cdots,\boldsymbol{\alpha}_{i_r}$ 是其极大无关组, 又设 $\boldsymbol{A}$ 的 n 个列向量为 $\boldsymbol{\beta}_1,\boldsymbol{\beta}_2,\cdots,\boldsymbol{\beta}_n$, 且 $\boldsymbol{\beta}_{j_1},\boldsymbol{\beta}_{j_2},\cdots,\boldsymbol{\beta}_{j_r}$ 是其极大无关组. 证明: $\boldsymbol{\alpha}_{i_1},\boldsymbol{\alpha}_{i_2},\cdots,\boldsymbol{\alpha}_{i_r}$ 和 $\boldsymbol{\beta}_{j_1},\boldsymbol{\beta}_{j_2},\cdots,\boldsymbol{\beta}_{j_r}$ 交叉点上的元素组成的子矩阵 $\boldsymbol{D}$ 的行列式 $|\boldsymbol{D}|\neq 0$.

证明 因为 $\boldsymbol{\alpha}_{i_1},\boldsymbol{\alpha}_{i_2},\cdots,\boldsymbol{\alpha}_{i_r}$ 是极大无关组, 故 $\boldsymbol{A}$ 的任一行向量 $\boldsymbol{\alpha}_s$ 均可表示为 $\boldsymbol{\alpha}_{i_1},\boldsymbol{\alpha}_{i_2},\cdots,\boldsymbol{\alpha}_{i_r}$ 的线性组合. 记 $\widetilde{\boldsymbol{\alpha}}_{i_1},\widetilde{\boldsymbol{\alpha}}_{i_2},\cdots,\widetilde{\boldsymbol{\alpha}}_{i_r},\widetilde{\boldsymbol{\alpha}}_s$ 分别是 $\boldsymbol{\alpha}_{i_1},\boldsymbol{\alpha}_{i_2},\cdots,\boldsymbol{\alpha}_{i_r},\boldsymbol{\alpha}_s$ 在 $j_1,j_2,\cdots,j_r$ 列处的缩短向量, 由例 3.13 可知, $\widetilde{\boldsymbol{\alpha}}_s$ 均可表示为 $\widetilde{\boldsymbol{\alpha}}_{i_1},\widetilde{\boldsymbol{\alpha}}_{i_2},\cdots,\widetilde{\boldsymbol{\alpha}}_{i_r}$ 的线性组合. 考虑由列向量 $\boldsymbol{\beta}_{j_1},\boldsymbol{\beta}_{j_2},\cdots,\boldsymbol{\beta}_{j_r}$ 组成的矩阵 $\boldsymbol{B}=(\boldsymbol{\beta}_{j_1},\boldsymbol{\beta}_{j_2},\cdots,\boldsymbol{\beta}_{j_r})$, 这是一个 $m\times r$ 矩阵且秩等于 r. 由于矩阵 $\boldsymbol{B}$ 的任一行向量 $\widetilde{\boldsymbol{\alpha}}_s$ 均可用 $\widetilde{\boldsymbol{\alpha}}_{i_1},\widetilde{\boldsymbol{\alpha}}_{i_2},\cdots,\widetilde{\boldsymbol{\alpha}}_{i_r}$ 线性表示, 并且 $\boldsymbol{B}$ 的行秩等于 r, 故由例 3.20 可知, $\widetilde{\boldsymbol{\alpha}}_{i_1},\widetilde{\boldsymbol{\alpha}}_{i_2},\cdots,\widetilde{\boldsymbol{\alpha}}_{i_r}$ 是 $\boldsymbol{B}$ 的行向量的极大无关组, 从而它们线性无关. 注意到 r 阶方阵 $\boldsymbol{D}$ 的行向量恰好是 $\widetilde{\boldsymbol{\alpha}}_{i_1},\widetilde{\boldsymbol{\alpha}}_{i_2},\cdots,\widetilde{\boldsymbol{\alpha}}_{i_r}$, 因此 $\boldsymbol{D}$ 是满秩阵, 从而 $|\boldsymbol{D}|\neq 0$. □

例 3.87 设 $\boldsymbol{A}$ 是一个 n 阶方阵, $\boldsymbol{A}$ 的第 $i_1,\cdots,i_r$ 行和第 $i_1,\cdots,i_r$ 列交叉点上的元素组成的子式称为 $\boldsymbol{A}$ 的主子式. 若 $\boldsymbol{A}$ 是对称阵或反对称阵且秩等于 r, 求证: $\boldsymbol{A}$ 必有一个 r 阶主子式不等于零.

证明 由对称性或反对称性, 若 $\boldsymbol{A}$ 的第 $i_1,\cdots,i_r$ 行是 $\boldsymbol{A}$ 的行向量的极大无关组, 则它的第 $i_1,\cdots,i_r$ 列也是 $\boldsymbol{A}$ 的列向量的极大无关组, 因此由例 3.86 可知, 它们交叉点上的元素组成的 r 阶主子式不等于零. □

例 3.88 证明: 反对称阵的秩必为偶数.

证明 用反证法, 设反对称阵 $\boldsymbol{A}$ 的秩等于 $2r+1$, 则由例 3.87 可知, $\boldsymbol{A}$ 有一个 $2r+1$ 阶主子式 $|\boldsymbol{D}|$ 不等于零. 注意到反对称阵的主子式是反对称行列式, 而奇数阶反对称行列式的值等于零, 从而 $|\boldsymbol{D}|=0$, 矛盾. □

例 3.75 设 $\boldsymbol{A},\boldsymbol{B}$ 都是数域 $\mathbb{K}$ 上的 n 阶矩阵且 $\boldsymbol{AB}=\boldsymbol{BA}$, 证明:

$$\mathrm{r}(\boldsymbol{A}+\boldsymbol{B})\leq \mathrm{r}(\boldsymbol{A})+\mathrm{r}(\boldsymbol{B})-\mathrm{r}(\boldsymbol{AB}).$$

证法 3 设 $\boldsymbol{A}=(\boldsymbol{\alpha}_1,\boldsymbol{\alpha}_2,\cdots,\boldsymbol{\alpha}_n)$ 为 $\boldsymbol{A}$ 的列分块, $\boldsymbol{B}=(\boldsymbol{\beta}_1,\boldsymbol{\beta}_2,\cdots,\boldsymbol{\beta}_n)$ 为 $\boldsymbol{B}$ 的列分块. 记 $U_{\boldsymbol{A}}=L(\boldsymbol{\alpha}_1,\boldsymbol{\alpha}_2,\cdots,\boldsymbol{\alpha}_n)$ 为 $\boldsymbol{A}$ 的列向量生成的 $\mathbb{K}^n$ 的子空

间, $U_{\boldsymbol{B}}, U_{\boldsymbol{AB}}, U_{\boldsymbol{A+B}}$ 的意义同理. 因为向量组 $\boldsymbol{\alpha}_1, \boldsymbol{\alpha}_2, \cdots, \boldsymbol{\alpha}_n$ 的极大无关组就是 $L(\boldsymbol{\alpha}_1, \boldsymbol{\alpha}_2, \cdots, \boldsymbol{\alpha}_n)$ 的一组基, 故 $\mathrm{r}(\boldsymbol{A}) = \dim U_{\boldsymbol{A}}$, 关于 $\boldsymbol{B}, \boldsymbol{AB}, \boldsymbol{A}+\boldsymbol{B}$ 的等式同理可得. 显然, 我们有 $U_{\boldsymbol{A+B}} \subseteq U_{\boldsymbol{A}} + U_{\boldsymbol{B}}$. 注意到 $\boldsymbol{AB} = (\boldsymbol{A\beta}_1, \boldsymbol{A\beta}_2, \cdots, \boldsymbol{A\beta}_n)$, 若设 $\boldsymbol{\beta}_j = (b_{1j}, b_{2j}, \cdots, b_{nj})'$, 则 $\boldsymbol{AB}$ 的列向量 $\boldsymbol{A\beta}_j = b_{1j}\boldsymbol{\alpha}_1 + b_{2j}\boldsymbol{\alpha}_2 + \cdots + b_{nj}\boldsymbol{\alpha}_n \in U_{\boldsymbol{A}}$, 从而 $U_{\boldsymbol{AB}} \subseteq U_{\boldsymbol{A}}$. 又因为 $\boldsymbol{AB} = \boldsymbol{BA}$, 故 $U_{\boldsymbol{AB}} \subseteq U_{\boldsymbol{A}} \cap U_{\boldsymbol{B}}$. 最后, 由上述包含关系以及交和空间维数公式可得

$$\begin{aligned}\mathrm{r}(\boldsymbol{A}+\boldsymbol{B}) + \mathrm{r}(\boldsymbol{AB}) &= \dim U_{\boldsymbol{A+B}} + \dim U_{\boldsymbol{AB}} \le \dim(U_{\boldsymbol{A}} + U_{\boldsymbol{B}}) + \dim(U_{\boldsymbol{A}} \cap U_{\boldsymbol{B}}) \\ &= \dim U_{\boldsymbol{A}} + \dim U_{\boldsymbol{B}} = \mathrm{r}(\boldsymbol{A}) + \mathrm{r}(\boldsymbol{B}). \ \square\end{aligned}$$

注 例 3.75 是一道矩阵秩的典型例题, 我们分别给出了它的 3 种证法, 而这恰好对应于本节所阐述的 3 种一般的方法, 请读者好好加以体会. 从另一个角度来看, 第一种证法利用矩阵的初等变换, 从而是代数的方法; 后两种证法利用线性方程组解的理论和线性空间理论, 从而是几何的方法. 不过从本质上看, 后两种几何方法其实是一种方法, 因为它们正好对应于线性映射的核空间和像空间, 而这将是第 4 章要阐述的内容.

§ 3.8 相抵标准型及其应用

任一 $m \times n$ 矩阵 $\boldsymbol{A}$ 经过初等变换均可化成相抵标准型

$$\begin{pmatrix} \boldsymbol{I}_r & \boldsymbol{O} \\ \boldsymbol{O} & \boldsymbol{O} \end{pmatrix},$$

其中 r 为 $\boldsymbol{A}$ 的秩. 矩阵的秩是矩阵在相抵关系下的全系不变量, 即两个同阶矩阵相抵当且仅当它们的秩相等. 在 § 2.5 初等变换及其应用这一节, 我们已经看到了相抵标准型的一些应用. 在引入矩阵秩的概念后, 可以利用相抵标准型来解决更多的问题. 通常的方法是, 先对相抵标准型证明该问题成立, 然后再处理一般矩阵的情形. 我们来看下面几个典型的例题.

例 3.89 求证: 秩等于 r 的矩阵可以表示为 r 个秩等于 1 的矩阵之和, 但不能表示为少于 r 个秩为 1 的矩阵之和.

证明 将 $\boldsymbol{A}$ 化为相抵标准型, 即存在非异矩阵 $\boldsymbol{P}$ 及 $\boldsymbol{Q}$, 使得

$$\boldsymbol{A} = \boldsymbol{P} \begin{pmatrix} \boldsymbol{I}_r & \boldsymbol{O} \\ \boldsymbol{O} & \boldsymbol{O} \end{pmatrix} \boldsymbol{Q}.$$

矩阵 $\begin{pmatrix} \boldsymbol{I}_r & \boldsymbol{O} \\ \boldsymbol{O} & \boldsymbol{O} \end{pmatrix}$ 显然可以化为 r 个秩等于 1 的矩阵之和, 记为 $\boldsymbol{A}_1 + \boldsymbol{A}_2 + \cdots + \boldsymbol{A}_r$, 则 $\boldsymbol{A} = \boldsymbol{P}\boldsymbol{A}_1\boldsymbol{Q} + \boldsymbol{P}\boldsymbol{A}_2\boldsymbol{Q} + \cdots + \boldsymbol{P}\boldsymbol{A}_r\boldsymbol{Q}$, 每个 $\boldsymbol{P}\boldsymbol{A}_i\boldsymbol{Q}$ 秩都等于 1.

若 $\boldsymbol{A} = \boldsymbol{B}_1 + \boldsymbol{B}_2 + \cdots + \boldsymbol{B}_k$, $k < r$, 且每个 $\boldsymbol{B}_i$ 的秩都等于 1, 则由例 3.64 可知 $\mathrm{r}(\boldsymbol{A}) \le \mathrm{r}(\boldsymbol{B}_1) + \mathrm{r}(\boldsymbol{B}_2) + \cdots + \mathrm{r}(\boldsymbol{B}_k) = k$, 这与 $\mathrm{r}(\boldsymbol{A}) = r$ 矛盾, 故不可能. □

例 3.90 设 $\boldsymbol{A}, \boldsymbol{B}, \boldsymbol{C}$ 分别为 $m \times n$, $p \times q$ 和 $m \times q$ 矩阵, $\boldsymbol{M} = \begin{pmatrix} \boldsymbol{A} & \boldsymbol{C} \\ \boldsymbol{O} & \boldsymbol{B} \end{pmatrix}$. 证明: $\mathrm{r}(\boldsymbol{M}) = \mathrm{r}(\boldsymbol{A}) + \mathrm{r}(\boldsymbol{B})$ 成立的充要条件是矩阵方程 $\boldsymbol{A}\boldsymbol{X} + \boldsymbol{Y}\boldsymbol{B} = \boldsymbol{C}$ 有解, 其中 $\boldsymbol{X}, \boldsymbol{Y}$ 分别是 $n \times q$ 和 $m \times p$ 未知矩阵.

证明　先证充分性. 设 $\boldsymbol{X} = \boldsymbol{X}_0$, $\boldsymbol{Y} = \boldsymbol{Y}_0$ 是矩阵方程 $\boldsymbol{A}\boldsymbol{X} + \boldsymbol{Y}\boldsymbol{B} = \boldsymbol{C}$ 的解, 则将 $\boldsymbol{M}$ 的第一分块列右乘 $-\boldsymbol{X}_0$ 加到第二分块列上, 再将第二分块行左乘 $-\boldsymbol{Y}_0$ 加到第一分块行上, 可得分块对角阵 $\begin{pmatrix} \boldsymbol{A} & \boldsymbol{O} \\ \boldsymbol{O} & \boldsymbol{B} \end{pmatrix}$, 于是 $\mathrm{r}(\boldsymbol{M}) = \mathrm{r}\begin{pmatrix} \boldsymbol{A} & \boldsymbol{O} \\ \boldsymbol{O} & \boldsymbol{B} \end{pmatrix} = \mathrm{r}(\boldsymbol{A}) + \mathrm{r}(\boldsymbol{B})$.

再证必要性. 设 $\boldsymbol{P}_1\boldsymbol{A}\boldsymbol{Q}_1 = \begin{pmatrix} \boldsymbol{I}_r & \boldsymbol{O} \\ \boldsymbol{O} & \boldsymbol{O} \end{pmatrix}$, $\boldsymbol{P}_2\boldsymbol{B}\boldsymbol{Q}_2 = \begin{pmatrix} \boldsymbol{I}_s & \boldsymbol{O} \\ \boldsymbol{O} & \boldsymbol{O} \end{pmatrix}$, 其中 $\boldsymbol{P}_1, \boldsymbol{Q}_1, \boldsymbol{P}_2, \boldsymbol{Q}_2$ 为非异阵, $r = \mathrm{r}(\boldsymbol{A})$, $s = \mathrm{r}(\boldsymbol{B})$. 注意到问题的条件和结论在相抵变换:

$$\boldsymbol{A} \mapsto \boldsymbol{P}_1\boldsymbol{A}\boldsymbol{Q}_1,\ \boldsymbol{B} \mapsto \boldsymbol{P}_2\boldsymbol{B}\boldsymbol{Q}_2,\ \boldsymbol{C} \mapsto \boldsymbol{P}_1\boldsymbol{C}\boldsymbol{Q}_2,\ \boldsymbol{X} \mapsto \boldsymbol{Q}_1^{-1}\boldsymbol{X}\boldsymbol{Q}_2,\ \boldsymbol{Y} \mapsto \boldsymbol{P}_1\boldsymbol{Y}\boldsymbol{P}_2^{-1}$$

下保持不变, 故不妨从一开始就假设 $\boldsymbol{A} = \begin{pmatrix} \boldsymbol{I}_r & \boldsymbol{O} \\ \boldsymbol{O} & \boldsymbol{O} \end{pmatrix}$, $\boldsymbol{B} = \begin{pmatrix} \boldsymbol{I}_s & \boldsymbol{O} \\ \boldsymbol{O} & \boldsymbol{O} \end{pmatrix}$ 都是相抵标准型. 设 $\boldsymbol{C} = \begin{pmatrix} \boldsymbol{C}_1 & \boldsymbol{C}_2 \\ \boldsymbol{C}_3 & \boldsymbol{C}_4 \end{pmatrix}$, $\boldsymbol{X} = \begin{pmatrix} \boldsymbol{X}_1 & \boldsymbol{X}_2 \\ \boldsymbol{X}_3 & \boldsymbol{X}_4 \end{pmatrix}$, $\boldsymbol{Y} = \begin{pmatrix} \boldsymbol{Y}_1 & \boldsymbol{Y}_2 \\ \boldsymbol{Y}_3 & \boldsymbol{Y}_4 \end{pmatrix}$ 为对应的分块. 考虑 $\boldsymbol{M}$ 的如下分块初等变换:

$$\boldsymbol{M} = \begin{pmatrix} \boldsymbol{I}_r & \boldsymbol{O} & \boldsymbol{C}_1 & \boldsymbol{C}_2 \\ \boldsymbol{O} & \boldsymbol{O} & \boldsymbol{C}_3 & \boldsymbol{C}_4 \\ \boldsymbol{O} & \boldsymbol{O} & \boldsymbol{I}_s & \boldsymbol{O} \\ \boldsymbol{O} & \boldsymbol{O} & \boldsymbol{O} & \boldsymbol{O} \end{pmatrix} \to \begin{pmatrix} \boldsymbol{I}_r & \boldsymbol{O} & \boldsymbol{O} & \boldsymbol{O} \\ \boldsymbol{O} & \boldsymbol{O} & \boldsymbol{O} & \boldsymbol{C}_4 \\ \boldsymbol{O} & \boldsymbol{O} & \boldsymbol{I}_s & \boldsymbol{O} \\ \boldsymbol{O} & \boldsymbol{O} & \boldsymbol{O} & \boldsymbol{O} \end{pmatrix},$$

由于 $\mathrm{r}(\boldsymbol{M}) = \mathrm{r}(\boldsymbol{A}) + \mathrm{r}(\boldsymbol{B}) = r + s$, 故 $\boldsymbol{C}_4 = \boldsymbol{O}$. 于是矩阵方程 $\boldsymbol{A}\boldsymbol{X} + \boldsymbol{Y}\boldsymbol{B} = \boldsymbol{C}$, 即

$$\begin{pmatrix} \boldsymbol{X}_1 & \boldsymbol{X}_2 \\ \boldsymbol{O} & \boldsymbol{O} \end{pmatrix} + \begin{pmatrix} \boldsymbol{Y}_1 & \boldsymbol{O} \\ \boldsymbol{Y}_3 & \boldsymbol{O} \end{pmatrix} = \begin{pmatrix} \boldsymbol{X}_1 + \boldsymbol{Y}_1 & \boldsymbol{X}_2 \\ \boldsymbol{Y}_3 & \boldsymbol{O} \end{pmatrix} = \begin{pmatrix} \boldsymbol{C}_1 & \boldsymbol{C}_2 \\ \boldsymbol{C}_3 & \boldsymbol{O} \end{pmatrix}$$

有解, 例如 $\boldsymbol{X}_1 = \boldsymbol{C}_1$, $\boldsymbol{X}_2 = \boldsymbol{C}_2$, $\boldsymbol{Y}_1 = \boldsymbol{O}$, $\boldsymbol{Y}_3 = \boldsymbol{C}_3$, 其余分块取法任意. □

例 3.91 设 $\boldsymbol{A}$ 是 $m\times n$ 矩阵, 求证:

(1) 若 $\mathrm{r}(\boldsymbol{A})=n$, 即 $\boldsymbol{A}$ 是列满秩阵, 则必存在秩等于 n 的 $n\times m$ 矩阵 $\boldsymbol{B}$, 使得 $\boldsymbol{BA}=\boldsymbol{I}_n$ (这样的矩阵 $\boldsymbol{B}$ 称为 $\boldsymbol{A}$ 的左逆);

(2) 若 $\mathrm{r}(\boldsymbol{A})=m$, 即 $\boldsymbol{A}$ 是行满秩阵, 则必存在秩等于 m 的 $n\times m$ 矩阵 $\boldsymbol{C}$, 使得 $\boldsymbol{AC}=\boldsymbol{I}_m$ (这样的矩阵 $\boldsymbol{C}$ 称为 $\boldsymbol{A}$ 的右逆).

证明 (1) 设 $\boldsymbol{P}$ 为 m 阶非异阵, $\boldsymbol{Q}$ 为 n 阶非异阵, 使得

$$\boldsymbol{PAQ}=\begin{pmatrix}\boldsymbol{I}_n\\ \boldsymbol{O}\end{pmatrix},$$

因此 $(\boldsymbol{I}_n,\boldsymbol{O})\boldsymbol{PAQ}=\boldsymbol{I}_n$, 即 $(\boldsymbol{I}_n,\boldsymbol{O})\boldsymbol{PA}=\boldsymbol{Q}^{-1}$, 于是 $\boldsymbol{Q}(\boldsymbol{I}_n,\boldsymbol{O})\boldsymbol{PA}=\boldsymbol{I}_n$. 令 $\boldsymbol{B}=\boldsymbol{Q}(\boldsymbol{I}_n,\boldsymbol{O})\boldsymbol{P}$ 即可.

(2) 同理可证, 或者考虑 $\boldsymbol{A}'$ 并利用 (1) 的结论. □

推论 列满秩矩阵适合左消去律, 即若 $\boldsymbol{A}$ 列满秩且 $\boldsymbol{AD}=\boldsymbol{AE}$, 则 $\boldsymbol{D}=\boldsymbol{E}$. 同理, 行满秩矩阵适合右消去律, 即若 $\boldsymbol{A}$ 行满秩且 $\boldsymbol{DA}=\boldsymbol{EA}$, 则 $\boldsymbol{D}=\boldsymbol{E}$.

例 3.92 (满秩分解) 设 $m\times n$ 矩阵 $\boldsymbol{A}$ 的秩为 r, 证明:

(1) $\boldsymbol{A}=\boldsymbol{BC}$, 其中 $\boldsymbol{B}$ 是 $m\times r$ 矩阵且 $\mathrm{r}(\boldsymbol{B})=r$, $\boldsymbol{C}$ 是 $r\times n$ 矩阵且 $\mathrm{r}(\boldsymbol{C})=r$, 这种分解称为 $\boldsymbol{A}$ 的满秩分解;

(2) 若 $\boldsymbol{A}$ 有两个满秩分解 $\boldsymbol{A}=\boldsymbol{B}_1\boldsymbol{C}_1=\boldsymbol{B}_2\boldsymbol{C}_2$, 则存在 r 阶非异阵 $\boldsymbol{P}$, 使得 $\boldsymbol{B}_2=\boldsymbol{B}_1\boldsymbol{P}$, $\boldsymbol{C}_2=\boldsymbol{P}^{-1}\boldsymbol{C}_1$.

证明 (1) 设 $\boldsymbol{P}$ 为 m 阶非异阵, $\boldsymbol{Q}$ 为 n 阶非异阵, 使得

$$\boldsymbol{A}=\boldsymbol{P}\begin{pmatrix}\boldsymbol{I}_r&\boldsymbol{O}\\ \boldsymbol{O}&\boldsymbol{O}\end{pmatrix}\boldsymbol{Q}=\boldsymbol{P}\begin{pmatrix}\boldsymbol{I}_r\\ \boldsymbol{O}\end{pmatrix}(\boldsymbol{I}_r,\boldsymbol{O})\boldsymbol{Q}.$$

令 $\boldsymbol{B}=\boldsymbol{P}\begin{pmatrix}\boldsymbol{I}_r\\ \boldsymbol{O}\end{pmatrix}$, $\boldsymbol{C}=(\boldsymbol{I}_r,\boldsymbol{O})\boldsymbol{Q}$, 即得结论.

(2) 由例 3.91 可知, 存在 $r\times m$ 行满秩阵 $\boldsymbol{S}_2$, $n\times r$ 列满秩阵 $\boldsymbol{T}_2$, 使得 $\boldsymbol{S}_2\boldsymbol{B}_2=\boldsymbol{I}_r$, $\boldsymbol{C}_2\boldsymbol{T}_2=\boldsymbol{I}_r$, 于是

$$\boldsymbol{B}_2=\boldsymbol{B}_2(\boldsymbol{C}_2\boldsymbol{T}_2)=(\boldsymbol{B}_2\boldsymbol{C}_2)\boldsymbol{T}_2=(\boldsymbol{B}_1\boldsymbol{C}_1)\boldsymbol{T}_2=\boldsymbol{B}_1(\boldsymbol{C}_1\boldsymbol{T}_2),$$
$$\boldsymbol{C}_2=(\boldsymbol{S}_2\boldsymbol{B}_2)\boldsymbol{C}_2=\boldsymbol{S}_2(\boldsymbol{B}_2\boldsymbol{C}_2)=\boldsymbol{S}_2(\boldsymbol{B}_1\boldsymbol{C}_1)=(\boldsymbol{S}_2\boldsymbol{B}_1)\boldsymbol{C}_1,$$
$$(\boldsymbol{S}_2\boldsymbol{B}_1)(\boldsymbol{C}_1\boldsymbol{T}_2)=\boldsymbol{S}_2(\boldsymbol{B}_1\boldsymbol{C}_1)\boldsymbol{T}_2=\boldsymbol{S}_2(\boldsymbol{B}_2\boldsymbol{C}_2)\boldsymbol{T}_2=(\boldsymbol{S}_2\boldsymbol{B}_2)(\boldsymbol{C}_2\boldsymbol{T}_2)=\boldsymbol{I}_r.$$

令 $\boldsymbol{P}=\boldsymbol{C}_1\boldsymbol{T}_2$, 即得结论. □

注　从几何的观点来看, $\boldsymbol{A}=\boldsymbol{BC}$ 是满秩分解当且仅当 $\boldsymbol{B}$ 的 r 个列向量是 $\boldsymbol{A}$ 的 n 个列向量张成线性空间的一组基, 也当且仅当 $\boldsymbol{C}$ 的 r 个行向量是 $\boldsymbol{A}$ 的 m 个行向量张成线性空间的一组基 (请读者自行证明). 有了这个结论, 我们可以不用计算 $\boldsymbol{A}$ 的相抵标准型, 就能得到它的满秩分解.

例 3.93　设 $\boldsymbol{A}$ 为 $m\times n$ 矩阵, 证明: 存在 $n\times m$ 矩阵 $\boldsymbol{B}$, 使得 $\boldsymbol{ABA}=\boldsymbol{A}$.

证法 1　设 $\boldsymbol{PAQ}=\begin{pmatrix}\boldsymbol{I}_r & \boldsymbol{O}\\ \boldsymbol{O} & \boldsymbol{O}\end{pmatrix}$, 其中 $\boldsymbol{P}$ 是 m 阶非异阵, $\boldsymbol{Q}$ 是 n 阶非异阵. 注意到问题的条件和结论在相抵变换: $\boldsymbol{A}\mapsto\boldsymbol{PAQ}$, $\boldsymbol{B}\mapsto\boldsymbol{Q}^{-1}\boldsymbol{BP}^{-1}$ 下保持不变, 故不妨从一开始就假设 $\boldsymbol{A}=\begin{pmatrix}\boldsymbol{I}_r & \boldsymbol{O}\\ \boldsymbol{O} & \boldsymbol{O}\end{pmatrix}$ 是相抵标准型. 设 $\boldsymbol{B}=\begin{pmatrix}\boldsymbol{B}_1 & \boldsymbol{B}_2\\ \boldsymbol{B}_3 & \boldsymbol{B}_4\end{pmatrix}$ 为对应的分块, 由 $\boldsymbol{ABA}=\boldsymbol{A}$ 可得 $\boldsymbol{B}_1=\boldsymbol{I}_r$, 其余分块取法任意.

证法 2　设 $\boldsymbol{A}=\boldsymbol{CD}$ 为 $\boldsymbol{A}$ 的满秩分解, $\boldsymbol{E}$ 为列满秩阵 $\boldsymbol{C}$ 的左逆, $\boldsymbol{F}$ 是行满秩阵 $\boldsymbol{D}$ 的右逆. 令 $\boldsymbol{B}=\boldsymbol{FE}$, 则

$$\boldsymbol{ABA}=(\boldsymbol{CD})(\boldsymbol{FE})(\boldsymbol{CD})=\boldsymbol{C}(\boldsymbol{DF})(\boldsymbol{EC})\boldsymbol{D}=\boldsymbol{CD}=\boldsymbol{A}.\ \square$$

例 3.94　设 $\boldsymbol{A},\boldsymbol{B}$ 分别是 3×2, 2×3 矩阵且满足

$$\boldsymbol{AB}=\begin{pmatrix}8 & 2 & -2\\ 2 & 5 & 4\\ -2 & 4 & 5\end{pmatrix},$$

试求 $\boldsymbol{BA}$.

解法 1　通过简单的计算可得 $\mathrm{r}(\boldsymbol{AB})=2$, 从而 $\mathrm{r}(\boldsymbol{A})\geq 2$, $\mathrm{r}(\boldsymbol{B})\geq 2$. 又因为矩阵的秩不超过行数和列数的最小值, 故 $\mathrm{r}(\boldsymbol{A})=\mathrm{r}(\boldsymbol{B})=2$, 即 $\boldsymbol{A}$ 是列满秩阵, $\boldsymbol{B}$ 是行满秩阵. 再通过简单的计算可得 $(\boldsymbol{AB})^2=9\boldsymbol{AB}$, 经整理可得 $\boldsymbol{A}(\boldsymbol{BA}-9\boldsymbol{I}_2)\boldsymbol{B}=\boldsymbol{O}$. 根据例 3.91 的推论, 可以在上式的左边消去 $\boldsymbol{A}$, 右边消去 $\boldsymbol{B}$, 从而可得 $\boldsymbol{BA}=9\boldsymbol{I}_2$.

解法 2　由解法 1 中矩阵秩的计算可知, $\boldsymbol{AB}$ 是题中 3 阶矩阵 $\boldsymbol{C}$ 的满秩分解. 注意到 $\boldsymbol{C}$ 的后两列线性无关, 因此可取另一种满秩分解为

$$\boldsymbol{C}=\begin{pmatrix}2 & -2\\ 5 & 4\\ 4 & 5\end{pmatrix}\begin{pmatrix}2 & 1 & 0\\ -2 & 0 & 1\end{pmatrix}=\boldsymbol{A}_1\boldsymbol{B}_1.$$

由例 3.92 可知, $\boldsymbol{BA}$ 相似于 $\boldsymbol{B}_1\boldsymbol{A}_1=9\boldsymbol{I}_2$, 从而 $\boldsymbol{BA}=\boldsymbol{P}^{-1}(9\boldsymbol{I}_2)\boldsymbol{P}=9\boldsymbol{I}_2$. $\square$

下面我们给出幂等矩阵关于满秩分解的一个刻画.

例 3.95 设 $\boldsymbol{A}$ 是 n 阶方阵且 $\mathrm{r}(\boldsymbol{A})=r$, 求证: $\boldsymbol{A}^2=\boldsymbol{A}$ 的充要条件是存在秩等于 r 的 $n\times r$ 矩阵 $\boldsymbol{S}$ 和秩等于 r 的 $r\times n$ 矩阵 $\boldsymbol{T}$, 使得 $\boldsymbol{A}=\boldsymbol{ST}$, $\boldsymbol{TS}=\boldsymbol{I}_r$.

证明 充分性显然, 现证必要性. 设 $\boldsymbol{P},\boldsymbol{Q}$ 为 n 阶非异阵, 使得

$$\boldsymbol{A}=\boldsymbol{P}\begin{pmatrix}\boldsymbol{I}_r & \boldsymbol{O}\\ \boldsymbol{O} & \boldsymbol{O}\end{pmatrix}\boldsymbol{Q}.$$

代入 $\boldsymbol{A}^2=\boldsymbol{A}$ 消去两侧的非异阵 $\boldsymbol{P}$ 和 $\boldsymbol{Q}$, 可得

$$\begin{pmatrix}\boldsymbol{I}_r & \boldsymbol{O}\\ \boldsymbol{O} & \boldsymbol{O}\end{pmatrix}=\begin{pmatrix}\boldsymbol{I}_r & \boldsymbol{O}\\ \boldsymbol{O} & \boldsymbol{O}\end{pmatrix}\boldsymbol{QP}\begin{pmatrix}\boldsymbol{I}_r & \boldsymbol{O}\\ \boldsymbol{O} & \boldsymbol{O}\end{pmatrix}.$$

只需令

$$\boldsymbol{S}=\boldsymbol{P}\begin{pmatrix}\boldsymbol{I}_r & \boldsymbol{O}\\ \boldsymbol{O} & \boldsymbol{O}\end{pmatrix}\begin{pmatrix}\boldsymbol{I}_r\\ \boldsymbol{O}\end{pmatrix},\ \boldsymbol{T}=(\boldsymbol{I}_r,\boldsymbol{O})\begin{pmatrix}\boldsymbol{I}_r & \boldsymbol{O}\\ \boldsymbol{O} & \boldsymbol{O}\end{pmatrix}\boldsymbol{Q},$$

经简单计算即得结论. □

推论 设 $\boldsymbol{A}$ 为 n 阶幂等矩阵, 则 $\mathrm{tr}(\boldsymbol{A})=\mathrm{r}(\boldsymbol{A})$.

证明 由上例可知, $\mathrm{tr}(\boldsymbol{A})=\mathrm{tr}(\boldsymbol{ST})=\mathrm{tr}(\boldsymbol{TS})=\mathrm{tr}(\boldsymbol{I}_r)=r=\mathrm{r}(\boldsymbol{A})$. □

注 如果读者已学过相似标准型, 用相似标准型来证明则更简单. 事实上, 由 $\boldsymbol{A}^2=\boldsymbol{A}$ 可知, 存在可逆矩阵 $\boldsymbol{P}$, 使得

$$\boldsymbol{A}=\boldsymbol{P}\begin{pmatrix}\boldsymbol{I}_r & \boldsymbol{O}\\ \boldsymbol{O} & \boldsymbol{O}\end{pmatrix}\boldsymbol{P}^{-1}=\boldsymbol{P}\begin{pmatrix}\boldsymbol{I}_r\\ \boldsymbol{O}\end{pmatrix}(\boldsymbol{I}_r,\boldsymbol{O})\boldsymbol{P}^{-1},$$

令 $\boldsymbol{S}=\boldsymbol{P}\begin{pmatrix}\boldsymbol{I}_r\\ \boldsymbol{O}\end{pmatrix}, \boldsymbol{T}=(\boldsymbol{I}_r,\boldsymbol{O})\boldsymbol{P}^{-1}$ 即可.

在后面的章节中我们可以看到, 利用矩阵的相抵标准型, 还可以化简线性映射的表示矩阵 (例 4.22), 证明特征值的降阶公式 (例 6.19), 研究 $\boldsymbol{AX}=\boldsymbol{XB}$ 型矩阵方程的解 (例 6.23), 以及处理矩阵的相似问题 (例 6.47) 等.

§ 3.9 线性方程组的解及其应用

如何求解线性方程组是高等代数中第一个重要的问题, 为了彻底地回答这个问题, 我们依次引入了行列式、矩阵和线性空间等概念, 并发展了它们的一整套理论, 然后才给出了这一问题的完满回答. 线性方程组的求解理论自身内容十分丰富, 包括

解的判定定理和结构定理等; 其应用也十分广泛, 例如, 我们曾用线性方程组的求解理论判定某个向量能否由给定向量组线性表出, 求出交空间的基以及推导出矩阵秩的相关性质等. 在本节中, 我们将给出带参数线性方程组解的讨论和解空间的相关性质、线性方程组公共解的讨论以及线性方程组的求解理论在解析几何上的应用等.

1. 线性方程组解的讨论和解空间的性质

例 3.96 讨论下列线性方程组的解, 其中 λ 为参数:

$$\begin{cases}2x_1+3x_2+x_3+x_4=1,\\ x_1+2x_2-x_3+4x_4=2,\\ x_1+3x_2-4x_3+11x_4=\lambda.\end{cases}$$

解 对增广矩阵进行初等行变换:

$$\left(\begin{array}{cccc|c}2&3&1&1&1\\1&2&-1&4&2\\1&3&-4&11&\lambda\end{array}\right)\to\left(\begin{array}{cccc|c}1&2&-1&4&2\\2&3&1&1&1\\1&3&-4&11&\lambda\end{array}\right)\to$$

$$\left(\begin{array}{cccc|c}1&2&-1&4&2\\0&-1&3&-7&-3\\0&1&-3&7&\lambda-2\end{array}\right)\to\left(\begin{array}{cccc|c}1&2&-1&4&2\\0&-1&3&-7&-3\\0&0&0&0&\lambda-5\end{array}\right).$$

因此, 当 $\lambda=5$ 时有无穷多组解, 否则无解. □

例 3.97 讨论下列线性方程组的解, 其中 λ 为参数:

$$\begin{cases}\lambda x_1+x_2+x_3+x_4=1,\\ x_1+\lambda x_2+x_3+x_4=\lambda,\\ x_1+x_2+\lambda x_3+x_4=\lambda^2,\\ x_1+x_2+x_3+\lambda x_4=\lambda^3.\end{cases}$$

解 对增广矩阵进行初等行变换 (将所有行加到第一行), 可得

$$\left(\begin{array}{cccc|c}\lambda+3&\lambda+3&\lambda+3&\lambda+3&b\\1&\lambda&1&1&\lambda\\1&1&\lambda&1&\lambda^2\\1&1&1&\lambda&\lambda^3\end{array}\right),$$

其中 $b=1+\lambda+\lambda^2+\lambda^3$. 若 $\lambda=-3$, 则 $b=-20$, 此时原方程组无解.

现设 $\lambda\neq -3$. 令 $c=b/(\lambda+3)$, 则上述矩阵经初等行变换可变为

$$\left(\begin{array}{cccc:c} 1 & 1 & 1 & 1 & c \\ 1 & \lambda & 1 & 1 & \lambda \\ 1 & 1 & \lambda & 1 & \lambda^2 \\ 1 & 1 & 1 & \lambda & \lambda^3 \end{array}\right) \to \left(\begin{array}{cccc:c} 1 & 1 & 1 & 1 & c \\ 0 & \lambda-1 & 0 & 0 & \lambda-c \\ 0 & 0 & \lambda-1 & 0 & \lambda^2-c \\ 0 & 0 & 0 & \lambda-1 & \lambda^3-c \end{array}\right).$$

因此, 当 $\lambda=1$ 时, $c=1$, 原方程组有无穷多组解; 当 $\lambda\neq 1,-3$ 时, 原方程组有唯一一组解. □

例 3.98 设 $\boldsymbol{A}$ 是一个 $m\times n$ 矩阵, 记 $\boldsymbol{\alpha}_i$ 是 $\boldsymbol{A}$ 的第 i 个行向量, $\boldsymbol{\beta}=(b_1,b_2,\cdots,b_n)$. 求证: 若齐次线性方程组 $\boldsymbol{Ax}=\boldsymbol{0}$ 的解全是方程 $b_1x_1+b_2x_2+\cdots+b_nx_n=0$ 的解, 则 $\boldsymbol{\beta}$ 是 $\boldsymbol{\alpha}_1,\boldsymbol{\alpha}_2,\cdots,\boldsymbol{\alpha}_m$ 的线性组合.

证明　令 $\boldsymbol{B}=\begin{pmatrix}\boldsymbol{A}\\ \boldsymbol{\beta}\end{pmatrix}$, 由已知, 方程组 $\boldsymbol{Ax}=\boldsymbol{0}$ 和方程组 $\boldsymbol{Bx}=\boldsymbol{0}$ 同解, 故 $\mathrm{r}(\boldsymbol{A})=\mathrm{r}(\boldsymbol{B})$, 从而 $\boldsymbol{A}$ 的行向量的极大无关组也是 $\boldsymbol{B}$ 的行向量的极大无关组. 因此, $\boldsymbol{\beta}$ 可表示为 $\boldsymbol{\alpha}_1,\boldsymbol{\alpha}_2,\cdots,\boldsymbol{\alpha}_m$ 的线性组合. □

例 3.99 设 $\boldsymbol{Ax}=\boldsymbol{\beta}$ 是 m 个方程式 n 个未知数的线性方程组, 求证: 它有解的充要条件是方程组 $\boldsymbol{A}'\boldsymbol{y}=\boldsymbol{0}$ 的任一解 $\boldsymbol{\alpha}$ 均适合等式 $\boldsymbol{\alpha}'\boldsymbol{\beta}=0$.

证明　方程组 $\boldsymbol{Ax}=\boldsymbol{\beta}$ 有解当且仅当 $\mathrm{r}(\boldsymbol{A}\,\vdots\,\boldsymbol{\beta})=\mathrm{r}(\boldsymbol{A})$, 当且仅当 $\mathrm{r}\begin{pmatrix}\boldsymbol{A}'\\ \boldsymbol{\beta}'\end{pmatrix}=\mathrm{r}(\boldsymbol{A}')$, 当且仅当方程组 $\begin{pmatrix}\boldsymbol{A}'\\ \boldsymbol{\beta}'\end{pmatrix}\boldsymbol{y}=\boldsymbol{0}$ 与 $\boldsymbol{A}'\boldsymbol{y}=\boldsymbol{0}$ 同解, 而这当且仅当 $\boldsymbol{A}'\boldsymbol{y}=\boldsymbol{0}$ 的任一解 $\boldsymbol{\alpha}$ 均适合等式 $\boldsymbol{\beta}'\boldsymbol{\alpha}=0$, 即 $\boldsymbol{\alpha}'\boldsymbol{\beta}=0$. □

例 3.100 设有两个线性方程组:

$$\begin{cases} a_{11}x_1+a_{12}x_2+\cdots+a_{1n}x_n=b_1, \\ a_{21}x_1+a_{22}x_2+\cdots+a_{2n}x_n=b_2, \\ \qquad\cdots\cdots\cdots\cdots \\ a_{m1}x_1+a_{m2}x_2+\cdots+a_{mn}x_n=b_m; \end{cases} \tag{3.1}$$

$$
\begin{cases}
a_{11}x_1+a_{21}x_2+\cdots+a_{m1}x_m=0,\\
a_{12}x_1+a_{22}x_2+\cdots+a_{m2}x_m=0,\\
\cdots\cdots\cdots\cdots\\
a_{1n}x_1+a_{2n}x_2+\cdots+a_{mn}x_m=0,\\
b_1x_1+b_2x_2+\cdots+b_mx_m=1.
\end{cases}
\tag{3.2}
$$

求证: 方程组 (3.1) 有解的充要条件是方程组 (3.2) 无解.

证明　设第一个线性方程组的系数矩阵为 $\boldsymbol{A}$, 常数向量为 $\boldsymbol{\beta}$, 则第二个线性方程组的系数矩阵和增广矩阵分别为

$$
\boldsymbol{B}=\begin{pmatrix}\boldsymbol{A}'\\ \boldsymbol{\beta}'\end{pmatrix},\quad \widetilde{\boldsymbol{B}}=\begin{pmatrix}\boldsymbol{A}' & \boldsymbol{O}\\ \boldsymbol{\beta}' & 1\end{pmatrix}.
$$

显然, 我们有 $\mathrm{r}(\widetilde{\boldsymbol{B}})=\mathrm{r}(\boldsymbol{A}')+1=\mathrm{r}(\boldsymbol{A})+1$.

若方程组 (3.1) 有解, 则 $\mathrm{r}(\boldsymbol{A}\,\vdots\,\boldsymbol{\beta})=\mathrm{r}(\boldsymbol{A})$, 故 $\mathrm{r}(\boldsymbol{B})=\mathrm{r}(\boldsymbol{B}')=\mathrm{r}(\boldsymbol{A}\,\vdots\,\boldsymbol{\beta})=\mathrm{r}(\boldsymbol{A})\neq\mathrm{r}(\widetilde{\boldsymbol{B}})$. 因此, 方程组 (3.2) 无解.

反之, 若方程组 (3.1) 无解, 则 $\mathrm{r}(\boldsymbol{A}\,\vdots\,\boldsymbol{\beta})=\mathrm{r}(\boldsymbol{A})+1$, 故 $\mathrm{r}(\boldsymbol{B})=\mathrm{r}(\boldsymbol{B}')=\mathrm{r}(\boldsymbol{A}\,\vdots\,\boldsymbol{\beta})=\mathrm{r}(\boldsymbol{A})+1=\mathrm{r}(\widetilde{\boldsymbol{B}})$. 因此, 方程组 (3.2) 有解. □

例 3.101　设 $\boldsymbol{A}$ 是秩为 r 的 $m\times n$ 矩阵, 求证: 必存在秩为 $n-r$ 的 $n\times(n-r)$ 矩阵 $\boldsymbol{B}$, 使得 $\boldsymbol{AB}=\boldsymbol{O}$.

证明　考虑线性方程组 $\boldsymbol{Ax}=\boldsymbol{0}$, 它有 $n-r$ 个基础解系, 不妨设为 $\boldsymbol{\beta}_1,\cdots,\boldsymbol{\beta}_{n-r}$. 令 $\boldsymbol{B}=(\boldsymbol{\beta}_1,\cdots,\boldsymbol{\beta}_{n-r})$, 则 $\boldsymbol{AB}=(\boldsymbol{A\beta}_1,\cdots,\boldsymbol{A\beta}_{n-r})=\boldsymbol{O}$, 结论得证. □

例 3.102　设

$$
\boldsymbol{A}=\begin{pmatrix}a_{11} & a_{12} & \cdots & a_{1n}\\ a_{21} & a_{22} & \cdots & a_{2n}\\ \vdots & \vdots & & \vdots\\ a_{m1} & a_{m2} & \cdots & a_{mn}\end{pmatrix}\ (m<n),
$$

已知 $\boldsymbol{Ax}=\boldsymbol{0}$ 的基础解系为 $\boldsymbol{\beta}_i=(b_{i1},b_{i2},\cdots,b_{in})'\,(1\le i\le n-m)$, 试求齐次线性方程组

$$
\sum_{j=1}^{n}b_{ij}y_j=0\ (i=1,2,\cdots,n-m)
$$

的基础解系.

解　令 $\boldsymbol{B}=(\boldsymbol{\beta}_1,\boldsymbol{\beta}_2,\cdots,\boldsymbol{\beta}_{n-m})$, 则 $\boldsymbol{AB}=\boldsymbol{O}$, $\boldsymbol{B}'\boldsymbol{A}'=\boldsymbol{O}$. 已知 $\boldsymbol{A}$ 的秩为 m, 因此 $\boldsymbol{B}'\boldsymbol{y}=\boldsymbol{0}$ 的基础解系为 $\boldsymbol{A}'$ 的全部列向量, 即 $\boldsymbol{A}$ 的所有行向量. □

例 3.103　设 V_0 是数域 $\mathbb{K}$ 上 n 维列向量空间的真子空间, 求证: 必存在矩阵 $\boldsymbol{A}$, 使得 V_0 是 n 元齐次线性方程组 $\boldsymbol{Ax}=\boldsymbol{0}$ 的解空间.

证明　设 $\boldsymbol{\beta}_1,\cdots,\boldsymbol{\beta}_r$ 是子空间 V_0 的一组基. 令 $\boldsymbol{B}=(\boldsymbol{\beta}_1,\cdots,\boldsymbol{\beta}_r)$, 这是一个 $n\times r$ 矩阵. 考虑齐次线性方程组 $\boldsymbol{B}'\boldsymbol{x}=\boldsymbol{0}$, 因为 $\boldsymbol{B}$ 的秩等于 r, 故其基础解系含 $n-r$ 个向量, 记为 $\boldsymbol{\alpha}_1,\cdots,\boldsymbol{\alpha}_{n-r}$. 令 $\boldsymbol{A}=(\boldsymbol{\alpha}_1,\cdots,\boldsymbol{\alpha}_{n-r})'$, 这是个 $(n-r)\times n$ 矩阵且秩为 $n-r$. 由 $\boldsymbol{B}'\boldsymbol{A}'=\boldsymbol{O}$ 可得 $\boldsymbol{AB}=\boldsymbol{O}$, 因此齐次线性方程组 $\boldsymbol{Ax}=\boldsymbol{0}$ 的基础解系是 $\boldsymbol{\beta}_1,\cdots,\boldsymbol{\beta}_r$, 其解空间就是 V_0. □

例 3.104　设 $\boldsymbol{A}$ 是秩为 r 的 $m\times n$ 矩阵, $\boldsymbol{\alpha}_1,\cdots,\boldsymbol{\alpha}_{n-r}$ 与 $\boldsymbol{\beta}_1,\cdots,\boldsymbol{\beta}_{n-r}$ 是齐次线性方程组 $\boldsymbol{Ax}=\boldsymbol{0}$ 的两个基础解系. 求证: 必存在 $n-r$ 阶可逆矩阵 $\boldsymbol{P}$, 使得

$$(\boldsymbol{\beta}_1,\cdots,\boldsymbol{\beta}_{n-r})=(\boldsymbol{\alpha}_1,\cdots,\boldsymbol{\alpha}_{n-r})\boldsymbol{P}.$$

证明　设 U 是齐次线性方程组 $\boldsymbol{Ax}=\boldsymbol{0}$ 的解空间, 则向量组 $\boldsymbol{\alpha}_1,\cdots,\boldsymbol{\alpha}_{n-r}$ 与 $\boldsymbol{\beta}_1,\cdots,\boldsymbol{\beta}_{n-r}$ 是 U 的两组基. 令 $\boldsymbol{P}$ 是这两组基之间的过渡矩阵, 则

$$(\boldsymbol{\beta}_1,\cdots,\boldsymbol{\beta}_{n-r})=(\boldsymbol{\alpha}_1,\cdots,\boldsymbol{\alpha}_{n-r})\boldsymbol{P}. \ \square$$

线性方程组解的判定定理可以推广到矩阵方程的情形.

例 3.105　设 $\boldsymbol{A},\boldsymbol{B}$ 为 $m\times n$ 和 $m\times p$ 矩阵, $\boldsymbol{X}$ 为 $n\times p$ 未知矩阵, 证明: 矩阵方程 $\boldsymbol{AX}=\boldsymbol{B}$ 有解的充要条件是 $\mathrm{r}(\boldsymbol{A}\,¦\,\boldsymbol{B})=\mathrm{r}(\boldsymbol{A})$.

证明　设 $\boldsymbol{A}=(\boldsymbol{\alpha}_1,\cdots,\boldsymbol{\alpha}_n)$, $\boldsymbol{B}=(\boldsymbol{\beta}_1,\cdots,\boldsymbol{\beta}_p)$, $\boldsymbol{X}=(\boldsymbol{x}_1,\cdots,\boldsymbol{x}_p)$ 为对应的列分块. 设 $\mathrm{r}(\boldsymbol{A})=r$ 且 $\boldsymbol{\alpha}_{i_1},\cdots,\boldsymbol{\alpha}_{i_r}$ 是 $\boldsymbol{A}$ 的列向量的极大无关组. 注意到矩阵方程 $\boldsymbol{AX}=\boldsymbol{B}$ 有解当且仅当 p 个线性方程组 $\boldsymbol{Ax}_i=\boldsymbol{\beta}_i\,(1\leq i\leq p)$ 都有解. 因此, 若 $\boldsymbol{AX}=\boldsymbol{B}$ 有解, 则每个 $\boldsymbol{\beta}_i$ 都是 $\boldsymbol{A}$ 的列向量的线性组合, 从而是 $\boldsymbol{\alpha}_{i_1},\cdots,\boldsymbol{\alpha}_{i_r}$ 的线性组合, 于是 $\boldsymbol{\alpha}_{i_1},\cdots,\boldsymbol{\alpha}_{i_r}$ 是 $(\boldsymbol{A}\,¦\,\boldsymbol{B})$ 的列向量的极大无关组, 故 $\mathrm{r}(\boldsymbol{A}\,¦\,\boldsymbol{B})=r$. 反之, 若 $\mathrm{r}(\boldsymbol{A}\,¦\,\boldsymbol{B})=r$, 则由例 3.20 可知, $\boldsymbol{\alpha}_{i_1},\cdots,\boldsymbol{\alpha}_{i_r}$ 是 $(\boldsymbol{A}\,¦\,\boldsymbol{B})$ 的列向量的极大无关组, 于是每个 $\boldsymbol{\beta}_i$ 都是 $\boldsymbol{A}$ 的列向量的线性组合, 从而 $\boldsymbol{AX}=\boldsymbol{B}$ 有解. □

线性方程组解的结构定理也可以推广到矩阵方程的情形, 我们通过一个具体的例子进行说明.

例 3.106 设 $\boldsymbol{A}=\begin{pmatrix}1&1&2&1\\1&2&3&3\\2&3&5&4\\3&5&8&7\end{pmatrix}$, $\boldsymbol{B}=\begin{pmatrix}1&1\\5&-1\\6&0\\11&-1\end{pmatrix}$, $\boldsymbol{X}$ 为 4×2 未知矩阵, 试求矩阵方程 $\boldsymbol{AX}=\boldsymbol{B}$ 的解.

解 将矩阵方程的增广矩阵 $(\boldsymbol{A}\mathop{\vdots}\boldsymbol{B})$ 进行初等行变换 (必要时可进行列对换), 最后化成如下解方程组的标准型:

$$\left(\begin{array}{cccc:cc}1&1&2&1&1&1\\1&2&3&3&5&-1\\2&3&5&4&6&0\\3&5&8&7&11&-1\end{array}\right)\to\left(\begin{array}{cccc:cc}1&0&1&-1&-3&3\\0&1&1&2&4&-2\\0&0&0&0&0&0\\0&0&0&0&0&0\end{array}\right).$$

由 $\mathrm{r}(\boldsymbol{A}\mathop{\vdots}\boldsymbol{B})=\mathrm{r}(\boldsymbol{A})=2$ 可知矩阵方程有解, 再由线性方程组解的结构定理可知矩阵方程的解为

$$\boldsymbol{X}=\begin{pmatrix}-1&1\\-1&-2\\1&0\\0&1\end{pmatrix}\begin{pmatrix}k_{11}&k_{12}\\k_{21}&k_{22}\end{pmatrix}+\begin{pmatrix}-3&3\\4&-2\\0&0\\0&0\end{pmatrix},\ \text{其中 } k_{ij}\in\mathbb{K}.\ \square$$

例 3.107 设 $\boldsymbol{A},\boldsymbol{B}$ 为 $m\times n$ 和 $n\times p$ 矩阵, 证明: 存在 $p\times n$ 矩阵 $\boldsymbol{C}$, 使得 $\boldsymbol{ABC}=\boldsymbol{A}$ 的充要条件是 $\mathrm{r}(\boldsymbol{A})=\mathrm{r}(\boldsymbol{AB})$.

证明 必要性由秩的不等式 $\mathrm{r}(\boldsymbol{A})\geq\mathrm{r}(\boldsymbol{AB})\geq\mathrm{r}(\boldsymbol{ABC})=\mathrm{r}(\boldsymbol{A})$ 即得. 充分性由例 3.105 以及秩的不等式 $\mathrm{r}(\boldsymbol{AB})\leq\mathrm{r}(\boldsymbol{AB}\mathop{\vdots}\boldsymbol{A})=\mathrm{r}\left(\boldsymbol{A}(\boldsymbol{B}\mathop{\vdots}\boldsymbol{I}_n)\right)\leq\mathrm{r}(\boldsymbol{A})$ 即得. $\square$

2. 线性方程组的公共解

如果有两个含 n 个未知数的齐次线性方程组 $\boldsymbol{Ax}=\boldsymbol{0}$ 和 $\boldsymbol{Bx}=\boldsymbol{0}$, 要求它们的公共解, 只需将它们联立起来求解即可. 若只已知两个齐次线性方程组的基础解系, 而不知道方程组本身, 要求它们的公共解, 只需求它们的基础解系生成的解空间的交即可, 而求两个子空间交的方法在 § 3.6 中已有交代. 对两个非齐次线性方程组, 若只已知它们的通解, 而不知道方程组本身, 要求它们的公共解, 我们可以这样来做:

设 $\boldsymbol{Ax}=\boldsymbol{\beta}_1$, $\boldsymbol{Bx}=\boldsymbol{\beta}_2$ 是两个含 n 个未知数的非齐次线性方程组. 方程组 $\boldsymbol{Ax}=\boldsymbol{\beta}_1$ 有特解 $\boldsymbol{\gamma}$ 且 $\boldsymbol{Ax}=\boldsymbol{0}$ 的基础解系为 $\boldsymbol{\eta}_1,\cdots,\boldsymbol{\eta}_{n-r}$. 方程组 $\boldsymbol{Bx}=\boldsymbol{\beta}_2$ 有特解 $\boldsymbol{\delta}$ 且 $\boldsymbol{Bx}=\boldsymbol{0}$ 的基础解系为 $\boldsymbol{\xi}_1,\cdots,\boldsymbol{\xi}_{n-s}$.

方法 1 假设它们的公共解为 $\gamma+t_1\eta_1+\cdots+t_{n-r}\eta_{n-r}$, 则 $\gamma+t_1\eta_1+\cdots+t_{n-r}\eta_{n-r}-\delta$ 是 $Bx=0$ 的解, 因此可以表示为 $\xi_1,\cdots,\xi_{n-s}$ 的线性组合. 于是矩阵 $(\xi_1,\cdots,\xi_{n-s},\gamma+t_1\eta_1+\cdots+t_{n-r}\eta_{n-r}-\delta)$ 的秩等于 $n-s$. 由此可以求出 $t_1,\cdots,t_{n-r}$, 从而求出公共解.

方法 2 假设它们的公共解为 ζ, 则

$$\zeta=\gamma+t_1\eta_1+\cdots+t_{n-r}\eta_{n-r}=\delta+(-u_1)\xi_1+\cdots+(-u_{n-s})\xi_{n-s}.$$

要求公共解 ζ 等价于求解下列关于未定元 $t_1,\cdots,t_{n-r};u_1,\cdots,u_{n-s}$ 的线性方程组:

$$t_1\eta_1+\cdots+t_{n-r}\eta_{n-r}+u_1\xi_1+\cdots+u_{n-s}\xi_{n-s}=\delta-\gamma.$$

下面是这类问题的一个典型例子.

例 3.108 设有两个非齐次线性方程组 (I), (II), 它们的通解分别为

$$\gamma+t_1\eta_1+t_2\eta_2;\quad \delta+k_1\xi_1+k_2\xi_2,$$

其中 $\gamma=(5,-3,0,0)'$, $\eta_1=(-6,5,1,0)'$, $\eta_2=(-5,4,0,1)'$; $\delta=(-11,3,0,0)'$, $\xi_1=(8,-1,1,0)'$, $\xi_2=(10,-2,0,1)'$. 求这两个方程组的公共解.

解法 1 设公共解为

$$\gamma+t_1\eta_1+t_2\eta_2=\begin{pmatrix}5-6t_1-5t_2\\-3+5t_1+4t_2\\t_1\\t_2\end{pmatrix}.$$

注意矩阵 $(\xi_1,\xi_2,\gamma-\delta+t_1\eta_1+t_2\eta_2)$ 的秩等于 2, 对此矩阵作初等行变换:

$$\begin{pmatrix}8&10&16-6t_1-5t_2\\-1&-2&-6+5t_1+4t_2\\1&0&t_1\\0&1&t_2\end{pmatrix}\to\begin{pmatrix}1&0&t_1\\0&1&t_2\\8&10&16-6t_1-5t_2\\-1&-2&-6+5t_1+4t_2\end{pmatrix}\to$$

$$\begin{pmatrix}1&0&t_1\\0&1&t_2\\0&0&16-14t_1-15t_2\\0&0&-6+6t_1+6t_2\end{pmatrix},$$

可得关于 t_1, t_2 的方程组

$$\begin{cases}14t_1+15t_2=16,\\6t_1+6t_2=6.\end{cases}$$

解得 $t_1=-1$, $t_2=2$, 所以公共解为 (只有一个向量) $\boldsymbol{\gamma}-\boldsymbol{\eta}_1+2\boldsymbol{\eta}_2=(1,0,-1,2)'$.

解法 2　求公共解等价于求解下列线性方程组:

$$t_1\boldsymbol{\eta}_1+t_2\boldsymbol{\eta}_2+u_1\boldsymbol{\xi}_1+u_2\boldsymbol{\xi}_2=\boldsymbol{\delta}-\boldsymbol{\gamma}.$$

对其增广矩阵实施初等行变换, 可得

$$\left(\begin{array}{cccc:c}-6&-5&8&10&-16\\5&4&-1&-2&6\\1&0&1&0&0\\0&1&0&1&0\end{array}\right)\to\left(\begin{array}{cccc:c}1&0&0&0&-1\\0&1&0&0&2\\0&0&1&0&1\\0&0&0&1&-2\end{array}\right),$$

故 (t_1,t_2,u_1,u_2) 只有唯一解 $(-1,2,1,-2)$. 因此, 公共解为 $\boldsymbol{\gamma}-\boldsymbol{\eta}_1+2\boldsymbol{\eta}_2=\boldsymbol{\delta}-\boldsymbol{\xi}_1+2\boldsymbol{\xi}_2=(1,0,-1,2)'$. □

例 3.109　设有非齐次线性方程组 (I):

$$\begin{cases}7x_1-6x_2+3x_3=b,\\8x_1-9x_2+ax_4=7.\end{cases}$$

又已知方程组 (II) 的通解为

$$(1,1,0,0)'+t_1(1,0,-1,0)'+t_2(2,3,0,1)'.$$

若这两个方程组有无穷多组公共解, 求出 a,b 的值并求出公共解.

解　将 (II) 的通解写为 $(1+t_1+2t_2,1+3t_2,-t_1,t_2)'$, 代入方程组 (I) 化简得到

$$\begin{cases}4t_1-4t_2=b-1,\\8t_1+(a-11)t_2=8.\end{cases}$$

要使这两个方程组有无穷多组公共解, t_1,t_2 必须有无穷多组解, 于是上面方程组的系数矩阵和增广矩阵的秩都应该等于 1, 从而 $a=3,b=5$. 解出方程组得到 $t_1=t_2+1$, 因此方程组 (I), (II) 的公共解为

$$(1+t_1+2t_2,1+3t_2,-t_1,t_2)'=(2,1,-1,0)'+t_2(3,3,-1,1)',$$

其中 t_2 为任意数. □

3. 在解析几何上的应用

例 3.110 求平面上 n 个点 $(x_1,y_1),(x_2,y_2),\cdots,(x_n,y_n)$ 位于同一条直线上的充要条件.

解 充要条件为第一个点和其余点代表的向量之差属于一个一维子空间, 即 (x_i-x_1,y_i-y_1) 都成比例. 写成矩阵形式为

$$\mathrm{r}\begin{pmatrix} x_2-x_1 & x_3-x_1 & \cdots & x_n-x_1 \\ y_2-y_1 & y_3-y_1 & \cdots & y_n-y_1 \end{pmatrix} \leq 1,$$

或

$$\mathrm{r}\begin{pmatrix} x_1 & x_2 & x_3 & \cdots & x_n \\ y_1 & y_2 & y_3 & \cdots & y_n \\ 1 & 1 & 1 & \cdots & 1 \end{pmatrix} \leq 2. \square$$

例 3.111 求三维实空间中 4 点 $(x_i,y_i,z_i)\,(1\leq i\leq 4)$ 共面的充要条件.

解 设 4 点的向量为 $\boldsymbol{\alpha}_1,\boldsymbol{\alpha}_2,\boldsymbol{\alpha}_3,\boldsymbol{\alpha}_4$, 则 4 点共面的充要条件是: 向量组 $\boldsymbol{\alpha}_2-\boldsymbol{\alpha}_1,\boldsymbol{\alpha}_3-\boldsymbol{\alpha}_1,\boldsymbol{\alpha}_4-\boldsymbol{\alpha}_1$ 的秩不超过 2. 不难将此写成矩阵形式:

$$\mathrm{r}\begin{pmatrix} x_2-x_1 & x_3-x_1 & x_4-x_1 \\ y_2-y_1 & y_3-y_1 & y_4-y_1 \\ z_2-z_1 & z_3-z_1 & z_4-z_1 \end{pmatrix} \leq 2,$$

或

$$\mathrm{r}\begin{pmatrix} x_1 & x_2 & x_3 & x_4 \\ y_1 & y_2 & y_3 & y_4 \\ z_1 & z_2 & z_3 & z_4 \\ 1 & 1 & 1 & 1 \end{pmatrix} \leq 3. \square$$

例 3.112 证明: 通过平面内不在一条直线上的 3 点 $(x_1,y_1),(x_2,y_2),(x_3,y_3)$ 的圆方程为

$$\begin{vmatrix} x^2+y^2 & x & y & 1 \\ x_1^2+y_1^2 & x_1 & y_1 & 1 \\ x_2^2+y_2^2 & x_2 & y_2 & 1 \\ x_3^2+y_3^2 & x_3 & y_3 & 1 \end{vmatrix} = 0.$$

证明 圆方程可设为

$$u_1(x^2+y^2)+u_2x+u_3y+u_4=0,$$

于是得到未知数 u_1, u_2, u_3, u_4 的方程组为

$$\begin{cases}(x_1^2+y_1^2)u_1+x_1u_2+y_1u_3+u_4=0,\\(x_2^2+y_2^2)u_1+x_2u_2+y_2u_3+u_4=0,\\(x_3^2+y_3^2)u_1+x_3u_2+y_3u_3+u_4=0.\end{cases}$$

上述方程组加上原方程组组成一个含 4 个未知数、4 个方程式的齐次线性方程组, 它有非零解的充要条件是系数行列式等于零, 即

$$\begin{vmatrix}x^2+y^2 & x & y & 1\\x_1^2+y_1^2 & x_1 & y_1 & 1\\x_2^2+y_2^2 & x_2 & y_2 & 1\\x_3^2+y_3^2 & x_3 & y_3 & 1\end{vmatrix}=0.$$

由例 3.110 可知 3 点不在一条直线上意味着

$$\begin{vmatrix}x_1 & y_1 & 1\\x_2 & y_2 & 1\\x_3 & y_3 & 1\end{vmatrix}\neq 0,$$

故圆方程不退化. □

例 3.113 求平面上不在一条直线上的 4 个点 $(x_1,y_1),(x_2,y_2),(x_3,y_3),(x_4,y_4)$ 位于同一个圆上的充要条件.

解 由例 3.112 可得充要条件为

$$\begin{vmatrix}x_1^2+y_1^2 & x_1 & y_1 & 1\\x_2^2+y_2^2 & x_2 & y_2 & 1\\x_3^2+y_3^2 & x_3 & y_3 & 1\\x_4^2+y_4^2 & x_4 & y_4 & 1\end{vmatrix}=0. \ \square$$

例 3.114 已知平面上两条不同的二次曲线 $a_ix^2+b_ixy+c_iy^2+d_ix+e_iy+f_i=0\,(i=1,2)$ 交于 4 个不同的点 $(x_i,y_i)\,(1\leq i\leq 4)$. 求证: 过这 4 个点的二次曲线均可写为如下形状:

$$\lambda_1(a_1x^2+b_1xy+c_1y^2+d_1x+e_1y+f_1)+\lambda_2(a_2x^2+b_2xy+c_2y^2+d_2x+e_2y+f_2)=0.$$

证明　显然上述曲线过这 4 个交点. 现设 $ax^2+bxy+cy^2+dx+ey+f=0$ 是过这 4 个交点的二次曲线, 则有

$$\begin{cases} ax_1^2+bx_1y_1+cy_1^2+dx_1+ey_1+f=0, \\ ax_2^2+bx_2y_2+cy_2^2+dx_2+ey_2+f=0, \\ ax_3^2+bx_3y_3+cy_3^2+dx_3+ey_3+f=0, \\ ax_4^2+bx_4y_4+cy_4^2+dx_4+ey_4+f=0. \end{cases} \tag{3.3}$$

视 a,b,c,d,e,f 为未知数, 则线性方程组 (3.3) 有线性无关的解 $(a_1,b_1,c_1,d_1,e_1,f_1)'$, $(a_2,b_2,c_2,d_2,e_2,f_2)'$. 如果能证明方程组 (3.3) 的系数矩阵的秩等于 4, 则这两个解就构成了基础解系, 从而即得结论.

容易验证 4 个交点中的任意 3 个点都不共线, 而且经过坐标轴适当的旋转, 可以假设这 4 个交点的横坐标 x_1,x_2,x_3,x_4 互不相同. 用反证法证明结论, 设方程组 (3.3) 系数矩阵 $\boldsymbol{A}$ 的秩小于 4. 由任意 3 个交点不共线以及例 3.110 可知, $(x_1,x_2,x_3,x_4)'$, $(y_1,y_2,y_3,y_4)'$, $(1,1,1,1)'$ 线性无关, 从而它们是 $\boldsymbol{A}$ 的列向量的极大无关组, 于是 $(x_1^2,x_2^2,x_3^2,x_4^2)'$ 是它们的线性组合, 故可设 $x_i^2=rx_i+sy_i+t\,(1\le i\le 4)$, 其中 r,s,t 是实数. 由于 x_1,x_2,x_3,x_4 互不相同, 故 $s\neq 0$, 于是 $y_i=\dfrac{1}{s}x_i^2-\dfrac{r}{s}x_i-\dfrac{t}{s}\,(1\le i\le 4)$. 考虑 $\boldsymbol{A}$ 的第一列、第二列、第四列和第六列构成的四阶行列式 $|\boldsymbol{B}|$, 利用 Vandermonde 行列式容易算出 $|\boldsymbol{B}|=-\dfrac{1}{s}\prod\limits_{1\le i<j\le 4}(x_i-x_j)\neq 0$, 于是 $\boldsymbol{A}$ 的秩等于 4, 这与假设矛盾. 因此方程组 (3.3) 的系数矩阵的秩只能等于 4. □

§ 3.10　基础训练

3.10.1　训　练　题

一、单选题

1. 已知任一 n 维向量均可由 $\boldsymbol{\alpha}_1,\boldsymbol{\alpha}_2,\cdots,\boldsymbol{\alpha}_n$ 线性表示, 则 $\boldsymbol{\alpha}_1,\boldsymbol{\alpha}_2,\cdots,\boldsymbol{\alpha}_n$ (　　).

(A) 线性相关　　(B) 秩等于 n　　(C) 秩小于 n　　(D) 以上都不对

2. 设 $\boldsymbol{A}$ 为 n 阶方阵且 $|\boldsymbol{A}|=0$, 则 (　　).

(A) $\boldsymbol{A}$ 中必有两行 (列) 元素对应成比例

(B) $\boldsymbol{A}$ 中至少有一行 (列) 元素全为零

(C) $\boldsymbol{A}$ 中至少有一行向量是其余各行向量的线性组合

(D) $\boldsymbol{A}$ 中每一行向量都是其余各行向量的线性组合

3. 一个向量组中的极大线性无关组 (　　).

(A) 个数唯一　　(B) 个数不唯一

(C) 所含向量个数唯一　　(D) 所含向量个数不唯一

4. 设向量组 $\boldsymbol{\alpha}_1,\boldsymbol{\alpha}_2,\cdots,\boldsymbol{\alpha}_s\ (s>1,\ \boldsymbol{\alpha}_1\neq\boldsymbol{0})$ 线性相关, 则 (　　) 由 $\boldsymbol{\alpha}_1,\cdots,\boldsymbol{\alpha}_{i-1}$ 线性表示.

(A) 每个 $\boldsymbol{\alpha}_i\ (i>1)$ 都能　　(B) 每个 $\boldsymbol{\alpha}_i\ (i>1)$ 都不能

(C) 有一个 $\boldsymbol{\alpha}_i\ (i>1)$ 能　　(D) 某一个 $\boldsymbol{\alpha}_i\ (i>1)$ 不能

5. 设 $m\times n$ 矩阵 $\boldsymbol{A}$ 中 n 个列向量线性无关, 则 $\boldsymbol{A}$ 的秩 (　　).

(A) 大于 m　　(B) 大于 n　　(C) 等于 m　　(D) 等于 n

6. 设矩阵 $\boldsymbol{A}$ 和 $\boldsymbol{B}$ 等价, $\boldsymbol{A}$ 有一个 k 阶子式不等于零, 则 $\boldsymbol{B}$ 的秩 (　　) k.

(A) $<$　　(B) $=$　　(C) $\geq$　　(D) $\leq$

7. 已知 $\boldsymbol{A}=\begin{pmatrix}1&2&3\\2&4&t\\3&6&9\end{pmatrix}$, $\boldsymbol{B}$ 为三阶非零矩阵且 $\boldsymbol{BA}=\boldsymbol{O}$, 则 (　　).

(A) 当 $t=6$ 时, $\boldsymbol{B}$ 的秩必为 1　　(B) 当 $t=6$ 时, $\boldsymbol{B}$ 的秩必为 2

(C) 当 $t\neq 6$ 时, $\boldsymbol{B}$ 的秩必为 1　　(D) 当 $t\neq 6$ 时, $\boldsymbol{B}$ 的秩必为 2

8. 向量组 $\boldsymbol{\alpha}_1,\boldsymbol{\alpha}_2,\cdots,\boldsymbol{\alpha}_r$ 的秩为 r 的充要条件是 (　　).

(A) 向量组中不含零向量

(B) 向量组中没有两个向量的对应分量成比例

(C) 向量组中有一个向量不能由其余向量线性表示

(D) 向量组线性无关

9. $\boldsymbol{A}$ 是三阶方阵, $\boldsymbol{A}^*$ 是其伴随, $\boldsymbol{A}$ 的所有二阶子式都等于零, 则 (　　).

(A) $\mathrm{r}(\boldsymbol{A})\leq 1,\ \mathrm{r}(\boldsymbol{A}^*)=0$　　(B) $\mathrm{r}(\boldsymbol{A})=1,\ \mathrm{r}(\boldsymbol{A}^*)=0$

(C) $\mathrm{r}(\boldsymbol{A})\leq 1,\ \mathrm{r}(\boldsymbol{A}^*)=1$　　(D) $\mathrm{r}(\boldsymbol{A})=2,\ \mathrm{r}(\boldsymbol{A}^*)=1$

10. 要下列齐次线性方程组有非零解, 只需条件 (　　) 满足:

$$\begin{cases}a_{11}x_1+a_{12}x_2+\cdots+a_{1n}x_n=0,\\ \qquad\cdots\cdots\cdots\cdots\\ a_{m1}x_1+a_{m2}x_2+\cdots+a_{mn}x_n=0.\end{cases}$$

(A) $m\leq n$　　(B) $m=n$　　(C) $m>n$　　(D) 系数矩阵的秩小于 n

11. 设 $\boldsymbol{A}$ 是 $m\times n$ 矩阵, 若非齐次线性方程组 $\boldsymbol{Ax}=\boldsymbol{\beta}$ 的解不唯一, 则结论 (　　) 成立.

(A) $\boldsymbol{A}$ 的秩小于 m　　(B) $m<n$　　(C) $\boldsymbol{A}$ 是零矩阵　　(D) $\boldsymbol{Ax}=\boldsymbol{0}$ 的解不唯一

12. 设 $\boldsymbol{A}$ 是 $m\times n$ 矩阵, 若线性方程组 $\boldsymbol{Ax}=\boldsymbol{0}$ 有非零解, 则必有 (　　).

(A) $m<n$　　(B) $\mathrm{r}(\boldsymbol{A})<n$

(C) $\boldsymbol{A}$ 中有两列对应元素成比例　　　　(D) $\boldsymbol{A}$ 的行向量组线性相关

13. 设 $\boldsymbol{\alpha}_1,\boldsymbol{\alpha}_2,\boldsymbol{\alpha}_3$ 是齐次线性方程组 $\boldsymbol{Ax}=\boldsymbol{0}$ 的一个基础解系, 则 (　　) 也是该方程组的基础解系.

(A) $\boldsymbol{\alpha}_1+\boldsymbol{\alpha}_2-\boldsymbol{\alpha}_3,\boldsymbol{\alpha}_1+\boldsymbol{\alpha}_2+5\boldsymbol{\alpha}_3,4\boldsymbol{\alpha}_1+\boldsymbol{\alpha}_2-2\boldsymbol{\alpha}_3$

(B) $\boldsymbol{\alpha}_1+2\boldsymbol{\alpha}_2+\boldsymbol{\alpha}_3,2\boldsymbol{\alpha}_1+\boldsymbol{\alpha}_2+2\boldsymbol{\alpha}_3,\boldsymbol{\alpha}_1+\boldsymbol{\alpha}_2+\boldsymbol{\alpha}_3$

(C) $\boldsymbol{\alpha}_1+\boldsymbol{\alpha}_2,\boldsymbol{\alpha}_1+\boldsymbol{\alpha}_2+\boldsymbol{\alpha}_3$

(D) $\boldsymbol{\alpha}_1-\boldsymbol{\alpha}_2,\boldsymbol{\alpha}_2-\boldsymbol{\alpha}_3,\boldsymbol{\alpha}_3-\boldsymbol{\alpha}_1$

14. 当 $t=$ (　　) 时, 向量组 $\boldsymbol{\alpha}_1=(2,1,0),\boldsymbol{\alpha}_2=(3,2,5),\boldsymbol{\alpha}_3=(5,4,t)$ 线性相关.

(A) 5　　　(B) 10　　　(C) 15　　　(D) 20

15. 设 $\boldsymbol{\alpha}_1=(1,4,1)$, $\boldsymbol{\alpha}_2=(2,1,-5)$, $\boldsymbol{\alpha}_3=(6,2,-16)$, $\boldsymbol{\beta}=(2,t,3)$, 当 $t=$ (　　) 时, $\boldsymbol{\beta}$ 可用 $\boldsymbol{\alpha}_1,\boldsymbol{\alpha}_2,\boldsymbol{\alpha}_3$ 线性表示.

(A) 1　　　(B) 3　　　(C) 6　　　(D) 9

二、填空题

1. 设向量 $\boldsymbol{\beta}_1=\boldsymbol{\alpha}_1-\boldsymbol{\alpha}_2,\boldsymbol{\beta}_2=\boldsymbol{\alpha}_2-\boldsymbol{\alpha}_3,\boldsymbol{\beta}_3=\boldsymbol{\alpha}_3-\boldsymbol{\alpha}_4,\boldsymbol{\beta}_4=\boldsymbol{\alpha}_4-\boldsymbol{\alpha}_1$, 则向量组 $\boldsymbol{\beta}_1,\boldsymbol{\beta}_2,\boldsymbol{\beta}_3,\boldsymbol{\beta}_4$ 线性相关吗? (　　)

2. 若向量 $\boldsymbol{\alpha}_1,\boldsymbol{\alpha}_2,\boldsymbol{\alpha}_3$ 线性无关, 则其中任意两个向量线性无关. 反之, 若其中任意两个向量线性无关, 问该向量组是否线性无关? (　　)

3. 若 $\boldsymbol{\alpha}_1,\boldsymbol{\alpha}_2,\boldsymbol{\alpha}_3$ 线性相关, 则 $\boldsymbol{\alpha}_1$ 是否必可由 $\boldsymbol{\alpha}_2,\boldsymbol{\alpha}_3$ 线性表示? (　　)

4. n 维行向量空间中的任意 n 个线性无关的行向量是否和向量组 $\boldsymbol{e}_1=(1,0,\cdots,0),\boldsymbol{e}_2=(0,1,\cdots,0),\cdots,\boldsymbol{e}_n=(0,0,\cdots,1)$ 等价? (　　)

5. 设 n 维列向量 $\boldsymbol{\alpha}_1,\boldsymbol{\alpha}_2,\cdots,\boldsymbol{\alpha}_m$ 线性无关, $\boldsymbol{A}$ 为可逆矩阵, 问 $\boldsymbol{A\alpha}_1,\boldsymbol{A\alpha}_2,\cdots,\boldsymbol{A\alpha}_m$ 是否线性无关? (　　)

6. 设向量 $\boldsymbol{\beta}$ 可由向量组 $\boldsymbol{\alpha}_1,\boldsymbol{\alpha}_2,\cdots,\boldsymbol{\alpha}_m$ 线性表示, 但不能由其中任何个数少于 m 的部分向量组线性表示, 问这个向量组是否线性无关? (　　)

7. 设向量组 $\boldsymbol{\alpha}_1,\boldsymbol{\alpha}_2,\cdots,\boldsymbol{\alpha}_m$ 线性无关, 问向量组

$$\boldsymbol{\beta}_1=\boldsymbol{\alpha}_1,\ \boldsymbol{\beta}_2=\boldsymbol{\alpha}_1+\boldsymbol{\alpha}_2,\ \cdots,\ \boldsymbol{\beta}_m=\boldsymbol{\alpha}_1+\boldsymbol{\alpha}_2+\cdots+\boldsymbol{\alpha}_m$$

是否线性无关? (　　)

8. 设向量组 $\boldsymbol{\alpha}_1,\boldsymbol{\alpha}_2,\boldsymbol{\alpha}_3$ 线性无关, 问向量组

$$\boldsymbol{\beta}_1=\boldsymbol{\alpha}_1+4\boldsymbol{\alpha}_2+\boldsymbol{\alpha}_3,\ \boldsymbol{\beta}_2=2\boldsymbol{\alpha}_1+\boldsymbol{\alpha}_2-\boldsymbol{\alpha}_3,\ \boldsymbol{\beta}_3=\boldsymbol{\alpha}_1-3\boldsymbol{\alpha}_3.$$

是否线性无关? (　　)

9. 设 $\boldsymbol{\alpha}_1=(1,3,0,2)$, $\boldsymbol{\alpha}_2=(-1,0,1,0)$, $\boldsymbol{\alpha}_3=(5,9,-2,6)$, 问: 是否存在数 $a_{ij}\,(1\le i,j\le 3)$, 使得向量组

$$\boldsymbol{\beta}_1=a_{11}\boldsymbol{\alpha}_1+a_{12}\boldsymbol{\alpha}_2+a_{13}\boldsymbol{\alpha}_3,\ \boldsymbol{\beta}_2=a_{21}\boldsymbol{\alpha}_1+a_{22}\boldsymbol{\alpha}_2+a_{23}\boldsymbol{\alpha}_3,\ \boldsymbol{\beta}_3=a_{31}\boldsymbol{\alpha}_1+a_{32}\boldsymbol{\alpha}_2+a_{33}\boldsymbol{\alpha}_3$$

线性无关? (　　)

10. 若向量组 A: $\boldsymbol{\alpha}_1,\boldsymbol{\alpha}_2,\cdots,\boldsymbol{\alpha}_s$ 中每个向量都可由它的一个部分向量组 B: $\boldsymbol{\alpha}_{i_1},\boldsymbol{\alpha}_{i_2},\cdots,\boldsymbol{\alpha}_{i_r}$ 唯一地线性表示, 问向量组 A 的秩是否等于 r? (　　)

11. 设向量 $\boldsymbol{\beta}$ 可由向量组 $\boldsymbol{\alpha}_1,\boldsymbol{\alpha}_2,\cdots,\boldsymbol{\alpha}_r$ 线性表示, 但不能由 $\boldsymbol{\alpha}_1,\boldsymbol{\alpha}_2,\cdots,\boldsymbol{\alpha}_{r-1}$ 线性表示, 问向量组 $\boldsymbol{\alpha}_1,\boldsymbol{\alpha}_2,\cdots,\boldsymbol{\alpha}_r$ 和向量组 $\boldsymbol{\alpha}_1,\boldsymbol{\alpha}_2,\cdots,\boldsymbol{\alpha}_{r-1},\boldsymbol{\beta}$ 的秩是否相等? (　　)

12. 若线性方程组中方程式的个数多于未知数的个数, 此方程组是否必无解? (　　)

13. 现有齐次线性方程组 $\boldsymbol{Ax}=\boldsymbol{0}$, 其中 $\boldsymbol{A}$ 的秩为 r, 未知数个数为 n, 问: 是否任意 $n-r$ 个解向量都是它的一个基础解系? (　　)

14. 非齐次线性方程组 $\boldsymbol{Ax}=\boldsymbol{\beta}$ 的系数矩阵 $\boldsymbol{A}$ 是 $m\times n$ 矩阵, 若 $\boldsymbol{A}$ 的行向量组线性无关, 问该方程组是否一定有解? (　　)

15. 设 $\boldsymbol{\eta}_1,\boldsymbol{\eta}_2,\cdots,\boldsymbol{\eta}_r$ 是非齐次线性方程组 $\boldsymbol{Ax}=\boldsymbol{\beta}$ 的解向量, 设 $k_1,k_2,\cdots,k_r$ 是一组数, 适合 $k_1+k_2+\cdots+k_r=1$, 问: $k_1\boldsymbol{\eta}_1+k_2\boldsymbol{\eta}_2+\cdots+k_r\boldsymbol{\eta}_r$ 是否也是该方程组的解? (　　)

三、解答题

1. 已知向量空间 V 中 $m\,(m>1)$ 个向量 $\boldsymbol{\alpha}_1,\boldsymbol{\alpha}_2,\cdots,\boldsymbol{\alpha}_m$ 线性相关. 求证: 可找到 m 个不全为零的数 $c_1,c_2,\cdots,c_m$, 使对 V 中任一向量 $\boldsymbol{\beta}$, 向量组 $\boldsymbol{\beta},\boldsymbol{\alpha}_1+c_1\boldsymbol{\beta},\cdots,\boldsymbol{\alpha}_m+c_m\boldsymbol{\beta}$ 都线性相关.

2. 设 V 是实数域上连续函数空间, $a_1,a_2,\cdots,a_n$ 是 n 个不同的实数, 求证: $\mathrm{e}^{a_1x},\mathrm{e}^{a_2x},\cdots,\mathrm{e}^{a_nx}$ 线性无关.

3. 设 $\{\boldsymbol{\alpha}_1,\boldsymbol{\alpha}_2,\cdots,\boldsymbol{\alpha}_p\}\subseteq\mathbb{K}^m$ 是 p 个线性无关的 m 维列向量, $\{\boldsymbol{\beta}_1,\boldsymbol{\beta}_2,\cdots,\boldsymbol{\beta}_q\}\subseteq\mathbb{K}^n$ 是 q 个线性无关的 n 维列向量. 求证: $\{\boldsymbol{\alpha}_i\cdot\boldsymbol{\beta}_j'\mid 1\le i\le p,\,1\le j\le q\}$ 是 pq 个线性无关的 $m\times n$ 矩阵.

4. 设 $\mathbb{Q}(\sqrt{2},\sqrt{3})=\{a+b\sqrt{2}+c\sqrt{3}+d\sqrt{6}\}$, 其中 a,b,c,d 都是有理数. 证明: $\mathbb{Q}(\sqrt{2},\sqrt{3})$ 是有理数域上的线性空间并求其维数.

5. 已知向量组 $\boldsymbol{\alpha}_1=(1,2,1,-2),\boldsymbol{\alpha}_2=(2,3,1,0),\boldsymbol{\alpha}_3=(1,2,2,-3)$, $\boldsymbol{\beta}_1=(1,1,1,1),\boldsymbol{\beta}_2=(1,0,1,-1),\boldsymbol{\beta}_3=(1,3,0,-4)$, 设子空间 $V_1=L(\boldsymbol{\alpha}_1,\boldsymbol{\alpha}_2,\boldsymbol{\alpha}_3)$, $V_2=L(\boldsymbol{\beta}_1,\boldsymbol{\beta}_2,\boldsymbol{\beta}_3)$. 求 V_1+V_2 及 $V_1\cap V_2$ 的维数和基.

6. 设 $\boldsymbol{A}$, $\boldsymbol{B}$ 都是 n 阶矩阵, 求证: $\mathrm{r}(\boldsymbol{AB}-\boldsymbol{I}_n)\le\mathrm{r}(\boldsymbol{A}-\boldsymbol{I}_n)+\mathrm{r}(\boldsymbol{B}-\boldsymbol{I}_n)$.

7. 已知矩阵 $\boldsymbol{B}_i\,(1\le i\le k)$ 是 n 阶幂等矩阵, 即 $\boldsymbol{B}_i^2=\boldsymbol{B}_i$, 又 $\boldsymbol{A}=\boldsymbol{B}_1\cdots\boldsymbol{B}_k$, 求证:

$$\mathrm{r}(\boldsymbol{I}_n-\boldsymbol{A})\le k(n-\mathrm{r}(\boldsymbol{A})).$$

8. 设 n 阶实方阵 $\boldsymbol{A}$ 满足 $\boldsymbol{A}\boldsymbol{A}'=a^2\boldsymbol{I}_n$, 其中 a 为实数, 证明:

$$\mathrm{r}(a\boldsymbol{I}_n-\boldsymbol{A})=\mathrm{r}\left((a\boldsymbol{I}_n-\boldsymbol{A})^2\right).$$

9. 设 n 阶方阵 $\boldsymbol{A},\boldsymbol{B}$ 满足: $(\boldsymbol{A}+\boldsymbol{B})^2=\boldsymbol{A}+\boldsymbol{B}$, $\mathrm{r}(\boldsymbol{A}+\boldsymbol{B})=\mathrm{r}(\boldsymbol{A})+\mathrm{r}(\boldsymbol{B})$, 证明:

$$\boldsymbol{A}^2=\boldsymbol{A},\ \boldsymbol{B}^2=\boldsymbol{B},\ \boldsymbol{A}\boldsymbol{B}=\boldsymbol{B}\boldsymbol{A}=\boldsymbol{O}.$$

10. 设 $\boldsymbol{A}$ 是一个对称矩阵, $\boldsymbol{A}$ 有一个 r 阶主子式 $|\boldsymbol{M}|$ 不等于零且 $\boldsymbol{A}$ 所有包含 $|\boldsymbol{M}|$ 的 $r+1$ 及 $r+2$ 阶加边主子式都等于零, 求证: $\boldsymbol{A}$ 的秩等于 r.

11. 设 $\boldsymbol{A}$ 是一个反对称矩阵, $\boldsymbol{A}$ 有一个 r 阶主子式 $|\boldsymbol{M}|$ 不等于零且 $\boldsymbol{A}$ 所有包含 $|\boldsymbol{M}|$ 的 $r+2$ 阶加边主子式都等于零, 求证: $\boldsymbol{A}$ 的秩等于 r.

12. 求解下列线性方程组, 其中 k 为参数:

$$\begin{cases}kx_1+x_2+x_3=-2,\\x_1+kx_2+x_3=-2,\\x_1+x_2+kx_3=-2.\end{cases}$$

13. 已知非齐次线性方程组 $\boldsymbol{A}\boldsymbol{x}=\boldsymbol{\beta}$ 的相伴齐次线性方程组 $\boldsymbol{A}\boldsymbol{x}=\boldsymbol{0}$ 的基础解系为 $\{\boldsymbol{\eta}_1,\cdots,\boldsymbol{\eta}_{n-r}\}$, $\boldsymbol{A}\boldsymbol{x}=\boldsymbol{\beta}$ 的特解为 $\boldsymbol{\gamma}$, 求证: $\boldsymbol{\gamma},\boldsymbol{\gamma}+\boldsymbol{\eta}_1,\cdots,\boldsymbol{\gamma}+\boldsymbol{\eta}_{n-r}$ 线性无关.

14. 已知非齐次线性方程组 $\boldsymbol{A}\boldsymbol{x}=\boldsymbol{\beta}$ 有解. 求证: 每个解向量中第 k 个分量都等于零的充要条件是将增广矩阵 $\widetilde{\boldsymbol{A}}$ 的第 k 列划去后得到的矩阵的秩比 $\widetilde{\boldsymbol{A}}$ 的秩小.

15. 设在实平面上有 3 条不同的直线:

$$\begin{aligned}L_1\ &:\ ax+by+c=0,\\L_2\ &:\ bx+cy+a=0,\\L_3\ &:\ cx+ay+b=0,\end{aligned}$$

求证: 它们相交于一点的充要条件是 $a+b+c=0$.

3.10.2 训练题答案

一、单选题

1. 应选择 (B).

2. 应选择 (C). 当 $|\boldsymbol{A}|=0$ 时, 矩阵 $\boldsymbol{A}$ 的秩小于 n, 因此行向量线性相关, 于是至少有一个行向量是其余行向量的线性组合.

3. 应选择 (C). 向量组的极大无关组含有相同的向量个数.

4. 应选择 (C).

5. 应选择 (D).

6. 应选择 (C). 由矩阵秩的子式判别法可得.

7. 应选择 (C). 当 $t=6$ 时, $\boldsymbol{A}$ 的秩等于 1, 于是 $\boldsymbol{B}$ 的秩可能是 1 或 2, 故不应该选择 (A) 与 (B). 当 $t\neq 6$ 时, $\boldsymbol{A}$ 的秩等于 2, $\boldsymbol{B}$ 的秩不可能为 2 (因为方程组 $\boldsymbol{A}'\boldsymbol{x}=\boldsymbol{0}$ 的基础解系只含一个向量).

8. 应选择 (D).

9. 应选择 (A). 当 $\boldsymbol{A}$ 的二阶子式全为零时, $\boldsymbol{A}$ 的任意一个代数余子式都等于零, 故 $\boldsymbol{A}^*=\boldsymbol{O}$. 这时 $\boldsymbol{A}$ 有可能是零矩阵.

10. 应选择 (D). 由线性方程组求解的判定定理可得.

11. 应选择 (D). 由非齐次线性方程组的解与其相伴齐次方程组的解的关系可得.

12. 应选择 (B).

13. 应选择 (A). 注意 (C) 中只有两个向量, 不可能成为方程组的基础解系, 另外只有 (A) 中向量线性无关.

14. 应选择 (C). 当 $t=15$ 时, 向量组的秩小于 3.

15. 应选择 (D). 要使 $\boldsymbol{\beta}$ 能表示为 $\boldsymbol{\alpha}_1,\boldsymbol{\alpha}_2,\boldsymbol{\alpha}_3$ 的线性组合, 当且仅当向量组 $\boldsymbol{\alpha}_1,\boldsymbol{\alpha}_2,\boldsymbol{\alpha}_3,\boldsymbol{\beta}$ 的秩等于向量组 $\boldsymbol{\alpha}_1,\boldsymbol{\alpha}_2,\boldsymbol{\alpha}_3$ 的秩, 经计算可知 $t=9$.

二、填空题

1. 线性相关. 由于 $\boldsymbol{\beta}_1+\boldsymbol{\beta}_2+\boldsymbol{\beta}_3+\boldsymbol{\beta}_4=\boldsymbol{0}$, 故向量组线性相关.

2. 不一定. 如 3 个二维行向量 $(1,0),(0,1),(1,1)$ 两两线性无关, 但这 3 个向量线性相关.

3. 不一定. 如 $\boldsymbol{\alpha}_1=(1,0)$, $\boldsymbol{\alpha}_2=(0,0)$, $\boldsymbol{\alpha}_3=(0,1)$.

4. 等价. n 维向量空间中任意 n 个线性无关的向量均可成为一组基, 因此它们互相等价.

5. 线性无关. 参考例 3.11.

6. 线性无关. 参考例 3.9.

7. 线性无关. 参考例 3.15 计算行列式, 或参考例 3.18 计算矩阵的秩, 或由例 3.38 直接可得.

8. 线性无关. 因为通过计算可知, 矩阵 $\begin{pmatrix}1 & 2 & 1\\ 4 & 1 & 0\\ 1 & -1 & -3\end{pmatrix}$ 的行列式值等于 16 或秩等于 3, 故由例 3.15 或例 3.18 即得结论.

9. 不存在. 因为通过计算可知, 向量组 $\boldsymbol{\alpha}_1,\boldsymbol{\alpha}_2,\boldsymbol{\alpha}_3$ 的秩等于 2, 故表出向量组 $\boldsymbol{\beta}_1,\boldsymbol{\beta}_2,\boldsymbol{\beta}_3$ 的秩小于等于 2 (参考例 3.19 的注), 从而不可能线性无关.

10. 等于 r. 因为这时表示唯一, 故 $\boldsymbol{\alpha}_{i_1},\boldsymbol{\alpha}_{i_2},\cdots,\boldsymbol{\alpha}_{i_r}$ 线性无关 (参考 §§ 3.1.2 定理 3 (3)), 于是这 r 个向量是原向量组的极大无关组.

11. 相等. 因为这两个向量组等价, 故它们的秩相等.

12. 不一定.

13. 不一定. 只有当这 $n-r$ 个解向量线性无关时才构成基础解系.

14. 有解. 因为这时 $\boldsymbol{A}$ 的秩为 m, 而其增广矩阵是 $m\times(n+1)$ 矩阵, 秩只能为 m.

15. 是解. 将向量代入计算即得.

三、解答题

1. 已知 $\boldsymbol{\alpha}_1,\boldsymbol{\alpha}_2,\cdots,\boldsymbol{\alpha}_m$ 线性相关, 故存在不全为零的数 $k_1,k_2,\cdots,k_m$, 使得 $k_1\boldsymbol{\alpha}_1+k_2\boldsymbol{\alpha}_2+\cdots+k_m\boldsymbol{\alpha}_m=\mathbf{0}$. 因为 $m>1$ 且 k_i 不全为零, 故必存在数 $c_1,c_2,\cdots,c_m$, 使得 $k_1c_1+k_2c_2+\cdots+k_mc_m=-1$. 于是对任意的 $\boldsymbol{\beta}$, 有 $\boldsymbol{\beta}+k_1(\boldsymbol{\alpha}_1+c_1\boldsymbol{\beta})+k_2(\boldsymbol{\alpha}_2+c_2\boldsymbol{\beta})+\cdots+k_m(\boldsymbol{\alpha}_m+c_m\boldsymbol{\beta})=\mathbf{0}$.

2. 设 $k_1,k_2,\cdots,k_n$ 为 n 个实数, 使得 $k_1\mathrm{e}^{a_1x}+k_2\mathrm{e}^{a_2x}+\cdots+k_n\mathrm{e}^{a_nx}=0$. 对上式求导 i 次并令 $x=0$, 可得 $a_1^ik_1+a_2^ik_2+\cdots+a_n^ik_n=0\,(i=0,1,\cdots,n-1)$. 上述 n 个方程构成了关于 $k_1,k_2,\cdots,k_n$ 的线性方程组, 其系数行列式是关于 $a_1,a_2,\cdots,a_n$ 的 Vandermonde 行列式. 由于 $a_1,a_2,\cdots,a_n$ 互不相同, 故系数行列式不等于零, 从而方程组只有零解 $k_1=k_2=\cdots=k_n=0$, 于是 $\mathrm{e}^{a_1x},\mathrm{e}^{a_2x},\cdots,\mathrm{e}^{a_nx}$ 线性无关.

3. 设 $c_{ij}\in\mathbb{K}$, 使得 $\sum\limits_{i=1}^{p}\sum\limits_{j=1}^{q}c_{ij}\boldsymbol{\alpha}_i\cdot\boldsymbol{\beta}_j'=\boldsymbol{O}$, 则有

$$\sum_{i=1}^{p}\boldsymbol{\alpha}_i\cdot(\sum_{j=1}^{q}c_{ij}\boldsymbol{\beta}_j')=\boldsymbol{O}. \tag{3.4}$$

设 $\sum\limits_{j=1}^{q}c_{ij}\boldsymbol{\beta}_j'=(a_{i1},a_{i2},\cdots,a_{in})\,(1\le i\le p)$, 则比较 (3.4) 式两边矩阵的第 k 列有 $\sum\limits_{i=1}^{p}a_{ik}\boldsymbol{\alpha}_i=\mathbf{0}$. 由 $\boldsymbol{\alpha}_1,\boldsymbol{\alpha}_2,\cdots,\boldsymbol{\alpha}_p$ 线性无关可得 $a_{ik}=0\,(1\le i\le p,\,1\le k\le n)$, 于是 $\sum\limits_{j=1}^{q}c_{ij}\boldsymbol{\beta}_j'=\mathbf{0}\,(1\le i\le p)$. 再由 $\boldsymbol{\beta}_1,\boldsymbol{\beta}_2,\cdots,\boldsymbol{\beta}_q$ 线性无关可得 $c_{ij}=0\,(1\le i\le p,\,1\le j\le q)$, 因此 $\{\boldsymbol{\alpha}_i\cdot\boldsymbol{\beta}_j'\mid 1\le i\le p,\,1\le j\le q\}$ 线性无关.

4. 事实上, 我们可以证明 $\mathbb{Q}(\sqrt{2},\sqrt{3})$ 是一个数域. 加法、减法和乘法的封闭性都是显然的, 我们只要证明除法封闭, 或等价地证明非零数的倒数封闭即可. 首先需要找出一个数非零的充要条件, 我们断言: $a+b\sqrt{2}+c\sqrt{3}+d\sqrt{6}=0$ 当且仅当 $a=b=c=d=0$. 充分性是显然的, 下证必要性. 由 $\sqrt{2}$ 是无理数容易验证 $a+b\sqrt{2}=0$ 当且仅当 $a=b=0$. 将表达式整理为 $a+b\sqrt{2}=-(c+d\sqrt{2})\sqrt{3}$, 我们断言 $c+d\sqrt{2}=0$. 用反证法, 若 $c+d\sqrt{2}\neq0$, 则 $c-d\sqrt{2}\neq0$, 从而 $c^2-2d^2\neq0$, 于是

$$\sqrt{3}=-\frac{a+b\sqrt{2}}{c+d\sqrt{2}}=\frac{2bd-ac}{c^2-2d^2}+\frac{ad-bc}{c^2-2d^2}\sqrt{2}=p+q\sqrt{2},$$

其中 $p=\dfrac{2bd-ac}{c^2-2d^2}$, $q=\dfrac{ad-bc}{c^2-2d^2}$. 若 $q=0$, 则 $\sqrt{3}=p\in\mathbb{Q}$, 矛盾. 若 $p=0$, 则 $\sqrt{\dfrac{3}{2}}=q\in\mathbb{Q}$, 矛盾. 因此, p,q 都是非零有理数. 上式两边平方后可得 $\sqrt{2}=\dfrac{3-p^2-2q^2}{2pq}\in\mathbb{Q}$, 矛盾. 因此 $c+d\sqrt{2}=0$, 从而 $a+b\sqrt{2}=0$, 于是 $a=b=c=d=0$. 任取 $\mathbb{Q}(\sqrt{2},\sqrt{3})$ 中的非零数 $a+b\sqrt{2}+c\sqrt{3}+d\sqrt{6}$, 由上述充要条件可知

$$a-b\sqrt{2}+c\sqrt{3}-d\sqrt{6}\neq0,\ a+b\sqrt{2}-c\sqrt{3}-d\sqrt{6}\neq0,\ a-b\sqrt{2}-c\sqrt{3}+d\sqrt{6}\neq0.$$

利用上述 3 个非零数对 $(a+b\sqrt{2}+c\sqrt{3}+d\sqrt{6})^{-1}$ 进行分母有理化, 可得

$$\frac{1}{a+b\sqrt{2}+c\sqrt{3}+d\sqrt{6}}=\frac{(a+b\sqrt{2}-c\sqrt{3}-d\sqrt{6})\Big((a^2+2b^2-3c^2-6d^2)-2(ab-3cd)\sqrt{2}\Big)}{(a^2+2b^2-3c^2-6d^2)^2-8(ab-3cd)^2}$$

属于 $\mathbb{Q}(\sqrt{2},\sqrt{3})$. 因此 $\mathbb{Q}(\sqrt{2},\sqrt{3})$ 是一个数域, 从而是 $\mathbb{Q}$ 上的线性空间. 由 $\mathbb{Q}(\sqrt{2},\sqrt{3})$ 的定义可知, $\mathbb{Q}(\sqrt{2},\sqrt{3})$ 中每个数都是 $1,\sqrt{2},\sqrt{3},\sqrt{6}$ 的 $\mathbb{Q}$–线性组合; 又由上述充要条件可知, $1,\sqrt{2},\sqrt{3},\sqrt{6}$ 是 $\mathbb{Q}$–线性无关的. 因此 $\{1,\sqrt{2},\sqrt{3},\sqrt{6}\}$ 是 $\mathbb{Q}(\sqrt{2},\sqrt{3})$ 的一组基. 特别地, $\dim_{\mathbb{Q}}\mathbb{Q}(\sqrt{2},\sqrt{3})=4$.

5. $V_1+V_2=L(\boldsymbol{\alpha}_1,\boldsymbol{\alpha}_2,\boldsymbol{\alpha}_3,\boldsymbol{\beta}_1,\boldsymbol{\beta}_2,\boldsymbol{\beta}_3)$, 经计算可知 V_1+V_2 的基 (即 $\boldsymbol{\alpha}_1,\boldsymbol{\alpha}_2,\boldsymbol{\alpha}_3,\boldsymbol{\beta}_1,\boldsymbol{\beta}_2,\boldsymbol{\beta}_3$ 的极大无关组) 为 $\boldsymbol{\alpha}_1,\boldsymbol{\alpha}_2,\boldsymbol{\alpha}_3,\boldsymbol{\beta}_2$ (答案不唯一), 故 V_1+V_2 的维数等于 4. 又经计算可知, $\boldsymbol{\alpha}_1,\boldsymbol{\alpha}_2,\boldsymbol{\alpha}_3$ 的秩为 3, $\boldsymbol{\beta}_1,\boldsymbol{\beta}_2,\boldsymbol{\beta}_3$ 的秩也为 3, 故 V_1,V_2 的维数都等于 3, 再由交和空间维数公式可知 $V_1\cap V_2$ 的维数等于 2. 要求 $V_1\cap V_2$ 的基, 只要求下列齐次线性方程组的基础解系即可 (参考例 3.47 的解法 2): $x_1\boldsymbol{\alpha}_1+x_2\boldsymbol{\alpha}_2+x_3\boldsymbol{\alpha}_3+x_4\boldsymbol{\beta}_1+x_5\boldsymbol{\beta}_2+x_6\boldsymbol{\beta}_3=\mathbf{0}$. 经计算可知, $V_1\cap V_2$ 的基为 $\boldsymbol{\beta}_1,\boldsymbol{\beta}_3$ (答案不唯一).

6. 注意到 $\boldsymbol{AB}-\boldsymbol{I}_n=(\boldsymbol{A}-\boldsymbol{I}_n)\boldsymbol{B}+(\boldsymbol{B}-\boldsymbol{I}_n)$, 故 $\mathrm{r}(\boldsymbol{AB}-\boldsymbol{I}_n)\leq\mathrm{r}\big((\boldsymbol{A}-\boldsymbol{I}_n)\boldsymbol{B}\big)+\mathrm{r}(\boldsymbol{B}-\boldsymbol{I}_n)\leq\mathrm{r}(\boldsymbol{A}-\boldsymbol{I}_n)+\mathrm{r}(\boldsymbol{B}-\boldsymbol{I}_n)$.

7. 由 $\boldsymbol{A}=\boldsymbol{B}_1\cdots\boldsymbol{B}_k$ 可得 $\mathrm{r}(\boldsymbol{A})\leq\mathrm{r}(\boldsymbol{B}_i)$. 因为 $\boldsymbol{B}_i$ 是幂等矩阵, 故由例 3.70 可得 $\mathrm{r}(\boldsymbol{I}_n-\boldsymbol{B}_i)=n-\mathrm{r}(\boldsymbol{B}_i)$. 注意到 $\boldsymbol{I}_n-\boldsymbol{A}=(\boldsymbol{I}_n-\boldsymbol{B}_1)+\boldsymbol{B}_1(\boldsymbol{I}_n-\boldsymbol{B}_2)+\cdots+\boldsymbol{B}_1\cdots\boldsymbol{B}_{k-1}(\boldsymbol{I}_n-\boldsymbol{B}_k)$, 故 $\mathrm{r}(\boldsymbol{I}_n-\boldsymbol{A})\leq\sum\limits_{i=1}^k\mathrm{r}(\boldsymbol{I}_n-\boldsymbol{B}_i)=\sum\limits_{i=1}^k\big(n-\mathrm{r}(\boldsymbol{B}_i)\big)\leq k(n-\mathrm{r}(\boldsymbol{A}))$.

8. 若 $a=0$, 则 $\boldsymbol{AA}'=\boldsymbol{O}$, 由例 2.46 可知 $\boldsymbol{A}=\boldsymbol{O}$, 从而结论显然成立. 若 $a\neq 0$, 注意到 $(a\boldsymbol{I}_n-\boldsymbol{A})^2=(\frac{1}{a}\boldsymbol{AA}'-\boldsymbol{A})(a\boldsymbol{I}_n-\boldsymbol{A})=-\frac{1}{a}\boldsymbol{A}(a\boldsymbol{I}_n-\boldsymbol{A}')(a\boldsymbol{I}_n-\boldsymbol{A})=-\frac{1}{a}\boldsymbol{A}(a\boldsymbol{I}_n-\boldsymbol{A})'(a\boldsymbol{I}_n-\boldsymbol{A})$, 则由例 3.76 以及 $-\frac{1}{a}\boldsymbol{A}$ 的非异性可得 $\mathrm{r}\big((a\boldsymbol{I}_n-\boldsymbol{A})^2\big)=\mathrm{r}\big((a\boldsymbol{I}_n-\boldsymbol{A})'(a\boldsymbol{I}_n-\boldsymbol{A})\big)=\mathrm{r}(a\boldsymbol{I}_n-\boldsymbol{A})$.

9. 由例 3.70 可得 $n=\mathrm{r}(\boldsymbol{A}+\boldsymbol{B})+\mathrm{r}(\boldsymbol{I}_n-\boldsymbol{A}-\boldsymbol{B})=\mathrm{r}(\boldsymbol{A})+\mathrm{r}(\boldsymbol{B})+\mathrm{r}(\boldsymbol{I}_n-\boldsymbol{A}-\boldsymbol{B})$. 构造如下分块对角阵, 并对其实施分块初等变换, 可得

$$\begin{pmatrix}\boldsymbol{A}&\boldsymbol{O}&\boldsymbol{O}\\\boldsymbol{O}&\boldsymbol{B}&\boldsymbol{O}\\\boldsymbol{O}&\boldsymbol{O}&\boldsymbol{I}_n-\boldsymbol{A}-\boldsymbol{B}\end{pmatrix}\to\begin{pmatrix}\boldsymbol{A}&\boldsymbol{O}&\boldsymbol{O}\\\boldsymbol{O}&\boldsymbol{B}&\boldsymbol{O}\\\boldsymbol{A}&\boldsymbol{B}&\boldsymbol{I}_n-\boldsymbol{A}-\boldsymbol{B}\end{pmatrix}\to\begin{pmatrix}\boldsymbol{A}&\boldsymbol{O}&\boldsymbol{A}\\\boldsymbol{O}&\boldsymbol{B}&\boldsymbol{B}\\\boldsymbol{A}&\boldsymbol{B}&\boldsymbol{I}_n\end{pmatrix}\to$$

$$\begin{pmatrix}\boldsymbol{A}-\boldsymbol{A}^2&-\boldsymbol{AB}&\boldsymbol{O}\\-\boldsymbol{BA}&\boldsymbol{B}-\boldsymbol{B}^2&\boldsymbol{O}\\\boldsymbol{A}&\boldsymbol{B}&\boldsymbol{I}_n\end{pmatrix}\to\begin{pmatrix}\boldsymbol{A}-\boldsymbol{A}^2&-\boldsymbol{AB}&\boldsymbol{O}\\-\boldsymbol{BA}&\boldsymbol{B}-\boldsymbol{B}^2&\boldsymbol{O}\\\boldsymbol{O}&\boldsymbol{O}&\boldsymbol{I}_n\end{pmatrix}.$$

注意到分块初等变换不改变矩阵的秩, 故可得 $\mathrm{r}\begin{pmatrix}\boldsymbol{A}-\boldsymbol{A}^2&-\boldsymbol{AB}\\-\boldsymbol{BA}&\boldsymbol{B}-\boldsymbol{B}^2\end{pmatrix}=0$, 从而 $\boldsymbol{A}^2=\boldsymbol{A}$, $\boldsymbol{B}^2=\boldsymbol{B}$, $\boldsymbol{AB}=\boldsymbol{BA}=\boldsymbol{O}$.

10. 对一个对称矩阵进行一次行对换, 再进行一次对称的列对换, 得到的矩阵仍是对称矩阵. 因此, 不妨设 $\boldsymbol{M}$ 在 $\boldsymbol{A}$ 的左上角. 现考虑任意一个包含 $\boldsymbol{M}$ 的 $r+2$ 阶主子阵 $\begin{pmatrix}\boldsymbol{M}&\boldsymbol{\alpha}&\boldsymbol{\beta}\\\boldsymbol{\alpha}'&a_{ss}&a_{st}\\\boldsymbol{\beta}'&a_{ts}&a_{tt}\end{pmatrix}$,

注意由对称性 $a_{st}=a_{ts}$. 因为 $|\boldsymbol{M}|\neq 0$, 故 $\boldsymbol{M}$ 是可逆矩阵. 对上述矩阵作分块初等行变换分别消去 $\boldsymbol{\alpha}'$ 及 $\boldsymbol{\beta}'$, 可得

$$\begin{pmatrix} \boldsymbol{M} & \boldsymbol{\alpha} & \boldsymbol{\beta} \\ 0 & a_{ss}-\boldsymbol{\alpha}'\boldsymbol{M}^{-1}\boldsymbol{\alpha} & a_{st}-\boldsymbol{\alpha}'\boldsymbol{M}^{-1}\boldsymbol{\beta} \\ 0 & a_{ts}-\boldsymbol{\beta}'\boldsymbol{M}^{-1}\boldsymbol{\alpha} & a_{tt}-\boldsymbol{\beta}'\boldsymbol{M}^{-1}\boldsymbol{\beta} \end{pmatrix}.$$

因为 $\begin{vmatrix} \boldsymbol{M} & \boldsymbol{\alpha} \\ \boldsymbol{\alpha}' & a_{ss} \end{vmatrix}=0$, 故 $a_{ss}-\boldsymbol{\alpha}'\boldsymbol{M}^{-1}\boldsymbol{\alpha}=0$. 同理 $a_{tt}-\boldsymbol{\beta}'\boldsymbol{M}^{-1}\boldsymbol{\beta}=0$. 又 $a_{ts}-\boldsymbol{\beta}'\boldsymbol{M}^{-1}\boldsymbol{\alpha}$ 是一个数, 把它看成 1×1 矩阵, 转置后有 $a_{ts}-\boldsymbol{\beta}'\boldsymbol{M}^{-1}\boldsymbol{\alpha}=a_{st}-\boldsymbol{\alpha}'\boldsymbol{M}^{-1}\boldsymbol{\beta}$. 再由已知, 上述 $r+2$ 阶子式等于零, 可得

$$\begin{vmatrix} \boldsymbol{M} & \boldsymbol{\alpha} & \boldsymbol{\beta} \\ 0 & a_{ss}-\boldsymbol{\alpha}'\boldsymbol{M}^{-1}\boldsymbol{\alpha} & a_{st}-\boldsymbol{\alpha}'\boldsymbol{M}^{-1}\boldsymbol{\beta} \\ 0 & a_{ts}-\boldsymbol{\beta}'\boldsymbol{M}^{-1}\boldsymbol{\alpha} & a_{tt}-\boldsymbol{\beta}'\boldsymbol{M}^{-1}\boldsymbol{\beta} \end{vmatrix}=0,$$

从而 $a_{ts}-\boldsymbol{\beta}'\boldsymbol{M}^{-1}\boldsymbol{\alpha}=a_{st}-\boldsymbol{\alpha}'\boldsymbol{M}^{-1}\boldsymbol{\beta}=0$. 上述讨论对任意的 r 维列向量 $\boldsymbol{\alpha},\boldsymbol{\beta}$ 都成立. 因此, 若在 $\boldsymbol{A}$ 中用上述方法消去 $\boldsymbol{\alpha}'$ 时, 其后面的项全部消去, 于是可消去除前 r 行外的所有行. 这就证明了 $\boldsymbol{A}$ 的秩等于 r.

11. 注意反对称矩阵的奇数阶主子式总等于零, 其余同上题证明.

12. 当 $k=-2$ 时, 方程组无解; 当 $k=1$ 时, 方程组的通解为 $(-2,0,0)'+c_1(-1,1,0)'+c_2(-1,0,1)'$, 其中 c_1,c_2 为任意数; 当 $k\neq -2,1$ 时, 方程组有唯一解 $(-\dfrac{2}{k+2},-\dfrac{2}{k+2},-\dfrac{2}{k+2})'$.

13. 假设 $a_0\boldsymbol{\gamma}+a_1(\boldsymbol{\gamma}+\boldsymbol{\eta}_1)+\cdots+a_{n-r}(\boldsymbol{\gamma}+\boldsymbol{\eta}_{n-r})=\boldsymbol{0}$, 得 $(a_0+a_1+\cdots+a_{n-r})\boldsymbol{\gamma}+a_1\boldsymbol{\eta}_1+\cdots+a_{n-r}\boldsymbol{\eta}_{n-r}=\boldsymbol{0}$. 两边作用 $\boldsymbol{A}$ 得 $(a_0+a_1+\cdots+a_{n-r})\boldsymbol{\beta}=\boldsymbol{0}$, 故 $a_0+a_1+\cdots+a_{n-r}=0$. 于是 $a_1\boldsymbol{\eta}_1+\cdots+a_{n-r}\boldsymbol{\eta}_{n-r}=\boldsymbol{0}$, 由于 $\boldsymbol{\eta}_1,\cdots,\boldsymbol{\eta}_{n-r}$ 是基础解系, 故 $a_i=0$.

14. 不失一般性, 令 $k=1$. 又假设 $\boldsymbol{A}=(\boldsymbol{\alpha}_1,\boldsymbol{\alpha}_2,\cdots,\boldsymbol{\alpha}_n)$ 是其列向量分块, 将方程组写为 $x_1\boldsymbol{\alpha}_1+x_2\boldsymbol{\alpha}_2+\cdots+x_n\boldsymbol{\alpha}_n=\boldsymbol{\beta}$. 若解向量中第一个分量总是零, 则 $\boldsymbol{\beta}=c_2\boldsymbol{\alpha}_2+\cdots+c_n\boldsymbol{\alpha}_n$, 其中 $(0,c_2,\cdots,c_n)'$ 是某个解向量, 于是 $\mathrm{r}(\boldsymbol{\alpha}_2,\cdots,\boldsymbol{\alpha}_n)=\mathrm{r}(\boldsymbol{\alpha}_2,\cdots,\boldsymbol{\alpha}_n,\boldsymbol{\beta})$. 假设 $\boldsymbol{\alpha}_1=a_2\boldsymbol{\alpha}_2+\cdots+a_n\boldsymbol{\alpha}_n$, 则 $(-1)\boldsymbol{\alpha}_1+(a_2+c_2)\boldsymbol{\alpha}_2+\cdots+(a_n+c_n)\boldsymbol{\alpha}_n=\boldsymbol{\beta}$, 即 $(-1,a_2+c_2,\cdots,a_n+c_n)'$ 也将是解, 这与解的第一个分量都是零矛盾. 因此 $\boldsymbol{\alpha}_1$ 不能表示为其余 $\boldsymbol{\alpha}_i$ 的线性组合. 注意到 $\boldsymbol{\beta}$ 可表示为 $\boldsymbol{\alpha}_2,\cdots,\boldsymbol{\alpha}_n$ 的线性组合, 因此, $\widetilde{\boldsymbol{A}}$ 划去第一列后得到矩阵的秩比 $\widetilde{\boldsymbol{A}}$ 的秩小. 反过来, 若某个解向量中第一分量不等于零, 不妨假设有 $c_1\boldsymbol{\alpha}_1+c_2\boldsymbol{\alpha}_2+\cdots+c_n\boldsymbol{\alpha}_n=\boldsymbol{\beta}$, $c_1\neq 0$, 则 $\boldsymbol{\alpha}_1$ 可以表示为 $\boldsymbol{\alpha}_2,\cdots,\boldsymbol{\alpha}_n,\boldsymbol{\beta}$ 的线性组合. 因此, $\widetilde{\boldsymbol{A}}$ 划去第一列后得到矩阵的秩与 $\widetilde{\boldsymbol{A}}$ 的秩相同.

15. 3 条直线相交于一点的充要条件是方程组有唯一解, 即 $\mathrm{r}\begin{pmatrix} a & b \\ b & c \\ c & a \end{pmatrix}=\mathrm{r}\begin{pmatrix} a & b & c \\ b & c & a \\ c & a & b \end{pmatrix}=2$. 3 条直线不同表明 $\mathrm{r}\begin{pmatrix} a & b & c \\ b & c & a \end{pmatrix}=2$, 故上述充要条件等价于矩阵 $\boldsymbol{A}=\begin{pmatrix} a & b & c \\ b & c & a \\ c & a & b \end{pmatrix}$ 的秩等于 2, 这也等价于 $|\boldsymbol{A}|=0$. 注意到 $|\boldsymbol{A}|=(a+b+c)(ab+bc+ca-a^2-b^2-c^2)$, 并且由于 a,b,c 不全相等, 故 $ab+bc+ca-a^2-b^2-c^2=-\dfrac{1}{2}\big((a-b)^2+(b-c)^2+(c-a)^2\big)<0$, 于是 $|\boldsymbol{A}|=0$ 当且仅当 $a+b+c=0$.

第 4 章
线性映射

§ 4.1 基本概念

4.1.1 线性映射及运算

1. 定义

设 φ 是数域 $\mathbb{F}$ 上向量空间 V 到 U 的映射, 如果 φ 适合下列条件:

(1) $\boldsymbol{\varphi}(\boldsymbol{\alpha}+\boldsymbol{\beta})=\boldsymbol{\varphi}(\boldsymbol{\alpha})+\boldsymbol{\varphi}(\boldsymbol{\beta}),\ \boldsymbol{\alpha},\boldsymbol{\beta}\in V$;

(2) $\boldsymbol{\varphi}(k\boldsymbol{\alpha})=k\boldsymbol{\varphi}(\boldsymbol{\alpha}),\ \boldsymbol{\alpha}\in V,\ k\in\mathbb{F}$,

则称 φ 是向量空间 V 到 U 的线性映射. 若 φ 是单映射, 则称之为单线性映射; 若 φ 是满映射, 则称之为满线性映射; 若 φ 既满又单 (即一一对应), 则称之为线性同构.

同一向量空间 V 上的线性映射称为 V 上的线性变换.

2. 线性映射的运算

设 φ 和 ψ 是 $V\to U$ 的线性映射, 定义它们的加法和数乘如下:

(1) $(\boldsymbol{\varphi}+\boldsymbol{\psi})(\boldsymbol{\alpha})=\boldsymbol{\varphi}(\boldsymbol{\alpha})+\boldsymbol{\psi}(\boldsymbol{\alpha})$;

(2) $(k\boldsymbol{\varphi})(\boldsymbol{\alpha})=k\boldsymbol{\varphi}(\boldsymbol{\alpha})$,

则 $\boldsymbol{\varphi}+\boldsymbol{\psi}$, $k\boldsymbol{\varphi}$ 都是 $V\to U$ 的线性映射. 若记 $\mathcal{L}(V,U)$ 为 V 到 U 的线性映射全体组成的集合, 则 $\mathcal{L}(V,U)$ 也是 $\mathbb{F}$ 上的向量空间.

V 上的全体线性变换记为 $\mathcal{L}(V)$, 在 $\mathcal{L}(V)$ 上定义线性变换的乘法为映射的复合, 即

$$(\boldsymbol{\varphi}\boldsymbol{\psi})(\boldsymbol{\alpha})=\boldsymbol{\varphi}(\boldsymbol{\psi}(\boldsymbol{\alpha})).$$

在此乘法下, $\mathcal{L}(V)$ 成为 $\mathbb{F}$–代数.

4.1.2 线性映射与矩阵

1. 线性映射的表示矩阵

设 φ 是 $V \to U$ 的线性映射, 分别取 V 和 U 的基如下:

$$V:\ \boldsymbol{e}_1, \boldsymbol{e}_2, \cdots, \boldsymbol{e}_n;\quad U:\ \boldsymbol{f}_1, \boldsymbol{f}_2, \cdots, \boldsymbol{f}_m.$$

假设有

$$\begin{cases} \varphi(\boldsymbol{e}_1) = a_{11}\boldsymbol{f}_1 + a_{21}\boldsymbol{f}_2 + \cdots + a_{m1}\boldsymbol{f}_m, \\ \varphi(\boldsymbol{e}_2) = a_{12}\boldsymbol{f}_1 + a_{22}\boldsymbol{f}_2 + \cdots + a_{m2}\boldsymbol{f}_m, \\ \qquad\qquad \cdots\cdots\cdots\cdots \\ \varphi(\boldsymbol{e}_n) = a_{1n}\boldsymbol{f}_1 + a_{2n}\boldsymbol{f}_2 + \cdots + a_{mn}\boldsymbol{f}_m, \end{cases}$$

则矩阵

$$\begin{pmatrix} a_{11} & a_{12} & \cdots & a_{1n} \\ a_{21} & a_{22} & \cdots & a_{2n} \\ \vdots & \vdots & & \vdots \\ a_{m1} & a_{m2} & \cdots & a_{mn} \end{pmatrix}$$

称为线性映射 φ 在给定基下的表示矩阵.

注　若 φ 是向量空间 V 上的线性变换, 则取 V 的一组基, 而不取两组基.

2. 线性映射及其表示矩阵的关系

取定基以后, 数域 $\mathbb{F}$ 上 n 维向量空间 V 到 m 维向量空间 U 的线性映射集合与数域 $\mathbb{F}$ 上 $m \times n$ 矩阵集合之间存在一个一一对应, 即将线性映射 φ 映为它在取定基下的表示矩阵. 这个一一对应还是一个线性同构. 对向量空间 V 上的线性变换, 这个一一对应还保持乘法, 即将线性变换的乘法映为相应表示矩阵的乘法.

3. 定义

设 $\boldsymbol{A}, \boldsymbol{B}$ 是数域 $\mathbb{F}$ 上的 n 阶矩阵, 若存在数域 $\mathbb{F}$ 上的可逆矩阵 $\boldsymbol{P}$, 使得 $\boldsymbol{B} = \boldsymbol{P}^{-1}\boldsymbol{A}\boldsymbol{P}$, 则称矩阵 $\boldsymbol{A}$ 和 $\boldsymbol{B}$ 相似.

4. 定理

设 V 是数域 $\mathbb{F}$ 上的 n 维向量空间, φ 是 V 上的线性变换, $\{\boldsymbol{e}_1, \boldsymbol{e}_2, \cdots, \boldsymbol{e}_n\}$ 和 $\{\boldsymbol{f}_1, \boldsymbol{f}_2, \cdots, \boldsymbol{f}_n\}$ 是 V 的两组基, 从第一组基到第二组基的过渡矩阵为 $\boldsymbol{P}$. 假设 φ 在

第一组基下的表示矩阵为 $\boldsymbol{A}$, 在第二组基下的表示矩阵为 $\boldsymbol{B}$, 则 $\boldsymbol{B}=\boldsymbol{P}^{-1}\boldsymbol{A}\boldsymbol{P}$, 即向量空间上同一个线性变换在不同基下的表示矩阵必相似.

4.1.3 像 与 核

1. 定义

设 φ 是数域 $\mathbb{F}$ 上向量空间 V 到 U 的线性映射, φ 的全体像元素构成 U 的子空间, 称为 φ 的像空间, 记为 $\operatorname{Im}\varphi$. 像空间的维数称为 φ 的秩. V 中在 φ 下映射为零向量的全体向量构成 V 的子空间, 称为 φ 的核空间, 记为 $\operatorname{Ker}\varphi$. 核空间的维数称为 φ 的零度.

2. 定理

设 φ 是数域 $\mathbb{F}$ 上向量空间 V 到 U 的线性映射, $\boldsymbol{A}$ 是 φ 在任意给定基下的表示矩阵, 则 φ 的秩等于 $\boldsymbol{A}$ 的秩, φ 的零度等于 V 的维数减去 $\boldsymbol{A}$ 的秩.

3. 定理 (线性映射维数公式)

设 φ 是数域 $\mathbb{F}$ 上向量空间 V 到 U 的线性映射, 则

$$\dim\operatorname{Im}\varphi+\dim\operatorname{Ker}\varphi=\dim V.$$

4. 推论

n 维向量空间 V 上的线性变换 φ 是可逆变换的充要条件是, 它在 V 的任意一组基下的表示矩阵是可逆矩阵.

5. 推论

n 维向量空间 V 上的线性变换 φ 是可逆变换的充要条件是, 它是单映射或它是满映射.

4.1.4 不变子空间

1. 定义

设 φ 是数域 $\mathbb{F}$ 上向量空间 V 上的线性变换, W 是 V 的子空间, 若 W 适合条件 $\varphi(W)\subseteq W$, 则称 W 是 φ 的不变子空间.

2. 定理

设 φ 是数域 $\mathbb{F}$ 上向量空间 V 上的线性变换, W 是 φ 的不变子空间. 若取 W 的一组基 $\{\boldsymbol{e}_1,\cdots,\boldsymbol{e}_r\}$, 再扩张为 V 的一组基 $\{\boldsymbol{e}_1,\cdots,\boldsymbol{e}_r,\boldsymbol{e}_{r+1},\cdots,\boldsymbol{e}_n\}$, 则 φ 在这组基下的表示矩阵具有下列分块上三角矩阵的形状:

$$\begin{pmatrix} \boldsymbol{A}_{11} & \boldsymbol{A}_{12} \\ \boldsymbol{O} & \boldsymbol{A}_{22} \end{pmatrix},$$

其中 $\boldsymbol{A}_{11}$ 是一个 r 阶矩阵.

3. 推论

设 φ 是数域 $\mathbb{F}$ 上向量空间 V 上的线性变换, $V_1,V_2,\cdots,V_m$ 是 φ 的不变子空间且 $V=V_1\oplus V_2\oplus\cdots\oplus V_m$. 若取 V_i 的基拼成 V 的一组基 $\{\boldsymbol{e}_1,\boldsymbol{e}_2,\cdots,\boldsymbol{e}_n\}$, 则 φ 在这组基下的表示矩阵具有下列分块对角矩阵的形状:

$$\begin{pmatrix} \boldsymbol{A}_{11} & & & \\ & \boldsymbol{A}_{22} & & \\ & & \ddots & \\ & & & \boldsymbol{A}_{mm} \end{pmatrix}.$$

§ 4.2 线性映射及其运算

在许多问题中, 常常需要定义向量空间之间的线性映射 (或某一向量空间上的线性变换). 一般来说, 无须对向量空间中的每个元素进行定义, 我们可采用下列两种方法来简化定义: 第一, 只要对向量空间的基向量进行定义即可; 第二, 若向量空间可分解为两个 (或多个) 子空间的直和, 则只要对每个子空间进行定义即可. 第一种方法的理论基础是下面的例 4.1; 第二种方法的理论基础是下面的例 4.2. 后面的几个例子用来说明其应用.

例 4.1 设 V 和 U 是数域 $\mathbb{F}$ 上的向量空间, $\boldsymbol{e}_1,\boldsymbol{e}_2,\cdots,\boldsymbol{e}_n$ 是 V 的一组基, $\boldsymbol{u}_1,\boldsymbol{u}_2,\cdots,\boldsymbol{u}_n$ 是 U 中 n 个向量, 求证: 存在唯一的 V 到 U 的线性映射 φ, 使得 $\varphi(\boldsymbol{e}_i)=\boldsymbol{u}_i$.

证明 先证存在性. 对任意的 $\boldsymbol{\alpha}\in V$, 设 $\boldsymbol{\alpha}=a_1\boldsymbol{e}_1+a_2\boldsymbol{e}_2+\cdots+a_n\boldsymbol{e}_n$, 则 $a_1,a_2,\cdots,a_n$ 被 $\boldsymbol{\alpha}$ 唯一确定. 令

$$\varphi(\boldsymbol{\alpha})=a_1\boldsymbol{u}_1+a_2\boldsymbol{u}_2+\cdots+a_n\boldsymbol{u}_n,$$

则 φ 是 V 到 U 的映射. 若另有 $\boldsymbol{\beta}=b_1\boldsymbol{e}_1+b_2\boldsymbol{e}_2+\cdots+b_n\boldsymbol{e}_n$, 则

$$\boldsymbol{\varphi}(\boldsymbol{\alpha}+\boldsymbol{\beta})=(a_1+b_1)\boldsymbol{u}_1+(a_2+b_2)\boldsymbol{u}_2+\cdots+(a_n+b_n)\boldsymbol{u}_n=\boldsymbol{\varphi}(\boldsymbol{\alpha})+\boldsymbol{\varphi}(\boldsymbol{\beta}).$$

又对 $\mathbb{F}$ 中的任意元素 k, 有

$$\boldsymbol{\varphi}(k\boldsymbol{\alpha})=ka_1\boldsymbol{u}_1+ka_2\boldsymbol{u}_2+\cdots+ka_n\boldsymbol{u}_n=k\boldsymbol{\varphi}(\boldsymbol{\alpha}).$$

因此 φ 是线性映射, 显然它满足 $\boldsymbol{\varphi}(\boldsymbol{e}_i)=\boldsymbol{u}_i$.

设另有 V 到 U 的线性映射 $\boldsymbol{\psi}$ 满足 $\boldsymbol{\psi}(\boldsymbol{e}_i)=\boldsymbol{u}_i$, 则对任意的 $\boldsymbol{\alpha}\in V$, 有

$$\begin{aligned}\boldsymbol{\psi}(\boldsymbol{\alpha}) &= \boldsymbol{\psi}(a_1\boldsymbol{e}_1+a_2\boldsymbol{e}_2+\cdots+a_n\boldsymbol{e}_n)\\ &= a_1\boldsymbol{\psi}(\boldsymbol{e}_1)+a_2\boldsymbol{\psi}(\boldsymbol{e}_2)+\cdots+a_n\boldsymbol{\psi}(\boldsymbol{e}_n)\\ &= a_1\boldsymbol{u}_1+a_2\boldsymbol{u}_2+\cdots+a_n\boldsymbol{u}_n=\boldsymbol{\varphi}(\boldsymbol{\alpha}).\end{aligned}$$

因此 $\boldsymbol{\psi}=\boldsymbol{\varphi}$, 这就证明了唯一性. □

注　这是一个重要的命题, 通常称为线性扩张定理. 它表明只要选定 V 的一组基和 U 中 n 个向量, 则有且仅有一个线性映射将基向量映到对应的向量. 后面我们将经常采用线性扩张定理来构造线性映射以及判定两个线性映射是否相等.

例 4.2　设线性空间 $V=V_1\oplus V_2$, 并且 $\boldsymbol{\varphi}_1$ 及 $\boldsymbol{\varphi}_2$ 分别是 V_1,V_2 到 U 的线性映射, 求证: 存在唯一的从 V 到 U 的线性映射 $\boldsymbol{\varphi}$, 当 $\boldsymbol{\varphi}$ 限制在 V_i 上时等于 $\boldsymbol{\varphi}_i$.

证明　因为 $V=V_1\oplus V_2$, 故对任意的 $\boldsymbol{\alpha}\in V$, $\boldsymbol{\alpha}$ 可唯一地写为 $\boldsymbol{\alpha}=\boldsymbol{\alpha}_1+\boldsymbol{\alpha}_2$, 其中 $\boldsymbol{\alpha}_1\in V_1,\boldsymbol{\alpha}_2\in V_2$. 令 $\boldsymbol{\varphi}(\boldsymbol{\alpha})=\boldsymbol{\varphi}_1(\boldsymbol{\alpha}_1)+\boldsymbol{\varphi}_2(\boldsymbol{\alpha}_2)$, 则 $\boldsymbol{\varphi}$ 是 V 到 U 的映射. 不难验证 $\boldsymbol{\varphi}$ 保持加法和数乘, 因此 $\boldsymbol{\varphi}$ 是线性映射. 若另有线性映射 $\boldsymbol{\psi}$, 它在 V_i 上的限制等于 $\boldsymbol{\varphi}_i$, 则

$$\boldsymbol{\psi}(\boldsymbol{\alpha})=\boldsymbol{\psi}(\boldsymbol{\alpha}_1)+\boldsymbol{\psi}(\boldsymbol{\alpha}_2)=\boldsymbol{\varphi}_1(\boldsymbol{\alpha}_1)+\boldsymbol{\varphi}_2(\boldsymbol{\alpha}_2)=\boldsymbol{\varphi}(\boldsymbol{\alpha}).$$

因此 $\boldsymbol{\psi}=\boldsymbol{\varphi}$, 唯一性得证. □

注　例 4.2 可以推广到多个子空间的情形: 设 $V=V_1\oplus\cdots\oplus V_m$, 给定线性映射 $\boldsymbol{\varphi}_i:V_i\to U\,(1\le i\le m)$, 则存在唯一的线性映射 $\boldsymbol{\varphi}:V\to U$, 使得 $\boldsymbol{\varphi}|_{V_i}=\boldsymbol{\varphi}_i\,(1\le i\le m)$. 我们可以把这样的线性映射 $\boldsymbol{\varphi}$ 简记为 $\boldsymbol{\varphi}_1\oplus\cdots\oplus\boldsymbol{\varphi}_m$.

例 4.3　设 $\boldsymbol{\varphi}$ 是有限维线性空间 V 到 U 的线性映射, 求证: 必存在 U 到 V 的线性映射 $\boldsymbol{\psi}$, 使得 $\boldsymbol{\varphi\psi\varphi}=\boldsymbol{\varphi}$.

证明　设 V 和 U 的维数分别是 n 和 m. 由例 4.22 可知, 存在 V 和 U 的基 $\{\boldsymbol{e}_1,\boldsymbol{e}_2,\cdots,\boldsymbol{e}_n\}$, $\{\boldsymbol{f}_1,\boldsymbol{f}_2,\cdots,\boldsymbol{f}_m\}$, 使得 $\boldsymbol{\varphi}$ 在这两组基下的表示矩阵为

$$\begin{pmatrix} \boldsymbol{I}_r & \boldsymbol{O} \\ \boldsymbol{O} & \boldsymbol{O} \end{pmatrix}.$$

这就是 $\boldsymbol{\varphi}(\boldsymbol{e}_i)=\boldsymbol{f}_i$, $1\le i\le r$; $\boldsymbol{\varphi}(\boldsymbol{e}_j)=\boldsymbol{0}$, $r+1\le j\le n$. 定义 $\boldsymbol{\psi}$ 是 U 到 V 的线性映射, 它在基上的作用为

$$\boldsymbol{\psi}(\boldsymbol{f}_i)=\boldsymbol{e}_i,\ 1\le i\le r;\ \ \boldsymbol{\psi}(\boldsymbol{f}_j)=\boldsymbol{0},\ r+1\le j\le m,$$

则在 V 的基上, 有

$$\begin{aligned}
&\boldsymbol{\varphi\psi\varphi}(\boldsymbol{e}_i)=\boldsymbol{\varphi\psi}(\boldsymbol{f}_i)=\boldsymbol{\varphi}(\boldsymbol{e}_i),\ 1\le i\le r;\\
&\boldsymbol{\varphi\psi\varphi}(\boldsymbol{e}_j)=\boldsymbol{\varphi\psi}(\boldsymbol{0})=\boldsymbol{0}=\boldsymbol{\varphi}(\boldsymbol{e}_j),\ r+1\le j\le n.
\end{aligned}$$

于是 $\boldsymbol{\varphi\psi\varphi}=\boldsymbol{\varphi}$. □

例 4.4　设有数域 $\mathbb{F}$ 上的有限维线性空间 V,V', 又 U 是 V 的子空间, $\boldsymbol{\varphi}$ 是 U 到 V' 的线性映射. 求证: 必存在 V 到 V' 的线性映射 $\boldsymbol{\psi}$, 它在 U 上的限制就是 $\boldsymbol{\varphi}$.

证明　令 W 是子空间 U 在 V 中的补空间, 即 $V=U\oplus W$. 定义 $\boldsymbol{\psi}$ 为 V 到 V' 的线性映射, 它在 U 上的限制是 $\boldsymbol{\varphi}$, 它在 W 上的限制是零线性映射, 这样的 $\boldsymbol{\psi}$ 即为所求. □

例 4.5　设 V,U 是 $\mathbb{F}$ 上的有限维线性空间, $\boldsymbol{\varphi}$ 是 V 到 U 的线性映射, 求证:

(1) $\boldsymbol{\varphi}$ 是单映射的充要条件是存在 U 到 V 的线性映射 $\boldsymbol{\psi}$, 使 $\boldsymbol{\psi\varphi}=\mathbf{Id}_V$, 这里 $\mathbf{Id}_V$ 表示 V 上的恒等映射;

(2) $\boldsymbol{\varphi}$ 是满映射的充要条件是存在 U 到 V 的线性映射 $\boldsymbol{\eta}$, 使 $\boldsymbol{\varphi\eta}=\mathbf{Id}_U$, 这里 $\mathbf{Id}_U$ 表示 U 上的恒等映射.

证明　(1) 若 $\boldsymbol{\psi\varphi}=\mathbf{Id}_V$, 则对任意的 $\boldsymbol{v}\in\operatorname{Ker}\boldsymbol{\varphi}$, $\boldsymbol{v}=\boldsymbol{\psi}(\boldsymbol{\varphi}(\boldsymbol{v}))=\boldsymbol{0}$, 即 $\operatorname{Ker}\boldsymbol{\varphi}=0$, 从而 $\boldsymbol{\varphi}$ 是单映射. 反之, 若 $\boldsymbol{\varphi}$ 是单映射, 则定义映射 $\boldsymbol{\varphi}_1:V\to\operatorname{Im}\boldsymbol{\varphi}$, 它与 $\boldsymbol{\varphi}$ 有相同的映射法则, 但值域变为 $\operatorname{Im}\boldsymbol{\varphi}$. 容易验证 $\boldsymbol{\varphi}_1$ 是线性同构. 设 U_0 是 $\operatorname{Im}\boldsymbol{\varphi}$ 在 U 中的补空间, 即 $U=\operatorname{Im}\boldsymbol{\varphi}\oplus U_0$. 定义 $\boldsymbol{\psi}$ 为 U 到 V 的线性映射, 它在 $\operatorname{Im}\boldsymbol{\varphi}$ 上的限制为 $\boldsymbol{\varphi}_1^{-1}$, 它在 U_0 上的限制是零线性映射, 则容易验证 $\boldsymbol{\psi\varphi}=\mathbf{Id}_V$ 成立.

(2) 若 $\boldsymbol{\varphi\eta}=\mathbf{Id}_U$, 则对任意的 $\boldsymbol{u}\in U$, $\boldsymbol{u}=\boldsymbol{\varphi}(\boldsymbol{\eta}(\boldsymbol{u}))$, 从而 $\boldsymbol{\varphi}$ 是满映射. 反之, 若 $\boldsymbol{\varphi}$ 是满映射, 则可取 U 的一组基 $\boldsymbol{f}_1,\boldsymbol{f}_2,\cdots,\boldsymbol{f}_m$ 以及 V 中的向量 $\boldsymbol{v}_1,\boldsymbol{v}_2,\cdots,\boldsymbol{v}_m$, 使得 $\boldsymbol{\varphi}(\boldsymbol{v}_i)=\boldsymbol{f}_i\,(1\le i\le m)$. 定义 $\boldsymbol{\eta}$ 为 U 到 V 的线性映射, 它在基上的作用为 $\boldsymbol{\eta}(\boldsymbol{f}_i)=\boldsymbol{v}_i\,(1\le i\le m)$, 则容易验证 $\boldsymbol{\varphi\eta}=\mathbf{Id}_U$ 成立. □

例 4.6 设 V,U 是数域 $\mathbb{K}$ 上的有限维线性空间, $\boldsymbol{\varphi},\boldsymbol{\psi}:V\to U$ 是两个线性映射, 证明: 存在 U 上的线性变换 $\boldsymbol{\xi}$, 使得 $\boldsymbol{\psi}=\boldsymbol{\xi}\boldsymbol{\varphi}$ 成立的充要条件是 $\operatorname{Ker}\boldsymbol{\varphi}\subseteq\operatorname{Ker}\boldsymbol{\psi}$.

证明 先证必要性: 任取 $\boldsymbol{v}\in\operatorname{Ker}\boldsymbol{\varphi}$, 则 $\boldsymbol{\psi}(\boldsymbol{v})=\boldsymbol{\xi}\boldsymbol{\varphi}(\boldsymbol{v})=\mathbf{0}$, 即有 $\boldsymbol{v}\in\operatorname{Ker}\boldsymbol{\psi}$, 从而 $\operatorname{Ker}\boldsymbol{\varphi}\subseteq\operatorname{Ker}\boldsymbol{\psi}$. 再证充分性: 设 $\dim V=n$, $\dim U=m$, $\dim\operatorname{Ker}\boldsymbol{\varphi}=n-r$. 取 $\operatorname{Ker}\boldsymbol{\varphi}$ 的一组基 $\boldsymbol{e}_{r+1},\cdots,\boldsymbol{e}_n$, 扩张为 V 的一组基 $\boldsymbol{e}_1,\cdots,\boldsymbol{e}_r$, $\boldsymbol{e}_{r+1},\cdots,\boldsymbol{e}_n$. 由例 4.23 的证明可知, $\boldsymbol{\varphi}(\boldsymbol{e}_1),\cdots,\boldsymbol{\varphi}(\boldsymbol{e}_r)$ 是 $\operatorname{Im}\boldsymbol{\varphi}$ 的一组基, 将其扩张为 U 的一组基 $\boldsymbol{\varphi}(\boldsymbol{e}_1),\cdots,\boldsymbol{\varphi}(\boldsymbol{e}_r)$, $\boldsymbol{g}_{r+1},\cdots,\boldsymbol{g}_m$. 定义 $\boldsymbol{\xi}$ 为 U 上的线性变换, 它在基上的作用为: $\boldsymbol{\xi}(\boldsymbol{\varphi}(\boldsymbol{e}_i))=\boldsymbol{\psi}(\boldsymbol{e}_i)\,(1\le i\le r)$, $\boldsymbol{\xi}(\boldsymbol{g}_j)=\mathbf{0}\,(r+1\le j\le m)$. 由于 $\operatorname{Ker}\boldsymbol{\varphi}\subseteq\operatorname{Ker}\boldsymbol{\psi}$, 故容易验证 $\boldsymbol{\psi}(\boldsymbol{e}_i)=\boldsymbol{\xi}\boldsymbol{\varphi}(\boldsymbol{e}_i)\,(1\le i\le n)$ 成立, 从而 $\boldsymbol{\psi}=\boldsymbol{\xi}\boldsymbol{\varphi}$. □

例 4.7 设 V,U 是数域 $\mathbb{K}$ 上的有限维线性空间, $\boldsymbol{\varphi},\boldsymbol{\psi}:V\to U$ 是两个线性映射, 证明: 存在 V 上的线性变换 $\boldsymbol{\xi}$, 使得 $\boldsymbol{\psi}=\boldsymbol{\varphi}\boldsymbol{\xi}$ 成立的充要条件是 $\operatorname{Im}\boldsymbol{\psi}\subseteq\operatorname{Im}\boldsymbol{\varphi}$.

证明 先证必要性: 任取 $\boldsymbol{v}\in V$, 则 $\boldsymbol{\psi}(\boldsymbol{v})=\boldsymbol{\varphi}(\boldsymbol{\xi}(\boldsymbol{v}))\in\operatorname{Im}\boldsymbol{\varphi}$, 从而 $\operatorname{Im}\boldsymbol{\psi}\subseteq\operatorname{Im}\boldsymbol{\varphi}$. 再证充分性: 取 V 的一组基 $\boldsymbol{e}_1,\boldsymbol{e}_2,\cdots,\boldsymbol{e}_n$, 则 $\boldsymbol{\psi}(\boldsymbol{e}_i)\in\operatorname{Im}\boldsymbol{\psi}\subseteq\operatorname{Im}\boldsymbol{\varphi}$, 从而存在 $\boldsymbol{f}_i\in V$, 使得 $\boldsymbol{\varphi}(\boldsymbol{f}_i)=\boldsymbol{\psi}(\boldsymbol{e}_i)\,(1\le i\le n)$. 定义 $\boldsymbol{\xi}$ 为 V 上的线性变换, 它在基上的作用为: $\boldsymbol{\xi}(\boldsymbol{e}_i)=\boldsymbol{f}_i\,(1\le i\le n)$. 容易验证 $\boldsymbol{\psi}(\boldsymbol{e}_i)=\boldsymbol{\varphi}\boldsymbol{\xi}(\boldsymbol{e}_i)\,(1\le i\le n)$ 成立, 从而 $\boldsymbol{\psi}=\boldsymbol{\varphi}\boldsymbol{\xi}$. □

例 4.8 设 $\boldsymbol{\varphi}$ 是 n 维线性空间 V 上的线性变换, $\boldsymbol{\alpha}\in V$. 若 $\boldsymbol{\varphi}^{m-1}(\boldsymbol{\alpha})\neq\mathbf{0}$, 而 $\boldsymbol{\varphi}^m(\boldsymbol{\alpha})=\mathbf{0}$, 求证: $\boldsymbol{\alpha},\boldsymbol{\varphi}(\boldsymbol{\alpha}),\boldsymbol{\varphi}^2(\boldsymbol{\alpha}),\cdots,\boldsymbol{\varphi}^{m-1}(\boldsymbol{\alpha})$ 线性无关.

证明 设有 m 个数 $a_0,a_1,\cdots,a_{m-1}$, 使得

$$a_0\boldsymbol{\alpha}+a_1\boldsymbol{\varphi}(\boldsymbol{\alpha})+\cdots+a_{m-1}\boldsymbol{\varphi}^{m-1}(\boldsymbol{\alpha})=\mathbf{0}.$$

上式两边同时作用 $\boldsymbol{\varphi}^{m-1}$, 则有 $a_0\boldsymbol{\varphi}^{m-1}(\boldsymbol{\alpha})=\mathbf{0}$, 由于 $\boldsymbol{\varphi}^{m-1}(\boldsymbol{\alpha})\neq\mathbf{0}$, 故 $a_0=0$. 上式两边同时作用 $\boldsymbol{\varphi}^{m-2}$, 则有 $a_1\boldsymbol{\varphi}^{m-1}(\boldsymbol{\alpha})=\mathbf{0}$, 由于 $\boldsymbol{\varphi}^{m-1}(\boldsymbol{\alpha})\neq\mathbf{0}$, 故 $a_1=0$. 不断这样做下去, 最后可得 $a_0=a_1=\cdots=a_{m-1}=0$, 于是 $\boldsymbol{\alpha},\boldsymbol{\varphi}(\boldsymbol{\alpha}),\boldsymbol{\varphi}^2(\boldsymbol{\alpha}),\cdots,\boldsymbol{\varphi}^{m-1}(\boldsymbol{\alpha})$ 线性无关. □

例 4.9 设 V 是数域 $\mathbb{K}$ 上的 n 维线性空间, $\boldsymbol{\varphi}$ 是 V 上的幂零线性变换, 满足 $\mathrm{r}(\boldsymbol{\varphi})=n-1$. 求证: 存在 V 的一组基, 使得 $\boldsymbol{\varphi}$ 在这组基下的表示矩阵为

$$\boldsymbol{A}=\begin{pmatrix}0&0&\cdots&0&0\\1&0&\cdots&0&0\\0&1&\cdots&0&0\\\vdots&\vdots&&\vdots&\vdots\\0&0&\cdots&1&0\end{pmatrix}.$$

证明 由假设存在正整数 m, 使得 $\boldsymbol{\varphi}^m=\mathbf{0}$, $\boldsymbol{\varphi}^{m-1}\neq\mathbf{0}$, 从而存在 $\boldsymbol{\alpha}\in V$, 使得 $\boldsymbol{\varphi}^m(\boldsymbol{\alpha})=\mathbf{0}$, $\boldsymbol{\varphi}^{m-1}(\boldsymbol{\alpha})\neq\mathbf{0}$. 由例 4.8 可知, $\boldsymbol{\alpha},\boldsymbol{\varphi}(\boldsymbol{\alpha}),\cdots,\boldsymbol{\varphi}^{m-1}(\boldsymbol{\alpha})$ 线性无关, 于是 $m\leq\dim V=n$. 另一方面, 由 Sylvester 不等式 (例 3.66) 以及 $\mathrm{r}(\boldsymbol{\varphi})=n-1$ 可知, $\mathrm{r}(\boldsymbol{\varphi}^2)\geq 2\,\mathrm{r}(\boldsymbol{\varphi})-n=n-2$. 不断这样讨论下去, 最终可得 $0=\mathrm{r}(\boldsymbol{\varphi}^m)\geq n-m$, 即有 $m\geq n$, 从而 $m=n$. 于是 $\boldsymbol{\alpha},\boldsymbol{\varphi}(\boldsymbol{\alpha}),\cdots,\boldsymbol{\varphi}^{n-1}(\boldsymbol{\alpha})$ 是 V 的一组基, $\boldsymbol{\varphi}$ 在这组基下的表示矩阵为 $\boldsymbol{A}$. □

§ 4.3 线性同构

线性同构刻画了不同线性空间之间的相同本质, 即同构的线性空间具有相同的线性结构 (或从线性结构的观点来看没有任何区别). 要证明线性映射 $\boldsymbol{\varphi}:V\to U$ 是线性同构, 通常一方面需要验证 $\boldsymbol{\varphi}$ 是单映射 (或等价地验证 $\mathrm{Ker}\,\boldsymbol{\varphi}=0$), 另一方面需要验证 $\boldsymbol{\varphi}$ 是满映射 (或等价地验证 $\mathrm{Im}\,\boldsymbol{\varphi}=U$). 但若已知前后两个线性空间的维数相等, 则由线性映射的维数公式容易证明, $\boldsymbol{\varphi}$ 是线性同构当且仅当 $\boldsymbol{\varphi}$ 是单映射, 也当且仅当 $\boldsymbol{\varphi}$ 是满映射, 从而只需验证 $\boldsymbol{\varphi}$ 是单映射或满映射即可得到 $\boldsymbol{\varphi}$ 是线性同构. 在 § 3.4 中, 我们已经看到了线性同构的一些例子和应用, 下面再来看一些典型例题.

例 4.10 设 $a_0,a_1,\cdots,a_n$ 是数域 $\mathbb{F}$ 中 $n+1$ 个不同的数, V 是 $\mathbb{F}$ 上次数不超过 n 的多项式全体组成的线性空间. 设 $\boldsymbol{\varphi}$ 是 V 到 $n+1$ 维行向量空间 U 的映射:

$$\boldsymbol{\varphi}(f)=(f(a_0),f(a_1),\cdots,f(a_n)),$$

求证: $\boldsymbol{\varphi}$ 是线性同构.

证明 不难验证 $\boldsymbol{\varphi}$ 是一个线性映射. 若 $f(x)\in\mathrm{Ker}\,\boldsymbol{\varphi}$, 则 $f(a_i)=0\,(0\leq i\leq n)$. 因为 $f(x)$ 的次数不超过 n, 故由例 1.30 可知 $f(x)=0$, 即 $\mathrm{Ker}\,\boldsymbol{\varphi}=0$, 这证明了映射 $\boldsymbol{\varphi}$ 是单映射. 注意到线性空间 V 和 U 的维数都等于 $n+1$, 因此 $\boldsymbol{\varphi}$ 是线性同构. □

例 4.11 (Lagrange 插值公式) 设 $a_0,a_1,\cdots,a_n$ 是数域 $\mathbb{F}$ 中 $n+1$ 个不同的数, $b_0,b_1,\cdots,b_n$ 是 $\mathbb{F}$ 中任意 $n+1$ 个数, 求证: 必存在 $\mathbb{F}$ 上次数不超过 n 的多项式 $f(x)$, 使得 $f(a_i)=b_i\,(0\leq i\leq n)$, 并将 $f(x)$ 构造出来.

证明 上题已证明映射 $\boldsymbol{\varphi}$ 是映上的, 因此存在性已经证明. 现来构造 $f(x)$.

设 $\boldsymbol{e}_i=(0,\cdots,1,\cdots,0)\,(1\leq i\leq n+1)$ 是 $\mathbb{F}$ 上的 $n+1$ 维标准单位行向量. 对任意的 $0\leq i\leq n$, 令

$$f_i(x)=\frac{(x-a_0)\cdots(x-a_{i-1})(x-a_{i+1})\cdots(x-a_n)}{(a_i-a_0)\cdots(a_i-a_{i-1})(a_i-a_{i+1})\cdots(a_i-a_n)},$$

则 $f_i(a_i)=1$, $f_i(a_j)=0\,(j\neq i)$, 于是 $\boldsymbol{\varphi}(f_i)=\boldsymbol{e}_{i+1}\,(0\leq i\leq n)$. 再令

$$f(x)=b_0f_0(x)+b_1f_1(x)+\cdots+b_nf_n(x),$$

则容易验证 $\boldsymbol{\varphi}(f)=(b_0,b_1,\cdots,b_n)$, 即 $f(a_i)=b_i\,(0\leq i\leq n)$ 成立. □

要证明某个有限维线性空间 V 上的线性变换 $\boldsymbol{\varphi}$ 是自同构 (可逆线性变换), 通常有 3 种方法. 一是可尝试直接构造出 $\boldsymbol{\varphi}$ 的逆变换. 二是证明 $\boldsymbol{\varphi}$ 是单映射或者 $\boldsymbol{\varphi}$ 是满映射 (两者只需其一). 三是用矩阵方法, 即选取 V 的一组基, 设 $\boldsymbol{\varphi}$ 在这组基下的表示矩阵为 $\boldsymbol{A}$, 设法证明 $\boldsymbol{A}$ 是可逆矩阵. 下面是几个典型的例子.

例 4.12 设 $\boldsymbol{\varphi}$ 是数域 $\mathbb{F}$ 上线性空间 V 上的线性变换, 若存在正整数 n 以及 $a_1,a_2,\cdots,a_n\in\mathbb{F}$, 使得

$$\boldsymbol{\varphi}^n+a_1\boldsymbol{\varphi}^{n-1}+\cdots+a_{n-1}\boldsymbol{\varphi}+a_n\boldsymbol{I}_V=\boldsymbol{0},$$

其中 $\boldsymbol{I}_V$ 表示恒等变换并且 $a_n\neq 0$, 求证: $\boldsymbol{\varphi}$ 是 V 上的自同构.

证明 由条件可得

$$\boldsymbol{\varphi}^n+a_1\boldsymbol{\varphi}^{n-1}+\cdots+a_{n-1}\boldsymbol{\varphi}=-a_n\boldsymbol{I}_V,$$

从而

$$\boldsymbol{\varphi}\Big(-\frac{1}{a_n}(\boldsymbol{\varphi}^{n-1}+\cdots+a_{n-1}\boldsymbol{I}_V)\Big)=\boldsymbol{I}_V,$$

于是

$$\boldsymbol{\varphi}^{-1}=-\frac{1}{a_n}(\boldsymbol{\varphi}^{n-1}+\cdots+a_{n-1}\boldsymbol{I}_V).\ \square$$

例 4.13 设 $\boldsymbol{\varphi}$ 是 n 维线性空间 V 上的线性变换, 证明: $\boldsymbol{\varphi}$ 是可逆变换的充要条件是 $\boldsymbol{\varphi}$ 将 V 的基变为基.

证明 若 $\boldsymbol{\varphi}$ 是可逆变换, 则显然 $\boldsymbol{\varphi}$ 将 V 的基变为基. 反之, 若 $\boldsymbol{e}_1,\boldsymbol{e}_2,\cdots,\boldsymbol{e}_n$ 和 $\boldsymbol{f}_1,\boldsymbol{f}_2,\cdots,\boldsymbol{f}_n$ 是 V 的两组基, 使得 $\boldsymbol{\varphi}(\boldsymbol{e}_i)=\boldsymbol{f}_i\,(1\leq i\leq n)$, 则对任意 $\boldsymbol{\alpha}\in V$, $\boldsymbol{\alpha}=\lambda_1\boldsymbol{f}_1+\lambda_2\boldsymbol{f}_2+\cdots+\lambda_n\boldsymbol{f}_n$, 有 $\boldsymbol{\varphi}(\lambda_1\boldsymbol{e}_1+\lambda_2\boldsymbol{e}_2+\cdots+\lambda_n\boldsymbol{e}_n)=\boldsymbol{\alpha}$, 即 $\boldsymbol{\varphi}$ 是满映射, 从而是自同构. 我们也可以证明 $\boldsymbol{\varphi}$ 是单映射, 从而是自同构 (留给读者完成). 另外还可以这样讨论, 设从基 $\boldsymbol{e}_1,\boldsymbol{e}_2,\cdots,\boldsymbol{e}_n$ 到基 $\boldsymbol{f}_1,\boldsymbol{f}_2,\cdots,\boldsymbol{f}_n$ 的过渡矩阵为 $\boldsymbol{P}$, 则 $\boldsymbol{\varphi}$ 在基 $\boldsymbol{e}_1,\boldsymbol{e}_2,\cdots,\boldsymbol{e}_n$ 下的表示矩阵就是 $\boldsymbol{P}$, 这是一个可逆矩阵, 从而 $\boldsymbol{\varphi}$ 是可逆变换. □

例 4.14 设 U_1,U_2 是 n 维线性空间 V 的子空间, 假设它们维数相同. 求证: 存在 V 上的可逆线性变换 $\boldsymbol{\varphi}$, 使得 $U_2=\boldsymbol{\varphi}(U_1)$.

证明 取 U_1 的一组基 $\boldsymbol{e}_1,\cdots,\boldsymbol{e}_m$, 并扩张为 V 的一组基 $\boldsymbol{e}_1,\cdots,\boldsymbol{e}_m,\boldsymbol{e}_{m+1},\cdots,\boldsymbol{e}_n$; 取 U_2 的一组基 $\boldsymbol{f}_1,\cdots,\boldsymbol{f}_m$, 并扩张为 V 的一组基 $\boldsymbol{f}_1,\cdots,\boldsymbol{f}_m,\boldsymbol{f}_{m+1},\cdots,\boldsymbol{f}_n$. 定义 $\boldsymbol{\varphi}$ 为 V 上的线性变换, 它在基上的作用为: $\boldsymbol{\varphi}(\boldsymbol{e}_i)=\boldsymbol{f}_i\,(1\le i\le n)$, 则由上题可知, $\boldsymbol{\varphi}$ 是可逆线性变换, 再由定义容易验证 $\boldsymbol{\varphi}(U_1)=U_2$ 成立. □

例 4.15 设 $\boldsymbol{\varphi}$ 是 n 维线性空间 V 上的线性变换, 若对 V 中任一向量 $\boldsymbol{\alpha}$, 总存在正整数 m (m 可能和 $\boldsymbol{\alpha}$ 有关), 使得 $\boldsymbol{\varphi}^m(\boldsymbol{\alpha})=\boldsymbol{0}$. 求证: $\boldsymbol{I}_V-\boldsymbol{\varphi}$ 是自同构.

证法 1 首先证明线性变换 $\boldsymbol{\varphi}$ 是幂零的. 设 $\boldsymbol{e}_1,\boldsymbol{e}_2,\cdots,\boldsymbol{e}_n$ 是线性空间 V 的一组基. 对每个 $\boldsymbol{e}_i$, 都有 m_i, 使得 $\boldsymbol{\varphi}^{m_i}(\boldsymbol{e}_i)=\boldsymbol{0}$, 令 m 为诸 m_i 中最大者. 对 V 中任一向量 $\boldsymbol{v}$, 设 $\boldsymbol{v}=a_1\boldsymbol{e}_1+a_2\boldsymbol{e}_2+\cdots+a_n\boldsymbol{e}_n$, 则有

$$\boldsymbol{\varphi}^m(\boldsymbol{v})=a_1\boldsymbol{\varphi}^m(\boldsymbol{e}_1)+a_2\boldsymbol{\varphi}^m(\boldsymbol{e}_2)+\cdots+a_n\boldsymbol{\varphi}^m(\boldsymbol{e}_n)=\boldsymbol{0}.$$

因此 $\boldsymbol{\varphi}^m=\boldsymbol{0}$.

注意到下列等式:

$$(\boldsymbol{I}_V-\boldsymbol{\varphi})(\boldsymbol{I}_V+\boldsymbol{\varphi}+\boldsymbol{\varphi}^2+\cdots+\boldsymbol{\varphi}^{m-1})=\boldsymbol{I}_V-\boldsymbol{\varphi}^m=\boldsymbol{I}_V.$$

由此即知 $\boldsymbol{I}_V-\boldsymbol{\varphi}$ 是自同构.

证法 2 只要证明 $\boldsymbol{I}_V-\boldsymbol{\varphi}$ 是单映射即可. 任取 $\boldsymbol{\alpha}\in\mathrm{Ker}(\boldsymbol{I}_V-\boldsymbol{\varphi})$, 即 $(\boldsymbol{I}_V-\boldsymbol{\varphi})(\boldsymbol{\alpha})=\boldsymbol{0}$, 则 $\boldsymbol{\varphi}(\boldsymbol{\alpha})=\boldsymbol{\alpha}$. 设 m 为正整数, 使得 $\boldsymbol{\varphi}^m(\boldsymbol{\alpha})=\boldsymbol{0}$, 则 $\boldsymbol{0}=\boldsymbol{\varphi}^m(\boldsymbol{\alpha})=\boldsymbol{\varphi}^{m-1}(\boldsymbol{\alpha})=\cdots=\boldsymbol{\varphi}(\boldsymbol{\alpha})=\boldsymbol{\alpha}$, 故 $\mathrm{Ker}(\boldsymbol{I}_V-\boldsymbol{\varphi})=0$, 即 $\boldsymbol{I}_V-\boldsymbol{\varphi}$ 是单映射. □

例 4.16 设 $V=M_n(\mathbb{F})$ 是 $\mathbb{F}$ 上 n 阶矩阵全体组成的线性空间, $\boldsymbol{A},\boldsymbol{B}$ 是两个 n 阶矩阵, 定义 V 上的变换: $\boldsymbol{\varphi}(\boldsymbol{X})=\boldsymbol{AXB}$. 求证: $\boldsymbol{\varphi}$ 是 V 上的线性变换, $\boldsymbol{\varphi}$ 是可逆变换的充要条件是 $\boldsymbol{A}$ 和 $\boldsymbol{B}$ 都是可逆矩阵.

证明 容易验证 $\boldsymbol{\varphi}$ 是线性变换. 若 $\boldsymbol{A},\boldsymbol{B}$ 都是可逆矩阵, 则 $\boldsymbol{\psi}(\boldsymbol{X})=\boldsymbol{A}^{-1}\boldsymbol{X}\boldsymbol{B}^{-1}$ 是 $\boldsymbol{\varphi}$ 的逆线性变换. 下面用两种方法来证明必要性.

证法 1 若 $\boldsymbol{A}$ 是不可逆矩阵, 则我们可证明 $\boldsymbol{\varphi}$ 不是单映射, 即存在 $\boldsymbol{X}\neq\boldsymbol{O}$, 使得 $\boldsymbol{\varphi}(\boldsymbol{X})=\boldsymbol{AXB}=\boldsymbol{O}$, 从而 $\boldsymbol{\varphi}$ 不是可逆变换. 事实上, 若 $\boldsymbol{A}$ 的秩等于 $r<n$, 则存在可逆矩阵 $\boldsymbol{P}$ 和 $\boldsymbol{Q}$, 使得 $\boldsymbol{PAQ}=\begin{pmatrix}\boldsymbol{I}_r & \boldsymbol{O}\\ \boldsymbol{O} & \boldsymbol{O}\end{pmatrix}$. 令 $\boldsymbol{C}=\begin{pmatrix}\boldsymbol{O} & \boldsymbol{O}\\ \boldsymbol{O} & \boldsymbol{I}_{n-r}\end{pmatrix}$, 则 $\boldsymbol{PAQC}=\boldsymbol{O}$, 而 $\boldsymbol{P}$ 是可逆矩阵, 故 $\boldsymbol{AQC}=\boldsymbol{O}$, 再令 $\boldsymbol{X}=\boldsymbol{QC}$ 即可. 同理, 若 $\boldsymbol{B}$ 的秩小于 n, 也可以证明 $\boldsymbol{\varphi}$ 不是可逆变换.

证法 2 若 $\boldsymbol{A}$ 是不可逆矩阵, 则对任意的 n 阶矩阵 $\boldsymbol{X}$, $\boldsymbol{\varphi}(\boldsymbol{X})=\boldsymbol{AXB}$ 总是不可逆矩阵. 因此 $\boldsymbol{\varphi}$ 不可能是映上的. 同理, 若 $\boldsymbol{B}$ 是不可逆矩阵, $\boldsymbol{\varphi}$ 也不是映上的. □

对于无限维线性空间之间的线性映射, 我们并没有定义表示矩阵这一概念, 也没有维数公式等结论, 因此研究线性映射或线性变换, 无限维线性空间的情形远比有限维线性空间的情形难得多, 也常出现对有限维线性空间成立的结论在无限维线性空间却不成立的情况. 例如, 要证明无限维线性空间上的线性变换是自同构, 只能按照定义证明它既是单映射又是满映射, 而不能像有限维线性空间上的线性变换那样, 只验证它是单映射或满映射即可.

例 4.17 设 V 是实系数多项式全体构成的实线性空间, 定义 V 上的变换 $\boldsymbol{D},\boldsymbol{S}$ 如下:

$$\boldsymbol{D}(f(x))=\frac{\mathrm{d}}{\mathrm{d}x}f(x),\ \boldsymbol{S}(f(x))=\int_0^x f(t)\mathrm{d}t.$$

证明: $\boldsymbol{D},\boldsymbol{S}$ 均为 V 上的线性变换且 $\boldsymbol{DS}=\boldsymbol{I}_V$, 但 $\boldsymbol{SD}\neq\boldsymbol{I}_V$.

证明 简单验证即得结论. 由 $\boldsymbol{DS}=\boldsymbol{I}_V$ 可知, $\boldsymbol{S}$ 是单线性映射, $\boldsymbol{D}$ 是满线性映射. 又容易看出 $\boldsymbol{S}$ 不是满映射, $\boldsymbol{D}$ 不是单映射, 从而它们都不是自同构. □

下面的命题对有限维线性空间上的线性变换显然是成立的.

例 4.18 设 V 是 $\mathbb{K}$ 上的无限维线性空间, $\boldsymbol{\varphi},\boldsymbol{\psi}$ 是 V 上的线性变换.

(1) 证明: $\boldsymbol{\varphi}$ 和 $\boldsymbol{\psi}$ 都是可逆变换的充要条件是 $\boldsymbol{\varphi\psi}$ 和 $\boldsymbol{\psi\varphi}$ 都是可逆变换;

(2) 若 $\boldsymbol{\psi\varphi}=\boldsymbol{I}_V$, 则称 $\boldsymbol{\psi}$ 是 $\boldsymbol{\varphi}$ 的左逆变换, $\boldsymbol{\varphi}$ 是 $\boldsymbol{\psi}$ 的右逆变换. 证明: $\boldsymbol{\varphi}$ 是可逆变换的充要条件是 $\boldsymbol{\varphi}$ 有且仅有一个左逆变换 (右逆变换).

证明 (1) 若 $\boldsymbol{\varphi}$ 和 $\boldsymbol{\psi}$ 都是可逆变换, 则 $(\boldsymbol{\psi}^{-1}\boldsymbol{\varphi}^{-1})(\boldsymbol{\varphi\psi})=(\boldsymbol{\varphi\psi})(\boldsymbol{\psi}^{-1}\boldsymbol{\varphi}^{-1})=\boldsymbol{I}_V$, $(\boldsymbol{\varphi}^{-1}\boldsymbol{\psi}^{-1})(\boldsymbol{\psi\varphi})=(\boldsymbol{\psi\varphi})(\boldsymbol{\varphi}^{-1}\boldsymbol{\psi}^{-1})=\boldsymbol{I}_V$, 因此 $\boldsymbol{\varphi\psi}$ 和 $\boldsymbol{\psi\varphi}$ 都是可逆变换. 反之, 若 $\boldsymbol{\varphi\psi}$ 和 $\boldsymbol{\psi\varphi}$ 都是可逆变换, 则存在 V 上的线性变换 $\boldsymbol{\xi},\boldsymbol{\eta}$, 使得 $\boldsymbol{\varphi\psi\xi}=\boldsymbol{\xi\varphi\psi}=\boldsymbol{I}_V$, $\boldsymbol{\psi\varphi\eta}=\boldsymbol{\eta\psi\varphi}=\boldsymbol{I}_V$. 由 $\boldsymbol{\varphi\psi\xi}=\boldsymbol{I}_V$ 可得 $\boldsymbol{\varphi}$ 是满映射, 由 $\boldsymbol{\eta\psi\varphi}=\boldsymbol{I}_V$ 可得 $\boldsymbol{\varphi}$ 是单映射, 从而 $\boldsymbol{\varphi}$ 是可逆变换. 同理可证 $\boldsymbol{\psi}$ 也是可逆变换.

(2) 若 $\boldsymbol{\varphi}$ 是可逆变换, 任取 $\boldsymbol{\varphi}$ 的一个左逆变换 $\boldsymbol{\psi}$, 则

$$\boldsymbol{\psi}=\boldsymbol{\psi I}_V=\boldsymbol{\psi\varphi\varphi}^{-1}=\boldsymbol{I}_V\boldsymbol{\varphi}^{-1}=\boldsymbol{\varphi}^{-1},$$

即 $\boldsymbol{\varphi}$ 的任一左逆变换都是逆变换 $\boldsymbol{\varphi}^{-1}$. 由逆变换的唯一性可知, $\boldsymbol{\varphi}$ 有且仅有一个左逆变换. 反之, 若 $\boldsymbol{\varphi}$ 有且仅有一个左逆变换 $\boldsymbol{\psi}$, 则 $\boldsymbol{\psi\varphi}=\boldsymbol{I}_V$, 且有

$$(\boldsymbol{\psi}+\boldsymbol{\varphi\psi}-\boldsymbol{I}_V)\boldsymbol{\varphi}=\boldsymbol{\psi\varphi}+\boldsymbol{\varphi\psi\varphi}-\boldsymbol{\varphi}=\boldsymbol{I}_V+\boldsymbol{\varphi}-\boldsymbol{\varphi}=\boldsymbol{I}_V,$$

即 $\boldsymbol{\psi}+\boldsymbol{\varphi\psi}-\boldsymbol{I}_V$ 也是 $\boldsymbol{\varphi}$ 的左逆变换, 从而 $\boldsymbol{\psi}+\boldsymbol{\varphi\psi}-\boldsymbol{I}_V=\boldsymbol{\psi}$, 即 $\boldsymbol{\varphi\psi}=\boldsymbol{I}_V$. 因此 $\boldsymbol{\psi}$ 也是 $\boldsymbol{\varphi}$ 的右逆变换, 从而 $\boldsymbol{\varphi}$ 是可逆变换. 同理可证关于右逆变换的结论. □

注　用例 4.18 的结论来看例 4.17, 就能发现 $\boldsymbol{D}$ 之所以不是可逆变换, 是因为它的右逆变换除了 $\boldsymbol{S}$ 之外, 还有无穷多个.

例 4.19　试构造无限维线性空间 V 以及 V 上的线性变换 φ, ψ, 使得 $\varphi\psi - \psi\varphi = \boldsymbol{I}_V$.

解　设 V 是实系数多项式全体构成的实线性空间, 线性变换 $\boldsymbol{\varphi}, \boldsymbol{\psi}$ 定义为: 对任一 $f(x) \in V$, $\boldsymbol{\varphi}(f(x)) = f'(x)$, $\boldsymbol{\psi}(f(x)) = xf(x)$. 容易验证 $\boldsymbol{\varphi\psi} - \boldsymbol{\psi\varphi} = \boldsymbol{I}_V$ 成立. □

注　事实上, 满足上述性质的线性变换 $\boldsymbol{\varphi}, \boldsymbol{\psi}$ 绝不可能存在于有限维线性空间 V 上. 若存在, 取 V 的一组基并设 $\boldsymbol{\varphi}, \boldsymbol{\psi}$ 的表示矩阵为 $\boldsymbol{A}, \boldsymbol{B}$, 则有 $\boldsymbol{AB} - \boldsymbol{BA} = \boldsymbol{I}$ 成立. 上式两边同时取迹, 可得

$$0 = \operatorname{tr}(\boldsymbol{AB} - \boldsymbol{BA}) = \operatorname{tr}(\boldsymbol{I}) = \dim V,$$

导出矛盾. 上述 3 个例题从一个侧面反映了无限维线性空间和有限维线性空间之间的巨大差异, 虽然我们并不打算深入探讨这个问题, 但仍提醒读者在学习的过程中加以注意.

§ 4.4　线性映射与矩阵

线性映射与矩阵的关系是这一章的核心. 线性映射是一个几何概念, 矩阵是一个代数概念, 它们之间的关系需要掌握以下几点:

(1) 记数域 $\mathbb{F}$ 上 n 维向量空间 V 到 m 维向量空间 U 的线性映射全体为 $\mathcal{L}(V, U)$, $\mathbb{F}$ 上 $m \times n$ 矩阵全体为 $M_{m\times n}(\mathbb{F})$. 各自取定 V 和 U 的一组基, 设 $\boldsymbol{\varphi} \in \mathcal{L}(V, U)$ 在给定基下的表示矩阵为 $\boldsymbol{A}$, 则 $\boldsymbol{\varphi} \mapsto \boldsymbol{A}$ 定义了从 $\mathcal{L}(V, U)$ 到 $M_{m\times n}(\mathbb{F})$ 的一一对应, 这个对应还是一个线性同构. 若 $m = n$, 则在这个对应下, 线性同构 (可逆线性映射) 对应于可逆矩阵. 特别地, 若 $V = U$, 上述对应还定义了一个代数同构, 即除了保持加法与数乘外, 还保持乘法. 因此, 两个向量空间之间线性映射的运算完全可以归结为矩阵的运算.

(2) 设线性映射 $\boldsymbol{\varphi}$ 在给定基下的表示矩阵为 $\boldsymbol{A}$, 则 $\operatorname{Ker}\boldsymbol{\varphi}$ 和齐次线性方程组 $\boldsymbol{Ax} = \boldsymbol{0}$ 的解空间同构, $\operatorname{Im}\boldsymbol{\varphi}$ 和 $\boldsymbol{A}$ 的全体列向量张成的向量空间同构. 这两点由例 4.20 的结论即得.

例 4.20　设 $\boldsymbol{\varphi}$ 是数域 $\mathbb{F}$ 上 n 维线性空间 V 到 m 维线性空间 U 的线性映射. 令 $\mathbb{F}^n$ 和 $\mathbb{F}^m$ 分别是 $\mathbb{F}$ 上 n 维和 m 维列向量空间. 又设 $\boldsymbol{e}_1, \boldsymbol{e}_2, \cdots, \boldsymbol{e}_n$ 和

$\boldsymbol{f}_1, \boldsymbol{f}_2, \cdots, \boldsymbol{f}_m$ 分别是 V 和 U 的基, φ 在给定基下的表示矩阵为 $\boldsymbol{A}$. 记 $\boldsymbol{\eta}_1 : V \to \mathbb{F}^n$ 为 V 中向量映射到它在基 $\boldsymbol{e}_1, \boldsymbol{e}_2, \cdots, \boldsymbol{e}_n$ 下的坐标向量的线性同构, $\boldsymbol{\eta}_2 : U \to \mathbb{F}^m$ 为 U 中向量映射到它在基 $\boldsymbol{f}_1, \boldsymbol{f}_2, \cdots, \boldsymbol{f}_m$ 下的坐标向量的线性同构, $\boldsymbol{A} : \mathbb{F}^n \to \mathbb{F}^m$ 为矩阵乘法诱导的线性映射, 即 $\boldsymbol{A}(\boldsymbol{\alpha}) = \boldsymbol{A}\boldsymbol{\alpha}$. 求证: $\boldsymbol{\eta}_2\boldsymbol{\varphi} = \boldsymbol{A}\boldsymbol{\eta}_1$, 即下列图交换, 并且 $\boldsymbol{\eta}_1 : \operatorname{Ker}\boldsymbol{\varphi} \to \operatorname{Ker}\boldsymbol{A}$, $\boldsymbol{\eta}_2 : \operatorname{Im}\boldsymbol{\varphi} \to \operatorname{Im}\boldsymbol{A}$ 都是线性同构.

$$\begin{array}{ccc} V & \xrightarrow{\varphi} & U \\ {\scriptstyle \boldsymbol{\eta}_1}\downarrow & & \downarrow{\scriptstyle \boldsymbol{\eta}_2} \\ \mathbb{F}^n & \xrightarrow{\boldsymbol{A}} & \mathbb{F}^m \end{array}$$

证明　请参考教材 [1] 中定理 4.3.1 和定理 4.4.1 的证明. □

线性映射和矩阵的上述关系建立了代数语言和几何语言相互转换的桥梁. 有了这座桥梁, 我们可以把几何问题转化成代数问题来考虑, 并用代数的方法加以解决; 反过来也可以把代数问题转化成几何问题来考虑, 并用几何的方法加以解决. 事实上, 代数方法和几何方法之间并不存在孰优孰劣的问题, 只不过对于各类问题, 有时用代数方法处理更简洁, 有时用几何方法解决更方便而已. 这就好像人的左右手, 它们都是不可或缺的, 只是各有各的用途而已. 因此从某种意义上说, 掌握了代数语言与几何语言之间的转换, 并能熟练地运用代数方法或几何方法去解决问题, 就是掌握了高等代数的核心.

例如在 § 3.4 中, 通过抽象的线性空间和具体的列向量空间之间的线性同构, 我们可将几何问题代数化, 并用矩阵的方法加以解决. 在下面以及后面的章节中, 我们将会陆续给出若干例题的代数与几何两种解法, 这些不仅反映了代数与几何之间转换的重要性, 而且揭示了蕴含在问题之中的代数与几何的背景及其意义.

例 4.21　设 φ 是线性空间 V 到 U 的线性映射, $\{\boldsymbol{e}_1, \boldsymbol{e}_2, \cdots, \boldsymbol{e}_n\}$ 和 $\{\boldsymbol{f}_1, \boldsymbol{f}_2, \cdots, \boldsymbol{f}_n\}$ 是 V 的两组基, $\{\boldsymbol{e}_1, \boldsymbol{e}_2, \cdots, \boldsymbol{e}_n\}$ 到 $\{\boldsymbol{f}_1, \boldsymbol{f}_2, \cdots, \boldsymbol{f}_n\}$ 的过渡矩阵为 $\boldsymbol{P}$. $\{\boldsymbol{g}_1, \boldsymbol{g}_2, \cdots, \boldsymbol{g}_m\}$ 和 $\{\boldsymbol{h}_1, \boldsymbol{h}_2, \cdots, \boldsymbol{h}_m\}$ 是 U 的两组基, $\{\boldsymbol{g}_1, \boldsymbol{g}_2, \cdots, \boldsymbol{g}_m\}$ 到 $\{\boldsymbol{h}_1, \boldsymbol{h}_2, \cdots, \boldsymbol{h}_m\}$ 的过渡矩阵为 $\boldsymbol{Q}$. 又设 φ 在基 $\{\boldsymbol{e}_1, \boldsymbol{e}_2, \cdots, \boldsymbol{e}_n\}$ 和基 $\{\boldsymbol{g}_1, \boldsymbol{g}_2, \cdots, \boldsymbol{g}_m\}$ 下的表示矩阵为 $\boldsymbol{A}$, 在基 $\{\boldsymbol{f}_1, \boldsymbol{f}_2, \cdots, \boldsymbol{f}_n\}$ 和基 $\{\boldsymbol{h}_1, \boldsymbol{h}_2, \cdots, \boldsymbol{h}_m\}$ 下的表示矩阵为 $\boldsymbol{B}$. 求证: $\boldsymbol{B} = \boldsymbol{Q}^{-1}\boldsymbol{A}\boldsymbol{P}$.

证明　任取 $\boldsymbol{v} \in V$, 设它在基 $\{\boldsymbol{e}_1, \boldsymbol{e}_2, \cdots, \boldsymbol{e}_n\}$ 下的坐标向量为 $(x_1, x_2, \cdots, x_n)'$, 则它在基 $\{\boldsymbol{f}_1, \boldsymbol{f}_2, \cdots, \boldsymbol{f}_n\}$ 下的坐标向量为 $\boldsymbol{P}^{-1}(x_1, x_2, \cdots, x_n)'$. $\varphi(\boldsymbol{v})$ 在基 $\{\boldsymbol{g}_1, \boldsymbol{g}_2, \cdots, \boldsymbol{g}_m\}$ 下的坐标向量为 $\boldsymbol{A}(x_1, x_2, \cdots, x_n)'$, 在基 $\{\boldsymbol{h}_1, \boldsymbol{h}_2, \cdots, \boldsymbol{h}_m\}$ 下的坐标向量为 $\boldsymbol{B}\boldsymbol{P}^{-1}(x_1, x_2, \cdots, x_n)'$. 由于从 $\{\boldsymbol{g}_1, \boldsymbol{g}_2, \cdots, \boldsymbol{g}_m\}$ 到 $\{\boldsymbol{h}_1, \boldsymbol{h}_2, \cdots, \boldsymbol{h}_m\}$ 的过渡矩阵

为 $\boldsymbol{Q}$, 故 $\boldsymbol{A}(x_1,x_2,\cdots,x_n)'=\boldsymbol{QBP}^{-1}(x_1,x_2,\cdots,x_n)'$. 因为 $(x_1,x_2,\cdots,x_n)'$ 是任意的, 故 $\boldsymbol{A}=\boldsymbol{QBP}^{-1}$, 即 $\boldsymbol{B}=\boldsymbol{Q}^{-1}\boldsymbol{AP}$. □

例 4.22 设 φ 是有限维线性空间 V 到 U 的线性映射, 求证: 必存在 V 和 U 的两组基, 使线性映射 φ 在两组基下的表示矩阵为 $\begin{pmatrix}\boldsymbol{I}_r & \boldsymbol{O}\\ \boldsymbol{O} & \boldsymbol{O}\end{pmatrix}$.

证明 设 $\{\boldsymbol{e}_1,\boldsymbol{e}_2,\cdots,\boldsymbol{e}_n\}$ 是 V 的一组基, $\{\boldsymbol{g}_1,\boldsymbol{g}_2,\cdots,\boldsymbol{g}_m\}$ 是 U 的一组基, φ 在这两组基下的表示矩阵为 $\boldsymbol{A}$. 由相抵标准型理论可知, 存在 m 阶非异阵 $\boldsymbol{Q}$, n 阶非异阵 $\boldsymbol{P}$, 使得 $\boldsymbol{Q}^{-1}\boldsymbol{AP}=\begin{pmatrix}\boldsymbol{I}_r & \boldsymbol{O}\\ \boldsymbol{O} & \boldsymbol{O}\end{pmatrix}$. 设 $\{\boldsymbol{f}_1,\boldsymbol{f}_2,\cdots,\boldsymbol{f}_n\}$ 是 V 的一组新基, 使得从 $\{\boldsymbol{e}_1,\boldsymbol{e}_2,\cdots,\boldsymbol{e}_n\}$ 到 $\{\boldsymbol{f}_1,\boldsymbol{f}_2,\cdots,\boldsymbol{f}_n\}$ 的过渡矩阵为 $\boldsymbol{P}$; 设 $\{\boldsymbol{h}_1,\boldsymbol{h}_2,\cdots,\boldsymbol{h}_m\}$ 是 U 的一组新基, 使得从 $\{\boldsymbol{g}_1,\boldsymbol{g}_2,\cdots,\boldsymbol{g}_m\}$ 到 $\{\boldsymbol{h}_1,\boldsymbol{h}_2,\cdots,\boldsymbol{h}_m\}$ 的过渡矩阵为 $\boldsymbol{Q}$, 则由例 4.21 可知, φ 在两组新基下的表示矩阵为 $\boldsymbol{Q}^{-1}\boldsymbol{AP}=\begin{pmatrix}\boldsymbol{I}_r & \boldsymbol{O}\\ \boldsymbol{O} & \boldsymbol{O}\end{pmatrix}$. □

注 利用例 4.22 可以得到 $\operatorname{Ker}\varphi=L(\boldsymbol{f}_{r+1},\cdots,\boldsymbol{f}_n)$, $\operatorname{Im}\varphi=L(\boldsymbol{h}_1,\cdots,\boldsymbol{h}_r)$, 由此即得线性映射的维数公式. 下面的例 4.23 给出了线性映射维数公式的第三种证明.

例 4.23 设 $\varphi: V\to U$ 为线性映射, 求证: $\dim\operatorname{Ker}\varphi+\dim\operatorname{Im}\varphi=\dim V$.

证明 设 $\dim V=n$, $\dim\operatorname{Ker}\varphi=k$, 我们只要证明 $\dim\operatorname{Im}\varphi=n-k$ 即可. 取 $\operatorname{Ker}\varphi$ 的一组基 $\boldsymbol{e}_1,\cdots,\boldsymbol{e}_k$, 并将其扩张为 V 的一组基 $\boldsymbol{e}_1,\cdots,\boldsymbol{e}_k,\boldsymbol{e}_{k+1},\cdots,\boldsymbol{e}_n$. 任取 $\boldsymbol{\alpha}\in V$, 设 $\boldsymbol{\alpha}=c_1\boldsymbol{e}_1+\cdots+c_k\boldsymbol{e}_k+c_{k+1}\boldsymbol{e}_{k+1}+\cdots+c_n\boldsymbol{e}_n$, 则 $\varphi(\boldsymbol{\alpha})=c_{k+1}\varphi(\boldsymbol{e}_{k+1})+\cdots+c_n\varphi(\boldsymbol{e}_n)$, 即 $\operatorname{Im}\varphi$ 中任一向量都是 $\varphi(\boldsymbol{e}_{k+1}),\cdots,\varphi(\boldsymbol{e}_n)$ 的线性组合. 下证 $\varphi(\boldsymbol{e}_{k+1}),\cdots,\varphi(\boldsymbol{e}_n)$ 线性无关. 设 $\lambda_{k+1}\varphi(\boldsymbol{e}_{k+1})+\cdots+\lambda_n\varphi(\boldsymbol{e}_n)=\boldsymbol{0}$, 则 $\varphi(\lambda_{k+1}\boldsymbol{e}_{k+1}+\cdots+\lambda_n\boldsymbol{e}_n)=\boldsymbol{0}$, 即 $\lambda_{k+1}\boldsymbol{e}_{k+1}+\cdots+\lambda_n\boldsymbol{e}_n\in\operatorname{Ker}\varphi$, 故可设 $\lambda_{k+1}\boldsymbol{e}_{k+1}+\cdots+\lambda_n\boldsymbol{e}_n=\lambda_1\boldsymbol{e}_1+\cdots+\lambda_k\boldsymbol{e}_k$, 再由 $\boldsymbol{e}_1,\cdots,\boldsymbol{e}_k,\boldsymbol{e}_{k+1},\cdots,\boldsymbol{e}_n$ 线性无关可知 $\lambda_1=\cdots=\lambda_k=\lambda_{k+1}=\cdots=\lambda_n=0$. 因此 $\varphi(\boldsymbol{e}_{k+1}),\cdots,\varphi(\boldsymbol{e}_n)$ 是 $\operatorname{Im}\varphi$ 的一组基, 从而 $\dim\operatorname{Im}\varphi=n-k$, 结论得证. □

例 4.24 设 φ 是 n 维线性空间 V 到 m 维线性空间 U 的线性映射, φ 在给定基下的表示矩阵为 $\boldsymbol{A}$. 求证: φ 是满映射的充要条件是 $\mathrm{r}(\boldsymbol{A})=m$, φ 是单映射的充要条件是 $\mathrm{r}(\boldsymbol{A})=n$.

证明 注意到 $\dim\operatorname{Im}\varphi=\mathrm{r}(\boldsymbol{A})$, 并且 φ 是满映射的充要条件是 $\operatorname{Im}\varphi=U$, 这也等价于 $\dim\operatorname{Im}\varphi=\dim U=m$, 故第一个结论成立.

注意到 $\dim\operatorname{Ker}\varphi=n-\mathrm{r}(\boldsymbol{A})$, 并且 φ 是单映射的充要条件是 $\operatorname{Ker}\varphi=0$, 这也等价于 $\dim\operatorname{Ker}\varphi=0$, 故第二个结论成立. □

例 4.3 设 φ 是有限维线性空间 V 到 U 的线性映射, 求证: 必存在 U 到 V 的线性映射 ψ, 使得 $\varphi\psi\varphi=\varphi$.

证法 2 (代数方法) 取定 V 和 U 的两组基, 设 φ 在这两组基下的表示矩阵为 $m\times n$ 矩阵 $\boldsymbol{A}$, 则由例 3.93 可知, 存在 $n\times m$ 矩阵 $\boldsymbol{B}$, 使得 $\boldsymbol{ABA}=\boldsymbol{A}$. 由矩阵 $\boldsymbol{B}$ 可定义从 U 到 V 的线性映射 $\boldsymbol{\psi}$, 它适合 $\boldsymbol{\varphi\psi\varphi}=\boldsymbol{\varphi}$. □

例 4.5 设 V,U 是 $\mathbb{F}$ 上的有限维线性空间, φ 是 V 到 U 的线性映射, 求证:

(1) φ 是单映射的充要条件是存在 U 到 V 的线性映射 $\boldsymbol{\psi}$, 使 $\boldsymbol{\psi\varphi}=\mathbf{Id}_V$, 这里 $\mathbf{Id}_V$ 表示 V 上的恒等映射;

(2) φ 是满映射的充要条件是存在 U 到 V 的线性映射 $\boldsymbol{\eta}$, 使 $\boldsymbol{\varphi\eta}=\mathbf{Id}_U$, 这里 $\mathbf{Id}_U$ 表示 U 上的恒等映射.

证法 2 (代数方法) 充分性同证法 1, 现只证必要性. 取定 V 和 U 的两组基, 设 φ 在这两组基下的表示矩阵为 $m\times n$ 矩阵 $\boldsymbol{A}$.

(1) 若 φ 是单映射, 则由例 4.24 可知 $\boldsymbol{A}$ 是列满秩矩阵. 再由例 3.91 (1) 可知, 存在 $n\times m$ 矩阵 $\boldsymbol{B}$, 使得 $\boldsymbol{BA}=\boldsymbol{I}_n$. 由矩阵 $\boldsymbol{B}$ 可定义从 U 到 V 的线性映射 $\boldsymbol{\psi}$, 它适合 $\psi\varphi=\mathbf{Id}_V$.

(2) 若 φ 是满映射, 则由例 4.24 可知 $\boldsymbol{A}$ 是行满秩矩阵. 再由例 3.91 (2) 可知, 存在 $n\times m$ 矩阵 $\boldsymbol{C}$, 使得 $\boldsymbol{AC}=\boldsymbol{I}_m$. 由矩阵 $\boldsymbol{C}$ 可定义从 U 到 V 的线性映射 $\boldsymbol{\eta}$, 它适合 $\boldsymbol{\varphi\eta}=\mathbf{Id}_U$. □

例 4.25 设 $\varphi:V\to U$ 为线性映射且 φ 的秩为 r, 证明: 存在 r 个秩为 1 的线性映射 $\varphi_i:V\to U\,(1\leq i\leq r)$, 使得 $\boldsymbol{\varphi}=\boldsymbol{\varphi}_1+\cdots+\boldsymbol{\varphi}_r$.

证明 取定 V 和 U 的两组基, 设 φ 在这两组基下的表示矩阵为 $\boldsymbol{A}$, 则 $\mathrm{r}(\boldsymbol{A})=\mathrm{r}(\boldsymbol{\varphi})=r$. 由例 3.89 可知, 存在 r 个秩为 1 的矩阵 $\boldsymbol{A}_i\,(1\leq i\leq r)$, 使得 $\boldsymbol{A}=\boldsymbol{A}_1+\cdots+\boldsymbol{A}_r$. 由于线性映射和表示矩阵之间一一对应, 故存在线性映射 $\boldsymbol{\varphi}_i:V\to U\,(1\leq i\leq r)$, 使得 $\boldsymbol{\varphi}=\boldsymbol{\varphi}_1+\cdots+\boldsymbol{\varphi}_r$, 且 $\mathrm{r}(\boldsymbol{\varphi}_i)=\mathrm{r}(\boldsymbol{A}_i)=1$. □

例 4.26 设 φ 是线性空间 V 上的线性变换, 若它在 V 的任一组基下的表示矩阵都相同, 求证: φ 是纯量变换, 即存在常数 k, 使得 $\boldsymbol{\varphi}(\boldsymbol{\alpha})=k\boldsymbol{\alpha}$ 对一切 $\boldsymbol{\alpha}\in V$ 都成立.

证明 取定 V 的一组基, 设 φ 在这组基下的表示矩阵是 $\boldsymbol{A}$. 由已知条件可知, 对任意一个同阶可逆矩阵 $\boldsymbol{P}$, $\boldsymbol{A}=\boldsymbol{P}^{-1}\boldsymbol{AP}$, 即 $\boldsymbol{PA}=\boldsymbol{AP}$. 因此矩阵 $\boldsymbol{A}$ 和任意一个可逆矩阵乘法可交换, 于是 $\boldsymbol{A}=k\boldsymbol{I}_n$, 由此即知 φ 是纯量变换. □

在上面四题中, 我们将线性映射的问题转化为矩阵问题来处理. 反之, 我们也可将矩阵问题转化为线性映射 (线性变换) 问题来处理. 设 $\boldsymbol{A}$ 是数域 $\mathbb{F}$ 上的 $m\times n$ 矩阵, 定义列向量空间 $\mathbb{F}^n$ 到 $\mathbb{F}^m$ 的线性映射: $\boldsymbol{\varphi}(\boldsymbol{\alpha})=\boldsymbol{A}\boldsymbol{\alpha}$, 容易验证在 $\mathbb{F}^n$ 和 $\mathbb{F}^m$ 的标准单位列向量构成的基下, $\boldsymbol{\varphi}$ 的表示矩阵就是 $\boldsymbol{A}$. 同理, 若 $\boldsymbol{A}$ 是 $\mathbb{F}$ 上的 n 阶矩阵, 定义 $\mathbb{F}^n$ 上的线性变换: $\boldsymbol{\varphi}(\boldsymbol{\alpha})=\boldsymbol{A}\boldsymbol{\alpha}$, 容易验证在 $\mathbb{F}^n$ 的标准单位列向量构成的基下, $\boldsymbol{\varphi}$ 的表示矩阵就是 $\boldsymbol{A}$. 因此, 我们有时就把这个线性映射 (线性变换) 写为 $\boldsymbol{A}$. 上述把代数问题转化成几何问题的语言表述, 在后面的章节中一直会用到. 某些矩阵问题采用这种方式转化为线性映射 (线性变换) 问题后, 往往变得比较容易解决或者可以充分利用几何直观去得到解题思路. 下面是两个典型的例子.

例 4.27 设 $\boldsymbol{A},\boldsymbol{B}$ 都是数域 $\mathbb{F}$ 上的 $m\times n$ 矩阵, 求证: 方程组 $\boldsymbol{A}\boldsymbol{x}=\boldsymbol{0}$, $\boldsymbol{B}\boldsymbol{x}=\boldsymbol{0}$ 同解的充要条件是存在可逆矩阵 $\boldsymbol{P}$, 使得 $\boldsymbol{B}=\boldsymbol{P}\boldsymbol{A}$.

证明　因为 $\boldsymbol{P}$ 是可逆矩阵, 充分性是显然的. 现通过两种方法来证明必要性.

代数方法　由条件可得方程组 $\boldsymbol{A}\boldsymbol{x}=\boldsymbol{0}$, $\boldsymbol{B}\boldsymbol{x}=\boldsymbol{0}$, $\begin{pmatrix}\boldsymbol{A}\\\boldsymbol{B}\end{pmatrix}\boldsymbol{x}=\boldsymbol{0}$ 都同解, 从而有

$$\mathrm{r}(\boldsymbol{A})=\mathrm{r}(\boldsymbol{B})=\mathrm{r}\begin{pmatrix}\boldsymbol{A}\\\boldsymbol{B}\end{pmatrix}.$$

注意到结论 $\boldsymbol{B}=\boldsymbol{P}\boldsymbol{A}$ 就是说 $\boldsymbol{A},\boldsymbol{B}$ 可以通过初等行变换相互转化, 因此在证明的过程中, 对 $\boldsymbol{A}$ 或 $\boldsymbol{B}$ 实施初等行变换不影响结论的证明. 设

$$\boldsymbol{A}=\begin{pmatrix}\boldsymbol{\alpha}_1\\\boldsymbol{\alpha}_2\\\vdots\\\boldsymbol{\alpha}_m\end{pmatrix},\quad \boldsymbol{B}=\begin{pmatrix}\boldsymbol{\beta}_1\\\boldsymbol{\beta}_2\\\vdots\\\boldsymbol{\beta}_m\end{pmatrix}$$

分别为 $\boldsymbol{A},\boldsymbol{B}$ 的行分块. 不妨对 $\boldsymbol{A},\boldsymbol{B}$ 都进行行对换, 故可设 $\boldsymbol{\alpha}_1,\cdots,\boldsymbol{\alpha}_r$ 是 $\boldsymbol{A}$ 的行向量的极大无关组, $\boldsymbol{\beta}_1,\cdots,\boldsymbol{\beta}_r$ 是 $\boldsymbol{B}$ 的行向量的极大无关组. 由于 $\mathrm{r}\begin{pmatrix}\boldsymbol{A}\\\boldsymbol{B}\end{pmatrix}=r$, 故由例 3.20 可知, $\boldsymbol{\alpha}_1,\cdots,\boldsymbol{\alpha}_r$ 和 $\boldsymbol{\beta}_1,\cdots,\boldsymbol{\beta}_r$ 是向量组 $\boldsymbol{\alpha}_1,\boldsymbol{\alpha}_2,\cdots,\boldsymbol{\alpha}_m,\boldsymbol{\beta}_1,\boldsymbol{\beta}_2,\cdots,\boldsymbol{\beta}_m$ 的两组极大无关组. 设 $\boldsymbol{\beta}_i=\sum\limits_{j=1}^{r}c_{ij}\boldsymbol{\alpha}_j\,(1\le i\le r)$, 则容易验证 r 阶方阵 $\boldsymbol{C}=(c_{ij})$ 是非异阵. 设 $\boldsymbol{\beta}_i-\boldsymbol{\alpha}_i=\sum\limits_{j=1}^{r}d_{ij}\boldsymbol{\alpha}_j\,(r+1\le i\le m)$, $\boldsymbol{D}=(d_{ij})$ 是 $(m-r)\times r$ 矩阵, 则容易验证 $\boldsymbol{P}=\begin{pmatrix}\boldsymbol{C}&\boldsymbol{O}\\\boldsymbol{D}&\boldsymbol{I}_{m-r}\end{pmatrix}$ 是 m 阶非异阵, 并且满足 $\boldsymbol{B}=\boldsymbol{P}\boldsymbol{A}$.

几何方法　将问题转化成几何的语言即为: 设 V 是 $\mathbb{F}$ 上的 n 维线性空间, U 是 $\mathbb{F}$ 上的 m 维线性空间, $\boldsymbol{\varphi}, \boldsymbol{\psi}: V \to U$ 是两个线性映射. 求证: 若 $\operatorname{Ker} \boldsymbol{\varphi} = \operatorname{Ker} \boldsymbol{\psi}$, 则存在 U 上的自同构 $\boldsymbol{\sigma}$, 使得 $\boldsymbol{\psi} = \boldsymbol{\sigma}\boldsymbol{\varphi}$.

设 $\mathrm{r}(\boldsymbol{\varphi}) = r$, 则 $\dim \operatorname{Ker} \boldsymbol{\varphi} = \dim \operatorname{Ker} \boldsymbol{\psi} = n - r$. 取 $\operatorname{Ker} \boldsymbol{\varphi} = \operatorname{Ker} \boldsymbol{\psi}$ 的一组基 $\boldsymbol{e}_{r+1}, \cdots, \boldsymbol{e}_n$, 并将其扩张为 V 的一组基 $\boldsymbol{e}_1, \cdots, \boldsymbol{e}_r, \boldsymbol{e}_{r+1}, \cdots, \boldsymbol{e}_n$. 根据例 4.23 的证明可知, $\boldsymbol{\varphi}(\boldsymbol{e}_1), \cdots, \boldsymbol{\varphi}(\boldsymbol{e}_r)$ 是 $\operatorname{Im} \boldsymbol{\varphi}$ 的一组基, 故可将其扩张为 U 的一组基 $\boldsymbol{\varphi}(\boldsymbol{e}_1), \cdots, \boldsymbol{\varphi}(\boldsymbol{e}_r), \boldsymbol{f}_{r+1}, \cdots, \boldsymbol{f}_m$. 同理可知, $\boldsymbol{\psi}(\boldsymbol{e}_1), \cdots, \boldsymbol{\psi}(\boldsymbol{e}_r)$ 是 $\operatorname{Im} \boldsymbol{\psi}$ 的一组基, 故可将其扩张为 U 的一组基 $\boldsymbol{\psi}(\boldsymbol{e}_1), \cdots, \boldsymbol{\psi}(\boldsymbol{e}_r), \boldsymbol{g}_{r+1}, \cdots, \boldsymbol{g}_m$. 定义 U 上的线性变换 $\boldsymbol{\sigma}$ 如下:

$$\boldsymbol{\sigma}(\boldsymbol{\varphi}(\boldsymbol{e}_i)) = \boldsymbol{\psi}(\boldsymbol{e}_i),\ 1 \le i \le r;\ \ \boldsymbol{\sigma}(\boldsymbol{f}_j) = \boldsymbol{g}_j,\ r+1 \le j \le m.$$

因为 $\boldsymbol{\sigma}$ 把 U 的一组基映射为 U 的另一组基, 故 $\boldsymbol{\sigma}$ 是 U 的自同构. 又对 $r+1 \le j \le n$, $\boldsymbol{\sigma}(\boldsymbol{\varphi}(\boldsymbol{e}_j)) = \mathbf{0} = \boldsymbol{\psi}(\boldsymbol{e}_j)$, 故 $\boldsymbol{\sigma}\boldsymbol{\varphi} = \boldsymbol{\psi}$ 成立. □

例 3.69 (Frobenius 不等式)　证明: $\mathrm{r}(\boldsymbol{ABC}) \ge \mathrm{r}(\boldsymbol{AB}) + \mathrm{r}(\boldsymbol{BC}) - \mathrm{r}(\boldsymbol{B})$.

证法 2 (几何方法)　将问题转化成几何的语言即为: 设 $\boldsymbol{\varphi}: V_1 \to V_2$, $\boldsymbol{\psi}: V_2 \to V_3$, $\boldsymbol{\theta}: V_3 \to V_4$ 是线性映射, 证明: $\mathrm{r}(\boldsymbol{\theta\psi\varphi}) \ge \mathrm{r}(\boldsymbol{\theta\psi}) + \mathrm{r}(\boldsymbol{\psi\varphi}) - \mathrm{r}(\boldsymbol{\psi})$.

下面考虑通过定义域的限制得到的线性映射. 将 $\boldsymbol{\theta}$ 的定义域限制在 $\operatorname{Im} \boldsymbol{\psi\varphi}$ 上可得线性映射 $\boldsymbol{\theta}_1: \operatorname{Im} \boldsymbol{\psi\varphi} \to V_4$, 它的像空间是 $\operatorname{Im} \boldsymbol{\theta\psi\varphi}$, 核空间是 $\operatorname{Ker} \boldsymbol{\theta} \cap \operatorname{Im} \boldsymbol{\psi\varphi}$; 将 $\boldsymbol{\theta}$ 的定义域限制在 $\operatorname{Im} \boldsymbol{\psi}$ 上可得线性映射 $\boldsymbol{\theta}_2: \operatorname{Im} \boldsymbol{\psi} \to V_4$, 它的像空间是 $\operatorname{Im} \boldsymbol{\theta\psi}$, 核空间是 $\operatorname{Ker} \boldsymbol{\theta} \cap \operatorname{Im} \boldsymbol{\psi}$, 故由线性映射的维数公式可得

$$\dim(\operatorname{Im} \boldsymbol{\psi\varphi}) = \dim(\operatorname{Ker} \boldsymbol{\theta} \cap \operatorname{Im} \boldsymbol{\psi\varphi}) + \dim(\operatorname{Im} \boldsymbol{\theta\psi\varphi}), \tag{4.1}$$

$$\dim(\operatorname{Im} \boldsymbol{\psi}) = \dim(\operatorname{Ker} \boldsymbol{\theta} \cap \operatorname{Im} \boldsymbol{\psi}) + \dim(\operatorname{Im} \boldsymbol{\theta\psi}). \tag{4.2}$$

注意到 $\operatorname{Im} \boldsymbol{\psi\varphi} \subseteq \operatorname{Im} \boldsymbol{\psi}$, 故 $\dim(\operatorname{Ker} \boldsymbol{\theta} \cap \operatorname{Im} \boldsymbol{\psi\varphi}) \le \dim(\operatorname{Ker} \boldsymbol{\theta} \cap \operatorname{Im} \boldsymbol{\psi})$, 从而由 (4.1) 式和 (4.2) 式可得

$$\mathrm{r}(\boldsymbol{\psi\varphi}) - \mathrm{r}(\boldsymbol{\theta\psi\varphi}) \le \mathrm{r}(\boldsymbol{\psi}) - \mathrm{r}(\boldsymbol{\theta\psi}),$$

结论得证. □

例 4.28　若数域 $\mathbb{F}$ 上的 n 阶方阵 $\boldsymbol{A}$ 和 $\boldsymbol{B}$ 相似, 求证: 它们可以看成是某个线性空间上同一个线性变换在不同基下的表示矩阵.

证明　令 $V = \mathbb{F}^n$ 是 n 维列向量空间, $\{\boldsymbol{e}_1, \boldsymbol{e}_2, \cdots, \boldsymbol{e}_n\}$ 是由 n 维标准单位列向量构成的基, $\boldsymbol{\varphi}$ 是由矩阵 $\boldsymbol{A}$ 的乘法诱导的线性变换, 容易验证 $\boldsymbol{\varphi}$ 在基 $\{\boldsymbol{e}_1, \boldsymbol{e}_2, \cdots, \boldsymbol{e}_n\}$ 下的表示矩阵就是 $\boldsymbol{A}$. 已知 $\boldsymbol{A}$ 和 $\boldsymbol{B}$ 相似, 即存在可逆矩阵 $\boldsymbol{P}$, 使得 $\boldsymbol{B} = \boldsymbol{P}^{-1}\boldsymbol{AP}$.

令 $\boldsymbol{P}=(\boldsymbol{f}_1,\boldsymbol{f}_2,\cdots,\boldsymbol{f}_n)$ 为其列分块, 由于 $\boldsymbol{P}$ 可逆, 故 $\boldsymbol{f}_1,\boldsymbol{f}_2,\cdots,\boldsymbol{f}_n$ 线性无关, 从而是 V 的一组基. 注意到从基 $\{\boldsymbol{e}_1,\boldsymbol{e}_2,\cdots,\boldsymbol{e}_n\}$ 到基 $\{\boldsymbol{f}_1,\boldsymbol{f}_2,\cdots,\boldsymbol{f}_n\}$ 的过渡矩阵就是 $\boldsymbol{P}$, 因此线性变换 φ 在基 $\{\boldsymbol{f}_1,\boldsymbol{f}_2,\cdots,\boldsymbol{f}_n\}$ 下的表示矩阵为 $\boldsymbol{P}^{-1}\boldsymbol{A}\boldsymbol{P}=\boldsymbol{B}$. □

下面两个例子说明如何选择适当的基使得线性变换的表示矩阵满足一定的条件.

例 4.29 设 V 是数域 $\mathbb{F}$ 上 n 阶矩阵全体构成的线性空间, φ 是 V 上的线性变换: $\varphi(\boldsymbol{A})=\boldsymbol{A}'$. 证明: 存在 V 的一组基, 使得 φ 在这组基下的表示矩阵是一个对角矩阵且主对角元素全是 1 或 -1, 并求出 1 和 -1 的个数.

证明 设 V_1 是由 n 阶对称矩阵组成的子空间, V_2 是由反对称矩阵组成的子空间, 则由例 3.48 可得

$$V=V_1\oplus V_2.$$

取 V_1 的一组基和 V_2 的一组基拼成 V 的一组基, 则 φ 在这组基下的表示矩阵是对角矩阵且主对角元素或为 1 或为 -1. 因为 $\dim V_1=\dfrac{1}{2}n(n+1)$, $\dim V_2=\dfrac{1}{2}n(n-1)$, 故 1 的个数为 $\dfrac{1}{2}n(n+1)$, -1 的个数为 $\dfrac{1}{2}n(n-1)$. □

例 4.30 设 V 是数域 $\mathbb{K}$ 上的 n 维线性空间, $\boldsymbol{\varphi},\boldsymbol{\psi}$ 是 V 上的线性变换且 $\boldsymbol{\varphi}^2=\boldsymbol{0}$, $\boldsymbol{\psi}^2=\boldsymbol{0}$, $\boldsymbol{\varphi}\boldsymbol{\psi}+\boldsymbol{\psi}\boldsymbol{\varphi}=\boldsymbol{I}$, $\boldsymbol{I}$ 是 V 上的恒等变换. 求证:

(1) $V=\operatorname{Ker}\boldsymbol{\varphi}\oplus\operatorname{Ker}\boldsymbol{\psi}$;

(2) 若 V 是二维空间, 则存在 V 的基 $\boldsymbol{e}_1,\boldsymbol{e}_2$, 使得 $\boldsymbol{\varphi},\boldsymbol{\psi}$ 在这组基下的表示矩阵分别为

$$\boldsymbol{A}=\begin{pmatrix}0&0\\1&0\end{pmatrix},\quad \boldsymbol{B}=\begin{pmatrix}0&1\\0&0\end{pmatrix};$$

(3) V 必是偶数维空间且若 V 是 $2k$ 维空间, 则存在 V 的一组基, 使得 $\boldsymbol{\varphi},\boldsymbol{\psi}$ 在这组基下的表示矩阵分别为下列分块对角矩阵:

$$\begin{pmatrix}\boldsymbol{A}&\boldsymbol{O}&\cdots&\boldsymbol{O}\\\boldsymbol{O}&\boldsymbol{A}&\cdots&\boldsymbol{O}\\\vdots&\vdots&&\vdots\\\boldsymbol{O}&\boldsymbol{O}&\cdots&\boldsymbol{A}\end{pmatrix},\quad \begin{pmatrix}\boldsymbol{B}&\boldsymbol{O}&\cdots&\boldsymbol{O}\\\boldsymbol{O}&\boldsymbol{B}&\cdots&\boldsymbol{O}\\\vdots&\vdots&&\vdots\\\boldsymbol{O}&\boldsymbol{O}&\cdots&\boldsymbol{B}\end{pmatrix},$$

其中主对角线上分别有 k 个 $\boldsymbol{A}$ 和 k 个 $\boldsymbol{B}$.

证明 (1) 任取 $\boldsymbol{\alpha}\in V$, 则由 $\boldsymbol{I}=\boldsymbol{\varphi}\boldsymbol{\psi}+\boldsymbol{\psi}\boldsymbol{\varphi}$ 得到 $\boldsymbol{\alpha}=\boldsymbol{\varphi}\boldsymbol{\psi}(\boldsymbol{\alpha})+\boldsymbol{\psi}\boldsymbol{\varphi}(\boldsymbol{\alpha})$. 注意到 $\boldsymbol{\varphi}\boldsymbol{\psi}(\boldsymbol{\alpha})\in\operatorname{Ker}\boldsymbol{\varphi}$, $\boldsymbol{\psi}\boldsymbol{\varphi}(\boldsymbol{\alpha})\in\operatorname{Ker}\boldsymbol{\psi}$, 因此 $V=\operatorname{Ker}\boldsymbol{\varphi}+\operatorname{Ker}\boldsymbol{\psi}$. 又若 $\boldsymbol{\beta}\in\operatorname{Ker}\boldsymbol{\varphi}\cap\operatorname{Ker}\boldsymbol{\psi}$, 则 $\boldsymbol{\beta}=\boldsymbol{\varphi}\boldsymbol{\psi}(\boldsymbol{\beta})+\boldsymbol{\psi}\boldsymbol{\varphi}(\boldsymbol{\beta})=\boldsymbol{0}$, 即 $\operatorname{Ker}\boldsymbol{\varphi}\cap\operatorname{Ker}\boldsymbol{\psi}=0$. 于是 $V=\operatorname{Ker}\boldsymbol{\varphi}\oplus\operatorname{Ker}\boldsymbol{\psi}$.

(2) 取 $\mathbf{0} \neq \boldsymbol{e}_1 \in \operatorname{Ker} \boldsymbol{\psi}$, $\boldsymbol{e}_2 = \boldsymbol{\varphi}(\boldsymbol{e}_1)$, 则 $\boldsymbol{\varphi}(\boldsymbol{e}_2) = \boldsymbol{\varphi}^2(\boldsymbol{e}_1) = \mathbf{0}$, 即 $\boldsymbol{e}_2 \in \operatorname{Ker} \boldsymbol{\varphi}$. 又若 $\boldsymbol{e}_2 = \mathbf{0}$, 则 $\boldsymbol{e}_1 \in \operatorname{Ker} \boldsymbol{\varphi} \cap \operatorname{Ker} \boldsymbol{\psi} = 0$, 和假设矛盾, 于是 $\boldsymbol{e}_2 \neq \mathbf{0}$. 因此 $\boldsymbol{e}_1, \boldsymbol{e}_2$ 组成 V 的一组基, 不难验证在这组基下, $\boldsymbol{\varphi}, \boldsymbol{\psi}$ 的表示矩阵符合要求.

(3) 设 $\dim \operatorname{Ker} \boldsymbol{\psi} = k$, 并取 $\operatorname{Ker} \boldsymbol{\psi}$ 的一组基 $\boldsymbol{e}_1, \boldsymbol{e}_2, \cdots, \boldsymbol{e}_k$. 令 $\boldsymbol{e}_{k+1} = \boldsymbol{\varphi}(\boldsymbol{e}_1)$, $\boldsymbol{e}_{k+2} = \boldsymbol{\varphi}(\boldsymbol{e}_2), \cdots, \boldsymbol{e}_{2k} = \boldsymbol{\varphi}(\boldsymbol{e}_k)$, 则由 $\boldsymbol{\varphi}^2 = \mathbf{0}$ 可得 $\boldsymbol{e}_{k+1}, \boldsymbol{e}_{k+2}, \cdots, \boldsymbol{e}_{2k}$ 都属于 $\operatorname{Ker} \boldsymbol{\varphi}$. 我们先证明向量组 $\boldsymbol{e}_{k+1}, \boldsymbol{e}_{k+2}, \cdots, \boldsymbol{e}_{2k}$ 是线性无关的. 设有

$$c_1 \boldsymbol{e}_{k+1} + c_2 \boldsymbol{e}_{k+2} + \cdots + c_k \boldsymbol{e}_{2k} = \mathbf{0},$$

两边作用 $\boldsymbol{\psi}$, 可得

$$c_1 \boldsymbol{\psi}(\boldsymbol{e}_{k+1}) + c_2 \boldsymbol{\psi}(\boldsymbol{e}_{k+2}) + \cdots + c_k \boldsymbol{\psi}(\boldsymbol{e}_{2k}) = \mathbf{0}.$$

注意到 $\boldsymbol{e}_1 = \boldsymbol{\varphi}\boldsymbol{\psi}(\boldsymbol{e}_1) + \boldsymbol{\psi}\boldsymbol{\varphi}(\boldsymbol{e}_1) = \boldsymbol{\psi}(\boldsymbol{e}_{k+1})$, 同理 $\boldsymbol{e}_2 = \boldsymbol{\psi}(\boldsymbol{e}_{k+2}), \cdots, \boldsymbol{e}_k = \boldsymbol{\psi}(\boldsymbol{e}_{2k})$. 因此上式就是

$$c_1 \boldsymbol{e}_1 + c_2 \boldsymbol{e}_2 + \cdots + c_k \boldsymbol{e}_k = \mathbf{0}.$$

而 $\boldsymbol{e}_1, \boldsymbol{e}_2, \cdots, \boldsymbol{e}_k$ 线性无关, 故 $c_1 = c_2 = \cdots = c_k = 0$, 即向量组 $\boldsymbol{e}_{k+1}, \boldsymbol{e}_{k+2}, \cdots, \boldsymbol{e}_{2k}$ 线性无关. 特别地, 我们有 $\dim \operatorname{Ker} \boldsymbol{\varphi} \geq k = \dim \operatorname{Ker} \boldsymbol{\psi}$. 由于 $\boldsymbol{\varphi}, \boldsymbol{\psi}$ 的地位是对称的, 故同理可证 $\dim \operatorname{Ker} \boldsymbol{\psi} \geq \dim \operatorname{Ker} \boldsymbol{\varphi}$, 从而 $\dim \operatorname{Ker} \boldsymbol{\varphi} = \dim \operatorname{Ker} \boldsymbol{\psi} = k$, 并且 $\boldsymbol{e}_{k+1}, \boldsymbol{e}_{k+2}, \cdots, \boldsymbol{e}_{2k}$ 是 $\operatorname{Ker} \boldsymbol{\varphi}$ 的一组基. 因为 $V = \operatorname{Ker} \boldsymbol{\varphi} \oplus \operatorname{Ker} \boldsymbol{\psi}$, 故 $\boldsymbol{e}_1, \cdots, \boldsymbol{e}_k$, $\boldsymbol{e}_{k+1}, \cdots, \boldsymbol{e}_{2k}$ 组成 V 的一组基. 现将基向量排列如下:

$$\boldsymbol{e}_1, \boldsymbol{e}_{k+1}, \boldsymbol{e}_2, \boldsymbol{e}_{k+2}, \cdots, \boldsymbol{e}_k, \boldsymbol{e}_{2k}.$$

不难验证, 在这组基下 $\boldsymbol{\varphi}, \boldsymbol{\psi}$ 的表示矩阵即为所求. □

§ 4.5 像空间和核空间

利用像空间和核空间来讨论线性映射的满性和单性是常见的方法, 因此它们是相伴于线性映射的两个重要的子空间. 如何来确定线性映射的像空间和核空间, 以及如何运用它们去研究线性映射的性质, 我们将在下面的例子中作介绍.

例 4.31 设线性空间 V 上的线性变换 $\boldsymbol{\varphi}$ 在基 $\{\boldsymbol{e}_1, \boldsymbol{e}_2, \boldsymbol{e}_3, \boldsymbol{e}_4\}$ 下的表示矩阵为

$$\boldsymbol{A} = \begin{pmatrix} 1 & 0 & 2 & 1 \\ -1 & 2 & 1 & 3 \\ 1 & 2 & 5 & 5 \\ 2 & -2 & 1 & -2 \end{pmatrix},$$

求 φ 的核空间与像空间 (用基的线性组合来表示).

解 像空间通过坐标向量同构于 $\boldsymbol{A}$ 的列向量生成的子空间, 通过计算可得 $\boldsymbol{A}$ 的秩等于 2, 且 $\boldsymbol{A}$ 的第一、第二列向量线性无关, 于是 $\operatorname{Im}\varphi$ 的基的坐标向量为 $(1,-1,1,2)'$, $(0,2,2,-2)'$, 从而 $\operatorname{Im}\boldsymbol{\varphi}=k_1(\boldsymbol{e}_1-\boldsymbol{e}_2+\boldsymbol{e}_3+2\boldsymbol{e}_4)+k_2(2\boldsymbol{e}_2+2\boldsymbol{e}_3-2\boldsymbol{e}_4)$. 核空间通过坐标向量同构于齐次线性方程组 $\boldsymbol{Ax}=\boldsymbol{0}$ 的解空间, 通过计算可得该方程组的基础解系为 $(-4,-3,2,0)'$, $(-1,-2,0,1)'$, 此即 $\operatorname{Ker}\boldsymbol{\varphi}$ 的基的坐标向量, 于是 $\operatorname{Ker}\boldsymbol{\varphi}=k_1(-4\boldsymbol{e}_1-3\boldsymbol{e}_2+2\boldsymbol{e}_3)+k_2(-\boldsymbol{e}_1-2\boldsymbol{e}_2+\boldsymbol{e}_4)$. □

例 4.32 设 V 是数域 $\mathbb{F}$ 上的线性空间, $\boldsymbol{\varphi}_1,\boldsymbol{\varphi}_2,\cdots,\boldsymbol{\varphi}_k$ 是 V 上的非零线性变换. 求证: 存在 $\boldsymbol{\alpha}\in V$, 使得 $\boldsymbol{\varphi}_i(\boldsymbol{\alpha})\neq\boldsymbol{0}\,(1\le i\le k)$.

证明 因为 $\boldsymbol{\varphi}_i\neq\boldsymbol{0}$, 所以 $\operatorname{Ker}\boldsymbol{\varphi}_i$ 是 V 的真子空间. 由例 3.54 可知, 有限个真子空间 $\operatorname{Ker}\boldsymbol{\varphi}_i$ 不能覆盖全空间 V, 故必存在 $\boldsymbol{\alpha}\in V$, 使得 $\boldsymbol{\alpha}$ 不属于任意一个 $\operatorname{Ker}\boldsymbol{\varphi}_i$, 从而结论得证. □

例 4.33 设 V 是数域 $\mathbb{F}$ 上的线性空间, $\boldsymbol{\varphi}_1,\boldsymbol{\varphi}_2,\cdots,\boldsymbol{\varphi}_k$ 是 V 上互不相同的线性变换. 求证: 存在 $\boldsymbol{\alpha}\in V$, 使得 $\boldsymbol{\varphi}_1(\boldsymbol{\alpha}),\boldsymbol{\varphi}_2(\boldsymbol{\alpha}),\cdots,\boldsymbol{\varphi}_k(\boldsymbol{\alpha})$ 互不相同.

证明 令 $\boldsymbol{\varphi}_{ij}=\boldsymbol{\varphi}_i-\boldsymbol{\varphi}_j\,(1\le i<j\le k)$, 则 $\boldsymbol{\varphi}_{ij}$ 是 V 上的非零线性变换. 由例 4.32 可知, 存在 $\boldsymbol{\alpha}\in V$, 使得 $\boldsymbol{\varphi}_{ij}(\boldsymbol{\alpha})\neq\boldsymbol{0}$, 即 $\boldsymbol{\varphi}_i(\boldsymbol{\alpha})\neq\boldsymbol{\varphi}_j(\boldsymbol{\alpha})\,(1\le i<j\le k)$, 从而结论得证. □

例 4.34 设 $\boldsymbol{A}$ 是 n 阶方阵, 求证: $\mathrm{r}(\boldsymbol{A}^n)=\mathrm{r}(\boldsymbol{A}^{n+1})=\mathrm{r}(\boldsymbol{A}^{n+2})=\cdots$.

证法 1 (代数方法) 由秩的不等式可得

$$n=\mathrm{r}(\boldsymbol{I}_n)\ge\mathrm{r}(\boldsymbol{A})\ge\mathrm{r}(\boldsymbol{A}^2)\ge\cdots\ge\mathrm{r}(\boldsymbol{A}^n)\ge\mathrm{r}(\boldsymbol{A}^{n+1})\ge 0.$$

上述 $n+2$ 个整数都在 $[0,n]$ 之间, 故由抽屉原理可知, 存在某个整数 $m\in[0,n]$, 使得 $\mathrm{r}(\boldsymbol{A}^m)=\mathrm{r}(\boldsymbol{A}^{m+1})$. 对任意的 $k\ge m$, 由矩阵秩的 Frobenius 不等式可得

$$\mathrm{r}(\boldsymbol{A}^{k+1})=\mathrm{r}(\boldsymbol{A}^{k-m}\boldsymbol{A}^m\boldsymbol{A})\ge\mathrm{r}(\boldsymbol{A}^{k-m}\boldsymbol{A}^m)+\mathrm{r}(\boldsymbol{A}^m\boldsymbol{A})-\mathrm{r}(\boldsymbol{A}^m)=\mathrm{r}(\boldsymbol{A}^k),$$

又 $\mathrm{r}(\boldsymbol{A}^{k+1})\le\mathrm{r}(\boldsymbol{A}^k)$, 故 $\mathrm{r}(\boldsymbol{A}^{k+1})=\mathrm{r}(\boldsymbol{A}^k)$ 对任意的 $k\ge m$ 成立, 结论得证.

证法 2 (几何方法) 将 $\boldsymbol{A}$ 看成是 n 维列向量空间上的线性变换, 记为 $\boldsymbol{\varphi}$, 注意下列子空间链:

$$V\supseteq\operatorname{Im}\boldsymbol{\varphi}\supseteq\operatorname{Im}\boldsymbol{\varphi}^2\supseteq\cdots\supseteq\operatorname{Im}\boldsymbol{\varphi}^n\supseteq\operatorname{Im}\boldsymbol{\varphi}^{n+1}.$$

上述 $n+2$ 个子空间的维数都在 $[0,n]$ 之间, 故由抽屉原理可知, 存在某个整数 $m\in[0,n]$, 使得 $\operatorname{Im}\boldsymbol{\varphi}^m=\operatorname{Im}\boldsymbol{\varphi}^{m+1}$. 现要证明对任意的 $k\geq m$, $\operatorname{Im}\boldsymbol{\varphi}^k=\operatorname{Im}\boldsymbol{\varphi}^{k+1}$. 一方面, $\operatorname{Im}\boldsymbol{\varphi}^{k+1}\subseteq\operatorname{Im}\boldsymbol{\varphi}^k$ 是显然的. 另一方面, 任取 $\boldsymbol{\alpha}\in\operatorname{Im}\boldsymbol{\varphi}^k$, 则存在 $\boldsymbol{\beta}\in V$, 使得 $\boldsymbol{\alpha}=\boldsymbol{\varphi}^k(\boldsymbol{\beta})$. 由于 $\boldsymbol{\varphi}^m(\boldsymbol{\beta})\in\operatorname{Im}\boldsymbol{\varphi}^m=\operatorname{Im}\boldsymbol{\varphi}^{m+1}$, 故存在 $\boldsymbol{\gamma}\in V$, 使得 $\boldsymbol{\varphi}^m(\boldsymbol{\beta})=\boldsymbol{\varphi}^{m+1}(\boldsymbol{\gamma})$, 从而

$$\boldsymbol{\alpha}=\boldsymbol{\varphi}^k(\boldsymbol{\beta})=\boldsymbol{\varphi}^{k-m}(\boldsymbol{\varphi}^m(\boldsymbol{\beta}))=\boldsymbol{\varphi}^{k-m}(\boldsymbol{\varphi}^{m+1}(\boldsymbol{\gamma}))=\boldsymbol{\varphi}^{k+1}(\boldsymbol{\gamma})\in\operatorname{Im}\boldsymbol{\varphi}^{k+1},$$

故 $\operatorname{Im}\boldsymbol{\varphi}^k=\operatorname{Im}\boldsymbol{\varphi}^{k+1}$ 对任意的 $k\geq m$ 成立, 取维数后即得结论. □

例 4.35 设 $\boldsymbol{\varphi}$ 是 n 维线性空间 V 上的线性变换, 求证: 必存在整数 $m\in[0,n]$, 使得

$$\operatorname{Im}\boldsymbol{\varphi}^m=\operatorname{Im}\boldsymbol{\varphi}^{m+1},\quad \operatorname{Ker}\boldsymbol{\varphi}^m=\operatorname{Ker}\boldsymbol{\varphi}^{m+1},\quad V=\operatorname{Im}\boldsymbol{\varphi}^m\oplus\operatorname{Ker}\boldsymbol{\varphi}^m.$$

证明　根据例 4.34 的证明可知, 存在整数 $m\in[0,n]$, 使得

$$\operatorname{Im}\boldsymbol{\varphi}^m=\operatorname{Im}\boldsymbol{\varphi}^{m+1}=\operatorname{Im}\boldsymbol{\varphi}^{m+2}=\cdots.$$

注意到对任意的正整数 i, $\operatorname{Ker}\boldsymbol{\varphi}^i\subseteq\operatorname{Ker}\boldsymbol{\varphi}^{i+1}$. 再由维数公式可知, 对任意的 $i\geq m$, $\dim\operatorname{Ker}\boldsymbol{\varphi}^i=\dim V-\dim\operatorname{Im}\boldsymbol{\varphi}^i=n-\dim\operatorname{Im}\boldsymbol{\varphi}^m$ 是一个不依赖于 i 的常数, 因此

$$\operatorname{Ker}\boldsymbol{\varphi}^m=\operatorname{Ker}\boldsymbol{\varphi}^{m+1}=\operatorname{Ker}\boldsymbol{\varphi}^{m+2}=\cdots.$$

若 $\boldsymbol{\alpha}\in\operatorname{Im}\boldsymbol{\varphi}^m\cap\operatorname{Ker}\boldsymbol{\varphi}^m$, 则 $\boldsymbol{\alpha}=\boldsymbol{\varphi}^m(\boldsymbol{\beta})$, $\boldsymbol{\varphi}^m(\boldsymbol{\alpha})=\mathbf{0}$. 于是 $\mathbf{0}=\boldsymbol{\varphi}^m(\boldsymbol{\alpha})=\boldsymbol{\varphi}^{2m}(\boldsymbol{\beta})$, 即 $\boldsymbol{\beta}\in\operatorname{Ker}\boldsymbol{\varphi}^{2m}=\operatorname{Ker}\boldsymbol{\varphi}^m$, 从而 $\boldsymbol{\alpha}=\boldsymbol{\varphi}^m(\boldsymbol{\beta})=\mathbf{0}$, 这证明了 $\operatorname{Im}\boldsymbol{\varphi}^m\cap\operatorname{Ker}\boldsymbol{\varphi}^m=0$. 又对 V 中任一向量 $\boldsymbol{\alpha}$, 因为 $\boldsymbol{\varphi}^m(\boldsymbol{\alpha})\in\operatorname{Im}\boldsymbol{\varphi}^m=\operatorname{Im}\boldsymbol{\varphi}^{2m}$, 所以 $\boldsymbol{\varphi}^m(\boldsymbol{\alpha})=\boldsymbol{\varphi}^{2m}(\boldsymbol{\beta})$, 其中 $\boldsymbol{\beta}\in V$. 我们有分解式

$$\boldsymbol{\alpha}=\boldsymbol{\varphi}^m(\boldsymbol{\beta})+(\boldsymbol{\alpha}-\boldsymbol{\varphi}^m(\boldsymbol{\beta})).$$

注意到 $\boldsymbol{\varphi}^m(\boldsymbol{\alpha}-\boldsymbol{\varphi}^m(\boldsymbol{\beta}))=\mathbf{0}$, 即 $\boldsymbol{\alpha}-\boldsymbol{\varphi}^m(\boldsymbol{\beta})\in\operatorname{Ker}\boldsymbol{\varphi}^m$, 这就证明了 $V=\operatorname{Im}\boldsymbol{\varphi}^m+\operatorname{Ker}\boldsymbol{\varphi}^m$. 因此

$$V=\operatorname{Im}\boldsymbol{\varphi}^m\oplus\operatorname{Ker}\boldsymbol{\varphi}^m.\ \square$$

注　也可不证明 $V=\operatorname{Im}\boldsymbol{\varphi}^m+\operatorname{Ker}\boldsymbol{\varphi}^m$, 改由维数公式 $\dim\operatorname{Im}\boldsymbol{\varphi}^m+\dim\operatorname{Ker}\boldsymbol{\varphi}^m=n$ 直接得到 $V=\operatorname{Im}\boldsymbol{\varphi}^m\oplus\operatorname{Ker}\boldsymbol{\varphi}^m$.

例 4.36 设 V 是数域 $\mathbb{K}$ 上的 n 维线性空间, $\boldsymbol{\varphi}$ 是 V 上的线性变换, 证明以下 9 个结论等价:

(1) $V=\operatorname{Ker}\varphi\oplus\operatorname{Im}\varphi$;

(2) $V=\operatorname{Ker}\varphi+\operatorname{Im}\varphi$;

(3) $\operatorname{Ker}\varphi\cap\operatorname{Im}\varphi=0$;

(4) $\operatorname{Ker}\varphi=\operatorname{Ker}\varphi^2$, 或等价地, $\dim\operatorname{Ker}\varphi=\dim\operatorname{Ker}\varphi^2$;

(5) $\operatorname{Ker}\varphi=\operatorname{Ker}\varphi^2=\operatorname{Ker}\varphi^3=\cdots$, 或等价地, $\dim\operatorname{Ker}\varphi=\dim\operatorname{Ker}\varphi^2=\dim\operatorname{Ker}\varphi^3=\cdots$;

(6) $\operatorname{Im}\varphi=\operatorname{Im}\varphi^2$, 或等价地, $\mathrm{r}(\varphi)=\mathrm{r}(\varphi^2)$;

(7) $\operatorname{Im}\varphi=\operatorname{Im}\varphi^2=\operatorname{Im}\varphi^3=\cdots$, 或等价地, $\mathrm{r}(\varphi)=\mathrm{r}(\varphi^2)=\mathrm{r}(\varphi^3)=\cdots$;

(8) $\operatorname{Ker}\varphi$ 存在 φ–不变补空间, 即存在 φ–不变子空间 U, 使得 $V=\operatorname{Ker}\varphi\oplus U$;

(9) $\operatorname{Im}\varphi$ 存在 φ–不变补空间, 即存在 φ–不变子空间 W, 使得 $V=\operatorname{Im}\varphi\oplus W$.

证明　由直和的定义可知 (1) $\Leftrightarrow$ (2)+(3), 于是 (1) $\Rightarrow$ (2) 和 (1) $\Rightarrow$ (3) 都是显然的. 根据交和空间维数公式和线性映射维数公式可知

$$\begin{aligned}\dim(\operatorname{Ker}\varphi+\operatorname{Im}\varphi)&=\dim\operatorname{Ker}\varphi+\dim\operatorname{Im}\varphi-\dim(\operatorname{Ker}\varphi\cap\operatorname{Im}\varphi)\\&=\dim V-\dim(\operatorname{Ker}\varphi\cap\operatorname{Im}\varphi),\end{aligned}$$

于是 (2) $\Leftrightarrow$ (3) 成立, 从而前 3 个结论两两等价.

(3) $\Rightarrow$ (4): 显然 $\operatorname{Ker}\varphi\subseteq\operatorname{Ker}\varphi^2$ 成立. 任取 $\boldsymbol{\alpha}\in\operatorname{Ker}\varphi^2$, 则 $\varphi(\boldsymbol{\alpha})\in\operatorname{Ker}\varphi\cap\operatorname{Im}\varphi=0$, 于是 $\varphi(\boldsymbol{\alpha})=\mathbf{0}$, 即 $\boldsymbol{\alpha}\in\operatorname{Ker}\varphi$, 从而 $\operatorname{Ker}\varphi^2\subseteq\operatorname{Ker}\varphi$ 也成立, 故 (4) 成立.

(4) $\Rightarrow$ (3): 任取 $\boldsymbol{\alpha}\in\operatorname{Ker}\varphi\cap\operatorname{Im}\varphi$, 则存在 $\boldsymbol{\beta}\in V$, 使得 $\boldsymbol{\alpha}=\varphi(\boldsymbol{\beta})$, 于是 $\mathbf{0}=\varphi(\alpha)=\varphi^2(\boldsymbol{\beta})$, 即 $\boldsymbol{\beta}\in\operatorname{Ker}\varphi^2=\operatorname{Ker}\varphi$, 从而 $\boldsymbol{\alpha}=\varphi(\boldsymbol{\beta})=\mathbf{0}$, 即 (3) 成立.

(5) $\Rightarrow$ (4) 是显然的, 下证 (4) $\Rightarrow$ (5): 设 $\operatorname{Ker}\varphi^k=\operatorname{Ker}\varphi^{k+1}$ 已对正整数 k 成立, 先证 $\operatorname{Ker}\varphi^{k+1}=\operatorname{Ker}\varphi^{k+2}$ 也成立, 然后用归纳法即得结论. $\operatorname{Ker}\varphi^{k+1}\subseteq\operatorname{Ker}\varphi^{k+2}$ 是显然的. 任取 $\boldsymbol{\alpha}\in\operatorname{Ker}\varphi^{k+2}$, 即 $\mathbf{0}=\varphi^{k+2}(\boldsymbol{\alpha})=\varphi^{k+1}(\varphi(\boldsymbol{\alpha}))$, 于是 $\varphi(\boldsymbol{\alpha})\in\operatorname{Ker}\varphi^{k+1}=\operatorname{Ker}\varphi^k$, 从而 $\varphi^{k+1}(\boldsymbol{\alpha})=\varphi^k(\varphi(\boldsymbol{\alpha}))=\mathbf{0}$, 即 $\boldsymbol{\alpha}\in\operatorname{Ker}\varphi^{k+1}$, 于是 $\operatorname{Ker}\varphi^{k+2}\subseteq\operatorname{Ker}\varphi^{k+1}$ 也成立.

(3) $\Leftrightarrow$ (6): 考虑 φ 在不变子空间 $\operatorname{Im}\varphi$ 上的限制变换 $\varphi|_{\operatorname{Im}\varphi}:\operatorname{Im}\varphi\to\operatorname{Im}\varphi$, 由限制的定义可知它的核等于 $\operatorname{Ker}\varphi\cap\operatorname{Im}\varphi$, 它的像等于 $\operatorname{Im}\varphi^2$. 由于有限维线性空间上的线性变换是单射当且仅当它是满射, 当且仅当它是同构, 故 (3) $\Leftrightarrow$ (6) 成立.

(7) $\Rightarrow$ (6) 是显然的, 下证 (6) $\Rightarrow$ (7): 设 $\operatorname{Im}\varphi^k=\operatorname{Im}\varphi^{k+1}$ 已对正整数 k 成立, 先证 $\operatorname{Im}\varphi^{k+1}=\operatorname{Im}\varphi^{k+2}$ 也成立, 然后用归纳法即得结论. $\operatorname{Im}\varphi^{k+2}\subseteq\operatorname{Im}\varphi^{k+1}$ 是显然的. 任取 $\boldsymbol{\alpha}\in\operatorname{Im}\varphi^{k+1}$, 即存在 $\boldsymbol{\beta}\in V$, 使得 $\boldsymbol{\alpha}=\varphi^{k+1}(\boldsymbol{\beta})$. 由于 $\varphi^k(\boldsymbol{\beta})\in\operatorname{Im}\varphi^k=\operatorname{Im}\varphi^{k+1}$, 故存在 $\boldsymbol{\gamma}\in V$, 使得 $\varphi^k(\boldsymbol{\beta})=\varphi^{k+1}(\gamma)$, 于是 $\boldsymbol{\alpha}=\varphi^{k+1}(\boldsymbol{\beta})=\varphi(\varphi^k(\boldsymbol{\beta}))=\varphi(\varphi^{k+1}(\gamma))=\varphi^{k+2}(\gamma)\in\operatorname{Im}\varphi^{k+2}$, 从而 $\operatorname{Im}\varphi^{k+1}\subseteq\operatorname{Im}\varphi^{k+2}$ 也成立.

(1) $\Rightarrow$ (8) 是显然的, 下证 (8) $\Rightarrow$ (1). 我们先证 $\operatorname{Im}\boldsymbol{\varphi} \subseteq U$: 任取 $\boldsymbol{\varphi}(\boldsymbol{v}) \in \operatorname{Im}\boldsymbol{\varphi}$, 由直和分解可设 $\boldsymbol{v} = \boldsymbol{v}_1 + \boldsymbol{u}$, 其中 $\boldsymbol{v}_1 \in \operatorname{Ker}\boldsymbol{\varphi}$, $\boldsymbol{u} \in U$, 则由 U 的 $\boldsymbol{\varphi}$–不变性可得 $\boldsymbol{\varphi}(\boldsymbol{v}) = \boldsymbol{\varphi}(\boldsymbol{v}_1) + \boldsymbol{\varphi}(\boldsymbol{u}) = \boldsymbol{\varphi}(\boldsymbol{u}) \in U$. 考虑不等式

$$\dim V = \dim(\operatorname{Ker}\boldsymbol{\varphi} \oplus U) = \dim\operatorname{Ker}\boldsymbol{\varphi} + \dim U \geq \dim\operatorname{Ker}\boldsymbol{\varphi} + \dim\operatorname{Im}\boldsymbol{\varphi} = \dim V,$$

从而只能是 $U = \operatorname{Im}\boldsymbol{\varphi}$, 于是 (1) 成立.

(1) $\Rightarrow$ (9) 是显然的, 下证 (9) $\Rightarrow$ (1). 我们先证 $W \subseteq \operatorname{Ker}\boldsymbol{\varphi}$: 任取 $\boldsymbol{w} \in W$, 则由 W 的 $\boldsymbol{\varphi}$–不变性可得 $\boldsymbol{\varphi}(\boldsymbol{w}) \in \operatorname{Im}\boldsymbol{\varphi} \cap W = 0$, 即有 $\boldsymbol{w} \in \operatorname{Ker}\boldsymbol{\varphi}$. 考虑不等式

$$\dim V = \dim(\operatorname{Im}\boldsymbol{\varphi} \oplus W) = \dim\operatorname{Im}\boldsymbol{\varphi} + \dim W \leq \dim\operatorname{Im}\boldsymbol{\varphi} + \dim\operatorname{Ker}\boldsymbol{\varphi} = \dim V,$$

从而只能是 $W = \operatorname{Ker}\boldsymbol{\varphi}$, 于是 (1) 成立. □

下面我们从商空间的角度给出线性映射维数公式的第四种证法.

例 4.37 设 V, U 是数域 $\mathbb{K}$ 上的有限维线性空间, $\boldsymbol{\varphi}: V \to U$ 是线性映射, 证明: 由 $\boldsymbol{\varphi}$ 诱导的线性映射 $\overline{\boldsymbol{\varphi}}: V/\operatorname{Ker}\boldsymbol{\varphi} \to \operatorname{Im}\boldsymbol{\varphi}$, $\overline{\boldsymbol{\varphi}}(\boldsymbol{v} + \operatorname{Ker}\boldsymbol{\varphi}) = \boldsymbol{\varphi}(\boldsymbol{v})$ 是线性同构. 特别地, $\dim V = \dim\operatorname{Ker}\boldsymbol{\varphi} + \dim\operatorname{Im}\boldsymbol{\varphi}$.

证明 首先, $\overline{\boldsymbol{\varphi}}$ 的定义不依赖于 $\operatorname{Ker}\boldsymbol{\varphi}$–陪集代表元的选取. 事实上, 若 $\boldsymbol{v}_1 + \operatorname{Ker}\boldsymbol{\varphi} = \boldsymbol{v}_2 + \operatorname{Ker}\boldsymbol{\varphi}$, 即 $\boldsymbol{v}_1 - \boldsymbol{v}_2 \in \operatorname{Ker}\boldsymbol{\varphi}$, 则 $\mathbf{0} = \boldsymbol{\varphi}(\boldsymbol{v}_1 - \boldsymbol{v}_2) = \boldsymbol{\varphi}(\boldsymbol{v}_1) - \boldsymbol{\varphi}(\boldsymbol{v}_2)$, 即 $\boldsymbol{\varphi}(\boldsymbol{v}_1) = \boldsymbol{\varphi}(\boldsymbol{v}_2)$. 其次, 容易验证 $\overline{\boldsymbol{\varphi}}$ 是一个线性映射 (留给读者完成). 再次, 由 $\overline{\boldsymbol{\varphi}}$ 的定义不难看出它是满射. 最后, 由 $\overline{\boldsymbol{\varphi}}$ 的定义可知 $\operatorname{Ker}\overline{\boldsymbol{\varphi}} = \{\mathbf{0} + \operatorname{Ker}\boldsymbol{\varphi}\}$ 是商空间 $V/\operatorname{Ker}\boldsymbol{\varphi}$ 的零子空间, 故为单射, 从而 $\overline{\boldsymbol{\varphi}}: V/\operatorname{Ker}\boldsymbol{\varphi} \to \operatorname{Im}\boldsymbol{\varphi}$ 是线性同构. 由商空间的维数公式可得

$$\dim\operatorname{Im}\boldsymbol{\varphi} = \dim(V/\operatorname{Ker}\boldsymbol{\varphi}) = \dim V - \dim\operatorname{Ker}\boldsymbol{\varphi},$$

由此即得线性映射的维数公式. □

例 4.38 设 U, W 是 n 维线性空间 V 的子空间且 $\dim U + \dim W = \dim V$. 求证: 存在 V 上的线性变换 $\boldsymbol{\varphi}$, 使得 $\operatorname{Ker}\boldsymbol{\varphi} = U$, $\operatorname{Im}\boldsymbol{\varphi} = W$.

证明 取 U 的一组基 $\boldsymbol{e}_1, \cdots, \boldsymbol{e}_m$, 并将其扩张为 V 的一组基 $\boldsymbol{e}_1, \cdots, \boldsymbol{e}_m, \boldsymbol{e}_{m+1}, \cdots, \boldsymbol{e}_n$, 再取 W 的一组基 $\boldsymbol{f}_{m+1}, \cdots, \boldsymbol{f}_n$. 定义 $\boldsymbol{\varphi}$ 为 V 上的线性变换, 它在基上的作用为: $\boldsymbol{\varphi}(\boldsymbol{e}_i) = \mathbf{0}\,(1 \leq i \leq m)$, $\boldsymbol{\varphi}(\boldsymbol{e}_j) = \boldsymbol{f}_j\,(m+1 \leq j \leq n)$. 注意到 $\boldsymbol{f}_{m+1}, \cdots, \boldsymbol{f}_n$ 是 W 的一组基, 故通过简单的验证可得 $\operatorname{Ker}\boldsymbol{\varphi} = U$, $\operatorname{Im}\boldsymbol{\varphi} = W$. □

线性映射的维数公式是描写线性映射的像空间和核空间关系的重要公式, 它在许多地方有重要的应用. 下面的例子可供参考.

例 4.39 设 $V = M_n(\mathbb{F})$ 是 $\mathbb{F}$ 上 n 阶矩阵全体构成的线性空间, $\varphi : V \to \mathbb{F}$ 是迹函数, 即对任意的 $\boldsymbol{A} = (a_{ij}) \in V$,

$$\varphi(\boldsymbol{A}) = a_{11} + a_{22} + \cdots + a_{nn}.$$

求证: φ 是 V 到一维空间 $\mathbb{F}$ 上的线性映射, 并求 $\operatorname{Ker}\varphi$ 的维数及其一组基.

证明　容易验证 φ 是线性映射且是映上的. 注意到 V 是 n^2 维线性空间, 由线性映射的维数公式可知, $\dim\operatorname{Ker}\varphi = n^2 - 1$. 记 $\boldsymbol{E}_{ij}$ 为 n 阶基础矩阵, 即第 (i,j) 元素为 1, 其余元素为 0 的矩阵. 容易验证下列 $n^2 - 1$ 个矩阵迹为零且线性无关, 因此它们组成了 $\operatorname{Ker}\varphi$ 的一组基:

$$\boldsymbol{E}_{ij}(i \neq j),\ \boldsymbol{E}_{11} - \boldsymbol{E}_{22},\ \boldsymbol{E}_{22} - \boldsymbol{E}_{33},\ \cdots,\ \boldsymbol{E}_{n-1,n-1} - \boldsymbol{E}_{nn}. \ \Box$$

例 4.40 设 φ 是有限维线性空间 V 到 U 的线性映射, 且 V 的维数大于 U 的维数, 求证: $\operatorname{Ker}\varphi \neq 0$.

证明　由线性映射的维数公式

$$\dim V = \dim\operatorname{Im}\varphi + \dim\operatorname{Ker}\varphi,$$

以及 $\dim\operatorname{Im}\varphi \leq \dim U < \dim V$ 可得 $\dim\operatorname{Ker}\varphi > 0$, 即 $\operatorname{Ker}\varphi \neq 0$. $\Box$

例 4.41 设 φ 是有限维线性空间 V 到 U 的满线性映射, 求证: 必存在 V 的子空间 W, 使得 $V = W \oplus \operatorname{Ker}\varphi$, 且 φ 在 W 上的限制是 W 到 U 上的线性同构.

证法 1　取 $\operatorname{Ker}\varphi$ 的一组基 $\boldsymbol{e}_1, \cdots, \boldsymbol{e}_k$, 并将其扩张为 V 的一组基 $\boldsymbol{e}_1, \cdots, \boldsymbol{e}_k, \boldsymbol{e}_{k+1}, \cdots, \boldsymbol{e}_n$. 令 $W = L(\boldsymbol{e}_{k+1}, \cdots, \boldsymbol{e}_n)$, 则显然 $V = W \oplus \operatorname{Ker}\varphi$. 由例 4.23 的证明可知, $\varphi(\boldsymbol{e}_{k+1}), \cdots, \varphi(\boldsymbol{e}_n)$ 是 $\operatorname{Im}\varphi = U$ 的一组基, 故 φ 在 W 上的限制将 W 的一组基 $\boldsymbol{e}_{k+1}, \cdots, \boldsymbol{e}_n$ 映射为 U 的一组基 $\varphi(\boldsymbol{e}_{k+1}), \cdots, \varphi(\boldsymbol{e}_n)$, 从而必为线性同构.

证法 2　取 W 为 $\operatorname{Ker}\varphi$ 在 V 中的补空间. 对任意的 $\boldsymbol{u} \in U$, 由于 φ 是映上的, 故存在 $\boldsymbol{v} = \boldsymbol{w} + \boldsymbol{v}_1$, 其中 $\boldsymbol{w} \in W$, $\boldsymbol{v}_1 \in \operatorname{Ker}\varphi$, 使得 $\boldsymbol{u} = \varphi(\boldsymbol{v}) = \varphi(\boldsymbol{w})$, 于是 φ 在 W 上的限制也是映上的. 另一方面, 由维数公式可知, $\dim W = \dim V - \dim\operatorname{Ker}\varphi = \dim U$. 再对 φ 在 W 上的限制用线性映射的维数公式可知, 它必是单映射, 于是 φ 在 W 上的限制是 W 到 U 上的线性同构. $\Box$

例 4.42 设 φ 是有限维线性空间 V 到 V' 的线性映射, U 是 V' 的子空间且 $U \subseteq \operatorname{Im}\varphi$, 求证: $\varphi^{-1}(U) = \{v \in V \mid \varphi(v) \in U\}$ 是 V 的子空间, 且

$$\dim U + \dim\operatorname{Ker}\varphi = \dim\varphi^{-1}(U).$$

证明　容易验证 $\boldsymbol{\varphi}^{-1}(U)$ 是 V 的子空间. 将 $\boldsymbol{\varphi}$ 限制在 $\boldsymbol{\varphi}^{-1}(U)$ 上, 它是到 U 上的线性映射. 因为 $\mathbf{0} \in U$, 故 $\operatorname{Ker}\boldsymbol{\varphi} \subseteq \boldsymbol{\varphi}^{-1}(U)$. 再对 $\boldsymbol{\varphi}$ 在 $\boldsymbol{\varphi}^{-1}(U)$ 上的限制用线性映射的维数公式即得结论. □

例 4.43　设 U 是有限维线性空间 V 的子空间, $\boldsymbol{\varphi}$ 是 V 上的线性变换, 求证:

(1) $\dim U - \dim \operatorname{Ker}\boldsymbol{\varphi} \le \dim \boldsymbol{\varphi}(U) \le \dim U$;

(2) $\dim \boldsymbol{\varphi}^{-1}(U) \le \dim U + \dim \operatorname{Ker}\boldsymbol{\varphi}$.

证明　(1) 注意到当 $\boldsymbol{\varphi}$ 限制在 U 上时, $\operatorname{Ker}(\boldsymbol{\varphi}|_U) = U \cap \operatorname{Ker}\boldsymbol{\varphi}$, 故由线性映射的维数公式可得

$$\dim U = \dim(U \cap \operatorname{Ker}\boldsymbol{\varphi}) + \dim \boldsymbol{\varphi}(U).$$

于是

$$\dim U - \dim \operatorname{Ker}\boldsymbol{\varphi} \le \dim \boldsymbol{\varphi}(U),$$

而 $\dim \boldsymbol{\varphi}(U) \le \dim U$ 是显然的.

(2) 设 $\overline{\boldsymbol{\varphi}}$ 是线性变换 $\boldsymbol{\varphi}$ 在子空间 $\boldsymbol{\varphi}^{-1}(U)$ 上的限制, 则 $\operatorname{Im}\overline{\boldsymbol{\varphi}} = U \cap \operatorname{Im}\boldsymbol{\varphi}$, $\operatorname{Ker}\overline{\boldsymbol{\varphi}} = \operatorname{Ker}\boldsymbol{\varphi} \cap \boldsymbol{\varphi}^{-1}(U) = \operatorname{Ker}\boldsymbol{\varphi}$. 由线性映射的维数公式可得

$$\dim \boldsymbol{\varphi}^{-1}(U) = \dim(U \cap \operatorname{Im}\boldsymbol{\varphi}) + \dim \operatorname{Ker}\boldsymbol{\varphi}.$$

显然, 由 $\dim(U \cap \operatorname{Im}\boldsymbol{\varphi}) \le \dim U$ 可推出

$$\dim \boldsymbol{\varphi}^{-1}(U) \le \dim U + \dim \operatorname{Ker}\boldsymbol{\varphi}. \ \square$$

例 4.44　利用上题证明: 若 $\boldsymbol{A}$, $\boldsymbol{B}$ 是数域 $\mathbb{F}$ 上两个 n 阶方阵, 则

$$\mathrm{r}(\boldsymbol{A}) + \mathrm{r}(\boldsymbol{B}) - n \le \mathrm{r}(\boldsymbol{AB}) \le \min\{\mathrm{r}(\boldsymbol{A}), \mathrm{r}(\boldsymbol{B})\}.$$

证明　令 V 是 $\mathbb{F}$ 上 n 维列向量空间, 则 $\boldsymbol{A}$ 和 $\boldsymbol{B}$ 可看成是 V 上的线性变换. 又令 $U = \boldsymbol{B}(V)$, 注意到 $\boldsymbol{A}(U) = \boldsymbol{AB}(V)$, 故 $\dim \boldsymbol{A}(U) = \mathrm{r}(\boldsymbol{AB})$, $\dim \operatorname{Ker}\boldsymbol{A} = n - \mathrm{r}(\boldsymbol{A})$, 即线性方程组 $\boldsymbol{Ax} = \mathbf{0}$ 的解空间维数. 而 $\dim U = \dim \boldsymbol{B}(V) = \mathrm{r}(\boldsymbol{B})$, 由上题中 (1) 的结论, 可得

$$\mathrm{r}(\boldsymbol{A}) + \mathrm{r}(\boldsymbol{B}) - n \le \mathrm{r}(\boldsymbol{AB}).$$

又显然有 $\dim \boldsymbol{A}(U) \le \dim \boldsymbol{A}(V)$, 故得 $\mathrm{r}(\boldsymbol{AB}) \le \mathrm{r}(\boldsymbol{A})$. 从 $\dim \boldsymbol{A}(U) \le \dim U$ 可得 $\mathrm{r}(\boldsymbol{AB}) \le \mathrm{r}(\boldsymbol{B})$. □

§ 4.6 不变子空间

通过不变子空间来研究线性变换是一种常用的方法, 它可以将全空间上的问题化为维数较小的子空间上的问题. 因此, 在许多问题中常常要证明一个子空间是某个线性变换的不变子空间. 下面是几个典型的例子.

例 4.45 设线性空间 V 上的线性变换 φ 在基 $\{\boldsymbol{e}_1, \boldsymbol{e}_2, \boldsymbol{e}_3, \boldsymbol{e}_4\}$ 下的表示矩阵为

$$\boldsymbol{A} = \begin{pmatrix} 1 & 0 & 2 & -1 \\ 0 & 1 & 4 & -2 \\ 2 & -1 & 0 & 1 \\ 2 & -1 & -1 & 2 \end{pmatrix},$$

求证: $U = L(\boldsymbol{e}_1 + 2\boldsymbol{e}_2, \boldsymbol{e}_3 + \boldsymbol{e}_4, \boldsymbol{e}_1 + \boldsymbol{e}_2)$ 和 $W = L(\boldsymbol{e}_2 + \boldsymbol{e}_3 + 2\boldsymbol{e}_4)$ 都是 φ 的不变子空间.

证明　要证明由若干个向量生成的子空间是某个线性变换的不变子空间, 通常只需证明这些向量在线性变换的作用下仍在这个子空间中即可. 注意到 $\varphi(\boldsymbol{e}_1 + 2\boldsymbol{e}_2)$ 的坐标向量为

$$\begin{pmatrix} 1 & 0 & 2 & -1 \\ 0 & 1 & 4 & -2 \\ 2 & -1 & 0 & 1 \\ 2 & -1 & -1 & 2 \end{pmatrix} \begin{pmatrix} 1 \\ 2 \\ 0 \\ 0 \end{pmatrix} = \begin{pmatrix} 1 \\ 2 \\ 0 \\ 0 \end{pmatrix},$$

即 $\varphi(\boldsymbol{e}_1 + 2\boldsymbol{e}_2) = \boldsymbol{e}_1 + 2\boldsymbol{e}_2 \in U$. 同理可计算出

$$\begin{aligned} \varphi(\boldsymbol{e}_3 + \boldsymbol{e}_4) &= (\boldsymbol{e}_1 + 2\boldsymbol{e}_2) + (\boldsymbol{e}_3 + \boldsymbol{e}_4) \in U, \\ \varphi(\boldsymbol{e}_1 + \boldsymbol{e}_2) &= (\boldsymbol{e}_1 + \boldsymbol{e}_2) + (\boldsymbol{e}_3 + \boldsymbol{e}_4) \in U, \\ \varphi(\boldsymbol{e}_2 + \boldsymbol{e}_3 + 2\boldsymbol{e}_4) &= \boldsymbol{e}_2 + \boldsymbol{e}_3 + 2\boldsymbol{e}_4 \in W, \end{aligned}$$

因此结论成立. □

例 4.46 设 V_1, V_2 是 V 上线性变换 φ 的不变子空间, 求证: $V_1 \cap V_2$, $V_1 + V_2$ 也是 φ 的不变子空间.

证明　任取 $\boldsymbol{v} \in V_1 \cap V_2$, 则由 $\boldsymbol{v} \in V_i$ 可得 $\varphi(\boldsymbol{v}) \in V_i\,(i = 1, 2)$, 于是 $\varphi(\boldsymbol{v}) \in V_1 \cap V_2$, 从而 $V_1 \cap V_2$ 是 φ-不变子空间.

任取 $\boldsymbol{v} \in V_1 + V_2$, 则 $\boldsymbol{v} = \boldsymbol{v}_1 + \boldsymbol{v}_2$, 其中 $\boldsymbol{v}_i \in V_i$, 故 $\varphi(\boldsymbol{v}_i) \in V_i\,(i = 1, 2)$, 于是 $\varphi(\boldsymbol{v}) = \varphi(\boldsymbol{v}_1) + \varphi(\boldsymbol{v}_2) \in V_1 + V_2$, 从而 $V_1 + V_2$ 是 φ-不变子空间. □

例 4.47 设 φ 是 $n(n \geq 2)$ 维线性空间 V 上的线性变换, 证明以下 n 个结论等价:

(1) V 的任一 1 维子空间都是 φ–不变子空间;

....

(r) V 的任一 r 维子空间都是 φ–不变子空间;

....

(n-1) V 的任一 $n-1$ 维子空间都是 φ–不变子空间;

(n) φ 是纯量变换.

证明　注意到当 $1 \leq i \leq n-2$ 时, 任一 i 维子空间 V_0 都可表示为两个 $i+1$ 维子空间 V_1, V_2 的交, 于是由例 4.46 可知: (n) $\Rightarrow$ (n-1) $\Rightarrow$ (n-2) $\Rightarrow \cdots \Rightarrow$ (1) 显然成立, 剩下只要证明 (1) $\Rightarrow$ (n) 即可. 取 V 的一组基 $\{\boldsymbol{e}_1, \boldsymbol{e}_2, \cdots, \boldsymbol{e}_n\}$, 由 (1) 可设 $\boldsymbol{\varphi}(\boldsymbol{e}_i) = \lambda_i \boldsymbol{e}_i\,(1 \leq i \leq n)$. 只要证明 $\lambda_1 = \lambda_2 = \cdots = \lambda_n$ 即可得到 $\boldsymbol{\varphi}$ 为纯量变换. 用反证法, 不妨设 $\lambda_1 \neq \lambda_2$, 则由 $L(\boldsymbol{e}_1 + \boldsymbol{e}_2)$ 也是 $\boldsymbol{\varphi}$–不变子空间可设 $\boldsymbol{\varphi}(\boldsymbol{e}_1 + \boldsymbol{e}_2) = \lambda_0(\boldsymbol{e}_1 + \boldsymbol{e}_2)$, 于是 $(\lambda_1 - \lambda_0)\boldsymbol{e}_1 + (\lambda_2 - \lambda_0)\boldsymbol{e}_2 = \boldsymbol{0}$, 从而 $\lambda_1 = \lambda_2 = \lambda_0$, 矛盾. □

例 4.48 设 $\boldsymbol{\varphi}, \boldsymbol{\psi}$ 是线性空间 V 上的线性变换且 $\boldsymbol{\varphi}\boldsymbol{\psi} = \boldsymbol{\psi}\boldsymbol{\varphi}$, 求证: $\operatorname{Im}\boldsymbol{\varphi}$ 及 $\operatorname{Ker}\boldsymbol{\varphi}$ 都是 $\boldsymbol{\psi}$ 的不变子空间.

证明　任取 $\boldsymbol{v} \in \operatorname{Im}\boldsymbol{\varphi}$, 即 $\boldsymbol{v} = \boldsymbol{\varphi}(\boldsymbol{u})$, 则 $\boldsymbol{\psi}(\boldsymbol{v}) = \boldsymbol{\psi}\boldsymbol{\varphi}(\boldsymbol{u}) = \boldsymbol{\varphi}\boldsymbol{\psi}(\boldsymbol{u}) \in \operatorname{Im}\boldsymbol{\varphi}$, 即 $\operatorname{Im}\boldsymbol{\varphi}$ 是 $\boldsymbol{\psi}$ 的不变子空间.

任取 $\boldsymbol{v} \in \operatorname{Ker}\boldsymbol{\varphi}$, 即 $\boldsymbol{\varphi}(\boldsymbol{v}) = \boldsymbol{0}$, 则 $\boldsymbol{\varphi}\boldsymbol{\psi}(\boldsymbol{v}) = \boldsymbol{\psi}\boldsymbol{\varphi}(\boldsymbol{v}) = \boldsymbol{0}$. 因此, $\boldsymbol{\psi}(\boldsymbol{v}) \in \operatorname{Ker}\boldsymbol{\varphi}$, 即 $\operatorname{Ker}\boldsymbol{\varphi}$ 是 $\boldsymbol{\psi}$ 的不变子空间. □

例 4.49 设 $\boldsymbol{A}$ 为数域 $\mathbb{K}$ 上的 n 阶幂零阵, $\boldsymbol{B}$ 为 n 阶方阵, 满足 $\boldsymbol{AB} = \boldsymbol{BA}$ 且 $\mathrm{r}(\boldsymbol{AB}) = \mathrm{r}(\boldsymbol{B})$. 求证: $\boldsymbol{B} = \boldsymbol{O}$.

证明　将 $\boldsymbol{A}, \boldsymbol{B}$ 都看成是 $\mathbb{K}^n$ 上的线性变换, 设 $\boldsymbol{A}^k = \boldsymbol{O}$, 其中 k 为正整数. 由 $\boldsymbol{AB} = \boldsymbol{BA}$ 以及例 4.48 可知 $\operatorname{Im}\boldsymbol{B}$ 是 $\boldsymbol{A}$–不变子空间. 考虑 $\boldsymbol{A}$ 在 $\operatorname{Im}\boldsymbol{B}$ 上的限制 $\boldsymbol{A}|_{\operatorname{Im}\boldsymbol{B}}$, 其像空间的维数 $\dim \boldsymbol{AB}(\mathbb{K}^n) = \mathrm{r}(\boldsymbol{AB}) = \mathrm{r}(\boldsymbol{B}) = \dim \operatorname{Im}\boldsymbol{B}$, 故 $\boldsymbol{A}|_{\operatorname{Im}\boldsymbol{B}}$ 是 $\operatorname{Im}\boldsymbol{B}$ 上的满线性变换. 于是 $(\boldsymbol{A}|_{\operatorname{Im}\boldsymbol{B}})^k = \boldsymbol{A}^k|_{\operatorname{Im}\boldsymbol{B}} = \boldsymbol{O}|_{\operatorname{Im}\boldsymbol{B}}$ 也是 $\operatorname{Im}\boldsymbol{B}$ 上的满线性变换, 从而只能是 $\operatorname{Im}\boldsymbol{B} = 0$, 即 $\boldsymbol{B} = \boldsymbol{O}$. □

例 4.50 设 $\boldsymbol{\varphi}$ 是 n 维线性空间 V 上的自同构, 若 W 是 $\boldsymbol{\varphi}$ 的不变子空间, 求证: W 也是 $\boldsymbol{\varphi}^{-1}$ 的不变子空间.

证明　将 φ 限制在 W 上, 它是 W 上的线性变换. 由于 φ 是单映射, 故它在 W 上的限制也是单映射, 从而也是满映射, 即它是 W 上的自同构, 于是 $\varphi(W)=W$, 由此即得 $\varphi^{-1}(W)=W$. □

注　如果 V 是无限维线性空间, 则例 4.50 的结论一般并不成立. 例如, $V=\mathbb{K}[x^{-1},x]$ 是由数域 $\mathbb{K}$ 上的 Laurent 多项式 $f(x)=\sum\limits_{i=-m}^{n}a_ix^i\,(m,n\in\mathbb{N})$ 构成的线性空间, V 上的线性变换 $\boldsymbol{\varphi},\boldsymbol{\psi}$ 定义为 $\boldsymbol{\varphi}(f(x))=xf(x)$, $\boldsymbol{\psi}(f(x))=x^{-1}f(x)$. 显然, $\boldsymbol{\varphi},\boldsymbol{\psi}$ 互为逆映射, 从而都是自同构. 注意到 $W=\mathbb{K}[x]$ 是 V 的 $\boldsymbol{\varphi}$–不变子空间, 但 W 显然不是 $\boldsymbol{\varphi}^{-1}$–不变子空间.

例 4.51　设 V 是次数小于 n 的实系数多项式组成的线性空间, $\boldsymbol{D}$ 是 V 上的求导变换. 求证: $\boldsymbol{D}$ 的任一 $k\,(k\geq 1)$ 维不变子空间必是由 $\{1,x,\cdots,x^{k-1}\}$ 生成的子空间. 特别地, 向量 1 包含在 $\boldsymbol{D}$ 的任一非零不变子空间中.

证明　任取 $\boldsymbol{D}$ 的一个 $k\,(k\geq 1)$ 维不变子空间 V_0, 再取出 V_0 中次数最高的一个多项式 (不唯一) $f(x)=a_lx^l+a_{l-1}x^{l-1}+\cdots+a_1x+a_0$, 其中 $a_l\neq 0$. 注意到 V_0 是 $\boldsymbol{D}$–不变子空间, 由 $\boldsymbol{D}^lf(x)=a_ll!\in V_0$ 可得 $1\in V_0$; 由 $\boldsymbol{D}^{l-1}f(x)=a_ll!x+a_{l-1}(l-1)!\in V_0$ 可得 $x\in V_0$; $\cdots$; 由 $\boldsymbol{D}f(x)=a_llx^{l-1}+a_{l-1}(l-1)x^{l-2}+\cdots+a_1\in V_0$ 可得 $x^{l-1}\in V_0$; 最后由 $f(x)\in V_0$ 可得 $x^l\in V_0$. 因为 V_0 中所有多项式的次数都小于等于 l, 所以 $\{1,x,\cdots,x^l\}$ 构成了 V_0 的一组基, 于是 $k=\dim V_0=l+1$, 即 $l=k-1$, 从而结论得证. □

例 4.52　设 φ 是 n 维线性空间 V 上的线性变换, φ 在 V 的一组基下的表示矩阵为对角阵且主对角线上的元素互不相同, 求 φ 的所有不变子空间.

解　设 φ 在基 $\boldsymbol{e}_1,\boldsymbol{e}_2,\cdots,\boldsymbol{e}_n$ 下的表示矩阵为 $\mathrm{diag}\{d_1,d_2,\cdots,d_n\}$, 其中 $d_1,d_2,\cdots,d_n$ 互不相同, 则 $\boldsymbol{\varphi}(\boldsymbol{e}_i)=d_i\boldsymbol{e}_i$. 对任意的指标集 $1\leq i_1<i_2<\cdots<i_r\leq n$, 容易验证 $U=L(\boldsymbol{e}_{i_1},\boldsymbol{e}_{i_2},\cdots,\boldsymbol{e}_{i_r})$ 是 $\boldsymbol{\varphi}$ 的不变子空间. 注意到 $1,2,\cdots,n$ 的子集共有 2^n 个 (空集对应于零子空间), 故上述形式的 φ–不变子空间共有 2^n 个. 下面我们证明 φ 的任一不变子空间都是上述不变子空间之一.

任取 φ 的非零不变子空间 U, 设指标集

$$I=\{i\in[1,n]\,|\,\text{存在某个}\,\boldsymbol{\alpha}\in U,\ \text{使得}\,\boldsymbol{\alpha}=c\boldsymbol{e}_i+\cdots,\ \text{其中}\,c\neq 0\}.$$

因为 $U\neq 0$, 故 $I\neq\emptyset$, 不妨设 $I=\{i_1,i_2,\cdots,i_r\}$. 由指标集 I 的定义可知, $U\subseteq L(\boldsymbol{e}_{i_1},\boldsymbol{e}_{i_2},\cdots,\boldsymbol{e}_{i_r})$. 下面我们证明 $\boldsymbol{e}_{i_j}\in U\,(j=1,2,\cdots,r)$ 成立. 不失一般性, 我们只需证明 $\boldsymbol{e}_{i_1}\in U$ 即可. 由指标集 I 的定义可知, 存在 $\boldsymbol{\alpha}\in U$, 使得

$$\boldsymbol{\alpha}=c_1\boldsymbol{e}_{i_1}+c_2\boldsymbol{e}_{i_2}+\cdots+c_k\boldsymbol{e}_{i_k},$$

其中 $c_1, c_2, \cdots, c_k$ 都是非零常数. 将上式作用 φ^l, 可得

$$\boldsymbol{\varphi}^l(\boldsymbol{\alpha}) = c_1 d_{i_1}^l \boldsymbol{e}_{i_1} + c_2 d_{i_2}^l \boldsymbol{e}_{i_2} + \cdots + c_k d_{i_k}^l \boldsymbol{e}_{i_k},\ l = 1, 2, \cdots, k-1.$$

因此, 我们有

$$(\boldsymbol{\alpha}, \boldsymbol{\varphi}(\boldsymbol{\alpha}), \cdots, \boldsymbol{\varphi}^{k-1}(\boldsymbol{\alpha})) = (\boldsymbol{e}_{i_1}, \boldsymbol{e}_{i_2}, \cdots, \boldsymbol{e}_{i_k}) \begin{pmatrix} c_1 & c_1 d_{i_1} & \cdots & c_1 d_{i_1}^{k-1} \\ c_2 & c_2 d_{i_2} & \cdots & c_2 d_{i_2}^{k-1} \\ \vdots & \vdots & & \vdots \\ c_k & c_k d_{i_k} & \cdots & c_k d_{i_k}^{k-1} \end{pmatrix}.$$

上式右边的矩阵记为 $\boldsymbol{A}$, 由于 $|\boldsymbol{A}| = c_1 c_2 \cdots c_k \prod\limits_{1 \le r < s \le k} (d_{i_s} - d_{i_r}) \neq 0$, 故 $\boldsymbol{A}$ 为可逆矩阵, 从而

$$(\boldsymbol{e}_{i_1}, \boldsymbol{e}_{i_2}, \cdots, \boldsymbol{e}_{i_k}) = (\boldsymbol{\alpha}, \boldsymbol{\varphi}(\boldsymbol{\alpha}), \cdots, \boldsymbol{\varphi}^{k-1}(\boldsymbol{\alpha}))\boldsymbol{A}^{-1},$$

特别地, $\boldsymbol{e}_{i_1}$ 可以表示为 $\boldsymbol{\alpha}, \boldsymbol{\varphi}(\boldsymbol{\alpha}), \cdots, \boldsymbol{\varphi}^{k-1}(\boldsymbol{\alpha})$ 的线性组合. 因为 U 是 $\boldsymbol{\varphi}$ 的不变子空间, 故 $\boldsymbol{\alpha}, \boldsymbol{\varphi}(\boldsymbol{\alpha}), \cdots, \boldsymbol{\varphi}^{k-1}(\boldsymbol{\alpha})$ 都是 U 中的向量, 从而 $\boldsymbol{e}_{i_1} \in U$, 因此 $U = L(\boldsymbol{e}_{i_1}, \boldsymbol{e}_{i_2}, \cdots, \boldsymbol{e}_{i_r})$. 综上所述, $\boldsymbol{\varphi}$ 的不变子空间共有 2^n 个. □

例 4.53 设 $\boldsymbol{\varphi}$ 是 n 维线性空间 V 上的线性变换, U 是 r 维 $\boldsymbol{\varphi}$–不变子空间. 取 U 的一组基 $\{\boldsymbol{e}_1, \cdots, \boldsymbol{e}_r\}$, 并扩张为 V 的一组基 $\{\boldsymbol{e}_1, \cdots, \boldsymbol{e}_r, \boldsymbol{e}_{r+1}, \cdots, \boldsymbol{e}_n\}$. 设 $\boldsymbol{\varphi}$ 在这组基下的表示矩阵 $\boldsymbol{A} = (a_{ij}) = \begin{pmatrix} \boldsymbol{A}_{11} & \boldsymbol{A}_{12} \\ \boldsymbol{O} & \boldsymbol{A}_{22} \end{pmatrix}$ 为分块上三角阵, 其中 $\boldsymbol{A}_{11}$ 是 $\boldsymbol{\varphi}$ 在不变子空间 U 上的限制 $\boldsymbol{\varphi}|_U$ 在基 $\{\boldsymbol{e}_1, \cdots, \boldsymbol{e}_r\}$ 下的表示矩阵. 证明: $\boldsymbol{\varphi}$ 诱导的变换 $\overline{\boldsymbol{\varphi}}(\boldsymbol{v} + U) = \boldsymbol{\varphi}(\boldsymbol{v}) + U$ 是商空间 V/U 上的线性变换, 并且在 V/U 的一组基 $\{\boldsymbol{e}_{r+1} + U, \cdots, \boldsymbol{e}_n + U\}$ 下的表示矩阵为 $\boldsymbol{A}_{22}$.

证明　由 U 是 $\boldsymbol{\varphi}$–不变子空间容易验证 $\overline{\boldsymbol{\varphi}}$ 的定义不依赖于 U–陪集代表元的选取, 从而是定义好的变换. $\overline{\boldsymbol{\varphi}}$ 的线性由 $\boldsymbol{\varphi}$ 的线性即得 (请读者自行验证). 由 $\boldsymbol{\varphi}$ 的表示矩阵为 $\boldsymbol{A}$ 可得

$$\overline{\boldsymbol{\varphi}}(\boldsymbol{e}_{r+1} + U) = a_{r+1,r+1}(\boldsymbol{e}_{r+1} + U) + \cdots + a_{n,r+1}(\boldsymbol{e}_n + U),$$

$$\cdots\cdots\cdots\cdots$$

$$\overline{\boldsymbol{\varphi}}(\boldsymbol{e}_n + U) = a_{r+1,n}(\boldsymbol{e}_{r+1} + U) + \cdots + a_{n,n}(\boldsymbol{e}_n + U),$$

故 $\overline{\boldsymbol{\varphi}}$ 在基 $\{\boldsymbol{e}_{r+1} + U, \cdots, \boldsymbol{e}_n + U\}$ 下的表示矩阵为 $\boldsymbol{A}_{22}$. □

§ 4.7 幂等变换

线性变换 φ 若满足 $\varphi^2 = \varphi$, 则称为幂等变换, 这是一类比较简单又有重要用途的线性变换. 我们先来看一个幂等变换的简单例子.

设 $V = V_1 \oplus V_2 \oplus \cdots \oplus V_m$ 为线性空间 V 关于子空间 $V_i\,(1 \leq i \leq m)$ 的直和分解, 则 V 中任一向量 $\boldsymbol{v}$ 可唯一地分解为 $\boldsymbol{v} = \boldsymbol{v}_1 + \boldsymbol{v}_2 + \cdots + \boldsymbol{v}_m$, 其中 $\boldsymbol{v}_i \in V_i$. 定义 $\boldsymbol{\varphi}_i : V \to V$, $\boldsymbol{\varphi}_i(\boldsymbol{v}) = \boldsymbol{v}_i\,(1 \leq i \leq m)$, 容易验证 $\boldsymbol{\varphi}_i$ 是 V 上的线性变换, 称为 V 到 V_i 上的投影变换. 通过简单的验证可以得到投影变换满足如下性质:

(1) $\boldsymbol{\varphi}_i^2 = \boldsymbol{\varphi}_i$, $\boldsymbol{\varphi}_i\boldsymbol{\varphi}_j = \boldsymbol{0}\,(i \neq j)$, $\boldsymbol{I}_V = \boldsymbol{\varphi}_1 + \boldsymbol{\varphi}_2 + \cdots + \boldsymbol{\varphi}_m$;

(2) $\operatorname{Im}\boldsymbol{\varphi}_i = V_i$, $\operatorname{Ker}\boldsymbol{\varphi}_i = \bigoplus\limits_{j\neq i} V_j$, $V = \operatorname{Im}\boldsymbol{\varphi}_i \oplus \operatorname{Ker}\boldsymbol{\varphi}_i$.

因此, 投影变换 $\boldsymbol{\varphi}_i$ 都是幂等变换; 若取 V_i 的一组基拼成 V 的一组基, 则 $\boldsymbol{\varphi}_i$ 在这组基下的表示矩阵为 $\operatorname{diag}\{0, \cdots, 0, 1, \cdots, 1, 0, \cdots, 0\}$, 其中有 $\dim V_i$ 个 1; 另外还有 $V = \operatorname{Im}\boldsymbol{\varphi}_1 \oplus \operatorname{Im}\boldsymbol{\varphi}_2 \oplus \cdots \oplus \operatorname{Im}\boldsymbol{\varphi}_m$, $\operatorname{Ker}\boldsymbol{\varphi}_1 \cap \operatorname{Ker}\boldsymbol{\varphi}_2 \cap \cdots \cap \operatorname{Ker}\boldsymbol{\varphi}_m = 0$.

然而下面的例子告诉我们, 幂等变换其实就是投影变换.

例 4.54 设 $\boldsymbol{\varphi}$ 是 n 维线性空间 V 上的幂等变换, 证明: $V = U \oplus W$, 其中 $U = \operatorname{Im}\boldsymbol{\varphi} = \operatorname{Ker}(\boldsymbol{I}_V - \boldsymbol{\varphi})$, $W = \operatorname{Im}(\boldsymbol{I}_V - \boldsymbol{\varphi}) = \operatorname{Ker}\boldsymbol{\varphi}$, 且 $\boldsymbol{\varphi}$ 就是 V 到 U 上的投影变换.

证明　因为 $\boldsymbol{\varphi}^2 = \boldsymbol{\varphi}$, 故 $\operatorname{Im}\boldsymbol{\varphi} \subseteq \operatorname{Ker}(\boldsymbol{I} - \boldsymbol{\varphi})$, $\operatorname{Im}(\boldsymbol{I} - \boldsymbol{\varphi}) \subseteq \operatorname{Ker}\boldsymbol{\varphi}$. 对任意的 $\boldsymbol{\alpha} \in V$, $\boldsymbol{\varphi}(\boldsymbol{\alpha}) \in \operatorname{Ker}(\boldsymbol{I} - \boldsymbol{\varphi})$, $(\boldsymbol{I} - \boldsymbol{\varphi})(\boldsymbol{\alpha}) \in \operatorname{Ker}\boldsymbol{\varphi}$, 于是 $\boldsymbol{\alpha} = (\boldsymbol{I} - \boldsymbol{\varphi})(\boldsymbol{\alpha}) + \boldsymbol{\varphi}(\boldsymbol{\alpha}) \in \operatorname{Ker}\boldsymbol{\varphi} + \operatorname{Ker}(\boldsymbol{I} - \boldsymbol{\varphi})$, 从而 $V = \operatorname{Ker}\boldsymbol{\varphi} + \operatorname{Ker}(\boldsymbol{I} - \boldsymbol{\varphi})$. 任取 $\boldsymbol{\beta} \in \operatorname{Ker}\boldsymbol{\varphi} \cap \operatorname{Ker}(\boldsymbol{I} - \boldsymbol{\varphi})$, 则 $\boldsymbol{\beta} = (\boldsymbol{I} - \boldsymbol{\varphi})(\boldsymbol{\beta}) + \boldsymbol{\varphi}(\boldsymbol{\beta}) = \boldsymbol{0}$, 即 $\operatorname{Ker}\boldsymbol{\varphi} \cap \operatorname{Ker}(\boldsymbol{I} - \boldsymbol{\varphi}) = 0$. 因此, $V = \operatorname{Ker}\boldsymbol{\varphi} \oplus \operatorname{Ker}(\boldsymbol{I} - \boldsymbol{\varphi})$. 特别地, 由维数公式可得 $\dim\operatorname{Im}\boldsymbol{\varphi} = \dim\operatorname{Ker}(\boldsymbol{I} - \boldsymbol{\varphi})$, $\dim\operatorname{Im}(\boldsymbol{I} - \boldsymbol{\varphi}) = \dim\operatorname{Ker}\boldsymbol{\varphi}$, 从而 $\operatorname{Im}\boldsymbol{\varphi} = \operatorname{Ker}(\boldsymbol{I} - \boldsymbol{\varphi})$, $\operatorname{Im}(\boldsymbol{I} - \boldsymbol{\varphi}) = \operatorname{Ker}\boldsymbol{\varphi}$.

令 $U = \operatorname{Im}\boldsymbol{\varphi} = \operatorname{Ker}(\boldsymbol{I} - \boldsymbol{\varphi})$, $W = \operatorname{Im}(\boldsymbol{I} - \boldsymbol{\varphi}) = \operatorname{Ker}\boldsymbol{\varphi}$, 则 $V = U \oplus W$. 注意到对任意的 $\boldsymbol{\alpha} \in V$, $\boldsymbol{\alpha} = \boldsymbol{\varphi}(\boldsymbol{\alpha}) + (\boldsymbol{I} - \boldsymbol{\varphi})(\boldsymbol{\alpha})$, 其中 $\boldsymbol{\varphi}(\boldsymbol{\alpha}) \in U$, $(\boldsymbol{I} - \boldsymbol{\varphi})(\boldsymbol{\alpha}) \in W$, 故 $\boldsymbol{\varphi}$ 就是 V 到 U 上的投影变换. □

注　从例 4.54 可以看出, 对线性空间 V 上的幂等变换 $\boldsymbol{\varphi}$, 总存在 V 的一组基 (它由 U 的基和 W 的基拼成), 使得 $\boldsymbol{\varphi}$ 在这组基下的表示矩阵为下列对角矩阵:

$$\begin{pmatrix} \boldsymbol{I}_r & \boldsymbol{O} \\ \boldsymbol{O} & \boldsymbol{O} \end{pmatrix},$$

其中 $\boldsymbol{I}_r$ 为 r 阶单位矩阵, r 等于 $\dim U$, 即 $\boldsymbol{\varphi}$ 的像空间的维数.

例 4.55 设 $\boldsymbol{A}$ 是数域 $\mathbb{F}$ 上的 n 阶幂等矩阵, 求证:

(1) 存在 n 阶非异阵 $\boldsymbol{P}$, 使得 $\boldsymbol{P}^{-1}\boldsymbol{A}\boldsymbol{P}=\begin{pmatrix}\boldsymbol{I}_r & \boldsymbol{O}\\ \boldsymbol{O} & \boldsymbol{O}\end{pmatrix}$, 其中 $r=\mathrm{r}(\boldsymbol{A})$;

(2) $\mathrm{r}(\boldsymbol{A})=\mathrm{tr}(\boldsymbol{A})$.

证明　将 $\boldsymbol{A}$ 看成是 n 维列向量空间 $\mathbb{F}^n$ 上的线性变换, 则它是幂等变换, 因此由例 4.54 的注即得 (1). 注意到 $\mathrm{tr}(\boldsymbol{A})=\mathrm{tr}(\boldsymbol{P}^{-1}\boldsymbol{A}\boldsymbol{P})=\mathrm{tr}\begin{pmatrix}\boldsymbol{I}_r & \boldsymbol{O}\\ \boldsymbol{O} & \boldsymbol{O}\end{pmatrix}=r=\mathrm{r}(\boldsymbol{A})$, 故 (2) 也成立. □

例 4.56 设 $\boldsymbol{A},\boldsymbol{B}$ 是数域 $\mathbb{F}$ 上的 n 阶幂等矩阵, 且 $\boldsymbol{A}$ 和 $\boldsymbol{B}$ 的秩相同, 求证: 必存在 $\mathbb{F}$ 上的 n 阶可逆矩阵 $\boldsymbol{C}$, 使得 $\boldsymbol{C}\boldsymbol{B}=\boldsymbol{A}\boldsymbol{C}$.

证明　由例 4.55 可知, $\boldsymbol{A}$ 和 $\boldsymbol{B}$ 均相似于矩阵 $\begin{pmatrix}\boldsymbol{I}_r & \boldsymbol{O}\\ \boldsymbol{O} & \boldsymbol{O}\end{pmatrix}$, 于是 $\boldsymbol{A}$ 和 $\boldsymbol{B}$ 相似, 即存在可逆矩阵 $\boldsymbol{C}$, 使得 $\boldsymbol{B}=\boldsymbol{C}^{-1}\boldsymbol{A}\boldsymbol{C}$, 即 $\boldsymbol{C}\boldsymbol{B}=\boldsymbol{A}\boldsymbol{C}$. □

例 4.57 设 φ,ψ 是 n 维线性空间 V 上的幂等线性变换, 求证:

(1) $\mathrm{Im}\,\varphi=\mathrm{Im}\,\psi$ 的充要条件是 $\varphi\psi=\psi$, $\psi\varphi=\varphi$;

(2) $\mathrm{Ker}\,\varphi=\mathrm{Ker}\,\psi$ 的充要条件是 $\varphi\psi=\varphi$, $\psi\varphi=\psi$.

证明　(1) 由 $\psi=\varphi\psi$ 可得 $\mathrm{Im}\,\psi\subseteq\mathrm{Im}\,\varphi$. 同理由 $\varphi=\psi\varphi$ 可得 $\mathrm{Im}\,\varphi\subseteq\mathrm{Im}\,\psi$. 因此 $\mathrm{Im}\,\varphi=\mathrm{Im}\,\psi$.

反之, 若 $\mathrm{Im}\,\varphi=\mathrm{Im}\,\psi$, 则对任意的 $\boldsymbol{\alpha}\in V$, $\psi(\boldsymbol{\alpha})\in\mathrm{Im}\,\psi=\mathrm{Im}\,\varphi$, 故存在 $\boldsymbol{\beta}\in V$, 使得 $\psi(\boldsymbol{\alpha})=\varphi(\boldsymbol{\beta})$. 注意到 $\varphi^2=\varphi$, 故 $\varphi\psi(\boldsymbol{\alpha})=\varphi^2(\boldsymbol{\beta})=\varphi(\boldsymbol{\beta})=\psi(\boldsymbol{\alpha})$, 于是 $\varphi\psi=\psi$. 同理可证 $\psi\varphi=\varphi$.

(2) 设 $\varphi\psi=\varphi$, $\psi\varphi=\psi$. 对任意的 $\boldsymbol{\alpha}\in\mathrm{Ker}\,\varphi$, 即 $\varphi(\boldsymbol{\alpha})=\boldsymbol{0}$, 有 $\psi(\boldsymbol{\alpha})=\psi\varphi(\boldsymbol{\alpha})=\boldsymbol{0}$, 即 $\boldsymbol{\alpha}\in\mathrm{Ker}\,\psi$, 于是 $\mathrm{Ker}\,\varphi\subseteq\mathrm{Ker}\,\psi$. 同理可证 $\mathrm{Ker}\,\psi\subseteq\mathrm{Ker}\,\varphi$, 因此 $\mathrm{Ker}\,\varphi=\mathrm{Ker}\,\psi$.

反之, 设 $\mathrm{Ker}\,\varphi=\mathrm{Ker}\,\psi$. 对任意的 $\boldsymbol{\alpha}\in V$, 有 $\psi(\boldsymbol{\alpha}-\psi(\boldsymbol{\alpha}))=\psi(\boldsymbol{\alpha})-\psi^2(\boldsymbol{\alpha})=\boldsymbol{0}$, 因此 $\boldsymbol{\alpha}-\psi(\boldsymbol{\alpha})\in\mathrm{Ker}\,\psi=\mathrm{Ker}\,\varphi$, 从而 $\varphi(\boldsymbol{\alpha}-\psi(\boldsymbol{\alpha}))=\boldsymbol{0}$, 即 $\varphi(\boldsymbol{\alpha})=\varphi\psi(\boldsymbol{\alpha})$, 于是 $\varphi=\varphi\psi$. 同理可证 $\psi\varphi=\psi$. □

例 4.58 设 φ,ψ 是 n 维线性空间 V 上的幂等线性变换, 求证:

(1) $\varphi+\psi$ 是幂等变换的充要条件是 $\varphi\psi=\psi\varphi=\boldsymbol{0}$;

(2) $\varphi-\psi$ 是幂等变换的充要条件是 $\varphi\psi=\psi\varphi=\psi$.

证明　充分性容易验证, 下面证明必要性.

(1) 若 $(\boldsymbol{\varphi}+\boldsymbol{\psi})^2=\boldsymbol{\varphi}+\boldsymbol{\psi}$, 则 $\boldsymbol{\varphi}\boldsymbol{\psi}+\boldsymbol{\psi}\boldsymbol{\varphi}=\mathbf{0}$, 即 $\boldsymbol{\varphi}\boldsymbol{\psi}=-\boldsymbol{\psi}\boldsymbol{\varphi}$. 将上式两边分别左乘及右乘 $\boldsymbol{\varphi}$, 可得 $\boldsymbol{\varphi}\boldsymbol{\psi}\boldsymbol{\varphi}=-\boldsymbol{\varphi}\boldsymbol{\psi}=-\boldsymbol{\psi}\boldsymbol{\varphi}$. 因此 $\boldsymbol{\varphi}\boldsymbol{\psi}=\boldsymbol{\psi}\boldsymbol{\varphi}=\mathbf{0}$.

(2) 若 $(\boldsymbol{\varphi}-\boldsymbol{\psi})^2=\boldsymbol{\varphi}-\boldsymbol{\psi}$, 则 $\boldsymbol{\varphi}\boldsymbol{\psi}+\boldsymbol{\psi}\boldsymbol{\varphi}=2\boldsymbol{\psi}$. 将上式两边分别左乘及右乘 $\boldsymbol{\varphi}$, 可得 $\boldsymbol{\varphi}\boldsymbol{\psi}\boldsymbol{\varphi}=\boldsymbol{\varphi}\boldsymbol{\psi}=\boldsymbol{\psi}\boldsymbol{\varphi}$. 因此 $\boldsymbol{\varphi}\boldsymbol{\psi}=\boldsymbol{\psi}\boldsymbol{\varphi}=\boldsymbol{\psi}$. □

例 4.59　设 $\boldsymbol{\varphi}_1,\cdots,\boldsymbol{\varphi}_m$ 是 n 维线性空间 V 上的线性变换, 且适合条件:

$$\boldsymbol{\varphi}_i^2=\boldsymbol{\varphi}_i,\ \ \boldsymbol{\varphi}_i\boldsymbol{\varphi}_j=\mathbf{0}\ (i\neq j),\ \ \operatorname{Ker}\boldsymbol{\varphi}_1\cap\cdots\cap\operatorname{Ker}\boldsymbol{\varphi}_m=0.$$

求证: V 是 $\operatorname{Im}\boldsymbol{\varphi}_1,\cdots,\operatorname{Im}\boldsymbol{\varphi}_m$ 的直和.

证明　任取 $\boldsymbol{\alpha}\in\operatorname{Im}\boldsymbol{\varphi}_i\cap(\sum\limits_{j\neq i}\operatorname{Im}\boldsymbol{\varphi}_j)$, 设 $\boldsymbol{\alpha}=\boldsymbol{\varphi}_i(\boldsymbol{\beta})$, 其中 $\boldsymbol{\beta}\in V$, 则 $\boldsymbol{\varphi}_i(\boldsymbol{\alpha})=\boldsymbol{\varphi}_i^2(\boldsymbol{\beta})=\boldsymbol{\varphi}_i(\boldsymbol{\beta})=\boldsymbol{\alpha}$. 又可设

$$\boldsymbol{\alpha}=\boldsymbol{\varphi}_1(\boldsymbol{\alpha}_1)+\cdots+\boldsymbol{\varphi}_{i-1}(\boldsymbol{\alpha}_{i-1})+\boldsymbol{\varphi}_{i+1}(\boldsymbol{\alpha}_{i+1})+\cdots+\boldsymbol{\varphi}_m(\boldsymbol{\alpha}_m),$$

于是

$$\boldsymbol{\alpha}=\boldsymbol{\varphi}_i(\boldsymbol{\alpha})=\boldsymbol{\varphi}_i\big(\boldsymbol{\varphi}_1(\boldsymbol{\alpha}_1)+\cdots+\boldsymbol{\varphi}_{i-1}(\boldsymbol{\alpha}_{i-1})+\boldsymbol{\varphi}_{i+1}(\boldsymbol{\alpha}_{i+1})+\cdots+\boldsymbol{\varphi}_m(\boldsymbol{\alpha}_m)\big)=\mathbf{0}.$$

因此 $\operatorname{Im}\boldsymbol{\varphi}_i\cap(\sum\limits_{j\neq i}\operatorname{Im}\boldsymbol{\varphi}_j)=0$.

对 V 中任一向量 $\boldsymbol{\alpha}$ 以及任意的 i, 有

$$\boldsymbol{\varphi}_i(\boldsymbol{\alpha}-(\boldsymbol{\varphi}_1(\boldsymbol{\alpha})+\cdots+\boldsymbol{\varphi}_m(\boldsymbol{\alpha})))=\boldsymbol{\varphi}_i(\boldsymbol{\alpha})-\boldsymbol{\varphi}_i^2(\boldsymbol{\alpha})=\mathbf{0},$$

因此

$$\boldsymbol{\alpha}-(\boldsymbol{\varphi}_1(\boldsymbol{\alpha})+\cdots+\boldsymbol{\varphi}_m(\boldsymbol{\alpha}))\in\operatorname{Ker}\boldsymbol{\varphi}_1\cap\cdots\cap\operatorname{Ker}\boldsymbol{\varphi}_m=0,$$

从而 $\boldsymbol{\alpha}-(\boldsymbol{\varphi}_1(\boldsymbol{\alpha})+\cdots+\boldsymbol{\varphi}_m(\boldsymbol{\alpha}))=\mathbf{0}$, 即 $\boldsymbol{\alpha}=\boldsymbol{\varphi}_1(\boldsymbol{\alpha})+\cdots+\boldsymbol{\varphi}_m(\boldsymbol{\alpha})$, 于是 $V=\operatorname{Im}\boldsymbol{\varphi}_1+\cdots+\operatorname{Im}\boldsymbol{\varphi}_m$. 这就证明了 V 是 $\operatorname{Im}\boldsymbol{\varphi}_1,\cdots,\operatorname{Im}\boldsymbol{\varphi}_m$ 的直和. □

例 4.60　设 $\boldsymbol{\varphi},\boldsymbol{\varphi}_1,\cdots,\boldsymbol{\varphi}_m$ 是 n 维线性空间 V 上的线性变换, 满足: $\boldsymbol{\varphi}^2=\boldsymbol{\varphi}$ 且 $\boldsymbol{\varphi}=\boldsymbol{\varphi}_1+\boldsymbol{\varphi}_2+\cdots+\boldsymbol{\varphi}_m$. 求证: $\mathrm{r}(\boldsymbol{\varphi})=\mathrm{r}(\boldsymbol{\varphi}_1)+\mathrm{r}(\boldsymbol{\varphi}_2)+\cdots+\mathrm{r}(\boldsymbol{\varphi}_m)$ 成立的充要条件是 $\boldsymbol{\varphi}_i^2=\boldsymbol{\varphi}_i$, $\boldsymbol{\varphi}_i\boldsymbol{\varphi}_j=\mathbf{0}\,(i\neq j)$.

证法 1 (几何方法)　令 $V_0=\operatorname{Im}\boldsymbol{\varphi}$, $V_i=\operatorname{Im}\boldsymbol{\varphi}_i$, 则由 $\boldsymbol{\varphi}=\boldsymbol{\varphi}_1+\boldsymbol{\varphi}_2+\cdots+\boldsymbol{\varphi}_m$ 可得 $V_0\subseteq V_1+V_2+\cdots+V_m$.

先证充分性. 由 $\boldsymbol{\varphi}_i^2=\boldsymbol{\varphi}_i, \boldsymbol{\varphi}_i\boldsymbol{\varphi}_j=\mathbf{0}\,(i\neq j)$ 可得 $\boldsymbol{\varphi}_i=(\boldsymbol{\varphi}_1+\boldsymbol{\varphi}_2+\cdots+\boldsymbol{\varphi}_m)\boldsymbol{\varphi}_i=\boldsymbol{\varphi}\boldsymbol{\varphi}_i$, 故 $V_i\subseteq V_0$, 从而 $V_0=V_1+V_2+\cdots+V_m$. 要证上述和为直和, 只要证明零向量表示唯一即可. 设

$$\mathbf{0}=\boldsymbol{\alpha}_1+\boldsymbol{\alpha}_2+\cdots+\boldsymbol{\alpha}_m,\ \boldsymbol{\alpha}_i=\boldsymbol{\varphi}_i(\boldsymbol{v}_i)\in V_i\,(1\leq i\leq m),$$

则 $\mathbf{0}=\boldsymbol{\varphi}_i(\boldsymbol{\varphi}_1(\boldsymbol{v}_1))+\boldsymbol{\varphi}_i(\boldsymbol{\varphi}_2(\boldsymbol{v}_2))+\cdots+\boldsymbol{\varphi}_i(\boldsymbol{\varphi}_m(\boldsymbol{v}_m))=\boldsymbol{\varphi}_i^2(\boldsymbol{v}_i)=\boldsymbol{\varphi}_i(\boldsymbol{v}_i)=\boldsymbol{\alpha}_i$. 因此 $V_0=V_1\oplus V_2\oplus\cdots\oplus V_m$. 两边同取维数即得 $\mathrm{r}(\boldsymbol{\varphi})=\mathrm{r}(\boldsymbol{\varphi}_1)+\mathrm{r}(\boldsymbol{\varphi}_2)+\cdots+\mathrm{r}(\boldsymbol{\varphi}_m)$.

再证必要性. 注意到

$$\dim V_0\leq\dim(V_1+V_2+\cdots+V_m)\leq\dim V_1+\dim V_2+\cdots+\dim V_m,$$

故由 $\mathrm{r}(\boldsymbol{\varphi})=\mathrm{r}(\boldsymbol{\varphi}_1)+\mathrm{r}(\boldsymbol{\varphi}_2)+\cdots+\mathrm{r}(\boldsymbol{\varphi}_m)$ 可得 $\dim V_0=\dim V_1+\dim V_2+\cdots+\dim V_m$, 从而上式中的不等号只能取等号. 由直和的充要条件可知, $V_1+V_2+\cdots+V_m$ 是直和, 并且

$$V_0=V_1\oplus V_2\oplus\cdots\oplus V_m.$$

因为 $\mathrm{Im}\,\boldsymbol{\varphi}_i=V_i\subseteq V_0=\mathrm{Im}\,\boldsymbol{\varphi}$, 故对 V 中任一向量 $\boldsymbol{\alpha}$, 存在 $\boldsymbol{\beta}\in V$, 使得 $\boldsymbol{\varphi}_i(\boldsymbol{\alpha})=\boldsymbol{\varphi}(\boldsymbol{\beta})$, 从而

$$\begin{aligned}\boldsymbol{\varphi}_i(\boldsymbol{\alpha}) &= \boldsymbol{\varphi}(\boldsymbol{\beta})=\boldsymbol{\varphi}^2(\boldsymbol{\beta})=(\boldsymbol{\varphi}_1+\boldsymbol{\varphi}_2+\cdots+\boldsymbol{\varphi}_m)\boldsymbol{\varphi}(\boldsymbol{\beta})\\ &= (\boldsymbol{\varphi}_1+\boldsymbol{\varphi}_2+\cdots+\boldsymbol{\varphi}_m)\boldsymbol{\varphi}_i(\boldsymbol{\alpha})\\ &= \boldsymbol{\varphi}_1\boldsymbol{\varphi}_i(\boldsymbol{\alpha})+\boldsymbol{\varphi}_2\boldsymbol{\varphi}_i(\boldsymbol{\alpha})+\cdots+\boldsymbol{\varphi}_m\boldsymbol{\varphi}_i(\boldsymbol{\alpha}).\end{aligned}$$

由直和表示的唯一性可知

$$\boldsymbol{\varphi}_i^2(\boldsymbol{\alpha})=\boldsymbol{\varphi}_i(\boldsymbol{\alpha}),\ \ \boldsymbol{\varphi}_j\boldsymbol{\varphi}_i(\boldsymbol{\alpha})=\mathbf{0}\ (j\neq i),$$

于是 $\boldsymbol{\varphi}_i^2=\boldsymbol{\varphi}_i, \boldsymbol{\varphi}_i\boldsymbol{\varphi}_j=\mathbf{0}\,(i\neq j)$.

证法 2 (代数方法) 把问题转换成代数的语言: 设 $\boldsymbol{A},\boldsymbol{A}_1,\boldsymbol{A}_2,\cdots,\boldsymbol{A}_m$ 是 n 阶矩阵, 满足 $\boldsymbol{A}^2=\boldsymbol{A}$ 且 $\boldsymbol{A}=\boldsymbol{A}_1+\boldsymbol{A}_2+\cdots+\boldsymbol{A}_m$, 求证: $\mathrm{r}(\boldsymbol{A})=\mathrm{r}(\boldsymbol{A}_1)+\mathrm{r}(\boldsymbol{A}_2)+\cdots+\mathrm{r}(\boldsymbol{A}_m)$ 成立的充要条件是 $\boldsymbol{A}_i^2=\boldsymbol{A}_i,\ \boldsymbol{A}_i\boldsymbol{A}_j=\boldsymbol{O}\,(i\neq j)$.

先证充分性. 若 $\boldsymbol{A}_i^2=\boldsymbol{A}_i$, 则由例 4.55 可知 $\mathrm{r}(\boldsymbol{A}_i)=\mathrm{tr}(\boldsymbol{A}_i)$, 从而

$$\begin{aligned}\mathrm{r}(\boldsymbol{A}) &= \mathrm{tr}(\boldsymbol{A})=\mathrm{tr}(\boldsymbol{A}_1+\boldsymbol{A}_2+\cdots+\boldsymbol{A}_m)\\ &= \mathrm{tr}(\boldsymbol{A}_1)+\mathrm{tr}(\boldsymbol{A}_2)+\cdots+\mathrm{tr}(\boldsymbol{A}_m)=\mathrm{r}(\boldsymbol{A}_1)+\mathrm{r}(\boldsymbol{A}_2)+\cdots+\mathrm{r}(\boldsymbol{A}_m).\end{aligned}$$

再证必要性. 因为 $\boldsymbol{A}$ 是幂等矩阵, 故由例 3.70 可得 $n=\mathrm{r}(\boldsymbol{I}_n-\boldsymbol{A})+\mathrm{r}(\boldsymbol{A})$, 从而 $n=\mathrm{r}(\boldsymbol{I}_n-\boldsymbol{A})+\mathrm{r}(\boldsymbol{A}_1)+\mathrm{r}(\boldsymbol{A}_2)+\cdots+\mathrm{r}(\boldsymbol{A}_m)$. 构造如下分块对角矩阵并对其实施分块初等变换, 可得

$$\begin{pmatrix}\boldsymbol{I}_n-\boldsymbol{A} & & & & \\ & \boldsymbol{A}_1 & & & \\ & & \boldsymbol{A}_2 & & \\ & & & \ddots & \\ & & & & \boldsymbol{A}_m\end{pmatrix}\to\begin{pmatrix}\boldsymbol{I}_n-\boldsymbol{A} & & & & \\ \boldsymbol{A}_1 & \boldsymbol{A}_1 & & & \\ \boldsymbol{A}_2 & & \boldsymbol{A}_2 & & \\ \vdots & & & \ddots & \\ \boldsymbol{A}_m & & & & \boldsymbol{A}_m\end{pmatrix}\to$$

$$\begin{pmatrix}\boldsymbol{I}_n & \boldsymbol{A}_1 & \boldsymbol{A}_2 & \cdots & \boldsymbol{A}_m\\ \boldsymbol{A}_1 & \boldsymbol{A}_1 & & & \\ \boldsymbol{A}_2 & & \boldsymbol{A}_2 & & \\ \vdots & & & \ddots & \\ \boldsymbol{A}_m & & & & \boldsymbol{A}_m\end{pmatrix}\to\begin{pmatrix}\boldsymbol{I}_n & \boldsymbol{O} & \boldsymbol{O} & \cdots & \boldsymbol{O}\\ \boldsymbol{O} & \boldsymbol{A}_1-\boldsymbol{A}_1^2 & -\boldsymbol{A}_1\boldsymbol{A}_2 & \cdots & -\boldsymbol{A}_1\boldsymbol{A}_m\\ \boldsymbol{O} & -\boldsymbol{A}_2\boldsymbol{A}_1 & \boldsymbol{A}_2-\boldsymbol{A}_2^2 & \cdots & -\boldsymbol{A}_2\boldsymbol{A}_m\\ \vdots & \vdots & \vdots & & \vdots\\ \boldsymbol{O} & -\boldsymbol{A}_m\boldsymbol{A}_1 & -\boldsymbol{A}_m\boldsymbol{A}_2 & \cdots & \boldsymbol{A}_m-\boldsymbol{A}_m^2\end{pmatrix}.$$

由 $n=\mathrm{r}(\boldsymbol{I}_n-\boldsymbol{A})+\mathrm{r}(\boldsymbol{A}_1)+\mathrm{r}(\boldsymbol{A}_2)+\cdots+\mathrm{r}(\boldsymbol{A}_m)$ 可得最后一个矩阵的右下角部分必为零矩阵, 从而 $\boldsymbol{A}_i^2=\boldsymbol{A}_i$, $\boldsymbol{A}_i\boldsymbol{A}_j=\boldsymbol{O}\,(i\neq j)$. □

注　在例 4.60 中, 若取 $\boldsymbol{\varphi}=\boldsymbol{I}_V$ 为 V 上的恒等变换, 则此时线性变换 $\boldsymbol{\varphi}_i$ 满足 $\boldsymbol{\varphi}_1+\boldsymbol{\varphi}_2+\cdots+\boldsymbol{\varphi}_m=\boldsymbol{I}_n$. 例 4.60 的证明过程告诉我们, 如果下列条件之一成立:

(1) $\dim V=\dim\mathrm{Im}\,\boldsymbol{\varphi}_1+\dim\mathrm{Im}\,\boldsymbol{\varphi}_2+\cdots+\dim\mathrm{Im}\,\boldsymbol{\varphi}_m$;

(2) $\boldsymbol{\varphi}_i^2=\boldsymbol{\varphi}_i$, $\boldsymbol{\varphi}_i\boldsymbol{\varphi}_j=\boldsymbol{0}\,(i\neq j)$,

则 $V=\mathrm{Im}\,\boldsymbol{\varphi}_1\oplus\mathrm{Im}\,\boldsymbol{\varphi}_2\oplus\cdots\oplus\mathrm{Im}\,\boldsymbol{\varphi}_m$, 并且 $\boldsymbol{\varphi}_i$ 就是 V 到 $\mathrm{Im}\,\boldsymbol{\varphi}_i$ 上的投影变换. 例 4.59 也有类似的几何意义. 另外, 例 4.57 和例 4.58 也可用幂等变换等价于投影变换来给出直观的几何证明, 请读者自行思考.

§ 4.8 基础训练

4.8.1 训　练　题

一、单选题

1. 设 $\boldsymbol{\varphi}$ 是三维行向量空间上的变换, 下列 $\boldsymbol{\varphi}$ 不是线性变换的是 (　　).

(A) $\boldsymbol{\varphi}(a_1,a_2,a_3)=(2a_1-a_2+a_3,a_2+5a_3,a_1-a_3)$

(B) $\boldsymbol{\varphi}(a_1,a_2,a_3)=(a_1^2,a_2^2,a_3^2)$

(C) $\boldsymbol{\varphi}(a_1,a_2,a_3)=(0,a_1,0)$

(D) $\boldsymbol{\varphi}(a_1,a_2,a_3)=(3a_3,3a_2,3a_1)$

2. 设 $\boldsymbol{\varphi}$ 是 n 维向量空间 V 上的线性变换, 适合下列条件的 $\boldsymbol{\varphi}$ 不是同构的是 (　　).

(A) $\boldsymbol{\varphi}$ 是单映射　　(B) $\dim \mathrm{Im}\, \boldsymbol{\varphi}=n$

(C) $\boldsymbol{\varphi}$ 是一一对应　　(D) $\boldsymbol{\varphi}$ 适合条件 $\boldsymbol{\varphi}^n=\mathbf{0}$

3. 设 $\mathbb{F}$ 上三维列向量空间 V 上的线性变换 $\boldsymbol{\varphi}$ 在基 $\{\boldsymbol{e}_1,\boldsymbol{e}_2,\boldsymbol{e}_3\}$ 下的表示矩阵是

$$\begin{pmatrix}1&-1&2\\2&0&1\\1&2&-1\end{pmatrix},$$

则 $\boldsymbol{\varphi}$ 在基 $\{\boldsymbol{e}_3,\boldsymbol{e}_2,\boldsymbol{e}_1\}$ 下的表示矩阵是 (　　).

(A) $\begin{pmatrix}1&-1&2\\2&0&1\\1&2&-1\end{pmatrix}$　　(B) $\begin{pmatrix}1&2&1\\-1&0&2\\2&1&-1\end{pmatrix}$

(C) $\begin{pmatrix}-1&2&1\\1&0&2\\2&-1&1\end{pmatrix}$　　(D) $\begin{pmatrix}2&-1&1\\1&0&2\\-1&2&1\end{pmatrix}$

4. 设 V 是 n 维向量空间, $\boldsymbol{\varphi}$ 和 $\boldsymbol{\psi}$ 是 V 上的线性变换, 则它们的像空间维数相同的充要条件是 (　　).

(A) $\boldsymbol{\varphi}$ 和 $\boldsymbol{\psi}$ 都是可逆变换　　(B) $\boldsymbol{\varphi}$ 和 $\boldsymbol{\psi}$ 的核空间相同

(C) $\boldsymbol{\varphi}$ 和 $\boldsymbol{\psi}$ 的像空间相同　　(D) $\boldsymbol{\varphi}$ 和 $\boldsymbol{\psi}$ 在任一组基下的表示矩阵的秩相同

5. 设 V 是 n 维向量空间, 则 V 上线性变换全体组成的向量空间的维数为 (　　).

(A) n　　(B) $\dfrac{1}{2}n(n+1)$　　(C) n^2　　(D) 无穷大

6. 设 n 维向量空间 V 有一组基, 使得这组基的每个基向量生成的子空间都是 V 上线性变换 $\boldsymbol{\varphi}$ 的不变子空间, 则 $\boldsymbol{\varphi}$ 在这组基下的表示矩阵 (　　).

(A) 必是可逆矩阵　　(B) 必是上三角矩阵但不一定是对角矩阵

(C) 必是下三角矩阵但不一定是对角矩阵　　(D) 必是对角矩阵

7. 设 $\boldsymbol{\varphi},\boldsymbol{\psi}$ 是 n 维向量空间 V 上的线性变换, 它们适合条件 (　　) 时, 必有 $\boldsymbol{\varphi}=\boldsymbol{\psi}$.

(A) 它们的像空间和核空间分别相同

(B) 对 V 中某 n 个线性无关的向量 $\boldsymbol{\alpha}_1,\cdots,\boldsymbol{\alpha}_n$, 均有 $\boldsymbol{\varphi}(\boldsymbol{\alpha}_i)=\boldsymbol{\psi}(\boldsymbol{\alpha}_i)\,(1\le i\le n)$

(C) $\boldsymbol{\varphi},\boldsymbol{\psi}$ 都是可逆变换

(D) 它们的秩相同

8. 设 $\boldsymbol{\varphi}$ 是 $n\,(n\ge 2)$ 维向量空间 V 上的非零线性变换, 已知 $\boldsymbol{\varphi}$ 不是可逆变换. 下面条件能保证 $\boldsymbol{\varphi}$ 的核空间与像空间之交为零的是 (　　).

(A) $\boldsymbol{\varphi}$ 在 V 的某组基下的表示矩阵 $\boldsymbol{A}$ 适合 $\boldsymbol{A}^n=\boldsymbol{O}$

(B) φ 在 V 的某组基下的表示矩阵 $\boldsymbol{A}$ 适合 $\boldsymbol{A}^2=\boldsymbol{A}$

(C) φ 的核空间维数与它的像空间维数相等

(D) φ 的核空间维数与它的像空间维数之和等于 n

9. 下列条件不能保证 n 维向量空间 V 上的非零线性变换 φ 为可逆变换的是 (　　).

(A) φ 在 V 的某组基下的表示矩阵的行列式不为零

(B) φ 在 V 的某组基下的表示矩阵是一个对称矩阵

(C) φ 将 V 的 n 个线性无关的向量变成 n 个线性无关的向量

(D) φ 没有非平凡不变子空间

10. 设 V 是二维实列向量空间, 用下列矩阵定义的 V 上的线性变换中没有非平凡不变子空间的是 (　　).

(A) $\begin{pmatrix}1 & -1\\ 0 & 1\end{pmatrix}$　　(B) $\begin{pmatrix}1 & 1\\ 1 & 1\end{pmatrix}$

(C) $\begin{pmatrix}0 & -1\\ 1 & 0\end{pmatrix}$　　(D) $\begin{pmatrix}2 & 0\\ 0 & 3\end{pmatrix}$

二、填空题

1. 设 V 是数域 $\mathbb{F}$ 上的一维空间, 写出 V 上所有的线性变换 (　　).

2. 设 $\mathbb{F}^4$ 上的线性变换 φ 在基 $\{\boldsymbol{e}_1,\boldsymbol{e}_2,\boldsymbol{e}_3,\boldsymbol{e}_4\}$ 下的表示矩阵为

$$\begin{pmatrix}1 & 2 & 0 & 1\\ 3 & 0 & -1 & 2\\ 2 & 5 & 3 & 1\\ 1 & 2 & 1 & 3\end{pmatrix},$$

求在基 $\{\boldsymbol{e}_1,\boldsymbol{e}_1+\boldsymbol{e}_2,\boldsymbol{e}_1+\boldsymbol{e}_2+\boldsymbol{e}_3,\boldsymbol{e}_1+\boldsymbol{e}_2+\boldsymbol{e}_3+\boldsymbol{e}_4\}$ 下它的表示矩阵.

3. 设 V 是次数小于 n 的实系数多项式全体组成的向量空间, $\boldsymbol{D}$ 是 V 上的求导变换, 写出在基 $1,x,x^2,\cdots,x^{n-1}$ 下线性变换 $\boldsymbol{D}$ 的表示矩阵.

4. 设线性空间 V 上的线性变换 φ,ψ 在 V 的某组基下的表示矩阵分别为 $\boldsymbol{A},\boldsymbol{B}$, 则线性变换 $\varphi\psi+2\varphi^2$ 在同一组基下的表示矩阵为 (　　).

5. 设有线性空间 V 上的线性变换 φ,ψ, 已知 φ 是可逆变换, 又 φ 和 ψ 在第一组基下的表示矩阵分别为 $\boldsymbol{A},\boldsymbol{B}$, V 的第一组基到第二组基的过渡矩阵为 $\boldsymbol{P}$, 则线性变换 $\psi\varphi^{-2}+2\varphi+\boldsymbol{I}_V$ 在第二组基下的表示矩阵为 (　　).

6. 举例说明虽然对 V 上的线性变换 φ, 总有 $\dim\operatorname{Im}\varphi+\dim\operatorname{Ker}\varphi=\dim V$, 但未必有 $V=\operatorname{Im}\varphi\oplus\operatorname{Ker}\varphi$.

7. 是否存在 V 上的线性变换, 它将一组线性相关的向量变成一组线性无关的向量? (　　)

8. 十维向量空间 V 上的线性变换 φ 在一组基下的表示矩阵为 $\boldsymbol{A}$, 已知齐次线性方程组 $\boldsymbol{Ax}=\boldsymbol{0}$ 的解空间维数为 3, 则 $\dim \mathrm{Im}\,\varphi = (\quad)$.

9. 设 $\boldsymbol{e}_1,\boldsymbol{e}_2,\cdots,\boldsymbol{e}_n$ 和 $\boldsymbol{f}_1,\boldsymbol{f}_2,\cdots,\boldsymbol{f}_n$ 是线性空间 V 的两组基, 从第一组基到第二组基的过渡矩阵为 $\boldsymbol{P}$. 若 φ 是 V 上的线性变换, 且恰有 $\varphi(\boldsymbol{e}_i)=\boldsymbol{f}_i\,(1\le i\le n)$, 问 φ 在第二组基下的表示矩阵是什么? ( )

10. 设 V 是由数域 $\mathbb{F}$ 上的二阶矩阵全体组成的向量空间, 定义 V 上的线性变换 φ 如下:

$$\varphi(\boldsymbol{A})=\begin{pmatrix}1&1\\1&1\end{pmatrix}\boldsymbol{A}\begin{pmatrix}2&0\\0&1\end{pmatrix},$$

则 φ 的秩和零度分别是 $(\quad)$.

三、解答题

1. 设 V 和 U 分别是数域 $\mathbb{F}$ 上的 n 维和 m 维向量空间, $\boldsymbol{e}_1,\boldsymbol{e}_2,\cdots,\boldsymbol{e}_n$ 和 $\boldsymbol{f}_1,\boldsymbol{f}_2,\cdots,\boldsymbol{f}_m$ 分别是 V 和 U 的基. 定义 V 到 U 的线性映射 $\boldsymbol{\varphi}_{ij}\,(1\le i\le m,\,1\le j\le n)$:

$$\boldsymbol{\varphi}_{ij}(\boldsymbol{e}_j)=\boldsymbol{f}_i,\quad \boldsymbol{\varphi}_{ij}(\boldsymbol{e}_k)=\boldsymbol{0}\,(k\ne j).$$

求证: $\boldsymbol{\varphi}_{ij}$ 组成向量空间 $\mathcal{L}(V,U)$ 的一组基. 若令 $\boldsymbol{\sigma}(\boldsymbol{\varphi}_{ij})=\boldsymbol{E}_{ij}$, 这里 $\boldsymbol{E}_{ij}$ 是第 (i,j) 元素为 1, 其余元素都为 0 的 $m\times n$ 基础矩阵, 则 $\boldsymbol{\sigma}$ 定义了从 $\mathcal{L}(V,U)$ 到 $\mathbb{F}$ 上 $m\times n$ 矩阵全体组成的向量空间 $M_{m\times n}(\mathbb{F})$ 的线性同构.

2. 设 V 是由几乎处处为零的无穷实数数列 (即 $(a_0,a_1,a_2,\cdots,a_n,\cdots)$, 其中只有有限多个 a_i 不为零) 组成的实向量空间, $\mathbb{R}[x]$ 是由所有实系数多项式组成的实向量空间. 定义 φ 如下:

$$\boldsymbol{\varphi}(a_0,a_1,a_2,\cdots,a_n,\cdots)=a_0+a_1x+a_2x^2+\cdots+a_nx^n,$$

其中 $a_n\ne 0$, 而 $a_s=0\,(s>n)$. 求证: $\boldsymbol{\varphi}$ 是线性同构.

3. 设 V 是实系数多项式全体组成的向量空间, $\boldsymbol{\varphi}$ 是求导变换. 定义 V 中的变换 $\boldsymbol{\psi}$ 如下: $\boldsymbol{\psi}(f(x))=xf(x)$. 求证: $\boldsymbol{\psi}$ 是 V 上的线性变换且对任意的正整数 n, 有 $\boldsymbol{\varphi}\boldsymbol{\psi}^n-\boldsymbol{\psi}^n\boldsymbol{\varphi}=n\boldsymbol{\psi}^{n-1}$.

4. 设 $\boldsymbol{\varphi}$ 是 n 维线性空间 V 上的线性变换, U_1,U_2 是 V 的子空间且 $V=U_1\oplus U_2$. 若 $\boldsymbol{\varphi}(U_1)\subseteq U_2$, $\boldsymbol{\varphi}(U_2)\subseteq U_1$, 求证: $\mathrm{r}(\boldsymbol{\varphi})=\dim\boldsymbol{\varphi}(U_1)+\dim\boldsymbol{\varphi}(U_2)$.

5. 设 V 是数域 $\mathbb{F}$ 上的向量空间, $\boldsymbol{\varphi}$ 是 V 上的线性变换, 若 $\boldsymbol{\varphi}$ 在基 $\boldsymbol{e}_1,\boldsymbol{e}_2,\cdots,\boldsymbol{e}_n$ 下的表示矩阵为

$$\begin{pmatrix}0&0&\cdots&0&0\\1&0&\cdots&0&0\\0&1&\cdots&0&0\\\vdots&\vdots&&\vdots&\vdots\\0&0&\cdots&1&0\end{pmatrix},$$

求证:

(1) V 中包含 $\boldsymbol{e}_1$ 的 $\boldsymbol{\varphi}$–不变子空间只有 V 自身;

(2) V 的任一非零 $\boldsymbol{\varphi}$–不变子空间必包含 $\boldsymbol{e}_n$;

(3) V 不能分解为两个非平凡 $\boldsymbol{\varphi}$–不变子空间的直和.

6. 设 $\boldsymbol{A},\boldsymbol{B}$ 是 n 阶矩阵且 $\boldsymbol{A}$ 可逆, 求证: $\boldsymbol{AB}$ 和 $\boldsymbol{BA}$ 相似.

7. 设 V 是 n 维向量空间, $\boldsymbol{\varphi}$ 及 $\boldsymbol{\psi}$ 是其上的线性变换, 求证:

$$\dim \operatorname{Ker} \boldsymbol{\varphi}\boldsymbol{\psi} \leq \dim \operatorname{Ker} \boldsymbol{\varphi} + \dim \operatorname{Ker} \boldsymbol{\psi}.$$

8. 设 $\mathbb{F}^n$ 是数域 $\mathbb{F}$ 上 n 维列向量空间, $\boldsymbol{A}$ 是 $m \times n$ 矩阵, $\boldsymbol{B}$ 是 $l \times n$ 矩阵. 若 W 是齐次线性方程组 $\boldsymbol{Bx} = \boldsymbol{0}$ 的解空间 (W 看成是 $\mathbb{F}^n$ 的子空间). 定义 $\boldsymbol{\varphi}$ 为 $\mathbb{F}^n$ 到 $\mathbb{F}^m$ 的线性映射: $\boldsymbol{\varphi}(\boldsymbol{\alpha}) = \boldsymbol{A\alpha}$, 证明:

$$\dim \boldsymbol{\varphi}(W) = \mathrm{r}\begin{pmatrix} \boldsymbol{A} \\ \boldsymbol{B} \end{pmatrix} - \mathrm{r}(\boldsymbol{B}).$$

9. 设 $\boldsymbol{\varphi}$ 是向量空间 V 上的线性变换且 $\boldsymbol{\varphi}^2 = \boldsymbol{I}$, 但 $\boldsymbol{\varphi}$ 本身不是恒等映射 $\boldsymbol{I}$. 令 $U = \{\boldsymbol{v} \in V \mid \boldsymbol{\varphi}(\boldsymbol{v}) = \boldsymbol{v}\}$, $W = \{\boldsymbol{v} \in V \mid \boldsymbol{\varphi}(\boldsymbol{v}) = -\boldsymbol{v}\}$. 求证: U, W 都是 V 的子空间且 $V = U \oplus W$.

10. 设 $\boldsymbol{\varphi}_1, \cdots, \boldsymbol{\varphi}_k$ 是 n 维线性空间 V 上的线性变换, 满足条件 $\boldsymbol{\varphi}_i^2 = \boldsymbol{\varphi}_i$, $\boldsymbol{\varphi}_i\boldsymbol{\varphi}_j = \boldsymbol{0}\,(i \neq j)$. 求证:

$$V = \operatorname{Im} \boldsymbol{\varphi}_1 \oplus \cdots \oplus \operatorname{Im} \boldsymbol{\varphi}_k \oplus \left(\bigcap_{i=1}^{k} \operatorname{Ker} \boldsymbol{\varphi}_i \right).$$

11. 设 $\boldsymbol{\varphi}_1, \boldsymbol{\varphi}_2, \cdots, \boldsymbol{\varphi}_m$ 是 n 维线性空间 V 上的线性变换, 满足条件

$$\boldsymbol{\varphi}_1 + \boldsymbol{\varphi}_2 + \cdots + \boldsymbol{\varphi}_m = \boldsymbol{I}, \quad \mathrm{r}(\boldsymbol{\varphi}_1) + \mathrm{r}(\boldsymbol{\varphi}_2) + \cdots + \mathrm{r}(\boldsymbol{\varphi}_m) = n,$$

其中 $\boldsymbol{I}$ 是 V 上的恒等变换. 求证: $\boldsymbol{\varphi}_i^2 = \boldsymbol{\varphi}_i$, $\boldsymbol{\varphi}_i\boldsymbol{\varphi}_j = \boldsymbol{0}\,(i \neq j)$.

12. 设 V 是有理数域上的三维空间, $\boldsymbol{\varphi}$ 是 V 上的线性变换且 $\boldsymbol{\varphi}(\boldsymbol{\alpha}) = \boldsymbol{\beta}$, $\boldsymbol{\varphi}(\boldsymbol{\beta}) = \boldsymbol{\gamma}$, $\boldsymbol{\varphi}(\boldsymbol{\gamma}) = \boldsymbol{\alpha} + \boldsymbol{\beta}$. 求证: 若 $\boldsymbol{\alpha} \neq \boldsymbol{0}$, 则 $\boldsymbol{\alpha}, \boldsymbol{\beta}, \boldsymbol{\gamma}$ 是线性无关的向量.

13. 设 $\boldsymbol{A}, \boldsymbol{B}$ 分别为数域 $\mathbb{K}$ 上的 m, n 阶方阵, 线性变换 $\boldsymbol{\varphi} : M_{m\times n}(\mathbb{K}) \to M_{m\times n}(\mathbb{K})$ 定义为 $\boldsymbol{\varphi}(\boldsymbol{X}) = \boldsymbol{AXB}$, 试求 $\operatorname{Ker} \boldsymbol{\varphi}$ 的维数及其一组基.

14. 设 V 为数域 $\mathbb{K}$ 上的 n 维线性空间, $S = \{\boldsymbol{v}_1, \boldsymbol{v}_2, \cdots, \boldsymbol{v}_m\}$ 为 V 中的向量组, 定义集合 $R_S = \{(a_1, a_2, \cdots, a_m) \in \mathbb{K}^m \mid a_1\boldsymbol{v}_1 + a_2\boldsymbol{v}_2 + \cdots + a_m\boldsymbol{v}_m = \boldsymbol{0}\}$. 再取 V 中的向量组 $T = \{\boldsymbol{u}_1, \boldsymbol{u}_2, \cdots, \boldsymbol{u}_m\}$. 证明:

(1) R_S 是 $\mathbb{K}^m$ 的线性子空间;

(2) 存在线性变换 $\boldsymbol{\varphi}$, 使得 $\boldsymbol{\varphi}(\boldsymbol{v}_i) = \boldsymbol{u}_i\,(1 \leq i \leq m)$ 的充要条件是 $R_S \subseteq R_T$;

(3) 存在线性自同构 $\boldsymbol{\varphi}$, 使得 $\boldsymbol{\varphi}(\boldsymbol{v}_i) = \boldsymbol{u}_i\,(1 \leq i \leq m)$ 的充要条件是 $R_S = R_T$.

15. 设 $\boldsymbol{A},\boldsymbol{B}$ 均为 $m\times n$ 矩阵, 满足 $\mathrm{r}(\boldsymbol{A}+\boldsymbol{B})=\mathrm{r}(\boldsymbol{A})+\mathrm{r}(\boldsymbol{B})$, 证明: 存在 m 阶非异阵 $\boldsymbol{P}$, n 阶非异阵 $\boldsymbol{Q}$, 使得

$$\boldsymbol{PAQ}=\begin{pmatrix}\boldsymbol{I}_r & \boldsymbol{O} & \boldsymbol{O}\\ \boldsymbol{O} & \boldsymbol{O} & \boldsymbol{O}\\ \boldsymbol{O} & \boldsymbol{O} & \boldsymbol{O}\end{pmatrix},\quad \boldsymbol{PBQ}=\begin{pmatrix}\boldsymbol{O} & \boldsymbol{O} & \boldsymbol{O}\\ \boldsymbol{O} & \boldsymbol{I}_s & \boldsymbol{O}\\ \boldsymbol{O} & \boldsymbol{O} & \boldsymbol{O}\end{pmatrix}.$$

4.8.2 训练题答案

一、单选题

1. 应选择 (B).

2. 应选择 (D).

3. 应选择 (C). 直接计算即可.

4. 应选择 (D). 像空间维数相等并不意味着像空间相同, 因此不能选 (C). 同理也不能选 (B).

5. 应选择 (C). $\mathcal{L}(V)$ 同构于 n 阶矩阵组成的向量空间, 因此维数等于 n^2.

6. 应选择 (D). 直接计算可得.

7. 应选择 (B). V 中任意 n 个线性无关的向量都可组成一组基, 两个线性变换在基上作用相同则必相等.

8. 应选择 (B). 此时 $\boldsymbol{\varphi}^2=\boldsymbol{\varphi}$, 任取 $\boldsymbol{\alpha}\in\operatorname{Ker}\boldsymbol{\varphi}\cap\operatorname{Im}\boldsymbol{\varphi}$, 设 $\boldsymbol{\alpha}=\boldsymbol{\varphi}(\boldsymbol{\beta})$, 则 $\mathbf{0}=\boldsymbol{\varphi}(\boldsymbol{\alpha})=\boldsymbol{\varphi}^2(\boldsymbol{\beta})=\boldsymbol{\varphi}(\boldsymbol{\beta})=\boldsymbol{\alpha}$, 因此 $\operatorname{Ker}\boldsymbol{\varphi}\cap\operatorname{Im}\boldsymbol{\varphi}=0$.

9. 应选择 (B). 注意 (D), 因为 $\operatorname{Ker}\boldsymbol{\varphi}$ 是 $\boldsymbol{\varphi}$ 的不变子空间, 又 $\operatorname{Ker}\boldsymbol{\varphi}\neq V$, 故 $\operatorname{Ker}\boldsymbol{\varphi}=0$.

10. 应选择 (C). 这是平面上的一个旋转, 角度为 $\dfrac{\pi}{2}$, 因此无一维不变子空间.

二、填空题

1. $\boldsymbol{\varphi}(\boldsymbol{\alpha})=k\boldsymbol{\alpha}$, $k\in\mathbb{F}$.

2. $\begin{pmatrix}-2 & 0 & 1 & 0\\ 1 & -4 & -8 & -7\\ 1 & 4 & 6 & 4\\ 1 & 3 & 4 & 7\end{pmatrix}$.

3. $\boldsymbol{D}$ 的表示矩阵为 $\begin{pmatrix}0 & 1 & 0 & \cdots & 0\\ 0 & 0 & 2 & \cdots & 0\\ \vdots & \vdots & \vdots & & \vdots\\ 0 & 0 & 0 & \cdots & n-1\\ 0 & 0 & 0 & \cdots & 0\end{pmatrix}$.

4. $\boldsymbol{AB}+2\boldsymbol{A}^2$.

5. $\boldsymbol{P}^{-1}\boldsymbol{BA}^{-2}\boldsymbol{P}+2\boldsymbol{P}^{-1}\boldsymbol{AP}+\boldsymbol{I}_n$.

6. 例子: 设 V 是由次数小于 2 的实系数多项式全体组成的线性空间, $\boldsymbol{D}$ 是求导变换, 则 $\operatorname{Ker}\boldsymbol{D}=\operatorname{Im}\boldsymbol{D}$, 因此 $\operatorname{Ker}\boldsymbol{D}\cap\operatorname{Im}\boldsymbol{D}\neq 0$.

7. 不存在.

8. $\dim\operatorname{Im}\varphi=7$.

9. φ 在第一组基下的表示矩阵为 $\boldsymbol{P}$, 故在第二组基下的表示矩阵为 $\boldsymbol{P}^{-1}\boldsymbol{P}\boldsymbol{P}=\boldsymbol{P}$.

10. 选择 V 的一组基 $\boldsymbol{E}_{11},\boldsymbol{E}_{12},\boldsymbol{E}_{21},\boldsymbol{E}_{22}$ ($\boldsymbol{E}_{ij}$ 为第 (i,j) 元素为 1, 其余元素为 0 的基础矩阵). 计算出 φ 在这组基下的表示矩阵为 $\begin{pmatrix}2&0&2&0\\0&1&0&1\\2&0&2&0\\0&1&0&1\end{pmatrix}$, 此矩阵的秩为 2, 因此 φ 的秩等于 2, 零度也是 2.

三、解答题

1. 设 $\sum\limits_{i=1}^{m}\sum\limits_{j=1}^{n}a_{ij}\boldsymbol{\varphi}_{ij}=\mathbf{0}$, 将它作用在 $\boldsymbol{e}_j$ 上可得 $\sum\limits_{i=1}^{m}a_{ij}\boldsymbol{f}_i=\mathbf{0}$. 由于 $\{\boldsymbol{f}_j\}$ 线性无关, 故 $a_{ij}=0$, 因此 $\{\varphi_{ij}\}$ 线性无关. 而 $\mathcal{L}(V,U)$ 的维数恰好为 mn, 故 $\{\varphi_{ij}\}$ 构成了 $\mathcal{L}(V,U)$ 的一组基. 因为 $\boldsymbol{\sigma}$ 定义了从 $\mathcal{L}(V,U)$ 的基到 $M_{m\times n}(\mathbb{F})$ 的基的线性映射, 因此必是线性同构.

2. 先验证 φ 是线性映射, 再证明这是一个一一对应.

3. 直接验证 $\boldsymbol{\psi}$ 是线性变换以及所需的等式成立.

4. 显然 $\operatorname{Im}\boldsymbol{\varphi}=\boldsymbol{\varphi}(U_1)+\boldsymbol{\varphi}(U_2)$, 又 $\boldsymbol{\varphi}(U_1)\cap\boldsymbol{\varphi}(U_2)\subseteq U_2\cap U_1=0$, 因此 $\operatorname{Im}\boldsymbol{\varphi}=\boldsymbol{\varphi}(U_1)\oplus\boldsymbol{\varphi}(U_2)$, 取维数后即得结论.

5. 由条件可得 $\boldsymbol{\varphi}(\boldsymbol{e}_1)=\boldsymbol{e}_2$, $\boldsymbol{\varphi}(\boldsymbol{e}_2)=\boldsymbol{e}_3$, $\cdots$, $\boldsymbol{\varphi}(\boldsymbol{e}_{n-1})=\boldsymbol{e}_n$, $\boldsymbol{\varphi}(\boldsymbol{e}_n)=\mathbf{0}$. 注意到 $\boldsymbol{\varphi}^i(\boldsymbol{e}_1)=\boldsymbol{e}_{i+1}\,(1\leq i\leq n-1)$, 故包含 $\boldsymbol{e}_1$ 的 $\boldsymbol{\varphi}$–不变子空间必包含所有的基向量 $\boldsymbol{e}_i$, 从而只能是 V 自身, (1) 得证. 设 W 是非零 $\boldsymbol{\varphi}$–不变子空间, 取 $\boldsymbol{\alpha}=a_1\boldsymbol{e}_1+a_2\boldsymbol{e}_2+\cdots+a_n\boldsymbol{e}_n$ 为 W 中的非零向量. 不妨设 $a_1=\cdots=a_{k-1}=0$, 但 $a_k\neq 0$, 则 $\boldsymbol{\varphi}^{n-k}(\boldsymbol{\alpha})=a_k\boldsymbol{e}_n\in W$, 于是 $\boldsymbol{e}_n\in W$, (2) 得证. (3) 是 (2) 的直接推论.

6. $\boldsymbol{BA}=\boldsymbol{A}^{-1}(\boldsymbol{AB})\boldsymbol{A}$.

7. *几何方法*: 线性变换 ψ 在 $\operatorname{Ker}\varphi\psi$ 上的限制诱导了线性映射 $\boldsymbol{\psi}_1:\operatorname{Ker}\boldsymbol{\varphi\psi}\to\operatorname{Ker}\boldsymbol{\varphi}$. 注意到 $\operatorname{Ker}\boldsymbol{\psi}_1=\operatorname{Ker}\boldsymbol{\varphi\psi}\cap\operatorname{Ker}\boldsymbol{\psi}=\operatorname{Ker}\boldsymbol{\psi}$, $\operatorname{Im}\boldsymbol{\psi}_1\subseteq\operatorname{Ker}\boldsymbol{\varphi}$, 故由维数公式可得 $\dim\operatorname{Ker}\boldsymbol{\varphi\psi}=\dim\operatorname{Im}\boldsymbol{\psi}_1+\dim\operatorname{Ker}\boldsymbol{\psi}_1\leq\dim\operatorname{Ker}\boldsymbol{\varphi}+\dim\operatorname{Ker}\boldsymbol{\psi}$. *代数方法*: 在 V 中选取一组基, 设 $\boldsymbol{\varphi},\boldsymbol{\psi}$ 在这组基下的表示矩阵为 $\boldsymbol{A},\boldsymbol{B}$, 问题转化为证明 $n-\mathrm{r}(\boldsymbol{AB})\leq(n-\mathrm{r}(\boldsymbol{A}))+(n-\mathrm{r}(\boldsymbol{B}))$, 即 $\mathrm{r}(\boldsymbol{AB})\geq\mathrm{r}(\boldsymbol{A})+\mathrm{r}(\boldsymbol{B})-n$. 这是例 3.66 或例 4.44 的结论.

8. 将 $\boldsymbol{\varphi}$ 限制在 W 上, 由维数公式可得 $n-\mathrm{r}(\boldsymbol{B})=\dim W=\dim\boldsymbol{\varphi}(W)+\dim\operatorname{Ker}\boldsymbol{\varphi}|_W$. 注意到 $\operatorname{Ker}\boldsymbol{\varphi}|_W=\operatorname{Ker}\boldsymbol{\varphi}\cap W$ 是线性方程组 $\boldsymbol{Ax}=\mathbf{0}$ 与 $\boldsymbol{Bx}=\mathbf{0}$ 的公共解空间, 即为线性方程组 $\begin{pmatrix}\boldsymbol{A}\\\boldsymbol{B}\end{pmatrix}\boldsymbol{x}=\mathbf{0}$ 的解空间, 故 $\dim\operatorname{Ker}\boldsymbol{\varphi}|_W=n-\mathrm{r}\begin{pmatrix}\boldsymbol{A}\\\boldsymbol{B}\end{pmatrix}$. 综合上面的式子, 即得结论.

9. 容易验证 U 及 W 是子空间, 现证明 V 是这两个子空间的直和. 首先 $W\cap U=0$ 是显然的, 因此只需证明 $V=U+W$ 即可. 任取 V 中向量 $\boldsymbol{v}$, 令 $\boldsymbol{u}=\dfrac{1}{2}(\boldsymbol{v}+\boldsymbol{\varphi}(\boldsymbol{v}))$, $\boldsymbol{w}=\dfrac{1}{2}(\boldsymbol{v}-\boldsymbol{\varphi}(\boldsymbol{v}))$, 则由 $\boldsymbol{\varphi}^2=\boldsymbol{I}$ 容易验证: $\boldsymbol{\varphi}(\boldsymbol{u})=\boldsymbol{u}$, 即 $\boldsymbol{u}\in U$; $\boldsymbol{\varphi}(\boldsymbol{w})=-\boldsymbol{w}$, 即 $\boldsymbol{w}\in W$. 注意到 $\boldsymbol{v}=\boldsymbol{u}+\boldsymbol{w}$, 故

$V=U+W$ 成立.

10. 本题是例 4.59 的推广. 令 $\varphi_{k+1}=\boldsymbol{I}-(\varphi_1+\cdots+\varphi_k)$, 容易验证 $\varphi_i\varphi_{k+1}=\varphi_{k+1}\varphi_i=\mathbf{0}\,(1\le i\le k)$, $\varphi_{k+1}^2=\varphi_{k+1}$, $\operatorname{Ker}\varphi_1\cap\cdots\cap\operatorname{Ker}\varphi_k\cap\operatorname{Ker}\varphi_{k+1}=0$ 以及 $\operatorname{Im}\varphi_{k+1}=\bigcap\limits_{i=1}^{k}\operatorname{Ker}\varphi_i$, 于是由例 4.59 即得结论.

11. 本题是例 4.60 的特殊情况.

12. 先证明 $\boldsymbol{\alpha},\boldsymbol{\beta}$ 线性无关. 若不然, 因为 $\boldsymbol{\alpha}\neq\mathbf{0}$, 故可设 $\boldsymbol{\beta}=k\boldsymbol{\alpha}$, 即 $\varphi(\boldsymbol{\alpha})=k\boldsymbol{\alpha}$, 从而 $\boldsymbol{\gamma}=\varphi(\boldsymbol{\beta})=\varphi(k\boldsymbol{\alpha})=k^2\boldsymbol{\alpha}$, $\varphi(\boldsymbol{\gamma})=\varphi(k^2\boldsymbol{\alpha})=k^3\boldsymbol{\alpha}$. 又 $\varphi(\boldsymbol{\gamma})=\boldsymbol{\alpha}+\boldsymbol{\beta}=\boldsymbol{\alpha}+k\boldsymbol{\alpha}$, 于是 $k^3\boldsymbol{\alpha}=\boldsymbol{\alpha}+k\boldsymbol{\alpha}$. 因为 $\boldsymbol{\alpha}\neq\mathbf{0}$, 所以 $k^3-k-1=0$, 但这个方程没有有理数解, 从而 k 不存在, 这与假设矛盾. 因此 $\boldsymbol{\alpha},\boldsymbol{\beta}$ 线性无关. 再证明 $\boldsymbol{\alpha},\boldsymbol{\beta},\boldsymbol{\gamma}$ 线性无关. 若不然, 因为 $\boldsymbol{\alpha},\boldsymbol{\beta}$ 线性无关, 故可设 $\boldsymbol{\gamma}=k_1\boldsymbol{\alpha}+k_2\boldsymbol{\beta}$, 则 $\varphi(\boldsymbol{\gamma})=\varphi(k_1\boldsymbol{\alpha}+k_2\boldsymbol{\beta})=k_1\varphi(\boldsymbol{\alpha})+k_2\varphi(\boldsymbol{\beta})=k_1\boldsymbol{\beta}+k_2\boldsymbol{\gamma}=k_1k_2\boldsymbol{\alpha}+(k_1+k_2^2)\boldsymbol{\beta}$. 再由 $\varphi(\boldsymbol{\gamma})=\boldsymbol{\alpha}+\boldsymbol{\beta}$ 以及 $\boldsymbol{\alpha},\boldsymbol{\beta}$ 线性无关得到 $\begin{cases}k_1k_2=1,\\ k_1+k_2^2=1.\end{cases}$ 容易证明这个方程组没有有理数解, 这与假设矛盾. 因此 $\boldsymbol{\alpha},\boldsymbol{\beta},\boldsymbol{\gamma}$ 线性无关.

13. 设 $\boldsymbol{P}_1,\boldsymbol{Q}_1,\boldsymbol{P}_2,\boldsymbol{Q}_2$ 为非异阵, 使得 $\boldsymbol{P}_1\boldsymbol{A}\boldsymbol{Q}_1=\begin{pmatrix}\boldsymbol{I}_r&\boldsymbol{O}\\ \boldsymbol{O}&\boldsymbol{O}\end{pmatrix}$, $\boldsymbol{P}_2\boldsymbol{B}\boldsymbol{Q}_2=\begin{pmatrix}\boldsymbol{I}_s&\boldsymbol{O}\\ \boldsymbol{O}&\boldsymbol{O}\end{pmatrix}$, 其中 $r=\mathrm{r}(\boldsymbol{A})$, $s=\mathrm{r}(\boldsymbol{B})$. 任取 $\boldsymbol{X}\in\operatorname{Ker}\varphi$, 设 $\boldsymbol{Q}_1^{-1}\boldsymbol{X}\boldsymbol{P}_2^{-1}=\begin{pmatrix}\boldsymbol{X}_{11}&\boldsymbol{X}_{12}\\ \boldsymbol{X}_{21}&\boldsymbol{X}_{22}\end{pmatrix}$ 为对应的分块 (其中 $\boldsymbol{X}_{11}$ 是 $r\times s$ 矩阵), 则由 $\varphi(\boldsymbol{X})=\boldsymbol{A}\boldsymbol{X}\boldsymbol{B}=\boldsymbol{O}$ 可解出 $\boldsymbol{X}=\boldsymbol{Q}_1\begin{pmatrix}\boldsymbol{O}&\boldsymbol{X}_{12}\\ \boldsymbol{X}_{21}&\boldsymbol{X}_{22}\end{pmatrix}\boldsymbol{P}_2$, 其中 $\boldsymbol{X}_{12},\boldsymbol{X}_{21},\boldsymbol{X}_{22}$ 可以任意取. 因此, $\dim\operatorname{Ker}\varphi=mn-rs$, 并且 $\operatorname{Ker}\varphi$ 的一组基可取为 $\{\boldsymbol{Q}_1\boldsymbol{E}_{ij}\boldsymbol{P}_2\mid 1\le i\le m,\,1\le j\le n,\,(i,j)\notin[1,r]\times[1,s]\}$, 其中 $\boldsymbol{E}_{ij}$ 为 $m\times n$ 基础矩阵.

14. 几何方法: (1) 容易验证. (2) 必要性显然, 下证充分性. 不妨设 $\{\boldsymbol{v}_1,\cdots,\boldsymbol{v}_r\}$ 是向量组 S 的极大无关组, 并将其扩张为 V 的一组基 $\{\boldsymbol{v}_1,\cdots,\boldsymbol{v}_r,\boldsymbol{e}_{r+1},\cdots,\boldsymbol{e}_n\}$. 定义 φ 为 V 上的线性变换, 它在基上的作用为: $\varphi(\boldsymbol{v}_i)=\boldsymbol{u}_i\,(1\le i\le r)$, $\varphi(\boldsymbol{e}_j)=\mathbf{0}\,(r+1\le j\le n)$. 对任一 $\boldsymbol{v}_j\,(r+1\le j\le m)$, 设 $\boldsymbol{v}_j=\lambda_1\boldsymbol{v}_1+\cdots+\lambda_r\boldsymbol{v}_r$, 则 $(\lambda_1,\cdots,\lambda_r,0,\cdots,0,-1,0,\cdots,0)\in R_S$. 由 $R_S\subseteq R_T$ 可知, $\boldsymbol{u}_j=\lambda_1\boldsymbol{u}_1+\cdots+\lambda_r\boldsymbol{u}_r$. 因此 $\varphi(\boldsymbol{v}_j)=\varphi(\sum\limits_{i=1}^{r}\lambda_i\boldsymbol{v}_i)=\sum\limits_{i=1}^{r}\lambda_i\varphi(\boldsymbol{v}_i)=\sum\limits_{i=1}^{r}\lambda_i\boldsymbol{u}_i=\boldsymbol{u}_j\,(r+1\le j\le m)$. (3) 必要性显然, 下证充分性. 不妨设 $\{\boldsymbol{v}_1,\cdots,\boldsymbol{v}_r\}$ 是向量组 S 的极大无关组, 并将其扩张为 V 的一组基 $\{\boldsymbol{v}_1,\cdots,\boldsymbol{v}_r,\boldsymbol{e}_{r+1},\cdots,\boldsymbol{e}_n\}$. 利用与 (2) 相同的证明可得: 若 $\boldsymbol{v}_j=\lambda_1\boldsymbol{v}_1+\cdots+\lambda_r\boldsymbol{v}_r$, 则 $\boldsymbol{u}_j=\lambda_1\boldsymbol{u}_1+\cdots+\lambda_r\boldsymbol{u}_r\,(r+1\le j\le m)$. 设 $\mu_1\boldsymbol{u}_1+\cdots+\mu_r\boldsymbol{u}_r=\mathbf{0}$, 则 $(\mu_1,\cdots,\mu_r,0,\cdots,0)\in R_T$. 由 $R_S=R_T$ 可知, $\mu_1\boldsymbol{v}_1+\cdots+\mu_r\boldsymbol{v}_r=\mathbf{0}$. 又 $\{\boldsymbol{v}_1,\cdots,\boldsymbol{v}_r\}$ 线性无关, 故 $\mu_1=\cdots=\mu_r=0$. 因此 $\{\boldsymbol{u}_1,\cdots,\boldsymbol{u}_r\}$ 是向量组 T 的极大无关组, 将其扩张为 V 的一组基 $\{\boldsymbol{u}_1,\cdots,\boldsymbol{u}_r,\boldsymbol{f}_{r+1},\cdots,\boldsymbol{f}_n\}$. 定义 φ 为 V 上的线性变换, 它在基上的作用为: $\varphi(\boldsymbol{v}_i)=\boldsymbol{u}_i\,(1\le i\le r)$, $\varphi(\boldsymbol{e}_j)=\boldsymbol{f}_j\,(r+1\le j\le n)$. 因为 φ 把基映到基, 故 φ 为自同构. 利用与 (2) 相同的证明可得 $\varphi(\boldsymbol{v}_j)=\boldsymbol{u}_j\,(r+1\le j\le m)$. 代数方法: 取定 V 的一组基 $\boldsymbol{e}_1,\boldsymbol{e}_2,\cdots,\boldsymbol{e}_n$, 则有 V 到 n 维列向量空间 $\mathbb{K}^n$ 的线性同构 $\boldsymbol{\eta}:V\to\mathbb{K}^n$, 它将 $\boldsymbol{v}\in V$ 映到 $\boldsymbol{v}$ 关于基 $\boldsymbol{e}_1,\boldsymbol{e}_2,\cdots,\boldsymbol{e}_n$ 的坐标向量. 设 $\boldsymbol{\alpha}_i=\boldsymbol{\eta}(\boldsymbol{v}_i)$, $\boldsymbol{\beta}_i=\boldsymbol{\eta}(\boldsymbol{u}_i)\,(1\le i\le m)$, 则 $\boldsymbol{\alpha}_i,\boldsymbol{\beta}_i$ 都是 n 维列向量. 按列分块构造 $n\times m$ 矩阵 $\boldsymbol{A}=(\boldsymbol{\alpha}_1,\boldsymbol{\alpha}_2\cdots,\boldsymbol{\alpha}_m)$, $\boldsymbol{B}=(\boldsymbol{\beta}_1,\boldsymbol{\beta}_2\cdots,\boldsymbol{\beta}_m)$. 在线性同构的意义下, R_S 等同于线性方程组 $\boldsymbol{A}\boldsymbol{x}=\mathbf{0}$ 的解空间 $V_{\boldsymbol{A}}$, R_T 等同于线性方程组 $\boldsymbol{B}\boldsymbol{x}=\mathbf{0}$ 的解空间 $V_{\boldsymbol{B}}$. 因此在线性同构的

意义下, 本题等价于证明如下结论:

(1) 线性方程组 $\boldsymbol{Ax}=\boldsymbol{0}$ 的解空间 $V_{\boldsymbol{A}}$ 是 $\mathbb{K}^m$ 的子空间;

(2) 存在 n 阶方阵 $\boldsymbol{P}$, 使得 $\boldsymbol{PA}=\boldsymbol{B}$ 的充要条件是 $V_{\boldsymbol{A}}\subseteq V_{\boldsymbol{B}}$;

(3) 存在 n 阶非异阵 $\boldsymbol{P}$, 使得 $\boldsymbol{PA}=\boldsymbol{B}$ 的充要条件是 $V_{\boldsymbol{A}}=V_{\boldsymbol{B}}$.

(1) 显然成立. (2) 是例 4.6 的代数版本. (3) 是例 4.27.

15. *代数方法*: 设 $\mathrm{r}(\boldsymbol{A})=r$, $\mathrm{r}(\boldsymbol{B})=s$, 则 $\mathrm{r}(\boldsymbol{A}+\boldsymbol{B})=r+s$, 且存在 m 阶非异阵 $\boldsymbol{S}$, n 阶非异阵 $\boldsymbol{T}$, 使得

$$\boldsymbol{SAT}=\begin{pmatrix}\boldsymbol{I}_r & \boldsymbol{O}\\ \boldsymbol{O} & \boldsymbol{O}\end{pmatrix},\quad \boldsymbol{SBT}=\begin{pmatrix}\boldsymbol{B}_{11} & \boldsymbol{B}_{12}\\ \boldsymbol{B}_{21} & \boldsymbol{B}_{22}\end{pmatrix},\quad \boldsymbol{S}(\boldsymbol{A}+\boldsymbol{B})\boldsymbol{T}=\begin{pmatrix}\boldsymbol{I}_r+\boldsymbol{B}_{11} & \boldsymbol{B}_{12}\\ \boldsymbol{B}_{21} & \boldsymbol{B}_{22}\end{pmatrix}.$$

因为 $\mathrm{r}(\boldsymbol{A}+\boldsymbol{B})=r+s$, 故删去 $\boldsymbol{S}(\boldsymbol{A}+\boldsymbol{B})\boldsymbol{T}$ 的前 r 行, 可得后 $m-r$ 行的秩必大于等于 s, 即 $\mathrm{r}(\boldsymbol{B}_{21},\boldsymbol{B}_{22})\geq s$. 另一方面, 我们还有 $\mathrm{r}(\boldsymbol{B}_{21},\boldsymbol{B}_{22})\leq\mathrm{r}(\boldsymbol{B})=s$, 故 $\mathrm{r}(\boldsymbol{B}_{21},\boldsymbol{B}_{22})=\mathrm{r}(\boldsymbol{B})=s$, 从而 $(\boldsymbol{B}_{21},\boldsymbol{B}_{22})$ 的行向量的极大无关组也是 $\boldsymbol{SBT}$ 的行向量组的极大无关组. 因此利用 $\boldsymbol{SBT}$ 的后 $m-r$ 行的初等行变换可以消去 $\boldsymbol{SBT}$ 的前 r 行. 同理可证利用 $\boldsymbol{SBT}$ 的后 $n-r$ 列的初等列变换可以消去 $\boldsymbol{SBT}$ 的前 r 列, 即存在 m 阶非异阵 $\boldsymbol{U}$, n 阶非异阵 $\boldsymbol{V}$, 使得

$$\boldsymbol{USATV}=\begin{pmatrix}\boldsymbol{I}_r & \boldsymbol{O}\\ \boldsymbol{O} & \boldsymbol{O}\end{pmatrix},\quad \boldsymbol{USBTV}=\begin{pmatrix}\boldsymbol{O} & \boldsymbol{O}\\ \boldsymbol{O} & \boldsymbol{B}_{22}\end{pmatrix}.$$

此时存在 $m-r$ 阶非异阵 $\boldsymbol{C}$, $n-r$ 阶非异阵 $\boldsymbol{D}$, 使得 $\boldsymbol{CB}_{22}\boldsymbol{D}=\begin{pmatrix}\boldsymbol{I}_s & \boldsymbol{O}\\ \boldsymbol{O} & \boldsymbol{O}\end{pmatrix}$. 令 $\boldsymbol{P}=\begin{pmatrix}\boldsymbol{I}_r & \boldsymbol{O}\\ \boldsymbol{O} & \boldsymbol{C}\end{pmatrix}\boldsymbol{US}$, $\boldsymbol{Q}=\boldsymbol{TV}\begin{pmatrix}\boldsymbol{I}_r & \boldsymbol{O}\\ \boldsymbol{O} & \boldsymbol{D}\end{pmatrix}$, 则 $\boldsymbol{P}$ 为 m 阶非异阵, $\boldsymbol{Q}$ 为 n 阶非异阵, 且满足结论.

几何方法: 将问题转换成几何的语言: 设 $V=\mathbb{K}^n$ 为 n 维列向量空间, $U=\mathbb{K}^m$ 为 m 维列向量空间, $\varphi_{\boldsymbol{A}},\varphi_{\boldsymbol{B}}:V\to U$ 分别是矩阵 $\boldsymbol{A},\boldsymbol{B}$ 左乘诱导的线性映射, 满足 $\mathrm{r}(\varphi_{\boldsymbol{A}}+\varphi_{\boldsymbol{B}})=\mathrm{r}(\varphi_{\boldsymbol{A}})+\mathrm{r}(\varphi_{\boldsymbol{B}})$, 证明: 存在 V 的一组基, U 的一组基, 使得 $\varphi_{\boldsymbol{A}},\varphi_{\boldsymbol{B}}$ 在这两组基下的表示矩阵分别是题中的两个矩阵. 设 $\mathrm{r}(\boldsymbol{A})=r$, $\mathrm{r}(\boldsymbol{B})=s$, 则 $\mathrm{r}(\boldsymbol{A}+\boldsymbol{B})=r+s$. 注意到 $\mathrm{r}(\boldsymbol{A}+\boldsymbol{B})\leq\mathrm{r}\begin{pmatrix}\boldsymbol{A}\\ \boldsymbol{B}\end{pmatrix}\leq\mathrm{r}(\boldsymbol{A})+\mathrm{r}(\boldsymbol{B})$, 因此 $\mathrm{r}\begin{pmatrix}\boldsymbol{A}\\ \boldsymbol{B}\end{pmatrix}=r+s$, 从而 $\dim(\mathrm{Ker}\,\varphi_{\boldsymbol{A}}\cap\mathrm{Ker}\,\varphi_{\boldsymbol{B}})=n-(r+s)$. 由交和空间的维数公式可得 $\dim(\mathrm{Ker}\,\varphi_{\boldsymbol{A}}+\mathrm{Ker}\,\varphi_{\boldsymbol{B}})=(n-r)+(n-s)-(n-r-s)=n$, 故有 $V=\mathrm{Ker}\,\varphi_{\boldsymbol{A}}+\mathrm{Ker}\,\varphi_{\boldsymbol{B}}$. 另一方面, 注意到 $\mathrm{r}(\boldsymbol{A}+\boldsymbol{B})=\dim\mathrm{Im}(\varphi_{\boldsymbol{A}}+\varphi_{\boldsymbol{B}})\leq\dim(\mathrm{Im}\,\varphi_{\boldsymbol{A}}+\mathrm{Im}\,\varphi_{\boldsymbol{B}})\leq\dim\mathrm{Im}\,\varphi_{\boldsymbol{A}}+\dim\mathrm{Im}\,\varphi_{\boldsymbol{B}}=\mathrm{r}(\boldsymbol{A})+\mathrm{r}(\boldsymbol{B})$, 因此 $\mathrm{Im}(\varphi_{\boldsymbol{A}}+\varphi_{\boldsymbol{B}})=\mathrm{Im}\,\varphi_{\boldsymbol{A}}+\mathrm{Im}\,\varphi_{\boldsymbol{B}}=\mathrm{Im}\,\varphi_{\boldsymbol{A}}\oplus\mathrm{Im}\,\varphi_{\boldsymbol{B}}$. 取 $\mathrm{Ker}\,\varphi_{\boldsymbol{A}}\cap\mathrm{Ker}\,\varphi_{\boldsymbol{B}}$ 的一组基 $\{\boldsymbol{e}_{r+s+1},\cdots,\boldsymbol{e}_n\}$, 将其扩张为 $\mathrm{Ker}\,\varphi_{\boldsymbol{A}}$ 的一组基 $\{\boldsymbol{e}_{r+1},\cdots,\boldsymbol{e}_n\}$, 再将其扩张为 $\mathrm{Ker}\,\varphi_{\boldsymbol{B}}$ 的一组基 $\{\boldsymbol{e}_1,\cdots,\boldsymbol{e}_r,\boldsymbol{e}_{r+s+1},\cdots,\boldsymbol{e}_n\}$. 根据教材 [1] 的定理 3.9.2 (交和空间维数公式) 的证明可知, $\{\boldsymbol{e}_1,\cdots,\boldsymbol{e}_n\}$ 恰好是 $V=\mathrm{Ker}\,\varphi_{\boldsymbol{A}}+\mathrm{Ker}\,\varphi_{\boldsymbol{B}}$ 的一组基. 又由例 4.23 的证明可知, $\boldsymbol{Ae}_1,\cdots,\boldsymbol{Ae}_r$ 是 $\mathrm{Im}\,\varphi_{\boldsymbol{A}}$ 的一组基, $\boldsymbol{Be}_{r+1},\cdots,\boldsymbol{Be}_{r+s}$ 是 $\mathrm{Im}\,\varphi_{\boldsymbol{B}}$ 的一组基. 注意到 $\boldsymbol{Ae}_1,\cdots,\boldsymbol{Ae}_r,\boldsymbol{Be}_{r+1},\cdots,\boldsymbol{Be}_{r+s}$ 线性无关, 故可扩张为 U 的一组基 $\boldsymbol{Ae}_1,\cdots,\boldsymbol{Ae}_r,\boldsymbol{Be}_{r+1},\cdots,\boldsymbol{Be}_{r+s},\boldsymbol{f}_{r+s+1},\cdots,\boldsymbol{f}_m$. 最后容易验证 $\varphi_{\boldsymbol{A}},\varphi_{\boldsymbol{B}}$ 在 V 的一组基 $\boldsymbol{e}_1,\cdots,\boldsymbol{e}_n$ 和 U 的一组基 $\boldsymbol{Ae}_1,\cdots,\boldsymbol{Ae}_r,\boldsymbol{Be}_{r+1},\cdots,\boldsymbol{Be}_{r+s},\boldsymbol{f}_{r+s+1},\cdots,\boldsymbol{f}_m$ 下的表示矩阵即为所要求的矩阵.

第 5 章

多 项 式

§ 5.1 基本概念

5.1.1 一元多项式代数

1. 定义

设 $\mathbb{F}$ 是一个数域, x 是未定元, $a_0, a_1, \cdots, a_n \in \mathbb{F}\,(n \geq 0,\ a_n \neq 0)$, 称形式表达式

$$a_nx^n + a_{n-1}x^{n-1} + \cdots + a_1x + a_0$$

为数域 $\mathbb{F}$ 上关于未定元 x 的 n 次多项式. 数域 $\mathbb{F}$ 上的一元多项式全体组成的集合记为 $\mathbb{F}[x]$.

2. 运算及运算法则

(1) 加法: 设 $f(x), g(x)$ 是 $\mathbb{F}$ 上两个多项式, 适当添上若干个零, 可设

$$f(x) = a_nx^n + a_{n-1}x^{n-1} + \cdots + a_1x + a_0,$$

$$g(x) = b_nx^n + b_{n-1}x^{n-1} + \cdots + b_1x + b_0,$$

定义 $f(x)$ 和 $g(x)$ 的加法如下:

$$f(x) + g(x) = (a_n + b_n)x^n + (a_{n-1} + b_{n-1})x^{n-1} + \cdots + (a_1 + b_1)x + (a_0 + b_0).$$

(2) 数乘: 设

$$f(x) = a_nx^n + a_{n-1}x^{n-1} + \cdots + a_1x + a_0,$$

又 k 是 $\mathbb{F}$ 中的数, 则定义 k 和 $f(x)$ 的数乘为

$$kf(x) = ka_nx^n + ka_{n-1}x^{n-1} + \cdots + ka_1x + ka_0.$$

$\mathbb{F}[x]$ 在加法和数乘的定义下满足向量空间的 8 条公理, 因此 $\mathbb{F}[x]$ 是 $\mathbb{F}$ 上的向量空间.

(3) 乘法: 设 $f(x), g(x) \in \mathbb{F}[x]$, 且

$$f(x) = a_n x^n + a_{n-1} x^{n-1} + \cdots + a_1 x + a_0,\ a_n \neq 0,$$

$$g(x) = b_m x^m + b_{m-1} x^{m-1} + \cdots + b_1 x + b_0,\ b_m \neq 0,$$

定义 $f(x)$ 和 $g(x)$ 的乘法为

$$f(x) \cdot g(x) = c_{n+m} x^{n+m} + c_{n+m-1} x^{n+m-1} + \cdots + c_1 x + c_0,$$

其中

$$\begin{aligned}
&c_{n+m} = a_n b_m,\\
&c_{n+m-1} = a_{n-1} b_m + a_n b_{m-1},\\
&\cdots\cdots\cdots\cdots\\
&c_k = \sum_{i+j=k} a_i b_j = a_k b_0 + a_{k-1} b_1 + \cdots + a_1 b_{k-1} + a_0 b_k,\\
&\cdots\cdots\cdots\cdots\\
&c_0 = a_0 b_0.
\end{aligned}$$

乘法适合下列法则:

(i) $f(x)g(x) = g(x)f(x)$;

(ii) $(f(x)g(x))h(x) = f(x)(g(x)h(x))$;

(iii) $(f(x) + g(x))h(x) = f(x)h(x) + g(x)h(x)$;

(iv) $k(f(x)g(x)) = (kf(x))g(x) = f(x)(kg(x))$.

3. 多项式的次数及其性质

设

$$f(x) = a_n x^n + a_{n-1} x^{n-1} + \cdots + a_1 x + a_0,\ a_n \neq 0,$$

则定义 $f(x)$ 的次数为 n, 记为 $\deg f(x) = n$. 约定零多项式的次数为 $-\infty$.

性质

(1) $\deg f(x)g(x) = \deg f(x) + \deg g(x)$;

(2) $\deg kf(x) = \deg f(x)\ (k \neq 0)$;

(3) $\deg(f(x) + g(x)) \leq \max\{\deg f(x), \deg g(x)\}$.

5.1.2 整　　除

1. 定义

设 $f(x), g(x)$ 是 $\mathbb{F}$ 上的多项式, 若存在 $\mathbb{F}$ 上的多项式 $h(x)$, 使得

$$f(x) = g(x)h(x),$$

则称 $g(x)$ 是 $f(x)$ 的因式, 或称 $g(x)$ 可整除 $f(x)$ (也称 $f(x)$ 可被 $g(x)$ 整除), 记为 $g(x) \mid f(x)$.

2. 定理

设 $f(x), g(x) \in \mathbb{F}[x]$, $g(x) \neq 0$, 则必存在唯一的 $q(x), r(x) \in \mathbb{F}[x]$, 使得

$$f(x) = g(x)q(x) + r(x),$$

且 $\deg r(x) < \deg g(x)$.

3. 推论

设 $f(x), g(x) \in \mathbb{F}[x]$, $g(x) \neq 0$, 则 $g(x) \mid f(x)$ 的充要条件是 $r(x) = 0$.

5.1.3 最 大 公 因 式

1. 定义

设 $f(x), g(x)$ 是 $\mathbb{F}$ 上的多项式, $d(x)$ 是 $f(x), g(x)$ 的公因式, 若对 $f(x), g(x)$ 的任一公因式 $h(x)$, 都有 $h(x) \mid d(x)$, 则称 $d(x)$ 为 $f(x), g(x)$ 的最大公因式, 记为 $d(x) = (f(x), g(x))$.

特别地, 若 $d(x) = 1$, 则称 $f(x), g(x)$ 互素.

2. 定理

设 $f(x), g(x)$ 是 $\mathbb{F}$ 上的多项式, $d(x)$ 是它们的最大公因式, 则必存在 $\mathbb{F}$ 上的多项式 $u(x), v(x)$, 使得 $f(x)u(x) + g(x)v(x) = d(x)$.

3. 定理

设 $f(x), g(x)$ 是 $\mathbb{F}$ 上的多项式, 则它们互素的充要条件是, 存在 $\mathbb{F}$ 上的多项式 $u(x), v(x)$, 使得 $f(x)u(x) + g(x)v(x) = 1$.

4. 互素多项式的性质

(1) 若 $f_1(x) \mid g(x)$, $f_2(x) \mid g(x)$, 且 $(f_1(x), f_2(x)) = 1$, 则 $f_1(x)f_2(x) \mid g(x)$.

(2) 若 $(f(x), g(x)) = 1$, 且 $f(x) \mid g(x)h(x)$, 则 $f(x) \mid h(x)$.

(3) 若 $(f(x), g(x))=d(x)$, $f(x)=f_1(x)d(x)$, $g(x)=g_1(x)d(x)$, 则 $(f_1(x), g_1(x))=1$.

(4) 若 $(f(x), g(x)) = d(x)$, 则 $(t(x)f(x), t(x)g(x)) = t(x)d(x)$.

(5) 若 $(f_1(x), g(x)) = 1$, $(f_2(x), g(x)) = 1$, 则 $(f_1(x)f_2(x), g(x)) = 1$.

5.1.4 因 式 分 解

1. 定义

设 $f(x)$ 是数域 $\mathbb{F}$ 上的多项式, 若 $f(x)$ 可以分解为两个次数小于 $f(x)$ 的 $\mathbb{F}$ 上多项式之积, 则称 $f(x)$ 是 $\mathbb{F}$ 上的可约多项式, 否则称 $f(x)$ 为 $\mathbb{F}$ 上的不可约多项式.

2. 定理

设 $p(x)$ 是 $\mathbb{F}$ 上的不可约多项式且 $p(x) \mid f(x)g(x)$, 则或者 $p(x) \mid f(x)$ 或者 $p(x) \mid g(x)$.

3. 定理

设 $f(x)$ 是数域 $\mathbb{F}$ 上的多项式且次数大于等于 1, 则

(1) $f(x)$ 可分解为 $\mathbb{F}$ 上有限个不可约多项式之积;

(2) 若

$$f(x) = p_1(x)p_2(x)\cdots p_s(x) = q_1(x)q_2(x)\cdots q_t(x)$$

是 $f(x)$ 的两个不可约分解, 则 $s = t$ 且经过适当调换不可约因式的次序后, 有

$$p_i(x) = c_i q_i(x)\ (1 \leq i \leq s),$$

其中 c_i 是 $\mathbb{F}$ 中的非零常数.

在多项式 $f(x)$ 的不可约分解中, 若要求每个不可约因式都是首一多项式, 且相同的不可约因式合并在一起, 则

$$f(x) = cp_1(x)^{e_1}p_2(x)^{e_2}\cdots p_k(x)^{e_k},$$

其中 c 是 $\mathbb{F}$ 中的非零常数. 上述分解式称为 $f(x)$ 的标准分解.

4. 定理

多项式 $f(x)$ 没有重因式的充要条件是 $f(x)$ 和它的形式导数 $f'(x)$ 互素.

5. 定理

设 $(f(x),f'(x))=d(x)$, 则 $f(x)/d(x)$ 是一个没有重因式的多项式, 且这个多项式的不可约因式和 $f(x)$ 的不可约因式相同 (不计重数).

5.1.5 多项式函数

1. 定义

若 $f(b)=0$, 则称 $b\in\mathbb{F}$ 适合 $\mathbb{F}$ 上的多项式 $f(x)$, 也称 b 为多项式 $f(x)$ 的零点或根.

2. 余数定理

设 $f(x)\in\mathbb{F}[x]$, $b\in\mathbb{F}$, 则存在 $\mathbb{F}$ 上的多项式 $g(x)$, 使得

$$f(x)=(x-b)g(x)+f(b).$$

特别地, b 是 $f(x)$ 的根的充要条件是 $(x-b)\mid f(x)$.

3. 定理

设 $f(x)$ 是数域 $\mathbb{F}$ 上的 n 次多项式, 则 $f(x)$ 在 $\mathbb{F}$ 中最多只有 n 个根.

5.1.6 复系数多项式

1. 代数基本定理

次数大于零的复数域上的一元多项式至少有一个复数根.

2. 推论

复数域上的一元 $n\,(n>0)$ 次多项式恰有 n 个复数根 (包括重根).

3. 推论

复数域上的一元 $n\,(n>0)$ 次多项式必可分解为一次因式的乘积.

4. 推论

复数域上的不可约多项式都是一次多项式.

5. Vieta 定理

若数域 $\mathbb{F}$ 上的多项式 $f(x)=x^n+p_1x^{n-1}+\cdots+p_{n-1}x+p_n$ 在 $\mathbb{F}$ 中有 n 个根 $x_1,x_2,\cdots,x_n$, 则

$$\sum_{i=1}^{n} x_i = x_1+x_2+\cdots+x_n=-p_1,$$

$$\sum_{i<j} x_ix_j = x_1x_2+\cdots+x_1x_n+x_2x_3+\cdots+x_{n-1}x_n=p_2,$$

$$\cdots\cdots\cdots\cdots$$

$$x_1x_2\cdots x_n=(-1)^np_n.$$

5.1.7 实系数多项式

1. 定理

设有实系数多项式

$$f(x)=a_nx^n+a_{n-1}x^{n-1}+\cdots+a_1x+a_0,$$

若虚数 $a+bi$ 是 $f(x)$ 的根, 则其共轭虚数 $a-bi$ 也是 $f(x)$ 的根.

2. 推论

实数域上的不可约多项式的次数不超过 2. 因此实数域上的多项式可分解为有限个次数不超过 2 的实系数不可约多项式之积.

5.1.8 有理系数多项式

1. 定理

设有整系数多项式

$$f(x)=a_nx^n+a_{n-1}x^{n-1}+\cdots+a_1x+a_0,$$

则有理数 $\dfrac{p}{q}$ (p, q 互素) 是 $f(x)$ 的根的必要条件是 $p \mid a_0$, $q \mid a_n$.

2. 定理

若整系数多项式 $f(x)$ 在有理数域上可约, 则它在整数环上也可约, 即可分解为两个次数较低的整系数多项式之积.

3. Eisenstein 判别法

设有整系数多项式

$$f(x)=a_nx^n+a_{n-1}x^{n-1}+\cdots+a_1x+a_0,\ a_n\neq 0,\ n>0,$$

若有素数 p 适合 $p \mid a_i\,(0\leq i\leq n-1)$, 但 p 不能整除 a_n, p^2 也不能整除 a_0, 则 $f(x)$ 在有理数域上不可约.

5.1.9 多元多项式

1. 定理

设 $f(x_1,x_2,\cdots,x_n)$ 是数域 $\mathbb{F}$ 上的 n 元非零多项式, 则必存在 $\mathbb{F}$ 上元素 a_1,a_2, $\cdots$, a_n, 使得

$$f(a_1,a_2,\cdots,a_n)\neq 0.$$

2. 定义

设 $f(x_1,x_2,\cdots,x_n)$ 是数域 $\mathbb{F}$ 上的 n 元多项式, 若对任意的 $1\leq i<j\leq n$, 均有

$$f(x_1,\cdots,x_i,\cdots,x_j,\cdots,x_n)=f(x_1,\cdots,x_j,\cdots,x_i,\cdots,x_n),$$

则称 $f(x_1,x_2,\cdots,x_n)$ 是数域 $\mathbb{F}$ 上的 n 元对称多项式.

3. 定义

下列多项式称为 n 元初等对称多项式:

$$
\begin{aligned}
&\sigma_1 = x_1 + x_2 + \cdots + x_n = \sum_{i=1}^{n} x_i, \\
&\sigma_2 = x_1x_2 + \cdots + x_1x_n + x_2x_3 + \cdots + x_{n-1}x_n = \sum_{1\le i<j\le n} x_ix_j, \\
&\qquad\qquad\cdots\cdots\cdots\cdots \\
&\sigma_n = x_1x_2\cdots x_n.
\end{aligned}
$$

4. 对称多项式基本定理

设 $f(x_1, x_2, \cdots, x_n)$ 是数域 $\mathbb{F}$ 上的 n 元对称多项式, 则存在唯一的 $\mathbb{F}$ 上的多项式 $g(y_1, y_2, \cdots, y_n)$, 使得

$$f(x_1, x_2, \cdots, x_n) = g(\sigma_1, \sigma_2, \cdots, \sigma_n).$$

5. Newton 公式

令 $s_k = x_1^k + x_2^k + \cdots + x_n^k$, 若 $k < n$, 则

$$s_k - s_{k-1}\sigma_1 + s_{k-2}\sigma_2 + \cdots + (-1)^{k-1}s_1\sigma_{k-1} + (-1)^k k\sigma_k = 0;$$

若 $k \ge n$, 则

$$s_k - s_{k-1}\sigma_1 + s_{k-2}\sigma_2 + \cdots + (-1)^n s_{k-n}\sigma_n = 0.$$

5.1.10 结式与判别式

1. 定义

设

$$
\begin{aligned}
f(x) &= a_0x^n + a_1x^{n-1} + \cdots + a_{n-1}x + a_n, \\
g(x) &= b_0x^m + b_1x^{m-1} + \cdots + b_{m-1}x + b_m,
\end{aligned}
$$

定义下列 $m+n$ 阶行列式:

$$R(f,g)=\begin{vmatrix} a_0 & a_1 & a_2 & \cdots & \cdots & a_n & 0 & \cdots & 0 \\ 0 & a_0 & a_1 & \cdots & \cdots & a_{n-1} & a_n & \cdots & 0 \\ 0 & 0 & a_0 & \cdots & \cdots & a_{n-2} & a_{n-1} & \cdots & 0 \\ \vdots & \vdots & \vdots & \vdots & \vdots & \vdots & \vdots & \vdots & \vdots \\ 0 & 0 & \cdots & 0 & a_0 & \cdots & \cdots & \cdots & a_n \\ b_0 & b_1 & b_2 & \cdots & \cdots & \cdots & b_m & \cdots & 0 \\ 0 & b_0 & b_1 & \cdots & \cdots & \cdots & b_{m-1} & b_m & \cdots \\ \vdots & \vdots & \vdots & \vdots & \vdots & \vdots & \vdots & \vdots & \vdots \\ 0 & \cdots & 0 & b_0 & b_1 & \cdots & \cdots & \cdots & b_m \end{vmatrix}$$

为 $f(x)$ 和 $g(x)$ 的结式.

2. 定理

多项式 $f(x),g(x)$ 在复数域中有公共根的充要条件是它们的结式 $R(f,g)=0$. 等价地, $f(x),g(x)$ 互素的充要条件是它们的结式 $R(f,g)\neq 0$.

3. 结式的其他表达式

设

$$\begin{aligned} f(x) &= a_0x^n+a_1x^{n-1}+\cdots+a_{n-1}x+a_n, \\ g(x) &= b_0x^m+b_1x^{m-1}+\cdots+b_{m-1}x+b_m, \end{aligned}$$

又设 $f(x)$ 的根为 $x_1,x_2,\cdots,x_n$, $g(x)$ 的根为 $y_1,y_2,\cdots,y_m$, 则

$$R(f,g)=a_0^m\prod_{i=1}^n g(x_i)=a_0^m b_0^n\prod_{i=1}^n\prod_{j=1}^m(x_i-y_j).$$

4. 定义

设有多项式 $f(x)=a_0x^n+a_1x^{n-1}+\cdots+a_{n-1}x+a_n$, 定义 $f(x)$ 的判别式为

$$\Delta(f(x))=(-1)^{\frac{1}{2}n(n-1)}a_0^{-1}R(f,f').$$

5. 判别式的其他表达式

设 $f(x)=a_0x^n+a_1x^{n-1}+\cdots+a_{n-1}x+a_n$, 则 $f(x)$ 的判别式为

$$\Delta(f(x))=a_0^{2n-2}\prod_{1\le i<j\le n}(x_i-x_j)^2,$$

其中 $x_1, x_2, \cdots, x_n$ 是 $f(x)$ 的根.

6. 定理

多项式 $f(x)$ 有重根的充要条件是其判别式等于零.

§ 5.2 整除和带余除法

带余除法和待定系数法是讨论整除问题的两个基本方法, 下面是两个简单的例子.

例 5.1 设 $g(x) = ax + b \in \mathbb{F}[x]$ 且 $a \neq 0$, 又 $f(x) \in \mathbb{F}[x]$, 求证: $g(x) \mid f(x)^2$ 的充要条件是 $g(x) \mid f(x)$.

证法 1 充分性显然, 只需证明必要性. 设 $f(x) = g(x)q(x) + r$, 则

$$f(x)^2 = g(x)^2 q(x)^2 + 2rg(x)q(x) + r^2.$$

由 $g(x) \mid f(x)^2$ 可得 $g(x) \mid r^2$, 故 $r^2 = 0$, 即 $r = 0$, 从而 $g(x) \mid f(x)$.

证法 2 由余数定理, $f\left(-\dfrac{b}{a}\right)^2 = 0$, 故 $f\left(-\dfrac{b}{a}\right) = 0$, 从而 $g(x) \mid f(x)$. □

例 5.2 设 $g(x) = ax^2 + bx + c\,(abc \neq 0)$, $f(x) = x^3 + px^2 + qx + r$, 满足 $g(x) \mid f(x)$, 求证:

$$\frac{ap - b}{a} = \frac{aq - c}{b} = \frac{ar}{c}.$$

证明 用待定系数法, 设

$$\begin{aligned} x^3 + px^2 + qx + r &= (ax^2 + bx + c)(mx + n) \\ &= amx^3 + (an + bm)x^2 + (bn + cm)x + cn. \end{aligned}$$

比较系数得

$$am = 1,\ an + bm = p,\ bn + cm = q,\ cn = r.$$

由此即可得到所需等式. □

"凑项法" 是指在要证明的等式中添加若干项再减去若干项来证明结论的方法, 下面是两个典型的例子, 请读者仔细领会.

例 5.3 证明: $x^d - a^d$ 整除 $x^n - a^n$ 的充要条件是 $d \mid n$, 其中 $a \neq 0$.

证明　充分性显然, 现在来证明必要性. 若 $n=dq+r$, $0<r<d$, 则

$$x^n-a^n=x^n-x^ra^{dq}+x^ra^{dq}-a^n=x^r(x^{dq}-a^{dq})+a^{dq}(x^r-a^r).$$

注意到 $x^{dq}-a^{dq}$ 可被 x^d-a^d 整除, 而 x^r-a^r 不能被 x^d-a^d 整除, 故 x^n-a^n 不能被 x^d-a^d 整除. □

例 5.4　设 $f(x)=x^{3m}+x^{3n+1}+x^{3p+2}$, 其中 m,n,p 为自然数, 又 $g(x)=x^2+x+1$, 求证: $g(x)\mid f(x)$.

证明　首先注意这样一个事实: 对任意的自然数 k, $x^{3k}-1$ 含因子 x^3-1, 因此 $x^{3k}-1$ 总能被 x^2+x+1 整除. 考虑下列等式:

$$x^{3m}+x^{3n+1}+x^{3p+2}=(x^{3m}-1)+x(x^{3n}-1)+x^2(x^{3p}-1)+(x^2+x+1),$$

即知结论成立. □

§ 5.3　最大公因式与互素多项式

若 $f(x),g(x)$ 的最大公因式是 $d(x)$, 则必存在多项式 $u(x),v(x)$, 使得 $f(x)u(x)+g(x)v(x)=d(x)$. 但读者需注意, 这不是 $d(x)$ 为 $f(x)$, $g(x)$ 最大公因式的充要条件, 下面的例 5.5 说明了这一点. 另外, $u(x)$ 与 $v(x)$ 也不唯一, 只有在一定的条件下才能保证唯一性, 请参考例 5.6. 例 5.7 及其推论是对两个多项式的结论的推广.

例 5.5　设 $d(x)=f(x)u(x)+g(x)v(x)$, 举例说明 $d(x)$ 不必是 $f(x)$ 和 $g(x)$ 的最大公因式. 若进一步有 $d(x)\mid f(x)$, $d(x)\mid g(x)$, 求证: $d(x)$ 必是 $f(x)$ 和 $g(x)$ 的最大公因式.

证明　举例非常简单, 请读者自己完成. 如果同时 $d(x)\mid f(x)$, $d(x)\mid g(x)$, 则 $d(x)$ 是 $f(x)$ 和 $g(x)$ 的公因式. 若 $h(x)$ 也是 $f(x),g(x)$ 的公因式, 则由 $h(x)\mid f(x)$, $h(x)\mid g(x)$ 可推出 $h(x)\mid(f(x)u(x)+g(x)v(x))=d(x)$, 因此 $d(x)$ 是最大公因式. □

例 5.6　设 $f(x),g(x)$ 是次数不小于 1 的互素多项式, 求证: 必唯一地存在两个多项式 $u(x),v(x)$, 使得

$$f(x)u(x)+g(x)v(x)=1,$$

且 $\deg u(x)<\deg g(x)$, $\deg v(x)<\deg f(x)$.

证明　先证存在性. 因为 $(f(x), g(x)) = 1$, 故必存在 $h(x), k(x)$, 使得

$$f(x)h(x) + g(x)k(x) = 1.$$

若 $h(x)$ 的次数大于等于 $g(x)$ 的次数, 由带余除法, 有

$$h(x) = g(x)q(x) + u(x),\ \deg u(x) < \deg g(x).$$

代入前式得

$$f(x)(g(x)q(x) + u(x)) + g(x)k(x) = 1,$$

即有

$$f(x)u(x) + g(x)(f(x)q(x) + k(x)) = 1.$$

令 $v(x) = f(x)q(x) + k(x)$, 则 $\deg v(x) < \deg f(x)$, 否则由比较次数可知, 上式将不可能成立.

再证唯一性. 设另有 $u_1(x), v_1(x)$ 适合条件, 即

$$f(x)u_1(x) + g(x)v_1(x) = f(x)u(x) + g(x)v(x) = 1,$$

则

$$f(x)(u(x) - u_1(x)) = g(x)(v_1(x) - v(x)).$$

因为 $g(x)$ 和 $f(x)$ 互素, 上式表明 $g(x) \mid (u(x) - u_1(x))$. 但 $u(x) - u_1(x)$ 的次数小于 $g(x)$ 的次数, 所以只可能 $u(x) - u_1(x) = 0$, 即 $u(x) = u_1(x)$. 这时 $v(x) = v_1(x)$. □

例 5.7　设 $d(x)$ 是 $f_1(x), f_2(x), \cdots, f_m(x)$ 的最大公因式, 求证: 必存在多项式 $g_1(x), g_2(x), \cdots, g_m(x)$, 使得

$$f_1(x)g_1(x) + f_2(x)g_2(x) + \cdots + f_m(x)g_m(x) = d(x).$$

证明　用数学归纳法. 对 $m = 2$, 结论已成立. 设结论对 $m - 1$ 成立. 设 $h(x)$ 是 $f_1(x), f_2(x), \cdots, f_{m-1}(x)$ 的最大公因式, 则有 $g_1(x), g_2(x), \cdots, g_{m-1}(x)$, 使得

$$f_1(x)g_1(x) + f_2(x)g_2(x) + \cdots + f_{m-1}(x)g_{m-1}(x) = h(x).$$

容易验证 $d(x)$ 是 $h(x)$ 和 $f_m(x)$ 的最大公因式, 故存在 $u(x), v(x)$, 使得

$$h(x)u(x) + f_m(x)v(x) = d(x).$$

将 $h(x)$ 代入可得

$$f_1(x)g_1(x)u(x) + f_2(x)g_2(x)u(x) + \cdots + f_{m-1}(x)g_{m-1}(x)u(x) + f_m(x)v(x) = d(x),$$

即知结论成立. □

推论 数域 $\mathbb{F}$ 上的多项式 $f_1(x), f_2(x), \cdots, f_m(x)$ 互素的充要条件是存在 $\mathbb{F}$ 上的多项式 $g_1(x), g_2(x), \cdots, g_m(x)$, 使得

$$f_1(x)g_1(x) + f_2(x)g_2(x) + \cdots + f_m(x)g_m(x) = 1.$$

下面几个例题是应用互素多项式性质的例子.

例 5.8 设 $f(x)$ 和 $g(x)$ 互素, 求证: $f(x^m)$ 和 $g(x^m)$ 也互素, 其中 m 为任一正整数.

证明 因为 $f(x)$ 和 $g(x)$ 互素, 故存在多项式 $u(x), v(x)$, 使得

$$f(x)u(x) + g(x)v(x) = 1,$$

从而有

$$f(x^m)u(x^m) + g(x^m)v(x^m) = 1,$$

于是 $f(x^m)$ 和 $g(x^m)$ 互素. □

例 5.9 设 $(f(x), g(x)) = 1$, 求证: $(f(x)g(x), f(x) + g(x)) = 1$.

证明 由已知条件不难看出, $(f(x), f(x) + g(x)) = 1$, $(g(x), f(x) + g(x)) = 1$. 再由 §§ 5.1.3 中互素多项式的性质 (5) 即得 $(f(x)g(x), f(x) + g(x)) = 1$. □

例 5.10 设 $f_1(x), \cdots, f_m(x)$, $g_1(x), \cdots, g_n(x)$ 为多项式, 且

$$(f_i(x), g_j(x)) = 1,\ 1 \leq i \leq m;\ 1 \leq j \leq n,$$

求证:

$$(f_1(x)f_2(x)\cdots f_m(x), g_1(x)g_2(x)\cdots g_n(x)) = 1.$$

证明 利用 §§ 5.1.3 中互素多项式的性质 (5) 以及归纳法即得结论. □

例 5.11 求证: $(f(x), g(x)) = 1$ 的充要条件是对任意给定的正整数 m, n, $(f(x)^m, g(x)^n) = 1$.

证明 必要性由例 5.10 即得. 反过来, 若 $d(x) \neq 1$ 是 $f(x)$ 和 $g(x)$ 的公因式, 则它也是 $f(x)^m$ 和 $g(x)^n$ 的公因式, 因此 $f(x)^m$ 和 $g(x)^n$ 不可能互素. □

例 5.12 (中国剩余定理) 设 $g_1(x), \cdots, g_n(x)$ 是两两互素的多项式, $r_1(x), \cdots, r_n(x)$ 是 n 个多项式. 求证: 存在多项式 $f(x)$, 使得 $f(x) = g_i(x)q_i(x) + r_i(x)\,(1 \leq i \leq n)$.

证明　先证存在多项式 $f_i(x)$, 使得对任意的 i, 有

$$f_i(x)=g_i(x)p_i(x)+1,\quad g_j(x)\mid f_i(x)\ (j\neq i).$$

一旦得证, 只需令 $f(x)=r_1(x)f_1(x)+\cdots+r_n(x)f_n(x)$ 即可. 现构造 $f_1(x)$ 如下. 因为 $g_1(x)$ 和 $g_j(x)\,(j\neq 1)$ 互素, 故存在 $u_j(x),v_j(x)$, 使得

$$g_1(x)u_j(x)+g_j(x)v_j(x)=1.$$

令

$$f_1(x)=g_2(x)v_2(x)\cdots g_n(x)v_n(x)=\big(1-g_1(x)u_2(x)\big)\cdots\big(1-g_1(x)u_n(x)\big),$$

显然 $f_1(x)$ 符合要求. 同理可构造 $f_i(x)$. □

例 5.13　设 $(f(x),g(x))=d(x)$, $[f(x),g(x)]=h(x)$, 求证:

$$(f(x)^n,g(x)^n)=d(x)^n,\quad [f(x)^n,g(x)^n]=h(x)^n.$$

证明　不妨设 $f(x),g(x)$ 都是首一多项式, $f(x)=f_1(x)d(x)$, $g(x)=g_1(x)d(x)$, 则 $(f_1(x),g_1(x))=1$, $h(x)=f_1(x)g_1(x)d(x)$. 由例 5.11 可知, $(f_1(x)^n,g_1(x)^n)=1$, 从而

$$(f(x)^n,g(x)^n)=(f_1(x)^nd(x)^n,g_1(x)^nd(x)^n)=d(x)^n.$$

从 $f(x)^ng(x)^n=(f(x)^n,g(x)^n)[f(x)^n,g(x)^n]=d(x)^n[f(x)^n,g(x)^n]$ 可得

$$[f(x)^n,g(x)^n]=f_1(x)^ng_1(x)^nd(x)^n=h(x)^n.\ \square$$

例 5.14　设 $f(x)=x^m-1$, $g(x)=x^n-1$, 求证: $(f(x),g(x))=x^d-1$, 其中 d 是 m,n 的最大公因子.

证法 1　不妨设 $m\geq n$, $m=nq+r$, 先证明 $(x^m-1,x^n-1)=(x^r-1,x^n-1)$. 假设 $d_1(x)=(x^m-1,x^n-1)$, $d_2(x)=(x^r-1,x^n-1)$. 注意到

$$x^m-1=x^{nq+r}-1=x^r(x^{nq}-1)+(x^r-1),$$

$(x^n-1)\mid(x^{nq}-1)$, 故 $d_1(x)\mid(x^r-1)$, 从而 $d_1(x)\mid d_2(x)$. 从上式也可以看出 $d_2(x)\mid(x^m-1)$, 从而 $d_2(x)\mid d_1(x)$, 因此 $d_1(x)=d_2(x)$. 又设 $n=q_1r+r_1$, 则 $(x^m-1,x^n-1)=(x^n-1,x^r-1)=(x^r-1,x^{r_1}-1)$. 再由辗转相除, 有某个 $r_{s-1}=q_{s+1}r_s$, 其中 $r_s=d$ 是 m,n 的最大公因子, 于是 $(x^m-1,x^n-1)=(x^{r_{s-1}}-1,x^{r_s}-1)=x^d-1$.

证法 2　只需求出 $f(x),g(x)$ 的公根. $f(x)$ 的根为

$$\cos\frac{2k\pi}{m}+\mathrm{i}\sin\frac{2k\pi}{m},\ 1\le k\le m,$$

$g(x)$ 的根为

$$\cos\frac{2k\pi}{n}+\mathrm{i}\sin\frac{2k\pi}{n},\ 1\le k\le n,$$

则公根为

$$\cos\frac{2k\pi}{d}+\mathrm{i}\sin\frac{2k\pi}{d},\ 1\le k\le d.$$

这就是 x^d-1 的全部根, 于是结论成立. □

例 5.15　设 $(f(x),g(x))=d(x)$, 求证: 对任意的正整数 n,

$$(f(x)^n,f(x)^{n-1}g(x),\cdots,g(x)^n)=d(x)^n.$$

证明　显然 $d(x)^n$ 是 $f(x)^{n-k}g(x)^k\,(0\le k\le n)$ 的公因式. 又假设

$$f(x)u(x)+g(x)v(x)=d(x),$$

两边同时 n 次方即可证明 $d(x)^n$ 是 $f(x)^{n-k}g(x)^k\,(0\le k\le n)$ 的最大公因式. □

§ 5.4　不可约多项式与因式分解

数域 $\mathbb{F}$ 上的不可约多项式 $p(x)$ 与任一多项式 $f(x)$ 之间的关系很简单, 即或者 $p(x)$ 整除 $f(x)$, 或者 $p(x)$ 与 $f(x)$ 互素. 由不可约多项式的这一性质可以推出它的另一个重要性质, 即例 5.16, 通常称为不可约多项式的“素性”.

例 5.16　设 $p(x)$ 是数域 $\mathbb{F}$ 上的非常数多项式, 求证: $p(x)$ 为 $\mathbb{F}$ 上不可约多项式的充要条件是对 $\mathbb{F}$ 上任意适合 $p(x)\mid f(x)g(x)$ 的多项式 $f(x)$ 与 $g(x)$, 或者 $p(x)\mid f(x)$, 或者 $p(x)\mid g(x)$.

证明　假设 $p(x)$ 不可约且 $p(x)\mid f(x)g(x)$. 若 $p(x)$ 不是 $f(x)$ 的因子, 则 $p(x)$ 和 $f(x)$ 互素, 因此 $p(x)\mid g(x)$.

反之, 若 $p(x)$ 可约, 设 $p(x)=p_1(x)p_2(x)$, 其中 $\deg p_i(x)<\deg p(x)$, 则 $p(x)\mid p_1(x)p_2(x)$, 但 $p(x)$ 既不能整除 $p_1(x)$, 又不能整除 $p_2(x)$. □

例 5.17　设 $f(x)$ 是数域 $\mathbb{F}$ 上的非常数多项式, 求证: $f(x)$ 等于某个不可约多项式的幂的充要条件是对任意的非常数多项式 $g(x)$, 或者 $f(x)$ 和 $g(x)$ 互素, 或者 $f(x)$ 可以整除 $g(x)$ 的某个幂.

证明　设 $f(x)=p(x)^k$, $p(x)$ 在 $\mathbb{F}$ 上不可约, 且 $f(x)$ 和 $g(x)$ 不互素, 则 $p(x)$ 是 $f(x)$ 和 $g(x)$ 的公因式, 故 $f(x)$ 可以整除 $g(x)^k$.

反之, 若 $f(x)=p(x)^m h(x)$, $p(x)$ 在 $\mathbb{F}$ 上不可约, $\deg h(x)>0$, 且 $p(x)$ 不能整除 $h(x)$, 则 $f(x)$ 既不和 $h(x)$ 互素, 也不能整除 $h(x)$ 的任意次幂. □

代数数是数论中的一个重要概念, 与代数数密切相关的是它的极小多项式. 下面是有关代数数和极小多项式的最基本命题.

例 5.18　设 u 是复数域中某个数, 若 u 适合某个非零有理系数多项式 (或整系数多项式) $f(x)=a_nx^n+a_{n-1}x^{n-1}+\cdots+a_1x+a_0$, 则称 u 是一个代数数. 证明:

(1) 对任一代数数 u, 存在唯一一个 u 适合的首一有理系数多项式 $g(x)$, 使得 $g(x)$ 是 u 适合的所有非零有理系数多项式中次数最小者. 这样的 $g(x)$ 称为 u 的极小多项式或最小多项式.

(2) 设 $g(x)$ 是一个 u 适合的首一有理系数多项式, 则 $g(x)$ 是 u 的极小多项式的充要条件是 $g(x)$ 是有理数域上的不可约多项式.

证明　(1) 在 u 适合的所有非零有理系数多项式构成的集合中 (由假设这个集合非空), 可以取出一个次数最小的多项式, 然后将其首一化, 即可得到 u 的极小多项式 $g(x)$. 为了证明极小多项式的唯一性, 我们先证明极小多项式的一个基本性质, 即极小多项式可以整除 u 适合的任一多项式 $f(x)$. 假设

$$f(x)=g(x)q(x)+r(x),\ \deg r(x)<\deg g(x),$$

则由 $f(u)=g(u)=0$ 可知 $r(u)=0$. 若 $r(x)\neq 0$, 则 u 适合一个比 $g(x)$ 的次数更小的多项式 $r(x)$, 这和 $g(x)$ 是极小多项式矛盾. 因此 $r(x)=0$, 即 $g(x)\mid f(x)$. 设 $h(x)$ 也是 u 的极小多项式, 则由上述性质可得 $g(x)\mid h(x)$, $h(x)\mid g(x)$, 从而 $g(x)$ 和 $h(x)$ 只差一个非零常数, 又它们都是首一的, 故只能相等, 唯一性得证.

(2) 先证必要性. 若极小多项式 $g(x)$ 在有理数域上可约, 则 $g(x)=g_1(x)g_2(x)$ 可分解为两个比 $g(x)$ 的次数更小的多项式的乘积. 由 $0=g(u)=g_1(u)g_2(u)$ 可知 $g_1(u)$ 和 $g_2(u)$ 中至少有一个等于零. 不妨设 $g_1(u)=0$, 则 u 适合一个比 $g(x)$ 的次数更小的多项式 $g_1(x)$, 这和 $g(x)$ 是极小多项式矛盾. 再证充分性. 设 $g(x)$ 是 u 适合的有理数域上的首一不可约多项式, $h(x)$ 是 u 的极小多项式. 由极小多项式的基本性质可知 $h(x)\mid g(x)$, 又 $g(x)$ 是不可约多项式, 于是 $g(x)$ 和 $h(x)$ 只差一个非零常数, 而它们又都是首一的, 故只能相等. 因此 $g(x)$ 就是 u 的极小多项式. □

我们将在 § 5.8 中给出代数数的极小多项式的例子及其应用. 对于一般域上的代数扩张 (不限定是有理数域), 在抽象代数课程中也会引入代数元的极小多项式的定

义, 其本质特征就是不可约性. 下面的例题告诉我们, 数域 $\mathbb{F}$ 上的不可约多项式也满足例 5.18 中提及的极小多项式的基本性质.

例 5.19 设 $p(x)$ 是数域 $\mathbb{F}$ 上的不可约多项式, $f(x)$ 是 $\mathbb{F}$ 上的多项式. 证明: 若 $p(x)$ 的某个复根 a 也是 $f(x)$ 的根, 则 $p(x) \mid f(x)$. 特别地, $p(x)$ 的任一复根都是 $f(x)$ 的根.

证明 若 $(p(x), f(x)) = 1$, 则存在 $\mathbb{F}$ 上的多项式 $u(x), v(x)$, 使得 $p(x)u(x) + f(x)v(x) = 1$. 令 $x = a$ 可得 $1 = p(a)u(a) + f(a)v(a) = 0$, 矛盾. 因此 $p(x)$ 与 $f(x)$ 不互素, 从而只能是 $p(x) \mid f(x)$, 结论得证. □

多项式的标准分解是证明某些问题的有力工具, 下面几个例子说明了这一点.

例 5.20 证明: $g(x)^2 \mid f(x)^2$ 的充要条件是 $g(x) \mid f(x)$.

证明 充分性是显然的, 只需证明必要性. 设 $f(x), g(x)$ 的公共标准分解为

$$f(x) = cp_1(x)^{e_1}p_2(x)^{e_2}\cdots p_k(x)^{e_k}, \quad g(x) = dp_1(x)^{f_1}p_2(x)^{f_2}\cdots p_k(x)^{f_k},$$

其中 $p_i(x)$ 为互不相同的首一不可约多项式, c, d 是非零常数, 则

$$f(x)^2 = c^2p_1(x)^{2e_1}p_2(x)^{2e_2}\cdots p_k(x)^{2e_k}, \quad g(x)^2 = d^2p_1(x)^{2f_1}p_2(x)^{2f_2}\cdots p_k(x)^{2f_k}.$$

若 $g(x)^2 \mid f(x)^2$, 则 $2f_i \leq 2e_i$, 从而 $f_i \leq e_i \, (1 \leq i \leq k)$. 因此 $g(x) \mid f(x)$. □

例 5.21 设 $f(x), g(x)$ 是数域 $\mathbb{F}$ 上的多项式, 若 $h(x)$ 是 $\mathbb{F}$ 上的多项式且适合 $f(x) \mid h(x)$, $g(x) \mid h(x)$, 则称 $h(x)$ 是 $f(x)$ 和 $g(x)$ 的公倍式. 进一步, 若对 $f(x)$ 和 $g(x)$ 的任一公倍式 $u(x)$, 均有 $h(x) \mid u(x)$, 则称 $h(x)$ 是 $f(x)$ 和 $g(x)$ 的最小公倍式, 记为 $h(x) = [f(x), g(x)]$. 试证:

$$f(x)g(x) = c(f(x), g(x))[f(x), g(x)],$$

其中 c 是 $\mathbb{F}$ 中的某个非零常数.

证明 设 $f(x), g(x)$ 的公共标准分解为

$$f(x) = c_1p_1(x)^{e_1}p_2(x)^{e_2}\cdots p_k(x)^{e_k}, \quad g(x) = c_2p_1(x)^{f_1}p_2(x)^{f_2}\cdots p_k(x)^{f_k},$$

其中 $p_i(x)$ 为互不相同的首一不可约多项式, c_1, c_2 是非零常数, 则

$$d(x) = p_1(x)^{r_1}p_2(x)^{r_2}\cdots p_k(x)^{r_k}, \quad h(x) = p_1(x)^{s_1}p_2(x)^{s_2}\cdots p_k(x)^{s_k},$$

其中 $r_i=\min\{e_i,f_i\}$, $s_i=\max\{e_i,f_i\}$. 令 $c=c_1c_2$, 则有

$$f(x)g(x)=cd(x)h(x).\ \Box$$

例 5.13 设 $(f(x),g(x))=d(x)$, $[f(x),g(x)]=h(x)$, 求证:

$$(f(x)^n,g(x)^n)=d(x)^n,\quad [f(x)^n,g(x)^n]=h(x)^n.$$

证法 2 设 $f(x),g(x)$ 的公共标准分解为

$$f(x)=cp_1(x)^{e_1}p_2(x)^{e_2}\cdots p_k(x)^{e_k},\quad g(x)=dp_1(x)^{f_1}p_2(x)^{f_2}\cdots p_k(x)^{f_k},$$

其中 $p_i(x)$ 为互不相同的首一不可约多项式, c,d 是非零常数, 则

$$d(x)=p_1(x)^{r_1}p_2(x)^{r_2}\cdots p_k(x)^{r_k},\quad h(x)=p_1(x)^{s_1}p_2(x)^{s_2}\cdots p_k(x)^{s_k},$$

其中 $r_i=\min\{e_i,f_i\}$, $s_i=\max\{e_i,f_i\}$. 注意到

$$f(x)^n=c^np_1(x)^{ne_1}p_2(x)^{ne_2}\cdots p_k(x)^{ne_k},\quad g(x)^n=d^np_1(x)^{nf_1}p_2(x)^{nf_2}\cdots p_k(x)^{nf_k},$$

并且 $\min\{ne_i,nf_i\}=nr_i$, $\max\{ne_i,nf_i\}=ns_i$, 因此

$$(f(x)^n,g(x)^n)=p_1(x)^{nr_1}p_2(x)^{nr_2}\cdots p_k(x)^{nr_k}=d(x)^n,$$

$$[f(x)^n,g(x)^n]=p_1(x)^{ns_1}p_2(x)^{ns_2}\cdots p_k(x)^{ns_k}=h(x)^n.\ \Box$$

§ 5.5 多项式函数与根

判别多项式有无重根的最常用方法是判别该多项式及其形式导数是否有公因式. 下面是应用该方法的几个例子.

例 5.22 证明: 数域 $\mathbb{F}$ 上任意一个不可约多项式在复数域 $\mathbb{C}$ 中无重根.

证明 设 $f(x)$ 是 $\mathbb{F}$ 上的不可约多项式, 因为 $f(x)$ 不可能是 $f'(x)$ 的因式, 故 $(f(x),f'(x))=1$, 从而 $f(x)$ 在 $\mathbb{C}$ 中无重根. $\Box$

例 5.23 求证: a 是多项式 $f(x)$ 的 k 重根的充要条件是:

$$f(a)=f'(a)=\cdots=f^{(k-1)}(a)=0,\quad f^{(k)}(a)\neq 0.$$

证明 若 a 是 $f(x)$ 的 k 重根, 可设 $f(x)=(x-a)^k g(x)$, $g(x)$ 不含因式 $x-a$. 通过对 $f(x)$ 求导可发现, $x-a$ 可整除 $f^{(j)}(x)\,(1\le j\le k-1)$. 因此

$$f(a)=f'(a)=\cdots=f^{(k-1)}(a)=0.$$

而 $f^{(k)}(a)=k!g(a)\neq 0$, 故必要性得证.

反之, 若 a 是 $f(x)$ 的 m 重根, 若 $m>k$, 则由必要性的证明可知, 将有 $f^{(k)}(a)=0$, 这与已知矛盾. 同样, 若 $m<k$, 则由必要性的证明可知, 将有 $f^{(m)}(a)\neq 0$, 这也与已知矛盾, 于是只能 $m=k$. □

例 5.24 设 $\deg f(x)=n\ge 1$, 若 $f'(x)\mid f(x)$, 证明: $f(x)$ 有 n 重根.

证法 1 设 $f(x)=\dfrac{1}{n}(x-a)f'(x)$, 现证明 a 是 $f(x)$ 的 n 重根. 假设 a 是 $f(x)$ 的 k 重根, $f(x)=(x-a)^k g(x)$, $k<n$ 且 $g(x)$ 不含因式 $x-a$, 则

$$f'(x)=k(x-a)^{k-1}g(x)+(x-a)^k g'(x)=n(x-a)^{k-1}g(x).$$

于是 $g(x)\mid (x-a)g'(x)$, 而 $g(x)$ 与 $x-a$ 互素, 故将有 $g(x)\mid g'(x)$. 引出矛盾.

证法 2 设 $f(x)=\dfrac{1}{n}(x-a)f'(x)$, 则

$$\frac{f(x)}{(f(x),f'(x))}=b(x-a),\quad b\neq 0.$$

由 §§ 5.1.4 定理 5 可知, $x-a$ 是 $f(x)$ 仅有的不可约因式, 因此 $f(x)=b(x-a)^n$. □

一个一元 n 次多项式在所在的数域内最多只有 n 个根, 利用这个命题可以证明一些有趣的结论, 下面是 3 个例子.

例 5.25 设 $f(x)$ 是数域 $\mathbb{F}$ 上的多项式, 若对 $\mathbb{F}$ 中某个非零常数 a, 有 $f(x+a)=f(x)$, 求证: $f(x)$ 必是常数多项式.

证明 假设 $f(x)$ 不是常数多项式, 则 $f(x)-f(a)$ 也不是常数多项式, 但由 $f(x+a)=f(x)$ 可知, $ka\,(k\in\mathbb{Z})$ 是 $f(x)-f(a)$ 的无穷多个根, 矛盾. □

例 5.26 设 $f(x)$ 是非常数多项式且 $f(x)$ 可以整除 $f(x^m)\,(m>1)$, 求证: $f(x)$ 的根只能是 0 或 1 的某个方根.

证明 将 $f(x)$ 看成是复数域上的多项式, 则 $f(x^m)=f(x)g(x)$. 假设 c 是 $f(x)$ 的一个复根, 即 $f(c)=0$, 则 $f(c^m)=0$, 即 c^m 也是 $f(x)$ 的根. 由此可知 $c^{m^2},c^{m^3},\cdots$ 也都是 $f(x)$ 的根. 由于 $f(x)$ 只有有限个不同的复根, 故存在正整数 k,t, 使得 $c^{m^k}=c^{m^t}$. 因此若 $c\neq 0$, 则必存在某个正整数 n, 使得 $c^n=1$. □

例 5.27 求证: $f(x)=\sin x$ 在实数域内不能表示为 x 的多项式.

证明 注意到 $f(x)=\sin x$ 在实数域内有无穷多个根, 而任一非零多项式只能有有限个根, 因此 $f(x)=\sin x$ 在实数域内不能表示为 x 的多项式. □

利用余数定理可以实现求根与判断整除性之间的相互转换, 它常常使问题的解决变得简单. 下面是 3 个典型的例子.

例 5.28 设 n 是奇数, 求证: $(x+y)(y+z)(x+z)$ 可整除 $(x+y+z)^n-x^n-y^n-z^n$.

证明 将多项式 $(x+y+z)^n-x^n-y^n-z^n$ 看成是未定元 x 的多项式. 当 $x=-y$ 时, $(x+y+z)^n-x^n-y^n-z^n=0$, 因此 $x+y$ 是 $(x+y+z)^n-x^n-y^n-z^n$ 的因式. 同理 $x+z, y+z$ 也是因式. 又这 3 个因式互素, 故 $(x+y)(y+z)(x+z)$ 可整除 $(x+y+z)^n-x^n-y^n-z^n$. □

例 5.29 设 $f(x)$ 是一个 n 次多项式, 若当 $k=0,1,\cdots,n$ 时有 $f(k)=\dfrac{k}{k+1}$, 求 $f(n+1)$.

解 令 $g(x)=(x+1)f(x)-x$, 则 $0,1,\cdots,n$ 是 $g(x)$ 的根, 因此

$$g(x)=cx(x-1)(x-2)\cdots(x-n),$$

即

$$(x+1)f(x)-x=cx(x-1)(x-2)\cdots(x-n),$$

其中 c 是一个常数. 令 $x=-1$, 可求出 $c=\dfrac{(-1)^{n+1}}{(n+1)!}$, 从而

$$f(x)=\frac{1}{x+1}\left(\frac{(-1)^{n+1}x(x-1)\cdots(x-n)}{(n+1)!}+x\right),$$

故

$$f(n+1)=\frac{1}{n+2}\left((-1)^{n+1}+n+1\right).$$

当 n 是奇数时, $f(n+1)=1$; 当 n 是偶数时, $f(n+1)=\dfrac{n}{n+2}$. □

例 5.30 设 $(x^4+x^3+x^2+x+1)\mid(x^3f_1(x^5)+x^2f_2(x^5)+xf_3(x^5)+f_4(x^5))$, 这里 $f_i(x)\,(1\le i\le 4)$ 都是实系数多项式, 求证: $f_i(1)=0\,(1\le i\le 4)$.

证明 设 $\varepsilon_i\,(1\le i\le 4)$ 是 1 的五次虚根, 由条件可得

$$\varepsilon_i^3f_1(1)+\varepsilon_i^2f_2(1)+\varepsilon_if_3(1)+f_4(1)=0\ (1\le i\le 4).$$

这是一个由 4 个未知数、4 个方程式组成的线性方程组 (将 $f_i(1)$ 看成是未知数), 其系数行列式是一个 Vandermonde 行列式, 显然其值不等于零. 因此 $f_i(1)=0$. □

§ 5.6 复系数多项式

Vieta 定理是多项式根与系数关系的最重要的结论, 它有许多用途. 下面几个是应用 Vieta 定理的典型例子.

例 5.31 设三次方程 $x^3+px^2+qx+r=0$ 的 3 个根成等差数列, 求证:

$$2p^3-9pq+27r=0.$$

证明 设方程的 3 个根为 $c-d,c,c+d$, 则由 Vieta 定理可得

$$\begin{cases}3c=-p,\\3c^2-d^2=q,\\c(c^2-d^2)=-r.\end{cases}$$

由此可得 $2p^3-9pq+27r=0$. □

例 5.32 设三次方程 $x^3+px^2+qx+r=0\,(r\neq 0)$ 的 3 个根成等比数列, 求证:

$$rp^3=q^3.$$

证明 设方程的 3 个根为 $\dfrac{c}{d},c,cd$, 则由 Vieta 定理可得

$$\begin{cases}\dfrac{c}{d}+c+cd=-p,\\\dfrac{c^2}{d}+c^2+c^2d=q,\\c^3=-r.\end{cases}$$

由此可得 $rp^3=q^3$. □

例 5.33 设多项式 x^3+3x^2+mx+n 的 3 个根成等差数列, 多项式 $x^3-(m-2)x^2+(n-3)x+8$ 的 3 个根成等比数列, 求 m 和 n.

解 由例 5.31 和例 5.32 可知, m,n 应满足如下关系:

$$\begin{cases}m=n+2,\\-8(m-2)^3=(n-3)^3.\end{cases}$$

若 $n-3=-2(m-2)$, 则可联立求得 $m=3,n=1$.

若 $n-3=-2\omega(m-2)$, 其中 $\omega=-\dfrac{1}{2}+\dfrac{\sqrt{3}}{2}\mathrm{i}$, 则可联立求得 $m=2-\sqrt{3}\mathrm{i}$, $n=-\sqrt{3}\mathrm{i}$.

若 $n-3=-2\omega^2(m-2)$, 则可联立求得 $m=2+\sqrt{3}\mathrm{i}$, $n=\sqrt{3}\mathrm{i}$. □

例 5.34 设 x_1,x_2,x_3 是三次方程 $x^3+px^2+qx+r=0\,(r\neq 0)$ 的 3 个根, 求这 3 个根倒数的平方和.

解 由 Vieta 定理可得

$$\begin{aligned}\frac{1}{x_1^2}+\frac{1}{x_2^2}+\frac{1}{x_3^2} &= \frac{(x_1x_2+x_1x_3+x_2x_3)^2-2x_1x_2x_3(x_1+x_2+x_3)}{x_1^2x_2^2x_3^2}\\ &= \frac{q^2-2pr}{r^2}.\ \square\end{aligned}$$

例 5.35 已知方程 $x^3+px^2+qx+r=0$ 的 3 个根为 x_1,x_2,x_3, 求一个三次方程使其根为 x_1^3,x_2^3,x_3^3.

解 由 Vieta 定理经计算可得

$$\begin{cases}x_1^3+x_2^3+x_3^3=-p^3+3pq-3r,\\ x_1^3x_2^3+x_1^3x_3^3+x_2^3x_3^3=q^3-3pqr+3r^2,\\ x_1^3x_2^3x_3^3=-r^3.\end{cases}$$

因此, 以 x_1^3,x_2^3,x_3^3 为根的三次方程为

$$x^3+(p^3-3pq+3r)x^2+(q^3-3pqr+3r^2)x+r^3=0.\ \square$$

例 5.36 设多项式 x^3+px^2+qx+r 的 3 个根都是实数, 求证: $p^2\geq 3q$.

证明 设多项式的 3 个根为 x_1,x_2,x_3, 由已知条件可知:

$$(x_1-x_2)^2+(x_2-x_3)^2+(x_1-x_3)^2\geq 0.$$

用 Vieta 定理可计算出

$$(x_1-x_2)^2+(x_2-x_3)^2+(x_1-x_3)^2=2(p^2-3q).$$

因此结论为真. □

下面的例 5.37 也是讨论根与系数关系的, 若用 Vieta 定理来做则比较繁琐, 我们采用了不同的方法来处理.

例 5.37 设 $f(x)=a_nx^n+a_{n-1}x^{n-1}+\cdots+a_1x+a_0$ 的 n 个根 $x_1,x_2,\cdots,x_n$ 皆不等于零, 求以 $\dfrac{1}{x_1},\dfrac{1}{x_2},\cdots,\dfrac{1}{x_n}$ 为根的多项式.

解 令

$$g(x)=a_0x^n+a_1x^{n-1}+\cdots+a_{n-1}x+a_n,$$

则

$$x_i^ng(x_i^{-1})=a_0+a_1x_i+\cdots+a_{n-1}x_i^{n-1}+a_nx_i^n=f(x_i)=0.$$

因为 $x_i\neq 0$, 故 $g(x_i^{-1})=0$, 即 $g(x)$ 的根为 $f(x)$ 根之倒数. □

例 5.38 设 $f(x)=a_nx^n+a_{n-1}x^{n-1}+\cdots+a_1x+a_0\,(a_na_0\neq 0)$ 是数域 $\mathbb{F}$ 上的可约多项式, 求证: 多项式 $g(x)=a_0x^n+a_1x^{n-1}+\cdots+a_{n-1}x+a_n$ 在 $\mathbb{F}$ 上也可约.

证明 设 $f(x)=p(x)q(x)$, 其中 $\deg p(x)=m$, $\deg q(x)=n-m$, $0<m<n$, 则

$$g(x)=x^nf\Big(\frac{1}{x}\Big)=x^np\Big(\frac{1}{x}\Big)q\Big(\frac{1}{x}\Big)=\left(x^mp\Big(\frac{1}{x}\Big)\right)\left(x^{n-m}q\Big(\frac{1}{x}\Big)\right),$$

因此 $g(x)$ 也可约. □

§ 5.7 实系数多项式

下面 3 个例题是实系数多项式的基本性质.

例 5.39 设 $f(x)$ 是复数域上的多项式, 若对任意的实数 c, $f(c)$ 总是实数, 求证: $f(x)$ 是实系数多项式.

证明 设 $f(x)=a_nx^n+a_{n-1}x^{n-1}+\cdots+a_1x+a_0$, 分别令 $x=0,1,2,\cdots,n$, 得到一个以 $a_n,a_{n-1},\cdots,a_1,a_0$ 为未知数、由 $n+1$ 个方程式组成的实系数线性方程组. 该方程组的系数行列式是一个非零的 Vandermonde 行列式, 故方程组必有唯一解, 且解为实数. 因此 $f(x)$ 是实系数多项式. □

例 5.40 证明: 奇数次实系数多项式必有实数根.

证明 实系数多项式的虚根总是成对出现的, 因此奇数次实系数多项式必有实数根. □

例 5.41 设 $f(x)=a_nx^n+a_{n-1}x^{n-1}+\cdots+a_1x+a_0$ 是实系数多项式, 求证:

(1) 若 $a_i\,(0\le i\le n)$ 全是正数或全是负数, 则 $f(x)$ 没有非负实根.

(2) 若 $(-1)^ia_i\,(0\le i\le n)$ 全是正数或全是负数, 则 $f(x)$ 没有非正实根.

(3) 若 $a_n>0$ 且 $(-1)^{n-i}a_i>0\,(0\le i\le n-1)$, 则 $f(x)$ 没有非正实根; 若 $a_n>0$ 且 $(-1)^{n-i}a_i\ge 0\,(0\le i\le n-1)$, 则 $f(x)$ 没有负实根.

证明 (1) 若 a_i 全是正数且 $f(x)$ 有非负实根 $c\ge 0$, 代入后可得

$$f(c)=a_nc^n+a_{n-1}c^{n-1}+\cdots+a_1c+a_0\ge a_0>0,$$

这和 c 是根矛盾, 因此 $f(x)$ 没有非负实根. 同理可证 a_i 全是负数的情形.

(2) 和 (3) 同理可证. □

例 5.42 令 $\varDelta=\dfrac{q^2}{4}+\dfrac{p^3}{27}$ 是实系数三次方程 $x^3+px+q=0$ 的判别式, 求证:

(1) 若 $\varDelta>0$, 则方程有 1 个实根和 2 个共轭复根;

(2) 若 $\varDelta=0$, 则方程有 3 个实根, 其中 2 个根相同;

(3) 若 $\varDelta<0$, 则方程有 3 个互不相等的实根.

证明 注意到本题中的 $\varDelta$ 和三次方程用结式定义的判别式相差一个负数 (参考例 5.65), 故由例 5.70 即得本题结论. 本题也可用 Cardano 公式直接证明. □

例 5.43 求证: 实系数方程 $x^3+px^2+qx+r=0$ 的根的实部全是负数的充要条件是

$$p>0,\quad r>0,\quad pq>r.$$

证明 先证必要性. 设原方程的 3 个根为 x_1,x_2,x_3, 其中 x_1 是实数根, $x_1<0$. 另假设 $x_2=a+b\mathrm{i}$, $x_3=a-b\mathrm{i}$, $a<0$, 则

$$p=-(x_1+x_2+x_3)=-(x_1+2a)>0,\ r=-x_1x_2x_3=-x_1(a^2+b^2)>0.$$

$$\begin{aligned}pq-r&=-(x_1+2a)(x_1x_2+x_1x_3+x_2x_3)+x_1(a^2+b^2)\\&=-(x_1+2a)(2x_1a+a^2+b^2)+x_1(a^2+b^2)\\&=-2a\big((x_1+a)^2+b^2\big)>0.\end{aligned}$$

又假设 x_1,x_2,x_3 全是负实数, 则显然 $p>0$, $q>0$, $r>0$, 而

$$\begin{aligned}pq-r&=-(x_1+x_2+x_3)(x_1x_2+x_1x_3+x_2x_3)+x_1x_2x_3\\&=-(x_1^2+q)(x_2+x_3)>0.\end{aligned}$$

再证充分性. 由 $p>0, r>0, pq-r>0$ 可知 $q>0$, 若方程的根是实数, 则此根必是负数. 现假设方程有根 $x_1<0, x_2=a+b\mathrm{i}, x_3=a-b\mathrm{i}$, 因为

$$pq-r=-2a\big((x_1+a)^2+b^2\big)>0,$$

故得 $a<0$, 结论得证. □

例 5.44 设 ε 是 1 的 n 次根:

$$\varepsilon=\cos\frac{2\pi}{n}+\mathrm{i}\sin\frac{2\pi}{n},$$

求证: $\varepsilon^{mi}\,(1\le i\le n)$ 是 $x^n-1=0$ 的全部根的充要条件是 $(m,n)=1$.

证明 若 $(m,n)=1$, 只要证明 $\varepsilon^{mi}\,(1\le i\le n)$ 互不相同即可. 若不然, 有 $\varepsilon^{ms}=\varepsilon^{mt}\,(1\le s<t\le n)$, 便有 $\varepsilon^{m(t-s)}=1$, $n\mid m(t-s)$. 因为 n,m 互素, 故 $n\mid(t-s)$, 而 $0<t-s<n$, 矛盾.

反之, 若 $(m,n)=d>1$, 则 $\varepsilon^{m\frac{n}{d}}=\varepsilon^{n\frac{m}{d}}=1$, 从而 $\varepsilon^{mi}\,(1\le i\le n)$ 不可能是 $x^n-1=0$ 的全部根. □

例 5.45 设 $f(x)$ 是实系数首一多项式且无实数根, 求证: $f(x)$ 可以表示为两个实系数多项式的平方和.

证明 因为实系数多项式的虚根成对出现, 故 $f(x)$ 是偶数次多项式, 不妨设它的根为

$$x_1,x_2,\cdots,x_n;\ \overline{x}_1,\overline{x}_2,\cdots,\overline{x}_n.$$

令

$$u(x)=(x-x_1)(x-x_2)\cdots(x-x_n);\ v(x)=(x-\overline{x}_1)(x-\overline{x}_2)\cdots(x-\overline{x}_n),$$

则 $v(x)=\overline{u(x)}$, $f(x)=u(x)v(x)$. 又将 $u(x),v(x)$ 的实部和虚部分开, 可设

$$u(x)=g(x)+\mathrm{i}h(x),\ v(x)=g(x)-\mathrm{i}h(x),$$

即有

$$f(x)=g(x)^2+h(x)^2.\ \square$$

§ 5.8 有理系数多项式

利用整数、有理数以及实数的性质来讨论有理系数多项式的性质是一种常用的方法, 在下面的几个例子中读者将体会到这一点.

例 5.46 $f(x)$ 是次数大于零的首一整系数多项式, 若 $f(0), f(1)$ 都是奇数, 求证: $f(x)$ 没有有理根.

证明 设 $f(x) = x^n + a_{n-1}x^{n-1} + \cdots + a_1x + a_0$. 从 $f(0)$ 是奇数可知 a_0 是奇数, 从 $f(1)$ 是奇数可知 $1 + a_{n-1} + \cdots + a_1 + a_0$ 是奇数. 假设 $f(x)$ 有有理根, 因为 $f(x)$ 是首一的, 故必有整数根, 设其为 c, 则

$$c^n + a_{n-1}c^{n-1} + \cdots + a_1c + a_0 = 0.$$

若 c 是偶数, 则上式左边为奇数, 不可能等于零. 若 c 是奇数, 令 $c = 2b + 1$, 其中 b 是整数, 可得

$$(2b+1)^n + a_{n-1}(2b+1)^{n-1} + \cdots + a_1(2b+1) + a_0 = 0.$$

用二项式定理展开后将看到, 上式左边是一个偶数加上 $1 + a_{n-1} + \cdots + a_1 + a_0$, 故必是奇数, 也不可能等于零. 因此 $f(x)$ 没有有理根. □

例 5.47 设 $f(x)$ 是实系数多项式, 若对任意的有理数 c, $f(c)$ 总是有理数, 求证: $f(x)$ 是有理系数多项式.

证明 类似例 5.39 可证明. □

例 5.48 设 $f(x)$ 是有理系数多项式, a, b, c 是有理数, 但 $\sqrt{c}$ 是无理数. 求证: 若 $a + b\sqrt{c}$ 是 $f(x)$ 的根, 则 $a - b\sqrt{c}$ 也是 $f(x)$ 的根.

证明 设 $f(x) = a_nx^n + a_{n-1}x^{n-1} + \cdots + a_1x + a_0$, 则

$$f(a+b\sqrt{c}) = a_n(a+b\sqrt{c})^n + a_{n-1}(a+b\sqrt{c})^{n-1} + \cdots + a_1(a+b\sqrt{c}) + a_0 = 0.$$

将 $(a+b\sqrt{c})^k$ 用二项式定理展开, 可设

$$f(a+b\sqrt{c}) = A + B\sqrt{c} = 0,$$

其中 A, B 都是有理数. 因为 $\sqrt{c}$ 是无理数, 故 $A = B = 0$. 因此

$$f(a-b\sqrt{c}) = A - B\sqrt{c} = 0,$$

即 $a - b\sqrt{c}$ 也是 $f(x)$ 的根. □

下面的例题和例 5.48 相似, 但我们采用不同的方法来证明, 这就是极小多项式的方法. 例 5.48 也可以用极小多项式的方法来证明, 请读者自行思考.

例 5.49 设 $f(x)$ 是有理系数多项式, a,b,c,d 是有理数, 但 $\sqrt{c}$, $\sqrt{d}$, $\sqrt{cd}$ 都是无理数. 求证: 若 $a\sqrt{c}+b\sqrt{d}$ 是 $f(x)$ 的根, 则下列数也是 $f(x)$ 的根:

$$a\sqrt{c}-b\sqrt{d},\ -a\sqrt{c}+b\sqrt{d},\ -a\sqrt{c}-b\sqrt{d}.$$

证明 令

$$g(x)=\big(x-(a\sqrt{c}+b\sqrt{d})\big)\big(x-(a\sqrt{c}-b\sqrt{d})\big)\big(x-(-a\sqrt{c}+b\sqrt{d})\big)\big(x-(-a\sqrt{c}-b\sqrt{d})\big),$$

则经计算可得

$$g(x)=x^4-2(a^2c+b^2d)x^2+(a^2c-b^2d)^2.$$

注意到 $g(x)$ 是一个有理系数首一多项式, 只要证明它不可约, 便可由例 5.18 得到 $g(x)$ 是 $a\sqrt{c}+b\sqrt{d}$ 的极小多项式, 从而 $g(x)\mid f(x)$, 于是结论成立. 显然 $g(x)$ 没有有理系数的一次因式, 只要证明它没有有理系数的二次因式即可. 经过简单的计算可知, 在 $g(x)$ 的 4 个一次因式中任取 2 个一次因式相乘都不是有理系数多项式, 因此 $g(x)$ 没有有理系数的二次因式. □

例 5.50 求以 $\sqrt{2}+\sqrt[3]{3}$ 为根的次数最小的首一有理系数多项式.

解 本题即求 $\sqrt{2}+\sqrt[3]{3}$ 的极小多项式. 令 $x-\sqrt{2}=\sqrt[3]{3}$, 两边立方得到 $(x-\sqrt{2})^3=3$. 整理可得 $x^3+6x-3=(3x^2+2)\sqrt{2}$, 再两边平方可得, $\sqrt{2}+\sqrt[3]{3}$ 适合下列多项式:

$$f(x)=x^6-6x^4-6x^3+12x^2-36x+1.$$

由 $f(x)$ 的构造过程, 不难看出 $f(x)$ 的 6 个根分别为 $\pm\sqrt{2}+\sqrt[3]{3}$, $\pm\sqrt{2}+\sqrt[3]{3}\omega$, $\pm\sqrt{2}+\sqrt[3]{3}\omega^2$, 其中 $\omega=-\dfrac{1}{2}+\dfrac{\sqrt{3}}{2}\mathrm{i}$. 因此, 我们有

$$\begin{aligned} f(x) &= (x-\sqrt{2}-\sqrt[3]{3})(x+\sqrt{2}-\sqrt[3]{3})(x-\sqrt{2}-\sqrt[3]{3}\omega)(x+\sqrt{2}-\sqrt[3]{3}\omega) \\ &\quad (x-\sqrt{2}-\sqrt[3]{3}\omega^2)(x+\sqrt{2}-\sqrt[3]{3}\omega^2). \end{aligned}$$

通过简单的验证可知, 任取 $f(x)$ 的 2 个一次因式相乘都不是有理系数多项式; 任取 $f(x)$ 的 3 个一次因式相乘也都不是有理系数多项式, 因此 $f(x)$ 是有理数域上的不可约多项式, 从而是 $\sqrt{2}+\sqrt[3]{3}$ 的极小多项式. □

例 5.51 求证: 有理系数多项式 x^4+px^2+q 在有理数域上可约的充要条件是或者 $p^2-4q=k^2$, 其中 k 是一个有理数; 或者 q 是某个有理数的平方, 且 $\pm2\sqrt{q}-p$ 也是有理数的平方.

证明 必要性. 若多项式 x^4+px^2+q 在有理数域上可约, 考虑下列两种情况:

(1) x^4+px^2+q 有有理数根 t, 这时 t^2 是 x^2+px+q 的有理根, 因此其判别式 p^2-4q 必是一个有理数的完全平方.

(2) x^4+px^2+q 在有理数域上可分解为两个二次多项式的积. 设 $x^4+px^2+q=(x^2+ax+b)(x^2+cx+d)$, 展开后比较系数可得

$$\begin{cases} a+c=0, \\ ad+bc=0. \end{cases}$$

若 $a=0$, 则 $c=0$, 这时将有 $p=b+d$, $q=bd$, 因此 $p^2-4q=(b-d)^2$. 若 $a\neq 0$, 则 $b=d$, 比较系数后可知 $p=2b-a^2$, $q=b^2$, 因此 $\pm 2\sqrt{q}-p=a^2$.

充分性. 若 $p^2-4q=k^2$, 则

$$x^4+px^2+q=x^4+px^2+\frac{1}{4}(p+k)(p-k)=\big(x^2+\frac{1}{2}(p+k)\big)\big(x^2+\frac{1}{2}(p-k)\big).$$

因此原多项式可约.

若 $q=b^2$, $\pm 2\sqrt{q}-p=\pm 2b-p=a^2$, 则 $p=-a^2\pm 2b$. 于是

$$x^4+px^2+q=x^4+(-a^2\pm 2b)x^2+b^2=(x^2\pm b)^2-a^2x^2$$

也可约. □

Eisenstein 判别法是判定一个有理系数 (或整系数) 多项式不可约的最简单的方法之一. 如果不能直接用该判别法, 可作一个变换 (参考例 5.53).

例 5.52 设 $p_1,\cdots,p_m$ 是 m 个互不相同的素数, 求证: 对任意的 $n\geq 1$, 下列多项式在有理数域上不可约:

$$f(x)=x^n-p_1\cdots p_m.$$

证明 用 Eisenstein 判别法即可证明. □

例 5.53 证明: x^8+1 在有理数域上不可约.

证明 作代换 $x=y+1$, 得

$$x^8+1=(y+1)^8+1=y^8+8y^7+28y^6+56y^5+70y^4+56y^3+28y^2+8y+2.$$

显然 2 可整除除第一项外的所有系数, 但 4 不能整除常数项. 用 Eisenstein 判别法可知 $(y+1)^8+1$ 不可约, 故 x^8+1 也不可约. □

例 5.54 设 $f(x)$ 是有理系数多项式, 已知 $\sqrt[n]{2}$ 是 $f(x)$ 的根, 证明: $\sqrt[n]{2}\varepsilon, \sqrt[n]{2}\varepsilon^2, \cdots, \sqrt[n]{2}\varepsilon^{n-1}$ 也是 $f(x)$ 的根, 其中 $\varepsilon=\cos\dfrac{2\pi}{n}+\mathrm{i}\sin\dfrac{2\pi}{n}$ 是 1 的 n 次根.

证明 显然 $\sqrt[n]{2}$ 适合多项式 x^n-2, 由 Eisenstein 判别法可知, x^n-2 在有理数域上不可约, 因此它是 $\sqrt[n]{2}$ 的极小多项式. 最后由极小多项式的基本性质可得 $(x^n-2)\mid f(x)$, 从而结论得证. □

例 5.55 设 $f(x)$ 是次数大于 1 的奇数次有理系数不可约多项式, 求证: 若 x_1,x_2 是 $f(x)$ 在复数域内两个不同的根, 则 x_1+x_2 必不是有理数.

证明 不妨设 $f(x)$ 为首一多项式, 我们用反证法来证明结论. 设 $x_1+x_2=r$ 为有理数, 则有理系数多项式 $f(x)$ 与 $f(r-x)$ 有公共根 x_1. 因为 $f(x)$ 在有理数域上不可约, 故 $f(x)$ 是 x_1 的极小多项式, 从而由极小多项式的基本性质可得 $f(x)\mid f(r-x)$. 注意到 $f(x)$ 与 $f(r-x)$ 次数相同, 首项系数相反, 从而有 $f(r-x)=-f(x)$. 令 $x=\dfrac{r}{2}$, 则可得 $f(\dfrac{r}{2})=0$, 即 $\dfrac{r}{2}$ 是 $f(x)$ 的一个有理根, 这与 $f(x)$ 在有理数域上不可约相矛盾. □

除了用 Eisenstein 判别法外, 另一个常用的方法是反证法, 请参考下面两个例子.

例 5.56 设 $f(x)=(x-a_1)(x-a_2)\cdots(x-a_n)-1$, 其中 $a_1,a_2,\cdots,a_n$ 是 n 个不同的整数, 求证: $f(x)$ 在有理数域上不可约.

证明 只要证明 $f(x)$ 在整数环上不可约即可. 用反证法, 设 $f(x)=g(x)h(x)$, 其中 $g(x),h(x)$ 都是次数小于 n 的首一整系数多项式. 注意到

$$g(a_i)h(a_i)=-1,$$

因为 $g(x),h(x)$ 是整系数多项式, 故 $g(a_i)=1,\ h(a_i)=-1$ 或 $g(a_i)=-1,\ h(a_i)=1$. 无论是哪种情况, 都有

$$g(a_i)+h(a_i)=0,\quad 1\le i\le n,$$

即次数小于 n 的多项式 $g(x)+h(x)$ 有 n 个不同的根, 故 $g(x)+h(x)=0$. 因此 $f(x)=-g(x)^2$, 但 $f(x)$ 是首一多项式, 而 $-g(x)^2$ 的首项系数为 -1, 矛盾. □

例 5.57 设 $f(x)=(x-a_1)^2(x-a_2)^2\cdots(x-a_n)^2+1$, 其中 $a_1,a_2,\cdots,a_n$ 是 n 个不同的整数, 求证: $f(x)$ 在有理数域上不可约.

证明 只要证明 $f(x)$ 在整数环上不可约即可. 用反证法, 设 $f(x)=u(x)v(x)$, 其中 $u(x),v(x)$ 都是次数小于 $2n$ 的首一整系数多项式. 注意到 $f(x)$ 没有实根, 故

$u(x),v(x)$ 也都没有实根, 从而由实系数多项式虚根成对可知, $u(x),v(x)$ 作为实数域上的函数都恒大于零. 由于 $f(x)$ 是 $2n$ 次多项式, 故 $u(x)$ 和 $v(x)$ 的次数至少有一个不超过 n, 不妨设 $u(x)$ 的次数不超过 n.

若 $u(x)$ 的次数小于 n, 则由 $f(a_i)=1$ 可得 $u(a_i)v(a_i)=1$, 因此 $u(a_i)=1$. 考虑非零多项式 $u(x)-1$, 由上面的分析可知它有 n 个不同的根 $a_1,a_2,\cdots,a_n$, 这与它的次数小于 n 矛盾.

因此 $u(x)$ 只能是 n 次首一多项式, 于是 $v(x)$ 也是 n 次首一多项式. 另一方面, 由于 $u(a_i)v(a_i)=1$, 故 $u(a_i)=v(a_i)=1\,(1\le i\le n)$. 注意到 $u(x)-v(x)$ 的次数小于 n, 并且它有 n 个不同的根 $a_1,a_2,\cdots,a_n$, 因此只能是 $u(x)=v(x)$, $f(x)=u(x)^2$. 令 $h(x)=(x-a_1)(x-a_2)\cdots(x-a_n)$, 则 $u(x)^2=h(x)^2+1$, 即 $(u(x)+h(x))(u(x)-h(x))=1$. 因为 $u(x),h(x)$ 都是整系数多项式, 故或者 $u(x)+h(x)=1$, $u(x)-h(x)=1$; 或者 $u(x)+h(x)=-1$, $u(x)-h(x)=-1$, 于是 $h(x)=0$, 矛盾. 因此结论得证. □

§ 5.9 多元多项式

数域 $\mathbb{K}$ 上的多元多项式有 3 个重要的性质. 首先是整性, 即两个非零多元多项式的乘积仍然是非零多元多项式. 其次是多元多项式的非零性等价于多元函数的非零性. 最后是因式分解定理对多元多项式仍然成立, 不过它的证明将在抽象代数课程中给出. 下面我们先来看多元多项式整性的若干应用.

例 5.58 设 $f(x_1,\cdots,x_n)$, $g(x_1,\cdots,x_n)\neq 0$ 是 $\mathbb{K}$ 上的多元多项式. 假设对一切使 $g(a_1,\cdots,a_n)\neq 0$ 的 $a_1,\cdots,a_n\in\mathbb{K}$, 均有 $f(a_1,\cdots,a_n)=0$, 求证:

$$f(x_1,\cdots,x_n)=0.$$

证明　用反证法, 假设 $f(x_1,\cdots,x_n)\neq 0$, 则由多元多项式的整性可知

$$h(x_1,\cdots,x_n)=f(x_1,\cdots,x_n)g(x_1,\cdots,x_n)\neq 0,$$

于是存在 $a_1,\cdots,a_n\in\mathbb{K}$, 使得 $h(a_1,\cdots,a_n)\neq 0$, 从而 $f(a_1,\cdots,a_n)\neq 0$ 并且 $g(a_1,\cdots,a_n)\neq 0$, 这与假设矛盾. □

我们可以利用多元多项式的整性去解决文字行列式求值中的两个问题.

例 5.59 设 $\boldsymbol{A}(x_1,x_2,\cdots,x_m)=(a_{ij})$ 为 n 阶方阵, 其元素 $a_{ij}=a_{ij}(x_1,x_2,\cdots,x_m)$ 都是 $\mathbb{K}$ 上的多元多项式. 设 $g(x_1,x_2,\cdots,x_m)$, $h_i(x_1,x_2,\cdots,x_m)\neq 0\,(1\le i\le$

k) 都是 $\mathbb{K}$ 上的多元多项式,

$$U=\Big\{(a_1,a_2,\cdots,a_m)\in\mathbb{K}_m \mid h_i(a_1,a_2,\cdots,a_m)\neq 0\ (1\leq i\leq k)\Big\}.$$

若对所有的 $(a_1,a_2,\cdots,a_m)\in U$, 都成立

$$|\boldsymbol{A}(a_1,a_2,\cdots,a_m)|=g(a_1,a_2,\cdots,a_m),$$

证明: $|\boldsymbol{A}(x_1,x_2,\cdots,x_m)|=g(x_1,x_2,\cdots,x_m)$.

证明　用反证法, 设 $(|\boldsymbol{A}|-g)(x_1,x_2,\cdots,x_m)\neq 0$, 则由多元多项式的整性可知

$$(|\boldsymbol{A}|-g)h_1\cdots h_k(x_1,x_2,\cdots,x_m)\neq 0,$$

于是存在 $a_1,a_2,\cdots,a_m\in\mathbb{K}$, 使得 $(|\boldsymbol{A}|-g)h_1\cdots h_k(a_1,a_2,\cdots,a_m)\neq 0$, 从而 $h_i(a_1,a_2,\cdots,a_m)\neq 0\,(1\leq i\leq k)$, 即 $(a_1,a_2,\cdots,a_m)\in U$, 并且 $(|\boldsymbol{A}|-g)(a_1,a_2,\cdots,a_m)\neq 0$, 即 $|\boldsymbol{A}(a_1,a_2,\cdots,a_m)|\neq g(a_1,a_2,\cdots,a_m)$, 这与假设矛盾. □

例 5.59 告诉我们: 在元素为多元多项式的文字行列式的求值过程中, 在假设某些非零条件成立的情形下得到的结果, 其实就是所求行列式的值. 因此, 在求行列式的过程中, 可以暂不考虑未定元取特殊值的情形, 而把主要精力放在一般的情形进行计算即可. 例如, 读者不难发现在例 1.4、例 1.5、例 1.14 和例 1.26 的求值过程中, 某些参数等于零的讨论并不影响最终的答案.

利用多元多项式的整性还可以给出第 1 章行列式求根法的严格证明.

例 5.60　设 $\boldsymbol{A}(x_1,x_2,\cdots,x_m)=(a_{ij})$ 为 n 阶方阵, 其元素 $a_{ij}=a_{ij}(x_1,x_2,\cdots,x_m)$ 都是 $\mathbb{K}$ 上的多元多项式, 于是 $|\boldsymbol{A}|$ 也是 $\mathbb{K}$ 上的多元多项式. 若把 x_1 看成主未定元, 则可将 $|\boldsymbol{A}|$ 整理成关于 x_1 的一元多项式:

$$|\boldsymbol{A}|=c_0(x_2,\cdots,x_m)x_1^d+c_1(x_2,\cdots,x_m)x_1^{d-1}+\cdots+c_d(x_2,\cdots,x_m),\tag{5.1}$$

其中 $c_0(x_2,\cdots,x_m)\neq 0$, $d\geq 1$ 为次数. 假设存在互异的多项式 $g_1(x_2,\cdots,x_m),\cdots,g_d(x_2,\cdots,x_m)$, 使得当 $x_1=g_i(x_2,\cdots,x_m)\,(1\leq i\leq d)$ 时 $|\boldsymbol{A}|=0$, 证明:

$$|\boldsymbol{A}|=c_0(x_2,\cdots,x_m)\cdot\big(x_1-g_1(x_2,\cdots,x_m)\big)\cdots\big(x_1-g_d(x_2,\cdots,x_m)\big).$$

证明　由假设 $0=c_0(x_2,\cdots,x_m)g_1^d+\cdots+c_{d-1}(x_2,\cdots,x_m)g_1+c_d(x_2,\cdots,x_m)$, 故有

$$\begin{aligned}|\boldsymbol{A}| &= c_0(x_2,\cdots,x_m)(x_1^d-g_1^d)+\cdots+c_{d-1}(x_2,\cdots,x_m)(x_1-g_1)\\ &= (x_1-g_1)R_1(x_1,x_2,\cdots,x_m).\end{aligned}$$

在上式中令 $x_1=g_2(x_2,\cdots,x_m)$, 则有 $0=(g_2-g_1)R_1(g_2,x_2,\cdots,x_m)$. 注意到 $g_2-g_1\neq 0$, 故由多元多项式的整性可得 $R_1(g_2,x_2,\cdots,x_m)=0$. 再由相同的讨论可知, x_1-g_2 是 $R_1(x_1,x_2,\cdots,x_m)$ 的因式, 从而

$$|\boldsymbol{A}|=(x_1-g_1)(x_1-g_2)R_2(x_1,x_2,\cdots,x_m).$$

不断地这样做下去, 可得

$$|\boldsymbol{A}|=(x_1-g_1)\cdots(x_1-g_d)R_d(x_1,x_2,\cdots,x_m),$$

最后与 (5.1) 式比较 x_1 的首项系数可得 $R_d(x_1,x_2,\cdots,x_m)=c_0(x_2,\cdots,x_m)$. □

注 若首项系数 $c_0(x_2,\cdots,x_m)$ 能直接求出, 或者可以继续通过求根法进行分解的话, 那么 $|\boldsymbol{A}|$ 的值就能计算出来. 请读者参考 § 1.8 求根法中的例题.

对称多项式是一类常见的多元多项式, 有着广泛的用途. 求对称多项式的初等对称多项式表示通常有两种方法, 一种是对称多项式基本定理证明中的构造方法 (适合次数较高时, 配合待定系数法使用), 另一种是 Vieta 定理 (适合次数较低时使用). 以下例题用了这两种方法来求解, 请读者自行比较.

例 5.61 求证: $f(x)=x^3+px^2+qx+r$ 某一根的平方等于其他两根平方和的充要条件是:

$$p^4(p^2-2q)=2(p^3-2pq+2r)^2.$$

证明 设 $f(x)$ 的 3 个根为 x_1,x_2,x_3, 则某一根的平方等于其他两根平方和的充要条件是:

$$(x_1^2+x_2^2-x_3^2)(x_1^2+x_3^2-x_2^2)(x_2^2+x_3^2-x_1^2)=0.$$

证法 1 由 Vieta 定理, 有

$$\begin{aligned}
&(x_1^2+x_2^2-x_3^2)(x_1^2+x_3^2-x_2^2)(x_2^2+x_3^2-x_1^2)\\
=\ &(x_1^2+x_2^2+x_3^2-2x_3^2)(x_1^2+x_2^2+x_3^2-2x_2^2)(x_1^2+x_2^2+x_3^2-2x_1^2)\\
=\ &(p^2-2q-2x_1^2)(p^2-2q-2x_2^2)(p^2-2q-2x_3^2)\\
=\ &(p^2-2q)^3-2(x_1^2+x_2^2+x_3^2)(p^2-2q)^2+4(x_1^2x_2^2+x_1^2x_3^2+x_2^2x_3^2)(p^2-2q)\\
&-8x_1^2x_2^2x_3^2\\
=\ &(p^2-2q)^3-2(p^2-2q)(p^2-2q)^2+4(q^2-2pr)(p^2-2q)-8r^2\\
=\ &-(p^2-2q)^3+4(q^2-2pr)(p^2-2q)-8r^2\\
=\ &-p^6+6p^4q-8p^3r-8p^2q^2+16pqr-8r^2\\
=\ &p^4(p^2-2q)-2(p^3-2pq+2r)^2,
\end{aligned}$$

由此即得结论.

证法 2　设 $g(x_1,x_2,x_3)=(x_1^2+x_2^2-x_3^2)(x_1^2+x_3^2-x_2^2)(x_2^2+x_3^2-x_1^2)$, 则 g 是六次齐次多项式, 字典排序的首项为 $-x_1^6$, 指数组为 $(6,0,0)$, 对应的首项为 $-\sigma_1^6$. 设其余的指数组为 (k_1,k_2,k_3), 则有 $k_1+k_2+k_3=6$, $6\geq k_1\geq k_2\geq k_3\geq 0$. 因此, 可能的指数组分别为 $(5,1,0)$, $(4,2,0)$, $(4,1,1)$, $(3,3,0)$, $(3,2,1)$, $(2,2,2)$, 对应的首项分别为 $\sigma_1^4\sigma_2$, $\sigma_1^2\sigma_2^2$, $\sigma_1^3\sigma_3$, σ_2^3, $\sigma_1\sigma_2\sigma_3$, σ_3^2. 用待定系数法, 设

$$g(x_1,x_2,x_3)=-\sigma_1^6+c_1\sigma_1^4\sigma_2+c_2\sigma_1^2\sigma_2^2+c_3\sigma_1^3\sigma_3+c_4\sigma_2^3+c_5\sigma_1\sigma_2\sigma_3+c_6\sigma_3^2.$$

取 x_1,x_2,x_3 的一些特殊值, 可得到关于 $c_i\,(1\leq i\leq 6)$ 的线性方程组, 不难解得 $c_1=6$, $c_2=c_3=c_6=-8$, $c_4=0$, $c_5=16$. 因此

$$g(x_1,x_2,x_3)=-\sigma_1^6+6\sigma_1^4\sigma_2-8\sigma_1^2\sigma_2^2-8\sigma_1^3\sigma_3+16\sigma_1\sigma_2\sigma_3-8\sigma_3^2,$$

经简单计算即得所求结论. □

注　类似例 5.61 的证明可知, 例 5.31 和例 5.32 的结论其实是充要条件, 请读者自行验证.

例 5.62　设 $f(x_1,x_2,\cdots,x_n)$, $g(x_1,x_2,\cdots,x_n)\neq 0$ 为数域 $\mathbb{K}$ 上的多元多项式, 称分式 $Q(x_1,x_2,\cdots,x_n)=\dfrac{f(x_1,x_2,\cdots,x_n)}{g(x_1,x_2,\cdots,x_n)}$ 为关于未定元 $x_1,x_2,\cdots,x_n$ 的有理函数. 若对换任意两个未定元的位置, 得到的有理函数保持不变, 则称之为对称有理函数, 例如 $\sum\limits_{i=1}^{n}\dfrac{1}{x_i}$. 证明: 对称有理函数可表示为初等对称多项式的有理函数.

证明　设 $Q(x_1,x_2,\cdots,x_n)=\dfrac{f(x_1,x_2,\cdots,x_n)}{g(x_1,x_2,\cdots,x_n)}$ 为对称有理函数, 其中 $g(x_1,x_2,\cdots,x_n)\neq 0$, 于是对任意的全排列 $(k_1,k_2,\cdots,k_n)\in S_n$, $g(x_{k_1},x_{k_2},\cdots,x_{k_n})\neq 0$, 从而

$$Q(x_1,x_2,\cdots,x_n)=\frac{f(x_1,x_2,\cdots,x_n)\prod\limits_{(k_1,k_2,\cdots,k_n)\in S_n\setminus\{(1,2,\cdots,n)\}}g(x_{k_1},x_{k_2},\cdots,x_{k_n})}{\prod\limits_{(k_1,k_2,\cdots,k_n)\in S_n}g(x_{k_1},x_{k_2},\cdots,x_{k_n})}.$$

注意到上述分式的分母 $\prod\limits_{(k_1,k_2,\cdots,k_n)\in S_n}g(x_{k_1},x_{k_2},\cdots,x_{k_n})$ 是对称多项式, 分子等于 $Q(x_1,x_2,\cdots,x_n)\prod\limits_{(k_1,k_2,\cdots,k_n)\in S_n}g(x_{k_1},x_{k_2},\cdots,x_{k_n})$ 也是对称多项式, 故由对称多项式基本定理可知结论成立. □

Newton 公式和例 5.64 给出了幂和 s_k 与初等对称多项式 σ_k 之间的关系式, 它们为一些求根问题的讨论提供了工具, 比如例 5.63 以及第 6 章特征值的求解等.

例 5.63 求解下列方程组:

$$\begin{cases} x_1+x_2+x_3+x_4=4, \\ x_1^2+x_2^2+x_3^2+x_4^2=4, \\ x_1^3+x_2^3+x_3^3+x_4^3=4, \\ x_1^4+x_2^4+x_3^4+x_4^4=4. \end{cases}$$

解 上述方程组表明: $s_1=s_2=s_3=s_4=4$. 由 Newton 公式可求得 $\sigma_1=4$, $\sigma_2=6$, $\sigma_3=4$, $\sigma_4=1$. 因此若将 x_1,x_2,x_3,x_4 看成是某个四次方程的根, 则该方程应为

$$x^4-4x^3+6x^2-4x+1=0,$$

即 $(x-1)^4=0$. 这个方程的根为 $1,1,1,1$, 因此方程组的解为

$$x_1=1,\ x_2=1,\ x_3=1,\ x_4=1. \ \square$$

例 5.64 设 $1\leq k\leq n$, 求证:

$$\sigma_k=\frac{1}{k!}\begin{vmatrix} s_1 & 1 & 0 & \cdots & 0 \\ s_2 & s_1 & 2 & \cdots & 0 \\ \vdots & \vdots & \vdots & & \vdots \\ s_{k-1} & s_{k-2} & s_{k-3} & \cdots & k-1 \\ s_k & s_{k-1} & s_{k-2} & \cdots & s_1 \end{vmatrix},$$

$$s_k=\begin{vmatrix} \sigma_1 & 1 & 0 & \cdots & 0 \\ 2\sigma_2 & \sigma_1 & 1 & \cdots & 0 \\ \vdots & \vdots & \vdots & & \vdots \\ (k-1)\sigma_{k-1} & \sigma_{k-2} & \sigma_{k-3} & \cdots & 1 \\ k\sigma_k & \sigma_{k-1} & \sigma_{k-2} & \cdots & \sigma_1 \end{vmatrix}.$$

证法 1 由 Newton 公式可得下列线性方程组 (将 σ_i 看成是未知数):

$$\begin{cases} \sigma_1=s_1, \\ s_1\sigma_1-2\sigma_2=s_2, \\ s_2\sigma_1-s_1\sigma_2+3\sigma_3=s_3, \\ \qquad\qquad\cdots\cdots\cdots\cdots \\ s_{k-2}\sigma_1-s_{k-3}\sigma_2+\cdots+(-1)^{k-2}(k-1)\sigma_{k-1}=s_{k-1}, \\ s_{k-1}\sigma_1-s_{k-2}\sigma_2+\cdots+(-1)^{k-1}k\sigma_k=s_k. \end{cases}$$

该方程组的系数行列式为

$$|\boldsymbol{A}|=\begin{vmatrix}1&0&0&\cdots&0\\s_1&-2&0&\cdots&0\\s_2&-s_1&3&\cdots&0\\\vdots&\vdots&\vdots&&\vdots\\s_{k-2}&-s_{k-3}&s_{k-4}&\cdots&0\\s_{k-1}&-s_{k-2}&s_{k-3}&\cdots&(-1)^{k-1}k\end{vmatrix}=(-1)^{\frac{1}{2}k(k-1)}k!.$$

又

$$|\boldsymbol{A}_k|=\begin{vmatrix}1&0&0&\cdots&s_1\\s_1&-2&0&\cdots&s_2\\s_2&-s_1&3&\cdots&s_3\\\vdots&\vdots&\vdots&&\vdots\\s_{k-2}&-s_{k-3}&s_{k-4}&\cdots&s_{k-1}\\s_{k-1}&-s_{k-2}&s_{k-3}&\cdots&s_k\end{vmatrix},$$

将 $|\boldsymbol{A}_k|$ 的最后一列经 $k-1$ 次相邻对换后换到第一列, 再用 $(-1)^{i-2}$ 依次乘以第 $i\,(3\le i\le k)$ 列, 得到

$$|\boldsymbol{A}_k|=(-1)^{k-1+\frac{1}{2}(k-1)(k-2)}\begin{vmatrix}s_1&1&0&0&\cdots&0\\s_2&s_1&2&0&\cdots&0\\s_3&s_2&s_1&3&\cdots&0\\\vdots&\vdots&\vdots&\vdots&&\vdots\\s_{k-1}&s_{k-2}&s_{k-3}&s_{k-4}&\cdots&k-1\\s_k&s_{k-1}&s_{k-2}&s_{k-3}&\cdots&s_1\end{vmatrix}.$$

于是由 Cramer 法则可得

$$\sigma_k=\frac{|\boldsymbol{A}_k|}{|\boldsymbol{A}|}=\frac{1}{k!}\begin{vmatrix}s_1&1&0&\cdots&0\\s_2&s_1&2&\cdots&0\\\vdots&\vdots&\vdots&&\vdots\\s_{k-1}&s_{k-2}&s_{k-3}&\cdots&k-1\\s_k&s_{k-1}&s_{k-2}&\cdots&s_1\end{vmatrix}.$$

另一结论类似可得.

证法 2 将 σ_k 的表达式中的行列式的第 $i\,(2\le i\le k)$ 列乘以 $(-1)^{i-1}\sigma_{i-1}$ 都加到第一列上, 由 Newton 公式可知, 所得行列式的第一列除最后一项外都为零, 再按

第一列展开就可得到第一个结论. 将 s_k 的表达式中的行列式的第 $i\,(2 \le i \le k)$ 列乘以 $(-1)^{i-1}s_{i-1}$ 都加到第一列上, 由 Newton 公式可知, 所得行列式的第一列除最后一项外都为零, 再按第一列展开就可得到第二个结论. □

§ 5.10 结式与判别式

求结式和判别式通常要计算行列式, 一般来说计算它们并不容易. 但在一些比较简单的情形, 用结式的定义往往就能得到确定的结果. 下面是计算结式和判别式的几个例子.

例 5.65 求 n 次多项式 $x^n + px + q\,(n > 1)$ 的判别式.

解 设 $f(x) = x^n + px + q$, $f'(x) = nx^{n-1} + p$. 计算下列 $2n-1$ 阶行列式:

$$R(f, f') = \begin{vmatrix} 1 & 0 & \cdots & 0 & p & q & & & & \\ & 1 & 0 & \cdots & 0 & p & q & & & \\ & & \ddots & \ddots & & \ddots & \ddots & \ddots & & \\ & & & 1 & 0 & \cdots & 0 & p & q & \\ n & 0 & \cdots & 0 & p & & & & & \\ & n & 0 & \cdots & 0 & p & & & & \\ & & n & 0 & \cdots & 0 & p & & & \\ & & & \ddots & \ddots & & \ddots & \ddots & & \\ & & & & n & 0 & \cdots & 0 & p & \end{vmatrix},$$

求得

$$R(f, f') = (1-n)^{n-1}p^n + n^n q^{n-1}.$$

因此

$$\Delta(f) = (-1)^{\frac{1}{2}n(n-1)}\Big((1-n)^{n-1}p^n + n^n q^{n-1}\Big). \ \square$$

例 5.66 求下列多项式的判别式:

(1) $f(x) = x^n + 2x + 1$; (2) $f(x) = x^n + 2$;

(3) $f(x) = x^{n-1} + x^{n-2} + \cdots + x + 1$.

解 (1) 在例 5.65 中令 $p = 2$, $q = 1$, 可得

$$\Delta(f) = (-1)^{\frac{1}{2}n(n-1)}\Big(2^n(1-n)^{n-1} + n^n\Big).$$

(2) 在例 5.65 中令 $p=0,\ q=2$, 可得

$$\Delta(f)=(-1)^{\frac{1}{2}n(n-1)}2^{n-1}n^n.$$

(3) 在例 5.65 中令 $p=0,\ q=-1$, 可得

$$\Delta(x^n-1)=(-1)^{\frac{1}{2}(n-1)(n-2)}n^n.$$

另一方面, 由例 5.73 可得

$$\Delta(x^n-1)=\Delta((x-1)f(x))=f(1)^2\Delta(f(x)),$$

因此

$$\Delta(f(x))=(-1)^{\frac{1}{2}(n-1)(n-2)}n^{n-2}. \square$$

例 5.67 求证: 多项式 $f(x)=x^4+px+q$ 有重因式的充要条件是 $27p^4=256q^3$.

证明 在例 5.65 中令 $n=4$, 可得 $\Delta(f)=-27p^4+256q^3$. 因此 x^4+px+q 有重因式的充要条件是 $27p^4=256q^3$. □

下面是结式与判别式的一些基本性质, 它们的证明并不复杂, 只需用定义直接验证即可.

例 5.68 设 $f(x)=a_0x^n+a_1x^{n-1}+\cdots+a_n$, $g(x)=b_0x^m+b_1x^{m-1}+\cdots+b_m$, 其中 $a_0\neq 0,\ b_0\neq 0$, 求证:

(1) $R(f,g)=(-1)^{mn}R(g,f)$;

(2) 若 a,b 为非零常数, $R(af,bg)=a^mb^nR(f,g)$.

证明 (1) 对结式定义中的行列式进行 mn 次行对换, 就可以将 $R(f,g)$ 变成 $R(g,f)$. 因此 $R(f,g)=(-1)^{mn}R(g,f)$.

(2) 用结式的行列式定义以及行列式性质即得. □

例 5.69 求证: $R(f,g_1g_2)=R(f,g_1)R(f,g_2)$.

证明 设 $f(x)=a_0x^n+a_1x^{n-1}+\cdots+a_{n-1}x+a_n$, 其 n 个根为 $x_1,x_2,\cdots,x_n$. 又设 $g_1(x)$ 和 $g_2(x)$ 分别是 m_1,m_2 次多项式, 则

$$\begin{aligned}R(f,g_1)&=a_0^{m_1}g_1(x_1)g_1(x_2)\cdots g_1(x_n),\\R(f,g_2)&=a_0^{m_2}g_2(x_1)g_2(x_2)\cdots g_2(x_n),\\R(f,g_1g_2)&=a_0^{m_1+m_2}g_1(x_1)g_2(x_1)g_1(x_2)g_2(x_2)\cdots g_1(x_n)g_2(x_n).\end{aligned}$$

比较上面 3 个等式即知结论成立. □

下面的例题说明了判别式的用途.

例 5.70 设 $f(x)$ 是实系数多项式, 求证:

(1) 若 $\Delta(f)<0$, 则 $f(x)$ 无重根且有奇数对虚根;

(2) 若 $\Delta(f)>0$, 则 $f(x)$ 无重根且有偶数对虚根.

证明 不妨设 $f(x)$ 为 n 次首一多项式, 则

$$\Delta(f)=\prod_{1\le i<j\le n}(x_i-x_j)^2.$$

显然若 $\Delta(f)\ne 0$, 则多项式无重根. 现设 $f(x)$ 的根如下:

$$x_1,\overline{x}_1,\cdots,x_k,\overline{x}_k;x_{2k+1},\cdots,x_n,$$

其中 $x_i\,(1\le i\le k)$ 为虚根, $\overline{x}_i$ 是 x_i 的共轭虚根, $x_j\,(2k+1\le j\le n)$ 为实根. 对判别式中各项的情况讨论如下:

若 $i,j\ge 2k+1$, $i\ne j$, x_i,x_j 都是实数, 因此 $(x_i-x_j)^2>0$.

若 $i\le k$, $j\ge 2k+1$, 则 $(x_i-x_j)(\overline{x}_i-x_j)$ 是实数, 因此 $(x_i-x_j)^2(\overline{x}_i-x_j)^2>0$.

若 $i,j\le k$, $i\ne j$, 则 $(x_i-x_j)(x_i-\overline{x}_j)(\overline{x}_i-x_j)(\overline{x}_i-\overline{x}_j)$ 是实数, 因此 $(x_i-x_j)^2(x_i-\overline{x}_j)^2(\overline{x}_i-x_j)^2(\overline{x}_i-\overline{x}_j)^2>0$.

若 $i\le k$, $x_i-\overline{x}_i$ 为纯虚数, 故 $(x_i-\overline{x}_i)^2<0$.

因此若 $\Delta(f)>0$, 则虚根对数为偶数; 若 $\Delta(f)<0$, 则虚根对数为奇数. □

下面几道例题涉及判别式的进一步性质, 虽然证明比较繁琐, 但思路并不复杂, 只需利用判别式的定义公式进行计算即可. 计算的时候请注意根的分类.

例 5.71 设 $f(x)$ 是数域 $\mathbb{F}$ 上的多项式, 已知 $\Delta(f(x))$, 求 $\Delta(f(x^2))$.

解法 1 设 $f(x)=a_0x^n+a_1x^{n-1}+\cdots+a_{n-1}x+a_n$, 则由例 5.74 可得

$$\Delta(f(x^2))=(-4)^na_0a_n(\Delta(f(x)))^2.$$

解法 2 设 $f(x)$ 的根为 $x_1,x_2,\cdots,x_n$, 则 $f(x^2)$ 的根为 $\pm\sqrt{x_i}\,(1\le i\le n)$.

$$\begin{aligned}\Delta(f(x^2))&=a_0^{4n-2}\prod_{1\le i<j\le n}(\sqrt{x_i}+\sqrt{x_j})^2(\sqrt{x_i}-\sqrt{x_j})^2(-\sqrt{x_i}+\sqrt{x_j})^2(-\sqrt{x_i}-\sqrt{x_j})^2\\&\quad\cdot\prod_{i=1}^n(\sqrt{x_i}+\sqrt{x_i})^2\\&=a_0^{4n-2}\left(\prod_{1\le i<j\le n}(x_i-x_j)^4\right)\cdot 4^nx_1x_2\cdots x_n\\&=a_0^{4n-2}\left(\prod_{1\le i<j\le n}(x_i-x_j)^4\right)\cdot 4^n(-1)^n\frac{a_n}{a_0}=(-4)^na_0a_n(\Delta(f(x)))^2.\ \square\end{aligned}$$

例 5.72 设 $f(x)$ 和 $g(x)$ 是次数大于 1 的多项式, 求证:

$$\Delta(f(x)g(x)) = \Delta(f(x))\Delta(g(x))R(f,g)^2.$$

证明 设

$$f(x) = a_0x^n + a_1x^{n-1} + \cdots + a_{n-1}x + a_n,\ g(x) = b_0x^m + b_1x^{m-1} + \cdots + b_{m-1}x + b_m,$$

且 $f(x)$, $g(x)$ 的根分别是

$$x_1, x_2, \cdots, x_n;\ x_{n+1}, x_{n+2}, \cdots, x_{n+m},$$

则

$$\Delta(f(x)g(x)) = (a_0b_0)^{2(n+m)-2} \prod_{1\le i<j\le n+m} (x_i - x_j)^2.$$

现将乘积中的因式作如下分类: 若 $i \le n$, $j \le n$, 则

$$a_0^{2n-2} \prod_{1\le i<j\le n} (x_i - x_j)^2 = \Delta(f(x));$$

若 $i > n$, $j > n$, 则

$$b_0^{2m-2} \prod_{n+1\le i<j\le n+m} (x_i - x_j)^2 = \Delta(g(x));$$

若 $i \le n$, $j > n$, 则

$$a_0^{2m}b_0^{2n} \prod_{1\le i\le n<j\le n+m} (x_i - x_j)^2 = R(f,g)^2.$$

因此便有

$$\Delta(f(x)g(x)) = \Delta(f(x))\Delta(g(x))R(f,g)^2. \square$$

例 5.73 设 $g(x)$ 是次数大于 1 的多项式, 求证:

$$\Delta((x-a)g(x)) = g(a)^2\Delta(g(x)).$$

证明 设 $g(x) = b_0x^m + b_1x^{m-1} + \cdots + b_{m-1}x + b_m$, 其根为 $x_1, \cdots, x_m$, 则

$$\begin{aligned}
\Delta((x-a)g(x)) &= b_0^{2m}\prod_{i=1}^{m}(a-x_i)^2 \prod_{1\le i<j\le m}(x_i-x_j)^2 \\
&= \big(b_0(a-x_1)\cdots(a-x_m)\big)^2 \cdot b_0^{2m-2}\prod_{1\le i<j\le m}(x_i-x_j)^2 \\
&= g(a)^2\Delta(g(x)). \square
\end{aligned}$$

注　只有当多项式 $f(x),g(x)$ 的次数都大于 0 时, 其结式 $R(f(x),g(x))$ 的定义才有意义. 同理, 只有当 $f(x)$ 的次数大于 1 时, 其判别式 $\Delta(f(x))$ 的定义才有意义. 当然我们也可以作一些人为的规定, 例如, 若 $g(x)=c$ 是一个非零常数多项式, 则约定 $R(f(x),g(x))=c^n$, 其中 $n=\deg f(x)$; 若 $f(x)$ 是一个一次多项式, 则约定 $\Delta(f(x))=1$. 我们不难发现这些约定可以完美地融入到已证明的关于结式和判别式的结果中. 特别地, 例 5.72 和例 5.73 的结论也适合 $\deg f(x)=1$ 或 $\deg g(x)=1$ 的情形, 并且例 5.73 也可以看成是例 5.72 的特例. 因此从某种意义上说, 这些关于结式和判别式的约定都是自然的.

例 5.74　设 $f(x)=g(h(x))$, 其中 $h(x)$ 是 m 次首一多项式, $g(x)$ 是 n 次首一多项式, 其根为 $x_1,x_2,\cdots,x_n$, 求证:

$$\Delta(f(x))=\Delta(g(x))^m\Delta(h(x)-x_1)\Delta(h(x)-x_2)\cdots\Delta(h(x)-x_n).$$

证法 1　由假设 $g(x)$ 的根为 $x_1,x_2,\cdots,x_n$, 故有

$$f(x)=g(h(x))=(h(x)-x_1)(h(x)-x_2)\cdots(h(x)-x_n).$$

又设

$$h(x)-x_i=(x-u_{i1})(x-u_{i2})\cdots(x-u_{im}),\ \ 1\leq i\leq n,$$

于是 $u_{ij}\,(1\leq i\leq n,1\leq j\leq m)$ 就是 $f(x)$ 的全部根. 对二重足标引进序如下: $(i,j)<(k,l)$ 当且仅当 $i<k$ 或 $i=k,\ j<l$. 由题目条件可知 $f(x)$ 是首一多项式, 因此

$$\Delta(f(x))=\prod_{1\leq(i,j)<(i',j')\leq(n,m)}(u_{ij}-u_{i'j'})^2.$$

对上式乘积中的因子进行分类. 第一类 (第一个足标相同):

$$\Delta(h(x)-x_i)=\prod_{1\leq j<j'\leq m}(u_{ij}-u_{ij'})^2,$$

因此

$$\prod_{i=1}^n\Delta(h(x)-x_i)=\prod_{i=1}^n\prod_{1\leq j<j'\leq m}(u_{ij}-u_{ij'})^2.$$

第二类 (第一个足标不同): 注意到对固定的 i, u_{ij} 是 $h(x)-x_i$ 的根, 因此 $h(u_{ij})=x_i$.

又

$$\begin{aligned}
h(u_{i1})-x_{i'} &= (u_{i1}-u_{i'1})(u_{i1}-u_{i'2})\cdots(u_{i1}-u_{i'm}), \quad i+1\le i'\le n;\\
h(u_{i2})-x_{i'} &= (u_{i2}-u_{i'1})(u_{i2}-u_{i'2})\cdots(u_{i2}-u_{i'm}), \quad i+1\le i'\le n;\\
&\cdots\cdots\cdots\cdots\\
h(u_{im})-x_{i'} &= (u_{im}-u_{i'1})(u_{im}-u_{i'2})\cdots(u_{im}-u_{i'm}), \quad i+1\le i'\le n.
\end{aligned}$$

上述诸式之积等于

$$(h(u_{i1})-x_{i'})(h(u_{i2})-x_{i'})\cdots(h(u_{im})-x_{i'})=(x_i-x_{i'})^m.$$

因此

$$\prod_{1\le(i,j)<(i',j')\le(n,m),\, i\ne i'}(u_{ij}-u_{i'j'})^2=\prod_{1\le i<i'\le m}(x_i-x_{i'})^{2m}=\varDelta(g(x))^m.$$

综上所述, 便有

$$\varDelta(f(x))=\varDelta(g(x))^m\varDelta(h(x)-x_1)\varDelta(h(x)-x_2)\cdots\varDelta(h(x)-x_n).$$

证法 2　由例 5.69, 我们有

$$\begin{aligned}
\varDelta(f) &= (-1)^{\frac{1}{2}mn(mn-1)}R(f,f'),\\
R(f,f') &= R(g(h(x)),g'(h(x))h'(x))\\
&= R(g(h(x)),g'(h(x)))R(g(h(x)),h'(x)),
\end{aligned}$$

$$\begin{aligned}
R(g(h(x)),g'(h(x))) &= \prod_{i=1}^n\prod_{j=1}^m g'(h(u_{ij}))\\
&= \prod_{i=1}^n g'(x_i)^m=(-1)^{\frac{1}{2}mn(n-1)}\varDelta(g(x))^m,
\end{aligned}$$

$$\begin{aligned}
R(g(h(x)),h'(x)) &= \prod_{i=1}^n\prod_{j=1}^m h'(u_{ij})\\
&= (-1)^{\frac{1}{2}mn(m-1)}\prod_{i=1}^n\varDelta(h(x)-x_i).
\end{aligned}$$

因为

$$\frac{1}{2}mn(mn-1)-\frac{1}{2}mn(n-1)-\frac{1}{2}mn(m-1)=\frac{1}{2}m(m-1)n(n-1)$$

是一个偶数, 因此结论成立. □

例 5.75 求参数曲线 $\begin{cases}x=2(t+1)/(t^2+1)\\ y=t^2/(2t-1)\end{cases}$ 的直角坐标方程.

解 去分母得方程组

$$\begin{cases}xt^2-2t+(x-2)=0,\\ t^2-2yt+y=0.\end{cases}$$

令

$$\begin{cases}f(t)=xt^2-2t+(x-2),\\ g(t)=t^2-2yt+y,\end{cases}$$

由 t 决定的参数曲线上的一点相当于方程组有公共根, 因此

$$R(f,g)=\begin{vmatrix}x & -2 & x-2 & 0\\ 0 & x & -2 & x-2\\ 1 & -2y & y & 0\\ 0 & 1 & -2y & y\end{vmatrix}=0.$$

求出行列式可得该曲线的直角坐标方程为

$$5x^2y^2-2x^2y-12xy^2+x^2-4x+12y+4=0. \square$$

§ 5.11 互素多项式的应用

在高等代数的框架中, 多项式理论起到了一个承上启下的作用. 一方面, 多项式理论是即将阐述的相似标准型理论的基石; 另一方面, 它也联系起了前面阐述的矩阵理论和线性空间理论. 下面将通过几个典型例题来看一看互素多项式的相关应用.

例 5.76 设 $f(x),g(x)$ 是数域 $\mathbb{K}$ 上的互素多项式, $\boldsymbol{A}$ 是 $\mathbb{K}$ 上的 n 阶方阵, 满足 $f(\boldsymbol{A})=\boldsymbol{O}$, 证明: $g(\boldsymbol{A})$ 是可逆矩阵.

证明 根据假设, 存在 $\mathbb{K}$ 上的多项式 $u(x), v(x)$, 使得

$$f(x)u(x)+g(x)v(x)=1.$$

在上式中代入 $x=\boldsymbol{A}$, 可得恒等式

$$f(\boldsymbol{A})u(\boldsymbol{A})+g(\boldsymbol{A})v(\boldsymbol{A})=\boldsymbol{I}_n.$$

因为 $f(\boldsymbol{A})=\boldsymbol{O}$, 故有 $g(\boldsymbol{A})v(\boldsymbol{A})=\boldsymbol{I}_n$, 从而 $g(\boldsymbol{A})$ 是非异阵且 $g(\boldsymbol{A})^{-1}=v(\boldsymbol{A})$. □

利用例 5.76 可以证明一大类可逆矩阵的问题, 比如例 2.20, 而下面的例题则是例 3.70 和例 3.71 的推广.

例 5.77 设 $f(x), g(x)$ 是数域 $\mathbb{K}$ 上的互素多项式, $\boldsymbol{A}$ 是 $\mathbb{K}$ 上的 n 阶方阵, 证明: $f(\boldsymbol{A})g(\boldsymbol{A})=\boldsymbol{O}$ 的充要条件是 $\mathrm{r}(f(\boldsymbol{A}))+\mathrm{r}(g(\boldsymbol{A}))=n$.

证明 根据假设, 存在 $\mathbb{K}$ 上的多项式 $u(x), v(x)$, 使得

$$f(x)u(x)+g(x)v(x)=1.$$

在上式中代入 $x=\boldsymbol{A}$, 可得恒等式

$$f(\boldsymbol{A})u(\boldsymbol{A})+g(\boldsymbol{A})v(\boldsymbol{A})=\boldsymbol{I}_n.$$

考虑如下分块矩阵的初等变换:

$$\begin{pmatrix} f(\boldsymbol{A}) & \boldsymbol{O} \\ \boldsymbol{O} & g(\boldsymbol{A}) \end{pmatrix} \to \begin{pmatrix} f(\boldsymbol{A}) & f(\boldsymbol{A})u(\boldsymbol{A}) \\ \boldsymbol{O} & g(\boldsymbol{A}) \end{pmatrix} \to \begin{pmatrix} f(\boldsymbol{A}) & \boldsymbol{I}_n \\ \boldsymbol{O} & g(\boldsymbol{A}) \end{pmatrix} \to$$

$$\begin{pmatrix} f(\boldsymbol{A}) & \boldsymbol{I}_n \\ -f(\boldsymbol{A})g(\boldsymbol{A}) & \boldsymbol{O} \end{pmatrix} \to \begin{pmatrix} \boldsymbol{O} & \boldsymbol{I}_n \\ -f(\boldsymbol{A})g(\boldsymbol{A}) & \boldsymbol{O} \end{pmatrix} \to \begin{pmatrix} f(\boldsymbol{A})g(\boldsymbol{A}) & \boldsymbol{O} \\ \boldsymbol{O} & \boldsymbol{I}_n \end{pmatrix},$$

故有 $\mathrm{r}(f(\boldsymbol{A}))+\mathrm{r}(g(\boldsymbol{A}))=\mathrm{r}(f(\boldsymbol{A})g(\boldsymbol{A}))+n$, 从而结论得证. □

例 5.78 告诉我们: 多项式的互素因式分解可以诱导出空间的直和分解, 从几何层面上看, 这就是相似标准型理论原始的出发点. 另外, 例 5.78 也是例 4.54 和第 4 章解答题 9 的推广.

例 5.78 设 $f(x), g(x)$ 是数域 $\mathbb{K}$ 上的互素多项式, φ 是 $\mathbb{K}$ 上 n 维线性空间 V 上的线性变换, 满足 $f(\varphi)g(\varphi)=\boldsymbol{0}$, 证明: $V=V_1\oplus V_2$, 其中 $V_1=\operatorname{Ker} f(\varphi)$, $V_2=\operatorname{Ker} g(\varphi)$.

证明　根据假设, 存在 $\mathbb{K}$ 上的多项式 $u(x), v(x)$, 使得

$$f(x)u(x)+g(x)v(x)=1.$$

在上式中代入 $x=\boldsymbol{\varphi}$, 可得恒等式

$$f(\boldsymbol{\varphi})u(\boldsymbol{\varphi})+g(\boldsymbol{\varphi})v(\boldsymbol{\varphi})=\boldsymbol{I}_V.$$

对任意的 $\boldsymbol{\alpha}\in V$, 由上式可得

$$\boldsymbol{\alpha}=f(\boldsymbol{\varphi})u(\boldsymbol{\varphi})(\boldsymbol{\alpha})+g(\boldsymbol{\varphi})v(\boldsymbol{\varphi})(\boldsymbol{\alpha}),$$

注意到 $f(\boldsymbol{\varphi})u(\boldsymbol{\varphi})(\boldsymbol{\alpha})\in\operatorname{Ker}g(\boldsymbol{\varphi})$, $g(\boldsymbol{\varphi})v(\boldsymbol{\varphi})(\boldsymbol{\alpha})\in\operatorname{Ker}f(\boldsymbol{\varphi})$, 故有 $V=V_1+V_2$. 任取 $\boldsymbol{\beta}\in V_1\cap V_2$, 由上式可得

$$\boldsymbol{\beta}=u(\boldsymbol{\varphi})f(\boldsymbol{\varphi})(\boldsymbol{\beta})+v(\boldsymbol{\varphi})g(\boldsymbol{\varphi})(\boldsymbol{\beta})=\mathbf{0},$$

故有 $V_1\cap V_2=0$, 因此 $V=V_1\oplus V_2$. □

下面的例题不仅把例 3.31 推广到更一般的情形, 而且利用互素多项式的性质极大地简化了原来的证明, 使读者能看清问题的本质.

例 5.79　设 $\mathbb{Q}(\sqrt[n]{2})=\{a_0+a_1\sqrt[n]{2}+a_2\sqrt[n]{4}+\cdots+a_{n-1}\sqrt[n]{2^{n-1}}\mid a_i\in\mathbb{Q},\ 0\leq i\leq n-1\}$, 证明: $\mathbb{Q}(\sqrt[n]{2})$ 是一个数域, 并求 $\mathbb{Q}(\sqrt[n]{2})$ 作为 $\mathbb{Q}$ 上线性空间的一组基.

证明　设 $f(x)=x^n-2$, 由 Eisenstein 判别法可知 $f(x)$ 在 $\mathbb{Q}$ 上不可约, 从而 $f(x)$ 是 $\sqrt[n]{2}$ 的极小多项式. 我们先证明: $a_0+a_1\sqrt[n]{2}+\cdots+a_{n-1}\sqrt[n]{2^{n-1}}=0$ 的充要条件是 $a_0=a_1=\cdots=a_{n-1}=0$. 充分性是显然的, 现证必要性. 令 $g(x)=a_0+a_1x+\cdots+a_{n-1}x^{n-1}$, 则 $g(\sqrt[n]{2})=0$, 由极小多项式的基本性质可得 $f(x)\mid g(x)$. 因为 $g(x)$ 的次数小于 n, 故只能是 $g(x)=0$, 即 $a_0=a_1=\cdots=a_{n-1}=0$.

利用 $(\sqrt[n]{2})^n=2$ 容易验证, $\mathbb{Q}(\sqrt[n]{2})$ 中任意两个数的加法、减法和乘法都是封闭的. 要证明 $\mathbb{Q}(\sqrt[n]{2})$ 是数域, 只要证明除法或者取倒数封闭即可. 任取 $\mathbb{Q}(\sqrt[n]{2})$ 中的非零数 $\alpha=a_0+a_1\sqrt[n]{2}+\cdots+a_{n-1}\sqrt[n]{2^{n-1}}\neq 0$, 由上面的讨论可知 $a_0,a_1,\cdots,a_{n-1}$ 不全为零. 令 $g(x)=a_0+a_1x+\cdots+a_{n-1}x^{n-1}$, 则 $\alpha=g(\sqrt[n]{2})$. 因为 $f(x)$ 不可约且 $g(x)\neq 0$ 的次数小于 n, 故 $f(x)$ 与 $g(x)$ 互素, 由例 5.6 可知, 存在有理系数多项式 $u(x),v(x)$, 使得

$$f(x)u(x)+g(x)v(x)=1,\quad \deg v(x)<\deg f(x)=n.$$

在上式中代入 $x=\sqrt[n]{2}$, 可得 $g(\sqrt[n]{2})v(\sqrt[n]{2})=1$, 于是 $\alpha^{-1}=v(\sqrt[n]{2})\in\mathbb{Q}(\sqrt[n]{2})$. 因此, $\mathbb{Q}(\sqrt[n]{2})$ 是数域.

由 $\mathbb{Q}(\sqrt[n]{2})$ 的定义可知, $\mathbb{Q}(\sqrt[n]{2})$ 中任一元都是 $1, \sqrt[n]{2}, \cdots, \sqrt[n]{2^{n-1}}$ 的 $\mathbb{Q}$–线性组合; 又由开始的讨论可知, $1, \sqrt[n]{2}, \cdots, \sqrt[n]{2^{n-1}}$ 是 $\mathbb{Q}$–线性无关的, 因此它们构成了 $\mathbb{Q}(\sqrt[n]{2})$ 作为 $\mathbb{Q}$ 上线性空间的一组基. 特别地, $\dim_{\mathbb{Q}} \mathbb{Q}(\sqrt[n]{2}) = n$. □

最后, 我们给出一道线性变换的例题, 它是第 4 章解答题 12 的推广. 我们发现利用互素多项式的性质来证明, 不仅避开了繁琐的计算, 而且还得到了今后各章节中处理此类问题的一个共同方法.

例 5.80 设 $f(x) = x^n + a_1x^{n-1} + \cdots + a_{n-1}x + a_n$ 是数域 $\mathbb{K}$ 上的不可约多项式, $\boldsymbol{\varphi}$ 是 $\mathbb{K}$ 上 n 维线性空间 V 上的线性变换, $\boldsymbol{\alpha}_1 \neq \mathbf{0}, \boldsymbol{\alpha}_2, \cdots, \boldsymbol{\alpha}_n$ 是 V 中的向量, 满足

$$\boldsymbol{\varphi}(\boldsymbol{\alpha}_1) = \boldsymbol{\alpha}_2, \boldsymbol{\varphi}(\boldsymbol{\alpha}_2) = \boldsymbol{\alpha}_3, \cdots, \boldsymbol{\varphi}(\boldsymbol{\alpha}_{n-1}) = \boldsymbol{\alpha}_n, \boldsymbol{\varphi}(\boldsymbol{\alpha}_n) = -a_n\boldsymbol{\alpha}_1 - a_{n-1}\boldsymbol{\alpha}_2 - \cdots - a_1\boldsymbol{\alpha}_n.$$

证明: $\{\boldsymbol{\alpha}_1, \boldsymbol{\alpha}_2, \cdots, \boldsymbol{\alpha}_n\}$ 是 V 的一组基.

证明　我们只要证明 $\boldsymbol{\alpha}_1, \boldsymbol{\alpha}_2, \cdots, \boldsymbol{\alpha}_n$ 线性无关即可. 用反证法, 设存在不全为零的 n 个数 $c_1, c_2, \cdots, c_n$, 使得

$$c_1\boldsymbol{\alpha}_1 + c_2\boldsymbol{\alpha}_2 + \cdots + c_n\boldsymbol{\alpha}_n = \mathbf{0},$$

则有 $(c_1\boldsymbol{I}_V + c_2\boldsymbol{\varphi} + \cdots + c_n\boldsymbol{\varphi}^{n-1})(\boldsymbol{\alpha}_1) = \mathbf{0}$. 令 $g(x) = c_1 + c_2x + \cdots + c_nx^{n-1}$, 则 $g(x) \neq 0$ 且 $g(\boldsymbol{\varphi})(\boldsymbol{\alpha}_1) = \mathbf{0}$. 另一方面, 由假设容易验证 $f(\boldsymbol{\varphi})(\boldsymbol{\alpha}_1) = \mathbf{0}$. 因为 $f(x)$ 不可约且 $g(x) \neq 0$ 的次数小于 n, 故 $f(x)$ 与 $g(x)$ 互素, 从而存在 $\mathbb{K}$ 上的多项式 $u(x), v(x)$, 使得

$$f(x)u(x) + g(x)v(x) = 1.$$

在上式中代入 $x = \boldsymbol{\varphi}$, 可得恒等式

$$f(\boldsymbol{\varphi})u(\boldsymbol{\varphi}) + g(\boldsymbol{\varphi})v(\boldsymbol{\varphi}) = \boldsymbol{I}_V,$$

上式两边同时作用 $\boldsymbol{\alpha}_1$ 可得

$$\boldsymbol{\alpha}_1 = u(\boldsymbol{\varphi})f(\boldsymbol{\varphi})(\boldsymbol{\alpha}_1) + v(\boldsymbol{\varphi})g(\boldsymbol{\varphi})(\boldsymbol{\alpha}_1) = \mathbf{0},$$

这与假设 $\boldsymbol{\alpha}_1 \neq \mathbf{0}$ 矛盾, 从而结论得证. □

§ 5.12 基础训练

5.12.1 训　练　题

一、单选题

1. 若多项式 $f_1(x), f_2(x), f_3(x)$ 互素, 则 (　　).

(A) $f_1(x), f_2(x)$ 必互素

(B) $f_1(x), f_2(x)$ 互素, 或 $f_1(x), f_3(x)$ 互素, 或 $f_2(x), f_3(x)$ 互素

(C) 若 $(f_1(x), f_2(x)) = d_1(x)$, $(f_2(x), f_3(x)) = d_2(x)$, 则 $(d_1(x), d_2(x)) = 1$

(D) 存在 $u(x), v(x)$, 使 $f_3(x) = f_1(x)u(x) + f_2(x)v(x)$

2. m, n 是大于 1 的整数, 则 $x^{3m} + x^{3n}$ 除以 $x^2 + x + 1$ 后的余式为 (　　).

(A) $x + 1$　　(B) 0　　(C) 1　　(D) 2

3. 若 $(f(x), g(x)) = d(x)$, 则下面的等式成立的是 (　　).

(A) $(\dfrac{f(x)}{d(x)}, g(x)) = 1$　　(B) $(\dfrac{f(x)}{d(x)}, \dfrac{g(x)}{d(x)}) = 1$

(C) $(f(x), d(x)) = 1$　　(D) $(f(x), d(x), g(x)) = 1$

4. 若 $(f(x), g(x)) = 1$, $(f(x), h(x)) = 1$, 则下列多项式中不一定互素的是 (　　).

(A) $f(x), f(x) + g(x)$　　(B) $f(x), h(x) + g(x)$

(C) $f(x), h(x)g(x)$　　(D) $f(x)g(x), f(x) + g(x)$

5. 设 $f(x)$ 是数域 $\mathbb{F}$ 上的多项式, 又 $\mathbb{K}$ 是包含 $\mathbb{F}$ 的数域, 则 (　　).

(A) 若 $f(x)$ 在 $\mathbb{F}$ 上不可约, 则 $f(x)$ 在 $\mathbb{K}$ 上也不可约

(B) 若 $f(x)$ 在 $\mathbb{K}$ 上可约, 则 $f(x)$ 在 $\mathbb{F}$ 上也可约

(C) 若 $f(x)$ 在 $\mathbb{F}$ 上有重因式, 则 $f(x)$ 在 $\mathbb{K}$ 上必有重根

(D) 若 $f(x)$ 在 $\mathbb{K}$ 上不可约, 则 $f(x)$ 在 $\mathbb{F}$ 上也不可约

6. 设 $f(x)$ 是整系数多项式, 则下列命题正确的是 (　　).

(A) $f(x)$ 有有理根的充要条件是 $f(x)$ 在有理数域上可约

(B) 若既约分数 $\dfrac{p}{q}$ 是 $f(x)$ 的根, 则 p 可整除 $f(x)$ 的常数项

(C) 若 p 是素数且能整除 $f(x)$ 的除首项外的所有项系数, 则 $f(x)$ 在有理数域上不可约

(D) 若 $f(x)$ 有重因式, 则它在有理数域上必有重根

7. 设有理系数多项式 $f(x) = cp_1(x)p_2(x)\cdots p_k(x)$, 其中 $c \neq 0$, $p_i(x)$ 为互不相同的首一不可约有理系数多项式, 则 $f(x)$ 在复数域内 (　　).

(A) 无重根　　(B) 可能有重根

(C) 无实根　　(D) 有 k 个实根

8. 下列多项式在复数域中有重根的是 (　　).

(A) x^n+1 (B) $x^n+x^{n-1}+\cdots+x+1$

(C) $1+x+\dfrac{x^2}{2!}+\cdots+\dfrac{x^n}{n!}$ (D) $nx^{n+1}-(n+1)x^n+1$

9. 下列多项式在有理数域上不可约的是 ( ).

(A) $x^{2n+1}+1$ (B) x^4+4

(C) x^6+x^3+1 (D) $x^4-3x^3+5x^2+2x-5$

10. 下列命题正确的是 ( ).

(A) 若复数 c 是多项式 $f(x)$ 的 k 重根, 则 c 是 $f'(x)$ 的 $k-1$ 重根

(B) 若复数 c 是多项式 $f(x)$ 的导数 $f'(x)$ 的 k 重根, 则 c 是 $f(x)$ 的 $k+1$ 重根

(C) 若复数 c 是多项式 $f(x)$ 的 k 重根, 则 c 也是 $f'(x)$ 的 k 重根

(D) 若 $f(x), f'(x)$ 的最大公因式是 k 次多项式, 则 $f(x)$ 有 k 重根

11. 若 $f(x)$ 是有理数域上的可约多项式, 则正确的结论应该是 ( ).

(A) 由 $f(x)\mid g(x)h(x)$ 可推出 $f(x)\mid g(x)$ 或 $f(x)\mid h(x)$

(B) $f(x)$ 必有有理根

(C) 若 $p_1(x), p_2(x)$ 是 $f(x)$ 的不可约因式, 且 $p_1(x)$ 和 $p_2(x)$ 在有理数域内互素, 则 $p_1(x)$, $p_2(x)$ 在复数域内无公根

(D) $f(x)$ 的不可约因式的次数不超过 2

12. 设 $f(x)$ 是实数域上的多项式, 则错误的结论应该是 ( ).

(A) 若 $f(x)$ 的次数是奇数, 则它必有实数根

(B) 若 $f(x)$ 可约, 则它必有实数根

(C) 若 $f(x)$ 的系数全是正实数, 则它没有正实数根

(D) 若 $f(x)$ 可约, 则每个不可约因式的次数不超过 2

13. 以 $\sqrt{2}-1+\mathrm{i}$ 为根的次数最小的有理系数多项式的次数为 ( ).

(A) 2 (B) 3 (C) 4 (D) 6

14. 下列多项式是对称多项式的是 ( ).

(A) $x_1^3+x_2^3-x_3^3$ (B) $2x_1^3+x_2^3+x_3^3$

(C) $x_1^3+x_2^3+x_3^3+2x_1x_2+2x_1x_3+2x_2x_3$ (D) $x_1^2+x_2^2+x_3^2+x_1x_2$

15. 下列多项式有公根的是 ( ).

(A) $x^3-4x^2+5x-2,\ x^2+x+1$ (B) $x^3-4x^2+5x-2,\ x^2+x-2$

(C) $x^4-x^2+3x-8,\ x^3+x^2+x+1$ (D) $x^4-x^2+3x-8,\ x^3-1$

二、填空题

1. 设 $f(x)=2x^4-3x^3+4x^2+ax+b$, $g(x)=x^2-3x+1$, 若 $f(x)$ 除以 $g(x)$ 后余式等于 $25x-5$, 则 $a=$ ( ), $b=$ ( ).

2. 当 a,b,c 适合条件 ( ) 时, $(x^2+c)\mid(x^3+ax+b)$.

3. 设 x_1,x_2,x_3 是多项式 x^3-6x^2+5x-1 的 3 个根, 则 $(x_1-x_2)^2+(x_1-x_3)^2+(x_2-x_3)^2$ $=(\quad)$.

4. 设 $f(x)$ 是一个三次首一多项式, 若 $f(x)$ 除以 $x-1$ 余 1, 除以 $x-2$ 余 2, 除以 $x-3$ 余 3, 则 $f(x)=(\quad)$.

5. x^4+2 在实数域上是否可约? $(\quad)$

6. 设 2 是多项式 $x^4-2x^3+ax^2+bx-8$ 的二重根, 则 $a=(\quad)$, $b=(\quad)$.

7. 设三次方程 $x^3+px^2+qx+r=0\,(r\neq 0)$, 以此方程根的倒数为根的三次方程为 $(\quad)$.

8. 方程 $4x^4-7x^2-5x-1=0$ 的有理根为 $(\quad)$.

9. 设 p 是素数, 则 x^p+px+p 和 x^2+p 的最大公因式是 $(\quad)$.

10. 已知实系数多项式 x^3+px+q 有一个虚根 $3+2\mathrm{i}$, 则其余两个根为 $(\quad)$.

11. $f(x)=x^4-3x^3+2x^2-5x+1$ 被 $x-2$ 除后的余数是 $(\quad)$.

12. 若二元多项式 $f(x_1,x_2)$, $g(x_1,x_2)$ 在一个无穷集上的值相等, 问它们是否相同? $(\quad)$

13. 设 $\sigma_1=x_1+x_2+x_3$, $\sigma_2=x_1x_2+x_1x_3+x_2x_3$, $\sigma_3=x_1x_2x_3$, 则 $x_1^3+x_2^3+x_3^3$ 可用 σ_i 表示为 $(\quad)$.

14. 多项式 x^3-2x^2-5x+6 的判别式值等于 $(\quad)$.

15. 当实数 $t=(\quad)$ 时, 多项式 x^3+tx-2 有重根.

三、解答题

1. 设 V 是由数域 $\mathbb{F}$ 上的多项式全体组成的线性空间, $\{f_1(x),\cdots,f_m(x)\}$, $\{g_1(x),\cdots,g_n(x)\}$ 是 V 中两组向量. 假设这两组向量等价, 即它们可互相线性表示, 求证: $\{f_i(x)\}$ 的最大公因子等于 $\{g_j(x)\}$ 的最大公因子.

2. 设 $m(x)$ 是 $\{f_1(x),\cdots,f_n(x)\}$ 的公倍式, 求证: $m(x)$ 是最小公倍式的充要条件是 $\left\{\dfrac{m(x)}{f_1(x)},\cdots,\dfrac{m(x)}{f_n(x)}\right\}$ 是一组互素的多项式.

3. 设 $f(x),g(x)$ 是数域 $\mathbb{K}$ 上的互素多项式, $u(x),v(x)$ 也是 $\mathbb{K}$ 上的互素多项式且 $u(x)s(x)-v(x)t(x)=1$. 求证: 对任意的正整数 m,n, 多项式 $u(x)f(x)^m+v(x)g(x)^n$ 和 $t(x)f(x)^m+s(x)g(x)^n$ 必互素.

4. 设 $p_1(x),p_2(x)$ 是两个互素多项式, 若 $f(x)$ 除以 $p_1(x)$ 的余式为 $r_1(x)$, $f(x)$ 除以 $p_2(x)$ 的余式为 $r_2(x)$. 设 $u(x),v(x)$ 是使 $p_1(x)u(x)+p_2(x)v(x)=1$ 的多项式. 令

$$g(x)=r_2(x)p_1(x)u(x)+r_1(x)p_2(x)v(x),$$

证明: $g(x),f(x)$ 关于 $p_1(x)p_2(x)$ 同余.

5. 求使 $1+x^n+x^{2n}+\cdots+x^{mn}$ 能被 $1+x+x^2+\cdots+x^m$ 整除的所有正整数对 (m,n).

6. 证明: $x^n+ax^{n-m}+b\,(b\neq 0)$ 不能有重数大于 2 的重根.

7. 求证: 1 是下列多项式的 3 重根:

$$x^{2n+1}-(2n+1)x^{n+1}+(2n+1)x^n-1.$$

8. 求证: 多项式 $f(x)=a_nx^n+a_{n-1}x^{n-1}+\cdots+a_1x+a_0$ 能被 $(x-1)^{k+1}$ 整除的充要条件是

$$\begin{cases}a_0+a_1+a_2+\cdots+a_n=0,\\ a_1+2a_2+\cdots+na_n=0,\\ \qquad\cdots\cdots\cdots\cdots\\ a_1+2^ka_2+\cdots+n^ka_n=0.\end{cases}$$

9. 设 $f(x)$ 是数域 $\mathbb{F}$ 上的多项式且对任意的 $a,b\in\mathbb{F}$, 总有 $f(a+b)=f(a)+f(b)$, 求证: $f(x)=kx$, 其中 $k\in\mathbb{F}$.

10. 证明: 如果 $(x-1)\mid f(x^n)$, 则 $(x^n-1)\mid f(x^n)$.

11. 证明: 如果 $(x^2+x+1)\mid\big(f_1(x^3)+xf_2(x^3)\big)$, 则 $(x-1)\mid f_1(x)$ 且 $(x-1)\mid f_2(x)$.

12. 设 V 是数域 $\mathbb{F}$ 上全体多项式组成的线性空间, $\boldsymbol{D}$ 是 V 上的线性变换, 若 $\boldsymbol{D}$ 适合

(1) $\boldsymbol{D}(x)=1$;

(2) $\boldsymbol{D}(f(x)g(x))=g(x)\boldsymbol{D}(f(x))+f(x)\boldsymbol{D}(g(x))$.

求证: $\boldsymbol{D}$ 就是求导变换.

13. 设 $x^3+px^2+qx+r=0$ 的 3 个根为 x_1,x_2,x_3, 求一个三次方程其根为 x_1x_2,x_1x_3,x_2x_3.

14. 设 $f(x)=x^{2n+1}-1$, $f(x)$ 的不等于 1 的根为 $\omega_1,\omega_2,\cdots,\omega_{2n}$, 求证:

$$(1-\omega_1)(1-\omega_2)\cdots(1-\omega_{2n})=2n+1.$$

15. 设 $f(x)$ 是次数小于 n 的多项式, $\varepsilon=\cos\dfrac{2\pi}{n}+\mathrm{i}\sin\dfrac{2\pi}{n}$ 是 1 的 n 次根, 求证:

$$f(0)=\frac{1}{n}\sum_{i=1}^{n}f(\varepsilon^i).$$

16. 求证: 方程 $x^8+5x^6+4x^4+2x^2+1=0$ 无实数根.

17. 设有实数 a,b,c, 求证: $a>0,\ b>0,\ c>0$ 的充要条件是:

$$a+b+c>0,\ ab+ac+bc>0,\ abc>0.$$

18. 设 $f(x)$ 是整系数多项式, 既约分数 $\dfrac{p}{q}$ 是 $f(x)$ 的根, 求证: $f(x)=(qx-p)g(x)$, 其中 $g(x)$ 是一个整系数多项式.

19. 设 $f(x)$ 是 n 次有理系数多项式, 若 $k > n$, 求证: $\sqrt[k]{2}$ 必不是 $f(x)$ 的根.

20. 写出一个次数最小的首一有理系数多项式, 使它有下列根:

$$1+\sqrt{3},\ 3+\sqrt{2}\mathrm{i}.$$

21. 设奇数次多项式 $f(x)=(x-a_1)(x-a_2)\cdots(x-a_n)+1$, 其中 a_i 是互不相同的整数. 求证: $f(x)$ 在有理数域上不可约.

22. 设 $f(x)$ 是整系数多项式, 若有 4 个不同的整数 $a_1,\cdots,a_4$, 使得 $f(a_i)=5\,(1\leq i\leq 4)$, 求证: $f(x)$ 没有整数根.

23. 解下列方程组:

$$\begin{cases} x_1+x_2+\cdots+x_n=n, \\ x_1^2+x_2^2+\cdots+x_n^2=n, \\ \qquad\cdots\cdots\cdots\cdots \\ x_1^n+x_2^n+\cdots+x_n^n=n. \end{cases}$$

24. 计算方程

$$x^n+(a+b)x^{n-1}+(a^2+ab+b^2)x^{n-2}+\cdots+(a^n+a^{n-1}b+\cdots+b^n)=0$$

根的方幂和 $s_k=x_1^k+x_2^k+\cdots+x_n^k$, 其中 $k\leq n$.

25. 当 c 是什么数时, 多项式 x^3+cx+1, x^2+cx+1 有公根?

5.12.2 训练题答案

一、单选题

1. 应选择 (C).
2. 应选择 (D). 注意到 x^2+x+1 可整除 $x^{3k}-1$, 而 $x^{3m}+x^{3n}=(x^{3m}-1)+(x^{3n}-1)+2$.
3. 应选择 (B). (C) 和 (D) 显然不正确, (A) 也不正确, 例如 $f(x)=x^2, g(x)=x$.
4. 应选择 (B). 事实上, 若 $h(x)=f(x)-g(x)$, 则 $(f(x),h(x))=1$, $h(x)+g(x)=f(x)$.
5. 应选择 (D). 注意 (C) 不正确, 因为 $f(x)$ 在 $\mathbb{K}$ 上未必有根.
6. 应选择 (B). 注意 (A) 不正确, 例如 $f(x)=(x^2-2)(x^2-3)$.
7. 应选择 (A). 由于 $p_i(x)$ 不可约, 故 $p_i(x)$ 无重根. 又由已知条件, $p_i(x)$ 两两互素, 所以对任意的 $i\neq j$, 存在 $u(x),v(x)$, 使得 $p_i(x)u(x)+p_j(x)v(x)=1$, 于是 $p_i(x)$ 之间无公根. 因此 $f(x)$ 无重根.
8. 应选择 (D). 计算 $f(x)$ 和 $f'(x)$ 的公因式即可.
9. 应选择 (C), 令 $x=y+1$, 由 Eisenstein 判别法可知 x^6+x^3+1 在 $\mathbb{Q}$ 上不可约. (A), (B), (D) 中的多项式在有理数域上都可进行因式分解.

10. 应选择 (A), 参考例 5.23. 注意 (B) 不正确, 例如 $f(x)=x^2+2x$, -1 是导数 $f'(x)=2x+2$ 的 1 重根, 但不是 $f(x)$ 的 2 重根.

11. 应选择 (C), 理由与第 7 题相同.

12. 应选择 (B), 例如 $f(x)=(x^2+1)(x^2+2)$.

13. 应选择 (C), 极小多项式为 $(x-\sqrt{2}+1-\mathrm{i})(x-\sqrt{2}+1+\mathrm{i})(x+\sqrt{2}+1-\mathrm{i})(x+\sqrt{2}+1+\mathrm{i})$.

14. 应选择 (C).

15. 应选择 (B). 可以计算结式进行验证, 也可以计算低次多项式的根, 再代入高次多项式进行验证.

二、填空题

1. 用带余除法即可求得 $a=-5$, $b=6$.

2. 同上题求法可得 $a=c$, $b=0$.

3. 用 Vieta 定理即可求得答案为 42.

4. $f(x)=(x-1)(x-2)(x-3)+x=x^3-6x^2+12x-6$.

5. 因为不可约实系数多项式的次数不超过 2, 故此多项式必可约.

6. 将 2 代入多项式及其导数可知, 它们都应等于零, 可求得 $a=-6$, $b=16$.

7. rx^3+qx^2+px+1.

8. $-\dfrac{1}{2}$.

9. 由 Eisenstein 判别法可知, 这两个多项式在有理数域上不可约. 又后者不能整除前者, 故两者必互素, 因此最大公因式为 1.

10. 实系数方程虚根必成对出现, 因此另一个虚根为 $3-2\mathrm{i}$, 再由 Vieta 定理可得另一根为 -6.

11. 用余数定理求得余数为 -9.

12. 不一定. 例如, $f(x_1,x_2)=x_1x_2$, $g(x_1,x_2)=x_1^2+x_1x_2$, 它们在无穷集 $\{(0,x_2)\mid x_2\in\mathbb{K}\}$ 上的值相等.

13. $\sigma_1^3-3\sigma_1\sigma_2+3\sigma_3$.

14. 900.

15. -3.

三、解答题

1. 设 $d_1(x), d_2(x)$ 分别是 $\{f_i(x)\}$ 及 $\{g_j(x)\}$ 的最大公因式, 则由已知可推出 $d_1(x)\mid g_j(x)$, 故 $d_1(x)\mid d_2(x)$. 同理可证 $d_2(x)\mid d_1(x)$, 因此 $d_1(x)=d_2(x)$.

2. 设 $m(x)=f_i(x)g_i(x)$, 假设 $d(x)$ 是 $g_i(x)=\dfrac{m(x)}{f_i(x)}$ 的最大公因式, 则 $\dfrac{m(x)}{d(x)}$ 仍是 $f_i(x)$ 的公倍式. 如果 $d(x)\neq 1$, 则 $m(x)$ 不是 $f_i(x)$ 的最小公倍式. 反之, 若 $m(x)$ 不是最小公倍式, 设 $m(x)=h(x)t(x)$, 其中 $h(x)$ 是 $f_i(x)$ 的最小公倍式, 则 $t(x)$ 是 $g_i(x)$ 的公因式, 于是 $d(x)\neq 1$.

3. 令 $\varphi(x)=u(x)f(x)^m+v(x)g(x)^n$ 和 $\psi(x)=t(x)f(x)^m+s(x)g(x)^n$, 则 $f(x)^m=s(x)\varphi(x)-v(x)\psi(x)$, $g(x)^n=-t(x)\varphi(x)+u(x)\psi(x)$. 假设 $p(x)$ 是 $\varphi(x)$ 和 $\psi(x)$ 的不可约因式,

则由上式可得 $p(x) \mid f(x)^m$, $p(x) \mid g(x)^n$, 从而 $p(x) \mid f(x)$, $p(x) \mid g(x)$, 这与假设 $(f(x), g(x)) = 1$ 相矛盾.

4. 设 $f(x) = p_1(x)q_1(x) + r_1(x)$, $f(x) = p_2(x)q_2(x) + r_2(x)$, 则

$$\begin{aligned} f(x) - g(x) &= f(x)(p_1(x)u(x) + p_2(x)v(x)) - r_2(x)p_1(x)u(x) - r_1(x)p_2(x)v(x) \\ &= \big(f(x) - r_2(x)\big)p_1(x)u(x) + \big(f(x) - r_1(x)\big)p_2(x)v(x) \\ &= p_2(x)q_2(x)p_1(x)u(x) + p_1(x)q_1(x)p_2(x)v(x) \\ &= p_1(x)p_2(x)\big(q_2(x)u(x) + q_1(x)v(x)\big), \end{aligned}$$

故 $p_1(x)p_2(x) \mid \big(f(x) - g(x)\big)$. 也可利用中国剩余定理的证明过程直接得到结论.

5. 由已知, 需要 $\dfrac{x^{m+1}-1}{x-1} \,\Big|\, \dfrac{x^{(m+1)n}-1}{x^n-1}$, 即

$$\frac{x^{m+1}-1}{x-1} \cdot \frac{x^n-1}{x-1} \,\Big|\, \frac{x^{(m+1)n}-1}{x-1}. \tag{5.2}$$

注意到 $(x^{m+1}-1) \mid (x^{(m+1)n}-1)$, $(x^n-1) \mid (x^{(m+1)n}-1)$, 故有 $\dfrac{x^{m+1}-1}{x-1} \,\Big|\, \dfrac{x^{(m+1)n}-1}{x-1}$, $\dfrac{x^n-1}{x-1} \,\Big|\, \dfrac{x^{(m+1)n}-1}{x-1}$. 若 $m+1$ 和 n 互素, 则由例 5.14 以及互素多项式的性质可知, $\dfrac{x^{m+1}-1}{x-1}$ 和 $\dfrac{x^n-1}{x-1}$ 互素, 从而 (5.2) 式成立. 反之, 若 (5.2) 式成立, 则由 $\dfrac{x^{(m+1)n}-1}{x-1}$ 无重根可知, $\dfrac{x^{m+1}-1}{x-1}$, $\dfrac{x^n-1}{x-1}$ 必互素, 从而由互素多项式的性质可得 $(x^{m+1}-1, x^n-1) = x-1$, 再由例 5.14 可知, $m+1$ 和 n 互素. 因此所有满足 $m+1$ 和 n 互素的正整数对 (m, n) 即为所求.

6. 该多项式的导数为 $nx^{n-1} + (n-m)ax^{n-m-1} = x^{n-m-1}\big(nx^m + (n-m)a\big)$. 和原多项式比较, 若 $a = 0$, 则 $x = 0$ 不是原多项式的根, 从而原多项式无重根; 若 $a \neq 0$, 则 $x = 0$ 也不是原多项式的根, 而 $nx^m + (n-m)a = 0$ 只有单根, 因此原多项式的重根数不大于 2.

7. 容易验证 1 是多项式的根, 又是其导数及其二阶导数的根, 但不是其三阶导数的根, 从而由例 5.23 即得结论.

8. 由例 5.23 可知, $f(x)$ 能被 $(x-1)^{k+1}$ 整除当且仅当 $f(1) = f'(1) = \cdots = f^{(k)}(1) = 0$. 定义 $g_0(x) = f(x)$, $g_1(x) = f'(x)$, $g_i(x) = (xg_{i-1}(x))'\,(i \geq 2)$, 则通过简单的验证可知, $f(1) = f'(1) = \cdots = f^{(k)}(1) = 0$ 当且仅当 $g_0(1) = g_1(1) = \cdots = g_k(1) = 0$, 而后者即为题中所给条件.

9. 设 $f(1) = k$, 则 $f(n) = kn\,(n = 1, 2, \cdots)$. 于是多项式 $f(x) - kx$ 有无穷多个根, 从而 $f(x) - kx = 0$.

10. 由余数定理可得 $f(1) = 0$, 故 $(x-1) \mid f(x)$, 于是 $(x^n - 1) \mid f(x^n)$.

11. 设 1 的三次根为 $1, \omega, \omega^2$, 则 $f_1(1) + \omega f_2(1) = 0$, $f_1(1) + \omega^2 f_2(1) = 0$. 因此 $f_1(1) = f_2(1) = 0$, 由余数定理即得结论.

12. 用归纳法容易证明 $\boldsymbol{D}(x^n) = nx^{n-1}$, 再利用线性即得结论.

13. 用 Vieta 定理可求得 $f(x) = x^3 - qx^2 + prx - r^2$.

14. 分解因式 $f(x) = (x-1)(x^{2n} + x^{2n-1} + \cdots + 1) = (x-1)(x-\omega_1)(x-\omega_2)\cdots(x-\omega_{2n})$, 因此 $x^{2n} + x^{2n-1} + \cdots + 1 = (x-\omega_1)(x-\omega_2)\cdots(x-\omega_{2n})$. 令 $x = 1$ 代入即得结论.

15. 设 $f(x)=a_0+a_1x+\cdots+a_mx^m\,(m<n)$, 则 $\sum\limits_{i=1}^{n}f(\varepsilon^i)=na_0+a_1\sum\limits_{i=1}^{n}\varepsilon^i+\cdots+a_m\sum\limits_{i=1}^{n}\varepsilon^{mi}$. 注意到 $\varepsilon^j\,(1\leq j<n)$ 都是 1 的 n 次根, 都适合多项式 $x^{n-1}+x^{n-2}+\cdots+1$, 于是 $\sum\limits_{i=1}^{n}\varepsilon^{ji}=0$, 由此即得结论.

16. 将任一实数代入方程都得到大于零的数, 因此方程无实数根.

17. 只需证明充分性. 设 $a+b+c=p$, $ab+ac+bc=q$, $abc=r$, 则 $f(x)=x^3-px^2+qx-r$ 以 a,b,c 为实根. 该方程没有负根, 零也不是根.

18. 设 $f(x)=(qx-p)g(x)$, 其中 $g(x)$ 是有理系数多项式. 不妨设 $g(x)=ch(x)$, $h(x)$ 是本原多项式, c 是有理数, 则 $f(x)=c(qx-p)h(x)$. 由 Gauss 引理可知, $(qx-p)h(x)$ 也是本原多项式, 如果 c 是分数, 将和 $f(x)$ 是整系数多项式矛盾. 因此 c 是整数, 从而 $g(x)$ 是整系数多项式.

19. 由 Eisenstein 判别法可知, x^k-2 在 $\mathbb{Q}$ 上不可约, 从而它是 $\sqrt[k]{2}$ 的极小多项式. 若 $\sqrt[k]{2}$ 是 $f(x)$ 的根, 则由极小多项式的基本性质可得 $(x^k-2)\mid f(x)$, 但 $\deg f(x)=n<k$, 矛盾.

20. 容易验证 $1+\sqrt{3}$ 的极小多项式是 x^2-2x-2, $3+\sqrt{2}\mathrm{i}$ 的极小多项式是 $x^2-6x+11$. 若有理系数多项式 $f(x)$ 有根 $1+\sqrt{3}$, $3+\sqrt{2}\mathrm{i}$, 则由极小多项式的基本性质可得 $(x^2-2x-2)\mid f(x)$, $(x^2-6x+11)\mid f(x)$. 因为 $(x^2-2x-2,x^2-6x+11)=1$, 故有 $(x^2-2x-2)(x^2-6x+11)\mid f(x)$, 于是满足条件的次数最小的首一有理系数多项式为

$$(x^2-2x-2)(x^2-6x+11)=x^4-8x^3+21x^2-10x-22.$$

21. 用反证法, 设 $f(x)=g(x)h(x)$ 是两个次数小于 n 的整系数多项式的乘积, 则 $g(a_i)h(a_i)=1$. 因为 $g(x),h(x)$ 是整系数多项式, 故必有 $g(a_i)=1$, $h(a_i)=1$ 或 $g(a_i)=-1$, $h(a_i)=-1$. 无论怎样, 都有 $g(a_i)=h(a_i)\,(1\leq i\leq n)$. 由于 $g(x),h(x)$ 的次数小于 n, 故 $g(x)=h(x)$, 于是 $f(x)=g(x)^2$, 这和 n 是奇数矛盾.

22. 设 $f(x)=(x-a_1)(x-a_2)(x-a_3)(x-a_4)g(x)+5$, 因为 $f(x)-5$ 是整系数多项式, $(x-a_1)(x-a_2)(x-a_3)(x-a_4)$ 是本原多项式, 所以 $g(x)$ 必是整系数多项式. 用反证法, 假设 $f(x)$ 有整数根 c, 则 $-5=(c-a_1)(c-a_2)(c-a_3)(c-a_4)g(c)$. 注意到 -5 仅有因子 $\pm1,\pm5$, 而 $c-a_i\,(1\leq i\leq 4)$ 是 4 个不同的整数, 从而它们只能分别是 $\pm1,\pm5$, 于是 $g(c)=-\dfrac{1}{5}\notin\mathbb{Z}$, 矛盾.

23. 类似例 5.63 可得方程的解为 $x_1=x_2=\cdots=x_n=1$.

24. 对 k 用数学归纳法以及 Newton 公式即可证明 $s_k=-(a^k+b^k)$.

25. 利用结式可解得 $c=-2$.

第 6 章 特 征 值

§ 6.1 基本概念

6.1.1 特征值、特征向量及相关概念

1. 定义

设 φ 是数域 $\mathbb{F}$ 上的线性空间 V 上的线性变换, 若 $\lambda_0 \in \mathbb{F}$, $\mathbf{0} \neq \boldsymbol{\alpha} \in V$, 使得

$$\varphi(\boldsymbol{\alpha}) = \lambda_0 \boldsymbol{\alpha},$$

则称 λ_0 是线性变换 φ 的一个特征值, 向量 $\boldsymbol{\alpha}$ 称为 φ 的属于特征值 λ_0 的特征向量.

2. 定义

设 $\boldsymbol{A}$ 是数域 $\mathbb{F}$ 上的 n 阶矩阵, 若 $\lambda_0 \in \mathbb{F}$, $\mathbf{0} \neq \boldsymbol{x} \in \mathbb{F}^n$, 使得

$$\boldsymbol{A}\boldsymbol{x} = \lambda_0 \boldsymbol{x},$$

则称 λ_0 是矩阵 $\boldsymbol{A}$ 的一个特征值, 列向量 $\boldsymbol{x}$ 称为 $\boldsymbol{A}$ 的属于特征值 λ_0 的特征向量.

3. 定义

设 $\boldsymbol{A}$ 是数域 $\mathbb{F}$ 上的 n 阶矩阵, 多项式 $f(\lambda) = |\lambda \boldsymbol{I}_n - \boldsymbol{A}|$ 称为 $\boldsymbol{A}$ 的特征多项式.

一个线性变换的特征多项式定义为它在线性空间任意一组基下的表示矩阵的特征多项式.

4. 定义

设 λ_0 是线性空间 V 上的线性变换 φ 的特征值, 令

$$V_{\lambda_0} = \{\boldsymbol{\alpha} \in V \mid \varphi(\boldsymbol{\alpha}) = \lambda_0 \boldsymbol{\alpha}\} = \{\boldsymbol{\alpha} \in V \mid \boldsymbol{\alpha} \text{ 是 } \varphi \text{ 的属于 } \lambda_0 \text{ 的特征向量}\} \cup \{\mathbf{0}\},$$

则 V_{λ_0} 是 V 的子空间, 称为 φ 的属于特征值 λ_0 的特征子空间. $\dim V_{\lambda_0}$ 称为 λ_0 的几何重数或度数.

设 λ_0 是 $\mathbb{F}$ 上的 n 阶矩阵 $\boldsymbol{A}$ 的特征值, 令

$$V_{\lambda_0}=\{\boldsymbol{x}\in\mathbb{F}^n\,|\,\boldsymbol{A}\boldsymbol{x}=\lambda_0\boldsymbol{x}\}=\{\boldsymbol{x}\in\mathbb{F}^n\,|\,\boldsymbol{x}\text{ 是 }\boldsymbol{A}\text{ 的属于 }\lambda_0\text{ 的特征向量}\}\cup\{\boldsymbol{0}\},$$

则 V_{λ_0} 是线性方程组 $(\lambda_0\boldsymbol{I}_n-\boldsymbol{A})\boldsymbol{x}=\boldsymbol{0}$ 的解空间, 从而是 $\mathbb{F}^n$ 的子空间, 称为 $\boldsymbol{A}$ 的属于特征值 λ_0 的特征子空间. $\dim V_{\lambda_0}=n-\mathrm{r}(\lambda_0\boldsymbol{I}_n-\boldsymbol{A})$ 称为 λ_0 的几何重数或度数.

5. 定义

设 λ_0 是 φ (或 $\boldsymbol{A}$) 的 m 重特征值, 即它是 φ (或 $\boldsymbol{A}$) 的特征多项式的 m 重根, 则称 m 为 λ_0 的代数重数或重数. 此时若有 $m=\dim V_{\lambda_0}$, 即 λ_0 的代数重数和几何重数相等, 则称 λ_0 有完全的特征向量系. 若对 φ (或 $\boldsymbol{A}$) 的任一特征值, 其代数重数和几何重数都相等, 则称 φ (或 $\boldsymbol{A}$) 有完全的特征向量系.

6.1.2 相似矩阵

1. 定理

相似的矩阵具有相同的特征多项式, 从而具有相同的特征值 (计重数).

2. 定理

n 阶矩阵 $\boldsymbol{A}$ 的 n 个特征值之和等于矩阵 $\boldsymbol{A}$ 的迹, 即 $\boldsymbol{A}$ 的主对角线上元素之和; n 阶矩阵 $\boldsymbol{A}$ 的 n 个特征值之积等于矩阵 $\boldsymbol{A}$ 的行列式值.

3. 定理

设 $\boldsymbol{A}$ 是数域 $\mathbb{F}$ 上的 n 阶矩阵且其特征值全在 $\mathbb{F}$ 中, 则存在 $\mathbb{F}$ 上的可逆矩阵 $\boldsymbol{P}$, 使得 $\boldsymbol{P}^{-1}\boldsymbol{A}\boldsymbol{P}$ 是上三角矩阵. 特别地, 任一复矩阵均复相似于一个上三角矩阵.

6.1.3 对角化

1. 定义

设 φ 是数域 $\mathbb{F}$ 上 n 维线性空间 V 上的线性变换, 若存在 V 的一组基, 使得 φ 在这组基下的表示矩阵是对角矩阵, 则称 φ 可对角化.

设 $\boldsymbol{A}$ 是 $\mathbb{F}$ 上的 n 阶矩阵, 若存在 $\mathbb{F}$ 上的可逆矩阵 $\boldsymbol{P}$, 使得 $\boldsymbol{P}^{-1}\boldsymbol{A}\boldsymbol{P}$ 是对角矩阵, 则称 $\boldsymbol{A}$ 在 $\mathbb{F}$ 上可对角化.

2. 定理

设 $\lambda_1, \lambda_2, \cdots, \lambda_k$ 是线性空间 V 上的线性变换 φ 的不同特征值, V_i 是特征值 λ_i 的特征子空间, 则

$$V_1 + V_2 + \cdots + V_k = V_1 \oplus V_2 \oplus \cdots \oplus V_k.$$

3. 推论

线性变换 φ 的属于不同特征值的特征向量线性无关.

4. 定理

设 φ 是数域 $\mathbb{F}$ 上 n 维线性空间 V 上的线性变换 (或 $\boldsymbol{A}$ 是 $\mathbb{F}$ 上的 n 阶矩阵), φ (或 $\boldsymbol{A}$) 的特征值都在 $\mathbb{F}$ 中. 设 $\lambda_1, \lambda_2, \cdots, \lambda_k$ 是 φ (或 $\boldsymbol{A}$) 的全体不同特征值, V_i 是特征值 λ_i 的特征子空间, 则下列结论等价:

(1) φ 可对角化 (或 $\boldsymbol{A}$ 在 $\mathbb{F}$ 上可对角化);

(2) φ (或 $\boldsymbol{A}$) 有 n 个线性无关的特征向量;

(3) $V = V_1 \oplus V_2 \oplus \cdots \oplus V_k$ (或 $\mathbb{F}^n = V_1 \oplus V_2 \oplus \cdots \oplus V_k$);

(4) φ (或 $\boldsymbol{A}$) 有完全的特征向量系.

5. 推论

设 φ 是数域 $\mathbb{F}$ 上 n 维线性空间 V 上的线性变换 (或 $\boldsymbol{A}$ 是 $\mathbb{F}$ 上的 n 阶矩阵), 若 φ (或 $\boldsymbol{A}$) 在 $\mathbb{F}$ 中有 n 个不同的特征值, 则 φ 可对角化 (或 $\boldsymbol{A}$ 在 $\mathbb{F}$ 上可对角化).

6.1.4 极小多项式

1. 定义

设 $\boldsymbol{A}$ 是数域 $\mathbb{F}$ 上的 n 阶矩阵, 若 $\boldsymbol{A}$ 适合 $\mathbb{F}$ 上的首一多项式 $m(x)$, 且 $m(x)$ 是 $\boldsymbol{A}$ 适合的 $\mathbb{F}$ 上的非零多项式中次数最小者, 则称 $m(x)$ 是 $\boldsymbol{A}$ 的极小多项式或最小多项式. 同理可定义线性变换的极小多项式.

一个矩阵或线性变换的极小多项式存在并且唯一.

2. Cayley-Hamilton 定理

设 n 阶矩阵 $\boldsymbol{A}$ 的特征多项式为 $f(\lambda)$, 则 $f(\boldsymbol{A}) = \boldsymbol{O}$. 对线性变换也有类似结论.

6.1.5 特征值的估计

1. 第一圆盘定理

设 $\boldsymbol{A}=(a_{ij})$ 是 n 阶矩阵, 则 $\boldsymbol{A}$ 的特征值在复平面的下列圆盘中:

$$|z-a_{ii}|\leq R_i,\ \ 1\leq i\leq n,$$

其中 $R_i=|a_{i1}|+\cdots+|a_{i,i-1}|+|a_{i,i+1}|+\cdots+|a_{in}|$.

注 该定理又称为 Gerschgorin 圆盘第一定理, 即戈氏圆盘第一定理. 上述圆盘称为戈氏圆盘.

2. 第二圆盘定理

若 n 阶矩阵 $\boldsymbol{A}$ 的 n 个戈氏圆盘分成若干个连通区域, 其中某个连通区域恰含 k 个戈氏圆盘, 则有且仅有 k 个特征值落在该连通区域内 (若两个圆盘重合应计算重数, 若特征值为重根也要计算重数).

§ 6.2 特征值和特征向量

特征值和特征向量是矩阵和线性变换蕴含的最本质的信息之一, 它们的计算及其性质的研究是相似标准型理论的起点. 本节我们将从 6 个方面来阐述相关的方法.

注 代数基本定理保证了任一 $n\,(n\geq 1)$ 阶复矩阵 $\boldsymbol{A}$ 或 n 维复线性空间 V 上的线性变换 $\boldsymbol{\varphi}$ 至少有一个复特征值 λ_0, 线性方程组的求解理论保证了 λ_0 至少有一个复特征向量. 如果是在数域 $\mathbb{F}$ 上, 则需要 $\boldsymbol{A}$ 或 $\boldsymbol{\varphi}$ 的特征值 λ_0 属于 $\mathbb{F}$, 然后线性方程组的求解理论才能保证 λ_0 在 $\mathbb{F}^n$ 或 V 中有对应的特征向量. 因此, 后面如无特殊说明, 总是假设在复数域 $\mathbb{C}$ 上考虑问题.

1. 直接利用定义计算和证明

例 6.1 设 V 是 n 阶矩阵全体组成的线性空间, $\boldsymbol{\varphi}$ 是 V 上的线性变换: $\boldsymbol{\varphi}(\boldsymbol{X})=\boldsymbol{AX}$, 其中 $\boldsymbol{A}$ 是一个 n 阶矩阵. 求证: $\boldsymbol{\varphi}$ 和 $\boldsymbol{A}$ 具有相同的特征值 (重数可能不同).

证明 设 λ_0 是 $\boldsymbol{A}$ 的特征值, $\boldsymbol{x}_0$ 是对应的特征向量, 即 $\boldsymbol{Ax}_0=\lambda_0\boldsymbol{x}_0$. 令 $\boldsymbol{X}=(\boldsymbol{x}_0,\boldsymbol{0},\cdots,\boldsymbol{0})$, 则 $\boldsymbol{\varphi}(\boldsymbol{X})=\boldsymbol{AX}=\lambda_0\boldsymbol{X}$ 且 $\boldsymbol{X}\neq\boldsymbol{O}$, 因此 λ_0 也是 $\boldsymbol{\varphi}$ 的特征值.

反之, 设 λ_0 是 $\boldsymbol{\varphi}$ 的特征值, $\boldsymbol{X}$ 是对应的特征向量, 即 $\boldsymbol{\varphi}(\boldsymbol{X})=\boldsymbol{AX}=\lambda_0\boldsymbol{X}$. 令 $\boldsymbol{X}=(\boldsymbol{x}_1,\boldsymbol{x}_2,\cdots,\boldsymbol{x}_n)$ 为列分块, 设第 i 个列向量 $\boldsymbol{x}_i\neq\boldsymbol{0}$, 则 $\boldsymbol{Ax}_i=\lambda_0\boldsymbol{x}_i$, 因此 λ_0 也是 $\boldsymbol{A}$ 的特征值. □

例 6.2 设 λ_1, λ_2 是矩阵 $\boldsymbol{A}$ 的两个不同的特征值, $\boldsymbol{\alpha}_1, \boldsymbol{\alpha}_2$ 分别是 λ_1, λ_2 的特征向量, 求证: $\boldsymbol{\alpha}_1 + \boldsymbol{\alpha}_2$ 必不是 $\boldsymbol{A}$ 的特征向量.

证明　用反证法, 设 $\boldsymbol{A}(\boldsymbol{\alpha}_1 + \boldsymbol{\alpha}_2) = \mu(\boldsymbol{\alpha}_1 + \boldsymbol{\alpha}_2)$, 又

$$\boldsymbol{A}(\boldsymbol{\alpha}_1 + \boldsymbol{\alpha}_2) = \boldsymbol{A}\boldsymbol{\alpha}_1 + \boldsymbol{A}\boldsymbol{\alpha}_2 = \lambda_1\boldsymbol{\alpha}_1 + \lambda_2\boldsymbol{\alpha}_2,$$

于是 $(\lambda_1 - \mu)\boldsymbol{\alpha}_1 + (\lambda_2 - \mu)\boldsymbol{\alpha}_2 = \boldsymbol{0}$. 由于属于不同特征值的特征向量线性无关, 故有 $\lambda_1 = \mu$, $\lambda_2 = \mu$, 从而 $\lambda_1 = \lambda_2$, 引出矛盾. □

例 6.3 设 φ 是线性空间 V 上的线性变换, V 有一个直和分解:

$$V = V_1 \oplus V_2 \oplus \cdots \oplus V_m,$$

其中 V_i 都是 φ-不变子空间.

(1) 设 φ 限制在 V_i 上的特征多项式为 $f_i(\lambda)$, 求证: φ 的特征多项式

$$f(\lambda) = f_1(\lambda)f_2(\lambda)\cdots f_m(\lambda).$$

(2) 设 λ_0 是 φ 的特征值, $V_0 = \{\boldsymbol{v} \in V \mid \boldsymbol{\varphi}(\boldsymbol{v}) = \lambda_0\boldsymbol{v}\}$ 为特征子空间, $V_{i,0} = V_i \cap V_0 = \{\boldsymbol{v} \in V_i \mid \boldsymbol{\varphi}(\boldsymbol{v}) = \lambda_0\boldsymbol{v}\}$, 求证:

$$V_0 = V_{1,0} \oplus V_{2,0} \oplus \cdots \oplus V_{m,0}.$$

证明　(1) 取 V_i 的一组基, 将它们拼成 V 的一组基. 记 $\boldsymbol{A}_i$ 是 φ 在 V_i 上的限制在 V_i 所取基下的表示矩阵, 则 φ 在 V 的这组基下的表示矩阵为分块对角矩阵 $\boldsymbol{A} = \mathrm{diag}\{\boldsymbol{A}_1, \boldsymbol{A}_2, \cdots, \boldsymbol{A}_m\}$, 于是

$$f(\lambda) = |\lambda\boldsymbol{I}_n - \boldsymbol{A}| = |\lambda\boldsymbol{I} - \boldsymbol{A}_1||\lambda\boldsymbol{I} - \boldsymbol{A}_2|\cdots|\lambda\boldsymbol{I} - \boldsymbol{A}_m|,$$

即 $f(\lambda) = f_1(\lambda)f_2(\lambda)\cdots f_m(\lambda)$.

(2) 任取 $\boldsymbol{\alpha} \in V_0$, 设 $\boldsymbol{\alpha} = \boldsymbol{\alpha}_1 + \boldsymbol{\alpha}_2 + \cdots + \boldsymbol{\alpha}_m$, 其中 $\boldsymbol{\alpha}_i \in V_i$, 则

$$\boldsymbol{\varphi}(\boldsymbol{\alpha}_1) + \boldsymbol{\varphi}(\boldsymbol{\alpha}_2) + \cdots + \boldsymbol{\varphi}(\boldsymbol{\alpha}_m) = \boldsymbol{\varphi}(\boldsymbol{\alpha}) = \lambda_0\boldsymbol{\alpha} = \lambda_0\boldsymbol{\alpha}_1 + \lambda_0\boldsymbol{\alpha}_2 + \cdots + \lambda_0\boldsymbol{\alpha}_m.$$

注意到 $\boldsymbol{\varphi}(\boldsymbol{\alpha}_i) \in V_i$, 故由直和的充要条件可得 $\boldsymbol{\varphi}(\boldsymbol{\alpha}_i) = \lambda_0\boldsymbol{\alpha}_i$, 即 $\boldsymbol{\alpha}_i \in V_{i,0}$, 从而 $V_0 = V_{1,0} + V_{2,0} + \cdots + V_{m,0}$. 注意到 $V_{i,0} \subseteq V_i$, 故

$$V_{i,0} \cap (V_{1,0} + \cdots + V_{i-1,0}) \subseteq V_i \cap (V_1 + \cdots + V_{i-1}) = 0, \quad 2 \leq i \leq m,$$

于是上述和为直和. □

注　将例 6.3 的条件和结论代数化之后, 可知: 对分块对角矩阵 $\boldsymbol{A}=\mathrm{diag}\{\boldsymbol{A}_1,\boldsymbol{A}_2,\cdots,\boldsymbol{A}_m\}$ 的任一特征值 λ_0, 其代数重数等于每个分块的代数重数之和, 其几何重数等于每个分块的几何重数之和. 进一步, 还可以得到如下构造极大线性无关特征向量组 (即特征子空间的一组基) 的结论.

例 6.4　设 n 阶分块对角阵 $\boldsymbol{A}=\mathrm{diag}\{\boldsymbol{A}_1,\boldsymbol{A}_2,\cdots,\boldsymbol{A}_m\}$, 其中 $\boldsymbol{A}_i$ 是 n_i 阶矩阵.

(1) 任取 $\boldsymbol{A}_i$ 的特征值 λ_i 及其特征向量 $\boldsymbol{x}_i\in\mathbb{C}^{n_i}$, 求证: 可在 $\boldsymbol{x}_i$ 的上下添加适当多的零, 得到非零向量 $\widetilde{\boldsymbol{x}}_i\in\mathbb{C}^n$, 使得 $\boldsymbol{A}\widetilde{\boldsymbol{x}}_i=\lambda_i\widetilde{\boldsymbol{x}}_i$, 即 $\widetilde{\boldsymbol{x}}_i$ 是 $\boldsymbol{A}$ 关于特征值 λ_i 的特征向量, 称为 $\boldsymbol{x}_i$ 的延拓.

(2) 任取 $\boldsymbol{A}$ 的特征值 λ_0, 并设 λ_0 是 $\boldsymbol{A}_{i_1},\cdots,\boldsymbol{A}_{i_r}$ 的特征值, 但不是其他 $\boldsymbol{A}_j\,(1\le j\le m,j\neq i_1,\cdots,i_r)$ 的特征值, 求证: $\boldsymbol{A}$ 关于特征值 λ_0 的特征子空间的一组基可取为 $\boldsymbol{A}_{i_k}\,(1\le k\le r)$ 关于特征值 λ_0 的特征子空间的一组基的延拓的并集.

证明　(1) 令 $\widetilde{\boldsymbol{x}}_i=(\boldsymbol{0},\cdots,\boldsymbol{x}_i',\cdots,\boldsymbol{0})'$, 即 $\widetilde{\boldsymbol{x}}_i$ 的第 i 块为 $\boldsymbol{x}_i$, 其余块均为 $\boldsymbol{0}$, 显然 $\widetilde{\boldsymbol{x}}_i\neq\boldsymbol{0}$. 容易验证 $\boldsymbol{A}\widetilde{\boldsymbol{x}}_i=\lambda_i\widetilde{\boldsymbol{x}}_i$, 故结论成立.

(2) 由例 6.3 (2) 以及直和的充要条件即得. □

例 6.5　设 $\boldsymbol{A}$ 是 n 阶整数矩阵, p,q 为互素的整数且 $q>1$. 求证: 矩阵方程 $\boldsymbol{A}\boldsymbol{x}=\dfrac{p}{q}\boldsymbol{x}$ 必无非零解.

证明　用反证法. 设上述矩阵方程有非零解, 则 $\dfrac{p}{q}$ 为 $\boldsymbol{A}$ 的特征值, 即为特征多项式 $f(\lambda)=\lambda^n+a_1\lambda^{n-1}+\cdots+a_{n-1}\lambda+a_n$ 的根. 由于 $\boldsymbol{A}$ 是整数矩阵, 故 $f(\lambda)$ 为整系数多项式. 由整系数多项式有有理根的必要条件可知 $q\mid 1$, 从而 $q=\pm1$, 这与假设矛盾. □

例 6.6　求下列 n 阶矩阵的特征值:

$$\boldsymbol{A}=\begin{pmatrix}0&a&\cdots&a&a\\b&0&\cdots&a&a\\\vdots&\vdots&&\vdots&\vdots\\b&b&\cdots&0&a\\b&b&\cdots&b&0\end{pmatrix}.$$

解　若 $a=0$ 或 $b=0$, 则 $\boldsymbol{A}$ 是主对角元全为零的下三角或上三角矩阵, 故 $\boldsymbol{A}$ 的特征值全为零. 下设 $a\neq0$ 且 $b\neq0$, 则由例 1.23 可知:

若 $a\neq b$, 则 $|\lambda\boldsymbol{I}_n-\boldsymbol{A}|=\dfrac{a(\lambda+b)^n-b(\lambda+a)^n}{a-b}$. 设 $\dfrac{b}{a}$ 的 n 次方根为 $\omega_i\,(1\le i\le n)$, 则 $\boldsymbol{A}$ 的特征值为 $\dfrac{a\omega_i-b}{1-\omega_i}\,(1\le i\le n)$.

若 $a=b$, 则 $|\lambda \boldsymbol{I}_n-\boldsymbol{A}|=(\lambda-(n-1)a)(\lambda+a)^{n-1}$, 从而 $\boldsymbol{A}$ 的特征值为 $(n-1)a$ (1 重), $-a$ ($n-1$ 重). □

2. 正向利用矩阵的多项式

设 $\boldsymbol{A}$ 是 n 阶矩阵, $f(x)=a_mx^m+a_{m-1}x^{m-1}+\cdots+a_1x+a_0$ 是多项式, 定义

$$f(\boldsymbol{A})=a_m\boldsymbol{A}^m+a_{m-1}\boldsymbol{A}^{m-1}+\cdots+a_1\boldsymbol{A}+a_0\boldsymbol{I}_n.$$

矩阵 $\boldsymbol{A}$ 的特征值与矩阵 $f(\boldsymbol{A})$ 的特征值之间有着密切的关系, 这就是下面的例 6.7.

例 6.7 设 n 阶矩阵 $\boldsymbol{A}$ 的全体特征值为 $\lambda_1,\lambda_2,\cdots,\lambda_n$, $f(x)$ 是一个多项式, 求证: $f(\boldsymbol{A})$ 的全体特征值为 $f(\lambda_1),f(\lambda_2),\cdots,f(\lambda_n)$.

证明 因为任一 n 阶矩阵均复相似于上三角矩阵, 故可设

$$\boldsymbol{P}^{-1}\boldsymbol{A}\boldsymbol{P}=\begin{pmatrix}\lambda_1 & * & \cdots & * \\ 0 & \lambda_2 & \cdots & * \\ \vdots & \vdots & & \vdots \\ 0 & 0 & \cdots & \lambda_n\end{pmatrix}.$$

注意到上三角矩阵的和、数乘及乘方仍是上三角矩阵 (参考例 2.8), 经计算可得

$$\boldsymbol{P}^{-1}f(\boldsymbol{A})\boldsymbol{P}=f(\boldsymbol{P}^{-1}\boldsymbol{A}\boldsymbol{P})=\begin{pmatrix}f(\lambda_1) & * & \cdots & * \\ 0 & f(\lambda_2) & \cdots & * \\ \vdots & \vdots & & \vdots \\ 0 & 0 & \cdots & f(\lambda_n)\end{pmatrix},$$

因此 $f(\boldsymbol{A})$ 的全体特征值为 $f(\lambda_1),f(\lambda_2),\cdots,f(\lambda_n)$. □

注 例 6.7 告诉我们: 如果能将一个复杂矩阵写成一个简单矩阵的多项式, 那么就可由简单矩阵的特征值得到复杂矩阵的特征值. 下面是应用这一技巧的几道典型例题.

例 6.8 设 n 阶矩阵 $\boldsymbol{A}$ 的全体特征值为 $\lambda_1,\lambda_2,\cdots,\lambda_n$, 求 $2n$ 阶矩阵 $\begin{pmatrix}\boldsymbol{A} & \boldsymbol{A}^2 \\ \boldsymbol{A}^2 & \boldsymbol{A}\end{pmatrix}$ 的全体特征值.

解 由例 2.69 可知

$$\begin{vmatrix}\lambda\boldsymbol{I}_n-\boldsymbol{A} & -\boldsymbol{A}^2 \\ -\boldsymbol{A}^2 & \lambda\boldsymbol{I}_n-\boldsymbol{A}\end{vmatrix}=|\lambda\boldsymbol{I}_n-\boldsymbol{A}-\boldsymbol{A}^2||\lambda\boldsymbol{I}_n-\boldsymbol{A}+\boldsymbol{A}^2|.$$

注意到 $\boldsymbol{A}+\boldsymbol{A}^2$ 的全体特征值为 $\lambda_i+\lambda_i^2\,(1\le i\le n)$, $\boldsymbol{A}-\boldsymbol{A}^2$ 的全体特征值为 $\lambda_i-\lambda_i^2\,(1\le i\le n)$, 因此所求矩阵的全体特征值为

$$\lambda_1+\lambda_1^2,\ \lambda_1-\lambda_1^2,\ \lambda_2+\lambda_2^2,\ \lambda_2-\lambda_2^2,\ \cdots,\ \lambda_n+\lambda_n^2,\ \lambda_n-\lambda_n^2. \ \square$$

例 6.9 求下列循环矩阵的特征值:

$$\boldsymbol{A}=\begin{pmatrix} a_1 & a_2 & a_3 & \cdots & a_n \\ a_n & a_1 & a_2 & \cdots & a_{n-1} \\ a_{n-1} & a_n & a_1 & \cdots & a_{n-2} \\ \vdots & \vdots & \vdots & & \vdots \\ a_2 & a_3 & a_4 & \cdots & a_1 \end{pmatrix}.$$

解 设 $\boldsymbol{J}=\begin{pmatrix} \boldsymbol{O} & \boldsymbol{I}_{n-1} \\ 1 & \boldsymbol{O} \end{pmatrix}$, $f(x)=a_1+a_2x+a_3x^2+\cdots+a_nx^{n-1}$, 则由例 2.14 可知 $\boldsymbol{A}=f(\boldsymbol{J})$. 经简单计算可得 $|\lambda\boldsymbol{I}_n-\boldsymbol{J}|=\lambda^n-1$, 于是 $\boldsymbol{J}$ 的特征值为

$$\omega_k=\cos\frac{2k\pi}{n}+\mathrm{i}\sin\frac{2k\pi}{n},\quad 0\le k\le n-1.$$

因此 $\boldsymbol{A}$ 的特征值为 $f(1),f(\omega_1),\cdots,f(\omega_{n-1})$. $\square$

例 6.10 设矩阵 $\boldsymbol{A}$ 的特征多项式为 $f(\lambda)$, $\boldsymbol{A}$ 的全体特征值为 $\lambda_1,\lambda_2,\cdots,\lambda_n$, $g(\lambda)$ 为任一多项式. 证明: 矩阵 $g(\boldsymbol{A})$ 的行列式等于 $f(\lambda),g(\lambda)$ 的结式 $R(f,g)$.

证明 注意到 $f(\lambda)$ 是首一多项式, 故由结式的其他表达式可知

$$R(f,g)=\prod_{i=1}^n g(\lambda_i).$$

由于矩阵 $g(\boldsymbol{A})$ 的全体特征值就是 $g(\lambda_1),g(\lambda_2),\cdots,g(\lambda_n)$, 故

$$|g(\boldsymbol{A})|=\prod_{i=1}^n g(\lambda_i)=R(f,g). \ \square$$

注 作为例 6.10 的推论可知, 若 $f(\lambda),g(\lambda)$ 互素, 则 $|g(\boldsymbol{A})|=R(f,g)\ne 0$, 从而 $g(\boldsymbol{A})$ 是非异阵. 进一步的讨论可参考例 6.84.

例 6.11 设首一多项式 $f(x)=x^n+a_{n-1}x^{n-1}+\cdots+a_1x+a_0$, $f(x)$ 的友阵

$$\boldsymbol{C}=\begin{pmatrix} 0 & 0 & \cdots & 0 & -a_0 \\ 1 & 0 & \cdots & 0 & -a_1 \\ 0 & 1 & \cdots & 0 & -a_2 \\ \vdots & \vdots & & \vdots & \vdots \\ 0 & 0 & \cdots & 1 & -a_{n-1} \end{pmatrix}.$$

(1) 求证: 矩阵 $\boldsymbol{C}$ 的特征多项式就是 $f(\lambda)$.

(2) 设 $f(x)$ 的根为 $\lambda_1,\lambda_2,\cdots,\lambda_n$, $g(x)$ 为任一多项式, 求以 $g(\lambda_1),g(\lambda_2),\cdots,$ $g(\lambda_n)$ 为根的 n 次多项式.

证明 (1) 按行列式 $|\lambda\boldsymbol{I}_n-\boldsymbol{C}|$ 第一行展开并用递推法即得结论.

(2) 由假设 $\lambda_1,\lambda_2,\cdots,\lambda_n$ 是 $\boldsymbol{C}$ 的全体特征值, 故 $g(\lambda_1),g(\lambda_2),\cdots,g(\lambda_n)$ 是 $g(\boldsymbol{C})$ 的全体特征值, 从而 $h(x)=|x\boldsymbol{I}_n-g(\boldsymbol{C})|$ 即为所求的多项式. □

3. 反向利用矩阵的多项式

例 6.12 设 n 阶矩阵 $\boldsymbol{A}$ 适合一个多项式 $g(x)$, 即 $g(\boldsymbol{A})=\boldsymbol{O}$. 求证: $\boldsymbol{A}$ 的特征值 λ_0 也适合 $g(x)$, 即 $g(\lambda_0)=0$.

证明 由例 6.7 可知, $g(\lambda_0)$ 是 $g(\boldsymbol{A})=\boldsymbol{O}$ 的特征值, 从而 $g(\lambda_0)=0$. □

注 例 6.12 告诉我们: 可以由 $\boldsymbol{A}$ 适合的多项式得到 $\boldsymbol{A}$ 可能的特征值. 一般地, 还可以由 $g(\boldsymbol{A})$ 的特征值的约束条件得到 $\boldsymbol{A}$ 的特征值的约束条件. 下面是应用这一技巧的几道典型例题.

例 6.13 求证: n 阶矩阵 $\boldsymbol{A}$ 为幂零矩阵的充要条件是 $\boldsymbol{A}$ 的特征值全为零.

证明 若 $\boldsymbol{A}$ 为幂零矩阵, 即存在正整数 k, 使得 $\boldsymbol{A}^k=\boldsymbol{O}$, 则 $\boldsymbol{A}$ 的任一特征值 λ_0 也适合 x^k, 于是 $\lambda_0=0$. 反之, 若 $\boldsymbol{A}$ 的特征值全为零, 则存在可逆矩阵 $\boldsymbol{P}$, 使得 $\boldsymbol{P}^{-1}\boldsymbol{A}\boldsymbol{P}=\boldsymbol{B}$ 为上三角矩阵且主对角元素全为零. 由例 2.6 可知 $\boldsymbol{B}^n=\boldsymbol{O}$, 于是 $\boldsymbol{A}^n=(\boldsymbol{P}\boldsymbol{B}\boldsymbol{P}^{-1})^n=\boldsymbol{P}\boldsymbol{B}^n\boldsymbol{P}^{-1}=\boldsymbol{O}$, 即 $\boldsymbol{A}$ 为幂零矩阵. 也可以利用 Cayley-Hamilton 定理来证明, 由于 $\boldsymbol{A}$ 的特征值全为零, 故其特征多项式为 λ^n, 从而 $\boldsymbol{A}^n=\boldsymbol{O}$. □

例 6.14 设 V 是数域 $\mathbb{F}$ 上的 n 阶方阵全体构成的线性空间, n 阶方阵

$$\boldsymbol{P}=\begin{pmatrix}0&\cdots&0&1\\0&\cdots&1&0\\\vdots&&\vdots&\vdots\\1&\cdots&0&0\end{pmatrix},$$

V 上的线性变换 $\boldsymbol{\eta}$ 定义为 $\boldsymbol{\eta}(\boldsymbol{X})=\boldsymbol{P}\boldsymbol{X}'\boldsymbol{P}$. 试求 $\boldsymbol{\eta}$ 的全体特征值及其特征向量.

解 由 $\boldsymbol{P}=\boldsymbol{P}'$, $\boldsymbol{P}^2=\boldsymbol{I}_n$ 容易验证 $\boldsymbol{\eta}^2(\boldsymbol{X})=\boldsymbol{P}(\boldsymbol{P}\boldsymbol{X}'\boldsymbol{P})'\boldsymbol{P}=\boldsymbol{X}$, 即 $\boldsymbol{\eta}^2=\boldsymbol{I}_V$, 于是 $\boldsymbol{\eta}$ 的特征值也适合多项式 x^2-1, 从而特征值只能是 ±1.

设 $\boldsymbol{\eta}(\boldsymbol{X}_0)=\boldsymbol{P}\boldsymbol{X}_0'\boldsymbol{P}=\pm\boldsymbol{X}_0$, 这等价于 $(\boldsymbol{P}\boldsymbol{X}_0)'=\pm\boldsymbol{P}\boldsymbol{X}_0$, 即 $\boldsymbol{P}\boldsymbol{X}_0$ 为对称矩阵或反对称矩阵. 令 $\boldsymbol{P}\boldsymbol{X}_0=\boldsymbol{E}_{ii}$, $\boldsymbol{E}_{ij}+\boldsymbol{E}_{ji}$ (对称矩阵空间的基向量), 易证 $\boldsymbol{\eta}$ 关于特征值 1 的线性无关的特征向量为 $\boldsymbol{X}_0=\boldsymbol{P}\boldsymbol{E}_{ii}\,(1\le i\le n)$, $\boldsymbol{P}(\boldsymbol{E}_{ij}+\boldsymbol{E}_{ji})\,(1\le i<j\le n)$. 令 $\boldsymbol{P}\boldsymbol{X}_0=\boldsymbol{E}_{ij}-\boldsymbol{E}_{ji}$ (反对称矩阵空间的基向量), 易证 $\boldsymbol{\eta}$ 关于特征值 -1 的线性无关的特征向量为 $\boldsymbol{X}_0=\boldsymbol{P}(\boldsymbol{E}_{ij}-\boldsymbol{E}_{ji})\,(1\le i<j\le n)$. 注意到这些特征向量恰好构成 V 的一组基, 故 $\boldsymbol{\eta}$ 的特征值为 1 ($\dfrac{n(n+1)}{2}$ 重), -1 ($\dfrac{n(n-1)}{2}$ 重). □

例 6.15 设 n 阶方阵 $\boldsymbol{A}$ 的每行每列只有一个元素非零, 并且那些非零元素为 1 或 -1, 证明: $\boldsymbol{A}$ 的特征值都是单位根.

证明 设 S 为由每行每列只有一个元素非零, 并且那些非零元素为 1 或 -1 的所有 n 阶方阵构成的集合, 由排列组合可得 $\sharp S=2^n n!$, 即 S 是一个有限集合. 注意到矩阵 $\boldsymbol{M}\in S$ 当且仅当 $\boldsymbol{M}=\boldsymbol{P}_1\boldsymbol{P}_2\cdots\boldsymbol{P}_r$, 其中 $\boldsymbol{P}_k$ 是初等矩阵 $\boldsymbol{P}_{ij}$ 或 $\boldsymbol{P}_i(-1)$, 因此对任意的 $\boldsymbol{M},\boldsymbol{N}\in S$, $\boldsymbol{M}\boldsymbol{N}\in S$. 特别地, 由 $\boldsymbol{A}\in S$ 可知 $\boldsymbol{A}^k\in S\,(k\ge 1)$, 即 $\{\boldsymbol{A},\boldsymbol{A}^2,\boldsymbol{A}^3,\cdots\}\subseteq S$, 于是存在正整数 $k>l$, 使得 $\boldsymbol{A}^k=\boldsymbol{A}^l$. 注意到 $|\boldsymbol{A}|=\pm 1$, 故 $\boldsymbol{A}$ 可逆, 于是 $\boldsymbol{A}^{k-l}=\boldsymbol{I}_n$, 从而 $\boldsymbol{A}$ 的特征值都适合多项式 $x^{k-l}-1$, 即为单位根. □

例 6.16 设 $\boldsymbol{A}$ 是 n 阶实方阵, 又 $\boldsymbol{I}_n-\boldsymbol{A}$ 的特征值的模长都小于 1, 求证: $0<|\boldsymbol{A}|<2^n$.

证明 设 $\boldsymbol{A}$ 的特征值为 $\lambda_1,\cdots,\lambda_n$, 则 $\boldsymbol{I}_n-\boldsymbol{A}$ 的特征值为 $1-\lambda_1,\cdots,1-\lambda_n$. 由假设 $|1-\lambda_i|<1$, 若 λ_i 是实数, 则 $0<\lambda_i<2$; 若 λ_i 是虚数, 则 $\overline{\lambda_i}$ 也是 $\boldsymbol{A}$ 的特征值, 此时有 $0<|\lambda_i|<2$. 由于 $|\boldsymbol{A}|$ 等于所有特征值之积, 故 $0<|\boldsymbol{A}|<2^n$. □

对可逆矩阵 $\boldsymbol{A}$, 其逆矩阵 $\boldsymbol{A}^{-1}$ 的特征值和 $\boldsymbol{A}$ 的特征值有下列关系.

例 6.17 设 n 阶可逆矩阵 $\boldsymbol{A}$ 的全体特征值为 $\lambda_1,\lambda_2,\cdots,\lambda_n$, 求证: $\boldsymbol{A}^{-1}$ 的全体特征值为 $\lambda_1^{-1},\lambda_2^{-1},\cdots,\lambda_n^{-1}$.

证明 首先注意到 $\boldsymbol{A}$ 是可逆矩阵, $\lambda_1\lambda_2\cdots\lambda_n=|\boldsymbol{A}|\ne 0$, 因此每个 $\lambda_i\ne 0$ (事实上, $\boldsymbol{A}$ 可逆的充要条件是它的特征值全不为零).

因为任一 n 阶矩阵均复相似于上三角矩阵, 故可设

$$\boldsymbol{P}^{-1}\boldsymbol{A}\boldsymbol{P}=\begin{pmatrix}\lambda_1 & * & \cdots & * \\ 0 & \lambda_2 & \cdots & * \\ \vdots & \vdots & & \vdots \\ 0 & 0 & \cdots & \lambda_n\end{pmatrix}.$$

注意到上三角矩阵的逆矩阵仍是上三角矩阵 (参考例 2.8), 经计算可得

$$\boldsymbol{P}^{-1}\boldsymbol{A}^{-1}\boldsymbol{P}=(\boldsymbol{P}^{-1}\boldsymbol{A}\boldsymbol{P})^{-1}=\begin{pmatrix}\lambda_1^{-1} & * & \cdots & * \\ 0 & \lambda_2^{-1} & \cdots & * \\ \vdots & \vdots & & \vdots \\ 0 & 0 & \cdots & \lambda_n^{-1}\end{pmatrix},$$

因此 $\boldsymbol{A}^{-1}$ 的全体特征值为 $\lambda_1^{-1},\lambda_2^{-1},\cdots,\lambda_n^{-1}$. □

伴随矩阵 $\boldsymbol{A}^*$ 的特征值和 $\boldsymbol{A}$ 的特征值有下列关系.

例 6.18 设 n 阶矩阵 $\boldsymbol{A}$ 的全体特征值为 $\lambda_1,\lambda_2,\cdots,\lambda_n$, 求证: $\boldsymbol{A}^*$ 的全体特征值为 $\prod\limits_{i\neq 1}\lambda_i,\prod\limits_{i\neq 2}\lambda_i,\cdots,\prod\limits_{i\neq n}\lambda_i$.

证明 因为任一 n 阶矩阵均复相似于上三角矩阵, 故可设

$$\boldsymbol{P}^{-1}\boldsymbol{A}\boldsymbol{P}=\begin{pmatrix}\lambda_1 & * & \cdots & * \\ 0 & \lambda_2 & \cdots & * \\ \vdots & \vdots & & \vdots \\ 0 & 0 & \cdots & \lambda_n\end{pmatrix}.$$

注意到上三角矩阵的伴随矩阵仍是上三角矩阵 (参考例 2.8), 经计算可得

$$\boldsymbol{P}^{-1}\boldsymbol{A}^*\boldsymbol{P}=\boldsymbol{P}^*\boldsymbol{A}^*(\boldsymbol{P}^{-1})^*=(\boldsymbol{P}^{-1}\boldsymbol{A}\boldsymbol{P})^*=\begin{pmatrix}\prod\limits_{i\neq 1}\lambda_i & * & \cdots & * \\ 0 & \prod\limits_{i\neq 2}\lambda_i & \cdots & * \\ \vdots & \vdots & & \vdots \\ 0 & 0 & \cdots & \prod\limits_{i\neq n}\lambda_i\end{pmatrix},$$

因此 $\boldsymbol{A}^*$ 的全部特征值为 $\prod\limits_{i\neq 1}\lambda_i,\prod\limits_{i\neq 2}\lambda_i,\cdots,\prod\limits_{i\neq n}\lambda_i$. □

4. 特征值的降阶公式

求 n 阶方阵 $\boldsymbol{A}$ 的特征值等价于计算特征多项式 $|\lambda\boldsymbol{I}_n-\boldsymbol{A}|$, 这是一个 n 阶文字行列式, 第 1 章阐述的十余种求行列式的方法都可以利用. 这里我们重点介绍用行列式的降阶公式来求某类矩阵的特征多项式, 下面的例题称为特征值的降阶公式.

例 6.19 (特征值的降阶公式) 设 $\boldsymbol{A}$ 是 $m\times n$ 矩阵, $\boldsymbol{B}$ 是 $n\times m$ 矩阵, 且 $m\geq n$. 求证:

$$|\lambda\boldsymbol{I}_m-\boldsymbol{A}\boldsymbol{B}|=\lambda^{m-n}|\lambda\boldsymbol{I}_n-\boldsymbol{B}\boldsymbol{A}|.$$

特别地，若 $\boldsymbol{A},\boldsymbol{B}$ 都是 n 阶矩阵，则 $\boldsymbol{AB}$ 与 $\boldsymbol{BA}$ 有相同的特征多项式.

证法 1　当 $\lambda\neq 0$ 时，考虑下列分块矩阵:

$$\begin{pmatrix}\lambda\boldsymbol{I}_m & \boldsymbol{A}\\ \boldsymbol{B} & \boldsymbol{I}_n\end{pmatrix},$$

因为 $\lambda\boldsymbol{I}_m,\boldsymbol{I}_n$ 都是可逆矩阵，故由行列式的降阶公式可得

$$|\boldsymbol{I}_n|\cdot|\lambda\boldsymbol{I}_m-\boldsymbol{A}(\boldsymbol{I}_n)^{-1}\boldsymbol{B}|=|\lambda\boldsymbol{I}_m|\cdot|\boldsymbol{I}_n-\boldsymbol{B}(\lambda\boldsymbol{I}_m)^{-1}\boldsymbol{A}|,$$

即有 $|\lambda\boldsymbol{I}_m-\boldsymbol{AB}|=\lambda^{m-n}|\lambda\boldsymbol{I}_n-\boldsymbol{BA}|$ 成立.

当 $\lambda=0$ 时，若 $m>n$，则 $\mathrm{r}(\boldsymbol{AB})\leq\min\{\mathrm{r}(\boldsymbol{A}),\mathrm{r}(\boldsymbol{B})\}\leq\min\{m,n\}=n<m$，故 $|-\boldsymbol{AB}|=0$，结论成立；若 $m=n$，则 $|-\boldsymbol{AB}|=(-1)^n|\boldsymbol{A}||\boldsymbol{B}|=|-\boldsymbol{BA}|$，结论也成立. 事实上，$\lambda=0$ 的情形也可以用 Cauchy-Binet 公式来处理，还可以通过摄动法由 $\lambda\neq 0$ 的情形来得到.

证法 2　设 $\boldsymbol{A}$ 的秩等于 r，则存在 m 阶可逆矩阵 $\boldsymbol{P}$ 和 n 阶可逆矩阵 $\boldsymbol{Q}$，使得

$$\boldsymbol{PAQ}=\begin{pmatrix}\boldsymbol{I}_r & \boldsymbol{O}\\ \boldsymbol{O} & \boldsymbol{O}\end{pmatrix}.$$

令

$$\boldsymbol{Q}^{-1}\boldsymbol{BP}^{-1}=\begin{pmatrix}\boldsymbol{B}_{11} & \boldsymbol{B}_{12}\\ \boldsymbol{B}_{21} & \boldsymbol{B}_{22}\end{pmatrix},$$

其中 $\boldsymbol{B}_{11}$ 是 $r\times r$ 矩阵，则

$$\boldsymbol{PABP}^{-1}=\begin{pmatrix}\boldsymbol{B}_{11} & \boldsymbol{B}_{12}\\ \boldsymbol{O} & \boldsymbol{O}\end{pmatrix},\quad \boldsymbol{Q}^{-1}\boldsymbol{BAQ}=\begin{pmatrix}\boldsymbol{B}_{11} & \boldsymbol{O}\\ \boldsymbol{B}_{21} & \boldsymbol{O}\end{pmatrix}.$$

因此

$$|\lambda\boldsymbol{I}_m-\boldsymbol{AB}|=\begin{vmatrix}\lambda\boldsymbol{I}_r-\boldsymbol{B}_{11} & -\boldsymbol{B}_{12}\\ \boldsymbol{O} & \lambda\boldsymbol{I}_{m-r}\end{vmatrix}=\lambda^{m-r}|\lambda\boldsymbol{I}_r-\boldsymbol{B}_{11}|.$$

同理

$$|\lambda\boldsymbol{I}_n-\boldsymbol{BA}|=\begin{vmatrix}\lambda\boldsymbol{I}_r-\boldsymbol{B}_{11} & \boldsymbol{O}\\ -\boldsymbol{B}_{21} & \lambda\boldsymbol{I}_{n-r}\end{vmatrix}=\lambda^{n-r}|\lambda\boldsymbol{I}_r-\boldsymbol{B}_{11}|.$$

比较上面两个式子即可得到结论.

证法 3　先证明 $m=n$ 的情形. 若 $\boldsymbol{A}$ 可逆，则 $\boldsymbol{BA}=\boldsymbol{A}^{-1}(\boldsymbol{AB})\boldsymbol{A}$，即 $\boldsymbol{AB}$ 和 $\boldsymbol{BA}$ 相似，因此它们的特征多项式相等. 对于一般的方阵 $\boldsymbol{A}$，可取到一列有理数 $t_k\to 0$，使得 $t_k\boldsymbol{I}_n+\boldsymbol{A}$ 是可逆矩阵. 由可逆情形的证明可得

$$|\lambda\boldsymbol{I}_n-(t_k\boldsymbol{I}_n+\boldsymbol{A})\boldsymbol{B}|=|\lambda\boldsymbol{I}_n-\boldsymbol{B}(t_k\boldsymbol{I}_n+\boldsymbol{A})|.$$

注意到上式两边的行列式都是 t_k 的多项式, 从而关于 t_k 连续. 上式两边同时取极限, 令 $t_k \to 0$, 即有 $|\lambda \boldsymbol{I}_n - \boldsymbol{AB}| = |\lambda \boldsymbol{I}_n - \boldsymbol{BA}|$ 成立.

再证明 $m > n$ 的情形. 令

$$\boldsymbol{C} = (\boldsymbol{A}\ \ \boldsymbol{O}), \quad \boldsymbol{D} = \begin{pmatrix} \boldsymbol{B} \\ \boldsymbol{O} \end{pmatrix},$$

其中 $\boldsymbol{C}, \boldsymbol{D}$ 均为 $m \times m$ 分块矩阵, 则

$$\boldsymbol{CD} = \boldsymbol{AB}, \quad \boldsymbol{DC} = \begin{pmatrix} \boldsymbol{BA} & \boldsymbol{O} \\ \boldsymbol{O} & \boldsymbol{O} \end{pmatrix}.$$

因此由方阵的情形可得

$$\begin{aligned} |\lambda \boldsymbol{I}_m - \boldsymbol{AB}| &= |\lambda \boldsymbol{I}_m - \boldsymbol{CD}| = |\lambda \boldsymbol{I}_m - \boldsymbol{DC}| \\ &= \begin{vmatrix} \lambda \boldsymbol{I}_n - \boldsymbol{BA} & \boldsymbol{O} \\ \boldsymbol{O} & \lambda \boldsymbol{I}_{m-n} \end{vmatrix} = \lambda^{m-n} |\lambda \boldsymbol{I}_n - \boldsymbol{BA}|. \ \square \end{aligned}$$

例 6.20 设 $\boldsymbol{\alpha}$ 是 n 维实列向量且 $\boldsymbol{\alpha}'\boldsymbol{\alpha} = 1$, 试求矩阵 $\boldsymbol{I}_n - 2\boldsymbol{\alpha}\boldsymbol{\alpha}'$ 的特征值.

解 设 $\boldsymbol{A} = \boldsymbol{I}_n - 2\boldsymbol{\alpha}\boldsymbol{\alpha}'$, 则由例 6.19 可得

$$|\lambda \boldsymbol{I}_n - \boldsymbol{A}| = |(\lambda - 1)\boldsymbol{I}_n + 2\boldsymbol{\alpha}\boldsymbol{\alpha}'| = (\lambda - 1)^{n-1}(\lambda - 1 + 2\boldsymbol{\alpha}'\boldsymbol{\alpha}) = (\lambda - 1)^{n-1}(\lambda + 1).$$

因此, 矩阵 $\boldsymbol{A}$ 的特征值为 1 ($n-1$ 重), -1 (1 重). □

例 6.21 设 $\boldsymbol{A}$ 为 n 阶方阵, $\boldsymbol{\alpha}, \boldsymbol{\beta}$ 为 n 维列向量, 试求矩阵 $\boldsymbol{A}\boldsymbol{\alpha}\boldsymbol{\beta}'$ 的特征值.

解 设 $\boldsymbol{B} = \boldsymbol{A}\boldsymbol{\alpha}\boldsymbol{\beta}'$, 则由例 6.19 可得

$$|\lambda \boldsymbol{I}_n - \boldsymbol{B}| = |\lambda \boldsymbol{I}_n - (\boldsymbol{A}\boldsymbol{\alpha})\boldsymbol{\beta}'| = \lambda^{n-1}(\lambda - \boldsymbol{\beta}'\boldsymbol{A}\boldsymbol{\alpha}).$$

若 $\boldsymbol{\beta}'\boldsymbol{A}\boldsymbol{\alpha} \neq 0$, 则 $\boldsymbol{B}$ 的特征值为 0 ($n-1$ 重), $\boldsymbol{\beta}'\boldsymbol{A}\boldsymbol{\alpha}$ (1 重); 若 $\boldsymbol{\beta}'\boldsymbol{A}\boldsymbol{\alpha} = 0$, 则 $\boldsymbol{B}$ 的特征值为 0 (n 重). □

例 6.22 设 $a_i\,(1 \le i \le n)$ 都是实数, 且 $a_1 + a_2 + \cdots + a_n = 0$, 试求下列矩阵的特征值:

$$\boldsymbol{A} = \begin{pmatrix} a_1^2 & a_1a_2 + 1 & \cdots & a_1a_n + 1 \\ a_2a_1 + 1 & a_2^2 & \cdots & a_2a_n + 1 \\ \vdots & \vdots & & \vdots \\ a_na_1 + 1 & a_na_2 + 1 & \cdots & a_n^2 \end{pmatrix}.$$

解　矩阵 $\boldsymbol{A}$ 可以分解为 $\boldsymbol{A}=-\boldsymbol{I}_n+\boldsymbol{BC}$, 其中

$$\boldsymbol{B}=\begin{pmatrix} a_1 & 1 \\ a_2 & 1 \\ \vdots & \vdots \\ a_n & 1 \end{pmatrix},\quad \boldsymbol{C}=\begin{pmatrix} a_1 & a_2 & \cdots & a_n \\ 1 & 1 & \cdots & 1 \end{pmatrix}.$$

由例 6.19 可得

$$|\lambda\boldsymbol{I}_n-\boldsymbol{A}|=|(\lambda+1)\boldsymbol{I}_n-\boldsymbol{BC}|=(\lambda+1)^{n-2}|(\lambda+1)\boldsymbol{I}_2-\boldsymbol{CB}|.$$

注意到 $a_1+a_2+\cdots+a_n=0$, 故有

$$\boldsymbol{CB}=\begin{pmatrix} a_1^2+a_2^2+\cdots+a_n^2 & 0 \\ 0 & n \end{pmatrix},$$

因此 $\boldsymbol{A}$ 的特征值为 -1 ($n-2$ 重), $n-1$, $a_1^2+a_2^2+\cdots+a_n^2-1$. □

在例 6.19 的 3 种证法中, 我们都用了分块矩阵的方法, 这在矩阵特征值的理论分析中是一个常用的方法. 为了使读者有更深的印象, 我们再给出下面的例子.

例 6.23　设 $\boldsymbol{A}, \boldsymbol{B}, \boldsymbol{C}$ 分别是 $m\times m$, $n\times n$, $m\times n$ 矩阵, 满足: $\boldsymbol{AC}=\boldsymbol{CB}$, $\mathrm{r}(\boldsymbol{C})=r$. 求证: $\boldsymbol{A}$ 和 $\boldsymbol{B}$ 至少有 r 个相同的特征值.

证明　设 $\boldsymbol{P}$ 为 m 阶非异阵, $\boldsymbol{Q}$ 为 n 阶非异阵, 使得 $\boldsymbol{PCQ}=\begin{pmatrix} \boldsymbol{I}_r & \boldsymbol{O} \\ \boldsymbol{O} & \boldsymbol{O} \end{pmatrix}$. 注意到问题的条件和结论在相抵变换: $\boldsymbol{C}\mapsto\boldsymbol{PCQ}$, $\boldsymbol{A}\mapsto\boldsymbol{PAP}^{-1}$, $\boldsymbol{B}\mapsto\boldsymbol{Q}^{-1}\boldsymbol{BQ}$ 下保持不变, 故不妨从一开始就假设 $\boldsymbol{C}=\begin{pmatrix} \boldsymbol{I}_r & \boldsymbol{O} \\ \boldsymbol{O} & \boldsymbol{O} \end{pmatrix}$ 是相抵标准型. 设 $\boldsymbol{A}=\begin{pmatrix} \boldsymbol{A}_{11} & \boldsymbol{A}_{12} \\ \boldsymbol{A}_{21} & \boldsymbol{A}_{22} \end{pmatrix}$, $\boldsymbol{B}=\begin{pmatrix} \boldsymbol{B}_{11} & \boldsymbol{B}_{12} \\ \boldsymbol{B}_{21} & \boldsymbol{B}_{22} \end{pmatrix}$ 为对应的分块, 则

$$\boldsymbol{AC}=\begin{pmatrix} \boldsymbol{A}_{11} & \boldsymbol{O} \\ \boldsymbol{A}_{21} & \boldsymbol{O} \end{pmatrix},\quad \boldsymbol{CB}=\begin{pmatrix} \boldsymbol{B}_{11} & \boldsymbol{B}_{12} \\ \boldsymbol{O} & \boldsymbol{O} \end{pmatrix}.$$

由 $\boldsymbol{AC}=\boldsymbol{CB}$ 可得 $\boldsymbol{A}_{11}=\boldsymbol{B}_{11}$, $\boldsymbol{A}_{21}=\boldsymbol{O}$, $\boldsymbol{B}_{12}=\boldsymbol{O}$. 于是

$$|\lambda\boldsymbol{I}_n-\boldsymbol{A}|=|\lambda\boldsymbol{I}_r-\boldsymbol{A}_{11}|\cdot|\lambda\boldsymbol{I}_{n-r}-\boldsymbol{A}_{22}|,\quad |\lambda\boldsymbol{I}_n-\boldsymbol{B}|=|\lambda\boldsymbol{I}_r-\boldsymbol{B}_{11}|\cdot|\lambda\boldsymbol{I}_{n-r}-\boldsymbol{B}_{22}|,$$

从而 $\boldsymbol{A}, \boldsymbol{B}$ 至少有 r 个相同的特征值 (即 $\boldsymbol{A}_{11}=\boldsymbol{B}_{11}$ 的特征值). □

5. 特征值与特征多项式系数的关系

下面的例题描述了特征值与特征多项式的系数之间的关系.

例 6.24 设 n 阶矩阵 $\boldsymbol{A}$ 的特征多项式为

$$f(\lambda)=\lambda^n+a_1\lambda^{n-1}+\cdots+a_{n-1}\lambda+a_n.$$

求证: a_r 等于 $(-1)^r$ 乘以 $\boldsymbol{A}$ 的所有 r 阶主子式之和, 即

$$a_r=(-1)^r\sum_{1\leq i_1<i_2<\cdots<i_r\leq n}\boldsymbol{A}\begin{pmatrix}i_1 & i_2 & \cdots & i_r\\ i_1 & i_2 & \cdots & i_r\end{pmatrix},\quad 1\leq r\leq n.$$

进一步, 若设 $\boldsymbol{A}$ 的特征值为 $\lambda_1,\lambda_2,\cdots,\lambda_n$, 则

$$\sum_{1\leq i_1<i_2<\cdots<i_r\leq n}\lambda_{i_1}\lambda_{i_2}\cdots\lambda_{i_r}=\sum_{1\leq i_1<i_2<\cdots<i_r\leq n}\boldsymbol{A}\begin{pmatrix}i_1 & i_2 & \cdots & i_r\\ i_1 & i_2 & \cdots & i_r\end{pmatrix},\quad 1\leq r\leq n.$$

证明 第一个结论就是例 1.47. 第二个结论由 Vieta 定理即得. □

注 上述结论中最常用的是 $r=1$ 和 $r=n$ 的情形:

$$\lambda_1+\lambda_2+\cdots+\lambda_n=\mathrm{tr}(\boldsymbol{A}),\quad \lambda_1\lambda_2\cdots\lambda_n=|\boldsymbol{A}|.$$

特别地, $\boldsymbol{A}$ 是非异阵的充要条件是 $\boldsymbol{A}$ 的特征值全不为零. 因此, 特征值的计算是判断矩阵非异性的第五种方法 (参考 § 2.4 可逆矩阵), 下面给出两个例题进行说明.

例 6.25 设 n 阶方阵 $\boldsymbol{A}$ 满足 $\boldsymbol{A}^2-\boldsymbol{A}-3\boldsymbol{I}_n=\boldsymbol{O}$, 求证: $\boldsymbol{A}-2\boldsymbol{I}_n$ 是非异阵.

证明 用反证法. 设 $\boldsymbol{A}-2\boldsymbol{I}_n$ 为奇异阵, 则 2 是 $\boldsymbol{A}$ 的特征值. 注意到 $\boldsymbol{A}$ 适合 $f(x)=x^2-x-3$, 但特征值 2 却不适合 $f(x)$, 矛盾. □

例 3.82, 例 3.84 设 $\boldsymbol{A}$ 是 n 阶实对称阵, $\boldsymbol{S}$ 是 n 阶实反对称阵, 求证: $\boldsymbol{I}_n\pm\boldsymbol{S}$ 和 $\boldsymbol{I}_n\pm\mathrm{i}\boldsymbol{A}$ 都是非异阵.

证法 2 设 $\lambda_0\in\mathbb{C}$ 是 $\boldsymbol{A}$ 的任一特征值, $\boldsymbol{\alpha}=(a_1,a_2,\cdots,a_n)'\in\mathbb{C}^n$ 是对应的特征向量, 即 $\boldsymbol{A\alpha}=\lambda_0\boldsymbol{\alpha}$. 此式两边同时左乘 $\overline{\boldsymbol{\alpha}}'$, 则有 $\overline{\boldsymbol{\alpha}}'\boldsymbol{A\alpha}=\lambda_0\overline{\boldsymbol{\alpha}}'\boldsymbol{\alpha}$. 注意到 $\boldsymbol{\alpha}$ 是非零向量, 故 $\overline{\boldsymbol{\alpha}}'\boldsymbol{\alpha}=\sum\limits_{i=1}^n|a_i|^2>0$. 注意到 $\boldsymbol{A}$ 为实对称阵, 故 $\overline{(\overline{\boldsymbol{\alpha}}'\boldsymbol{A\alpha})}'=\overline{\boldsymbol{\alpha}}'\boldsymbol{A\alpha}$, 即 $\overline{\boldsymbol{\alpha}}'\boldsymbol{A\alpha}$ 是一个实数, 从而 $\lambda_0=\overline{\boldsymbol{\alpha}}'\boldsymbol{A\alpha}/\overline{\boldsymbol{\alpha}}'\boldsymbol{\alpha}$ 也是实数. 同理可证 $\boldsymbol{S}$ 的任一特征值 $\mu_0=c\mathrm{i}$ 为零或纯虚数, 其中 $c\in\mathbb{R}$. 于是 $\boldsymbol{I}_n\pm\boldsymbol{S}$ 的任一特征值为 $1\pm\mu_0=1\pm c\mathrm{i}\neq0$, $\boldsymbol{I}_n\pm\mathrm{i}\boldsymbol{A}$ 的任一特征值为 $1\pm\mathrm{i}\lambda_0\neq0$, 结论得证. □

例 6.26 设 $\boldsymbol{P}$ 是可逆矩阵, $\boldsymbol{B}=\boldsymbol{PAP}^{-1}-\boldsymbol{P}^{-1}\boldsymbol{AP}$, 求证: $\boldsymbol{B}$ 的特征值之和为零.

证明 只要证 $\mathrm{tr}(\boldsymbol{B})=0$ 即可. 由迹的线性和交换性即得

$$\mathrm{tr}(\boldsymbol{B})=\mathrm{tr}(\boldsymbol{PAP}^{-1})-\mathrm{tr}(\boldsymbol{P}^{-1}\boldsymbol{AP})=\mathrm{tr}(\boldsymbol{A})-\mathrm{tr}(\boldsymbol{A})=0.\ \square$$

例 6.27 设 n 阶实方阵 $\boldsymbol{A}$ 的特征值全是实数, 且 $\boldsymbol{A}$ 的一阶主子式之和与二阶主子式之和都等于零. 求证: $\boldsymbol{A}$ 是幂零矩阵.

证明 设 $\boldsymbol{A}$ 的特征值为 $\lambda_1, \lambda_2, \cdots, \lambda_n$, 由条件和例 6.24 可知

$$\begin{aligned}\sum_{i=1} \lambda_i &= \lambda_1 + \lambda_2 + \cdots + \lambda_n = 0, \\ \sum_{1 \le i < j \le n} \lambda_i \lambda_j &= \lambda_1\lambda_2 + \lambda_1\lambda_3 + \cdots + \lambda_{n-1}\lambda_n = 0,\end{aligned}$$

则

$$\sum_{i=1}^{n} \lambda_i^2 = \left(\sum_{i=1}^{n} \lambda_i\right)^2 - 2 \sum_{1 \le i < j \le n} \lambda_i \lambda_j = 0.$$

由于 λ_i 都是实数, 故 $\lambda_i = 0\,(1 \le i \le n)$ 成立, 再由例 6.13 可知 $\boldsymbol{A}$ 为幂零矩阵. □

例 6.28 设 $n\,(n \ge 3)$ 阶非异实方阵 $\boldsymbol{A}$ 的特征值都是实数, 且 $\boldsymbol{A}$ 的 $n-1$ 阶主子式之和等于零. 证明: 存在 $\boldsymbol{A}$ 的一个 $n-2$ 阶主子式, 其符号与 $|\boldsymbol{A}|$ 的符号相反.

证明 设 $\boldsymbol{A}$ 的特征值为 $\lambda_1, \lambda_2, \cdots, \lambda_n$, 由 $\boldsymbol{A}$ 非异可知它们都是非零实数. 再由条件和例 6.24 可知

$$\sum_{1 \le i_1 < i_2 < \cdots < i_{n-1} \le n} \lambda_{i_1} \lambda_{i_2} \cdots \lambda_{i_{n-1}} = 0. \tag{6.1}$$

将 (6.1) 式左边除以 $|\boldsymbol{A}| = \lambda_1\lambda_2\cdots\lambda_n$ 可得

$$\sum_{i=1}^{n} \frac{1}{\lambda_i} = 0, \tag{6.2}$$

将 (6.2) 式左边平方, 并将平方项移到等式的右边可得

$$\sum_{1 \le i < j \le n} \frac{1}{\lambda_i \lambda_j} = -\frac{1}{2}\Big(\sum_{i=1}^{n} \frac{1}{\lambda_i^2}\Big) < 0, \tag{6.3}$$

将 (6.3) 式两边同时乘以 $|\boldsymbol{A}| = \lambda_1\lambda_2\cdots\lambda_n$ 可得

$$\sum_{1 \le i_1 < i_2 < \cdots < i_{n-2} \le n} \lambda_{i_1} \lambda_{i_2} \cdots \lambda_{i_{n-2}} = -\frac{1}{2}\Big(\sum_{i=1}^{n} \frac{1}{\lambda_i^2}\Big)|\boldsymbol{A}|. \tag{6.4}$$

由 (6.4) 式和例 6.24 可得

$$\sum_{1 \le i_1 < i_2 < \cdots < i_{n-2} \le n} \boldsymbol{A}\begin{pmatrix} i_1 & i_2 & \cdots & i_{n-2} \\ i_1 & i_2 & \cdots & i_{n-2} \end{pmatrix} = -\frac{1}{2}\Big(\sum_{i=1}^{n} \frac{1}{\lambda_i^2}\Big)|\boldsymbol{A}|,$$

于是 $\boldsymbol{A}$ 的 $n-2$ 阶主子式之和与 $|\boldsymbol{A}|$ 的符号相反, 从而至少存在 $\boldsymbol{A}$ 的一个 $n-2$ 阶主子式, 其符号与 $|\boldsymbol{A}|$ 的符号相反. □

设 n 阶方阵 $\boldsymbol{A}$ 的特征值为 $\lambda_1, \lambda_2, \cdots, \lambda_n$, 则对任意的正整数 k, $\boldsymbol{A}^k$ 的特征值为 $\lambda_1^k, \lambda_2^k, \cdots, \lambda_n^k$, 于是特征值的 k 次幂和

$$s_k = \lambda_1^k + \lambda_2^k + \cdots + \lambda_n^k = \operatorname{tr}(\boldsymbol{A}^k), \quad k \geq 1.$$

由 Newton 公式可以计算出特征值的初等对称多项式

$$\sigma_r = \sum_{1 \leq i_1 < i_2 < \cdots < i_r \leq n} \lambda_{i_1} \lambda_{i_2} \cdots \lambda_{i_r}, \quad 1 \leq r \leq n,$$

从而可以确定特征多项式的系数, 最后便可计算出 $\boldsymbol{A}$ 的所有特征值. 下面我们来看由 $\operatorname{tr}(\boldsymbol{A}^k)$ 确定 $\boldsymbol{A}$ 的特征值的几道典型例题.

例 6.29 设 $\boldsymbol{A}$ 是 n 阶对合矩阵, 即 $\boldsymbol{A}^2 = \boldsymbol{I}_n$, 证明: $n - \operatorname{tr}(\boldsymbol{A})$ 为偶数, 并且 $\operatorname{tr}(\boldsymbol{A}) = n$ 的充要条件是 $\boldsymbol{A} = \boldsymbol{I}_n$.

证明 由 $\boldsymbol{A}^2 = \boldsymbol{I}_n$ 可知 $\boldsymbol{A}$ 的特征值也适合 $x^2 - 1$, 从而只能是 ± 1. 设 $\boldsymbol{A}$ 的特征值为 1 (p 重), -1 (q 重), 则 $p + q = n$ 且 $\operatorname{tr}(\boldsymbol{A}) = p - q$, 于是 $n - \operatorname{tr}(\boldsymbol{A}) = 2q$ 为偶数. 若 $\boldsymbol{A} = \boldsymbol{I}_n$, 则 $\operatorname{tr}(\boldsymbol{A}) = n$. 反之, 若 $\operatorname{tr}(\boldsymbol{A}) = n$, 则由上述讨论可知 $p = n$, $q = 0$, 从而 -1 不是 $\boldsymbol{A}$ 的特征值, 即 $\boldsymbol{A} + \boldsymbol{I}_n$ 是非异阵. 最后由 $(\boldsymbol{A} - \boldsymbol{I}_n)(\boldsymbol{A} + \boldsymbol{I}_n) = \boldsymbol{O}$ 可得 $\boldsymbol{A} = \boldsymbol{I}_n$. □

例 6.30 设 4 阶方阵 $\boldsymbol{A}$ 满足: $\operatorname{tr}(\boldsymbol{A}^k) = k \, (1 \leq k \leq 4)$, 试求 $\boldsymbol{A}$ 的行列式.

证明 题目条件即为 $s_k = k \, (1 \leq k \leq 4)$, 要求 $|\boldsymbol{A}| = \sigma_4$. 根据 Newton 公式 $s_k - s_{k-1}\sigma_1 + \cdots + (-1)^k k \sigma_k = 0 \, (1 \leq k \leq 4)$ 可依次算出 $\sigma_1 = 1$, $\sigma_2 = -\dfrac{1}{2}$, $\sigma_3 = \dfrac{1}{6}$, $\sigma_4 = \dfrac{1}{24}$, 故 $|\boldsymbol{A}| = \dfrac{1}{24}$. 也可以直接利用例 5.64 来计算 σ_4. □

例 6.31 求证: n 阶矩阵 $\boldsymbol{A}$ 是幂零矩阵的充要条件是 $\operatorname{tr}(\boldsymbol{A}^k) = 0 \, (1 \leq k \leq n)$.

证明 设 $\boldsymbol{A}$ 的特征值为 $\lambda_1, \lambda_2, \cdots, \lambda_n$. 若 $\boldsymbol{A}$ 是幂零矩阵, 则 $\boldsymbol{A}$ 的特征值全为零, 从而 $\operatorname{tr}(\boldsymbol{A}^k) = s_k = 0 \, (k \geq 1)$. 若 $s_k = \operatorname{tr}(\boldsymbol{A}^k) = 0 \, (1 \leq k \leq n)$, 则由 Newton 公式或直接利用例 5.64 可计算出 $\sigma_r = 0 \, (1 \leq r \leq n)$, 于是 $\boldsymbol{A}$ 的特征多项式为 λ^n, 从而 $\boldsymbol{A}$ 的特征值全为零, 再由例 6.13 可知 $\boldsymbol{A}$ 为幂零矩阵. □

例 6.32 设 $\boldsymbol{A}, \boldsymbol{B}, \boldsymbol{C}$ 是 n 阶矩阵, 其中 $\boldsymbol{C} = \boldsymbol{AB} - \boldsymbol{BA}$. 若它们满足条件 $\boldsymbol{AC} = \boldsymbol{CA}$, $\boldsymbol{BC} = \boldsymbol{CB}$, 求证: $\boldsymbol{C}$ 的特征值全为零. 又若将条件减弱为 $\boldsymbol{ABC} = \boldsymbol{CAB}$, $\boldsymbol{BAC} = \boldsymbol{CBA}$, 则上述结论不再成立.

证明　由 $\boldsymbol{AC}=\boldsymbol{CA}$ 可知, 对任意的正整数 k,

$$\boldsymbol{C}^k=\boldsymbol{C}^{k-1}\boldsymbol{AB}-\boldsymbol{C}^{k-1}\boldsymbol{BA}=\boldsymbol{A}(\boldsymbol{C}^{k-1}\boldsymbol{B})-(\boldsymbol{C}^{k-1}\boldsymbol{B})\boldsymbol{A}.$$

由迹的线性和交换性可得 $\mathrm{tr}(\boldsymbol{C}^k)=0\,(k\geq 1)$, 再由例 6.31 可知 $\boldsymbol{C}$ 为幂零矩阵, 从而 $\boldsymbol{C}$ 的特征值全为零.

如将条件减弱为如题所述, 则结论不再成立, 可参考下面的反例:

$$\boldsymbol{A}=\begin{pmatrix}1&0\\0&-1\end{pmatrix},\quad \boldsymbol{B}=\begin{pmatrix}0&\dfrac{1}{2}\\-\dfrac{1}{2}&0\end{pmatrix},\quad \boldsymbol{C}=\begin{pmatrix}0&1\\1&0\end{pmatrix}.$$

由计算可得 $\boldsymbol{C}=\boldsymbol{AB}-\boldsymbol{BA}$, $\boldsymbol{ABC}=\boldsymbol{CAB}$, $\boldsymbol{CBA}=\boldsymbol{BAC}$, 但 $\boldsymbol{C}$ 的特征值为 1 和 -1. □

注　从上述证明不难看出: 只需要 $\boldsymbol{AC}=\boldsymbol{CA}$ 和 $\boldsymbol{BC}=\boldsymbol{CB}$ 这两个条件中的一个就能证明本题的结论. 如果这两个条件都有, 我们将在后面给出另外两个证明: 一个是利用矩阵乘法交换性诱导的同时性质, 另一个是 Jordan 标准型理论的应用. 另外, 我们还将证明 $\boldsymbol{A},\boldsymbol{B},\boldsymbol{C}$ 可同时上三角化.

6. 特征值的估计

例 3.83　如果 n 阶实方阵 $\boldsymbol{A}=(a_{ij})$ 适合条件:

$$|a_{ii}|>\sum_{j=1,j\neq i}^{n}|a_{ij}|,\quad 1\leq i\leq n,$$

则称 $\boldsymbol{A}$ 是严格对角占优阵. 求证: 严格对角占优阵必是非异阵. 若上述条件改为

$$a_{ii}>\sum_{j=1,j\neq i}^{n}|a_{ij}|,\quad 1\leq i\leq n,$$

求证: $|\boldsymbol{A}|>0$.

证法 2　由第一圆盘定理, $\boldsymbol{A}$ 的特征值落在下列戈氏圆盘中:

$$|z-a_{ii}|\leq R_i=\sum_{j=1,j\neq i}^{n}|a_{ij}|,\quad 1\leq i\leq n.$$

$\boldsymbol{A}$ 的严格对角占优条件保证了复平面的原点不落在这些戈氏圆盘中, 因此 $\boldsymbol{A}$ 的特征值全不为零, 从而 $\boldsymbol{A}$ 是非异阵. 进一步, 若 $a_{ii}>R_i\,(1\leq i\leq n)$, 则这些戈氏圆盘全部位于虚轴的右侧, 因此 $\boldsymbol{A}$ 的特征值 λ_i 或者是正实数, 或者是实部为正的共轭虚数, 从而 $|\boldsymbol{A}|=\lambda_1\lambda_2\cdots\lambda_n>0$. □

在一些问题中引进参变量 t, 利用连续性来证明某些结论也是一种常用的方法 (可以看成是某种摄动法), 下面我们用这个方法来估计特征值的范围.

例 6.33 如果圆盘定理中有一个连通分支由两个圆盘外切组成, 证明: 每个圆盘除去切点的区域不可能同时包含两个特征值.

证明 设 $\boldsymbol{A}=(a_{ij})$ 为 n 阶矩阵, $D_i: |z-a_{ii}|\leq R_i\,(1\leq i\leq n)$ 是 $\boldsymbol{A}$ 的 n 个戈氏圆盘. 不妨设 $\boldsymbol{A}$ 的两个戈氏圆盘 D_1,D_2 外切并组成一个连通分支. 令

$$\boldsymbol{A}(t)=\begin{pmatrix} a_{11} & ta_{12} & \cdots & ta_{1n} \\ ta_{21} & a_{22} & \cdots & ta_{2n} \\ \vdots & \vdots & & \vdots \\ ta_{n1} & ta_{n2} & \cdots & a_{nn} \end{pmatrix},$$

由第一圆盘定理, $\boldsymbol{A}(t)$ 的特征值落在下列圆盘中:

$$tD_i:\ |z-a_{ii}|\leq tR_i,\ \ 1\leq i\leq n.$$

由于当 $0\leq t<1$ 时, $\boldsymbol{A}(t)$ 的特征值是关于 t 的连续函数, 故 $\boldsymbol{A}(t)$ 的特征值 $\lambda_i(t)$ 从 D_i 的圆心开始, 始终在圆盘 $tD_i\,(1\leq i\leq n)$ 中连续变动. 注意此时 tD_1,tD_2 不相交, 它们是两个连通分支, 于是特征值 $\lambda_i(t)$ 落在 $tD_i\,(i=1,2)$ 中. 最后当 $t=1$ 时, $\boldsymbol{A}$ 的特征值 $\lambda_1=\lambda_1(1)$ 落在 D_1 中, 特征值 $\lambda_2=\lambda_2(1)$ 落在 D_2 中. 因此, λ_1,λ_2 不可能同时落在 D_1 或 D_2 除去切点的区域中. □

例 6.34 设 $\boldsymbol{A}=(a_{ij})$ 为 n 阶矩阵, 证明: 存在正数 δ, 使得对任意的 $s\in(0,\delta)$, 下列矩阵均有 n 个不同的特征值:

$$\boldsymbol{A}(s)=\begin{pmatrix} a_{11}+s & a_{12} & \cdots & a_{1n} \\ a_{21} & a_{22}+s^2 & \cdots & a_{2n} \\ \vdots & \vdots & & \vdots \\ a_{n1} & a_{n2} & \cdots & a_{nn}+s^n \end{pmatrix}.$$

证明 先证当 s 充分大时, $\boldsymbol{A}(s)$ 有 n 个不同的特征值. 由第一圆盘定理, $\boldsymbol{A}(s)$ 的特征值落在下列戈氏圆盘中:

$$D_i:\ |z-a_{ii}-s^i|\leq R_i=\sum_{j=1,j\neq i}^{n}|a_{ij}|,\ \ 1\leq i\leq n.$$

取 s 充分大, 使得 $s^n\gg s^{n-1}\gg\cdots\gg s$. 注意到 R_i 的值固定, 故 D_i 的圆心之间的距离大于半径 R_i, 从而 D_i 互不相交, 各自构成了一个连通分支. 再由第二圆盘定理, 每个连通分支 D_i 中有且仅有一个特征值, 于是 $\boldsymbol{A}(s)$ 有 n 个不同的特征值.

设 $f_s(\lambda)=|\lambda\boldsymbol{I}_n-\boldsymbol{A}(s)|$ 是 $\boldsymbol{A}(s)$ 的特征多项式, 则其判别式 $\Delta(f_s(\lambda))$ 是关于 s 的多项式. 由前面的讨论可知, 当 s 充分大时, $f_s(\lambda)$ 无重根, 从而 $\Delta(f_s(\lambda))\neq 0$, 即 $\Delta(f_s(\lambda))$ 是关于 s 的非零多项式. 若 $\Delta(f_s(\lambda))$ 的所有复根都是零, 则任取一个正数 δ; 若 $\Delta(f_s(\lambda))$ 的复根不全为零, 则可取 δ 为 $\Delta(f_s(\lambda))$ 的非零复根的模长的最小值. 于是对任意的 $s\in(0,\delta)$, s 都不是 $\Delta(f_s(\lambda))$ 的根, 即 $\Delta(f_s(\lambda))\neq 0$, 从而 $f_s(\lambda)$ 都无重根, 即 $\boldsymbol{A}(s)$ 都有 n 个不同的特征值. □

§ 6.3 乘法交换性诱导的同时性质

矩阵和线性变换的乘法运算一般没有交换性, 这会触发很多与数的乘法运算不一样的性质和现象, 因此矩阵和线性变换乘法的不可交换性是高等代数学习中的一个难点. 反之, 若两个矩阵或线性变换乘法可交换, 比如 $\boldsymbol{AB}=\boldsymbol{BA}$, 则有 $(\boldsymbol{AB})^m=\boldsymbol{A}^m\boldsymbol{B}^m$, $f(\boldsymbol{A})g(\boldsymbol{B})=g(\boldsymbol{B})f(\boldsymbol{A})$ 以及二项式定理

$$(\boldsymbol{A}+\boldsymbol{B})^m=\boldsymbol{A}^m+\mathrm{C}_m^1\boldsymbol{A}^{m-1}\boldsymbol{B}+\cdots+\mathrm{C}_m^{m-1}\boldsymbol{A}\boldsymbol{B}^{m-1}+\boldsymbol{B}^m$$

等成立, 其中 $m\geq 1$, $f(x),g(x)$ 为多项式.

本节将探讨矩阵和线性变换的乘法交换性诱导的相似关系下的性质, 我们称之为“同时性质”. 下面分成 5 步进行讨论.

1. 特征子空间互为不变子空间

例 6.35 设 $\boldsymbol{\varphi},\boldsymbol{\psi}$ 是复线性空间 V 上乘法可交换的线性变换, 即 $\boldsymbol{\varphi\psi}=\boldsymbol{\psi\varphi}$, 求证: $\boldsymbol{\varphi}$ 的特征子空间是 $\boldsymbol{\psi}$ 的不变子空间, $\boldsymbol{\psi}$ 的特征子空间是 $\boldsymbol{\varphi}$ 的不变子空间.

证明 由代数基本定理以及线性方程组的求解理论可知, $n\,(n\geq 1)$ 维复线性空间上的线性变换或 n 阶复矩阵至少有一个特征值和特征向量. 任取线性变换 $\boldsymbol{\varphi}$ 的一个特征值 λ_0, 设 V_0 是特征值 λ_0 的特征子空间, 则对任意的 $\boldsymbol{\alpha}\in V_0$, 有

$$\boldsymbol{\varphi\psi}(\boldsymbol{\alpha})=\boldsymbol{\psi\varphi}(\boldsymbol{\alpha})=\boldsymbol{\psi}(\lambda_0\boldsymbol{\alpha})=\lambda_0\boldsymbol{\psi}(\boldsymbol{\alpha}),$$

即 $\boldsymbol{\psi}(\boldsymbol{\alpha})\in V_0$, 因此 V_0 是 $\boldsymbol{\psi}$ 的不变子空间. 同理可证 $\boldsymbol{\psi}$ 的特征子空间是 $\boldsymbol{\varphi}$ 的不变子空间. □

例 6.35 是以下所有结论的出发点, 它自身也有一些有趣的应用.

例 6.36 设 V 为 n 维复线性空间, S 是 $\mathcal{L}(V)$ 的非空子集, 满足: S 中的全体线性变换没有非平凡的公共不变子空间. 设线性变换 $\boldsymbol{\varphi}$ 与 S 中任一线性变换乘法均可交换, 证明: $\boldsymbol{\varphi}$ 是纯量变换.

证明　任取 φ 的特征值 λ_0 及其特征子空间 V_0. 任取 $\psi \in S$, 则 $\varphi\psi = \psi\varphi$, 由例 6.35 可知 V_0 是 ψ–不变子空间, 从而是 S 中全体线性变换的公共不变子空间. 又 $V_0 \neq 0$, 故 $V_0 = V$, 从而 $\varphi = \lambda_0 \boldsymbol{I}_V$ 为纯量变换. □

例 6.32　设 $\boldsymbol{A}, \boldsymbol{B}, \boldsymbol{C}$ 是 n 阶矩阵, 其中 $\boldsymbol{C} = \boldsymbol{AB} - \boldsymbol{BA}$. 若它们满足条件 $\boldsymbol{AC} = \boldsymbol{CA}$, $\boldsymbol{BC} = \boldsymbol{CB}$, 求证: $\boldsymbol{C}$ 的特征值全为零.

证法 2　将 $\boldsymbol{A}, \boldsymbol{B}, \boldsymbol{C}$ 看成是 n 维复列向量空间 V 上的线性变换. 任取 $\boldsymbol{C}$ 的特征值 λ_0 及其特征子空间 V_0, 由 $\boldsymbol{AC} = \boldsymbol{CA}$, $\boldsymbol{BC} = \boldsymbol{CB}$ 以及例 6.35 可知, V_0 是 $\boldsymbol{A}$–不变子空间, 也是 $\boldsymbol{B}$–不变子空间. 将等式 $\boldsymbol{C} = \boldsymbol{AB} - \boldsymbol{BA}$ 两边的线性变换同时限制在 V_0 上, 可得 V_0 上线性变换的等式 $\boldsymbol{C}|_{V_0} = \boldsymbol{A}|_{V_0}\boldsymbol{B}|_{V_0} - \boldsymbol{B}|_{V_0}\boldsymbol{A}|_{V_0}$. 两边同时取迹 (线性变换的迹定义为它在任一组基下的表示矩阵的迹), 由迹的线性和交换性可知

$$\lambda_0 \dim V_0 = \mathrm{tr}(\boldsymbol{C}|_{V_0}) = \mathrm{tr}(\boldsymbol{A}|_{V_0}\boldsymbol{B}|_{V_0}) - \mathrm{tr}(\boldsymbol{B}|_{V_0}\boldsymbol{A}|_{V_0}) = 0,$$

从而 $\lambda_0 = 0$, 结论得证. □

注　在上述证明中, $\boldsymbol{A}, \boldsymbol{B}, \boldsymbol{C}$ 在不变子空间 V_0 上的限制只能理解成线性变换在不变子空间上的限制, 而不是矩阵在不变子空间上的限制. 那如何得到 $\boldsymbol{A}, \boldsymbol{B}, \boldsymbol{C}$ 在不变子空间上限制的表示矩阵 (阶数变小了) 呢? 请读者自己思考这个问题.

2. 有公共的特征向量

例 6.37　设 φ, ψ 是复线性空间 V 上乘法可交换的线性变换, 求证: φ, ψ 至少有一个公共的特征向量.

证明　任取 φ 的特征值 λ_0 及其特征子空间 V_0, 由例 6.35 可知, V_0 是 ψ–不变子空间. 将线性变换 ψ 限制在 V_0 上, 由于 V_0 是维数大于零的复线性空间, 故 $\psi|_{V_0}$ 至少有一个特征值 μ_0 及其特征向量 $\boldsymbol{\alpha} \in V_0$, 从而 $\varphi(\boldsymbol{\alpha}) = \lambda_0\boldsymbol{\alpha}$, $\psi(\boldsymbol{\alpha}) = \mu_0\boldsymbol{\alpha}$, 于是 $\boldsymbol{\alpha}$ 就是 φ, ψ 的公共特征向量. □

注　(1) 例 6.35 和例 6.37 的代数版本是: 若 n 阶复矩阵 $\boldsymbol{A}, \boldsymbol{B}$ 乘法可交换, 即 $\boldsymbol{AB} = \boldsymbol{BA}$, 则 $\boldsymbol{A}, \boldsymbol{B}$ 的特征子空间互为不变子空间, 并且 $\boldsymbol{A}, \boldsymbol{B}$ 至少有一个公共的特征向量.

(2) 例 6.37 的结论对一般的数域是不成立的. 例如, $\boldsymbol{A} = \boldsymbol{I}_2$, $\boldsymbol{B} = \begin{pmatrix} 0 & -1 \\ 1 & 0 \end{pmatrix}$, 显然 $\boldsymbol{A}, \boldsymbol{B}$ 乘法可交换, 但它们在有理数域或实数域上没有公共的特征向量. 事实上, $\boldsymbol{B}$ 在有理数域或实数域上都没有特征值 (它的特征值是 $\pm\mathrm{i}$), 从而也没有特征向量,

所以更谈不上公共的特征向量了. 为了把例 6.35 和例 6.37 的结论推广到数域 $\mathbb{F}$ 上, 我们必须假设 $\boldsymbol{A},\boldsymbol{B}$ 的特征值都在 $\mathbb{F}$ 中, 这也是后面几道相关例题所必需的条件.

例 6.38 设 φ,ψ 是数域 $\mathbb{F}$ 上线性空间 V 上的乘法可交换的线性变换, 且 φ,ψ 的特征值都在 $\mathbb{F}$ 中, 求证: φ,ψ 的特征子空间互为不变子空间, 并且 φ,ψ 至少有一个公共的特征向量.

证明　由线性方程组的求解理论可知, 若数域 $\mathbb{F}$ 上的线性变换或 $\mathbb{F}$ 上的矩阵在 $\mathbb{F}$ 中有一个特征值, 则在 $\mathbb{F}$ 上的线性空间或 $\mathbb{F}$ 上的列向量空间中必存在对应的特征向量. 任取线性变换 $\boldsymbol{\varphi}$ 的一个特征值 $\lambda_0\in\mathbb{F}$, 设 V_0 是特征值 λ_0 的特征子空间, 则对任意的 $\boldsymbol{\alpha}\in V_0$, 有

$$\boldsymbol{\varphi}\boldsymbol{\psi}(\boldsymbol{\alpha})=\boldsymbol{\psi}\boldsymbol{\varphi}(\boldsymbol{\alpha})=\boldsymbol{\psi}(\lambda_0\boldsymbol{\alpha})=\lambda_0\boldsymbol{\psi}(\boldsymbol{\alpha}),$$

即 $\boldsymbol{\psi}(\boldsymbol{\alpha})\in V_0$, 因此 V_0 是 $\boldsymbol{\psi}$–不变子空间. 取 V_0 的一组基并扩张为 V 的一组基, 则 $\boldsymbol{\psi}$ 在这组基下的表示矩阵为分块对角矩阵 $\begin{pmatrix}\boldsymbol{A}&\boldsymbol{C}\\\boldsymbol{O}&\boldsymbol{B}\end{pmatrix}$, 其中 $\boldsymbol{A}$ 是 $\boldsymbol{\psi}|_{V_0}$ 在给定基下的表示矩阵, 于是 $|\lambda\boldsymbol{I}_V-\boldsymbol{\psi}|=|\lambda\boldsymbol{I}-\boldsymbol{A}||\lambda\boldsymbol{I}-\boldsymbol{B}|$. 因为 $\boldsymbol{\psi}$ 的特征值都在 $\mathbb{F}$ 中, 故 $\boldsymbol{A}$ 的特征值都在 $\mathbb{F}$ 中, 于是 $\boldsymbol{\psi}|_{V_0}$ 的特征值都在 $\mathbb{F}$ 中. 任取 $\boldsymbol{\psi}|_{V_0}$ 的一个特征值 $\mu_0\in\mathbb{F}$ 及其特征向量 $\boldsymbol{\alpha}\in V_0$, 则 $\boldsymbol{\varphi}(\boldsymbol{\alpha})=\lambda_0\boldsymbol{\alpha}$, $\boldsymbol{\psi}(\boldsymbol{\alpha})=\mu_0\boldsymbol{\alpha}$, 于是 $\boldsymbol{\alpha}$ 就是 $\boldsymbol{\varphi},\boldsymbol{\psi}$ 的公共特征向量. □

注　例 6.38 的代数版本是: 若数域 $\mathbb{F}$ 上的 n 阶矩阵 $\boldsymbol{A},\boldsymbol{B}$ 乘法可交换, 且它们的特征值都在 $\mathbb{F}$ 中, 则 $\boldsymbol{A},\boldsymbol{B}$ 的特征子空间互为不变子空间, 并且 $\boldsymbol{A},\boldsymbol{B}$ 在 $\mathbb{F}^n$ 中至少有一个公共的特征向量.

3. 可同时上三角化

一般来说, 一个矩阵在复数域上未必可对角化, 但是总可以上三角化. 下面的例 6.39 是上述结论的推广, 它告诉我们: 只要数域 $\mathbb{F}$ 上的矩阵 $\boldsymbol{A}$ 的特征值全部落在 $\mathbb{F}$ 中, 那么就可以在 $\mathbb{F}$ 上将 $\boldsymbol{A}$ 上三角化. 这个证明所使用的方法具有普遍性.

例 6.39 设数域 $\mathbb{F}$ 上的 n 阶矩阵 $\boldsymbol{A}$ 的特征值都在 $\mathbb{F}$ 中, 求证: $\boldsymbol{A}$ 在 $\mathbb{F}$ 上可上三角化, 即存在 $\mathbb{F}$ 上的可逆矩阵 $\boldsymbol{P}$, 使得 $\boldsymbol{P}^{-1}\boldsymbol{A}\boldsymbol{P}$ 是上三角矩阵.

证明　对阶数进行归纳. 当 $n=1$ 时结论显然成立, 设对 $n-1$ 阶矩阵结论成立, 现对 n 阶矩阵 $\boldsymbol{A}$ 进行证明. 设 $\lambda_1\in\mathbb{F}$ 是 $\boldsymbol{A}$ 的一个特征值, 则由线性方程组的求解理论可知, 存在特征向量 $\boldsymbol{e}_1\in\mathbb{F}^n$, 使得 $\boldsymbol{A}\boldsymbol{e}_1=\lambda_1\boldsymbol{e}_1$. 由基扩张定理, 可将 $\boldsymbol{e}_1$ 扩张为

$\mathbb{F}^n$ 的一组基 $\{\boldsymbol{e}_1, \boldsymbol{e}_2, \cdots, \boldsymbol{e}_n\}$, 于是

$$(\boldsymbol{A}\boldsymbol{e}_1, \boldsymbol{A}\boldsymbol{e}_2, \cdots, \boldsymbol{A}\boldsymbol{e}_n) = (\boldsymbol{e}_1, \boldsymbol{e}_2, \cdots, \boldsymbol{e}_n) \begin{pmatrix} \lambda_1 & * \\ \boldsymbol{O} & \boldsymbol{A}_1 \end{pmatrix},$$

其中 $\boldsymbol{A}_1$ 是 $\mathbb{F}$ 上的 $n-1$ 阶矩阵. 令 $\boldsymbol{P} = (\boldsymbol{e}_1, \boldsymbol{e}_2, \cdots, \boldsymbol{e}_n)$, 则 $\boldsymbol{P}$ 是 $\mathbb{F}$ 上的 n 阶可逆矩阵, 且由上式可得 $\boldsymbol{A}\boldsymbol{P} = \boldsymbol{P}\begin{pmatrix} \lambda_1 & * \\ \boldsymbol{O} & \boldsymbol{A}_1 \end{pmatrix}$, 即 $\boldsymbol{P}^{-1}\boldsymbol{A}\boldsymbol{P} = \begin{pmatrix} \lambda_1 & * \\ \boldsymbol{O} & \boldsymbol{A}_1 \end{pmatrix}$. 由此可得 $|\lambda\boldsymbol{I}_n - \boldsymbol{A}| = (\lambda - \lambda_1)|\lambda\boldsymbol{I}_{n-1} - \boldsymbol{A}_1|$, 从而 $\boldsymbol{A}_1$ 的特征值也全在 $\mathbb{F}$ 中, 故由归纳假设, 存在 $\mathbb{F}$ 上的 $n-1$ 阶可逆矩阵 $\boldsymbol{Q}$, 使得 $\boldsymbol{Q}^{-1}\boldsymbol{A}_1\boldsymbol{Q}$ 是上三角矩阵. 令

$$\boldsymbol{R} = \boldsymbol{P}\begin{pmatrix} 1 & \boldsymbol{O} \\ \boldsymbol{O} & \boldsymbol{Q} \end{pmatrix},$$

则 $\boldsymbol{R}$ 是 $\mathbb{F}$ 上的 n 阶可逆矩阵, 且

$$\boldsymbol{R}^{-1}\boldsymbol{A}\boldsymbol{R} = \begin{pmatrix} 1 & \boldsymbol{O} \\ \boldsymbol{O} & \boldsymbol{Q} \end{pmatrix}^{-1} \begin{pmatrix} \lambda_1 & * \\ \boldsymbol{O} & \boldsymbol{A}_1 \end{pmatrix} \begin{pmatrix} 1 & \boldsymbol{O} \\ \boldsymbol{O} & \boldsymbol{Q} \end{pmatrix} = \begin{pmatrix} \lambda_1 & * \\ \boldsymbol{O} & \boldsymbol{Q}^{-1}\boldsymbol{A}_1\boldsymbol{Q} \end{pmatrix}$$

是上三角矩阵. □

下面是所谓的同时上三角化问题, 它的证明方法与上题类似.

例 6.40 设 $\boldsymbol{A}, \boldsymbol{B}$ 是数域 $\mathbb{F}$ 上的 n 阶矩阵, 满足: $\boldsymbol{A}\boldsymbol{B} = \boldsymbol{B}\boldsymbol{A}$ 且 $\boldsymbol{A}, \boldsymbol{B}$ 的特征值都在 $\mathbb{F}$ 中, 求证: $\boldsymbol{A}, \boldsymbol{B}$ 在 $\mathbb{F}$ 上可同时上三角化, 即存在 $\mathbb{F}$ 上的可逆矩阵 $\boldsymbol{P}$, 使得 $\boldsymbol{P}^{-1}\boldsymbol{A}\boldsymbol{P}$ 和 $\boldsymbol{P}^{-1}\boldsymbol{B}\boldsymbol{P}$ 都是上三角矩阵.

证明　对阶数进行归纳. 当 $n=1$ 时结论显然成立, 设对 $n-1$ 阶矩阵结论成立, 现对 n 阶矩阵进行证明. 因为 $\boldsymbol{A}\boldsymbol{B} = \boldsymbol{B}\boldsymbol{A}$ 且 $\boldsymbol{A}, \boldsymbol{B}$ 的特征值都在 $\mathbb{F}$ 中, 故由例 6.38 可知, $\boldsymbol{A}, \boldsymbol{B}$ 有公共的特征向量 $\boldsymbol{e}_1 \in \mathbb{F}^n$, 不妨设

$$\boldsymbol{A}\boldsymbol{e}_1 = \lambda_1\boldsymbol{e}_1, \quad \boldsymbol{B}\boldsymbol{e}_1 = \mu_1\boldsymbol{e}_1,$$

其中 $\lambda_1, \mu_1 \in \mathbb{F}$ 分别是 $\boldsymbol{A}, \boldsymbol{B}$ 的特征值. 由基扩张定理, 可将 $\boldsymbol{e}_1$ 扩张为 $\mathbb{F}^n$ 的一组基 $\{\boldsymbol{e}_1, \boldsymbol{e}_2, \cdots, \boldsymbol{e}_n\}$. 令 $\boldsymbol{P} = (\boldsymbol{e}_1, \boldsymbol{e}_2, \cdots, \boldsymbol{e}_n)$, 则 $\boldsymbol{P}$ 是 $\mathbb{F}$ 上的 n 阶可逆矩阵, 且有

$$\boldsymbol{P}^{-1}\boldsymbol{A}\boldsymbol{P} = \begin{pmatrix} \lambda_1 & * \\ \boldsymbol{O} & \boldsymbol{A}_1 \end{pmatrix}, \quad \boldsymbol{P}^{-1}\boldsymbol{B}\boldsymbol{P} = \begin{pmatrix} \mu_1 & * \\ \boldsymbol{O} & \boldsymbol{B}_1 \end{pmatrix},$$

其中 $\boldsymbol{A}_1, \boldsymbol{B}_1$ 是 $\mathbb{F}$ 上的 $n-1$ 阶矩阵. 从 $\boldsymbol{A}\boldsymbol{B} = \boldsymbol{B}\boldsymbol{A}$ 不难推出 $\boldsymbol{A}_1\boldsymbol{B}_1 = \boldsymbol{B}_1\boldsymbol{A}_1$, 又容易验证 $\boldsymbol{A}_1, \boldsymbol{B}_1$ 的特征值都在 $\mathbb{F}$ 中, 故由归纳假设, 存在 $\mathbb{F}$ 上的 $n-1$ 阶可逆矩阵

$\boldsymbol{Q}$, 使得 $\boldsymbol{Q}^{-1}\boldsymbol{A}_1\boldsymbol{Q}$ 和 $\boldsymbol{Q}^{-1}\boldsymbol{B}_1\boldsymbol{Q}$ 都是上三角矩阵. 令

$$\boldsymbol{R}=\boldsymbol{P}\begin{pmatrix}1 & \boldsymbol{O}\\ \boldsymbol{O} & \boldsymbol{Q}\end{pmatrix},$$

则 $\boldsymbol{R}$ 是 $\mathbb{F}$ 上的 n 阶可逆矩阵, 且

$$\begin{aligned}\boldsymbol{R}^{-1}\boldsymbol{A}\boldsymbol{R} &= \begin{pmatrix}1 & \boldsymbol{O}\\ \boldsymbol{O} & \boldsymbol{Q}\end{pmatrix}^{-1}\begin{pmatrix}\lambda_1 & *\\ \boldsymbol{O} & \boldsymbol{A}_1\end{pmatrix}\begin{pmatrix}1 & \boldsymbol{O}\\ \boldsymbol{O} & \boldsymbol{Q}\end{pmatrix}=\begin{pmatrix}\lambda_1 & *\\ \boldsymbol{O} & \boldsymbol{Q}^{-1}\boldsymbol{A}_1\boldsymbol{Q}\end{pmatrix},\\ \boldsymbol{R}^{-1}\boldsymbol{B}\boldsymbol{R} &= \begin{pmatrix}1 & \boldsymbol{O}\\ \boldsymbol{O} & \boldsymbol{Q}\end{pmatrix}^{-1}\begin{pmatrix}\mu_1 & *\\ \boldsymbol{O} & \boldsymbol{B}_1\end{pmatrix}\begin{pmatrix}1 & \boldsymbol{O}\\ \boldsymbol{O} & \boldsymbol{Q}\end{pmatrix}=\begin{pmatrix}\mu_1 & *\\ \boldsymbol{O} & \boldsymbol{Q}^{-1}\boldsymbol{B}_1\boldsymbol{Q}\end{pmatrix}\end{aligned}$$

都是上三角矩阵. □

注　例 6.39 的几何版本是: 设数域 $\mathbb{F}$ 上线性空间 V 上的线性变换 φ 的特征值都在 $\mathbb{F}$ 中, 则存在 V 的一组基, 使得 φ 在这组基下的表示矩阵是上三角矩阵. 例 6.40 的几何版本是: 设数域 $\mathbb{F}$ 上线性空间 V 上的线性变换 φ,ψ 乘法可交换, 且它们的特征值都在 $\mathbb{F}$ 中, 则存在 V 的一组基, 使得 φ,ψ 在这组基下的表示矩阵都是上三角矩阵. 如果希望给出上述几何结论的直接证明, 则需要对商空间上诱导的线性变换利用归纳假设 (参考例 4.53), 请读者自行补充相关的细节.

例 6.32 的延拓　设 $\boldsymbol{A},\boldsymbol{B},\boldsymbol{C}$ 是 n 阶矩阵, 其中 $\boldsymbol{C}=\boldsymbol{A}\boldsymbol{B}-\boldsymbol{B}\boldsymbol{A}$. 若它们满足条件 $\boldsymbol{A}\boldsymbol{C}=\boldsymbol{C}\boldsymbol{A}$, $\boldsymbol{B}\boldsymbol{C}=\boldsymbol{C}\boldsymbol{B}$, 求证: $\boldsymbol{A},\boldsymbol{B},\boldsymbol{C}$ 可同时上三角化.

证明　对阶数进行归纳. 由例 6.32 的证法 2 可知, $\boldsymbol{C}$ 的特征值全为 0, 其特征子空间 V_0 满足

$$\boldsymbol{A}|_{V_0}\boldsymbol{B}|_{V_0}-\boldsymbol{B}|_{V_0}\boldsymbol{A}|_{V_0}=\boldsymbol{C}|_{V_0}=\boldsymbol{0},$$

即 $\boldsymbol{A}|_{V_0},\boldsymbol{B}|_{V_0}$ 乘法可交换. 由例 6.37 可知 $\boldsymbol{A}|_{V_0},\boldsymbol{B}|_{V_0}$ 有公共的特征向量, 即存在 $\boldsymbol{0}\neq\boldsymbol{e}_1\in V_0$, 使得

$$\boldsymbol{A}\boldsymbol{e}_1=\boldsymbol{A}|_{V_0}(\boldsymbol{e}_1)=\lambda_1\boldsymbol{e}_1,\ \ \boldsymbol{B}\boldsymbol{e}_1=\boldsymbol{B}|_{V_0}(\boldsymbol{e}_1)=\mu_1\boldsymbol{e}_1,\ \ \boldsymbol{C}\boldsymbol{e}_1=\boldsymbol{0}.$$

余下的证明完全类似于例 6.40 的证明, 请读者自行补充相关的细节. □

4. 可同时对角化

例 6.41　设 φ,ψ 是数域 $\mathbb{F}$ 上 n 维线性空间 V 上的线性变换, 满足: $\varphi\psi=\psi\varphi$ 且 φ,ψ 都可对角化, 求证: φ,ψ 可同时对角化, 即存在 V 的一组基, 使得 φ,ψ 在这组基下的表示矩阵都是对角矩阵.

证明　对空间维数进行归纳. 当 $n=1$ 时结论显然成立, 设对维数小于 n 的线性空间结论成立, 现对 n 维线性空间进行证明. 设 $\boldsymbol{\varphi}$ 的全体不同特征值为 $\lambda_1,\cdots,\lambda_s\in\mathbb{F}$, 对应的特征子空间分别为 $V_1,\cdots,V_s$, 则由 $\boldsymbol{\varphi}$ 可对角化可知

$$V=V_1\oplus\cdots\oplus V_s.$$

若 $s=1$, 则 $\boldsymbol{\varphi}=\lambda_1\boldsymbol{I}_V$ 为纯量变换, 此时只要取 V 的一组基, 使得 $\boldsymbol{\psi}$ 在这组基下的表示矩阵为对角矩阵, 则 $\boldsymbol{\varphi}$ 在这组基下的表示矩阵为 $\lambda_1\boldsymbol{I}_n$, 结论成立. 若 $s>1$, 则 $\dim V_i<n$. 注意到 $\boldsymbol{\varphi\psi}=\boldsymbol{\psi\varphi}$ 且 $\boldsymbol{\varphi},\boldsymbol{\psi}$ 的特征值都在 $\mathbb{F}$ 中, 由例 6.38 可知 V_i 都是 $\boldsymbol{\psi}$–不变子空间. 考虑线性变换的限制 $\boldsymbol{\varphi}|_{V_i},\boldsymbol{\psi}|_{V_i}$: 它们乘法可交换, 且由可对角化线性变换的性质可知它们都可对角化, 故由归纳假设可知, $\boldsymbol{\varphi}|_{V_i},\boldsymbol{\psi}|_{V_i}$ 可同时对角化, 即存在 V_i 的一组基, 使得 $\boldsymbol{\varphi}|_{V_i},\boldsymbol{\psi}|_{V_i}$ 在这组基下的表示矩阵都是对角矩阵. 将 V_i 的基拼成 V 的一组基, 则 $\boldsymbol{\varphi},\boldsymbol{\psi}$ 在这组基下的表示矩阵都是对角矩阵, 即 $\boldsymbol{\varphi},\boldsymbol{\psi}$ 可同时对角化. □

注　例 6.41 的代数版本是: 设 $\boldsymbol{A},\boldsymbol{B}$ 是数域 $\mathbb{F}$ 上的 n 阶矩阵, 满足: $\boldsymbol{AB}=\boldsymbol{BA}$ 且 $\boldsymbol{A},\boldsymbol{B}$ 都在 $\mathbb{F}$ 上可对角化, 则 $\boldsymbol{A},\boldsymbol{B}$ 在 $\mathbb{F}$ 上可同时对角化, 即存在 $\mathbb{F}$ 上的可逆矩阵 $\boldsymbol{P}$, 使得 $\boldsymbol{P}^{-1}\boldsymbol{AP}$ 和 $\boldsymbol{P}^{-1}\boldsymbol{BP}$ 都是对角矩阵.

5. 个数的推广

上述所有的结论都可以推广到多个矩阵或线性变换的情形. 下面以代数语言进行阐述, 其几何版本请读者自行补充完整.

例 6.42　设数域 $\mathbb{F}$ 上的 n 阶矩阵 $\boldsymbol{A}_1,\boldsymbol{A}_2,\cdots,\boldsymbol{A}_m$ 两两乘法可交换, 且它们的特征值都在 $\mathbb{F}$ 中, 求证: 它们在 $\mathbb{F}^n$ 中至少有一个公共的特征向量.

证明　对 m 进行归纳, $m=2$ 时就是例 6.38. 设矩阵个数小于 m 时结论成立, 现证 m 个矩阵的情形. 将所有的 $\boldsymbol{A}_i$ 都看成是列向量空间 $\mathbb{F}^n$ 上的线性变换, 任取 $\boldsymbol{A}_1$ 的一个特征值 $\lambda_1\in\mathbb{F}$ 及其特征子空间 $V_1\subseteq\mathbb{F}^n$. 注意到 $\boldsymbol{A}_1\boldsymbol{A}_i=\boldsymbol{A}_i\boldsymbol{A}_1$, 故由例 6.38 可知, V_1 是 $\boldsymbol{A}_2,\cdots,\boldsymbol{A}_m$ 的不变子空间. 将 $\boldsymbol{A}_2,\cdots,\boldsymbol{A}_m$ 限制在 V_1 上, 它们仍然两两乘法可交换且特征值都在 $\mathbb{F}$ 中, 故由归纳假设可得 $\boldsymbol{A}_2|_{V_1},\cdots,\boldsymbol{A}_m|_{V_1}$ 有公共的特征向量 $\boldsymbol{\alpha}\in V_1$. 注意到 $\boldsymbol{\alpha}$ 也是 $\boldsymbol{A}_1$ 的特征向量, 于是 $\boldsymbol{\alpha}$ 是 $\boldsymbol{A}_1,\boldsymbol{A}_2,\cdots,\boldsymbol{A}_m$ 的公共特征向量. □

例 6.43　设数域 $\mathbb{F}$ 上的 n 阶矩阵 $\boldsymbol{A}_1,\boldsymbol{A}_2,\cdots,\boldsymbol{A}_m$ 两两乘法可交换, 且它们的特征值都在 $\mathbb{F}$ 中, 求证: 它们在 $\mathbb{F}$ 上可同时上三角化, 即存在 $\mathbb{F}$ 上的可逆矩阵 $\boldsymbol{P}$, 使得 $\boldsymbol{P}^{-1}\boldsymbol{A}_i\boldsymbol{P}\,(1\le i\le m)$ 都是上三角矩阵.

证明　完全类似于例 6.40 的证明, 其中利用例 6.42 得到 $\boldsymbol{A}_1, \boldsymbol{A}_2, \cdots, \boldsymbol{A}_m$ 的公共特征向量, 请读者自行补充相关的细节. □

例 6.44　设数域 $\mathbb{F}$ 上的 n 阶矩阵 $\boldsymbol{A}_1, \boldsymbol{A}_2, \cdots, \boldsymbol{A}_m$ 两两乘法可交换, 且它们都在 $\mathbb{F}$ 上可对角化, 求证: 它们在 $\mathbb{F}$ 上可同时对角化, 即存在 $\mathbb{F}$ 上的可逆矩阵 $\boldsymbol{P}$, 使得 $\boldsymbol{P}^{-1}\boldsymbol{A}_i\boldsymbol{P}\,(1 \leq i \leq m)$ 都是对角矩阵.

证明　若 $\boldsymbol{A}_i$ 都是纯量矩阵, 则结论显然成立. 以下不妨设 $\boldsymbol{A}_1$ 不是纯量矩阵, 余下的证明完全类似于例 6.41 的证明, 请读者自行补充相关的细节. □

例 6.45　设 $\boldsymbol{A}, \boldsymbol{B}$ 都是 n 阶矩阵且 $\boldsymbol{AB} = \boldsymbol{BA}$. 若 $\boldsymbol{A}$ 是幂零矩阵, 求证: $|\boldsymbol{A}+\boldsymbol{B}| = |\boldsymbol{B}|$.

证法 1　由例 6.40 可知, $\boldsymbol{A}, \boldsymbol{B}$ 可同时上三角化, 即存在可逆矩阵 $\boldsymbol{P}$, 使得 $\boldsymbol{P}^{-1}\boldsymbol{AP}$ 和 $\boldsymbol{P}^{-1}\boldsymbol{BP}$ 都是上三角矩阵. 因为上三角矩阵的主对角元是矩阵的特征值, 而幂零矩阵的特征值全为零, 所以 $|\boldsymbol{P}^{-1}\boldsymbol{AP} + \boldsymbol{P}^{-1}\boldsymbol{BP}| = |\boldsymbol{P}^{-1}\boldsymbol{BP}|$, 即有 $|\boldsymbol{A}+\boldsymbol{B}| = |\boldsymbol{B}|$.

证法 2　先假设 $\boldsymbol{B}$ 是可逆矩阵, 则 $|\boldsymbol{A}+\boldsymbol{B}| = |\boldsymbol{I}_n + \boldsymbol{AB}^{-1}||\boldsymbol{B}|$, 只要证明 $|\boldsymbol{I}_n + \boldsymbol{AB}^{-1}| = 1$ 即可. 由 $\boldsymbol{AB} = \boldsymbol{BA}$ 可知 $\boldsymbol{AB}^{-1} = \boldsymbol{B}^{-1}\boldsymbol{A}$, 再由 $\boldsymbol{A}$ 是幂零矩阵容易验证 $\boldsymbol{AB}^{-1}$ 也是幂零矩阵, 从而其特征值全为零. 因此 $\boldsymbol{I}_n + \boldsymbol{AB}^{-1}$ 的特征值全为 1, 故 $|\boldsymbol{I}_n + \boldsymbol{AB}^{-1}| = 1$.

对于一般的矩阵 $\boldsymbol{B}$, 可取到一列有理数 $t_k \to 0$, 使得 $t_k\boldsymbol{I}_n + \boldsymbol{B}$ 是可逆矩阵. 由可逆情形的证明可得 $|\boldsymbol{A} + t_k\boldsymbol{I}_n + \boldsymbol{B}| = |t_k\boldsymbol{I}_n + \boldsymbol{B}|$. 注意到上式两边都是 t_k 的多项式, 从而关于 t_k 连续. 将上式两边同时取极限, 令 $t_k \to 0$, 即得结论. □

在 § 9.13, 我们还将讨论由乘法交换性诱导的实对称矩阵的同时正交对角化、复正规矩阵的同时酉对角化以及实正规矩阵的同时正交标准化等问题, 它们都是本节内容的自然延续.

§ 6.4　矩阵相似和可对角化的计算

本节将从 5 个方面阐述与矩阵相似和矩阵可对角化相关的计算方法.

1. 相似初等变换及其应用

利用相似初等变换来讨论矩阵的相似问题是常用的方法之一. 设 $\boldsymbol{A}$ 为 n 阶矩阵, 容易验证以下 3 种变换都是相似变换, 称为相似初等变换:

(1) 对换 $\boldsymbol{A}$ 的第 i 行与第 j 行, 再对换第 i 列与第 j 列;

(2) 将 $\boldsymbol{A}$ 的第 i 行乘以非零常数 c, 再将第 i 列乘以 c^{-1};

(3) 将 $\boldsymbol{A}$ 的第 i 行乘以常数 c 加到第 j 行上, 再将第 j 列乘以 $-c$ 加到第 i 列上.

设 $\boldsymbol{A}$ 是具有相同行列分块方式的分块矩阵, 容易验证以下 3 种变换都是相似变换, 称为相似分块初等变换:

(1) 对换 $\boldsymbol{A}$ 的第 i 分块行与第 j 分块行, 再对换第 i 分块列与第 j 分块列;

(2) 将 $\boldsymbol{A}$ 的第 i 分块行左乘非异阵 $\boldsymbol{M}$, 再将第 i 分块列右乘 $\boldsymbol{M}^{-1}$;

(3) 将 $\boldsymbol{A}$ 的第 i 分块行左乘矩阵 $\boldsymbol{M}$ 加到第 j 分块行上, 再将第 j 分块列右乘 $-\boldsymbol{M}$ 加到第 i 分块列上.

容易验证: 任一相似变换都是若干次相似初等变换的复合. 下面我们给出相似初等变换应用的两个典型例题.

例 6.46 设 $\boldsymbol{A}=\mathrm{diag}\{\boldsymbol{A}_1,\boldsymbol{A}_2,\cdots,\boldsymbol{A}_m\}$ 是分块对角矩阵, 其中 $\boldsymbol{A}_i$ 都是方阵, 求证: $\mathrm{diag}\{\boldsymbol{A}_1,\boldsymbol{A}_2,\cdots,\boldsymbol{A}_m\}$ 相似于 $\mathrm{diag}\{\boldsymbol{A}_{i_1},\boldsymbol{A}_{i_2},\cdots,\boldsymbol{A}_{i_m}\}$, 其中 $\boldsymbol{A}_{i_1},\boldsymbol{A}_{i_2},\cdots,\boldsymbol{A}_{i_m}$ 是 $\boldsymbol{A}_1,\boldsymbol{A}_2,\cdots,\boldsymbol{A}_m$ 的一个排列.

证明　对换 $\boldsymbol{A}$ 的第 i 分块行与第 j 分块行, 再对换第 i 分块列与第 j 分块列. 这是一个相似变换, 变换的结果是将 $\boldsymbol{A}$ 的第 (i,i) 分块和第 (j,j) 分块对换了位置. 又任一排列都可以通过若干次对换来实现, 因此 $\mathrm{diag}\{\boldsymbol{A}_1,\boldsymbol{A}_2,\cdots,\boldsymbol{A}_m\}$ 和 $\mathrm{diag}\{\boldsymbol{A}_{i_1},\boldsymbol{A}_{i_2},\cdots,\boldsymbol{A}_{i_m}\}$ 相似. □

例 6.47 设 n 阶方阵 $\boldsymbol{A},\boldsymbol{B}$ 满足 $\mathrm{r}(\boldsymbol{ABA})=\mathrm{r}(\boldsymbol{B})$, 求证: $\boldsymbol{AB}$ 与 $\boldsymbol{BA}$ 相似.

证明　设 $\boldsymbol{P},\boldsymbol{Q}$ 为 n 阶非异阵, 使得 $\boldsymbol{PAQ}=\begin{pmatrix}\boldsymbol{I}_r & \boldsymbol{O}\\ \boldsymbol{O} & \boldsymbol{O}\end{pmatrix}$, 其中 $r=\mathrm{r}(\boldsymbol{A})$. 注意到问题的条件和结论在相抵变换: $\boldsymbol{A}\mapsto\boldsymbol{PAQ}$, $\boldsymbol{B}\mapsto\boldsymbol{Q}^{-1}\boldsymbol{BP}^{-1}$ 下保持不变, 故不妨从一开始就假设 $\boldsymbol{A}=\begin{pmatrix}\boldsymbol{I}_r & \boldsymbol{O}\\ \boldsymbol{O} & \boldsymbol{O}\end{pmatrix}$ 是相抵标准型. 设 $\boldsymbol{B}=\begin{pmatrix}\boldsymbol{B}_{11} & \boldsymbol{B}_{12}\\ \boldsymbol{B}_{21} & \boldsymbol{B}_{22}\end{pmatrix}$ 为对应的分块, 则由 $\mathrm{r}(\boldsymbol{ABA})=\mathrm{r}(\boldsymbol{B})$ 可得 $\mathrm{r}\begin{pmatrix}\boldsymbol{B}_{11} & \boldsymbol{B}_{12}\\ \boldsymbol{B}_{21} & \boldsymbol{B}_{22}\end{pmatrix}=\mathrm{r}(\boldsymbol{B}_{11})$. 由此进一步可得 $\mathrm{r}(\boldsymbol{B}_{11}\,\vdots\,\boldsymbol{B}_{12})=\mathrm{r}(\boldsymbol{B}_{11})$ 以及 $\mathrm{r}\begin{pmatrix}\boldsymbol{B}_{11}\\ \boldsymbol{B}_{21}\end{pmatrix}=\mathrm{r}(\boldsymbol{B}_{11})$, 再由例 3.105 可知存在矩阵 $\boldsymbol{M},\boldsymbol{N}$, 使得 $\boldsymbol{B}_{11}\boldsymbol{N}=\boldsymbol{B}_{12}$, $\boldsymbol{MB}_{11}=\boldsymbol{B}_{21}$.

将 $\boldsymbol{AB}=\begin{pmatrix}\boldsymbol{B}_{11} & \boldsymbol{B}_{12}\\ \boldsymbol{O} & \boldsymbol{O}\end{pmatrix}$ 的第二分块行左乘 $\boldsymbol{N}$ 加到第一分块行, 再将第一分块

列右乘 $-\boldsymbol{N}$ 加到第二分块列, 于是 $\boldsymbol{AB}$ 相似于 $\begin{pmatrix} \boldsymbol{B}_{11} & \boldsymbol{O} \\ \boldsymbol{O} & \boldsymbol{O} \end{pmatrix}$. 将 $\boldsymbol{BA} = \begin{pmatrix} \boldsymbol{B}_{11} & \boldsymbol{O} \\ \boldsymbol{B}_{21} & \boldsymbol{O} \end{pmatrix}$ 的第一分块行左乘 $-\boldsymbol{M}$ 加到第二分块行, 再将第二分块列右乘 $\boldsymbol{M}$ 加到第一分块列, 于是 $\boldsymbol{BA}$ 相似于 $\begin{pmatrix} \boldsymbol{B}_{11} & \boldsymbol{O} \\ \boldsymbol{O} & \boldsymbol{O} \end{pmatrix}$. 因此, $\boldsymbol{AB}$ 与 $\boldsymbol{BA}$ 相似. □

2. 利用相似不变量来判定矩阵不相似

相似的矩阵具有相同的迹、行列式、特征多项式和极小多项式等, 故它们被称为矩阵相似关系下的不变量. 因此若两个矩阵的相似不变量不相同, 则它们必不相似. 利用这种方法来判断两个矩阵不相似是很简便的.

例 6.48 设 $\boldsymbol{A}, \boldsymbol{B}$ 为 n 阶方阵, 求证: $\boldsymbol{AB} - \boldsymbol{BA}$ 必不相似于 $k\boldsymbol{I}_n$, 其中 k 是非零常数.

证明 注意到 $\mathrm{tr}(\boldsymbol{AB} - \boldsymbol{BA}) = 0$, $\mathrm{tr}(k\boldsymbol{I}_n) = nk \neq 0$, 又矩阵的迹是相似不变量, 因此 $\boldsymbol{AB} - \boldsymbol{BA}$ 和 $k\boldsymbol{I}_n$ 必不相似. □

例 6.49 设 $\boldsymbol{A}, \boldsymbol{B}$ 为 n 阶正交矩阵, 且线性方程组 $(\boldsymbol{A} + \boldsymbol{B})\boldsymbol{x} = \boldsymbol{0}$ 的解空间维数是奇数, 求证: $\boldsymbol{A}$ 和 $\boldsymbol{B}$ 必不相似.

证明 由假设可知 $n - \mathrm{r}(\boldsymbol{A} + \boldsymbol{B})$ 为奇数, 再由例 9.119 可知 $|\boldsymbol{A}| = -|\boldsymbol{B}| \neq 0$, 又矩阵的行列式是相似不变量, 因此 $\boldsymbol{A}$ 和 $\boldsymbol{B}$ 必不相似. □

3. 过渡矩阵 $\boldsymbol{P}$ 的计算

首先, 我们介绍一下当矩阵相似于对角矩阵时求过渡矩阵的方法. 设 n 阶矩阵 $\boldsymbol{A}$ 的特征值为 $\lambda_1, \lambda_2, \cdots, \lambda_n$, 可逆矩阵 $\boldsymbol{P} = (\boldsymbol{\alpha}_1, \boldsymbol{\alpha}_2, \cdots, \boldsymbol{\alpha}_n)$ 为其列分块, 且

$$\boldsymbol{P}^{-1}\boldsymbol{AP} = \mathrm{diag}\{\lambda_1, \lambda_2, \cdots, \lambda_n\},$$

则

$$\boldsymbol{AP} = \boldsymbol{P}\,\mathrm{diag}\{\lambda_1, \lambda_2, \cdots, \lambda_n\},$$

即

$$(\boldsymbol{A\alpha}_1, \boldsymbol{A\alpha}_2, \cdots, \boldsymbol{A\alpha}_n) = (\lambda_1\boldsymbol{\alpha}_1, \lambda_2\boldsymbol{\alpha}_2, \cdots, \lambda_n\boldsymbol{\alpha}_n),$$

于是 $\boldsymbol{A\alpha}_i = \lambda_i\boldsymbol{\alpha}_i$, 这表明 $\boldsymbol{\alpha}_i$ 就是属于特征值 λ_i 的特征向量. 因此 $\boldsymbol{P}$ 的 n 个列向量就是 $\boldsymbol{A}$ 的 n 个线性无关的特征向量. 注意: 因为特征向量不唯一, 所以过渡矩阵 $\boldsymbol{P}$ 也不唯一. 另外, $\boldsymbol{P}$ 的第 i 个列向量对应于 $\boldsymbol{A}$ 的第 i 个特征值.

例 6.50 设三阶矩阵 $\boldsymbol{A}$ 的特征值为 $1,1,4$, 对应的特征向量依次为

$$(2,1,0)',\quad (-1,0,1)',\quad (0,1,1)',$$

试求矩阵 $\boldsymbol{A}$.

解 容易验证 $\boldsymbol{A}$ 的这 3 个特征向量线性无关, 故 $\boldsymbol{A}$ 必相似于对角矩阵, 即有

$$\boldsymbol{P}^{-1}\boldsymbol{A}\boldsymbol{P}=\begin{pmatrix}1&0&0\\0&1&0\\0&0&4\end{pmatrix}.$$

根据上面的分析, 有

$$\boldsymbol{P}=\begin{pmatrix}2&-1&0\\1&0&1\\0&1&1\end{pmatrix},$$

于是

$$\boldsymbol{A}=\begin{pmatrix}1&0&0\\-3&7&-3\\-3&6&-2\end{pmatrix}.\ \Box$$

4. 可对角化判定的计算

例 6.51 已知矩阵 $\boldsymbol{A}=\begin{pmatrix}1&-1&1\\2&x&-2\\-3&-3&y\end{pmatrix}$, $\boldsymbol{B}=\begin{pmatrix}2&0&0\\0&2&0\\0&0&z\end{pmatrix}$ 相似.

(1) 求 x,y,z 的值;

(2) 求一个满足 $\boldsymbol{P}^{-1}\boldsymbol{A}\boldsymbol{P}=\boldsymbol{B}$ 的可逆矩阵 $\boldsymbol{P}$.

解 (1) 显然 $z\neq 2$, 否则由 $\boldsymbol{A}$ 相似于 $2\boldsymbol{I}_3$ 可知 $\boldsymbol{A}=2\boldsymbol{I}_3$, 矛盾. 于是 $\boldsymbol{A}$ 的特征值为 2 (2 重), z (1 重). 因为 $\boldsymbol{A}$ 可对角化, 所以特征值 2 的几何重数也等于 2, 故有

$$\mathrm{r}(\boldsymbol{A}-2\boldsymbol{I}_3)=\mathrm{r}\begin{pmatrix}-1&-1&1\\2&x-2&-2\\-3&-3&y-2\end{pmatrix}=1,$$

由此可得 $x=4$, $y=5$. 再由矩阵的迹等于特征值之和可得 $10=\mathrm{tr}(\boldsymbol{A})=4+z$, 故 $z=6$.

(2) 通过计算可得: 特征值 2 的两个线性无关的特征向量为 $\boldsymbol{\alpha}_1 = (-1,1,0)'$, $\boldsymbol{\alpha}_2 = (1,0,1)'$; 特征值 6 的特征向量为 $\boldsymbol{\alpha}_3 = (1,-2,3)'$. 因此

$$\boldsymbol{P} = \begin{pmatrix} -1 & 1 & 1 \\ 1 & 0 & -2 \\ 0 & 1 & 3 \end{pmatrix}. \square$$

例 6.52 设 $\boldsymbol{A} = \begin{pmatrix} 3 & 2 & -2 \\ -k & -1 & k \\ 4 & 2 & -3 \end{pmatrix}$, 当 k 为何值时, 存在可逆矩阵 $\boldsymbol{P}$, 使得 $\boldsymbol{P}^{-1}\boldsymbol{AP}$ 是对角矩阵? 求出 $\boldsymbol{P}$ 和对角矩阵.

解 经计算可得 $|\lambda \boldsymbol{I}_3 - \boldsymbol{A}| = (\lambda-1)(\lambda+1)^2$, 因此 $\boldsymbol{A}$ 的特征值为 1 (1 重), -1 (2 重). 对单特征值 1, 其几何重数与代数重数必相等; 因此要使 $\boldsymbol{A}$ 可对角化, 特征值 -1 的几何重数必须等于 2 才行, 故有

$$\mathrm{r}(\boldsymbol{A}+\boldsymbol{I}_3) = \mathrm{r}\begin{pmatrix} 4 & 2 & -2 \\ -k & 0 & k \\ 4 & 2 & -2 \end{pmatrix} = 1,$$

于是 $k=0$. 通过计算可得: 特征值 1 的特征向量为 $(1,0,1)'$; 特征值 -1 的两个线性无关的特征向量为 $(-1,2,0)'$, $(1,0,2)'$. 因此

$$\boldsymbol{P} = \begin{pmatrix} 1 & -1 & 1 \\ 0 & 2 & 0 \\ 1 & 0 & 2 \end{pmatrix}, \quad \boldsymbol{P}^{-1}\boldsymbol{AP} = \begin{pmatrix} 1 & 0 & 0 \\ 0 & -1 & 0 \\ 0 & 0 & -1 \end{pmatrix}. \square$$

5. 可对角化矩阵的应用

例 6.53 设矩阵 $\boldsymbol{A} = \begin{pmatrix} 1 & -1 & 1 \\ 2 & 4 & -2 \\ -3 & -3 & 5 \end{pmatrix}$, 求 $\boldsymbol{A}^n$.

解 本题中的矩阵是一个可对角化矩阵, 因此可以使用下列方法: 先求出可逆矩阵 $\boldsymbol{P}$, 使得 $\boldsymbol{P}^{-1}\boldsymbol{AP} = \boldsymbol{B}$ 是对角矩阵. 因为对角矩阵的幂很容易求出, 故由 $\boldsymbol{A}^n = \boldsymbol{PB}^n\boldsymbol{P}^{-1}$ 即可得到结果.

经计算可得 $|\lambda \boldsymbol{I}_3 - \boldsymbol{A}| = (\lambda-2)^2(\lambda-6)$, 因此 $\boldsymbol{A}$ 的特征值为 2 (2 重), 6 (1 重). 通过计算可得: 特征值 2 有两个线性无关的特征向量 $(-1,1,0)'$, $(1,0,1)'$; 特征值 6

有特征向量 $(1,-2,3)'$, 于是 $\boldsymbol{A}$ 有完全的特征向量系, 从而可对角化. 注意到

$$\boldsymbol{P}=\begin{pmatrix}-1&1&1\\1&0&-2\\0&1&3\end{pmatrix},\quad \boldsymbol{B}=\boldsymbol{P}^{-1}\boldsymbol{A}\boldsymbol{P}=\begin{pmatrix}2&0&0\\0&2&0\\0&0&6\end{pmatrix},$$

故

$$\boldsymbol{A}^n=\boldsymbol{P}\boldsymbol{B}^n\boldsymbol{P}^{-1}=\frac{1}{4}\begin{pmatrix}5\cdot 2^n-6^n&2^n-6^n&6^n-2^n\\2\cdot 6^n-2^{n+1}&2\cdot 6^n+2^{n+1}&2^{n+1}-2\cdot 6^n\\3\cdot 2^n-3\cdot 6^n&3\cdot 2^n-3\cdot 6^n&2^n+3\cdot 6^n\end{pmatrix}.\ \square$$

例 6.54 下列数列称为 Fibonacci 数列:

$$a_0=0,\ a_1=1,\ a_2=1,\ a_3=2,\ a_4=3,\ a_5=5,\ a_6=8,\ \cdots,$$

通项用递推式来表示为 $a_{n+2}=a_{n+1}+a_n$, 试求 Fibonacci 数列通项的显式表达式.

解 这是初等数学中的一个著名问题, 用初等方法来求通项表达式不是一件容易的事. 现在我们用矩阵方法可以很轻松地求得答案. 首先用矩阵来表示递推式:

$$\begin{pmatrix}a_{n+1}\\a_n\end{pmatrix}=\begin{pmatrix}1&1\\1&0\end{pmatrix}\begin{pmatrix}a_n\\a_{n-1}\end{pmatrix}.$$

令 $\boldsymbol{A}=\begin{pmatrix}1&1\\1&0\end{pmatrix}$, 则

$$\begin{pmatrix}a_{n+1}\\a_n\end{pmatrix}=\boldsymbol{A}\begin{pmatrix}a_n\\a_{n-1}\end{pmatrix}=\boldsymbol{A}^2\begin{pmatrix}a_{n-1}\\a_{n-2}\end{pmatrix}=\cdots=\boldsymbol{A}^n\begin{pmatrix}a_1\\a_0\end{pmatrix}=\boldsymbol{A}^n\begin{pmatrix}1\\0\end{pmatrix}.$$

只要求出 $\boldsymbol{A}^n$ 就可以算出 a_n 来. $\boldsymbol{A}$ 的特征多项式为 $|\lambda\boldsymbol{I}_2-\boldsymbol{A}|=\lambda^2-\lambda-1$, 解得

$$\lambda_1=\frac{1+\sqrt{5}}{2},\quad \lambda_2=\frac{1-\sqrt{5}}{2}.$$

对应于特征值 λ_1,λ_2 的特征向量分别是:

$$\boldsymbol{\alpha}_1=\begin{pmatrix}\dfrac{1+\sqrt{5}}{2}\\1\end{pmatrix},\quad \boldsymbol{\alpha}_2=\begin{pmatrix}\dfrac{1-\sqrt{5}}{2}\\1\end{pmatrix}.$$

若记

$$\boldsymbol{P}=\begin{pmatrix}\dfrac{1+\sqrt{5}}{2}&\dfrac{1-\sqrt{5}}{2}\\1&1\end{pmatrix},$$

则

$$\boldsymbol{P}^{-1}\boldsymbol{A}\boldsymbol{P}=\begin{pmatrix}\dfrac{1+\sqrt{5}}{2} & 0\\ 0 & \dfrac{1-\sqrt{5}}{2}\end{pmatrix}.$$

因此

$$\boldsymbol{A}=\boldsymbol{P}\begin{pmatrix}\dfrac{1+\sqrt{5}}{2} & 0\\ 0 & \dfrac{1-\sqrt{5}}{2}\end{pmatrix}\boldsymbol{P}^{-1},\quad \boldsymbol{A}^n=\boldsymbol{P}\begin{pmatrix}\dfrac{1+\sqrt{5}}{2} & 0\\ 0 & \dfrac{1-\sqrt{5}}{2}\end{pmatrix}^n\boldsymbol{P}^{-1}.$$

经计算可得

$$\boldsymbol{A}^n=\frac{1}{\sqrt{5}}\begin{pmatrix}\left(\dfrac{1+\sqrt{5}}{2}\right)^{n+1}-\left(\dfrac{1-\sqrt{5}}{2}\right)^{n+1} & \left(\dfrac{1+\sqrt{5}}{2}\right)^{n}-\left(\dfrac{1-\sqrt{5}}{2}\right)^{n}\\ \left(\dfrac{1+\sqrt{5}}{2}\right)^{n}-\left(\dfrac{1-\sqrt{5}}{2}\right)^{n} & \left(\dfrac{1+\sqrt{5}}{2}\right)^{n-1}-\left(\dfrac{1-\sqrt{5}}{2}\right)^{n-1}\end{pmatrix},$$

由此可得

$$a_n=\frac{1}{\sqrt{5}}\left(\left(\frac{1+\sqrt{5}}{2}\right)^n-\left(\frac{1-\sqrt{5}}{2}\right)^n\right).\ \square$$

注　本例为求用递推式定义的数列的通项提供了一个一般性的方法. 在例 1.14 中, 我们用技巧性相当高的方法求出了用下列递推式定义的数列的通项:

$$D_n=aD_{n-1}-bcD_{n-2},\quad D_1=a,\ D_2=a^2-bc.$$

现在请读者自己用上面的方法来求出通项表达式.

§ 6.5　可对角化的判定 (一)

矩阵或线性变换的可对角化判定是高等代数的一个重要知识点. 由于判定准则多, 技巧性强, 故可对角化判定一直是教学及考试中的难点和热点. 判定 n 阶复矩阵 $\boldsymbol{A}$ (或 n 维复线性空间 V 上的线性变换 φ) 是否可对角化, 通常有以下 7 种方法:

(1) $\boldsymbol{A}$ 可对角化的充要条件是 $\boldsymbol{A}$ 有 n 个线性无关的特征向量;

(2) 若 $\boldsymbol{A}$ 有 n 个不同的特征值, 则 $\boldsymbol{A}$ 可对角化;

(3) $\boldsymbol{A}$ 可对角化的充要条件是 $\mathbb{C}^n$ 是 $\boldsymbol{A}$ 的特征子空间的直和;

(4) $\boldsymbol{A}$ 可对角化的充要条件是 $\boldsymbol{A}$ 有完全的特征向量系, 即对 $\boldsymbol{A}$ 的任一特征值, 其几何重数等于其代数重数;

(5) $\boldsymbol{A}$ 可对角化的充要条件是 $\boldsymbol{A}$ 的极小多项式无重根;

(6) $\boldsymbol{A}$ 可对角化的充要条件是 $\boldsymbol{A}$ 的 Jordan 块都是一阶的 (或 $\boldsymbol{A}$ 的初等因子都是一次多项式);

(7) 若 $\boldsymbol{A}$ 相似于实对称矩阵或复正规矩阵, 则 $\boldsymbol{A}$ 可对角化.

上述第五、第六种方法将放在 § 7.5 进行探讨, 另外例 7.42 也是可对角化判定准则的一个补充; 第七种方法将放在 § 9.7 的第 4 部分进行探讨; 本节主要阐述可对角化判定的前 4 种方法.

注　若要考虑数域 $\mathbb{F}$ 上的 n 阶矩阵 $\boldsymbol{A}$ (或 $\mathbb{F}$ 上 n 维线性空间 V 上的线性变换 $\boldsymbol{\varphi}$) 在 $\mathbb{F}$ 上的可对角化问题, 那么首先需要验证 $\boldsymbol{A}$ (或 $\boldsymbol{\varphi}$) 的特征值都在 $\mathbb{F}$ 中, 否则由可对角化的定义可知, $\boldsymbol{A}$ (或 $\boldsymbol{\varphi}$) 在 $\mathbb{F}$ 上必不可对角化. 若假设 $\boldsymbol{A}$ (或 $\boldsymbol{\varphi}$) 的特征值都在 $\mathbb{F}$ 中, 则 $\boldsymbol{A}$ (或 $\boldsymbol{\varphi}$) 在 $\mathbb{F}$ 上的可对角化判定准则也是上述前 6 种方法. 因此, 为了突出重点, 本节总是在复数域 $\mathbb{C}$ 上考虑可对角化问题. 请读者自行将某些例题推广到数域 $\mathbb{F}$ 的情形.

1. 有 n 个线性无关的特征向量

寻找 $\boldsymbol{A}$ 的 n 个线性无关的特征向量, 等价于寻找 n 阶可逆矩阵 $\boldsymbol{P}$, 使得 $\boldsymbol{P}^{-1}\boldsymbol{A}\boldsymbol{P}$ 为对角矩阵. 下面来看两个典型的例题.

例 6.55　求证: 复数域上 n 阶循环矩阵

$$\boldsymbol{A}=\begin{pmatrix} a_1 & a_2 & a_3 & \cdots & a_n \\ a_n & a_1 & a_2 & \cdots & a_{n-1} \\ \vdots & \vdots & \vdots & & \vdots \\ a_2 & a_3 & a_4 & \cdots & a_1 \end{pmatrix}$$

可对角化, 并求出它相似的对角矩阵及过渡矩阵.

证明　设 $f(x)=a_1+a_2x+\cdots+a_nx^{n-1}$, $\omega_k=\cos\dfrac{2k\pi}{n}+\mathrm{i}\sin\dfrac{2k\pi}{n}\ (0\leq k\leq n-1)$, 则

$$\begin{pmatrix} a_1 & a_2 & a_3 & \cdots & a_n \\ a_n & a_1 & a_2 & \cdots & a_{n-1} \\ \vdots & \vdots & \vdots & & \vdots \\ a_2 & a_3 & a_4 & \cdots & a_1 \end{pmatrix}\begin{pmatrix} 1 \\ \omega_k \\ \vdots \\ \omega_k^{n-1} \end{pmatrix}=f(\omega_k)\begin{pmatrix} 1 \\ \omega_k \\ \vdots \\ \omega_k^{n-1} \end{pmatrix}.$$

这表明 $(1,\omega_k,\cdots,\omega_k^{n-1})'$ 是 $\boldsymbol{A}$ 的属于特征值 $f(\omega_k)$ 的特征向量. 令

$$\boldsymbol{P}=\begin{pmatrix}1 & 1 & \cdots & 1\\ 1 & \omega_1 & \cdots & \omega_{n-1}\\ \vdots & \vdots & & \vdots\\ 1 & \omega_1^{n-1} & \cdots & \omega_{n-1}^{n-1}\end{pmatrix},$$

由 Vandermonde 行列式可知 $|\boldsymbol{P}|\neq 0$, 从而这 n 个特征向量线性无关, 因此 $\boldsymbol{A}$ 可对角化, 且有

$$\boldsymbol{P}^{-1}\boldsymbol{A}\boldsymbol{P}=\mathrm{diag}\{f(1),f(\omega_1),\cdots,f(\omega_{n-1})\}.\ \square$$

例 6.56 设 n 阶复矩阵 $\boldsymbol{A}$ 可对角化, 证明: 矩阵 $\begin{pmatrix}\boldsymbol{A} & \boldsymbol{A}^2\\ \boldsymbol{A}^2 & \boldsymbol{A}\end{pmatrix}$ 也可对角化.

证明 因为 $\boldsymbol{A}$ 可对角化, 故可设 $\boldsymbol{\alpha}_1,\boldsymbol{\alpha}_2,\cdots,\boldsymbol{\alpha}_n$ 是 $\boldsymbol{A}$ 的 n 个线性无关的特征向量, 满足 $\boldsymbol{A}\boldsymbol{\alpha}_i=\lambda_i\boldsymbol{\alpha}_i\,(1\leq i\leq n)$. 注意到

$$\begin{pmatrix}\boldsymbol{A} & \boldsymbol{A}^2\\ \boldsymbol{A}^2 & \boldsymbol{A}\end{pmatrix}\begin{pmatrix}\boldsymbol{\alpha}_i\\ \boldsymbol{\alpha}_i\end{pmatrix}=(\lambda_i+\lambda_i^2)\begin{pmatrix}\boldsymbol{\alpha}_i\\ \boldsymbol{\alpha}_i\end{pmatrix},\quad \begin{pmatrix}\boldsymbol{A} & \boldsymbol{A}^2\\ \boldsymbol{A}^2 & \boldsymbol{A}\end{pmatrix}\begin{pmatrix}\boldsymbol{\alpha}_i\\ -\boldsymbol{\alpha}_i\end{pmatrix}=(\lambda_i-\lambda_i^2)\begin{pmatrix}\boldsymbol{\alpha}_i\\ -\boldsymbol{\alpha}_i\end{pmatrix}.$$

通过定义不难验证 $\begin{pmatrix}\boldsymbol{\alpha}_i\\ \boldsymbol{\alpha}_i\end{pmatrix}$, $\begin{pmatrix}\boldsymbol{\alpha}_i\\ -\boldsymbol{\alpha}_i\end{pmatrix}$ $(1\leq i\leq n)$ 是线性无关的, 因此 $\begin{pmatrix}\boldsymbol{A} & \boldsymbol{A}^2\\ \boldsymbol{A}^2 & \boldsymbol{A}\end{pmatrix}$ 有 $2n$ 个线性无关的特征向量, 从而可对角化. $\square$

在例 6.14 中, $M_n(\mathbb{F})$ 上的线性变换 $\boldsymbol{\eta}$ 恰有 n^2 个线性无关的特征向量, 因此 $\boldsymbol{\eta}$ 可对角化. 我们还有如下两个类似的例题.

例 6.57 设 V 为 n 阶矩阵全体构成的线性空间, V 上的线性变换 $\boldsymbol{\varphi}$ 定义为 $\boldsymbol{\varphi}(\boldsymbol{X})=\boldsymbol{A}\boldsymbol{X}\boldsymbol{A}$, 其中 $\boldsymbol{A}\in V$. 证明: 若 $\boldsymbol{A}$ 可对角化, 则 $\boldsymbol{\varphi}$ 也可对角化.

证明 设 $\boldsymbol{P}$ 为 n 阶可逆矩阵, 使得 $\boldsymbol{P}^{-1}\boldsymbol{A}\boldsymbol{P}=\boldsymbol{\Lambda}=\mathrm{diag}\{\lambda_1,\lambda_2,\cdots,\lambda_n\}$, 则 $\boldsymbol{P}'\boldsymbol{A}'(\boldsymbol{P}')^{-1}=\boldsymbol{\Lambda}$, 即 $\boldsymbol{A}'$ 也可对角化. 设

$$\boldsymbol{P}=(\boldsymbol{\alpha}_1,\boldsymbol{\alpha}_2,\cdots,\boldsymbol{\alpha}_n),\ \ (\boldsymbol{P}')^{-1}=(\boldsymbol{\beta}_1,\boldsymbol{\beta}_2,\cdots,\boldsymbol{\beta}_n)$$

分别为两个矩阵的列分块, 则

$$\boldsymbol{A}\boldsymbol{\alpha}_i=\lambda_i\boldsymbol{\alpha}_i,\ \ \boldsymbol{A}'\boldsymbol{\beta}_j=\lambda_j\boldsymbol{\beta}_j,\ \ 1\leq i,j\leq n,$$

且 $\boldsymbol{\alpha}_1,\boldsymbol{\alpha}_2,\cdots,\boldsymbol{\alpha}_n$ 线性无关, $\boldsymbol{\beta}_1,\boldsymbol{\beta}_2,\cdots,\boldsymbol{\beta}_n$ 线性无关. 由第 3 章的解答题 3 可知, $\{\boldsymbol{\alpha}_i\boldsymbol{\beta}_j',\,1\leq i,j\leq n\}$ 是 V 中 n^2 个线性无关的矩阵. 注意到

$$\boldsymbol{\varphi}(\boldsymbol{\alpha}_i\boldsymbol{\beta}_j')=\boldsymbol{A}\boldsymbol{\alpha}_i\boldsymbol{\beta}_j'\boldsymbol{A}=(\boldsymbol{A}\boldsymbol{\alpha}_i)(\boldsymbol{A}'\boldsymbol{\beta}_j)'=\lambda_i\lambda_j\boldsymbol{\alpha}_i\boldsymbol{\beta}_j',$$

故 φ 有 n^2 个线性无关的特征向量, 从而可对角化. □

例 6.58 设 V 为 n 阶矩阵全体构成的线性空间, V 上的线性变换 φ 定义为 $\varphi(\boldsymbol{X})=\boldsymbol{AX}-\boldsymbol{XA}$, 其中 $\boldsymbol{A}\in V$. 证明: 若 $\boldsymbol{A}$ 可对角化, 则 φ 也可对角化.

证明 设 $\boldsymbol{P}$ 为 n 阶可逆矩阵, 使得 $\boldsymbol{P}^{-1}\boldsymbol{AP}=\boldsymbol{\Lambda}=\mathrm{diag}\{\lambda_1,\lambda_2,\cdots,\lambda_n\}$, 则 $\boldsymbol{P}'\boldsymbol{A}'(\boldsymbol{P}')^{-1}=\boldsymbol{\Lambda}$, 即 $\boldsymbol{A}'$ 也可对角化. 设

$$\boldsymbol{P}=(\boldsymbol{\alpha}_1,\boldsymbol{\alpha}_2,\cdots,\boldsymbol{\alpha}_n),\quad (\boldsymbol{P}')^{-1}=(\boldsymbol{\beta}_1,\boldsymbol{\beta}_2,\cdots,\boldsymbol{\beta}_n)$$

分别为两个矩阵的列分块, 则

$$\boldsymbol{A\alpha}_i=\lambda_i\boldsymbol{\alpha}_i,\quad \boldsymbol{A}'\boldsymbol{\beta}_j=\lambda_j\boldsymbol{\beta}_j,\quad 1\leq i,j\leq n,$$

且 $\boldsymbol{\alpha}_1,\boldsymbol{\alpha}_2,\cdots,\boldsymbol{\alpha}_n$ 线性无关, $\boldsymbol{\beta}_1,\boldsymbol{\beta}_2,\cdots,\boldsymbol{\beta}_n$ 线性无关. 由第 3 章的解答题 3 可知, $\{\boldsymbol{\alpha}_i\boldsymbol{\beta}_j',1\leq i,j\leq n\}$ 是 V 中 n^2 个线性无关的矩阵. 注意到

$$\varphi(\boldsymbol{\alpha}_i\boldsymbol{\beta}_j')=\boldsymbol{A\alpha}_i\boldsymbol{\beta}_j'-\boldsymbol{\alpha}_i\boldsymbol{\beta}_j'\boldsymbol{A}=(\boldsymbol{A\alpha}_i)\boldsymbol{\beta}_j'-\boldsymbol{\alpha}_i(\boldsymbol{A}'\boldsymbol{\beta}_j)'=(\lambda_i-\lambda_j)\boldsymbol{\alpha}_i\boldsymbol{\beta}_j',$$

故 φ 有 n^2 个线性无关的特征向量, 从而可对角化. □

2. 有 n 个不同的特征值

由于属于不同特征值的特征向量线性无关, 故若 $\boldsymbol{A}$ 有 n 个不同的特征值, 则 $\boldsymbol{A}$ 必有 n 个线性无关的特征向量, 从而可对角化. 请注意 $\boldsymbol{A}$ 有 n 个不同的特征值只是可对角化的充分条件, 而并非必要条件. 不过在做题的过程中, 这个判定方法还是很有用的, 比如在例 6.34 中, 当 $0<s\ll 1$ 或 $s\gg 0$ 时, n 阶矩阵 $\boldsymbol{A}(s)$ 有 n 个不同的特征值, 从而可对角化. 我们再来看下面几道典型的例题.

例 6.59 设 $\boldsymbol{A}$ 是实二阶矩阵且 $|\boldsymbol{A}|<0$, 求证: $\boldsymbol{A}$ 实相似于对角矩阵.

证明 设

$$\boldsymbol{A}=\begin{pmatrix} a & b\\ c & d\end{pmatrix},$$

由 $|\boldsymbol{A}|<0$ 可得 $ad-bc<0$. 又 $\boldsymbol{A}$ 的特征多项式

$$|\lambda\boldsymbol{I}_2-\boldsymbol{A}|=\lambda^2-(a+d)\lambda+(ad-bc),$$

上述关于 λ 的二次方程其判别式大于零, 从而 $\boldsymbol{A}$ 有两个不相等的实特征值, 因此 $\boldsymbol{A}$ 实相似于对角矩阵. □

例 6.60 设 $\boldsymbol{A},\boldsymbol{B},\boldsymbol{C}$ 都是 n 阶矩阵, $\boldsymbol{A},\boldsymbol{B}$ 各有 n 个不同的特征值, 又 $f(\lambda)$ 是 $\boldsymbol{A}$ 的特征多项式, 且 $f(\boldsymbol{B})$ 是可逆矩阵. 求证: 矩阵

$$\boldsymbol{M}=\begin{pmatrix}\boldsymbol{A} & \boldsymbol{C}\\ \boldsymbol{O} & \boldsymbol{B}\end{pmatrix}$$

相似于对角矩阵.

证明 任取 $\boldsymbol{B}$ 的一个特征值 μ_0, 则 $f(\mu_0)$ 是 $f(\boldsymbol{B})$ 的特征值. 由于 $f(\boldsymbol{B})$ 可逆, 故 $f(\boldsymbol{B})$ 的特征值非零, 从而 $f(\mu_0)\neq 0$, 即 μ_0 不是 $\boldsymbol{A}$ 的特征值, 于是 $\boldsymbol{A}$ 和 $\boldsymbol{B}$ 的特征值互不相同. 注意到

$$|\lambda\boldsymbol{I}_{2n}-\boldsymbol{M}|=\begin{vmatrix}\lambda\boldsymbol{I}_n-\boldsymbol{A} & -\boldsymbol{C}\\ \boldsymbol{O} & \lambda\boldsymbol{I}_n-\boldsymbol{B}\end{vmatrix}=|\lambda\boldsymbol{I}_n-\boldsymbol{A}||\lambda\boldsymbol{I}_n-\boldsymbol{B}|,$$

故矩阵 $\boldsymbol{M}$ 有 $2n$ 个不同的特征值, 从而相似于对角矩阵. □

例 6.61 设 n 阶矩阵 $\boldsymbol{A},\boldsymbol{B}$ 有相同的特征值, 且这 n 个特征值互不相等. 求证: 存在 n 阶矩阵 $\boldsymbol{P},\boldsymbol{Q}$, 使得 $\boldsymbol{A}=\boldsymbol{PQ}$, $\boldsymbol{B}=\boldsymbol{QP}$.

证明 由假设以及例 6.46 可知, 矩阵 $\boldsymbol{A},\boldsymbol{B}$ 相似于同一个对角矩阵, 因此 $\boldsymbol{A}$ 和 $\boldsymbol{B}$ 相似. 不妨设 $\boldsymbol{B}=\boldsymbol{P}^{-1}\boldsymbol{AP}$, 令 $\boldsymbol{Q}=\boldsymbol{P}^{-1}\boldsymbol{A}$, 则 $\boldsymbol{PQ}=\boldsymbol{A}$, $\boldsymbol{QP}=\boldsymbol{B}$. □

例 6.62 设 $\boldsymbol{A},\boldsymbol{B}$ 是 n 阶矩阵, $\boldsymbol{A}$ 有 n 个不同的特征值, 并且 $\boldsymbol{AB}=\boldsymbol{BA}$, 求证: $\boldsymbol{B}$ 相似于对角矩阵.

证法 1 (几何方法) 因为 $\boldsymbol{A}$ 有 n 个不同的特征值, 故 $\boldsymbol{A}$ 可对角化. 令 V 是 n 维复列向量空间, 将 $\boldsymbol{A},\boldsymbol{B}$ 看成是 V 上的线性变换. 又设 $\boldsymbol{A}$ 的特征值为 $\lambda_1,\lambda_2,\cdots,\lambda_n$, 对应的特征向量为 $\boldsymbol{\alpha}_1,\boldsymbol{\alpha}_2,\cdots,\boldsymbol{\alpha}_n$, 则 λ_i 的特征子空间 $V_i=L(\boldsymbol{\alpha}_i)\,(1\leq i\leq n)$, 且

$$V=V_1\oplus V_2\oplus\cdots\oplus V_n.$$

注意到 $\boldsymbol{AB}=\boldsymbol{BA}$, 故由例 6.35 可知, $\boldsymbol{A}$ 的特征子空间 V_i 是 $\boldsymbol{B}$ 的不变子空间. 将 $\boldsymbol{B}$ 限制在 V_i 上, 这是一维线性空间 V_i 上的线性变换, 从而只能是纯量变换, 即存在 μ_i, 使得 $\boldsymbol{B\alpha}_i=\mu_i\boldsymbol{\alpha}_i\,(1\leq i\leq n)$, 于是 $\boldsymbol{\alpha}_1,\boldsymbol{\alpha}_2,\cdots,\boldsymbol{\alpha}_n$ 也是 $\boldsymbol{B}$ 的特征向量. 因此, $\boldsymbol{B}$ 有 n 个线性无关的特征向量, 从而 $\boldsymbol{B}$ 可对角化. 事实上, 我们得到了一个更强的结果: $\boldsymbol{A}$ 和 $\boldsymbol{B}$ 可同时对角化, 即存在可逆矩阵 $\boldsymbol{P}=(\boldsymbol{\alpha}_1,\boldsymbol{\alpha}_2,\cdots,\boldsymbol{\alpha}_n)$, 使得 $\boldsymbol{P}^{-1}\boldsymbol{AP}=\mathrm{diag}\{\lambda_1,\lambda_2,\cdots,\lambda_n\}$ 和 $\boldsymbol{P}^{-1}\boldsymbol{BP}=\mathrm{diag}\{\mu_1,\mu_2,\cdots,\mu_n\}$ 都是对角矩阵.

证法 2 (代数方法) 因为 $\boldsymbol{A}$ 有 n 个不同的特征值, 故 $\boldsymbol{A}$ 可对角化, 即存在可逆矩阵 $\boldsymbol{P}$, 使得 $\boldsymbol{P}^{-1}\boldsymbol{AP}=\mathrm{diag}\{\lambda_1,\lambda_2,\cdots,\lambda_n\}$. 注意到问题的条件和结论在同

时相似变换: $\boldsymbol{A} \mapsto \boldsymbol{P}^{-1}\boldsymbol{A}\boldsymbol{P}$, $\boldsymbol{B} \mapsto \boldsymbol{P}^{-1}\boldsymbol{B}\boldsymbol{P}$ 下保持不变, 故不妨从一开始就假设 $\boldsymbol{A} = \mathrm{diag}\{\lambda_1, \lambda_2, \cdots, \lambda_n\}$ 为对角矩阵. 设 $\boldsymbol{B} = (b_{ij})$, 则

$$\boldsymbol{AB} = \begin{pmatrix} \lambda_1 b_{11} & \lambda_1 b_{12} & \cdots & \lambda_1 b_{1n} \\ \lambda_2 b_{21} & \lambda_2 b_{22} & \cdots & \lambda_2 b_{2n} \\ \vdots & \vdots & & \vdots \\ \lambda_n b_{n1} & \lambda_n b_{n2} & \cdots & \lambda_n b_{nn} \end{pmatrix} = \begin{pmatrix} \lambda_1 b_{11} & \lambda_2 b_{12} & \cdots & \lambda_n b_{1n} \\ \lambda_1 b_{21} & \lambda_2 b_{22} & \cdots & \lambda_n b_{2n} \\ \vdots & \vdots & & \vdots \\ \lambda_1 b_{n1} & \lambda_2 b_{n2} & \cdots & \lambda_n b_{nn} \end{pmatrix} = \boldsymbol{BA},$$

比较元素可得 $\lambda_i b_{ij} = \lambda_j b_{ij}$. 注意到 $\lambda_1, \lambda_2, \cdots, \lambda_n$ 互不相同, 故 $b_{ij} = 0\,(i \neq j)$, 即 $\boldsymbol{B}$ 为对角矩阵. □

例 6.63 设 $\boldsymbol{A}, \boldsymbol{B}$ 是 n 阶矩阵, $\boldsymbol{A}$ 有 n 个不同的特征值, 并且 $\boldsymbol{AB} = \boldsymbol{BA}$, 求证: 存在次数不超过 $n-1$ 的多项式 $f(x)$, 使得 $\boldsymbol{B} = f(\boldsymbol{A})$.

证明　由上题可知 $\boldsymbol{A}$ 和 $\boldsymbol{B}$ 可以同时对角化, 即存在可逆矩阵 $\boldsymbol{P}$, 使得

$$\boldsymbol{P}^{-1}\boldsymbol{A}\boldsymbol{P} = \mathrm{diag}\{\lambda_1, \lambda_2, \cdots, \lambda_n\}, \quad \boldsymbol{P}^{-1}\boldsymbol{B}\boldsymbol{P} = \mathrm{diag}\{\mu_1, \mu_2, \cdots, \mu_n\},$$

其中 λ_i, μ_i 分别是 $\boldsymbol{A}, \boldsymbol{B}$ 的特征值. 因为 λ_i 互不相同, 故由例 4.11 (Lagrange 插值定理) 可知, 存在次数不超过 $n-1$ 的多项式 $f(x)$, 使得 $f(\lambda_i) = \mu_i\,(1 \leq i \leq n)$. 于是

$$\boldsymbol{P}^{-1}\boldsymbol{B}\boldsymbol{P} = \mathrm{diag}\{f(\lambda_1), f(\lambda_2), \cdots, f(\lambda_n)\} = f(\boldsymbol{P}^{-1}\boldsymbol{A}\boldsymbol{P}) = \boldsymbol{P}^{-1}f(\boldsymbol{A})\boldsymbol{P},$$

从而 $\boldsymbol{B} = f(\boldsymbol{A})$. □

注　若 $\boldsymbol{A}$ 可对角化, 则对任意的多项式 $f(x)$, $f(\boldsymbol{A})$ 也可对角化. 事实上, 设 $\boldsymbol{P}$ 为可逆矩阵, 使得 $\boldsymbol{P}^{-1}\boldsymbol{A}\boldsymbol{P} = \mathrm{diag}\{\lambda_1, \lambda_2, \cdots, \lambda_n\}$ 为对角矩阵, 则 $\boldsymbol{P}^{-1}f(\boldsymbol{A})\boldsymbol{P} = f(\boldsymbol{P}^{-1}\boldsymbol{A}\boldsymbol{P}) = \mathrm{diag}\{f(\lambda_1), f(\lambda_2), \cdots, f(\lambda_n)\}$ 也为对角矩阵. 这一结论提醒我们: 在处理可对角化问题时, 如能将矩阵写成可对角化矩阵的多项式, 则往往讨论起来更加方便. 我们来看如下几个例子.

例 6.64 设 $\boldsymbol{A}$ 是 n 阶复矩阵且有 n 个不同的特征值, 求证: n 阶复矩阵 $\boldsymbol{B}$ 可对角化的充要条件是存在次数不超过 $n-1$ 的多项式 $f(x)$, 使得 $\boldsymbol{B}$ 相似于 $f(\boldsymbol{A})$.

证明　先证充分性. 由于 $\boldsymbol{A}$ 有 n 个不同的特征值, 故 $\boldsymbol{A}$ 可对角化, 从而 $f(\boldsymbol{A})$ 也可对角化, 又 $\boldsymbol{B}$ 相似于 $\boldsymbol{f}(\boldsymbol{A})$, 于是 $\boldsymbol{B}$ 也可对角化. 再证必要性. 设 $\boldsymbol{P}, \boldsymbol{Q}$ 为可逆矩阵, 使得

$$\boldsymbol{P}^{-1}\boldsymbol{A}\boldsymbol{P} = \mathrm{diag}\{\lambda_1, \lambda_2, \cdots, \lambda_n\}, \quad \boldsymbol{Q}^{-1}\boldsymbol{B}\boldsymbol{Q} = \mathrm{diag}\{\mu_1, \mu_2, \cdots, \mu_n\},$$

其中 λ_i, μ_i 分别是 $\boldsymbol{A}, \boldsymbol{B}$ 的特征值. 因为 λ_i 互不相同, 故由例 4.11 (Lagrange 插值定理) 可知, 存在次数不超过 $n-1$ 的多项式 $f(x)$, 使得 $f(\lambda_i)=\mu_i\,(1\le i\le n)$. 于是

$$\boldsymbol{Q}^{-1}\boldsymbol{B}\boldsymbol{Q}=\mathrm{diag}\{f(\lambda_1),f(\lambda_2),\cdots,f(\lambda_n)\}=f(\boldsymbol{P}^{-1}\boldsymbol{A}\boldsymbol{P})=\boldsymbol{P}^{-1}f(\boldsymbol{A})\boldsymbol{P},$$

即有 $\boldsymbol{B}=(\boldsymbol{P}\boldsymbol{Q}^{-1})^{-1}f(\boldsymbol{A})(\boldsymbol{P}\boldsymbol{Q}^{-1})$, 从而 $\boldsymbol{B}$ 相似于 $f(\boldsymbol{A})$. □

下面的推论是例 6.55 的推广.

推论 n 阶复方阵 $\boldsymbol{B}$ 可对角化的充要条件是 $\boldsymbol{B}$ 相似于某个循环矩阵.

证明 设 $\boldsymbol{J}=\begin{pmatrix}\boldsymbol{O} & \boldsymbol{I}_{n-1}\\ 1 & \boldsymbol{O}\end{pmatrix}$, 经简单计算可得 $|\lambda\boldsymbol{I}_n-\boldsymbol{J}|=\lambda^n-1$, 于是 $\boldsymbol{J}$ 有 n 个不同的特征值. 对任一循环矩阵 $\boldsymbol{C}$, 由例 2.14 可知, 存在次数不超过 $n-1$ 的多项式 $f(x)$, 使得 $\boldsymbol{C}=f(\boldsymbol{J})$, 故由例 6.64 即得本推论. □

例 6.56 设 n 阶复矩阵 $\boldsymbol{A}$ 可对角化, 证明: 矩阵 $\begin{pmatrix}\boldsymbol{A} & \boldsymbol{A}^2\\ \boldsymbol{A}^2 & \boldsymbol{A}\end{pmatrix}$ 也可对角化.

证法 2 容易验证 $\begin{pmatrix}\boldsymbol{I}_n & \boldsymbol{I}_n\\ \boldsymbol{I}_n & -\boldsymbol{I}_n\end{pmatrix}$ 的逆矩阵为 $\dfrac{1}{2}\begin{pmatrix}\boldsymbol{I}_n & \boldsymbol{I}_n\\ \boldsymbol{I}_n & -\boldsymbol{I}_n\end{pmatrix}$. 考虑如下相似变换:

$$\frac{1}{2}\begin{pmatrix}\boldsymbol{I}_n & \boldsymbol{I}_n\\ \boldsymbol{I}_n & -\boldsymbol{I}_n\end{pmatrix}\begin{pmatrix}\boldsymbol{A} & \boldsymbol{A}^2\\ \boldsymbol{A}^2 & \boldsymbol{A}\end{pmatrix}\begin{pmatrix}\boldsymbol{I}_n & \boldsymbol{I}_n\\ \boldsymbol{I}_n & -\boldsymbol{I}_n\end{pmatrix}=\begin{pmatrix}\boldsymbol{A}+\boldsymbol{A}^2 & \boldsymbol{O}\\ \boldsymbol{O} & \boldsymbol{A}-\boldsymbol{A}^2\end{pmatrix}.$$

显然 $\boldsymbol{A}+\boldsymbol{A}^2$, $\boldsymbol{A}-\boldsymbol{A}^2$ 作为 $\boldsymbol{A}$ 的多项式也可对角化, 故原矩阵可对角化. 具体地, 设 $\boldsymbol{P}$ 为可逆矩阵, 使得 $\boldsymbol{P}^{-1}\boldsymbol{A}\boldsymbol{P}=\boldsymbol{\Lambda}$ 为对角矩阵, 则

$$\begin{pmatrix}\boldsymbol{P}^{-1} & \boldsymbol{O}\\ \boldsymbol{O} & \boldsymbol{P}^{-1}\end{pmatrix}\begin{pmatrix}\boldsymbol{A}+\boldsymbol{A}^2 & \boldsymbol{O}\\ \boldsymbol{O} & \boldsymbol{A}-\boldsymbol{A}^2\end{pmatrix}\begin{pmatrix}\boldsymbol{P} & \boldsymbol{O}\\ \boldsymbol{O} & \boldsymbol{P}\end{pmatrix}=\begin{pmatrix}\boldsymbol{\Lambda}+\boldsymbol{\Lambda}^2 & \boldsymbol{O}\\ \boldsymbol{O} & \boldsymbol{\Lambda}-\boldsymbol{\Lambda}^2\end{pmatrix}$$

为对角矩阵, 因此原矩阵可对角化. □

例 6.65 设 a,b,c 为复数且 $bc\neq 0$, 证明下列 n 阶矩阵 $\boldsymbol{A}$ 可对角化:

$$\boldsymbol{A}=\begin{pmatrix}a & b & & & & \\ c & a & b & & & \\ & c & a & b & & \\ & & \ddots & \ddots & \ddots & \\ & & & c & a & b\\ & & & & c & a\end{pmatrix}.$$

证明　我们先来计算 $\boldsymbol{A}$ 的特征多项式 $|\lambda\boldsymbol{I}_n-\boldsymbol{A}|$. 设 x_1,x_2 是二次方程 $x^2-(\lambda-a)x+bc=0$ 的两个根, 则由例 1.14 可得

$$|\lambda\boldsymbol{I}_n-\boldsymbol{A}|=\frac{x_1^{n+1}-x_2^{n+1}}{x_1-x_2}.$$

注意到 x_1,x_2 都是关于 λ 的连续函数, 要求 $\boldsymbol{A}$ 的特征值 λ, 即是求 λ 的值, 使得 $|\lambda\boldsymbol{I}_n-\boldsymbol{A}|=0$, 而这也等价于 $x_1^{n+1}=x_2^{n+1}$. 令 $\omega=\cos\dfrac{2\pi}{n+1}+\mathrm{i}\sin\dfrac{2\pi}{n+1}$ 为 1 的 $n+1$ 次方根, 则由 $x_1^{n+1}=x_2^{n+1}$ 可得 $x_1=x_2\omega^k\,(1\le k\le n)$. 由 Vieta 定理可得 $x_1x_2=bc$, 在选定 bc 的某一平方根 $\sqrt{bc}$ 之后, 可解出

$$x_1=\sqrt{bc}\Big(\cos\frac{k\pi}{n+1}+\mathrm{i}\sin\frac{k\pi}{n+1}\Big),\ x_2=\sqrt{bc}\Big(\cos\frac{k\pi}{n+1}-\mathrm{i}\sin\frac{k\pi}{n+1}\Big),\ 1\le k\le n.$$

再次由 Vieta 定理可得 $\lambda-a=x_1+x_2=2\sqrt{bc}\cos\dfrac{k\pi}{n+1}$, 即

$$\lambda=a+2\sqrt{bc}\cos\frac{k\pi}{n+1},\quad 1\le k\le n.$$

容易验证上述 n 个数的确是 $\boldsymbol{A}$ 的 n 个不同的特征值, 从而 $\boldsymbol{A}$ 可对角化. □

3. 全空间等于特征子空间的直和

矩阵或线性变换可对角化当且仅当全空间等于特征子空间的直和这一判定准则, 不仅给了我们很多几何想象的空间 (如例 4.52 的证法 2), 而且与矩阵或线性变换适合的多项式密切相关 (如例 6.66). 我们来看以下几道典型的例题.

例 6.66　设 n 阶矩阵 $\boldsymbol{A}$ 适合首一多项式 $g(x)$, 并且 $g(x)$ 在复数域中无重根, 证明: $\boldsymbol{A}$ 可对角化.

证明　设 $g(x)=(x-a_1)(x-a_2)\cdots(x-a_m)$ 是复数域上的因式分解, 其中 $a_1,a_2,\cdots,a_m$ 是互异的复数. 我们先来证明:

$$\mathbb{C}^n=\mathrm{Ker}(\boldsymbol{A}-a_1\boldsymbol{I}_n)\oplus\mathrm{Ker}(\boldsymbol{A}-a_2\boldsymbol{I}_n)\oplus\cdots\oplus\mathrm{Ker}(\boldsymbol{A}-a_m\boldsymbol{I}_n).\tag{6.5}$$

设 $g_i(x)=\prod\limits_{j\neq i}(x-a_j)$, 则 $(g_1(x),g_2(x),\cdots,g_m(x))=1$, 故存在 $u_i(x)\,(1\le i\le m)$, 使得

$$g_1(x)u_1(x)+g_2(x)u_2(x)+\cdots+g_m(x)u_m(x)=1.$$

代入 $x=\boldsymbol{A}$, 可得恒等式

$$g_1(\boldsymbol{A})u_1(\boldsymbol{A})+g_2(\boldsymbol{A})u_2(\boldsymbol{A})+\cdots+g_m(\boldsymbol{A})u_m(\boldsymbol{A})=\boldsymbol{I}_n.\tag{6.6}$$

对任一 $\boldsymbol{\alpha}\in\mathbb{C}^n$, 由上式可知 $\boldsymbol{\alpha}=\sum\limits_{i=1}^m g_i(\boldsymbol{A})u_i(\boldsymbol{A})\boldsymbol{\alpha}$. 注意到 $(\boldsymbol{A}-a_i\boldsymbol{I}_n)g_i(\boldsymbol{A})u_i(\boldsymbol{A})\boldsymbol{\alpha}=g(\boldsymbol{A})u_i(\boldsymbol{A})\boldsymbol{\alpha}=\boldsymbol{0}$, 故 $g_i(\boldsymbol{A})u_i(\boldsymbol{A})\boldsymbol{\alpha}\in\mathrm{Ker}(\boldsymbol{A}-a_i\boldsymbol{I}_n)$, 于是

$$\mathbb{C}^n=\mathrm{Ker}(\boldsymbol{A}-a_1\boldsymbol{I}_n)+\mathrm{Ker}(\boldsymbol{A}-a_2\boldsymbol{I}_n)+\cdots+\mathrm{Ker}(\boldsymbol{A}-a_m\boldsymbol{I}_n). \tag{6.7}$$

任取 $\boldsymbol{\alpha}\in\mathrm{Ker}(\boldsymbol{A}-a_1\boldsymbol{I}_n)\cap(\mathrm{Ker}(\boldsymbol{A}-a_2\boldsymbol{I}_n)+\cdots+\mathrm{Ker}(\boldsymbol{A}-a_m\boldsymbol{I}_n))$, 则 $\boldsymbol{\alpha}=\boldsymbol{\alpha}_2+\cdots+\boldsymbol{\alpha}_m$, 其中 $\boldsymbol{\alpha}_i\in\mathrm{Ker}(\boldsymbol{A}-a_i\boldsymbol{I}_n)\,(i\geq 2)$. 由 (6.6) 式可知

$$\boldsymbol{\alpha}=u_1(\boldsymbol{A})g_1(\boldsymbol{A})(\boldsymbol{\alpha}_2+\cdots+\boldsymbol{\alpha}_m)+u_2(\boldsymbol{A})g_2(\boldsymbol{A})\boldsymbol{\alpha}+\cdots+u_m(\boldsymbol{A})g_m(\boldsymbol{A})\boldsymbol{\alpha}=\boldsymbol{0}.$$

注意到下指标可任意选, 故 (6.7) 式是直和.

由于 $\boldsymbol{A}$ 适合 $g(x)$, 故 $\boldsymbol{A}$ 的特征值也适合 $g(x)$, 从而只可能是 $a_1,a_2,\cdots,a_m$ 中的一部分. 在 (6.5) 式中剔除等于零的直和分量, 这就证明了全空间等于特征子空间的直和, 从而 $\boldsymbol{A}$ 可对角化. □

例 6.67 求证:

(1) 若 n 阶矩阵 $\boldsymbol{A}$ 适合 $\boldsymbol{A}^2=\boldsymbol{I}_n$, 则 $\boldsymbol{A}$ 必可对角化;

(2) 若 n 阶矩阵 $\boldsymbol{A}$ 适合 $\boldsymbol{A}^2=\boldsymbol{A}$, 则 $\boldsymbol{A}$ 必可对角化.

证明 对合矩阵 $\boldsymbol{A}$ 适合多项式 x^2-1, 幂等矩阵 $\boldsymbol{A}$ 适合多项式 x^2-x, 它们都在复数域中无重根, 故由例 6.66 即得结论. □

在例 6.14 中, $M_n(\mathbb{F})$ 上的线性变换 $\boldsymbol{\eta}$ 满足 $\boldsymbol{\eta}^2=\boldsymbol{I}_V$, 故 $\boldsymbol{\eta}$ 可对角化.

例 4.52 设 φ 是 n 维线性空间 V 上的线性变换, φ 在 V 的一组基下的表示矩阵为对角矩阵且主对角线上的元素互不相同, 求 φ 的所有不变子空间.

证法 2 设线性变换 φ 在 V 的一组基 $\{\boldsymbol{e}_1,\boldsymbol{e}_2,\cdots,\boldsymbol{e}_n\}$ 下的表示矩阵是对角矩阵 $\mathrm{diag}\{\lambda_1,\lambda_2,\cdots,\lambda_n\}$, 且 λ_i 互不相同, 因此 φ 可对角化, φ 有 n 个不同的特征值 $\lambda_1,\lambda_2,\cdots,\lambda_n$, 且 $\boldsymbol{\varphi}(\boldsymbol{e}_i)=\lambda_i\boldsymbol{e}_i\,(1\leq i\leq n)$. 此时, 特征值 λ_i 的特征子空间 $V_i=L(\boldsymbol{e}_i)$, 并且 $V=V_1\oplus V_2\oplus\cdots\oplus V_n$.

任取 φ 的非零不变子空间 U 以及 U 的一组基, 并将这组基扩张为 V 的一组基, 则 φ 在这组基下的表示矩阵是分块上三角矩阵 $\begin{pmatrix}\boldsymbol{A} & \boldsymbol{C}\\ \boldsymbol{O} & \boldsymbol{B}\end{pmatrix}$, 其中 $\boldsymbol{A}$ 是 $\boldsymbol{\varphi}|_U$ 的表示矩阵, 不妨设为 r 阶矩阵. 考虑到

$$|\lambda\boldsymbol{I}_V-\boldsymbol{\varphi}|=|\lambda\boldsymbol{I}-\boldsymbol{A}||\lambda\boldsymbol{I}-\boldsymbol{B}|=(\lambda-\lambda_1)(\lambda-\lambda_2)\cdots(\lambda-\lambda_n),$$

故 $\boldsymbol{A}$ 或 $\boldsymbol{\varphi}|_U$ 有 r 个不同的特征值, 设为 $\lambda_{i_1},\lambda_{i_2},\cdots,\lambda_{i_r}$. 考虑 $\boldsymbol{\varphi}|_U$ 关于特征值 λ_{i_j} 的特征子空间 $U_{i_j}=\{\boldsymbol{u}\in U\,|\,\boldsymbol{\varphi}(\boldsymbol{u})=\lambda_{i_j}\boldsymbol{u}\}$, 由于 $U_{i_j}=U\cap V_{i_j}$ 且 $\dim V_{i_j}=1$, 故

只能是 $U_{i_j}=V_{i_j}=L(\boldsymbol{e}_{i_j})\,(1\le j\le r)$. 因为 $\boldsymbol{\varphi}|_U$ 有 r 个不同的特征值, 所以 $\boldsymbol{\varphi}|_U$ 可对角化, 于是

$$U=U_{i_1}\oplus U_{i_2}\oplus\cdots\oplus U_{i_r}=L(\boldsymbol{e}_{i_1},\boldsymbol{e}_{i_2},\cdots,\boldsymbol{e}_{i_r}).\ \Box$$

4. 有完全的特征向量系

矩阵或线性变换有完全的特征向量系, 即任一特征值的代数重数等于其几何重数, 也就是特征值与线性无关的特征向量完全一一对应. 无论从计算的层面上看 (如例 6.51 和例 6.52), 还是从证明的层面上看, 这都是一个十分实用的判定可对角化的方法. 下面我们来看几道典型的例题.

例 6.68 若矩阵 $\boldsymbol{A},\boldsymbol{B}$ 有完全的特征向量系, 求证: $\begin{pmatrix}\boldsymbol{A}&\boldsymbol{O}\\\boldsymbol{O}&\boldsymbol{B}\end{pmatrix}$ 也有完全的特征向量系.

证明 因为 $\boldsymbol{A}$, $\boldsymbol{B}$ 有完全的特征向量系, 故相似于对角矩阵. 设 $\boldsymbol{P}^{-1}\boldsymbol{A}\boldsymbol{P}$ 和 $\boldsymbol{Q}^{-1}\boldsymbol{B}\boldsymbol{Q}$ 是对角矩阵, 则

$$\begin{pmatrix}\boldsymbol{P}&\boldsymbol{O}\\\boldsymbol{O}&\boldsymbol{Q}\end{pmatrix}^{-1}\begin{pmatrix}\boldsymbol{A}&\boldsymbol{O}\\\boldsymbol{O}&\boldsymbol{B}\end{pmatrix}\begin{pmatrix}\boldsymbol{P}&\boldsymbol{O}\\\boldsymbol{O}&\boldsymbol{Q}\end{pmatrix}=\begin{pmatrix}\boldsymbol{P}^{-1}\boldsymbol{A}\boldsymbol{P}&\boldsymbol{O}\\\boldsymbol{O}&\boldsymbol{Q}^{-1}\boldsymbol{B}\boldsymbol{Q}\end{pmatrix}$$

是对角矩阵. 因此 $\begin{pmatrix}\boldsymbol{A}&\boldsymbol{O}\\\boldsymbol{O}&\boldsymbol{B}\end{pmatrix}$ 有完全的特征向量系. $\Box$

例 6.69 设 n 阶矩阵 $\boldsymbol{A}=\begin{pmatrix}\boldsymbol{I}_r&\boldsymbol{B}\\\boldsymbol{O}&-\boldsymbol{I}_{n-r}\end{pmatrix}$, 求证: $\boldsymbol{A}$ 可对角化.

证法 1 显然 $\boldsymbol{A}$ 有特征值 1 (r 重) 与 -1 ($n-r$ 重). 注意到矩阵 $\boldsymbol{I}_n-\boldsymbol{A}=\begin{pmatrix}\boldsymbol{O}&-\boldsymbol{B}\\\boldsymbol{O}&2\boldsymbol{I}_{n-r}\end{pmatrix}$ 的秩等于 $n-r$, 因此特征值 1 的几何重数等于 $n-\mathrm{r}(\boldsymbol{I}_n-\boldsymbol{A})=r$, 与其代数重数相等. 同理可证特征值 -1 的几何重数为 $n-r$, 与其代数重数相同. 因此 $\boldsymbol{A}$ 可对角化, 且相似于对角矩阵 $\mathrm{diag}\{\boldsymbol{I}_r,-\boldsymbol{I}_{n-r}\}$.

证法 2 容易算出 $\boldsymbol{A}^2=\boldsymbol{I}_n$, 由例 6.67 (1) 可知 $\boldsymbol{A}$ 可对角化.

证法 3 由 $\begin{pmatrix}\boldsymbol{I}_r&\frac{1}{2}\boldsymbol{B}\\\boldsymbol{O}&\boldsymbol{I}_{n-r}\end{pmatrix}\begin{pmatrix}\boldsymbol{I}_r&\boldsymbol{B}\\\boldsymbol{O}&-\boldsymbol{I}_{n-r}\end{pmatrix}\begin{pmatrix}\boldsymbol{I}_r&-\frac{1}{2}\boldsymbol{B}\\\boldsymbol{O}&\boldsymbol{I}_{n-r}\end{pmatrix}=\begin{pmatrix}\boldsymbol{I}_r&\boldsymbol{O}\\\boldsymbol{O}&-\boldsymbol{I}_{n-r}\end{pmatrix}$ 即得. $\Box$

以下是 § 6.2 的 4 道例题, 在那里已经计算出了矩阵的全体特征值, 只要再计算特征值的几何重数, 即可得到矩阵可对角化的充要条件. 我们把结论罗列如下, 请读者自行验证细节.

- **例 6.6**: $\boldsymbol{A}$ 可对角化的充要条件是 $a=b=0$ 或 $ab\neq 0$.

- **例 6.20**: $\boldsymbol{I}_n-2\boldsymbol{\alpha}\boldsymbol{\alpha}'$ 可对角化.

- **例 6.21**: $\boldsymbol{A}\boldsymbol{\alpha}\boldsymbol{\beta}'$ 可对角化的充要条件是 $\boldsymbol{\beta}'\boldsymbol{A}\boldsymbol{\alpha}\neq 0$ 或 $\boldsymbol{A}\boldsymbol{\alpha}\boldsymbol{\beta}'=\boldsymbol{O}$.

- **例 6.22**: 若 a_i 全部为零, 则特征值 -1 和 $n-1$ 都有完全的特征向量系. 若 $\sum\limits_{i=1}^{n}a_i^2=n$, 利用秩的降阶公式可得特征值 -1 和 $n-1$ 都有完全的特征向量系. 在剩余情况, 利用秩的降阶公式可得 3 个特征值都有完全的特征向量系. 因此, $\boldsymbol{A}$ 可对角化. 事实上, 即使去掉 $a_1+a_2+\cdots+a_n=0$ 的条件, 也可以计算出 $\boldsymbol{A}$ 的全体特征值的代数重数和几何重数, 从而得到 $\boldsymbol{A}$ 可对角化. 这一结论的深层次背景是: $\boldsymbol{A}$ 是实对称矩阵, 从而可正交对角化. 这也是第 7 个可对角化判定准则的出发点, 我们将在 § 9.7 详细阐述.

下面这道例题是例 6.60 和例 6.69 的推广.

例 6.70 设 m 阶矩阵 $\boldsymbol{A}$ 与 n 阶矩阵 $\boldsymbol{B}$ 没有公共的特征值, 且 $\boldsymbol{A},\boldsymbol{B}$ 均可对角化, 又 $\boldsymbol{C}$ 为 $m\times n$ 矩阵, 求证: $\boldsymbol{M}=\begin{pmatrix}\boldsymbol{A}&\boldsymbol{C}\\\boldsymbol{O}&\boldsymbol{B}\end{pmatrix}$ 也可对角化.

证明 任取 $\boldsymbol{A}$ 的特征值 λ_0, 记其代数重数为 $m_{\boldsymbol{A}}(\lambda_0)$, 几何重数为 $t_{\boldsymbol{A}}(\lambda_0)$. 首先注意到 $\boldsymbol{A},\boldsymbol{B}$ 没有公共的特征值, 故 λ_0 不是 $\boldsymbol{B}$ 的特征值, 又 $|\lambda\boldsymbol{I}-\boldsymbol{M}|=|\lambda\boldsymbol{I}-\boldsymbol{A}||\lambda\boldsymbol{I}-\boldsymbol{B}|$, 从而 $m_{\boldsymbol{M}}(\lambda_0)=m_{\boldsymbol{A}}(\lambda_0)$. 由于 $\lambda_0\boldsymbol{I}-\boldsymbol{B}$ 是非异阵, 故有如下分块矩阵的初等变换:

$$\lambda_0\boldsymbol{I}-\boldsymbol{M}=\begin{pmatrix}\lambda_0\boldsymbol{I}-\boldsymbol{A}&-\boldsymbol{C}\\\boldsymbol{O}&\lambda_0\boldsymbol{I}-\boldsymbol{B}\end{pmatrix}\to\begin{pmatrix}\lambda_0\boldsymbol{I}-\boldsymbol{A}&\boldsymbol{O}\\\boldsymbol{O}&\lambda_0\boldsymbol{I}-\boldsymbol{B}\end{pmatrix}.$$

因为矩阵的秩在分块初等变换下不变, 故由矩阵秩的等式可得

$$\mathrm{r}(\lambda_0\boldsymbol{I}-\boldsymbol{M})=\mathrm{r}(\lambda_0\boldsymbol{I}-\boldsymbol{A})+\mathrm{r}(\lambda_0\boldsymbol{I}-\boldsymbol{B})=\mathrm{r}(\lambda_0\boldsymbol{I}-\boldsymbol{A})+n,$$

于是 $t_{\boldsymbol{M}}(\lambda_0)=(m+n)-\mathrm{r}(\lambda_0\boldsymbol{I}-\boldsymbol{M})=m-\mathrm{r}(\lambda_0\boldsymbol{I}-\boldsymbol{A})=t_{\boldsymbol{A}}(\lambda_0)$. 因为 $\boldsymbol{A}$ 可对角化, 所以 $\boldsymbol{A}$ 有完全的特征向量系, 从而 $m_{\boldsymbol{A}}(\lambda_0)=t_{\boldsymbol{A}}(\lambda_0)$, 于是 $m_{\boldsymbol{M}}(\lambda_0)=t_{\boldsymbol{M}}(\lambda_0)$. 同理可证, 对 $\boldsymbol{B}$ 的任一特征值 μ_0, 成立 $m_{\boldsymbol{M}}(\mu_0)=t_{\boldsymbol{M}}(\mu_0)$. 因此 $\boldsymbol{M}$ 有完全的特征向量系, 从而可对角化. □

在某种意义下, 例 6.71 可以看成是例 6.70 的逆命题.

例 6.71 设 $\boldsymbol{A}$ 为 m 阶矩阵, $\boldsymbol{B}$ 为 n 阶矩阵, $\boldsymbol{C}$ 为 $m\times n$ 矩阵, $\boldsymbol{M}=\begin{pmatrix}\boldsymbol{A}&\boldsymbol{C}\\\boldsymbol{O}&\boldsymbol{B}\end{pmatrix}$, 求证: 若 $\boldsymbol{M}$ 可对角化, 则 $\boldsymbol{A},\boldsymbol{B}$ 均可对角化.

证明 任取 $\boldsymbol{M}$ 的特征值 λ_0, 并采用与例 6.70 的证明相同的记号. 由 $|\lambda\boldsymbol{I}-\boldsymbol{M}|=|\lambda\boldsymbol{I}-\boldsymbol{A}||\lambda\boldsymbol{I}-\boldsymbol{B}|$ 可得 $m_{\boldsymbol{M}}(\lambda_0)=m_{\boldsymbol{A}}(\lambda_0)+m_{\boldsymbol{B}}(\lambda_0)$. 考虑如下分块矩阵:

$$\lambda_0\boldsymbol{I}-\boldsymbol{M}=\begin{pmatrix}\lambda_0\boldsymbol{I}-\boldsymbol{A}&-\boldsymbol{C}\\\boldsymbol{O}&\lambda_0\boldsymbol{I}-\boldsymbol{B}\end{pmatrix},$$

由矩阵秩的不等式 (例 3.62) 可得

$$\mathrm{r}(\lambda_0\boldsymbol{I}-\boldsymbol{M})\geq\mathrm{r}(\lambda_0\boldsymbol{I}-\boldsymbol{A})+\mathrm{r}(\lambda_0\boldsymbol{I}-\boldsymbol{B}),$$

于是 $t_{\boldsymbol{M}}(\lambda_0)=(m+n)-\mathrm{r}(\lambda_0\boldsymbol{I}-\boldsymbol{M})\leq(m-\mathrm{r}(\lambda_0\boldsymbol{I}-\boldsymbol{A}))+(n-\mathrm{r}(\lambda_0\boldsymbol{I}-\boldsymbol{B}))=t_{\boldsymbol{A}}(\lambda_0)+t_{\boldsymbol{B}}(\lambda_0)$. 由于几何重数总是小于等于代数重数, 故有

$$t_{\boldsymbol{M}}(\lambda_0)\leq t_{\boldsymbol{A}}(\lambda_0)+t_{\boldsymbol{B}}(\lambda_0)\leq m_{\boldsymbol{A}}(\lambda_0)+m_{\boldsymbol{B}}(\lambda_0)=m_{\boldsymbol{M}}(\lambda_0).$$

因为 $\boldsymbol{M}$ 可对角化, 所以 $\boldsymbol{M}$ 有完全的特征向量系, 从而 $t_{\boldsymbol{M}}(\lambda_0)=m_{\boldsymbol{M}}(\lambda_0)$, 再由上述不等式可得 $t_{\boldsymbol{A}}(\lambda_0)=m_{\boldsymbol{A}}(\lambda_0)$, $t_{\boldsymbol{B}}(\lambda_0)=m_{\boldsymbol{B}}(\lambda_0)$. 由 λ_0 的任意性即知, $\boldsymbol{A},\boldsymbol{B}$ 均有完全的特征向量系, 从而均可对角化. □

注 例 6.71 的几何版本是: 设 φ 是复线性空间 V 上的线性变换, U 是 φ-不变子空间, 若 φ 可对角化, 则 φ 在不变子空间 U 上的限制变换 $\varphi|_U$ 以及 φ 在商空间 V/U 上的诱导变换 $\overline{\varphi}$ 均可对角化 (参考例 4.53).

例 6.72 设 $\boldsymbol{A}$ 为 $m\times n$ 矩阵, $\boldsymbol{B}$ 为 $n\times m$ 矩阵, 又 $|\boldsymbol{BA}|\neq0$, 求证: $\boldsymbol{AB}$ 可对角化的充要条件是 $\boldsymbol{BA}$ 可对角化.

证明 由例 6.19 可得 $|\lambda\boldsymbol{I}_m-\boldsymbol{AB}|=\lambda^{m-n}|\lambda\boldsymbol{I}_n-\boldsymbol{BA}|$, 因此 $\boldsymbol{AB}$ 的特征值为 $\boldsymbol{BA}$ 的特征值以及 0. 由于 $\boldsymbol{BA}$ 非异, 故其特征值全部非零, 从而 0 作为 $\boldsymbol{AB}$ 的特征值, 其代数重数为 $m-n$. 另一方面, 我们有

$$n=\mathrm{r}(\boldsymbol{BA})\leq\min\{\mathrm{r}(\boldsymbol{A}),\mathrm{r}(\boldsymbol{B})\}\leq\max\{\mathrm{r}(\boldsymbol{A}),\mathrm{r}(\boldsymbol{B})\}\leq\min\{m,n\}=n,$$

从而 $\mathrm{r}(\boldsymbol{A})=\mathrm{r}(\boldsymbol{B})=n$. 再由 Sylvester 不等式 (例 3.66) 可得

$$n=\mathrm{r}(\boldsymbol{A})+\mathrm{r}(\boldsymbol{B})-n\leq\mathrm{r}(\boldsymbol{AB})\leq\min\{\mathrm{r}(\boldsymbol{A}),\mathrm{r}(\boldsymbol{B})\}=n,$$

从而 $\mathrm{r}(\boldsymbol{AB})=n$. 因此 0 作为 $\boldsymbol{AB}$ 的特征值, 其几何重数为 $m-\mathrm{r}(\boldsymbol{AB})=m-n$, 即特征值 0 的代数重数等于几何重数. 任取 $\boldsymbol{BA}$ 的特征值 λ_0, 它也是 $\boldsymbol{AB}$ 的非零特征值, 显然 $m_{\boldsymbol{AB}}(\lambda_0)=m_{\boldsymbol{BA}}(\lambda_0)$. 考虑分块矩阵 $\begin{pmatrix} \boldsymbol{I}_m & \boldsymbol{A} \\ \boldsymbol{B} & \lambda_0\boldsymbol{I}_n \end{pmatrix}$, 由秩的降阶公式 (例 3.73) 可得

$$m+\mathrm{r}(\lambda_0\boldsymbol{I}_n-\boldsymbol{BA})=n+\mathrm{r}(\boldsymbol{I}_m-\frac{1}{\lambda_0}\boldsymbol{AB})=n+\mathrm{r}(\lambda_0\boldsymbol{I}_m-\boldsymbol{AB}),$$

于是 $t_{\boldsymbol{AB}}(\lambda_0)=m-\mathrm{r}(\lambda_0\boldsymbol{I}_m-\boldsymbol{AB})=n-\mathrm{r}(\lambda_0\boldsymbol{I}_n-\boldsymbol{BA})=t_{\boldsymbol{BA}}(\lambda_0)$. 由 λ_0 的任意性即知, $\boldsymbol{AB}$ 有完全的特征向量系当且仅当 $\boldsymbol{BA}$ 有完全的特征向量系, 从而 $\boldsymbol{AB}$ 可对角化当且仅当 $\boldsymbol{BA}$ 可对角化. □

例 3.94 设 $\boldsymbol{A},\boldsymbol{B}$ 分别是 3×2, 2×3 矩阵且满足

$$\boldsymbol{AB}=\begin{pmatrix} 8 & 2 & -2 \\ 2 & 5 & 4 \\ -2 & 4 & 5 \end{pmatrix},$$

试求 $\boldsymbol{BA}$.

解法 3 经简单的计算可得 $|\lambda\boldsymbol{I}_3-\boldsymbol{AB}|=\lambda(\lambda-9)^2$, 且特征值 9 的几何重数也等于 2, 因此 $\boldsymbol{AB}$ 可对角化. 由例 6.19 可得 $|\lambda\boldsymbol{I}_2-\boldsymbol{BA}|=(\lambda-9)^2$, 从而 $\boldsymbol{BA}$ 的两个特征值都是 9, 特别地, $\boldsymbol{BA}$ 是可逆矩阵. 因此由例 6.72 可知 $\boldsymbol{BA}$ 也可对角化, 于是 $\boldsymbol{BA}$ 相似于 $9\boldsymbol{I}_2$, 即存在可逆矩阵 $\boldsymbol{P}$, 使得 $\boldsymbol{BA}=\boldsymbol{P}^{-1}(9\boldsymbol{I}_2)\boldsymbol{P}=9\boldsymbol{I}_2$. □

通常我们采用反证法来证明某些矩阵不能对角化, 下面是一个典型的例题.

例 6.73 求证:

(1) 若 n 阶矩阵 $\boldsymbol{A}$ 的特征值都是 λ_0, 但 $\boldsymbol{A}$ 不是纯量矩阵, 则 $\boldsymbol{A}$ 不可对角化. 特别地, 非零的幂零矩阵不可对角化.

(2) 若 n 阶实矩阵 $\boldsymbol{A}$ 适合 $\boldsymbol{A}^2+\boldsymbol{A}+\boldsymbol{I}_n=\boldsymbol{O}$, 则 $\boldsymbol{A}$ 在实数域上不可对角化.

证明 (1) 用反证法, 设 $\boldsymbol{A}$ 可对角化, 则存在可逆矩阵 $\boldsymbol{P}$, 使得 $\boldsymbol{P}^{-1}\boldsymbol{AP}=\boldsymbol{\Lambda}$ 为对角矩阵. 由假设 $\boldsymbol{\Lambda}$ 的主对角元素全为 λ_0, 故 $\boldsymbol{\Lambda}=\lambda_0\boldsymbol{I}_n$, 于是 $\boldsymbol{A}=\boldsymbol{P}(\lambda_0\boldsymbol{I}_n)\boldsymbol{P}^{-1}=\lambda_0\boldsymbol{I}_n$, 这与假设矛盾.

(2) 用反证法, 设 $\boldsymbol{A}$ 在实数域上可对角化, 则 $\boldsymbol{A}$ 的特征值都是实数. 因为 $\boldsymbol{A}$ 适合多项式 x^2+x+1, 故由例 6.12 可知, $\boldsymbol{A}$ 的特征值也适合 x^2+x+1, 从而不可能是实数, 矛盾. □

下面的例题告诉我们: 例 6.72 中的条件 $|\boldsymbol{BA}|\neq 0$ 是必要的.

例 6.74 设 $n\,(n>1)$ 阶矩阵 $\boldsymbol{A}$ 的秩为 1, 求证: $\boldsymbol{A}$ 可对角化的充要条件是 $\mathrm{tr}(\boldsymbol{A})\neq 0$.

证明 由 $\mathrm{r}(\boldsymbol{A})=1$ 可知, 存在非零列向量 $\boldsymbol{\alpha},\boldsymbol{\beta}$, 使得 $\boldsymbol{A}=\boldsymbol{\alpha}\boldsymbol{\beta}'$, 于是由迹的交换性可得 $\mathrm{tr}(\boldsymbol{A})=\mathrm{tr}(\boldsymbol{\alpha}\boldsymbol{\beta}')=\mathrm{tr}(\boldsymbol{\beta}'\boldsymbol{\alpha})=\boldsymbol{\beta}'\boldsymbol{\alpha}$.

证法 1 由例 6.21 及其可对角化的讨论可知本题结论成立.

证法 2 注意到 $\boldsymbol{A}^2=(\boldsymbol{\alpha}\boldsymbol{\beta}')(\boldsymbol{\alpha}\boldsymbol{\beta}')=\boldsymbol{\alpha}(\boldsymbol{\beta}'\boldsymbol{\alpha})\boldsymbol{\beta}'=(\boldsymbol{\beta}'\boldsymbol{\alpha})\boldsymbol{\alpha}\boldsymbol{\beta}'=\mathrm{tr}(\boldsymbol{A})\boldsymbol{A}$, 故 $\boldsymbol{A}$ 适合多项式 $x^2-\mathrm{tr}(\boldsymbol{A})x$. 若 $\mathrm{tr}(\boldsymbol{A})\neq 0$, 则由例 6.66 可知 $\boldsymbol{A}$ 可对角化; 若 $\mathrm{tr}(\boldsymbol{A})=0$, 则 $\boldsymbol{A}$ 是幂零矩阵, 又 $\boldsymbol{A}\neq\boldsymbol{O}$, 故由例 6.73 (1) 可知 $\boldsymbol{A}$ 不可对角化. □

§ 6.6 极小多项式与 Cayley-Hamilton 定理

极小多项式是矩阵或线性变换的一个相似不变量, 它在相似标准型理论中起到了重要的作用. 例如, 极小多项式是矩阵或线性变换的不变因子组中最大的那个不变因子, 矩阵或线性变换可对角化当且仅当其极小多项式无重根. 类似于代数数的极小多项式 (例 5.18), 矩阵或线性变换的极小多项式也要整除其适合的任一多项式, 由这一基本性质容易证明极小多项式的存在唯一性. 由于两个非零矩阵相乘可能等于零矩阵, 因此矩阵或线性变换的极小多项式不一定是不可约多项式, 这一点和代数数的极小多项式有本质的区别.

Cayley-Hamilton 定理是高等代数课程中最重要的定理之一, 它告诉我们任一矩阵或线性变换必适合其特征多项式. 一方面, Cayley-Hamilton 定理在矩阵或线性变换理论以及多项式理论之间建立了紧密的联系, 使我们可以深入研究矩阵或线性变换的相似标准型理论. 另一方面, Cayley-Hamilton 定理也是一个强有力的工具, 它在很多问题的解答过程中起到了关键性的作用. 由极小多项式的基本性质和 Cayley-Hamilton 定理可知, 矩阵或线性变换的极小多项式必整除其特征多项式. 在本节中, 我们将从 5 个方面探讨极小多项式的性质以及 Cayley-Hamilton 定理的相关应用等.

1. 极小多项式的性质

例 6.75 设数域 $\mathbb{F}$ 上的 n 阶矩阵 $\boldsymbol{A}$ 的极小多项式为 $m(x)$, 求证: $\mathbb{F}[\boldsymbol{A}]=\{f(\boldsymbol{A})\mid f(x)\in\mathbb{F}[x]\}$ 是 $M_n(\mathbb{F})$ 的子空间, 且 $\dim\mathbb{F}[\boldsymbol{A}]=\deg m(x)$.

证明 容易验证 $\mathbb{F}[\boldsymbol{A}]$ 在矩阵的加法和数乘下封闭, 从而是 $M_n(\mathbb{F})$ 的子空间. 对任一 $f(x)\in\mathbb{F}[x]$, 设 $f(x)=m(x)q(x)+r(x)$, 其中 $\deg r(x)<\deg m(x)=d$, 于是 $f(\boldsymbol{A})=m(\boldsymbol{A})q(\boldsymbol{A})+r(\boldsymbol{A})=r(\boldsymbol{A})$ 是 $\boldsymbol{I}_n,\boldsymbol{A},\cdots,\boldsymbol{A}^{d-1}$ 的线性组合. 另一方面, 若设

$c_0, c_1, \cdots, c_{d-1} \in \mathbb{F}$, 使得

$$c_0 \boldsymbol{I}_n + c_1 \boldsymbol{A} + \cdots + c_{d-1} \boldsymbol{A}^{d-1} = \boldsymbol{O},$$

则 $\boldsymbol{A}$ 适合多项式 $g(x) = c_{d-1}x^{d-1} + \cdots + c_1 x + c_0$, 由极小多项式的定义可知 $g(x) = 0$, 即 $c_0 = c_1 = \cdots = c_{d-1} = 0$, 于是 $\boldsymbol{I}_n, \boldsymbol{A}, \cdots, \boldsymbol{A}^{d-1}$ 在 $\mathbb{F}$ 上线性无关. 因此, $\{\boldsymbol{I}_n, \boldsymbol{A}, \cdots, \boldsymbol{A}^{d-1}\}$ 是 $\mathbb{F}[\boldsymbol{A}]$ 的一组基, 特别地, $\dim \mathbb{F}[\boldsymbol{A}] = d = \deg m(x)$. □

例 6.76 求证:

(1) 相似的矩阵具有相同的极小多项式;

(2) 矩阵及其转置有相同的极小多项式.

证明 (1) 设矩阵 $\boldsymbol{A}$ 和 $\boldsymbol{B}$ 相似, 即存在可逆矩阵 $\boldsymbol{P}$, 使得 $\boldsymbol{B} = \boldsymbol{P}^{-1}\boldsymbol{A}\boldsymbol{P}$. 设 $\boldsymbol{A}$ 的极小多项式为 $m(x)$, $\boldsymbol{B}$ 的极小多项式为 $n(x)$, 注意到 $m(\boldsymbol{B}) = m(\boldsymbol{P}^{-1}\boldsymbol{A}\boldsymbol{P}) = \boldsymbol{P}^{-1}m(\boldsymbol{A})\boldsymbol{P} = \boldsymbol{O}$, 因此 $n(x) \mid m(x)$. 同理可证 $m(x) \mid n(x)$, 故 $m(x) = n(x)$.

(2) 设 $\boldsymbol{A}$ 的极小多项式是 $m(x)$, 转置 $\boldsymbol{A}'$ 的极小多项式是 $n(x)$. 将 $m(\boldsymbol{A}) = \boldsymbol{O}$ 转置可得 $m(\boldsymbol{A}') = \boldsymbol{O}$, 因此 $n(x) \mid m(x)$. 同理可证 $m(x) \mid n(x)$, 故 $m(x) = n(x)$. □

例 6.77 设 $\boldsymbol{A} = \mathrm{diag}\{\boldsymbol{A}_1, \boldsymbol{A}_2, \cdots, \boldsymbol{A}_k\}$ 为分块对角矩阵, 其中 $\boldsymbol{A}_i$ 都是方阵, 求证: $\boldsymbol{A}$ 的极小多项式等于诸 $\boldsymbol{A}_i$ 的极小多项式之最小公倍式.

证明 设 $\boldsymbol{A}_i$ 的极小多项式为 $m_i(x)$, $\boldsymbol{A}$ 的极小多项式为 $m(x)$. 诸 $m_i(x)$ 的最小公倍式是 $g(x)$, 则 $g(\boldsymbol{A}_i) = \boldsymbol{O}$, 故

$$g(\boldsymbol{A}) = \mathrm{diag}\{g(\boldsymbol{A}_1), g(\boldsymbol{A}_2), \cdots, g(\boldsymbol{A}_m)\} = \boldsymbol{O},$$

因此 $m(x) \mid g(x)$. 注意到

$$m(\boldsymbol{A}) = \mathrm{diag}\{m(\boldsymbol{A}_1), m(\boldsymbol{A}_2), \cdots, m(\boldsymbol{A}_m)\} = \boldsymbol{O},$$

故对每个 i 有 $m(\boldsymbol{A}_i) = \boldsymbol{O}$, 从而 $m_i(x) \mid m(x)$. 又 $g(x)$ 是诸 $m_i(x)$ 的最小公倍式, 故 $g(x) \mid m(x)$, 于是 $m(x) = g(x)$. □

例 6.78 设 n 阶矩阵 $\boldsymbol{A}$ 可对角化, $\lambda_1, \lambda_2, \cdots, \lambda_k$ 是 $\boldsymbol{A}$ 的全体不同的特征值, 试求 $\boldsymbol{A}$ 的极小多项式.

解 设 $\boldsymbol{A}$ 的极小多项式为 $m(x)$. 由 $\boldsymbol{A}$ 可对角化知存在可逆矩阵 $\boldsymbol{P}$, 使得

$$\boldsymbol{P}^{-1}\boldsymbol{A}\boldsymbol{P} = \boldsymbol{B} = \mathrm{diag}\{\boldsymbol{B}_1, \boldsymbol{B}_2, \cdots, \boldsymbol{B}_k\},$$

其中 $\boldsymbol{B}_i=\lambda_i\boldsymbol{I}$ 为纯量矩阵. 显然 $\boldsymbol{B}_i$ 的极小多项式为 $x-\lambda_i$, 故由例 6.76 和例 6.77 可得

$$m(x)=[x-\lambda_1,x-\lambda_2,\cdots,x-\lambda_k]=(x-\lambda_1)(x-\lambda_2)\cdots(x-\lambda_k).\ \square$$

例 6.79 设 $m(x)$ 是 $\boldsymbol{A}$ 的极小多项式, λ_0 是 $\boldsymbol{A}$ 的特征值, 求证: $(x-\lambda_0)\mid m(x)$.

证明　因为 $m(\boldsymbol{A})=\boldsymbol{O}$, 故由例 6.12 可得 $m(\lambda_0)=0$, 再由余数定理即得 $(x-\lambda_0)\mid m(x)$. $\square$

例 6.80 设 $m(x)$ 和 $f(x)$ 分别是 n 阶矩阵 $\boldsymbol{A}$ 的极小多项式和特征多项式, 求证: 若不计重数, $m(x)$ 和 $f(x)$ 有相同的根.

证明　由例 6.79 可知, $f(x)$ 的根 (即特征值) 都是 $m(x)$ 的根. 又由 Cayley-Hamilton 定理和极小多项式的基本性质可知, $m(x)\mid f(x)$, 从而 $m(x)$ 的根也都是 $f(x)$ 的根. 因此若不计重数, $m(x)$ 和 $f(x)$ 有相同的根. $\square$

例 6.81 设 $m(x)$ 和 $f(x)$ 分别是 n 阶矩阵 $\boldsymbol{A}$ 的极小多项式和特征多项式, 求证: $f(x)\mid m(x)^n$.

证明　n 阶矩阵 $\boldsymbol{A}$ 的特征值最多是 n 重的, 故由例 6.80 即知结论成立. $\square$

利用上述性质, 我们可以求出很多矩阵的极小多项式. 若 n 阶矩阵 $\boldsymbol{A}$ 有 n 个不同的特征值, 则极小多项式等于特征多项式. 比如例 2.1 中的 n 阶基础循环矩阵的极小多项式等于 x^n-1. 若 n 阶矩阵 $\boldsymbol{A}$ 可对角化, 则例 6.78 确定了 $\boldsymbol{A}$ 的极小多项式. 比如例 6.14 中的线性变换 $\boldsymbol{\eta}$ 的极小多项式等于 x^2-1, 请读者参考 § 6.5 中更多的例子. 由例 2.2 可知, n 阶幂零 Jordan 块的极小多项式是 x^n. 下面我们来确定秩为 1 的矩阵的极小多项式.

例 6.82 设 $n\,(n>1)$ 阶矩阵 $\boldsymbol{A}$ 的秩为 1, 求证: $\boldsymbol{A}$ 的极小多项式为 $x^2-\mathrm{tr}(\boldsymbol{A})x$.

证明　由例 6.74 可知, $\boldsymbol{A}$ 适合多项式 $x^2-\mathrm{tr}(\boldsymbol{A})x$. 显然 $\boldsymbol{A}$ 不可能适合多项式 x. 若 $\boldsymbol{A}$ 适合多项式 $x-\mathrm{tr}(\boldsymbol{A})$, 则 $\boldsymbol{A}=\mathrm{tr}(\boldsymbol{A})\boldsymbol{I}_n$ 为纯量矩阵, 其秩等于 0 或 n, 这与 $\mathrm{r}(\boldsymbol{A})=1$ 矛盾. 因此, $\boldsymbol{A}$ 的极小多项式为 $x^2-\mathrm{tr}(\boldsymbol{A})x$. $\square$

利用多项式的技巧 (例如互素多项式的性质等) 来讨论矩阵的极小多项式和特征多项式的性质是常用的方法, 下面是应用这种方法的几个例子.

例 6.83 设 $f(x)$ 和 $m(x)$ 分别是 m 阶矩阵 $\boldsymbol{A}$ 的特征多项式和极小多项式, $g(x)$ 和 $n(x)$ 分别是 n 阶矩阵 $\boldsymbol{B}$ 的特征多项式和极小多项式, 证明以下结论等价:

(1) $\boldsymbol{A}, \boldsymbol{B}$ 没有公共的特征值;

(2) $(f(x), g(x))=1$ 或 $(f(x), n(x))=1$ 或 $(m(x), g(x))=1$ 或 $(m(x), n(x))=1$;

(3) $f(\boldsymbol{B})$ 或 $m(\boldsymbol{B})$ 或 $g(\boldsymbol{A})$ 或 $n(\boldsymbol{A})$ 是可逆矩阵.

证明 (1) $\Longleftrightarrow$ (2): 由例 6.80 可知, (2) 中所有的条件都等价. 显然 (1) 与 $(f(x), g(x))=1$ 等价, 故 (1) 与 (2) 等价.

(2) $\Rightarrow$ (3): 例如, 若 $(f(x), n(x))=1$, 则存在 $u(x), v(x)$, 使得 $f(x)u(x)+n(x)v(x)=1$. 将 $x=\boldsymbol{B}$ 代入上式并注意到 $n(\boldsymbol{B})=\boldsymbol{O}$, 故可得 $f(\boldsymbol{B})u(\boldsymbol{B})=\boldsymbol{I}_n$, 这表明 $f(\boldsymbol{B})$ 是可逆矩阵. 将 $x=\boldsymbol{A}$ 代入上式并注意到 $f(\boldsymbol{A})=\boldsymbol{O}$, 故可得 $n(\boldsymbol{A})v(\boldsymbol{A})=\boldsymbol{I}_n$, 这表明 $n(\boldsymbol{A})$ 是可逆矩阵. 同理可证其他的情形.

(3) $\Rightarrow$ (1): 设 $\lambda_1, \cdots, \lambda_m$ 是 $\boldsymbol{A}$ 的特征值, 则 $n(\lambda_1), \cdots, n(\lambda_m)$ 是 $n(\boldsymbol{A})$ 的特征值. 例如, 若 $n(\boldsymbol{A})$ 是可逆矩阵, 则 $n(\lambda_i) \neq 0$. 由例 6.80 可知, $\lambda_1, \cdots, \lambda_m$ 都不是 $\boldsymbol{B}$ 的特征值, 从而 $\boldsymbol{A}, \boldsymbol{B}$ 没有公共的特征值. 同理可证其他的情形. □

例 6.84 设 $f(x)$ 和 $m(x)$ 分别是 n 阶矩阵 $\boldsymbol{A}$ 的特征多项式和极小多项式, $g(x)$ 是一个多项式, 求证: $g(\boldsymbol{A})$ 是可逆矩阵的充要条件是 $(f(x), g(x))=1$ 或 $(m(x), g(x))=1$.

证明 充分性的证明和上题 (2) $\Rightarrow$ (3) 的证明类似, 必要性的证明和上题 (3) $\Rightarrow$ (1) 的证明类似. □

例 6.85 证明: n 阶方阵 $\boldsymbol{A}$ 为可逆矩阵的充要条件是 $\boldsymbol{A}$ 的极小多项式的常数项不为零.

证明 设 $f(x)$ 和 $m(x)$ 分别是 $\boldsymbol{A}$ 的特征多项式和极小多项式, 则 $m(x) \mid f(x)$. 若 $\boldsymbol{A}$ 可逆, 则 $f(x)$ 的常数项 $(-1)^n|\boldsymbol{A}|$ 不等于零, 因此 $m(x)$ 的常数项也不为零.

反之, 设 $m(x)=x^m+b_{m-1}x^{m-1}+\cdots+b_0$, 其中 $b_0 \neq 0$, 则

$$m(\boldsymbol{A})=\boldsymbol{A}^m+b_{m-1}\boldsymbol{A}^{m-1}+\cdots+b_0\boldsymbol{I}_n=\boldsymbol{O},$$

于是

$$\boldsymbol{A}(\boldsymbol{A}^{m-1}+b_{m-1}\boldsymbol{A}^{m-2}+\cdots+b_1\boldsymbol{I}_n)=-b_0\boldsymbol{I}_n.$$

由 $b_0 \neq 0$ 即知 $\boldsymbol{A}$ 可逆. 也可利用例 6.80 和 Vieta 定理来证明, 请读者自行思考. □

2. Cayley-Hamilton 定理的应用: 逆矩阵和伴随矩阵的多项式表示

例 6.86 设 $\boldsymbol{A}$ 是 n 阶可逆矩阵, 求证: $\boldsymbol{A}^{-1}=g(\boldsymbol{A})$, 其中 $g(x)$ 是一个 $n-1$ 次多项式.

证明　设 $f(x)=x^n+a_1x^{n-1}+\cdots+a_{n-1}x+a_n$ 是 $\boldsymbol{A}$ 的特征多项式, 因为 $\boldsymbol{A}$ 可逆, 故 $a_n=(-1)^n|\boldsymbol{A}|\neq 0$. 由 Cayley-Hamilton 定理可得 $f(\boldsymbol{A})=\boldsymbol{O}$, 于是

$$\boldsymbol{A}\Big(-\frac{1}{a_n}(\boldsymbol{A}^{n-1}+a_1\boldsymbol{A}^{n-2}+\cdots+a_{n-1}\boldsymbol{I}_n)\Big)=\boldsymbol{I}_n.$$

因此

$$\boldsymbol{A}^{-1}=-\frac{1}{a_n}(\boldsymbol{A}^{n-1}+a_1\boldsymbol{A}^{n-2}+\cdots+a_{n-1}\boldsymbol{I}_n).\ \square$$

例 6.87　设 $\boldsymbol{A}$ 是 n 阶矩阵, 求证: 伴随矩阵 $\boldsymbol{A}^*=h(\boldsymbol{A})$, 其中 $h(x)$ 是一个 $n-1$ 次多项式.

证明　我们用摄动法来证明结论. 设 $f(x)=x^n+a_1x^{n-1}+\cdots+a_{n-1}x+a_n$ 是 $\boldsymbol{A}$ 的特征多项式, 其中 $a_n=(-1)^n|\boldsymbol{A}|$. 若 $\boldsymbol{A}$ 是可逆矩阵, 则由例 6.86 可得

$$\boldsymbol{A}^*=|\boldsymbol{A}|\boldsymbol{A}^{-1}=(-1)^{n-1}(\boldsymbol{A}^{n-1}+a_1\boldsymbol{A}^{n-2}+\cdots+a_{n-1}\boldsymbol{I}_n).$$

令 $h(x)=(-1)^{n-1}(x^{n-1}+a_1x^{n-2}+\cdots+a_{n-1})$, 则 $\boldsymbol{A}^*=h(\boldsymbol{A})$, 并且 $h(x)$ 的系数由特征多项式 $f(x)$ 的系数唯一确定.

对于一般的方阵 $\boldsymbol{A}$, 可取到一列有理数 $t_k\to 0$, 使得 $t_k\boldsymbol{I}_n+\boldsymbol{A}$ 为可逆矩阵. 设

$$f_{t_k}(x)=|x\boldsymbol{I}_n-(t_k\boldsymbol{I}_n+\boldsymbol{A})|=x^n+a_1(t_k)x^{n-1}+\cdots+a_{n-1}(t_k)x+a_n(t_k)$$

为 $t_k\boldsymbol{I}_n+\boldsymbol{A}$ 的特征多项式, 则 $a_i(t_k)$ 都是 t_k 的多项式且 $a_i(0)=a_i\,(1\leq i\leq n)$. 由可逆矩阵情形的证明可得

$$(t_k\boldsymbol{I}_n+\boldsymbol{A})^*=(-1)^{n-1}\Big((t_k\boldsymbol{I}_n+\boldsymbol{A})^{n-1}+a_1(t_k)(t_k\boldsymbol{I}_n+\boldsymbol{A})^{n-2}+\cdots+a_{n-1}(t_k)\boldsymbol{I}_n\Big).$$

注意到上式两边的矩阵中的元素都是 t_k 的多项式, 从而关于 t_k 连续. 上式两边同时取极限, 令 $t_k\to 0$, 即得

$$\boldsymbol{A}^*=(-1)^{n-1}(\boldsymbol{A}^{n-1}+a_1\boldsymbol{A}^{n-2}+\cdots+a_{n-1}\boldsymbol{I}_n).$$

因此无论 $\boldsymbol{A}$ 是否可逆, 我们都有 $\boldsymbol{A}^*=h(\boldsymbol{A})$ 成立. $\square$

3. Cayley-Hamilton 定理的应用: $\boldsymbol{AX}=\boldsymbol{XB}$ 型矩阵方程的求解及其应用

例 6.88　设 $\boldsymbol{A}$ 为 m 阶矩阵, $\boldsymbol{B}$ 为 n 阶矩阵, 求证: 若 $\boldsymbol{A},\boldsymbol{B}$ 没有公共的特征值, 则矩阵方程 $\boldsymbol{AX}=\boldsymbol{XB}$ 只有零解 $\boldsymbol{X}=\boldsymbol{O}$.

证法 1　设 $f(\lambda)=|\lambda \boldsymbol{I}_m-\boldsymbol{A}|$ 为 $\boldsymbol{A}$ 的特征多项式, 则由 Cayley-Hamilton 定理可知 $f(\boldsymbol{A})=\boldsymbol{O}$, 再由 $\boldsymbol{AX}=\boldsymbol{XB}$ 可得

$$\boldsymbol{O}=\boldsymbol{f}(\boldsymbol{A})\boldsymbol{X}=\boldsymbol{X}\boldsymbol{f}(\boldsymbol{B}).$$

因为 $\boldsymbol{A},\boldsymbol{B}$ 没有公共的特征值, 故由例 6.83 可知, $f(\boldsymbol{B})$ 是可逆矩阵, 从而由上式即得 $\boldsymbol{X}=\boldsymbol{O}$.

证法 2　任取矩阵方程的一个解 $\boldsymbol{X}=\boldsymbol{C}$, 若 $\boldsymbol{C}\neq\boldsymbol{O}$, 则 $\mathrm{r}(\boldsymbol{C})=r\geq 1$. 由例 6.23 可知, $\boldsymbol{A},\boldsymbol{B}$ 至少有 r 个相同的特征值, 这与 $\boldsymbol{A},\boldsymbol{B}$ 没有公共的特征值相矛盾. 因此 $\boldsymbol{C}=\boldsymbol{O}$, 即矩阵方程只有零解. □

例 6.88 是一个很强的结论, 我们给出它的 3 个应用.

例 6.89　设 n 阶方阵 $\boldsymbol{A},\boldsymbol{B}$ 的特征值全部大于零且满足 $\boldsymbol{A}^2=\boldsymbol{B}^2$, 求证: $\boldsymbol{A}=\boldsymbol{B}$.

证明　由 $\boldsymbol{A}^2=\boldsymbol{B}^2$ 可得 $\boldsymbol{A}(\boldsymbol{A}-\boldsymbol{B})=(\boldsymbol{A}-\boldsymbol{B})(-\boldsymbol{B})$, 即 $\boldsymbol{A}-\boldsymbol{B}$ 是矩阵方程 $\boldsymbol{AX}=\boldsymbol{X}(-\boldsymbol{B})$ 的解. 注意到 $\boldsymbol{A}$ 的特征值全部大于零, $-\boldsymbol{B}$ 的特征值全部小于零, 故它们没有公共的特征值, 由例 6.88 可得 $\boldsymbol{A}-\boldsymbol{B}=\boldsymbol{O}$, 即 $\boldsymbol{A}=\boldsymbol{B}$. □

例 6.90 是例 6.62 的分块版本, 可用于分块对角矩阵的化简.

例 6.90　设 $\boldsymbol{A}=\mathrm{diag}\{\boldsymbol{A}_1,\boldsymbol{A}_2,\cdots,\boldsymbol{A}_m\}$ 为 n 阶分块对角矩阵, 其中 $\boldsymbol{A}_i$ 是 n_i 阶矩阵且两两没有公共的特征值. 设 $\boldsymbol{B}$ 是 n 阶矩阵, 满足 $\boldsymbol{AB}=\boldsymbol{BA}$, 求证: $\boldsymbol{B}=\mathrm{diag}\{\boldsymbol{B}_1,\boldsymbol{B}_2,\cdots,\boldsymbol{B}_m\}$, 其中 $\boldsymbol{B}_i$ 也是 n_i 阶矩阵.

证明　按照 $\boldsymbol{A}$ 的分块方式对 $\boldsymbol{B}$ 进行分块, 可设 $\boldsymbol{B}=(\boldsymbol{B}_{ij})$, 其中 $\boldsymbol{B}_{ij}$ 是 $n_i\times n_j$ 矩阵. 由 $\boldsymbol{AB}=\boldsymbol{BA}$ 可知, 对任意的 i,j, 有 $\boldsymbol{A}_i\boldsymbol{B}_{ij}=\boldsymbol{B}_{ij}\boldsymbol{A}_j$. 因为 $\boldsymbol{A}_i,\boldsymbol{A}_j\,(i\neq j)$ 没有公共的特征值, 故由例 6.88 可得 $\boldsymbol{B}_{ij}=\boldsymbol{O}\,(i\neq j)$, 从而 $\boldsymbol{B}=\mathrm{diag}\{\boldsymbol{B}_{11},\boldsymbol{B}_{22},\cdots,\boldsymbol{B}_{mm}\}$ 也是分块对角矩阵. □

例 6.91　设 $\boldsymbol{A},\boldsymbol{B}$ 分别为 m,n 阶矩阵, V 为 $m\times n$ 矩阵全体构成的线性空间, V 上的线性变换 $\boldsymbol{\varphi}$ 定义为: $\boldsymbol{\varphi}(\boldsymbol{X})=\boldsymbol{AX}-\boldsymbol{XB}$. 求证: $\boldsymbol{\varphi}$ 是线性自同构的充要条件是 $\boldsymbol{A},\boldsymbol{B}$ 没有公共的特征值. 此时, 对任一 $m\times n$ 矩阵 $\boldsymbol{C}$, 矩阵方程 $\boldsymbol{AX}-\boldsymbol{XB}=\boldsymbol{C}$ 存在唯一解.

证明　若 $\boldsymbol{A},\boldsymbol{B}$ 没有公共的特征值, 则由例 6.88 可知, $\boldsymbol{\varphi}$ 是 V 上的单映射, 从而是线性自同构. 若 $\boldsymbol{A},\boldsymbol{B}$ 有公共的特征值 λ_0, 则 λ_0 也是 $\boldsymbol{B}'$ 的特征值. 设 $\boldsymbol{\alpha},\boldsymbol{\beta}$ 为对应的特征向量, 即 $\boldsymbol{A\alpha}=\lambda_0\boldsymbol{\alpha}$, $\boldsymbol{B}'\boldsymbol{\beta}=\lambda_0\boldsymbol{\beta}$, 则 $\boldsymbol{\alpha\beta}'\neq\boldsymbol{O}$ 且

$$\boldsymbol{\varphi}(\boldsymbol{\alpha\beta}')=(\boldsymbol{A\alpha})\boldsymbol{\beta}'-\boldsymbol{\alpha}(\boldsymbol{B}'\boldsymbol{\beta})'=\lambda_0\boldsymbol{\alpha\beta}'-\lambda_0\boldsymbol{\alpha\beta}'=\boldsymbol{O},$$

于是 $\operatorname{Ker}\varphi \neq 0$, 从而 φ 不是线性自同构. □

例 6.91 在处理 $\boldsymbol{AX}-\boldsymbol{XB}=\boldsymbol{C}$ 型矩阵方程解的存在唯一性等方面有着诸多的应用, 下面是两个典型的例子.

例 6.92 设 n 阶实矩阵 $\boldsymbol{A}$ 的所有特征值都是正实数, 证明: 对任一实对称矩阵 $\boldsymbol{C}$, 存在唯一的实对称矩阵 $\boldsymbol{B}$, 满足 $\boldsymbol{A}'\boldsymbol{B}+\boldsymbol{BA}=\boldsymbol{C}$.

证明 考虑矩阵方程 $\boldsymbol{A}'\boldsymbol{X}-\boldsymbol{X}(-\boldsymbol{A})=\boldsymbol{C}$, 注意到 $\boldsymbol{A}'$ 的特征值全部大于零, $-\boldsymbol{A}$ 的特征值全部小于零, 它们没有公共的特征值, 故由例 6.91 可得上述矩阵方程存在唯一解 $\boldsymbol{X}=\boldsymbol{B}$. 容易验证 $\boldsymbol{X}=\overline{\boldsymbol{B}},\boldsymbol{B}'$ 也都是上述矩阵方程的解, 故由解的唯一性可知 $\boldsymbol{B}=\overline{\boldsymbol{B}}$ 且 $\boldsymbol{B}=\boldsymbol{B}'$, 即 $\boldsymbol{B}$ 为实对称矩阵, 结论得证. □

例 6.70 设 m 阶矩阵 $\boldsymbol{A}$ 与 n 阶矩阵 $\boldsymbol{B}$ 没有公共的特征值, 且 $\boldsymbol{A},\boldsymbol{B}$ 均可对角化, 又 $\boldsymbol{C}$ 为 $m\times n$ 矩阵, 求证: $\boldsymbol{M}=\begin{pmatrix}\boldsymbol{A} & \boldsymbol{C}\\ \boldsymbol{O} & \boldsymbol{B}\end{pmatrix}$ 也可对角化.

证法 2 由例 6.91 可知, 矩阵方程 $\boldsymbol{AX}-\boldsymbol{XB}=\boldsymbol{C}$ 存在唯一解 $\boldsymbol{X}=\boldsymbol{X}_0$. 考虑如下相似变换:

$$\begin{pmatrix}\boldsymbol{I}_m & \boldsymbol{X}_0\\ \boldsymbol{O} & \boldsymbol{I}_n\end{pmatrix}\begin{pmatrix}\boldsymbol{A} & \boldsymbol{C}\\ \boldsymbol{O} & \boldsymbol{B}\end{pmatrix}\begin{pmatrix}\boldsymbol{I}_m & -\boldsymbol{X}_0\\ \boldsymbol{O} & \boldsymbol{I}_n\end{pmatrix}=\begin{pmatrix}\boldsymbol{A} & -\boldsymbol{AX}_0+\boldsymbol{X}_0\boldsymbol{B}+\boldsymbol{C}\\ \boldsymbol{O} & \boldsymbol{B}\end{pmatrix}=\begin{pmatrix}\boldsymbol{A} & \boldsymbol{O}\\ \boldsymbol{O} & \boldsymbol{B}\end{pmatrix},$$

由例 6.68 可知上式最右边的分块对角矩阵可对角化, 于是原矩阵也可对角化. □

4. Cayley-Hamilton 定理的应用: 特征多项式诱导的直和分解

例 6.93 设 φ 是复线性空间 V 上的线性变换, 又有两个复系数多项式:

$$f(x)=x^m+a_1x^{m-1}+\cdots+a_m,\quad g(x)=x^n+b_1x^{n-1}+\cdots+b_n.$$

设 $\boldsymbol{\sigma}=f(\varphi),\boldsymbol{\tau}=g(\varphi)$, 矩阵 $\boldsymbol{C}$ 是 $f(x)$ 的友阵, 即

$$\boldsymbol{C}=\begin{pmatrix}0 & 0 & 0 & \cdots & -a_m\\ 1 & 0 & 0 & \cdots & -a_{m-1}\\ 0 & 1 & 0 & \cdots & -a_{m-2}\\ \vdots & \vdots & \vdots & & \vdots\\ 0 & 0 & 0 & \cdots & -a_1\end{pmatrix}.$$

若 $g(\boldsymbol{C})$ 是可逆矩阵, 求证: $\operatorname{Ker}\boldsymbol{\sigma\tau}=\operatorname{Ker}\boldsymbol{\sigma}\oplus\operatorname{Ker}\boldsymbol{\tau}$.

证明　经计算可知 $\boldsymbol{C}$ 的特征多项式就是 $f(x)$, 故由例 6.84 可得 $(f(x),g(x))=1$, 再由例 5.78 完全类似的证明可知结论成立. □

利用 Cayley-Hamilton 定理, 我们可以将例 5.78 推广为如下的命题.

例 6.94　设 φ 是数域 $\mathbb{K}$ 上 n 维线性空间 V 上的线性变换, 其特征多项式是 $f(\lambda)$ 且 $f(\lambda)=f_1(\lambda)f_2(\lambda)$, 其中 $f_1(\lambda)$, $f_2(\lambda)$ 是互素的首一多项式. 令 $V_1=\mathrm{Ker}\, f_1(\varphi)$, $V_2=\mathrm{Ker}\, f_2(\varphi)$, 求证:

(1) V_1, V_2 是 φ–不变子空间且 $V=V_1\oplus V_2$;

(2) $V_1=\mathrm{Im}\, f_2(\varphi)$, $V_2=\mathrm{Im}\, f_1(\varphi)$;

(3) $\varphi|_{V_1}$ 的特征多项式是 $f_1(\lambda)$, $\varphi|_{V_2}$ 的特征多项式是 $f_2(\lambda)$.

证明　(1) 由 Cayley-Hamilton 定理可得 $f(\varphi)=f_1(\varphi)f_2(\varphi)=\mathbf{0}$, 故由例 5.78 可知 (1) 的结论成立.

(2) 由 $f_1(\varphi)f_2(\varphi)=\mathbf{0}$ 可得 $\mathrm{Im}\, f_2(\varphi)\subseteq \mathrm{Ker}\, f_1(\varphi)=V_1$, $\mathrm{Im}\, f_1(\varphi)\subseteq \mathrm{Ker}\, f_2(\varphi)=V_2$. 因为 $V=V_1\oplus V_2$, 故由维数公式可得

$$\begin{aligned}\dim \mathrm{Im}\, f_2(\varphi) &= \dim V-\dim \mathrm{Ker}\, f_2(\varphi)=\dim V-\dim V_2=\dim V_1,\\ \dim \mathrm{Im}\, f_1(\varphi) &= \dim V-\dim \mathrm{Ker}\, f_1(\varphi)=\dim V-\dim V_1=\dim V_2,\end{aligned}$$

从而 $V_1=\mathrm{Im}\, f_2(\varphi)$, $V_2=\mathrm{Im}\, f_1(\varphi)$.

(3) 设 $\varphi|_{V_i}$ 的特征多项式为 $g_i(\lambda)\,(i=1,2)$, 则由例 6.3 可得

$$f(\lambda)=f_1(\lambda)f_2(\lambda)=g_1(\lambda)g_2(\lambda). \tag{6.8}$$

注意到 $f_i(\varphi|_{V_i})=f_i(\varphi)|_{V_i}=\mathbf{0}$, 即 $\varphi|_{V_i}$ 适合多项式 $f_i(\lambda)$, 因此 $\varphi|_{V_i}$ 的特征值也适合 $f_i(\lambda)$, 即 $g_i(\lambda)$ 的根都是 $f_i(\lambda)$ 的根. 因为 $(f_1(\lambda),f_2(\lambda))=1$, 故 $f_1(\lambda)$ 与 $f_2(\lambda)$ 没有公共根, 从而由 $f_i(\lambda)$ 的首一性和 (6.8) 式即得 $f_1(\lambda)=g_1(\lambda)$, $f_2(\lambda)=g_2(\lambda)$. □

注　(1) 例 6.94 告诉我们, 对数域 $\mathbb{K}$ 上的线性变换, 其特征多项式的互素因式分解可以诱导出全空间的直和分解. 特别地, 当 $\mathbb{K}$ 是复数域时, 特征多项式的标准因式分解可以诱导出全空间的根子空间直和分解, 进一步还可以得到循环子空间直和分解, 从而给出了 Jordan 标准型理论的几何构造. 当 $\mathbb{K}$ 是一般的数域时, 上述直和分解也能解决许多有趣的问题. 这些内容我们将在第 7 章详细阐述.

(2) 例 6.94 的结论还可以进一步推广, 例如不限定 $f(\lambda)$ 是 φ 的特征多项式, 而只要求 φ 适合它 (比如 φ 的极小多项式 $m(\lambda)$), 则由完全相同的讨论可以证明例 6.94 的 (1) 和 (2) 都成立. 特别地, 如果考虑极小多项式的首一互素因式分解

$m(\lambda)=m_1(\lambda)m_2(\lambda)$, $V_1=\operatorname{Ker} m_1(\boldsymbol{\varphi})$, $V_2=\operatorname{Ker} m_2(\boldsymbol{\varphi})$, 则由完全类似的讨论可以证明: $\boldsymbol{\varphi}|_{V_i}$ 的极小多项式就是 $m_i(\lambda)$. 我们把验证的细节留给读者自己完成.

5. Cayley-Hamilton 定理的其他应用

例 6.95 设 $\boldsymbol{A}$ 为 n 阶矩阵, $\boldsymbol{C}$ 为 $k\times n$ 矩阵, 且对任意的 $\lambda\in\mathbb{C}$, $\begin{pmatrix}\boldsymbol{A}-\lambda\boldsymbol{I}_n\\ \boldsymbol{C}\end{pmatrix}$ 均为列满秩阵. 证明: 对任意的 $\lambda\in\mathbb{C}$, $\begin{pmatrix}\boldsymbol{C}\\ \boldsymbol{C}(\boldsymbol{A}-\lambda\boldsymbol{I}_n)\\ \boldsymbol{C}(\boldsymbol{A}-\lambda\boldsymbol{I}_n)^2\\ \vdots\\ \boldsymbol{C}(\boldsymbol{A}-\lambda\boldsymbol{I}_n)^{n-1}\end{pmatrix}$ 均为列满秩阵.

证明　由线性方程组求解理论可知, 对任意的 $\lambda\in\mathbb{C}$, 下列线性方程组只有零解:

$$\begin{cases}(\boldsymbol{A}-\lambda\boldsymbol{I}_n)\boldsymbol{x}=\boldsymbol{0},\\ \boldsymbol{C}\boldsymbol{x}=\boldsymbol{0}.\end{cases}\tag{6.9}$$

而要证明结论, 只要证明对任意的 $\lambda\in\mathbb{C}$, 下列线性方程组只有零解即可:

$$\begin{cases}\boldsymbol{C}\boldsymbol{x}=\boldsymbol{0},\\ \boldsymbol{C}(\boldsymbol{A}-\lambda\boldsymbol{I}_n)\boldsymbol{x}=\boldsymbol{0},\\ \boldsymbol{C}(\boldsymbol{A}-\lambda\boldsymbol{I}_n)^2\boldsymbol{x}=\boldsymbol{0},\\ \quad\cdots\cdots\cdots\cdots\\ \boldsymbol{C}(\boldsymbol{A}-\lambda\boldsymbol{I}_n)^{n-1}\boldsymbol{x}=\boldsymbol{0}.\end{cases}\tag{6.10}$$

任取 $\lambda_0\in\mathbb{C}$ 以及对应线性方程组 (6.10) 的任一解 $\boldsymbol{x}_0$, 则有 $\boldsymbol{C}\boldsymbol{x}_0=\boldsymbol{0}$, $\boldsymbol{C}\boldsymbol{A}\boldsymbol{x}_0=\boldsymbol{0}$, $\cdots$, $\boldsymbol{C}\boldsymbol{A}^{n-1}\boldsymbol{x}_0=\boldsymbol{0}$, 因此对任意次数小于 n 的多项式 $g(x)$, 均有 $\boldsymbol{C}g(\boldsymbol{A})\boldsymbol{x}_0=\boldsymbol{0}$. 设

$$f(\lambda)=|\lambda\boldsymbol{I}_n-\boldsymbol{A}|=(\lambda-\lambda_1)(\lambda-\lambda_2)\cdots(\lambda-\lambda_n)$$

为 $\boldsymbol{A}$ 的特征多项式, 则由 Cayley-Hamilton 定理可得

$$(\boldsymbol{A}-\lambda_1\boldsymbol{I}_n)(\boldsymbol{A}-\lambda_2\boldsymbol{I}_n)\cdots(\boldsymbol{A}-\lambda_n\boldsymbol{I}_n)=\boldsymbol{O}.$$

因此 $\boldsymbol{y}=(\boldsymbol{A}-\lambda_2\boldsymbol{I}_n)\cdots(\boldsymbol{A}-\lambda_n\boldsymbol{I}_n)\boldsymbol{x}_0$ 既满足 $(\boldsymbol{A}-\lambda_1\boldsymbol{I}_n)\boldsymbol{y}=\boldsymbol{0}$, 又满足 $\boldsymbol{C}\boldsymbol{y}=\boldsymbol{0}$, 故由线性方程组 (6.9) 只有零解可得 $\boldsymbol{y}=(\boldsymbol{A}-\lambda_2\boldsymbol{I}_n)\cdots(\boldsymbol{A}-\lambda_n\boldsymbol{I}_n)\boldsymbol{x}_0=\boldsymbol{0}$. 不断重复上述论证, 最后可得 $\boldsymbol{x}_0=\boldsymbol{0}$, 结论得证. □

例 6.96 设 $\boldsymbol{A}$ 是 n 阶矩阵, $\boldsymbol{B}$ 是 $n\times m$ 矩阵, 分块矩阵 $(\boldsymbol{B},\boldsymbol{AB},\cdots,\boldsymbol{A}^{n-2}\boldsymbol{B},\boldsymbol{A}^{n-1}\boldsymbol{B})$ 的秩为 r. 证明: 存在 n 阶可逆矩阵 $\boldsymbol{P}$, 使得

$$\boldsymbol{P}^{-1}\boldsymbol{AP}=\begin{pmatrix}\boldsymbol{A}_{11} & \boldsymbol{A}_{12}\\ \boldsymbol{O} & \boldsymbol{A}_{22}\end{pmatrix},\quad \boldsymbol{P}^{-1}\boldsymbol{B}=\begin{pmatrix}\boldsymbol{B}_1\\ \boldsymbol{O}\end{pmatrix},$$

其中 $\boldsymbol{A}_{11}$ 是 r 阶矩阵, $\boldsymbol{B}_1$ 是 $r\times m$ 矩阵.

证明 设 $(\boldsymbol{B},\boldsymbol{AB},\cdots,\boldsymbol{A}^{n-2}\boldsymbol{B},\boldsymbol{A}^{n-1}\boldsymbol{B})$ 列向量的极大无关组为 $\boldsymbol{\alpha}_1,\boldsymbol{\alpha}_2,\cdots,\boldsymbol{\alpha}_r$, 由基扩张定理可将其扩张为 $\mathbb{F}^n$ 的一组基 $\{\boldsymbol{\alpha}_1,\boldsymbol{\alpha}_2,\cdots,\boldsymbol{\alpha}_n\}$. 令 $\boldsymbol{P}=(\boldsymbol{\alpha}_1,\boldsymbol{\alpha}_2,\cdots,\boldsymbol{\alpha}_n)$, 则 $\boldsymbol{P}$ 为可逆矩阵. 设 $\boldsymbol{A}$ 的特征多项式为 $f(\lambda)=\lambda^n+a_1\lambda^{n-1}+\cdots+a_{n-1}\lambda+a_n$, 则由 Cayley-Hamilton 定理可得

$$f(\boldsymbol{A})=\boldsymbol{A}^n+a_1\boldsymbol{A}^{n-1}+\cdots+a_{n-1}\boldsymbol{A}+a_n\boldsymbol{I}_n=\boldsymbol{O},$$

从而

$$\boldsymbol{A}^n\boldsymbol{B}=-a_1\boldsymbol{A}^{n-1}\boldsymbol{B}-\cdots-a_{n-1}\boldsymbol{AB}-a_n\boldsymbol{B}.$$

由上式容易验证 $\boldsymbol{A}\boldsymbol{\alpha}_i\,(1\leq i\leq r)$ 都是 $\boldsymbol{\alpha}_1,\boldsymbol{\alpha}_2,\cdots,\boldsymbol{\alpha}_r$ 的线性组合, 于是 $\boldsymbol{AP}=\boldsymbol{P}\begin{pmatrix}\boldsymbol{A}_{11} & \boldsymbol{A}_{12}\\ \boldsymbol{O} & \boldsymbol{A}_{22}\end{pmatrix}$, 即有 $\boldsymbol{P}^{-1}\boldsymbol{AP}=\begin{pmatrix}\boldsymbol{A}_{11} & \boldsymbol{A}_{12}\\ \boldsymbol{O} & \boldsymbol{A}_{22}\end{pmatrix}$. 又 $\boldsymbol{B}$ 的列向量都是 $\boldsymbol{\alpha}_1,\boldsymbol{\alpha}_2,\cdots,\boldsymbol{\alpha}_r$ 的线性组合, 于是 $\boldsymbol{B}=\boldsymbol{P}\begin{pmatrix}\boldsymbol{B}_1\\ \boldsymbol{O}\end{pmatrix}$, 即有 $\boldsymbol{P}^{-1}\boldsymbol{B}=\begin{pmatrix}\boldsymbol{B}_1\\ \boldsymbol{O}\end{pmatrix}$. □

例 6.97 设 $\boldsymbol{A}$ 是数域 $\mathbb{F}$ 上的 n 阶矩阵, 递归地定义矩阵序列 $\{\boldsymbol{A}_k\}_{k=1}^{\infty}$:

$$\boldsymbol{A}_1=\boldsymbol{A},\ p_k=-\frac{1}{k}\operatorname{tr}(\boldsymbol{A}_k),\ \boldsymbol{A}_{k+1}=\boldsymbol{A}(\boldsymbol{A}_k+p_k\boldsymbol{I}_n),\ k=1,2,\cdots.$$

求证: $\boldsymbol{A}_{n+1}=\boldsymbol{O}$.

证明 设 $\boldsymbol{A}$ 的全体特征值为 $\lambda_1,\lambda_2,\cdots,\lambda_n$, 它们的幂和记为 $s_k=\sum\limits_{i=1}^{n}\lambda_i^k=\operatorname{tr}(\boldsymbol{A}^k)$, 它们的初等对称多项式记为 σ_k, 则 $\boldsymbol{A}$ 的特征多项式为

$$f(\lambda)=\lambda^n-\sigma_1\lambda^{n-1}+\cdots+(-1)^{n-1}\sigma_{n-1}\lambda+(-1)^n\sigma_n.$$

下面用归纳法证明: $p_k=(-1)^k\sigma_k\,(1\leq k\leq n)$. $p_1=-\operatorname{tr}(\boldsymbol{A})=-\sigma_1$, 结论成立. 假设小于等于 k 时结论成立, 则 $\boldsymbol{A}_{k+1}=\boldsymbol{A}^{k+1}-\sigma_1\boldsymbol{A}^k+\cdots+(-1)^k\sigma_k\boldsymbol{A}$. 由 Newton 公式可得

$$p_{k+1}=-\frac{1}{k+1}\operatorname{tr}(\boldsymbol{A}_{k+1})=-\frac{1}{k+1}(s_{k+1}-s_k\sigma_1+\cdots+(-1)^k s_1\sigma_k)=(-1)^{k+1}\sigma_{k+1},$$

结论得证. 最后, 由 Cayley-Hamilton 定理可得

$$\boldsymbol{A}_{n+1}=\boldsymbol{A}^{n+1}-\sigma_1\boldsymbol{A}^n+\cdots+(-1)^n\sigma_n\boldsymbol{A}=f(\boldsymbol{A})\boldsymbol{A}=\boldsymbol{O}.\ \square$$

§ 6.7 矩阵的 Kronecker 积

矩阵的 Kronecker 积是一个重要的概念, 它在数学的众多研究领域中都有着重要的应用. 利用多重线性代数的相关理论可以证明: 两个线性映射的张量积的表示矩阵是它们的表示矩阵的 Kronecker 积. 这就是矩阵 Kronecker 积的几何意义, 也是 Kronecker 积与张量积采用相同运算符号的原因.

定义 设 $\boldsymbol{A}=(a_{ij})$ 和 $\boldsymbol{B}=(b_{ij})$ 分别是数域 $\mathbb{F}$ 上的 $m\times n$ 和 $k\times l$ 矩阵, 它们的 Kronecker 积 $\boldsymbol{A}\otimes\boldsymbol{B}$ 是 $\mathbb{F}$ 上的 $mk\times nl$ 矩阵:

$$\boldsymbol{A}\otimes\boldsymbol{B}=\begin{pmatrix} a_{11}\boldsymbol{B} & a_{12}\boldsymbol{B} & \cdots & a_{1n}\boldsymbol{B} \\ a_{21}\boldsymbol{B} & a_{22}\boldsymbol{B} & \cdots & a_{2n}\boldsymbol{B} \\ \vdots & \vdots & & \vdots \\ a_{m1}\boldsymbol{B} & a_{m2}\boldsymbol{B} & \cdots & a_{mn}\boldsymbol{B} \end{pmatrix}.$$

例 6.98 证明矩阵的 Kronecker 积满足下列性质 (假设以下的矩阵加法和乘法都有意义):

(1) $(\boldsymbol{A}+\boldsymbol{B})\otimes\boldsymbol{C}=\boldsymbol{A}\otimes\boldsymbol{C}+\boldsymbol{B}\otimes\boldsymbol{C}$, $\boldsymbol{A}\otimes(\boldsymbol{B}+\boldsymbol{C})=\boldsymbol{A}\otimes\boldsymbol{B}+\boldsymbol{A}\otimes\boldsymbol{C}$;

(2) $(k\boldsymbol{A})\otimes\boldsymbol{B}=k(\boldsymbol{A}\otimes\boldsymbol{B})=\boldsymbol{A}\otimes(k\boldsymbol{B})$;

(3) $(\boldsymbol{A}\otimes\boldsymbol{C})(\boldsymbol{B}\otimes\boldsymbol{D})=(\boldsymbol{A}\boldsymbol{B})\otimes(\boldsymbol{C}\boldsymbol{D})$;

(4) $(\boldsymbol{A}\otimes\boldsymbol{B})\otimes\boldsymbol{C}=\boldsymbol{A}\otimes(\boldsymbol{B}\otimes\boldsymbol{C})$;

(5) $\boldsymbol{I}_m\otimes\boldsymbol{I}_n=\boldsymbol{I}_{mn}$;

(6) $(\boldsymbol{A}\otimes\boldsymbol{B})'=\boldsymbol{A}'\otimes\boldsymbol{B}'$;

(7) 若 $\boldsymbol{A}$, $\boldsymbol{B}$ 都是可逆矩阵, 则 $\boldsymbol{A}\otimes\boldsymbol{B}$ 也是可逆矩阵, 并且

$$(\boldsymbol{A}\otimes\boldsymbol{B})^{-1}=\boldsymbol{A}^{-1}\otimes\boldsymbol{B}^{-1};$$

(8) 若 $\boldsymbol{A}$ 是 m 阶矩阵, $\boldsymbol{B}$ 是 n 阶矩阵, 则 $|\boldsymbol{A}\otimes\boldsymbol{B}|=|\boldsymbol{A}|^n|\boldsymbol{B}|^m$;

(9) 若 $\boldsymbol{A}$ 是 m 阶矩阵, $\boldsymbol{B}$ 是 n 阶矩阵, 则 $\mathrm{tr}(\boldsymbol{A}\otimes\boldsymbol{B})=\mathrm{tr}(\boldsymbol{A})\cdot\mathrm{tr}(\boldsymbol{B})$.

证明 (1), (2), (5), (6) 和 (9) 由 Kronecker 积的定义经简单计算即可验证.

(3) 设 $\boldsymbol{A}=(a_{ij})$ 是 $m\times p$ 矩阵, $\boldsymbol{B}=(b_{ij})$ 是 $p\times n$ 矩阵, $\boldsymbol{C}=(c_{ij})$ 是 $k\times q$ 矩阵, $\boldsymbol{D}=(d_{ij})$ 是 $q\times l$ 矩阵. 由 Kronecker 积的定义以及分块矩阵的乘法可得

$$
\begin{aligned}
(\boldsymbol{A}\otimes\boldsymbol{C})(\boldsymbol{B}\otimes\boldsymbol{D}) &= \begin{pmatrix} a_{11}\boldsymbol{C} & a_{12}\boldsymbol{C} & \cdots & a_{1p}\boldsymbol{C} \\ a_{21}\boldsymbol{C} & a_{22}\boldsymbol{C} & \cdots & a_{2p}\boldsymbol{C} \\ \vdots & \vdots & & \vdots \\ a_{m1}\boldsymbol{C} & a_{m2}\boldsymbol{C} & \cdots & a_{mp}\boldsymbol{C} \end{pmatrix} \begin{pmatrix} b_{11}\boldsymbol{D} & b_{12}\boldsymbol{D} & \cdots & b_{1n}\boldsymbol{D} \\ b_{21}\boldsymbol{D} & b_{22}\boldsymbol{D} & \cdots & b_{2n}\boldsymbol{D} \\ \vdots & \vdots & & \vdots \\ b_{p1}\boldsymbol{D} & b_{p2}\boldsymbol{D} & \cdots & b_{pn}\boldsymbol{D} \end{pmatrix} \\
&= \begin{pmatrix} \sum\limits_{j=1}^{p} a_{1j}b_{j1}\boldsymbol{CD} & \sum\limits_{j=1}^{p} a_{1j}b_{j2}\boldsymbol{CD} & \cdots & \sum\limits_{j=1}^{p} a_{1j}b_{jn}\boldsymbol{CD} \\ \sum\limits_{j=1}^{p} a_{2j}b_{j1}\boldsymbol{CD} & \sum\limits_{j=1}^{p} a_{2j}b_{j2}\boldsymbol{CD} & \cdots & \sum\limits_{j=1}^{p} a_{2j}b_{jn}\boldsymbol{CD} \\ \vdots & \vdots & & \vdots \\ \sum\limits_{j=1}^{p} a_{mj}b_{j1}\boldsymbol{CD} & \sum\limits_{j=1}^{p} a_{mj}b_{j2}\boldsymbol{CD} & \cdots & \sum\limits_{j=1}^{p} a_{mj}b_{jn}\boldsymbol{CD} \end{pmatrix} \\
&= (\boldsymbol{AB})\otimes(\boldsymbol{CD}).
\end{aligned}
$$

(4) 设 $\boldsymbol{A}=(a_{ij})$, $\boldsymbol{B}=(b_{ij})$ 和 $\boldsymbol{C}=(c_{ij})$ 分别是 $m\times n$, $k\times l$ 和 $p\times q$ 矩阵, 则经计算即可发现 $(\boldsymbol{A}\otimes\boldsymbol{B})\otimes\boldsymbol{C}$ 和 $\boldsymbol{A}\otimes(\boldsymbol{B}\otimes\boldsymbol{C})$ 都等于下面的 $mkp\times nlq$ 矩阵:

$$
\begin{pmatrix} a_{11}b_{11}\boldsymbol{C} & \cdots & a_{11}b_{1l}\boldsymbol{C} & \cdots & a_{1n}b_{11}\boldsymbol{C} & \cdots & a_{1n}b_{1l}\boldsymbol{C} \\ \vdots & & \vdots & & \vdots & & \vdots \\ a_{11}b_{k1}\boldsymbol{C} & \cdots & a_{11}b_{kl}\boldsymbol{C} & \cdots & a_{1n}b_{k1}\boldsymbol{C} & \cdots & a_{1n}b_{kl}\boldsymbol{C} \\ \vdots & & \vdots & & \vdots & & \vdots \\ a_{m1}b_{11}\boldsymbol{C} & \cdots & a_{m1}b_{1l}\boldsymbol{C} & \cdots & a_{mn}b_{11}\boldsymbol{C} & \cdots & a_{mn}b_{1l}\boldsymbol{C} \\ \vdots & & \vdots & & \vdots & & \vdots \\ a_{m1}b_{k1}\boldsymbol{C} & \cdots & a_{m1}b_{kl}\boldsymbol{C} & \cdots & a_{mn}b_{k1}\boldsymbol{C} & \cdots & a_{mn}b_{kl}\boldsymbol{C} \end{pmatrix}.
$$

(7) 由 (3) 和 (5) 可得

$$
(\boldsymbol{A}\otimes\boldsymbol{B})(\boldsymbol{A}^{-1}\otimes\boldsymbol{B}^{-1})=(\boldsymbol{AA}^{-1})\otimes(\boldsymbol{BB}^{-1})=\boldsymbol{I}_m\otimes\boldsymbol{I}_n=\boldsymbol{I}_{mn}.
$$

(8) 由 Laplace 定理容易证明:

$$
|\boldsymbol{A}\otimes\boldsymbol{I}_n|=|\boldsymbol{A}|^n,\quad |\boldsymbol{I}_m\otimes\boldsymbol{B}|=|\boldsymbol{B}|^m;
$$

再由 (3) 以及矩阵乘积的行列式等于行列式的乘积可得

$$
|\boldsymbol{A}\otimes\boldsymbol{B}|=|(\boldsymbol{A}\otimes\boldsymbol{I}_n)(\boldsymbol{I}_m\otimes\boldsymbol{B})|=|\boldsymbol{A}\otimes\boldsymbol{I}_n||\boldsymbol{I}_m\otimes\boldsymbol{B}|=|\boldsymbol{A}|^n|\boldsymbol{B}|^m. \square
$$

例 6.99 设 $\boldsymbol{A},\boldsymbol{B}$ 分别为 $m\times n$, $k\times l$ 矩阵, 求证: $\mathrm{r}(\boldsymbol{A}\otimes\boldsymbol{B})=\mathrm{r}(\boldsymbol{A})\cdot\mathrm{r}(\boldsymbol{B})$.

证明 设 $\mathrm{r}(\boldsymbol{A})=r$, $\mathrm{r}(\boldsymbol{B})=s$, $\boldsymbol{P},\boldsymbol{Q},\boldsymbol{R},\boldsymbol{S}$ 为可逆矩阵, 使得

$$\boldsymbol{PAQ}=\begin{pmatrix}\boldsymbol{I}_r & \boldsymbol{O}\\ \boldsymbol{O} & \boldsymbol{O}\end{pmatrix},\quad \boldsymbol{RBS}=\begin{pmatrix}\boldsymbol{I}_s & \boldsymbol{O}\\ \boldsymbol{O} & \boldsymbol{O}\end{pmatrix},$$

则由性质 (7) 可知 $\boldsymbol{P}\otimes\boldsymbol{R}$, $\boldsymbol{Q}\otimes\boldsymbol{S}$ 均非异, 再由性质 (3) 可得

$$(\boldsymbol{P}\otimes\boldsymbol{R})(\boldsymbol{A}\otimes\boldsymbol{B})(\boldsymbol{Q}\otimes\boldsymbol{S})=(\boldsymbol{PAQ})\otimes(\boldsymbol{RBS})\sim\begin{pmatrix}\boldsymbol{I}_{rs} & \boldsymbol{O}\\ \boldsymbol{O} & \boldsymbol{O}\end{pmatrix},$$

于是 $\mathrm{r}(\boldsymbol{A}\otimes\boldsymbol{B})=rs=\mathrm{r}(\boldsymbol{A})\cdot\mathrm{r}(\boldsymbol{B})$. □

例 6.100 设 $\boldsymbol{A},\boldsymbol{B}$ 分别为 $m\times n$, $k\times l$ 矩阵, 求证: $\boldsymbol{A}\otimes\boldsymbol{B}$ 是行满秩阵 (列满秩阵) 的充要条件是 $\boldsymbol{A},\boldsymbol{B}$ 均为行满秩阵 (列满秩阵).

证明 由例 6.99 即得. □

下面的几道例题都涉及 Kronecker 积的特征值, 故在复数域 $\mathbb{C}$ 上考虑问题.

例 6.101 设 $\boldsymbol{A},\boldsymbol{B}$ 分别是 m,n 阶矩阵, $\boldsymbol{A}$ 的特征值为 $\lambda_i\,(1\leq i\leq m)$, $\boldsymbol{B}$ 的特征值为 $\mu_j\,(1\leq j\leq n)$, 求证: $\boldsymbol{A}\otimes\boldsymbol{B}$ 的特征值为 $\lambda_i\mu_j\,(1\leq i\leq m;\,1\leq j\leq n)$.

证明 由例 6.39 可知, 存在 m 阶可逆矩阵 $\boldsymbol{P}$ 以及 n 阶可逆矩阵 $\boldsymbol{Q}$, 使得

$$\boldsymbol{P}^{-1}\boldsymbol{AP}=\begin{pmatrix}\lambda_1 & * & * & *\\ & \lambda_2 & * & *\\ & & \ddots & \vdots\\ & & & \lambda_m\end{pmatrix},\quad \boldsymbol{Q}^{-1}\boldsymbol{BQ}=\begin{pmatrix}\mu_1 & * & * & *\\ & \mu_2 & * & *\\ & & \ddots & \vdots\\ & & & \mu_n\end{pmatrix}.$$

容易验证上三角矩阵的 Kronecker 积仍是上三角矩阵且 $(\boldsymbol{P}^{-1}\boldsymbol{AP})\otimes(\boldsymbol{Q}^{-1}\boldsymbol{BQ})$ 的主对角元素依次为

$$\lambda_1\mu_1,\cdots,\lambda_1\mu_n,\lambda_2\mu_1,\cdots,\lambda_2\mu_n,\cdots,\lambda_m\mu_1\cdots,\lambda_m\mu_n.$$

注意到 $(\boldsymbol{P}^{-1}\boldsymbol{AP})\otimes(\boldsymbol{Q}^{-1}\boldsymbol{BQ})=(\boldsymbol{P}\otimes\boldsymbol{Q})^{-1}(\boldsymbol{A}\otimes\boldsymbol{B})(\boldsymbol{P}\otimes\boldsymbol{Q})$, 故结论得证. □

下面的例子是例 6.1 的推广.

例 6.102 设 $\boldsymbol{A},\boldsymbol{B}$ 分别为 m,n 阶矩阵, V 为 $m\times n$ 矩阵全体构成的线性空间, V 上的线性变换 $\boldsymbol{\varphi}$ 定义为: $\boldsymbol{\varphi}(\boldsymbol{X})=\boldsymbol{AXB}$. 设 $\boldsymbol{A}$ 的特征值为 $\lambda_i\,(1\leq i\leq m)$, $\boldsymbol{B}$ 的特征值为 $\mu_j\,(1\leq j\leq n)$. 求证: 线性变换 $\boldsymbol{\varphi}$ 的特征值为 $\lambda_i\mu_j\,(1\leq i\leq m;\,1\leq j\leq n)$.

证明　取 V 的一组基为 $m\times n$ 基础矩阵:

$$\boldsymbol{E}_{11},\cdots,\boldsymbol{E}_{1n},\boldsymbol{E}_{21},\cdots,\boldsymbol{E}_{2n},\cdots,\boldsymbol{E}_{m1},\cdots,\boldsymbol{E}_{mn},$$

我们首先证明 φ 在这组基下的表示矩阵为 $\boldsymbol{A}\otimes\boldsymbol{B}'$. 事实上,

$$\varphi(\boldsymbol{E}_{ij})=\boldsymbol{A}\boldsymbol{E}_{ij}\boldsymbol{B}=\boldsymbol{A}\boldsymbol{e}_i\boldsymbol{f}_j'\boldsymbol{B}=\sum_{k=1}^{m}\sum_{l=1}^{n}a_{ki}b_{jl}\boldsymbol{E}_{kl},$$

其中 $\boldsymbol{e}_i,\boldsymbol{f}_j$ 分别是 m,n 维标准单位列向量, 故 φ 的表示矩阵为

$$\begin{pmatrix} a_{11}\boldsymbol{B}' & a_{12}\boldsymbol{B}' & \cdots & a_{1m}\boldsymbol{B}' \\ a_{21}\boldsymbol{B}' & a_{22}\boldsymbol{B}' & \cdots & a_{2m}\boldsymbol{B}' \\ \vdots & \vdots & & \vdots \\ a_{m1}\boldsymbol{B}' & a_{m2}\boldsymbol{B}' & \cdots & a_{mm}\boldsymbol{B}' \end{pmatrix}=\boldsymbol{A}\otimes\boldsymbol{B}'.$$

注意到 $\boldsymbol{B}'$ 与 $\boldsymbol{B}$ 有相同的特征值, 故由例 6.101 可知, φ 的特征值为 $\lambda_i\mu_j$. □

例 6.103　设 $\boldsymbol{A},\boldsymbol{B}$ 分别为 m,n 阶矩阵, V 为 $m\times n$ 矩阵全体构成的线性空间, V 上的线性变换 φ 定义为: $\varphi(\boldsymbol{X})=\boldsymbol{A}\boldsymbol{X}\boldsymbol{B}$. 证明: φ 是线性自同构的充要条件是 $\boldsymbol{A},\boldsymbol{B}$ 都是可逆矩阵.

证明　例 4.16 作为本题的特例, 我们已经给出了两种证法, 其中证法 1 仍然可以适用于本题, 证法 2 则需改用例 6.99 进行讨论, 当然也可用第 4 章解答题 13 进行统一的处理, 请读者自行补充细节. 下面再给出两种证法.

证法 3　由例 6.102 的证明过程可知, φ 在基础矩阵这组基下的表示矩阵为 $\boldsymbol{A}\otimes\boldsymbol{B}'$, 再由性质 (8) 可知 $|\boldsymbol{A}\otimes\boldsymbol{B}'|=|\boldsymbol{A}|^n|\boldsymbol{B}|^m$, 故 φ 是自同构当且仅当表示矩阵 $\boldsymbol{A}\otimes\boldsymbol{B}'$ 是可逆矩阵, 这也当且仅当 $\boldsymbol{A},\boldsymbol{B}$ 都是可逆矩阵.

证法 4　由例 6.102 可知, φ 是自同构当且仅当 φ 所有的特征值 $\lambda_i\mu_j\neq 0$, 这当且仅当所有的 $\lambda_i\neq 0$ 以及所有的 $\mu_j\neq 0$, 这也当且仅当 $\boldsymbol{A},\boldsymbol{B}$ 都是可逆矩阵. □

例 6.104　设 $\boldsymbol{A},\boldsymbol{B}$ 分别为 m,n 阶矩阵, V 为 $m\times n$ 矩阵全体构成的线性空间, V 上的线性变换 φ 定义为: $\varphi(\boldsymbol{X})=\boldsymbol{A}\boldsymbol{X}\boldsymbol{B}$. 证明: φ 是幂零线性变换的充要条件是 $\boldsymbol{A},\boldsymbol{B}$ 至少有一个是幂零矩阵.

证明　先证充分性. 不妨设 $\boldsymbol{A}$ 是幂零矩阵, 即存在正整数 k, 使得 $\boldsymbol{A}^k=\boldsymbol{O}$, 则 $\varphi^k(\boldsymbol{X})=\boldsymbol{A}^k\boldsymbol{X}\boldsymbol{B}^k=\boldsymbol{O}$, 即 $\varphi^k=\boldsymbol{0}$, 于是 φ 是幂零线性变换.

再证必要性. 设 $\boldsymbol{A},\boldsymbol{B}$ 都不是幂零矩阵, 即对任意给定的正整数 k, $\boldsymbol{A}^k\neq\boldsymbol{O}$, $\boldsymbol{B}^k\neq\boldsymbol{O}$, 只要证明 $\varphi^k\neq\boldsymbol{0}$ 即可. 我们给出以下 4 种证法.

证法 1 不妨设 $\boldsymbol{A}^k$ 的第 i 列非零, $\boldsymbol{B}^k$ 的第 j 行非零, 即有列向量 $\boldsymbol{A}^k\boldsymbol{e}_i \neq \boldsymbol{0}$, 行向量 $\boldsymbol{f}_j'\boldsymbol{B}^k \neq \boldsymbol{0}$, 其中 $\boldsymbol{e}_i, \boldsymbol{f}_j$ 分别是 m, n 维标准单位列向量, 于是

$$\varphi^k(\boldsymbol{E}_{ij}) = \boldsymbol{A}^k\boldsymbol{E}_{ij}\boldsymbol{B}^k = \boldsymbol{A}^k\boldsymbol{e}_i\boldsymbol{f}_j'\boldsymbol{B}^k = (\boldsymbol{A}^k\boldsymbol{e}_i)(\boldsymbol{f}_j'\boldsymbol{B}^k) \neq \boldsymbol{O}.$$

证法 2 设 $\boldsymbol{P}_i, \boldsymbol{Q}_i$ 为可逆矩阵, 使得 $\boldsymbol{P}_1\boldsymbol{A}^k\boldsymbol{Q}_1 = \mathrm{diag}\{\boldsymbol{I}_r, \boldsymbol{O}\}$, $\boldsymbol{P}_2\boldsymbol{B}^k\boldsymbol{Q}_2 = \mathrm{diag}\{\boldsymbol{I}_s, \boldsymbol{O}\}$, 不妨设 $r \geq s \geq 1$, 于是

$$\varphi^k(\boldsymbol{Q}_1\boldsymbol{P}_2) = \boldsymbol{P}_1^{-1}\,\mathrm{diag}\{\boldsymbol{I}_r, \boldsymbol{O}\}\,\mathrm{diag}\{\boldsymbol{I}_s, \boldsymbol{O}\}\boldsymbol{Q}_2^{-1} = \boldsymbol{P}_1^{-1}\,\mathrm{diag}\{\boldsymbol{I}_s, \boldsymbol{O}\}\boldsymbol{Q}_2^{-1} \neq \boldsymbol{O}.$$

证法 3 由例 6.102 的证明过程可知, φ^k 在基础矩阵这组基下的表示矩阵为 $\boldsymbol{A}^k \otimes (\boldsymbol{B}^k)'$, 再由 Kronecker 积的定义可知 $\boldsymbol{A}^k \otimes (\boldsymbol{B}^k)' \neq \boldsymbol{O}$, 于是 $\varphi^k \neq \boldsymbol{0}$.

证法 4 由例 6.13 可知, φ 是幂零线性变换当且仅当 φ 的所有特征值都等于零. 由于 $\boldsymbol{A}, \boldsymbol{B}$ 都不是幂零矩阵, 故 $\boldsymbol{A}$ 的特征值 λ_i 不全为零, $\boldsymbol{B}$ 的特征值 μ_j 不全为零. 再由例 6.102 可知, φ 的特征值 $\lambda_i\mu_j$ 也不全为零, 从而 φ 不是幂零线性变换. □

例 6.57 设 V 为 n 阶矩阵全体构成的线性空间, V 上的线性变换 φ 定义为 $\varphi(\boldsymbol{X}) = \boldsymbol{AXA}$, 其中 $\boldsymbol{A} \in V$. 证明: 若 $\boldsymbol{A}$ 可对角化, 则 φ 也可对角化.

证法 2 由于 $\boldsymbol{A}$ 可对角化, 故存在可逆矩阵 $\boldsymbol{P}$, 使得 $\boldsymbol{P}^{-1}\boldsymbol{AP} = \boldsymbol{\Lambda}$ 为对角矩阵. 由例 6.102 可知, φ 在基础矩阵这组基下的表示矩阵为 $\boldsymbol{A} \otimes \boldsymbol{A}'$, 于是

$$(\boldsymbol{P} \otimes (\boldsymbol{P}')^{-1})^{-1}(\boldsymbol{A} \otimes \boldsymbol{A}')(\boldsymbol{P} \otimes (\boldsymbol{P}')^{-1}) = \boldsymbol{\Lambda} \otimes \boldsymbol{\Lambda}$$

为对角矩阵, 即 $\boldsymbol{A} \otimes \boldsymbol{A}'$ 可对角化, 从而 φ 可对角化. □

例 6.105 设 $\boldsymbol{A}, \boldsymbol{B}$ 分别为 m, n 阶矩阵, V 为 $m \times n$ 矩阵全体构成的线性空间, V 上的线性变换 φ 定义为: $\varphi(\boldsymbol{X}) = \boldsymbol{AX} - \boldsymbol{XB}$. 设 $\boldsymbol{A}$ 的特征值为 $\lambda_i\,(1 \leq i \leq m)$, $\boldsymbol{B}$ 的特征值为 $\mu_j\,(1 \leq j \leq n)$. 求证: 线性变换 φ 的特征值为 $\lambda_i - \mu_j\,(1 \leq i \leq m;\ 1 \leq j \leq n)$.

证明 取 V 的一组基为 $m \times n$ 基础矩阵:

$$\boldsymbol{E}_{11}, \cdots, \boldsymbol{E}_{1n}, \boldsymbol{E}_{21}, \cdots, \boldsymbol{E}_{2n}, \cdots, \boldsymbol{E}_{m1}, \cdots, \boldsymbol{E}_{mn},$$

类似例 6.102 的讨论可得, φ 在上述基下的表示矩阵为 $\boldsymbol{A} \otimes \boldsymbol{I}_n - \boldsymbol{I}_m \otimes \boldsymbol{B}'$. 由例 6.39 可知, 存在 m 阶可逆矩阵 $\boldsymbol{P}$ 以及 n 阶可逆矩阵 $\boldsymbol{Q}$, 使得

$$\boldsymbol{P}^{-1}\boldsymbol{AP} = \begin{pmatrix} \lambda_1 & * & * & * \\ & \lambda_2 & * & * \\ & & \ddots & \vdots \\ & & & \lambda_m \end{pmatrix}, \quad \boldsymbol{Q}^{-1}\boldsymbol{B}'\boldsymbol{Q} = \begin{pmatrix} \mu_1 & * & * & * \\ & \mu_2 & * & * \\ & & \ddots & \vdots \\ & & & \mu_n \end{pmatrix}.$$

注意到

$$(\boldsymbol{P}\otimes\boldsymbol{Q})^{-1}(\boldsymbol{A}\otimes\boldsymbol{I}_n-\boldsymbol{I}_m\otimes\boldsymbol{B}')(\boldsymbol{P}\otimes\boldsymbol{Q})=(\boldsymbol{P}^{-1}\boldsymbol{A}\boldsymbol{P})\otimes\boldsymbol{I}_n-\boldsymbol{I}_m\otimes(\boldsymbol{Q}^{-1}\boldsymbol{B}'\boldsymbol{Q})$$

是一个上三角矩阵, 其主对角元素依次为

$$\lambda_1-\mu_1,\cdots,\lambda_1-\mu_n,\lambda_2-\mu_1,\cdots,\lambda_2-\mu_n,\cdots,\lambda_m-\mu_1,\cdots,\lambda_m-\mu_n,$$

由此即得结论. □

例 6.91 设 $\boldsymbol{A},\boldsymbol{B}$ 分别为 m,n 阶矩阵, V 为 $m\times n$ 矩阵全体构成的线性空间, V 上的线性变换 φ 定义为: $\varphi(\boldsymbol{X})=\boldsymbol{A}\boldsymbol{X}-\boldsymbol{X}\boldsymbol{B}$. 求证: φ 是线性自同构的充要条件是 $\boldsymbol{A},\boldsymbol{B}$ 没有公共的特征值. 此时, 对任一 $m\times n$ 矩阵 $\boldsymbol{C}$, 矩阵方程 $\boldsymbol{A}\boldsymbol{X}-\boldsymbol{X}\boldsymbol{B}=\boldsymbol{C}$ 存在唯一解.

证法 2　由例 6.105 可知, φ 是 V 上的线性自同构当且仅当其表示矩阵 $\boldsymbol{A}\otimes\boldsymbol{I}_n-\boldsymbol{I}_m\otimes\boldsymbol{B}'$ 是可逆矩阵, 这当且仅当 $\boldsymbol{A},\boldsymbol{B}$ 在复数域中没有公共的特征值. 由这一证明不难看出, 例 6.91 的结论在数域 $\mathbb{F}$ 上也成立. □

例 6.106 设 $\boldsymbol{A},\boldsymbol{B}$ 分别为 m,n 阶矩阵, V 为 $m\times n$ 矩阵全体构成的线性空间, V 上的线性变换 φ 定义为: $\varphi(\boldsymbol{X})=\boldsymbol{A}\boldsymbol{X}-\boldsymbol{X}\boldsymbol{B}$. 证明: 若 $\boldsymbol{A},\boldsymbol{B}$ 都是幂零矩阵, 则 φ 是幂零线性变换.

证明　因为 $\boldsymbol{A},\boldsymbol{B}$ 都是幂零矩阵, 所以它们的特征值都为零. 由例 6.105 可知, φ 的特征值也都为零, 于是 φ 是幂零线性变换. 也可由矩阵的运算直接证明本题. □

例 6.107 设 V 为 n 阶矩阵全体构成的线性空间, V 上的线性变换 φ 定义为 $\varphi(\boldsymbol{X})=\boldsymbol{A}\boldsymbol{X}-\boldsymbol{X}\boldsymbol{A}$, 其中 $\boldsymbol{A}\in V$. 证明: φ 是幂零线性变换的充要条件是存在 $\lambda_0\in\mathbb{C}$, 使得 $\boldsymbol{A}-\lambda_0\boldsymbol{I}_n$ 是幂零矩阵.

证明　φ 是幂零线性变换当且仅当 φ 的特征值都为零, 由例 6.105 可知, 这当且仅当 $\boldsymbol{A}$ 的 n 个特征值都等于某个复数 λ_0, 这也当且仅当 $\boldsymbol{A}-\lambda_0\boldsymbol{I}_n$ 的特征值都为零, 即 $\boldsymbol{A}-\lambda_0\boldsymbol{I}_n$ 是幂零矩阵. □

例 6.58 设 V 为 n 阶矩阵全体构成的线性空间, V 上的线性变换 φ 定义为 $\varphi(\boldsymbol{X})=\boldsymbol{A}\boldsymbol{X}-\boldsymbol{X}\boldsymbol{A}$, 其中 $\boldsymbol{A}\in V$. 证明: 若 $\boldsymbol{A}$ 可对角化, 则 φ 也可对角化.

证法 2　由于 $\boldsymbol{A}$ 可对角化, 故存在可逆矩阵 $\boldsymbol{P}$, 使得 $\boldsymbol{P}^{-1}\boldsymbol{A}\boldsymbol{P}=\boldsymbol{\Lambda}$ 为对角矩阵. 由例 6.105 可知, φ 在基础矩阵这组基下的表示矩阵为 $\boldsymbol{A}\otimes\boldsymbol{I}_n-\boldsymbol{I}_n\otimes\boldsymbol{A}'$, 于是

$$(\boldsymbol{P}\otimes(\boldsymbol{P}')^{-1})^{-1}(\boldsymbol{A}\otimes\boldsymbol{I}_n-\boldsymbol{I}_n\otimes\boldsymbol{A}')(\boldsymbol{P}\otimes(\boldsymbol{P}')^{-1})=\boldsymbol{\Lambda}\otimes\boldsymbol{I}_n-\boldsymbol{I}_n\otimes\boldsymbol{\Lambda}$$

为对角矩阵, 即 $\boldsymbol{A}\otimes\boldsymbol{I}_n-\boldsymbol{I}_n\otimes\boldsymbol{A}'$ 可对角化, 从而 φ 可对角化. □

例 6.108 设 $\boldsymbol{A}=(a_{ij})$ 是 n 阶矩阵, $g(\lambda)=|\lambda\boldsymbol{I}_n+\boldsymbol{A}|$. 求证: n^2 阶矩阵

$$\boldsymbol{B}=\begin{pmatrix} a_{11}\boldsymbol{I}_n+\boldsymbol{A} & a_{12}\boldsymbol{I}_n & \cdots & a_{1n}\boldsymbol{I}_n \\ a_{21}\boldsymbol{I}_n & a_{22}\boldsymbol{I}_n+\boldsymbol{A} & \cdots & a_{2n}\boldsymbol{I}_n \\ \vdots & \vdots & & \vdots \\ a_{n1}\boldsymbol{I}_n & a_{n2}\boldsymbol{I}_n & \cdots & a_{nn}\boldsymbol{I}_n+\boldsymbol{A} \end{pmatrix}$$

是可逆矩阵的充要条件是 $g(\boldsymbol{A})$ 是可逆矩阵.

证明　显然 $\boldsymbol{B}=\boldsymbol{A}\otimes\boldsymbol{I}_n+\boldsymbol{I}_n\otimes\boldsymbol{A}$. 设 $\boldsymbol{A}$ 的全体特征值为 $\lambda_1,\lambda_2,\cdots,\lambda_n$, 则 $g(\lambda)=(\lambda+\lambda_1)(\lambda+\lambda_2)\cdots(\lambda+\lambda_n)$. 由例 6.39 可知, 存在 n 阶可逆矩阵 $\boldsymbol{P}$, 使得

$$\boldsymbol{P}^{-1}\boldsymbol{A}\boldsymbol{P}=\begin{pmatrix} \lambda_1 & * & * & * \\ & \lambda_2 & * & * \\ & & \ddots & \vdots \\ & & & \lambda_n \end{pmatrix}.$$

注意到

$$(\boldsymbol{P}\otimes\boldsymbol{P})^{-1}\boldsymbol{B}(\boldsymbol{P}\otimes\boldsymbol{P})=(\boldsymbol{P}^{-1}\boldsymbol{A}\boldsymbol{P})\otimes\boldsymbol{I}_n+\boldsymbol{I}_n\otimes(\boldsymbol{P}^{-1}\boldsymbol{A}\boldsymbol{P})$$

是一个上三角矩阵, 其主对角元素为 $\lambda_i+\lambda_j\,(1\le i,j\le n)$, 故

$$|\boldsymbol{B}|=\prod_{i,j=1}^{n}(\lambda_i+\lambda_j)=\prod_{i=1}^{n}g(\lambda_i).$$

因为 $g(\boldsymbol{A})$ 的特征值为 $g(\lambda_1),g(\lambda_2),\cdots,g(\lambda_n)$, 所以 $|\boldsymbol{B}|=|g(\boldsymbol{A})|$, 从而 $\boldsymbol{B}$ 是可逆矩阵等价于 $g(\boldsymbol{A})$ 是可逆矩阵. □

§ 6.8 基础训练

6.8.1 训　练　题

一、单选题

1. 在下列条件中不是 n 阶矩阵 $\boldsymbol{A}$ 为可逆矩阵的充要条件的是 (　　).

(A) $\boldsymbol{A}$ 的特征值都不等于零　　(B) $\boldsymbol{A}$ 的行列式不等于零

(C) $\boldsymbol{A}$ 的特征多项式的常数项不等于零　　(D) $\boldsymbol{A}$ 有 n 个线性无关的特征向量

2. 若矩阵 $\boldsymbol{A}$ 适合 $\boldsymbol{A}^2=\boldsymbol{I}$, 则 $\boldsymbol{A}$ 特征值可能的取值为 (　　).

(A) $0,1$　　(B) $0,-1$　　(C) $0,1,-1$　　(D) $1,-1$

3. 设三阶矩阵 $\boldsymbol{A}$ 的特征值为 $1,0,-1$, $f(x)=x^2-2x-1$, 则 $f(\boldsymbol{A})$ 的特征值为 (　　).

(A) $-2,-1,2$　　(B) $-2,-1,-2$　　(C) $2,1,-2$　　(D) $2,0,-2$

4. 当 n 阶矩阵 $\boldsymbol{A}$ 适合条件 (　　) 时, 它必相似于对角矩阵.

(A) $\boldsymbol{A}$ 有 n 个不同的特征向量　　(B) $\boldsymbol{A}$ 是上三角矩阵

(C) $\boldsymbol{A}$ 有 n 个不同的特征值　　(D) $\boldsymbol{A}$ 是可逆矩阵

5. n 阶矩阵 $\boldsymbol{A}$ 以任一 n 维非零列向量为特征向量的充要条件是 (　　).

(A) $\boldsymbol{A}$ 是对角矩阵　　(B) $\boldsymbol{A}$ 是数量矩阵　　(C) $\boldsymbol{A}$ 是单位矩阵　　(D) $\boldsymbol{A}$ 是零矩阵

6. 下列矩阵相似于对角矩阵的是 (　　).

(A) $\begin{pmatrix}1&1\\0&1\end{pmatrix}$　　(B) $\begin{pmatrix}3&1\\-1&1\end{pmatrix}$　　(C) $\begin{pmatrix}1&-2\\-2&0\end{pmatrix}$　　(D) $\begin{pmatrix}2&-1&2\\5&-3&3\\-1&0&-2\end{pmatrix}$

7. 下列结论中错误的是 (　　).

(A) 属于不同特征值的特征向量必线性无关 (B) 属于同一特征值的特征向量必线性相关

(C) 相似矩阵必有相同的特征值　　(D) 特征值相同的矩阵未必相似

8. 设 $\boldsymbol{A}$ 是 n 阶矩阵, 交换 $\boldsymbol{A}$ 的第一、第二行后再交换第一、第二列, 所得矩阵为 $\boldsymbol{B}$, 则下列结论中正确的是 (　　).

(A) $\boldsymbol{A}$ 和 $\boldsymbol{B}$ 的特征值完全相同　　(B) $\boldsymbol{B}$ 的特征值是 $\boldsymbol{A}$ 的特征值的相反数

(C) $\boldsymbol{B}$ 的特征值是 $\boldsymbol{A}$ 的特征值的平方　　(D) $\boldsymbol{A}$ 和 $\boldsymbol{B}$ 的特征值无一定关系

9. 设矩阵

$$\boldsymbol{A}=\begin{pmatrix}2&1&0\\1&2&0\\0&0&t\end{pmatrix},\quad \boldsymbol{B}=\begin{pmatrix}5&5&5\\0&3&3\\0&0&1\end{pmatrix},$$

若 $\boldsymbol{A}$ 和 $\boldsymbol{B}$ 相似, 则 $t=$ (　　).

(A) 0　　(B) 1　　(C) 3　　(D) 5

10. 若矩阵 $\boldsymbol{A}$ 只和自己相似, 则 (　　).

(A) $\boldsymbol{A}$ 必为单位矩阵　　(B) $\boldsymbol{A}$ 必为零矩阵

(C) $\boldsymbol{A}$ 必为数量矩阵　　(D) $\boldsymbol{A}$ 为任意对角矩阵

二、填空题

1. 设矩阵 $\boldsymbol{A}=\begin{pmatrix}3&2&-1\\t&-2&2\\3&s&-1\end{pmatrix}$ 的一个特征向量为 $(1,-2,3)'$, 则 s,t 的值分别为 (　　).

2. 设矩阵 $\boldsymbol{A}=\begin{pmatrix}2&1&1\\1&2&1\\1&1&2\end{pmatrix}$ 的逆矩阵 $\boldsymbol{A}^{-1}$ 有一个特征向量 $\boldsymbol{\alpha}=(1,k,1)'$, 则 $k=(\quad)$.

3. 已知 12 是矩阵 $\boldsymbol{A}=\begin{pmatrix}7&4&-1\\4&7&-1\\-4&a&4\end{pmatrix}$ 的一个特征值, 则 $a=(\quad)$, $\boldsymbol{A}$ 的另外两个特征值分别为 $(\quad)$.

4. 设 $\boldsymbol{A}$ 是三阶矩阵, 已知 $|\boldsymbol{A}+\boldsymbol{I}_3|=0$, $|\boldsymbol{A}+2\boldsymbol{I}_3|=0$, $|\boldsymbol{A}+3\boldsymbol{I}_3|=0$, 则 $|\boldsymbol{A}+4\boldsymbol{I}_3|=(\quad)$.

5. 设 $\boldsymbol{A}$ 是三阶矩阵, $1,2,3$ 是它的特征值, 则 $2\boldsymbol{A}^2\boldsymbol{A}^*+\boldsymbol{I}_3$ 的特征值是 $(\quad)$.

6. 设 $\boldsymbol{A}$ 是三阶矩阵, $1,-1,2$ 是它的特征值, 则 $2\boldsymbol{A}^2+2\boldsymbol{A}^{-1}$ 的特征值是 $(\quad)$.

7. 设 n 阶矩阵 $\boldsymbol{A}$ 满足 $\mathrm{r}(\boldsymbol{A}+\boldsymbol{I}_n)+\mathrm{r}(\boldsymbol{A}-\boldsymbol{I}_n)=n$, 且 $\boldsymbol{A}\neq\boldsymbol{I}_n$, 则 $\boldsymbol{A}$ 必有特征值 $(\quad)$.

8. 设 $\boldsymbol{A},\boldsymbol{B}$ 为 n 阶矩阵, 问 $\boldsymbol{AB}+\boldsymbol{B},\boldsymbol{BA}+\boldsymbol{B}$ 是否有相同的特征值? $(\quad)$

9. 设 $\boldsymbol{\alpha},\boldsymbol{\beta}$ 是两个 n 维非零列向量, 则矩阵 $\boldsymbol{I}_n-\boldsymbol{\alpha}\boldsymbol{\beta}'$ 的特征值为 $(\quad)$.

10. 设 $\boldsymbol{A}$ 和 $\boldsymbol{B}$ 相似, 问 $\boldsymbol{A}^*$ 和 $\boldsymbol{B}^*$ 是否也相似? $(\quad)$

11. 设矩阵

$$\boldsymbol{A}=\begin{pmatrix}1&0&0\\0&2&0\\0&0&0\end{pmatrix},\quad \boldsymbol{B}=\begin{pmatrix}1&0&0\\0&0&0\\0&0&2\end{pmatrix},$$

问 $\boldsymbol{A}$ 和 $\boldsymbol{B}$ 相似吗? $(\quad)$

12. 设矩阵

$$\boldsymbol{A}=\begin{pmatrix}1&0&0\\0&0&1\\0&1&x\end{pmatrix},\quad \boldsymbol{B}=\begin{pmatrix}1&0&0\\0&y&0\\0&0&-1\end{pmatrix},$$

若 $\boldsymbol{A}$ 和 $\boldsymbol{B}$ 相似, 则 x,y 的值分别为 $(\quad)$.

13. 矩阵 $\boldsymbol{A}=\begin{pmatrix}-1&1&0\\-4&3&0\\1&0&2\end{pmatrix}$ 是否相似于对角阵? $(\quad)$

14. 设 n 阶矩阵 $\boldsymbol{A}$ 的秩 $r<n$, 则 $\boldsymbol{A}$ 至少有 $(\quad)$ 重零特征值.

15. 求极限

$$\lim_{n\to\infty}\begin{pmatrix}\frac{1}{2}&1&1\\0&\frac{1}{3}&2\\0&0&\frac{1}{5}\end{pmatrix}^n=\begin{pmatrix}\qquad\qquad\end{pmatrix}.$$

三、解答题

1. 设矩阵

$$\boldsymbol{A}=\begin{pmatrix} a & -1 & c \\ 5 & b & 3 \\ 1-c & 0 & -a \end{pmatrix}$$

满足 $|\boldsymbol{A}|=-1$, 又 $\boldsymbol{A}^*$ 有一个特征值 λ_0 且对应的特征向量为 $(-1,-1,1)'$, 试求 a,b,c,λ_0 的值.

2. 求下列 n 阶矩阵的特征值:

$$\boldsymbol{A}=\begin{pmatrix} a & b_1 & \cdots & b_{n-1} \\ c_1 & a & & \\ \vdots & & \ddots & \\ c_{n-1} & & & a \end{pmatrix}.$$

3. 设 $\boldsymbol{A}$ 为 n 阶实矩阵, 若对任意非零的 n 维实列向量 $\boldsymbol{\alpha}$, 总有 $\boldsymbol{\alpha}'\boldsymbol{A}\boldsymbol{\alpha}>0$, 则称 $\boldsymbol{A}$ 为亚正定矩阵. 求证: 亚正定矩阵 $\boldsymbol{A}$ 的所有特征值的实部都大于零.

4. 设 $\boldsymbol{A},\boldsymbol{B}$ 都是 n 阶矩阵, 满足: $\boldsymbol{A}^m=\boldsymbol{I}_n$ 且

$$\boldsymbol{A}^{m-1}\boldsymbol{B}^{m-1}+\boldsymbol{A}^{m-2}\boldsymbol{B}^{m-2}+\cdots+\boldsymbol{A}\boldsymbol{B}+\boldsymbol{I}_n=\boldsymbol{O}.$$

求证: $\boldsymbol{B}$ 的特征值为 1 的 m 次单位根.

5. 设 $\boldsymbol{A}$ 为 n 阶矩阵, 满足 $(\boldsymbol{A}')^m=\boldsymbol{A}^k$, 其中 m,k 是互异的正整数. 求证: $\boldsymbol{A}$ 的特征值为 0 或单位根.

6. 设 n 阶实矩阵 $\boldsymbol{A}$ 的主对角元素全是 1, 且 $\boldsymbol{A}$ 的特征值全是非负实数, 求证: $|\boldsymbol{A}|\leq 1$.

7. 设 $S=\{\boldsymbol{A}_1,\boldsymbol{A}_2,\cdots,\boldsymbol{A}_r\}$ 为 r 个互异的可逆矩阵构成的集合, 且该集合关于矩阵乘法封闭, 即对任意的 $\boldsymbol{M},\boldsymbol{N}\in S$, 有 $\boldsymbol{M}\boldsymbol{N}\in S$. 证明: $\sum\limits_{i=1}^{r}\boldsymbol{A}_i=\boldsymbol{O}$ 成立的充要条件是 $\mathrm{tr}\left(\sum\limits_{i=1}^{r}\boldsymbol{A}_i\right)=0$.

8. 设 $\boldsymbol{A},\boldsymbol{B}$ 为 n 阶复矩阵, 且存在复数 a,b, 使得 $\boldsymbol{A}\boldsymbol{B}-\boldsymbol{B}\boldsymbol{A}=a\boldsymbol{A}+b\boldsymbol{B}$. 证明: 存在可逆矩阵 $\boldsymbol{P}$, 使得 $\boldsymbol{P}^{-1}\boldsymbol{A}\boldsymbol{P}$ 和 $\boldsymbol{P}^{-1}\boldsymbol{B}\boldsymbol{P}$ 都是上三角矩阵.

9. 设三阶矩阵 $\boldsymbol{A}$ 的特征值为 $1,-1,0$, 对应的特征向量依次为 $(1,2,1)'$, $(0,-2,1)'$, $(1,1,2)'$, 试求 $\boldsymbol{A}$.

10. 设有两个数列 $\{a_n\},\{b_n\}$, $a_1=1$, $b_1=-1$, $a_n=a_{n-1}+2b_{n-1}$, $b_n=-a_{n-1}+4b_{n-1}$. 求证: $a_n=2^{n+1}-3^n$, $b_n=2^n-3^n$.

11. 设 $\boldsymbol{A}$ 为数域 $\mathbb{F}$ 上的 n 阶矩阵, $f(x),g(x)$ 为 $\mathbb{F}$ 上互素的多项式, 且它们在复数域中均无重根. 证明: 若 $\mathrm{r}(f(\boldsymbol{A}))+\mathrm{r}(g(\boldsymbol{A}))=n$, 则 $\boldsymbol{A}$ 可对角化.

12. 设 n 阶实矩阵 $\boldsymbol{A}$ 有一个特征值是 1 的三次虚根, 且 $\boldsymbol{A}$ 的极小多项式的次数等于 2, 求证: $\boldsymbol{A}+\boldsymbol{I}_n$ 是可逆矩阵.

13. 设 $\boldsymbol{A}_1, \boldsymbol{A}_2, \cdots, \boldsymbol{A}_m$ 为 n 阶矩阵, $g(x) \in \mathbb{F}[x]$, 使得 $g(\boldsymbol{A}_1), g(\boldsymbol{A}_2), \cdots, g(\boldsymbol{A}_m)$ 都是可逆矩阵. 证明: 存在 $h(x) \in \mathbb{F}[x]$, 使得 $g(\boldsymbol{A}_i)^{-1} = h(\boldsymbol{A}_i)\,(1 \le i \le m)$.

14. 设 n 阶矩阵 $\boldsymbol{A}$ 适合多项式 $f(x) = a_m x^m + a_{m-1}x^{m-1} + \cdots + a_1 x + a_0$, 其中 $|a_m| > \sum\limits_{i=0}^{m-1} |a_i|$. 求证: 矩阵方程 $2\boldsymbol{X} + \boldsymbol{A}\boldsymbol{X} = \boldsymbol{X}\boldsymbol{A}^2$ 只有零解.

15. 设 n 阶矩阵 $\boldsymbol{A}$ 的特征多项式为 $f(\lambda) = \lambda^n + a_1\lambda^{n-1} + \cdots + a_{n-1}\lambda + a_n$, $\boldsymbol{\alpha}$ 是 n 维列向量且 $(\boldsymbol{A}^{n-1}\boldsymbol{\alpha}, \boldsymbol{A}^{n-2}\boldsymbol{\alpha}, \cdots, \boldsymbol{A}\boldsymbol{\alpha}, \boldsymbol{\alpha})$ 是可逆矩阵, 求证:

$$(a_1, a_2, \cdots, a_n)' = -(\boldsymbol{A}^{n-1}\boldsymbol{\alpha}, \boldsymbol{A}^{n-2}\boldsymbol{\alpha}, \cdots, \boldsymbol{A}\boldsymbol{\alpha}, \boldsymbol{\alpha})^{-1}\boldsymbol{A}^n\boldsymbol{\alpha}.$$

6.8.2 训练题答案

一、单选题

1. 应选择 (D).

2. 应选择 (D). $\boldsymbol{A}$ 的特征值 λ_0 适合 $\lambda_0^2 = 1$, 因此 λ_0 可能的取值为 $-1, 1$.

3. 应选择 (A).

4. 应选择 (C).

5. 应选择 (B). 设 $\boldsymbol{e}_i$ 是标准单位列向量, 则 $\boldsymbol{A}\boldsymbol{e}_i = \lambda_i \boldsymbol{e}_i$, 于是 $\boldsymbol{A}$ 是对角矩阵. 进一步由 $\boldsymbol{A}(\boldsymbol{e}_i + \boldsymbol{e}_j) = \lambda_0(\boldsymbol{e}_i + \boldsymbol{e}_j)$ 可得 $\lambda_i = \lambda_j = \lambda_0$, 因此 $\boldsymbol{A}$ 是数量矩阵 $\lambda_0 \boldsymbol{I}_n$.

6. 应选择 (C). 由计算可知 (A), (B) 和 (D) 中矩阵都没有完全的特征向量系, 而 (C) 中矩阵有两个不同的特征值, 故相似于对角矩阵.

7. 应选择 (B). 比如 $\boldsymbol{I}_n$ 有 n 个线性无关的特征向量都属于特征值 1.

8. 应选择 (A). 矩阵 $\boldsymbol{B} = \boldsymbol{P}_{12}\boldsymbol{A}\boldsymbol{P}_{12} = \boldsymbol{P}_{12}^{-1}\boldsymbol{A}\boldsymbol{P}_{12}$ 和 $\boldsymbol{A}$ 相似, 因此特征值相同.

9. 应选择 (D). 只需计算二者之迹即可.

10. 应选择 (C). 和任一可逆矩阵乘法可交换的矩阵必是数量矩阵.

二、填空题

1. 按定义计算 $\boldsymbol{A}\boldsymbol{\alpha} = \lambda_0\boldsymbol{\alpha}$ 可得线性方程组, 解之得 $s = 6$, $t = -2$.

2. 注意到逆矩阵 $\boldsymbol{A}^{-1}$ 和 $\boldsymbol{A}$ 有相同的特征向量, 不必求出 $\boldsymbol{A}^{-1}$ 即可求出 $k = 1$ 或 -2.

3. 由 $|12\boldsymbol{I}_4 - \boldsymbol{A}| = 0$ 求出 $a = -4$. 由此即可求出另外两个特征值为 $3, 3$.

4. 根据已知, 矩阵 $\boldsymbol{A}$ 有特征值 $-1, -2, -3$, 因此矩阵 $\boldsymbol{A} + 4\boldsymbol{I}_3$ 有特征值 $3, 2, 1$, $|\boldsymbol{A} + 4\boldsymbol{I}_3|$ 等于其特征值之积, 值为 6.

5. 首先可得 $|\boldsymbol{A}| = 6$, 又由 $\boldsymbol{A}\boldsymbol{A}^* = |\boldsymbol{A}|\boldsymbol{I}_3$ 可得 $2\boldsymbol{A}^2\boldsymbol{A}^* + \boldsymbol{I}_3 = 12\boldsymbol{A} + \boldsymbol{I}_3$, 因此其特征值为 $13, 25, 37$.

6. 经计算可得特征值为 $4, 0, 9$.

7. 因为 $\boldsymbol{A} \ne \boldsymbol{I}$, 故 $\mathrm{r}(\boldsymbol{A} - \boldsymbol{I}) \ne 0$, 于是 $\mathrm{r}(\boldsymbol{A} + \boldsymbol{I}) < n$, 即 $|\boldsymbol{I} + \boldsymbol{A}| = 0$, 因此 $\boldsymbol{A}$ 有特征值 -1.

8. 注意到 $\boldsymbol{AB}+\boldsymbol{B}=(\boldsymbol{A}+\boldsymbol{I}_n)\boldsymbol{B}, \boldsymbol{BA}+\boldsymbol{B}=\boldsymbol{B}(\boldsymbol{A}+\boldsymbol{I}_n)$, 故由例 6.19 可知 $\boldsymbol{AB}+\boldsymbol{B}, \boldsymbol{BA}+\boldsymbol{B}$ 有相同的特征值.

9. 由例 6.19 可得 $|\lambda\boldsymbol{I}_n-(\boldsymbol{I}_n-\boldsymbol{\alpha\beta}')|=|(\lambda-1)\boldsymbol{I}_n+\boldsymbol{\alpha\beta}'|=(\lambda-1)^{n-1}(\lambda-1+\boldsymbol{\beta}'\boldsymbol{\alpha})$, 因此 $\boldsymbol{I}_n-\boldsymbol{\alpha\beta}'$ 有特征值 1 $(n-1$ 重), $1-\boldsymbol{\beta}'\boldsymbol{\alpha}$.

10. 设 $\boldsymbol{B}=\boldsymbol{P}^{-1}\boldsymbol{AP}$, 则 $\boldsymbol{B}^*=(\boldsymbol{P}^{-1}\boldsymbol{AP})^*=\boldsymbol{P}^*\boldsymbol{A}^*(\boldsymbol{P}^{-1})^*=\boldsymbol{P}^*\boldsymbol{A}^*(\boldsymbol{P}^*)^{-1}$. 因此 $\boldsymbol{A}^*$ 和 $\boldsymbol{B}^*$ 相似.

11. 相似.

12. 计算 $\boldsymbol{A}$ 和 $\boldsymbol{B}$ 的迹及行列式可算出 $x=0, y=1$.

13. 经计算可知属于二重特征值 1 的线性无关的特征向量只有一个, 因此 $\boldsymbol{A}$ 不能对角化.

14. 由已知, 0 是 $\boldsymbol{A}$ 的特征值并且其几何重数为 $n-r$, 故其代数重数大于等于 $n-r$.

15. 记矩阵为 $\boldsymbol{A}$, 显然 $\boldsymbol{A}$ 有 3 个不同的特征值 $\frac{1}{2}, \frac{1}{3}, \frac{1}{5}$, 因此存在可逆矩阵 $\boldsymbol{P}$, 使得 $\boldsymbol{P}^{-1}\boldsymbol{AP}=\mathrm{diag}\left\{\frac{1}{2},\frac{1}{3},\frac{1}{5}\right\}=\boldsymbol{B}$. 注意到 $\boldsymbol{A}^n=\boldsymbol{PB}^n\boldsymbol{P}^{-1}$ 且 $\boldsymbol{B}^n$ 的极限为零矩阵, 故 $\boldsymbol{A}^n$ 的极限也是零矩阵.

三、解答题

1. $\boldsymbol{A}^*=|\boldsymbol{A}|\boldsymbol{A}^{-1}=-\boldsymbol{A}^{-1}$, 又 $\boldsymbol{A}^{-1}$ 的特征向量也是 $\boldsymbol{A}$ 的特征向量, 因此 $\boldsymbol{A}$ 有特征值 $\lambda=-\frac{1}{\lambda_0}$, 特征向量 $\boldsymbol{\alpha}=(-1,-1,1)'$. 由 $\boldsymbol{A\alpha}=\lambda\boldsymbol{\alpha}$ 可得方程组, 再加上 $|\boldsymbol{A}|=-1$, 解之可求得 $\lambda_0=1, a=c=2, b=-3$.

2. 注意到 $|\lambda\boldsymbol{I}_n-\boldsymbol{A}|$ 是一个爪型行列式, 故由例 1.4 可得 $|\lambda\boldsymbol{I}_n-\boldsymbol{A}|=(\lambda-a)^{n-2}\Big((\lambda-a)^2-\sum\limits_{i=1}^{n-1}b_ic_i\Big)$, 于是 $\boldsymbol{A}$ 的特征值为 a $(n-2$ 重), $a\pm\sqrt{\sum\limits_{i=1}^{n-1}b_ic_i}$.

3. 设 $\lambda_0=a+b\mathrm{i}$ 是 $\boldsymbol{A}$ 的特征值, $\boldsymbol{\eta}$ 是属于 λ_0 的特征向量. 将 $\boldsymbol{\eta}$ 的实部和虚部分开, 记为 $\boldsymbol{\eta}=\boldsymbol{\alpha}+\mathrm{i}\boldsymbol{\beta}$, 则 $\boldsymbol{A}(\boldsymbol{\alpha}+\mathrm{i}\boldsymbol{\beta})=(a+b\mathrm{i})(\boldsymbol{\alpha}+\mathrm{i}\boldsymbol{\beta})$. 分开实部和虚部可得 $\boldsymbol{A\alpha}=a\boldsymbol{\alpha}-b\boldsymbol{\beta}, \boldsymbol{A\beta}=b\boldsymbol{\alpha}+a\boldsymbol{\beta}$, 于是 $\boldsymbol{\alpha}'\boldsymbol{A\alpha}=a\boldsymbol{\alpha}'\boldsymbol{\alpha}-b\boldsymbol{\alpha}'\boldsymbol{\beta}, \boldsymbol{\beta}'\boldsymbol{A\beta}=b\boldsymbol{\beta}'\boldsymbol{\alpha}+a\boldsymbol{\beta}'\boldsymbol{\beta}$. 因此

$$\boldsymbol{\alpha}'\boldsymbol{A\alpha}+\boldsymbol{\beta}'\boldsymbol{A\beta}=a(\boldsymbol{\alpha}'\boldsymbol{\alpha}+\boldsymbol{\beta}'\boldsymbol{\beta}). \tag{6.11}$$

因为 $\boldsymbol{\alpha},\boldsymbol{\beta}$ 中至少有一个是非零列向量, 故由假设可知, (6.11) 式左边大于零, 又 $\boldsymbol{\alpha}'\boldsymbol{\alpha}+\boldsymbol{\beta}'\boldsymbol{\beta}>0$, 因此 $a>0$.

4. 将 $\boldsymbol{B}$ 右乘原式, 再将 $\boldsymbol{A}$ 左乘得到的等式, 注意到 $\boldsymbol{A}^m=\boldsymbol{I}_n$, 故可得

$$\boldsymbol{B}^m+\boldsymbol{A}^{m-1}\boldsymbol{B}^{m-1}+\cdots+\boldsymbol{AB}=\boldsymbol{O}. \tag{6.12}$$

将 (6.12) 式和原式相减得到 $\boldsymbol{B}^m=\boldsymbol{I}_n$, 因此 $\boldsymbol{B}$ 的特征值为 1 的 m 次单位根.

5. 设 $\boldsymbol{A}$ 的全体特征值为 $\lambda_1,\lambda_2,\cdots,\lambda_n$, 则它们也是 $\boldsymbol{A}'$ 的全体特征值. 由 $(\boldsymbol{A}')^m=\boldsymbol{A}^k$ 可知, 它们的全体特征值相同 (不计顺序), 即有 $\{\lambda_1^m,\lambda_2^m,\cdots,\lambda_n^m\}=\{\lambda_1^k,\lambda_2^k,\cdots,\lambda_n^k\}$. 我们只要证明 λ_1 等于零或者是单位根即可. 从 λ_1^m 出发, 记 $i_0=1$, 故存在 $1\leq i_1\leq n$, 使得 $\lambda_1^m=\lambda_{i_1}^k$; 又存在 $1\leq i_2\leq n$, 使得 $\lambda_{i_1}^m=\lambda_{i_2}^k$; $\cdots$; 不断这样做下去. 注意到对任意的正整数 l, $\lambda_1^{m^l}=\lambda_{i_l}^{k^l}$. 由于特征值的下指标有限, 故存在两个非负整数 $r<s$, 使得 $i_r=i_s$. 在 $\lambda_{i_r}=\lambda_{i_s}$ 两边同时 k^s 次方, 可得 $\lambda_1^{m^rk^{s-r}}=\lambda_1^{m^s}$. 若 $\lambda_1\neq 0$, 则由 $m\neq k$ 以及 $\lambda_1^{m^s-m^rk^{s-r}}=1$ 可知 λ_1 是单位根.

6. 设 $\boldsymbol{A}$ 的特征值为 $\lambda_1,\lambda_2,\cdots,\lambda_n$, 则 $n=\mathrm{tr}(\boldsymbol{A})=\lambda_1+\lambda_2+\cdots+\lambda_n$ 且 $|\boldsymbol{A}|=\lambda_1\lambda_2\cdots\lambda_n$, 由几何平均不超过算术平均即得 $|\boldsymbol{A}|\leq 1$.

7. 必要性显然, 现证充分性. 由 $\boldsymbol{A}_k$ 非异可知 $\boldsymbol{A}_i\boldsymbol{A}_k\neq\boldsymbol{A}_j\boldsymbol{A}_k\,(i\neq j)$, 再由乘法的封闭性可知 $S=\{\boldsymbol{A}_1\boldsymbol{A}_k,\boldsymbol{A}_2\boldsymbol{A}_k,\cdots,\boldsymbol{A}_r\boldsymbol{A}_k\}$. 令 $\boldsymbol{A}=\sum\limits_{i=1}^{r}\boldsymbol{A}_i$, 则 $\boldsymbol{A}^2=r\boldsymbol{A}$, 于是 $\boldsymbol{A}$ 的特征值也适合 x^2-rx, 从而只能是 0 和 r. 由假设 $\mathrm{tr}(\boldsymbol{A})=0$, 故 r 不可能是 $\boldsymbol{A}$ 的特征值, 即 $\boldsymbol{A}-r\boldsymbol{I}_n$ 是非异阵. 最后由 $\boldsymbol{A}(\boldsymbol{A}-r\boldsymbol{I}_n)=\boldsymbol{O}$ 可得 $\boldsymbol{A}=\boldsymbol{O}$. 也可以这样来讨论, 注意到 $\boldsymbol{A}^k=r^{k-1}\boldsymbol{A}\,(k\geq 1)$, 故由 $\mathrm{tr}(\boldsymbol{A})=0$ 可得 $\mathrm{tr}(\boldsymbol{A}^k)=0\,(k\geq 1)$. 由例 6.31 可知 $\boldsymbol{A}$ 为幂零矩阵, 于是 $r^{n-1}\boldsymbol{A}=\boldsymbol{A}^n=\boldsymbol{O}$, 从而 $\boldsymbol{A}=\boldsymbol{O}$.

8. 若 $a=b=0$, 则 $\boldsymbol{AB}=\boldsymbol{BA}$, 由例 6.40 可知 $\boldsymbol{A},\boldsymbol{B}$ 可以同时上三角化. 若 a,b 不全为零, 不妨设 $a\neq 0$, 可在等式 $\boldsymbol{AB}-\boldsymbol{BA}=a\boldsymbol{A}+b\boldsymbol{B}$ 两边除以 a, 并用 $a^{-1}\boldsymbol{B}$ 替代 $\boldsymbol{B}$, 故不妨设 $a=1$. 将上述等式改写为 $(\boldsymbol{A}+b\boldsymbol{B})\boldsymbol{B}-\boldsymbol{B}(\boldsymbol{A}+b\boldsymbol{B})=\boldsymbol{A}+b\boldsymbol{B}$, 这不影响结论的证明, 故不妨设 $b=0$. 因此, 我们只要证明: 若 $\boldsymbol{AB}-\boldsymbol{BA}=\boldsymbol{A}$, 则 $\boldsymbol{A},\boldsymbol{B}$ 可同时上三角化. 首先, 由例 6.32 可知 $\boldsymbol{A}$ 的特征值全为零, 其特征子空间设为 V_0, 则容易验证 V_0 是 $\boldsymbol{B}$–不变子空间, 由此可证明 $\boldsymbol{A},\boldsymbol{B}$ 有公共的特征向量. 再仿照例 6.40 的证明, 对阶数进行归纳即可完成证明.

9. 答案是

$$\boldsymbol{A}=\begin{pmatrix}1&0&1\\2&-2&1\\1&1&2\end{pmatrix}\begin{pmatrix}1&0&0\\0&-1&0\\0&0&0\end{pmatrix}\begin{pmatrix}1&0&1\\2&-2&1\\1&1&2\end{pmatrix}^{-1}=\begin{pmatrix}5&-1&-2\\16&-4&-6\\2&0&-1\end{pmatrix}.$$

10. 将数列化为矩阵形式:

$$\begin{pmatrix}a_n\\b_n\end{pmatrix}=\begin{pmatrix}1&2\\-1&4\end{pmatrix}\begin{pmatrix}a_{n-1}\\b_{n-1}\end{pmatrix}=\begin{pmatrix}1&2\\-1&4\end{pmatrix}^{n-1}\begin{pmatrix}1\\-1\end{pmatrix}.$$

参考例 6.54 的方法, 计算出 $\begin{pmatrix}1&2\\-1&4\end{pmatrix}^{n-1}=\begin{pmatrix}2^n-3^{n-1}&2\cdot 3^{n-1}-2^n\\2^{n-1}-3^{n-1}&2\cdot 3^{n-1}-2^{n-1}\end{pmatrix}$, 由此即得结论.

11. 由例 5.77 可知 $f(\boldsymbol{A})g(\boldsymbol{A})=\boldsymbol{O}$, 即 $\boldsymbol{A}$ 适合多项式 $f(x)g(x)$. 注意到 $f(x),g(x)$ 在复数域中均无重根且 $(f(x),g(x))=1$, 故 $f(x)g(x)$ 在复数域中也无重根, 再由例 6.66 可知 $\boldsymbol{A}$ 可对角化.

12. 因为 $\boldsymbol{A}$ 是实矩阵, 所以 1 的另外一个三次虚根也是 $\boldsymbol{A}$ 的特征值. 由于 $\boldsymbol{A}$ 的极小多项式次数等于 2 且含有 $\boldsymbol{A}$ 的所有特征值, 故必为 x^2+x+1. 由 $\boldsymbol{A}^2+\boldsymbol{A}+\boldsymbol{I}_n=\boldsymbol{O}$ 可知 $\boldsymbol{A}+\boldsymbol{I}_n$ 可逆.

13. 设 $\boldsymbol{A}=\mathrm{diag}\{\boldsymbol{A}_1,\boldsymbol{A}_2,\cdots,\boldsymbol{A}_m\}$, 则 $g(\boldsymbol{A})=\mathrm{diag}\{g(\boldsymbol{A}_1),g(\boldsymbol{A}_2),\cdots,g(\boldsymbol{A}_m)\}$ 也是可逆矩阵. 由例 6.86 可知, 存在多项式 $f(x)\in\mathbb{F}[x]$, 使得 $g(\boldsymbol{A})^{-1}=f(g(\boldsymbol{A}))$. 令 $h(x)=f(g(x))\in\mathbb{F}[x]$, 则由上式可得 $g(\boldsymbol{A}_i)^{-1}=h(\boldsymbol{A}_i)\,(1\leq i\leq m)$.

14. 任取 $\boldsymbol{A}$ 的特征值 λ_0, 则 $f(\lambda_0)=0$, 我们断言 $|\lambda_0|<1$. 用反证法, 若 $|\lambda_0|\geq 1$, 则 $|a_m|=|-\sum\limits_{i=0}^{m-1}a_i\lambda_0^{-m+i}|\leq\sum\limits_{i=0}^{m-1}|a_i||\lambda_0|^{-m+i}\leq\sum\limits_{i=0}^{m-1}|a_i|$, 这与假设矛盾. 将矩阵方程整理为 $(\boldsymbol{A}+2\boldsymbol{I}_n)\boldsymbol{X}=\boldsymbol{X}\boldsymbol{A}^2$, 注意到 $\boldsymbol{A}+2\boldsymbol{I}_n$ 的特征值落在 $D_1:|z-2|<1$ 中, $\boldsymbol{A}^2$ 的特征值落在 $D_2:|z|<1$ 中, 显然这两个开圆盘不相交, 故 $\boldsymbol{A}+2\boldsymbol{I}_n$ 和 $\boldsymbol{A}^2$ 没有公共的特征值, 最后由例 6.88 可知矩阵方程只有零解.

15. 只需证明 $-(\boldsymbol{A}^{n-1}\boldsymbol{\alpha},\boldsymbol{A}^{n-2}\boldsymbol{\alpha},\cdots,\boldsymbol{\alpha})(a_1,a_2,\cdots,a_n)'=\boldsymbol{A}^n\boldsymbol{\alpha}$, 而这由 Cayley-Hamilton 定理即得.

第 7 章 相似标准型

§ 7.1 基本概念

7.1.1 λ–矩阵及其法式

1. 多项式矩阵的定义

设 $\boldsymbol{A}(\lambda)=(a_{ij}(\lambda))$ 是一个 $m\times n$ 矩阵, 它的元素 $a_{ij}(\lambda)$ 是数域 $\mathbb{F}$ 上以 λ 为未定元的多项式, 这样的矩阵被称为多项式矩阵或 λ–矩阵.

2. λ–矩阵的初等变换和初等 λ–矩阵

对 λ–矩阵 $\boldsymbol{A}(\lambda)$ 施行的下列 3 种变换称为 λ–矩阵的初等变换:

(1) 将 $\boldsymbol{A}(\lambda)$ 的两行 (或两列) 对换;

(2) 将 $\boldsymbol{A}(\lambda)$ 的某一行 (列) 乘以非零常数 c;

(3) 将 $\boldsymbol{A}(\lambda)$ 的某一行 (列) 乘以 $\mathbb{F}$ 上的某个多项式加到另外一行 (列) 上去.

对单位矩阵施以 λ–矩阵的初等变换, 得到的矩阵称为初等 λ–矩阵.

3. λ–矩阵的相抵

设 $\boldsymbol{A}(\lambda)$ 和 $\boldsymbol{B}(\lambda)$ 都是 λ–矩阵, 若经过有限次 λ–矩阵的初等变换可将 $\boldsymbol{A}(\lambda)$ 变为 $\boldsymbol{B}(\lambda)$, 则称 $\boldsymbol{A}(\lambda)$ 和 $\boldsymbol{B}(\lambda)$ 等价或相抵.

4. 可逆 λ–矩阵

设 $\boldsymbol{A}(\lambda)$ 和 $\boldsymbol{B}(\lambda)$ 都是 λ–矩阵, 若 $\boldsymbol{A}(\lambda)\boldsymbol{B}(\lambda)=\boldsymbol{B}(\lambda)\boldsymbol{A}(\lambda)=\boldsymbol{I}_n$, 则称 $\boldsymbol{A}(\lambda)$ 为可逆 λ–矩阵.

5. 定理

两个 n 阶数字矩阵 $\boldsymbol{A}$ 和 $\boldsymbol{B}$ 相似的充要条件是它们的特征矩阵 $\lambda\boldsymbol{I}_n-\boldsymbol{A}$ 和 $\lambda\boldsymbol{I}_n-\boldsymbol{B}$ 作为 λ–矩阵相抵.

6. 定理

设 $\boldsymbol{A}(\lambda)$ 是 n 阶 λ–矩阵, 则 $\boldsymbol{A}(\lambda)$ 相抵于下列对角矩阵:

$$\operatorname{diag}\{d_1(\lambda), d_2(\lambda), \cdots, d_r(\lambda), 0, \cdots, 0\}, \tag{7.1}$$

其中 $d_i(\lambda)$ 是非零首一多项式, 且 $d_i(\lambda) \mid d_{i+1}(\lambda)\,(1 \le i \le r-1)$. 特别地, 若 $\boldsymbol{A}$ 是数字矩阵, 则它的特征矩阵 $\lambda \boldsymbol{I}_n - \boldsymbol{A}$ 相抵于下列对角矩阵:

$$\operatorname{diag}\{1, \cdots, 1, d_1(\lambda), \cdots, d_m(\lambda)\}, \tag{7.2}$$

其中 $d_i(\lambda)$ 是非常数首一多项式, 且 $d_i(\lambda) \mid d_{i+1}(\lambda)\,(1 \le i \le m-1)$.

(7.1) 式称为 λ–矩阵 $\boldsymbol{A}(\lambda)$ 的法式; (7.2) 式称为数字矩阵 $\boldsymbol{A}$ 的法式.

7.1.2 不变因子和有理标准型

1. 行列式因子

设 $\boldsymbol{A}(\lambda)$ 是 n 阶 λ–矩阵, k 是不超过 n 的正整数. 如果 $\boldsymbol{A}(\lambda)$ 有一个 k 阶子式不为零, 则定义 $\boldsymbol{A}(\lambda)$ 的 k 阶行列式因子 $D_k(\lambda)$ 为 $\boldsymbol{A}(\lambda)$ 的所有 k 阶子式的最大公因式 (首一多项式); 如果 $\boldsymbol{A}(\lambda)$ 的所有 k 阶子式全为零, 则定义 $\boldsymbol{A}(\lambda)$ 的 k 阶行列式因子 $D_k(\lambda) = 0$.

2. 不变因子

设 n 阶 λ–矩阵 $\boldsymbol{A}(\lambda)$ 的非零行列式因子为 $D_1(\lambda), D_2(\lambda), \cdots, D_r(\lambda)$, 则必有 $D_i(\lambda) \mid D_{i+1}(\lambda)\,(1 \le i \le r-1)$. 记 $d_1(\lambda) = D_1(\lambda)$, $d_2(\lambda) = D_2(\lambda)/D_1(\lambda)$, $\cdots$, $d_r(\lambda) = D_r(\lambda)/D_{r-1}(\lambda)$, 多项式

$$\{d_1(\lambda), d_2(\lambda), \cdots, d_r(\lambda)\}$$

称为 $\boldsymbol{A}(\lambda)$ 的不变因子.

对数字矩阵 $\boldsymbol{A}$, 其不变因子定义为它的特征矩阵 $\lambda \boldsymbol{I}_n - \boldsymbol{A}$ 的不变因子. $\boldsymbol{A}$ 的不变因子就是 (7.2) 式中的多项式 $\{1, \cdots, 1, d_1(\lambda), \cdots, d_m(\lambda)\}$.

3. 定理

设 $\boldsymbol{A}, \boldsymbol{B}$ 是数域 $\mathbb{F}$ 上的 n 阶矩阵, 则 $\boldsymbol{A}, \boldsymbol{B}$ 在 $\mathbb{F}$ 上相似的充要条件是它们有相同的行列式因子或有相同的不变因子.

4. 推论

设 $\boldsymbol{A}, \boldsymbol{B}$ 是数域 $\mathbb{F}$ 上的 n 阶矩阵, 数域 $\mathbb{K}$ 包含数域 $\mathbb{F}$, 则 $\boldsymbol{A}, \boldsymbol{B}$ 在 $\mathbb{F}$ 上相似的充要条件是它们在 $\mathbb{K}$ 上相似.

5. Frobenius 矩阵

下列形状的矩阵称为多项式 $f(x)=x^n+a_1x^{n-1}+\cdots+a_{n-1}x+a_n$ 的 Frobenius 块或 Frobenius 矩阵:

$$\boldsymbol{F}(f(x))=\begin{pmatrix} 0 & 1 & 0 & \cdots & 0 \\ 0 & 0 & 1 & \cdots & 0 \\ \vdots & \vdots & \vdots & & \vdots \\ 0 & 0 & 0 & \cdots & 1 \\ -a_n & -a_{n-1} & -a_{n-2} & \cdots & -a_1 \end{pmatrix}.$$

$\boldsymbol{F}(f(x))$ 是 $f(x)$ 的友阵 $\boldsymbol{C}(f(x))$ 的转置.

6. 定理

设数域 $\mathbb{F}$ 上 n 阶矩阵 $\boldsymbol{A}$ 的非常数不变因子为 $d_1(\lambda), d_2(\lambda), \cdots, d_k(\lambda)$, 则 $\boldsymbol{A}$ 在 $\mathbb{F}$ 上相似于分块对角矩阵

$$\boldsymbol{F}=\operatorname{diag}\{\boldsymbol{F}(d_1(\lambda)), \boldsymbol{F}(d_2(\lambda)), \cdots, \boldsymbol{F}(d_k(\lambda))\}, \tag{7.3}$$

$$\boldsymbol{C}=\operatorname{diag}\{\boldsymbol{C}(d_1(\lambda)), \boldsymbol{C}(d_2(\lambda)), \cdots, \boldsymbol{C}(d_k(\lambda))\}. \tag{7.4}$$

上述两个分块对角矩阵 $\boldsymbol{F}, \boldsymbol{C}$ 互为转置, 称为 $\boldsymbol{A}$ 的 Frobenius 标准型或有理标准型.

7. 定理

设数域 $\mathbb{F}$ 上 n 阶矩阵 $\boldsymbol{A}$ 的非常数不变因子为 $d_1(\lambda), d_2(\lambda), \cdots, d_k(\lambda)$, 其中 $d_i(\lambda) \mid d_{i+1}(\lambda)\,(1 \le i \le k-1)$, 则 $\boldsymbol{A}$ 的特征多项式是 $d_1(\lambda)d_2(\lambda)\cdots d_k(\lambda)$, 极小多项式是 $d_k(\lambda)$.

7.1.3 初等因子和 Jordan 标准型

1. 初等因子

设数域 $\mathbb{F}$ 上 n 阶矩阵 $\boldsymbol{A}$ 的非常数不变因子为 $d_1(\lambda), d_2(\lambda), \cdots, d_k(\lambda)$, 在 $\mathbb{F}$ 上

将 $d_i(\lambda)$ 分解为不可约因子的积:

$$\begin{aligned}
d_1(\lambda) &= P_1(\lambda)^{e_{11}} P_2(\lambda)^{e_{12}} \cdots P_t(\lambda)^{e_{1t}}, \\
d_2(\lambda) &= P_1(\lambda)^{e_{21}} P_2(\lambda)^{e_{22}} \cdots P_t(\lambda)^{e_{2t}}, \\
&\cdots\cdots\cdots\cdots \\
d_k(\lambda) &= P_1(\lambda)^{e_{k1}} P_2(\lambda)^{e_{k2}} \cdots P_t(\lambda)^{e_{kt}},
\end{aligned}$$

其中 $e_{ij} \geq 0$. 若上式中的 $e_{ij} > 0$, 则称多项式 $P_j(\lambda)^{e_{ij}}$ 为矩阵 $\boldsymbol{A}$ 的一个初等因子. $\boldsymbol{A}$ 的初等因子全体称为 $\boldsymbol{A}$ 的初等因子组.

2. 定理

数域 $\mathbb{F}$ 上的两个 n 阶矩阵相似的充要条件是它们有相同的初等因子组.

3. 定理

设 n 阶复矩阵 $\boldsymbol{A}$ 在复数域上的初等因子组为

$$(\lambda - \lambda_1)^{r_1},\ (\lambda - \lambda_2)^{r_2},\ \cdots,\ (\lambda - \lambda_k)^{r_k},$$

则 $\boldsymbol{A}$ 相似于分块对角矩阵

$$\boldsymbol{J} = \operatorname{diag}\{\boldsymbol{J}_{r_1}(\lambda_1), \boldsymbol{J}_{r_2}(\lambda_2), \cdots, \boldsymbol{J}_{r_k}(\lambda_k)\}, \tag{7.5}$$

其中 $\boldsymbol{J}_{r_i}(\lambda_i)$ 是特征值为 λ_i 的 r_i 阶 Jordan 块, 即

$$\boldsymbol{J}_{r_i}(\lambda_i) = \begin{pmatrix} \lambda_i & 1 & & & \\ & \lambda_i & 1 & & \\ & & \ddots & \ddots & \\ & & & \lambda_i & 1 \\ & & & & \lambda_i \end{pmatrix}.$$

(7.5) 式中的分块对角矩阵 $\boldsymbol{J}$ 称为 $\boldsymbol{A}$ 的 Jordan 标准型.

4. 定理

设 φ 是 n 维复线性空间 V 上的线性变换, 则必存在 V 的一组基, 使得 φ 在这组基下的表示矩阵为 Jordan 标准型.

5. 定理

设 $\boldsymbol{A}$ 是 n 阶复矩阵 (或 φ 是 n 维复线性空间 V 上的线性变换), 则以下 3 个结论等价:

(1) $\boldsymbol{A}$ (或 φ) 可对角化;

(2) $\boldsymbol{A}$ (或 φ) 的极小多项式无重根;

(3) $\boldsymbol{A}$ (或 φ) 的初等因子都是一次多项式.

7.1.4 矩阵函数

1. 矩阵序列的收敛

设有 n 阶矩阵序列 $\{\boldsymbol{A}_k\}$:

$$\boldsymbol{A}_k=\begin{pmatrix} a_{11}^{(k)} & \cdots & a_{1n}^{(k)} \\ \vdots & & \vdots \\ a_{n1}^{(k)} & \cdots & a_{nn}^{(k)} \end{pmatrix},$$

$\boldsymbol{B}=(b_{ij})$ 也是一个 n 阶矩阵. 若对每个 (i,j), 都有 $\lim\limits_{k\to\infty} a_{ij}^{(k)}=b_{ij}$, 则称矩阵序列 $\{\boldsymbol{A}_k\}$ 收敛于 $\boldsymbol{B}$, 记为 $\lim\limits_{k\to\infty}\boldsymbol{A}_k=\boldsymbol{B}$.

2. 矩阵幂级数

设 $f(z)=a_0+a_1z+a_2z^2+\cdots+a_nz^n+\cdots$ 是一个复幂级数, $f_k(z)$ 是其部分和. 若矩阵序列 $\{f_k(\boldsymbol{A})\}$ 收敛于 $\boldsymbol{B}$, 则称矩阵幂级数 $f(\boldsymbol{A})$ 收敛于 $\boldsymbol{B}$.

3. 定理

设 $f(z)=a_0+a_1z+a_2z^2+\cdots+a_nz^n+\cdots$ 是一个复幂级数, 则

(1) 矩阵幂级数 $f(\boldsymbol{X})$ 收敛的充要条件是对任一可逆矩阵 $\boldsymbol{P}$, $f(\boldsymbol{P}^{-1}\boldsymbol{X}\boldsymbol{P})$ 收敛, 这时

$$f(\boldsymbol{P}^{-1}\boldsymbol{X}\boldsymbol{P})=\boldsymbol{P}^{-1}f(\boldsymbol{X})\boldsymbol{P};$$

(2) 设 $\boldsymbol{X}=\mathrm{diag}\{\boldsymbol{X}_1,\cdots,\boldsymbol{X}_m\}$ 是分块对角矩阵, 则矩阵幂级数 $f(\boldsymbol{X})$ 收敛的充要条件是 $f(\boldsymbol{X}_i)\,(1\le i\le m)$ 收敛, 这时

$$f(\boldsymbol{X})=\mathrm{diag}\{f(\boldsymbol{X}_1),\cdots,f(\boldsymbol{X}_m)\};$$

(3) 设 $f(z)$ 的收敛半径为 r, $\boldsymbol{J}_n(\lambda_0)$ 是特征值为 λ_0 的 n 阶 Jordan 块, 则当 $|\lambda_0|<r$ 时, $f(\boldsymbol{J}_n(\lambda_0))$ 收敛.

4. 定理

设 $f(z)=a_0+a_1z+a_2z^2+\cdots+a_nz^n+\cdots$ 是一个复幂级数且其收敛半径为 r.

设 n 阶矩阵 $\boldsymbol{A}$ 的特征值为 $\lambda_1,\lambda_2,\cdots,\lambda_n$, $\boldsymbol{A}$ 的谱半径定义为 $\rho(\boldsymbol{A})=\max\limits_{1\le i\le n}|\lambda_i|$.

(1) 若 $\rho(\boldsymbol{A})<r$, 则 $f(\boldsymbol{A})$ 收敛;

(2) 若 $\rho(\boldsymbol{A})>r$, 则 $f(\boldsymbol{A})$ 发散;

(3) 若 $f(\boldsymbol{A})$ 收敛, 则 $f(\boldsymbol{A})$ 的特征值为 $f(\lambda_1),f(\lambda_2),\cdots,f(\lambda_n)$.

§ 7.2 矩阵相似的全系不变量

利用等价关系对矩阵进行分类, 这是一种常见的研究方法, 通常分为 3 个步骤. 首先, 引入矩阵之间的一种等价关系, 它将矩阵全体分成互不相交的等价类的并集. 其次, 找出矩阵在等价关系下的全系不变量, 即两个矩阵等价当且仅当它们的全系不变量相等. 最后, 在每一个等价类中, 找出一个相对简单的矩阵作为代表元, 称之为等价关系的标准型. 例如, 矩阵在相抵关系下的全系不变量就是矩阵的秩, $\begin{pmatrix}\boldsymbol{I}_r & \boldsymbol{O}\\ \boldsymbol{O} & \boldsymbol{O}\end{pmatrix}$ 就是相抵标准型.

那么矩阵在相似关系下的全系不变量是什么? 相似标准型具有怎样的形状呢? 在教材 [1] 中, 我们利用 λ-矩阵这一代数方法, 给出了矩阵相似的 3 组全系不变量, 分别是行列式因子组、不变因子组和初等因子组; 给出了两类相似标准型, 分别是基于不变因子的有理标准型和复数域上基于初等因子的 Jordan 标准型. 本节我们将从 4 个方面阐述如何利用相似关系的全系不变量去处理矩阵的相似问题.

1. 矩阵相似的判定准则一: 特征矩阵相抵

两个 n 阶数字矩阵 $\boldsymbol{A},\boldsymbol{B}$ 相似当且仅当它们的特征矩阵 $\lambda\boldsymbol{I}_n-\boldsymbol{A}$, $\lambda\boldsymbol{I}_n-\boldsymbol{B}$ 作为 λ-矩阵相抵. 这一判定准则是求出矩阵相似全系不变量的出发点, 它自身也有一些有趣的应用, 我们来看下面两道典型的例题.

例 7.1 设 $\boldsymbol{A},\boldsymbol{B}$ 是数域 $\mathbb{F}$ 上的 n 阶矩阵, $\lambda\boldsymbol{I}_n-\boldsymbol{A}$ 相抵于 $\mathrm{diag}\{f_1(\lambda),f_2(\lambda),\cdots,f_n(\lambda)\}$, $\lambda\boldsymbol{I}_n-\boldsymbol{B}$ 相抵于 $\mathrm{diag}\{f_{i_1}(\lambda),f_{i_2}(\lambda),\cdots,f_{i_n}(\lambda)\}$, 其中 $f_{i_1}(\lambda),f_{i_2}(\lambda),\cdots,f_{i_n}(\lambda)$ 是 $f_1(\lambda),f_2(\lambda),\cdots,f_n(\lambda)$ 的一个排列. 求证: $\boldsymbol{A}$ 与 $\boldsymbol{B}$ 相似.

证明　对换 λ-矩阵 $\mathrm{diag}\{f_1(\lambda),f_2(\lambda),\cdots,f_n(\lambda)\}$ 的第 i,j 行, 再对换第 i,j 列, 可将 $f_i(\lambda)$ 与 $f_j(\lambda)$ 互换位置. 由于任一排列都可由若干次对换来实现, 故 $\mathrm{diag}\{f_1(\lambda),f_2(\lambda),\cdots,f_n(\lambda)\}$ 相抵于 $\mathrm{diag}\{f_{i_1}(\lambda),f_{i_2}(\lambda),\cdots,f_{i_n}(\lambda)\}$, 于是 $\lambda\boldsymbol{I}_n-\boldsymbol{A}$ 相抵于 $\lambda\boldsymbol{I}_n-\boldsymbol{B}$, 从而 $\boldsymbol{A}$ 与 $\boldsymbol{B}$ 相似. □

例 7.2 设 n 阶方阵 $\boldsymbol{A},\boldsymbol{B},\boldsymbol{C},\boldsymbol{D}$ 中 $\boldsymbol{A},\boldsymbol{C}$ 可逆, 求证: 存在可逆矩阵 $\boldsymbol{P},\boldsymbol{Q}$, 使得 $\boldsymbol{A}=\boldsymbol{PCQ}$, $\boldsymbol{B}=\boldsymbol{PDQ}$ 的充要条件是 $\lambda\boldsymbol{A}-\boldsymbol{B}$ 与 $\lambda\boldsymbol{C}-\boldsymbol{D}$ 相抵.

证明 必要性由 $\lambda\boldsymbol{A}-\boldsymbol{B}=\boldsymbol{P}(\lambda\boldsymbol{C}-\boldsymbol{D})\boldsymbol{Q}$ 即得. 下证充分性. 设 $\lambda\boldsymbol{A}-\boldsymbol{B}$ 与 $\lambda\boldsymbol{C}-\boldsymbol{D}$ 相抵, 则由 $\boldsymbol{A},\boldsymbol{C}$ 可逆知, $\lambda\boldsymbol{I}_n-\boldsymbol{A}^{-1}\boldsymbol{B}$ 与 $\lambda\boldsymbol{I}_n-\boldsymbol{C}^{-1}\boldsymbol{D}$ 相抵, 于是 $\boldsymbol{A}^{-1}\boldsymbol{B}$ 与 $\boldsymbol{C}^{-1}\boldsymbol{D}$ 相似. 设 $\boldsymbol{Q}$ 为可逆矩阵, 使得 $\boldsymbol{A}^{-1}\boldsymbol{B}=\boldsymbol{Q}^{-1}(\boldsymbol{C}^{-1}\boldsymbol{D})\boldsymbol{Q}$, 令 $\boldsymbol{P}=\boldsymbol{A}\boldsymbol{Q}^{-1}\boldsymbol{C}^{-1}$, 则 $\boldsymbol{P}$ 可逆且 $\boldsymbol{A}=\boldsymbol{PCQ}$, $\boldsymbol{B}=\boldsymbol{PDQ}$. □

2. 矩阵相似的判定准则二: 有相同的行列式因子组

例 7.3 求证: 任一 n 阶矩阵 $\boldsymbol{A}$ 都与它的转置 $\boldsymbol{A}'$ 相似.

证明 注意到 $(\lambda\boldsymbol{I}_n-\boldsymbol{A})'=\lambda\boldsymbol{I}_n-\boldsymbol{A}'$, 并且行列式的值在转置下不改变, 故 $\lambda\boldsymbol{I}_n-\boldsymbol{A}$ 和 $\lambda\boldsymbol{I}_n-\boldsymbol{A}'$ 有相同的行列式因子组, 从而 $\boldsymbol{A}$ 和 $\boldsymbol{A}'$ 相似. □

例 7.4 求证: 对任意的 $b\neq 0$, n 阶方阵 $\boldsymbol{A}(a,b)$ 均相互相似:

$$\boldsymbol{A}(a,b)=\begin{pmatrix} a & b & \cdots & b & b \\ & a & \ddots & \ddots & b \\ & & \ddots & \ddots & \vdots \\ & & & a & b \\ & & & & a \end{pmatrix}.$$

证明 只要证明对任意的 $b\neq 0$, $\boldsymbol{A}(a,b)$ 的行列式因子组都一样即可. 显然 $D_n(\lambda)=(\lambda-a)^n$. $\lambda\boldsymbol{I}_n-\boldsymbol{A}(a,b)$ 的前 $n-1$ 行、前 $n-1$ 列构成的子式, 其值为 $(\lambda-a)^{n-1}$; $\lambda\boldsymbol{I}_n-\boldsymbol{A}(a,b)$ 的前 $n-1$ 行、后 $n-1$ 列构成的子式, 其值设为 $g(\lambda)$. 注意到 $g(a)$ 是 $n-1$ 阶上三角行列式, 主对角元素全为 $-b$, 从而 $g(a)=(-b)^{n-1}\neq 0$. 因此 $(\lambda-a)^{n-1}$ 与 $g(\lambda)$ 没有公共根, 故 $((\lambda-a)^{n-1},g(\lambda))=1$, 于是 $D_{n-1}(\lambda)=1$, 从而 $\boldsymbol{A}(a,b)$ 的行列式因子组为 $1,\cdots,1,(\lambda-a)^n$, 结论得证. □

注 (1) 在上 (下) 三角矩阵 (如 Jordan 块) 或类上 (下) 三角矩阵 (如友阵或 Frobenius 块) 中, 若上 (下) 次对角线上的元素全部非零, 可以尝试计算行列式因子组. 对一般的矩阵 (如数字矩阵), 不建议计算行列式因子组, 推荐使用 λ–矩阵的初等变换计算法式, 得到不变因子组.

(2) 注意到 $\boldsymbol{A}(a,0)=a\boldsymbol{I}_n$ 的行列式因子组为 $D_i(\lambda)=(\lambda-a)^i\ (1\leq i\leq n)$. 因此, 在求相似标准型的过程中, 注意千万不能使用摄动法!

3. 矩阵相似的判定准则三: 有相同的不变因子组

由 §§ 7.1.2 定理 7 可知, 所有不变因子的乘积等于特征多项式, 整除关系下最大的那个不变因子等于极小多项式. 因此, 确定特征多项式和极小多项式可帮助确定不变因子组. 下面来看几个典型的例题.

例 7.5 设 $\boldsymbol{A}$ 是 n 阶 n 次幂零矩阵, 即 $\boldsymbol{A}^n=\boldsymbol{O}$ 但 $\boldsymbol{A}^{n-1}\neq\boldsymbol{O}$. 若 $\boldsymbol{B}$ 也是 n 阶 n 次幂零矩阵, 求证: $\boldsymbol{A}$ 相似于 $\boldsymbol{B}$.

证明 显然 $\boldsymbol{A}$ 的极小多项式为 λ^n, 故 $\boldsymbol{A}$ 的不变因子组是 $1,\cdots,1,\lambda^n$. 同理 $\boldsymbol{B}$ 的不变因子组也是 $1,\cdots,1,\lambda^n$, 因此 $\boldsymbol{A}$ 和 $\boldsymbol{B}$ 相似. □

例 7.6 设 $\boldsymbol{A}$ 为 n 阶矩阵, 证明以下 3 个结论等价:
(1) $\boldsymbol{A}=c\boldsymbol{I}_n$, 其中 c 为常数;
(2) $\boldsymbol{A}$ 的 $n-1$ 阶行列式因子是一个 $n-1$ 次多项式;
(3) $\boldsymbol{A}$ 的不变因子组中无常数.

证明 (1) $\Rightarrow$ (2): 显然成立.

(2) $\Rightarrow$ (3): 由于 $\boldsymbol{A}$ 的 n 阶行列式因子 $D_n(\lambda)$ 是一个 n 次多项式, 故 $\boldsymbol{A}$ 的最后一个不变因子 $d_n(\lambda)=D_n(\lambda)/D_{n-1}(\lambda)$ 是一个一次多项式, 设为 $\lambda-c$. 因为其他不变因子都要整除 $d_n(\lambda)$, 并且所有不变因子的乘积等于 n 阶行列式因子 $D_n(\lambda)$, 故 $\boldsymbol{A}$ 的不变因子组只能是 $\lambda-c,\lambda-c,\cdots,\lambda-c$.

(3) $\Rightarrow$ (1): 设 $\boldsymbol{A}$ 的不变因子组为 $d_1(\lambda),d_2(\lambda),\cdots,d_n(\lambda)$, 则 $\deg d_i(\lambda)\geq 1$. 注意到 $d_1(\lambda)d_2(\lambda)\cdots d_n(\lambda)=D_n(\lambda)$ 的次数为 n, 并且 $d_i(\lambda)\mid d_n(\lambda)$, 故只能是 $d_1(\lambda)=d_2(\lambda)=\cdots=d_n(\lambda)=\lambda-c$. 因此 $\boldsymbol{A}$ 与 $c\boldsymbol{I}_n$ 有相同不变因子组, 从而它们相似, 即存在可逆矩阵 $\boldsymbol{P}$, 使得 $\boldsymbol{A}=\boldsymbol{P}^{-1}(c\boldsymbol{I}_n)\boldsymbol{P}=c\boldsymbol{I}_n$. 另外, 也可以利用 $\boldsymbol{A}$ 的极小多项式等于 $\lambda-c$ 或 $\boldsymbol{A}$ 的 Jordan 标准型来证明. □

例 7.7 设 n 阶矩阵 $\boldsymbol{A}$ 的特征值全为 1, 求证: 对任意的正整数 k, $\boldsymbol{A}^k$ 与 $\boldsymbol{A}$ 相似.

证明 由 $\boldsymbol{A}$ 的特征值全为 1 可知 $\boldsymbol{A}^k$ 的特征值也全为 1. 设 $\boldsymbol{P}$ 为可逆矩阵, 使得 $\boldsymbol{P}^{-1}\boldsymbol{A}\boldsymbol{P}=\boldsymbol{J}=\mathrm{diag}\{\boldsymbol{J}_{r_1}(1),\cdots,\boldsymbol{J}_{r_s}(1)\}$ 为 Jordan 标准型. 由于 $\boldsymbol{P}^{-1}\boldsymbol{A}^k\boldsymbol{P}=(\boldsymbol{P}^{-1}\boldsymbol{A}\boldsymbol{P})^k=\boldsymbol{J}^k$, 故只要证明 $\boldsymbol{J}^k$ 与 $\boldsymbol{J}$ 相似即可. 又因为 $\boldsymbol{J}^k=\mathrm{diag}\{\boldsymbol{J}_{r_1}(1)^k,\cdots,\boldsymbol{J}_{r_s}(1)^k\}$, 故问题可进一步归结到每个 Jordan 块, 即只要证明 $\boldsymbol{J}_{r_i}(1)^k$ 与 $\boldsymbol{J}_{r_i}(1)$ 相似即可. 因此不妨设 $\boldsymbol{J}=\boldsymbol{J}_n(1)$ 只有一个 Jordan 块, 则 $\boldsymbol{J}=\boldsymbol{I}_n+\boldsymbol{J}_0$, 其中 $\boldsymbol{J}_0=\boldsymbol{J}_n(0)$ 是特征值为 0 的 n 阶 Jordan 块. 注意到

$$\boldsymbol{J}^k=(\boldsymbol{I}_n+\boldsymbol{J}_0)^k=\boldsymbol{I}_n+\mathrm{C}_k^1\boldsymbol{J}_0+\mathrm{C}_k^2\boldsymbol{J}_0^2+\cdots+\boldsymbol{J}_0^k,$$

故 $\boldsymbol{J}^k$ 是一个上三角矩阵, 其主对角线上的元素全为 1, 上次对角线上的元素全为 k, 从而它的特征多项式为 $(\lambda-1)^n$. 为了确定它的极小多项式, 我们可进行如下计算:

$$(\boldsymbol{J}^k-\boldsymbol{I}_n)^{n-1}=(\mathrm{C}_k^1\boldsymbol{J}_0+\mathrm{C}_k^2\boldsymbol{J}_0^2+\cdots+\boldsymbol{J}_0^k)^{n-1}=k^{n-1}\boldsymbol{J}_0^{n-1}\neq\boldsymbol{O},$$

于是 $\boldsymbol{J}^k$ 的极小多项式为 $(\lambda-1)^n$, 其不变因子组为 $1,\cdots,1,(\lambda-1)^n$. 因此 $\boldsymbol{J}^k$ 与 $\boldsymbol{J}$ 有相同的不变因子, 从而 $\boldsymbol{J}^k$ 与 $\boldsymbol{J}$ 相似. □

例 7.8 设 n 阶矩阵 $\boldsymbol{A}$ 的特征值全为 1 或 -1, 求证: $\boldsymbol{A}^{-1}$ 与 $\boldsymbol{A}$ 相似.

证明 设 $\boldsymbol{P}$ 为可逆矩阵, 使得 $\boldsymbol{P}^{-1}\boldsymbol{A}\boldsymbol{P}=\boldsymbol{J}=\mathrm{diag}\{\boldsymbol{J}_{r_1}(\lambda_1),\cdots,\boldsymbol{J}_{r_s}(\lambda_s)\}$ 为 Jordan 标准型, 其中 $\lambda_i=\pm1$. 由于 $\boldsymbol{P}^{-1}\boldsymbol{A}^{-1}\boldsymbol{P}=(\boldsymbol{P}^{-1}\boldsymbol{A}\boldsymbol{P})^{-1}=\boldsymbol{J}^{-1}$, 故只要证明 $\boldsymbol{J}^{-1}$ 与 $\boldsymbol{J}$ 相似即可. 又因为 $\boldsymbol{J}^{-1}=\mathrm{diag}\{\boldsymbol{J}_{r_1}(\lambda_1)^{-1},\cdots,\boldsymbol{J}_{r_s}(\lambda_s)^{-1}\}$, 故问题可进一步归结到每个 Jordan 块, 即只要证明 $\boldsymbol{J}_{r_i}(\lambda_i)^{-1}$ 与 $\boldsymbol{J}_{r_i}(\lambda_i)$ 相似即可. 因此不妨设 $\boldsymbol{J}=\boldsymbol{J}_n(\lambda_0)$ 只有一个 Jordan 块, 则 $\boldsymbol{J}=\lambda_0\boldsymbol{I}_n+\boldsymbol{J}_0$, 其中 $\lambda_0=\pm1$, $\boldsymbol{J}_0=\boldsymbol{J}_n(0)$ 是特征值为 0 的 n 阶 Jordan 块. 注意到

$$\lambda_0^n\boldsymbol{I}_n=(\lambda_0\boldsymbol{I}_n)^n-(-\boldsymbol{J}_0)^n=(\lambda_0\boldsymbol{I}_n+\boldsymbol{J}_0)\Big(\lambda_0^{n-1}\boldsymbol{I}_n-\lambda_0^{n-2}\boldsymbol{J}_0+\cdots+(-1)^{n-1}\boldsymbol{J}_0^{n-1}\Big),$$

以及 $\lambda_0^{-1}=\lambda_0$, 故可得

$$\boldsymbol{J}^{-1}=(\lambda_0\boldsymbol{I}_n+\boldsymbol{J}_0)^{-1}=\lambda_0\boldsymbol{I}_n-\lambda_0^2\boldsymbol{J}_0+\cdots+(-1)^{n-1}\lambda_0^n\boldsymbol{J}_0^{n-1}.$$

因此 $\boldsymbol{J}^{-1}$ 是一个上三角矩阵, 其主对角线上的元素全为 λ_0, 上次对角线上的元素全为 $-\lambda_0^2$, 从而它的特征多项式为 $(\lambda-\lambda_0)^n$. 为了确定它的极小多项式, 我们可进行如下计算:

$$(\boldsymbol{J}^{-1}-\lambda_0\boldsymbol{I})^{n-1}=(-\lambda_0^2\boldsymbol{J}_0+\cdots+(-1)^{n-1}\lambda_0^n\boldsymbol{J}_0^{n-1})^{n-1}=(-1)^{n-1}\boldsymbol{J}_0^{n-1}\neq\boldsymbol{O},$$

于是 $\boldsymbol{J}^{-1}$ 的极小多项式为 $(\lambda-\lambda_0)^n$, 其不变因子组为 $1,\cdots,1,(\lambda-\lambda_0)^n$. 因此 $\boldsymbol{J}^{-1}$ 与 $\boldsymbol{J}$ 有相同的不变因子组, 从而 $\boldsymbol{J}^{-1}$ 与 $\boldsymbol{J}$ 相似. □

4. 矩阵相似的判定准则四: 有相同的初等因子组

下面 2 个例题是 λ-矩阵和初等因子的基本性质, 我们在后面将会用到.

例 7.9 设 $f(\lambda),g(\lambda)$ 是数域 $\mathbb{K}$ 上的首一多项式, $d(\lambda)=(f(\lambda),g(\lambda))$, $m(\lambda)=[f(\lambda),g(\lambda)]$ 分别是 $f(\lambda)$ 和 $g(\lambda)$ 的最大公因式和最小公倍式, 证明下列 λ-矩阵相抵:

$$\begin{pmatrix}f(\lambda)&0\\0&g(\lambda)\end{pmatrix},\quad\begin{pmatrix}g(\lambda)&0\\0&f(\lambda)\end{pmatrix},\quad\begin{pmatrix}d(\lambda)&0\\0&m(\lambda)\end{pmatrix}.$$

证明　由已知, 存在多项式 $u(\lambda), v(\lambda)$, 使得 $f(\lambda)u(\lambda)+g(\lambda)v(\lambda)=d(\lambda)$. 设 $f(\lambda)=d(\lambda)h(\lambda)$, 则 $m(\lambda)=g(\lambda)h(\lambda)$. 作下列 λ–矩阵的初等变换:

$$\begin{pmatrix} f(\lambda) & 0 \\ 0 & g(\lambda) \end{pmatrix} \to \begin{pmatrix} f(\lambda) & 0 \\ f(\lambda)u(\lambda) & g(\lambda) \end{pmatrix} \to \begin{pmatrix} f(\lambda) & 0 \\ f(\lambda)u(\lambda)+g(\lambda)v(\lambda) & g(\lambda) \end{pmatrix}$$

$$= \begin{pmatrix} f(\lambda) & 0 \\ d(\lambda) & g(\lambda) \end{pmatrix} \to \begin{pmatrix} 0 & -g(\lambda)h(\lambda) \\ d(\lambda) & g(\lambda) \end{pmatrix} \to \begin{pmatrix} 0 & g(\lambda)h(\lambda) \\ d(\lambda) & 0 \end{pmatrix} \to \begin{pmatrix} d(\lambda) & 0 \\ 0 & m(\lambda) \end{pmatrix}.$$

另一结论同理可得. □

设 $f(\lambda)$ 为数域 $\mathbb{K}$ 上的多项式, $p(\lambda)$ 是 $\mathbb{K}$ 上的首一不可约多项式, 若存在正整数 k, 使得 $p(\lambda)^k \mid f(\lambda)$, 但 $p(\lambda)^{k+1} \nmid f(\lambda)$, 则称 $p(\lambda)^k$ 为 $f(\lambda)$ 的一个准素因子. 事实上, 若设 $f(\lambda)$ 在 $\mathbb{K}$ 上的标准因式分解为

$$f(\lambda)=cP_1(\lambda)^{e_1}P_2(\lambda)^{e_2}\cdots P_t(\lambda)^{e_t},$$

其中 c 为非零常数, $P_i(\lambda)$ 为互异的首一不可约多项式, $e_i>0\,(1\leq i\leq t)$, 则 $f(\lambda)$ 的所有准素因子为 $P_1(\lambda)^{e_1}, P_2(\lambda)^{e_2}, \cdots, P_t(\lambda)^{e_t}$. 因此等价地, 矩阵 $\boldsymbol{A}$ 的初等因子组就是 $\boldsymbol{A}$ 的所有不变因子的准素因子组. 下面的例题将初等因子组的这一等价定义进行了推广.

例 7.10　设 $\boldsymbol{A}$ 是数域 $\mathbb{K}$ 上的 n 阶矩阵, 其特征矩阵 $\lambda\boldsymbol{I}_n-\boldsymbol{A}$ 经过初等变换可化为对角矩阵 $\mathrm{diag}\{f_1(\lambda), f_2(\lambda), \cdots, f_n(\lambda)\}$, 其中 $f_i(\lambda)$ 是 $\mathbb{K}$ 上的首一多项式. 求证: 矩阵 $\boldsymbol{A}$ 的初等因子组等于所有 $f_i(\lambda)$ 的准素因子组.

证明　对任意的 $i<j$, 以下操作记为 $O(i,j)$: 设 $d(\lambda)=(f_i(\lambda), f_j(\lambda))$, $m(\lambda)=[f_i(\lambda), f_j(\lambda)]$ 分别是 $f_i(\lambda)$ 和 $f_j(\lambda)$ 的最大公因式和最小公倍式, 则用 $d(\lambda)$ 替代 $f_i(\lambda)$, 用 $m(\lambda)$ 替代 $f_j(\lambda)$. 我们先证明, 操作 $O(i,j)$ 可通过 λ–矩阵的初等变换来实现, 并且前后两个对角矩阵, 即 $\mathrm{diag}\{f_1(\lambda), \cdots, f_i(\lambda), \cdots, f_j(\lambda), \cdots, f_n(\lambda)\}$ 与 $\mathrm{diag}\{f_1(\lambda), \cdots, d(\lambda), \cdots, m(\lambda), \cdots, f_n(\lambda)\}$ 有相同的准素因子组.

由例 7.9 即知 $O(i,j)$ 是 λ–矩阵的相抵变换. 设 $f_i(\lambda), f_j(\lambda)$ 的公共因式分解为

$$f_i(\lambda)=P_1(\lambda)^{e_{i1}}P_2(\lambda)^{e_{i2}}\cdots P_t(\lambda)^{e_{it}},\quad f_j(\lambda)=P_1(\lambda)^{e_{j1}}P_2(\lambda)^{e_{j2}}\cdots P_t(\lambda)^{e_{jt}},$$

其中 $P_i(\lambda)$ 为互异的首一不可约多项式, $e_{ik}\geq 0$, $e_{jk}\geq 0\,(1\leq k\leq t)$, 令 $r_k=\min\{e_{ik}, e_{jk}\}$, $s_k=\max\{e_{ik}, e_{jk}\}$, 则有

$$d(\lambda)=P_1(\lambda)^{r_1}P_2(\lambda)^{r_2}\cdots P_t(\lambda)^{r_t},\quad m(\lambda)=P_1(\lambda)^{s_1}P_2(\lambda)^{s_2}\cdots P_t(\lambda)^{s_t}.$$

显然 $\{f_i(\lambda), f_j(\lambda)\}$ 和 $\{d(\lambda), m(\lambda)\}$ 有相同的准素因子组, 因此 $O(i,j)$ 操作前后的两个对角矩阵也有相同的准素因子组.

对对角矩阵 $\mathrm{diag}\{f_1(\lambda), f_2(\lambda), \cdots, f_n(\lambda)\}$ 依次实施操作 $O(1,j)\,(2 \leq j \leq n)$, 则得到对角矩阵的第 $(1,1)$ 元素的所有不可约因式的幂在主对角元素中都是最小的; 然后依次操作 $O(2,j)\,(3 \leq j \leq n)$; $\cdots$; 最后操作 $O(n-1,n)$, 可得一个对角矩阵 $\boldsymbol{\Lambda} = \mathrm{diag}\{d_1(\lambda), d_2(\lambda), \cdots, d_n(\lambda)\}$. 由操作的性质可知, $\boldsymbol{\Lambda}$ 满足 $d_i(\lambda) \mid d_{i+1}(\lambda)\,(1 \leq i \leq n-1)$, 因此 $\boldsymbol{\Lambda}$ 就是矩阵 $\boldsymbol{A}$ 的法式. 又因为对角矩阵 $\mathrm{diag}\{f_1(\lambda), f_2(\lambda), \cdots, f_n(\lambda)\}$ 与法式有相同的准素因子组, 故所有 $f_i(\lambda)$ 的准素因子组就是矩阵 $\boldsymbol{A}$ 的初等因子组. □

例 7.11 设 $\boldsymbol{A} = \mathrm{diag}\{\boldsymbol{A}_1, \boldsymbol{A}_2, \cdots, \boldsymbol{A}_k\}$ 为分块对角矩阵, 求证: $\boldsymbol{A}$ 的初等因子组等于 $\boldsymbol{A}_i\,(1 \leq i \leq k)$ 的初等因子组的无交并集. 又若交换各块的位置, 则所得的矩阵仍和 $\boldsymbol{A}$ 相似.

证明 显然 $\lambda\boldsymbol{I} - \boldsymbol{A}$ 也是一个分块对角矩阵, 用 λ–矩阵的初等变换将每一块化为法式, 则由例 7.10 可知, $\boldsymbol{A}$ 的初等因子组就是所有各块的初等因子组的无交并集. 又交换 $\boldsymbol{A}$ 的各块并不改变 $\boldsymbol{A}$ 的初等因子组, 因此所得之矩阵仍和 $\boldsymbol{A}$ 相似. □

§ 7.3 有理标准型的几何与应用

有理标准型是利用不变因子组构造的相似标准型. 从因式分解的层面上看, 不变因子组并非是最简单的相似关系全系不变量, 从而有理标准型也并非是最简单的相似标准型, 比如 Frobenius 块有时比较大等. 然而有理标准型在任意的数域 $\mathbb{K}$ 上均存在, 因此具有广泛的用途. 本节将从有理标准型的几何意义以及有理标准型在矩阵理论中的应用这两个方面进行阐述.

1. 有理标准型的几何意义

定义 设 V 是数域 $\mathbb{K}$ 上的 n 维线性空间, $\boldsymbol{\varphi}$ 是 V 上的线性变换. 设 $\boldsymbol{0} \neq \boldsymbol{\alpha} \in V$, 则 $U = L(\boldsymbol{\alpha}, \boldsymbol{\varphi}(\boldsymbol{\alpha}), \boldsymbol{\varphi}^2(\boldsymbol{\alpha}), \cdots)$ 称为 V 的循环子空间, 记为 $U = C(\boldsymbol{\varphi}, \boldsymbol{\alpha})$, $\boldsymbol{\alpha}$ 称为 U 的循环向量. 显然, 循环子空间 U 是 V 的 $\boldsymbol{\varphi}$–不变子空间, 并且是包含 $\boldsymbol{\alpha}$ 的最小 $\boldsymbol{\varphi}$–不变子空间. 若 $U = V$, 则称 V 为循环空间.

例 7.12 设 $U = C(\boldsymbol{\varphi}, \boldsymbol{\alpha})$ 为循环子空间, 若 $\dim U = r$, 求证: $\{\boldsymbol{\alpha}, \boldsymbol{\varphi}(\boldsymbol{\alpha}), \cdots, \boldsymbol{\varphi}^{r-1}(\boldsymbol{\alpha})\}$ 是 U 的一组基.

证明 设 $m=\max\{k\in\mathbb{Z}^+\mid \boldsymbol{\alpha},\boldsymbol{\varphi}(\boldsymbol{\alpha}),\cdots,\boldsymbol{\varphi}^{k-1}(\boldsymbol{\alpha})\text{线性无关}\}$, 则由例 3.8 和数学归纳法容易验证: 对任意的 $k\geq m$, $\boldsymbol{\varphi}^k(\boldsymbol{\alpha})$ 都是 $\boldsymbol{\alpha},\boldsymbol{\varphi}(\boldsymbol{\alpha}),\cdots,\boldsymbol{\varphi}^{m-1}(\boldsymbol{\alpha})$ 的线性组合, 于是 $\{\boldsymbol{\alpha},\boldsymbol{\varphi}(\boldsymbol{\alpha}),\cdots,\boldsymbol{\varphi}^{m-1}(\boldsymbol{\alpha})\}$ 是 U 的一组基, 从而 $m=\dim U=r$. □

例 7.13 设 U 是 V 的 $\boldsymbol{\varphi}$–不变子空间, 求证: U 为循环子空间的充要条件是 $\boldsymbol{\varphi}|_U$ 在 U 的某组基下的表示矩阵为某个首一多项式的友阵.

证明 先证充分性. 设 $\boldsymbol{\varphi}|_U$ 在 U 的一组基 $\{\boldsymbol{e}_1,\boldsymbol{e}_2,\cdots,\boldsymbol{e}_r\}$ 下的表示矩阵是友阵 $\boldsymbol{C}(d(\lambda))$, 其中 $d(\lambda)=\lambda^r+a_1\lambda^{r-1}+\cdots+a_{r-1}\lambda+a_r$, 则由友阵的定义 (例 2.3) 可知 $\boldsymbol{\varphi}(\boldsymbol{e}_i)=\boldsymbol{e}_{i+1}\,(1\leq i\leq r-1)$, $\boldsymbol{\varphi}(\boldsymbol{e}_r)=-\sum\limits_{i=1}^{r}a_{r-i+1}\boldsymbol{e}_i$. 因此 $\boldsymbol{e}_i=\boldsymbol{\varphi}^{i-1}(\boldsymbol{e}_1)\,(2\leq i\leq r)$, $U=L(\boldsymbol{e}_1,\boldsymbol{e}_2,\cdots,\boldsymbol{e}_r)=C(\boldsymbol{\varphi},\boldsymbol{e}_1)$ 为循环子空间.

再证必要性. 设 $U=C(\boldsymbol{\varphi},\boldsymbol{\alpha})$ 是 r 维循环子空间, 则由例 7.12 可知, $\{\boldsymbol{\alpha},\boldsymbol{\varphi}(\boldsymbol{\alpha}),\cdots,\boldsymbol{\varphi}^{r-1}(\boldsymbol{\alpha})\}$ 是 U 的一组基. 设

$$\boldsymbol{\varphi}^r(\boldsymbol{\alpha})=-a_r\boldsymbol{\alpha}-a_{r-1}\boldsymbol{\varphi}(\boldsymbol{\alpha})-\cdots-a_1\boldsymbol{\varphi}^{r-1}(\boldsymbol{\alpha}),$$

令 $d(\lambda)=\lambda^r+a_1\lambda^{r-1}+\cdots+a_{r-1}\lambda+a_r$, 容易验证: $\boldsymbol{\varphi}|_U$ 在基 $\{\boldsymbol{\alpha},\boldsymbol{\varphi}(\boldsymbol{\alpha}),\cdots,\boldsymbol{\varphi}^{r-1}(\boldsymbol{\alpha})\}$ 下的表示矩阵就是友阵 $\boldsymbol{C}(d(\lambda))$. □

一般地, 设线性变换 $\boldsymbol{\varphi}$ 的不变因子组是 $1,\cdots,1,d_1(\lambda),\cdots,d_k(\lambda)$, 其中 $d_i(\lambda)$ 是非常数首一多项式, $d_i(\lambda)\mid d_{i+1}(\lambda)\,(1\leq i\leq k-1)$, 则由有理标准型理论可知, 存在 V 的一组基, 使得 $\boldsymbol{\varphi}$ 在这组基下的表示矩阵为

$$\boldsymbol{C}=\mathrm{diag}\{\boldsymbol{C}(d_1(\lambda)),\boldsymbol{C}(d_2(\lambda)),\cdots,\boldsymbol{C}(d_k(\lambda))\}.$$

结合例 7.13 的讨论可知, 此时 V 有一个循环子空间的直和分解:

$$V=C(\boldsymbol{\varphi},\boldsymbol{\alpha}_1)\oplus C(\boldsymbol{\varphi},\boldsymbol{\alpha}_2)\oplus\cdots\oplus C(\boldsymbol{\varphi},\boldsymbol{\alpha}_k),\tag{7.6}$$

使得 $\boldsymbol{\varphi}|_{C(\boldsymbol{\varphi},\boldsymbol{\alpha}_i)}$ 在基 $\{\boldsymbol{\alpha}_i,\boldsymbol{\varphi}(\boldsymbol{\alpha}_i),\cdots,\boldsymbol{\varphi}^{r_i-1}(\boldsymbol{\alpha}_i)\}$ 下的表示矩阵就是友阵 $\boldsymbol{C}(d_i(\lambda))$, 其中 $r_i=\dim C(\boldsymbol{\varphi},\boldsymbol{\alpha}_i)$. 线性变换 $\boldsymbol{\varphi}$ 的有理标准型诱导的 V 的上述循环子空间直和分解 (7.6) 就是有理标准型的几何意义.

下面依次给出上述几何意义的一些应用, 首先是循环空间的刻画.

例 7.14 设 $\boldsymbol{\varphi}$ 是数域 $\mathbb{K}$ 上 n 维线性空间 V 上的线性变换, $\boldsymbol{\varphi}$ 的特征多项式和极小多项式分别为 $f(\lambda)$ 和 $m(\lambda)$, 证明以下 4 个结论等价:

(1) $\boldsymbol{\varphi}$ 的行列式因子组或不变因子组为 $1,\cdots,1,f(\lambda)$;

(2) $\boldsymbol{\varphi}$ 的初等因子组为 $P_1(\lambda)^{r_1}$, $P_2(\lambda)^{r_2}$, $\cdots$, $P_k(\lambda)^{r_k}$, 其中 $P_i(\lambda)$ 是 $\mathbb{K}$ 上互异的首一不可约多项式, $r_i\geq 1$, $1\leq i\leq k$;

(3) φ 的极小多项式 $m(\lambda)$ 等于特征多项式 $f(\lambda)$;

(4) V 是关于线性变换 φ 的循环空间.

证明 (1) $\Leftrightarrow$ (2): 由不变因子和初等因子之间的相互转换即得.

(1) $\Leftrightarrow$ (3): 由极小多项式等于最大的不变因子, 以及所有不变因子的乘积等于特征多项式即得.

(1) $\Leftrightarrow$ (4): 若 V 是循环空间, 则由例 7.13 可知, φ 在某组基下的表示矩阵是友阵 $\boldsymbol{C}(g(\lambda))$, 再由友阵的性质可知, φ 的行列式因子组和不变因子组均为 $1,\cdots,1,g(\lambda)=f(\lambda)$. 若 φ 的不变因子组为 $1,\cdots,1,f(\lambda)$, 则由有理标准型的几何意义可知, V 是循环空间. □

在 § 7.4 中, 我们可以看到循环空间是一类具有良好几何性质的空间. 下面是循环空间的两个典型例子.

例 7.15 设 n 阶矩阵 $\boldsymbol{A}$ 有 n 个不同的特征值, 求证: $\boldsymbol{A}$ 的特征多项式和极小多项式相等.

证法 1 设 $\boldsymbol{A}$ 的 n 个不同的特征值为 $\lambda_1,\lambda_2,\cdots,\lambda_n$, 则由例 6.80 可知, 特征多项式 $f(\lambda)$ 和极小多项式 $m(\lambda)$ 有相同的根 (不计重数), 因此 $f(\lambda)=m(\lambda)=(\lambda-\lambda_1)(\lambda-\lambda_2)\cdots(\lambda-\lambda_n)$.

证法 2 由于 $\boldsymbol{A}$ 有 n 个不同的特征值, 故 $\boldsymbol{A}$ 相似于对角矩阵. 又因为相似矩阵有相同的特征多项式和极小多项式, 所以只要对对角矩阵证明此结论即可. 设 $\boldsymbol{A}=\mathrm{diag}\{\lambda_1,\lambda_2,\cdots,\lambda_n\}$, 则 $\lambda\boldsymbol{I}_n-\boldsymbol{A}=\mathrm{diag}\{\lambda-\lambda_1,\lambda-\lambda_2,\cdots,\lambda-\lambda_n\}$, 这是一个主对角元素两两互素的对角矩阵, 由例 7.9 以及数学归纳法可知其法式为 $\mathrm{diag}\{1,\cdots,1,(\lambda-\lambda_1)(\lambda-\lambda_2)\cdots(\lambda-\lambda_n)\}$. 因此, $\boldsymbol{A}$ 的特征多项式和极小多项式相等. □

注 设特征值 λ_i 对应的特征向量为 $\boldsymbol{\alpha}_i$, 则 $\{\boldsymbol{\alpha}_1,\cdots,\boldsymbol{\alpha}_n\}$ 为 $\mathbb{C}^n$ 的一组基. 我们断言: $\boldsymbol{\alpha}=\boldsymbol{\alpha}_1+\cdots+\boldsymbol{\alpha}_n$ 是 $\boldsymbol{A}$ 的循环空间 $\mathbb{C}^n$ 的循环向量. 事实上, 由 $\boldsymbol{A}^k\boldsymbol{\alpha}=\lambda_1^k\boldsymbol{\alpha}_1+\cdots+\lambda_n^k\boldsymbol{\alpha}_n$, 利用 Vandermonde 行列式容易证明 $\{\boldsymbol{\alpha},\boldsymbol{A}\boldsymbol{\alpha},\cdots,\boldsymbol{A}^{n-1}\boldsymbol{\alpha}\}$ 是 $\mathbb{C}^n$ 的一组基, 从而 $\mathbb{C}^n=L(\boldsymbol{\alpha},\boldsymbol{A}\boldsymbol{\alpha},\cdots,\boldsymbol{A}^{n-1}\boldsymbol{\alpha})=C(\boldsymbol{A},\boldsymbol{\alpha})$ 为循环空间, $\boldsymbol{\alpha}$ 是循环向量.

例 7.16 设数域 $\mathbb{K}$ 上的 n 阶矩阵 $\boldsymbol{A}$ 的特征多项式 $f(\lambda)=P_1(\lambda)P_2(\lambda)\cdots P_k(\lambda)$, 其中 $P_i(\lambda)\,(1\leq i\leq k)$ 是 $\mathbb{K}$ 上互异的首一不可约多项式. 求证: $\boldsymbol{A}$ 的有理标准型只有一个 Frobenius 块, 并且 $\boldsymbol{A}$ 在复数域上可对角化.

证明 设 $\boldsymbol{A}$ 的不变因子组为 $d_1(\lambda),d_2(\lambda),\cdots,d_n(\lambda)$, 则有

$$f(\lambda)=P_1(\lambda)P_2(\lambda)\cdots P_k(\lambda)=d_1(\lambda)d_2(\lambda)\cdots d_n(\lambda).$$

由于 $P_i(\lambda)$ 是不可约多项式, 故存在某个 j, 使得 $P_i(\lambda) \mid d_j(\lambda)$, 从而 $P_i(\lambda) \mid d_n(\lambda)$ $(1 \leq i \leq k)$. 由互素多项式的性质可知, $P_1(\lambda)P_2(\lambda)\cdots P_k(\lambda) \mid d_n(\lambda)$, 因此只能是 $d_1(\lambda) = \cdots = d_{n-1}(\lambda) = 1$, $d_n(\lambda) = f(\lambda)$, 从而 $\boldsymbol{A}$ 的有理标准型只有一个 Frobenius 块. 由于特征多项式 $f(\lambda) = P_1(\lambda)P_2(\lambda)\cdots P_k(\lambda)$ 在 $\mathbb{K}$ 上无重因式, 故 $(f(\lambda), f'(\lambda)) = 1$, 从而 $f(\lambda)$ 在复数域上无重根, 即 $\boldsymbol{A}$ 有 n 个不同的特征值, 于是 $\boldsymbol{A}$ 在复数域上可对角化. □

注　我们也可以利用例 7.14 和初等因子证明第一个结论. 若利用不变因子在基域扩张下的不变性, 则第一个结论也可由例 7.15 得到. 若设 $\boldsymbol{\alpha}_i$ 为线性方程组 $P_i(\boldsymbol{A})\boldsymbol{x} = \boldsymbol{0}$ 的非零解, 则 $\boldsymbol{\alpha} = \boldsymbol{\alpha}_1 + \cdots + \boldsymbol{\alpha}_k$ 是 $\boldsymbol{A}$ 的循环空间 $\mathbb{K}^n$ 的循环向量. 这些结论的证明细节留给读者完成.

下面我们再给出有理标准型几何意义的 3 个应用, 分别是特征多项式是不可约多项式的刻画, 极小多项式是不可约多项式的刻画, 以及基于初等因子组的有理标准型.

例 7.17　设 φ 是数域 $\mathbb{K}$ 上 n 维线性空间 V 上的线性变换, φ 的特征多项式为 $f(\lambda)$, 证明以下 3 个结论等价:

(1) V 只有平凡的 φ–不变子空间;

(2) V 中任一非零向量都是循环向量, 使 V 成为循环空间;

(3) $f(\lambda)$ 是 $\mathbb{K}$ 上的不可约多项式.

证明　(1) $\Rightarrow$ (2): 任取 V 中非零向量 $\boldsymbol{\alpha}$, 则循环子空间 $C(\varphi, \boldsymbol{\alpha})$ 是非零 φ–不变子空间. 由于 V 只有平凡的 φ–不变子空间, 故 $C(\varphi, \boldsymbol{\alpha}) = V$, 即 V 中任一非零向量都是循环向量, 使 V 成为循环空间.

(2) $\Rightarrow$ (3): 用反证法, 假设 $f(\lambda) = g(\lambda)h(\lambda)$, 其中 $g(\lambda), h(\lambda)$ 是 $\mathbb{K}$ 上次数小于 n 的首一多项式. 由 Cayley-Hamilton 定理可知 $\boldsymbol{0} = f(\varphi) = g(\varphi)h(\varphi)$, 故 $g(\varphi)$, $h(\varphi)$ 中至少有一个是奇异线性变换, 不妨设为 $g(\varphi)$, 于是 $\operatorname{Ker} g(\varphi) \neq 0$. 任取 $\operatorname{Ker} g(\varphi)$ 中的非零向量 $\boldsymbol{\alpha}$, 设 $\deg g(\lambda) = r$, 则 $C(\varphi, \boldsymbol{\alpha}) = L(\boldsymbol{\alpha}, \varphi(\boldsymbol{\alpha}), \cdots, \varphi^{r-1}(\boldsymbol{\alpha}))$, 其维数 $\leq r < n$, 故 $C(\varphi, \boldsymbol{\alpha}) \neq V$, 这与 V 中任一非零向量都是循环向量矛盾!

(3) $\Rightarrow$ (1): 用反证法, 假设存在非平凡的 φ–不变子空间 U, $\dim U = r$, 则 φ 在一组基下的表示矩阵为分块上三角矩阵 $\boldsymbol{M} = \begin{pmatrix} \boldsymbol{A} & \boldsymbol{C} \\ \boldsymbol{O} & \boldsymbol{B} \end{pmatrix}$, 其中 $\boldsymbol{A}$ 是 $\varphi|_U$ 的表示矩阵. 于是特征多项式

$$f(\lambda) = |\lambda \boldsymbol{I}_V - \varphi| = |\lambda \boldsymbol{I}_n - \boldsymbol{M}| = |\lambda \boldsymbol{I}_r - \boldsymbol{A}| \cdot |\lambda \boldsymbol{I}_{n-r} - \boldsymbol{B}|$$

是两个低次多项式的乘积, 这与 $f(\lambda)$ 的不可约性矛盾! □

例 7.18 设 φ 是数域 $\mathbb{K}$ 上 n 维线性空间 V 上的线性变换, φ 的极小多项式为 $m(\lambda)$. 证明: $m(\lambda)$ 是 $\mathbb{K}$ 上的不可约多项式的充要条件是 V 的任一非零 φ–不变子空间 U 必为如下形式:

$$U = C(\boldsymbol{\varphi}, \boldsymbol{\alpha}_1) \oplus C(\boldsymbol{\varphi}, \boldsymbol{\alpha}_2) \oplus \cdots \oplus C(\boldsymbol{\varphi}, \boldsymbol{\alpha}_k),$$

并且 $\boldsymbol{\varphi}|_{C(\boldsymbol{\varphi}, \boldsymbol{\alpha}_i)}$ 的极小多项式都是 $m(\lambda)$. 此时, $\boldsymbol{\varphi}|_U$ 的极小多项式也是 $m(\lambda)$.

证明 必要性: 设 $\boldsymbol{\varphi}|_U$ 的极小多项式为 $n(\lambda)$, 则 $m(\boldsymbol{\varphi}|_U) = m(\boldsymbol{\varphi})|_U = \mathbf{0}$, 从而 $n(\lambda) \mid m(\lambda)$. 因为 $m(\lambda)$ 不可约, 所以 $n(\lambda) = m(\lambda)$. 又由于 $\boldsymbol{\varphi}|_U$ 的所有不变因子都要整除 $m(\lambda)$ 且 $m(\lambda)$ 不可约, 故所有的非常数不变因子都等于 $m(\lambda)$. 最后, 由有理标准型的几何意义即得 U 的循环子空间直和分解.

充分性: 用反证法, 设 $m(\lambda) = g(\lambda)h(\lambda)$, 其中 $g(\lambda), h(\lambda)$ 是 $\mathbb{K}$ 上次数小于 $m(\lambda)$ 次数的首一多项式, 则 $\mathbf{0} = m(\boldsymbol{\varphi}) = g(\boldsymbol{\varphi})h(\boldsymbol{\varphi})$, 故 $g(\boldsymbol{\varphi})$, $h(\boldsymbol{\varphi})$ 中至少有一个是奇异线性变换, 不妨设为 $g(\boldsymbol{\varphi})$, 于是 $\operatorname{Ker} g(\boldsymbol{\varphi}) \neq 0$. 任取 $\operatorname{Ker} g(\boldsymbol{\varphi})$ 中的非零向量 $\boldsymbol{\alpha}$, 得到循环子空间 $U = C(\boldsymbol{\varphi}, \boldsymbol{\alpha})$, 由 $g(\boldsymbol{\varphi})(\boldsymbol{\alpha}) = \mathbf{0}$ 容易验证 $g(\boldsymbol{\varphi}|_U) = g(\boldsymbol{\varphi})|_U = \mathbf{0}$, 于是 $\boldsymbol{\varphi}|_U$ 的极小多项式整除 $g(\lambda)$, 从而其次数 $\leq \deg g(\lambda) < \deg m(\lambda)$, 这与条件矛盾! □

例 7.19 设数域 $\mathbb{K}$ 上的 n 阶矩阵 $\boldsymbol{A}$ 的初等因子组为 $P_1(\lambda)^{r_1}$, $P_2(\lambda)^{r_2}$, $\cdots$, $P_k(\lambda)^{r_k}$, 证明: $\boldsymbol{A}$ 相似于分块对角矩阵

$$\begin{aligned} \widetilde{\boldsymbol{F}} &= \operatorname{diag}\{\boldsymbol{F}(P_1(\lambda)^{r_1}), \boldsymbol{F}(P_2(\lambda)^{r_2}), \cdots, \boldsymbol{F}(P_k(\lambda)^{r_k})\}, \\ \widetilde{\boldsymbol{C}} &= \operatorname{diag}\{\boldsymbol{C}(P_1(\lambda)^{r_1}), \boldsymbol{C}(P_2(\lambda)^{r_2}), \cdots, \boldsymbol{C}(P_k(\lambda)^{r_k})\}, \end{aligned}$$

称为 $\boldsymbol{A}$ 的基于初等因子组的有理标准型.

证明 由 Frobenius 块和友阵的性质可知, $\lambda \boldsymbol{I}_n - \widetilde{\boldsymbol{F}}$ 和 $\lambda \boldsymbol{I}_n - \widetilde{\boldsymbol{C}}$ 都相抵于

$$\operatorname{diag}\{1, \cdots, 1, P_1(\lambda)^{r_1}; 1, \cdots, 1, P_2(\lambda)^{r_2}; \cdots; 1, \cdots, 1, P_k(\lambda)^{r_k}\},$$

再由例 7.10 可知, $\widetilde{\boldsymbol{F}}, \widetilde{\boldsymbol{C}}$ 与 $\boldsymbol{A}$ 有相同的初等因子组, 从而它们相似. □

例 7.20 设 φ 是数域 $\mathbb{K}$ 上 n 维线性空间 V 上的线性变换, φ 的初等因子组为 $P_1(\lambda)^{r_1}$, $P_2(\lambda)^{r_2}$, $\cdots$, $P_k(\lambda)^{r_k}$. 证明: 存在 $\boldsymbol{\alpha}_1, \boldsymbol{\alpha}_2, \cdots, \boldsymbol{\alpha}_k \in V$, 使得

$$V = C(\boldsymbol{\varphi}, \boldsymbol{\alpha}_1) \oplus C(\boldsymbol{\varphi}, \boldsymbol{\alpha}_2) \oplus \cdots \oplus C(\boldsymbol{\varphi}, \boldsymbol{\alpha}_k).$$

证明 由例 7.19 和例 7.13 即得. □

2. 有理标准型在矩阵理论中的应用

不变因子组作为矩阵相似的全系不变量, 蕴含了矩阵的众多信息, 如特征多项式、极小多项式和矩阵的秩等. 因此, 有理标准型对于矩阵性质的研究有着重要的作用.

例 7.21 求证: 存在 n 阶实方阵 $\boldsymbol{A}$, 满足 $\boldsymbol{A}^2+2\boldsymbol{A}+5\boldsymbol{I}_n=\boldsymbol{O}$ 的充要条件是 n 为偶数. 当 $n\geq 4$ 时, 验证满足上述条件的矩阵 $\boldsymbol{A}$ 有无限个不变子空间.

证明 必要性: 注意到 $\boldsymbol{A}$ 适合多项式 $g(\lambda)=\lambda^2+2\lambda+5$, 故 $\boldsymbol{A}$ 的极小多项式 $m(\lambda)\mid g(\lambda)$, 又因为 $g(\lambda)$ 在实数域上不可约, 故只能是 $m(\lambda)=g(\lambda)$. 同理可证 $\boldsymbol{A}$ 所有的非常数不变因子都等于 $g(\lambda)$, 从而 $\boldsymbol{A}$ 的不变因子组为 $1,\cdots,1,g(\lambda),\cdots,g(\lambda)$ (k 个 $g(\lambda)$). 因此 $\boldsymbol{A}$ 的特征多项式 $f(\lambda)=g(\lambda)^k$, 于是 $n=\deg f(\lambda)=2k$ 为偶数.

充分性: 设 $n=2k$ 为偶数, 则由必要性的证明可知, $\boldsymbol{A}$ 的不变因子组为 $1,\cdots,1$, $g(\lambda),\cdots,g(\lambda)$ (k 个 $g(\lambda)$). 可用有理标准型构造满足条件的矩阵:

$$\boldsymbol{A}=\operatorname{diag}\left\{\begin{pmatrix}0&-5\\1&-2\end{pmatrix},\cdots,\begin{pmatrix}0&-5\\1&-2\end{pmatrix}\right\}\ (k\text{ 个二阶方阵}).$$

当 $n\geq 4$ 时, 设 $\{\boldsymbol{e}_1,\boldsymbol{e}_2,\boldsymbol{e}_3,\boldsymbol{e}_4\}$ 是前 4 个标准单位列向量, 则容易验证循环子空间 $\{C_l:=C(\boldsymbol{A},\boldsymbol{e}_1+l\boldsymbol{e}_3)=L(\boldsymbol{e}_1+l\boldsymbol{e}_3,\boldsymbol{e}_2+l\boldsymbol{e}_4),l\in\mathbb{R}\}$ 是两两互异的 $\boldsymbol{A}$-不变子空间, 故 $\boldsymbol{A}$ 有无限个不变子空间. □

例 7.22 设 $\boldsymbol{A}$ 是数域 $\mathbb{K}$ 上的 n 阶方阵, 求证: $\boldsymbol{A}$ 的极小多项式的次数小于等于 $\mathrm{r}(\boldsymbol{A})+1$.

证明 设 $\boldsymbol{A}$ 的不变因子组为 $1,\cdots,1,d_1(\lambda),\cdots,d_k(\lambda)$, 则极小多项式 $m(\lambda)=d_k(\lambda)$, $\boldsymbol{A}$ 相似于 $\boldsymbol{F}=\operatorname{diag}\{\boldsymbol{F}(d_1(\lambda)),\cdots,\boldsymbol{F}(d_k(\lambda))\}$. 设 $\deg d_k(\lambda)=r$, 若 $d_k(0)\neq 0$, 则 $\boldsymbol{F}(d_k(\lambda))$ 非异; 若 $d_k(0)=0$, 则 $\boldsymbol{F}(d_k(\lambda))$ 奇异且右上角的 $r-1$ 阶子式非零, 从而秩为 $r-1$. 因此, $\mathrm{r}(\boldsymbol{A})=\mathrm{r}(\boldsymbol{F})\geq\mathrm{r}(\boldsymbol{F}(d_k(\lambda)))\geq r-1=\deg d_k(\lambda)-1$. □

例 7.23 设数域 $\mathbb{K}$ 上的 n 阶矩阵 $\boldsymbol{A}$ 的不变因子组是 $1,\cdots,1,d_1(\lambda),\cdots,d_k(\lambda)$, 其中 $d_i(\lambda)$ 是非常数首一多项式, $d_i(\lambda)\mid d_{i+1}(\lambda)\,(1\leq i\leq k-1)$. 求证: 对 $\boldsymbol{A}$ 的任一特征值 λ_0,

$$\mathrm{r}(\lambda_0\boldsymbol{I}_n-\boldsymbol{A})=n-\sum_{i=1}^k\delta_{d_i(\lambda_0),0},$$

其中记号 $\delta_{a,b}$ 表示: 若 $a=b$, 取值为 1; 若 $a\neq b$, 取值为 0.

证法 1 设 $\deg d_i(\lambda)=r_i$, 则 $\boldsymbol{A}$ 相似于 $\boldsymbol{F}=\operatorname{diag}\{\boldsymbol{F}(d_1(\lambda)),\cdots,\boldsymbol{F}(d_k(\lambda))\}$, 且 $|\lambda_0\boldsymbol{I}_{r_i}-\boldsymbol{F}(d_i(\lambda))|=d_i(\lambda_0)$. 若 $d_i(\lambda_0)\neq 0$, 则 $\lambda_0\boldsymbol{I}_{r_i}-\boldsymbol{F}(d_i(\lambda))$ 非异; 若 $d_i(\lambda_0)=0$,

则 $\lambda_0\boldsymbol{I}_{r_i}-\boldsymbol{F}(d_i(\lambda))$ 奇异且右上角的 r_i-1 阶子式非零, 从而秩为 r_i-1. 因此,

$$\begin{aligned}\mathrm{r}(\lambda_0\boldsymbol{I}_n-\boldsymbol{A}) &= \mathrm{r}(\lambda_0\boldsymbol{I}_n-\boldsymbol{F})=\sum_{i=1}^k\mathrm{r}(\lambda_0\boldsymbol{I}_{r_i}-\boldsymbol{F}(d_i(\lambda)))\\ &= \sum_{i=1}^k(r_i-\delta_{d_i(\lambda_0),0})=n-\sum_{i=1}^k\delta_{d_i(\lambda_0),0}.\end{aligned}$$

证法 2 由已知存在可逆 λ-矩阵 $\boldsymbol{P}(\lambda),\boldsymbol{Q}(\lambda)$, 使得

$$\boldsymbol{P}(\lambda)(\lambda\boldsymbol{I}_n-\boldsymbol{A})\boldsymbol{Q}(\lambda)=\mathrm{diag}\{1,\cdots,1,d_1(\lambda),\cdots,d_k(\lambda)\}.$$

在上式中令 $\lambda=\lambda_0$, 注意到 $\boldsymbol{P}(\lambda_0),\boldsymbol{Q}(\lambda_0)$ 是 $\mathbb{K}$ 上的可逆矩阵, 故 $\lambda_0\boldsymbol{I}_n-\boldsymbol{A}$ 相抵于 $\mathrm{diag}\{1,\cdots,1,d_1(\lambda_0),\cdots,d_k(\lambda_0)\}$, 于是 $\mathrm{r}(\lambda_0\boldsymbol{I}_n-\boldsymbol{A})$ 等于 n 减去等于零的 $d_i(\lambda_0)$ 的个数, 从而结论得证. □

例 7.24 设 $\boldsymbol{A}$ 是数域 $\mathbb{K}$ 上的 n 阶矩阵, 求证: 若 $\mathrm{tr}(\boldsymbol{A})=0$, 则 $\boldsymbol{A}$ 相似于一个 $\mathbb{K}$ 上主对角元全为零的矩阵.

证明 对阶数进行归纳. 当 $n=1$ 时, $\boldsymbol{A}=\boldsymbol{O}$, 结论显然成立. 设阶数小于 n 时结论成立, 现证 n 阶的情形. 由于题目的条件和结论在相似关系下不改变, 故不妨从一开始就假设 $\boldsymbol{A}$ 是有理标准型

$$\boldsymbol{F}=\mathrm{diag}\{\boldsymbol{F}(d_1(\lambda)),\cdots,\boldsymbol{F}(d_k(\lambda))\},$$

其中 $d_i(\lambda)$ 是 $\boldsymbol{A}$ 的非常数不变因子, $d_i(\lambda)\mid d_{i+1}(\lambda)\,(1\leq i\leq k-1)$, $\deg d_i(\lambda)=r_i$. 若 r_i 都为 1, 则 $d_1(\lambda)=\cdots=d_n(\lambda)=\lambda-c$, 从而 $\boldsymbol{A}=c\boldsymbol{I}_n$. 又 $\mathrm{tr}(\boldsymbol{A})=0$, 故 $c=0$, 从而 $\boldsymbol{A}=\boldsymbol{O}$, 结论成立. 以下假设存在某个 $r_i>1$, 将第 $(1,1)$ 分块与第 (i,i) 分块对换, 这是一个相似变换, 此时矩阵的第 $(1,1)$ 元为零, 故不妨设 $\boldsymbol{A}$ 的第 $(1,1)$ 元为零. 注意到矩阵 $\boldsymbol{A}=\begin{pmatrix}0&\boldsymbol{\alpha}'\\\boldsymbol{\beta}&\boldsymbol{B}\end{pmatrix}$, 其中 $\boldsymbol{\alpha},\boldsymbol{\beta}\in\mathbb{K}^{n-1}$, $\boldsymbol{B}\in M_{n-1}(\mathbb{K})$, $\mathrm{tr}(\boldsymbol{B})=0$. 由归纳假设, 存在 $\mathbb{K}$ 上的 $n-1$ 阶非异阵 $\boldsymbol{Q}$, 使得 $\boldsymbol{Q}^{-1}\boldsymbol{B}\boldsymbol{Q}$ 的主对角元全为零, 令 $\boldsymbol{P}=\begin{pmatrix}1&\boldsymbol{O}\\\boldsymbol{O}&\boldsymbol{Q}\end{pmatrix}$ 为 $\mathbb{K}$ 上的 n 阶非异阵, 则 $\boldsymbol{P}^{-1}\boldsymbol{A}\boldsymbol{P}=\begin{pmatrix}0&\boldsymbol{\alpha}'\boldsymbol{Q}\\\boldsymbol{Q}^{-1}\boldsymbol{\beta}&\boldsymbol{Q}^{-1}\boldsymbol{B}\boldsymbol{Q}\end{pmatrix}$ 的主对角元全为零, 结论得证. □

例 7.25 设 $\boldsymbol{C}$ 是数域 $\mathbb{K}$ 上的 n 阶矩阵, 求证: 存在 $\mathbb{K}$ 上的 n 阶矩阵 $\boldsymbol{A},\boldsymbol{B}$, 使得 $\boldsymbol{AB}-\boldsymbol{BA}=\boldsymbol{C}$ 的充要条件是 $\mathrm{tr}(\boldsymbol{C})=0$.

证明 必要性由矩阵迹的线性和交换性即得, 下证充分性. 由于题目的条件和结论在同时相似变换 $\boldsymbol{A}\mapsto\boldsymbol{P}^{-1}\boldsymbol{AP}$, $\boldsymbol{B}\mapsto\boldsymbol{P}^{-1}\boldsymbol{BP}$, $\boldsymbol{C}\mapsto\boldsymbol{P}^{-1}\boldsymbol{CP}$ 下不改变, 故

由例 7.24 不妨从一开始就假设 $\boldsymbol{C}=(c_{ij})$ 的主对角元 $c_{ii}=0\,(1\le i\le n)$. 取定 $\boldsymbol{A}=\mathrm{diag}\{\lambda_1,\lambda_2,\cdots,\lambda_n\}$ 为 $\mathbb{K}$ 上的主对角元互异的对角矩阵. 设 $\boldsymbol{B}=(x_{ij})$, 则 $\boldsymbol{AB}-\boldsymbol{BA}=\boldsymbol{C}$ 等价于方程 $\lambda_i x_{ij}-\lambda_j x_{ij}=c_{ij}$. 当 $i=j$ 时, 上式恒成立, 故 x_{ii} 可任取. 当 $i\ne j$ 时, $x_{ij}=\dfrac{c_{ij}}{\lambda_i-\lambda_j}$ 被唯一确定. 因此, 一定存在 $\mathbb{K}$ 上的矩阵 $\boldsymbol{A},\boldsymbol{B}$, 使得 $\boldsymbol{AB}-\boldsymbol{BA}=\boldsymbol{C}$ 成立. □

§ 7.4 乘法交换性诱导的多项式表示

设 $\boldsymbol{A}$ 是数域 $\mathbb{K}$ 上的 n 阶矩阵, 定义 $\mathbb{K}[\boldsymbol{A}]=\{f(\boldsymbol{A})\mid f(x)\in\mathbb{K}[x]\}$ 为 $\boldsymbol{A}$ 的多项式全体构成的线性空间, $C(\boldsymbol{A})=\{\boldsymbol{B}\in M_n(\mathbb{K})\mid \boldsymbol{AB}=\boldsymbol{BA}\}$ 为与 $\boldsymbol{A}$ 乘法可交换的 n 阶矩阵全体构成的线性空间. 由于 $\boldsymbol{A}$ 与任意的 $f(\boldsymbol{A})$ 乘法可交换, 故有 $\mathbb{K}[\boldsymbol{A}]\subseteq C(\boldsymbol{A})$. 但上述包含关系一般并不相等, 例如, $K[\boldsymbol{I}_n]$ 为纯量矩阵全体, 但 $C(\boldsymbol{I}_n)=M_n(\mathbb{K})$. 因此可以自然地问: 当 $\boldsymbol{A}$ 满足怎样的条件时, $C(\boldsymbol{A})=\mathbb{K}[\boldsymbol{A}]$ 成立呢? 换言之, 当 $\boldsymbol{A}$ 满足怎样的条件时, 对任一与 $\boldsymbol{A}$ 乘法可交换的 $\boldsymbol{B}$, 都存在 $f(x)\in\mathbb{K}[x]$, 使得 $\boldsymbol{B}=f(\boldsymbol{A})$ 呢?

本节我们将利用循环空间和循环向量的几何性质来证明: $C(\boldsymbol{A})=\mathbb{K}[\boldsymbol{A}]$ 成立的充要条件是 $\boldsymbol{A}$ 的极小多项式等于其特征多项式. 此时, 线性空间 $C(\boldsymbol{A})$ 的一组基为 $\{\boldsymbol{I}_n,\boldsymbol{A},\cdots,\boldsymbol{A}^{n-1}\}$. 由上述结论能得到许多有趣的应用. 另外, 我们还将给出分块多项式表示及其应用等.

例 7.26 设 φ 是数域 $\mathbb{K}$ 上 n 维线性空间 V 上的线性变换, 则对 V 上任一与 φ 乘法可交换的线性变换 ψ, 都存在不超过 $n-1$ 次的多项式 $g(x)\in\mathbb{K}[x]$, 使得 $\psi=g(\varphi)$ 成立的充要条件是 φ 的极小多项式等于其特征多项式.

证明 先证充分性. 设 φ 的极小多项式等于其特征多项式 $f(\lambda)=\lambda^n+a_1\lambda^{n-1}+\cdots+a_{n-1}\lambda+a_n$, 则 φ 只有一个非常数不变因子. 由有理标准型理论, 存在 V 的一组基 $\{\boldsymbol{e}_1,\boldsymbol{e}_2,\cdots,\boldsymbol{e}_n\}$, 使得 φ 在这组基下的表示矩阵为友阵

$$\boldsymbol{C}(f(\lambda))=\begin{pmatrix}0&0&\cdots&0&-a_n\\1&0&\cdots&0&-a_{n-1}\\0&1&\cdots&0&-a_{n-2}\\\vdots&\vdots&&\vdots&\vdots\\0&0&\cdots&1&-a_1\end{pmatrix},$$

即有

$$\boldsymbol{\varphi}(\boldsymbol{e}_1)=\boldsymbol{e}_2,\ \boldsymbol{\varphi}(\boldsymbol{e}_2)=\boldsymbol{e}_3,\ \cdots,\ \boldsymbol{\varphi}(\boldsymbol{e}_{n-1})=\boldsymbol{e}_n,\ \boldsymbol{\varphi}(\boldsymbol{e}_n)=-a_n\boldsymbol{e}_1-a_{n-1}\boldsymbol{e}_2-\cdots-a_1\boldsymbol{e}_n.$$

任取 V 上满足 $\boldsymbol{\varphi}\boldsymbol{\psi}=\boldsymbol{\psi}\boldsymbol{\varphi}$ 的线性变换 $\boldsymbol{\psi}$, 设

$$\boldsymbol{\psi}(\boldsymbol{e}_1)=b_n\boldsymbol{e}_1+b_{n-1}\boldsymbol{e}_2+\cdots+b_1\boldsymbol{e}_n, \tag{7.7}$$

令 $g(x)=b_1x^{n-1}+\cdots+b_{n-1}x+b_n$, 我们来证明: $\boldsymbol{\psi}=g(\boldsymbol{\varphi})$. 首先由 $\boldsymbol{e}_k=\boldsymbol{\varphi}^{k-1}(\boldsymbol{e}_1)\,(k\geq 2)$ 以及 (7.7) 式可知 $\boldsymbol{\psi}(\boldsymbol{e}_1)=g(\boldsymbol{\varphi})(\boldsymbol{e}_1)$ 成立. 其次由 $\boldsymbol{\varphi},\boldsymbol{\psi}$ 乘法可交换, 故对任意的 $\boldsymbol{e}_k\,(k\geq 2)$ 有

$$\begin{aligned}\boldsymbol{\psi}(\boldsymbol{e}_k) &= \boldsymbol{\psi}(\boldsymbol{\varphi}^{k-1}(\boldsymbol{e}_1))=\boldsymbol{\varphi}^{k-1}(\boldsymbol{\psi}(\boldsymbol{e}_1))=\boldsymbol{\varphi}^{k-1}(g(\boldsymbol{\varphi})(\boldsymbol{e}_1))\\ &= g(\boldsymbol{\varphi})(\boldsymbol{\varphi}^{k-1}(\boldsymbol{e}_1))=g(\boldsymbol{\varphi})(\boldsymbol{e}_k).\end{aligned}$$

最后, 注意到 $\boldsymbol{\psi}$ 与 $g(\boldsymbol{\varphi})$ 在基向量 $\{\boldsymbol{e}_1,\boldsymbol{e}_2,\cdots,\boldsymbol{e}_n\}$ 上的取值都相等, 故由线性扩张定理可知 $\boldsymbol{\psi}=g(\boldsymbol{\varphi})$ 成立.

再证必要性. 设 $\boldsymbol{\varphi}$ 的不变因子组为 $1,\cdots,1,\ d_1(\lambda),\ \cdots,\ d_k(\lambda)$, 其中 $d_i(\lambda)$ 为非常数首一多项式, $d_i(\lambda)\mid d_{i+1}(\lambda)\,(1\leq i\leq k-1)$, 则 $\boldsymbol{\varphi}$ 的有理标准型 $\boldsymbol{F}=\mathrm{diag}\{\boldsymbol{F}_1,\boldsymbol{F}_2,\cdots,\boldsymbol{F}_k\}$, 其中 $\boldsymbol{F}_i=\boldsymbol{F}(d_i(\lambda))$ 为 n_i 阶矩阵. 若 $\boldsymbol{\varphi}$ 的极小多项式不等于其特征多项式, 则 $k\geq 2$. 构造分块对角矩阵

$$\boldsymbol{B}=\mathrm{diag}\{\boldsymbol{I}_{n_1},\boldsymbol{O}_{n_2},\cdots,\boldsymbol{O}_{n_k}\},$$

显然 $\boldsymbol{BF}=\boldsymbol{FB}$. 用反证法, 若存在多项式 $g(x)$, 使得 $\boldsymbol{B}=g(\boldsymbol{F})$, 即

$$\boldsymbol{B}=\mathrm{diag}\{g(\boldsymbol{F}_1),g(\boldsymbol{F}_2),\cdots,g(\boldsymbol{F}_k)\},$$

则 $g(\boldsymbol{F}_1)=\boldsymbol{I}_{n_1},\ g(\boldsymbol{F}_i)=\boldsymbol{O}\,(i\geq 2)$. 由于 $d_k(\lambda)$ 是 $\boldsymbol{F}_k$ 的极小多项式 (也是特征多项式), 故 $d_k(\lambda)\mid g(\lambda)$, 从而 $d_1(\lambda)\mid g(\lambda)$, 于是 $g(\boldsymbol{F}_1)=\boldsymbol{O}$, 矛盾! 因此 $\boldsymbol{B}$ 不能表示为 $\boldsymbol{F}$ 的多项式, 从而由 $\boldsymbol{B}$ 定义的线性变换 $\boldsymbol{\psi}$ 符合题目要求. □

注 本题充分性证明的关键点是: $V=C(\boldsymbol{\varphi},\boldsymbol{e}_1)$ 是一个循环空间, 循环向量 $\boldsymbol{e}_1$ 经过 $\boldsymbol{\varphi}$ 的 $n-1$ 次作用, 生成了 V 的一组基 $\{\boldsymbol{e}_1,\boldsymbol{e}_2,\cdots,\boldsymbol{e}_n\}$. 因此, 只要验证了 $\boldsymbol{\psi}$ 和 $g(\boldsymbol{\varphi})$ 在循环向量 $\boldsymbol{e}_1$ 上的取值相同, 那么由 $\boldsymbol{\varphi},\boldsymbol{\psi}$ 的乘法交换性可知 $\boldsymbol{\psi}$ 和 $g(\boldsymbol{\varphi})$ 在上述基上的取值也相同, 从而它们必相等. 另外, 例 7.14 证明了: 线性变换 $\boldsymbol{\varphi}$ 的极小多项式等于其特征多项式当且仅当 V 是关于 $\boldsymbol{\varphi}$ 的循环空间. 因此, 作为本题的推论, 我们给出了循环空间的另一刻画.

推论 设 φ 是数域 $\mathbb{K}$ 上 n 维线性空间 V 上的线性变换, $\mathbb{K}[\varphi]=\{f(\varphi)\mid f(x)\in\mathbb{K}[x]\}$, $C(\varphi)=\{\boldsymbol{\psi}\in\mathcal{L}(V)\mid \boldsymbol{\varphi\psi}=\boldsymbol{\psi\varphi}\}$, 则 V 是关于 $\boldsymbol{\varphi}$ 的循环空间的充要条件是 $C(\boldsymbol{\varphi})=\mathbb{K}[\boldsymbol{\varphi}]$. 此时, $C(\boldsymbol{\varphi})$ 的一组基为 $\{\boldsymbol{I}_V,\boldsymbol{\varphi},\cdots,\boldsymbol{\varphi}^{n-1}\}$.

§ 7.3 中给出了很多循环空间的例子, 故由例 7.26 可得如下几个应用.

例 6.63 设 $\boldsymbol{A},\boldsymbol{B}$ 是 n 阶矩阵, $\boldsymbol{A}$ 有 n 个不同的特征值, 并且 $\boldsymbol{AB}=\boldsymbol{BA}$, 求证: 存在次数不超过 $n-1$ 的多项式 $f(x)$, 使得 $\boldsymbol{B}=f(\boldsymbol{A})$.

证法 2 由例 7.15 可知, $\mathbb{C}^n$ 是关于 $\boldsymbol{A}$ 的循环空间, 再由例 7.26 即得结论. □

例 7.27 设数域 $\mathbb{K}$ 上的 n 阶矩阵 $\boldsymbol{A}$ 的特征多项式 $f(\lambda)=P_1(\lambda)P_2(\lambda)\cdots P_k(\lambda)$, 其中 $P_i(\lambda)\,(1\le i\le k)$ 是 $\mathbb{K}$ 上互异的首一不可约多项式. 设 $\mathbb{K}$ 上的 n 阶矩阵 $\boldsymbol{B}$ 满足 $\boldsymbol{AB}=\boldsymbol{BA}$, 求证: 存在 $\mathbb{K}$ 上次数不超过 $n-1$ 的多项式 $f(x)$, 使得 $\boldsymbol{B}=f(\boldsymbol{A})$.

证明 由例 7.16 可知, $\mathbb{K}^n$ 是关于 $\boldsymbol{A}$ 的循环空间, 再由例 7.26 即得结论. □

例 7.28 设 $\boldsymbol{A}$ 是数域 $\mathbb{K}$ 上的 2 阶矩阵, 试求 $C(\boldsymbol{A})=\{\boldsymbol{X}\in M_2(\mathbb{K})\mid \boldsymbol{AX}=\boldsymbol{XA}\}$.

证明 若 $\boldsymbol{A}$ 的极小多项式等于特征多项式, 则由例 7.26 可知 $C(\boldsymbol{A})=\mathbb{K}[\boldsymbol{A}]$. 若极小多项式不等于特征多项式, 则极小多项式必为一次多项式 $x-c$, 从而 $\boldsymbol{A}=c\boldsymbol{I}_2$, 于是 $C(\boldsymbol{A})=M_2(\mathbb{K})$. □

例 7.29 设 $\boldsymbol{J}=\boldsymbol{J}_n(\lambda_0)$ 是特征值为 λ_0 的 n 阶 Jordan 块, 求证: 和 $\boldsymbol{J}$ 乘法可交换的 n 阶矩阵必可表示为 $\boldsymbol{J}$ 的次数不超过 $n-1$ 的多项式.

证明 根据 Jordan 标准型的几何意义, $\mathbb{C}^n=C(\boldsymbol{J}-\lambda_0\boldsymbol{I}_n,\boldsymbol{e}_n)$ 是关于线性变换 $\boldsymbol{J}-\lambda_0\boldsymbol{I}_n$ 的循环空间, 循环向量是标准单位列向量中的最后一个 $\boldsymbol{e}_n=(0,\cdots,0,1)'$, 再由例 7.26 即得结论. 当然也可以通过代数方法直接进行证明. 设 $\boldsymbol{A}$ 和 $\boldsymbol{J}$ 可交换, 注意到 $\boldsymbol{J}=\lambda_0\boldsymbol{I}_n+\boldsymbol{J}_0$, 其中 $\boldsymbol{J}_0=\boldsymbol{J}_n(0)$ 是特征值为零的 Jordan 块, 故 $\boldsymbol{A},\boldsymbol{J}$ 乘法可交换当且仅当 $\boldsymbol{A},\boldsymbol{J}_0$ 乘法可交换. 经计算得到 $\boldsymbol{A}$ 必为下列形状的上三角矩阵:

$$\boldsymbol{A}=\begin{pmatrix} a_1 & a_2 & \cdots & a_n \\ & a_1 & \ddots & \vdots \\ & & \ddots & a_2 \\ & & & a_1 \end{pmatrix},$$

于是

$$\boldsymbol{A}=a_1\boldsymbol{I}_n+a_2\boldsymbol{J}_0+\cdots+a_n\boldsymbol{J}_0^{n-1}=a_1\boldsymbol{I}_n+a_2(\boldsymbol{J}-\lambda_0\boldsymbol{I}_n)+\cdots+a_n(\boldsymbol{J}-\lambda_0\boldsymbol{I}_n)^{n-1}$$

可表示为 $\boldsymbol{J}$ 的次数不超过 $n-1$ 的多项式. □

例 7.30 设数域 $\mathbb{K}$ 上的 n 阶矩阵

$$\boldsymbol{A}=\begin{pmatrix} a_1 & b_1 & 0 & \cdots & 0 \\ & \ddots & \ddots & \ddots & \vdots \\ & & \ddots & \ddots & 0 \\ & * & & \ddots & b_{n-1} \\ & & & & a_n \end{pmatrix},$$

其中 $b_1,\cdots,b_{n-1}$ 均不为零. 记 $C(\boldsymbol{A})=\{\boldsymbol{X}\in M_n(\mathbb{K})\mid \boldsymbol{AX}=\boldsymbol{XA}\}$, 证明: 线性空间 $C(\boldsymbol{A})$ 的一组基为 $\{\boldsymbol{I}_n,\boldsymbol{A},\cdots,\boldsymbol{A}^{n-1}\}$.

证明 题目中的 $\boldsymbol{A}$ 是类下三角矩阵, 上次对角元全部非零, 比如 Frobenius 块、Jordan 块和三对角矩阵都满足这样的特点. 考虑特征矩阵 $\lambda\boldsymbol{I}_n-\boldsymbol{A}$ 的前 $n-1$ 行、后 $n-1$ 列构成的下三角行列式, 其值为 $(-1)^{n-1}b_1\cdots b_{n-1}\neq 0$, 故 $\boldsymbol{A}$ 的行列式因子组为 $1,\cdots,1,f(\lambda)$, 从而 $\mathbb{K}^n$ 是关于 $\boldsymbol{A}$ 的循环空间, 再由例 7.26 即得结论. □

下面的命题告诉我们, 在什么条件下可以将分块对角矩阵的多项式表示问题归结为对每一分块的讨论.

例 7.31 设有 n 阶分块对角矩阵

$$\boldsymbol{A}=\begin{pmatrix} \boldsymbol{A}_1 & & \\ & \ddots & \\ & & \boldsymbol{A}_k \end{pmatrix},\quad \boldsymbol{B}=\begin{pmatrix} \boldsymbol{B}_1 & & \\ & \ddots & \\ & & \boldsymbol{B}_k \end{pmatrix},$$

其中 $\boldsymbol{A}_i$ 和 $\boldsymbol{B}_i$ 是同阶方阵. 设 $\boldsymbol{A}_i$ 适合非零多项式 $g_i(x)$, 且 $g_i(x)\,(1\leq i\leq k)$ 两两互素. 求证: 若对每个 i, 存在多项式 $f_i(x)$, 使得 $\boldsymbol{B}_i=f_i(\boldsymbol{A}_i)$, 则必存在次数不超过 $n-1$ 的多项式 $f(x)$, 使得 $\boldsymbol{B}=f(\boldsymbol{A})$.

证明 因为 $g_i(x)$ 两两互素, 故由中国剩余定理 (例 5.12) 可知, 存在多项式 $h(x)$ 满足 $h(x)=g_i(x)q_i(x)+f_i(x)$. 将 $x=\boldsymbol{A}_i$ 代入上式, 可得 $h(\boldsymbol{A}_i)=f_i(\boldsymbol{A}_i)=\boldsymbol{B}_i$, 从而

$$h(\boldsymbol{A})=\operatorname{diag}\{h(\boldsymbol{A}_1),\cdots,h(\boldsymbol{A}_k)\}=\operatorname{diag}\{\boldsymbol{B}_1,\cdots,\boldsymbol{B}_k\}=\boldsymbol{B}.$$

设 $\boldsymbol{A}$ 的特征多项式为 $g(x)$, 作带余除法 $h(x)=g(x)q(x)+f(x)$, 其中 $\deg f(x)<n$. 将 $x=\boldsymbol{A}$ 代入上式, 则由 Cayley-Hamilton 定理可得 $\boldsymbol{B}=h(\boldsymbol{A})=f(\boldsymbol{A})$. □

对适合 $\boldsymbol{AB}=\boldsymbol{BA}$ 的矩阵, 由于 $\boldsymbol{AB}=\boldsymbol{BA}$ 当且仅当 $(\boldsymbol{P}^{-1}\boldsymbol{AP})(\boldsymbol{P}^{-1}\boldsymbol{BP})=(\boldsymbol{P}^{-1}\boldsymbol{BP})(\boldsymbol{P}^{-1}\boldsymbol{AP})$, 因此我们可以通过同时相似变换, 把问题归结为其中一个矩阵是相似标准型 (或分块对角型矩阵) 的情形来证明. 下面的几个例子可供读者参考.

例 7.32 设 n 阶矩阵 $\boldsymbol{A}$ 的秩等于 $n-1$, $\boldsymbol{B}$ 是同阶非零矩阵且 $\boldsymbol{AB}=\boldsymbol{BA}=\boldsymbol{O}$, 求证: 存在次数不超过 $n-1$ 的多项式 $f(x)$, 使得 $\boldsymbol{B}=f(\boldsymbol{A})$.

证法 1 由于题目的条件和结论在同时相似变换: $\boldsymbol{A}\mapsto\boldsymbol{P}^{-1}\boldsymbol{AP}$, $\boldsymbol{B}\mapsto\boldsymbol{P}^{-1}\boldsymbol{BP}$ 下保持不变, 故不妨从一开始就假设 $\boldsymbol{A}$ 为 Jordan 标准型. 因为 $\mathrm{r}(\boldsymbol{A})=n-1$, 故 $\boldsymbol{A}$ 关于特征值 0 的几何重数为 1, 从而属于特征值 0 的 Jordan 块只有一个, 记为 $\boldsymbol{J}_0$; 将属于其他非零特征值的 Jordan 块合在一起, 记为 $\boldsymbol{J}_1$, 于是 $\boldsymbol{A}=\mathrm{diag}\{\boldsymbol{J}_0,\boldsymbol{J}_1\}$. 设 $\boldsymbol{B}=\begin{pmatrix}\boldsymbol{B}_{11} & \boldsymbol{B}_{12}\\ \boldsymbol{B}_{21} & \boldsymbol{B}_{22}\end{pmatrix}$ 为相应的分块, 则由 $\boldsymbol{AB}=\boldsymbol{BA}=\boldsymbol{O}$ 可得 $\boldsymbol{B}_{12},\boldsymbol{B}_{21},\boldsymbol{B}_{22}$ 都是零矩阵, 于是 $\boldsymbol{B}=\mathrm{diag}\{\boldsymbol{B}_{11},\boldsymbol{O}\}$ 且 $\boldsymbol{J}_0\boldsymbol{B}_{11}=\boldsymbol{B}_{11}\boldsymbol{J}_0$. 由于 $\boldsymbol{J}_0$ 是幂零矩阵而 $\boldsymbol{J}_1$ 是可逆矩阵, 故 $\boldsymbol{J}_0$ 的特征多项式 $g_0(x)$ 和 $\boldsymbol{J}_1$ 的特征多项式 $g_1(x)$ 互素; 又由例 7.29 可知, 存在多项式 $f_0(x)$, 使得 $\boldsymbol{B}_{11}=f_0(\boldsymbol{J}_0)$; 再取 $f_1(x)=0$, 则 $\boldsymbol{O}=f_1(\boldsymbol{J}_1)$; 最后由例 7.31 即得结论.

证法 2 也可以用线性方程组的求解理论和极小多项式来做. 由于 $\mathrm{r}(\boldsymbol{A})=n-1$, 故线性方程组 $\boldsymbol{Ax}=\boldsymbol{0}$ 解空间的维数为 1, 再由 $\boldsymbol{AB}=\boldsymbol{O}$ 可知, $\boldsymbol{B}$ 的列向量都是解空间的向量, 从而它们成比例, 于是 $\mathrm{r}(\boldsymbol{B})=1$. 设 $\boldsymbol{B}=\boldsymbol{\alpha}\boldsymbol{\beta}'$, 其中 $\boldsymbol{\alpha},\boldsymbol{\beta}$ 为 n 维非零列向量, 由 $\boldsymbol{AB}=\boldsymbol{O}$ 可推出 $\boldsymbol{A\alpha}=\boldsymbol{0}$, 即 $\boldsymbol{\alpha}$ 是线性方程组 $\boldsymbol{Ax}=\boldsymbol{0}$ 的基础解系. 同理, 由 $\boldsymbol{BA}=\boldsymbol{O}$ 可推出 $\boldsymbol{\beta}$ 是 $\boldsymbol{A}'\boldsymbol{x}=\boldsymbol{0}$ 的基础解系. 设 $m(x)$ 是 $\boldsymbol{A}$ 的极小多项式, 由于 $\boldsymbol{A}$ 不是可逆矩阵, 故 $m(x)$ 的常数项等于零, 即 $m(x)=xg(x)$, 于是 $\boldsymbol{A}g(\boldsymbol{A})=\boldsymbol{O}$ 但 $g(\boldsymbol{A})\neq\boldsymbol{O}$. 由类似于矩阵 $\boldsymbol{B}$ 的讨论可得, $g(\boldsymbol{A})$ 也可以写为 $g(\boldsymbol{A})=\boldsymbol{\eta}\boldsymbol{\xi}'$, 其中 $\boldsymbol{\eta}$ 是 $\boldsymbol{Ax}=\boldsymbol{0}$ 的解, 故 $\boldsymbol{\eta}=k\boldsymbol{\alpha}$. 同理可得 $\boldsymbol{\xi}=t\boldsymbol{\beta}$, 于是 $g(\boldsymbol{A})=kt\boldsymbol{B}$, 从而 $\boldsymbol{B}=\dfrac{1}{kt}g(\boldsymbol{A})$ 可表示为 $\boldsymbol{A}$ 的次数不超过 $n-1$ 的多项式. □

例 6.87 设 $\boldsymbol{A}$ 为 n 阶矩阵, 求证: 伴随矩阵 $\boldsymbol{A}^*$ 可表示为 $\boldsymbol{A}$ 的次数不超过 $n-1$ 的多项式.

证法 2 若 $\mathrm{r}(\boldsymbol{A})=n$, 则由 Cayley-Hamilton 定理易证结论成立; 若 $\mathrm{r}(\boldsymbol{A})\leq n-2$, 则 $\boldsymbol{A}^*=\boldsymbol{O}$, 结论显然成立; 若 $\mathrm{r}(\boldsymbol{A})=n-1$, 则 $\boldsymbol{A}^*\neq\boldsymbol{O}$ 且 $\boldsymbol{AA}^*=\boldsymbol{A}^*\boldsymbol{A}=\boldsymbol{O}$, 由例 7.32 可知结论也成立. □

例 7.33 (Jordan-Chevalley 分解定理) 设 $\boldsymbol{A}$ 是 n 阶复矩阵, 证明: $\boldsymbol{A}$ 可分解为

$$\boldsymbol{A}=\boldsymbol{B}+\boldsymbol{C},$$

其中 $\boldsymbol{B}$ 是可对角化矩阵, $\boldsymbol{C}$ 是幂零矩阵且 $\boldsymbol{BC}=\boldsymbol{CB}$, 并且这种分解是唯一的.

证明　设 $\boldsymbol{A}$ 的 Jordan 标准型为

$$\boldsymbol{P}^{-1}\boldsymbol{AP}=\boldsymbol{J}=\begin{pmatrix}\boldsymbol{J}_1 & & \\ & \ddots & \\ & & \boldsymbol{J}_k\end{pmatrix},$$

其中 $\lambda_1,\cdots,\lambda_k$ 是 $\boldsymbol{A}$ 的全体不同特征值, $\boldsymbol{J}_i$ 是属于特征值 λ_i 的所有 Jordan 块拼成的分块对角矩阵. 注意到 $\boldsymbol{J}_i=\lambda_i\boldsymbol{I}+\boldsymbol{N}_i$, 其中 $\boldsymbol{N}_i$ 是幂零矩阵, 故 $\boldsymbol{J}$ 可以分解为一个对角矩阵 $\boldsymbol{M}=\mathrm{diag}\{\lambda_1\boldsymbol{I},\cdots,\lambda_k\boldsymbol{I}\}$ 与一个幂零矩阵 $\boldsymbol{N}=\mathrm{diag}\{\boldsymbol{N}_1,\cdots,\boldsymbol{N}_k\}$ 之和且它们乘法可交换. 于是 $\boldsymbol{A}$ 可以分解为 $\boldsymbol{A}=\boldsymbol{B}+\boldsymbol{C}$, 其中 $\boldsymbol{B}=\boldsymbol{PMP}^{-1}$ 相似于对角矩阵, $\boldsymbol{C}=\boldsymbol{PNP}^{-1}$ 是幂零矩阵且 $\boldsymbol{BC}=\boldsymbol{CB}$. 这时显然有 $\boldsymbol{AB}=\boldsymbol{BA}$, $\boldsymbol{AC}=\boldsymbol{CA}$.

为了证明唯一性, 我们首先证明存在多项式 $f(\lambda)$, 使得 $\boldsymbol{B}=f(\boldsymbol{A})$. 由于 $\boldsymbol{N}_i$ 是幂零矩阵, 故 $\boldsymbol{J}_i$ 适合多项式 $(\lambda-\lambda_i)^n$, 显然 $(\lambda-\lambda_1)^n,\cdots,(\lambda-\lambda_k)^n$ 两两互素. 设 $f_i(\lambda)=\lambda_i$ 为常数多项式, 则 $f_i(\boldsymbol{J}_i)=\lambda_i\boldsymbol{I}$. 由例 7.31 可知, 存在多项式 $f(\lambda)$, 使得 $\boldsymbol{M}=f(\boldsymbol{J})$, 于是 $\boldsymbol{B}=\boldsymbol{P}f(\boldsymbol{J})\boldsymbol{P}^{-1}=f(\boldsymbol{PJP}^{-1})=f(\boldsymbol{A})$. 注意到 $\boldsymbol{C}=\boldsymbol{A}-\boldsymbol{B}$, 故 $\boldsymbol{C}$ 也是 $\boldsymbol{A}$ 的多项式.

设另有满足条件的分解 $\boldsymbol{A}=\boldsymbol{B}_1+\boldsymbol{C}_1$ 且 $\boldsymbol{B}_1\boldsymbol{C}_1=\boldsymbol{C}_1\boldsymbol{B}_1$, 则 $\boldsymbol{AB}_1=(\boldsymbol{B}_1+\boldsymbol{C}_1)\boldsymbol{B}_1=\boldsymbol{B}_1(\boldsymbol{B}_1+\boldsymbol{C}_1)=\boldsymbol{B}_1\boldsymbol{A}$, 即 $\boldsymbol{A}$ 和 $\boldsymbol{B}_1$ 乘法可交换, 同理可证 $\boldsymbol{A}$ 和 $\boldsymbol{C}_1$ 乘法可交换. 因为 $\boldsymbol{B},\boldsymbol{C}$ 都是 $\boldsymbol{A}$ 的多项式, 所以 $\boldsymbol{B}$ 和 $\boldsymbol{B}_1$ 乘法可交换, $\boldsymbol{C}$ 和 $\boldsymbol{C}_1$ 乘法可交换. 由例 6.41 可知, $\boldsymbol{B}$ 和 $\boldsymbol{B}_1$ 可同时对角化, 即存在可逆矩阵 $\boldsymbol{Q}$, 使得 $\boldsymbol{Q}^{-1}\boldsymbol{BQ}$ 和 $\boldsymbol{Q}^{-1}\boldsymbol{B}_1\boldsymbol{Q}$ 都是对角矩阵, 因此 $\boldsymbol{B}-\boldsymbol{B}_1$ 相似于对角矩阵. 另一方面, 从 $\boldsymbol{C}$ 和 $\boldsymbol{C}_1$ 的乘法可交换性和幂零性容易推出 $\boldsymbol{C}_1-\boldsymbol{C}$ 也是幂零矩阵. 事实上, 若 $\boldsymbol{C}^s=\boldsymbol{O}$, $\boldsymbol{C}_1^t=\boldsymbol{O}$, 则 $(\boldsymbol{C}_1-\boldsymbol{C})^{s+t}=\boldsymbol{O}$. 注意到 $\boldsymbol{B}-\boldsymbol{B}_1=\boldsymbol{C}_1-\boldsymbol{C}$, 故 $\boldsymbol{B}-\boldsymbol{B}_1=\boldsymbol{O}$, $\boldsymbol{C}_1-\boldsymbol{C}=\boldsymbol{O}$, 即 $\boldsymbol{B}_1=\boldsymbol{B}$, $\boldsymbol{C}_1=\boldsymbol{C}$. □

§ 7.5 可对角化的判定 (二)

我们曾经在 § 6.5 中讨论过矩阵可对角化的若干判定准则, 现在我们又多了两个判定准则: n 阶复矩阵 $\boldsymbol{A}$ 可对角化当且仅当它的极小多项式无重根, 当且仅当它的初等因子都是一次多项式 (等价于 Jordan 块都是一阶矩阵). 下面我们通过一些典型例题来看一看这两个判定准则的应用.

5. 极小多项式无重根

例 6.66 设 n 阶矩阵 $\boldsymbol{A}$ 适合首一多项式 $g(x)$, 并且 $g(x)$ 在复数域中无重根, 证明: $\boldsymbol{A}$ 可对角化.

证法 2 设 $m(x)$ 为 $\boldsymbol{A}$ 的极小多项式, 则 $m(x) \mid g(x)$. 由于 $g(x)$ 无重根, 故 $m(x)$ 也无重根, 从而 $\boldsymbol{A}$ 可对角化. □

例 7.34 求适合下列条件的 n 阶矩阵 $\boldsymbol{A}$ 的 Jordan 标准型:

(1) $\boldsymbol{A}^2 = \boldsymbol{A}$; (2) $\boldsymbol{A}^k = \boldsymbol{I}_n$.

解 (1) 矩阵 $\boldsymbol{A}$ 适合 $g(x) = x^2 - x$ 且 $g(x)$ 无重根, 故由例 6.66 可知 $\boldsymbol{A}$ 可对角化, 并且 $\boldsymbol{A}$ 的特征值也适合 $g(x)$, 故只能是 $0, 1$. 因此, $\boldsymbol{A}$ 的 Jordan 标准型为 $\mathrm{diag}\{1, \cdots, 1, 0 \cdots, 0\}$, 其中有 $\mathrm{r}(\boldsymbol{A})$ 个 1.

(2) 矩阵 $\boldsymbol{A}$ 适合 $g(x) = x^k - 1$ 且 $g(x)$ 无重根, 故由例 6.66 可知 $\boldsymbol{A}$ 可对角化, 并且 $\boldsymbol{A}$ 的特征值也适合 $g(x)$, 故只能是 1 的 k 次方根. 因此, $\boldsymbol{A}$ 的 Jordan 标准型为 $\mathrm{diag}\{\omega_1, \omega_2, \cdots, \omega_n\}$, 其中 $\omega_i^k = 1\,(1 \leq i \leq n)$. □

例 7.35 设 $\boldsymbol{A}$ 是有理数域上的 n 阶矩阵, 其特征多项式的所有不可约因式为 $\lambda^2 + \lambda + 1$, $\lambda^2 - 2$. 又 $\boldsymbol{A}$ 的极小多项式是四次多项式, 求证: $\boldsymbol{A}$ 在复数域上可对角化.

证明 因为 $\boldsymbol{A}$ 的极小多项式 $m(\lambda)$ 和特征多项式 $f(\lambda)$ 有相同的根 (不计重数), 且 $\deg m(\lambda) = 4$, 所以 $m(\lambda) = (\lambda^2 + \lambda + 1)(\lambda^2 - 2)$. 注意到 $m(\lambda)$ 在复数域内无重根, 故 $\boldsymbol{A}$ 在复数域上可对角化. □

例 7.36 设 φ 是复线性空间 V 上的线性变换, V_0 是 φ 的不变子空间. 求证: 若 φ 可对角化, 则 φ 在 V_0 上的限制变换和 φ 在 V/V_0 上的诱导变换都可对角化.

证法 1 由例 6.71 的几何版本可知, 限制变换 $\varphi|_{V_0}$ 和诱导变换 $\overline{\varphi}$ 都有完全的特征向量系, 从而可对角化.

证法 2 设线性变换 φ、限制变换 $\varphi|_{V_0}$ 和诱导变换 $\overline{\varphi}$ 的极小多项式分别为 $m(\lambda)$, $g(\lambda)$ 和 $h(\lambda)$, 则容易验证 $\varphi|_{V_0}$ 和 $\overline{\varphi}$ 都适合多项式 $m(\lambda)$, 从而 $g(\lambda) \mid m(\lambda)$ 且 $h(\lambda) \mid m(\lambda)$. 由于 φ 可对角化, 故 $m(\lambda)$ 无重根, 从而 $g(\lambda), h(\lambda)$ 也无重根, 于是 $\varphi|_{V_0}$ 和 $\overline{\varphi}$ 都可对角化. □

例 7.37 设 φ 是 n 维复线性空间 V 上的线性变换, 求证: φ 可对角化的充要条件是对任一 φ–不变子空间 U, 均存在 φ–不变子空间 W, 使得 $V = U \oplus W$. 这样的 W 称为 U 的 φ–不变补空间.

证明　先证充分性. 假设 φ 不能对角化, 则 φ 只有 m 个线性无关的特征向量, 其中 $1 \leq m < n$. 设由这些特征向量张成的子空间为 U, 由条件可知, U 存在非零的 φ–不变补空间 W. 考虑限制变换 $\varphi|_W$, 它在 W 上必存在特征值和特征向量, 这些也是 φ 的特征值和特征向量, 于是 φ 有多于 m 个线性无关的特征向量, 矛盾!

再证必要性. 设 φ 可对角化, U 是 φ–不变子空间, 则由例 7.36 可知, $\varphi|_U$ 仍可对角化, 故存在 U 的一组基 $\boldsymbol{\alpha}_1, \cdots, \boldsymbol{\alpha}_r$, 它们是 $\varphi|_U$, 也是 φ 的线性无关的特征向量. 又因为 φ 可对角化, 故存在 n 个线性无关的特征向量 $\{\boldsymbol{e}_1, \boldsymbol{e}_2, \cdots, \boldsymbol{e}_n\}$, 再由基扩张定理可知, 可从这组基中取出 $n-r$ 个向量和 $\boldsymbol{\alpha}_1, \cdots, \boldsymbol{\alpha}_r$ 一起组成 V 的一组基. 设这 $n-r$ 个向量张成的子空间为 W, 则 W 是 U 的 φ–不变补空间. □

例 6.72　设 $\boldsymbol{A}$ 为 $m \times n$ 矩阵, $\boldsymbol{B}$ 为 $n \times m$ 矩阵, 又 $|\boldsymbol{BA}| \neq 0$, 求证: $\boldsymbol{AB}$ 可对角化的充要条件是 $\boldsymbol{BA}$ 可对角化.

证法 2　设 $\boldsymbol{AB}$ 的极小多项式为 $g(\lambda)$, $\boldsymbol{BA}$ 的极小多项式为 $h(\lambda)$. 因为 $\boldsymbol{BA}$ 是可逆矩阵, 故 0 不是 $\boldsymbol{BA}$ 的特征值, 从而 0 也不是 $h(\lambda)$ 的根 (参考例 6.80). 注意到

$$(\boldsymbol{AB})^m = \boldsymbol{A}(\boldsymbol{BA})^{m-1}\boldsymbol{B},\ \ (\boldsymbol{BA})^m = \boldsymbol{B}(\boldsymbol{AB})^{m-1}\boldsymbol{A},\ m \geq 1,$$

故不难验证 $g(\boldsymbol{BA})\boldsymbol{BA} = \boldsymbol{B}g(\boldsymbol{AB})\boldsymbol{A} = \boldsymbol{O}$, $h(\boldsymbol{AB})\boldsymbol{AB} = \boldsymbol{A}h(\boldsymbol{BA})\boldsymbol{B} = \boldsymbol{O}$, 从而由极小多项式的基本性质可知, $h(\lambda) \mid g(\lambda)\lambda$, $g(\lambda) \mid h(\lambda)\lambda$. 若 $\boldsymbol{AB}$ 可对角化, 则 $g(\lambda)$ 无重根, 从而 $g(\lambda)\lambda$ 无非零重根, 于是 $h(\lambda)$ 无重根, 故 $\boldsymbol{BA}$ 也可对角化. 反之, 若 $\boldsymbol{BA}$ 可对角化, 则 $h(\lambda)$ 无重根, 从而 $h(\lambda)\lambda$ 也无重根, 于是 $g(\lambda)$ 无重根, 故 $\boldsymbol{AB}$ 也可对角化. □

设矩阵 $\boldsymbol{A}$ 的全体不同特征值为 $\lambda_1, \lambda_2, \cdots, \lambda_k$, 定义

$$g(\lambda) = (\lambda - \lambda_1)(\lambda - \lambda_2)\cdots(\lambda - \lambda_k).$$

若 $\boldsymbol{A}$ 可对角化, 则 $\boldsymbol{A}$ 的极小多项式就是 $g(\lambda)$ (参考例 6.78). 反之, 若 $\boldsymbol{A}$ 适合多项式 $g(\lambda)$, 则由极小多项式的性质可知, $g(\lambda)$ 就是 $\boldsymbol{A}$ 的极小多项式. 特别地, 由于 $g(\lambda)$ 无重根, 故 $\boldsymbol{A}$ 可对角化. 应用这一方法的典型例题是例 7.38 和例 7.42 的证法 3.

例 7.38　设 n 阶矩阵 $\boldsymbol{A}$ 的极小多项式 $m(\lambda)$ 的次数为 s, $\boldsymbol{B} = (b_{ij})$ 为 s 阶矩阵, 其中 $b_{ij} = \mathrm{tr}(\boldsymbol{A}^{i+j-2})$ (约定 $b_{11} = n$), 求证: $\boldsymbol{A}$ 可对角化的充要条件是 $\boldsymbol{B}$ 为可逆矩阵.

证明　设 $\boldsymbol{A}$ 的全体不同特征值为 $\lambda_1, \lambda_2, \cdots, \lambda_k$, 其代数重数分别为 $m_1, m_2, \cdots, m_k$, 则 $\mathrm{tr}(\boldsymbol{A}^i) = m_1\lambda_1^i + m_2\lambda_2^i + \cdots + m_k\lambda_k^i$. 定义 $g(\lambda) = (\lambda-\lambda_1)(\lambda-\lambda_2)\cdots(\lambda-\lambda_k)$,

则 $g(\lambda) \mid m(\lambda)$, 从而 $s \geq k$. 若 $\boldsymbol{A}$ 可对角化, 则 $m(\lambda) = g(\lambda)$, 从而 $s = k$. 若 $\boldsymbol{A}$ 不可对角化, 则 $m(\lambda)$ 有重根, 从而 $s > k$. 考虑矩阵 $\boldsymbol{B}$ 的如下分解:

$$\boldsymbol{B} = \begin{pmatrix} m_1 & m_2 & \cdots & m_k \\ m_1\lambda_1 & m_2\lambda_2 & \cdots & m_k\lambda_k \\ \vdots & \vdots & & \vdots \\ m_1\lambda_1^{s-1} & m_2\lambda_2^{s-1} & \cdots & m_k\lambda_k^{s-1} \end{pmatrix} \begin{pmatrix} 1 & \lambda_1 & \cdots & \lambda_1^{s-1} \\ 1 & \lambda_2 & \cdots & \lambda_2^{s-1} \\ \vdots & \vdots & & \vdots \\ 1 & \lambda_k & \cdots & \lambda_k^{s-1} \end{pmatrix},$$

其中上式右边第一个矩阵是 $s \times k$ 矩阵, 第二个矩阵是 $k \times s$ 矩阵. 若 $s = k$, 则由 Vandermonde 行列式可知

$$|\boldsymbol{B}| = m_1m_2\cdots m_k \prod_{1\leq i<j\leq k} (\lambda_i - \lambda_j)^2 \neq 0,$$

即 $\boldsymbol{B}$ 是可逆矩阵. 若 $s > k$, 则由 Cauchy-Binet 公式可得 $|\boldsymbol{B}| = 0$, 即 $\boldsymbol{B}$ 不可逆. □

6. 初等因子都是一次多项式, 或 Jordan 块都是一阶矩阵

例 7.39 设 n 阶复方阵 $\boldsymbol{A}$ 的特征多项式为 $f(\lambda)$, 复系数多项式 $g(\lambda)$ 满足 $(f(\lambda), g'(\lambda)) = 1$. 证明: $\boldsymbol{A}$ 可对角化的充要条件是 $g(\boldsymbol{A})$ 可对角化.

证明 必要性显然成立, 下证充分性. 用反证法, 设 $\boldsymbol{A}$ 不可对角化, 则存在可逆矩阵 $\boldsymbol{P}$, 使得 $\boldsymbol{P}^{-1}\boldsymbol{AP} = \boldsymbol{J} = \mathrm{diag}\{\boldsymbol{J}_{r_1}(\lambda_1), \cdots, \boldsymbol{J}_{r_k}(\lambda_k)\}$ 为 Jordan 标准型, 其中 $r_1 > 1$. 注意到

$$\boldsymbol{P}^{-1}g(\boldsymbol{A})\boldsymbol{P} = g(\boldsymbol{P}^{-1}\boldsymbol{AP}) = g(\boldsymbol{J}) = \mathrm{diag}\{g(\boldsymbol{J}_{r_1}(\lambda_1)), \cdots, g(\boldsymbol{J}_{r_k}(\lambda_k))\},$$

其中

$$g(\boldsymbol{J}_{r_1}(\lambda_1)) = \begin{pmatrix} g(\lambda_1) & g'(\lambda_1) & \cdots & * \\ & g(\lambda_1) & \ddots & \vdots \\ & & \ddots & g'(\lambda_1) \\ & & & g(\lambda_1) \end{pmatrix}.$$

由 $(f(\lambda), g'(\lambda)) = 1$ 可知 $g'(\lambda_1) \neq 0$, 于是 $g(\boldsymbol{J}_{r_1}(\lambda_1))$ 的特征值全为 $g(\lambda_1)$, 其几何重数为 $r_1 - \mathrm{r}\left(g(\boldsymbol{J}_{r_1}(\lambda_1)) - g(\lambda_1)\boldsymbol{I}_{r_1}\right) = 1$, 因此 $g(\boldsymbol{J}_{r_1}(\lambda_1))$ 的 Jordan 标准型为 $\boldsymbol{J}_{r_1}(g(\lambda_1))$, 其阶数 $r_1 > 1$. 由于 $\boldsymbol{J}_{r_1}(g(\lambda_1))$ 也是 $g(\boldsymbol{A})$ 的一个 Jordan 块, 故 $g(\boldsymbol{A})$ 不可对角化, 矛盾! □

例 6.57 的延拓 设 V 为 n 阶矩阵全体构成的线性空间, V 上的线性变换 φ 定义为 $\varphi(\boldsymbol{X}) = \boldsymbol{AXA}$, 其中 $\boldsymbol{A} \in V$. 证明: φ 可对角化的充要条件是 $\boldsymbol{A}$ 可对角化.

证明　充分性就是例 6.57, 下证必要性. 用反证法, 设 $\boldsymbol{A}$ 不可对角化, 则存在可逆矩阵 $\boldsymbol{P},\boldsymbol{Q}$, 使得

$$\boldsymbol{P}^{-1}\boldsymbol{A}\boldsymbol{P}=\boldsymbol{Q}^{-1}\boldsymbol{A}'\boldsymbol{Q}=\boldsymbol{J}=\mathrm{diag}\{\boldsymbol{J}_{r_1}(\lambda_1),\cdots,\boldsymbol{J}_{r_k}(\lambda_k)\}$$

为 Jordan 标准型, 其中 $r_1>1$. 设 $\boldsymbol{P}=(\boldsymbol{\alpha}_1,\boldsymbol{\alpha}_2,\cdots,\boldsymbol{\alpha}_n)$, $\boldsymbol{Q}=(\boldsymbol{\beta}_1,\boldsymbol{\beta}_2,\cdots,\boldsymbol{\beta}_n)$ 分别为两个矩阵的列分块, 令 $U=L(\boldsymbol{\alpha}_i\boldsymbol{\beta}_j',\ 1\le i,j\le r_1)$, 则由第 3 章的解答题 3 可知 $\{\boldsymbol{\alpha}_i\boldsymbol{\beta}_j',\ 1\le i,j\le r_1\}$ 是 U 的一组基. 经简单计算可得

$$\begin{aligned}
&\boldsymbol{\varphi}(\boldsymbol{\alpha}_1\boldsymbol{\beta}_1')=\lambda_1^2\boldsymbol{\alpha}_1\boldsymbol{\beta}_1';\\
&\boldsymbol{\varphi}(\boldsymbol{\alpha}_1\boldsymbol{\beta}_j')=\lambda_1\boldsymbol{\alpha}_1\boldsymbol{\beta}_{j-1}'+\lambda_1^2\boldsymbol{\alpha}_1\boldsymbol{\beta}_j',\ 2\le j\le r_1;\\
&\boldsymbol{\varphi}(\boldsymbol{\alpha}_i\boldsymbol{\beta}_1')=\lambda_1\boldsymbol{\alpha}_{i-1}\boldsymbol{\beta}_1'+\lambda_1^2\boldsymbol{\alpha}_i\boldsymbol{\beta}_1',\ 2\le i\le r_1;\\
&\boldsymbol{\varphi}(\boldsymbol{\alpha}_i\boldsymbol{\beta}_j')=\boldsymbol{\alpha}_{i-1}\boldsymbol{\beta}_{j-1}'+\lambda_1\boldsymbol{\alpha}_{i-1}\boldsymbol{\beta}_j'+\lambda_1\boldsymbol{\alpha}_i\boldsymbol{\beta}_{j-1}'+\lambda_1^2\boldsymbol{\alpha}_i\boldsymbol{\beta}_j',\ 2\le i,j\le r_1,
\end{aligned}\tag{7.8}$$

于是 U 是 $\boldsymbol{\varphi}$–不变子空间. 由于 $\boldsymbol{\varphi}$ 可对角化, 故由例 7.36 可知 $\boldsymbol{\varphi}|_U$ 也可对角化, 但 (7.8) 式告诉我们 $\boldsymbol{\varphi}|_U$ 在基 $\{\boldsymbol{\alpha}_1\boldsymbol{\beta}_1',\cdots,\boldsymbol{\alpha}_1\boldsymbol{\beta}_{r_1}';\cdots;\boldsymbol{\alpha}_{r_1}\boldsymbol{\beta}_1',\cdots,\boldsymbol{\alpha}_{r_1}\boldsymbol{\beta}_{r_1}'\}$ 下的表示矩阵是一个上三角矩阵, 主对角元全为 λ_1^2, 主对角线上方至少有一个非零元素 1 (其实是 Kronecker 积 $\boldsymbol{J}_{r_1}(\lambda_1)\otimes\boldsymbol{J}_{r_1}(\lambda_1)$), 由例 6.73 可知这个矩阵不可对角化, 矛盾! □

例 6.58 的延拓　设 V 为 n 阶矩阵全体构成的线性空间, V 上的线性变换 $\boldsymbol{\varphi}$ 定义为 $\boldsymbol{\varphi}(\boldsymbol{X})=\boldsymbol{A}\boldsymbol{X}-\boldsymbol{X}\boldsymbol{A}$, 其中 $\boldsymbol{A}\in V$. 证明: $\boldsymbol{\varphi}$ 可对角化的充要条件是 $\boldsymbol{A}$ 可对角化.

证明　充分性就是例 6.58, 下证必要性. 用反证法, 设 $\boldsymbol{A}$ 不可对角化, 则存在可逆矩阵 $\boldsymbol{P}$, 使得 $\boldsymbol{P}^{-1}\boldsymbol{A}\boldsymbol{P}=\boldsymbol{J}=\mathrm{diag}\{\boldsymbol{J}_{r_1}(\lambda_1),\cdots,\boldsymbol{J}_{r_k}(\lambda_k)\}$ 为 Jordan 标准型, 其中 $r_1>1$. 设 $\boldsymbol{P}=(\boldsymbol{\alpha}_1,\boldsymbol{\alpha}_2,\cdots,\boldsymbol{\alpha}_n)$ 为列分块, 任取 $\boldsymbol{A}'$ 的特征值 λ_0 及其特征向量 $\boldsymbol{\beta}$, 即 $\boldsymbol{A}'\boldsymbol{\beta}=\lambda_0\boldsymbol{\beta}$. 令 $U=L(\boldsymbol{\alpha}_i\boldsymbol{\beta}',\ 1\le i\le r_1)$, 则由第 3 章的解答题 3 可知 $\{\boldsymbol{\alpha}_i\boldsymbol{\beta}',\ 1\le i\le r_1\}$ 是 U 的一组基. 经简单计算可得

$$\begin{aligned}
\boldsymbol{\varphi}(\boldsymbol{\alpha}_1\boldsymbol{\beta}')=(\lambda_1-\lambda_0)\boldsymbol{\alpha}_1\boldsymbol{\beta}',\ \ \boldsymbol{\varphi}(\boldsymbol{\alpha}_2\boldsymbol{\beta}')=\boldsymbol{\alpha}_1\boldsymbol{\beta}'+(\lambda_1-\lambda_0)\boldsymbol{\alpha}_2\boldsymbol{\beta}',\\
\cdots,\ \ \boldsymbol{\varphi}(\boldsymbol{\alpha}_{r_1}\boldsymbol{\beta}')=\boldsymbol{\alpha}_{r_1-1}\boldsymbol{\beta}'+(\lambda_1-\lambda_0)\boldsymbol{\alpha}_{r_1}\boldsymbol{\beta}',
\end{aligned}\tag{7.9}$$

于是 U 是 $\boldsymbol{\varphi}$–不变子空间. 由于 $\boldsymbol{\varphi}$ 可对角化, 故由例 7.36 可知 $\boldsymbol{\varphi}|_U$ 也可对角化, 但 (7.9) 式告诉我们 $\boldsymbol{\varphi}|_U$ 在基 $\{\boldsymbol{\alpha}_i\boldsymbol{\beta}',\ 1\le i\le r_1\}$ 下的表示矩阵为 $\boldsymbol{J}_{r_1}(\lambda_1-\lambda_0)$, 这个矩阵不可对角化, 矛盾! □

例 7.40　设 $\boldsymbol{\varphi}$ 是 n 维复线性空间 V 上的线性变换, 求证: $\boldsymbol{\varphi}$ 可对角化的充要条件是对 $\boldsymbol{\varphi}$ 的任一特征值 λ_0, 总有 $\mathrm{Ker}(\boldsymbol{\varphi}-\lambda_0\boldsymbol{I}_V)\cap\mathrm{Im}(\boldsymbol{\varphi}-\lambda_0\boldsymbol{I}_V)=0$.

证明 先证必要性. 若 $\boldsymbol{\varphi}$ 可对角化, 则存在一组基 $\{\boldsymbol{e}_1,\boldsymbol{e}_2,\cdots,\boldsymbol{e}_n\}$, 使得 $\boldsymbol{\varphi}$ 在这组基下的表示矩阵为 $\mathrm{diag}\{\lambda_1,\lambda_2,\cdots,\lambda_n\}$. 适当调整基向量的顺序, 不妨设 $\lambda_0=\lambda_1=\cdots=\lambda_r$, $\lambda_0\neq\lambda_j\,(j>r)$, 则容易验证 $\mathrm{Ker}(\boldsymbol{\varphi}-\lambda_0\boldsymbol{I}_V)=L(\boldsymbol{e}_1,\cdots,\boldsymbol{e}_r)$, $\mathrm{Im}(\boldsymbol{\varphi}-\lambda_0\boldsymbol{I}_V)=L(\boldsymbol{e}_{r+1},\cdots,\boldsymbol{e}_n)$, 从而 $\mathrm{Ker}(\boldsymbol{\varphi}-\lambda_0\boldsymbol{I}_V)\cap\mathrm{Im}(\boldsymbol{\varphi}-\lambda_0\boldsymbol{I}_V)=0$.

再证充分性. 用反证法, 设 $\boldsymbol{\varphi}$ 不可对角化, 则存在 V 的一组基 $\{\boldsymbol{e}_1,\boldsymbol{e}_2\cdots,\boldsymbol{e}_n\}$, 使得 $\boldsymbol{\varphi}$ 在这组基下的表示矩阵为 Jordan 标准型 $\boldsymbol{J}=\mathrm{diag}\{\boldsymbol{J}_{r_1}(\lambda_1),\cdots,\boldsymbol{J}_{r_k}(\lambda_k)\}$, 其中 $r_1>1$. 由表示矩阵的定义可得 $\boldsymbol{\varphi}(\boldsymbol{e}_1)=\lambda_1\boldsymbol{e}_1$, $\boldsymbol{\varphi}(\boldsymbol{e}_2)=\boldsymbol{e}_1+\lambda_1\boldsymbol{e}_2$, 于是 $(\boldsymbol{\varphi}-\lambda_1\boldsymbol{I}_V)(\boldsymbol{e}_1)=\boldsymbol{0}$, $(\boldsymbol{\varphi}-\lambda_1\boldsymbol{I}_V)(\boldsymbol{e}_2)=\boldsymbol{e}_1$, 从而 $\boldsymbol{0}\neq\boldsymbol{e}_1\in\mathrm{Ker}(\boldsymbol{\varphi}-\lambda_1\boldsymbol{I}_V)\cap\mathrm{Im}(\boldsymbol{\varphi}-\lambda_1\boldsymbol{I}_V)$, 这与假设矛盾. □

例 7.41 求证: n 阶复矩阵 $\boldsymbol{A}$ 可对角化的充要条件是对 $\boldsymbol{A}$ 的任一特征值 λ_0, $(\lambda_0\boldsymbol{I}_n-\boldsymbol{A})^2$ 和 $\lambda_0\boldsymbol{I}_n-\boldsymbol{A}$ 的秩相同.

证明 先证必要性. 若 $\boldsymbol{A}$ 可对角化, 则存在可逆矩阵 $\boldsymbol{P}$, 使得 $\boldsymbol{P}^{-1}\boldsymbol{A}\boldsymbol{P}=\boldsymbol{\Lambda}=\mathrm{diag}\{\lambda_1,\lambda_2,\cdots,\lambda_n\}$. 适当调整 $\boldsymbol{P}$ 的列向量的顺序, 不妨设 $\lambda_0=\lambda_1=\cdots=\lambda_r$, $\lambda_0\neq\lambda_j\,(j>r)$, 则 $\mathrm{r}(\lambda_0\boldsymbol{I}_n-\boldsymbol{A})=\mathrm{r}(\lambda_0\boldsymbol{I}_n-\boldsymbol{\Lambda})=n-r$, $\mathrm{r}\left((\lambda_0\boldsymbol{I}_n-\boldsymbol{A})^2\right)=\mathrm{r}\left((\lambda_0\boldsymbol{I}_n-\boldsymbol{\Lambda})^2\right)=n-r$, 于是结论成立.

再证充分性. 用反证法, 若 $\boldsymbol{A}$ 不可对角化, 则存在可逆矩阵 $\boldsymbol{P}$, 使得 $\boldsymbol{P}^{-1}\boldsymbol{A}\boldsymbol{P}=\boldsymbol{J}=\mathrm{diag}\{\boldsymbol{J}_{r_1}(\lambda_1),\cdots,\boldsymbol{J}_{r_k}(\lambda_k)\}$ 为 Jordan 标准型, 其中 $r_1>1$. 注意到

$$\mathrm{r}\left((\lambda_1\boldsymbol{I}_n-\boldsymbol{A})^j\right)=\mathrm{r}\left((\lambda_1\boldsymbol{I}_n-\boldsymbol{J})^j\right)=\sum_{i=1}^k\mathrm{r}\left((\lambda_1\boldsymbol{I}_{r_i}-\boldsymbol{J}_{r_i}(\lambda_i))^j\right),\quad j\geq 1,$$

又 $\mathrm{r}(\lambda_1\boldsymbol{I}_{r_1}-\boldsymbol{J}_{r_1}(\lambda_1))=r_1-1$, $\mathrm{r}\left((\lambda_1\boldsymbol{I}_{r_1}-\boldsymbol{J}_{r_1}(\lambda_1))^2\right)=r_1-2$, 因此 $\mathrm{r}\left((\lambda_1\boldsymbol{I}_n-\boldsymbol{A})^2\right)<\mathrm{r}(\lambda_1\boldsymbol{I}_n-\boldsymbol{A})$, 这与假设矛盾. □

例 7.42 给出了可对角化判定准则的一个补充, 例 7.40 和例 7.41 都是它的特例.

例 7.42 设 $\boldsymbol{\varphi}$ 是 n 维复线性空间 V 上的线性变换, 求证: $\boldsymbol{\varphi}$ 可对角化的充要条件是对 $\boldsymbol{\varphi}$ 的任一特征值 λ_0, 下列条件之一成立:

(1) $V=\mathrm{Ker}(\boldsymbol{\varphi}-\lambda_0\boldsymbol{I}_V)+\mathrm{Im}(\boldsymbol{\varphi}-\lambda_0\boldsymbol{I}_V)$;

(2) $V=\mathrm{Ker}(\boldsymbol{\varphi}-\lambda_0\boldsymbol{I}_V)\oplus\mathrm{Im}(\boldsymbol{\varphi}-\lambda_0\boldsymbol{I}_V)$;

(3) $\mathrm{Ker}(\boldsymbol{\varphi}-\lambda_0\boldsymbol{I}_V)\cap\mathrm{Im}(\boldsymbol{\varphi}-\lambda_0\boldsymbol{I}_V)=0$;

(4) $\dim\mathrm{Ker}(\boldsymbol{\varphi}-\lambda_0\boldsymbol{I}_V)=\dim\mathrm{Ker}(\boldsymbol{\varphi}-\lambda_0\boldsymbol{I}_V)^2$;

(5) $\mathrm{Ker}(\boldsymbol{\varphi}-\lambda_0\boldsymbol{I}_V)=\mathrm{Ker}(\boldsymbol{\varphi}-\lambda_0\boldsymbol{I}_V)^2=\mathrm{Ker}(\boldsymbol{\varphi}-\lambda_0\boldsymbol{I}_V)^3=\cdots$;

(6) $\mathrm{r}(\boldsymbol{\varphi}-\lambda_0\boldsymbol{I}_V)=\mathrm{r}\left((\boldsymbol{\varphi}-\lambda_0\boldsymbol{I}_V)^2\right)$;

(7) $\mathrm{Im}(\boldsymbol{\varphi}-\lambda_0\boldsymbol{I}_V)=\mathrm{Im}(\boldsymbol{\varphi}-\lambda_0\boldsymbol{I}_V)^2=\mathrm{Im}(\boldsymbol{\varphi}-\lambda_0\boldsymbol{I}_V)^3=\cdots$;

(8) $\mathrm{Ker}(\boldsymbol{\varphi}-\lambda_0\boldsymbol{I}_V)$ 存在 $\boldsymbol{\varphi}$–不变补空间, 即存在 $\boldsymbol{\varphi}$–不变子空间 U, 使得 $V = \mathrm{Ker}(\boldsymbol{\varphi}-\lambda_0\boldsymbol{I}_V)\oplus U$;

(9) $\mathrm{Im}(\boldsymbol{\varphi}-\lambda_0\boldsymbol{I}_V)$ 存在 $\boldsymbol{\varphi}$–不变补空间, 即存在 $\boldsymbol{\varphi}$–不变子空间 W, 使得 $V = \mathrm{Im}(\boldsymbol{\varphi}-\lambda_0\boldsymbol{I}_V)\oplus W$.

证明　由例 4.36 可知条件 (1) ~ (9) 是相互等价的, 因此本题的结论由例 7.40 (与条件 (3) 对应) 或例 7.41 (与条件 (6) 对应) 即得. 事实上, 对充分性而言, 我们还可以从其他条件出发来证明 $\boldsymbol{\varphi}$ 可对角化, 下面是 3 种证法.

证法 1　对任一特征值 λ_0, 由 $\mathrm{Ker}(\boldsymbol{\varphi}-\lambda_0\boldsymbol{I}_V)=\mathrm{Ker}(\boldsymbol{\varphi}-\lambda_0\boldsymbol{I}_V)^2=\cdots=\mathrm{Ker}(\boldsymbol{\varphi}-\lambda_0\boldsymbol{I}_V)^n$, 取维数之后可得特征值 λ_0 的几何重数等于代数重数, 从而 $\boldsymbol{\varphi}$ 有完全的特征向量系, 于是 $\boldsymbol{\varphi}$ 可对角化.

证法 2　对任一特征值 λ_0, 由 $\mathrm{Ker}(\boldsymbol{\varphi}-\lambda_0\boldsymbol{I}_V)=\mathrm{Ker}(\boldsymbol{\varphi}-\lambda_0\boldsymbol{I}_V)^2=\cdots=\mathrm{Ker}(\boldsymbol{\varphi}-\lambda_0\boldsymbol{I}_V)^n$ 可知, 特征子空间等于根子空间, 再由根子空间的直和分解可知, 全空间等于特征子空间的直和, 从而 $\boldsymbol{\varphi}$ 可对角化.

证法 3　设 $\boldsymbol{\varphi}$ 的全体不同特征值为 $\lambda_1,\lambda_2,\cdots,\lambda_k$, 特征多项式 $f(\lambda)=(\lambda-\lambda_1)^{m_1}(\lambda-\lambda_2)^{m_2}\cdots(\lambda-\lambda_k)^{m_k}$, 则对任意的 $\boldsymbol{\alpha}\in V$, 由 Cayley-Hamilton 定理可得

$$(\boldsymbol{\varphi}-\lambda_1\boldsymbol{I}_V)^{m_1}(\boldsymbol{\varphi}-\lambda_2\boldsymbol{I}_V)^{m_2}\cdots(\boldsymbol{\varphi}-\lambda_k\boldsymbol{I}_V)^{m_k}(\boldsymbol{\alpha})=\mathbf{0},$$

即有 $(\boldsymbol{\varphi}-\lambda_2\boldsymbol{I}_V)^{m_2}\cdots(\boldsymbol{\varphi}-\lambda_k\boldsymbol{I}_V)^{m_k}(\boldsymbol{\alpha})\in\mathrm{Ker}(\boldsymbol{\varphi}-\lambda_1\boldsymbol{I}_V)^{m_1}=\mathrm{Ker}(\boldsymbol{\varphi}-\lambda_1\boldsymbol{I}_V)$, 从而

$$(\boldsymbol{\varphi}-\lambda_1\boldsymbol{I}_V)(\boldsymbol{\varphi}-\lambda_2\boldsymbol{I}_V)^{m_2}\cdots(\boldsymbol{\varphi}-\lambda_k\boldsymbol{I}_V)^{m_k}(\boldsymbol{\alpha})=\mathbf{0}.$$

不断这样做下去, 最终可得对任意的 $\boldsymbol{\alpha}\in V$, 总有

$$(\boldsymbol{\varphi}-\lambda_1\boldsymbol{I}_V)(\boldsymbol{\varphi}-\lambda_2\boldsymbol{I}_V)\cdots(\boldsymbol{\varphi}-\lambda_k\boldsymbol{I}_V)(\boldsymbol{\alpha})=\mathbf{0},$$

即 $\boldsymbol{\varphi}$ 适合多项式 $g(\lambda)=(\lambda-\lambda_1)(\lambda-\lambda_2)\cdots(\lambda-\lambda_k)$, 从而 $\boldsymbol{\varphi}$ 可对角化. □

最后, 我们来看一道矩阵可对角化应用的例题.

例 7.43　若 $n\,(n\geq 2)$ 阶矩阵 $\boldsymbol{B}$ 相似于 $\boldsymbol{R}=\mathrm{diag}\left\{\begin{pmatrix}0&1\\1&0\end{pmatrix},\boldsymbol{I}_{n-2}\right\}$, 则称 $\boldsymbol{B}$ 为反射矩阵. 证明: 任一对合矩阵 $\boldsymbol{A}$ (即 $\boldsymbol{A}^2=\boldsymbol{I}_n$) 均可分解为至多 n 个两两乘法可交换的反射矩阵的乘积.

证明　由例 7.34 可知, 对合矩阵 $\boldsymbol{A}$ 可对角化, 即存在可逆矩阵 $\boldsymbol{P}$, 使得 $\boldsymbol{P}^{-1}\boldsymbol{A}\boldsymbol{P}=\mathrm{diag}\{-\boldsymbol{I}_r,\boldsymbol{I}_{n-r}\}$, 其中 $0\leq r\leq n$. 当 $r=0$ 时, $\boldsymbol{A}=\boldsymbol{I}_n=\boldsymbol{R}^2$, 结论成立. 当 $r\geq 1$ 时, 设 $\boldsymbol{B}_i=\boldsymbol{P}\,\mathrm{diag}\{1,\cdots,1,-1,1,\cdots,1\}\boldsymbol{P}^{-1}$, 其中 -1 在主对角线上的第 i 个位

置, 则 $\boldsymbol{B}_i\,(1 \leq i \leq r)$ 两两乘法可交换, 并且 $\boldsymbol{A} = \boldsymbol{B}_1\boldsymbol{B}_2\cdots\boldsymbol{B}_r$. 由于 $\begin{pmatrix} 0 & 1 \\ 1 & 0 \end{pmatrix}$ 的特征值是 $-1, 1$, 故其相似于 $\mathrm{diag}\{-1, 1\}$, 因此矩阵 $\boldsymbol{B}$ 是反射矩阵当且仅当 $\boldsymbol{B}$ 相似于 $\mathrm{diag}\{-1, 1, \cdots, 1\}$. 因为对角矩阵的两个主对角元素对换是一个相似变换, 所以上述 $\boldsymbol{B}_i$ 都是反射矩阵, 于是 $\boldsymbol{A}$ 可以分解为 r 个两两乘法可交换的反射矩阵的乘积. □

§ 7.6 Jordan 标准型的求法

计算矩阵的 Jordan 标准型是一个重要的问题, 也是后续专业课的需求. 对于数字矩阵 $\boldsymbol{A}$, 通常的方法是利用 λ-矩阵的初等变换求出特征矩阵 $\lambda\boldsymbol{I} - \boldsymbol{A}$ 的法式, 得到 $\boldsymbol{A}$ 的不变因子和初等因子, 便可写出 Jordan 标准型. 对于含有未定元的文字矩阵, 或者仅知矩阵某些相似不变量的信息, 此时若直接计算法式将会遇到困难. 一般来说, 需要先对矩阵的结构进行分析, 求出 $\boldsymbol{A}$ 的行列式因子、不变因子或初等因子, 然后才能得到 Jordan 标准型.

如何分析矩阵的结构呢? 通常我们有以下 3 种方法.

(1) 计算行列式因子　对于某些具有简单结构的矩阵 (如上 (下) 三角矩阵、类上 (下) 三角矩阵), 可以通过选取适当的子式, 计算出行列式因子, 再得到不变因子和初等因子. 比如, Frobenius 块和 Jordan 块就是利用这种方法的典型例子.

(2) 计算极小多项式　因为矩阵的极小多项式是整除关系下最大的不变因子, 所以极小多项式确定了最大 Jordan 块的阶数.

(3) 计算特征值的几何重数　因为特征值的几何重数等于其 Jordan 块的个数, 所以计算几何重数有助于 Jordan 标准型的确定.

下面是一些典型例题, 我们首先来看计算几何重数方法的两个应用.

例 7.44　设 n 阶矩阵 $\boldsymbol{A}$ 的不变因子组为 $d_1(\lambda), d_2(\lambda), \cdots, d_n(\lambda)$, 其中 $d_i(\lambda) \mid d_{i+1}(\lambda)\,(1 \leq i \leq n-1)$, 又 λ_0 是 $\boldsymbol{A}$ 的特征值. 求证: $\mathrm{r}(\lambda_0\boldsymbol{I}_n - \boldsymbol{A}) = r$ 的充要条件是 $(\lambda - \lambda_0) \nmid d_r(\lambda)$ 但 $(\lambda - \lambda_0) \mid d_{r+1}(\lambda)$.

证法 1　$\mathrm{r}(\lambda_0\boldsymbol{I}_n - \boldsymbol{A}) = r$ 当且仅当特征值 λ_0 的几何重数为 $n-r$; 这当且仅当特征值 λ_0 的 Jordan 块有 $n-r$ 个; 由不变因子之间的整除关系可知, 这当且仅当后 $n-r$ 个不变因子能被 $\lambda - \lambda_0$ 整除, 而前 r 个不变因子不能被 $\lambda - \lambda_0$ 整除.

证法 2　由例 7.23 可知, $\mathrm{r}(\lambda_0\boldsymbol{I}_n - \boldsymbol{A}) = r$ 当且仅当 $\sum\limits_{i=1}^{n} \delta_{d_i(\lambda_0),0} = n - r$; 由不变

因子之间的整除关系可知, 这当且仅当 $d_i(\lambda_0) \neq 0\,(1 \leq i \leq r)$ 且 $d_i(\lambda_0) = 0\,(r+1 \leq i \leq n)$; 最后由余数定理即得结论. □

例 7.45 设 φ 是 n 维线性空间 V 上的线性变换, U 是 V 的非零 φ–不变子空间. 设 λ_0 是限制变换 $\varphi|_U$ 的特征值, 证明: $\varphi|_U$ 的属于特征值 λ_0 的 Jordan 块的个数不超过 φ 的属于特征值 λ_0 的 Jordan 块的个数.

证明 Jordan 块的个数等于特征值的几何重数, 即线性无关的特征向量的个数. 设 $\varphi|_U$ 的属于特征值 λ_0 的 Jordan 块的个数为 r, 则 $\varphi|_U$ 关于特征值 λ_0 有 r 个线性无关的特征向量, 它们也都是 φ 关于特征值 λ_0 的线性无关的特征向量, 从而 φ 的属于特征值 λ_0 的 Jordan 块至少有 r 个. 也可用纯代数的方法 (矩阵的秩) 进行证明, 请读者自行思考完成. □

我们来看一道同时利用上述 3 种方法求 Jordan 标准型的典型例题.

例 7.46 求下列 n 阶矩阵的 Jordan 标准型, 其中 $a \neq 0$:

$$\boldsymbol{A} = \begin{pmatrix} a & a & a & \cdots & a \\ & a & a & \cdots & a \\ & & a & \cdots & a \\ & & & \ddots & \vdots \\ & & & & a \end{pmatrix}.$$

解法 1 由例 7.4 可知, $\boldsymbol{A}$ 的行列式因子组为 $1, \cdots, 1, (\lambda - a)^n$, 这也是 $\boldsymbol{A}$ 的不变因子组, 从而 $\boldsymbol{A}$ 的 Jordan 标准型为 $\boldsymbol{J}_n(a)$.

解法 2 显然 $\boldsymbol{A}$ 的特征多项式为 $(\lambda - a)^n$, 故 $\boldsymbol{A}$ 的极小多项式是 $\lambda - a$ 的某个幂. 设 $\boldsymbol{N} = \boldsymbol{J}_n(0)$, 即特征值为 0 的 n 阶 Jordan 块, 它满足 $\boldsymbol{N}^{n-1} \neq \boldsymbol{O}$ 但 $\boldsymbol{N}^n = \boldsymbol{O}$, 则 $\boldsymbol{A} = a(\boldsymbol{I}_n + \boldsymbol{N} + \boldsymbol{N}^2 + \cdots + \boldsymbol{N}^{n-1})$. 注意到

$$(\boldsymbol{A} - a\boldsymbol{I}_n)^{n-1} = a^{n-1}(\boldsymbol{N} + \boldsymbol{N}^2 + \cdots + \boldsymbol{N}^{n-1})^{n-1} = a^{n-1}\boldsymbol{N}^{n-1} \neq \boldsymbol{O},$$

故 $\boldsymbol{A}$ 不适合多项式 $(\lambda - a)^{n-1}$, 于是 $\boldsymbol{A}$ 的极小多项式只能是 $(\lambda - a)^n$. 因此 $\boldsymbol{A}$ 的不变因子组是 $1, \cdots, 1, (\lambda - a)^n$, 从而 $\boldsymbol{A}$ 的 Jordan 标准型为 $\boldsymbol{J}_n(a)$.

解法 3 显然 $\boldsymbol{A}$ 的特征值全为 a, 我们来计算它的几何重数. 注意到 $\mathrm{r}(a\boldsymbol{I}_n - \boldsymbol{A}) = n - 1$, 故特征值 a 的几何重数为 $n - \mathrm{r}(a\boldsymbol{I}_n - \boldsymbol{A}) = 1$, 于是 $\boldsymbol{A}$ 的 Jordan 标准型中关于特征值 a 的 Jordan 块只有一个, 因此 $\boldsymbol{A}$ 的 Jordan 标准型为 $\boldsymbol{J}_n(a)$. □

如果给出相似不变量的信息, 那么还可以综合利用第 6 章和第 7 章的方法来求 Jordan 标准型. 下面这道例题是例 6.74 和例 6.82 的延续.

例 7.47 设 $n\,(n>1)$ 阶矩阵 $\boldsymbol{A}$ 的秩为 1, 试求 $\boldsymbol{A}$ 的 Jordan 标准型.

解法 1 由 $\mathrm{r}(\boldsymbol{A})=1$ 可知, 存在非零列向量 $\boldsymbol{\alpha},\boldsymbol{\beta}$, 使得 $\boldsymbol{A}=\boldsymbol{\alpha}\boldsymbol{\beta}'$. 由例 6.19 可得 $|\lambda\boldsymbol{I}_n-\boldsymbol{A}|=\lambda^{n-1}(\lambda-\boldsymbol{\beta}'\boldsymbol{\alpha})$, 再由所有特征值之和等于矩阵的迹可得 $\mathrm{tr}(\boldsymbol{A})=\boldsymbol{\beta}'\boldsymbol{\alpha}$. 若 $\mathrm{tr}(\boldsymbol{A})\neq 0$, 则特征值 $\mathrm{tr}(\boldsymbol{A})$ 的几何重数等于 1, 特征值 0 的几何重数等于 $n-\mathrm{r}(\boldsymbol{A})=n-1$, 因此 $\boldsymbol{A}$ 的 Jordan 标准型为 $\mathrm{diag}\{0,\cdots,0,\mathrm{tr}(\boldsymbol{A})\}$. 若 $\mathrm{tr}(\boldsymbol{A})=0$, 则特征值 0 的代数重数是 n, 几何重数是 $n-1$, 因此 $\boldsymbol{A}$ 的 Jordan 标准型为 $\mathrm{diag}\{0,\cdots,0,\boldsymbol{J}_2(0)\}$.

解法 2 特征多项式的计算同解法 1, 又由例 6.82 可知, $\boldsymbol{A}$ 的极小多项式 $m(\lambda)=\lambda(\lambda-\mathrm{tr}(\boldsymbol{A}))$, 于是 $\boldsymbol{A}$ 的不变因子组为 $1,\lambda,\cdots,\lambda,m(\lambda)$. 若 $\mathrm{tr}(\boldsymbol{A})\neq 0$, 则 $\boldsymbol{A}$ 的 Jordan 标准型为 $\mathrm{diag}\{0,\cdots,0,\mathrm{tr}(\boldsymbol{A})\}$. 若 $\mathrm{tr}(\boldsymbol{A})=0$, 则 $\boldsymbol{A}$ 的 Jordan 标准型为 $\mathrm{diag}\{0,\cdots,0,\boldsymbol{J}_2(0)\}$.

解法 3 直接利用 Jordan 标准型来解最为简单. 设 $\boldsymbol{A}$ 的 Jordan 标准型 $\boldsymbol{J}=\mathrm{diag}\{\boldsymbol{J}_{r_1}(0),\cdots,\boldsymbol{J}_{r_k}(0),\boldsymbol{J}_{s_1}(\lambda_1),\cdots,\boldsymbol{J}_{s_l}(\lambda_l)\}$, 其中 $\lambda_j\neq 0\,(1\leq j\leq l)$. 由于相似关系不改变矩阵的秩, 故 $\boldsymbol{J}$ 的秩也为 1, 即有 $(r_1-1)+\cdots+(r_k-1)+s_1+\cdots+s_l=1$. 于是只有以下两种情况成立: 第一种情况是 $l=1$, $s_1=1$, $\lambda_1=\mathrm{tr}(\boldsymbol{A})\neq 0$, 且所有的 $r_i=1$, 此时 $\boldsymbol{A}$ 的 Jordan 标准型为 $\mathrm{diag}\{0,\cdots,0,\mathrm{tr}(\boldsymbol{A})\}$. 第二种情况是某个 $r_i=2$, 其余的 $r_i=1$ 且 $l=0$, 此时 $\boldsymbol{A}$ 的 Jordan 标准型为 $\mathrm{diag}\{0,\cdots,0,\boldsymbol{J}_2(0)\}$. □

例 7.48 设 $n\,(n>1)$ 阶矩阵 $\boldsymbol{A}$ 的秩为 1, 求证: $\boldsymbol{A}$ 是幂等矩阵的充要条件是 $\mathrm{tr}(\boldsymbol{A})=1$, $\boldsymbol{A}$ 是幂零矩阵的充要条件是 $\mathrm{tr}(\boldsymbol{A})=0$.

解 由例 7.47 的证明过程即得结论. □

例 7.46 和例 7.47 只通过求极小多项式或几何重数中的一个就可以得到解答, 但更复杂一些的问题却需要两者都运用才行, 让我们来看下面两个典型例题.

例 7.49 设 $\boldsymbol{A}=\begin{pmatrix}1&0&0&0\\a+2&1&0&0\\5&3&1&0\\7&6&b+4&1\end{pmatrix}$, 求 $\boldsymbol{A}$ 的 Jordan 标准型.

解 显然 $\boldsymbol{A}$ 的特征值全为 1, 首先我们来计算特征值 1 的几何重数. 考虑矩阵

$$\boldsymbol{A}-\boldsymbol{I}_4=\begin{pmatrix}0&0&0&0\\a+2&0&0&0\\5&3&0&0\\7&6&b+4&0\end{pmatrix}.$$

(1) 当 $a+2\neq 0$ 且 $b+4\neq 0$ 时, $\mathrm{r}(\boldsymbol{A}-\boldsymbol{I}_4)=3$, 于是特征值 1 的几何重数等于 1, 从而只有一个 Jordan 块, 因此 $\boldsymbol{A}$ 的 Jordan 标准型是 $\boldsymbol{J}_4(1)$.

(2) 当 $a+2=0$ 或 $b+4=0$ 时, $\mathrm{r}(\boldsymbol{A}-\boldsymbol{I}_4)=2$, 于是特征值 1 的几何重数等于 2, 从而有两个 Jordan 块. 进一步我们来计算 $\boldsymbol{A}$ 的极小多项式.

(2.1) 若 $a+2=0$ 和 $b+4=0$ 中只有一个成立, 容易验证 $(\boldsymbol{A}-\boldsymbol{I}_4)^2\neq\boldsymbol{O}$, 但 $(\boldsymbol{A}-\boldsymbol{I}_4)^3=\boldsymbol{O}$, 于是 $\boldsymbol{A}$ 的极小多项式是 $(\lambda-1)^3$, 从而不变因子组为 $1,1,\lambda-1,(\lambda-1)^3$, 因此 $\boldsymbol{A}$ 的 Jordan 标准型为 $\mathrm{diag}\{1,\boldsymbol{J}_3(1)\}$.

(2.2) 若 $a+2=0$ 和 $b+4=0$ 都成立, 容易验证 $(\boldsymbol{A}-\boldsymbol{I}_4)^2=\boldsymbol{O}$, 于是 $\boldsymbol{A}$ 的极小多项式是 $(\lambda-1)^2$, 从而不变因子组为 $1,1,(\lambda-1)^2,(\lambda-1)^2$, 因此 $\boldsymbol{A}$ 的 Jordan 标准型为 $\mathrm{diag}\{\boldsymbol{J}_2(1),\boldsymbol{J}_2(1)\}$. □

例 7.50 设 $\boldsymbol{J}=\boldsymbol{J}_n(0)$ 是特征值为零的 $n\,(n\geq 2)$ 阶 Jordan 块, 求 $\boldsymbol{J}^2$ 的 Jordan 标准型.

解 显然 $\boldsymbol{J}^2$ 的特征值全为 0 且 $\mathrm{r}(\boldsymbol{J}^2)=n-2$, 于是特征值 0 的几何重数等于 2, 从而有两个 Jordan 块. 接下去计算 $\boldsymbol{J}^2$ 的极小多项式, 注意到 $\boldsymbol{J}^n=\boldsymbol{O}$, $\boldsymbol{J}^{n-1}\neq\boldsymbol{O}$.

(1) 当 $n=2m$ 时, λ^m 是 $\boldsymbol{J}^2$ 的极小多项式, 于是 $\boldsymbol{J}^2$ 的不变因子组为 $1,\cdots,1,\lambda^m,\lambda^m$, 因此 $\boldsymbol{J}^2$ 的 Jordan 标准型为 $\mathrm{diag}\{\boldsymbol{J}_m(0),\boldsymbol{J}_m(0)\}$.

(2) 当 $n=2m+1$ 时, λ^{m+1} 是 $\boldsymbol{J}^2$ 的极小多项式, 于是 $\boldsymbol{J}^2$ 的不变因子组为 $1,\cdots,1,\lambda^m,\lambda^{m+1}$, 因此 $\boldsymbol{J}^2$ 的 Jordan 标准型为 $\mathrm{diag}\{\boldsymbol{J}_m(0),\boldsymbol{J}_{m+1}(0)\}$.

另外, 也可以用行列式因子的讨论来替代几何重数的讨论. 注意到 $\lambda\boldsymbol{I}_n-\boldsymbol{J}^2$ 的右上角有一个 $n-2$ 阶子式等于 $(-1)^{n-2}$, 故 $\boldsymbol{J}^2$ 的 $n-2$ 阶行列式因子为 1, 从而前 $n-2$ 个不变因子都是 1, 后面再用极小多项式的讨论即可得到结论. □

例 7.51 求下列 $n\,(n\geq 2)$ 阶矩阵的 Jordan 标准型:

$$\boldsymbol{A}=\begin{pmatrix} c & 0 & 1 & 0 & \cdots & 0 \\ & c & 0 & 1 & \cdots & 0 \\ & & \ddots & \ddots & \ddots & \vdots \\ & & & \ddots & \ddots & 1 \\ & & & & \ddots & 0 \\ & & & & & c \end{pmatrix}.$$

解 利用例 7.50 的记号和结论, 显然 $\boldsymbol{A}=c\boldsymbol{I}_n+\boldsymbol{J}^2$. 设 $\boldsymbol{P}$ 是可逆矩阵, 使得 $\boldsymbol{P}^{-1}\boldsymbol{J}^2\boldsymbol{P}$ 是 $\boldsymbol{J}^2$ 的 Jordan 标准型, 则 $\boldsymbol{P}^{-1}\boldsymbol{A}\boldsymbol{P}=c\boldsymbol{I}_n+\boldsymbol{P}^{-1}\boldsymbol{J}^2\boldsymbol{P}$ 就是 $\boldsymbol{A}$ 的 Jordan

标准型. 具体地, 当 $n=2m$ 时, $\boldsymbol{A}$ 的 Jordan 标准型是 $\mathrm{diag}\{\boldsymbol{J}_m(c),\boldsymbol{J}_m(c)\}$; 当 $n=2m+1$ 时, $\boldsymbol{A}$ 的 Jordan 标准型是 $\mathrm{diag}\{\boldsymbol{J}_m(c),\boldsymbol{J}_{m+1}(c)\}$. □

我们可以自然地考虑如下问题: 如果已知 n 阶矩阵 $\boldsymbol{A}$ 的 Jordan 标准型, 那么对任意的正整数 m, $\boldsymbol{A}^m$ 的 Jordan 标准型应该有怎样的形状呢? 首先, 我们可以把这个问题化约到 Jordan 块的情形. 设 $\boldsymbol{A}$ 的 Jordan 标准型为 $\boldsymbol{J}=\mathrm{diag}\{\boldsymbol{J}_{r_1}(\lambda_1),\boldsymbol{J}_{r_2}(\lambda_2),\cdots,\boldsymbol{J}_{r_s}(\lambda_s)\}$, 则 $\boldsymbol{A}^m$ 相似于 $\boldsymbol{J}^m=\mathrm{diag}\{\boldsymbol{J}_{r_1}(\lambda_1)^m,\boldsymbol{J}_{r_2}(\lambda_2)^m,\cdots,\boldsymbol{J}_{r_s}(\lambda_s)^m\}$, 因此要求 $\boldsymbol{A}^m$ 的 Jordan 标准型, 只要求每一个 $\boldsymbol{J}_{r_i}(\lambda_i)^m$ 的 Jordan 标准型即可. 若 $\lambda_i\neq 0$, 则由例 7.46 类似的讨论可知, $\boldsymbol{J}_{r_i}(\lambda_i)^m$ 的 Jordan 标准型为 $\boldsymbol{J}_{r_i}(\lambda_i^m)$. 若 $\lambda_i=0$, 则例 7.50 处理了 $m=2$ 的情形, 不过类似的讨论很难推广到 $m\geq 3$ 的情形, 换言之, 只依靠几何重数和极小多项式还不能完全确定 $\boldsymbol{J}_{r_i}(0)^m$ 的 Jordan 标准型. 解决这个问题可以有代数和几何两种方法, 几何方法 (利用 Jordan 标准型的几何意义) 将在 § 7.10 中阐述, 而代数方法 (利用矩阵的秩) 则需要下面的命题.

例 7.52 设 λ_0 是 n 阶矩阵 $\boldsymbol{A}$ 的特征值, 证明: 对任意的正整数 k, 特征值为 λ_0 的 k 阶 Jordan 块 $\boldsymbol{J}_k(\lambda_0)$ 在 $\boldsymbol{A}$ 的 Jordan 标准型 $\boldsymbol{J}$ 中出现的个数为

$$\mathrm{r}\left((\boldsymbol{A}-\lambda_0\boldsymbol{I}_n)^{k-1}\right)+\mathrm{r}\left((\boldsymbol{A}-\lambda_0\boldsymbol{I}_n)^{k+1}\right)-2\,\mathrm{r}\left((\boldsymbol{A}-\lambda_0\boldsymbol{I}_n)^{k}\right),$$

其中约定 $\mathrm{r}\left((\boldsymbol{A}-\lambda_0\boldsymbol{I}_n)^0\right)=n$.

证明 设 $\boldsymbol{P}$ 为非异阵, 使得 $\boldsymbol{P}^{-1}\boldsymbol{A}\boldsymbol{P}=\boldsymbol{J}=\mathrm{diag}\{\boldsymbol{J}_{r_1}(\lambda_1),\boldsymbol{J}_{r_2}(\lambda_2),\cdots,\boldsymbol{J}_{r_s}(\lambda_s)\}$ 为 $\boldsymbol{A}$ 的 Jordan 标准型. 注意到

$$(\boldsymbol{A}-\lambda_0\boldsymbol{I}_n)^k=\boldsymbol{P}\,\mathrm{diag}\{\boldsymbol{J}_{r_1}(\lambda_1-\lambda_0)^k,\boldsymbol{J}_{r_2}(\lambda_2-\lambda_0)^k,\cdots,\boldsymbol{J}_{r_s}(\lambda_s-\lambda_0)^k\}\boldsymbol{P}^{-1},$$

故 $\mathrm{r}\left((\boldsymbol{A}-\lambda_0\boldsymbol{I}_n)^k\right)=\sum\limits_{i=1}^{s}\mathrm{r}\left(\boldsymbol{J}_{r_i}(\lambda_i-\lambda_0)^k\right)$. 当 $\lambda_i\neq\lambda_0$ 时, $\mathrm{r}\left(\boldsymbol{J}_{r_i}(\lambda_i-\lambda_0)^k\right)=r_i$. 当 $\lambda_i=\lambda_0$ 时, 若 $r_i<k$, 则 $\mathrm{r}\left(\boldsymbol{J}_{r_i}(\lambda_i-\lambda_0)^k\right)=0$; 若 $r_i\geq k$, 则 $\mathrm{r}\left(\boldsymbol{J}_{r_i}(\lambda_i-\lambda_0)^k\right)=r_i-k$. 因此 $\mathrm{r}\left((\boldsymbol{A}-\lambda_0\boldsymbol{I}_n)^{k-1}\right)-\mathrm{r}\left((\boldsymbol{A}-\lambda_0\boldsymbol{I}_n)^k\right)$ 等于特征值为 λ_0 且阶数大于等于 k 的 Jordan 块的个数. 同理, $\mathrm{r}\left((\boldsymbol{A}-\lambda_0\boldsymbol{I}_n)^k\right)-\mathrm{r}\left((\boldsymbol{A}-\lambda_0\boldsymbol{I}_n)^{k+1}\right)$ 等于特征值为 λ_0 且阶数大于等于 $k+1$ 的 Jordan 块的个数, 从而特征值为 λ_0 的 k 阶 Jordan 块 $\boldsymbol{J}_k(\lambda_0)$ 在 $\boldsymbol{A}$ 的 Jordan 标准型 $\boldsymbol{J}$ 中出现的个数为

$$\begin{aligned}&\left(\mathrm{r}\left((\boldsymbol{A}-\lambda_0\boldsymbol{I}_n)^{k-1}\right)-\mathrm{r}\left((\boldsymbol{A}-\lambda_0\boldsymbol{I}_n)^{k}\right)\right)-\left(\mathrm{r}\left((\boldsymbol{A}-\lambda_0\boldsymbol{I}_n)^{k}\right)-\mathrm{r}\left((\boldsymbol{A}-\lambda_0\boldsymbol{I}_n)^{k+1}\right)\right)\\&=\mathrm{r}\left((\boldsymbol{A}-\lambda_0\boldsymbol{I}_n)^{k-1}\right)+\mathrm{r}\left((\boldsymbol{A}-\lambda_0\boldsymbol{I}_n)^{k+1}\right)-2\,\mathrm{r}\left((\boldsymbol{A}-\lambda_0\boldsymbol{I}_n)^{k}\right).\ \square\end{aligned}$$

注 例 7.52 告诉我们, n 阶矩阵 $\boldsymbol{A}$ 的 Jordan 标准型被若干个非负整数, 即 $\left\{\mathrm{r}\left((\boldsymbol{A}-\lambda_i\boldsymbol{I}_n)^j\right)\mid\lambda_i\text{ 为 }\boldsymbol{A}\text{ 的特征值}, 1\leq j\leq n\right\}$ 完全决定. 因此从理论上说, 我们

可以不计算矩阵 $\boldsymbol{A}$ 的不变因子或初等因子, 改为计算上述若干个矩阵的秩, 也可以求出 $\boldsymbol{A}$ 的 Jordan 标准型. 进一步, 我们还可以得到如下矩阵相似的判定准则.

例 7.53 设 $\boldsymbol{A},\boldsymbol{B}$ 为 n 阶矩阵, 证明: 它们相似的充要条件是对 $\boldsymbol{A}$ 或 $\boldsymbol{B}$ 的任一特征值 λ_0 以及任意的 $1\leq k\leq n$, 有 $\mathrm{r}\left((\boldsymbol{A}-\lambda_0\boldsymbol{I}_n)^k\right)=\mathrm{r}\left((\boldsymbol{B}-\lambda_0\boldsymbol{I}_n)^k\right)$.

证明 必要性显然, 现证充分性. 由已知条件及例 4.34 可知,

$$\mathrm{r}\left((\boldsymbol{A}-\lambda_0\boldsymbol{I}_n)^{n+1}\right)=\mathrm{r}\left((\boldsymbol{A}-\lambda_0\boldsymbol{I}_n)^{n}\right)=\mathrm{r}\left((\boldsymbol{B}-\lambda_0\boldsymbol{I}_n)^{n}\right)=\mathrm{r}\left((\boldsymbol{B}-\lambda_0\boldsymbol{I}_n)^{n+1}\right).$$

因此由例 7.52 可知, 特征值为 λ_0 的 k 阶 Jordan 块 $\boldsymbol{J}_k(\lambda_0)$ 在 $\boldsymbol{A},\boldsymbol{B}$ 的 Jordan 标准型中出现的个数相同, 从而 $\boldsymbol{A},\boldsymbol{B}$ 有相同的 Jordan 标准型, 于是它们相似. □

我们可以用上述判定准则来重新证明例 7.7 和例 7.8.

例 7.7 设 n 阶矩阵 $\boldsymbol{A}$ 的特征值全为 1, 求证: 对任意的正整数 k, $\boldsymbol{A}^k$ 与 $\boldsymbol{A}$ 相似.

证法 2 显然 $\boldsymbol{A}^k$ 的特征值也全为 1. 注意到

$$(\boldsymbol{A}^k-\boldsymbol{I}_n)^l=(\boldsymbol{A}-\boldsymbol{I}_n)^l(\boldsymbol{A}^{k-1}+\boldsymbol{A}^{k-2}+\cdots+\boldsymbol{I}_n)^l,\ l\geq 1.$$

由于 $\boldsymbol{A}^{k-1}+\boldsymbol{A}^{k-2}+\cdots+\boldsymbol{I}_n$ 的特征值全为 k, 故为可逆矩阵, 从而 $\mathrm{r}\left((\boldsymbol{A}^k-\boldsymbol{I}_n)^l\right)=\mathrm{r}\left((\boldsymbol{A}-\boldsymbol{I}_n)^l\right)$ 对任意的正整数 l 都成立. 由例 7.53 可知, $\boldsymbol{A}^k$ 与 $\boldsymbol{A}$ 相似. □

例 7.8 设 n 阶矩阵 $\boldsymbol{A}$ 的特征值全为 1 或 -1, 求证: $\boldsymbol{A}^{-1}$ 与 $\boldsymbol{A}$ 相似.

证法 2 显然 $\boldsymbol{A}^{-1}$ 的特征值也全为 1 或 -1. 设 $\lambda_0=\pm1$, 则由 $\boldsymbol{A}$ 可逆以及 $(\boldsymbol{A}^{-1}-\lambda_0\boldsymbol{I}_n)^l=(-\lambda_0)^l\boldsymbol{A}^{-l}(\boldsymbol{A}-\lambda_0\boldsymbol{I}_n)^l$ 可得 $\mathrm{r}\left((\boldsymbol{A}^{-1}-\lambda_0\boldsymbol{I}_n)^l\right)=\mathrm{r}\left((\boldsymbol{A}-\lambda_0\boldsymbol{I}_n)^l\right)$ 对任意的正整数 l 都成立. 由例 7.53 可知, $\boldsymbol{A}^{-1}$ 与 $\boldsymbol{A}$ 相似. □

例 7.54 设 $\boldsymbol{J}=\boldsymbol{J}_n(a)$ 是特征值为 $a\neq 0$ 的 n 阶 Jordan 块, 求 $\boldsymbol{J}^m$ 的 Jordan 标准型, 其中 m 为非零整数.

解 先处理 $m\geq 1$ 的情形, 采用几何重数的方法来做, 行列式因子和极小多项式的方法也可以做, 请读者自行补充完成. 显然 $\boldsymbol{J}^m$ 的所有特征值都为 a^m. 作分解 $\boldsymbol{J}=a\boldsymbol{I}_n+\boldsymbol{N}$, 其中 $\boldsymbol{N}=\boldsymbol{J}_n(0)$, 则有

$$\boldsymbol{J}^m=(a\boldsymbol{I}_n+\boldsymbol{N})^m=a^m\boldsymbol{I}_n+\mathrm{C}_m^1a^{m-1}\boldsymbol{N}+\cdots+\boldsymbol{N}^m,$$

于是 $\mathrm{r}(\boldsymbol{J}^m-a^m\boldsymbol{I}_n)=\mathrm{r}(\mathrm{C}_m^1a^{m-1}\boldsymbol{N}+\cdots+\boldsymbol{N}^m)=n-1$, 从而特征值 a^m 的几何重数等于 1, 因此 $\boldsymbol{J}^m$ 的 Jordan 标准型中只有一个 Jordan 块, 即 $\boldsymbol{J}^m$ 的 Jordan 标准型为 $\boldsymbol{J}_n(a^m)$.

再处理 $m=-1$ 的情形. 显然 $\boldsymbol{J}^{-1}$ 的所有特征值都为 a^{-1}. 注意到

$$\boldsymbol{J}^{-1}=(a\boldsymbol{I}_n+\boldsymbol{N})^{-1}=a^{-1}\boldsymbol{I}_n-a^{-2}\boldsymbol{N}+\cdots+(-1)^{n-1}a^{-n}\boldsymbol{N}^{n-1},$$

故 $\mathrm{r}(\boldsymbol{J}^{-1}-a^{-1}\boldsymbol{I}_n)=\mathrm{r}(-a^{-2}\boldsymbol{N}+\cdots+(-1)^{n-1}a^{-n}\boldsymbol{N}^{n-1})=n-1$, 从而特征值 a^{-1} 的几何重数等于 1, 因此 $\boldsymbol{J}^{-1}$ 的 Jordan 标准型中只有一个 Jordan 块, 即 $\boldsymbol{J}^{-1}$ 的 Jordan 标准型为 $\boldsymbol{J}_n(a^{-1})$.

最后处理 $m\leq-1$ 的情形. 注意到 $\boldsymbol{J}^m=(\boldsymbol{J}^{-1})^{-m}$, 故由前面两个结论即得 $\boldsymbol{J}^m$ 的 Jordan 标准型为 $\boldsymbol{J}_n((a^{-1})^{-m})=\boldsymbol{J}_n(a^m)$. □

注　例 7.7 和例 7.8 最初是用“三段论法”和极小多项式来证明的 (当然用行列式因子和几何重数替代也可以); 后面利用例 7.53 给出了第二种证法; 本题 (当 $a=\pm1$ 时) 给出了第三种证法.

例 7.55　设 $\boldsymbol{J}=\boldsymbol{J}_n(0)$ 是特征值为零的 n 阶 Jordan 块, 求 $\boldsymbol{J}^m\,(m\geq1)$ 的 Jordan 标准型.

解　若 $m\geq n$, 则 $\boldsymbol{J}^m=\boldsymbol{O}$, 这就是它的 Jordan 标准型. 下设 $m<n$, 并作带余除法: $n=mq+r$, 其中 $0\leq r<m$. 我们先来计算 $\boldsymbol{J}^m$ 的幂的秩, 再利用例 7.52 来计算 Jordan 块的个数. 注意到

$$\mathrm{r}((\boldsymbol{J}^m)^k)=n-mk,\ 0\leq k\leq q;\quad \mathrm{r}((\boldsymbol{J}^m)^k)=0,\ k\geq q+1.$$

(1) 当 $1\leq k<q$ 时, $\boldsymbol{J}_k(0)$ 的个数为 $\mathrm{r}((\boldsymbol{J}^m)^{k-1})+\mathrm{r}((\boldsymbol{J}^m)^{k+1})-2\,\mathrm{r}((\boldsymbol{J}^m)^k)=(n-m(k-1))+(n-m(k+1))-2(n-mk)=0$;

(2) $\boldsymbol{J}_q(0)$ 的个数为 $\mathrm{r}((\boldsymbol{J}^m)^{q-1})+\mathrm{r}((\boldsymbol{J}^m)^{q+1})-2\,\mathrm{r}((\boldsymbol{J}^m)^q)=(n-m(q-1))+0-2(n-mq)=m-r$;

(3) $\boldsymbol{J}_{q+1}(0)$ 的个数为 $\mathrm{r}((\boldsymbol{J}^m)^q)+\mathrm{r}((\boldsymbol{J}^m)^{q+2})-2\,\mathrm{r}((\boldsymbol{J}^m)^{q+1})=(n-mq)+0-0=r$;

(4) 当 $k>q+1$ 时, $\boldsymbol{J}_k(0)$ 的个数为 0.

因此 $\boldsymbol{J}^m$ 的 Jordan 标准型为 $\mathrm{diag}\{\boldsymbol{J}_q(0),\cdots,\boldsymbol{J}_q(0),\boldsymbol{J}_{q+1}(0),\cdots,\boldsymbol{J}_{q+1}(0)\}$, 其中有 $m-r$ 个 $\boldsymbol{J}_q(0)$, r 个 $\boldsymbol{J}_{q+1}(0)$. □

例 7.55 是例 7.50 的推广, 它与例 7.54 一起完满地回答了之前提出的那个问题. 下面的例题是例 6.70 的推广.

例 7.56　设 m 阶矩阵 $\boldsymbol{A}$ 与 n 阶矩阵 $\boldsymbol{B}$ 没有公共的特征值, 且 $\boldsymbol{A},\boldsymbol{B}$ 的 Jordan 标准型分别为 $\boldsymbol{J}_1,\boldsymbol{J}_2$, 又 $\boldsymbol{C}$ 为 $m\times n$ 矩阵, 求证: $\boldsymbol{M}=\begin{pmatrix}\boldsymbol{A}&\boldsymbol{C}\\\boldsymbol{O}&\boldsymbol{B}\end{pmatrix}$ 的 Jordan 标准型为 $\mathrm{diag}\{\boldsymbol{J}_1,\boldsymbol{J}_2\}$.

证法 1 设 $\boldsymbol{P}_1(\lambda),\boldsymbol{P}_2(\lambda),\boldsymbol{Q}_1(\lambda),\boldsymbol{Q}_2(\lambda)$ 是可逆 λ-矩阵, 使得

$$\begin{aligned}\boldsymbol{P}_1(\lambda)(\lambda\boldsymbol{I}_m-\boldsymbol{A})\boldsymbol{Q}_1(\lambda) &= \boldsymbol{\Lambda}_1=\mathrm{diag}\{f_1(\lambda),f_2(\lambda),\cdots,f_m(\lambda)\},\\ \boldsymbol{P}_2(\lambda)(\lambda\boldsymbol{I}_n-\boldsymbol{B})\boldsymbol{Q}_2(\lambda) &= \boldsymbol{\Lambda}_2=\mathrm{diag}\{g_1(\lambda),g_2(\lambda),\cdots,g_n(\lambda)\}\end{aligned}$$

分别是 $\boldsymbol{A},\boldsymbol{B}$ 的法式. 考虑如下 λ-矩阵的初等变换:

$$\begin{pmatrix}\boldsymbol{P}_1 & \boldsymbol{O}\\ \boldsymbol{O} & \boldsymbol{P}_2\end{pmatrix}\begin{pmatrix}\lambda\boldsymbol{I}_m-\boldsymbol{A} & -\boldsymbol{C}\\ \boldsymbol{O} & \lambda\boldsymbol{I}_n-\boldsymbol{B}\end{pmatrix}\begin{pmatrix}\boldsymbol{Q}_1 & \boldsymbol{O}\\ \boldsymbol{O} & \boldsymbol{Q}_2\end{pmatrix}=\begin{pmatrix}\boldsymbol{\Lambda}_1 & \boldsymbol{D}\\ \boldsymbol{O} & \boldsymbol{\Lambda}_2\end{pmatrix},$$

其中 $\boldsymbol{D}=-\boldsymbol{P}_1\boldsymbol{C}\boldsymbol{Q}_2=(d_{ij}(\lambda))$ 是 $m\times n$ λ-矩阵. 由于 $\boldsymbol{A},\boldsymbol{B}$ 没有公共的特征值, 故对任意的 $1\le i\le m$, $1\le j\le n$, $(f_i(\lambda),g_j(\lambda))=1$, 从而存在 $u_{ij}(\lambda),v_{ij}(\lambda)$, 使得 $f_i(\lambda)u_{ij}(\lambda)+g_j(\lambda)v_{ij}(\lambda)=1$. 将 λ-矩阵 $\begin{pmatrix}\boldsymbol{\Lambda}_1 & \boldsymbol{D}\\ \boldsymbol{O} & \boldsymbol{\Lambda}_2\end{pmatrix}$ 的第 i 列乘以 $-u_{ij}(\lambda)d_{ij}(\lambda)$ 加到第 $m+j$ 列上, 再将第 $m+j$ 行乘以 $-v_{ij}(\lambda)d_{ij}(\lambda)$ 加到第 i 行上, 则可以消去 $\boldsymbol{D}$ 的第 (i,j) 元素, 因此 $\boldsymbol{M}$ 的特征矩阵相抵于对角矩阵 $\mathrm{diag}\{\boldsymbol{\Lambda}_1,\boldsymbol{\Lambda}_2\}$. 再由例 7.10 可知, $\boldsymbol{M}$ 的初等因子组是 $f_1(\lambda),\cdots,f_m(\lambda),g_1(\lambda),\cdots,g_n(\lambda)$ 的准素因子组, 而 $f_1(\lambda),\cdots,f_m(\lambda)$ 的准素因子组是 $\boldsymbol{A}$ 的初等因子组, $g_1(\lambda),\cdots,g_n(\lambda)$ 的准素因子组是 $\boldsymbol{B}$ 的初等因子组, 因此 $\boldsymbol{M}$ 的初等因子组是 $\boldsymbol{A},\boldsymbol{B}$ 的初等因子组的无交并集, 于是 $\boldsymbol{M}$ 的 Jordan 标准型为 $\mathrm{diag}\{\boldsymbol{J}_1,\boldsymbol{J}_2\}$.

证法 2 由例 6.91 可知, 矩阵方程 $\boldsymbol{AX}-\boldsymbol{XB}=\boldsymbol{C}$ 存在唯一解 $\boldsymbol{X}=\boldsymbol{X}_0$. 考虑如下相似变换:

$$\begin{pmatrix}\boldsymbol{I}_m & \boldsymbol{X}_0\\ \boldsymbol{O} & \boldsymbol{I}_n\end{pmatrix}\begin{pmatrix}\boldsymbol{A} & \boldsymbol{C}\\ \boldsymbol{O} & \boldsymbol{B}\end{pmatrix}\begin{pmatrix}\boldsymbol{I}_m & -\boldsymbol{X}_0\\ \boldsymbol{O} & \boldsymbol{I}_n\end{pmatrix}=\begin{pmatrix}\boldsymbol{A} & -\boldsymbol{AX}_0+\boldsymbol{X}_0\boldsymbol{B}+\boldsymbol{C}\\ \boldsymbol{O} & \boldsymbol{B}\end{pmatrix}=\begin{pmatrix}\boldsymbol{A} & \boldsymbol{O}\\ \boldsymbol{O} & \boldsymbol{B}\end{pmatrix},$$

因此 $\boldsymbol{M}$ 的 Jordan 标准型为 $\mathrm{diag}\{\boldsymbol{J}_1,\boldsymbol{J}_2\}$. □

例 7.56 可用来化简矩阵, 消去其非主对角块, 使其剩下低阶的主对角块. 我们来看一个典型的例子.

例 7.57 设 $\boldsymbol{A}=\begin{pmatrix}1 & 0 & 0 & 0\\ b & a+1 & 0 & 0\\ 3 & b & 2 & 0\\ 5 & 4 & a & 2\end{pmatrix}$, 求 $\boldsymbol{A}$ 的 Jordan 标准型.

解 显然, $\boldsymbol{A}$ 的特征值为 $1,a+1,2,2$. 对 $\boldsymbol{A}$ 进行分块 $\boldsymbol{A}=\begin{pmatrix}\boldsymbol{A}_{11} & \boldsymbol{O}\\ \boldsymbol{A}_{21} & \boldsymbol{A}_{22}\end{pmatrix}$, 其中所有的分块都是二阶方阵. 下面按 $a+1$ 是否等于 $1,2$ 进行分类讨论.

(1) 若 $a \neq 0$ 及 $a \neq 1$, 则可有两种方法来处理. *方法* 1 (*几何重数*): 经计算可知特征值 2 的几何重数等于 1, 因此 $\boldsymbol{A}$ 的 Jordan 标准型为 $\mathrm{diag}\{1, a+1, \boldsymbol{J}_2(2)\}$. *方法* 2 (*例* 7.56): 显然 $\boldsymbol{A}_{11}$ 可对角化, $\boldsymbol{A}_{22}$ 不可对角化, 且 $\boldsymbol{A}_{11}, \boldsymbol{A}_{22}$ 无公共特征值, 故可消去 $\boldsymbol{A}_{21}$, 因此 $\boldsymbol{A}$ 的 Jordan 标准型为 $\mathrm{diag}\{1, a+1, \boldsymbol{J}_2(2)\}$.

(2) 若 $a = 0$ 及 $b \neq 0$, 则利用方法 2 (例 7.56) 可得, $\boldsymbol{A}$ 的 Jordan 标准型为 $\mathrm{diag}\{\boldsymbol{J}_2(1), 2, 2\}$.

(3) 若 $a = 0$ 及 $b = 0$, 则利用方法 2 (例 7.56) 可得, $\boldsymbol{A}$ 的 Jordan 标准型为 $\mathrm{diag}\{1, 1, 2, 2\}$.

(4) 若 $a = 1$ 及 $b \neq 0$, 则利用方法 1 (几何重数) 可得, $\boldsymbol{A}$ 的 Jordan 标准型为 $\mathrm{diag}\{1, \boldsymbol{J}_3(2)\}$.

(5) 若 $a = 1$ 及 $b = 0$, 则利用方法 1 (几何重数) 可得, $\boldsymbol{A}$ 的 Jordan 标准型为 $\mathrm{diag}\{1, 2, \boldsymbol{J}_2(2)\}$. □

§ 7.7 过渡矩阵的求法

在 § 6.4 中, 我们介绍了对可对角化矩阵 $\boldsymbol{A}$, 如何求过渡矩阵 $\boldsymbol{P}$, 使 $\boldsymbol{P}^{-1}\boldsymbol{A}\boldsymbol{P}$ 是对角矩阵. 现在我们要介绍对一般的矩阵 $\boldsymbol{A}$ (未必可对角化), 如何求过渡矩阵 $\boldsymbol{P}$, 使 $\boldsymbol{P}^{-1}\boldsymbol{A}\boldsymbol{P}$ 为 Jordan 标准型. 下面将介绍 3 种方法: 第一种方法是利用 λ–矩阵的初等变换, 通过计算特征矩阵之间的相抵变换来得到 $\boldsymbol{P}$; 第二种方法是求解线性方程组, 通过计算特征向量和广义特征向量来得到 $\boldsymbol{P}$; 第三种方法是利用 Jordan 标准型的几何意义, 通过计算循环子空间的循环向量来得到 $\boldsymbol{P}$. 当矩阵的阶数很大时, 这些方法都要涉及复杂的计算. 对于一般的阶数较低的数字矩阵, 我们通常使用第二种方法.

方法 1: 计算特征矩阵之间的相抵变换

例 7.58 设 $\boldsymbol{A}$ 是 n 阶数字矩阵, $\boldsymbol{P}(\lambda)$ 及 $\boldsymbol{Q}(\lambda)$ 是同阶可逆 λ–矩阵, 且

$$\boldsymbol{Q}(\lambda)(\lambda\boldsymbol{I}_n - \boldsymbol{A})\boldsymbol{P}(\lambda) = \lambda\boldsymbol{I}_n - \boldsymbol{J},$$

其中 $\boldsymbol{J}$ 是 $\boldsymbol{A}$ 的 Jordan 标准型. 又

$$\boldsymbol{P}(\lambda) = \boldsymbol{T}(\lambda)(\lambda\boldsymbol{I}_n - \boldsymbol{J}) + \boldsymbol{P},$$

其中 $\boldsymbol{P}$ 是数字矩阵, 求证: $\boldsymbol{P}^{-1}\boldsymbol{A}\boldsymbol{P} = \boldsymbol{J}$.

证明 由已知可得 $(\lambda\boldsymbol{I}_n - \boldsymbol{A})\boldsymbol{P}(\lambda) = \boldsymbol{Q}(\lambda)^{-1}(\lambda\boldsymbol{I}_n - \boldsymbol{J})$. 代入 $\boldsymbol{P}(\lambda)$, 可得

$$(\lambda\boldsymbol{I}_n - \boldsymbol{A})\Big(\boldsymbol{T}(\lambda)(\lambda\boldsymbol{I}_n - \boldsymbol{J}) + \boldsymbol{P}\Big) = \boldsymbol{Q}(\lambda)^{-1}(\lambda\boldsymbol{I}_n - \boldsymbol{J}).$$

整理可得

$$(\lambda \boldsymbol{I}_n - \boldsymbol{A})\boldsymbol{P} = \Big(\boldsymbol{Q}(\lambda)^{-1} - (\lambda \boldsymbol{I}_n - \boldsymbol{A})\boldsymbol{T}(\lambda)\Big)(\lambda \boldsymbol{I}_n - \boldsymbol{J}).$$

比较 λ 的次数可知, $\boldsymbol{Q}(\lambda)^{-1} - (\lambda \boldsymbol{I}_n - \boldsymbol{A})\boldsymbol{T}(\lambda)$ 必须是数字矩阵, 记之为 $\boldsymbol{R}$, 于是

$$(\lambda \boldsymbol{I}_n - \boldsymbol{A})\boldsymbol{P} = \boldsymbol{R}(\lambda \boldsymbol{I}_n - \boldsymbol{J}).$$

去括号再次比较次数可得 $\boldsymbol{P} = \boldsymbol{R}$, $\boldsymbol{AP} = \boldsymbol{RJ}$. 若可证明 $\boldsymbol{P}$ 是可逆矩阵, 即有 $\boldsymbol{P}^{-1}\boldsymbol{AP} = \boldsymbol{J}$. 由 $\boldsymbol{Q}(\lambda)^{-1} - (\lambda \boldsymbol{I}_n - \boldsymbol{A})\boldsymbol{T}(\lambda) = \boldsymbol{R}$ 可得

$$\boldsymbol{I}_n = \boldsymbol{Q}(\lambda)(\lambda \boldsymbol{I}_n - \boldsymbol{A})\boldsymbol{T}(\lambda) + \boldsymbol{Q}(\lambda)\boldsymbol{R}.$$

注意到 $\boldsymbol{Q}(\lambda)(\lambda \boldsymbol{I}_n - \boldsymbol{A}) = (\lambda \boldsymbol{I}_n - \boldsymbol{J})\boldsymbol{P}(\lambda)^{-1}$, 故

$$\boldsymbol{I}_n = (\lambda \boldsymbol{I}_n - \boldsymbol{J})\boldsymbol{P}(\lambda)^{-1}\boldsymbol{T}(\lambda) + \boldsymbol{Q}(\lambda)\boldsymbol{R}.$$

设 $\boldsymbol{Q}(\lambda) = (\lambda \boldsymbol{I}_n - \boldsymbol{J})\boldsymbol{M}(\lambda) + \boldsymbol{N}$, 其中 $\boldsymbol{N}$ 是数字矩阵, 于是

$$\boldsymbol{I}_n = (\lambda \boldsymbol{I}_n - \boldsymbol{J})\Big(\boldsymbol{P}(\lambda)^{-1}\boldsymbol{T}(\lambda) + \boldsymbol{M}(\lambda)\boldsymbol{R}\Big) + \boldsymbol{NR}.$$

比较次数可得 $\boldsymbol{NR} = \boldsymbol{I}_n$, 即 $\boldsymbol{R}$ 可逆, 也即 $\boldsymbol{P}$ 可逆. □

由例 7.58 可知, 两个数字矩阵相似当且仅当它们的特征矩阵作为 λ–矩阵相抵.

方法 2: 计算特征向量和广义特征向量

例 7.59 设复四维空间上的线性变换 φ 在基 $\{\boldsymbol{e}_1, \boldsymbol{e}_2, \boldsymbol{e}_3, \boldsymbol{e}_4\}$ 下的表示矩阵为

$$\boldsymbol{A} = \begin{pmatrix} 4 & -1 & 1 & -7 \\ 9 & -2 & -7 & -1 \\ 0 & 0 & 5 & -8 \\ 0 & 0 & 2 & -3 \end{pmatrix},$$

求一组新基, 使 φ 在这组新基下的表示矩阵是 $\boldsymbol{A}$ 的 Jordan 标准型, 并求过渡矩阵.

解　通过计算可知 $\lambda \boldsymbol{I}_4 - \boldsymbol{A}$ 的法式为 $\mathrm{diag}\{1, 1, (\lambda-1)^2, (\lambda-1)^2\}$, 故 $\boldsymbol{A}$ 的初等因子组为 $(\lambda-1)^2, (\lambda-1)^2$, 从而 $\boldsymbol{A}$ 的 Jordan 标准型为

$$\boldsymbol{J} = \begin{pmatrix} 1 & 1 & 0 & 0 \\ 0 & 1 & 0 & 0 \\ 0 & 0 & 1 & 1 \\ 0 & 0 & 0 & 1 \end{pmatrix}.$$

设过渡矩阵为 $\boldsymbol{P}=(\boldsymbol{\alpha}_1,\boldsymbol{\alpha}_2,\boldsymbol{\alpha}_3,\boldsymbol{\alpha}_4)$, 则 $\boldsymbol{P}^{-1}\boldsymbol{A}\boldsymbol{P}=\boldsymbol{J}$, 即

$$\boldsymbol{A}\boldsymbol{P}=(\boldsymbol{A}\boldsymbol{\alpha}_1,\boldsymbol{A}\boldsymbol{\alpha}_2,\boldsymbol{A}\boldsymbol{\alpha}_3,\boldsymbol{A}\boldsymbol{\alpha}_4)=\boldsymbol{P}\boldsymbol{J}=(\boldsymbol{\alpha}_1,\boldsymbol{\alpha}_2,\boldsymbol{\alpha}_3,\boldsymbol{\alpha}_4)\boldsymbol{J},$$

从而得到线性方程组:

$$(\boldsymbol{A}-\boldsymbol{I})\boldsymbol{\alpha}_1=\boldsymbol{0},\quad (\boldsymbol{A}-\boldsymbol{I})\boldsymbol{\alpha}_2=\boldsymbol{\alpha}_1,\quad (\boldsymbol{A}-\boldsymbol{I})\boldsymbol{\alpha}_3=\boldsymbol{0},\quad (\boldsymbol{A}-\boldsymbol{I})\boldsymbol{\alpha}_4=\boldsymbol{\alpha}_3.$$

求解 $(\boldsymbol{A}-\boldsymbol{I})\boldsymbol{x}=\boldsymbol{0}$ 得到两个线性无关的解, 将它们分别作为 $\boldsymbol{\alpha}_1$ 和 $\boldsymbol{\alpha}_3$:

$$\boldsymbol{\alpha}_1=(1,3,0,0)',\quad \boldsymbol{\alpha}_3=(5,0,6,3)'.$$

再求解方程组 $(\boldsymbol{A}-\boldsymbol{I})\boldsymbol{x}=\boldsymbol{\alpha}_1$, $(\boldsymbol{A}-\boldsymbol{I})\boldsymbol{x}=\boldsymbol{\alpha}_3$, 得到

$$\boldsymbol{\alpha}_2=(\frac{1}{3},0,0,0)',\quad \boldsymbol{\alpha}_4=(\frac{7}{6},0,\frac{3}{2},0)'.$$

因此过渡矩阵

$$\boldsymbol{P}=\begin{pmatrix}1 & \frac{1}{3} & 5 & \frac{7}{6}\\ 3 & 0 & 0 & 0\\ 0 & 0 & 6 & \frac{3}{2}\\ 0 & 0 & 3 & 0\end{pmatrix},$$

新基为 $(\boldsymbol{f}_1,\boldsymbol{f}_2,\boldsymbol{f}_3,\boldsymbol{f}_4)=(\boldsymbol{e}_1,\boldsymbol{e}_2,\boldsymbol{e}_3,\boldsymbol{e}_4)\boldsymbol{P}$, 即

$$\boldsymbol{f}_1=\boldsymbol{e}_1+3\boldsymbol{e}_2,\quad \boldsymbol{f}_2=\frac{1}{3}\boldsymbol{e}_1,\quad \boldsymbol{f}_3=5\boldsymbol{e}_1+6\boldsymbol{e}_3+3\boldsymbol{e}_4,\quad \boldsymbol{f}_4=\frac{7}{6}\boldsymbol{e}_1+\frac{3}{2}\boldsymbol{e}_3.\ \square$$

注 在例 7.59 中, 任取 $(\boldsymbol{A}-\boldsymbol{I})\boldsymbol{x}=\boldsymbol{0}$ 的两个线性无关的解作为特征向量 $\boldsymbol{\alpha}_1,\boldsymbol{\alpha}_3$, 都可以解出对应的广义特征向量 $\boldsymbol{\alpha}_2,\boldsymbol{\alpha}_4$, 即线性方程组 $(\boldsymbol{A}-\boldsymbol{I})\boldsymbol{x}=\boldsymbol{\alpha}_1$ 和 $(\boldsymbol{A}-\boldsymbol{I})\boldsymbol{x}=\boldsymbol{\alpha}_3$ 的可解性不依赖于 $\boldsymbol{\alpha}_1,\boldsymbol{\alpha}_3$ 的选取 (请读者自行思考其中的原因), 但这并非是普遍的情形. 一般来说, 我们总可以取到 $(\boldsymbol{A}-\lambda_0\boldsymbol{I})\boldsymbol{x}=\boldsymbol{0}$ 的一个非零解 $\boldsymbol{\alpha}_1$ (即特征值 λ_0 的特征向量), 但若 $\boldsymbol{\alpha}_1$ 选取不当, 线性方程组 $(\boldsymbol{A}-\lambda_0\boldsymbol{I})\boldsymbol{x}=\boldsymbol{\alpha}_1$ 有可能是无解的 (即求不出对应的广义特征向量). 因此在选取特征向量时, 需要我们仔细观察或设立参数, 这样才能保证最终得到正确的结果. 让我们来看下面两个例题中的具体分析.

例 7.60 设 $\boldsymbol{A}=\begin{pmatrix}2 & 6 & -15\\ 1 & 1 & -5\\ 1 & 2 & -6\end{pmatrix}$, 求非异阵 $\boldsymbol{P}$, 使 $\boldsymbol{P}^{-1}\boldsymbol{A}\boldsymbol{P}$ 为 Jordan 标准型.

解　通过计算可知 $\lambda \boldsymbol{I}_3 - \boldsymbol{A}$ 的法式为 $\operatorname{diag}\{1, \lambda+1, (\lambda+1)^2\}$, 故 $\boldsymbol{A}$ 的初等因子组为 $\lambda+1, (\lambda+1)^2$, 从而 $\boldsymbol{A}$ 的 Jordan 标准型为

$$\boldsymbol{J} = \begin{pmatrix} -1 & 0 & 0 \\ 0 & -1 & 1 \\ 0 & 0 & -1 \end{pmatrix}.$$

设非异阵 $\boldsymbol{P} = (\boldsymbol{\alpha}_1, \boldsymbol{\alpha}_2, \boldsymbol{\alpha}_3)$, 使 $\boldsymbol{P}^{-1}\boldsymbol{A}\boldsymbol{P} = \boldsymbol{J}$, 则 $\boldsymbol{A}\boldsymbol{P} = (\boldsymbol{A}\boldsymbol{\alpha}_1, \boldsymbol{A}\boldsymbol{\alpha}_2, \boldsymbol{A}\boldsymbol{\alpha}_3) = \boldsymbol{P}\boldsymbol{J} = (\boldsymbol{\alpha}_1, \boldsymbol{\alpha}_2, \boldsymbol{\alpha}_3)\boldsymbol{J}$, 从而得到线性方程组:

$$(\boldsymbol{A}+\boldsymbol{I}_3)\boldsymbol{\alpha}_1 = \boldsymbol{0}, \quad (\boldsymbol{A}+\boldsymbol{I}_3)\boldsymbol{\alpha}_2 = \boldsymbol{0}, \quad (\boldsymbol{A}+\boldsymbol{I}_3)\boldsymbol{\alpha}_3 = \boldsymbol{\alpha}_2.$$

求解 $(\boldsymbol{A}+\boldsymbol{I}_3)\boldsymbol{x} = \boldsymbol{0}$ 得到两个线性无关的解 $\boldsymbol{\beta}_1 = (-2,1,0)'$ 和 $\boldsymbol{\beta}_2 = (5,0,1)'$. 注意到 $(\boldsymbol{A}+\boldsymbol{I}_3)\boldsymbol{x} = \boldsymbol{\beta}_i\,(i=1,2)$ 都是无解的, 故不能将 $\boldsymbol{\beta}_1$ 或 $\boldsymbol{\beta}_2$ 直接作为 $\boldsymbol{\alpha}_2$ 来求广义特征向量 $\boldsymbol{\alpha}_3$. 一般地, 可设 $\boldsymbol{\alpha}_2 = k_1\boldsymbol{\beta}_1 + k_2\boldsymbol{\beta}_2 = (-2k_1+5k_2, k_1, k_2)'$, 代入 $(\boldsymbol{A}+\boldsymbol{I}_3)\boldsymbol{x} = \boldsymbol{\alpha}_2$ 中, 利用 $\mathrm{r}(\boldsymbol{A}+\boldsymbol{I}_3 \mid \boldsymbol{\alpha}_2) = \mathrm{r}(\boldsymbol{A}+\boldsymbol{I}_3)$ 可得 $k_1 = k_2$. 因此, 可取 $\boldsymbol{\alpha}_1 = \boldsymbol{\beta}_1 = (-2,1,0)'$, $\boldsymbol{\alpha}_2 = \boldsymbol{\beta}_1 + \boldsymbol{\beta}_2 = (3,1,1)'$, 此时可解出 $\boldsymbol{\alpha}_3 = (1,0,0)'$, 于是

$$\boldsymbol{P} = \begin{pmatrix} -2 & 3 & 1 \\ 1 & 1 & 0 \\ 0 & 1 & 0 \end{pmatrix}. \ \Box$$

例 7.61　设 $\boldsymbol{A} = \begin{pmatrix} 1 & -1 & 0 & 1 \\ 1 & 1 & 1 & 0 \\ 0 & -1 & 1 & 1 \\ 1 & 0 & 1 & 1 \end{pmatrix}$, 求非异阵 $\boldsymbol{P}$, 使 $\boldsymbol{P}^{-1}\boldsymbol{A}\boldsymbol{P}$ 为 Jordan 标准型.

解　通过计算可知 $\lambda \boldsymbol{I}_4 - \boldsymbol{A}$ 的法式为 $\operatorname{diag}\{1, 1, \lambda-1, (\lambda-1)^3\}$, 故 $\boldsymbol{A}$ 的初等因子组为 $\lambda-1, (\lambda-1)^3$, 从而 $\boldsymbol{A}$ 的 Jordan 标准型为 $\boldsymbol{J} = \operatorname{diag}\{1, \boldsymbol{J}_3(1)\}$. 设非异阵 $\boldsymbol{P} = (\boldsymbol{\alpha}_1, \boldsymbol{\alpha}_2, \boldsymbol{\alpha}_3, \boldsymbol{\alpha}_4)$, 使 $\boldsymbol{P}^{-1}\boldsymbol{A}\boldsymbol{P} = \boldsymbol{J}$, 则 $\boldsymbol{A}\boldsymbol{P} = (\boldsymbol{A}\boldsymbol{\alpha}_1, \boldsymbol{A}\boldsymbol{\alpha}_2, \boldsymbol{A}\boldsymbol{\alpha}_3, \boldsymbol{A}\boldsymbol{\alpha}_4) = \boldsymbol{P}\boldsymbol{J} = (\boldsymbol{\alpha}_1, \boldsymbol{\alpha}_2, \boldsymbol{\alpha}_3, \boldsymbol{\alpha}_4)\boldsymbol{J}$, 从而得到线性方程组:

$$(\boldsymbol{A}-\boldsymbol{I}_4)\boldsymbol{\alpha}_1 = \boldsymbol{0}, \quad (\boldsymbol{A}-\boldsymbol{I}_4)\boldsymbol{\alpha}_2 = \boldsymbol{0}, \quad (\boldsymbol{A}-\boldsymbol{I}_4)\boldsymbol{\alpha}_3 = \boldsymbol{\alpha}_2, \quad (\boldsymbol{A}-\boldsymbol{I}_4)\boldsymbol{\alpha}_4 = \boldsymbol{\alpha}_3.$$

求解 $(\boldsymbol{A}-\boldsymbol{I}_4)\boldsymbol{x} = \boldsymbol{0}$ 得到两个线性无关的解 $\boldsymbol{\beta}_1 = (-1,0,1,0)'$ 和 $\boldsymbol{\beta}_2 = (0,1,0,1)'$. 设 $\boldsymbol{\alpha}_2 = k_1\boldsymbol{\beta}_1 + k_2\boldsymbol{\beta}_2$, 代入 $(\boldsymbol{A}-\boldsymbol{I}_4)\boldsymbol{x} = \boldsymbol{\alpha}_2$ 中, 利用 $\mathrm{r}(\boldsymbol{A}-\boldsymbol{I}_4 \mid \boldsymbol{\alpha}_2) = \mathrm{r}(\boldsymbol{A}-\boldsymbol{I}_4)$ 可得 $k_1 = 0$. 于是可取 $\boldsymbol{\alpha}_2 = k_2\boldsymbol{\beta}_2$, 解出 $\boldsymbol{\alpha}_3 = k_2\boldsymbol{e}_1 + k_3\boldsymbol{\beta}_1 + k_4\boldsymbol{\beta}_2$, 其中 $\boldsymbol{e}_1 = (1,0,0,0)'$. 再代入 $(\boldsymbol{A}-\boldsymbol{I}_4)\boldsymbol{x} = \boldsymbol{\alpha}_3$ 中, 利用 $\mathrm{r}(\boldsymbol{A}-\boldsymbol{I}_4 \mid \boldsymbol{\alpha}_3) = \mathrm{r}(\boldsymbol{A}-\boldsymbol{I}_4)$ 可得 $k_2 = 2k_3$. 于是

可取 $k_2=2$, $k_3=1$, $k_4=0$, 最终得到特征向量 $\boldsymbol{\alpha}_1=\boldsymbol{\beta}_1=(-1,0,1,0)'$, $\boldsymbol{\alpha}_2=2\boldsymbol{\beta}_2=(0,2,0,2)'$, 1 级广义特征向量 $\boldsymbol{\alpha}_3=2\boldsymbol{e}_1+\boldsymbol{\beta}_1=(1,0,1,0)'$, 2 级广义特征向量 $\boldsymbol{\alpha}_4=(0,0,0,1)'$, 从而

$$\boldsymbol{P}=\begin{pmatrix}-1&0&1&0\\0&2&0&0\\1&0&1&0\\0&2&0&1\end{pmatrix}.\ \square$$

方法 3: 计算循环子空间的循环向量

根据 § 7.10 中所述 Jordan 标准型的几何意义, 全空间可分解为不同特征值的根子空间的直和, 每个根子空间可分解为若干个循环子空间的直和, 每个循环子空间对应于一条循环轨道, 这条轨道由循环向量 (即最高级的广义特征向量) 生成. 下面以幂零根子空间为例, 说明如何确定所有的循环向量, 从而确定所有的基向量 (等价于求过渡矩阵 $\boldsymbol{P}$).

例 7.62 设 9 阶幂零矩阵 $\boldsymbol{A}$ 的 Jordan 标准型 $\boldsymbol{J}=\mathrm{diag}\{0,\boldsymbol{J}_2(0),\boldsymbol{J}_3(0),\boldsymbol{J}_3(0)\}$, 求非异阵 $\boldsymbol{P}$, 使 $\boldsymbol{P}^{-1}\boldsymbol{A}\boldsymbol{P}=\boldsymbol{J}$.

解 由已知条件 $\boldsymbol{A}^3=\boldsymbol{O}$, $\mathrm{r}(\boldsymbol{A}^2)=2$ 且 $\mathrm{r}(\boldsymbol{A})=5$, 可设 $\boldsymbol{A}^2\boldsymbol{x}=\boldsymbol{0}$ 的基础解系为 $\{\boldsymbol{\eta}_i,1\le i\le 7\}$. 由于 $\boldsymbol{A}^2$ 的列秩为 2, 故不妨设 $\boldsymbol{A}^2$ 的第 1 列和第 2 列是 $\boldsymbol{A}^2$ 列向量的极大无关组, 即 $\boldsymbol{A}^2\boldsymbol{e}_1,\boldsymbol{A}^2\boldsymbol{e}_2$ 线性无关, 其中 $\boldsymbol{e}_1,\boldsymbol{e}_2$ 是 9 维标准单位列向量的前两个. 考虑限制映射 $\boldsymbol{A}|_{\mathrm{Ker}\,\boldsymbol{A}^2}:\mathrm{Ker}\,\boldsymbol{A}^2\to\mathrm{Ker}\,\boldsymbol{A}$, 容易验证 $\mathrm{Ker}(\boldsymbol{A}|_{\mathrm{Ker}\,\boldsymbol{A}^2})=\mathrm{Ker}\,\boldsymbol{A}$, $\mathrm{Im}(\boldsymbol{A}|_{\mathrm{Ker}\,\boldsymbol{A}^2})=\mathrm{Ker}\,\boldsymbol{A}\cap\mathrm{Im}\,\boldsymbol{A}$. 由 $\dim\mathrm{Ker}\,\boldsymbol{A}^2=7$, $\dim\mathrm{Ker}\,\boldsymbol{A}=4$ 可知 $\dim(\mathrm{Ker}\,\boldsymbol{A}\cap\mathrm{Im}\,\boldsymbol{A})=3$, 且 $\mathrm{Ker}\,\boldsymbol{A}\cap\mathrm{Im}\,\boldsymbol{A}=L(\boldsymbol{A}\boldsymbol{\eta}_i,1\le i\le 7)$. 注意到 $\boldsymbol{A}^2\boldsymbol{e}_1,\boldsymbol{A}^2\boldsymbol{e}_2$ 是 $\mathrm{Ker}\,\boldsymbol{A}\cap\mathrm{Im}\,\boldsymbol{A}$ 中两个线性无关的向量, 故可从其生成元中取出一个向量, 不妨设为 $\boldsymbol{A}\boldsymbol{\eta}_1$, 使得 $\boldsymbol{A}^2\boldsymbol{e}_1,\boldsymbol{A}^2\boldsymbol{e}_2,\boldsymbol{A}\boldsymbol{\eta}_1$ 线性无关. 再次注意到 $\dim\mathrm{Ker}\,\boldsymbol{A}=4$, 且 $\boldsymbol{A}^2\boldsymbol{e}_1,\boldsymbol{A}^2\boldsymbol{e}_2,\boldsymbol{A}\boldsymbol{\eta}_1$ 是 $\mathrm{Ker}\,\boldsymbol{A}$ 中 3 个线性无关的向量, 故可从其一组基 (即 $\boldsymbol{A}\boldsymbol{x}=\boldsymbol{0}$ 的基础解系) 中取出一个向量 $\boldsymbol{\xi}_1$, 使得 $\boldsymbol{A}^2\boldsymbol{e}_1,\boldsymbol{A}^2\boldsymbol{e}_2,\boldsymbol{A}\boldsymbol{\eta}_1,\boldsymbol{\xi}_1$ 线性无关.

下面证明: $\{\boldsymbol{e}_1,\boldsymbol{A}\boldsymbol{e}_1,\boldsymbol{A}^2\boldsymbol{e}_1,\boldsymbol{e}_2,\boldsymbol{A}\boldsymbol{e}_2,\boldsymbol{A}^2\boldsymbol{e}_2,\boldsymbol{\eta}_1,\boldsymbol{A}\boldsymbol{\eta}_1,\boldsymbol{\xi}_1\}$ 构成 $\mathbb{C}^9$ 的一组基. 只要证明它们线性无关即可. 设 $c_1,\cdots,c_9\in\mathbb{C}$, 使得

$$c_1\boldsymbol{e}_1+c_2\boldsymbol{A}\boldsymbol{e}_1+c_3\boldsymbol{A}^2\boldsymbol{e}_1+c_4\boldsymbol{e}_2+c_5\boldsymbol{A}\boldsymbol{e}_2+c_6\boldsymbol{A}^2\boldsymbol{e}_2+c_7\boldsymbol{\eta}_1+c_8\boldsymbol{A}\boldsymbol{\eta}_1+c_9\boldsymbol{\xi}_1=\boldsymbol{0}.\quad(7.10)$$

将 (7.10) 式作用 $\boldsymbol{A}^2$ 可得

$$c_1\boldsymbol{A}^2\boldsymbol{e}_1+c_4\boldsymbol{A}^2\boldsymbol{e}_2=\boldsymbol{0},$$

由 $\boldsymbol{A}^2\boldsymbol{e}_1, \boldsymbol{A}^2\boldsymbol{e}_2$ 线性无关可知 $c_1 = c_4 = 0$. 将 (7.10) 式作用 $\boldsymbol{A}$ 可得

$$c_2\boldsymbol{A}^2\boldsymbol{e}_1 + c_5\boldsymbol{A}^2\boldsymbol{e}_2 + c_7\boldsymbol{A}\boldsymbol{\eta}_1 = \boldsymbol{0},$$

由 $\boldsymbol{A}^2\boldsymbol{e}_1, \boldsymbol{A}^2\boldsymbol{e}_2, \boldsymbol{A}\boldsymbol{\eta}_1$ 线性无关可知 $c_2 = c_5 = c_7 = 0$. (7.10) 式最后变成

$$c_3\boldsymbol{A}^2\boldsymbol{e}_1 + c_6\boldsymbol{A}^2\boldsymbol{e}_2 + c_8\boldsymbol{A}\boldsymbol{\eta}_1 + c_9\boldsymbol{\xi}_1 = \boldsymbol{0},$$

由 $\boldsymbol{A}^2\boldsymbol{e}_1, \boldsymbol{A}^2\boldsymbol{e}_2, \boldsymbol{A}\boldsymbol{\eta}_1, \boldsymbol{\xi}_1$ 线性无关可知 $c_3 = c_6 = c_8 = c_9 = 0$. 有了上面这组基, 我们可以把 4 个循环子空间的循环轨道全部确定如下:

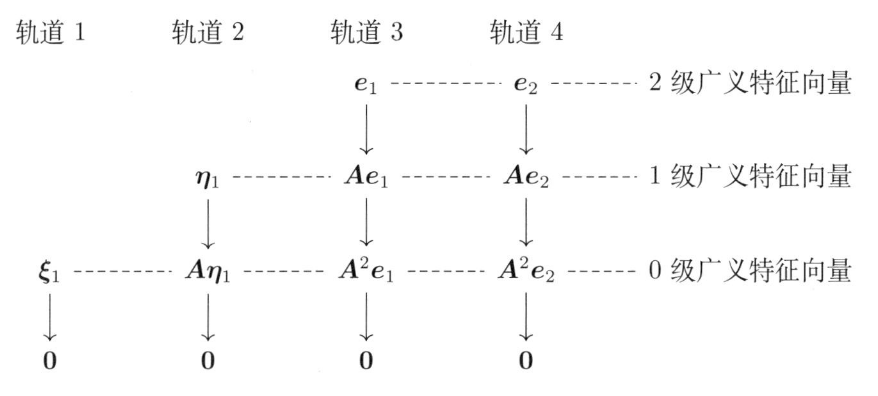

最后, 令 $\boldsymbol{P} = (\boldsymbol{\xi}_1, \boldsymbol{A}\boldsymbol{\eta}_1, \boldsymbol{\eta}_1, \boldsymbol{A}^2\boldsymbol{e}_1, \boldsymbol{A}\boldsymbol{e}_1, \boldsymbol{e}_1, \boldsymbol{A}^2\boldsymbol{e}_2, \boldsymbol{A}\boldsymbol{e}_2, \boldsymbol{e}_2)$ 即为所求. □

注 例 7.62 采用的方法可以推广到一般的情形, 其原理是: 设 n 阶幂零矩阵 $\boldsymbol{A}$ 的极小多项式为 λ^k, 则依次选取第 i 级广义特征向量 $\boldsymbol{\xi}_i\,(i = k-1, \cdots, 0)$, 使得所有的 $\boldsymbol{A}^i\boldsymbol{\xi}_i\,(i = k-1, \cdots, 0)$ 在 $\mathrm{Ker}\,\boldsymbol{A}$ 中线性无关即可. 具体的证明请读者参考 [10].

例 7.59 的解法 2 $\boldsymbol{A}$ 的初等因子组的计算同解法 1, 可得 $\boldsymbol{A}$ 的 Jordan 标准型 $\boldsymbol{J} = \mathrm{diag}\{\boldsymbol{J}_2(1), \boldsymbol{J}_2(1)\}$. 注意到 $(\boldsymbol{A} - \boldsymbol{I}_4)^2 = \boldsymbol{O}$ 且 $\mathrm{r}(\boldsymbol{A} - \boldsymbol{I}_4) = 2$, 故可取 $\boldsymbol{A} - \boldsymbol{I}_4$ 的第 1 列和第 3 列作为其列向量的极大无关组. 因此 $\boldsymbol{e}_1 = (1,0,0,0)'$, $\boldsymbol{e}_3 = (0,0,1,0)'$ 为广义特征向量, 使得 $(\boldsymbol{A} - \boldsymbol{I}_4)\boldsymbol{e}_1 = (3,9,0,0)'$, $(\boldsymbol{A} - \boldsymbol{I}_4)\boldsymbol{e}_3 = (1,-7,4,2)'$ 为线性无关的特征向量, 则过渡矩阵 $\boldsymbol{P} = ((\boldsymbol{A} - \boldsymbol{I}_4)\boldsymbol{e}_1, \boldsymbol{e}_1, (\boldsymbol{A} - \boldsymbol{I}_4)\boldsymbol{e}_3, \boldsymbol{e}_3)$ 满足 $\boldsymbol{P}^{-1}\boldsymbol{A}\boldsymbol{P} = \boldsymbol{J}$. □

例 7.60 的解法 2 $\boldsymbol{A}$ 的初等因子组的计算同解法 1, 可得 $\boldsymbol{A}$ 的 Jordan 标准型 $\boldsymbol{J} = \mathrm{diag}\{-1, \boldsymbol{J}_2(-1)\}$. 注意到 $(\boldsymbol{A} + \boldsymbol{I}_3)^2 = \boldsymbol{O}$ 且 $\mathrm{r}(\boldsymbol{A} + \boldsymbol{I}_3) = 1$, 故可取 $\boldsymbol{A} + \boldsymbol{I}_3$ 的第 1 列作为其列向量的极大无关组. 因此 $\boldsymbol{e}_1 = (1,0,0)'$ 为循环向量 (即广义特征向量), 使得 $\boldsymbol{e}_1$, $(\boldsymbol{A} + \boldsymbol{I}_3)\boldsymbol{e}_1 = (3,1,1)'$ 构成了 $\boldsymbol{J}_2(-1)$ 的循环轨道. 再取线性无关的特征向量 $\boldsymbol{\xi}_1 = (-2,1,0)'$, 则过渡矩阵 $\boldsymbol{P} = (\boldsymbol{\xi}_1, (\boldsymbol{A} + \boldsymbol{I}_3)\boldsymbol{e}_1, \boldsymbol{e}_1)$ 满足 $\boldsymbol{P}^{-1}\boldsymbol{A}\boldsymbol{P} = \boldsymbol{J}$. □

例 7.61 的解法 2　$\boldsymbol{A}$ 的初等因子组的计算同解法 1, 可得 $\boldsymbol{A}$ 的 Jordan 标准型 $\boldsymbol{J}=\mathrm{diag}\{1,\boldsymbol{J}_3(1)\}$. 注意到 $(\boldsymbol{A}-\boldsymbol{I}_4)^3=\boldsymbol{O}$ 且 $\mathrm{r}\left((\boldsymbol{A}-\boldsymbol{I}_4)^2\right)=1$, 故可取 $(\boldsymbol{A}-\boldsymbol{I}_4)^2$ 的第 4 列作为其列向量的极大无关组. 因此 $\boldsymbol{e}_4=(0,0,0,1)'$ 为循环向量 (即 2 级广义特征向量), 使得 $\boldsymbol{e}_4$, $(\boldsymbol{A}-\boldsymbol{I}_4)\boldsymbol{e}_4=(1,0,1,0)'$, $(\boldsymbol{A}-\boldsymbol{I}_4)^2\boldsymbol{e}_4=(0,2,0,2)'$ 构成了 $\boldsymbol{J}_3(1)$ 的循环轨道. 再取线性无关的特征向量 $\boldsymbol{\xi}_1=(-1,0,1,0)'$, 则过渡矩阵 $\boldsymbol{P}=(\boldsymbol{\xi}_1,(\boldsymbol{A}-\boldsymbol{I}_4)^2\boldsymbol{e}_4,(\boldsymbol{A}-\boldsymbol{I}_4)\boldsymbol{e}_4,\boldsymbol{e}_4)$ 满足 $\boldsymbol{P}^{-1}\boldsymbol{A}\boldsymbol{P}=\boldsymbol{J}$. □

下面的例题利用根子空间直和分解给出了当矩阵有两个不同特征值时过渡矩阵的求法. 一般情形的证明请读者参考 [10].

例 7.63　设 $\boldsymbol{A}=\begin{pmatrix}3&-4&0&2\\4&-5&-2&4\\0&0&3&-2\\0&0&2&-1\end{pmatrix}$, 求非异阵 $\boldsymbol{P}$, 使 $\boldsymbol{P}^{-1}\boldsymbol{A}\boldsymbol{P}$ 为 Jordan 标准型.

解　经计算可知 $\boldsymbol{A}$ 的初等因子组为 $(\lambda+1)^2$, $(\lambda-1)^2$, 于是 $\boldsymbol{A}$ 的 Jordan 标准型为 $\boldsymbol{J}=\mathrm{diag}\{\boldsymbol{J}_2(-1),\boldsymbol{J}_2(1)\}$. 由例 6.94 可知, $\mathbb{C}^4=\mathrm{Ker}(\boldsymbol{A}+\boldsymbol{I}_4)^2\oplus\mathrm{Ker}(\boldsymbol{A}-\boldsymbol{I}_4)^2$, 且 $\mathrm{Ker}(\boldsymbol{A}+\boldsymbol{I}_4)^2=\mathrm{Im}(\boldsymbol{A}-\boldsymbol{I}_4)^2$, $\mathrm{Ker}(\boldsymbol{A}-\boldsymbol{I}_4)^2=\mathrm{Im}(\boldsymbol{A}+\boldsymbol{I}_4)^2$. 经计算可取 $(\boldsymbol{A}-\boldsymbol{I}_4)^2$ 的第二列 $\boldsymbol{\alpha}=(\boldsymbol{A}-\boldsymbol{I}_4)^2\boldsymbol{e}_2=(16,20,0,0)'$ 作为根子空间 $\mathrm{Ker}(\boldsymbol{A}+\boldsymbol{I}_4)^2$ 中的循环向量 (即广义特征向量), 于是 $\boldsymbol{\alpha}$, $(\boldsymbol{A}+\boldsymbol{I}_4)\boldsymbol{\alpha}=(-16,-16,0,0)'$ 构成根子空间 $\mathrm{Ker}(\boldsymbol{A}+\boldsymbol{I}_4)^2$ 中的循环轨道. 经计算可取 $(\boldsymbol{A}+\boldsymbol{I}_4)^2$ 的第三列 $\boldsymbol{\beta}=(\boldsymbol{A}+\boldsymbol{I}_4)^2\boldsymbol{e}_3=(12,8,12,8)'$ 作为根子空间 $\mathrm{Ker}(\boldsymbol{A}-\boldsymbol{I}_4)^2$ 中的循环向量 (即广义特征向量), 于是 $\boldsymbol{\beta}$, $(\boldsymbol{A}-\boldsymbol{I}_4)\boldsymbol{\beta}=(8,8,8,8)'$ 构成根子空间 $\mathrm{Ker}(\boldsymbol{A}-\boldsymbol{I}_4)^2$ 中的循环轨道. 因此, 过渡矩阵 $\boldsymbol{P}=((\boldsymbol{A}+\boldsymbol{I}_4)\boldsymbol{\alpha},\boldsymbol{\alpha},(\boldsymbol{A}-\boldsymbol{I}_4)\boldsymbol{\beta},\boldsymbol{\beta})$ 满足 $\boldsymbol{P}^{-1}\boldsymbol{A}\boldsymbol{P}=\boldsymbol{J}$. □

下面的例题也与过渡矩阵有关, 它告诉我们: 满足基础矩阵乘法性质的矩阵类与基础矩阵类之间存在着一个相似变换. 利用这一结论可以证明: n 阶矩阵环 $M_n(\mathbb{K})$ 的任一自同构都是内自同构.

例 7.64　设有 n^2 个 n 阶非零矩阵 $\boldsymbol{A}_{ij}\,(1\le i,j\le n)$, 适合

$$\boldsymbol{A}_{ij}\boldsymbol{A}_{jk}=\boldsymbol{A}_{ik},\quad \boldsymbol{A}_{ij}\boldsymbol{A}_{lk}=\boldsymbol{O}\ (j\ne l).$$

求证: 存在可逆矩阵 $\boldsymbol{P}$, 使得对任意的 i,j, $\boldsymbol{P}^{-1}\boldsymbol{A}_{ij}\boldsymbol{P}=\boldsymbol{E}_{ij}$, 其中 $\boldsymbol{E}_{ij}$ 是基础矩阵.

证明　因为 $\boldsymbol{A}_{11}\ne\boldsymbol{O}$, 故存在 $\boldsymbol{\alpha}$, 使得 $\boldsymbol{A}_{11}\boldsymbol{\alpha}\ne\boldsymbol{0}$. 令 $\boldsymbol{\alpha}_1=\boldsymbol{A}_{11}\boldsymbol{\alpha}$, 由 $\boldsymbol{A}_{11}\boldsymbol{A}_{11}=\boldsymbol{A}_{11}$ 可得 $\boldsymbol{A}_{11}\boldsymbol{\alpha}_1=\boldsymbol{\alpha}_1$. 再令 $\boldsymbol{\alpha}_i=\boldsymbol{A}_{i1}\boldsymbol{\alpha}_1$, 由 $\boldsymbol{A}_{1i}\boldsymbol{A}_{i1}=\boldsymbol{A}_{11}$ 可知 $\boldsymbol{\alpha}_i\ne\boldsymbol{0}$. 我们得到

了 n 个非零向量 $\boldsymbol{\alpha}_1,\boldsymbol{\alpha}_2,\cdots,\boldsymbol{\alpha}_n$, 由已知条件容易验证这 n 个向量适合下列性质:

$$\boldsymbol{A}_{ij}\boldsymbol{\alpha}_j=\boldsymbol{\alpha}_i,\quad \boldsymbol{A}_{ij}\boldsymbol{\alpha}_k=\boldsymbol{0}\ (j\neq k),$$

由此不难证明这 n 个向量线性无关. 令 $\boldsymbol{P}=(\boldsymbol{\alpha}_1,\boldsymbol{\alpha}_2,\cdots,\boldsymbol{\alpha}_n)$, 则 $\boldsymbol{P}$ 是可逆矩阵, 且

$$\boldsymbol{A}_{ij}\boldsymbol{P}=(\boldsymbol{A}_{ij}\boldsymbol{\alpha}_1,\boldsymbol{A}_{ij}\boldsymbol{\alpha}_2,\cdots,\boldsymbol{A}_{ij}\boldsymbol{\alpha}_n)=(\boldsymbol{0},\cdots,\boldsymbol{0},\boldsymbol{\alpha}_i,\boldsymbol{0},\cdots,\boldsymbol{0}),$$

其中上式中的 $\boldsymbol{\alpha}_i$ 在第 j 列. 另一方面, 有

$$\boldsymbol{P}\boldsymbol{E}_{ij}=(\boldsymbol{\alpha}_1,\boldsymbol{\alpha}_2,\cdots,\boldsymbol{\alpha}_n)\boldsymbol{E}_{ij}=(\boldsymbol{0},\cdots,\boldsymbol{0},\boldsymbol{\alpha}_i,\boldsymbol{0},\cdots,\boldsymbol{0}).$$

因此, 对任意的 i,j, $\boldsymbol{A}_{ij}\boldsymbol{P}=\boldsymbol{P}\boldsymbol{E}_{ij}$, 即 $\boldsymbol{P}^{-1}\boldsymbol{A}_{ij}\boldsymbol{P}=\boldsymbol{E}_{ij}$. □

§ 7.8 Jordan 标准型的应用

Jordan 标准型形式简单, 理论优美, 有着广泛的用途. 例如利用 Jordan 标准型可以计算矩阵的多项式和幂级数, 并给出矩阵函数的定义 (参考 § 7.9), 这在微分方程理论中有着众多的应用. 利用 Jordan 标准型还能证明许多重要的定理, 例如 Jordan-Chevalley 分解定理 (例 7.33), 它在李代数理论中发挥着重要的作用. 本节主要阐述 Jordan 标准型理论在处理矩阵问题方面的应用, 主要内容分成 4 个部分: 利用 Jordan 标准型研究矩阵的性质; 运用 Jordan 标准型进行相似问题的化简; 应用 Jordan 标准型的三段论法; 采用 Jordan 块作为测试矩阵. 如无特殊说明, 本节总在复数域 $\mathbb{C}$ 上考虑问题.

1. 利用 Jordan 标准型研究矩阵的性质

例 7.65 设 $\boldsymbol{A}$ 是 n 阶复矩阵, 求证: $\boldsymbol{A}$ 相似于分块对角矩阵 $\mathrm{diag}\{\boldsymbol{B},\boldsymbol{C}\}$, 其中 $\boldsymbol{B}$ 是幂零矩阵, $\boldsymbol{C}$ 是可逆矩阵.

证明 我们发现 $\boldsymbol{A}$ 的初等因子分离开了零特征值和非零特征值, 从而 $\boldsymbol{A}$ 的 Jordan 标准型满足题目要求. 此时, 可将零特征值的 Jordan 块 $\boldsymbol{J}_r(0)$ (幂零矩阵) 放入 $\boldsymbol{B}$ 中, 将非零特征值的 Jordan 块 $\boldsymbol{J}_r(\lambda_0)$ (可逆矩阵) 放入 $\boldsymbol{C}$ 中, 即得结论. □

注 例 7.65 告诉我们: 在相似的意义下, 对复方阵的研究可归结为对幂零矩阵和可逆矩阵这两类特殊矩阵的研究, 它们的刻画分别是: 特征值全为零以及特征值全不为零. 这也是前面很多例题都处理这两类矩阵的深层次原因.

注意到非零特征值的 Jordan 块满秩，零特征值 Jordan 块的秩等于阶数减 1，故 $\mathrm{r}(\boldsymbol{A})$ 等于阶数 n 减去零特征值 Jordan 块的个数. 这种关于 Jordan 块秩的观察可以给出下面例子的第二种证法.

例 7.22 设 $\boldsymbol{A}$ 是数域 $\mathbb{K}$ 上的 n 阶方阵，求证：$\boldsymbol{A}$ 的极小多项式的次数小于等于 $\mathrm{r}(\boldsymbol{A})+1$.

证法 2 从 $\boldsymbol{A}$ 的极小多项式 $m(\lambda)$ 分离出来的初等因子中，形如 λ^r 的初等因子至多只有 1 个，对应于零特征值的 Jordan 块 $\boldsymbol{J}_r(0)$，其余的初等因子对应于非零特征值的 Jordan 块. 因此 $\mathrm{r}(\boldsymbol{A})$ 大于等于这些 Jordan 块秩的和，后者等于 $\deg m(\lambda)-1$ 或 $\deg m(\lambda)$. □

设 $\boldsymbol{A}$ 是 n 阶矩阵，例 4.34 告诉我们：$\mathrm{r}(\boldsymbol{A}^n)=\mathrm{r}(\boldsymbol{A}^{n+1})=\mathrm{r}(\boldsymbol{A}^{n+2})=\cdots$. 下面的例子给出了这一结果的推广.

例 7.66 设 λ_0 是 n 阶矩阵 $\boldsymbol{A}$ 的特征值，其代数重数为 m. 设属于特征值 λ_0 的最大 Jordan 块的阶数为 k，求证：

$$\mathrm{r}(\boldsymbol{A}-\lambda_0\boldsymbol{I}_n)>\cdots>\mathrm{r}\left((\boldsymbol{A}-\lambda_0\boldsymbol{I}_n)^k\right)=\mathrm{r}\left((\boldsymbol{A}-\lambda_0\boldsymbol{I}_n)^{k+1}\right)=\cdots=n-m.$$

证明 设 $\boldsymbol{P}$ 为可逆矩阵，使 $\boldsymbol{P}^{-1}\boldsymbol{A}\boldsymbol{P}=\boldsymbol{J}=\mathrm{diag}\{\boldsymbol{J}_{r_1}(\lambda_1),\boldsymbol{J}_{r_2}(\lambda_2),\cdots,\boldsymbol{J}_{r_s}(\lambda_s)\}$ 为 Jordan 标准型，则对任意的正整数 j，

$$\mathrm{r}\left((\boldsymbol{A}-\lambda_0\boldsymbol{I}_n)^j\right)=\mathrm{r}\left(\boldsymbol{P}^{-1}(\boldsymbol{A}-\lambda_0\boldsymbol{I}_n)^j\boldsymbol{P}\right)=\mathrm{r}\left((\boldsymbol{J}-\lambda_0\boldsymbol{I}_n)^j\right)=\sum_{i=1}^{s}\mathrm{r}\left(\boldsymbol{J}_{r_i}(\lambda_i-\lambda_0)^j\right).$$

若 $\lambda_i\neq\lambda_0$，则 $\mathrm{r}\left(\boldsymbol{J}_{r_i}(\lambda_i-\lambda_0)^j\right)=r_i$. 若 $\lambda_i=\lambda_0$，则当 $1\leq j\leq r_i$ 时，$\mathrm{r}\left(\boldsymbol{J}_{r_i}(0)^j\right)=r_i-j$；当 $j\geq r_i$ 时，$\mathrm{r}\left(\boldsymbol{J}_{r_i}(0)^j\right)=0$. 注意到 $\boldsymbol{A}$ 至少有一个 Jordan 块 $\boldsymbol{J}_k(\lambda_0)$，并且属于特征值 λ_0 的所有 Jordan 块阶数之和等于 m，故当 $1\leq j\leq k$ 时，$\mathrm{r}\left((\boldsymbol{A}-\lambda_0\boldsymbol{I}_n)^j\right)$ 严格递减；当 $j\geq k$ 时，$\mathrm{r}\left((\boldsymbol{A}-\lambda_0\boldsymbol{I}_n)^j\right)=n-m$. □

例 7.67 设 λ_0 是 n 阶复矩阵 $\boldsymbol{A}$ 的特征值，并且属于 λ_0 的初等因子都是次数大于等于 2 的多项式. 求证：特征值 λ_0 的任一特征向量 $\boldsymbol{\alpha}$ 均可表示为 $\boldsymbol{A}-\lambda_0\boldsymbol{I}_n$ 的列向量的线性组合.

证明 由 Jordan 标准型理论可知，属于特征值 λ_0 的每个 Jordan 块的特征向量均只有一个，并且特征值 λ_0 的任一特征向量都是这些特征向量的线性组合，因此我们只要证明 $\boldsymbol{A}$ 的 Jordan 标准型只含一个 Jordan 块 $\boldsymbol{J}_n(\lambda_0)$ 的情形即可. 设 $\boldsymbol{P}=(\boldsymbol{\alpha}_1,\boldsymbol{\alpha}_2,\cdots,\boldsymbol{\alpha}_n)$ 为非异阵，使得 $\boldsymbol{P}^{-1}\boldsymbol{A}\boldsymbol{P}=\boldsymbol{J}_n(\lambda_0)$，即 $\boldsymbol{A}\boldsymbol{P}=\boldsymbol{P}\boldsymbol{J}_n(\lambda_0)$，利用

分块矩阵的乘法可得

$$A\alpha_1=\lambda_0\alpha_1,\ A\alpha_2=\alpha_1+\lambda_0\alpha_2,\ \cdots,\ A\alpha_n=\alpha_{n-1}+\lambda_0\alpha_n.$$

注意到 $n\geq 2$, 故有 $\alpha_1=(A-\lambda_0 I_n)\alpha_2$, 从而特征向量 α_1 可表示为 $A-\lambda_0 I_n$ 的列向量的线性组合. □

注 若特征值 λ_0 有一个初等因子为一次多项式, 则必存在特征向量 α, 它不能表示为 $A-\lambda_0 I_n$ 的列向量的线性组合. 证明的细节留给读者完成. 一个极端的例子就是 $A=I_n$, 其特征值 1 的初等因子都是一次的, 并且任一特征向量都不是 $A-I_n=O$ 的列向量的线性组合. 例 7.67 与例 7.40 (可对角化的判定) 有着密切的联系, 请读者思考两者之间的关系.

2. 运用 Jordan 标准型进行相似问题的化简

如果矩阵问题的条件和结论在同时相似关系下不改变, 则可将其中一个矩阵变成 Jordan 标准型, 进行问题的化简. 我们来看下面几个典型的例题.

例 7.68 设 A,B 为 n 阶矩阵, 满足 $AB=BA=O$, $\mathrm{r}(A)=\mathrm{r}(A^2)$, 求证: $\mathrm{r}(A+B)=\mathrm{r}(A)+\mathrm{r}(B)$.

证明 注意到问题的条件和结论在同时相似变换: $A\mapsto P^{-1}AP, B\mapsto P^{-1}BP$ 下不改变, 故不妨从一开始就假设 A 为 Jordan 标准型. 设 $A=\mathrm{diag}\{A_0,A_1\}$, 其中 A_0 由零特征值的 Jordan 块构成, A_1 由非零特征值的 Jordan 块构成. 由 $\mathrm{r}(A)=\mathrm{r}(A^2)$ 可知, 零特征值的 Jordan 块都是一阶的, 即 $A_0=O$. 将 B 进行对应的分块 $B=\begin{pmatrix}B_{11}&B_{12}\\B_{21}&B_{22}\end{pmatrix}$, 则由 $AB=BA=O$ 以及 A_1 非异可知, B_{12}, B_{21} 和 B_{22} 都是零矩阵. 于是

$$\mathrm{r}(A+B)=\mathrm{r}\begin{pmatrix}B_{11}&O\\O&A_1\end{pmatrix}=\mathrm{r}(B_{11})+\mathrm{r}(A_1)=\mathrm{r}(B)+\mathrm{r}(A).\ \square$$

例 6.32 设 A,B,C 是 n 阶矩阵, 其中 $C=AB-BA$. 若它们满足条件 $AC=CA$, $BC=CB$, 求证: C 的特征值全为零.

证法 3 注意到问题的条件和结论在同时相似变换: $A\mapsto P^{-1}AP, B\mapsto P^{-1}BP$, $C\mapsto P^{-1}CP$ 下不改变, 故不妨从一开始就假设 C 为 Jordan 标准型. 设 $C=\mathrm{diag}\{J_1,J_2,\cdots,J_k\}$, 其中 $\lambda_1,\lambda_2\cdots,\lambda_k$ 是 C 的全体不同特征值, J_i 是属于特征值 λ_i 的所有 Jordan 块拼成的根子空间分块. 由于 J_i 的特征值为 λ_i, 它们互不相同, 又 $AC=CA$, $BC=CB$, 故由例 6.90 可知, $A=\mathrm{diag}\{A_1,A_2,\cdots,A_k\}$, $B=$

$\mathrm{diag}\{\boldsymbol{B}_1, \boldsymbol{B}_2, \cdots, \boldsymbol{B}_k\}$ 和 $\boldsymbol{C}$ 一样也是分块对角矩阵. 于是我们有 $\boldsymbol{J}_i = \boldsymbol{A}_i\boldsymbol{B}_i - \boldsymbol{B}_i\boldsymbol{A}_i$, 两边同取迹可得

$$n_i\lambda_i = \mathrm{tr}(\boldsymbol{J}_i) = \mathrm{tr}(\boldsymbol{A}_i\boldsymbol{B}_i - \boldsymbol{B}_i\boldsymbol{A}_i) = \mathrm{tr}(\boldsymbol{A}_i\boldsymbol{B}_i) - \mathrm{tr}(\boldsymbol{B}_i\boldsymbol{A}_i) = 0,$$

从而 $k = 1$ 且 $\boldsymbol{C}$ 的特征值全为零. □

注 设 $\boldsymbol{A}, \boldsymbol{B}$ 分别是 m, n 阶矩阵, $M_{m\times n}(\mathbb{C})$ 上的线性变换 φ 定义为 $\varphi(\boldsymbol{X}) = \boldsymbol{AX} - \boldsymbol{XB}$, 则下列 3 个结论等价:

(1) φ 是单映射;

(2) φ 是自同构;

(3) 对某个给定的 $m \times n$ 矩阵 $\boldsymbol{C}$, 存在唯一的 $\boldsymbol{X}_0$, 使得 $\varphi(\boldsymbol{X}_0) = \boldsymbol{C}$.

事实上, (1) $\Rightarrow$ (2) 以及 (2) $\Rightarrow$ (3) 显然都成立. 用反证法来证明 (3) $\Rightarrow$ (1): 若 $\mathrm{Ker}\,\varphi \neq 0$, 则 $\mathrm{Ker}\,\varphi$ 中任一非零元 $\boldsymbol{X}_1$ 都满足 $\varphi(\boldsymbol{X}_0 + \boldsymbol{X}_1) = \boldsymbol{C}$, 这与唯一性矛盾. 因此, 例 7.69 和例 7.70 都等价于例 6.91, 下面给出它们的 Jordan 标准型证法.

例 7.69 设 $\boldsymbol{A}, \boldsymbol{B}$ 分别是 m, n 阶矩阵, 求证: 矩阵方程 $\boldsymbol{AX} = \boldsymbol{XB}$ 只有零解的充要条件是 $\boldsymbol{A}, \boldsymbol{B}$ 无公共的特征值.

证明 先做两步化简. 注意到问题的条件和结论在矩阵变换: $\boldsymbol{B} \mapsto \boldsymbol{P}^{-1}\boldsymbol{BP}$, $\boldsymbol{X} \mapsto \boldsymbol{XP}$ 下不改变, 故不妨从一开始就假设 $\boldsymbol{B}$ 为 Jordan 标准型. 设 $\boldsymbol{X} = (\boldsymbol{\alpha}_1, \boldsymbol{\alpha}_2, \cdots, \boldsymbol{\alpha}_n)$ 为列分块, 则有

$$\boldsymbol{AX} = (\boldsymbol{A\alpha}_1, \boldsymbol{A\alpha}_2, \cdots, \boldsymbol{A\alpha}_n) = (\boldsymbol{\alpha}_1, \boldsymbol{\alpha}_2, \cdots, \boldsymbol{\alpha}_n)\boldsymbol{B} = \boldsymbol{XB}. \tag{7.11}$$

若 $\boldsymbol{B}$ 有 k 个 Jordan 块, 则方程组 (7.11) 可分解为 k 个独立方程组. 注意到:

(i) 方程组 (7.11) 只有零解当且仅当这 k 个独立方程组都只有零解;

(ii) 方程组 (7.11) 有非零解当且仅当这 k 个独立方程组中至少有一个有非零解.

因此, 不妨进一步假设 $\boldsymbol{B} = \boldsymbol{J}_n(\lambda_0)$ 为 Jordan 块. 此时, 方程组 (7.11) 等价于下列方程组:

$$\boldsymbol{A\alpha}_1 = \lambda_0\boldsymbol{\alpha}_1, \quad \boldsymbol{A\alpha}_2 = \boldsymbol{\alpha}_1 + \lambda_0\boldsymbol{\alpha}_2, \quad \cdots, \quad \boldsymbol{A\alpha}_n = \boldsymbol{\alpha}_{n-1} + \lambda_0\boldsymbol{\alpha}_n.$$

充分性: 假设 $\boldsymbol{A}, \boldsymbol{B}$ 没有公共的特征值, 则 λ_0 不是 $\boldsymbol{A}$ 的特征值, 从而由 $\boldsymbol{A\alpha}_1 = \lambda_0\boldsymbol{\alpha}_1$ 只能得到 $\boldsymbol{\alpha}_1 = \boldsymbol{0}$. 代入第二个方程可得 $\boldsymbol{A\alpha}_2 = \lambda_0\boldsymbol{\alpha}_2$, 相同的理由可推出 $\boldsymbol{\alpha}_2 = \boldsymbol{0}$. 不断这样做下去, 最后可得 $\boldsymbol{\alpha}_i = \boldsymbol{0}\,(1 \le i \le n)$, 即 $\boldsymbol{X} = \boldsymbol{O}$, 从而矩阵方程 $\boldsymbol{AX} = \boldsymbol{XB}$ 只有零解.

必要性: 假设 $\boldsymbol{A}$ 和 $\boldsymbol{B}=\boldsymbol{J}_n(\lambda_0)$ 有公共的特征值 λ_0, 在上述方程组中令 $\boldsymbol{\alpha}_1=\cdots=\boldsymbol{\alpha}_{n-1}=\boldsymbol{0}$. 因为 λ_0 也是 $\boldsymbol{A}$ 的特征值, 所以 $\boldsymbol{A}\boldsymbol{\alpha}_n=\lambda_0\boldsymbol{\alpha}_n$ 有非零解 $\boldsymbol{\alpha}_n=\boldsymbol{\alpha}$, 于是 $\boldsymbol{X}_0=(\boldsymbol{0},\cdots,\boldsymbol{0},\boldsymbol{\alpha})$ 是上述方程组的非零解, 从而矩阵方程 $\boldsymbol{AX}=\boldsymbol{XB}$ 有非零解. □

例 7.70 设 $\boldsymbol{A},\boldsymbol{B}$ 分别是 m,n 阶矩阵, $\boldsymbol{C}$ 是 $m\times n$ 矩阵, 求证: 矩阵方程 $\boldsymbol{AX}-\boldsymbol{XB}=\boldsymbol{C}$ 存在唯一解的充要条件是 $\boldsymbol{A},\boldsymbol{B}$ 无公共的特征值.

证明 先做两步化简. 注意到问题的条件和结论在矩阵变换: $\boldsymbol{B}\mapsto\boldsymbol{P}^{-1}\boldsymbol{BP}$, $\boldsymbol{C}\mapsto\boldsymbol{CP}$, $\boldsymbol{X}\mapsto\boldsymbol{XP}$ 下不改变, 故不妨从一开始就假设 $\boldsymbol{B}$ 为 Jordan 标准型. 设 $\boldsymbol{X}=(\boldsymbol{\alpha}_1,\boldsymbol{\alpha}_2,\cdots,\boldsymbol{\alpha}_n)$, $\boldsymbol{C}=(\boldsymbol{\beta}_1,\boldsymbol{\beta}_2,\cdots,\boldsymbol{\beta}_n)$ 为列分块, 则 $\boldsymbol{AX}-\boldsymbol{XB}=\boldsymbol{C}$ 即为:

$$(\boldsymbol{A}\boldsymbol{\alpha}_1,\boldsymbol{A}\boldsymbol{\alpha}_2,\cdots,\boldsymbol{A}\boldsymbol{\alpha}_n)-(\boldsymbol{\alpha}_1,\boldsymbol{\alpha}_2,\cdots,\boldsymbol{\alpha}_n)\boldsymbol{B}=(\boldsymbol{\beta}_1,\boldsymbol{\beta}_2,\cdots,\boldsymbol{\beta}_n). \tag{7.12}$$

若 $\boldsymbol{B}$ 有 k 个 Jordan 块, 则方程组 (7.12) 可分解为 k 个独立方程组. 注意到:

(i) 方程组 (7.12) 无解当且仅当这 k 个独立方程组中至少有一个无解;

(ii) 方程组 (7.12) 有唯一解当且仅当这 k 个独立方程组都只有唯一解;

(iii) 方程组 (7.12) 有无穷个解当且仅当这 k 个独立方程组都有解, 且至少有一个有无穷个解.

进一步, 若假设 $\boldsymbol{B}=\boldsymbol{J}_n(\lambda_0)$ 为 Jordan 块, 则方程组 (7.12) 等价于下列方程组:

$$(\boldsymbol{A}-\lambda_0\boldsymbol{I}_n)\boldsymbol{\alpha}_1=\boldsymbol{\beta}_1,\ (\boldsymbol{A}-\lambda_0\boldsymbol{I}_n)\boldsymbol{\alpha}_2=\boldsymbol{\alpha}_1+\boldsymbol{\beta}_2,\ \cdots,\ (\boldsymbol{A}-\lambda_0\boldsymbol{I}_n)\boldsymbol{\alpha}_n=\boldsymbol{\alpha}_{n-1}+\boldsymbol{\beta}_n.$$

充分性: 假设 $\boldsymbol{A},\boldsymbol{B}$ 没有公共的特征值, 则 λ_0 不是 $\boldsymbol{A}$ 的特征值, 从而 $\boldsymbol{A}-\lambda_0\boldsymbol{I}_n$ 是可逆矩阵. 从第一个方程可解得 $\boldsymbol{\alpha}_1=(\boldsymbol{A}-\lambda_0\boldsymbol{I}_n)^{-1}\boldsymbol{\beta}_1$, 代入第二个方程可解得 $\boldsymbol{\alpha}_2=(\boldsymbol{A}-\lambda_0\boldsymbol{I}_n)^{-1}(\boldsymbol{\alpha}_1+\boldsymbol{\beta}_2),\cdots$, 代入最后一个方程可解得 $\boldsymbol{\alpha}_n=(\boldsymbol{A}-\lambda_0\boldsymbol{I}_n)^{-1}(\boldsymbol{\alpha}_{n-1}+\boldsymbol{\beta}_n)$, 从而上述方程组有唯一解, 因此矩阵方程 $\boldsymbol{AX}-\boldsymbol{XB}=\boldsymbol{C}$ 也有唯一解.

必要性: 假设 $\boldsymbol{A},\boldsymbol{B}$ 有公共的特征值 λ_0, 若这 k 个独立方程组中有一个无解, 则矩阵方程 $\boldsymbol{AX}-\boldsymbol{XB}=\boldsymbol{C}$ 无解, 从而结论成立. 若这 k 个独立方程组都有解, 则不妨设 $\boldsymbol{B}=\boldsymbol{J}_n(\lambda_0)$ 为 Jordan 块. 由于 λ_0 是 $\boldsymbol{A}$ 的特征值, 故 $(\boldsymbol{A}-\lambda_0\boldsymbol{I}_n)\boldsymbol{x}=\boldsymbol{0}$ 有无穷个解. 注意到, 若 $(\boldsymbol{\alpha}_1,\boldsymbol{\alpha}_2,\cdots,\boldsymbol{\alpha}_n)$ 是上述方程组的一个解, 则对 $(\boldsymbol{A}-\lambda_0\boldsymbol{I}_n)\boldsymbol{x}=\boldsymbol{0}$ 的任一解 $\boldsymbol{\alpha}_0$, $(\boldsymbol{\alpha}_1,\boldsymbol{\alpha}_2,\cdots,\boldsymbol{\alpha}_n+\boldsymbol{\alpha}_0)$ 也是上述方程组的解, 因此矩阵方程 $\boldsymbol{AX}-\boldsymbol{XB}=\boldsymbol{C}$ 有无穷个解. □

3. 应用 Jordan 标准型的三段论法

如果矩阵问题的条件和结论在相似关系下不改变, 则可以先证明结论对 Jordan 块成立, 再证明对 Jordan 标准型成立, 最后证明对一般的矩阵也成立, 这就是所谓的

"三段论法". 事实上, 我们已经利用三段论法证明过例 7.7 和例 7.8, 下面再来看一些典型的例题.

首先, 我们来看计算矩阵乘幂的问题. 设 $\boldsymbol{A}$ 为 n 阶矩阵, $\boldsymbol{P}$ 为 n 阶可逆矩阵, 使得 $\boldsymbol{P}^{-1}\boldsymbol{A}\boldsymbol{P}=\boldsymbol{J}=\mathrm{diag}\{\boldsymbol{J}_{r_1}(\lambda_1),\boldsymbol{J}_{r_2}(\lambda_2),\cdots,\boldsymbol{J}_{r_k}(\lambda_k)\}$ 为 Jordan 标准型. 注意任一 Jordan 块 $\boldsymbol{J}_{r_i}(\lambda_i)$ 都有分解 $\boldsymbol{J}_{r_i}(\lambda_i)=\lambda_i\boldsymbol{I}_{r_i}+\boldsymbol{N}$, 其中 $\boldsymbol{N}=\boldsymbol{J}_{r_i}(0)$ 是特征值为零的 r_i 阶 Jordan 块, 故对任意的正整数 m,

$$\boldsymbol{J}_{r_i}(\lambda_i)^m=(\lambda_i\boldsymbol{I}_{r_i}+\boldsymbol{N})^m=\lambda_i^m\boldsymbol{I}_{r_i}+\mathrm{C}_m^1\lambda_i^{m-1}\boldsymbol{N}+\cdots+\mathrm{C}_m^{m-1}\lambda_i\boldsymbol{N}^{m-1}+\boldsymbol{N}^m.$$

于是 $\boldsymbol{J}^m=\mathrm{diag}\{\boldsymbol{J}_{r_1}(\lambda_1)^m,\boldsymbol{J}_{r_2}(\lambda_2)^m,\cdots,\boldsymbol{J}_{r_k}(\lambda_k)^m\}$, 从而 $\boldsymbol{A}^m=(\boldsymbol{P}\boldsymbol{J}\boldsymbol{P}^{-1})^m=\boldsymbol{P}\boldsymbol{J}^m\boldsymbol{P}^{-1}$ 便可计算出来了.

例 7.60 的延拓 设 $\boldsymbol{A}=\begin{pmatrix}2&6&-15\\1&1&-5\\1&2&-6\end{pmatrix}$, 求 $\boldsymbol{A}^m\,(m\geq 1)$.

解 我们已经计算出过渡矩阵 $\boldsymbol{P}$, 使得 $\boldsymbol{P}^{-1}\boldsymbol{A}\boldsymbol{P}=\boldsymbol{J}=\mathrm{diag}\{-1,\boldsymbol{J}_2(-1)\}$, 于是可进一步计算出

$$\begin{aligned}\boldsymbol{A}^m=\boldsymbol{P}\boldsymbol{J}^m\boldsymbol{P}^{-1}&=\begin{pmatrix}-2&3&1\\1&1&0\\0&1&0\end{pmatrix}\begin{pmatrix}(-1)^m&0&0\\0&(-1)^m&(-1)^{m-1}m\\0&0&(-1)^m\end{pmatrix}\begin{pmatrix}0&1&-1\\0&0&1\\1&2&-5\end{pmatrix}\\&=(-1)^{m-1}\begin{pmatrix}3m-1&6m&-15m\\m&2m-1&-5m\\m&2m&-5m-1\end{pmatrix}.\ \square\end{aligned}$$

我们还可以考虑反过来的问题.

例 7.71 求矩阵 $\boldsymbol{B}$, 使得 $\boldsymbol{A}=\boldsymbol{B}^2$, 其中 $\boldsymbol{A}=\begin{pmatrix}3&1\\-1&5\end{pmatrix}$.

解 利用 § 7.7 的方法, 可求出过渡矩阵 $\boldsymbol{P}=\begin{pmatrix}1&0\\1&1\end{pmatrix}$, 使得 $\boldsymbol{P}^{-1}\boldsymbol{A}\boldsymbol{P}=\boldsymbol{J}=\begin{pmatrix}4&1\\0&4\end{pmatrix}$ 为 Jordan 标准型. 用待定元素法不难求得 $\boldsymbol{C}=\pm\begin{pmatrix}2&\frac{1}{4}\\0&2\end{pmatrix}$, 使得 $\boldsymbol{C}^2=\boldsymbol{J}$.

注意到 $(\boldsymbol{PCP}^{-1})^2 = \boldsymbol{PC}^2\boldsymbol{P}^{-1} = \boldsymbol{PJP}^{-1} = \boldsymbol{A}$, 故可取 $\boldsymbol{B} = \boldsymbol{PCP}^{-1}$. 经计算可得

$$\boldsymbol{B} = \pm\begin{pmatrix} \frac{7}{4} & \frac{1}{4} \\ -\frac{1}{4} & \frac{9}{4} \end{pmatrix}. \square$$

注意到例 7.71 中的 $\boldsymbol{A}$ 是非异阵, $\boldsymbol{B}$ 可称为 $\boldsymbol{A}$ 的平方根. 事实上, 我们可证明如下结论, 即非异阵存在任意次的方根.

例 7.72 设 $\boldsymbol{A}$ 为 n 阶非异复矩阵, 证明: 对任一正整数 m, 存在 n 阶复矩阵 $\boldsymbol{B}$, 使得 $\boldsymbol{A} = \boldsymbol{B}^m$.

证明 设 $\boldsymbol{P}$ 为非异阵, 使得 $\boldsymbol{P}^{-1}\boldsymbol{AP} = \boldsymbol{J} = \mathrm{diag}\{\boldsymbol{J}_{r_1}(\lambda_1), \boldsymbol{J}_{r_2}(\lambda_2), \cdots, \boldsymbol{J}_{r_k}(\lambda_k)\}$ 为 $\boldsymbol{A}$ 的 Jordan 标准型. 由于 $\boldsymbol{A}$ 非异, 故 $\boldsymbol{A}$ 的所有特征值都非零. 对 $\boldsymbol{A}$ 的任一 Jordan 块 $\boldsymbol{J}_{r_i}(\lambda_i)$, 取定 λ_i 的某个 m 次方根 μ_i, 即 $\mu_i^m = \lambda_i$, 则由例 7.54 可知, $\boldsymbol{J}_{r_i}(\mu_i)^m$ 相似于 $\boldsymbol{J}_{r_i}(\lambda_i)$, 即存在非异阵 $\boldsymbol{Q}_i$, 使得 $\boldsymbol{J}_{r_i}(\lambda_i) = \boldsymbol{Q}_i^{-1}\boldsymbol{J}_{r_i}(\mu_i)^m\boldsymbol{Q}_i = (\boldsymbol{Q}_i^{-1}\boldsymbol{J}_{r_i}(\mu_i)\boldsymbol{Q}_i)^m$, 即结论对 Jordan 块成立. 令

$$\boldsymbol{C} = \mathrm{diag}\{\boldsymbol{Q}_1^{-1}\boldsymbol{J}_{r_1}(\mu_1)\boldsymbol{Q}_1, \boldsymbol{Q}_2^{-1}\boldsymbol{J}_{r_2}(\mu_2)\boldsymbol{Q}_2, \cdots, \boldsymbol{Q}_k^{-1}\boldsymbol{J}_{r_k}(\mu_k)\boldsymbol{Q}_k\},$$

则 $\boldsymbol{J} = \boldsymbol{C}^m$, 即结论对 Jordan 标准型也成立. 最后,

$$\boldsymbol{A} = \boldsymbol{PJP}^{-1} = \boldsymbol{PC}^m\boldsymbol{P}^{-1} = (\boldsymbol{PCP}^{-1})^m.$$

令 $\boldsymbol{B} = \boldsymbol{PCP}^{-1}$, 则有 $\boldsymbol{A} = \boldsymbol{B}^m$, 即结论对一般的矩阵也成立. $\square$

注 例 7.72 的结论对奇异矩阵一般并不成立. 例如, 设 $\boldsymbol{A} = \boldsymbol{J}_n(0)^{m-1}$, 其中 $n = mq - r$, $m \geq 2$ 且 $0 \leq r < m$, 则不存在 $\boldsymbol{B}$, 使得 $\boldsymbol{A} = \boldsymbol{B}^m$. 我们用反证法来证明这个结论. 若存在满足条件的 $\boldsymbol{B}$, 则 $\boldsymbol{B}$ 的特征值全为零, 从而 $\boldsymbol{B}$ 也是幂零矩阵, 即有 $\boldsymbol{B}^n = \boldsymbol{O}$. 于是 $\boldsymbol{O} = \boldsymbol{B}^{n+r} = (\boldsymbol{B}^m)^q = \boldsymbol{A}^q = \boldsymbol{J}_n(0)^{(m-1)q} \neq \boldsymbol{O}$, 这就导出了矛盾.

例 7.73 设 $\boldsymbol{A}$ 为 n 阶复矩阵, 证明: 存在 n 阶复对称矩阵 $\boldsymbol{B}, \boldsymbol{C}$, 使得 $\boldsymbol{A} = \boldsymbol{BC}$, 并且可以指定 $\boldsymbol{B}, \boldsymbol{C}$ 中任何一个为可逆矩阵.

证明 设 $\boldsymbol{P}$ 为非异阵, 使得 $\boldsymbol{P}^{-1}\boldsymbol{AP} = \boldsymbol{J} = \mathrm{diag}\{\boldsymbol{J}_{r_1}(\lambda_1), \boldsymbol{J}_{r_2}(\lambda_2), \cdots, \boldsymbol{J}_{r_k}(\lambda_k)\}$

为 $\boldsymbol{A}$ 的 Jordan 标准型. 考虑 Jordan 块 $\boldsymbol{J}_{r_i}(\lambda_i)$ 的如下两种分解:

$$\begin{pmatrix} \lambda_i & 1 & & & \\ & \lambda_i & 1 & & \\ & & \ddots & \ddots & \\ & & & \ddots & 1 \\ & & & & \lambda_i \end{pmatrix} = \begin{pmatrix} & & & 1 & \lambda_i \\ & & 1 & \lambda_i & \\ & \iddots & \iddots & & \\ 1 & \iddots & & & \\ \lambda_i & & & & \end{pmatrix} \begin{pmatrix} & & & & 1 \\ & & & 1 & \\ & & \iddots & & \\ & \iddots & & & \\ 1 & & & & \end{pmatrix} \tag{7.13}$$

$$= \begin{pmatrix} & & & & 1 \\ & & & 1 & \\ & & \iddots & & \\ & \iddots & & & \\ 1 & & & & \end{pmatrix} \begin{pmatrix} & & & & \lambda_i \\ & & & \lambda_i & 1 \\ & & \iddots & 1 & \\ & \iddots & \iddots & & \\ \lambda_i & 1 & & & \end{pmatrix}, \tag{7.14}$$

我们将 (7.13) 式的分解记为 $\boldsymbol{J}_{r_i}(\lambda_i) = \boldsymbol{R}_i\boldsymbol{S}_i$, (7.14) 式的分解记为 $\boldsymbol{J}_{r_i}(\lambda_i) = \boldsymbol{S}_i\boldsymbol{T}_i$, 注意到 $\boldsymbol{R}_i, \boldsymbol{S}_i, \boldsymbol{T}_i$ 都是对称矩阵, 并且 $\boldsymbol{S}_i$ 是可逆矩阵. 如果一开始选定 $\boldsymbol{B}$ 为可逆矩阵, 则利用 (7.14) 式的分解; 如果一开始选定 $\boldsymbol{C}$ 为可逆矩阵, 则利用 (7.13) 式的分解. 以下不妨设定 $\boldsymbol{B}$ 为可逆矩阵, 令

$$\boldsymbol{S} = \mathrm{diag}\{\boldsymbol{S}_1, \boldsymbol{S}_2, \cdots, \boldsymbol{S}_k\}, \quad \boldsymbol{T} = \mathrm{diag}\{\boldsymbol{T}_1, \boldsymbol{T}_2, \cdots, \boldsymbol{T}_k\},$$

则有 $\boldsymbol{J} = \boldsymbol{S}\boldsymbol{T}$, 其中 $\boldsymbol{S}, \boldsymbol{T}$ 都是对称矩阵, 并且 $\boldsymbol{S}$ 是可逆矩阵. 因此, 我们有

$$\boldsymbol{A} = \boldsymbol{P}\boldsymbol{J}\boldsymbol{P}^{-1} = \boldsymbol{P}\boldsymbol{S}\boldsymbol{T}\boldsymbol{P}^{-1} = (\boldsymbol{P}\boldsymbol{S}\boldsymbol{P}')((\boldsymbol{P}^{-1})'\boldsymbol{T}\boldsymbol{P}^{-1}).$$

令 $\boldsymbol{B} = \boldsymbol{P}\boldsymbol{S}\boldsymbol{P}'$, $\boldsymbol{C} = (\boldsymbol{P}^{-1})'\boldsymbol{T}\boldsymbol{P}^{-1}$, 则 $\boldsymbol{A} = \boldsymbol{B}\boldsymbol{C}$ 即为所求分解. □

例 7.74 设 $\boldsymbol{A}$ 为 n 阶复矩阵, 证明: 存在 n 阶非异复对称矩阵 $\boldsymbol{Q}$, 使得 $\boldsymbol{Q}^{-1}\boldsymbol{A}\boldsymbol{Q} = \boldsymbol{A}'$.

证明 设 $\boldsymbol{P}$ 为非异阵, 使得 $\boldsymbol{P}^{-1}\boldsymbol{A}\boldsymbol{P} = \boldsymbol{J} = \mathrm{diag}\{\boldsymbol{J}_{r_1}(\lambda_1), \boldsymbol{J}_{r_2}(\lambda_2), \cdots, \boldsymbol{J}_{r_k}(\lambda_k)\}$ 为 $\boldsymbol{A}$ 的 Jordan 标准型. 采用与例 7.73 的证明中相同的记号, 注意到 $\boldsymbol{S}_i$ 是非异对称矩阵, 且 $\boldsymbol{S}_i^2 = \boldsymbol{I}$, 即 $\boldsymbol{S}_i^{-1} = \boldsymbol{S}_i$, 我们来考虑 Jordan 块 $\boldsymbol{J}_{r_i}(\lambda_i)$ 的如下相似关系:

$$\boldsymbol{J}_{r_i}(\lambda_i) = \begin{pmatrix} & & & & 1 \\ & & & 1 & \\ & & \iddots & & \\ & \iddots & & & \\ 1 & & & & \end{pmatrix} \begin{pmatrix} \lambda_i & & & & \\ 1 & \lambda_i & & & \\ & 1 & \ddots & & \\ & & \ddots & \ddots & \\ & & & 1 & \lambda_i \end{pmatrix} \begin{pmatrix} & & & & 1 \\ & & & 1 & \\ & & \iddots & & \\ & \iddots & & & \\ 1 & & & & \end{pmatrix},$$

即有 $\boldsymbol{J}_{r_i}(\lambda_i)=\boldsymbol{S}_i\boldsymbol{J}_{r_i}(\lambda_i)'\boldsymbol{S}_i$. 令 $\boldsymbol{S}=\text{diag}\{\boldsymbol{S}_1,\boldsymbol{S}_2,\cdots,\boldsymbol{S}_k\}$, 则 $\boldsymbol{S}$ 是非异对称矩阵, $\boldsymbol{S}^2=\boldsymbol{I}_n$, 且 $\boldsymbol{J}=\boldsymbol{S}\boldsymbol{J}'\boldsymbol{S}$. 因此, 我们有

$$\boldsymbol{A}=\boldsymbol{P}\boldsymbol{J}\boldsymbol{P}^{-1}=\boldsymbol{P}\boldsymbol{S}\boldsymbol{J}'\boldsymbol{S}\boldsymbol{P}^{-1}=\boldsymbol{P}\boldsymbol{S}\boldsymbol{P}'\boldsymbol{A}'(\boldsymbol{P}^{-1})'\boldsymbol{S}\boldsymbol{P}^{-1}=(\boldsymbol{P}\boldsymbol{S}\boldsymbol{P}')\boldsymbol{A}'(\boldsymbol{P}\boldsymbol{S}\boldsymbol{P}')^{-1}.$$

令 $\boldsymbol{Q}=\boldsymbol{P}\boldsymbol{S}\boldsymbol{P}'$, 则 $\boldsymbol{Q}$ 为非异复对称矩阵, 使得 $\boldsymbol{Q}^{-1}\boldsymbol{A}\boldsymbol{Q}=\boldsymbol{A}'$. □

例 7.75 设 $\boldsymbol{A}$ 为 n 阶幂零矩阵, 证明: $\mathrm{e}^{\boldsymbol{A}}$ 与 $\boldsymbol{I}_n+\boldsymbol{A}$ 相似.

证法 1 由 $\boldsymbol{A}$ 是幂零矩阵可知, $\boldsymbol{A}$ 的特征值全为零. 设 $\boldsymbol{P}$ 为非异阵, 使得 $\boldsymbol{P}^{-1}\boldsymbol{A}\boldsymbol{P}=\boldsymbol{J}=\text{diag}\{\boldsymbol{J}_{r_1}(0),\boldsymbol{J}_{r_2}(0),\cdots,\boldsymbol{J}_{r_k}(0)\}$ 为 $\boldsymbol{A}$ 的 Jordan 标准型. 先对 Jordan 块 $\boldsymbol{J}_{r_i}(0)$ 进行证明. 注意到

$$\begin{aligned}\mathrm{e}^{\boldsymbol{J}_{r_i}(0)} &= \boldsymbol{I}_{r_i}+\frac{1}{1!}\boldsymbol{J}_{r_i}(0)+\frac{1}{2!}\boldsymbol{J}_{r_i}(0)^2+\cdots+\frac{1}{(r_i-1)!}\boldsymbol{J}_{r_i}(0)^{r_i-1}\\ &= \begin{pmatrix}1 & 1 & \cdots & *\\ & 1 & \ddots & \vdots\\ & & \ddots & 1\\ & & & 1\end{pmatrix},\end{aligned}$$

故 $\mathrm{e}^{\boldsymbol{J}_{r_i}(0)}$ 的特征值全为 1, 其几何重数等于 $r_i-\mathrm{r}(\mathrm{e}^{\boldsymbol{J}_{r_i}(0)}-\boldsymbol{I}_{r_i})=r_i-(r_i-1)=1$. 因此 $\mathrm{e}^{\boldsymbol{J}_{r_i}(0)}$ 只有一个 Jordan 块, 其 Jordan 标准型为 $\boldsymbol{J}_{r_i}(1)=\boldsymbol{I}_{r_i}+\boldsymbol{J}_{r_i}(0)$, 即存在非异阵 $\boldsymbol{Q}_i$, 使得 $\mathrm{e}^{\boldsymbol{J}_{r_i}(0)}=\boldsymbol{Q}_i(\boldsymbol{I}_{r_i}+\boldsymbol{J}_{r_i}(0))\boldsymbol{Q}_i^{-1}\,(1\leq i\leq k)$. 再对 Jordan 标准型 $\boldsymbol{J}$ 进行证明. 令 $\boldsymbol{Q}=\text{diag}\{\boldsymbol{Q}_1,\boldsymbol{Q}_2,\cdots,\boldsymbol{Q}_k\}$, 则 $\boldsymbol{Q}$ 为非异阵, 满足

$$\mathrm{e}^{\boldsymbol{J}}=\text{diag}\{\mathrm{e}^{\boldsymbol{J}_{r_1}(0)},\mathrm{e}^{\boldsymbol{J}_{r_2}(0)},\cdots,\mathrm{e}^{\boldsymbol{J}_{r_k}(0)}\}=\boldsymbol{Q}(\boldsymbol{I}_n+\boldsymbol{J})\boldsymbol{Q}^{-1}.$$

最后对一般的矩阵 $\boldsymbol{A}$ 进行证明. 由前两步可得

$$\begin{aligned}\mathrm{e}^{\boldsymbol{A}} &= \mathrm{e}^{\boldsymbol{P}\boldsymbol{J}\boldsymbol{P}^{-1}}=\boldsymbol{P}\mathrm{e}^{\boldsymbol{J}}\boldsymbol{P}^{-1}=\boldsymbol{P}\boldsymbol{Q}(\boldsymbol{I}_n+\boldsymbol{J})\boldsymbol{Q}^{-1}\boldsymbol{P}^{-1}\\ &= \boldsymbol{P}\boldsymbol{Q}(\boldsymbol{I}_n+\boldsymbol{P}^{-1}\boldsymbol{A}\boldsymbol{P})\boldsymbol{Q}^{-1}\boldsymbol{P}^{-1}=(\boldsymbol{P}\boldsymbol{Q}\boldsymbol{P}^{-1})(\boldsymbol{I}_n+\boldsymbol{A})(\boldsymbol{P}\boldsymbol{Q}\boldsymbol{P}^{-1})^{-1},\end{aligned}$$

即 $\mathrm{e}^{\boldsymbol{A}}$ 与 $\boldsymbol{I}_n+\boldsymbol{A}$ 相似.

证法 2 由 $\boldsymbol{A}$ 是幂零矩阵可知, $\boldsymbol{A}$ 的特征值全为零, 从而 $\boldsymbol{I}_n+\boldsymbol{A}$ 和 $\mathrm{e}^{\boldsymbol{A}}=\boldsymbol{I}_n+\boldsymbol{A}+\cdots+\dfrac{1}{(n-1)!}\boldsymbol{A}^{n-1}$ 的特征值全为 1. 容易验证 $\mathrm{r}((\mathrm{e}^{\boldsymbol{A}}-\boldsymbol{I}_n)^k)=\mathrm{r}(\boldsymbol{A}^k)\,(k\geq 1)$ 成立, 故由例 7.53 即得结论. □

4. 采用 Jordan 块作为测试矩阵

在矩阵问题中, 如果需要构造满足某种性质的矩阵, 则可以采用 Jordan 块作为测试矩阵进行探索和讨论. 比如在例 7.72 中, 为了构造 Jordan 块 $\boldsymbol{J}_{r_i}(\lambda_i)$ 的 m 次方根, 我们采用了 Jordan 块 $\boldsymbol{J}_{r_i}(\mu_i)$ 作为测试矩阵, 并最终得到了正确的答案. 下面再来看两个典型的例题.

例 7.76 证明: 存在 71 阶实方阵 $\boldsymbol{A}$, 使得

$$\boldsymbol{A}^{70}+\boldsymbol{A}^{69}+\cdots+\boldsymbol{A}+\boldsymbol{I}_{71}=\begin{pmatrix}2019 & 2018 & \cdots & 1949\\ & 2019 & \ddots & \vdots\\ & & \ddots & 2018\\ & & & 2019\end{pmatrix}.$$

证明 记 $f(x)=x^{70}+x^{69}+\cdots+x+1$, 上述等式右边的矩阵为 $\boldsymbol{B}$. 注意到 $f(1)<2019$ 和 $f(2)>2019$, 故由连续函数的性质可知, $f(x)=2019$ 在开区间 $(1,2)$ 中必有一实根 λ_0. 将 Jordan 块 $\boldsymbol{J}_{71}(\lambda_0)$ 代入 $f(x)$ 中, 经计算可得

$$f(\boldsymbol{J}_{71}(\lambda_0))=\begin{pmatrix}f(\lambda_0) & f'(\lambda_0) & \cdots & *\\ & f(\lambda_0) & \ddots & \vdots\\ & & \ddots & f'(\lambda_0)\\ & & & f(\lambda_0)\end{pmatrix},$$

这是一个上三角矩阵, 主对角元全为 $f(\lambda_0)=2019$, 上次对角元全为 $f'(\lambda_0)>0$, 从而 $f(\boldsymbol{J}_{71}(\lambda_0))$ 的特征值全为 2019, 其几何重数为 $71-\mathrm{r}(f(\boldsymbol{J}_{71}(\lambda_0))-2019\boldsymbol{I}_{71})=1$. 因此, $f(\boldsymbol{J}_{71}(\lambda_0))$ 的 Jordan 标准型中只有一个 Jordan 块 $\boldsymbol{J}_{71}(2019)$, 即 $f(\boldsymbol{J}_{71}(\lambda_0))$ 相似于 $\boldsymbol{J}_{71}(2019)$. 另一方面, 矩阵 $\boldsymbol{B}$ 也是一个上三角矩阵, 主对角元全为 2019, 上次对角元全为 2018, 从而 $\boldsymbol{B}$ 的特征值全为 2019, 其几何重数为 $71-\mathrm{r}(\boldsymbol{B}-2019\boldsymbol{I}_{71})=1$. 因此, $\boldsymbol{B}$ 的 Jordan 标准型中只有一个 Jordan 块 $\boldsymbol{J}_{71}(2019)$, 即 $\boldsymbol{B}$ 也相似于 $\boldsymbol{J}_{71}(2019)$. 由于矩阵的相似在基域扩张下不改变 (参考 [1] 的推论 7.3.4), 故 $f(\boldsymbol{J}_{71}(\lambda_0))$ 和 $\boldsymbol{B}$ 在实数域上相似, 即存在非异实矩阵 $\boldsymbol{P}$, 使得 $\boldsymbol{B}=\boldsymbol{P}^{-1}f(\boldsymbol{J}_{71}(\lambda_0))\boldsymbol{P}=f(\boldsymbol{P}^{-1}\boldsymbol{J}_{71}(\lambda_0)\boldsymbol{P})$. 令 $\boldsymbol{A}=\boldsymbol{P}^{-1}\boldsymbol{J}_{71}(\lambda_0)\boldsymbol{P}$, 则 $\boldsymbol{A}$ 是实矩阵, 且满足 $f(\boldsymbol{A})=\boldsymbol{B}$. □

下面的例子采用了广义 Jordan 块 (参考例 7.96) 作为测试矩阵.

例 7.77 设 a,b 都是实数, 其中 $b\neq 0$, 证明: 对任意的正整数 m, 存在四阶实

方阵 $\boldsymbol{A}$, 使得

$$\boldsymbol{A}^m=\boldsymbol{B}=\begin{pmatrix} a & b & 2 & 0 \\ -b & a & 2 & 0 \\ 0 & 0 & a & b \\ 0 & 0 & -b & a \end{pmatrix}.$$

证明　显然, $\boldsymbol{B}$ 的特征多项式 $f(\lambda)=((\lambda-a)^2+b^2)^2$. 我们可用 3 种方法求出 $\boldsymbol{B}$ 的 Jordan 标准型 (参考 § 7.6). 第一种方法是计算行列式因子:

$$\lambda\boldsymbol{I}_4-\boldsymbol{B}=\begin{pmatrix} \lambda-a & -b & -2 & 0 \\ b & \lambda-a & -2 & 0 \\ 0 & 0 & \lambda-a & -b \\ 0 & 0 & b & \lambda-a \end{pmatrix},$$

经计算可知

$$(\lambda\boldsymbol{I}_4-\boldsymbol{B})\begin{pmatrix} 1 & 2 & 3 \\ 1 & 2 & 4 \end{pmatrix}=-b((\lambda-a)^2+b^2),\ (\lambda\boldsymbol{I}_4-\boldsymbol{B})\begin{pmatrix} 1 & 2 & 3 \\ 2 & 3 & 4 \end{pmatrix}=-2b(\lambda-a+b).$$

显然这两个三阶子式互素, 故三阶行列式因子 $D_3(\lambda)=1$, 于是 $\boldsymbol{B}$ 的行列式因子组和不变因子组均为 $1,1,1,((\lambda-a)^2+b^2)^2$, 从而初等因子组为 $(\lambda-a-b\mathrm{i})^2,(\lambda-a+b\mathrm{i})^2$, 因此 $\boldsymbol{B}$ 的 Jordan 标准型 $\boldsymbol{J}=\mathrm{diag}\{\boldsymbol{J}_2(a+b\mathrm{i}),\boldsymbol{J}_2(a-b\mathrm{i})\}$. 第二种方法是计算极小多项式: 由于 $\boldsymbol{B}$ 是实方阵, 故其极小多项式 $m(\lambda)$ 是实系数多项式, 又 $m(\lambda)$ 整除 $f(\lambda)$, 从而只能是 $m(\lambda)=(\lambda-a)^2+b^2$ 或 $m(\lambda)=((\lambda-a)^2+b^2)^2$. 通过简单的计算可知 $\boldsymbol{B}$ 不适合多项式 $(\lambda-a)^2+b^2$, 于是 $m(\lambda)=f(\lambda)=((\lambda-a)^2+b^2)^2$, 剩余的讨论同第一种方法. 第三种方法是计算特征值的几何重数: $\boldsymbol{B}$ 的全体特征值为 $a+b\mathrm{i}$ (2 重), $a-b\mathrm{i}$ (2 重), 通过简单的计算可知 $\mathrm{r}(\boldsymbol{B}-(a+b\mathrm{i})\boldsymbol{I}_4)=3$ 以及 $\mathrm{r}(\boldsymbol{B}-(a-b\mathrm{i})\boldsymbol{I}_4)=3$, 于是 $a\pm b\mathrm{i}$ 的几何重数都等于 1, 从而分别只有一个二阶 Jordan 块, 因此 $\boldsymbol{B}$ 的 Jordan 标准型 $\boldsymbol{J}=\mathrm{diag}\{\boldsymbol{J}_2(a+b\mathrm{i}),\boldsymbol{J}_2(a-b\mathrm{i})\}$.

取 $a+b\mathrm{i}$ 的 m 次方根 $c+d\mathrm{i}$ $(c,d\in\mathbb{R})$, 即满足 $(c+d\mathrm{i})^m=a+b\mathrm{i}$ (取定一个即可). 构造实方阵 (取法不唯一):

$$\boldsymbol{C}=\begin{pmatrix} c & d & 2 & 0 \\ -d & c & 2 & 0 \\ 0 & 0 & c & d \\ 0 & 0 & -d & c \end{pmatrix},\ 或\ \boldsymbol{C}=\begin{pmatrix} c & d & 1 & 0 \\ -d & c & 0 & 1 \\ 0 & 0 & c & d \\ 0 & 0 & -d & c \end{pmatrix},\ 或\ \boldsymbol{C}=\begin{pmatrix} c & d & 0 & 0 \\ -d & c & 1 & 0 \\ 0 & 0 & c & d \\ 0 & 0 & -d & c \end{pmatrix}.$$

注意到 $d\neq 0$, 故由开始处完全类似的讨论可知, $\boldsymbol{C}$ 的 Jordan 标准型为 $\mathrm{diag}\{\boldsymbol{J}_2(c+d\mathrm{i}),\boldsymbol{J}_2(c-d\mathrm{i})\}$. 由例 7.54 可知, $\boldsymbol{J}_2(c\pm d\mathrm{i})^m$ 的 Jordan 标准型为 $\boldsymbol{J}_2(a\pm b\mathrm{i})$, 从而 $\boldsymbol{C}^m$

的 Jordan 标准型为 $\mathrm{diag}\{\boldsymbol{J}_2(a+b\mathrm{i}),\boldsymbol{J}_2(a-b\mathrm{i})\}$, 于是 $\boldsymbol{B}$ 与 $\boldsymbol{C}^m$ 有相同的 Jordan 标准型, 故它们在复数域上相似. 注意到 $\boldsymbol{B}$ 与 $\boldsymbol{C}^m$ 都是实矩阵, 故由矩阵相似在基域扩张下的不变性 (参考 [1] 的推论 7.3.4) 可知, 它们在实数域上也相似, 即存在非异阵 $\boldsymbol{P}\in M_4(\mathbb{R})$, 使得 $\boldsymbol{B}=\boldsymbol{P}^{-1}\boldsymbol{C}^m\boldsymbol{P}=(\boldsymbol{P}^{-1}\boldsymbol{C}\boldsymbol{P})^m$. 令 $\boldsymbol{A}=\boldsymbol{P}^{-1}\boldsymbol{C}\boldsymbol{P}$, 则 $\boldsymbol{A}$ 为实方阵, 满足 $\boldsymbol{A}^m=\boldsymbol{B}$. □

§ 7.9 矩阵函数

矩阵函数在微分方程理论中有着重要的应用, 下面介绍几道例题供读者参考. 首先必须注意到, 在具体计算矩阵函数时不能随便套用数值函数的性质. 比如在数值函数中, 成立 $\mathrm{e}^x\cdot\mathrm{e}^y=\mathrm{e}^{x+y}=\mathrm{e}^y\cdot\mathrm{e}^x$, 但对一般的矩阵 $\boldsymbol{A}$, $\boldsymbol{B}$ 来说, $\mathrm{e}^{\boldsymbol{A}}\cdot\mathrm{e}^{\boldsymbol{B}}=\mathrm{e}^{\boldsymbol{A}+\boldsymbol{B}}=\mathrm{e}^{\boldsymbol{B}}\cdot\mathrm{e}^{\boldsymbol{A}}$ 并不一定成立. 例如,

$$\boldsymbol{A}=\begin{pmatrix}1&1\\0&0\end{pmatrix},\quad \boldsymbol{B}=\begin{pmatrix}0&0\\1&1\end{pmatrix},$$

通过计算不难验证 $\boldsymbol{AB}=\boldsymbol{A}$, $\boldsymbol{BA}=\boldsymbol{B}$, 并且

$$\mathrm{e}^{\boldsymbol{A}}=\begin{pmatrix}\mathrm{e}&\mathrm{e}-1\\0&1\end{pmatrix},\quad \mathrm{e}^{\boldsymbol{B}}=\begin{pmatrix}1&0\\\mathrm{e}-1&\mathrm{e}\end{pmatrix},\quad \mathrm{e}^{\boldsymbol{A}+\boldsymbol{B}}=\begin{pmatrix}\dfrac{\mathrm{e}^2+1}{2}&\dfrac{\mathrm{e}^2-1}{2}\\\dfrac{\mathrm{e}^2-1}{2}&\dfrac{\mathrm{e}^2+1}{2}\end{pmatrix},$$

因此 $\boldsymbol{AB}\neq\boldsymbol{BA}$, 并且在 $\mathrm{e}^{\boldsymbol{A}}\cdot\mathrm{e}^{\boldsymbol{B}}$, $\mathrm{e}^{\boldsymbol{B}}\cdot\mathrm{e}^{\boldsymbol{A}}$ 以及 $\mathrm{e}^{\boldsymbol{A}+\boldsymbol{B}}$ 这 3 个矩阵中, 任意两个都不相等. 但若 $\boldsymbol{A},\boldsymbol{B}$ 乘法可交换, 则在上述 3 个矩阵中, 任意两个都相等, 这就是下面的例 7.78 和例 7.80.

例 7.78 求证: 若 n 阶矩阵 $\boldsymbol{A},\boldsymbol{B}$ 乘法可交换, 则 $\mathrm{e}^{\boldsymbol{A}}\cdot\mathrm{e}^{\boldsymbol{B}}=\mathrm{e}^{\boldsymbol{B}}\cdot\mathrm{e}^{\boldsymbol{A}}$.

证明 设 $f(z)=\mathrm{e}^z$, 并且 $f_p(z)=1+\dfrac{1}{1!}z+\dfrac{1}{2!}z^2+\cdots+\dfrac{1}{p!}z^p$ 为 $f(z)$ 的部分和, 因为 $f(z)$ 的收敛半径为 $+\infty$, 所以对任一矩阵 $\boldsymbol{A}$, $\lim\limits_{p\to\infty}f_p(\boldsymbol{A})=f(\boldsymbol{A})=\mathrm{e}^{\boldsymbol{A}}$. 由于 $\boldsymbol{AB}=\boldsymbol{BA}$, 故对任意的正整数 p,q, 成立 $f_p(\boldsymbol{A})f_q(\boldsymbol{B})=f_q(\boldsymbol{B})f_p(\boldsymbol{A})$. 先固定 p, 令 $q\to\infty$, 则可得

$$\begin{aligned}f_p(\boldsymbol{A})f(\boldsymbol{B})&=f_p(\boldsymbol{A})\Big(\lim_{q\to\infty}f_q(\boldsymbol{B})\Big)=\lim_{q\to\infty}\Big(f_p(\boldsymbol{A})f_q(\boldsymbol{B})\Big)=\lim_{q\to\infty}\Big(f_q(\boldsymbol{B})f_p(\boldsymbol{A})\Big)\\&=\Big(\lim_{q\to\infty}f_q(\boldsymbol{B})\Big)f_p(\boldsymbol{A})=f(\boldsymbol{B})f_p(\boldsymbol{A}).\end{aligned}$$

同理, 再对上式令 $p\to\infty$, 则可得 $f(\boldsymbol{A})f(\boldsymbol{B})=f(\boldsymbol{B})f(\boldsymbol{A})$, 即结论成立. □

注　由例 7.78 类似的讨论可证明: 若 $f(z),g(z)$ 是两个收敛半径都是 $+\infty$ 的复幂级数, 则对任意乘法可交换的 $\boldsymbol{A},\boldsymbol{B}$, 均有 $f(\boldsymbol{A})g(\boldsymbol{B})=g(\boldsymbol{B})f(\boldsymbol{A})$.

要证明 $\mathrm{e}^{\boldsymbol{A}}\cdot\mathrm{e}^{\boldsymbol{B}}=\mathrm{e}^{\boldsymbol{A}+\boldsymbol{B}}$, 却没有例 7.78 那么简单, 因为这里面涉及到级数的乘积. 比如在数学分析中考虑数项级数乘积 $\sum\limits_{i,j=1}^{\infty}a_ib_j$ 的收敛性, 一般来说, 只有当 $\sum\limits_{i=1}^{\infty}a_i$ 和 $\sum\limits_{j=1}^{\infty}b_j$ 都是绝对收敛时, 上述级数乘积的收敛性才能得到保证, 特别地, 还可以得到 Cauchy 乘积的收敛性, 即 $\sum\limits_{n=1}^{\infty}\big(\sum\limits_{i+j=n}a_ib_j\big)$ 收敛到 $\big(\sum\limits_{i=1}^{\infty}a_i\big)\cdot\big(\sum\limits_{j=1}^{\infty}b_j\big)$. 因此, 为了类似地讨论矩阵幂级数乘积的收敛性, 我们必须引入矩阵范数的概念 (类似于复数的模长). 由于更一般的范数概念及其性质将在第 9 章内积空间中详细定义和研究, 故这里只讨论矩阵范数的一些简单性质. 另外, 矩阵范数可以有很多种, 这里我们选取由 Frobenius 内积诱导的范数 (参考例 9.1).

例 7.79　设 $\boldsymbol{A}=(a_{ij})$ 是 n 阶复矩阵, 定义 $\boldsymbol{A}$ 的范数为其所有元素模长的平方和的算术平方根, 即 $\|\boldsymbol{A}\|=\sqrt{\sum\limits_{i,j=1}^{n}|a_{ij}|^2}$. 设 $\boldsymbol{B}=(b_{ij})$ 也是 n 阶复矩阵, 求证:

(1) $\|\boldsymbol{A}\|\geq 0$, 等号成立当且仅当 $\boldsymbol{A}=\boldsymbol{O}$;

(2) $\|\boldsymbol{A}+\boldsymbol{B}\|\leq\|\boldsymbol{A}\|+\|\boldsymbol{B}\|$;

(3) $\|\boldsymbol{A}\boldsymbol{B}\|\leq\|\boldsymbol{A}\|\cdot\|\boldsymbol{B}\|$.

证明　(1) 显然成立. (2) 就是一般范数的三角不等式 (参考 §§ 9.1.1 定理 7). (3) 注意到 $\|\boldsymbol{A}\boldsymbol{B}\|^2=\sum\limits_{i,j=1}^{n}\Big|\sum\limits_{k=1}^{n}a_{ik}b_{kj}\Big|^2$, $\|\boldsymbol{A}\|^2\cdot\|\boldsymbol{B}\|^2=\Big(\sum\limits_{i,k=1}^{n}|a_{ik}|^2\Big)\cdot\Big(\sum\limits_{k,j=1}^{n}|b_{kj}|^2\Big)$, 由 Cauchy-Schwarz 不等式 (参考例 2.63 的复数形式) 即得结论. □

例 7.80　求证: 若 n 阶矩阵 $\boldsymbol{A},\boldsymbol{B}$ 乘法可交换, 则 $\mathrm{e}^{\boldsymbol{A}}\cdot\mathrm{e}^{\boldsymbol{B}}=\mathrm{e}^{\boldsymbol{A}+\boldsymbol{B}}$.

证明　设 $f(z)=\mathrm{e}^z$, 并且 $f_p(z)=1+\dfrac{1}{1!}z+\dfrac{1}{2!}z^2+\cdots+\dfrac{1}{p!}z^p$ 为 $f(z)$ 的部分和. 注意到 $\boldsymbol{A}\boldsymbol{B}=\boldsymbol{B}\boldsymbol{A}$, 经简单的计算可知, $f_p(\boldsymbol{A})f_p(\boldsymbol{B})$ 展开后的单项包含 $f_p(\boldsymbol{A}+\boldsymbol{B})$ 展开后的所有单项, 且剩余单项可表示为 $\dfrac{\boldsymbol{A}^i}{i!}\dfrac{\boldsymbol{B}^j}{j!}$ 的形式, 其中 $i+j>p$, 故由例 7.79 可得

$$\|f_p(\boldsymbol{A})f_p(\boldsymbol{B})-f_p(\boldsymbol{A}+\boldsymbol{B})\|\leq\sum_{k>p}\Big(\sum_{i+j=k}\frac{\|\boldsymbol{A}\|^i}{i!}\frac{\|\boldsymbol{B}\|^j}{j!}\Big)=\sum_{k>p}\frac{(\|\boldsymbol{A}\|+\|\boldsymbol{B}\|)^k}{k!}.$$

由于数项级数 $\sum\limits_{k=0}^{\infty}\dfrac{1}{k!}(\|\boldsymbol{A}\|+\|\boldsymbol{B}\|)^k$ 收敛到 $\mathrm{e}^{\|\boldsymbol{A}\|+\|\boldsymbol{B}\|}$, 故当 p 充分大时, 上式右边趋

于零. 令 $p\to\infty$, 则由上式即得 $\|f(\boldsymbol{A})f(\boldsymbol{B})-f(\boldsymbol{A}+\boldsymbol{B})\|=0$, 再次由例 7.79 可得 $\mathrm{e}^{\boldsymbol{A}}\cdot\mathrm{e}^{\boldsymbol{B}}=\mathrm{e}^{\boldsymbol{A}+\boldsymbol{B}}$. □

注 从例 7.80 的证明可以看出, 矩阵幂级数 $\mathrm{e}^{\boldsymbol{A}}$ 的绝对收敛性保证了矩阵级数的 Cauchy 乘积 $\mathrm{e}^{\boldsymbol{A}+\boldsymbol{B}}=\sum\limits_{p=0}^{\infty}\left(\sum\limits_{i+j=p}\dfrac{\boldsymbol{A}^i}{i!}\dfrac{\boldsymbol{B}^j}{j!}\right)$ 收敛到 $\left(\sum\limits_{i=0}^{\infty}\dfrac{\boldsymbol{A}^i}{i!}\right)\cdot\left(\sum\limits_{j=0}^{\infty}\dfrac{\boldsymbol{B}^j}{j!}\right)=\mathrm{e}^{\boldsymbol{A}}\cdot\mathrm{e}^{\boldsymbol{B}}$. 另外, 利用例 7.80 也可给出例 7.78 的另一证明.

例 7.81 设 $\boldsymbol{A}$ 是 n 阶矩阵, 求证: $\sin^2\boldsymbol{A}+\cos^2\boldsymbol{A}=\boldsymbol{I}_n$.

证明 由定义可知 $\cos\boldsymbol{A}=\dfrac{1}{2}(\mathrm{e}^{\mathrm{i}\boldsymbol{A}}+\mathrm{e}^{-\mathrm{i}\boldsymbol{A}})$, $\sin\boldsymbol{A}=\dfrac{1}{2\mathrm{i}}(\mathrm{e}^{\mathrm{i}\boldsymbol{A}}-\mathrm{e}^{-\mathrm{i}\boldsymbol{A}})$. 由例 7.78 和例 7.80 可知, $\mathrm{e}^{\mathrm{i}\boldsymbol{A}}\mathrm{e}^{-\mathrm{i}\boldsymbol{A}}=\mathrm{e}^{-\mathrm{i}\boldsymbol{A}}\mathrm{e}^{\mathrm{i}\boldsymbol{A}}=\mathrm{e}^{\mathrm{i}\boldsymbol{A}-\mathrm{i}\boldsymbol{A}}=\boldsymbol{I}_n$, $(\mathrm{e}^{\mathrm{i}\boldsymbol{A}})^2=\mathrm{e}^{2\mathrm{i}\boldsymbol{A}}$, $(\mathrm{e}^{-\mathrm{i}\boldsymbol{A}})^2=\mathrm{e}^{-2\mathrm{i}\boldsymbol{A}}$, 故

$$\sin^2\boldsymbol{A}+\cos^2\boldsymbol{A}=\frac{1}{4}\left(\mathrm{e}^{2\mathrm{i}\boldsymbol{A}}+2\boldsymbol{I}_n+\mathrm{e}^{-2\mathrm{i}\boldsymbol{A}}\right)-\frac{1}{4}\left(\mathrm{e}^{2\mathrm{i}\boldsymbol{A}}-2\boldsymbol{I}_n+\mathrm{e}^{-2\mathrm{i}\boldsymbol{A}}\right)=\boldsymbol{I}_n.\ \square$$

例 7.82 设 $\boldsymbol{A}$ 是 n 阶矩阵, 求证: $\sin 2\boldsymbol{A}=2\sin\boldsymbol{A}\cos\boldsymbol{A}$.

证明 与例 7.81 的证明完全类似, 留给读者完成. □

例 7.83 计算 $\sin(\mathrm{e}^{c\boldsymbol{I}})$ 及 $\cos(\mathrm{e}^{c\boldsymbol{I}})$, 其中 c 是非零常数.

解 由指数矩阵函数的定义可得

$$\begin{aligned}\mathrm{e}^{c\boldsymbol{I}} &= \boldsymbol{I}+\frac{1}{1!}(c\boldsymbol{I})+\frac{1}{2!}(c\boldsymbol{I})^2+\frac{1}{3!}(c\boldsymbol{I})^3+\cdots\\ &= \left(1+\frac{1}{1!}c+\frac{1}{2!}c^2+\frac{1}{3!}c^3+\cdots\right)\boldsymbol{I}=\mathrm{e}^c\boldsymbol{I}.\end{aligned}$$

因此

$$\begin{aligned}\sin(\mathrm{e}^{c\boldsymbol{I}}) &= \sin(\mathrm{e}^c\boldsymbol{I})=\mathrm{e}^c\boldsymbol{I}-\frac{1}{3!}(\mathrm{e}^c\boldsymbol{I})^3+\frac{1}{5!}(\mathrm{e}^c\boldsymbol{I})^5-\frac{1}{7!}(\mathrm{e}^c\boldsymbol{I})^7+\cdots\\ &= \left(\mathrm{e}^c-\frac{1}{3!}(\mathrm{e}^c)^3+\frac{1}{5!}(\mathrm{e}^c)^5-\frac{1}{7!}(\mathrm{e}^c)^7+\cdots\right)\boldsymbol{I}=(\sin\mathrm{e}^c)\boldsymbol{I},\\ \cos(\mathrm{e}^{c\boldsymbol{I}}) &= \cos(\mathrm{e}^c\boldsymbol{I})=\boldsymbol{I}-\frac{1}{2!}(\mathrm{e}^c\boldsymbol{I})^2+\frac{1}{4!}(\mathrm{e}^c\boldsymbol{I})^4-\frac{1}{6!}(\mathrm{e}^c\boldsymbol{I})^6+\cdots\\ &= \left(1-\frac{1}{2!}(\mathrm{e}^c)^2+\frac{1}{4!}(\mathrm{e}^c)^4-\frac{1}{6!}(\mathrm{e}^c)^6+\cdots\right)\boldsymbol{I}=(\cos\mathrm{e}^c)\boldsymbol{I}.\ \square\end{aligned}$$

例 7.84 设 $\boldsymbol{A}$ 是 n 阶方阵, 求 $\mathrm{e}^{\boldsymbol{A}}$ 的行列式.

解 设 $\boldsymbol{A}$ 的特征值为 $\lambda_1,\lambda_2,\cdots,\lambda_n$, 则 $\mathrm{e}^{\boldsymbol{A}}$ 的特征值为 $\mathrm{e}^{\lambda_1},\mathrm{e}^{\lambda_2},\cdots,\mathrm{e}^{\lambda_n}$, 因此

$$|\mathrm{e}^{\boldsymbol{A}}|=\mathrm{e}^{\lambda_1}\mathrm{e}^{\lambda_2}\cdots\mathrm{e}^{\lambda_n}=\mathrm{e}^{\lambda_1+\lambda_2+\cdots+\lambda_n}=\mathrm{e}^{\mathrm{tr}(\boldsymbol{A})}.\ \square$$

例 7.85 求证: 对任一 n 阶方阵 $\boldsymbol{A}$, $\mathrm{e}^{\boldsymbol{A}}$ 总是非异阵.

证明 由例 7.84 可知 $|e^{\boldsymbol{A}}| = e^{\mathrm{tr}(\boldsymbol{A})} \neq 0$, 从而 $e^{\boldsymbol{A}}$ 非异. 也可由例 7.80 得到 $e^{\boldsymbol{A}}e^{-\boldsymbol{A}} = e^{\boldsymbol{A}-\boldsymbol{A}} = \boldsymbol{I}_n$, 于是 $e^{\boldsymbol{A}}$ 非异且 $(e^{\boldsymbol{A}})^{-1} = e^{-\boldsymbol{A}}$. □

例 7.86 设 $\boldsymbol{A}$ 是 n 阶矩阵, 求 $\lim\limits_{k\to\infty} \boldsymbol{A}^k$ 存在的充要条件以及极限矩阵.

解 设 $\boldsymbol{P}$ 为非异阵, 使得 $\boldsymbol{P}^{-1}\boldsymbol{A}\boldsymbol{P} = \boldsymbol{J} = \mathrm{diag}\{\boldsymbol{J}_{r_1}(\lambda_1), \boldsymbol{J}_{r_2}(\lambda_2), \cdots, \boldsymbol{J}_{r_s}(\lambda_s)\}$ 为 $\boldsymbol{A}$ 的 Jordan 标准型, 则

$$\boldsymbol{A}^k = \boldsymbol{P}\boldsymbol{J}^k\boldsymbol{P}^{-1} = \boldsymbol{P}\,\mathrm{diag}\{\boldsymbol{J}_{r_1}(\lambda_1)^k, \boldsymbol{J}_{r_2}(\lambda_2)^k, \cdots, \boldsymbol{J}_{r_s}(\lambda_s)^k\}\boldsymbol{P}^{-1},$$

因此 $\lim\limits_{k\to\infty} \boldsymbol{A}^k$ 存在当且仅当 $\lim\limits_{k\to\infty} \boldsymbol{J}_{r_i}(\lambda_i)^k\,(1 \leq i \leq s)$ 都存在. 不妨取 $k > n$, 经计算可得 Jordan 块 $\boldsymbol{J}_{r_i}(\lambda_i)$ 的 k 次幂为

$$\boldsymbol{J}_{r_i}(\lambda_i)^k = \begin{pmatrix} \lambda_i^k & \mathrm{C}_k^1\lambda_i^{k-1} & \mathrm{C}_k^2\lambda_i^{k-2} & \cdots & \mathrm{C}_k^{r_i-1}\lambda_i^{k-r_i+1} \\ & \lambda_i^k & \mathrm{C}_k^1\lambda_i^{k-1} & \cdots & \mathrm{C}_k^{r_i-2}\lambda_i^{k-r_i+2} \\ & & \lambda_i^k & \cdots & \mathrm{C}_k^{r_i-3}\lambda_i^{k-r_i+3} \\ & & & \ddots & \vdots \\ & & & & \lambda_i^k \end{pmatrix},$$

故当 $|\lambda_i| \geq 1$ 且 $\lambda_i \neq 1$ 时, $\lim\limits_{k\to\infty} \lambda_i^k$ 发散; 当 $\lambda_i = 1$ 且 $r_i \geq 2$ 时, $\lim\limits_{k\to\infty} \mathrm{C}_k^1\lambda_i^{k-1}$ 发散; 当 $\lambda_i = 1$ 且 $r_1 = 1$ 时, $\lim\limits_{k\to\infty} \boldsymbol{J}_{r_i}(\lambda_i)^k = \boldsymbol{J}_1(1)$; 当 $|\lambda_i| < 1$ 时, $\lim\limits_{k\to\infty} \boldsymbol{J}_{r_i}(\lambda_i)^k = \boldsymbol{O}$. 因此, $\lim\limits_{k\to\infty} \boldsymbol{A}^k$ 存在的充要条件是 $\boldsymbol{A}$ 的特征值的模长小于 1, 或者特征值等于 1 并且 $\boldsymbol{A}$ 关于特征值 1 的 Jordan 块都是一阶的. 此时, 极限矩阵 $\lim\limits_{k\to\infty} \boldsymbol{A}^k = \boldsymbol{P}\,\mathrm{diag}\{1, \cdots, 1, 0, \cdots, 0\}\boldsymbol{P}^{-1}$, 其中 1 的个数等于 $\boldsymbol{A}$ 的特征值 1 的代数重数. □

§ 7.10 Jordan 标准型的几何

矩阵或线性变换的标准型理论通常可采用代数方法或几何方法来阐述. 我们在教材 [1] 中采用的是代数方法, 即用 λ–矩阵的方法求有理标准型和 Jordan 标准型. 另一种常用的方法是几何方法, 在本节我们将详细地介绍 Jordan 标准型的几何构造和几何意义. 这两种方法各有长处, 代数方法不仅证明了有理标准型和 Jordan 标准型的存在性, 而且给出了这两类标准型的计算方法, 特别适合初学者理解和掌握; 几何方法能快捷地证明标准型的存在性, 但仍需进一步的计算才能完全确定标准型 (参考例 7.52). 由于几何方法比较直观, 利于读者从几何的层面上把握矩阵或线性变换的相关性质, 因此同时掌握这两种方法不失为一个好的选择.

1. Jordan 标准型的几何构造

下面的例题是例 6.94 的推广.

例 7.87 设 φ 为数域 $\mathbb{K}$ 上 n 维线性空间 V 上的线性变换, 特征多项式与极小多项式分别为 $f(\lambda)$ 和 $m(\lambda)$, 其不可约分解为:

$$f(\lambda)=P_1(\lambda)^{r_1}P_2(\lambda)^{r_2}\cdots P_t(\lambda)^{r_t},\ \ m(\lambda)=P_1(\lambda)^{s_1}P_2(\lambda)^{s_2}\cdots P_t(\lambda)^{s_t},$$

其中 $P_i(\lambda)$ 是 $\mathbb{K}$ 上互异的首一不可约多项式, $r_i>0$, $s_i>0$. 设 $V_i=\operatorname{Ker}P_i(\boldsymbol{\varphi})^{r_i}$, $U_i=\operatorname{Ker}P_i(\boldsymbol{\varphi})^{s_i}$, $1\le i\le t$. 求证:

(1) $V=V_1\oplus V_2\oplus\cdots\oplus V_t$, $U_i=V_i\,(1\le i\le t)$;

(2) $\boldsymbol{\varphi}|_{V_i}$ 的特征多项式为 $P_i(\lambda)^{r_i}$, 极小多项式为 $P_i(\lambda)^{s_i}$. 特别地, $\dim V_i=r_i\deg P_i(\lambda)$.

证明 (1) 令 $h_i(\lambda)=\dfrac{f(\lambda)}{P_i(\lambda)^{r_i}}\,(1\le i\le t)$, 则 $h_1(\lambda),h_2(\lambda),\cdots,h_t(\lambda)$ 互素, 故存在 $u_i(\lambda)$, 使得

$$h_1(\lambda)u_1(\lambda)+h_2(\lambda)u_2(\lambda)+\cdots+h_t(\lambda)u_t(\lambda)=1.$$

将 $\lambda=\boldsymbol{\varphi}$ 代入上式, 可得

$$h_1(\boldsymbol{\varphi})u_1(\boldsymbol{\varphi})+h_2(\boldsymbol{\varphi})u_2(\boldsymbol{\varphi})+\cdots+h_t(\boldsymbol{\varphi})u_t(\boldsymbol{\varphi})=\boldsymbol{I}_V. \tag{7.15}$$

由 Cayley-Hamilton 定理可知, $\mathbf{0}=f(\boldsymbol{\varphi})=P_i(\boldsymbol{\varphi})^{r_i}h_i(\boldsymbol{\varphi})$, 故对任意的 $\boldsymbol{\alpha}\in V$, 可知 $h_i(\boldsymbol{\varphi})u_i(\boldsymbol{\varphi})(\boldsymbol{\alpha})\in V_i$, 并由 (7.15) 式可得

$$\boldsymbol{\alpha}=h_1(\boldsymbol{\varphi})u_1(\boldsymbol{\varphi})(\boldsymbol{\alpha})+h_2(\boldsymbol{\varphi})u_2(\boldsymbol{\varphi})(\boldsymbol{\alpha})+\cdots+h_t(\boldsymbol{\varphi})u_t(\boldsymbol{\varphi})(\boldsymbol{\alpha}),$$

从而 $V=V_1+V_2+\cdots+V_t$. 另一方面, 任取 $\boldsymbol{\alpha}_1\in V_1\cap(\sum\limits_{j>1}V_j)$, 即 $\boldsymbol{\alpha}_1\in V_1$, $\boldsymbol{\alpha}_1=\sum\limits_{j>1}\boldsymbol{\alpha}_j$, 其中 $\boldsymbol{\alpha}_j\in V_j$, 则由 (7.15) 式可得

$$\boldsymbol{\alpha}_1=u_1(\boldsymbol{\varphi})h_1(\boldsymbol{\varphi})(\sum_{j>1}\boldsymbol{\alpha}_j)+\sum_{j>1}u_j(\boldsymbol{\varphi})h_j(\boldsymbol{\varphi})(\boldsymbol{\alpha}_1)=\mathbf{0},$$

故 $V_1\cap(\sum\limits_{j>1}V_j)=0$. 由指标的任意性可知 $V=V_1\oplus V_2\oplus\cdots\oplus V_t$. 同理可证 $V=U_1\oplus U_2\oplus\cdots\oplus U_t$. 由于 $m(\lambda)\mid f(\lambda)$, 故 $s_i\le r_i$, 于是 $U_i\subseteq V_i$, 从而只能是 $U_i=V_i\,(1\le i\le t)$.

(2) 将 $\varphi|_{V_i}$ 简记为 φ_i, 设其特征多项式与极小多项式分别为 $f_i(\lambda)$ 和 $m_i(\lambda)$. 由于 $V_i = \operatorname{Ker} P_i(\varphi)^{r_i}$, 故 φ_i 适合 $P_i(\lambda)^{r_i}$, 从而 φ_i 的特征值都适合 $P_i(\lambda)^{r_i}$, 即 $f_i(\lambda)$ 的根都是 $P_i(\lambda)^{r_i}$ 的根. 由例 6.3 可得

$$f(\lambda) = P_1(\lambda)^{r_1} P_2(\lambda)^{r_2} \cdots P_t(\lambda)^{r_t} = f_1(\lambda) f_2(\lambda) \cdots f_t(\lambda),$$

由于 $P_1(\lambda)^{r_1}, P_2(\lambda)^{r_2}, \cdots, P_t(\lambda)^{r_t}$ 两两互素, 故只能是 $f_i(\lambda) = P_i(\lambda)^{r_i}$. 另一方面, φ_i 也适合多项式 $P_i(\lambda)^{s_i}$, 故由极小多项式的基本性质可得 $m_i(\lambda) \mid P_i(\lambda)^{s_i}$. 特别地, $m_1(\lambda), m_2(\lambda), \cdots, m_t(\lambda)$ 两两互素, 从而它们的最小公倍式等于它们的乘积. 由例 6.77 可得

$$m(\lambda) = P_1(\lambda)^{s_1} P_2(\lambda)^{s_2} \cdots P_t(\lambda)^{s_t} = m_1(\lambda) m_2(\lambda) \cdots m_t(\lambda),$$

从而只能是 $m_i(\lambda) = P_i(\lambda)^{s_i}$. 因为特征多项式的次数等于线性空间的维数, 所以 $\dim V_i = \deg P_i(\lambda)^{r_i} = r_i \deg P_i(\lambda)$. □

例 7.88 设 φ 为 n 维复线性空间 V 上的线性变换, 其特征多项式的不可约分解为 $f(\lambda) = (\lambda - \lambda_1)^{r_1} (\lambda - \lambda_2)^{r_2} \cdots (\lambda - \lambda_k)^{r_k}$, 其中 $\lambda_1, \lambda_2, \cdots, \lambda_k$ 是 φ 的全体不同特征值. 令 $V_i = \operatorname{Ker}(\varphi - \lambda_i \boldsymbol{I})^{r_i}$, 证明:

$$V = V_1 \oplus V_2 \oplus \cdots \oplus V_k. \tag{7.16}$$

证明　由例 7.87 即得. □

注　事实上, V_i 就是 φ 的根子空间 (参考教材 [1] 的定义 7.7.2 之前的证明), 故 (7.16) 式称为 V 的根子空间直和分解. 若将 φ 限制在 V_i 上, 则由例 7.87 可知其特征多项式就是 $(\lambda - \lambda_i)^{r_i}$. 由 (7.16) 式可知, 要求 V 的一组基, 使得 φ 的表示矩阵相对简单的问题可归结为求 V_i 的一组基, 使得 $\varphi|_{V_i}$ 的表示矩阵相对简单. 又因为 $\varphi|_{V_i} - \lambda_i \boldsymbol{I}$ 在 V_i 上是幂零的, 故只要对幂零线性变换求出其 Jordan 标准型即可.

例 7.89 设 $\boldsymbol{\psi}$ 是 n 维复线性空间 V 上的幂零线性变换, 证明: 存在 V 的一组基, 使得 $\boldsymbol{\psi}$ 在这组基下的表示矩阵为 $\operatorname{diag}\{\boldsymbol{J}_{r_1}(0), \boldsymbol{J}_{r_2}(0), \cdots, \boldsymbol{J}_{r_s}(0)\}$, 其中 $\boldsymbol{J}_{r_i}(0)$ 是零特征值的 r_i 阶 Jordan 块.

证明　对 n 进行归纳. 当 $n = 1$ 时, 结论显然成立. 设维数小于 n 时结论成立, 现证 n 维的情形. 设 k 为正整数, 使得 $\boldsymbol{\psi}^k = \boldsymbol{0}$, 但 $\boldsymbol{\psi}^{k-1} \neq \boldsymbol{0}$, 故存在 $\boldsymbol{v} \in V$, 使得 $\boldsymbol{\psi}^{k-1}(\boldsymbol{v}) \neq \boldsymbol{0}$. 由例 4.8 可知, $\boldsymbol{v}, \boldsymbol{\psi}(\boldsymbol{v}), \cdots, \boldsymbol{\psi}^{k-1}(\boldsymbol{v})$ 线性无关, 它们生成的子空间记为 U. 若 $U = V$, 则 $\boldsymbol{\psi}$ 在基 $\{\boldsymbol{\psi}^{n-1}(\boldsymbol{v}), \cdots, \boldsymbol{\psi}(\boldsymbol{v}), \boldsymbol{v}\}$ 下的表示矩阵为 $\boldsymbol{J}_n(0)$, 结论成

立. 以下假设 $U \neq V$, 并且 W 是满足 $W \cap U = 0$ 的维数最大的 $\boldsymbol{\psi}$–不变子空间, 我们来证明 $V = U \oplus W$. 一旦得证, 对 W 用归纳假设, 命题自然成立. 用反证法, 假设存在 V 中向量 $\boldsymbol{\alpha} \notin U \oplus W$. 因为 $\boldsymbol{\psi}^k(\boldsymbol{\alpha}) = \mathbf{0}$, 所以存在正整数 t, 使得 $\boldsymbol{\psi}^t(\boldsymbol{\alpha}) \in U \oplus W$, 但 $\boldsymbol{\psi}^{t-1}(\boldsymbol{\alpha}) \notin U \oplus W$. 令 $\boldsymbol{\beta} = \boldsymbol{\psi}^{t-1}(\boldsymbol{\alpha})$, 因为 $\boldsymbol{\psi}(\boldsymbol{\beta}) \in U \oplus W$, 故可设 $\boldsymbol{\psi}(\boldsymbol{\beta}) = \boldsymbol{u} + \boldsymbol{w}$, 其中 $\boldsymbol{u} \in U$, $\boldsymbol{w} \in W$, 于是

$$\mathbf{0} = \boldsymbol{\psi}^k(\boldsymbol{\beta}) = \boldsymbol{\psi}^{k-1}(\boldsymbol{\psi}(\boldsymbol{\beta})) = \boldsymbol{\psi}^{k-1}(\boldsymbol{u}) + \boldsymbol{\psi}^{k-1}(\boldsymbol{w}),$$

从而 $\boldsymbol{\psi}^{k-1}(\boldsymbol{u}) = -\boldsymbol{\psi}^{k-1}(\boldsymbol{w}) \in U \cap W = 0$, 即有 $\boldsymbol{\psi}^{k-1}(\boldsymbol{u}) = \mathbf{0}$. 因为 $\boldsymbol{u} \in U$, 故可设

$$\boldsymbol{u} = b_0\boldsymbol{v} + b_1\boldsymbol{\psi}(\boldsymbol{v}) + \cdots + b_{k-1}\boldsymbol{\psi}^{k-1}(\boldsymbol{v}),$$

从而有 $b_0\boldsymbol{\psi}^{k-1}(\boldsymbol{v}) = \mathbf{0}$. 由于 $\boldsymbol{\psi}^{k-1}(\boldsymbol{v}) \neq \mathbf{0}$, 故 $b_0 = 0$, 于是

$$\boldsymbol{u} = b_1\boldsymbol{\psi}(\boldsymbol{v}) + \cdots + b_{k-1}\boldsymbol{\psi}^{k-1}(\boldsymbol{v}).$$

若令 $\boldsymbol{x} = b_1\boldsymbol{v} + b_2\boldsymbol{\psi}(\boldsymbol{v}) + \cdots + b_{k-1}\boldsymbol{\psi}^{k-2}(\boldsymbol{v})$, 则 $\boldsymbol{u} = \boldsymbol{\psi}(\boldsymbol{x})$, 从而 $\boldsymbol{w} = \boldsymbol{\psi}(\boldsymbol{\beta}) - \boldsymbol{u} = \boldsymbol{\psi}(\boldsymbol{\beta} - \boldsymbol{x})$. 因为 $\boldsymbol{\beta} \notin U \oplus W$, 故 $\boldsymbol{\beta} - \boldsymbol{x} \notin U \oplus W$, 从而有直和 $U \oplus W \oplus L(\boldsymbol{\beta} - \boldsymbol{x})$. 若令 $W' = W \oplus L(\boldsymbol{\beta} - \boldsymbol{x})$, 则由 $\boldsymbol{\psi}(\boldsymbol{\beta} - \boldsymbol{x}) = \boldsymbol{w} \in W$ 可知 W' 也是 $\boldsymbol{\psi}$–不变子空间. 显然 W' 的维数大于 W 的维数, 这与 W 维数最大的假设矛盾. □

将例 7.88 和例 7.89 合在一起, 即得 Jordan 标准型的几何构造:

定理 设 $\boldsymbol{\varphi}$ 为 n 维复线性空间 V 上的线性变换, 则存在 V 的一组基 $\{\boldsymbol{e}_1, \boldsymbol{e}_2, \cdots, \boldsymbol{e}_n\}$, 使得 $\boldsymbol{\varphi}$ 在这组基下的表示矩阵为 Jordan 标准型 $\boldsymbol{J} = \mathrm{diag}\{\boldsymbol{J}_{r_1}(\lambda_1), \boldsymbol{J}_{r_2}(\lambda_2), \cdots, \boldsymbol{J}_{r_k}(\lambda_k)\}$.

2. Jordan 标准型的几何意义

从空间分解的角度来看, 全空间 V 可分解为不同特征值的根子空间的直和, 再由例 7.89 的证明过程可知, 每个根子空间可分解为若干个循环子空间的直和, 因此全空间 V 可分解为若干个循环子空间的直和:

$$V = C(\boldsymbol{\varphi} - \lambda_1\boldsymbol{I}_V, \boldsymbol{e}_{r_1}) \oplus C(\boldsymbol{\varphi} - \lambda_2\boldsymbol{I}_V, \boldsymbol{e}_{r_1+r_2}) \oplus \cdots \oplus C(\boldsymbol{\varphi} - \lambda_k\boldsymbol{I}_V, \boldsymbol{e}_n), \tag{7.17}$$

其中循环子空间 $C(\boldsymbol{\varphi} - \lambda_i\boldsymbol{I}_V, \boldsymbol{e}_{r_1+\cdots+r_i})$ 与 Jordan 块 $\boldsymbol{J}_{r_i}(\lambda_i)$ 一一对应. 这就是 Jordan 标准型的几何意义.

具体来看 Jordan 块 $\boldsymbol{J}_{r_1}(\lambda_1)$ 对应的循环子空间 $C(\boldsymbol{\varphi} - \lambda_1\boldsymbol{I}_V, \boldsymbol{e}_{r_1})$. 由表示矩阵的定义可知

$$\boldsymbol{\varphi}(\boldsymbol{e}_1) = \lambda_1\boldsymbol{e}_1,\ \ \boldsymbol{\varphi}(\boldsymbol{e}_2) = \boldsymbol{e}_1 + \lambda_1\boldsymbol{e}_2,\ \ \cdots,\ \ \boldsymbol{\varphi}(\boldsymbol{e}_{r_1}) = \boldsymbol{e}_{r_1-1} + \lambda_1\boldsymbol{e}_{r_1}.$$

令 $\boldsymbol{\varphi}_1=\boldsymbol{\varphi}-\lambda_1\boldsymbol{I}_V$, 则有如下的循环轨道:

$$\boldsymbol{e}_{r_1}\xrightarrow{\boldsymbol{\varphi}_1}\boldsymbol{e}_{r_1-1}\xrightarrow{\boldsymbol{\varphi}_1}\cdots\xrightarrow{\boldsymbol{\varphi}_1}\boldsymbol{e}_2\xrightarrow{\boldsymbol{\varphi}_1}\boldsymbol{e}_1\xrightarrow{\boldsymbol{\varphi}_1}\mathbf{0}.$$

反之, 一个循环轨道也定义了一个循环子空间 $C(\boldsymbol{\varphi}-\lambda_1\boldsymbol{I}_V,\boldsymbol{e}_{r_1})$. 因此, 全空间 V 的循环子空间直和分解 (7.17) 一一对应于 V 的一组基 $\{\boldsymbol{e}_1,\boldsymbol{e}_2,\cdots,\boldsymbol{e}_n\}$ 分解为若干条互不相交的循环轨道的并集.

注　Jordan 标准型诱导的循环子空间直和分解与有理标准型诱导的循环子空间直和分解是不同的. 下面以 $C(\boldsymbol{\varphi}-\lambda_1\boldsymbol{I}_V,\boldsymbol{e}_{r_1})$ 为例进行说明:

(1) 它是关于 $\boldsymbol{\varphi}-\lambda_1\boldsymbol{I}_V$ (而不是关于 $\boldsymbol{\varphi}$) 的循环子空间;

(2) 它的循环向量是 $\boldsymbol{J}_{r_1}(\lambda_1)$ 对应的基向量中的最后一个向量 $\boldsymbol{e}_{r_1}$;

(3) 特别要求 $\boldsymbol{e}_1\xrightarrow{\boldsymbol{\varphi}-\lambda_1\boldsymbol{I}_V}\mathbf{0}$, 这是 Jordan 块所特有的, 一般的循环子空间并没有这个要求.

Jordan 标准型的几何意义有很多有趣的应用, 例如在 § 7.7, 我们利用循环轨道给出了求 Jordan 标准型的过渡矩阵的第三种方法. 下面再来看 3 个应用.

例 7.89 的证法 2　我们用循环轨道来给出一个更直接的证明. 对 V 的维数进行归纳. 当 $n=1$ 时, 结论显然成立. 设维数小于 n 时结论成立, 现证 n 维的情形. 注意到 $\boldsymbol{\psi}$ 是不可逆线性变换, 故 $\mathrm{Im}\,\boldsymbol{\psi}$ 的维数小于 n, 将 $\boldsymbol{\psi}$ 限制在 $\mathrm{Im}\,\boldsymbol{\psi}$ 上, 由归纳假设可知, $\mathrm{Im}\,\boldsymbol{\psi}$ 中存在 t 条长度分别为 s_i 的循环轨道 O_i:

$$\mathrm{O}_i:\quad \boldsymbol{u}_i\xrightarrow{\boldsymbol{\psi}}\boldsymbol{\psi}(\boldsymbol{u}_i)\xrightarrow{\boldsymbol{\psi}}\cdots\xrightarrow{\boldsymbol{\psi}}\boldsymbol{\psi}^{s_i-2}(\boldsymbol{u}_i)\xrightarrow{\boldsymbol{\psi}}\boldsymbol{\psi}^{s_i-1}(\boldsymbol{u}_i)\xrightarrow{\boldsymbol{\psi}}\mathbf{0},\quad 1\leq i\leq t.$$

注意到 $\{\boldsymbol{\psi}^{s_1-1}(\boldsymbol{u}_1),\cdots,\boldsymbol{\psi}^{s_t-1}(\boldsymbol{u}_t)\}$ 线性无关并且都属于 $\mathrm{Ker}\,\boldsymbol{\psi}$, 故可将它们扩张为 $\mathrm{Ker}\,\boldsymbol{\psi}$ 的一组基 $\{\boldsymbol{\psi}^{s_1-1}(\boldsymbol{u}_1),\cdots,\boldsymbol{\psi}^{s_t-1}(\boldsymbol{u}_t),\boldsymbol{w}_1,\cdots,\boldsymbol{w}_k\}$. 另一方面, 若设 $\boldsymbol{u}_i=\boldsymbol{\psi}(\boldsymbol{v}_i)\,(1\leq i\leq t)$, 则容易验证下列 $s_1+\cdots+s_t+t+k$ 个向量线性无关:

$$\boldsymbol{v}_1,\boldsymbol{\psi}(\boldsymbol{v}_1),\cdots,\boldsymbol{\psi}^{s_1}(\boldsymbol{v}_1);\ \cdots\ ;\boldsymbol{v}_t,\boldsymbol{\psi}(\boldsymbol{v}_t),\cdots,\boldsymbol{\psi}^{s_t}(\boldsymbol{v}_t);\ \boldsymbol{w}_1,\cdots,\boldsymbol{w}_k.$$

由线性变换的维数公式可知 $n=\dim V=\dim\mathrm{Im}\,\boldsymbol{\psi}+\dim\mathrm{Ker}\,\boldsymbol{\psi}=s_1+s_2+\cdots+s_t+t+k$, 故上述向量组是 V 的一组基. 因此, 可将 $\mathrm{Im}\,\boldsymbol{\psi}$ 的 t 条长度分别为 s_i 的循环轨道 O_i 扩张为 V 的 t 条长度分别为 s_i+1 的循环轨道 $\widetilde{\mathrm{O}}_i$, 再增加 k 条长度为 1 的循环轨道 N_j, 这就是 $\boldsymbol{\psi}$ 所有的循环轨道:

$$\widetilde{\mathrm{O}}_i:\quad \boldsymbol{v}_i\xrightarrow{\boldsymbol{\psi}}\boldsymbol{\psi}(\boldsymbol{v}_i)\xrightarrow{\boldsymbol{\psi}}\cdots\xrightarrow{\boldsymbol{\psi}}\boldsymbol{\psi}^{s_i-1}(\boldsymbol{v}_i)\xrightarrow{\boldsymbol{\psi}}\boldsymbol{\psi}^{s_i}(\boldsymbol{v}_i)\xrightarrow{\boldsymbol{\psi}}\mathbf{0},\quad 1\leq i\leq t;$$

$$\mathrm{N}_j:\quad \boldsymbol{w}_j\xrightarrow{\boldsymbol{\psi}}\mathbf{0},\quad 1\leq j\leq k,$$

这样便完成了证明. □

例 7.55 设 $\boldsymbol{J}=\boldsymbol{J}_n(0)$ 是特征值为零的 n 阶 Jordan 块, 求 $\boldsymbol{J}^m\,(m\geq 1)$ 的 Jordan 标准型.

解法 2 若 $m\geq n$, 则 $\boldsymbol{J}^m=\boldsymbol{O}$, 这就是它的 Jordan 标准型. 下设 $m<n$, 并作带余除法: $n=mq+r$, 其中 $0\leq r<m$. 注意到 $\boldsymbol{J}$ 的循环轨道只有一条:

$$\boldsymbol{J}_n(0):\quad \boldsymbol{e}_n\xrightarrow{\boldsymbol{J}}\boldsymbol{e}_{n-1}\xrightarrow{\boldsymbol{J}}\cdots\xrightarrow{\boldsymbol{J}}\boldsymbol{e}_2\xrightarrow{\boldsymbol{J}}\boldsymbol{e}_1\xrightarrow{\boldsymbol{J}}\boldsymbol{0},$$

其中 $\boldsymbol{e}_1,\boldsymbol{e}_2,\cdots,\boldsymbol{e}_n$ 是 n 维标准单位列向量. 将上述 n 个基向量的顺序进行调整, 可以发现 $\boldsymbol{J}^m$ 的循环轨道分裂成了以下 m 条:

$$\begin{aligned}
&\boldsymbol{J}_{q+1}(0):\quad \boldsymbol{e}_n\xrightarrow{\boldsymbol{J}^m}\boldsymbol{e}_{n-m}\xrightarrow{\boldsymbol{J}^m}\cdots\xrightarrow{\boldsymbol{J}^m}\boldsymbol{e}_r\xrightarrow{\boldsymbol{J}^m}\boldsymbol{0};\\
&\quad\vdots\\
&\boldsymbol{J}_{q+1}(0):\quad \boldsymbol{e}_{n-r+1}\xrightarrow{\boldsymbol{J}^m}\boldsymbol{e}_{n-r+1-m}\xrightarrow{\boldsymbol{J}^m}\cdots\xrightarrow{\boldsymbol{J}^m}\boldsymbol{e}_1\xrightarrow{\boldsymbol{J}^m}\boldsymbol{0};\\
&\boldsymbol{J}_{q}(0):\quad \boldsymbol{e}_{n-r}\xrightarrow{\boldsymbol{J}^m}\boldsymbol{e}_{n-r-m}\xrightarrow{\boldsymbol{J}^m}\cdots\xrightarrow{\boldsymbol{J}^m}\boldsymbol{e}_m\xrightarrow{\boldsymbol{J}^m}\boldsymbol{0};\\
&\quad\vdots\\
&\boldsymbol{J}_{q}(0):\quad \boldsymbol{e}_{n-m+1}\xrightarrow{\boldsymbol{J}^m}\boldsymbol{e}_{n-2m+1}\xrightarrow{\boldsymbol{J}^m}\cdots\xrightarrow{\boldsymbol{J}^m}\boldsymbol{e}_{r+1}\xrightarrow{\boldsymbol{J}^m}\boldsymbol{0}.
\end{aligned}$$

因此, $\boldsymbol{J}^m$ 的 Jordan 标准型为 $\mathrm{diag}\{\boldsymbol{J}_q(0),\ \cdots,\ \boldsymbol{J}_q(0),\ \boldsymbol{J}_{q+1}(0),\ \cdots,\ \boldsymbol{J}_{q+1}(0)\}$, 其中有 $m-r$ 个 $\boldsymbol{J}_q(0)$, r 个 $\boldsymbol{J}_{q+1}(0)$. □

我们还可以利用循环轨道来计算不变子空间的个数. 虽然下面的例题与例 4.51 (取一组基 $\{x^i/i!\,(0\leq i\leq n-1)\}$) 和第 4 章的解答题 5 (相差一个转置) 完全类似, 但这里我们给出另外两种不同的证明.

例 7.90 设 n 维复线性空间 V 上的线性变换 $\boldsymbol{\varphi}$ 在一组基 $\{\boldsymbol{e}_1,\boldsymbol{e}_2,\cdots,\boldsymbol{e}_n\}$ 下的表示矩阵为 Jordan 块 $\boldsymbol{J}_n(\lambda_0)$, 求所有的 $\boldsymbol{\varphi}$–不变子空间.

解法 1 令 $\boldsymbol{\psi}=\boldsymbol{\varphi}-\lambda_0\boldsymbol{I}_V$, 则有循环轨道

$$\boldsymbol{J}_n(0):\quad \boldsymbol{e}_n\xrightarrow{\boldsymbol{\psi}}\boldsymbol{e}_{n-1}\xrightarrow{\boldsymbol{\psi}}\cdots\xrightarrow{\boldsymbol{\psi}}\boldsymbol{e}_2\xrightarrow{\boldsymbol{\psi}}\boldsymbol{e}_1\xrightarrow{\boldsymbol{\psi}}\boldsymbol{0},$$

并且 $\boldsymbol{\varphi}$–不变子空间等价于 $\boldsymbol{\psi}$–不变子空间. 显然 $V_i=L(\boldsymbol{e}_1,\boldsymbol{e}_2,\cdots,\boldsymbol{e}_i)\,(0\leq i\leq n)$ 都是 $\boldsymbol{\psi}$–不变子空间, 我们来证明 V 只有这 $n+1$ 个 $\boldsymbol{\psi}$–不变子空间. 任取非零 $\boldsymbol{\psi}$–不变子空间 U, 设

$$k=\max\{\ i\mid \text{存在}\,\boldsymbol{u}\in U,\ \boldsymbol{u}=c_1\boldsymbol{e}_1+\cdots+c_i\boldsymbol{e}_i+\cdots+c_n\boldsymbol{e}_n,\ \text{其中}\,c_i\neq 0\},$$

则 $U \subseteq L(\boldsymbol{e}_1,\boldsymbol{e}_2,\cdots,\boldsymbol{e}_k)$. 另一方面, 取 $\boldsymbol{u}\in U$, $\boldsymbol{u}=c_1\boldsymbol{e}_1+c_2\boldsymbol{e}_2+\cdots+c_k\boldsymbol{e}_k$, 使得 $c_k\neq 0$, 则由循环轨道可得 $\boldsymbol{u}=(c_1\boldsymbol{\psi}^{k-1}+c_2\boldsymbol{\psi}^{k-2}+\cdots+c_k\boldsymbol{I}_V)(\boldsymbol{e}_k)$. 令 $g(\lambda)=c_1\lambda^{k-1}+c_2\lambda^{k-2}+\cdots+c_k$, 则 $(g(\lambda),\lambda^n)=1$, 于是存在 $p(\lambda),q(\lambda)$, 使得 $g(\lambda)p(\lambda)+\lambda^n q(\lambda)=1$. 在上式中代入 $\lambda=\boldsymbol{\psi}$ 并作用在 $\boldsymbol{e}_k$ 上可得

$$\boldsymbol{e}_k=p(\boldsymbol{\psi})g(\boldsymbol{\psi})(\boldsymbol{e}_k)+q(\boldsymbol{\psi})\boldsymbol{\psi}^n(\boldsymbol{e}_k)=p(\boldsymbol{\psi})(\boldsymbol{u})\in U,$$

于是由循环轨道可得 $\boldsymbol{e}_i\in U\,(1\leq i\leq k)$, 从而 $U=L(\boldsymbol{e}_1,\boldsymbol{e}_2,\cdots,\boldsymbol{e}_k)$.

解法 2 任取非零 $\boldsymbol{\varphi}$–不变子空间 U, 容易证明限制变换 $\boldsymbol{\varphi}|_U$ 的特征多项式是 $\boldsymbol{\varphi}$ 的特征多项式 $(\lambda-\lambda_0)^n$ 的因式, 不妨设为 $(\lambda-\lambda_0)^k$, 其中 $1\leq k\leq n$, 由 Cayley-Hamilton 定理可知 $U\subseteq \operatorname{Ker}(\boldsymbol{\varphi}-\lambda_0\boldsymbol{I}_V)^k=\operatorname{Ker}\boldsymbol{\psi}^k$. 任取 $\boldsymbol{v}=\sum\limits_{i=1}^{n}c_i\boldsymbol{e}_i\in\operatorname{Ker}\boldsymbol{\psi}^k$, 则

$$\mathbf{0}=\boldsymbol{\psi}^k(\boldsymbol{v})=c_{k+1}\boldsymbol{\psi}^k(\boldsymbol{e}_{k+1})+\cdots+c_n\boldsymbol{\psi}^k(\boldsymbol{e}_n)=c_{k+1}\boldsymbol{e}_1+\cdots+c_n\boldsymbol{e}_{n-k},$$

于是 $c_{k+1}=\cdots=c_n=0$, 从而 $\operatorname{Ker}\boldsymbol{\psi}^k=L(\boldsymbol{e}_1,\cdots,\boldsymbol{e}_k)$. 注意到 $k=\deg(\lambda-\lambda_0)^k=\dim U\leq\dim\operatorname{Ker}\boldsymbol{\psi}^k=k$, 故 $U=\operatorname{Ker}\boldsymbol{\psi}^k=L(\boldsymbol{e}_1,\cdots,\boldsymbol{e}_k)$. □

例 7.91 设 $\boldsymbol{\varphi}$ 是 n 维复线性空间 V 上的线性变换, 其特征多项式 $f(\lambda)$ 等于其极小多项式 $m(\lambda)$, 求所有的 $\boldsymbol{\varphi}$–不变子空间.

解 设

$$f(\lambda)=m(\lambda)=(\lambda-\lambda_1)^{r_1}(\lambda-\lambda_2)^{r_2}\cdots(\lambda-\lambda_k)^{r_k},$$

其中 $\lambda_1,\lambda_2,\cdots,\lambda_k$ 是 $\boldsymbol{\varphi}$ 的全体不同的特征值. 令 $V_i=\operatorname{Ker}(\boldsymbol{\varphi}-\lambda_i\boldsymbol{I}_V)^{r_i}$ 为对应的根子空间, 则 $V=V_1\oplus V_2\oplus\cdots\oplus V_k$. 设 $\boldsymbol{\varphi}|_{V_i}$ 的特征多项式为 $f_i(\lambda)$, 极小多项式为 $m_i(\lambda)$, 则由例 7.87 可知, $f_i(\lambda)=m_i(\lambda)=(\lambda-\lambda_i)^{r_i}$. 任取 V 的 $\boldsymbol{\varphi}$–不变子空间 U, 设 $\boldsymbol{\varphi}|_U$ 的特征多项式为 $g(\lambda)$, 则 $g(\lambda)\mid f(\lambda)$. 若设

$$g(\lambda)=(\lambda-\lambda_1)^{s_1}(\lambda-\lambda_2)^{s_2}\cdots(\lambda-\lambda_k)^{s_k},\quad U_i=\operatorname{Ker}(\boldsymbol{\varphi}|_U-\lambda_i\boldsymbol{I}_U)^{s_i},$$

则由例 7.87 可知, $U=U_1\oplus U_2\oplus\cdots\oplus U_k$, 其中 U_i 是 V_i 的 $\boldsymbol{\varphi}$–不变子空间. 由例 7.90 的证明过程可得到 U_i 的结构 (共有 r_i+1 个), 进一步可得到 $\boldsymbol{\varphi}$–不变子空间 U 的结构. 因此, V 的 $\boldsymbol{\varphi}$–不变子空间一共有 $(r_1+1)(r_2+1)\cdots(r_k+1)$ 个. □

注 若 $f(\lambda)\neq m(\lambda)$, 则存在某个特征值 λ_0, 它至少有两个初等因子, 从而其特征子空间的维数大于等于 2, 故此时 V 有无穷个 $\boldsymbol{\varphi}$–不变子空间. 由此可得: n 维复线性空间 V 是循环空间 $C(\boldsymbol{\varphi},\boldsymbol{\alpha})$ 的充要条件是 V 只有有限个 $\boldsymbol{\varphi}$–不变子空间.

§ 7.11 一般数域上的相似标准型

前面已经介绍了复数域上 Jordan 标准型理论的众多应用, 不过有时我们需要考虑的问题仅在数域 $\mathbb{K}$ 上, 或者问题本身并不能延拓到复数域上, 这时我们就不能运用 Jordan 标准型这一工具了. 另一方面, 虽然在数域 $\mathbb{K}$ 上有有理标准型理论, 但有理标准型的确不够精细, 处理一些问题往往不够用. 因此遇到数域 $\mathbb{K}$ 上的相似问题, 我们该如何处理呢? 一般来说, 可以有 3 种处理方法. 第一种方法是先将问题转化成几何语言, 再利用线性变换理论进行研究; 第二种方法是先将问题转化成代数语言, 再把数域 $\mathbb{K}$ 上的矩阵自然地看成是复矩阵进行研究, 最后利用高等代数中若干概念在基域扩张下的不变性 (参考 [7]) 将所得结果返回到数域 $\mathbb{K}$ 上; 第三种方法是利用一般数域上基于初等因子的相似标准型理论对问题进行研究. 为了说明前两种方法, 我们来看数域 $\mathbb{K}$ 上的两个典型例题.

例 7.92 设 V 是数域 $\mathbb{K}$ 上的 n 维线性空间, φ 是 V 上秩小于 n 的线性变换, 求证: $V=\operatorname{Ker}\varphi\oplus\operatorname{Im}\varphi$ 的充要条件是 0 是 φ 的极小多项式的单根.

分析　当 $\mathbb{K}=\mathbb{C}$ 时, 可以利用 Jordan 标准型理论进行证明. 若特征值 0 是 φ 的极小多项式的单根, 则可设 φ 的初等因子组为 $\lambda,\cdots,\lambda,(\lambda-\lambda_1)^{r_1},\cdots,(\lambda-\lambda_s)^{r_s}$, 其中 $\lambda_1,\cdots,\lambda_s$ 是非零特征值, 且有 k 个 λ. 因此, 存在 V 的一组基 $\boldsymbol{e}_1,\cdots,\boldsymbol{e}_k$, $\boldsymbol{e}_{k+1},\cdots,\boldsymbol{e}_n$, 使得 φ 在这组基下的表示矩阵为 $\operatorname{diag}\{0,\cdots,0,\boldsymbol{J}_{r_1}(\lambda_1),\cdots,\boldsymbol{J}_{r_s}(\lambda_s)\}$. 容易验证 $\operatorname{Ker}\varphi=L(\boldsymbol{e}_1,\cdots,\boldsymbol{e}_k)$, $\operatorname{Im}\varphi=L(\boldsymbol{e}_{k+1},\cdots,\boldsymbol{e}_n)$, 于是 $V=\operatorname{Ker}\varphi\oplus\operatorname{Im}\varphi$. 反之, 若 $V=\operatorname{Ker}\varphi\oplus\operatorname{Im}\varphi$, 则 $\operatorname{Ker}\varphi\cap\operatorname{Im}\varphi=0$, 由例 7.40 充分性的证明可知, φ 关于特征值 0 的 Jordan 块都是一阶的, 因此 0 是 φ 的极小多项式的单根. 然而, 当 $\mathbb{K}\neq\mathbb{C}$ 时, 上述讨论就不再适用了, 并且本题的结论也不能简单地延拓到复数域上, 因为 $V=\operatorname{Ker}\varphi\oplus\operatorname{Im}\varphi$ 是数域 $\mathbb{K}$ 上线性空间的直和分解, 一般并不能看成是复数域上线性空间的直和分解. 接下去让我们来看前两种方法是如何巧妙地解决问题的.

证法 1　若 $V=\operatorname{Ker}\varphi\oplus\operatorname{Im}\varphi$, 则由例 4.36 可知, $\operatorname{Ker}\varphi=\operatorname{Ker}\varphi^2=\cdots$. 设 φ 的极小多项式 $m(\lambda)=\lambda^k g(\lambda)$, 其中 $g(0)\neq 0$, 我们来证明 $k=1$. 用反证法, 假设 $k\geq 2$, 则对任意的 $\boldsymbol{\alpha}\in V$, 有 $\varphi^k g(\varphi)(\boldsymbol{\alpha})=\boldsymbol{0}$, 从而 $g(\varphi)(\boldsymbol{\alpha})\in\operatorname{Ker}\varphi^k=\operatorname{Ker}\varphi$, 于是 $\varphi g(\varphi)(\boldsymbol{\alpha})=\boldsymbol{0}$ 对任意的 $\boldsymbol{\alpha}\in V$ 成立, 即 $\varphi g(\varphi)=\boldsymbol{0}$, 因此 φ 适合多项式 $\lambda g(\lambda)$, 其次数比极小多项式的次数还小, 这就导出了矛盾. 反之, 设 φ 的极小多项式 $m(\lambda)=\lambda g(\lambda)$, 其中 $g(0)\neq 0$, 则由例 6.94 的注 (2) 可知, $V=V_1\oplus V_2$, 其中 $V_1=\operatorname{Ker}\varphi=\operatorname{Im}g(\varphi)$, $V_2=\operatorname{Ker}g(\varphi)=\operatorname{Im}\varphi$, 于是 $V=\operatorname{Ker}\varphi\oplus\operatorname{Im}\varphi$.

证法 2　由例 4.36 可知, $V=\operatorname{Ker}\varphi\oplus\operatorname{Im}\varphi$ 当且仅当 $\mathrm{r}(\varphi)=\mathrm{r}(\varphi^2)$, 因此我们只要证明: $\mathrm{r}(\varphi)=\mathrm{r}(\varphi^2)$ 当且仅当 0 是 φ 的极小多项式的单根. 任取 φ 在某组基下

的表示矩阵 $\boldsymbol{A}$, 则上述问题的代数版本是: $\mathrm{r}(\boldsymbol{A})=\mathrm{r}(\boldsymbol{A}^2)$ 当且仅当 0 是 $\boldsymbol{A}$ 的极小多项式的单根. 注意到数域 $\mathbb{K}$ 上的矩阵可自然地看成是复矩阵, 并且矩阵的秩和极小多项式在基域扩张下不改变, 因此我们可以把 $\boldsymbol{A}$ 当作复矩阵进行证明 (即本题分析中的讨论, 其中用例 7.41 替代例 7.40 的引用), 具体细节请读者自行完成. □

例 7.93 设 $\boldsymbol{A}$ 是数域 $\mathbb{K}$ 上的 n 阶矩阵, 求证: $\boldsymbol{A}$ 相似于 $\mathrm{diag}\{\boldsymbol{B},\boldsymbol{C}\}$, 其中 $\boldsymbol{B}$ 是 $\mathbb{K}$ 上的幂零矩阵, $\boldsymbol{C}$ 是 $\mathbb{K}$ 上的可逆矩阵.

分析 本题是例 7.65 的推广, 即将复数域上的结论推广到数域 $\mathbb{K}$ 上. 不过, 例 7.65 的证明利用了 Jordan 标准型理论, 显然在数域 $\mathbb{K}$ 上不再适用. 通常当我们考虑线性变换的问题时, 数域都是事先给定的, 从而在讨论的过程中不会涉及数域的问题. 因此我们可用第一种方法来处理本题, 即把代数问题转化成几何问题, 然后再用线性变换理论加以解决. 本题的几何版本为: 设 V 是数域 $\mathbb{K}$ 上的 n 维线性空间, $\boldsymbol{\varphi}$ 是 V 上的线性变换, 证明: $V=V_1\oplus V_2$, 其中 V_1,V_2 都是 $\boldsymbol{\varphi}$–不变子空间, 且 $\boldsymbol{\varphi}|_{V_1}$ 是幂零线性变换, $\boldsymbol{\varphi}|_{V_2}$ 是可逆线性变换. 我们可用两种几何方法来证明这一结论.

证法 1 设 $\boldsymbol{\varphi}$ 的特征多项式为 $f(\lambda)=\lambda^k g(\lambda)$, 其中 $0\leq k\leq n$, $g(0)\neq 0$. 注意到 $(\lambda^k,g(\lambda))=1$, 故由例 6.94 可知, $V=V_1\oplus V_2$, 其中 $V_1=\mathrm{Ker}\,\boldsymbol{\varphi}^k$, $V_2=\mathrm{Ker}\,g(\boldsymbol{\varphi})$, 并且 $\boldsymbol{\varphi}|_{V_1}$ 的特征多项式是 λ^k, $\boldsymbol{\varphi}|_{V_2}$ 的特征多项式是 $g(\lambda)$. 因此, $\boldsymbol{\varphi}|_{V_1}$ 是幂零线性变换, 且由 $\boldsymbol{\varphi}|_{V_2}$ 的行列式值为 $(-1)^{n-k}g(0)\neq 0$ 可知, $\boldsymbol{\varphi}|_{V_2}$ 是可逆线性变换.

证法 2 由例 4.35 可知, 存在整数 $m\in[0,n]$, 使得

$$V=\mathrm{Ker}\,\boldsymbol{\varphi}^m\oplus\mathrm{Im}\,\boldsymbol{\varphi}^m,\quad \mathrm{Ker}\,\boldsymbol{\varphi}^m=\mathrm{Ker}\,\boldsymbol{\varphi}^{m+1}=\cdots,\quad \mathrm{Im}\,\boldsymbol{\varphi}^m=\mathrm{Im}\,\boldsymbol{\varphi}^{m+1}=\cdots.$$

令 $V_1=\mathrm{Ker}\,\boldsymbol{\varphi}^m$, $V_2=\mathrm{Im}\,\boldsymbol{\varphi}^m$, 则 $V=V_1\oplus V_2$. 因为 $V_1=\mathrm{Ker}\,\boldsymbol{\varphi}^m$, 所以 $\boldsymbol{\varphi}|_{V_1}$ 适合多项式 λ^m, 从而它是幂零线性变换. 因为 $\boldsymbol{\varphi}|_{V_2}$ 的像空间是 $\boldsymbol{\varphi}(\mathrm{Im}\,\boldsymbol{\varphi}^m)=\mathrm{Im}\,\boldsymbol{\varphi}^{m+1}=\mathrm{Im}\,\boldsymbol{\varphi}^m$, 所以 $\boldsymbol{\varphi}|_{V_2}$ 是满映射, 从而它是可逆线性变换. □

上面只是比较简单的两道例题, 如果希望能更一般地处理数域 $\mathbb{K}$ 上的相似问题, 那么我们可以运用数域 $\mathbb{K}$ 上基于初等因子的相似标准型理论. 事实上, 例 7.19 已经给出了数域 $\mathbb{K}$ 上基于初等因子的有理标准型, 接下去我们将给出数域 $\mathbb{K}$ 上基于初等因子的 Jordan 标准型. 这一理论跟之前阐述的数域 $\mathbb{K}$ 上基于不变因子的有理标准型理论和复数域上的 Jordan 标准型理论之间有着密切的联系, 无论是从引入的方法, 还是从最终的结论来看, 这一理论都是前面两种理论的自然延续和推广, 因此不妨称之为广义 Jordan 标准型理论.

先固定一些常用的记号. 设 $P(\lambda)=\lambda^m+a_1\lambda^{m-1}+\cdots+a_{m-1}\lambda+a_m$ 是 $\mathbb{K}$ 上

的首一多项式, 我们用 $\boldsymbol{F}(P(\lambda))$ 表示 $P(\lambda)$ 的 Frobenius 块:

$$\boldsymbol{F}(P(\lambda))=\begin{pmatrix}0&1&0&\cdots&0\\0&0&1&\cdots&0\\\vdots&\vdots&\vdots&&\vdots\\0&0&0&\cdots&1\\-a_m&-a_{m-1}&-a_{m-2}&\cdots&-a_1\end{pmatrix},$$

用 $\boldsymbol{C}_m$ 表示第 $(m,1)$ 元素为 1, 其他元素全为零的 m 阶矩阵:

$$\boldsymbol{C}_m=\begin{pmatrix}0&0&0&\cdots&0\\0&0&0&\cdots&0\\\vdots&\vdots&\vdots&&\vdots\\0&0&0&\cdots&0\\1&0&0&\cdots&0\end{pmatrix}.$$

设 $\boldsymbol{A}$ 是 $\mathbb{K}$ 上的 n 阶矩阵, 其不变因子组为 $1,\cdots,1,d_1(\lambda),\cdots,d_k(\lambda)$, 其中 $d_i(\lambda)$ 是非常数首一多项式, $d_i(\lambda)\mid d_{i+1}(\lambda)\,(1\le i\le k-1)$. 根据定义, 所有不变因子 $d_i(\lambda)$ 的准素因子全体就是 $\boldsymbol{A}$ 的初等因子组, 因此 $\boldsymbol{A}$ 的初等因子必为 $P(\lambda)^e$ 的形状, 其中 $P(\lambda)$ 是 $\mathbb{K}$ 上的首一不可约多项式, $e\ge1$.

例 7.94 设 $P(\lambda)=\lambda^m+a_1\lambda^{m-1}+\cdots+a_{m-1}\lambda+a_m$ 是 $\mathbb{K}$ 上的首一不可约多项式, e 是正整数, 证明下列矩阵的不变因子组均为 $1,\cdots,1,P(\lambda)^e$:

$$(1)\ \boldsymbol{J}_e(P(\lambda))=\begin{pmatrix}\boldsymbol{F}(P(\lambda))&\boldsymbol{I}_m&\boldsymbol{O}&\cdots&\boldsymbol{O}&\boldsymbol{O}\\\boldsymbol{O}&\boldsymbol{F}(P(\lambda))&\boldsymbol{I}_m&\cdots&\boldsymbol{O}&\boldsymbol{O}\\\vdots&\vdots&\vdots&&\vdots&\vdots\\\boldsymbol{O}&\boldsymbol{O}&\boldsymbol{O}&\cdots&\boldsymbol{F}(P(\lambda))&\boldsymbol{I}_m\\\boldsymbol{O}&\boldsymbol{O}&\boldsymbol{O}&\cdots&\boldsymbol{O}&\boldsymbol{F}(P(\lambda))\end{pmatrix};$$

$$(2)\ \widetilde{\boldsymbol{J}}_e(P(\lambda))=\begin{pmatrix}\boldsymbol{F}(P(\lambda))&\boldsymbol{C}_m&\boldsymbol{O}&\cdots&\boldsymbol{O}&\boldsymbol{O}\\\boldsymbol{O}&\boldsymbol{F}(P(\lambda))&\boldsymbol{C}_m&\cdots&\boldsymbol{O}&\boldsymbol{O}\\\vdots&\vdots&\vdots&&\vdots&\vdots\\\boldsymbol{O}&\boldsymbol{O}&\boldsymbol{O}&\cdots&\boldsymbol{F}(P(\lambda))&\boldsymbol{C}_m\\\boldsymbol{O}&\boldsymbol{O}&\boldsymbol{O}&\cdots&\boldsymbol{O}&\boldsymbol{F}(P(\lambda))\end{pmatrix}.$$

证明 (1) 由有理标准型理论可知, $\boldsymbol{F}(P(\lambda))$ 的特征多项式和极小多项式都是 $P(\lambda)$, 故 $\boldsymbol{J}_e(P(\lambda))$ 的特征多项式为 $P(\lambda)^e$, 从而 $\boldsymbol{J}_e(P(\lambda))$ 的极小多项式为 $P(\lambda)^l$, 其

中 $1 \le l \le e$. 下面验证 $\boldsymbol{J}_e(P(\lambda))$ 不适合 $P(\lambda)^{e-1}$, 从而 $\boldsymbol{J}_e(P(\lambda))$ 的极小多项式必为 $P(\lambda)^e$. 以下简记 $g(\lambda)=P(\lambda)^{e-1}$, $\boldsymbol{F}=\boldsymbol{F}(P(\lambda))$, 则通过分块矩阵的计算可得

$$g(\boldsymbol{J}_e(P(\lambda)))=\begin{pmatrix} g(\boldsymbol{F}) & \frac{1}{1!}g'(\boldsymbol{F}) & \frac{1}{2!}g^{(2)}(\boldsymbol{F}) & \cdots & \frac{1}{(e-1)!}g^{(e-1)}(\boldsymbol{F}) \\ & g(\boldsymbol{F}) & \frac{1}{1!}g'(\boldsymbol{F}) & \cdots & \frac{1}{(e-2)!}g^{(e-2)}(\boldsymbol{F}) \\ & & g(\boldsymbol{F}) & \cdots & \frac{1}{(e-3)!}g^{(e-3)}(\boldsymbol{F}) \\ & & & \ddots & \vdots \\ & & & & g(\boldsymbol{F}) \end{pmatrix}.$$

由 Cayley-Hamilton 定理可得 $P(\boldsymbol{F})=\boldsymbol{O}$, 从而 $g^{(i)}(\boldsymbol{F})=\boldsymbol{O}\,(0\le i\le e-2)$, 但 $g^{(e-1)}(\boldsymbol{F})=(e-1)!P'(\boldsymbol{F})^{e-1}$. 由于 $P(\lambda)$ 是不可约多项式, 故 $(P(\lambda),P'(\lambda))=1$, 进一步有 $(P(\lambda),P'(\lambda)^{e-1})=1$, 从而由例 6.84 可知, $P'(\boldsymbol{F})^{e-1}$ 是可逆矩阵, 于是 $\frac{1}{(e-1)!}g^{(e-1)}(\boldsymbol{F})=P'(\boldsymbol{F})^{e-1}\ne\boldsymbol{O}$, 即有 $g(\boldsymbol{J}_e(P(\lambda)))\ne\boldsymbol{O}$. 因此 $\boldsymbol{J}_e(P(\lambda))$ 的极小多项式为 $P(\lambda)^e$, 其不变因子组为 $1,\cdots,1,P(\lambda)^e$.

(2) 我们来计算 $\widetilde{\boldsymbol{J}}_e(P(\lambda))$ 的 $me-1$ 阶行列式因子, 注意到特征矩阵 $\lambda\boldsymbol{I}-\widetilde{\boldsymbol{J}}_e(P(\lambda))$ 的前 $me-1$ 行、后 $me-1$ 列构成的 $me-1$ 阶子式是一个主对角元全为 -1 的下三角行列式, 其值为 $(-1)^{me-1}$, 故 $\widetilde{\boldsymbol{J}}_e(P(\lambda))$ 的 $me-1$ 阶行列式因子为 1. 又 $\widetilde{\boldsymbol{J}}_e(P(\lambda))$ 的 me 阶行列式因子为 $P(\lambda)^e$, 故其行列式因子组为 $1,\cdots,1,P(\lambda)^e$, 从而不变因子组也为 $1,\cdots,1,P(\lambda)^e$. □

例 7.95 设 $\boldsymbol{A}$ 是 $\mathbb{K}$ 上的 n 阶矩阵, 它在 $\mathbb{K}$ 上的初等因子组为 $P_1(\lambda)^{e_1},P_2(\lambda)^{e_2},\cdots,P_t(\lambda)^{e_t}$, 其中 $P_i(\lambda)$ 是 $\mathbb{K}$ 上的首一不可约多项式, $e_i\ge 1$, $1\le i\le t$, 证明 $\boldsymbol{A}$ 在 $\mathbb{K}$ 上相似于下列分块对角矩阵:

(1) $\boldsymbol{J}=\mathrm{diag}\{\boldsymbol{J}_{e_1}(P_1(\lambda)),\boldsymbol{J}_{e_2}(P_2(\lambda)),\cdots,\boldsymbol{J}_{e_t}(P_t(\lambda))\}$;

(2) $\widetilde{\boldsymbol{J}}=\mathrm{diag}\{\widetilde{\boldsymbol{J}}_{e_1}(P_1(\lambda)),\widetilde{\boldsymbol{J}}_{e_2}(P_2(\lambda)),\cdots,\widetilde{\boldsymbol{J}}_{e_t}(P_t(\lambda))\}$.

证明 将 $\lambda\boldsymbol{I}-\boldsymbol{J}$ 和 $\lambda\boldsymbol{I}-\widetilde{\boldsymbol{J}}$ 按照每个分块依次进行 λ-矩阵的初等变换, 由例 7.94 可知, 上述两个矩阵都相抵于

$$\mathrm{diag}\{1,\cdots,1,P_1(\lambda)^{e_1};1,\cdots,1,P_2(\lambda)^{e_2};\cdots;1,\cdots,1,P_t(\lambda)^{e_t}\}.$$

由例 7.10 可知, $\boldsymbol{J}$ 和 $\widetilde{\boldsymbol{J}}$ 的初等因子组都是 $P_1(\lambda)^{e_1},P_2(\lambda)^{e_2},\cdots,P_t(\lambda)^{e_t}$, 即它们与 $\boldsymbol{A}$ 在 $\mathbb{K}$ 上有相同的初等因子组, 因此它们与 $\boldsymbol{A}$ 在 $\mathbb{K}$ 上相似. □

注 例 7.95 中的 $\boldsymbol{J}$ 和 $\widetilde{\boldsymbol{J}}$ 均称为数域 $\mathbb{K}$ 上基于初等因子的广义 Jordan 标准型. 当 $\mathbb{K}=\mathbb{C}$ 时, 注意到不可约多项式都是一次的, 故可设 $P(\lambda)=\lambda-\lambda_0$, 则例 7.94 中

的广义 Jordan 块 $\boldsymbol{J}_e(P(\lambda))$ 和 $\widetilde{\boldsymbol{J}}_e(P(\lambda))$ 都变成了复数域上的 Jordan 块 $\boldsymbol{J}_e(\lambda_0)$, 广义 Jordan 标准型 $\boldsymbol{J}$ 和 $\widetilde{\boldsymbol{J}}$ 都变成了复数域上的 Jordan 标准型. $\boldsymbol{J}$ 和 $\widetilde{\boldsymbol{J}}$ 之间的区别只是形式上的, 即对每个广义 Jordan 块而言, 其上次对角线上的矩阵一个是单位矩阵 $\boldsymbol{I}_m$, 一个是矩阵 $\boldsymbol{C}_m$. 从本质上看, 这两种广义 Jordan 标准型其实是一致的, 只不过在一些具体问题的讨论中, 各有各的用途而已.

下面我们来看一看实数域上的广义 Jordan 标准型.

例 7.96 设 $\boldsymbol{A}$ 是实数域上的 n 阶矩阵, 证明 $\boldsymbol{A}$ 在实数域上相似于下列分块对角矩阵:

(1) $\boldsymbol{J}=\operatorname{diag}\{\boldsymbol{J}_{r_1}(\lambda_1),\cdots,\boldsymbol{J}_{r_k}(\lambda_k),\boldsymbol{J}_{s_1}(a_1,b_1),\cdots,\boldsymbol{J}_{s_l}(a_l,b_l)\}$;

(2) $\widetilde{\boldsymbol{J}}=\operatorname{diag}\{\boldsymbol{J}_{r_1}(\lambda_1),\cdots,\boldsymbol{J}_{r_k}(\lambda_k),\widetilde{\boldsymbol{J}}_{s_1}(a_1,b_1),\cdots,\widetilde{\boldsymbol{J}}_{s_l}(a_l,b_l)\}$,

其中 $\lambda_1,\cdots,\lambda_k,a_1,b_1,\cdots,a_l,b_l$ 都是实数, $b_1,\cdots,b_l$ 都非零, $\boldsymbol{J}_{r_i}(\lambda_i)$ 表示以 λ_i 为特征值的通常意义下的 Jordan 块, $\boldsymbol{R}_j=\begin{pmatrix}a_j & b_j\\ -b_j & a_j\end{pmatrix}$, $\boldsymbol{C}_2=\begin{pmatrix}0&0\\1&0\end{pmatrix}$, 且

$$\boldsymbol{J}_{s_j}(a_j,b_j)=\begin{pmatrix}\boldsymbol{R}_j & \boldsymbol{I}_2 & & & \\ & \boldsymbol{R}_j & \boldsymbol{I}_2 & & \\ & & \ddots & \ddots & \\ & & & \boldsymbol{R}_j & \boldsymbol{I}_2\\ & & & & \boldsymbol{R}_j\end{pmatrix},\quad \widetilde{\boldsymbol{J}}_{s_j}(a_j,b_j)=\begin{pmatrix}\boldsymbol{R}_j & \boldsymbol{C}_2 & & & \\ & \boldsymbol{R}_j & \boldsymbol{C}_2 & & \\ & & \ddots & \ddots & \\ & & & \boldsymbol{R}_j & \boldsymbol{C}_2\\ & & & & \boldsymbol{R}_j\end{pmatrix}.$$

证明　注意到实数域上的不可约多项式是一次多项式或者是判别式小于零的二次多项式, 故可设 $\boldsymbol{A}$ 的初等因子组为 $(\lambda-\lambda_1)^{r_1},\cdots,(\lambda-\lambda_k)^{r_k}$, $((\lambda-a_1)^2+b_1^2)^{s_1},\cdots,((\lambda-a_l)^2+b_l^2)^{s_l}$, 其中 $\lambda_1,\cdots,\lambda_k,a_1,b_1,\cdots,a_l,b_l$ 都是实数, 且 $b_1,\cdots,b_l$ 都非零.

(1) 由例 7.95 (1) 可知, $\boldsymbol{A}$ 实相似于 $\operatorname{diag}\{\boldsymbol{J}_{r_1}(\lambda_1),\cdots,\boldsymbol{J}_{r_k}(\lambda_k),\boldsymbol{J}_{s_1}((\lambda-a_1)^2+b_1^2),\cdots,\boldsymbol{J}_{s_l}((\lambda-a_l)^2+b_l^2)\}$, 注意到 $\boldsymbol{F}((\lambda-a_j)^2+b_j^2)=\begin{pmatrix}0&1\\-(a_j^2+b_j^2)&2a_j\end{pmatrix}$ 与 $\boldsymbol{R}_j=\begin{pmatrix}a_j&b_j\\-b_j&a_j\end{pmatrix}$ 有相同的特征值 $a_j\pm\mathrm{i}b_j$, 故它们在复数域上, 从而也在实数域上相似. 因为 $\boldsymbol{J}_{s_j}((\lambda-a_j)^2+b_j^2)$ 的上次对角线都是 $\boldsymbol{I}_2$, 所以不难把这种相似关系扩张到整个广义 Jordan 块上, 从而 $\boldsymbol{J}_{s_j}((\lambda-a_j)^2+b_j^2)$ 实相似于 $\boldsymbol{J}_{s_j}(a_j,b_j)$, 于是 $\boldsymbol{A}$ 实相似于 $\boldsymbol{J}$.

(2) 因为 $\widetilde{\boldsymbol{J}}_{s_j}((\lambda-a_j)^2+b_j^2)$ 的上次对角线都是 $\boldsymbol{C}_2$, 所以用例 7.95 (2) 很难推出第二个结论, 这里我们采用直接计算 $\widetilde{\boldsymbol{J}}_{s_j}(a_j,b_j)$ 的不变因子组的方法来证明. 注意到

$\lambda\boldsymbol{I}-\widetilde{\boldsymbol{J}}_{s_j}(a_j,b_j)$ 右上方的 $2s_j-1$ 阶子式等于 $(-1)^{2s_j-1}b_j^{s_j}\neq 0$, 故 $\widetilde{\boldsymbol{J}}_{s_j}(a_j,b_j)$ 的 $2s_j-1$ 阶行列式因子为 1, 于是其行列式因子组和不变因子组均为 $1,\cdots,1,((\lambda-a_j)^2+b_j^2)^{s_j}$. 由 λ-矩阵的初等变换以及例 7.10 可知, $\boldsymbol{A}$ 和 $\widetilde{\boldsymbol{J}}$ 在实数域上有相同的初等因子组, 从而它们在实数域上相似. □

下面我们同时用数域 $\mathbb{K}$ 上基于初等因子的有理标准型和广义 Jordan 标准型给出例 7.92 和例 7.93 的第三种证法.

例 7.92 的证法 3　设 $\boldsymbol{\varphi}$ 在 $\mathbb{K}$ 上的初等因子为 $\lambda^{r_1},\cdots,\lambda^{r_k},P_1(\lambda)^{e_1},\cdots,P_t(\lambda)^{e_t}$, 其中 $P_1(\lambda),\cdots,P_t(\lambda)$ 是 $\mathbb{K}$ 上常数项非零的不可约多项式, 则由例 7.19 或例 7.95 可知, 存在 V 的一组基 $\{\boldsymbol{e}_1,\boldsymbol{e}_2,\cdots,\boldsymbol{e}_n\}$, 使得 $\boldsymbol{\varphi}$ 在这组基下的表示矩阵为

$$\operatorname{diag}\{\boldsymbol{F}(\lambda^{r_1}),\cdots,\boldsymbol{F}(\lambda^{r_k}),\boldsymbol{F}(P_1(\lambda)^{e_1}),\cdots,\boldsymbol{F}(P_t(\lambda)^{e_t})\}\text{ 或}$$
$$\operatorname{diag}\{\boldsymbol{J}_{r_1}(0),\cdots,\boldsymbol{J}_{r_k}(0),\boldsymbol{J}_{e_1}(P_1(\lambda)),\cdots,\boldsymbol{J}_{e_t}(P_t(\lambda))\}.$$

若特征值 0 是 $\boldsymbol{\varphi}$ 的极小多项式的单根, 则 $r_1=\cdots=r_k=1$, 容易验证 $\operatorname{Ker}\boldsymbol{\varphi}=L(\boldsymbol{e}_1,\cdots,\boldsymbol{e}_k)$, $\operatorname{Im}\boldsymbol{\varphi}=L(\boldsymbol{e}_{k+1},\cdots,\boldsymbol{e}_n)$, 从而 $V=\operatorname{Ker}\boldsymbol{\varphi}\oplus\operatorname{Im}\boldsymbol{\varphi}$. 反之, 若 $V=\operatorname{Ker}\boldsymbol{\varphi}\oplus\operatorname{Im}\boldsymbol{\varphi}$, 则 $\operatorname{Ker}\boldsymbol{\varphi}\cap\operatorname{Im}\boldsymbol{\varphi}=0$. 若存在某个 $r_i>1$, 比如说 $r_1>1$, 则由例 7.40 的充分性完全类似的证明可知, $\boldsymbol{0}\neq\boldsymbol{e}_1\in\operatorname{Ker}\boldsymbol{\varphi}\cap\operatorname{Im}\boldsymbol{\varphi}$, 这就推出了矛盾. 因此, $r_1=\cdots=r_k=1$, 从而 0 是 $\boldsymbol{\varphi}$ 的极小多项式的单根. □

例 7.93 的证法 3　设 $\boldsymbol{A}$ 在 $\mathbb{K}$ 上的初等因子为 $\lambda^{r_1},\cdots,\lambda^{r_k},P_1(\lambda)^{e_1},\cdots,P_t(\lambda)^{e_t}$, 其中 $P_1(\lambda),\cdots,P_t(\lambda)$ 是 $\mathbb{K}$ 上常数项非零的不可约多项式, 则由例 7.19 或例 7.95 可知, $\boldsymbol{A}$ 在 $\mathbb{K}$ 上相似于分块对角矩阵

$$\operatorname{diag}\{\boldsymbol{F}(\lambda^{r_1}),\cdots,\boldsymbol{F}(\lambda^{r_k}),\boldsymbol{F}(P_1(\lambda)^{e_1}),\cdots,\boldsymbol{F}(P_t(\lambda)^{e_t})\}\text{ 或}$$
$$\operatorname{diag}\{\boldsymbol{J}_{r_1}(0),\cdots,\boldsymbol{J}_{r_k}(0),\boldsymbol{J}_{e_1}(P_1(\lambda)),\cdots,\boldsymbol{J}_{e_t}(P_t(\lambda))\}.$$

令 $\boldsymbol{B}=\operatorname{diag}\{\boldsymbol{F}(\lambda^{r_1}),\cdots,\boldsymbol{F}(\lambda^{r_k})\}$ 或 $\operatorname{diag}\{\boldsymbol{J}_{r_1}(0),\cdots,\boldsymbol{J}_{r_k}(0)\}$, $\boldsymbol{C}=\operatorname{diag}\{\boldsymbol{F}(P_1(\lambda)^{e_1}),\cdots,\boldsymbol{F}(P_t(\lambda)^{e_t})\}$ 或 $\operatorname{diag}\{\boldsymbol{J}_{e_1}(P_1(\lambda)),\cdots,\boldsymbol{J}_{e_t}(P_t(\lambda))\}$, 则由每个 $\boldsymbol{F}(\lambda^{r_i})$ 或 $\boldsymbol{J}_{r_i}(0)$ 都幂零可知 $\boldsymbol{B}$ 是幂零矩阵, 由每个 $\boldsymbol{F}(P_j(\lambda)^{e_j})$ 或 $\boldsymbol{J}_{e_j}(P_j(\lambda))$ 的行列式的绝对值为 $P_j(0)^{e_j}\neq 0$ 可知 $\boldsymbol{C}$ 是可逆矩阵, 因此结论成立. □

利用广义 Jordan 标准型理论可以证明 $\mathbb{K}$ 上的 Jordan-Chevalley 分解定理.

例 7.97　设 $\boldsymbol{A}$ 是数域 $\mathbb{K}$ 上的 n 阶矩阵, 证明存在 $\mathbb{K}$ 上的 n 阶矩阵 $\boldsymbol{B},\boldsymbol{C}$, 使得 $\boldsymbol{A}=\boldsymbol{B}+\boldsymbol{C}$, 且满足:

(1) $\boldsymbol{B}$ 在复数域上可对角化;　　(2) $\boldsymbol{C}$ 是幂零矩阵;　　(3) $\boldsymbol{BC}=\boldsymbol{CB}$,

并且满足上述条件的分解一定是唯一的.

证明　设 $\boldsymbol{A}$ 在 $\mathbb{K}$ 上的初等因子组为 $P_1(\lambda)^{e_1}, P_2(\lambda)^{e_2}, \cdots, P_t(\lambda)^{e_t}$, 其中 $P_i(\lambda)$ 是 $\mathbb{K}$ 上的首一不可约多项式, $e_i \geq 1$, $1 \leq i \leq t$. 由例 7.95 可知, 存在 $\mathbb{K}$ 上的可逆矩阵 $\boldsymbol{P}$, 使得

$$\boldsymbol{P}^{-1}\boldsymbol{A}\boldsymbol{P} = \boldsymbol{J} = \mathrm{diag}\{\boldsymbol{J}_{e_1}(P_1(\lambda)), \boldsymbol{J}_{e_2}(P_2(\lambda)), \cdots, \boldsymbol{J}_{e_t}(P_t(\lambda))\}.$$

我们先对广义 Jordan 块 $\boldsymbol{J}_{e_i}(P_i(\lambda))$ 来证明结论, 为方便起见, 记 $\boldsymbol{F}_i = \boldsymbol{F}(P_i(\lambda))$. 由于 $P_i(\lambda)$ 在 $\mathbb{K}$ 上不可约, 故 $(P_i(\lambda), P_i'(\lambda)) = 1$, 从而 $P_i(\lambda)$ 在复数域上无重根, 于是 $\boldsymbol{F}_i$ 在复数域上可对角化. 令

$$\boldsymbol{M}_i = \begin{pmatrix} \boldsymbol{F}_i & \boldsymbol{O} & \boldsymbol{O} & \cdots & \boldsymbol{O} & \boldsymbol{O} \\ \boldsymbol{O} & \boldsymbol{F}_i & \boldsymbol{O} & \cdots & \boldsymbol{O} & \boldsymbol{O} \\ \vdots & \vdots & \vdots & & \vdots & \vdots \\ \boldsymbol{O} & \boldsymbol{O} & \boldsymbol{O} & \cdots & \boldsymbol{F}_i & \boldsymbol{O} \\ \boldsymbol{O} & \boldsymbol{O} & \boldsymbol{O} & \cdots & \boldsymbol{O} & \boldsymbol{F}_i \end{pmatrix}, \quad \boldsymbol{N}_i = \begin{pmatrix} \boldsymbol{O} & \boldsymbol{I} & \boldsymbol{O} & \cdots & \boldsymbol{O} & \boldsymbol{O} \\ \boldsymbol{O} & \boldsymbol{O} & \boldsymbol{I} & \cdots & \boldsymbol{O} & \boldsymbol{O} \\ \vdots & \vdots & \vdots & & \vdots & \vdots \\ \boldsymbol{O} & \boldsymbol{O} & \boldsymbol{O} & \cdots & \boldsymbol{O} & \boldsymbol{I} \\ \boldsymbol{O} & \boldsymbol{O} & \boldsymbol{O} & \cdots & \boldsymbol{O} & \boldsymbol{O} \end{pmatrix},$$

则容易验证 $\boldsymbol{J}_{e_i}(P_i(\lambda)) = \boldsymbol{M}_i + \boldsymbol{N}_i$, $\boldsymbol{M}_i$ 复可对角化, $\boldsymbol{N}_i$ 幂零, $\boldsymbol{M}_i\boldsymbol{N}_i = \boldsymbol{N}_i\boldsymbol{M}_i$. 再令 $\boldsymbol{M} = \mathrm{diag}\{\boldsymbol{M}_1, \cdots, \boldsymbol{M}_t\}$, $\boldsymbol{N} = \mathrm{diag}\{\boldsymbol{N}_1, \cdots, \boldsymbol{N}_t\}$, 则 $\boldsymbol{J} = \boldsymbol{M} + \boldsymbol{N}$, $\boldsymbol{M}$ 复可对角化, $\boldsymbol{N}$ 幂零, $\boldsymbol{M}\boldsymbol{N} = \boldsymbol{N}\boldsymbol{M}$. 最后令 $\boldsymbol{B} = \boldsymbol{P}\boldsymbol{M}\boldsymbol{P}^{-1}$, $\boldsymbol{C} = \boldsymbol{P}\boldsymbol{N}\boldsymbol{P}^{-1}$, 则 $\boldsymbol{B}, \boldsymbol{C}$ 是 $\mathbb{K}$ 上的矩阵, $\boldsymbol{A} = \boldsymbol{B} + \boldsymbol{C}$, $\boldsymbol{B}$ 复可对角化, $\boldsymbol{C}$ 幂零, $\boldsymbol{B}\boldsymbol{C} = \boldsymbol{C}\boldsymbol{B}$. 我们也可将 $\boldsymbol{A}, \boldsymbol{B}, \boldsymbol{C}$ 看成是复数域上的矩阵, 由复数域上的 Jordan-Chevalley 分解定理 (参考例 7.33) 的唯一性可知, 满足上述条件的分解一定是唯一的. □

注　类似于例 7.33, 我们还可以证明对于上述分解 $\boldsymbol{A} = \boldsymbol{B} + \boldsymbol{C}$, 存在 $\mathbb{K}$ 上的多项式 $f(x)$, 使得 $\boldsymbol{B} = f(\boldsymbol{A})$. 不过, 由于此证明涉及抽象代数中域的扩张等相关知识点, 故在这里就不作详细的展开了.

利用广义 Jordan 标准型理论可将例 7.91 推广到数域 $\mathbb{K}$ 上, 其证明请参考 [8].

例 7.98　设 $\boldsymbol{\varphi}$ 是数域 $\mathbb{K}$ 上 n 维线性空间 V 上的线性变换, 其特征多项式为 $f(\lambda)$, 极小多项式为 $m(\lambda)$. 证明: 若 $f(\lambda) = m(\lambda) = P_1(\lambda)^{r_1}P_2(\lambda)^{r_2}\cdots P_k(\lambda)^{r_k}$, 其中 $P_i(\lambda)$ 是 $\mathbb{K}$ 上互异的首一不可约多项式, 则 V 共有 $(r_1+1)(r_2+1)\cdots(r_k+1)$ 个 $\boldsymbol{\varphi}$–不变子空间; 若 $f(\lambda) \neq m(\lambda)$, 则 V 有无穷个 $\boldsymbol{\varphi}$–不变子空间. □

最后, 利用实数域上的广义 Jordan 标准型理论还可将例 7.72 推广到实数域上 (这也是例 7.77 的推广), 其证明请参考 [9].

例 7.99　设 $\boldsymbol{A}$ 为 n 阶非异实矩阵, m 为任一正整数. 若 m 为偶数, 则再假设对 $\boldsymbol{A}$ 的任一负特征值 λ_0, 其 Jordan 块在 $\boldsymbol{A}$ 的 Jordan 标准型中成对出现: $\boldsymbol{J}_{r_1}(\lambda_0), \boldsymbol{J}_{r_1}(\lambda_0), \cdots, \boldsymbol{J}_{r_k}(\lambda_0), \boldsymbol{J}_{r_k}(\lambda_0)$. 证明: 存在 n 阶实矩阵 $\boldsymbol{B}$, 使得 $\boldsymbol{A} = \boldsymbol{B}^m$. □

§ 7.12 基础训练

7.12.1 训 练 题

一、单选题

1. 下列变换不是 λ–矩阵的可逆变换的是 (　　).

(A) 将 λ–矩阵的某一行乘以一个次数大于零的多项式 $f(\lambda)$

(B) 有限次 λ–矩阵的初等变换之积

(C) 对换 λ–矩阵的两列

(D) 将 λ 乘以第一行加到第二行上去

2. n 阶 λ–矩阵 $\boldsymbol{A}(\lambda)$ 可逆的充要条件是 (　　).

(A) $\boldsymbol{A}(\lambda) \neq 0$　　(B) $|\boldsymbol{A}(\lambda)| \neq 0$

(C) $|\boldsymbol{A}(\lambda)|$ 是一个非零常数　　(D) $\boldsymbol{A}(\lambda)$ 的法式中主对角线上的元素全不等于零

3. 下列 n 阶矩阵必相似的是 (　　).

(A) $\boldsymbol{A}$ 和它的伴随 $\boldsymbol{A}^*$　　(B) $\boldsymbol{A}$ 和它的转置 $\boldsymbol{A}'$

(C) $\boldsymbol{A}$ 和 $k\boldsymbol{A}$, 其中 k 是非零常数　　(D) $\boldsymbol{A}$ 和 $\boldsymbol{AP}$, 其中 $\boldsymbol{P}$ 是一个初等矩阵

4. 下列结论正确的是 (　　).

(A) 若 n 阶矩阵 $\boldsymbol{A},\boldsymbol{B}$ 有相同的行列式因子, 则它们有相同的极小多项式

(B) 若 n 阶矩阵 $\boldsymbol{A},\boldsymbol{B}$ 有相同的特征多项式和极小多项式, 则它们必相似

(C) 若 n 阶矩阵 $\boldsymbol{A},\boldsymbol{B}$ 有相同的特征值, 则它们必相似

(D) 若 n 阶矩阵 $\boldsymbol{A},\boldsymbol{B}$ 相抵, 则它们必相似

5. 下列结论错误的是 (　　).

(A) 若矩阵 $\boldsymbol{A}$ 的初等因子有 k 个, 则 $\boldsymbol{A}$ 的 Jordan 标准型有 k 个 Jordan 块

(B) 若矩阵 $\boldsymbol{A}$ 的非常数不变因子有 k 个, 则 $\boldsymbol{A}$ 的 Jordan 标准型有 k 个 Jordan 块

(C) 若矩阵 $\boldsymbol{A}$ 有一个初等因子是 k 次多项式, 则与它对应的 Jordan 块是 k 阶矩阵

(D) 矩阵 $\boldsymbol{A}$ 的所有初等因子的次数之和等于 $\boldsymbol{A}$ 的阶数

6. 设 n 阶矩阵 $\boldsymbol{A}$ 和 $\boldsymbol{B}$ 的初等因子相同, 则下列结论未必成立的是 (　　).

(A) 存在可逆矩阵 $\boldsymbol{P}$, 使 $\boldsymbol{P}^{-1}\boldsymbol{AP}$ 和 $\boldsymbol{P}^{-1}\boldsymbol{BP}$ 都是 Jordan 标准型

(B) $\boldsymbol{A}$ 和 $\boldsymbol{B}$ 的不变因子相同

(C) $\boldsymbol{A}$ 和 $\boldsymbol{B}$ 相抵

(D) $|\boldsymbol{A}| = |\boldsymbol{B}|$

7. 下列实数矩阵 $\boldsymbol{A}$ 必实相似于对角矩阵的是 (　　).

(A) 初等矩阵　　(B) 上三角矩阵

(C) 非零幂零矩阵, 即 $\boldsymbol{A}^k = \boldsymbol{O}$　　(D) 幂等矩阵, 即 $\boldsymbol{A}^2 = \boldsymbol{A}$

8. 矩阵 $\boldsymbol{A}$ 为可逆矩阵的充要条件是 (　　).

(A) 矩阵 $\boldsymbol{A}$ 的不变因子全不为零

(B) 矩阵 $\boldsymbol{A}$ 的行列式因子全不为零

(C) 矩阵 $\boldsymbol{A}$ 的最后一个不变因子有非零常数项

(D) 矩阵 $\boldsymbol{A}$ 至少有一个不变因子有非零常数项

9. 设八阶矩阵 $\boldsymbol{A}$ 的初等因子组为 $(\lambda-1)^2,(\lambda-1)^2,(\lambda+1)^3,\lambda$, 则 $\boldsymbol{A}$ 的不变因子组为 (　　).

(A) $1,1,1,1,\lambda,(\lambda-1)^2,(\lambda-1)^2,(\lambda+1)^3$

(B) $1,1,1,1,1,(\lambda-1)^2,(\lambda-1)^2,\lambda(\lambda+1)^3$

(C) $1,1,1,1,1,(\lambda-1)^2,\lambda(\lambda-1)^2,(\lambda+1)^3$

(D) $1,1,1,1,1,1,(\lambda-1)^2,\lambda(\lambda-1)^2(\lambda+1)^3$

10. 已知矩阵 $\boldsymbol{A}=\begin{pmatrix}1&0&0\\0&2&1\\0&0&2\end{pmatrix}$, 下列矩阵和 $\boldsymbol{A}$ 相似的是 (　　).

(A) $\begin{pmatrix}1&0&0\\0&2&0\\0&0&2\end{pmatrix}$　　(B) $\begin{pmatrix}1&1&0\\0&2&0\\0&0&2\end{pmatrix}$

(C) $\begin{pmatrix}1&0&0\\0&2&0\\0&1&2\end{pmatrix}$　　(D) $\begin{pmatrix}1&1&0\\0&1&1\\0&0&2\end{pmatrix}$

11. 设三阶矩阵 $\boldsymbol{A}$ 的极小多项式是 $(\lambda-1)^2$, 则 $\boldsymbol{A}$ 的 Jordan 标准型是 (　　).

(A) $\begin{pmatrix}1&0&0\\0&1&0\\0&0&1\end{pmatrix}$　　(B) $\begin{pmatrix}1&1&0\\0&1&0\\0&0&1\end{pmatrix}$

(C) $\begin{pmatrix}1&1&0\\0&1&1\\0&0&1\end{pmatrix}$　　(D) $\begin{pmatrix}1&1&0\\0&1&0\\0&0&0\end{pmatrix}$

12. 设矩阵 $\boldsymbol{A}$ 的特征多项式是 $(\lambda-2)(\lambda-1)^3$, 极小多项式是 $(\lambda-2)(\lambda-1)^2$, 则 (　　).

(A) $\boldsymbol{A}$ 是四阶矩阵且其 Jordan 标准型有 2 个 Jordan 块

(B) $\boldsymbol{A}$ 是三阶矩阵且其 Jordan 标准型有 2 个 Jordan 块

(C) $\boldsymbol{A}$ 是四阶矩阵且其 Jordan 标准型有 3 个 Jordan 块

(D) $\boldsymbol{A}$ 是四阶矩阵且其 Jordan 标准型是对角矩阵

13. 下列矩阵的 Jordan 标准型必不是对角矩阵的是 (　　).

(A) 可逆矩阵　　(B) 基础矩阵 $\boldsymbol{E}_{ij}$, 其中 $i\neq j$

(C) 初等矩阵　　(D) 主对角元素互不相同的下三角矩阵

14. 设 $\boldsymbol{A}$ 是十阶非零矩阵且满足 $\boldsymbol{A}^2=\boldsymbol{O}$, 则 $\boldsymbol{A}$ 的 Jordan 标准型中 Jordan 块的最大阶数为 (　　).

(A) 2　　(B) 3　　(C) 4　　(D) 5

15. 设矩阵 $\boldsymbol{A}$ 有一个不变因子 $\lambda^2+\lambda$, 则下列结论正确的是 (　　).

(A) $\boldsymbol{A}$ 相似于对角矩阵

(B) $\boldsymbol{A}$ 是奇异矩阵

(C) $\boldsymbol{A}$ 的初等因子都是 λ 的幂或 $\lambda+1$ 的幂

(D) $\boldsymbol{A}$ 的特征值为 $0,-1$ (有可能是重根)

二、填空题

1. 设有 λ–矩阵:

$$\begin{aligned}\boldsymbol{M}(\lambda) &= \boldsymbol{M}_m\lambda^m+\boldsymbol{M}_{m-1}\lambda^{m-1}+\cdots+\boldsymbol{M}_1\lambda+\boldsymbol{M}_0,\\ \boldsymbol{N}(\lambda) &= \boldsymbol{N}_n\lambda^n+\boldsymbol{N}_{n-1}\lambda^{n-1}+\cdots+\boldsymbol{N}_1\lambda+\boldsymbol{N}_0,\end{aligned}$$

其中 $\boldsymbol{M}_i,\boldsymbol{N}_j$ 为数字矩阵, 问 $\boldsymbol{M}(\lambda)\boldsymbol{N}(\lambda)$ 的次数是否等于 $m+n$? (　　)

2. 设 $\boldsymbol{M}(\lambda)$ 是 n 阶 λ–矩阵且 $\boldsymbol{M}(\lambda)=(\lambda\boldsymbol{I}_n-\boldsymbol{A})\boldsymbol{P}(\lambda)+\boldsymbol{R}$, 假设又有 $\boldsymbol{M}(\lambda)=(\lambda\boldsymbol{I}_n-\boldsymbol{A})\boldsymbol{Q}(\lambda)+\boldsymbol{T}$, 其中 $\boldsymbol{R},\boldsymbol{T}$ 为数字矩阵. 问是否必有 $\boldsymbol{P}(\lambda)=\boldsymbol{Q}(\lambda)$, $\boldsymbol{R}=\boldsymbol{T}$? (　　)

3. 将有理标准型 $\boldsymbol{F}=\mathrm{diag}\{\boldsymbol{F}_1,\boldsymbol{F}_2,\cdots,\boldsymbol{F}_k\}$ 中的两块 $\boldsymbol{F}_i$ 和 $\boldsymbol{F}_j$ 对换位置, 得到的矩阵是否和 $\boldsymbol{F}$ 相似? (　　)

4. 设 n 阶分块矩阵 $\boldsymbol{A}=\mathrm{diag}\{\boldsymbol{A}_1,\boldsymbol{A}_2\}$, 其中 $\boldsymbol{A}_1,\boldsymbol{A}_2$ 的有理标准型都只有一块且它们的特征多项式分别是 $f_1(\lambda),f_2(\lambda)$. 若 $f_2(\lambda)\mid f_1(\lambda)$, 写出 $\boldsymbol{A}$ 的法式.

5. 设矩阵 $\boldsymbol{A}$ 的不变因子组为 $1,\cdots,1,\lambda,\lambda^2(\lambda-1),\lambda^2(\lambda-1)^3(\lambda^2+1)$, 写出 $\boldsymbol{A}$ 在复数域上的初等因子组.

6. 设矩阵 $\boldsymbol{A}$ 的初等因子组为 $\lambda,\lambda^2,\lambda^3,\lambda-2,(\lambda-2)^2,\lambda+2,(\lambda+2)^2$, 写出 $\boldsymbol{A}$ 的不变因子组.

7. 写出一个矩阵, 它的有理标准型只有一个 Frobenius 块, 而它的 Jordan 标准型是一个对角矩阵.

8. 设矩阵 $\boldsymbol{A}$ 的初等因子组为 $\lambda,\lambda^2,(\lambda-1)^2,(\lambda-1)^3$, 求 $\boldsymbol{A}$ 的 Jordan 标准型.

9. 设四阶矩阵 $\boldsymbol{A}$ 的极小多项式为 $(\lambda^2-1)(\lambda^2-4)$, 求 $\boldsymbol{A}$ 的 Jordan 标准型.

10. 设矩阵 $\boldsymbol{A}$ 的非常数不变因子为 $(\lambda-1),(\lambda-1)(\lambda+1),(\lambda-1)^2(\lambda+1)^2$, 求 $\boldsymbol{A}$ 的 Jordan 标准型.

11. 设 $\boldsymbol{A},\boldsymbol{B}$ 为 n 阶幂等矩阵, 即 $\boldsymbol{A}^2=\boldsymbol{A}$, $\boldsymbol{B}^2=\boldsymbol{B}$. 若 $\boldsymbol{A}$ 和 $\boldsymbol{B}$ 的秩相同, 问 $\boldsymbol{A}$ 和 $\boldsymbol{B}$ 是否必相似? (　　).

12. 设 $\boldsymbol{A}$ 是 n 阶幂零矩阵, 即有正整数 k, 使得 $\boldsymbol{A}^k = \boldsymbol{O}$, $\boldsymbol{A}^{k-1} \neq \boldsymbol{O}$, 则 $\boldsymbol{A}$ 的最后一个不变因子是 (　　).

13. 设 n 阶矩阵 $\boldsymbol{A}$ 满足 $\boldsymbol{A}^2 - 3\boldsymbol{A} + 2\boldsymbol{I}_n = \boldsymbol{O}$, 问 $\boldsymbol{A}$ 是否必相似于对角矩阵? (　　)

14. 设 n 阶有理数矩阵 $\boldsymbol{A}$ 的极小多项式是一个有理数域上的不可约多项式, 问 $\boldsymbol{A}$ 的 Jordan 标准型是否必是对角矩阵? (　　)

15. 设矩阵 $\boldsymbol{A}$ 的特征多项式和极小多项式重合, 矩阵 $\boldsymbol{B}$ 也具有这个性质, 若 $\boldsymbol{A}$ 和 $\boldsymbol{B}$ 的特征多项式相同, 问 $\boldsymbol{A}, \boldsymbol{B}$ 是否必相似? (　　)

三、解答题

1. 设 $\boldsymbol{A}$ 为 n 阶实矩阵, $\boldsymbol{A}$ 的 $n-1$ 阶行列式因子是 $n-2$ 次多项式, 求 $\boldsymbol{A}$ 的不变因子组.

2. 设 $\boldsymbol{A}$ 是数域 $\mathbb{K}$ 上的 n 阶矩阵, 证明存在如下分解: $\boldsymbol{A} = \boldsymbol{A}_0 + \boldsymbol{A}_1 + \boldsymbol{A}_2$, 其中 $\boldsymbol{A}_0$ 为 $\mathbb{K}$ 上的纯量矩阵, $\boldsymbol{A}_1, \boldsymbol{A}_2$ 均为 $\mathbb{K}$ 上的幂零矩阵.

3. 设 $\boldsymbol{\varphi}$ 是数域 $\mathbb{K}$ 上 n 维线性空间 V 上的线性变换, 其中 $V = C(\boldsymbol{\varphi}, \boldsymbol{\alpha})$ 为循环空间, $\boldsymbol{\alpha}$ 为循环向量. 设 $\boldsymbol{\psi}, \boldsymbol{\xi}$ 是与 $\boldsymbol{\varphi}$ 乘法可交换的两个线性变换, 求证: $\boldsymbol{\psi} = \boldsymbol{\xi}$ 的充要条件是 $\boldsymbol{\psi}(\boldsymbol{\alpha}) = \boldsymbol{\xi}(\boldsymbol{\alpha})$.

4. 设 $\boldsymbol{A}$ 为三阶实矩阵, 试求 $C(\boldsymbol{A}) = \{\boldsymbol{X} \in M_3(\mathbb{R}) \mid \boldsymbol{A}\boldsymbol{X} = \boldsymbol{X}\boldsymbol{A}\}$.

5. 设 $\boldsymbol{A}$ 为 $n\,(n \geq 2)$ 阶复方阵, 满足 $|\boldsymbol{A}| = 1$. 设 $\boldsymbol{A}$ 与其伴随矩阵 $\boldsymbol{A}^*$ 都适合多项式 $(\lambda - \lambda_1)(\lambda - \lambda_1^{-1})^{m_1} \cdots (\lambda - \lambda_k)(\lambda - \lambda_k^{-1})^{m_k}$, 其中 $\lambda_1, \lambda_1^{-1}, \cdots, \lambda_k, \lambda_k^{-1}$ 是两两互异的非零复数, $m_i \geq 1$. 证明: $\boldsymbol{A}$ 可对角化.

6. 设 V 为 n 阶复方阵全体构成的线性空间, V 上的线性变换 $\boldsymbol{\varphi}$ 定义为 $\boldsymbol{\varphi}(\boldsymbol{X}) = \boldsymbol{A}\boldsymbol{X}\boldsymbol{A}'$, 其中 $\boldsymbol{A} \in V$. 证明: $\boldsymbol{\varphi}$ 可对角化的充要条件是 $\boldsymbol{A}$ 可对角化.

7. 设 V 为 n 阶复方阵全体构成的线性空间, V 上的线性变换 $\boldsymbol{\varphi}$ 定义为 $\boldsymbol{\varphi}(\boldsymbol{X}) = \boldsymbol{A}\boldsymbol{X} - \boldsymbol{X}\boldsymbol{A}'$, 其中 $\boldsymbol{A} \in V$. 证明: $\boldsymbol{\varphi}$ 可对角化的充要条件是 $\boldsymbol{A}$ 可对角化.

8. 设 $\boldsymbol{\varphi}$ 是 n 维复线性空间 V 上的线性变换, U 是 V 的任一非零 $\boldsymbol{\varphi}$–不变子空间. 若 $\boldsymbol{\varphi}$ 的极小多项式等于其特征多项式, 求证: 限制变换 $\boldsymbol{\varphi}|_U$ 的极小多项式也等于其特征多项式.

9. 求下列矩阵的 Jordan 标准型:

$$\boldsymbol{A} = \begin{pmatrix} n & n-1 & n-2 & \cdots & 1 \\ 0 & n & n-1 & \cdots & 2 \\ 0 & 0 & n & \cdots & 3 \\ \vdots & \vdots & \vdots & & \vdots \\ 0 & 0 & 0 & \cdots & n \end{pmatrix}.$$

10. 求下列矩阵的 Jordan 标准型, 其中 a 为参数:

$$\boldsymbol{A}=\begin{pmatrix}1&a&0&2\\0&1&0&-1\\-3&4&1&3\\0&0&0&1\end{pmatrix}.$$

11. 设 $\boldsymbol{J}_n(a)$ 是特征值为 a 的 n 阶 Jordan 块, 又 $f(x)$ 是一个多项式, 求证:

$$f(\boldsymbol{J}_n(a))=\begin{pmatrix}f(a)&\dfrac{f'(a)}{1!}&\dfrac{f^{(2)}(a)}{2!}&\cdots&\dfrac{f^{(n-1)}(a)}{(n-1)!}\\&f(a)&\dfrac{f'(a)}{1!}&\cdots&\dfrac{f^{(n-2)}(a)}{(n-2)!}\\&&\ddots&\ddots&\vdots\\&&&\ddots&\dfrac{f'(a)}{1!}\\&&&&f(a)\end{pmatrix}.$$

12. 设 n 阶复方阵 $\boldsymbol{A}$ 的特征多项式为 $f(\lambda)$, 复系数多项式 $g(\lambda)$ 满足 $(f(g(\lambda)),g'(\lambda))=1$. 证明: 存在 n 阶复方阵 $\boldsymbol{B}$, 使得 $g(\boldsymbol{B})=\boldsymbol{A}$.

13. 证明: 对任意的 n 阶非异复方阵 $\boldsymbol{A}$, 存在 n 阶复方阵 $\boldsymbol{B}$, 使得 $\mathrm{e}^{\boldsymbol{B}}=\boldsymbol{A}$.

14. 设 $\boldsymbol{A}$ 为 n 阶复方阵, θ_0 是 $\cos x=x$ 在 $(0,\dfrac{\pi}{2})$ 中的唯一解. 证明: 若 $\boldsymbol{A}$ 的特征值全为 θ_0, 则 $\boldsymbol{A}$ 相似于 $\cos\boldsymbol{A}$.

15. 设 m 为给定的正整数, 证明: 对任意的正整数 n,l, 存在 m 阶实方阵 $\boldsymbol{X}$, 使得

$$\boldsymbol{X}^n+\boldsymbol{X}^l=\boldsymbol{I}_m+\begin{pmatrix}1&2&\cdots&m\\&1&\ddots&\vdots\\&&\ddots&2\\&&&1\end{pmatrix}.$$

7.12.2 训练题答案

一、单选题

1. 应选择 (A).

2. 应选择 (C). 显然 (A) 不对, 注意 $|\boldsymbol{A}(\lambda)|$ 不为零时仍可能是一个非常数多项式, 这时 $\boldsymbol{A}(\lambda)$ 不是可逆 λ-矩阵, 因此 (B) 和 (D) 也不对.

3. 应选择 (B). 矩阵 $\boldsymbol{A}$ 和它的转置有相同的行列式因子, 因此必相似.

4. 应选择 (A). 若 $\boldsymbol{A}$ 和 $\boldsymbol{B}$ 有相同的行列式因子, 则不变因子也相同, 又极小多项式是最后一个不变因子, 故相同.

5. 应选择 (B). 矩阵的 Jordan 标准型中 Jordan 块的个数等于初等因子的个数而不是不变因子的个数.

6. 应选择 (A). 两个矩阵初等因子相同必相似, 因此 (B), (C), (D) 都成立. 例如, $\boldsymbol{A}=\boldsymbol{J}_n(0)$, $\boldsymbol{B}=2\boldsymbol{J}_n(0)$ 有相同的初等因子 λ^n, 但不存在可逆矩阵 $\boldsymbol{P}$, 使 $\boldsymbol{P}^{-1}\boldsymbol{A}\boldsymbol{P}$ 和 $\boldsymbol{P}^{-1}\boldsymbol{B}\boldsymbol{P}$ 都是 Jordan 标准型 $\boldsymbol{J}_n(0)$.

7. 应选择 (D), 参考例 6.67 (2). 第三类初等矩阵不能对角化; 上三角矩阵 $\boldsymbol{J}_n(0)$ 不能对角化; 更一般地, 非零的幂零矩阵也不能对角化 (参考例 6.73 (1)), 因此 (A), (B), (C) 都不对.

8. 应选择 (C). 矩阵的最后一个不变因子就是它的极小多项式, 当极小多项式的常数项不为零时, 矩阵必可逆 (参考例 6.85). 显然 (A), (B) 都不是正确的选择, 例如零矩阵的行列式因子和不变因子全不为零. 对角矩阵 $\mathrm{diag}\{0,1,1\}$ 的不变因子为 $1,\lambda-1,\lambda(\lambda-1)$, 虽然有不变因子有非零常数项, 但矩阵不可逆, 故 (D) 也不正确.

9. 应选择 (D).

10. 应选择 (C).

11. 应选择 (B).

12. 应选择 (C). 这是一个四阶矩阵, 可求出另外一个不变因子是 $\lambda-1$.

13. 应选择 (B). 当 $i\neq j$ 时, $\boldsymbol{E}_{ij}$ 是非零的幂零矩阵, 必不可对角化. 第二类初等矩阵本身就是对角矩阵; 存在可对角化的可逆矩阵; 主对角元素互不相同的下三角矩阵的特征多项式无重根, 必可对角化. 因此 (A), (C), (D) 都不对.

14. 应选择 (A). 由条件可知, 矩阵 $\boldsymbol{A}$ 的极小多项式为 λ^2, 从而 Jordan 块的最大阶数为 2.

15. 应选择 (B). 因为所有不变因子的乘积等于矩阵 $\boldsymbol{A}$ 的特征多项式, 故 $\lambda^2+\lambda$ 是特征多项式的因式, 从而 0 是矩阵 $\boldsymbol{A}$ 的特征值, 于是 $\boldsymbol{A}$ 是奇异矩阵.

二、填空题

1. 不一定. 因为矩阵 $\boldsymbol{M}_m$ 与 $\boldsymbol{N}_n$ 之积可能为零.

2. 从 $(\lambda\boldsymbol{I}-\boldsymbol{A})\boldsymbol{P}(\lambda)+\boldsymbol{R}=(\lambda\boldsymbol{I}_n-\boldsymbol{A})\boldsymbol{Q}(\lambda)+\boldsymbol{T}$ 得到 $(\lambda\boldsymbol{I}-\boldsymbol{A})\big(\boldsymbol{P}(\lambda)-\boldsymbol{Q}(\lambda)\big)=\boldsymbol{T}-\boldsymbol{R}$. 注意到等式右边是数字矩阵, 若 $\boldsymbol{P}(\lambda)-\boldsymbol{Q}(\lambda)\neq\boldsymbol{O}$, 则等式左边将不是数字矩阵, 矛盾. 因此, $\boldsymbol{P}(\lambda)=\boldsymbol{Q}(\lambda)$, $\boldsymbol{T}=\boldsymbol{R}$.

3. 相似. 因为原来的分块矩阵和变换后的分块矩阵, 它们的特征矩阵作为 λ–矩阵相抵.

4. $\mathrm{diag}\{1,\cdots,1,f_2(\lambda),f_1(\lambda)\}$.

5. $\lambda,\lambda^2,\lambda^2,\lambda-1,(\lambda-1)^3,\lambda+\mathrm{i},\lambda-\mathrm{i}$.

6. $1,\cdots,1,\lambda,\lambda^2(\lambda^2-4),\lambda^3(\lambda^2-4)^2$, 其中有 9 个 1.

7. 设 $f(x)$ 是有理数域上的不可约多项式, 则它在复数域内无重根. 多项式 $f(x)$ 的友阵 $\boldsymbol{C}(f(x))$ 只含一个 Frobenius 块, 其特征多项式 $f(x)$ 在复数域内无重根, 因此 $\boldsymbol{C}(f(x))$ 的 Jordan 标准型是对角矩阵. 根据上述分析, 我们作矩阵 $\boldsymbol{C}(x^2+1)=\begin{pmatrix}0&-1\\1&0\end{pmatrix}$, 这个矩阵已是有理标准型, 其 Jordan 标准型为 $\begin{pmatrix}\mathrm{i}&0\\0&-\mathrm{i}\end{pmatrix}$. 更一般的例子可参考例 7.16.

8. 答案为 $\mathrm{diag}\left\{0,\begin{pmatrix}0&1\\0&0\end{pmatrix},\begin{pmatrix}1&1\\0&1\end{pmatrix},\begin{pmatrix}1&1&0\\0&1&1\\0&0&1\end{pmatrix}\right\}$.

9. 答案为 $\mathrm{diag}\{1,-1,2,-2\}$.

10. 答案为 $\mathrm{diag}\left\{1,1,-1,\begin{pmatrix}1&1\\0&1\end{pmatrix},\begin{pmatrix}-1&1\\0&-1\end{pmatrix}\right\}$.

11. 相似. 若幂等矩阵 $\boldsymbol{A}$ 和 $\boldsymbol{B}$ 的秩都等于 r, 则它们都相似于 $\mathrm{diag}\{1,\cdots,1,0,\cdots,0\}$, 其中有 r 个 1, $n-r$ 个 0, 因此它们彼此相似.

12. 由条件可知 $\boldsymbol{A}$ 的极小多项式为 λ^k, 又最后一个不变因子就是极小多项式, 因此答案为 λ^k.

13. 由极小多项式的基本性质可知, $\boldsymbol{A}$ 的极小多项式整除 x^2-3x+2, 从而 $\boldsymbol{A}$ 的极小多项式无重根, 于是 $\boldsymbol{A}$ 相似于对角矩阵.

14. 因为不可约多项式在复数域内无重根, 故 $\boldsymbol{A}$ 相似于对角矩阵.

15. 因为 $\boldsymbol{A}$, $\boldsymbol{B}$ 有相同的不变因子, 故相似.

三、解答题

1. 设 $\boldsymbol{A}$ 的不变因子组为 $d_1(\lambda),d_2(\lambda),\cdots,d_n(\lambda)$, 其中 $d_i(\lambda)\mid d_{i+1}(\lambda)\,(1\le i\le n-1)$, 则由条件可知, $\boldsymbol{A}$ 的极小多项式 $m(\lambda)=d_n(\lambda)$ 是一个二次实系数多项式. 下面分情况进行讨论: (1) 若 $m(\lambda)=(\lambda-a)^2+b^2$ 在 $\mathbb{R}$ 上不可约, 其中 $a,b\ne 0$ 为实数, 则由整除关系可知 $\boldsymbol{A}$ 的不变因子组为 $1,\cdots,1,m(\lambda),\cdots,m(\lambda)$. (2) 若 $m(\lambda)=(\lambda-a_1)(\lambda-a_2)$, 其中 a_1,a_2 为实数, 则由整除关系可知 $\boldsymbol{A}$ 的不变因子组为 $1,\cdots,1,\lambda-a_i,\cdots,\lambda-a_i,m(\lambda),\cdots,m(\lambda)$, $i=1$ 或 2.

2. 令 $c=\mathrm{tr}(\boldsymbol{A})/n$, $\boldsymbol{A}_0=c\boldsymbol{I}_n$, 则 $\mathrm{tr}(\boldsymbol{A}-\boldsymbol{A}_0)=\mathrm{tr}(\boldsymbol{A})-nc=0$, 即 $\boldsymbol{A}-\boldsymbol{A}_0$ 是迹为零的矩阵. 由例 7.24 可知, 存在 $\mathbb{K}$ 上的非异阵 $\boldsymbol{P}$, 使得 $\boldsymbol{P}^{-1}(\boldsymbol{A}-\boldsymbol{A}_0)\boldsymbol{P}=\boldsymbol{B}$ 是一个主对角元全为零的矩阵. 设 $\boldsymbol{B}_1$ 为 $\boldsymbol{B}$ 的主对角线上方元素构成的主对角元全为零的上三角矩阵, $\boldsymbol{B}_2$ 为 $\boldsymbol{B}$ 的主对角线下方元素构成的主对角元全为零的下三角矩阵, 显然, $\boldsymbol{B}=\boldsymbol{B}_1+\boldsymbol{B}_2$, 且 $\boldsymbol{B}_1,\boldsymbol{B}_2$ 都是幂零矩阵. 令 $\boldsymbol{A}_1=\boldsymbol{P}\boldsymbol{B}_1\boldsymbol{P}^{-1}$, $\boldsymbol{A}_2=\boldsymbol{P}\boldsymbol{B}_2\boldsymbol{P}^{-1}$, 则 $\boldsymbol{A}_1,\boldsymbol{A}_2$ 都是 $\mathbb{K}$ 上的幂零矩阵, 且满足 $\boldsymbol{A}=\boldsymbol{A}_0+\boldsymbol{A}_1+\boldsymbol{A}_2$.

3. 必要性是显然的, 下证充分性. 由例 7.12 可知, $\{\boldsymbol{\alpha},\boldsymbol{\varphi}(\boldsymbol{\alpha}),\cdots,\boldsymbol{\varphi}^{n-1}(\boldsymbol{\alpha})\}$ 是 V 的一组基. 注意到 $\boldsymbol{\varphi}\boldsymbol{\psi}=\boldsymbol{\psi}\boldsymbol{\varphi}$, $\boldsymbol{\varphi}\boldsymbol{\xi}=\boldsymbol{\xi}\boldsymbol{\varphi}$ 且 $\boldsymbol{\psi}(\boldsymbol{\alpha})=\boldsymbol{\xi}(\boldsymbol{\alpha})$, 故对任意的 $1\le i\le n-1$, 有 $\boldsymbol{\psi}(\boldsymbol{\varphi}^i(\boldsymbol{\alpha}))=\boldsymbol{\varphi}^i(\boldsymbol{\psi}(\boldsymbol{\alpha}))=\boldsymbol{\varphi}^i(\boldsymbol{\xi}(\boldsymbol{\alpha}))=\boldsymbol{\xi}(\boldsymbol{\varphi}^i(\boldsymbol{\alpha}))$, 即 $\boldsymbol{\psi},\boldsymbol{\xi}$ 在 V 的一组基上的取值都相同, 因此 $\boldsymbol{\psi}=\boldsymbol{\xi}$.

4. 对 $\boldsymbol{A}$ 的极小多项式 $m(\lambda)$ 的次数进行分类讨论. (1) 若 $\deg m(\lambda)=1$, 则 $\boldsymbol{A}=c\boldsymbol{I}_3$ 为纯量矩阵, 因此 $C(\boldsymbol{A})=M_3(\mathbb{R})$. (2) 若 $\deg m(\lambda)=2$, 则 $\boldsymbol{A}$ 的不变因子组为 $1,d_2(\lambda),m(\lambda)$, 其中 $\deg d_2(\lambda)=1$ 且 $d_2(\lambda)\mid m(\lambda)$, 于是 $m(\lambda)$ 在 $\mathbb{R}$ 上可约. (2.1) 若 $m(\lambda)$ 有两个不同的实根 a,b, 不妨设 $d_1(\lambda)=\lambda-a$, 则存在非异阵 $\boldsymbol{P}$, 使得 $\boldsymbol{P}^{-1}\boldsymbol{A}\boldsymbol{P}=\mathrm{diag}\{a,a,b\}$. 任取 $\boldsymbol{X}=(x_{ij})\in C(\boldsymbol{A})$, 则由 $\boldsymbol{A}\boldsymbol{X}=\boldsymbol{X}\boldsymbol{A}$ 计算可得 $\boldsymbol{X}=\boldsymbol{P}(x_{11}\boldsymbol{E}_{11}+x_{12}\boldsymbol{E}_{12}+x_{21}\boldsymbol{E}_{21}+x_{22}\boldsymbol{E}_{22}+x_{33}\boldsymbol{E}_{33})\boldsymbol{P}^{-1}$. (2.2) 若 $m(\lambda)$ 有两个相等的实根 a, 则 $d_1(\lambda)=\lambda-a$, 且存在非异阵 $\boldsymbol{P}$, 使得 $\boldsymbol{P}^{-1}\boldsymbol{A}\boldsymbol{P}=\mathrm{diag}\{a,\boldsymbol{J}_2(a)\}$. 任取 $\boldsymbol{X}=(x_{ij})\in C(\boldsymbol{A})$, 则由 $\boldsymbol{A}\boldsymbol{X}=\boldsymbol{X}\boldsymbol{A}$ 计算可得 $\boldsymbol{X}=\boldsymbol{P}(x_{11}\boldsymbol{E}_{11}+x_{13}\boldsymbol{E}_{13}+x_{21}\boldsymbol{E}_{21}+x_{22}(\boldsymbol{E}_{22}+\boldsymbol{E}_{33})+x_{23}\boldsymbol{E}_{23})\boldsymbol{P}^{-1}$. (3) 若 $\deg m(\lambda)=3$, 则 $\boldsymbol{A}$ 的极小多项式等于其特征多项式, 由例 7.26 可知 $C(\boldsymbol{A})=\mathbb{R}[\boldsymbol{A}]=\mathbb{R}\boldsymbol{I}_3+\mathbb{R}\boldsymbol{A}+\mathbb{R}\boldsymbol{A}^2$.

5. 容易验证 $\boldsymbol{A}$ 也适合多项式 $(\lambda-\lambda_1)^{m_1}(\lambda-\lambda_1^{-1})\cdots(\lambda-\lambda_k)^{m_k}(\lambda-\lambda_k^{-1})$, 于是 $\boldsymbol{A}$ 的极小

多项式 $m(\lambda)$ 整除上述两个多项式的最大公因式, 从而 $m(\lambda)$ 无重根, 故 $\boldsymbol{A}$ 可对角化.

6. 与例 6.57 及其延拓的证明完全类似.

7. 与例 6.58 及其延拓的证明完全类似.

8. 任取 $\varphi|_U$ 上的特征值 λ_0, 则它也是 φ 的特征值. 由于 φ 的极小多项式等于其特征多项式, 故 φ 的属于特征值 λ_0 的 Jordan 块只有一个. 由例 7.45 可知, $\varphi|_U$ 的属于特征值 λ_0 的 Jordan 块也只有一个, 于是 $\varphi|_U$ 的极小多项式也等于其特征多项式.

9. 与例 7.46 的解法类似, 可以分别通过计算行列式因子、极小多项式和几何重数这三种方法来做. 比如以极小多项式为例, 容易计算出 $\boldsymbol{A}$ 的特征多项式和极小多项式均为 $(\lambda-n)^n$, 因此它的 Jordan 标准型就是特征值为 n 的 Jordan 块 $\boldsymbol{J}_n(n)$.

10. 与例 7.49 的解法类似. 经计算可得 $|\lambda\boldsymbol{I}_4-\boldsymbol{A}|=(\lambda-1)^4$, 即 $\boldsymbol{A}$ 的特征值为 1 (4 重). 对特征值 1 的几何重数进行分类讨论. (1) 若 $a\neq 0$, 则经计算可得特征值 1 的几何重数等于 1, 于是 $\boldsymbol{A}$ 的 Jordan 标准型为 $\boldsymbol{J}_4(1)$. (2) 若 $a=0$, 则经计算可得特征值 1 的几何重数等于 2, 再经计算可得 $(\boldsymbol{A}-\boldsymbol{I}_4)^2\neq\boldsymbol{O}$, 因此 $\boldsymbol{A}$ 的极小多项式为 $(\lambda-1)^3$, 于是 $\boldsymbol{A}$ 的 Jordan 标准型为 $\mathrm{diag}\{1,\boldsymbol{J}_3(1)\}$.

11. 对多项式 $f(x)$ 进行 Taylor 展开 (参考例 3.45):

$$f(x)=f(a)+\frac{f'(a)}{1!}(x-a)+\frac{f^{(2)}(a)}{2!}(x-a)^2+\cdots+\frac{f^{(m)}(a)}{m!}(x-a)^m,$$

其中 $m=\deg f(x)$. 将 $x=\boldsymbol{A}$ 代入上式, 注意到当 $m<n$ 时, $\dfrac{f^{(i)}(a)}{i!}(\boldsymbol{A}-a\boldsymbol{I}_n)^i=\boldsymbol{O}\,(i>m)$; 当 $m\geq n$ 时, $\dfrac{f^{(i)}(a)}{i!}(\boldsymbol{A}-a\boldsymbol{I}_n)^i=\boldsymbol{O}\,(i\geq n)$, 因此我们总有

$$f(\boldsymbol{A})=f(a)\boldsymbol{I}_n+\frac{f'(a)}{1!}(\boldsymbol{A}-a\boldsymbol{I}_n)+\frac{f^{(2)}(a)}{2!}(\boldsymbol{A}-a\boldsymbol{I}_n)^2+\cdots+\frac{f^{(n-1)}(a)}{(n-1)!}(\boldsymbol{A}-a\boldsymbol{I}_n)^{n-1}.$$

12. 设 $\boldsymbol{P}$ 为非异阵, 使得 $\boldsymbol{P}^{-1}\boldsymbol{A}\boldsymbol{P}=\boldsymbol{J}=\mathrm{diag}\{\boldsymbol{J}_{r_1}(\lambda_1),\cdots,\boldsymbol{J}_{r_k}(\lambda_k)\}$ 为 Jordan 标准型, 我们先对 Jordan 块来证明结论. 任取多项式方程 $g(\lambda)-\lambda_i=0$ 的根 μ_i, 即 $g(\mu_i)=\lambda_i$, 从而 $f(g(\mu_i))=f(\lambda_i)=0$. 由 $f(g(\lambda))$ 与 $g'(\lambda)$ 互素可知它们无公共根, 从而 $g'(\mu_i)\neq 0$. 经计算可得

$$g(\boldsymbol{J}_{r_i}(\mu_i))=\begin{pmatrix} g(\mu_i) & g'(\mu_i) & \cdots & * \\ & g(\mu_i) & \ddots & \vdots \\ & & \ddots & g'(\mu_i) \\ & & & g(\mu_i) \end{pmatrix},$$

于是 $g(\boldsymbol{J}_{r_i}(\mu_i))$ 的特征值全为 λ_i, 其几何重数等于 $r_i-\mathrm{r}(g(\boldsymbol{J}_{r_i}(\mu_i))-\lambda_i\boldsymbol{I})=r_i-(r_i-1)=1$. 因此 $g(\boldsymbol{J}_{r_i}(\mu_i))$ 的 Jordan 标准型中只有一个 Jordan 块, 即 $g(\boldsymbol{J}_{r_i}(\mu_i))$ 相似于 $\boldsymbol{J}_{r_i}(\lambda_i)$. 设 $\boldsymbol{Q}_i$ 为非异阵, 使得 $\boldsymbol{J}_{r_i}(\lambda_i)=\boldsymbol{Q}_i g(\boldsymbol{J}_{r_i}(\mu_i))\boldsymbol{Q}_i^{-1}=g(\boldsymbol{Q}_i\boldsymbol{J}_{r_i}(\mu_i)\boldsymbol{Q}_i^{-1})$, 故结论对 Jordan 块成立. 令 $\boldsymbol{Q}=\mathrm{diag}\{\boldsymbol{Q}_1,\cdots,\boldsymbol{Q}_k\}$, $\boldsymbol{C}=\mathrm{diag}\{\boldsymbol{J}_{r_1}(\mu_1),\cdots,\boldsymbol{J}_{r_k}(\mu_k)\}$, 则 $\boldsymbol{J}=\mathrm{diag}\{\boldsymbol{J}_{r_1}(\lambda_1),\cdots,\boldsymbol{J}_{r_k}(\lambda_k)\}=\boldsymbol{Q}g(\boldsymbol{C})\boldsymbol{Q}^{-1}=g(\boldsymbol{Q}\boldsymbol{C}\boldsymbol{Q}^{-1})$, 故结论对 Jordan 标准型也成立. 最后我们有 $\boldsymbol{A}=\boldsymbol{P}\boldsymbol{J}\boldsymbol{P}^{-1}=\boldsymbol{P}g(\boldsymbol{Q}\boldsymbol{C}\boldsymbol{Q}^{-1})\boldsymbol{P}^{-1}=g(\boldsymbol{P}\boldsymbol{Q}\boldsymbol{C}\boldsymbol{Q}^{-1}\boldsymbol{P}^{-1})$, 令 $\boldsymbol{B}=\boldsymbol{P}\boldsymbol{Q}\boldsymbol{C}\boldsymbol{Q}^{-1}\boldsymbol{P}^{-1}$, 则 $\boldsymbol{A}=g(\boldsymbol{B})$, 故结论对一般矩阵也成立. 本题是例 7.72 的推广.

13. 令 $g(\lambda)=\mathrm{e}^{\lambda}$, 则对 $\boldsymbol{A}$ 的任一特征值 $\lambda_0\neq 0$, 均存在复数 μ_0, 使得 $g(\mu_0)=g'(\mu_0)=\mathrm{e}^{\mu_0}=\lambda_0$, 从而仿照解答题 12 的证明过程即得结论.

14. 设 $\boldsymbol{P}$ 为非异阵, 使得 $\boldsymbol{P}^{-1}\boldsymbol{A}\boldsymbol{P}=\boldsymbol{J}=\mathrm{diag}\{\boldsymbol{J}_{r_1}(\theta_0),\cdots,\boldsymbol{J}_{r_k}(\theta_0)\}$ 为 Jordan 标准型, 我们先对 Jordan 块来证明结论. 经计算可得

$$\cos\boldsymbol{J}_{r_i}(\theta_0)=\begin{pmatrix}\cos\theta_0 & -\sin\theta_0 & \cdots & *\\ & \cos\theta_0 & \ddots & \vdots\\ & & \ddots & -\sin\theta_0\\ & & & \cos\theta_0\end{pmatrix},$$

于是 $\cos\boldsymbol{J}_{r_i}(\theta_0)$ 的特征值全为 $\cos\theta_0=\theta_0$, 上次对角元全为 $-\sin\theta_0<0$, 从而其几何重数等于 $r_i-\mathrm{r}(\cos\boldsymbol{J}_{r_i}(\theta_0)-\theta_0\boldsymbol{I})=r_i-(r_i-1)=1$. 因此 $\cos\boldsymbol{J}_{r_i}(\theta_0)$ 的 Jordan 标准型中只有一个 Jordan 块, 即 $\cos\boldsymbol{J}_{r_i}(\theta_0)$ 相似于 $\boldsymbol{J}_{r_i}(\theta_0)$. 设 $\boldsymbol{Q}_i$ 为非异阵, 使得 $\boldsymbol{J}_{r_i}(\theta_0)=\boldsymbol{Q}_i\cos\boldsymbol{J}_{r_i}(\theta_0)\boldsymbol{Q}_i^{-1}$, 于是结论对 Jordan 块成立. 令 $\boldsymbol{Q}=\mathrm{diag}\{\boldsymbol{Q}_1,\cdots,\boldsymbol{Q}_k\}$, 则

$$\begin{aligned}\boldsymbol{J} &= \mathrm{diag}\{\boldsymbol{J}_{r_1}(\theta_0),\cdots,\boldsymbol{J}_{r_k}(\theta_0)\}=\mathrm{diag}\{\boldsymbol{Q}_1\cos\boldsymbol{J}_{r_1}(\theta_0)\boldsymbol{Q}_1^{-1},\cdots,\boldsymbol{Q}_k\cos\boldsymbol{J}_{r_k}(\theta_0)\boldsymbol{Q}_k^{-1}\}\\ &= \boldsymbol{Q}\,\mathrm{diag}\{\cos\boldsymbol{J}_{r_1}(\theta_0),\cdots,\cos\boldsymbol{J}_{r_k}(\theta_0)\}\boldsymbol{Q}^{-1}=\boldsymbol{Q}\cos(\boldsymbol{J})\boldsymbol{Q}^{-1},\end{aligned}$$

于是结论对 Jordan 标准型也成立. 最后我们有

$$\begin{aligned}\boldsymbol{A} &= \boldsymbol{P}\boldsymbol{J}\boldsymbol{P}^{-1}=\boldsymbol{P}\boldsymbol{Q}\cos(\boldsymbol{J})\boldsymbol{Q}^{-1}\boldsymbol{P}^{-1}=\boldsymbol{P}\boldsymbol{Q}\cos(\boldsymbol{P}^{-1}\boldsymbol{A}\boldsymbol{P})\boldsymbol{Q}^{-1}\boldsymbol{P}^{-1}\\ &= \boldsymbol{P}\boldsymbol{Q}\boldsymbol{P}^{-1}\cos(\boldsymbol{A})\boldsymbol{P}\boldsymbol{Q}^{-1}\boldsymbol{P}^{-1}=\boldsymbol{P}\boldsymbol{Q}\boldsymbol{P}^{-1}\cos(\boldsymbol{A})(\boldsymbol{P}\boldsymbol{Q}\boldsymbol{P}^{-1})^{-1},\end{aligned}$$

于是结论对一般矩阵也成立.

15. 设 $f(x)=x^n+x^l$, 等式右边的矩阵记为 $\boldsymbol{B}$. 将 Jordan 块 $\boldsymbol{J}_m(1)$ 代入 $f(x)$ 中, 经计算可得

$$f(\boldsymbol{J}_m(1))=\begin{pmatrix}2 & n+l & \cdots & *\\ & 2 & \ddots & \vdots\\ & & \ddots & n+l\\ & & & 2\end{pmatrix},$$

这是一个上三角矩阵, 主对角元全为 2, 上次对角元全为 $n+l$, 从而 $f(\boldsymbol{J}_m(1))$ 的特征值全为 2, 其几何重数为 $m-\mathrm{r}(f(\boldsymbol{J}_m(1))-2\boldsymbol{I}_m)=1$. 因此, $f(\boldsymbol{J}_m(1))$ 的 Jordan 标准型中只有一个 Jordan 块 $\boldsymbol{J}_m(2)$, 即 $f(\boldsymbol{J}_m(1))$ 相似于 $\boldsymbol{J}_m(2)$. 另一方面, 矩阵 $\boldsymbol{B}$ 也是一个上三角矩阵, 主对角元全为 2, 上次对角元全为 2, 从而 $\boldsymbol{B}$ 的特征值全为 2, 其几何重数为 $m-\mathrm{r}(\boldsymbol{B}-2\boldsymbol{I}_m)=1$. 因此, $\boldsymbol{B}$ 的 Jordan 标准型中只有一个 Jordan 块 $\boldsymbol{J}_m(2)$, 即 $\boldsymbol{B}$ 也相似于 $\boldsymbol{J}_m(2)$. 由于矩阵的相似在基域扩张下不改变 (参考 [1] 的推论 7.3.4), 故 $f(\boldsymbol{J}_m(1))$ 和 $\boldsymbol{B}$ 在实数域上相似, 即存在非异实矩阵 $\boldsymbol{P}$, 使得 $\boldsymbol{B}=\boldsymbol{P}^{-1}f(\boldsymbol{J}_m(1))\boldsymbol{P}=f(\boldsymbol{P}^{-1}\boldsymbol{J}_m(1)\boldsymbol{P})$. 令 $\boldsymbol{X}=\boldsymbol{P}^{-1}\boldsymbol{J}_m(1)\boldsymbol{P}$, 则 $\boldsymbol{X}$ 是实矩阵, 且满足 $f(\boldsymbol{X})=\boldsymbol{B}$. 本题也可以直接利用 Jordan 块的运算性质来证明, 其细节留给读者自行完成.

第 8 章 二次型

§ 8.1 基本概念

8.1.1 二次型与矩阵的合同

1. 二次型的概念

设 a_{ij} 都是数域 $\mathbb{F}$ 上的元素,

$$f(x_1,x_2,\cdots,x_n)=\sum_{i=1}^n a_{ii}x_i^2+2\sum_{1\le i<j\le n}a_{ij}x_ix_j, \tag{8.1}$$

则称 $f(x_1,x_2,\cdots,x_n)$ 是 $\mathbb{F}$ 上的一个 n 元二次型.

为了用矩阵来处理二次型, 通常将 (8.1) 式写成矩阵形式:

$$f(x_1,x_2,\cdots,x_n)=\boldsymbol{x}'\boldsymbol{A}\boldsymbol{x},$$

其中

$$\boldsymbol{A}=\begin{pmatrix} a_{11} & a_{12} & \cdots & a_{1n}\\ a_{21} & a_{22} & \cdots & a_{2n}\\ \vdots & \vdots & & \vdots\\ a_{n1} & a_{n2} & \cdots & a_{nn}\end{pmatrix},\quad \boldsymbol{x}=\begin{pmatrix} x_1\\ x_2\\ \vdots\\ x_n\end{pmatrix},$$

且 $\boldsymbol{A}=(a_{ij})$ 是 $\mathbb{F}$ 上的 n 阶对称矩阵, 称为二次型 $f(x_1,x_2,\cdots,x_n)$ 的系数矩阵或相伴矩阵.

2. 矩阵的合同

设 $\boldsymbol{A},\boldsymbol{B}$ 都是 $\mathbb{F}$ 上的 n 阶方阵, 若存在 $\mathbb{F}$ 上的 n 阶非异阵 $\boldsymbol{C}$, 使得 $\boldsymbol{B}=\boldsymbol{C}'\boldsymbol{A}\boldsymbol{C}$, 则称 $\boldsymbol{B}$ 与 $\boldsymbol{A}$ 在 $\mathbb{F}$ 上合同或相合.

3. 定理

设二次型 $f(x_1, x_2, \cdots, x_n)$ 的相伴矩阵为 $\boldsymbol{A}$, 又 $\boldsymbol{x} = \boldsymbol{C}\boldsymbol{y}$ 是未知数 $x_1, x_2, \cdots, x_n$ 的一个线性变换, 其中 $\boldsymbol{C}$ 是非异阵, 则 $f(x_1, x_2, \cdots, x_n)$ 在此变换下得到了一个新的二次型 $g(y_1, y_2, \cdots, y_n)$, 这个新的二次型的相伴矩阵 $\boldsymbol{B}$ 与 $\boldsymbol{A}$ 是合同的, 即 $\boldsymbol{B} = \boldsymbol{C}'\boldsymbol{A}\boldsymbol{C}$. 反过来, 如果有两个二次型 $\boldsymbol{x}'\boldsymbol{A}\boldsymbol{x}$ 与 $\boldsymbol{y}'\boldsymbol{B}\boldsymbol{y}$, 其相伴矩阵 $\boldsymbol{B}$ 与 $\boldsymbol{A}$ 合同, 即 $\boldsymbol{B} = \boldsymbol{C}'\boldsymbol{A}\boldsymbol{C}$, 则只需令 $\boldsymbol{x} = \boldsymbol{C}\boldsymbol{y}$ 就可以将第一个二次型化为第二个二次型.

4. 定理

$\mathbb{F}$ 上的任一 n 元二次型 $\boldsymbol{x}'\boldsymbol{A}\boldsymbol{x}$ 都可经过一个非异线性变换 $\boldsymbol{x} = \boldsymbol{C}\boldsymbol{y}$ 化为标准型 (对角型), 即化为如下形状的二次型:

$$c_1 y_1^2 + c_2 y_2^2 + \cdots + c_n y_n^2,$$

其中 $c_1, c_2, \cdots, c_n$ 是 $\mathbb{F}$ 中的元素.

5. 定理

设 $\boldsymbol{A}$ 是 $\mathbb{F}$ 上的 n 阶对称矩阵, 则必存在 $\mathbb{F}$ 上的可逆矩阵 $\boldsymbol{C}$, 使得 $\boldsymbol{C}'\boldsymbol{A}\boldsymbol{C}$ 是对角矩阵.

8.1.2 惯 性 定 理

1. 规范标准型

实二次型的标准型通常不唯一, 但是我们可以通过适当的变换使标准型规范化, 即使每一平方项前的系数取 1, -1 或 0. 作了这个限定以后, 得到的标准型称为规范标准型. 一个实二次型的规范标准型是唯一确定的.

2. 惯性定理

对任意一个含 n 个变元的实二次型 $\boldsymbol{x}'\boldsymbol{A}\boldsymbol{x}$, 总可将它化为规范标准型. 不仅如此, 这个规范标准型由原二次型唯一确定, 也就是说, 如果经过不同方法将 $\boldsymbol{x}'\boldsymbol{A}\boldsymbol{x}$ 化为两个规范标准型:

$$y_1^2 + y_2^2 + \cdots + y_k^2 - y_{k+1}^2 - \cdots - y_r^2,$$
$$z_1^2 + z_2^2 + \cdots + z_l^2 - z_{l+1}^2 - \cdots - z_s^2,$$

则 $k = l, r = s$.

在一个实二次型的标准型中, 正系数项的个数称为这个二次型的正惯性指数, 负系数项的个数称为负惯性指数, 正惯性指数与负惯性指数之和称为这个二次型的秩(它就等于二次型系数矩阵的秩), 正惯性指数与负惯性指数之差称为这个二次型的符号差.

8.1.3 正定二次型与正定矩阵

1. 正定型与正定阵

设 $f(x_1,x_2,\cdots,x_n)$ 是一个实二次型, 若对任意一组不全为零的实数 $c_1,c_2,\cdots,c_n$, 都有 $f(c_1,c_2,\cdots,c_n)>0$, 则 $f(x_1,x_2,\cdots,x_n)$ 称为正定型, 它所对应的实对称矩阵 (即系数矩阵) 称为正定阵.

2. 负定型、半正定型、半负定型

设 $f(x_1,x_2,\cdots,x_n)$ 是一个实二次型, 若对任意一组不全为零的实数 $c_1,c_2,\cdots,c_n$, 都有 $f(c_1,c_2,\cdots,c_n)<0$, 则 $f(x_1,x_2,\cdots,x_n)$ 称为负定型, 它所对应的实对称矩阵 (即系数矩阵) 称为负定阵.

若对任意一组不全为零的实数 $c_1,c_2,\cdots,c_n$, 都有 $f(c_1,c_2,\cdots,c_n)\geq 0$, 则 $f(x_1,x_2,\cdots,x_n)$ 称为半正定型, 它所对应的实对称矩阵称为半正定阵. 同理可定义半负定型和半负定阵.

3. 顺序主子式

设 n 阶矩阵 $\boldsymbol{A}=(a_{ij})$, 则下列 n 个行列式称为矩阵 $\boldsymbol{A}$ 的 n 个顺序主子式:

$$a_{11},\quad \begin{vmatrix} a_{11} & a_{12} \\ a_{21} & a_{22} \end{vmatrix},\quad \cdots,\quad \begin{vmatrix} a_{11} & a_{12} & \cdots & a_{1n} \\ a_{21} & a_{22} & \cdots & a_{2n} \\ \vdots & \vdots & & \vdots \\ a_{n1} & a_{n2} & \cdots & a_{nn} \end{vmatrix}.$$

4. 定理

实二次型 $f(x_1,x_2,\cdots,x_n)$ 是正定型的充要条件是 f 的正惯性指数等于 n; $f(x_1,x_2,\cdots,x_n)$ 是半正定型的充要条件是 f 的正惯性指数等于 f 的秩 (即其系数矩阵的秩); $f(x_1,x_2,\cdots,x_n)$ 是负定型的充要条件是 f 的负惯性指数等于 n; $f(x_1,x_2,\cdots,x_n)$ 是半负定型的充要条件是 f 的负惯性指数等于 f 的秩.

5. 定理

n 阶实对称矩阵 $\boldsymbol{A}$ 是正定阵的充要条件是 $\boldsymbol{A}$ 的 n 个顺序主子式全大于零.

8.1.4 Hermite 型

1. Hermite 型

设 f 是复数域上的函数:

$$f(x_1, x_2, \cdots, x_n) = \sum_{j=1}^{n}\sum_{i=1}^{n} a_{ij}\overline{x_i}x_j,$$

其中 $\overline{a_{ji}} = a_{ij}$, 则称 f 是一个 Hermite 型.

如同普通二次型, Hermite 型也可写为矩阵形式 $f(\boldsymbol{x}) = \overline{\boldsymbol{x}}'\boldsymbol{A}\boldsymbol{x}$, 这时 $\boldsymbol{A}$ 是一个 Hermite 矩阵, 即 $\overline{\boldsymbol{A}}' = \boldsymbol{A}$.

2. 复相合

设 $\boldsymbol{A}$, $\boldsymbol{B}$ 是两个 Hermite 矩阵, 若存在可逆复矩阵 $\boldsymbol{C}$, 使得 $\boldsymbol{B} = \overline{\boldsymbol{C}}'\boldsymbol{A}\boldsymbol{C}$, 则称 $\boldsymbol{A}$ 与 $\boldsymbol{B}$ 复相合.

3. 定理

设 $\boldsymbol{A}$ 是一个 Hermite 矩阵, 则必存在可逆复矩阵 $\boldsymbol{C}$, 使得 $\overline{\boldsymbol{C}}'\boldsymbol{A}\boldsymbol{C}$ 为对角矩阵且主对角线上的元素全是实数. 等价地, 对任意一个 Hermite 型 $\overline{\boldsymbol{x}}'\boldsymbol{A}\boldsymbol{x}$, 总可经过一个非异线性变换 $\boldsymbol{x} = \boldsymbol{C}\boldsymbol{y}$ 将它化为如下的规范标准型:

$$\overline{y_1}y_1 + \cdots + \overline{y_p}y_p - \overline{y_{p+1}}y_{p+1} - \cdots - \overline{y_r}y_r.$$

4. 平行的定义及结论

Hermite 型及 Hermite 矩阵的理论与实二次型及实对称矩阵的理论是平行的. 对 Hermite 型或 Hermite 矩阵, 我们同样有惯性定理, 可以定义正惯性指数、负惯性指数、秩和符号差等概念, 可以定义正定、负定、半正定和半负定等概念, 还可以平行地证明相关的判定定理等.

5. 定理

n 阶 Hermite 矩阵 $\boldsymbol{A}$ 是正定阵的充要条件是 $\boldsymbol{A}$ 的 n 个顺序主子式全大于零.

§ 8.2 对称初等变换与矩阵合同

用对称初等变换来讨论对称矩阵的问题是常用的方法之一. 设 $\boldsymbol{A}$ 是对称矩阵, 若对 $\boldsymbol{A}$ 进行一次初等行变换, 再进行一次对称的初等列变换, 得到的矩阵仍然是对称矩阵并且和 $\boldsymbol{A}$ 是合同的. 具体来说, 下面的对称初等变换都是合同变换:

(1) 对换 $\boldsymbol{A}$ 的第 i 行和第 j 行, 再对换第 i 列和第 j 列;

(2) 将 $\boldsymbol{A}$ 的第 i 行乘以非零常数 k, 再将第 i 列乘以非零常数 k;

(3) 将 $\boldsymbol{A}$ 的第 i 行乘以常数 k 加到第 j 行上, 再将第 i 列乘以常数 k 加到第 j 列上.

对分块对称矩阵 $\boldsymbol{A}$, 我们可以用下面的对称分块初等变换来讨论, 它们都是合同变换:

(1) 对换 $\boldsymbol{A}$ 的第 i 分块行和第 j 分块行, 再对换第 i 分块列和第 j 分块列;

(2) 将 $\boldsymbol{A}$ 的第 i 分块行左乘可逆矩阵 $\boldsymbol{M}$, 再将第 i 分块列右乘 $\boldsymbol{M}'$;

(3) 将 $\boldsymbol{A}$ 的第 i 分块行左乘矩阵 $\boldsymbol{M}$ 加到第 j 分块行上, 再将第 i 分块列右乘 $\boldsymbol{M}'$ 加到第 j 分块列上.

例 8.1 设 $\mathrm{diag}\{\boldsymbol{A}_1,\boldsymbol{A}_2,\cdots,\boldsymbol{A}_m\}$ 是分块对角矩阵, 其中 $\boldsymbol{A}_i$ 都是对称矩阵, 求证: $\mathrm{diag}\{\boldsymbol{A}_1,\boldsymbol{A}_2,\cdots,\boldsymbol{A}_m\}$ 合同于 $\mathrm{diag}\{\boldsymbol{A}_{i_1},\boldsymbol{A}_{i_2},\cdots,\boldsymbol{A}_{i_m}\}$, 其中 $\boldsymbol{A}_{i_1},\boldsymbol{A}_{i_2},\cdots,\boldsymbol{A}_{i_m}$ 是 $\boldsymbol{A}_1,\boldsymbol{A}_2,\cdots,\boldsymbol{A}_m$ 的一个排列.

证明　对换分块对角矩阵的第 i,j 分块行, 再对换第 i,j 分块列, 这是一个合同变换, 变换的结果是将第 (i,i) 分块和第 (j,j) 分块对换了位置. 又任意一个排列都可以通过若干次对换来实现, 因此两个分块对角矩阵 $\mathrm{diag}\{\boldsymbol{A}_1,\boldsymbol{A}_2,\cdots,\boldsymbol{A}_m\}$ 和 $\mathrm{diag}\{\boldsymbol{A}_{i_1},\boldsymbol{A}_{i_2},\cdots,\boldsymbol{A}_{i_m}\}$ 合同. □

注　由 § 6.4 中的相似分块初等变换以及例 6.46 可知, $\mathrm{diag}\{\boldsymbol{A}_1,\boldsymbol{A}_2,\cdots,\boldsymbol{A}_m\}$ 和 $\mathrm{diag}\{\boldsymbol{A}_{i_1},\boldsymbol{A}_{i_2},\cdots,\boldsymbol{A}_{i_m}\}$ 之间不仅是相似关系, 还是合同关系. 事实上, 它们之间是正交相似关系.

例 8.2 求证: n 阶实对称矩阵 $\boldsymbol{A}$ 是正定阵的充要条件是 $\boldsymbol{A}$ 的前 $n-1$ 个顺序主子式的代数余子式以及第 n 个顺序主子式全大于零.

证明　将 $\boldsymbol{A}$ 的第 i 行和第 $n-i+1$ 行对换, 再将第 i 列和第 $n-i+1$ 列对换 $(1\le i\le n)$, 得到的矩阵记为 $\boldsymbol{B}$, 则 $\boldsymbol{B}$ 和 $\boldsymbol{A}$ 合同. 注意到 $\boldsymbol{B}$ 的 n 个顺序主子式就是 $\boldsymbol{A}$ 的前 $n-1$ 个顺序主子式的代数余子式以及第 n 个顺序主子式, 故 $\boldsymbol{A}$ 是正定阵当且仅当 $\boldsymbol{B}$ 是正定阵, 这当且仅当 $\boldsymbol{B}$ 的 n 个顺序主子式全大于零, 这也当且仅当 $\boldsymbol{A}$ 的前 $n-1$ 个顺序主子式的代数余子式以及第 n 个顺序主子式全大于零. □

例 8.3 求证: 正定阵的任一主子阵也是正定阵, 半正定阵的任一主子阵也是半正定阵.

证明 对正定阵 $\boldsymbol{A}$ 的某个 r 阶主子阵, 经过适当的合同变换 (对换行与列) 可将它换到左上方, 因此只需对 $\boldsymbol{A}$ 的 r 阶顺序主子阵证明即可. 令这个主子阵为 $\boldsymbol{A}_r$, 作二次型 $g(\boldsymbol{x})=\boldsymbol{x}'\boldsymbol{A}_r\boldsymbol{x}$. 设 $\boldsymbol{\alpha}$ 是 r 维非零列向量, 后面添上 $n-r$ 个零将 $\boldsymbol{\alpha}$ 加长为 n 维列向量 $\boldsymbol{\beta}$. 因为 $\boldsymbol{\beta}\neq\boldsymbol{0}$, 故由 $\boldsymbol{A}$ 的正定性可得 $g(\boldsymbol{\alpha})=\boldsymbol{\alpha}'\boldsymbol{A}_r\boldsymbol{\alpha}=\boldsymbol{\beta}'\boldsymbol{A}\boldsymbol{\beta}>0$, 于是 g 是正定型, 从而 $\boldsymbol{A}_r$ 是正定阵. 同理可证另外一个结论. □

例 8.4 设 $\boldsymbol{A}$ 为 n 阶正定实对称矩阵, 求证:

(1) $\boldsymbol{A}$ 的所有主子式全大于零, 特别地, $\boldsymbol{A}$ 的主对角元全大于零;

(2) $\boldsymbol{A}$ 中绝对值最大的元素只在 $\boldsymbol{A}$ 的主对角线上.

证明 (1) 是例 8.3 的直接推论, 当然我们也可以直接证明它. 设 M 是 $\boldsymbol{A}$ 的第 $i_1,\cdots,i_k$ 行和列交点上的元素组成的主子式. 设 $i_{k+1}<\cdots<i_n$ 是 $[1,n]$ 中去掉 $i_1,\cdots,i_k$ 后剩余的指标, 对二次型 $f(\boldsymbol{x})=\boldsymbol{x}'\boldsymbol{A}\boldsymbol{x}$ 作如下可逆线性变换:

$$y_1=x_{i_1},\ \ \cdots,\ \ y_k=x_{i_k},\ \ y_j=x_{i_j}\ (k+1\leq j\leq n).$$

于是 $f(\boldsymbol{x})=\boldsymbol{y}'\boldsymbol{B}\boldsymbol{y}$, 且 $\boldsymbol{B}$ 的第 k 个顺序主子式就是 M, 因为 $\boldsymbol{B}$ 正定, 故有 $M>0$.

(2) 假设 $\boldsymbol{A}=(a_{ij})$ 中第 (i,j) 元素 a_{ij} 的绝对值最大. 用反证法, 若 $i\neq j$, 则 $\boldsymbol{A}$ 的第 i,j 行和列交点上的元素组成的主子式为

$$\begin{vmatrix} a_{ii} & a_{ij} \\ a_{ji} & a_{jj} \end{vmatrix}=a_{ii}a_{jj}-a_{ij}^2\leq 0,$$

这与 $\boldsymbol{A}$ 是正定阵矛盾. □

注 例 8.4 (1) 用的是变量代换, 但是它和矩阵的合同变换 (对换行与列) 是等价的, 请读者想一想为什么.

例 3.87 设 n 阶方阵 $\boldsymbol{A}$ 是对称矩阵或反对称矩阵且秩等于 r, 求证: $\boldsymbol{A}$ 必有一个 r 阶主子式不等于零.

证法 2 设 $\boldsymbol{A}$ 的行向量分别为 $\boldsymbol{\alpha}_1,\boldsymbol{\alpha}_2,\cdots,\boldsymbol{\alpha}_n$, 列向量分别为 $\boldsymbol{\beta}_1,\boldsymbol{\beta}_2,\cdots,\boldsymbol{\beta}_n$. 设 $\boldsymbol{\alpha}_{i_1},\boldsymbol{\alpha}_{i_2},\cdots,\boldsymbol{\alpha}_{i_r}$ 是 $\boldsymbol{A}$ 行向量的极大无关组, 用行对换可将这些行向量换到前 r 行, 再用对称的列对换可将列向量 $\boldsymbol{\beta}_{i_1},\boldsymbol{\beta}_{i_2},\cdots,\boldsymbol{\beta}_{i_r}$ 换到前 r 列, 得到的矩阵记为 $\boldsymbol{B}$, 则 $\boldsymbol{B}$ 仍是对称矩阵 (或反对称矩阵), 且 $\boldsymbol{A}$ 的第 $i_1,i_2,\cdots,i_r$ 行和列交点上的元素组成的主子式变成矩阵 $\boldsymbol{B}$ 的第 r 个顺序主子式 $|\boldsymbol{D}|$. 只要证明 $|\boldsymbol{D}|\neq 0$ 即可. 由于 $\boldsymbol{B}$

的后 $n-r$ 个行向量都是前 r 个行向量的线性组合, 故可用第三类初等行变换将它们消去. 接着进行对称的第三类初等列变换, 得到的矩阵记为 $\boldsymbol{C}$, 则 $\boldsymbol{C}$ 仍是对称矩阵(或反对称矩阵). 由对称性 (或反对称性) 可知 $\boldsymbol{C}$ 具有下列形式:

$$\boldsymbol{C}=\begin{pmatrix}\boldsymbol{D} & \boldsymbol{O}\\ \boldsymbol{O} & \boldsymbol{O}\end{pmatrix},$$

因为 $\boldsymbol{C}$ 的秩等于 $\boldsymbol{A}$ 的秩, 故 $\boldsymbol{D}$ 的秩等于 r, 从而 $|\boldsymbol{D}|\neq 0$. □

例 8.5 设有分块对称矩阵:

$$\boldsymbol{A}=\begin{pmatrix}\boldsymbol{A}_1 & \boldsymbol{O}\\ \boldsymbol{O} & \boldsymbol{A}_2\end{pmatrix},$$

假设 $\boldsymbol{A}_1$ 合同于 $\boldsymbol{B}_1$, $\boldsymbol{A}_2$ 合同于 $\boldsymbol{B}_2$, 求证: $\boldsymbol{A}$ 合同于分块对称矩阵

$$\boldsymbol{B}=\begin{pmatrix}\boldsymbol{B}_1 & \boldsymbol{O}\\ \boldsymbol{O} & \boldsymbol{B}_2\end{pmatrix}.$$

证明 设 $\boldsymbol{C}_1,\boldsymbol{C}_2$ 为非异阵, 使得 $\boldsymbol{C}_1'\boldsymbol{A}_1\boldsymbol{C}_1=\boldsymbol{B}_1$, $\boldsymbol{C}_2'\boldsymbol{A}_2\boldsymbol{C}_2=\boldsymbol{B}_2$, 令

$$\boldsymbol{C}=\begin{pmatrix}\boldsymbol{C}_1 & \boldsymbol{O}\\ \boldsymbol{O} & \boldsymbol{C}_2\end{pmatrix},$$

则 $\boldsymbol{C}$ 为非异阵, 使得 $\boldsymbol{C}'\boldsymbol{A}\boldsymbol{C}=\boldsymbol{B}$. □

例 8.6 设分块实对称矩阵 $\boldsymbol{M}=\begin{pmatrix}\boldsymbol{A} & \boldsymbol{O}\\ \boldsymbol{O} & \boldsymbol{B}\end{pmatrix}$, 用 $p(\boldsymbol{A}),q(\boldsymbol{A})$ 分别表示 $\boldsymbol{A}$ 的正负惯性指数, 求证:

$$p(\boldsymbol{M})=p(\boldsymbol{A})+p(\boldsymbol{B}),\quad q(\boldsymbol{M})=q(\boldsymbol{A})+q(\boldsymbol{B}).$$

证明 由实对称矩阵的合同标准型可知, $\boldsymbol{A}$ 合同于 $\mathrm{diag}\{\boldsymbol{I}_{p(\boldsymbol{A})},-\boldsymbol{I}_{q(\boldsymbol{A})},\boldsymbol{O}\}$, $\boldsymbol{B}$ 合同于 $\mathrm{diag}\{\boldsymbol{I}_{p(\boldsymbol{B})},-\boldsymbol{I}_{q(\boldsymbol{B})},\boldsymbol{O}\}$, 因此由例 8.1 和例 8.5 可知, $\boldsymbol{M}=\mathrm{diag}\{\boldsymbol{A},\boldsymbol{B}\}$ 合同于 $\mathrm{diag}\{\boldsymbol{I}_{p(\boldsymbol{A})+p(\boldsymbol{B})},-\boldsymbol{I}_{q(\boldsymbol{A})+q(\boldsymbol{B})},\boldsymbol{O}\}$, 从而结论得证. □

例 8.7 (正负惯性指数的降阶公式) 设分块实对称矩阵 $\boldsymbol{M}=\begin{pmatrix}\boldsymbol{A} & \boldsymbol{C}\\ \boldsymbol{C}' & \boldsymbol{B}\end{pmatrix}$, 其中 $\boldsymbol{A},\boldsymbol{B}$ 都可逆, 求证:

$$p(\boldsymbol{A})+p(\boldsymbol{B}-\boldsymbol{C}'\boldsymbol{A}^{-1}\boldsymbol{C})=p(\boldsymbol{B})+p(\boldsymbol{A}-\boldsymbol{C}\boldsymbol{B}^{-1}\boldsymbol{C}'),$$
$$q(\boldsymbol{A})+q(\boldsymbol{B}-\boldsymbol{C}'\boldsymbol{A}^{-1}\boldsymbol{C})=q(\boldsymbol{B})+q(\boldsymbol{A}-\boldsymbol{C}\boldsymbol{B}^{-1}\boldsymbol{C}').$$

证明　先将 $\boldsymbol{M}$ 的第一分块行左乘 $-\boldsymbol{C}'\boldsymbol{A}^{-1}$ 加到第二分块行上, 再将第一分块列右乘 $(-\boldsymbol{C}'\boldsymbol{A}^{-1})' = -\boldsymbol{A}^{-1}\boldsymbol{C}$ 加到第二分块列上, 可得如下合同变换:

$$\boldsymbol{M} = \begin{pmatrix} \boldsymbol{A} & \boldsymbol{C} \\ \boldsymbol{C}' & \boldsymbol{B} \end{pmatrix} \to \begin{pmatrix} \boldsymbol{A} & \boldsymbol{C} \\ \boldsymbol{O} & \boldsymbol{B} - \boldsymbol{C}'\boldsymbol{A}^{-1}\boldsymbol{C} \end{pmatrix} \to \begin{pmatrix} \boldsymbol{A} & \boldsymbol{O} \\ \boldsymbol{O} & \boldsymbol{B} - \boldsymbol{C}'\boldsymbol{A}^{-1}\boldsymbol{C} \end{pmatrix}.$$

另一种对称分块初等变换是, 先将 $\boldsymbol{M}$ 的第二分块行左乘 $-\boldsymbol{C}\boldsymbol{B}^{-1}$ 加到第一分块行上, 再将第二分块列右乘 $(-\boldsymbol{C}\boldsymbol{B}^{-1})' = -\boldsymbol{B}^{-1}\boldsymbol{C}'$ 加到第一分块列上, 可得合同变换:

$$\boldsymbol{M} = \begin{pmatrix} \boldsymbol{A} & \boldsymbol{C} \\ \boldsymbol{C}' & \boldsymbol{B} \end{pmatrix} \to \begin{pmatrix} \boldsymbol{A} - \boldsymbol{C}\boldsymbol{B}^{-1}\boldsymbol{C}' & \boldsymbol{O} \\ \boldsymbol{C}' & \boldsymbol{B} \end{pmatrix} \to \begin{pmatrix} \boldsymbol{A} - \boldsymbol{C}\boldsymbol{B}^{-1}\boldsymbol{C}' & \boldsymbol{O} \\ \boldsymbol{O} & \boldsymbol{B} \end{pmatrix}.$$

因此 $\begin{pmatrix} \boldsymbol{A} & \boldsymbol{O} \\ \boldsymbol{O} & \boldsymbol{B} - \boldsymbol{C}'\boldsymbol{A}^{-1}\boldsymbol{C} \end{pmatrix}$ 合同于 $\begin{pmatrix} \boldsymbol{A} - \boldsymbol{C}\boldsymbol{B}^{-1}\boldsymbol{C}' & \boldsymbol{O} \\ \boldsymbol{O} & \boldsymbol{B} \end{pmatrix}$, 再由例 8.6 即得结论. □

例 8.8　设 $\boldsymbol{\alpha}$ 是 n 维实列向量且 $\boldsymbol{\alpha}'\boldsymbol{\alpha} = 1$, 求矩阵 $\boldsymbol{I}_n - 2\boldsymbol{\alpha}\boldsymbol{\alpha}'$ 的正负惯性指数.

解　构造分块对称矩阵 $\boldsymbol{M} = \begin{pmatrix} \boldsymbol{I}_n & \sqrt{2}\boldsymbol{\alpha} \\ \sqrt{2}\boldsymbol{\alpha}' & 1 \end{pmatrix}$, 由例 8.7 可知, $\boldsymbol{I}_n - 2\boldsymbol{\alpha}\boldsymbol{\alpha}'$ 的正惯性指数等于 $n-1$, 负惯性指数等于 1. □

例 8.9　求 $n\,(n \geq 2)$ 阶实对称矩阵 $\boldsymbol{A}$ 的正负惯性指数, 其中 a_i 均为实数:

$$\boldsymbol{A} = \begin{pmatrix} a_1^2 & a_1a_2+1 & \cdots & a_1a_n+1 \\ a_2a_1+1 & a_2^2 & \cdots & a_2a_n+1 \\ \vdots & \vdots & & \vdots \\ a_na_1+1 & a_na_2+1 & \cdots & a_n^2 \end{pmatrix}.$$

解　构造分块对称矩阵

$$\boldsymbol{M} = \begin{pmatrix} -\boldsymbol{I}_n & \boldsymbol{B} \\ \boldsymbol{B}' & -\boldsymbol{I}_2 \end{pmatrix},\ \text{其中}\ \boldsymbol{B}' = \begin{pmatrix} a_1 & a_2 & \cdots & a_n \\ 1 & 1 & \cdots & 1 \end{pmatrix},$$

则 $\boldsymbol{A} = -\boldsymbol{I}_n - \boldsymbol{B}(-\boldsymbol{I}_2)^{-1}\boldsymbol{B}'$. 由于 $\boldsymbol{C} = -\boldsymbol{I}_2 - \boldsymbol{B}'(-\boldsymbol{I}_n)^{-1}\boldsymbol{B} = \begin{pmatrix} \sum\limits_{i=1}^n a_i^2 - 1 & \sum\limits_{i=1}^n a_i \\ \sum\limits_{i=1}^n a_i & n-1 \end{pmatrix}$ 经过对称初等变换可化为 $\mathrm{diag}\left\{\dfrac{|\boldsymbol{C}|}{n-1}, n-1\right\}$, 故当 $|\boldsymbol{C}| > 0$ 时, $p(\boldsymbol{C}) = 2$, $q(\boldsymbol{C}) = 0$; 当 $|\boldsymbol{C}| = 0$ 时, $p(\boldsymbol{C}) = 1$, $q(\boldsymbol{C}) = 0$; 当 $|\boldsymbol{C}| < 0$ 时, $p(\boldsymbol{C}) = 1$, $q(\boldsymbol{C}) = 1$. 再由例 2.67 和例 8.7 可知, 当 $(-1)^n|\boldsymbol{A}| > 0$ 时, $p(\boldsymbol{A}) = 2$, $q(\boldsymbol{A}) = n-2$; 当 $|\boldsymbol{A}| = 0$ 时, $p(\boldsymbol{A}) = 1$, $q(\boldsymbol{A}) = n-2$; 当 $(-1)^n|\boldsymbol{A}| < 0$ 时, $p(\boldsymbol{A}) = 1$, $q(\boldsymbol{A}) = n-1$. □

例 8.10 设 $\boldsymbol{A}$ 是 n 阶可逆实矩阵, $\boldsymbol{B}=\begin{pmatrix}\boldsymbol{O} & \boldsymbol{A}\\ \boldsymbol{A}' & \boldsymbol{O}\end{pmatrix}$, 求 $\boldsymbol{B}$ 的正负惯性指数.

解 将 $\boldsymbol{B}$ 的第一分块行左乘 $\boldsymbol{A}^{-1}$, 再将第一分块列右乘 $(\boldsymbol{A}^{-1})'=(\boldsymbol{A}')^{-1}$, 于是 $\boldsymbol{B}$ 合同于 $\boldsymbol{C}=\begin{pmatrix}\boldsymbol{O} & \boldsymbol{I}_n\\ \boldsymbol{I}_n & \boldsymbol{O}\end{pmatrix}$. 将 $\boldsymbol{C}$ 的第二分块行加到第一分块行上, 再将第二分块列加到第一分块列上, 于是 $\boldsymbol{C}$ 合同于 $\boldsymbol{D}=\begin{pmatrix}2\boldsymbol{I}_n & \boldsymbol{I}_n\\ \boldsymbol{I}_n & \boldsymbol{O}\end{pmatrix}$. 将 $\boldsymbol{D}$ 的第一分块行左乘 $-\dfrac{1}{2}\boldsymbol{I}_n$ 加到第二分块行上, 再将第一分块列右乘 $-\dfrac{1}{2}\boldsymbol{I}_n$ 加到第二分块列上, 于是 $\boldsymbol{D}$ 合同于 $\begin{pmatrix}2\boldsymbol{I}_n & \boldsymbol{O}\\ \boldsymbol{O} & -\dfrac{1}{2}\boldsymbol{I}_n\end{pmatrix}$, 因此 $\boldsymbol{B}$ 的正负惯性指数都等于 n. □

例 8.11 设 $\boldsymbol{A}$ 是 n 阶正定实对称矩阵, 求证: $\boldsymbol{B}=\begin{pmatrix}\boldsymbol{A} & -\boldsymbol{I}_n\\ -\boldsymbol{I}_n & \boldsymbol{A}^{-1}\end{pmatrix}$ 是半正定阵.

证明 将 $\boldsymbol{B}$ 的第一分块行左乘 $\boldsymbol{A}^{-1}$ 加到第二分块行上, 再将第一分块列右乘 $\boldsymbol{A}^{-1}$ 加到第二分块列上, 于是 $\boldsymbol{B}$ 合同于 $\begin{pmatrix}\boldsymbol{A} & \boldsymbol{O}\\ \boldsymbol{O} & \boldsymbol{O}\end{pmatrix}$, 这是一个半正定矩阵. □

§ 8.3 归纳法的应用

数学归纳法是讨论二次型与相关矩阵问题的常用方法之一. 注意到例 8.7 的证明过程展示了这样一种方法, 例如有一个分块对称矩阵 $\boldsymbol{M}=\begin{pmatrix}\boldsymbol{A} & \boldsymbol{C}\\ \boldsymbol{C}' & \boldsymbol{B}\end{pmatrix}$, 其中 $\boldsymbol{A}$ 是可逆矩阵, 则通过对称分块初等变换可用 $\boldsymbol{A}$ 同时消去 $\boldsymbol{C}$ 与 $\boldsymbol{C}'$, 从而得到分块对角矩阵 $\begin{pmatrix}\boldsymbol{A} & \boldsymbol{O}\\ \boldsymbol{O} & \boldsymbol{B}-\boldsymbol{C}'\boldsymbol{A}^{-1}\boldsymbol{C}\end{pmatrix}$. 此时矩阵 $\boldsymbol{A},\boldsymbol{B}-\boldsymbol{C}'\boldsymbol{A}^{-1}\boldsymbol{C}$ 的阶都比 $\boldsymbol{M}$ 的阶低, 如果问题的条件和结论在合同关系下不改变, 则上述过程就是运用归纳法的基础. 事实上, 正定阵的判定准则之一, 即实对称矩阵 $\boldsymbol{A}$ 是正定阵的充要条件是 $\boldsymbol{A}$ 的顺序主子式全大于零, 就是通过上述方法证明的. 下面我们再来看几个典型的例题.

例 8.12 证明下列关于 n 阶实对称矩阵 $\boldsymbol{A}=(a_{ij})$ 的命题等价:

(1) $\boldsymbol{A}$ 是正定阵;

(2) 存在主对角元全等于 1 的上三角矩阵 $\boldsymbol{B}$ 和主对角元全为正数的对角矩阵 $\boldsymbol{D}$, 使得 $\boldsymbol{A}=\boldsymbol{B}'\boldsymbol{D}\boldsymbol{B}$;

(3) 存在主对角元全为正数的上三角矩阵 $\boldsymbol{C}$, 使得 $\boldsymbol{A}=\boldsymbol{C}'\boldsymbol{C}$.

证明　(1) ⇒ (2): 只要证明存在主对角元全为 1 的上三角矩阵 $\boldsymbol{T}$, 使得 $\boldsymbol{T}'\boldsymbol{A}\boldsymbol{T} = \boldsymbol{D}$ 是正定对角矩阵即可. 因为一旦得证, $\boldsymbol{B} = \boldsymbol{T}^{-1}$ 也是主对角元全为 1 的上三角矩阵, 并且 $\boldsymbol{A} = \boldsymbol{B}'\boldsymbol{D}\boldsymbol{B}$. 对阶数 n 进行归纳, 当 $n = 1$ 时结论显然成立. 假设对 $n-1$ 阶正定阵结论成立, 现证明 n 阶正定阵的情形. 设 $\boldsymbol{A} = \begin{pmatrix} \boldsymbol{A}_{n-1} & \boldsymbol{\alpha} \\ \boldsymbol{\alpha}' & a_{nn} \end{pmatrix}$, 其中 $\boldsymbol{A}_{n-1}$ 是 $n-1$ 阶矩阵, $\boldsymbol{\alpha}$ 是 $n-1$ 维列向量. 因为 $\boldsymbol{A}$ 正定, 所以 $\boldsymbol{A}_{n-1}$ 是 $n-1$ 阶正定阵, 从而是可逆矩阵. 考虑如下对称分块初等变换:

$$\begin{pmatrix} \boldsymbol{I}_{n-1} & \boldsymbol{O} \\ -\boldsymbol{\alpha}'\boldsymbol{A}_{n-1}^{-1} & 1 \end{pmatrix} \begin{pmatrix} \boldsymbol{A}_{n-1} & \boldsymbol{\alpha} \\ \boldsymbol{\alpha}' & a_{nn} \end{pmatrix} \begin{pmatrix} \boldsymbol{I}_{n-1} & -\boldsymbol{A}_{n-1}^{-1}\boldsymbol{\alpha} \\ \boldsymbol{O} & 1 \end{pmatrix} = \begin{pmatrix} \boldsymbol{A}_{n-1} & \boldsymbol{O} \\ \boldsymbol{O} & a_{nn} - \boldsymbol{\alpha}'\boldsymbol{A}_{n-1}^{-1}\boldsymbol{\alpha} \end{pmatrix},$$

由 $\boldsymbol{A}$ 的正定性可得 $a_{nn} - \boldsymbol{\alpha}'\boldsymbol{A}_{n-1}^{-1}\boldsymbol{\alpha} > 0$. 再由归纳假设, 存在主对角元全为 1 的 $n-1$ 阶上三角矩阵 $\boldsymbol{T}_{n-1}$, 使得 $\boldsymbol{T}_{n-1}'\boldsymbol{A}_{n-1}\boldsymbol{T}_{n-1} = \boldsymbol{D}_{n-1}$ 是 $n-1$ 阶正定对角矩阵. 令

$$\boldsymbol{T} = \begin{pmatrix} \boldsymbol{I}_{n-1} & -\boldsymbol{A}_{n-1}^{-1}\boldsymbol{\alpha} \\ \boldsymbol{O} & 1 \end{pmatrix} \begin{pmatrix} \boldsymbol{T}_{n-1} & \boldsymbol{O} \\ \boldsymbol{O} & 1 \end{pmatrix},$$

则 $\boldsymbol{T}$ 是一个主对角元全为 1 的 n 阶上三角矩阵, 使得

$$\boldsymbol{T}'\boldsymbol{A}\boldsymbol{T} = \begin{pmatrix} \boldsymbol{D}_{n-1} & \boldsymbol{O} \\ \boldsymbol{O} & a_{nn} - \boldsymbol{\alpha}'\boldsymbol{A}_{n-1}^{-1}\boldsymbol{\alpha} \end{pmatrix}$$

是 n 阶正定对角矩阵.

(2) ⇒ (3): 由 (2) 可设 $\boldsymbol{D} = \mathrm{diag}\{d_1, d_2, \cdots, d_n\}$, 令 $s_i = \sqrt{d_i} > 0$,

$$\boldsymbol{S} = \mathrm{diag}\{s_1, s_2, \cdots, s_n\}.$$

设 $\boldsymbol{C} = \boldsymbol{S}\boldsymbol{B}$, 则 $\boldsymbol{A} = \boldsymbol{C}'\boldsymbol{C}$. 显然 $\boldsymbol{C} = \boldsymbol{S}\boldsymbol{B}$ 是主对角元全为正数的上三角矩阵.

(3) ⇒ (1): 这时 $\boldsymbol{A} = \boldsymbol{C}'\boldsymbol{I}_n\boldsymbol{C}$, 故 $\boldsymbol{A}$ 和 $\boldsymbol{I}_n$ 合同, 从而 $\boldsymbol{A}$ 正定. □

注　设 $\boldsymbol{C} = (c_{ij})$ 为主对角元全为正数的上三角矩阵, 使得 $\boldsymbol{A} = \boldsymbol{C}'\boldsymbol{C}$, 则 $c_{11}c_{1j} = a_{1j}$, 从而 $c_{11} = \sqrt{a_{11}} > 0$, $c_{1j} = \dfrac{a_{1j}}{\sqrt{a_{11}}}\,(2 \leq j \leq n)$, 即 $\boldsymbol{C}$ 的第一行元素被唯一确定. 同理不断地讨论下去, 可得这样的 $\boldsymbol{C}$ 存在并被正定阵 $\boldsymbol{A}$ 唯一确定. 因为 $\boldsymbol{S}$ 是由 $\boldsymbol{C}$ 的主对角元构成的对角矩阵, 故由 $\boldsymbol{C}$ 的唯一性可得 $\boldsymbol{S}$ 的唯一性, 从而可得 $\boldsymbol{D} = \boldsymbol{S}^2$ 以及 $\boldsymbol{B} = \boldsymbol{S}^{-1}\boldsymbol{C}$ 的唯一性. 因此, 例 8.12 中关于正定阵 $\boldsymbol{A}$ 的两种分解 (2) 和 (3) 都是存在且唯一的, 其中分解 (3) 通常称为正定阵 $\boldsymbol{A}$ 的 Cholesky 分解. 另外, 上述两种分解也有非常重要的几何意义, 它们与 Gram-Schmidt 正交化方法密切相关, 我们将在 § 9.3 阐述相关的细节.

例 8.13 设 $f(\boldsymbol{x}) = \boldsymbol{x}'\boldsymbol{A}\boldsymbol{x}$ 是实二次型, 相伴矩阵 $\boldsymbol{A}$ 的前 $n-1$ 个顺序主子式 $P_1, \cdots, P_{n-1}$ 非零, 求证: 经过可逆线性变换 f 可化为下列标准型:

$$f = P_1 y_1^2 + \frac{P_2}{P_1} y_2^2 + \cdots + \frac{P_n}{P_{n-1}} y_n^2,$$

其中 $P_n = |\boldsymbol{A}|$.

证明 对 n 用归纳法. 当 $n=1$ 时结论显然成立, 假设结论对 $n-1$ 成立. 设

$$\boldsymbol{A} = \begin{pmatrix} \boldsymbol{A}_{n-1} & \boldsymbol{\alpha} \\ \boldsymbol{\alpha}' & a_{nn} \end{pmatrix},$$

由于 $|\boldsymbol{A}_{n-1}| = P_{n-1} \neq 0$, 故可对 $\boldsymbol{A}$ 进行下列对称分块初等变换:

$$\boldsymbol{A} = \begin{pmatrix} \boldsymbol{A}_{n-1} & \boldsymbol{\alpha} \\ \boldsymbol{\alpha}' & a_{nn} \end{pmatrix} \to \begin{pmatrix} \boldsymbol{A}_{n-1} & \boldsymbol{\alpha} \\ \boldsymbol{O} & a_{nn} - \boldsymbol{\alpha}'\boldsymbol{A}_{n-1}^{-1}\boldsymbol{\alpha} \end{pmatrix} \to \begin{pmatrix} \boldsymbol{A}_{n-1} & \boldsymbol{O} \\ \boldsymbol{O} & a_{nn} - \boldsymbol{\alpha}'\boldsymbol{A}_{n-1}^{-1}\boldsymbol{\alpha} \end{pmatrix} = \boldsymbol{B},$$

显然这是一个合同变换. 又因为第三类分块初等变换不改变行列式的值, 故

$$|\boldsymbol{A}| = |\boldsymbol{A}_{n-1}|(a_{nn} - \boldsymbol{\alpha}'\boldsymbol{A}_{n-1}^{-1}\boldsymbol{\alpha}),$$

即

$$a_{nn} - \boldsymbol{\alpha}'\boldsymbol{A}_{n-1}^{-1}\boldsymbol{\alpha} = \frac{P_n}{P_{n-1}}.$$

由归纳假设, 存在可逆矩阵 $\boldsymbol{M}$, 使得

$$\boldsymbol{M}'\boldsymbol{A}_{n-1}\boldsymbol{M} = \mathrm{diag}\left\{P_1, \frac{P_2}{P_1}, \cdots, \frac{P_{n-1}}{P_{n-2}}\right\}.$$

作矩阵 $\boldsymbol{C} = \begin{pmatrix} \boldsymbol{M} & \boldsymbol{O} \\ \boldsymbol{O} & 1 \end{pmatrix}$, 则

$$\boldsymbol{C}'\boldsymbol{B}\boldsymbol{C} = \mathrm{diag}\left\{P_1, \frac{P_2}{P_1}, \cdots, \frac{P_n}{P_{n-1}}\right\}. \square$$

例 8.14 设 $\boldsymbol{A}$ 为 n 阶正定实对称矩阵且非主对角元都是负数, 求证: $\boldsymbol{A}^{-1}$ 的每个元素都是正数.

证明 对阶数 n 进行归纳. 当 $n=1$ 时结论显然成立, 设结论对 $n-1$ 阶成立, 现证明 n 阶的情形. 设 $\boldsymbol{A} = \begin{pmatrix} \boldsymbol{A}_{n-1} & \boldsymbol{\alpha} \\ \boldsymbol{\alpha}' & a_{nn} \end{pmatrix}$, 其中 $\boldsymbol{A}_{n-1}$ 是 $\boldsymbol{A}$ 的第 $n-1$ 个顺序主

子阵, 从而 $\boldsymbol{A}_{n-1}$ 是 $n-1$ 阶正定实对称矩阵且非主对角元都是负数, 故由归纳假设可知 $\boldsymbol{A}_{n-1}^{-1}$ 的每个元素都是正数. 利用分块初等变换可求出

$$\boldsymbol{A}^{-1}=\begin{pmatrix}\boldsymbol{A}_{n-1}^{-1}+d_n^{-1}\boldsymbol{A}_{n-1}^{-1}\boldsymbol{\alpha}\boldsymbol{\alpha}'\boldsymbol{A}_{n-1}^{-1} & -d_n^{-1}\boldsymbol{A}_{n-1}^{-1}\boldsymbol{\alpha}\\ -d_n^{-1}\boldsymbol{\alpha}'\boldsymbol{A}_{n-1}^{-1} & d_n^{-1}\end{pmatrix},$$

其中 $d_n=a_{nn}-\boldsymbol{\alpha}'\boldsymbol{A}_{n-1}^{-1}\boldsymbol{\alpha}=|\boldsymbol{A}|/|\boldsymbol{A}_{n-1}|>0$. 注意到 $\boldsymbol{A}_{n-1}^{-1}$ 的每个元素都是正数, 且 $\boldsymbol{\alpha}$ 的每个元素都是负数, 故 $\boldsymbol{A}^{-1}$ 的每个元素都是正数. □

例 8.15 设 $\boldsymbol{A}=(a_{ij})$ 是 n 阶正定实对称矩阵, 其逆阵 $\boldsymbol{A}^{-1}=(b_{ij})$, 求证: $a_{ii}b_{ii}\geq 1$, 且等号成立当且仅当 $\boldsymbol{A}$ 的第 i 行和列的所有元素除了 a_{ii} 之外全为零.

证明 对换 $\boldsymbol{A}$ 的第 i,n 行和列, 可将 a_{ii} 换到第 (n,n) 位置, 这相当于合同变换 $\boldsymbol{P}_{in}\boldsymbol{A}\boldsymbol{P}_{in}$. 此时 $(\boldsymbol{P}_{in}\boldsymbol{A}\boldsymbol{P}_{in})^{-1}=\boldsymbol{P}_{in}\boldsymbol{A}^{-1}\boldsymbol{P}_{in}$, 即对换了 $\boldsymbol{A}^{-1}$ 的第 i,n 行和列, b_{ii} 也换到了第 (n,n) 位置. 因此不失一般性, 只需证明 $a_{nn}b_{nn}\geq 1$, 且等号成立当且仅当 $\boldsymbol{A}$ 的第 n 行和列的所有元素除了 a_{nn} 之外全为零即可. 采用与例 8.14 相同的记号和论证, 可得 $b_{nn}=d_n^{-1}$, 再由 $\boldsymbol{A}_{n-1}$ 的正定性可得

$$b_{nn}^{-1}=d_n=a_{nn}-\boldsymbol{\alpha}'\boldsymbol{A}_{n-1}^{-1}\boldsymbol{\alpha}\leq a_{nn},$$

即有 $a_{nn}b_{nn}\geq 1$, 且等号成立当且仅当 $\boldsymbol{\alpha}=\boldsymbol{0}$. □

下面是反对称矩阵的合同标准型, 它可以用典型的归纳法来证明.

例 8.16 设 $\boldsymbol{A}$ 是 n 阶反对称矩阵, 则 $\boldsymbol{A}$ 必合同于下列形状的分块矩阵:

$$\mathrm{diag}\{\boldsymbol{S},\cdots,\boldsymbol{S},0,\cdots,0\},\tag{8.2}$$

其中 $\boldsymbol{S}=\begin{pmatrix}0&1\\-1&0\end{pmatrix}$. 特别地, 反对称矩阵 $\boldsymbol{A}$ 的秩必为偶数 $2r$, 其中 r 是 $\boldsymbol{S}$ 在 $\boldsymbol{A}$ 的上述合同标准型中的个数.

证明 对阶数 n 进行归纳. 当 $n=0,1$ 时结论显然成立, 假设结论对阶数小于 n 的反对称矩阵成立. 现有 n 阶反对称矩阵 $\boldsymbol{A}$, 若 $\boldsymbol{A}=\boldsymbol{O}$, 结论已成立, 故设 $\boldsymbol{A}\neq\boldsymbol{O}$. 由于反对称矩阵的主对角元全为零, 故可设 $\boldsymbol{A}$ 的第 (i,j) 元素 $a_{ij}\neq 0\,(i<j)$, 此时 $\boldsymbol{A}$ 的第 (j,i) 元素为 $-a_{ij}$. 对换 $\boldsymbol{A}$ 的第一行与第 i 行, 再对换第一列与第 i 列; 对换第二行与第 j 行, 再对换第二列与第 j 列; 然后将第一行乘以 $\dfrac{1}{a_{ij}}$, 第一列乘以 $\dfrac{1}{a_{ij}}$; 最后得到 $\boldsymbol{A}$ 合同于下列形状的矩阵:

$$\boldsymbol{M}=\begin{pmatrix}\boldsymbol{S}&\boldsymbol{B}\\-\boldsymbol{B}'&\boldsymbol{A}_{n-2}\end{pmatrix},$$

其中 $\boldsymbol{A}_{n-2}$ 是 $n-2$ 阶反对称矩阵. 显然 $\boldsymbol{S}$ 是可逆矩阵, 对 $\boldsymbol{M}$ 作下列对称分块初等变换: 第一分块行左乘 $\boldsymbol{B}'\boldsymbol{S}^{-1}$ 加到第二分块行上, 再将第一分块列右乘 $(\boldsymbol{B}'\boldsymbol{S}^{-1})' = -\boldsymbol{S}^{-1}\boldsymbol{B}$ 加到第二分块列上, 于是 $\boldsymbol{A}$ 合同于下列矩阵:

$$\boldsymbol{N} = \begin{pmatrix} \boldsymbol{S} & \boldsymbol{O} \\ \boldsymbol{O} & \boldsymbol{A}_{n-2} + \boldsymbol{B}'\boldsymbol{S}^{-1}\boldsymbol{B} \end{pmatrix}.$$

注意到 $\boldsymbol{A}_{n-2} + \boldsymbol{B}'\boldsymbol{S}^{-1}\boldsymbol{B}$ 是 $n-2$ 阶反对称矩阵, 故由归纳假设它合同于 (8.2) 式形状的矩阵, 因此分块对角矩阵 $\boldsymbol{N}$ 也合同于 (8.2) 式形状的矩阵, 结论得证. □

注　本例题给出了例 3.88 的另一证明. 注意到在本题的证明中, 我们采用的是跨度为 2 的数学归纳法, 故在起始步骤时需要验证 $n = 1, 2$ 这两种情形, 但我们不难发现 $n = 2$ 情形的证明完全包含在归纳过程的证明中, 因此可以用 $n = 0, 1$ 的情形作为起始步骤. 需要注意的是, $n = 0$ 并不意味着存在零阶矩阵, 而只是说明归纳过程已经完全结束. 后面遇到跨度为 2 的数学归纳法, 我们通常都采用上述约定.

例 8.17　求证: n 阶实反对称矩阵 $\boldsymbol{A}$ 的行列式值总是非负实数.

证明　由例 8.16 可知, 存在非异实矩阵 $\boldsymbol{C}$, 使得

$$\boldsymbol{C}'\boldsymbol{A}\boldsymbol{C} = \mathrm{diag}\{\boldsymbol{S}, \cdots, \boldsymbol{S}, 0, \cdots, 0\},$$

其中 $\boldsymbol{S} = \begin{pmatrix} 0 & 1 \\ -1 & 0 \end{pmatrix}$. 若 $\boldsymbol{A}$ 是奇异阵, 则 $|\boldsymbol{A}| = 0$, 结论显然成立. 若 $\boldsymbol{A}$ 是非异阵, 则由上式可得 $|\boldsymbol{A}| \cdot |\boldsymbol{C}|^2 = |\boldsymbol{S}|^{\frac{n}{2}} = 1$, 从而 $|\boldsymbol{A}| > 0$. □

例 8.18　设 $\boldsymbol{A}$ 为 n 阶实反对称矩阵, 求证:

(1) $|\boldsymbol{I}_n + \boldsymbol{A}| \geq 1 + |\boldsymbol{A}|$, 且等号成立当且仅当 $n \leq 2$ 或当 $n \geq 3$ 时, $\boldsymbol{A} = \boldsymbol{O}$.

(2) $|\boldsymbol{I}_n + \boldsymbol{A}| \geq 1$, 且等号成立当且仅当 $\boldsymbol{A} = \boldsymbol{O}$.

证明　(1) 由例 1.46 可知

$$|\boldsymbol{I}_n + \boldsymbol{A}| = |\boldsymbol{I}_n| + |\boldsymbol{A}| + \sum_{1 \leq k \leq n-1} \left(\sum_{1 \leq i_1 < i_2 < \cdots < i_k \leq n} \boldsymbol{A} \begin{pmatrix} i_1 & i_2 & \cdots & i_k \\ i_1 & i_2 & \cdots & i_k \end{pmatrix} \right).$$

注意到 $\boldsymbol{A} \begin{pmatrix} i_1 & i_2 & \cdots & i_k \\ i_1 & i_2 & \cdots & i_k \end{pmatrix}$ 是 k 阶实反对称行列式, 故由例 8.17 可知其值大于等于零, 于是 $|\boldsymbol{I}_n + \boldsymbol{A}| \geq 1 + |\boldsymbol{A}|$ 成立. 当 $n \leq 2$ 时, 容易验证不等式的等号成立. 当 $n \geq 3$ 时, 若不等式的等号成立, 则必有

$$\boldsymbol{A} \begin{pmatrix} i & j \\ i & j \end{pmatrix} = \begin{vmatrix} 0 & a_{ij} \\ -a_{ij} & 0 \end{vmatrix} = a_{ij}^2 = 0,$$

即有 $a_{ij}=0\,(1\le i<j\le n)$, 从而 $\boldsymbol{A}=\boldsymbol{O}$. (2) 同理可证, 细节留给读者完成. □

§ 8.4 合同标准型的应用

引进标准型的目的是为了简化问题的讨论. 应用合同标准型 (复相合标准型) 可以简化二次型和对称矩阵 (Hermite 型和 Hermite 矩阵) 有关问题的讨论. 其方法是先对标准型证明所需结论, 若结论在合同 (复相合) 变换下不变, 就可以过渡到一般的情形. 这种做法和相抵标准型、相似标准型是完全类似的.

例 8.19 求证: 秩等于 r 的对称矩阵 $\boldsymbol{A}$ 等于 r 个秩等于 1 的对称矩阵之和.

证明 设 $\boldsymbol{C}$ 是可逆矩阵, 使得

$$\boldsymbol{C}'\boldsymbol{A}\boldsymbol{C}=\mathrm{diag}\{a_1,\cdots,a_r,0,\cdots,0\},$$

其中 $a_i\ne 0\,(1\le i\le r)$, 则

$$\boldsymbol{A}=(\boldsymbol{C}^{-1})'a_1\boldsymbol{E}_{11}\boldsymbol{C}^{-1}+\cdots+(\boldsymbol{C}^{-1})'a_r\boldsymbol{E}_{rr}\boldsymbol{C}^{-1},$$

其中 $\boldsymbol{E}_{ii}$ 是第 (i,i) 元素为 1, 其余元素全为 0 的基础矩阵, 从而每个 $(\boldsymbol{C}^{-1})'a_i\boldsymbol{E}_{ii}\boldsymbol{C}^{-1}$ 都是秩等于 1 的对称矩阵. □

例 8.20 设 $\boldsymbol{A}$ 为 n 阶复对称矩阵且秩等于 r, 求证: $\boldsymbol{A}$ 可分解为 $\boldsymbol{A}=\boldsymbol{T}'\boldsymbol{T}$, 其中 $\boldsymbol{T}$ 是秩等于 r 的 n 阶复矩阵.

证明 $\boldsymbol{A}$ 合同于对角矩阵, 即存在可逆矩阵 $\boldsymbol{C}$, 使得

$$\boldsymbol{A}=\boldsymbol{C}'\,\mathrm{diag}\{c_1,\cdots,c_r,0,\cdots,0\}\boldsymbol{C},$$

其中 $c_i\ne 0\,(1\le i\le r)$. 令 $d_i=\sqrt{c_i}$ (取定一个平方根即可),

$$\boldsymbol{D}=\mathrm{diag}\{d_1,\cdots,d_r,0,\cdots,0\},$$

则 $\boldsymbol{A}=(\boldsymbol{DC})'(\boldsymbol{DC})$. 令 $\boldsymbol{T}=\boldsymbol{DC}$ 即得结论. □

例 8.21 求证: 任一 n 阶复矩阵 $\boldsymbol{A}$ 都相似于一个复对称矩阵.

证明 由例 7.73 可得 $\boldsymbol{A}=\boldsymbol{BC}$, 其中 $\boldsymbol{B},\boldsymbol{C}$ 都是复对称矩阵, 并且可以随意指定 $\boldsymbol{B},\boldsymbol{C}$ 中的一个为非异阵. 不妨设 $\boldsymbol{C}$ 是非异阵, 则由例 8.20 可得 $\boldsymbol{C}=\boldsymbol{T}'\boldsymbol{T}$, 其中 $\boldsymbol{T}$ 是非异复矩阵. 于是 $\boldsymbol{A}=\boldsymbol{BC}=\boldsymbol{BT}'\boldsymbol{T}$ 相似于 $\boldsymbol{T}(\boldsymbol{BT}'\boldsymbol{T})\boldsymbol{T}^{-1}=\boldsymbol{TBT}'$, 这是一个复对称矩阵. □

例 8.22 设实二次型 f 和 g 的系数矩阵分别是 $\boldsymbol{A}$ 和 $\boldsymbol{A}^{-1}$, 求证: f 和 g 有相同的正负惯性指数.

证明 设 $\boldsymbol{C}'\boldsymbol{A}\boldsymbol{C} = \mathrm{diag}\{a_1, a_2, \cdots, a_n\}$, 则

$$\boldsymbol{C}^{-1}\boldsymbol{A}^{-1}(\boldsymbol{C}^{-1})' = (\boldsymbol{C}'\boldsymbol{A}\boldsymbol{C})^{-1} = \mathrm{diag}\{a_1^{-1}, a_2^{-1}, \cdots, a_n^{-1}\}.$$

因为 a_i 和 a_i^{-1} 有相同的正负性, 所以 $\boldsymbol{A}$ 和 $\boldsymbol{A}^{-1}$ 有相同的正负惯性指数. □

例 8.23 设 f 是 n 元实二次型, 其系数矩阵 $\boldsymbol{A}$ 满足 $|\boldsymbol{A}| < 0$, 求证: 必存在一组实数 $a_1, a_2, \cdots, a_n$, 使得

$$f(a_1, a_2, \cdots, a_n) < 0.$$

证明 设 $\boldsymbol{C}$ 是可逆矩阵, 使得 $\boldsymbol{C}'\boldsymbol{A}\boldsymbol{C} = \boldsymbol{B}$ 为对角矩阵. 注意到 $|\boldsymbol{A}||\boldsymbol{C}|^2 = |\boldsymbol{B}|$, 故 $|\boldsymbol{B}| < 0$. 因为对调对角矩阵的主对角元后得到的矩阵和原矩阵合同, 故不失一般性, 可设 $\boldsymbol{B}$ 的主对角元前 r 个为负, 后 $n-r$ 个为正, 于是 r 必是奇数. 作 n 维列向量 $\boldsymbol{\alpha} = (1, \cdots, 1, 0, \cdots, 0)'$, 其中有 r 个 1. 又令 $(a_1, a_2, \cdots, a_n)' = \boldsymbol{C}\boldsymbol{\alpha}$, 则 $f(a_1, a_2, \cdots, a_n) = (\boldsymbol{C}\boldsymbol{\alpha})'\boldsymbol{A}(\boldsymbol{C}\boldsymbol{\alpha}) = \boldsymbol{\alpha}'\boldsymbol{B}\boldsymbol{\alpha} < 0$. 也可用反证法来证明, 若结论不成立, 则 f 是半正定型, 从而 $\boldsymbol{A}$ 是半正定阵, 于是 $|\boldsymbol{A}| \geq 0$, 矛盾! □

例 8.24 如果实二次型 $f(x_1, x_2, \cdots, x_n)$ 仅在 $x_1 = x_2 = \cdots = x_n = 0$ 时为零, 证明: f 必是正定型或负定型.

证明 设 f 的正负惯性指数分别为 p, q, 秩为 r, 我们分情况来讨论.

若 f 是不定型, 即 $p > 0$ 且 $q > 0$, 则存在可逆线性变换 $\boldsymbol{x} = \boldsymbol{C}\boldsymbol{y}$, 使得 f 可化简为如下规范标准型:

$$f = y_1^2 + \cdots + y_p^2 - y_{p+1}^2 - \cdots - y_r^2.$$

取 $\boldsymbol{y} = (b_1, b_2, \cdots, b_n)'$, 其中 $b_1 = b_{p+1} = 1$, 其他 b_i 全为零, 则 $\boldsymbol{x} = \boldsymbol{C}\boldsymbol{y} = (a_1, a_2, \cdots, a_n)'$ 是一个非零列向量, 但 $f(a_1, a_2, \cdots, a_n) = 0$, 这与假设矛盾, 所以 f 不是不定型.

若 f 是半正定型, 但非正定型, 即 $p = r < n$, 则存在可逆线性变换 $\boldsymbol{x} = \boldsymbol{C}\boldsymbol{y}$, 使得 f 可化简为如下规范标准型:

$$f = y_1^2 + \cdots + y_r^2.$$

取 $\boldsymbol{y} = (b_1, b_2, \cdots, b_n)'$, 其中 $b_n = 1$, 其他 b_i 全为零, 则 $\boldsymbol{x} = \boldsymbol{C}\boldsymbol{y} = (a_1, a_2, \cdots, a_n)'$ 是一个非零列向量, 但 $f(a_1, a_2, \cdots, a_n) = 0$, 这与假设矛盾, 所以 f 不是非正定型的半正定型. 同理可证 f 也不是非负定型的半负定型.

综上所述, f 必是正定型或负定型. □

例 8.25 设 $\boldsymbol{A}$ 为 n 阶实对称矩阵, 若 $\boldsymbol{A}$ 半正定, 求证: $\boldsymbol{A}^*$ 也半正定.

证明 因为 $\boldsymbol{A}$ 半正定, 故存在非异阵 $\boldsymbol{C}$, 使得

$$\boldsymbol{C}'\boldsymbol{A}\boldsymbol{C}=\begin{pmatrix}\boldsymbol{I}_r & \boldsymbol{O}\\ \boldsymbol{O} & \boldsymbol{O}\end{pmatrix}.$$

若 $r=n$, 则 $\boldsymbol{A}$ 是正定阵, 上式两边同取伴随可得 $\boldsymbol{C}^*\boldsymbol{A}^*(\boldsymbol{C}^*)'=\boldsymbol{I}_n^*=\boldsymbol{I}_n$, 故 $\boldsymbol{A}^*$ 也是正定阵. 若 $r=n-1$, 则上式两边同取伴随可得

$$\boldsymbol{C}^*\boldsymbol{A}^*(\boldsymbol{C}^*)'=\begin{pmatrix}\boldsymbol{I}_{n-1} & \boldsymbol{O}\\ \boldsymbol{O} & 0\end{pmatrix}^*=\begin{pmatrix}\boldsymbol{O} & \boldsymbol{O}\\ \boldsymbol{O} & 1\end{pmatrix},$$

因此 $\boldsymbol{A}^*$ 的正惯性指数为 1, 秩也为 1, 从而是半正定阵. 若 $r<n-1$, 则 $\boldsymbol{A}^*=\boldsymbol{O}$, 结论自然成立. □

例 8.26 设 $\boldsymbol{A}$ 为 n 阶实对称矩阵, 求证:

(1) $\boldsymbol{A}$ 是正定阵的充要条件是存在 n 阶非异实矩阵 $\boldsymbol{C}$, 使得 $\boldsymbol{A}=\boldsymbol{C}'\boldsymbol{C}$.

(2) $\boldsymbol{A}$ 是半正定阵的充要条件是存在 n 阶实矩阵 $\boldsymbol{C}$, 使得 $\boldsymbol{A}=\boldsymbol{C}'\boldsymbol{C}$. 特别地, $|\boldsymbol{A}|=|\boldsymbol{C}|^2\geq 0$.

证明 (1) 由 §§ 8.1.3 定理 4 可知, $\boldsymbol{A}$ 是正定阵当且仅当 $\boldsymbol{A}$ 合同于 $\boldsymbol{I}_n$, 即存在非异实矩阵 $\boldsymbol{C}$, 使得 $\boldsymbol{A}=\boldsymbol{C}'\boldsymbol{I}_n\boldsymbol{C}=\boldsymbol{C}'\boldsymbol{C}$.

(2) 由 §§ 8.1.3 定理 4 可知, $\boldsymbol{A}$ 是半正定阵当且仅当 $\boldsymbol{A}$ 合同于 $\mathrm{diag}\{\boldsymbol{I}_r,\boldsymbol{O}\}$, 即存在非异实矩阵 $\boldsymbol{B}$, 使得 $\boldsymbol{A}=\boldsymbol{B}'\,\mathrm{diag}\{\boldsymbol{I}_r,\boldsymbol{O}\}\boldsymbol{B}$. 令 $\boldsymbol{C}=\mathrm{diag}\{\boldsymbol{I}_r,\boldsymbol{O}\}\boldsymbol{B}$, 则 $\boldsymbol{A}=\boldsymbol{C}'\boldsymbol{C}$. 反之, 若 $\boldsymbol{A}=\boldsymbol{C}'\boldsymbol{C}$, 其中 $\boldsymbol{C}$ 是实矩阵, 则对任一 n 维实列向量 $\boldsymbol{\alpha}$, $\boldsymbol{\alpha}'\boldsymbol{A}\boldsymbol{\alpha}=\boldsymbol{\alpha}'\boldsymbol{C}'\boldsymbol{C}\boldsymbol{\alpha}=(\boldsymbol{C}\boldsymbol{\alpha})'(\boldsymbol{C}\boldsymbol{\alpha})\geq 0$, 由定义可知 $\boldsymbol{A}$ 为半正定阵. □

例 8.26 是正定阵和半正定阵的判定准则之一 (参考 § 8.7 和 § 8.8), 下面我们来看 4 个典型的应用.

例 8.27 设 $\boldsymbol{A}$ 为 n 阶正定实对称矩阵, $\boldsymbol{\alpha},\boldsymbol{\beta}$ 为 n 维实列向量, 证明: $\boldsymbol{\alpha}'\boldsymbol{A}\boldsymbol{\alpha}+\boldsymbol{\beta}'\boldsymbol{A}^{-1}\boldsymbol{\beta}\geq 2\boldsymbol{\alpha}'\boldsymbol{\beta}$, 且等号成立的充要条件是 $\boldsymbol{A}\boldsymbol{\alpha}=\boldsymbol{\beta}$.

证明 由例 8.26 可设 $\boldsymbol{A}=\boldsymbol{C}'\boldsymbol{C}$, 其中 $\boldsymbol{C}$ 为非异实矩阵, 则 $\boldsymbol{A}^{-1}=\boldsymbol{C}^{-1}(\boldsymbol{C}')^{-1}$. 再设 $\boldsymbol{C}\boldsymbol{\alpha}=(a_1,a_2,\cdots,a_n)'$, $(\boldsymbol{C}')^{-1}\boldsymbol{\beta}=(b_1,b_2,\cdots,b_n)'$ 为 n 维实列向量, 则

$$\begin{aligned}\boldsymbol{\alpha}'\boldsymbol{A}\boldsymbol{\alpha}+\boldsymbol{\beta}'\boldsymbol{A}^{-1}\boldsymbol{\beta} &= \boldsymbol{\alpha}'\boldsymbol{C}'\boldsymbol{C}\boldsymbol{\alpha}+\boldsymbol{\beta}'\boldsymbol{C}^{-1}(\boldsymbol{C}')^{-1}\boldsymbol{\beta}\\ &= (\boldsymbol{C}\boldsymbol{\alpha})'(\boldsymbol{C}\boldsymbol{\alpha})+((\boldsymbol{C}')^{-1}\boldsymbol{\beta})'((\boldsymbol{C}')^{-1}\boldsymbol{\beta})\\ &= \sum_{i=1}^n(a_i^2+b_i^2)\geq 2\sum_{i=1}^n a_ib_i=2(\boldsymbol{C}\boldsymbol{\alpha})'((\boldsymbol{C}')^{-1}\boldsymbol{\beta})=2\boldsymbol{\alpha}'\boldsymbol{\beta},\end{aligned}$$

等号成立的充要条件是 $a_i = b_i\,(1 \le i \le n)$, 即 $\boldsymbol{C\alpha} = (\boldsymbol{C}')^{-1}\boldsymbol{\beta}$, 也即 $\boldsymbol{A\alpha} = \boldsymbol{\beta}$. □

例 8.28 设 $\boldsymbol{A}$ 为 n 阶正定实对称矩阵, $\boldsymbol{\alpha}, \boldsymbol{\beta}$ 为 n 维实列向量, 证明: $(\boldsymbol{\alpha}'\boldsymbol{\beta})^2 \le (\boldsymbol{\alpha}'\boldsymbol{A\alpha})(\boldsymbol{\beta}'\boldsymbol{A}^{-1}\boldsymbol{\beta})$, 且等号成立的充要条件是 $\boldsymbol{A\alpha}$ 与 $\boldsymbol{\beta}$ 成比例.

证明 由例 8.26 可设 $\boldsymbol{A} = \boldsymbol{C}'\boldsymbol{C}$, 其中 $\boldsymbol{C}$ 为非异实矩阵, 则 $\boldsymbol{A}^{-1} = \boldsymbol{C}^{-1}(\boldsymbol{C}')^{-1}$. 再设 $\boldsymbol{C\alpha} = (a_1, a_2, \cdots, a_n)'$, $(\boldsymbol{C}')^{-1}\boldsymbol{\beta} = (b_1, b_2, \cdots, b_n)'$ 为 n 维实列向量, 则由 Cauchy-Schwarz 不等式 (参考例 2.63) 可得

$$\begin{aligned}(\boldsymbol{\alpha}'\boldsymbol{\beta})^2 &= \Big((\boldsymbol{C\alpha})'((\boldsymbol{C}')^{-1}\boldsymbol{\beta})\Big)^2 = \Big(\sum_{i=1}^n a_i b_i\Big)^2 \le \Big(\sum_{i=1}^n a_i^2\Big)\Big(\sum_{i=1}^n b_i^2\Big) \\ &= \Big((\boldsymbol{C\alpha})'(\boldsymbol{C\alpha})\Big)\Big(((\boldsymbol{C}')^{-1}\boldsymbol{\beta})'((\boldsymbol{C}')^{-1}\boldsymbol{\beta})\Big) = (\boldsymbol{\alpha}'\boldsymbol{A\alpha})(\boldsymbol{\beta}'\boldsymbol{A}^{-1}\boldsymbol{\beta}),\end{aligned}$$

等号成立的充要条件是 a_i 与 b_i 对应成比例, 即 $\boldsymbol{C\alpha}$ 与 $(\boldsymbol{C}')^{-1}\boldsymbol{\beta}$ 成比例, 也即 $\boldsymbol{A\alpha}$ 与 $\boldsymbol{\beta}$ 成比例. □

正定 (半正定) 实对称矩阵的任一主子式都大于零 (大于等于零), 特别地, 正定 (半正定) 实对称矩阵的迹大于零 (大于等于零). 下面的例题给出了正定性 (半正定性) 关于迹的判定.

例 8.29 设 $\boldsymbol{A}$ 为 n 阶实对称矩阵, 证明:

(1) 若 $\boldsymbol{A}$ 可逆, 则 $\boldsymbol{A}$ 为正定阵的充要条件是对任意的 n 阶正定实对称矩阵 $\boldsymbol{B}$, $\mathrm{tr}(\boldsymbol{AB}) > 0$;

(2) $\boldsymbol{A}$ 为半正定阵的充要条件是对任意的 n 阶半正定实对称矩阵 $\boldsymbol{B}$, $\mathrm{tr}(\boldsymbol{AB}) \ge 0$.

证明 (1) 先证必要性. 由例 8.26 可设 $\boldsymbol{A} = \boldsymbol{C}'\boldsymbol{C}$, 其中 $\boldsymbol{C}$ 为非异实矩阵, 则由迹的交换性可得 $\mathrm{tr}(\boldsymbol{AB}) = \mathrm{tr}(\boldsymbol{C}'\boldsymbol{CB}) = \mathrm{tr}(\boldsymbol{CBC}')$. 由 $\boldsymbol{B}$ 的正定性可知 $\boldsymbol{CBC}'$ 为正定阵, 故 $\mathrm{tr}(\boldsymbol{AB}) = \mathrm{tr}(\boldsymbol{CBC}') > 0$.

再证充分性. 用反证法, 若可逆实对称矩阵 $\boldsymbol{A}$ 不正定, 则存在非异实矩阵 $\boldsymbol{C}$, 使得 $\boldsymbol{A} = \boldsymbol{C}'\,\mathrm{diag}\{\boldsymbol{I}_p, -\boldsymbol{I}_q\}\boldsymbol{C}$, 其中负惯性指数 $q > 0$. 令 $\boldsymbol{B} = \boldsymbol{C}^{-1}\,\mathrm{diag}\{\boldsymbol{I}_p, c\boldsymbol{I}_q\}(\boldsymbol{C}^{-1})'$, 其中正数 $c > p/q$, 则 $\boldsymbol{B}$ 是正定实对称矩阵, 且

$$\mathrm{tr}(\boldsymbol{AB}) = \mathrm{tr}\Big(\boldsymbol{C}'\,\mathrm{diag}\{\boldsymbol{I}_p, -c\boldsymbol{I}_q\}(\boldsymbol{C}')^{-1}\Big) = \mathrm{tr}(\mathrm{diag}\{\boldsymbol{I}_p, -c\boldsymbol{I}_q\}) = p - cq < 0,$$

这与假设矛盾!

(2) 同理可证, 细节留给读者完成. □

例 8.30 设 $\boldsymbol{A}, \boldsymbol{B}$ 都是 n 阶半正定实对称矩阵, 证明: $\boldsymbol{AB} = \boldsymbol{O}$ 的充要条件是 $\mathrm{tr}(\boldsymbol{AB}) = 0$.

证明　必要性显然，下证充分性. 由例 8.26 可设 $\boldsymbol{A}=\boldsymbol{C}'\boldsymbol{C}$, $\boldsymbol{B}=\boldsymbol{D}\boldsymbol{D}'$, 其中 $\boldsymbol{C},\boldsymbol{D}$ 是 n 阶实矩阵, 则由迹的交换性可得

$$0=\mathrm{tr}(\boldsymbol{AB})=\mathrm{tr}(\boldsymbol{C}'\boldsymbol{C}\boldsymbol{D}\boldsymbol{D}')=\mathrm{tr}(\boldsymbol{D}'\boldsymbol{C}'\boldsymbol{C}\boldsymbol{D})=\mathrm{tr}\Big((\boldsymbol{CD})'(\boldsymbol{CD})\Big),$$

再由迹的正定性可知 $\boldsymbol{CD}=\boldsymbol{O}$, 于是 $\boldsymbol{AB}=\boldsymbol{C}'(\boldsymbol{CD})\boldsymbol{D}'=\boldsymbol{O}$. □

§ 8.5　多变元二次型的计算

教材 [1] 介绍了配方法来化简二次型. 事实上, 我们可以根据具体情况选取合适的可逆线性变换来计算实二次型的合同不变量或标准型, 下面是几个典型的例题.

例 8.31　证明: 一个秩大于 1 的实二次型可以分解为两个实系数一次多项式之积的充要条件是它的秩等于 2, 且符号差等于零.

证明　先证必要性. 设秩大于 1 的实二次型

$$f(x_1,x_2,\cdots,x_n)=(a_1x_1+a_2x_2+\cdots+a_nx_n)(b_1x_1+b_2x_2+\cdots+b_nx_n),$$

令

$$y_1=a_1x_1+a_2x_2+\cdots+a_nx_n,\quad y_2=b_1x_1+b_2x_2+\cdots+b_nx_n.$$

如果向量 $(a_1,a_2,\cdots,a_n)$ 和 $(b_1,b_2,\cdots,b_n)$ 线性相关, 则它们的元素成比例, 不妨假设 $(b_1,b_2,\cdots,b_n)=k(a_1,a_2,\cdots,a_n)$, 于是 $f=ky_1^2$, 这与 f 的秩大于 1 相矛盾. 因此向量 $(a_1,a_2,\cdots,a_n)$ 和 $(b_1,b_2,\cdots,b_n)$ 线性无关. 不妨设 $\begin{vmatrix}a_1 & a_2\\ b_1 & b_2\end{vmatrix}\neq 0$, 定义可逆线性变换如下:

$$\begin{cases}y_1=a_1x_1+a_2x_2+\cdots+a_nx_n,\\ y_2=b_1x_1+b_2x_2+\cdots+b_nx_n,\\ y_i=x_i\ (3\leq i\leq n),\end{cases}$$

得到 $f=y_1y_2$. 再令 $y_1=z_1+z_2$, $y_2=z_1-z_2$, $y_i=z_i\,(3\leq i\leq n)$, 可得 $f=z_1^2-z_2^2$, 显然 f 的秩为 2 且符号差为零.

再证充分性. 假设 $f=y_1^2-y_2^2$, 显然有 $f=(y_1+y_2)(y_1-y_2)$, 即 f 可以分解为两个一次多项式之积. □

例 8.32　化下列实二次型为标准型:

$$f(x_1,x_2,\cdots,x_n)=x_1x_2+x_2x_3+\cdots+x_{n-1}x_n.$$

解　令

$$y_i=\frac{1}{2}(x_i+x_{i+1}+x_{i+2}),\quad y_{i+1}=\frac{1}{2}(x_i-x_{i+1}+x_{i+2}),$$

则 $y_i^2-y_{i+1}^2=x_ix_{i+1}+x_{i+1}x_{i+2}$. 因此当 $n=2k$ 时, 令

$$\begin{cases}y_i=\frac{1}{2}(x_i+x_{i+1}+x_{i+2})\ (i=1,3,\cdots,n-3),\\ y_{i+1}=\frac{1}{2}(x_i-x_{i+1}+x_{i+2})\ (i=1,3,\cdots,n-3),\\ y_{n-1}=\frac{1}{2}(x_{n-1}+x_n),\quad y_n=\frac{1}{2}(x_{n-1}-x_n),\end{cases}$$

得到

$$f=y_1^2-y_2^2+y_3^2-y_4^2+\cdots+y_{n-1}^2-y_n^2.$$

当 $n=2k+1$ 时, 令

$$\begin{cases}y_i=\frac{1}{2}(x_i+x_{i+1}+x_{i+2})\ (i=1,3,\cdots,n-2),\\ y_{i+1}=\frac{1}{2}(x_i-x_{i+1}+x_{i+2})\ (i=1,3,\cdots,n-2),\\ y_n=x_n,\end{cases}$$

得到

$$f=y_1^2-y_2^2+y_3^2-y_4^2+\cdots+y_{n-2}^2-y_{n-1}^2.\ \square$$

例 8.33　化下列实二次型为标准型:

$$f(x_1,x_2,\cdots,x_n)=\sum_{i=1}^n x_i^2+\sum_{1\le i<j\le n}x_ix_j.$$

解法 1　用教材 [1] 介绍的配方法可将原式化为

$$\Big(x_1+\frac{1}{2}\sum_{i=2}^n x_i\Big)^2+\frac{3}{4}\Big(x_2+\frac{1}{3}\sum_{i=3}^n x_i\Big)^2+\cdots+\frac{n}{2n-2}\Big(x_{n-1}+\frac{1}{n}x_n\Big)^2+\frac{n+1}{2n}x_n^2.$$

解法 2　将原式配方为

$$f(x_1,x_2,\cdots,x_n)=\frac{1}{2}\sum_{i=1}^n x_i^2+\frac{1}{2}\Big(\sum_{i=1}^n x_i\Big)^2.$$

容易验证对不全为零的实数 $a_1,a_2,\cdots,a_n$, $f(a_1,a_2,\cdots,a_n)>0$, 于是 f 是正定型, 从而其规范标准型为 $y_1^2+y_2^2+\cdots+y_n^2$. $\square$

例 8.34 化下列实二次型为标准型:

$$f(x_1,x_2,\cdots,x_n)=\sum_{i=1}^{n}(x_i-s)^2,\quad s=\frac{1}{n}(x_1+x_2+\cdots+x_n).$$

解 作线性变换: $y_i=x_i-s\,(1\le i\le n-1)$, $y_n=x_n$, 容易验证这是一个可逆线性变换且 $s=y_1+y_2+\cdots+y_n$. 由此可得

$$f=y_1^2+y_2^2+\cdots+y_{n-1}^2+(y_1+y_2+\cdots+y_{n-1})^2,$$

进一步可化为

$$f=2\Big(\sum_{i=1}^{n-1}y_i^2+\sum_{1\le i<j\le n-1}y_iy_j\Big).$$

再由例 8.33 即得

$$f=2z_1^2+\frac{3}{2}z_2^2+\cdots+\frac{n}{n-1}z_{n-1}^2.\ \square$$

例 8.35 化下列实二次型为标准型, 其中 a_i 都是实数:

$$f(x_1,x_2,\cdots,x_n)=(x_1-a_1x_2)^2+(x_2-a_2x_3)^2+\cdots+(x_{n-1}-a_{n-1}x_n)^2+(x_n-a_nx_1)^2.$$

解 令 $y_i=x_i-a_{i+1}x_{i+1}\,(1\le i\le n-1)$, 若 $a_1a_2\cdots a_n\ne 1$, 则令 $y_n=x_n-a_nx_1$; 若 $a_1a_2\cdots a_n=1$, 则令 $y_n=x_n$, 通过计算行列式容易验证上述坐标变换是可逆线性变换. 因此, 当 $a_1a_2\cdots a_n\ne 1$ 时, f 的标准型为 $y_1^2+y_2^2+\cdots+y_n^2$; 当 $a_1a_2\cdots a_n=1$ 时, $f=y_1^2+y_2^2+\cdots+y_{n-1}^2+a_n^2(y_1+a_1y_2+\cdots+a_1\cdots a_{n-2}y_{n-1})^2$, 这是关于 $y_1,y_2,\cdots,y_{n-1}$ 的正定型 (与 y_n 无关), 故 f 的标准型为 $z_1^2+z_2^2+\cdots+z_{n-1}^2$. $\square$

例 8.36 设 $\boldsymbol{X}=(x_{ij})_{n\times n}$ 是 n 阶矩阵变量, $f(\boldsymbol{X})=\mathrm{tr}(\boldsymbol{X}^2)$ 是关于未定元 $x_{ij}\,(1\le i,j\le n)$ 的实二次型, 试求 f 的正负惯性指数.

解 经计算可得 $f=\sum\limits_{i=1}^{n}x_{ii}^2+2\sum\limits_{1\le i<j\le n}x_{ij}x_{ji}$. 作如下可逆线性变换:

$$\begin{cases}x_{ii}=y_{ii}\ (1\le i\le n),\\ x_{ij}=\dfrac{1}{\sqrt{2}}(y_{ij}+y_{ji}),\quad x_{ji}=\dfrac{1}{\sqrt{2}}(y_{ij}-y_{ji})\ (1\le i<j\le n),\end{cases}$$

可得 $f=\sum\limits_{i=1}^{n}y_{ii}^2+\sum\limits_{1\le i<j\le n}(y_{ij}^2-y_{ji}^2)$, 因此 f 的正惯性指数为 $\dfrac{1}{2}n(n+1)$, 负惯性指数为 $\dfrac{1}{2}n(n-1)$. $\square$

注　由例 3.48 可知 $M_n(\mathbb{R}) = V_1 \oplus V_2$, 其中 V_1 是 n 阶实对称矩阵构成的子空间, V_2 是 n 阶实反对称矩阵构成的子空间. 对任意的 $\boldsymbol{X} \in V_1$, $\boldsymbol{Y} \in V_2$, 我们有 $f(\boldsymbol{X}) = \operatorname{tr}(\boldsymbol{X}^2) = \operatorname{tr}(\boldsymbol{X}\boldsymbol{X}') \geq 0$, 等号成立当且仅当 $\boldsymbol{X} = \boldsymbol{O}$; $f(\boldsymbol{Y}) = \operatorname{tr}(\boldsymbol{Y}^2) = -\operatorname{tr}(\boldsymbol{Y}\boldsymbol{Y}') \leq 0$, 等号成立当且仅当 $\boldsymbol{Y} = \boldsymbol{O}$; $\operatorname{tr}(\boldsymbol{X}\boldsymbol{Y}) = \operatorname{tr}\left((\boldsymbol{X}\boldsymbol{Y})'\right) = \operatorname{tr}(\boldsymbol{Y}'\boldsymbol{X}') = -\operatorname{tr}(\boldsymbol{Y}\boldsymbol{X}) = -\operatorname{tr}(\boldsymbol{X}\boldsymbol{Y})$, 即有 $\operatorname{tr}(\boldsymbol{X}\boldsymbol{Y}) = \operatorname{tr}(\boldsymbol{Y}\boldsymbol{X}) = 0$, 因此

$$\begin{aligned} f(\boldsymbol{X}+\boldsymbol{Y}) &= \operatorname{tr}\left((\boldsymbol{X}+\boldsymbol{Y})^2\right) = \operatorname{tr}(\boldsymbol{X}^2) + \operatorname{tr}(\boldsymbol{X}\boldsymbol{Y}) + \operatorname{tr}(\boldsymbol{Y}\boldsymbol{X}) + \operatorname{tr}(\boldsymbol{Y}^2) \\ &= \operatorname{tr}(\boldsymbol{X}\boldsymbol{X}') - \operatorname{tr}(\boldsymbol{Y}\boldsymbol{Y}'). \end{aligned}$$

因为 $\dim V_1 = \dfrac{1}{2}n(n+1)$, $\dim V_2 = \dfrac{1}{2}n(n-1)$, 故上述等式给出例 8.36 的几何解释.

下面的例子告诉我们: 如果坐标变换不一定是可逆线性变换, 那么实二次型的正负惯性指数会相应地变小或相等.

例 8.37　设实二次型

$$f(x_1, x_2, \cdots, x_n) = y_1^2 + \cdots + y_k^2 - y_{k+1}^2 - \cdots - y_{k+s}^2,$$

其中 $y_i = a_{i1}x_1 + a_{i2}x_2 + \cdots + a_{in}x_n \ (1 \leq i \leq k+s)$, 求证: f 的正惯性指数 $p \leq k$, 负惯性指数 $q \leq s$.

证明　假设经过可逆线性变换 $\boldsymbol{x} = \boldsymbol{C}\boldsymbol{z}$ 后 f 变为规范标准型:

$$f(x_1, x_2, \cdots, x_n) = z_1^2 + \cdots + z_p^2 - z_{p+1}^2 - \cdots - z_{p+q}^2.$$

于是有

$$y_1^2 + \cdots + y_k^2 - y_{k+1}^2 - \cdots - y_{k+s}^2 = z_1^2 + \cdots + z_p^2 - z_{p+1}^2 - \cdots - z_{p+q}^2. \tag{8.3}$$

若 $p > k$, 作线性方程组

$$\begin{cases} y_i = 0 \ (1 \leq i \leq k), \\ z_j = 0 \ (p+1 \leq j \leq n), \end{cases}$$

这是一个未知数个数 (以 $x_1, x_2, \cdots, x_n$ 为未知数) 超过方程式个数 $(n-(p-k))$ 的齐次线性方程组, 故必有非零解 $\boldsymbol{x} = \boldsymbol{\alpha}$. 将 $\boldsymbol{x} = \boldsymbol{\alpha}$ 代入 (8.3) 式, 其左边小于等于零, 而其右边大于等于零, 于是只能等于零. 又从 $z_1^2 + \cdots + z_p^2 = 0$ 推出 $z_1 = \cdots = z_p = 0$, 这表明 $\boldsymbol{\alpha} = \boldsymbol{C}\boldsymbol{z} = \boldsymbol{0}$, 这与 $\boldsymbol{\alpha}$ 非零相矛盾, 因此 $p \leq k$. 同理可证 $q \leq s$. □

例 8.38　设 $\boldsymbol{A}$ 为 m 阶实对称矩阵, $\boldsymbol{C}$ 为 $m \times n$ 实矩阵, 证明: $\boldsymbol{C}'\boldsymbol{A}\boldsymbol{C}$ 的正惯性指数小于等于 $\boldsymbol{A}$ 的正惯性指数; $\boldsymbol{C}'\boldsymbol{A}\boldsymbol{C}$ 的负惯性指数小于等于 $\boldsymbol{A}$ 的负惯性指数.

证明　由于正负惯性指数是合同不变量, 故不妨假设 $\boldsymbol{A} = \mathrm{diag}\{\boldsymbol{I}_k, -\boldsymbol{I}_s, \boldsymbol{O}\}$ 是合同标准型, 其中 k, s 分别是 $\boldsymbol{A}$ 的正负惯性指数. 设 $\boldsymbol{x} = (x_1, x_2, \cdots, x_n)'$, $f(\boldsymbol{x}) = \boldsymbol{x}'\boldsymbol{C}'\boldsymbol{A}\boldsymbol{C}\boldsymbol{x}$ 是相伴于 $\boldsymbol{C}'\boldsymbol{A}\boldsymbol{C}$ 的二次型, $\boldsymbol{C} = (a_{ij})_{m\times n}$, $\boldsymbol{y} = (y_1, y_2, \cdots, y_m)' = \boldsymbol{C}\boldsymbol{x}$, 即 $y_i = a_{i1}x_1 + a_{i2}x_2 + \cdots + a_{in}x_n\,(1 \le i \le m)$, 则

$$f(\boldsymbol{x}) = (\boldsymbol{C}\boldsymbol{x})'\boldsymbol{A}(\boldsymbol{C}\boldsymbol{x}) = \boldsymbol{y}'\boldsymbol{A}\boldsymbol{y} = y_1^2 + \cdots + y_k^2 - y_{k+1}^2 - \cdots - y_{k+s}^2.$$

由例 8.37 可知, $f(\boldsymbol{x})$ 的正惯性指数 $p \le k$, 负惯性指数 $q \le s$, 结论得证. □

例 8.39　设 $\boldsymbol{A}, \boldsymbol{B}$ 为 n 阶实对称矩阵, 并用 $p(\boldsymbol{A}), q(\boldsymbol{A})$ 分别表示 $\boldsymbol{A}$ 的正负惯性指数. 求证: $p(\boldsymbol{A}+\boldsymbol{B}) \le p(\boldsymbol{A}) + p(\boldsymbol{B})$, $q(\boldsymbol{A}+\boldsymbol{B}) \le q(\boldsymbol{A}) + q(\boldsymbol{B})$.

证明　考虑如下分块矩阵的乘积:

$$\begin{pmatrix} \boldsymbol{I}_n & \boldsymbol{I}_n \end{pmatrix} \begin{pmatrix} \boldsymbol{A} & \boldsymbol{O} \\ \boldsymbol{O} & \boldsymbol{B} \end{pmatrix} \begin{pmatrix} \boldsymbol{I}_n \\ \boldsymbol{I}_n \end{pmatrix} = \boldsymbol{A} + \boldsymbol{B},$$

由例 8.6 和例 8.38 可得 $p(\boldsymbol{A}+\boldsymbol{B}) \le p\begin{pmatrix} \boldsymbol{A} & \boldsymbol{O} \\ \boldsymbol{O} & \boldsymbol{B} \end{pmatrix} = p(\boldsymbol{A}) + p(\boldsymbol{B})$, $q(\boldsymbol{A}+\boldsymbol{B}) \le q\begin{pmatrix} \boldsymbol{A} & \boldsymbol{O} \\ \boldsymbol{O} & \boldsymbol{B} \end{pmatrix} = q(\boldsymbol{A}) + q(\boldsymbol{B})$. □

§ 8.6　矩阵与二次型

二次型 (Hermite 型) 与对称矩阵 (Hermite 矩阵) 之间有着一一对应的关系, 这种关系既可以使我们用矩阵方法来讨论二次型 (Hermite 型) 问题, 也可以用二次型 (Hermite 型) 方法来讨论矩阵问题. 这是二次型 (Hermite 型) 理论与矩阵理论中最常用的方法之一.

1. 用矩阵方法来讨论二次型问题

例 8.40　设 $\boldsymbol{A}$ 是 n 阶正定实对称矩阵, 求证: 函数 $f(\boldsymbol{x}) = \boldsymbol{x}'\boldsymbol{A}\boldsymbol{x} + 2\boldsymbol{\beta}'\boldsymbol{x} + c$ 的极小值等于 $c - \boldsymbol{\beta}'\boldsymbol{A}^{-1}\boldsymbol{\beta}$, 其中 $\boldsymbol{\beta} = (b_1, \cdots, b_n)'$, b_i 和 c 都是实数.

证明　注意到

$$f(\boldsymbol{x}) = (\boldsymbol{x}' \quad 1)\begin{pmatrix} \boldsymbol{A} & \boldsymbol{\beta} \\ \boldsymbol{\beta}' & c \end{pmatrix}\begin{pmatrix} \boldsymbol{x} \\ 1 \end{pmatrix},$$

因为 $\boldsymbol{A}$ 可逆, 故可作如下对称分块初等变换:

$$\begin{pmatrix} \boldsymbol{I}_n & \boldsymbol{O} \\ -\boldsymbol{\beta}'\boldsymbol{A}^{-1} & 1 \end{pmatrix} \begin{pmatrix} \boldsymbol{A} & \boldsymbol{\beta} \\ \boldsymbol{\beta}' & c \end{pmatrix} \begin{pmatrix} \boldsymbol{I}_n & -\boldsymbol{A}^{-1}\boldsymbol{\beta} \\ \boldsymbol{O} & 1 \end{pmatrix} = \begin{pmatrix} \boldsymbol{A} & \boldsymbol{O} \\ \boldsymbol{O} & c-\boldsymbol{\beta}'\boldsymbol{A}^{-1}\boldsymbol{\beta} \end{pmatrix}.$$

由 $\begin{pmatrix} \boldsymbol{x} \\ 1 \end{pmatrix} = \begin{pmatrix} \boldsymbol{I}_n & -\boldsymbol{A}^{-1}\boldsymbol{\beta} \\ \boldsymbol{O} & 1 \end{pmatrix} \begin{pmatrix} \boldsymbol{y} \\ 1 \end{pmatrix}$ 可解出 $\boldsymbol{y} = \boldsymbol{x} + \boldsymbol{A}^{-1}\boldsymbol{\beta}$, 于是

$$f(\boldsymbol{x}) = (\boldsymbol{y}' \ \ 1) \begin{pmatrix} \boldsymbol{A} & \boldsymbol{O} \\ \boldsymbol{O} & c-\boldsymbol{\beta}'\boldsymbol{A}^{-1}\boldsymbol{\beta} \end{pmatrix} \begin{pmatrix} \boldsymbol{y} \\ 1 \end{pmatrix} = \boldsymbol{y}'\boldsymbol{A}\boldsymbol{y} + c - \boldsymbol{\beta}'\boldsymbol{A}^{-1}\boldsymbol{\beta} \geq c - \boldsymbol{\beta}'\boldsymbol{A}^{-1}\boldsymbol{\beta}.$$

因此, 当 $\boldsymbol{x} = -\boldsymbol{A}^{-1}\boldsymbol{\beta}$ 时, $f(\boldsymbol{x})$ 取到极小值 $c - \boldsymbol{\beta}'\boldsymbol{A}^{-1}\boldsymbol{\beta}$. □

例 8.32 化下列实二次型为标准型:

$$f(x_1, x_2, \cdots, x_n) = x_1x_2 + x_2x_3 + \cdots + x_{n-1}x_n.$$

解法 2 为了方便起见, 不妨考虑 $2f(x_1, x_2, \cdots, x_n)$ 的系数矩阵

$$\boldsymbol{A} = \begin{pmatrix} 0 & 1 & & & \\ 1 & 0 & 1 & & \\ & 1 & \ddots & \ddots & \\ & & \ddots & \ddots & 1 \\ & & & 1 & 0 \end{pmatrix}.$$

记 $\boldsymbol{S}_n = \boldsymbol{A}\,(n \geq 2)$, $\boldsymbol{S}_1$ 为一阶零矩阵, $\boldsymbol{C}$ 为 $2 \times (n-2)$ 矩阵, 其中第 $(2,1)$ 元素为 1, 其他元素为 0. 对 $\boldsymbol{S}_n$ 进行如下分块, 并利用非异阵 $\boldsymbol{S}_2$ 对称地消去同行同列的矩阵 $\boldsymbol{C}, \boldsymbol{C}'$, 经计算可知 $\boldsymbol{C}'\boldsymbol{S}_2^{-1}\boldsymbol{C} = \boldsymbol{C}'\boldsymbol{S}_2\boldsymbol{C} = \boldsymbol{O}$, 故 $\boldsymbol{S}_n$ 合同于下列分块对角矩阵:

$$\boldsymbol{S}_n = \begin{pmatrix} \boldsymbol{S}_2 & \boldsymbol{C} \\ \boldsymbol{C}' & \boldsymbol{S}_{n-2} \end{pmatrix} \to \begin{pmatrix} \boldsymbol{S}_2 & \boldsymbol{O} \\ \boldsymbol{O} & \boldsymbol{S}_{n-2} - \boldsymbol{C}'\boldsymbol{S}_2^{-1}\boldsymbol{C} \end{pmatrix} \to \begin{pmatrix} \boldsymbol{S}_2 & \boldsymbol{O} \\ \boldsymbol{O} & \boldsymbol{S}_{n-2} \end{pmatrix}.$$

因此, 当 $n = 2k$ 时, $\boldsymbol{A}$ 合同于 $\mathrm{diag}\{\boldsymbol{S}_2, \cdots, \boldsymbol{S}_2\}$, 其中有 k 个 $\boldsymbol{S}_2$; 当 $n = 2k+1$ 时, $\boldsymbol{A}$ 合同于 $\mathrm{diag}\{\boldsymbol{S}_2, \cdots, \boldsymbol{S}_2, \boldsymbol{S}_1\}$, 其中有 k 个 $\boldsymbol{S}_2$. 注意到 $\boldsymbol{S}_2$ 合同于 $\mathrm{diag}\{1, -1\}$, 故当 $n = 2k$ 时, f 的规范标准型为 $y_1^2 - y_2^2 + \cdots + y_{n-1}^2 - y_n^2$; 当 $n = 2k+1$ 时, f 的规范标准型为 $y_1^2 - y_2^2 + \cdots + y_{n-2}^2 - y_{n-1}^2$. □

例 8.33 化下列实二次型为标准型:

$$f(x_1, x_2, \cdots, x_n) = \sum_{i=1}^{n} x_i^2 + \sum_{1 \leq i < j \leq n} x_i x_j.$$

解法 3　为了方便起见, 不妨考虑 $2f(x_1,x_2,\cdots,x_n)$ 的系数矩阵

$$\boldsymbol{A}=\begin{pmatrix}2&1&1&\cdots&1\\1&2&1&\cdots&1\\1&1&2&\cdots&1\\\vdots&\vdots&\vdots&&\vdots\\1&1&1&\cdots&2\end{pmatrix}.$$

注意到 $\boldsymbol{A}$ 的第 k 个顺序主子式 $|\boldsymbol{A}_k|$ 的每行元素之和都为 $k+1$, 故用求和法可求出 $|\boldsymbol{A}_k|=k+1\,(1\leq k\leq n)$, 于是 $\boldsymbol{A}$ 为正定阵. 因此 $f(x_1,x_2,\cdots,x_n)$ 为正定型, 其规范标准型为 $y_1^2+y_2^2+\cdots+y_n^2$. □

例 8.41　设实二次型

$$f(x_1,x_2,\cdots,x_n)=\sum_{i=1}^{k}(a_{i1}x_1+a_{i2}x_2+\cdots+a_{in}x_n)^2,$$

其中 a_{ij} 都是实数, 求证 f 是半正定型且 f 的秩等于下列矩阵的秩:

$$\boldsymbol{A}=\begin{pmatrix}a_{11}&a_{12}&\cdots&a_{1n}\\a_{21}&a_{22}&\cdots&a_{2n}\\\vdots&\vdots&&\vdots\\a_{k1}&a_{k2}&\cdots&a_{kn}\end{pmatrix}.$$

证明　f 的半正定性由定义即得. 注意到 $f(\boldsymbol{x})=(\boldsymbol{A}\boldsymbol{x})'(\boldsymbol{A}\boldsymbol{x})=\boldsymbol{x}'(\boldsymbol{A}'\boldsymbol{A})\boldsymbol{x}$, 故 f 的相伴矩阵为 $\boldsymbol{A}'\boldsymbol{A}$, 于是由例 3.76 可知, $\mathrm{r}(f)=\mathrm{r}(\boldsymbol{A}'\boldsymbol{A})=\mathrm{r}(\boldsymbol{A})$. □

例 8.34　化下列实二次型为标准型:

$$f(x_1,x_2,\cdots,x_n)=\sum_{i=1}^{n}(x_i-s)^2,\quad s=\frac{1}{n}(x_1+x_2+\cdots+x_n).$$

解法 2　令 $y_i=x_i-s\,(1\leq i\leq n)$, 用矩阵表示就是 $\boldsymbol{y}=\boldsymbol{A}\boldsymbol{x}$, 其中

$$\boldsymbol{A}=\begin{pmatrix}\frac{n-1}{n}&-\frac{1}{n}&\cdots&-\frac{1}{n}\\-\frac{1}{n}&\frac{n-1}{n}&\cdots&-\frac{1}{n}\\\vdots&\vdots&&\vdots\\-\frac{1}{n}&-\frac{1}{n}&\cdots&\frac{n-1}{n}\end{pmatrix}.$$

注意到 $\boldsymbol{A}$ 的第 k 个顺序主子式 $|\boldsymbol{A}_k|$ 的每行元素之和都为 $(n-k)/n$, 故用求和法可求出 $|\boldsymbol{A}_k|=(n-k)/n\,(1\le k\le n)$, 因此 $\boldsymbol{A}$ 的秩等于 $n-1$. 由例 8.41 可知 $\mathrm{r}(f)=\mathrm{r}(\boldsymbol{A})=n-1$, 于是半正定型 f 的正惯性指数等于 $n-1$, 其规范标准型为 $z_1^2+z_2^2+\cdots+z_{n-1}^2$. □

例 8.35 化下列实二次型为标准型, 其中 a_i 都是实数:

$$f(x_1,x_2,\cdots,x_n)=(x_1-a_1x_2)^2+(x_2-a_2x_3)^2+\cdots+(x_{n-1}-a_{n-1}x_n)^2+(x_n-a_nx_1)^2.$$

解法 2 令 $y_i=x_i-a_ix_{i+1}\,(1\le i\le n-1)$, $y_n=x_n-a_nx_1$, 用矩阵表示就是 $\boldsymbol{y}=\boldsymbol{A}\boldsymbol{x}$, 其中

$$\boldsymbol{A}=\begin{pmatrix}1 & -a_1 & & & \\ & 1 & -a_2 & & \\ & & 1 & \ddots & \\ & & & \ddots & -a_{n-1}\\ -a_n & & & & 1\end{pmatrix}.$$

经计算可知 $|\boldsymbol{A}|=1-a_1a_2\cdots a_n$ 并且 $\boldsymbol{A}$ 的左上角的 $n-1$ 阶子式等于 1, 于是由例 8.41 可知, 当 $a_1a_2\cdots a_n=1$ 时, $\mathrm{r}(f)=\mathrm{r}(\boldsymbol{A})=n-1$, f 的规范标准型为 $z_1^2+z_2^2+\cdots+z_{n-1}^2$; 当 $a_1a_2\cdots a_n\ne 1$ 时, $\mathrm{r}(f)=\mathrm{r}(\boldsymbol{A})=n$, f 的规范标准型为 $z_1^2+z_2^2+\cdots+z_n^2$. □

例 8.13 给出了通过计算二次型系数矩阵的顺序主子式来求标准型的方法, 我们来看下面的例题.

例 8.42 求下列实二次型的标准型:

(1) $f(x_1,x_2,\cdots,x_n)=\sum\limits_{i,j=1}^n\max\{i,j\}x_ix_j$;

(2) $f(x_1,x_2,\cdots,x_n)=\sum\limits_{i,j=1}^n|i-j|x_ix_j$.

解 (1) f 的系数矩阵是 $\boldsymbol{A}=(a_{ij})$, 其中 $a_{ij}=\max\{i,j\}$. 由第 1 章解答题 13 可知, $\boldsymbol{A}$ 的第 k 个顺序主子式 $|\boldsymbol{A}_k|=(-1)^{k-1}k\,(1\le k\le n)$, 再由例 8.13 可知, f 的规范标准型为 $y_1^2-y_2^2-\cdots-y_n^2$.

(2) f 的系数矩阵是 $\boldsymbol{A}=(a_{ij})$, 其中 $a_{ij}=|i-j|$. 由于 $a_{11}=0$, 故先做对称初等变换: 将 $\boldsymbol{A}$ 的第二行加到第一行上, 再将第二列加到第一列上, 得到的矩阵记为 $\boldsymbol{B}=(b_{ij})$, 其中 $b_{11}=2$, 即 $|\boldsymbol{B}_1|=2$. 由于第三类初等变换不改变行列式的值, 故由第 1 章解答题 14 可知, $\boldsymbol{B}$ 的第 k 个顺序主子式 $|\boldsymbol{B}_k|=(-1)^{k-1}(k-1)2^{k-2}\,(2\le k\le n)$, 再由例 8.13 可知, f 的规范标准型为 $y_1^2-y_2^2-\cdots-y_n^2$. □

2. 用二次型方法来讨论矩阵问题

例 8.43 设 $\boldsymbol{A}=(a_{ij})$, $\boldsymbol{B}=(b_{ij})$ 都是 n 阶正定实对称矩阵, 求证: $\boldsymbol{A},\boldsymbol{B}$ 的 Hadamard 乘积 $\boldsymbol{H}=\boldsymbol{A}\circ\boldsymbol{B}=(a_{ij}b_{ij})$ 也是正定阵.

证明　因为 $\boldsymbol{B}$ 是正定阵, 故由例 8.26 可知, 存在可逆实矩阵 $\boldsymbol{C}$, 使得 $\boldsymbol{B}=\boldsymbol{C}'\boldsymbol{C}$. 设 $\boldsymbol{C}=(c_{ij})$, 则 $b_{ij}=\sum\limits_{k=1}^{n}c_{ki}c_{kj}$. 作二次型

$$\begin{aligned}f(\boldsymbol{x})=\boldsymbol{x}'\boldsymbol{H}\boldsymbol{x}&=\sum_{i,j=1}^{n}a_{ij}b_{ij}x_ix_j=\sum_{i,j=1}^{n}\Big(\sum_{k=1}^{n}a_{ij}(c_{ki}c_{kj})x_ix_j\Big)\\&=\sum_{k=1}^{n}\Big(\sum_{i,j=1}^{n}a_{ij}(c_{ki}x_i)(c_{kj}x_j)\Big)=\sum_{k=1}^{n}\boldsymbol{y}_k'\boldsymbol{A}\boldsymbol{y}_k,\end{aligned}$$

其中 $\boldsymbol{y}_k=(c_{k1}x_1,c_{k2}x_2,\cdots,c_{kn}x_n)'$. 因为 $\boldsymbol{C}$ 可逆, 所以当 $\boldsymbol{x}\neq\boldsymbol{0}$ 时, 至少有一个 $\boldsymbol{y}_k\neq\boldsymbol{0}$, 因此由 $\boldsymbol{A}$ 的正定性可得 $f(\boldsymbol{x})>0$, 于是 f 是正定型, 从而 $\boldsymbol{H}$ 是正定阵. □

例 8.44 设 $\boldsymbol{A}$ 是 n 阶可逆实对称矩阵, $\boldsymbol{S}$ 是 n 阶实反对称矩阵且 $\boldsymbol{AS}=\boldsymbol{SA}$, 求证: $\boldsymbol{A}+\boldsymbol{S}$ 是可逆矩阵.

证法 1　对任一 n 维非零实列向量 $\boldsymbol{\alpha}$, 我们有

$$\begin{aligned}\boldsymbol{\alpha}'(\boldsymbol{A}+\boldsymbol{S})'(\boldsymbol{A}+\boldsymbol{S})\boldsymbol{\alpha}&=\boldsymbol{\alpha}'(\boldsymbol{A}'\boldsymbol{A}+\boldsymbol{A}'\boldsymbol{S}+\boldsymbol{S}'\boldsymbol{A}+\boldsymbol{S}'\boldsymbol{S})\boldsymbol{\alpha}\\&=\boldsymbol{\alpha}'(\boldsymbol{A}'\boldsymbol{A})\boldsymbol{\alpha}+\boldsymbol{\alpha}'(\boldsymbol{A}'\boldsymbol{S}+\boldsymbol{S}'\boldsymbol{A})\boldsymbol{\alpha}+\boldsymbol{\alpha}'(\boldsymbol{S}'\boldsymbol{S})\boldsymbol{\alpha}.\end{aligned}$$

由于 $\boldsymbol{A}'\boldsymbol{S}+\boldsymbol{S}'\boldsymbol{A}=\boldsymbol{AS}-\boldsymbol{SA}=\boldsymbol{O}$, 故上式等于 $\boldsymbol{\alpha}'(\boldsymbol{A}'\boldsymbol{A})\boldsymbol{\alpha}+\boldsymbol{\alpha}'(\boldsymbol{S}'\boldsymbol{S})\boldsymbol{\alpha}$. 由例 8.26 可知, $\boldsymbol{A}'\boldsymbol{A}$ 是正定阵, $\boldsymbol{S}'\boldsymbol{S}$ 是半正定阵, 所以上式总大于零, 即 $(\boldsymbol{A}+\boldsymbol{S})'(\boldsymbol{A}+\boldsymbol{S})$ 是正定阵, 于是 $|\boldsymbol{A}+\boldsymbol{S}|^2>0$, 从而 $\boldsymbol{A}+\boldsymbol{S}$ 是可逆矩阵.

证法 2　由于 $\boldsymbol{A}+\boldsymbol{S}=\boldsymbol{A}(\boldsymbol{I}_n+\boldsymbol{A}^{-1}\boldsymbol{S})$, 故只要证明 $\boldsymbol{I}_n+\boldsymbol{A}^{-1}\boldsymbol{S}$ 可逆即可. 由 $\boldsymbol{AS}=\boldsymbol{SA}$ 可知 $\boldsymbol{A}^{-1}\boldsymbol{S}=\boldsymbol{S}\boldsymbol{A}^{-1}$, 于是

$$(\boldsymbol{A}^{-1}\boldsymbol{S})'=\boldsymbol{S}'(\boldsymbol{A}^{-1})'=\boldsymbol{S}'(\boldsymbol{A}')^{-1}=-\boldsymbol{S}\boldsymbol{A}^{-1}=-\boldsymbol{A}^{-1}\boldsymbol{S},$$

即 $\boldsymbol{A}^{-1}\boldsymbol{S}$ 是实反对称矩阵, 最后由例 3.82 即得结论. □

§ 8.7 正定型与正定阵

正定型与正定阵是本章最重要的内容之一, 它们的判定及其应用也是高等代数中的难点之一. 另外, 读者还可以在一些后续专业课程中看到正定型与正定阵的诸多应用. 首先, 我们将正定阵 (正定型类似) 相关的判定准则列举如下.

设 $\boldsymbol{A}$ 是 n 阶实对称矩阵, 则 $\boldsymbol{A}$ 是正定阵的充要条件是以下条件之一:

(1) $\boldsymbol{A}$ 合同于单位矩阵 $\boldsymbol{I}_n$ (参考 §§ 8.1.3 定理 4);

(2) 存在非异实矩阵 $\boldsymbol{C}$, 使得 $\boldsymbol{A}=\boldsymbol{C}'\boldsymbol{C}$ (参考例 8.26 (1));

(3) $\boldsymbol{A}$ 的 n 个顺序主子式全大于零 (参考 §§ 8.1.3 定理 5);

(4) $\boldsymbol{A}$ 的所有主子式全大于零 (参考例 8.4);

(5) $\boldsymbol{A}$ 的所有特征值全大于零 (参考 § 9.7 的第 2 部分).

我们先来看判定准则 (1) 的一个重要应用.

例 8.45 设 $\boldsymbol{A}$ 是 n 阶正定实对称矩阵, $\boldsymbol{S}$ 是 n 阶实反对称矩阵, 求证:

(1) $|\boldsymbol{A}+\boldsymbol{S}|\geq|\boldsymbol{A}|+|\boldsymbol{S}|$, 且等号成立当且仅当 $n\leq 2$ 或当 $n\geq 3$ 时, $\boldsymbol{S}=\boldsymbol{O}$.

(2) $|\boldsymbol{A}+\boldsymbol{S}|\geq|\boldsymbol{A}|$, 且等号成立当且仅当 $\boldsymbol{S}=\boldsymbol{O}$.

证明 设 $\boldsymbol{C}$ 为非异实矩阵, 使得 $\boldsymbol{C}'\boldsymbol{A}\boldsymbol{C}=\boldsymbol{I}_n$. 注意到问题的条件和结论在同时合同变换 $\boldsymbol{A}\mapsto\boldsymbol{C}'\boldsymbol{A}\boldsymbol{C}$, $\boldsymbol{S}\mapsto\boldsymbol{C}'\boldsymbol{S}\boldsymbol{C}$ 下不改变, 故不妨从一开始就假设 $\boldsymbol{A}=\boldsymbol{I}_n$ 为合同标准型, 从而由例 8.18 即得结论. □

例 8.27、例 8.28 和例 8.29 都是判定准则 (2) 的应用, 下面我们再来看两个例题.

例 8.46 设 $\boldsymbol{A},\boldsymbol{B}$ 都是 n 阶正定实对称矩阵, c 是正实数, 求证:

(1) $\boldsymbol{A}^{-1}$, $\boldsymbol{A}^*$, $\boldsymbol{A}+\boldsymbol{B}$, $c\boldsymbol{A}$ 都是正定阵;

(2) 若 $\boldsymbol{D}$ 是非异实矩阵, 则 $\boldsymbol{D}'\boldsymbol{A}\boldsymbol{D}$ 是正定阵;

(3) 若 $\boldsymbol{A}-\boldsymbol{B}$ 是正定阵, 则 $\boldsymbol{B}^{-1}-\boldsymbol{A}^{-1}$ 也是正定阵.

证明 (1) 由已知存在非异实矩阵 $\boldsymbol{C}$, 使得 $\boldsymbol{A}=\boldsymbol{C}'\boldsymbol{C}$, 从而 $\boldsymbol{A}^{-1}=(\boldsymbol{C}'\boldsymbol{C})^{-1}=\boldsymbol{C}^{-1}(\boldsymbol{C}')^{-1}=\boldsymbol{C}^{-1}(\boldsymbol{C}^{-1})'$, 故 $\boldsymbol{A}^{-1}$ 是正定阵. 又 $\boldsymbol{A}^*=(\boldsymbol{C}'\boldsymbol{C})^*=\boldsymbol{C}^*(\boldsymbol{C}')^*=\boldsymbol{C}^*(\boldsymbol{C}^*)'$, 故 $\boldsymbol{A}^*$ 是正定阵. 对任一非零实列向量 $\boldsymbol{\alpha}$, $\boldsymbol{\alpha}'(\boldsymbol{A}+\boldsymbol{B})\boldsymbol{\alpha}=\boldsymbol{\alpha}'\boldsymbol{A}\boldsymbol{\alpha}+\boldsymbol{\alpha}'\boldsymbol{B}\boldsymbol{\alpha}>0$, 从而 $\boldsymbol{A}+\boldsymbol{B}$ 是正定阵. 注意到, 若 $\boldsymbol{A}$ 是正定阵, 即使 $\boldsymbol{B}$ 只是半正定阵, 通过上述方法也能推出 $\boldsymbol{A}+\boldsymbol{B}$ 是正定阵. 同理可证 $c\boldsymbol{A}$ 也是正定阵.

(2) 由 (1) 相同的记号可得 $\boldsymbol{D}'\boldsymbol{A}\boldsymbol{D}=\boldsymbol{D}'\boldsymbol{C}'\boldsymbol{C}\boldsymbol{D}=(\boldsymbol{C}\boldsymbol{D})'(\boldsymbol{C}\boldsymbol{D})$, 因为 $\boldsymbol{C}\boldsymbol{D}$ 是可逆矩阵, 故 $\boldsymbol{D}'\boldsymbol{A}\boldsymbol{D}$ 是正定阵.

(3) 由例 2.26 可知 $\boldsymbol{B}^{-1}-\boldsymbol{A}^{-1}=\big(\boldsymbol{B}+\boldsymbol{B}(\boldsymbol{A}-\boldsymbol{B})^{-1}\boldsymbol{B}\big)^{-1}$, 再由 (1) 和 (2) 即得 $\boldsymbol{B}^{-1}-\boldsymbol{A}^{-1}$ 是正定阵. □

例 8.47 设 $\boldsymbol{A}$ 为 n 阶正定实对称矩阵, n 维实列向量 $\boldsymbol{\alpha},\boldsymbol{\beta}$ 满足 $\boldsymbol{\alpha}'\boldsymbol{\beta}>0$, 求证: $\boldsymbol{H}=\boldsymbol{A}-\dfrac{\boldsymbol{A}\boldsymbol{\beta}\boldsymbol{\beta}'\boldsymbol{A}}{\boldsymbol{\beta}'\boldsymbol{A}\boldsymbol{\beta}}+\dfrac{\boldsymbol{\alpha}\boldsymbol{\alpha}'}{\boldsymbol{\alpha}'\boldsymbol{\beta}}$ 是正定阵.

证明　根据定义只要证明对任一实列向量 $\boldsymbol{x}$, 均有 $\boldsymbol{x}'\boldsymbol{H}\boldsymbol{x}\geq 0$, 且等号成立当且仅当 $\boldsymbol{x}=\boldsymbol{0}$ 即可. 一方面, 由 $\boldsymbol{\alpha}'\boldsymbol{\beta}>0$ 可知, $\dfrac{\boldsymbol{x}'(\boldsymbol{\alpha}\boldsymbol{\alpha}')\boldsymbol{x}}{\boldsymbol{\alpha}'\boldsymbol{\beta}}=\dfrac{(\boldsymbol{\alpha}'\boldsymbol{x})^2}{\boldsymbol{\alpha}'\boldsymbol{\beta}}\geq 0$, 等号成立当且仅当 $\boldsymbol{\alpha}'\boldsymbol{x}=0$. 另一方面, 由 $\boldsymbol{A}$ 正定可知, 存在非异实矩阵 $\boldsymbol{C}$, 使得 $\boldsymbol{A}=\boldsymbol{C}'\boldsymbol{C}$. 设 $\boldsymbol{C}\boldsymbol{\beta}=(b_1,b_2,\cdots,b_n)'$, $\boldsymbol{C}\boldsymbol{x}=(x_1,x_2,\cdots,x_n)'$, 则由 Cauchy-Schwarz 不等式可知

$$\boldsymbol{x}'\boldsymbol{A}\boldsymbol{x}-\frac{\boldsymbol{x}'\boldsymbol{A}\boldsymbol{\beta}\boldsymbol{\beta}'\boldsymbol{A}\boldsymbol{x}}{\boldsymbol{\beta}'\boldsymbol{A}\boldsymbol{\beta}}=(\boldsymbol{C}\boldsymbol{x})'(\boldsymbol{C}\boldsymbol{x})-\frac{(\boldsymbol{C}\boldsymbol{x})'(\boldsymbol{C}\boldsymbol{\beta})(\boldsymbol{C}\boldsymbol{\beta})'(\boldsymbol{C}\boldsymbol{x})}{(\boldsymbol{C}\boldsymbol{\beta})'(\boldsymbol{C}\boldsymbol{\beta})}$$

$$=\Big(\sum_{i=1}^n b_i^2\Big)^{-1}\Big(\Big(\sum_{i=1}^n b_i^2\Big)\Big(\sum_{i=1}^n x_i^2\Big)-\Big(\sum_{i=1}^n b_ix_i\Big)^2\Big)\geq 0,$$

等号成立当且仅当 b_i 与 x_i 成比例, 即存在实数 k, 使得 $\boldsymbol{C}\boldsymbol{x}=k\boldsymbol{C}\boldsymbol{\beta}$, 即 $\boldsymbol{x}=k\boldsymbol{\beta}$. 由上述计算可得 $\boldsymbol{x}'\boldsymbol{H}\boldsymbol{x}\geq 0$, 且等号成立当且仅当 $\boldsymbol{\alpha}'\boldsymbol{x}=0$ 且 $\boldsymbol{x}=k\boldsymbol{\beta}$, 再由 $\boldsymbol{\alpha}'\boldsymbol{\beta}>0$ 可得 $k=0$, 从而 $\boldsymbol{x}=\boldsymbol{0}$, 结论得证. □

通过计算实对称矩阵 $\boldsymbol{A}$ 的顺序主子式来判定其正定性, 判定准则 (3) 无论是从计算的层面看, 还是从证明的层面看, 都是一个行之有效的方法. 我们来看几个典型的例题.

例 8.48　求证: 下列 n 阶实对称矩阵 $\boldsymbol{A}=(a_{ij})$ 都是正定阵, 其中

(1) $a_{ij}=\dfrac{1}{i+j}$;　　　　(2) $a_{ij}=\dfrac{1}{i+j-1}$.

证明　(1) 注意到 $\boldsymbol{A}$ 的 n 个顺序主子式都是具有相同形状的 Cauchy 行列式, 故要证明它们全大于零, 只要证明 $\boldsymbol{A}$ 的行列式大于零即可. 在例 1.18 中, 令 $a_i=b_i=i\,(1\leq i\leq n)$, 可得 $|\boldsymbol{A}|=\dfrac{\prod\limits_{1\leq i<j\leq n}(j-i)^2}{\prod\limits_{i,j=1}^{n}(i+j)}>0$, 因此 $\boldsymbol{A}$ 为正定阵.

(2) 同理在例 1.18 中, 令 $a_i=b_i=i-\dfrac{1}{2}\,(1\leq i\leq n)$, 可得 $|\boldsymbol{A}|=\dfrac{\prod\limits_{1\leq i<j\leq n}(j-i)^2}{\prod\limits_{i,j=1}^{n}(i+j-1)}$ >0, 因此 $\boldsymbol{A}$ 为正定阵. □

例 8.49　设 $\boldsymbol{A}$ 是 n 阶实对称矩阵, 求证: 若 $\boldsymbol{A}$ 是主对角元全大于零的严格对角占优阵, 则 $\boldsymbol{A}$ 是正定阵.

证明　注意到 $\boldsymbol{A}$ 的 n 个顺序主子阵仍然是主对角元全大于零的严格对角占优阵, 故要证明 $\boldsymbol{A}$ 的 n 个顺序主子式全大于零, 只要证明 $\boldsymbol{A}$ 的行列式大于零即可, 而这由例 3.83 即得, 因此 $\boldsymbol{A}$ 是正定阵. □

例 8.50 设 $\boldsymbol{A}$ 是 n 阶实对称矩阵, 求证: 必存在正实数 k, 使得对任一 n 维实列向量 $\boldsymbol{\alpha}$, 总有

$$-k\boldsymbol{\alpha}'\boldsymbol{\alpha} \leq \boldsymbol{\alpha}'\boldsymbol{A}\boldsymbol{\alpha} \leq k\boldsymbol{\alpha}'\boldsymbol{\alpha}.$$

证明 设 $\boldsymbol{A} = (a_{ij})$, 我们总可以取到充分大的正实数 k, 使得

$$k \pm a_{ii} > \sum_{j=1, j\neq i}^{n} |a_{ij}|, \ \ 1 \leq i \leq n,$$

即 $k\boldsymbol{I}_n \pm \boldsymbol{A}$ 是主对角元全大于零的严格对角占优阵, 由例 8.49 可得 $k\boldsymbol{I}_n \pm \boldsymbol{A}$ 为正定阵, 从而对任一 n 维实列向量 $\boldsymbol{\alpha}$, 总有 $\boldsymbol{\alpha}'(k\boldsymbol{I}_n \pm \boldsymbol{A})\boldsymbol{\alpha} \geq 0$, 从而结论得证. □

例 8.51 设 $\boldsymbol{\alpha}, \boldsymbol{\beta}$ 为 n 维非零实列向量, 求证: $\boldsymbol{\alpha}'\boldsymbol{\beta} > 0$ 成立的充要条件是存在 n 阶正定实对称矩阵 $\boldsymbol{A}$, 使得 $\boldsymbol{\alpha} = \boldsymbol{A}\boldsymbol{\beta}$.

证明 先证充分性. 若存在 n 阶正定实对称矩阵 $\boldsymbol{A}$, 使得 $\boldsymbol{\alpha} = \boldsymbol{A}\boldsymbol{\beta}$, 则 $\boldsymbol{\alpha}'\boldsymbol{\beta} = (\boldsymbol{A}\boldsymbol{\beta})'\boldsymbol{\beta} = \boldsymbol{\beta}'\boldsymbol{A}\boldsymbol{\beta} > 0$. 下面用两种方法来证明必要性.

证法 1 注意到问题的条件和结论在矩阵变换 $\boldsymbol{A} \mapsto \boldsymbol{C}'\boldsymbol{A}\boldsymbol{C}$, $\boldsymbol{\alpha} \mapsto \boldsymbol{C}'\boldsymbol{\alpha}$, $\boldsymbol{\beta} \mapsto \boldsymbol{C}^{-1}\boldsymbol{\beta}$ 下不改变, 故不妨从一开始就假设 $\boldsymbol{\beta} = \boldsymbol{e}_n = (0, \cdots, 0, 1)'$ (这等价于将原来的 $\boldsymbol{\beta}$ 放在非异阵 $\boldsymbol{C}$ 的最后一列), $\boldsymbol{\alpha} = (a_1, \cdots, a_{n-1}, a_n)'$, 则 $\boldsymbol{\alpha}'\boldsymbol{\beta} > 0$ 等价于 $a_n > 0$. 设 $\boldsymbol{A} = \begin{pmatrix} t\boldsymbol{I}_{n-1} & \boldsymbol{\alpha}_{n-1} \\ \boldsymbol{\alpha}'_{n-1} & a_n \end{pmatrix}$, 其中 $\boldsymbol{\alpha}_{n-1} = (a_1, \cdots, a_{n-1})'$ 且 $t \gg 0$, 则由行列式的降阶公式可得

$$|\boldsymbol{A}| = |t\boldsymbol{I}_{n-1}|\big(a_n - \boldsymbol{\alpha}'_{n-1}(t\boldsymbol{I}_{n-1})^{-1}\boldsymbol{\alpha}_{n-1}\big) = t^{n-2}(a_n t - a_1^2 - \cdots - a_{n-1}^2) > 0.$$

又 $\boldsymbol{A}$ 的前 $n-1$ 个顺序主子式都大于零, 故 $\boldsymbol{A}$ 为正定阵且满足 $\boldsymbol{\alpha} = \boldsymbol{A}\boldsymbol{e}_n = \boldsymbol{A}\boldsymbol{\beta}$.

证法 2 设 $\boldsymbol{A} = \boldsymbol{I}_n - \dfrac{\boldsymbol{\beta}\boldsymbol{\beta}'}{\boldsymbol{\beta}'\boldsymbol{\beta}} + \dfrac{\boldsymbol{\alpha}\boldsymbol{\alpha}'}{\boldsymbol{\alpha}'\boldsymbol{\beta}}$, 则由例 8.47 可知 $\boldsymbol{A}$ 为正定阵. 不难验证 $\boldsymbol{A}\boldsymbol{\beta} = \boldsymbol{\alpha}$ 成立, 故结论得证. □

用线性方程组的求解理论来证明关于正定阵的某些命题是一个常见的技巧, 我们来看下面两个典型的例题.

例 8.52 设 $\boldsymbol{A}, \boldsymbol{B}$ 是 n 阶实矩阵, 使得 $\boldsymbol{A}'\boldsymbol{B}' + \boldsymbol{B}\boldsymbol{A}$ 是正定阵, 求证: $\boldsymbol{A}, \boldsymbol{B}$ 都是非异阵.

证明 用反证法证明. 若 $\boldsymbol{A}$ 为奇异阵, 则存在非零实列向量 $\boldsymbol{\alpha}$, 使得 $\boldsymbol{A}\boldsymbol{\alpha} = \boldsymbol{0}$. 将正定阵 $\boldsymbol{A}'\boldsymbol{B}' + \boldsymbol{B}\boldsymbol{A}$ 左乘 $\boldsymbol{\alpha}'$, 右乘 $\boldsymbol{\alpha}$ 可得

$$0 < \boldsymbol{\alpha}'(\boldsymbol{A}'\boldsymbol{B}' + \boldsymbol{B}\boldsymbol{A})\boldsymbol{\alpha} = (\boldsymbol{A}\boldsymbol{\alpha})'(\boldsymbol{B}'\boldsymbol{\alpha}) + (\boldsymbol{B}'\boldsymbol{\alpha})'(\boldsymbol{A}\boldsymbol{\alpha}) = 0,$$

这就导出了矛盾. 同理可证 $\boldsymbol{B}$ 也是非异阵. □

若 $\boldsymbol{A}$ 是正定实对称矩阵, 则 $\boldsymbol{A}$ 合同于单位矩阵 $\boldsymbol{I}_n$, 即存在非异实矩阵 $\boldsymbol{C}$, 使得 $\boldsymbol{A}=\boldsymbol{C}'\boldsymbol{I}_n\boldsymbol{C}$. 因为 $\boldsymbol{C}$ 是实矩阵, 故可把上式中的 $\boldsymbol{C}'$ 改写成 $\overline{\boldsymbol{C}}'$, 从而 $\boldsymbol{A}$ 复相合于 $\boldsymbol{I}_n$, 于是 $\boldsymbol{A}$ 也是正定 Hermite 矩阵. 因此在处理实矩阵问题的过程中, 如果遇到了复特征值和复特征向量, 那么可以自然地把正定实对称矩阵看成是一种特殊的正定 Hermite 矩阵, 从而其正定性可延拓到复数域上. 下面是一个典型的例题.

例 8.53 设 $\boldsymbol{A},\boldsymbol{B},\boldsymbol{C}$ 都是 n 阶正定实对称矩阵, $g(t)=|t^2\boldsymbol{A}+t\boldsymbol{B}+\boldsymbol{C}|$ 是关于 t 的多项式, 求证: $g(t)$ 所有复根的实部都小于零.

证明 任取 $g(t)$ 的一个复根 t_0, 则 $|t_0^2\boldsymbol{A}+t_0\boldsymbol{B}+\boldsymbol{C}|=0$, 故存在非零复列向量 $\boldsymbol{\alpha}$, 使得 $(t_0^2\boldsymbol{A}+t_0\boldsymbol{B}+\boldsymbol{C})\boldsymbol{\alpha}=\boldsymbol{0}$. 将上述等式左乘 $\overline{\boldsymbol{\alpha}}'$, 可得

$$(\overline{\boldsymbol{\alpha}}'\boldsymbol{A}\boldsymbol{\alpha})t_0^2+(\overline{\boldsymbol{\alpha}}'\boldsymbol{B}\boldsymbol{\alpha})t_0+(\overline{\boldsymbol{\alpha}}'\boldsymbol{C}\boldsymbol{\alpha})=0.$$

注意到 $\boldsymbol{A},\boldsymbol{B},\boldsymbol{C}$ 也是正定 Hermite 矩阵, 故 $a=\overline{\boldsymbol{\alpha}}'\boldsymbol{A}\boldsymbol{\alpha}>0$, $b=\overline{\boldsymbol{\alpha}}'\boldsymbol{B}\boldsymbol{\alpha}>0$, $c=\overline{\boldsymbol{\alpha}}'\boldsymbol{C}\boldsymbol{\alpha}>0$, 并且 t_0 是二次方程 $at^2+bt+c=0$ 的根. 若 t_0 是实根, 则 $t_0<0$, 否则将由 $t_0\geq 0$ 得到 $at_0^2+bt_0+c\geq c>0$, 这就推出了矛盾. 若 t_0 是虚根, 则 t_0 的实部为 $-\dfrac{b}{2a}<0$, 结论得证. □

在前面的例题中, 我们已经讨论过正定阵的许多性质, 下面几个例题也是正定阵的性质及其应用.

例 8.54 设 $\boldsymbol{A}=(a_{ij})$ 是 n 阶正定实对称矩阵, P_{n-1} 是 $\boldsymbol{A}$ 的第 $n-1$ 个顺序主子式, 求证: $|\boldsymbol{A}|\leq a_{nn}P_{n-1}$.

证明 设 $\boldsymbol{A}=\begin{pmatrix}\boldsymbol{A}_{n-1} & \boldsymbol{\alpha}\\ \boldsymbol{\alpha}' & a_{nn}\end{pmatrix}$, 用第三类分块初等变换求得

$$|\boldsymbol{A}|=\begin{vmatrix}\boldsymbol{A}_{n-1} & \boldsymbol{\alpha}\\ \boldsymbol{\alpha}' & a_{nn}\end{vmatrix}=\begin{vmatrix}\boldsymbol{A}_{n-1} & \boldsymbol{\alpha}\\ \boldsymbol{O} & a_{nn}-\boldsymbol{\alpha}'\boldsymbol{A}_{n-1}^{-1}\boldsymbol{\alpha}\end{vmatrix}=(a_{nn}-\boldsymbol{\alpha}'\boldsymbol{A}_{n-1}^{-1}\boldsymbol{\alpha})|\boldsymbol{A}_{n-1}|.$$

因为 $\boldsymbol{A}$ 正定, 所以 $\boldsymbol{A}_{n-1}$ 也正定, 从而 $\boldsymbol{A}_{n-1}^{-1}$ 也正定, 于是 $\boldsymbol{\alpha}'\boldsymbol{A}_{n-1}^{-1}\boldsymbol{\alpha}\geq 0$. 因此

$$|\boldsymbol{A}|=(a_{nn}-\boldsymbol{\alpha}'\boldsymbol{A}_{n-1}^{-1}\boldsymbol{\alpha})|\boldsymbol{A}_{n-1}|\leq a_{nn}|\boldsymbol{A}_{n-1}|=a_{nn}P_{n-1}. \ \square$$

例 8.55 设 $\boldsymbol{A}=(a_{ij})$ 是 n 阶正定实对称矩阵, 求证: $|\boldsymbol{A}|\leq a_{11}a_{22}\cdots a_{nn}$, 且等号成立当且仅当 $\boldsymbol{A}$ 是对角矩阵.

证明　由例 8.54 可得 $|\boldsymbol{A}| \leq a_{nn}P_{n-1}$, 且等号成立当且仅当 $\boldsymbol{\alpha} = \boldsymbol{0}$. 不断迭代下去, 可得

$$|\boldsymbol{A}| \leq a_{nn}P_{n-1} \leq a_{n-1,n-1}a_{nn}P_{n-2} \leq \cdots \leq a_{11}a_{22}\cdots a_{nn},$$

且等号成立当且仅当 $\boldsymbol{A}$ 是对角矩阵. □

例 8.56　设 $\boldsymbol{A}, \boldsymbol{D}$ 是方阵, $\boldsymbol{M} = \begin{pmatrix} \boldsymbol{A} & \boldsymbol{B} \\ \boldsymbol{B}' & \boldsymbol{D} \end{pmatrix}$ 是正定实对称矩阵, 求证: $|\boldsymbol{M}| \leq |\boldsymbol{A}||\boldsymbol{D}|$, 且等号成立当且仅当 $\boldsymbol{B} = \boldsymbol{O}$.

证明　由 $\boldsymbol{M}$ 是正定阵可知, $\boldsymbol{A}, \boldsymbol{D}$ 都是正定阵, 从而存在非异实矩阵 $\boldsymbol{C}_1, \boldsymbol{C}_2$, 使得 $\boldsymbol{C}_1'\boldsymbol{A}\boldsymbol{C}_1 = \boldsymbol{I}_r$, $\boldsymbol{C}_2'\boldsymbol{D}\boldsymbol{C}_2 = \boldsymbol{I}_{n-r}$. 令 $\boldsymbol{C} = \mathrm{diag}\{\boldsymbol{C}_1, \boldsymbol{C}_2\}$, 则

$$\boldsymbol{C}'\boldsymbol{M}\boldsymbol{C} = \begin{pmatrix} \boldsymbol{C}_1'\boldsymbol{A}\boldsymbol{C}_1 & \boldsymbol{C}_1'\boldsymbol{B}\boldsymbol{C}_2 \\ \boldsymbol{C}_2'\boldsymbol{B}'\boldsymbol{C}_1 & \boldsymbol{C}_2'\boldsymbol{D}\boldsymbol{C}_2 \end{pmatrix} = \begin{pmatrix} \boldsymbol{I}_r & \boldsymbol{C}_1'\boldsymbol{B}\boldsymbol{C}_2 \\ \boldsymbol{C}_2'\boldsymbol{B}'\boldsymbol{C}_1 & \boldsymbol{I}_{n-r} \end{pmatrix}$$

仍是正定阵. 由例 8.55 可得 $|\boldsymbol{C}'\boldsymbol{M}\boldsymbol{C}| \leq 1$, 且等号成立当且仅当 $\boldsymbol{C}_1'\boldsymbol{B}\boldsymbol{C}_2 = \boldsymbol{O}$, 即 $|\boldsymbol{M}| \leq |\boldsymbol{C}|^{-2} = |\boldsymbol{C}_1|^{-2}|\boldsymbol{C}_2|^{-2} = |\boldsymbol{A}||\boldsymbol{D}|$, 且等号成立当且仅当 $\boldsymbol{B} = \boldsymbol{O}$. □

例 8.57　设 $\boldsymbol{A}$ 是 n 阶实矩阵, $\boldsymbol{A} = (\boldsymbol{B}, \boldsymbol{C})$ 是 $\boldsymbol{A}$ 的一个分块, 其中 $\boldsymbol{B}$ 是 $\boldsymbol{A}$ 的前 k 列组成的矩阵, $\boldsymbol{C}$ 是 $\boldsymbol{A}$ 的后 $n-k$ 列组成的矩阵. 求证:

$$|\boldsymbol{A}|^2 \leq |\boldsymbol{B}'\boldsymbol{B}||\boldsymbol{C}'\boldsymbol{C}|.$$

证明　若 $\boldsymbol{A}$ 不是可逆矩阵, 则 $|\boldsymbol{A}| = 0$, 而由定义容易验证 $\boldsymbol{B}'\boldsymbol{B}, \boldsymbol{C}'\boldsymbol{C}$ 都是半正定阵, 故由例 8.26 可得 $|\boldsymbol{B}'\boldsymbol{B}| \geq 0$, $|\boldsymbol{C}'\boldsymbol{C}| \geq 0$, 从而上式显然成立. 现设 $\boldsymbol{A}$ 是可逆矩阵, 则由例 8.26 可知, $\boldsymbol{A}'\boldsymbol{A} = \begin{pmatrix} \boldsymbol{B}'\boldsymbol{B} & \boldsymbol{B}'\boldsymbol{C} \\ \boldsymbol{C}'\boldsymbol{B} & \boldsymbol{C}'\boldsymbol{C} \end{pmatrix}$ 是正定阵, 再由例 8.56 即得结论. □

注　在例 8.56 的证明中, 若考虑 $\boldsymbol{M}$ 的如下对称分块初等变换:

$$\begin{pmatrix} \boldsymbol{A} & \boldsymbol{B} \\ \boldsymbol{B}' & \boldsymbol{D} \end{pmatrix} \to \begin{pmatrix} \boldsymbol{A} & \boldsymbol{B} \\ \boldsymbol{O} & \boldsymbol{D} - \boldsymbol{B}'\boldsymbol{A}^{-1}\boldsymbol{B} \end{pmatrix} \to \begin{pmatrix} \boldsymbol{A} & \boldsymbol{O} \\ \boldsymbol{O} & \boldsymbol{D} - \boldsymbol{B}'\boldsymbol{A}^{-1}\boldsymbol{B} \end{pmatrix},$$

则可得 $\boldsymbol{D} - \boldsymbol{B}'\boldsymbol{A}^{-1}\boldsymbol{B}$ 是正定阵. 因为第三类分块初等变换不改变行列式的值, 故可得 $|\boldsymbol{M}| = |\boldsymbol{A}||\boldsymbol{D} - \boldsymbol{B}'\boldsymbol{A}^{-1}\boldsymbol{B}| \leq |\boldsymbol{A}||\boldsymbol{D}|$, 即有 $|\boldsymbol{D} - \boldsymbol{B}'\boldsymbol{A}^{-1}\boldsymbol{B}| \leq |\boldsymbol{D}|$. 利用这一不等式不难证明: 若 $\boldsymbol{A}$ 是 n 阶正定实对称矩阵, $\boldsymbol{B}$ 是 n 阶半正定实对称矩阵, 则 $|\boldsymbol{A}+\boldsymbol{B}| \geq |\boldsymbol{A}|$. 不过这并非是最佳的结果, 更精确的结论应该是 $|\boldsymbol{A}+\boldsymbol{B}| \geq |\boldsymbol{A}|+|\boldsymbol{B}|$, 等号成立当且仅当 $n = 1$ 或当 $n \geq 2$ 时, $\boldsymbol{B} = \boldsymbol{O}$. 要证明这一结论, 我们需要实对称矩阵的正交相似标准型理论, 同时利用这一理论还能极大地改进和简化关于正定阵和半正定阵的许多结论及其证明. 我们把这些留到 § 9.8 详细阐述.

例 8.58 设 $\boldsymbol{M}$ 为 n 阶实矩阵, 若对任意的非零实列向量 $\boldsymbol{\alpha}$, 总有 $\boldsymbol{\alpha}'\boldsymbol{M}\boldsymbol{\alpha} > 0$, 则称 $\boldsymbol{M}$ 是亚正定阵. 证明下列 3 个结论等价:

(1) $\boldsymbol{M}$ 是亚正定阵;

(2) $\boldsymbol{M} + \boldsymbol{M}'$ 是正定阵;

(3) $\boldsymbol{M} = \boldsymbol{A} + \boldsymbol{S}$, 其中 $\boldsymbol{A}$ 是正定实对称矩阵, $\boldsymbol{S}$ 是实反对称矩阵.

证明 (1) $\Rightarrow$ (2): 将 $\boldsymbol{\alpha}'\boldsymbol{M}\boldsymbol{\alpha} > 0$ 转置后可得 $\boldsymbol{\alpha}'\boldsymbol{M}'\boldsymbol{\alpha} > 0$, 再将两式相加后可得 $\boldsymbol{\alpha}'(\boldsymbol{M} + \boldsymbol{M}')\boldsymbol{\alpha} > 0$ 对任意的非零实列向量 $\boldsymbol{\alpha}$ 都成立, 因此 $\boldsymbol{M} + \boldsymbol{M}'$ 是正定阵.

(2) $\Rightarrow$ (3): 令 $\boldsymbol{A} = \dfrac{1}{2}(\boldsymbol{M} + \boldsymbol{M}')$ 为 $\boldsymbol{M}$ 的对称化, $\boldsymbol{S} = \dfrac{1}{2}(\boldsymbol{M} - \boldsymbol{M}')$ 为 $\boldsymbol{M}$ 的反对称化, 则结论成立.

(3) $\Rightarrow$ (1): 由例 2.5 可知, 对任意的非零实列向量 $\boldsymbol{\alpha}$, 总有 $\boldsymbol{\alpha}'\boldsymbol{M}\boldsymbol{\alpha} = \boldsymbol{\alpha}'\boldsymbol{A}\boldsymbol{\alpha} + \boldsymbol{\alpha}'\boldsymbol{S}\boldsymbol{\alpha} = \boldsymbol{\alpha}'\boldsymbol{A}\boldsymbol{\alpha} > 0$, 即 $\boldsymbol{M}$ 为亚正定阵. □

注 第 6 章的解答题 3 告诉我们: 亚正定阵 $\boldsymbol{M}$ 的特征值的实部都大于零, 由此可得 $\boldsymbol{M}$ 的行列式值大于零. 事实上, 这一结论还可以由例 8.45 得到, 即 $|\boldsymbol{M}| = |\boldsymbol{A} + \boldsymbol{S}| \geq |\boldsymbol{A}| > 0$. 另外, 这一结论还能给出例 8.52 的证法 2, 即由 $\boldsymbol{B}\boldsymbol{A} + (\boldsymbol{B}\boldsymbol{A})'$ 正定可知 $\boldsymbol{B}\boldsymbol{A}$ 亚正定, 从而 $|\boldsymbol{B}\boldsymbol{A}| > 0$, 于是 $\boldsymbol{A}, \boldsymbol{B}$ 都是非异阵.

设 $f(x_1, x_2, \cdots, x_n)$ 是实二次型, $\boldsymbol{A}$ 是相伴的实对称矩阵, 则容易看出 f 是负定型或半负定型当且仅当 $-f$ 是正定型或半正定型, $\boldsymbol{A}$ 是负定阵或半负定阵当且仅当 $-\boldsymbol{A}$ 是正定阵或半正定阵, 因此负定型或半负定型 (负定阵或半负定阵) 的问题通常都可以转化成正定型或半正定型 (正定阵或半正定阵) 的问题来研究. 下面我们通过 4 道例题来说明负定型和负定阵的判定及相关应用.

例 8.59 设 $\boldsymbol{A}$ 是 n 阶实对称矩阵, $P_1, P_2, \cdots, P_n$ 是 $\boldsymbol{A}$ 的 n 个顺序主子式, 求证 $\boldsymbol{A}$ 负定的充要条件是:

$$P_1 < 0, \quad P_2 > 0, \quad \cdots, \quad (-1)^n P_n > 0.$$

证明 $\boldsymbol{A}$ 负定当且仅当 $-\boldsymbol{A}$ 正定, 由正定阵的顺序主子式判定法即得结论. □

例 8.60 设 $\boldsymbol{A}$ 是 n 阶负定实对称矩阵, 求证: $\boldsymbol{A}^{-1}$ 也是负定阵; 当 n 为偶数时, $\boldsymbol{A}^*$ 是负定阵, 当 n 为奇数时, $\boldsymbol{A}^*$ 是正定阵.

证明 因为 $\boldsymbol{A}$ 负定, 故存在非异实矩阵 $\boldsymbol{C}$, 使得 $\boldsymbol{A} = -\boldsymbol{C}'\boldsymbol{C}$, 于是 $\boldsymbol{A}^{-1} = -\boldsymbol{C}^{-1}(\boldsymbol{C}')^{-1} = -\boldsymbol{C}^{-1}(\boldsymbol{C}^{-1})'$ 也是负定阵; 由例 2.37 可得 $\boldsymbol{A}^* = (-1)^{n-1}\boldsymbol{C}^*(\boldsymbol{C}')^* = (-1)^{n-1}\boldsymbol{C}^*(\boldsymbol{C}^*)'$, 故当 n 为偶数时, $\boldsymbol{A}^* = -\boldsymbol{C}^*(\boldsymbol{C}^*)'$ 是负定阵; 当 n 为奇数时, $\boldsymbol{A}^* = \boldsymbol{C}^*(\boldsymbol{C}^*)'$ 是正定阵. □

例 8.61 设有实二次型 $f(x_1,x_2,\cdots,x_n)=\boldsymbol{x}'\boldsymbol{A}\boldsymbol{x}$, 其中 $\boldsymbol{A}=(a_{ij})$ 是 n 阶正定实对称矩阵, 求证下列实二次型是负定型:

$$g(x_1,x_2,\cdots,x_n)=\begin{vmatrix} a_{11} & a_{12} & \cdots & a_{1n} & x_1 \\ a_{21} & a_{22} & \cdots & a_{2n} & x_2 \\ \vdots & \vdots & & \vdots & \vdots \\ a_{n1} & a_{n2} & \cdots & a_{nn} & x_n \\ x_1 & x_2 & \cdots & x_n & 0 \end{vmatrix}.$$

证法 1 由例 1.7 可得

$$g(x_1,x_2,\cdots,x_n)=-\sum_{i=1}^n\sum_{j=1}^n A_{ij}x_ix_j=-\boldsymbol{x}'\boldsymbol{A}^*\boldsymbol{x},$$

其中 A_{ij} 是元素 a_{ij} 的代数余子式, $\boldsymbol{A}^*$ 是 $\boldsymbol{A}$ 的伴随矩阵. 因为 $\boldsymbol{A}$ 正定, 故由例 8.46 可知 $\boldsymbol{A}^*$ 也正定, 从而 g 为负定型.

证法 2 因为 $\boldsymbol{A}$ 正定, 所以 $|\boldsymbol{A}|>0$, 故由降阶公式可得

$$g(x_1,x_2,\cdots,x_n)=|\boldsymbol{A}|(0-\boldsymbol{x}'\boldsymbol{A}^{-1}\boldsymbol{x})=-|\boldsymbol{A}|(\boldsymbol{x}'\boldsymbol{A}^{-1}\boldsymbol{x}).$$

再由例 8.46 可知 $\boldsymbol{A}^{-1}$ 也正定, 即 $\boldsymbol{x}'\boldsymbol{A}^{-1}\boldsymbol{x}$ 是正定型, 从而 g 为负定型. □

例 8.54 设 $\boldsymbol{A}=(a_{ij})$ 是 n 阶正定实对称矩阵, P_{n-1} 是 $\boldsymbol{A}$ 的第 $n-1$ 个顺序主子式, 求证: $|\boldsymbol{A}|\le a_{nn}P_{n-1}$.

证法 2 由行列式性质, 有

$$|\boldsymbol{A}|=\begin{vmatrix} a_{11} & \cdots & a_{1,n-1} & a_{1n} \\ a_{21} & \cdots & a_{2,n-1} & a_{2n} \\ \vdots & & \vdots & \vdots \\ a_{n-1,1} & \cdots & a_{n-1,n-1} & a_{n-1,n} \\ a_{n1} & \cdots & a_{n,n-1} & 0 \end{vmatrix}+\begin{vmatrix} a_{11} & \cdots & a_{1,n-1} & 0 \\ a_{21} & \cdots & a_{2,n-1} & 0 \\ \vdots & & \vdots & \vdots \\ a_{n-1,1} & \cdots & a_{n-1,n-1} & 0 \\ a_{n1} & \cdots & a_{n,n-1} & a_{nn} \end{vmatrix}.$$

令

$$g(x_1,x_2,\cdots,x_{n-1})=\begin{vmatrix} a_{11} & \cdots & a_{1,n-1} & x_1 \\ a_{21} & \cdots & a_{2,n-1} & x_2 \\ \vdots & & \vdots & \vdots \\ a_{n-1,1} & \cdots & a_{n-1,n-1} & x_{n-1} \\ x_1 & \cdots & x_{n-1} & 0 \end{vmatrix},$$

则

$$|\boldsymbol{A}| = g(a_{1n}, a_{2n}, \cdots, a_{n-1,n}) + a_{nn}P_{n-1}.$$

因为 $\boldsymbol{A}$ 的第 $n-1$ 个顺序主子阵是正定阵, 故由例 8.61 可知 $g(a_{1n}, a_{2n}, \cdots, a_{n-1,n}) \leq 0$, 从而 $|\boldsymbol{A}| \leq a_{nn}P_{n-1}$. □

§ 8.8 半正定型和半正定阵

半正定型和半正定阵在教材 [1] 中讨论得比较少, 主要原因是半正定型或半正定阵包含正定型或正定阵作为子集, 所以半正定的判定和正定的判定之间有类似之处. 不过它们之间仍然有很多差异, 因此半正定型和半正定阵也是高等代数中的难点之一. 首先, 我们将半正定阵 (半正定型类似) 的判定准则列举如下.

设 $\boldsymbol{A}$ 是 n 阶实对称矩阵, 则 $\boldsymbol{A}$ 是半正定阵的充要条件是以下条件之一:

(1) $\boldsymbol{A}$ 合同于 $\begin{pmatrix} \boldsymbol{I}_r & \boldsymbol{O} \\ \boldsymbol{O} & \boldsymbol{O} \end{pmatrix}$ (参考 §§ 8.1.3 定理 4);

(2) 存在实矩阵 $\boldsymbol{C}$, 使得 $\boldsymbol{A} = \boldsymbol{C}'\boldsymbol{C}$ (参考例 8.26 (2));

(3) $\boldsymbol{A}$ 的所有主子式全大于等于零 (参考例 8.64);

(4) $\boldsymbol{A}$ 的所有特征值全大于等于零 (参考 § 9.7 的第 2 部分).

判定准则 (1) 和 (2) 在前面的例题中用过多次了, 下面再来看一道例题.

例 8.62 设 $\boldsymbol{A}, \boldsymbol{B}$ 都是 n 阶半正定实对称矩阵, c 是非负实数, 求证:

(1) $\boldsymbol{A}^*$, $\boldsymbol{A}+\boldsymbol{B}$, $c\boldsymbol{A}$ 都是半正定阵;

(2) 若 $\boldsymbol{D}$ 是实矩阵, 则 $\boldsymbol{D}'\boldsymbol{A}\boldsymbol{D}$ 也是半正定阵.

证明 (1) 因为 $\boldsymbol{A}$ 半正定, 故存在实矩阵 $\boldsymbol{C}$, 使得 $\boldsymbol{A} = \boldsymbol{C}'\boldsymbol{C}$, 于是 $\boldsymbol{A}^* = \boldsymbol{C}^*(\boldsymbol{C}')^* = \boldsymbol{C}^*(\boldsymbol{C}^*)'$ 是半正定阵. 对任一非零实列向量 $\boldsymbol{\alpha}$, 有

$$\boldsymbol{\alpha}'(\boldsymbol{A}+\boldsymbol{B})\boldsymbol{\alpha} = \boldsymbol{\alpha}'\boldsymbol{A}\boldsymbol{\alpha} + \boldsymbol{\alpha}'\boldsymbol{B}\boldsymbol{\alpha} \geq 0, \quad \boldsymbol{\alpha}'(c\boldsymbol{A})\boldsymbol{\alpha} = c\boldsymbol{\alpha}'\boldsymbol{A}\boldsymbol{\alpha} \geq 0,$$

因此 $\boldsymbol{A}+\boldsymbol{B}, c\boldsymbol{A}$ 都是半正定阵.

(2) 采用 (1) 的记号, 则 $\boldsymbol{D}'\boldsymbol{A}\boldsymbol{D} = \boldsymbol{D}'\boldsymbol{C}'\boldsymbol{C}\boldsymbol{D} = (\boldsymbol{C}\boldsymbol{D})'(\boldsymbol{C}\boldsymbol{D})$ 也是半正定阵. □

下面分别阐述半正定阵的 4 个重要性质及其应用.

性质 1 (极限性质) 半正定阵是正定阵的极限.

例 8.63 n 阶实对称矩阵 $\boldsymbol{A}$ 是半正定阵的充要条件是对任意的正实数 t, $\boldsymbol{A} + t\boldsymbol{I}_n$ 都是正定阵.

证明　先证必要性. 对任一非零实列向量 $\boldsymbol{\alpha}$, 有

$$\boldsymbol{\alpha}'(\boldsymbol{A}+t\boldsymbol{I}_n)\boldsymbol{\alpha}=\boldsymbol{\alpha}'\boldsymbol{A}\boldsymbol{\alpha}+t\boldsymbol{\alpha}'\boldsymbol{\alpha}.$$

因为 $\boldsymbol{A}$ 半正定, 故 $\boldsymbol{\alpha}'\boldsymbol{A}\boldsymbol{\alpha}\geq 0$. 又 $t>0$ 且 $\boldsymbol{\alpha}'\boldsymbol{\alpha}>0$, 从而 $\boldsymbol{\alpha}'(\boldsymbol{A}+t\boldsymbol{I}_n)\boldsymbol{\alpha}>0$, 因此 $\boldsymbol{A}+t\boldsymbol{I}_n$ 是正定阵.

再证充分性. 由假设对任一非零实列向量 $\boldsymbol{\alpha}$ 和正实数 t, 有

$$\boldsymbol{\alpha}'(\boldsymbol{A}+t\boldsymbol{I}_n)\boldsymbol{\alpha}=\boldsymbol{\alpha}'\boldsymbol{A}\boldsymbol{\alpha}+t\boldsymbol{\alpha}'\boldsymbol{\alpha}>0.$$

令 $t\to 0+$, 上式两边同取极限可得 $\boldsymbol{\alpha}'\boldsymbol{A}\boldsymbol{\alpha}\geq 0$, 即 $\boldsymbol{A}$ 是半正定阵. □

例 8.63 告诉我们: 半正定阵是一列正定阵的极限, 称之为半正定阵的极限性质. 因此我们可以利用极限性质和摄动法将半正定阵的问题转化成正定阵的问题来研究.

例 8.64　n 阶实对称矩阵 $\boldsymbol{A}$ 是半正定阵的充要条件是 $\boldsymbol{A}$ 的所有主子式全大于等于零.

证明　必要性由例 8.3 和例 8.26 (2) 即得, 下证充分性. 由例 1.46 可得

$$|\boldsymbol{A}+t\boldsymbol{I}_n|=t^n+c_1t^{n-1}+\cdots+c_{n-1}t+c_n,$$

其中 c_i 是 $\boldsymbol{A}$ 的所有 i 阶主子式之和. 由假设可知 $c_i\geq 0\,(1\leq i\leq n)$, 故对任意的正实数 t, 我们总有 $|\boldsymbol{A}+t\boldsymbol{I}_n|>0$. 设 $\boldsymbol{A}_k\,(1\leq k\leq n)$ 是 $\boldsymbol{A}$ 的 n 个顺序主子阵, 则 $\boldsymbol{A}_k$ 的主子式也是 $\boldsymbol{A}$ 的主子式, 从而 $\boldsymbol{A}_k$ 的所有主子式全大于等于零, 根据上面的讨论可知, 对任意的正实数 t, 我们总有 $|\boldsymbol{A}_k+t\boldsymbol{I}_k|>0$. 注意到 $|\boldsymbol{A}_k+t\boldsymbol{I}_k|\,(1\leq k\leq n)$ 是 $\boldsymbol{A}+t\boldsymbol{I}_n$ 的 n 个顺序主子式, 故由上面的讨论可知, 对任意的正实数 t, $\boldsymbol{A}+t\boldsymbol{I}_n$ 都是正定阵, 再由例 8.63 即得 $\boldsymbol{A}$ 为半正定阵. □

注　我们不能用顺序主子式的非负性来推出半正定性, 这一点和正定阵不同. 例如, 矩阵 $\boldsymbol{A}=\mathrm{diag}\{1,0,-1\}$ 的顺序主子式都非负, 但 $\boldsymbol{A}$ 却不是半正定阵.

利用极限性质和摄动法还可以将关于正定阵的很多结果延拓到半正定阵的情形. 我们来看下面几个延拓及其应用.

例 8.65　设 $\boldsymbol{A}=(a_{ij})$, $\boldsymbol{B}=(b_{ij})$ 都是 n 阶半正定实对称矩阵, 求证: $\boldsymbol{A},\boldsymbol{B}$ 的 Hadamard 乘积 $\boldsymbol{H}=\boldsymbol{A}\circ\boldsymbol{B}=(a_{ij}b_{ij})$ 也是半正定阵.

证法 1　设 $\boldsymbol{B}=\boldsymbol{C}'\boldsymbol{C}$, 其中 $\boldsymbol{C}$ 为实矩阵, 剩余的证明与例 8.43 完全类似.

证法 2　由于对任意的正实数 t, $\boldsymbol{A}+t\boldsymbol{I}_n$, $\boldsymbol{B}+t\boldsymbol{I}_n$ 都是正定阵, 故由例 8.43 可知 $(\boldsymbol{A}+t\boldsymbol{I}_n)\circ(\boldsymbol{B}+t\boldsymbol{I}_n)$ 为正定阵. 令 $t\to 0+$, 即得 $\boldsymbol{A}\circ\boldsymbol{B}$ 为半正定阵. □

例 8.29 设 $\boldsymbol{A}$ 为 n 阶实对称矩阵, 证明:

(1) 若 $\boldsymbol{A}$ 可逆, 则 $\boldsymbol{A}$ 为正定阵的充要条件是对任意的 n 阶正定实对称矩阵 $\boldsymbol{B}$, $\mathrm{tr}(\boldsymbol{AB})>0$;

(2) $\boldsymbol{A}$ 为半正定阵的充要条件是对任意的 n 阶半正定实对称矩阵 $\boldsymbol{B}$, $\mathrm{tr}(\boldsymbol{AB})\geq 0$.

证法 2 (2) 先证必要性. 设 $\boldsymbol{A}=(a_{ij})$, $\boldsymbol{B}=(b_{ij})$ 为半正定阵, 则由例 8.65 可知 $\boldsymbol{A}\circ\boldsymbol{B}=(a_{ij}b_{ij})$ 也为半正定阵, 于是

$$\mathrm{tr}(\boldsymbol{AB})=\sum_{i,j=1}^{n}a_{ij}b_{ij}=\boldsymbol{\alpha}'(\boldsymbol{A}\circ\boldsymbol{B})\boldsymbol{\alpha}\geq 0,$$

其中 $\boldsymbol{\alpha}=(1,1,\cdots,1)'$. 再证充分性. 令 $\boldsymbol{x}=(x_1,x_2,\cdots,x_n)'\in\mathbb{R}^n$, 则 $\boldsymbol{B}=\boldsymbol{xx}'=(x_ix_j)$ 为半正定阵, 于是

$$\mathrm{tr}(\boldsymbol{AB})=\sum_{i,j=1}^{n}a_{ij}x_ix_j=\boldsymbol{x}'\boldsymbol{Ax}\geq 0,$$

由 $\boldsymbol{x}$ 的任意性即得 $\boldsymbol{A}$ 为半正定阵.

(1) 的必要性与 (2) 的必要性的证明完全类似, 下证充分性. 对任意的半正定阵 $\boldsymbol{B}$ 和任意的正实数 t, $\boldsymbol{B}+t\boldsymbol{I}_n$ 为正定阵, 从而 $\mathrm{tr}(\boldsymbol{A}(\boldsymbol{B}+t\boldsymbol{I}_n))>0$. 令 $t\to 0+$, 可得 $\mathrm{tr}(\boldsymbol{AB})\geq 0$, 于是由 (2) 的结论可知 $\boldsymbol{A}$ 为半正定阵, 又 $\boldsymbol{A}$ 可逆, 故 $\boldsymbol{A}$ 为正定阵. □

例 8.66 设 $\boldsymbol{A}$ 是 n 阶半正定实对称矩阵, $\boldsymbol{S}$ 是 n 阶实反对称矩阵, 求证:

$$|\boldsymbol{A}+\boldsymbol{S}|\geq|\boldsymbol{A}|+|\boldsymbol{S}|\geq|\boldsymbol{A}|\geq 0.$$

证明 对任意的正实数 t, $\boldsymbol{A}+t\boldsymbol{I}_n$ 为正定阵, 故由例 8.45 可得

$$|\boldsymbol{A}+t\boldsymbol{I}_n+\boldsymbol{S}|\geq|\boldsymbol{A}+t\boldsymbol{I}_n|+|\boldsymbol{S}|\geq|\boldsymbol{A}+t\boldsymbol{I}_n|>0,$$

令 $t\to 0+$, 即得结论. □

例 8.67 设 $\boldsymbol{M}$ 为 n 阶实矩阵, 若对任意的实列向量 $\boldsymbol{\alpha}$, 总有 $\boldsymbol{\alpha}'\boldsymbol{M}\boldsymbol{\alpha}\geq 0$, 则称 $\boldsymbol{M}$ 是亚半正定阵. 证明下列 3 个结论等价:

(1) $\boldsymbol{M}$ 是亚半正定阵;

(2) $\boldsymbol{M}+\boldsymbol{M}'$ 是半正定阵;

(3) $\boldsymbol{M}=\boldsymbol{A}+\boldsymbol{S}$, 其中 $\boldsymbol{A}$ 是半正定实对称矩阵, $\boldsymbol{S}$ 是实反对称矩阵.

证明 与例 8.58 的证明完全类似, 细节留给读者完成. □

由例 8.66 可知, 亚半正定阵 $\boldsymbol{M}$ 满足 $|\boldsymbol{M}|=|\boldsymbol{A}+\boldsymbol{S}|\geq 0$. 下面先给出这一不等式的一个应用, 后面在例 8.72 中, 我们还会利用半正定阵的性质 3 给出上述不等式取严格不等号的充要条件.

例 8.23 的延拓 设 $f(\boldsymbol{x})=\boldsymbol{x}'\boldsymbol{A}\boldsymbol{x}$ 是 n 元实二次型, n 阶实矩阵 $\boldsymbol{A}$ 未必对称且 $|\boldsymbol{A}|<0$, 求证: 必存在一组实数 $a_1,a_2,\cdots,a_n$, 使得 $f(a_1,a_2,\cdots,a_n)<0$.

证明 用反证法证明. 若对任意的 $\boldsymbol{x}\in\mathbb{R}^n$, $f(\boldsymbol{x})=\boldsymbol{x}'\boldsymbol{A}\boldsymbol{x}\geq 0$, 则 $\boldsymbol{A}$ 是亚半正定阵. 由例 8.66 和例 8.67 可知 $|\boldsymbol{A}|\geq 0$, 这与假设矛盾. □

例 8.68 设 $\boldsymbol{A}=(a_{ij})$ 是 n 阶半正定实对称矩阵, 求证: $|\boldsymbol{A}|\leq a_{11}a_{22}\cdots a_{nn}$, 且等号成立当且仅当或者存在某个 $a_{ii}=0$ 或者 $\boldsymbol{A}$ 是对角矩阵.

证明 对任意的正实数 t, $\boldsymbol{A}+t\boldsymbol{I}_n$ 为正定阵, 故由例 8.55 可得

$$|\boldsymbol{A}+t\boldsymbol{I}_n|\leq(a_{11}+t)(a_{22}+t)\cdots(a_{nn}+t),$$

令 $t\to 0+$, 即得不等式. 若 $\boldsymbol{A}$ 是非正定的半正定阵, 则 $|\boldsymbol{A}|=0$, 此时等号成立当且仅当存在某个 $a_{ii}=0$; 若 $\boldsymbol{A}$ 是正定阵, 则由例 8.55 可知等号成立当且仅当 $\boldsymbol{A}$ 是对角矩阵. □

例 8.69 设 $\boldsymbol{A},\boldsymbol{B}$ 都是 n 阶半正定实对称矩阵, 求证: $\dfrac{1}{n}\operatorname{tr}(\boldsymbol{A}\boldsymbol{B})\geq|\boldsymbol{A}|^{\frac{1}{n}}|\boldsymbol{B}|^{\frac{1}{n}}$, 并求等号成立的充要条件.

证明 设 $\boldsymbol{C}$ 为 n 阶实矩阵, 使得 $\boldsymbol{B}=\boldsymbol{C}'\boldsymbol{C}$, 则 $\boldsymbol{C}\boldsymbol{A}\boldsymbol{C}'=(a_{ij})$ 仍为半正定阵. 注意到 $\operatorname{tr}(\boldsymbol{A}\boldsymbol{B})=\operatorname{tr}(\boldsymbol{A}\boldsymbol{C}'\boldsymbol{C})=\operatorname{tr}(\boldsymbol{C}\boldsymbol{A}\boldsymbol{C}')=\sum\limits_{i=1}^n a_{ii}$, 故由例 8.68 和基本不等式可得

$$|\boldsymbol{A}|^{\frac{1}{n}}|\boldsymbol{B}|^{\frac{1}{n}}=|\boldsymbol{A}|^{\frac{1}{n}}|\boldsymbol{C}'\boldsymbol{C}|^{\frac{1}{n}}=|\boldsymbol{C}\boldsymbol{A}\boldsymbol{C}'|^{\frac{1}{n}}\leq(a_{11}a_{22}\cdots a_{nn})^{\frac{1}{n}}\leq\frac{1}{n}\sum_{i=1}^n a_{ii}=\frac{1}{n}\operatorname{tr}(\boldsymbol{A}\boldsymbol{B}),$$

等号成立的充要条件是以下两种情形之一成立:

(1) $a_{11}=a_{22}=\cdots=a_{nn}=0$, 此时 $\operatorname{tr}(\boldsymbol{A}\boldsymbol{B})=0$, 故由例 8.30 可知 $\boldsymbol{A}\boldsymbol{B}=\boldsymbol{O}$;

(2) $a_{11}=a_{22}=\cdots=a_{nn}=a>0$, 此时 $\boldsymbol{C}\boldsymbol{A}\boldsymbol{C}'=a\boldsymbol{I}_n$, 故 $\boldsymbol{A}\boldsymbol{B}=\boldsymbol{A}\boldsymbol{C}'\boldsymbol{C}=a\boldsymbol{I}_n$.

综上所述, 等号成立的充要条件是 $\boldsymbol{A}\boldsymbol{B}=k\boldsymbol{I}_n$, 其中 $k\geq 0$. □

性质 2 *若主对角元为零, 则同行同列的所有元素都为零.*

由例 8.4 可知, 正定阵 $\boldsymbol{A}$ 的主对角元全为正实数, 并且绝对值最大的元素只在主对角线上. 半正定阵当然没有这么好的性质, 不过通过下面的例题可以看出, 若半正定阵的某个主对角元为零, 则与之同行同列的所有元素都为零. 这个性质可以看成正定阵上述性质的极限版本, 是半正定阵的第二个重要性质.

例 8.70 设 $\boldsymbol{A}=(a_{ij})$ 为 n 阶半正定实对称矩阵, 求证: 若 $a_{ii}=0$, 则 $\boldsymbol{A}$ 的第 i 行和第 i 列的所有元素都等于零.

证明 任取 $j\neq i$, 考虑 $\boldsymbol{A}$ 的第 i,j 行和列构成的主子式, 由例 8.64 可得

$$\begin{vmatrix} a_{ii} & a_{ij} \\ a_{ji} & a_{jj} \end{vmatrix}=a_{ii}a_{jj}-a_{ij}a_{ji}=-a_{ij}^2\geq 0,$$

从而 $a_{ij}=a_{ji}=0\,(j\neq i)$, 结论得证. □

例 8.61 设有实二次型 $f(x_1,x_2,\cdots,x_n)=\boldsymbol{x}'\boldsymbol{A}\boldsymbol{x}$, 其中 $\boldsymbol{A}=(a_{ij})$ 是 n 阶正定实对称矩阵, 求证: 实二次型 $g(x_1,x_2,\cdots,x_n)=\begin{vmatrix} \boldsymbol{A} & \boldsymbol{x} \\ \boldsymbol{x}' & 0 \end{vmatrix}$ 是负定型.

证法 3 设 $\boldsymbol{\alpha}=(a_1,a_2,\cdots,a_n)'$ 为实列向量, 要证 g 是负定型, 等价地只要证明: 若 $g(\boldsymbol{\alpha})\geq 0$, 则 $\boldsymbol{\alpha}=\boldsymbol{0}$ 即可. 作 $n+1$ 变元二次型 $h(\boldsymbol{y})=\boldsymbol{y}'\boldsymbol{B}\boldsymbol{y}$, 其中 $\boldsymbol{B}=\begin{pmatrix} \boldsymbol{A} & \boldsymbol{\alpha} \\ \boldsymbol{\alpha}' & 0 \end{pmatrix}$, 则 $|\boldsymbol{B}|=g(\boldsymbol{\alpha})\geq 0$. 又已知 $\boldsymbol{A}$ 正定, 因此 $\boldsymbol{B}$ 的前 n 个顺序主子式为正数. 由例 8.13 可知, h 是半正定型, 从而 $\boldsymbol{B}$ 是半正定阵. 注意到 $\boldsymbol{B}$ 的第 $(n+1,n+1)$ 元素为零, 故由例 8.70 可知 $\boldsymbol{\alpha}=\boldsymbol{0}$. □

性质 3 若 $\boldsymbol{\alpha}'\boldsymbol{A}\boldsymbol{\alpha}=0$, 则 $\boldsymbol{A}\boldsymbol{\alpha}=\boldsymbol{0}$.

半正定阵的第三个重要性质是: 若 $\boldsymbol{A}$ 为 n 阶半正定阵, $\boldsymbol{\alpha}$ 为 n 维实列向量, 则由 $\boldsymbol{\alpha}'\boldsymbol{A}\boldsymbol{\alpha}=0$ 可以推出 $\boldsymbol{A}\boldsymbol{\alpha}=\boldsymbol{0}$. 这是一个非常强的结论, 可以处理很多关于半正定阵的问题. 为了完整起见, 我们在下面的例题中证明一个充要条件.

例 8.71 设 $\boldsymbol{A}$ 为 n 阶实对称矩阵, 求证: $\boldsymbol{A}$ 为半正定阵或半负定阵的充要条件是对任一满足 $\boldsymbol{\alpha}'\boldsymbol{A}\boldsymbol{\alpha}=0$ 的 n 维实列向量 $\boldsymbol{\alpha}$, 均有 $\boldsymbol{A}\boldsymbol{\alpha}=\boldsymbol{0}$.

证明 先证必要性. 若 $\boldsymbol{A}$ 是半正定阵, 则存在实矩阵 $\boldsymbol{C}$, 使得 $\boldsymbol{A}=\boldsymbol{C}'\boldsymbol{C}$, 从而

$$0=\boldsymbol{\alpha}'\boldsymbol{A}\boldsymbol{\alpha}=\boldsymbol{\alpha}'\boldsymbol{C}'\boldsymbol{C}\boldsymbol{\alpha}=(\boldsymbol{C}\boldsymbol{\alpha})'(\boldsymbol{C}\boldsymbol{\alpha}),$$

于是 $\boldsymbol{C}\boldsymbol{\alpha}=\boldsymbol{0}$, 因此 $\boldsymbol{A}\boldsymbol{\alpha}=\boldsymbol{C}'(\boldsymbol{C}\boldsymbol{\alpha})=\boldsymbol{0}$. 同理可证 $\boldsymbol{A}$ 是半负定阵的情形.

再证充分性. 用反证法, 设 $\boldsymbol{A}$ 既不是半正定阵, 也不是半负定阵, 则 $\boldsymbol{A}$ 的正惯性指数 $p>0$, 负惯性指数 $q>0$. 设 $\boldsymbol{C}$ 是非异实矩阵, 使得 $\boldsymbol{B}=\boldsymbol{C}'\boldsymbol{A}\boldsymbol{C}=\mathrm{diag}\{\boldsymbol{I}_p,-\boldsymbol{I}_q,\boldsymbol{O}\}$ 为 $\boldsymbol{A}$ 的合同标准型. 令 $b_1=1$, $b_{p+1}=1$, 其他 b_i 全为零, 则 $\boldsymbol{\beta}=(b_1,b_2,\cdots,b_n)'$ 是非零列向量, 并且满足 $\boldsymbol{\beta}'\boldsymbol{B}\boldsymbol{\beta}=0$, 但 $\boldsymbol{B}\boldsymbol{\beta}\neq\boldsymbol{0}$, 从而 $\boldsymbol{\alpha}=\boldsymbol{C}\boldsymbol{\beta}=(a_1,a_2,\cdots,a_n)'$ 也是非零列向量, 并且满足 $\boldsymbol{\alpha}'\boldsymbol{A}\boldsymbol{\alpha}=0$, 但 $\boldsymbol{A}\boldsymbol{\alpha}=\boldsymbol{A}\boldsymbol{C}\boldsymbol{\beta}=(\boldsymbol{C}')^{-1}\boldsymbol{B}\boldsymbol{\beta}\neq\boldsymbol{0}$, 这就推出了矛盾. □

例 8.27 设 $\boldsymbol{A}$ 为 n 阶正定实对称矩阵, $\boldsymbol{\alpha},\boldsymbol{\beta}$ 为 n 维实列向量, 证明: $\boldsymbol{\alpha}'\boldsymbol{A}\boldsymbol{\alpha}+\boldsymbol{\beta}'\boldsymbol{A}^{-1}\boldsymbol{\beta}\geq 2\boldsymbol{\alpha}'\boldsymbol{\beta}$, 且等号成立的充要条件是 $\boldsymbol{A}\boldsymbol{\alpha}=\boldsymbol{\beta}$.

证法 2 将要证的不等式整理为

$$\begin{pmatrix}\boldsymbol{\alpha}' & \boldsymbol{\beta}'\end{pmatrix}\begin{pmatrix}\boldsymbol{A} & -\boldsymbol{I}_n\\ -\boldsymbol{I}_n & \boldsymbol{A}^{-1}\end{pmatrix}\begin{pmatrix}\boldsymbol{\alpha}\\ \boldsymbol{\beta}\end{pmatrix}\geq 0,$$

这等价于证明 $\begin{pmatrix}\boldsymbol{A} & -\boldsymbol{I}_n\\ -\boldsymbol{I}_n & \boldsymbol{A}^{-1}\end{pmatrix}$ 是半正定阵, 而这就是例 8.11 的结论. 由例 8.71 可知, 上述不等式的等号成立当且仅当 $\begin{pmatrix}\boldsymbol{A} & -\boldsymbol{I}_n\\ -\boldsymbol{I}_n & \boldsymbol{A}^{-1}\end{pmatrix}\begin{pmatrix}\boldsymbol{\alpha}\\ \boldsymbol{\beta}\end{pmatrix}=\boldsymbol{0}$, 即当且仅当 $\boldsymbol{A}\boldsymbol{\alpha}=\boldsymbol{\beta}$. □

例 8.72 设 $\boldsymbol{A}$ 为 n 阶半正定实对称矩阵, $\boldsymbol{S}$ 为 n 阶实反对称矩阵, 求证:

(1) $\mathrm{r}(\boldsymbol{A}+\boldsymbol{S})=\mathrm{r}(\boldsymbol{A}\mid\boldsymbol{S})$;

(2) $|\boldsymbol{A}+\boldsymbol{S}|>0$ 成立的充要条件是 $\mathrm{r}(\boldsymbol{A}\mid\boldsymbol{S})=n$.

证明 (1) 只要证明线性方程组 $\begin{pmatrix}\boldsymbol{A}\\ \boldsymbol{S}\end{pmatrix}\boldsymbol{x}=\boldsymbol{0}$ 与 $(\boldsymbol{A}+\boldsymbol{S})\boldsymbol{x}=\boldsymbol{0}$ 同解即可. 显然, $\begin{pmatrix}\boldsymbol{A}\\ \boldsymbol{S}\end{pmatrix}\boldsymbol{x}=\boldsymbol{0}$ 的任一解都是 $(\boldsymbol{A}+\boldsymbol{S})\boldsymbol{x}=\boldsymbol{0}$ 的解. 反之, 任取 $(\boldsymbol{A}+\boldsymbol{S})\boldsymbol{x}=\boldsymbol{0}$ 的解 $\boldsymbol{x}=\boldsymbol{x}_0\in\mathbb{R}^n$, 即 $(\boldsymbol{A}+\boldsymbol{S})\boldsymbol{x}_0=\boldsymbol{0}$, 此等式左乘 $\boldsymbol{x}_0'$, 由例 2.5 可得

$$0=\boldsymbol{x}_0'(\boldsymbol{A}+\boldsymbol{S})\boldsymbol{x}_0=\boldsymbol{x}_0'\boldsymbol{A}\boldsymbol{x}_0+\boldsymbol{x}_0'\boldsymbol{S}\boldsymbol{x}_0=\boldsymbol{x}_0'\boldsymbol{A}\boldsymbol{x}_0,$$

再由例 8.71 可知 $\boldsymbol{A}\boldsymbol{x}_0=\boldsymbol{0}$, 从而 $\boldsymbol{S}\boldsymbol{x}_0=\boldsymbol{0}$, 于是 $\boldsymbol{x}=\boldsymbol{x}_0$ 也是 $\begin{pmatrix}\boldsymbol{A}\\ \boldsymbol{S}\end{pmatrix}\boldsymbol{x}=\boldsymbol{0}$ 的解.

(2) 由例 8.66 可知 $|\boldsymbol{A}+\boldsymbol{S}|\geq 0$, 故 $|\boldsymbol{A}+\boldsymbol{S}|>0$ 当且仅当 $\boldsymbol{A}+\boldsymbol{S}$ 非异, 由 (1) 可知这也当且仅当 $\mathrm{r}(\boldsymbol{A}\mid\boldsymbol{S})=\mathrm{r}(\boldsymbol{A}+\boldsymbol{S})=n$. □

例 8.73 设 $\boldsymbol{A},\boldsymbol{B}$ 为 n 阶实对称矩阵, 其中 $\boldsymbol{B}$ 半正定且满足 $|\boldsymbol{A}+\mathrm{i}\boldsymbol{B}|=0$, 求证: 存在非零实列向量 $\boldsymbol{\alpha}$, 使得 $\boldsymbol{A}\boldsymbol{\alpha}=\boldsymbol{B}\boldsymbol{\alpha}=\boldsymbol{0}$.

证明 由 $|\boldsymbol{A}+\mathrm{i}\boldsymbol{B}|=0$ 可知, 存在非零复列向量 $\boldsymbol{\gamma}=\boldsymbol{\alpha}+\mathrm{i}\boldsymbol{\beta}$, 其中 $\boldsymbol{\alpha},\boldsymbol{\beta}\in\mathbb{R}^n$, 使得 $(\boldsymbol{A}+\mathrm{i}\boldsymbol{B})\boldsymbol{\gamma}=(\boldsymbol{A}+\mathrm{i}\boldsymbol{B})(\boldsymbol{\alpha}+\mathrm{i}\boldsymbol{\beta})=\boldsymbol{0}$. 按实部和虚部整理后可得

$$\boldsymbol{A}\boldsymbol{\alpha}-\boldsymbol{B}\boldsymbol{\beta}=\boldsymbol{0},\tag{8.4}$$

$$\boldsymbol{A}\boldsymbol{\beta}+\boldsymbol{B}\boldsymbol{\alpha}=\boldsymbol{0}.\tag{8.5}$$

将 (8.5) 式左乘 $\boldsymbol{\alpha}'$ 减去 (8.4) 式左乘 $\boldsymbol{\beta}'$, 注意到 $\boldsymbol{\alpha}'\boldsymbol{A}\boldsymbol{\beta}=(\boldsymbol{\alpha}'\boldsymbol{A}\boldsymbol{\beta})'=\boldsymbol{\beta}'\boldsymbol{A}\boldsymbol{\alpha}$, 故可得 $\boldsymbol{\alpha}'\boldsymbol{B}\boldsymbol{\alpha}+\boldsymbol{\beta}'\boldsymbol{B}\boldsymbol{\beta}=0$. 由 $\boldsymbol{B}$ 的半正定性可得 $\boldsymbol{\alpha}'\boldsymbol{B}\boldsymbol{\alpha}=\boldsymbol{\beta}'\boldsymbol{B}\boldsymbol{\beta}=0$, 再由例 8.71 可得 $\boldsymbol{B}\boldsymbol{\alpha}=\boldsymbol{B}\boldsymbol{\beta}=\boldsymbol{0}$, 从而 $\boldsymbol{A}\boldsymbol{\alpha}=\boldsymbol{A}\boldsymbol{\beta}=\boldsymbol{0}$. 因为 $\boldsymbol{\gamma}\neq\boldsymbol{0}$, 故 $\boldsymbol{\alpha},\boldsymbol{\beta}$ 中至少有一个是非零实列向量, 从而结论得证. □

利用半正定阵的性质 3, 还可以简洁地求出半正定型的规范标准型.

例 8.74 设 $\boldsymbol{A}$ 为 n 阶半正定实对称矩阵, $f(\boldsymbol{x})=\boldsymbol{x}'\boldsymbol{A}\boldsymbol{x}$ 是相伴的半正定实二次型. 设 $\mathrm{Ker}\,f(\boldsymbol{x})=\{\boldsymbol{\alpha}\in\mathbb{R}^n\mid f(\boldsymbol{\alpha})=\boldsymbol{\alpha}'\boldsymbol{A}\boldsymbol{\alpha}=0\}$ 作为实线性空间的维数等于 d, 求证: $f(\boldsymbol{x})$ 的规范标准形为 $y_1^2+y_2^2+\cdots+y_{n-d}^2$.

证明　由例 8.71 可知 $\mathrm{Ker}\,f(\boldsymbol{x})$ 等于齐次线性方程组 $\boldsymbol{A}\boldsymbol{x}=\boldsymbol{0}$ 的解空间, 故由 $\dim\mathrm{Ker}\,f(\boldsymbol{x})=d$ 和线性方程组的求解理论可知 $\mathrm{r}(\boldsymbol{A})=n-d$, 于是半正定型 $f(\boldsymbol{x})$ 的正惯性指数等于 $n-d$, 从而结论得证. □

若实二次型 $f(\boldsymbol{x})$ 可通过配方 (不要求是非异线性变换) 变成完全平方和, 则 $f(\boldsymbol{x})$ 必为半正定型. 一般来说, $\mathrm{Ker}\,f(\boldsymbol{x})$ 及其维数比较容易求出, 因此由例 8.74 便可快速得到 $f(x)$ 的规范标准型. 我们来看两个典型的例子.

例 8.34 化下列实二次型为标准型:

$$f(x_1,x_2,\cdots,x_n)=\sum_{i=1}^n(x_i-s)^2,\quad s=\frac{1}{n}(x_1+x_2+\cdots+x_n).$$

解法 3　显然 $f(\boldsymbol{x})$ 是半正定型, 并且 $\mathrm{Ker}\,f(\boldsymbol{x})=\{(c,c,\cdots,c)\mid c\in\mathbb{R}\}$ 的维数等于 1, 故由例 8.74 可知 $f(\boldsymbol{x})$ 的规范标准型为 $y_1^2+y_2^2+\cdots+y_{n-1}^2$. □

例 8.35 化下列实二次型为标准型, 其中 a_i 都是实数:

$$f(x_1,x_2,\cdots,x_n)=(x_1-a_1x_2)^2+(x_2-a_2x_3)^2+\cdots+(x_{n-1}-a_{n-1}x_n)^2+(x_n-a_nx_1)^2.$$

解法 3　显然 $f(\boldsymbol{x})$ 是半正定型. 当 $a_1a_2\cdots a_n\neq 1$ 时, $\mathrm{Ker}\,f(\boldsymbol{x})=0$, 故 $f(\boldsymbol{x})$ 的规范标准型为 $y_1^2+y_2^2+\cdots+y_n^2$; 当 $a_1a_2\cdots a_n=1$ 时, $\mathrm{Ker}\,f(\boldsymbol{x})=\{(c,a_2\cdots a_nc,\cdots,a_nc)\mid c\in\mathbb{R}\}$ 的维数等于 1, 故 $f(\boldsymbol{x})$ 的规范标准型为 $y_1^2+y_2^2+\cdots+y_{n-1}^2$. □

性质 4 (主对角块占优)　主对角块可消去同行同列的其他块.

半正定阵的第四个重要性质是: 若实对称矩阵 $\boldsymbol{M}=\begin{pmatrix}\boldsymbol{A}&\boldsymbol{B}\\\boldsymbol{B}'&\boldsymbol{D}\end{pmatrix}$ 是半正定阵, 则主对角块 $\boldsymbol{A},\boldsymbol{D}$ 占优, 即利用 $\boldsymbol{A},\boldsymbol{D}$ 以及第三类分块初等变换可将非主对角块消去, 从而得到分块对角矩阵. 若 $\boldsymbol{M}$ 为正定阵, 则 $\boldsymbol{A},\boldsymbol{D}$ 都是正定阵, 从而上述性质显然

成立. 若 $\boldsymbol{M}$ 为半正定阵, 则由线性方程组的求解理论 (参考例 3.105) 可知, 上述性质等价于如下结论.

例 8.75 设 $\boldsymbol{M}=\begin{pmatrix}\boldsymbol{A} & \boldsymbol{B}\\ \boldsymbol{B}' & \boldsymbol{D}\end{pmatrix}$ 为半正定实对称矩阵, 求证: $\mathrm{r}(\boldsymbol{A}\,\vdots\,\boldsymbol{B})=\mathrm{r}(\boldsymbol{A})$.

证法 1 根据线性方程组的求解理论, 要证明 $\mathrm{r}(\boldsymbol{A}\,\vdots\,\boldsymbol{B})=\mathrm{r}(\boldsymbol{A})$, 只要证明线性方程组 $\begin{pmatrix}\boldsymbol{A}\\ \boldsymbol{B}'\end{pmatrix}\boldsymbol{x}=\boldsymbol{0}$ 与 $\boldsymbol{A}\boldsymbol{x}=\boldsymbol{0}$ 同解即可. 显然前面线性方程组的解是后面线性方程组的解, 下面证明反之也成立. 设 $\boldsymbol{A}\boldsymbol{x}_0=\boldsymbol{0}$, 其中 $\boldsymbol{x}_0$ 是实列向量, 则有

$$\begin{pmatrix}\boldsymbol{x}_0' & \boldsymbol{0}\end{pmatrix}\begin{pmatrix}\boldsymbol{A} & \boldsymbol{B}\\ \boldsymbol{B}' & \boldsymbol{D}\end{pmatrix}\begin{pmatrix}\boldsymbol{x}_0\\ \boldsymbol{0}\end{pmatrix}=\boldsymbol{x}_0'\boldsymbol{A}\boldsymbol{x}_0=0,$$

由例 8.71 可知 $\begin{pmatrix}\boldsymbol{A} & \boldsymbol{B}\\ \boldsymbol{B}' & \boldsymbol{D}\end{pmatrix}\begin{pmatrix}\boldsymbol{x}_0\\ \boldsymbol{0}\end{pmatrix}=\boldsymbol{0}$, 即有 $\begin{pmatrix}\boldsymbol{A}\\ \boldsymbol{B}'\end{pmatrix}\boldsymbol{x}_0=\boldsymbol{0}$ 成立, 从而结论得证.

证法 2 由 $\boldsymbol{M}$ 的半正定性可得 $\boldsymbol{A}$ 的半正定性, 因此存在非异实矩阵 $\boldsymbol{C}$, 使得 $\boldsymbol{C}'\boldsymbol{A}\boldsymbol{C}=\begin{pmatrix}\boldsymbol{I}_r & \boldsymbol{O}\\ \boldsymbol{O} & \boldsymbol{O}\end{pmatrix}$. 考虑如下合同变换:

$$\begin{pmatrix}\boldsymbol{C}' & \boldsymbol{O}\\ \boldsymbol{O} & \boldsymbol{I}\end{pmatrix}\begin{pmatrix}\boldsymbol{A} & \boldsymbol{B}\\ \boldsymbol{B}' & \boldsymbol{D}\end{pmatrix}\begin{pmatrix}\boldsymbol{C} & \boldsymbol{O}\\ \boldsymbol{O} & \boldsymbol{I}\end{pmatrix}=\begin{pmatrix}\boldsymbol{C}'\boldsymbol{A}\boldsymbol{C} & \boldsymbol{C}'\boldsymbol{B}\\ \boldsymbol{B}'\boldsymbol{C} & \boldsymbol{D}\end{pmatrix}=\begin{pmatrix}\boldsymbol{I}_r & \boldsymbol{O} & \boldsymbol{B}_1\\ \boldsymbol{O} & \boldsymbol{O} & \boldsymbol{B}_2\\ \boldsymbol{B}_1' & \boldsymbol{B}_2' & \boldsymbol{D}\end{pmatrix},$$

由例 8.70 可知 $\boldsymbol{B}_2=\boldsymbol{O}$. 对分块矩阵 $(\boldsymbol{A}\,\vdots\,\boldsymbol{B})$ 左乘 $\boldsymbol{C}'$, 相当于实施初等行变换, 再对左边的分块 $\boldsymbol{A}$ 右乘 $\boldsymbol{C}$, 相当于实施初等列变换, 注意到矩阵的秩在初等变换下不改变, 故有

$$\mathrm{r}(\boldsymbol{A}\,\vdots\,\boldsymbol{B})=\mathrm{r}(\boldsymbol{C}'\boldsymbol{A}\boldsymbol{C}\,\vdots\,\boldsymbol{C}'\boldsymbol{B})=\mathrm{r}\begin{pmatrix}\boldsymbol{I}_r & \boldsymbol{O} & \boldsymbol{B}_1\\ \boldsymbol{O} & \boldsymbol{O} & \boldsymbol{O}\end{pmatrix}=r=\mathrm{r}(\boldsymbol{A}).\ \Box$$

注 半正定阵的性质 4 (例 8.75) 可看成是半正定阵的性质 2 (例 8.70) 的推广.

例 8.76 设 $\boldsymbol{A},\boldsymbol{B},\boldsymbol{A}-\boldsymbol{B}$ 都是 n 阶半正定实对称矩阵, 求证: $\mathrm{r}(\boldsymbol{A}\,\vdots\,\boldsymbol{B})=\mathrm{r}(\boldsymbol{A})$.

证法 1 根据线性方程组的求解理论, 要证明 $\mathrm{r}(\boldsymbol{A}\,\vdots\,\boldsymbol{B})=\mathrm{r}(\boldsymbol{A})$, 只要证明线性方程组 $\begin{pmatrix}\boldsymbol{A}\\ \boldsymbol{B}\end{pmatrix}\boldsymbol{x}=\boldsymbol{0}$ 与 $\boldsymbol{A}\boldsymbol{x}=\boldsymbol{0}$ 同解即可. 显然前面线性方程组的解是后面线性方程组的解, 下面证明反之也成立. 设 $\boldsymbol{A}\boldsymbol{x}_0=\boldsymbol{0}$, 其中 $\boldsymbol{x}_0$ 是实列向量, 则将等式 $\boldsymbol{A}=(\boldsymbol{A}-\boldsymbol{B})+\boldsymbol{B}$ 的两边同时左乘 $\boldsymbol{x}_0'$, 右乘 $\boldsymbol{x}_0$, 可得

$$0=\boldsymbol{x}_0'\boldsymbol{A}\boldsymbol{x}_0=\boldsymbol{x}_0'(\boldsymbol{A}-\boldsymbol{B})\boldsymbol{x}_0+\boldsymbol{x}_0'\boldsymbol{B}\boldsymbol{x}_0.$$

因为 $\boldsymbol{A}-\boldsymbol{B},\boldsymbol{B}$ 都是半正定阵, 故 $\boldsymbol{x}_0'(\boldsymbol{A}-\boldsymbol{B})\boldsymbol{x}_0\geq 0$, $\boldsymbol{x}_0'\boldsymbol{B}\boldsymbol{x}_0\geq 0$, 由上述等式可得 $\boldsymbol{x}_0'(\boldsymbol{A}-\boldsymbol{B})\boldsymbol{x}_0=\boldsymbol{x}_0'\boldsymbol{B}\boldsymbol{x}_0=0$, 再由例 8.71 可得 $\boldsymbol{B}\boldsymbol{x}_0=\boldsymbol{0}$, 因此 $\boldsymbol{x}=\boldsymbol{x}_0$ 也是线性方程组 $\begin{pmatrix}\boldsymbol{A}\\ \boldsymbol{B}\end{pmatrix}\boldsymbol{x}=\boldsymbol{0}$ 的解, 结论得证.

证法 2　考虑如下对称分块初等变换:

$$\begin{pmatrix}\boldsymbol{A}-\boldsymbol{B} & \boldsymbol{O}\\ \boldsymbol{O} & \boldsymbol{B}\end{pmatrix}\to\begin{pmatrix}\boldsymbol{A}-\boldsymbol{B} & \boldsymbol{B}\\ \boldsymbol{O} & \boldsymbol{B}\end{pmatrix}\to\begin{pmatrix}\boldsymbol{A} & \boldsymbol{B}\\ \boldsymbol{B} & \boldsymbol{B}\end{pmatrix},$$

因为 $\boldsymbol{A}-\boldsymbol{B},\boldsymbol{B}$ 都是半正定阵, 故 $\begin{pmatrix}\boldsymbol{A}-\boldsymbol{B} & \boldsymbol{O}\\ \boldsymbol{O} & \boldsymbol{B}\end{pmatrix}$ 也是半正定阵, 从而 $\begin{pmatrix}\boldsymbol{A} & \boldsymbol{B}\\ \boldsymbol{B} & \boldsymbol{B}\end{pmatrix}$ 也是半正定阵, 由例 8.75 即得结论. □

下面的例题给出了两个半正定实对称矩阵之和为正定阵的充要条件, 读者可以和例 8.72 进行对比.

例 8.77　设 $\boldsymbol{A},\boldsymbol{B}$ 为 n 阶半正定实对称矩阵, 求证:

(1) $\mathrm{r}(\boldsymbol{A}+\boldsymbol{B})=\mathrm{r}(\boldsymbol{A}\,\vdots\,\boldsymbol{B})$;

(2) $\boldsymbol{A}+\boldsymbol{B}$ 是正定阵的充要条件是 $\mathrm{r}(\boldsymbol{A}\,\vdots\,\boldsymbol{B})=n$.

证明　(1) 由例 8.76 可知, $\mathrm{r}(\boldsymbol{A}+\boldsymbol{B})=\mathrm{r}(\boldsymbol{A}+\boldsymbol{B}\,\vdots\,\boldsymbol{B})=\mathrm{r}(\boldsymbol{A}\,\vdots\,\boldsymbol{B})$.

(2) 注意到 $\boldsymbol{A}+\boldsymbol{B}$ 是半正定阵, 故它是正定阵当且仅当它是非异阵, 即 $\mathrm{r}(\boldsymbol{A}+\boldsymbol{B})=n$, 再由 (1) 可知, 这也当且仅当 $\mathrm{r}(\boldsymbol{A}\,\vdots\,\boldsymbol{B})=n$. □

利用半正定阵的性质 4, 我们还可以得到类似于例 8.12 的关于半正定阵的刻画.

例 8.78　证明下列关于 n 阶实对称矩阵 $\boldsymbol{A}=(a_{ij})$ 的命题等价:

(1) $\boldsymbol{A}$ 是半正定阵;

(2) 存在主对角元全等于 1 的上三角矩阵 $\boldsymbol{B}$ 和主对角元全为非负实数的对角矩阵 $\boldsymbol{D}$, 使得 $\boldsymbol{A}=\boldsymbol{B}'\boldsymbol{D}\boldsymbol{B}$;

(3) 存在主对角元全为非负实数的上三角矩阵 $\boldsymbol{C}$, 使得 $\boldsymbol{A}=\boldsymbol{C}'\boldsymbol{C}$.

证明　(1) $\Rightarrow$ (2): 只要证明存在主对角元全为 1 的上三角矩阵 $\boldsymbol{T}$, 使得 $\boldsymbol{T}'\boldsymbol{A}\boldsymbol{T}=\boldsymbol{D}$ 是半正定对角矩阵即可. 因为一旦得证, $\boldsymbol{B}=\boldsymbol{T}^{-1}$ 也是主对角元全为 1 的上三角矩阵, 并且 $\boldsymbol{A}=\boldsymbol{B}'\boldsymbol{D}\boldsymbol{B}$. 对阶数 n 进行归纳, 当 $n=1$ 时结论显然成立. 假设对 $n-1$ 阶半正定阵结论成立, 现证明 n 阶半正定阵的情形. 设 $\boldsymbol{A}=\begin{pmatrix}\boldsymbol{A}_{n-1} & \boldsymbol{\alpha}\\ \boldsymbol{\alpha}' & a_{nn}\end{pmatrix}$, 其中 $\boldsymbol{A}_{n-1}$ 是 $n-1$ 阶矩阵, $\boldsymbol{\alpha}$ 是 $n-1$ 维列向量. 因为 $\boldsymbol{A}$ 半正定, 所以 $\boldsymbol{A}_{n-1}$ 是 $n-1$

阶半正定阵, 并且由例 8.75 可得 $\mathrm{r}(\boldsymbol{A}_{n-1}\,\vdots\,\boldsymbol{\alpha})=\mathrm{r}(\boldsymbol{A}_{n-1})$, 故由线性方程组的求解理论可知, 存在 $n-1$ 维列向量 $\boldsymbol{\beta}$, 使得 $\boldsymbol{A}_{n-1}\boldsymbol{\beta}=\boldsymbol{\alpha}$. 考虑如下对称分块初等变换:

$$\begin{pmatrix}\boldsymbol{I}_{n-1} & \boldsymbol{O}\\ -\boldsymbol{\beta}' & 1\end{pmatrix}\begin{pmatrix}\boldsymbol{A}_{n-1} & \boldsymbol{\alpha}\\ \boldsymbol{\alpha}' & a_{nn}\end{pmatrix}\begin{pmatrix}\boldsymbol{I}_{n-1} & -\boldsymbol{\beta}\\ \boldsymbol{O} & 1\end{pmatrix}=\begin{pmatrix}\boldsymbol{A}_{n-1} & \boldsymbol{O}\\ \boldsymbol{O} & a_{nn}-\boldsymbol{\beta}'\boldsymbol{A}_{n-1}\boldsymbol{\beta}\end{pmatrix},$$

由 $\boldsymbol{A}$ 的半正定性可得 $a_{nn}-\boldsymbol{\beta}'\boldsymbol{A}_{n-1}\boldsymbol{\beta}\geq 0$. 再由归纳假设, 存在主对角元全为 1 的 $n-1$ 阶上三角矩阵 $\boldsymbol{T}_{n-1}$, 使得 $\boldsymbol{T}_{n-1}'\boldsymbol{A}_{n-1}\boldsymbol{T}_{n-1}=\boldsymbol{D}_{n-1}$ 是 $n-1$ 阶半正定对角矩阵. 令

$$\boldsymbol{T}=\begin{pmatrix}\boldsymbol{I}_{n-1} & -\boldsymbol{\beta}\\ \boldsymbol{O} & 1\end{pmatrix}\begin{pmatrix}\boldsymbol{T}_{n-1} & \boldsymbol{O}\\ \boldsymbol{O} & 1\end{pmatrix},$$

则 $\boldsymbol{T}$ 是一个主对角元全为 1 的 n 阶上三角矩阵, 使得

$$\boldsymbol{T}'\boldsymbol{A}\boldsymbol{T}=\begin{pmatrix}\boldsymbol{D}_{n-1} & \boldsymbol{O}\\ \boldsymbol{O} & a_{nn}-\boldsymbol{\beta}'\boldsymbol{A}_{n-1}\boldsymbol{\beta}\end{pmatrix}$$

是 n 阶半正定对角矩阵.

(2) $\Rightarrow$ (3): 设 $\boldsymbol{D}=\mathrm{diag}\{d_1,d_2,\cdots,d_n\}$, 令 $s_i=\sqrt{d_i}\geq 0$,

$$\boldsymbol{S}=\mathrm{diag}\{s_1,s_2,\cdots,s_n\}.$$

设 $\boldsymbol{C}=\boldsymbol{S}\boldsymbol{B}$, 则 $\boldsymbol{A}=\boldsymbol{C}'\boldsymbol{C}$. 显然 $\boldsymbol{C}=\boldsymbol{S}\boldsymbol{B}$ 是主对角元全为非负实数的上三角矩阵.

(3) $\Rightarrow$ (1): 由 $\boldsymbol{A}=\boldsymbol{C}'\boldsymbol{C}$ 可知 $\boldsymbol{A}$ 为半正定阵. □

注 (1) 若 $\boldsymbol{A}$ 是半正定阵, 则一般来说, 使得 $\boldsymbol{A}=\boldsymbol{C}'\boldsymbol{C}$ 成立的主对角元全为非负实数的上三角矩阵 $\boldsymbol{C}$ 并不一定是唯一的, 这一点和正定阵的情形不同. 例如, $\boldsymbol{A}=\begin{pmatrix}0 & 0\\ 0 & 1\end{pmatrix}$, 则 $\boldsymbol{C}_1=\begin{pmatrix}0 & 1\\ 0 & 0\end{pmatrix}$ 和 $\boldsymbol{C}_2=\begin{pmatrix}0 & 0\\ 0 & 1\end{pmatrix}$ 都是主对角元全为非负实数的上三角矩阵且 $\boldsymbol{A}=\boldsymbol{C}_1'\boldsymbol{C}_1=\boldsymbol{C}_2'\boldsymbol{C}_2$. 我们还将在第 9 章用矩阵的 QR 分解给出例 8.12 和例 8.78 的另一证明.

(2) 我们还有例 8.78 中 (1) $\Rightarrow$ (2) 的另一证明. 设 $\boldsymbol{A}=\begin{pmatrix}a_{11} & \boldsymbol{\alpha}'\\ \boldsymbol{\alpha} & \boldsymbol{A}_{n-1}\end{pmatrix}$, 可利用半正定阵的性质 2 对 a_{11} 进行讨论, 再由归纳法即得结论. 证明细节留给读者完成.

§ 8.7 和 § 8.8 中正定和半正定实对称矩阵的很多性质和结论都可以平行地推广到正定和半正定 Hermite 矩阵上, 这些推广对于复矩阵的研究非常重要. 我们把这些推广的叙述和证明留给读者完成.

§ 8.9 基础训练

8.9.1 训 练 题

一、单选题

1. 矩阵 $\boldsymbol{A}=\begin{pmatrix}0 & \frac{1}{\sqrt{2}} & 1\\ \frac{1}{\sqrt{2}} & 3 & -\frac{3}{2}\\ 1 & -\frac{3}{2} & 0\end{pmatrix}$ 对应的二次型为 (　　).

(A) $x_1^2+\frac{1}{2}x_1x_2+2x_1x_3-3x_2x_3$

(B) $2\sqrt{2}x_1x_2-3x_2^2+x_1x_3-\frac{3}{2}x_2x_3$

(C) $\sqrt{2}x_1x_2+3x_2^2+2x_1x_3-3x_2x_3$

(D) $x_1x_2-3x_2^2+x_1x_3-3x_2x_3$

2. 设 $f(x_1,x_2,x_3)=x_1x_2+x_1x_3-x_2x_3$, 则它的相伴实对称矩阵 (即系数矩阵) 为 (　　).

(A) $\begin{pmatrix}1 & 0 & 0\\ 0 & 1 & 0\\ 0 & 0 & -1\end{pmatrix}$　　(B) $\begin{pmatrix}0 & 1 & 1\\ 1 & 0 & -1\\ 1 & -1 & 0\end{pmatrix}$

(C) $\begin{pmatrix}0 & 1 & 1\\ 0 & 0 & -1\\ 0 & 0 & 0\end{pmatrix}$　　(D) $\begin{pmatrix}0 & \frac{1}{2} & \frac{1}{2}\\ \frac{1}{2} & 0 & -\frac{1}{2}\\ \frac{1}{2} & -\frac{1}{2} & 0\end{pmatrix}$

3. 在下列二次型中, 正惯性指数等于 2 的是 (　　).

(A) $f(x_1,x_2,x_3)=(x_1+x_2+x_3)^2-2x_2^2$

(B) $f(x_1,x_2,x_3)=x_1^2+x_2^2+5x_3^2-6x_1x_2-2x_1x_3+2x_2x_3$

(C) $f(x_1,x_2,x_3)=x_1^2+x_2^2+x_3^2-x_1x_2$

(D) $f(x_1,x_2,x_3)=x_1^2+x_2^2+x_3^2-2x_1x_2+2x_1x_3-2x_2x_3$

4. 设 $\boldsymbol{A}=\begin{pmatrix}-1 & 0 & 0\\ 0 & \frac{1}{3} & 0\\ 0 & 0 & -2\end{pmatrix}$, 则和 $\boldsymbol{A}$ 合同的矩阵是 (　　).

(A) $\begin{pmatrix}-1 & 0 & 0\\ 0 & 1 & 0\\ 0 & 0 & 1\end{pmatrix}$　　(B) $\begin{pmatrix}1 & 0 & 0\\ 0 & -2 & 0\\ 0 & 0 & 1\end{pmatrix}$

(C) $\begin{pmatrix} 2 & 0 & 0 \\ 0 & -1 & 0 \\ 0 & 0 & -5 \end{pmatrix}$　　(D) $\begin{pmatrix} 2 & 0 & 0 \\ 0 & 1 & 0 \\ 0 & 0 & 3 \end{pmatrix}$

5. 设实对称矩阵 $\boldsymbol{A}$ 的秩等于 r, 正惯性指数为 m, 则它的符号差为 (　　).

(A) r　　(B) $m-r$　　(C) $2m-r$　　(D) $r-m$

6. 在下列二次型中, 属于正定型的是 (　　).

(A) $f(x_1,x_2,x_3)=x_1^2+x_2^2$

(B) $f(x_1,x_2,x_3)=x_1^2+x_2^2+2x_1x_2+x_3^2$

(C) $f(x_1,x_2,x_3)=4x_1^2+x_2^2+2x_3^2+2x_1x_2+4x_1x_3+2x_2x_3$

(D) $f(x_1,x_2,x_3)=x_1^2+x_2^2+x_3^2+2x_1x_2+2x_1x_3+2x_2x_3$

7. 设 $\boldsymbol{A}$ 是 n 阶实对称矩阵, 则 $\boldsymbol{A}$ 为正定阵的充要条件是 (　　).

(A) $|\boldsymbol{A}|>0$

(B) 存在 n 阶可逆实矩阵 $\boldsymbol{C}$, 使得 $\boldsymbol{A}=\boldsymbol{C}'\boldsymbol{C}$

(C) 对元素全不为零的实列向量 $\boldsymbol{x}$, 总有 $\boldsymbol{x}'\boldsymbol{A}\boldsymbol{x}>0$

(D) 存在 n 维实列向量 $\boldsymbol{\alpha}\neq\boldsymbol{0}$, 使得 $\boldsymbol{\alpha}'\boldsymbol{A}\boldsymbol{\alpha}>0$

8. 实二次型 $f(x_1,\cdots,x_n)$ 的系数矩阵是 (　　) 时必是正定型.

(A) 实对称且主对角线上元素都为正数　　(B) 实对称且所有元素都为正数

(C) 实对称且顺序主子式的值都为正数　　(D) 实对称且行列式的值为正数

9. 设 $\boldsymbol{A},\boldsymbol{B}$ 为正定实对称矩阵, 则 (　　).

(A) $\boldsymbol{AB}$, $\boldsymbol{A}+\boldsymbol{B}$ 一定都是正定阵

(B) $\boldsymbol{AB}$ 是正定阵, $\boldsymbol{A}+\boldsymbol{B}$ 不是正定阵

(C) $\boldsymbol{A}+\boldsymbol{B}$ 是正定阵, $\boldsymbol{AB}$ 不一定是正定阵

(D) $\boldsymbol{AB}$ 必不是正定阵, $\boldsymbol{A}+\boldsymbol{B}$ 必是正定阵

10. 设实二次型 $f(x_1,x_2,x_3)=(k+1)x_1^2+(k-1)x_2^2+(k-2)x_3^2$, 当 (　　) 时, f 必是正定型.

(A) $k>0$　　(B) $k>1$　　(C) $k=1$　　(D) $k>2$

11. 下列条件不能保证 n 阶实对称矩阵 $\boldsymbol{A}$ 为正定阵的是 (　　).

(A) $\boldsymbol{A}^{-1}$ 正定　　(B) $\boldsymbol{A}$ 的负惯性指数为零

(C) $\boldsymbol{A}$ 合同于单位矩阵　　(D) $\boldsymbol{A}$ 的正惯性指数等于 n

12. 设 $\boldsymbol{A}$ 是 n 阶正定阵, 则下列结论错误的是 (　　).

(A) $|\boldsymbol{A}|>0$　　(B) $\boldsymbol{A}$ 的元素全是正数

(C) $\boldsymbol{A}$ 非异　　(D) $\boldsymbol{A}$ 的主对角线上元素全是正数

13. 当 k 为 (　　) 时, 实对称矩阵 $\boldsymbol{A}=\begin{pmatrix} k & k & 1 \\ k & k & 0 \\ 1 & 0 & k^2 \end{pmatrix}$ 为正定阵.

(A) $k>1$　　　　(B) $k^2>1$　　　　(C) $k<0$　　　　(D) k 不存在

14. 下列矩阵中合同于单位矩阵的是 (　　).

(A) $\begin{pmatrix}1&1&1\\1&1&1\\1&1&1\end{pmatrix}$　　　　(B) $\begin{pmatrix}1&0&1\\0&1&0\\1&0&1\end{pmatrix}$

(C) $\begin{pmatrix}1&2&1\\2&7&1\\1&1&8\end{pmatrix}$　　　　(D) $\begin{pmatrix}2&-1&2\\-1&3&-3\\2&-3&-4\end{pmatrix}$

15. 设 $\boldsymbol{A}$ 是 n 阶实反对称矩阵, 则 $\boldsymbol{A}'\boldsymbol{A}$ 必是 (　　).

(A) 正定阵　　　　(B) 负定矩阵　　　　(C) 半正定阵　　　　(D) 半负定矩阵

二、填空题

1. 设可逆矩阵 $\boldsymbol{A}$ 和 $\boldsymbol{B}$ 合同, 问 $\boldsymbol{A}^{-1}$ 和 $\boldsymbol{B}^{-1}$ 是否合同? (　　)

2. $n\,(n>1)$ 阶实对称矩阵 $\boldsymbol{A}$ 和它的伴随矩阵 $\boldsymbol{A}^*$ 是否必合同? (　　)

3. 设 n 阶实对称矩阵 $\boldsymbol{A}$ 合同于对角矩阵 $\boldsymbol{B}$, 其主对角元中有 m 个零, t 个正实数. 问 $\boldsymbol{A}$ 的秩、正惯性指数、负惯性指数及符号差是什么? (　　)

4. 设实对称矩阵 $\boldsymbol{A}$ 的秩为 r, 符号差为 s, 比较 $|s|$ 和 r 的大小. (　　)

5. 用对称初等变换法将下列二次型化为规范标准型:

$$2x_1x_2-6x_1x_3-6x_2x_4+2x_3x_4.$$

6. 确定 λ 的取值范围, 使得下列实二次型为正定型:

$$f(x_1,x_2,x_3,x_4)=\lambda x_1^2+\lambda x_2^2+\lambda x_3^2+x_4^2+2x_1x_2+2x_1x_3-2x_2x_3.$$

7. 设 n 阶实对称矩阵 $\boldsymbol{A},\boldsymbol{B}$ 都是正定阵, 问: 分块矩阵 $\begin{pmatrix}\boldsymbol{A}&\boldsymbol{O}\\\boldsymbol{O}&\boldsymbol{B}\end{pmatrix}$ 是否是正定阵? (　　)

8. 任意两个同阶正定阵合同吗? (　　)

9. 设 $\boldsymbol{A}$ 是 n 阶实矩阵, 问: $\boldsymbol{A}'\boldsymbol{A}$ 何时为正定阵? (　　)

10. n 阶实对称矩阵按合同分类, 共有 (　　) 类.

11. 设秩为 n 的 n 元实二次型 f 和 $-f$ 合同, 则 f 的正惯性指数等于 (　　).

12. 设 $\boldsymbol{A}$ 是正定阵, 问 $\boldsymbol{A}^*$ 是否也是正定阵? (　　)

13. 设 $\boldsymbol{A}$ 是正定阵, 问 $\boldsymbol{A}^k\,(k>1)$ 是否也是正定阵? (　　)

14. 设实对称矩阵 $\boldsymbol{A}$ 的极小多项式为 x^3-2x, 问 $\boldsymbol{A}$ 是否是正定阵? (　　)

15. 某同学对下列实二次型用配方法求惯性指数:

$$\begin{aligned}f(x_1,x_2,x_3)&=x_1^2+x_2^2+x_3^2-x_1x_2-x_1x_3-x_2x_3\\&=\frac{1}{2}(x_1-x_2)^2+\frac{1}{2}(x_2-x_3)^2+\frac{1}{2}(x_1-x_3)^2,\end{aligned}$$

因此他认为 f 是正定型. 你认为他的结论是否正确? 如不正确, 指出错误的原因.

三、解答题

1. 求证: 元素全是整数的反对称矩阵的行列式是某个整数的平方.

2. 设矩阵

$$\boldsymbol{A}=\begin{pmatrix}0&1&0&0\\1&0&0&0\\0&0&a&1\\0&0&1&2\end{pmatrix}$$

有一个特征值为 3, 求 a 的值并求可逆矩阵 $\boldsymbol{C}$, 使得 $(\boldsymbol{AC})'(\boldsymbol{AC})$ 是对角矩阵.

3. 化下列实二次型为标准型:

$$f(x_1,x_2,\cdots,x_{2n})=x_1x_{2n}+x_2x_{2n-1}+\cdots+x_nx_{n+1}.$$

4. 化下列实二次型为标准型:

$$f(x_1,x_2,\cdots,x_n)=\sum_{i=1}^n x_i^2+\sum_{i=1}^{n-1}x_ix_{i+1}.$$

5. 化下列实二次型为标准型:

$$f(x_1,x_2,\cdots,x_n)=n\sum_{i=1}^n x_i^2-\Big(\sum_{i=1}^n x_i\Big)^2.$$

6. 设 $\boldsymbol{A}$ 是 m 阶正定实对称矩阵, $\boldsymbol{B}$ 是 $m\times n$ 实矩阵. 求证: $\boldsymbol{B}'\boldsymbol{AB}$ 是正定阵的充要条件是 $\mathrm{r}(\boldsymbol{B})=n$.

7. 设 $\boldsymbol{A}$ 为 n 阶实对称矩阵, 求证:

(1) 若 $\boldsymbol{A}$ 正定, 则对任意的 $\boldsymbol{x}\in\mathbb{R}^n$, 有 $0\le\boldsymbol{x}'(\boldsymbol{A}+\boldsymbol{xx}')^{-1}\boldsymbol{x}<1$;

(2) 若 $\boldsymbol{A}$ 半正定, 则存在 $\boldsymbol{x}\in\mathbb{R}^n$, 使得 $\boldsymbol{A}+\boldsymbol{xx}'$ 正定且 $\boldsymbol{x}'(\boldsymbol{A}+\boldsymbol{xx}')^{-1}\boldsymbol{x}=1$ 的充要条件是 $\mathrm{r}(\boldsymbol{A})=n-1$.

8. 设 $\boldsymbol{A}=(a_{ij})$ 为 n 阶实矩阵, 满足:

(1) $a_{11}=a_{22}=\cdots=a_{nn}=a>0$;

(2) $\sum\limits_{j=1}^n|a_{ij}|+\sum\limits_{j=1}^n|a_{ji}|<4a\ (1\le i\le n)$.

试求二次型 $f(\boldsymbol{x})=\boldsymbol{x}'\boldsymbol{Ax}$ 的规范标准型, 其中 $\boldsymbol{x}=(x_1,x_2,\cdots,x_n)'$.

9. 求证: n 阶矩阵 $\boldsymbol{A}=(a_{ij})$ 是正定阵, 其中 $a_{ij}=\dfrac{1}{(i+j)^k}$, k 是任意的正整数.

10. 设 $\boldsymbol{A},\boldsymbol{B},\boldsymbol{A}-\boldsymbol{B}$ 都是 n 阶正定实对称矩阵, 问 $\boldsymbol{A}^2-\boldsymbol{B}^2$ 是否为正定阵? 若成立, 请证之; 若不成立, 请举出反例.

11. 设 $\boldsymbol{A},\boldsymbol{B}$ 都是 n 阶亚正定阵, c 是正实数, 求证:

(1) $\boldsymbol{A}+\boldsymbol{B}$, $c\boldsymbol{A}$, $\boldsymbol{A}'$, $\boldsymbol{A}^{-1}$, $\boldsymbol{A}^*$ 都是亚正定阵;

(2) 若 $\boldsymbol{C}$ 是 n 阶非异实矩阵, 则 $\boldsymbol{C}'\boldsymbol{A}\boldsymbol{C}$ 是亚正定阵;

(3) 若 $\boldsymbol{B}$ 是对称矩阵且 $\boldsymbol{A}-\boldsymbol{B}$ 是亚正定阵, 则 $\boldsymbol{B}^{-1}-\boldsymbol{A}^{-1}$ 也是亚正定阵.

12. 设 $\boldsymbol{A}$ 为 n 阶实对称矩阵, 求证: $\boldsymbol{A}$ 是秩为 r 的半正定阵的充要条件是存在秩等于 r 的 $r\times n$ 实矩阵 $\boldsymbol{B}$, 使得 $\boldsymbol{A}=\boldsymbol{B}'\boldsymbol{B}$.

13. 设 $\boldsymbol{A}$ 为 n 阶正定实对称矩阵, $\boldsymbol{B}$ 为 n 阶实矩阵, 使得 $\begin{pmatrix}\boldsymbol{A} & \boldsymbol{B}'\\ \boldsymbol{B} & \boldsymbol{A}^{-1}\end{pmatrix}$ 为半正定阵, 求证: $\boldsymbol{B}$ 的特征值都落在复平面上的单位圆内 (包含边界).

14. 设 $\boldsymbol{A},\boldsymbol{B}$ 都是 n 阶亚半正定阵, c 为非负实数. 求证:

(1) $\boldsymbol{A}+\boldsymbol{B}$, $c\boldsymbol{A}$, $\boldsymbol{A}'$ 和 $\boldsymbol{A}^*$ 都是亚半正定阵;

(2) 若 $\boldsymbol{C}$ 是 n 阶实矩阵, 则 $\boldsymbol{C}'\boldsymbol{A}\boldsymbol{C}$ 也是亚半正定阵;

(3) 若 $\boldsymbol{C}$ 是 n 阶亚正定阵, 则 $\boldsymbol{A}+\boldsymbol{C}$ 也是亚正定阵;

(4) $\boldsymbol{A}$ 的特征值的实部都大于等于零, 特别地, $|\boldsymbol{A}|\geq 0$;

(5) 举例说明: 非异的亚半正定阵不一定是亚正定阵.

15. 设实二次型 $f(x_1,x_2,\cdots,x_n)$ 的秩等于 n, 符号差等于 s. 求证: 在 n 维实列向量空间 V 中, 存在维数等于 $\dfrac{1}{2}(n-|s|)$ 的子空间 U, 使得对 U 中任一向量 $\boldsymbol{\alpha}$, $f(\boldsymbol{\alpha})=0$.

8.9.2 训练题答案

一、单选题

1. 应选择 (C).
2. 应选择 (D).
3. 应选择 (B).
4. 应选择 (C). 合同的矩阵有相同的正负惯性指数.
5. 应选择 (C).
6. 应选择 (C). 对相伴矩阵用对称初等变换法化简或用顺序主子式法判定均可.
7. 应选择 (B).
8. 应选择 (C).
9. 应选择 (C). 注意两个对称矩阵之积是对称矩阵当且仅当它们乘法可交换.
10. 应选择 (D).

11. 应选择 (B). 负惯性指数为零并不意味着正惯性指数等于 n (秩可能小于 n).

12. 应选择 (B). 例如正定阵 $\boldsymbol{A}=\begin{pmatrix}1 & -1\\ -1 & 2\end{pmatrix}$.

13. 应选择 (D). 由顺序主子式法可知 k 不存在.

14. 应选择 (C). (A) 和 (B) 中矩阵的秩小于 3, (D) 中矩阵的主对角线上有负元素, 因此它们都不是正定阵, 故不合同于单位矩阵.

15. 应选择 (C). 对实矩阵 $\boldsymbol{A}$ 而言, $\boldsymbol{A}'\boldsymbol{A}$ 总是半正定阵, 只有当 $\boldsymbol{A}$ 可逆时, $\boldsymbol{A}'\boldsymbol{A}$ 才是正定阵.

二、填空题

1. 必合同. 设 $\boldsymbol{B}=\boldsymbol{C}'\boldsymbol{A}\boldsymbol{C}$, 其中 $\boldsymbol{C}$ 是可逆矩阵. 将两边求逆可得 $\boldsymbol{B}^{-1}=\boldsymbol{C}^{-1}\boldsymbol{A}^{-1}(\boldsymbol{C}')^{-1}=\boldsymbol{C}^{-1}\boldsymbol{A}^{-1}(\boldsymbol{C}^{-1})'$, 此即表明 $\boldsymbol{A}^{-1}$ 和 $\boldsymbol{B}^{-1}$ 合同.

2. 不一定. 若 $\boldsymbol{A}=\boldsymbol{I}_n$, 则 $\boldsymbol{A}^*=\boldsymbol{I}_n$, 二者当然合同. 但若 $\boldsymbol{A}=\mathrm{diag}\{1,1,-1\}$, 则 $\boldsymbol{A}^*=\mathrm{diag}\{-1,-1,1\}$, $\boldsymbol{A}$ 和 $\boldsymbol{A}^*$ 的正惯性指数不相同, 因此不合同.

3. $\boldsymbol{A}$ 的秩等于 $\boldsymbol{B}$ 的主对角线上非零元素的个数, 即 $n-m$. $\boldsymbol{B}$ 的主对角线上正实数的个数 t 就是 $\boldsymbol{A}$ 的正惯性指数, 负实数的个数 $n-m-t$ 就是 $\boldsymbol{A}$ 的负惯性指数. 由此可知符号差等于 $2t+m-n$.

4. 设 $\boldsymbol{A}$ 的正惯性指数为 p, 负惯性指数为 q, 则 $r=p+q$, $s=p-q$. 由不等式 $|p-q|\le p+q$ 即知 $|s|\le r$.

5. 二次型的系数矩阵为 $\begin{pmatrix}0 & 1 & -3 & 0\\ 1 & 0 & 0 & -3\\ -3 & 0 & 0 & 1\\ 0 & -3 & 1 & 0\end{pmatrix}$, 对它施以对称初等变换可求得正惯性指数为 2, 负惯性指数为 2, 因此规范标准型为 $y_1^2+y_2^2-y_3^2-y_4^2$.

6. 二次型的系数矩阵为 $\boldsymbol{A}=\begin{pmatrix}\lambda & 1 & 1 & 0\\ 1 & \lambda & -1 & 0\\ 1 & -1 & \lambda & 0\\ 0 & 0 & 0 & 1\end{pmatrix}$, $\boldsymbol{A}$ 的顺序主子式为 $|\boldsymbol{A}_1|=\lambda$, $|\boldsymbol{A}_2|=\begin{vmatrix}\lambda & 1\\ 1 & \lambda\end{vmatrix}=\lambda^2-1$, $|\boldsymbol{A}_3|=\begin{vmatrix}\lambda & 1 & 1\\ 1 & \lambda & -1\\ 1 & -1 & \lambda\end{vmatrix}=(\lambda+1)^2(\lambda-2)$, $|\boldsymbol{A}_4|=|\boldsymbol{A}_3|=(\lambda+1)^2(\lambda-2)$. 要使 f 为正定型, 必须有 $\lambda>0$, $\lambda^2-1>0$, $(\lambda+1)^2(\lambda-2)>0$, 解得 $\lambda>2$.

7. 必正定.

8. 合同. 因为它们都合同于同阶单位矩阵.

9. 当 $\boldsymbol{A}$ 是可逆矩阵时, $\boldsymbol{A}'\boldsymbol{A}=\boldsymbol{A}'\boldsymbol{I}_n\boldsymbol{A}$, 因此 $\boldsymbol{A}'\boldsymbol{A}$ 是正定阵.

10. 共有 $\dfrac{1}{2}(n+1)(n+2)$ 类.

11. $\dfrac{n}{2}$.

12. $\boldsymbol{A}^*$ 是正定阵 (参考例 8.46).

13. $\boldsymbol{A}^k$ 是正定阵. 注意到 $\boldsymbol{A}$ 是可逆矩阵, 故当 $k=2m$ 是偶数时, $\boldsymbol{A}^k=(\boldsymbol{A}^m)'\boldsymbol{I}_n\boldsymbol{A}^m$, $\boldsymbol{A}^k$ 和

$\boldsymbol{I}_n$ 合同, 因此 $\boldsymbol{A}^k$ 仍是正定阵; 当 $k=2m+1$ 是奇数时, $\boldsymbol{A}^k=(\boldsymbol{A}^m)'\boldsymbol{A}\boldsymbol{A}^m$, $\boldsymbol{A}^k$ 和 $\boldsymbol{A}$ 合同, 因此 $\boldsymbol{A}^k$ 仍是正定阵.

14. $\boldsymbol{A}$ 必不是正定阵, 因为 0 是 $\boldsymbol{A}$ 的特征值, 故 $|\boldsymbol{A}|=0$.

15. 不正确, 因为他使用的是不可逆线性变换.

三、解答题

1. 设 $\boldsymbol{A}$ 是整数反对称矩阵, 由例 8.16 可知, 存在有理数域上的可逆矩阵 $\boldsymbol{C}$, 使得 $\boldsymbol{C}'\boldsymbol{A}\boldsymbol{C}$ 为 (8.2) 式所示, 则 $|\boldsymbol{C}|^2|\boldsymbol{A}|=|\boldsymbol{C}'\boldsymbol{A}\boldsymbol{C}|=1$ 或 0. 因此 $|\boldsymbol{A}|$ 是某个有理数的平方, 但整数矩阵的行列式是整数, 故 $|\boldsymbol{A}|$ 必是某个整数的平方.

2. 由 $|3\boldsymbol{I}_4-\boldsymbol{A}|=0$ 可得 $a=2$, 故 $\boldsymbol{A}'\boldsymbol{A}=\operatorname{diag}\left\{\begin{pmatrix}1&0\\0&1\end{pmatrix},\begin{pmatrix}5&4\\4&5\end{pmatrix}\right\}$. 经计算可取 $\boldsymbol{C}=\operatorname{diag}\left\{\begin{pmatrix}1&0\\0&1\end{pmatrix},\dfrac{1}{\sqrt{2}}\begin{pmatrix}-1&1\\1&1\end{pmatrix}\right\}$ ($\boldsymbol{C}$ 的选取不唯一), 使得 $(\boldsymbol{A}\boldsymbol{C})'(\boldsymbol{A}\boldsymbol{C})=\boldsymbol{C}'(\boldsymbol{A}'\boldsymbol{A})\boldsymbol{C}=\operatorname{diag}\{1,1,1,9\}$.

3. 解法 1: 作如下非异线性变换: $x_i=y_i+y_{2n+1-i}$, $x_{2n+1-i}=y_i-y_{2n+1-i}$ $(1\leq i\leq n)$, 则 $f=y_1^2+\cdots+y_n^2-y_{n+1}^2-\cdots-y_{2n}^2$. 解法 2: 二次型 f 的系数矩阵 $\boldsymbol{A}$ 是一个 $2n$ 阶实对称矩阵, 其反对角元全为 $\dfrac{1}{2}$, 其余元素全为 0. 由例 8.10 可知 $\boldsymbol{A}$ 的正负惯性指数都是 n, 因此二次型 f 的规范标准型为 $f=y_1^2+\cdots+y_n^2-y_{n+1}^2-\cdots-y_{2n}^2$.

4. 解法 1: 用教材 [1] 介绍的配方法可得 f 的标准型为 $(x_1+\dfrac{1}{2}x_2)^2+\dfrac{3}{4}(x_2+\dfrac{2}{3}x_3)^2+\cdots+\dfrac{n}{2n-2}(x_{n-1}+\dfrac{n-1}{n}x_n)^2+\dfrac{n+1}{2n}x_n^2$. 解法 2: 将二次型配方为 $\dfrac{1}{2}x_1^2+\dfrac{1}{2}(x_1+x_2)^2+\dfrac{1}{2}(x_2+x_3)^2+\cdots+\dfrac{1}{2}(x_{n-1}+x_n)^2+\dfrac{1}{2}x_n^2$, 从而 f 至少是半正定的. 若上式等于零, 则显然有 $x_1=x_2=\cdots=x_n=0$, 因此二次型 f 是正定型. 解法 3: 二次型 f 的系数矩阵 $\boldsymbol{A}$ 是一个三对角矩阵, 主对角元全为 1, 上下次对角元全为 $\dfrac{1}{2}$, 并且 $\boldsymbol{A}$ 的每个顺序主子式形状相同. 由例 1.14 可知每个顺序主子式均大于零, 于是 $\boldsymbol{A}$ 是正定阵, 从而二次型 f 为正定型.

5. 解法 1: 将二次型 f 配方为 $\sum\limits_{1\leq i<j\leq n}(x_i-x_j)^2$, 因此 f 半正定. 又 $\operatorname{Ker}f(\boldsymbol{x})=\{(c,c,\cdots,c)\mid c\in\mathbb{R}\}$ 的维数等于 1, 故由例 8.74 可知, f 的规范标准型为 $y_1^2+y_2^2+\cdots+y_{n-1}^2$. 解法 2: 二次型 f 的系数矩阵为 $n\boldsymbol{A}$, 其中 $\boldsymbol{A}$ 是例 8.34 解法 2 中的矩阵. 根据例 8.34 解法 2 中 $\boldsymbol{A}$ 的顺序主子式的计算以及例 8.13 可知, f 的规范标准型为 $y_1^2+y_2^2+\cdots+y_{n-1}^2$.

6. 由 $\boldsymbol{A}$ 的正定性可知, $\boldsymbol{B}'\boldsymbol{A}\boldsymbol{B}$ 至少是半正定的, 并且 $\boldsymbol{x}'(\boldsymbol{B}'\boldsymbol{A}\boldsymbol{B})\boldsymbol{x}=(\boldsymbol{B}\boldsymbol{x})'\boldsymbol{A}(\boldsymbol{B}\boldsymbol{x})=0$ 当且仅当 $\boldsymbol{B}\boldsymbol{x}=\boldsymbol{0}$. 因此, $\boldsymbol{B}'\boldsymbol{A}\boldsymbol{B}$ 是正定阵当且仅当 $\boldsymbol{B}\boldsymbol{x}=\boldsymbol{0}$ 只有零解, 再由线性方程组的求解理论可知, 这也当且仅当 $\mathrm{r}(\boldsymbol{B})=n$.

7. 假设 $\boldsymbol{A}+\boldsymbol{x}\boldsymbol{x}'$ 可逆, 考虑如下对称分块初等变换:

$$\begin{pmatrix}\boldsymbol{A}&\boldsymbol{O}\\\boldsymbol{O}&1\end{pmatrix}\to\begin{pmatrix}\boldsymbol{A}&\boldsymbol{x}\\\boldsymbol{O}&1\end{pmatrix}\to\begin{pmatrix}\boldsymbol{A}+\boldsymbol{x}\boldsymbol{x}'&\boldsymbol{x}\\\boldsymbol{x}'&1\end{pmatrix}\to\begin{pmatrix}\boldsymbol{A}+\boldsymbol{x}\boldsymbol{x}'&\boldsymbol{O}\\\boldsymbol{O}&1-\boldsymbol{x}'(\boldsymbol{A}+\boldsymbol{x}\boldsymbol{x}')^{-1}\boldsymbol{x}\end{pmatrix}. \tag{8.6}$$

(1) 设 $\boldsymbol{A}$ 正定, 则 $\boldsymbol{A}+\boldsymbol{x}\boldsymbol{x}'$ 也正定, 从而由 (8.6) 式可知 $1-\boldsymbol{x}'(\boldsymbol{A}+\boldsymbol{x}\boldsymbol{x}')^{-1}\boldsymbol{x}>0$, 于是 $0\leq\boldsymbol{x}'(\boldsymbol{A}+\boldsymbol{x}\boldsymbol{x}')^{-1}\boldsymbol{x}<1$. (2) 设 $\boldsymbol{A}$ 半正定, 先证必要性: 分别计算 (8.6) 式两边分块对角矩阵的秩可

得 $\mathrm{r}(\boldsymbol{A})+1=\mathrm{r}(\boldsymbol{A}+\boldsymbol{x}\boldsymbol{x}')=n$, 故 $\mathrm{r}(\boldsymbol{A})=n-1$. 再证充分性: 由 $\boldsymbol{A}$ 半正定以及 $\mathrm{r}(\boldsymbol{A})=n-1$ 可知, 存在非异实矩阵 $\boldsymbol{C}$, 使得 $\boldsymbol{A}=\boldsymbol{C}\begin{pmatrix}\boldsymbol{I}_{n-1} & \boldsymbol{O}\\ \boldsymbol{O} & 0\end{pmatrix}\boldsymbol{C}'$. 令 $\boldsymbol{x}=\boldsymbol{C}\begin{pmatrix}\boldsymbol{O}\\ 1\end{pmatrix}\in\mathbb{R}^n$, 则 $\boldsymbol{A}+\boldsymbol{x}\boldsymbol{x}'=\boldsymbol{C}\boldsymbol{C}'$ 为正定阵, 且 $\boldsymbol{x}'(\boldsymbol{A}+\boldsymbol{x}\boldsymbol{x}')^{-1}\boldsymbol{x}=(\boldsymbol{O}\ \ 1)\boldsymbol{C}'(\boldsymbol{C}\boldsymbol{C}')^{-1}\boldsymbol{C}\begin{pmatrix}\boldsymbol{O}\\ 1\end{pmatrix}=1$.

8. 考虑 $\boldsymbol{A}$ 的对称化 $\dfrac{1}{2}(\boldsymbol{A}+\boldsymbol{A}')$, 由假设不难验证这是一个主对角元全大于零的严格对角占优阵, 故由例 8.49 可知 $\dfrac{1}{2}(\boldsymbol{A}+\boldsymbol{A}')$ 是正定阵, 因此二次型 $f(\boldsymbol{x})=\dfrac{1}{2}\boldsymbol{x}'(\boldsymbol{A}+\boldsymbol{A}')\boldsymbol{x}$ 是正定型, 其规范标准型为 $y_1^2+y_2^2+\cdots+y_n^2$.

9. 由例 8.48 (1) 和例 8.43 即得结论.

10. 一般来说, $\boldsymbol{A}^2-\boldsymbol{B}^2$ 不一定是正定阵. 例如, $\boldsymbol{A}=\begin{pmatrix}2.0011 & 0.001\\ 0.001 & 1.001\end{pmatrix}$, $\boldsymbol{B}=\begin{pmatrix}2 & 0\\ 0 & 1\end{pmatrix}$, 容易验证 $\boldsymbol{A},\boldsymbol{B},\boldsymbol{A}-\boldsymbol{B}$ 都是正定阵, 但 $|\boldsymbol{A}^2-\boldsymbol{B}^2|<0$, 从而 $\boldsymbol{A}^2-\boldsymbol{B}^2$ 不是正定阵.

11. (1) $\boldsymbol{A}+\boldsymbol{B},c\boldsymbol{A},\boldsymbol{A}'$ 的亚正定性直接由定义验证即得. 由第 6 章解答题 3 可知 $|\boldsymbol{A}|>0$, 从而 $\boldsymbol{A}$ 可逆. 对任意的非零实列向量 $\boldsymbol{\alpha}$, $\boldsymbol{A}^{-1}\boldsymbol{\alpha}\neq\boldsymbol{0}$, 故由 $\boldsymbol{A}'$ 的亚正定性可得 $\boldsymbol{\alpha}'\boldsymbol{A}^{-1}\boldsymbol{\alpha}=(\boldsymbol{A}^{-1}\boldsymbol{\alpha})'\boldsymbol{A}'(\boldsymbol{A}^{-1}\boldsymbol{\alpha})>0$, 于是 $\boldsymbol{A}^{-1}$ 是亚正定阵. 注意到 $\boldsymbol{A}^*=|\boldsymbol{A}|\cdot\boldsymbol{A}^{-1}$, 故 $\boldsymbol{A}^*$ 也是亚正定阵. (2) 直接由定义验证即得. (3) 由例 2.26 可知 $\boldsymbol{B}^{-1}-\boldsymbol{A}^{-1}=\big(\boldsymbol{B}+\boldsymbol{B}(\boldsymbol{A}-\boldsymbol{B})^{-1}\boldsymbol{B}\big)^{-1}$, 再由 (1) 和 (2) 可得 $\boldsymbol{B}^{-1}-\boldsymbol{A}^{-1}$ 是亚正定阵.

12. 若 $\boldsymbol{A}=\boldsymbol{B}'\boldsymbol{B}$, 则由例 3.76 可得 $\mathrm{r}(\boldsymbol{A})=\mathrm{r}(\boldsymbol{B}'\boldsymbol{B})=\mathrm{r}(\boldsymbol{B})=r$, 且对任意的 n 维实列向量 $\boldsymbol{\alpha}$, $\boldsymbol{\alpha}'\boldsymbol{A}\boldsymbol{\alpha}=\boldsymbol{\alpha}'\boldsymbol{B}'\boldsymbol{B}\boldsymbol{\alpha}=(\boldsymbol{B}\boldsymbol{\alpha})'(\boldsymbol{B}\boldsymbol{\alpha})\geq 0$, 因此 $\boldsymbol{A}$ 是秩为 r 的半正定阵. 反之, 若 $\boldsymbol{A}$ 是秩为 r 的半正定阵, 则存在可逆矩阵 $\boldsymbol{C}$, 使得 $\boldsymbol{A}=\boldsymbol{C}'\operatorname{diag}\{1,\cdots,1,0,\cdots,0\}\boldsymbol{C}$, 其中有 r 个 1. 令 $\boldsymbol{B}=(\boldsymbol{I}_r\ \ \boldsymbol{O})\boldsymbol{C}$, 则 $\boldsymbol{B}$ 是秩等于 r 的 $r\times n$ 矩阵, 且 $\boldsymbol{A}=\boldsymbol{B}'\boldsymbol{B}$.

13. 由对称分块初等变换 $\begin{pmatrix}\boldsymbol{A} & \boldsymbol{B}'\\ \boldsymbol{B} & \boldsymbol{A}^{-1}\end{pmatrix}\to\begin{pmatrix}\boldsymbol{A}-\boldsymbol{B}'\boldsymbol{A}\boldsymbol{B} & \boldsymbol{O}\\ \boldsymbol{O} & \boldsymbol{A}^{-1}\end{pmatrix}$ 可知 $\boldsymbol{A}-\boldsymbol{B}'\boldsymbol{A}\boldsymbol{B}$ 为半正定实对称矩阵, 它也是半正定 Hermite 矩阵. 任取 $\boldsymbol{B}$ 的特征值 $\lambda_0\in\mathbb{C}$ 及其特征向量 $\boldsymbol{\alpha}\in\mathbb{C}^n$, 则有 $\overline{\boldsymbol{\alpha}}'(\boldsymbol{A}-\boldsymbol{B}'\boldsymbol{A}\boldsymbol{B})\boldsymbol{\alpha}\geq 0$, 即有 $\overline{\boldsymbol{\alpha}}'\boldsymbol{A}\boldsymbol{\alpha}(1-|\lambda_0|^2)\geq 0$. 由于 $\boldsymbol{A}$ 是正定实对称矩阵, 也是正定 Hermite 矩阵, 故 $\overline{\boldsymbol{\alpha}}'\boldsymbol{A}\boldsymbol{\alpha}>0$, 于是 $1-|\lambda_0|^2\geq 0$, 从而 $|\lambda_0|\leq 1$.

14. (1) $\boldsymbol{A}+\boldsymbol{B},c\boldsymbol{A},\boldsymbol{A}'$ 的亚半正定性直接由定义验证即得. 注意到 $\boldsymbol{A}$ 是亚半正定阵的充要条件是对任意的正实数 t, $\boldsymbol{A}+t\boldsymbol{I}_n$ 都是亚正定阵, 其证明完全类似于例 8.63 的证明. 因此由解答题 11 可知, 对任意的正实数 t, $(\boldsymbol{A}+t\boldsymbol{I}_n)^*$ 都是亚正定阵, 再令 $t\to 0+$, 即得 $\boldsymbol{A}^*$ 的亚半正定性. (2) 和 (3) 直接由定义验证即得. (4) 的证明完全类似于第 6 章解答题 3 的证明. 至于 $|\boldsymbol{A}|\geq 0$ 的证明, 既可以利用特征值实部的非负性, 也可以直接利用例 8.66 的结论, 还可以利用解答题 11 中亚正定阵行列式值的正性, 然后用极限性质和摄动法进行过渡. (5) 例如, $\boldsymbol{A}=\begin{pmatrix}1 & 1\\ -1 & 0\end{pmatrix}$ 满足要求.

15. 设 $\boldsymbol{x}=\boldsymbol{C}\boldsymbol{y}$, $f=y_1^2+\cdots+y_p^2-y_{p+1}^2-\cdots-y_n^2$, 其中 p 是二次型的正惯性指数. 不失一般性, 可设 $p\leq n-p$ (否则可对 $-f$ 考虑本问题), 则 $s=p-(n-p)=2p-n\leq 0$, 从而 $\dfrac{1}{2}(n-|s|)=p$ 是非负整数. 令 $\boldsymbol{\beta}_i\,(1\leq i\leq p)$ 是第 i 坐标和第 $p+i$ 坐标等于 1, 其他坐标等于 0 的 n 维列向量, 容易验证这 p 个向量线性无关. 令 $\boldsymbol{\alpha}_i=\boldsymbol{C}\boldsymbol{\beta}_i\,(1\leq i\leq p)$, 因为 $\boldsymbol{C}$ 可逆, 故 $\{\boldsymbol{\alpha}_1,\cdots,\boldsymbol{\alpha}_p\}$ 线性无关. 令 $U=L(\boldsymbol{\alpha}_1,\cdots,\boldsymbol{\alpha}_p)$, 则 $\dim U=\dfrac{1}{2}(n-|s|)$, 显然对任意的 $\boldsymbol{\alpha}\in U$, $f(\boldsymbol{\alpha})=0$.

第 9 章

内积空间

§ 9.1 基本概念

9.1.1 内积空间的定义

1. 欧氏空间

设 V 是实数域上的线性空间, 若存在某种规则, 使得对 V 中任意一对有序向量 $\boldsymbol{x},\boldsymbol{y}$, 都对应一个实数 $(\boldsymbol{x},\boldsymbol{y})$, 适合如下性质:

(1) $(\boldsymbol{y},\boldsymbol{x})=(\boldsymbol{x},\boldsymbol{y})$;

(2) $(\boldsymbol{x}+\boldsymbol{y},\boldsymbol{z})=(\boldsymbol{x},\boldsymbol{z})+(\boldsymbol{y},\boldsymbol{z})$;

(3) $(c\boldsymbol{x},\boldsymbol{y})=c(\boldsymbol{x},\boldsymbol{y})$, c 为任一实数;

(4) $(\boldsymbol{x},\boldsymbol{x})\geq 0$, 且等号成立当且仅当 $\boldsymbol{x}=\boldsymbol{0}$,

则称在 V 上定义了一个内积. 实数 $(\boldsymbol{x},\boldsymbol{y})$ 称为向量 $\boldsymbol{x}$ 和 $\boldsymbol{y}$ 的内积. 若 V 是 n 维空间, 则称 V 是 n 维欧氏空间.

2. 酉空间

设 V 是复数域上的线性空间, 若存在某种规则, 使得对 V 中任意一对有序向量 $\boldsymbol{x},\boldsymbol{y}$, 都对应一个复数 $(\boldsymbol{x},\boldsymbol{y})$, 适合如下性质:

(1) $(\boldsymbol{y},\boldsymbol{x})=\overline{(\boldsymbol{x},\boldsymbol{y})}$;

(2) $(\boldsymbol{x}+\boldsymbol{y},\boldsymbol{z})=(\boldsymbol{x},\boldsymbol{z})+(\boldsymbol{y},\boldsymbol{z})$;

(3) $(c\boldsymbol{x},\boldsymbol{y})=c(\boldsymbol{x},\boldsymbol{y})$, c 为任一复数;

(4) $(\boldsymbol{x},\boldsymbol{x})\geq 0$, 且等号成立当且仅当 $\boldsymbol{x}=\boldsymbol{0}$,

则称在 V 上定义了一个内积. 复数 $(\boldsymbol{x},\boldsymbol{y})$ 称为向量 $\boldsymbol{x}$ 和 $\boldsymbol{y}$ 的内积. 若 V 是 n 维空间, 则称 V 是 n 维酉空间.

欧氏空间和酉空间统称为内积空间.

3. 向量范数或长度

设 V 是内积空间, $\boldsymbol{x}$ 是 V 中的向量, 定义 $\boldsymbol{x}$ 的范数 (长度) 为

$$\|\boldsymbol{x}\| = (\boldsymbol{x}, \boldsymbol{x})^{\frac{1}{2}}.$$

4. 距离

设 $\boldsymbol{x}, \boldsymbol{y}$ 是内积空间 V 中的向量, 定义 $\boldsymbol{x}, \boldsymbol{y}$ 之间的距离为 $d(\boldsymbol{x}, \boldsymbol{y}) = \|\boldsymbol{x} - \boldsymbol{y}\|$.

5. 向量之间的夹角

设 $\boldsymbol{x}, \boldsymbol{y}$ 是内积空间 V 中的非零向量, 定义 $\boldsymbol{x}, \boldsymbol{y}$ 之间的夹角 θ 的余弦为

$$\cos\theta = \begin{cases} \dfrac{(\boldsymbol{x}, \boldsymbol{y})}{\|\boldsymbol{x}\|\|\boldsymbol{y}\|} & (\text{此时} V \text{为实内积空间}); \\ \dfrac{|(\boldsymbol{x}, \boldsymbol{y})|}{\|\boldsymbol{x}\|\|\boldsymbol{y}\|} & (\text{此时} V \text{为复内积空间}). \end{cases}$$

6. 正交

设 $\boldsymbol{x}, \boldsymbol{y}$ 是内积空间 V 中的向量, 若 $(\boldsymbol{x}, \boldsymbol{y}) = 0$, 则称 $\boldsymbol{x}$ 和 $\boldsymbol{y}$ 正交, 记为 $\boldsymbol{x} \perp \boldsymbol{y}$.

7. 定理

设 V 是内积空间, $\boldsymbol{x}, \boldsymbol{y}$ 是 V 中的向量, c 是任意常数, 则
(1) $\|c\boldsymbol{x}\| = |c| \cdot \|\boldsymbol{x}\|$;
(2) $|(\boldsymbol{x}, \boldsymbol{y})| \leq \|\boldsymbol{x}\| \cdot \|\boldsymbol{y}\|$;
(3) $\|\boldsymbol{x} + \boldsymbol{y}\| \leq \|\boldsymbol{x}\| + \|\boldsymbol{y}\|$.

9.1.2 正　交　基

1. 正交基

设 V 是 n 维内积空间, 若 V 有一组基两两正交, 则称这组基为 V 的正交基. 进一步, 若每个基向量的长度都等于 1, 则称之为标准正交基.

2. 定理

n 维内积空间中两两正交的非零向量组必线性无关; 任意一个 n 维内积空间必有标准正交基.

3. Gram-Schmidt 正交化方法

设 V 是 n 维内积空间, $\boldsymbol{x}_1, \boldsymbol{x}_2, \cdots, \boldsymbol{x}_m$ 是 V 中 m 个线性无关的向量, 令

$$\begin{aligned}
\boldsymbol{y}_1 &= \boldsymbol{x}_1, \\
\boldsymbol{y}_2 &= \boldsymbol{x}_2 - \frac{(\boldsymbol{x}_2, \boldsymbol{y}_1)}{\|\boldsymbol{y}_1\|^2}\boldsymbol{y}_1, \\
\boldsymbol{y}_3 &= \boldsymbol{x}_3 - \frac{(\boldsymbol{x}_3, \boldsymbol{y}_1)}{\|\boldsymbol{y}_1\|^2}\boldsymbol{y}_1 - \frac{(\boldsymbol{x}_3, \boldsymbol{y}_2)}{\|\boldsymbol{y}_2\|^2}\boldsymbol{y}_2, \\
&\cdots\cdots\cdots\cdots \\
\boldsymbol{y}_m &= \boldsymbol{x}_m - \sum_{j=1}^{m-1} \frac{(\boldsymbol{x}_m, \boldsymbol{y}_j)}{\|\boldsymbol{y}_j\|^2}\boldsymbol{y}_j,
\end{aligned}$$

则 $\boldsymbol{y}_1, \boldsymbol{y}_2, \cdots, \boldsymbol{y}_m$ 是两两正交的非零向量组.

4. 正交补

设 V 是 n 维内积空间, U 是子空间, 则和 U 正交的全体向量组成 V 的一个子空间, 称为 U 的正交补空间, 记为 $U^{\perp}$.

5. 正交直和

设 V 是 n 维内积空间, $U_i\,(1 \le i \le m)$ 是子空间. 假设 U_i 两两正交且 V 是 U_i 的和空间, 则称 V 是 U_i 的正交直和, 记为

$$V = U_1 \perp U_2 \perp \cdots \perp U_m.$$

6. 定理

设 V 是 n 维内积空间, U 是子空间, 则

(1) $V = U \perp U^{\perp}$;

(2) U 的任意一组标准正交基都可以扩张为 V 的一组标准正交基.

9.1.3 伴　　随

1. 定理

设 V 是 n 维内积空间, $\boldsymbol{\varphi}$ 是 V 上的线性变换, 则存在 V 上唯一的线性变换 $\boldsymbol{\varphi}^*$, 使得对任意的 $\boldsymbol{x}, \boldsymbol{y} \in V$, 都有

$$(\boldsymbol{\varphi}(\boldsymbol{x}), \boldsymbol{y}) = (\boldsymbol{x}, \boldsymbol{\varphi}^*(\boldsymbol{y})).$$

上述 φ^* 称为线性变换 φ 的伴随.

2. 伴随的表示矩阵

设 V 是 n 维内积空间, φ 是 V 上的线性变换, $\{\boldsymbol{e}_1, \boldsymbol{e}_2, \cdots, \boldsymbol{e}_n\}$ 是 V 的一组标准正交基, 且 φ 在这组基下的表示矩阵为 $\boldsymbol{A}$. 若 V 是欧氏空间, 则 φ^* 在这组基下的表示矩阵为 $\boldsymbol{A}'$, 即 $\boldsymbol{A}$ 的转置; 若 V 是酉空间, 则 φ^* 在这组基下的表示矩阵为 $\overline{\boldsymbol{A}}'$, 即 $\boldsymbol{A}$ 的共轭转置.

3. 伴随的性质

设 V 是 n 维内积空间, φ 是 V 上的线性变换, c 是某个常数, 则

(1) $(\boldsymbol{\varphi}+\boldsymbol{\psi})^* = \boldsymbol{\varphi}^* + \boldsymbol{\psi}^*$;

(2) $(c\boldsymbol{\varphi})^* = \bar{c}\boldsymbol{\varphi}^*$;

(3) $(\boldsymbol{\varphi}\boldsymbol{\psi})^* = \boldsymbol{\psi}^*\boldsymbol{\varphi}^*$;

(4) $(\boldsymbol{\varphi}^*)^* = \boldsymbol{\varphi}$.

9.1.4 正交变换与酉变换

1. 定义

设 V 是 n 维内积空间, φ 是 V 上的线性变换, 若 φ 保持内积, 即对任意的 $\boldsymbol{x}, \boldsymbol{y} \in V$, $(\varphi(\boldsymbol{x}), \varphi(\boldsymbol{y})) = (\boldsymbol{x}, \boldsymbol{y})$, 则当 V 是欧氏空间时, 称 φ 是 V 上的正交变换; 当 V 是酉空间时, 称 φ 是 V 上的酉变换.

2. 正交矩阵和酉矩阵

若 n 阶实矩阵 $\boldsymbol{P}$ 适合 $\boldsymbol{P}'\boldsymbol{P} = \boldsymbol{P}\boldsymbol{P}' = \boldsymbol{I}_n$, 则称为正交矩阵; 若 n 阶复矩阵 $\boldsymbol{U}$ 适合 $\overline{\boldsymbol{U}}'\boldsymbol{U} = \boldsymbol{U}\overline{\boldsymbol{U}}' = \boldsymbol{I}_n$, 则称为酉矩阵.

3. 定理

欧氏空间上的线性变换 φ 是正交变换的充要条件是 φ 在某一组 (任一组) 标准正交基下的表示矩阵是正交矩阵; 酉空间上的线性变换 φ 是酉变换的充要条件是 φ 在某一组 (任一组) 标准正交基下的表示矩阵是酉矩阵.

9.1.5 正规算子

1. 自伴随算子

设 φ 是 n 维内积空间 V 上的线性变换, 若 $\varphi=\varphi^*$, 则称 φ 是 V 上的自伴随算子. 当 V 是欧氏空间时, φ 是自伴随算子的充要条件是 φ 在某一组 (任一组) 标准正交基下的表示矩阵是对称矩阵; 当 V 是酉空间时, φ 是自伴随算子的充要条件是 φ 在某一组 (任一组) 标准正交基下的表示矩阵是 Hermite 矩阵.

注 当 V 是欧氏空间时, 自伴随算子又称为对称变换; 当 V 是酉空间时, 自伴随算子又称为 Hermite 变换.

2. 定理

设 φ 是 n 维内积空间 V 上的自伴随算子, 则存在 V 的一组标准正交基 $\{\boldsymbol{e}_1,\boldsymbol{e}_2,\cdots,\boldsymbol{e}_n\}$, 使得 φ 在这组基下的表示矩阵是实对角矩阵, 且该对角矩阵的主对角元就是 φ 的特征值, 每个基向量 $\boldsymbol{e}_i$ 都是 φ 的特征向量.

3. 定理

实对称矩阵和 Hermite 矩阵的特征值都是实数.

4. 定理

任意一个实对称矩阵 $\boldsymbol{A}$ 都正交相似于对角矩阵, 即存在正交矩阵 $\boldsymbol{P}$, 使得 $\boldsymbol{P}'\boldsymbol{A}\boldsymbol{P}$ 是对角矩阵, 且该对角矩阵的主对角元是 $\boldsymbol{A}$ 的特征值. 任意一个 Hermite 矩阵 $\boldsymbol{H}$ 都酉相似于实对角矩阵, 即存在酉矩阵 $\boldsymbol{U}$, 使得 $\overline{\boldsymbol{U}}'\boldsymbol{H}\boldsymbol{U}$ 是实对角矩阵, 且该对角矩阵的主对角元是 $\boldsymbol{H}$ 的特征值.

5. 正规算子与正规矩阵

设 φ 是内积空间 V 上的线性变换, 若 $\varphi\varphi^*=\varphi^*\varphi$, 则称 φ 是正规算子.

若 n 阶复矩阵 $\boldsymbol{A}$ 适合 $\boldsymbol{A}\overline{\boldsymbol{A}}'=\overline{\boldsymbol{A}}'\boldsymbol{A}$, 则称为复正规矩阵; 若 n 阶实矩阵 $\boldsymbol{A}$ 适合 $\boldsymbol{A}\boldsymbol{A}'=\boldsymbol{A}'\boldsymbol{A}$, 则称为实正规矩阵.

6. 定理

设 φ 是 n 维酉空间 V 上的正规算子, 则存在 V 的一组标准正交基 $\{\boldsymbol{e}_1,\boldsymbol{e}_2,\cdots,\boldsymbol{e}_n\}$, 使得 φ 在这组基下的表示矩阵是对角矩阵, 且该对角矩阵的主对角元就是 φ 的特征值, 每个基向量 $\boldsymbol{e}_i$ 都是 φ 的特征向量.

7. 定理

任一复正规矩阵均酉相似于复对角矩阵.

8. 推论

任一 n 阶酉矩阵均酉相似于下列形状的对角矩阵:

$$\mathrm{diag}\{c_1, c_2, \cdots, c_n\},$$

其中 c_i 为模长等于 1 的复数.

9. 定理

设 V 是 n 维欧氏空间, $\boldsymbol{\varphi}$ 是 V 上的正规算子, 则存在 V 的一组标准正交基, 使得 $\boldsymbol{\varphi}$ 在这组基下的表示矩阵为下列分块对角矩阵:

$$\mathrm{diag}\{\boldsymbol{A}_1, \cdots, \boldsymbol{A}_r, c_{2r+1}, \cdots, c_n\}, \tag{9.1}$$

其中 $\boldsymbol{A}_i$ 为形如 $\begin{pmatrix} a_i & b_i \\ -b_i & a_i \end{pmatrix}$ 的二阶实矩阵, c_j 是实数.

10. 定理

设 $\boldsymbol{A}$ 是 n 阶实正规矩阵, 则存在正交矩阵 $\boldsymbol{P}$, 使得

$$\boldsymbol{P}'\boldsymbol{A}\boldsymbol{P} = \mathrm{diag}\{\boldsymbol{A}_1, \cdots, \boldsymbol{A}_r, c_{2r+1}, \cdots, c_n\},$$

其中 $\boldsymbol{A}_i$ 为形如 $\begin{pmatrix} a_i & b_i \\ -b_i & a_i \end{pmatrix}$ 的二阶实矩阵, c_j 是实数.

11. 推论

设 $\boldsymbol{A}$ 是 n 阶正交矩阵, 则存在正交矩阵 $\boldsymbol{P}$, 使得

$$\boldsymbol{P}'\boldsymbol{A}\boldsymbol{P} = \mathrm{diag}\{\boldsymbol{A}_1, \cdots, \boldsymbol{A}_r, c_{2r+1}, \cdots, c_n\},$$

其中 $\boldsymbol{A}_i$ 为形如 $\begin{pmatrix} \cos\theta_i & \sin\theta_i \\ -\sin\theta_i & \cos\theta_i \end{pmatrix}$ 的二阶实矩阵, $c_j = 1$ 或 -1.

12. 推论

设 $\boldsymbol{A}$ 是 n 阶实反对称矩阵, 则存在正交矩阵 $\boldsymbol{P}$, 使得

$$\boldsymbol{P}'\boldsymbol{A}\boldsymbol{P} = \mathrm{diag}\{\boldsymbol{A}_1, \cdots, \boldsymbol{A}_r, 0, \cdots, 0\},$$

其中 $\boldsymbol{A}_i$ 为形如 $\begin{pmatrix} 0 & c_i \\ -c_i & 0 \end{pmatrix}$ 的二阶实矩阵. 特别地, 实反对称矩阵的特征值为零或纯虚数.

9.1.6 谱分解和极分解

1. 谱分解定理

设 V 是 n 维内积空间, φ 是 V 上的线性变换, 当 V 是欧氏空间时假设 φ 是自伴随算子, 当 V 是酉空间时假设 φ 是复正规算子. 设 $\lambda_1, \lambda_2, \cdots, \lambda_k$ 是 φ 的所有不同的特征值, V_i 是 λ_i 的特征子空间, 则 V 是诸 V_i 的正交直和. 又设 $\boldsymbol{E}_i$ 为 V 到 V_i 上的正交投影, 则

$$\varphi = \lambda_1 \boldsymbol{E}_1 + \lambda_2 \boldsymbol{E}_2 + \cdots + \lambda_k \boldsymbol{E}_k.$$

2. 极分解定理

设 V 是 n 维酉 (欧氏) 空间, φ 是 V 上的线性变换, 则存在 V 上的酉变换 (正交变换) $\boldsymbol{\omega}$ 以及 V 上的半正定自伴随算子 $\boldsymbol{\psi}$, 使得 $\varphi = \boldsymbol{\omega}\boldsymbol{\psi}$, 其中 $\boldsymbol{\psi}$ 被 φ 唯一确定, 当 φ 是可逆线性变换时, $\boldsymbol{\omega}$ 也被 φ 唯一确定.

3. 矩阵的极分解

若 $\boldsymbol{A}$ 是 n 阶实矩阵, 则存在 n 阶正交矩阵 $\boldsymbol{Q}$ 和半正定实对称矩阵 $\boldsymbol{S}$, 使得 $\boldsymbol{A} = \boldsymbol{QS}$. 若 $\boldsymbol{B}$ 是 n 阶复矩阵, 则存在 n 阶酉矩阵 $\boldsymbol{U}$ 和半正定 Hermite 矩阵 $\boldsymbol{H}$, 使得 $\boldsymbol{B} = \boldsymbol{UH}$. 上述分解式当 $\boldsymbol{A}, \boldsymbol{B}$ 是可逆矩阵时是唯一的.

9.1.7 奇异值分解

1. 定理

设 V, U 分别为 n, m 维欧氏空间 (酉空间), $\varphi: V \to U$ 是线性映射, 则存在唯一的线性映射 $\varphi^*: U \to V$, 使得对任意的 $\boldsymbol{v} \in V$, $\boldsymbol{u} \in U$, 总有

$$(\boldsymbol{\varphi}(\boldsymbol{v}), \boldsymbol{u}) = (\boldsymbol{v}, \boldsymbol{\varphi}^*(\boldsymbol{u})).$$

上述 φ^* 称为线性映射 φ 的伴随.

2. 奇异值

设 V,U 分别为 n,m 维欧氏空间 (酉空间), $\boldsymbol{\varphi}: V \to U$ 是线性映射, 若存在非负实数 σ 以及非零向量 $\boldsymbol{v} \in V$, $\boldsymbol{u} \in U$, 使得

$$\boldsymbol{\varphi}(\boldsymbol{v}) = \sigma \boldsymbol{u}, \quad \boldsymbol{\varphi}^*(\boldsymbol{u}) = \sigma \boldsymbol{v},$$

则称 σ 是 $\boldsymbol{\varphi}$ 的奇异值, $\boldsymbol{v},\boldsymbol{u}$ 分别称为 $\boldsymbol{\varphi}$ 关于 σ 的右奇异向量与左奇异向量.

3. 奇异值分解定理

设 V,U 分别为 n,m 维欧氏空间 (酉空间), $\boldsymbol{\varphi}: V \to U$ 是线性映射, 则存在 V 和 U 的标准正交基, 使得 $\boldsymbol{\varphi}$ 在这两组基下的表示矩阵为

$$\begin{pmatrix} \boldsymbol{S} & \boldsymbol{O} \\ \boldsymbol{O} & \boldsymbol{O} \end{pmatrix},$$

其中 $\boldsymbol{S} = \mathrm{diag}\{\sigma_1, \sigma_2, \cdots, \sigma_r\}$, $\sigma_1 \geq \sigma_2 \geq \cdots \geq \sigma_r > 0$ 是 $\boldsymbol{\varphi}$ 的非零奇异值.

4. 矩阵的奇异值分解

设 $\boldsymbol{A}$ 为 $m \times n$ 实矩阵 (复矩阵), 则存在 m 阶正交矩阵 (酉矩阵) $\boldsymbol{P}$, n 阶正交矩阵 (酉矩阵) $\boldsymbol{Q}$, 使得

$$\boldsymbol{A} = \boldsymbol{P} \begin{pmatrix} \boldsymbol{S} & \boldsymbol{O} \\ \boldsymbol{O} & \boldsymbol{O} \end{pmatrix} \boldsymbol{Q},$$

其中 $\boldsymbol{S} = \mathrm{diag}\{\sigma_1, \sigma_2, \cdots, \sigma_r\}$, $\sigma_1 \geq \sigma_2 \geq \cdots \geq \sigma_r > 0$ 是 $\boldsymbol{A}$ 的非零奇异值.

§ 9.2 内积空间与 Gram 矩阵

如果实线性空间 (或复线性空间) V 上附加了一个满足对称性 (共轭对称性)、第一变量的线性以及正定性的二元运算 $(-,-)$, 则这个二元运算就称为 V 上的内积, 而带有内积结构的实线性空间 (或复线性空间) V 就称为实内积空间 (复内积空间). 我们可把线性空间 V 看成是底空间, 而把内积看成是附加在 V 上的度量结构, 因此 V 的维数和基, 以及 V 上的线性变换等都是由底空间的线性结构诱导出来的. 本章将重点阐述的是, 在添加了内积结构之后, V 和 V 上的线性变换具有的进一步的性质以及相关的应用等.

下面的例题给出了常见线性空间上的内积结构.

例 9.1 证明下列线性空间在给定的二元运算下成为内积空间:

(1) 设 $V=\mathbb{R}^n$ 为 n 维实列向量空间, $\boldsymbol{G}$ 为 n 阶正定实对称矩阵, 对任意的 $\boldsymbol{\alpha},\boldsymbol{\beta}\in V$, 定义 $(\boldsymbol{\alpha},\boldsymbol{\beta})=\boldsymbol{\alpha}'\boldsymbol{G}\boldsymbol{\beta}$;

(2) 设 $V=\mathbb{R}_n$ 为 n 维实行向量空间, $\boldsymbol{G}$ 为 n 阶正定实对称矩阵, 对任意的 $\boldsymbol{\alpha},\boldsymbol{\beta}\in V$, 定义 $(\boldsymbol{\alpha},\boldsymbol{\beta})=\boldsymbol{\alpha}\boldsymbol{G}\boldsymbol{\beta}'$;

(3) 设 $V=\mathbb{C}^n$ 为 n 维复列向量空间, $\boldsymbol{H}$ 为 n 阶正定 Hermite 矩阵, 对任意的 $\boldsymbol{\alpha},\boldsymbol{\beta}\in V$, 定义 $(\boldsymbol{\alpha},\boldsymbol{\beta})=\boldsymbol{\alpha}'\boldsymbol{H}\overline{\boldsymbol{\beta}}$;

(4) 设 $V=\mathbb{C}^n$ 为 n 维复行向量空间, $\boldsymbol{H}$ 为 n 阶正定 Hermite 矩阵, 对任意的 $\boldsymbol{\alpha},\boldsymbol{\beta}\in V$, 定义 $(\boldsymbol{\alpha},\boldsymbol{\beta})=\boldsymbol{\alpha}\boldsymbol{H}\overline{\boldsymbol{\beta}}'$;

(5) 设 $V=C[a,b]$ 为闭区间 $[a,b]$ 上的连续函数全体构成的实线性空间, 对任意的 $f(t),g(t)\in V$, 定义 $(f(t),g(t))=\int_a^b f(t)g(t)\mathrm{d}t$;

(6) 设 $V=\mathbb{R}[x]$ 为实系数多项式全体构成的实线性空间, 对任意的 $f(x)=a_0+a_1x+\cdots+a_nx^n$, $g(x)=b_0+b_1x+\cdots+b_mx^m$, 定义 $(f(x),g(x))=a_0b_0+a_1b_1+\cdots+a_kb_k$, 其中 $k=\min\{n,m\}$;

(7) 设 $V=M_n(\mathbb{R})$ 为 n 阶实矩阵全体构成的实线性空间, 对任意的 $\boldsymbol{A}=(a_{ij})$, $\boldsymbol{B}=(b_{ij})\in V$, 定义 $(\boldsymbol{A},\boldsymbol{B})=\mathrm{tr}(\boldsymbol{A}\boldsymbol{B}')=\sum\limits_{i,j=1}^n a_{ij}b_{ij}$;

(8) 设 $V=M_n(\mathbb{C})$ 为 n 阶复矩阵全体构成的复线性空间, 对任意的 $\boldsymbol{A}=(a_{ij})$, $\boldsymbol{B}=(b_{ij})\in V$, 定义 $(\boldsymbol{A},\boldsymbol{B})=\mathrm{tr}(\boldsymbol{A}\overline{\boldsymbol{B}}')=\sum\limits_{i,j=1}^n a_{ij}\overline{b_{ij}}$.

证明 (1) 首先注意到 $\boldsymbol{\alpha}'\boldsymbol{G}\boldsymbol{\beta}$ 是一个数, $\boldsymbol{G}$ 是实对称矩阵, 故它们都等于自身的转置, 从而 $(\boldsymbol{\alpha},\boldsymbol{\beta})=\boldsymbol{\alpha}'\boldsymbol{G}\boldsymbol{\beta}=(\boldsymbol{\alpha}'\boldsymbol{G}\boldsymbol{\beta})'=\boldsymbol{\beta}'\boldsymbol{G}'\boldsymbol{\alpha}=\boldsymbol{\beta}\boldsymbol{G}\boldsymbol{\alpha}'=(\boldsymbol{\beta},\boldsymbol{\alpha})$, 即得对称性; 其次由矩阵乘法的性质可得第一变量的线性; 最后由 $\boldsymbol{G}$ 的正定性可知, $(\boldsymbol{\alpha},\boldsymbol{\alpha})=\boldsymbol{\alpha}'\boldsymbol{G}\boldsymbol{\alpha}\geq 0$, 且等号成立当且仅当 $\boldsymbol{\alpha}=\boldsymbol{0}$, 即得正定性. 因此上述二元运算是 $\mathbb{R}^n$ 上的内积, 称为由正定实对称矩阵 $\boldsymbol{G}$ 定义的内积. 当 $\boldsymbol{G}=\boldsymbol{I}_n$ 时, 上述内积称为 $\mathbb{R}^n$ 上的标准内积.

(2) 类似于 (1) 的证明可得. 当 $\boldsymbol{G}=\boldsymbol{I}_n$ 时, 上述内积称为 $\mathbb{R}_n$ 上的标准内积.

(3) 首先注意到 $\overline{\boldsymbol{H}}'=\boldsymbol{H}$, 故 $\overline{(\boldsymbol{\alpha},\boldsymbol{\beta})}=\overline{\boldsymbol{\alpha}}'\overline{\boldsymbol{H}}\boldsymbol{\beta}=(\overline{\boldsymbol{\alpha}}'\overline{\boldsymbol{H}}\boldsymbol{\beta})'=\boldsymbol{\beta}'\overline{\boldsymbol{H}}'\overline{\boldsymbol{\alpha}}=\boldsymbol{\beta}'\boldsymbol{H}\overline{\boldsymbol{\alpha}}=(\boldsymbol{\beta},\boldsymbol{\alpha})$, 即得共轭对称性; 其次由矩阵乘法的性质可得第一变量的线性; 最后由 $\boldsymbol{H}$ 的正定性可知, $(\boldsymbol{\alpha},\boldsymbol{\alpha})=\boldsymbol{\alpha}'\boldsymbol{H}\overline{\boldsymbol{\alpha}}\geq 0$, 且等号成立当且仅当 $\boldsymbol{\alpha}=\boldsymbol{0}$, 即得正定性. 因此上述二元运算是 $\mathbb{C}^n$ 上的内积, 称为由正定 Hermite 矩阵 $\boldsymbol{H}$ 定义的内积. 当 $\boldsymbol{H}=\boldsymbol{I}_n$ 时, 上述内积称为 $\mathbb{C}^n$ 上的标准内积.

(4) 类似于 (3) 的证明可得. 当 $\boldsymbol{H}=\boldsymbol{I}_n$ 时, 上述内积称为 $\mathbb{C}_n$ 上的标准内积.

(5) 对称性显然成立; 由积分运算的线性可得第一变量的线性; 由连续函数的性

质可得正定性, 因此上述二元运算是 $C[a,b]$ 上的内积.

(6) 容易验证对称性、第一变量的线性和正定性都成立.

(7) 参考 § 2.7, 由求迹运算的对称性、线性和正定性即得上述二元运算的对称性、线性和正定性, 因此它是 $M_n(\mathbb{R})$ 上的内积.

(8) 证明是类似的. 这两种由矩阵的迹定义的内积称为矩阵空间上的 Frobenius 内积. □

内积空间 V 中向量 $\boldsymbol{\alpha}$ 的范数 (长度) 定义为 $\|\boldsymbol{\alpha}\|=(\boldsymbol{\alpha},\boldsymbol{\alpha})^{\frac{1}{2}}$, 因此由内积的正定性可得范数的正定性, 即 $\|\boldsymbol{\alpha}\|\geq 0$, 且等号成立当且仅当 $\boldsymbol{\alpha}=\mathbf{0}$. §§ 9.1.1 定理 7 还给出了范数其他重要的性质, 例如 Cauchy-Schwarz 不等式和三角不等式等. 作为内积正定性的另一个应用, 我们有如下简单实用的技巧.

例 9.2 设 V 为内积空间, 求证:

(1) 若 $(\boldsymbol{\alpha},\boldsymbol{\beta})=0$ 对任意的 $\boldsymbol{\beta}\in V$ 都成立, 则 $\boldsymbol{\alpha}=\mathbf{0}$; 若 $(\boldsymbol{\alpha},\boldsymbol{\beta})=0$ 对任意的 $\boldsymbol{\alpha}\in V$ 都成立, 则 $\boldsymbol{\beta}=\mathbf{0}$;

(2) 设 $\{\boldsymbol{e}_1,\boldsymbol{e}_2,\cdots,\boldsymbol{e}_n\}$ 是 V 的一组基, 若 $(\boldsymbol{\alpha},\boldsymbol{e}_i)=(\boldsymbol{\beta},\boldsymbol{e}_i)$ 对任意的 i 都成立, 则 $\boldsymbol{\alpha}=\boldsymbol{\beta}$.

证明 (1) 若 $(\boldsymbol{\alpha},\boldsymbol{\beta})=0$ 对任意的 $\boldsymbol{\beta}\in V$ 都成立, 令 $\boldsymbol{\beta}=\boldsymbol{\alpha}$, 可得 $(\boldsymbol{\alpha},\boldsymbol{\alpha})=0$, 由内积的正定性即得 $\boldsymbol{\alpha}=\mathbf{0}$. 同理可证另一情形.

(2) 若 $(\boldsymbol{\alpha},\boldsymbol{e}_i)=(\boldsymbol{\beta},\boldsymbol{e}_i)$ 对任意的 i 都成立, 则 $(\boldsymbol{\alpha}-\boldsymbol{\beta},\boldsymbol{e}_i)=0$ 对任意的 i 都成立. 设 $\boldsymbol{\alpha}-\boldsymbol{\beta}=\sum\limits_{i=1}^n c_i\boldsymbol{e}_i$, 则由第二变量的共轭线性可得 $(\boldsymbol{\alpha}-\boldsymbol{\beta},\boldsymbol{\alpha}-\boldsymbol{\beta})=(\boldsymbol{\alpha}-\boldsymbol{\beta},\sum\limits_{i=1}^n c_i\boldsymbol{e}_i)=\sum\limits_{i=1}^n \overline{c_i}(\boldsymbol{\alpha}-\boldsymbol{\beta},\boldsymbol{e}_i)=0$, 再由内积的正定性即得 $\boldsymbol{\alpha}=\boldsymbol{\beta}$. □

注 由实内积的对称性可推出第二变量的线性, 然而复内积的共轭对称性只能推出第二变量的共轭线性, 这是实内积和复内积的区别之一, 请读者务必注意. 因为实数的共轭等于自身, 所以实内积空间的定义相容于复内积空间的定义. 因此在后面很多例题的叙述和解答的过程中, 除非题目已标明是哪一类内积空间, 否则我们一般都按照复内积空间的情形来处理.

设 $\{\boldsymbol{e}_1,\boldsymbol{e}_2,\cdots,\boldsymbol{e}_n\}$ 是内积空间 V 的一组基, 令 $g_{ij}=(\boldsymbol{e}_i,\boldsymbol{e}_j)$, 则 $\boldsymbol{G}=(g_{ij})_{n\times n}$ 称为内积空间 V 关于基 $\{\boldsymbol{e}_1,\boldsymbol{e}_2,\cdots,\boldsymbol{e}_n\}$ 的 Gram 矩阵或度量矩阵. 设 $\boldsymbol{\alpha},\boldsymbol{\beta}\in V$ 在上述基下的坐标向量分别为 $\boldsymbol{x},\boldsymbol{y}$, 则有

$$(\boldsymbol{\alpha},\boldsymbol{\beta})=\begin{cases}\boldsymbol{x}'\boldsymbol{G}\boldsymbol{y} & (\text{此时 } V \text{ 为欧氏空间});\\ \boldsymbol{x}'\boldsymbol{G}\overline{\boldsymbol{y}} & (\text{此时 } V \text{ 为酉空间}).\end{cases}\tag{9.2}$$

进一步, 由内积的对称性 (共轭对称性) 和正定性可知 $\boldsymbol{G}$ 是正定实对称矩阵 (正定 Hermite 矩阵), 于是 V 上的一个内积结构对应于一个 n 阶正定实对称矩阵 (n 阶正定 Hermite 矩阵) $\boldsymbol{G}$. 反之, 一个 n 阶正定实对称矩阵 (n 阶正定 Hermite 矩阵) $\boldsymbol{G}$ 按照 (9.2) 式可以定义 V 上的一个内积结构 (验证方法与例 9.1 (1) 和 (3) 类似). 因此, 若取定 n 维实 (复) 线性空间 V 上的一组基, 则 V 上的内积结构全体与 n 阶正定实对称矩阵 (n 阶正定 Hermite 矩阵) 全体之间存在着一个一一对应. 正是在这个意义下, 线性空间上的内积结构的研究等价于 Gram 矩阵的研究, 即等价于正定实对称矩阵 (正定 Hermite 矩阵) 的研究, 这也是我们在第 8 章研究正定阵的重要原因.

我们也可以考虑另一个方向的问题: 若取定 n 维实 (复) 线性空间 V 上的一种内积结构, 使之成为实 (复) 内积空间, 那么不同基的 Gram 矩阵之间会有怎样的关系呢? 下面的例题告诉我们, 它们之间是合同 (复相合) 的关系.

例 9.3 设 V 为 n 维内积空间, $\{\boldsymbol{e}_1, \boldsymbol{e}_2, \cdots, \boldsymbol{e}_n\}$ 和 $\{\boldsymbol{f}_1, \boldsymbol{f}_2, \cdots, \boldsymbol{f}_n\}$ 分别是 V 的两组基. 设基 $\{\boldsymbol{e}_1, \boldsymbol{e}_2, \cdots, \boldsymbol{e}_n\}$ 的 Gram 矩阵为 $\boldsymbol{G}$, 基 $\{\boldsymbol{f}_1, \boldsymbol{f}_2, \cdots, \boldsymbol{f}_n\}$ 的 Gram 矩阵为 $\boldsymbol{H}$, 从基 $\{\boldsymbol{e}_1, \boldsymbol{e}_2, \cdots, \boldsymbol{e}_n\}$ 到基 $\{\boldsymbol{f}_1, \boldsymbol{f}_2, \cdots, \boldsymbol{f}_n\}$ 的过渡矩阵为 $\boldsymbol{C}$. 求证: 若 V 为欧氏空间, 则 $\boldsymbol{H} = \boldsymbol{C}'\boldsymbol{G}\boldsymbol{C}$; 若 V 为酉空间, 则 $\boldsymbol{H} = \boldsymbol{C}'\boldsymbol{G}\overline{\boldsymbol{C}}$.

证明 设 V 为酉空间, $\boldsymbol{G} = (g_{ij})$, $\boldsymbol{H} = (h_{ij})$, $\boldsymbol{C} = (c_{ij})$, 则 $\boldsymbol{f}_k = \sum\limits_{i=1}^{n} c_{ik}\boldsymbol{e}_i$, 于是

$$h_{kl} = (\boldsymbol{f}_k, \boldsymbol{f}_l) = (\sum_{i=1}^{n} c_{ik}\boldsymbol{e}_i, \sum_{j=1}^{n} c_{jl}\boldsymbol{e}_j) = \sum_{i,j=1}^{n} c_{ik}\overline{c_{jl}}(\boldsymbol{e}_i, \boldsymbol{e}_j) = \sum_{i,j=1}^{n} c_{ik}g_{ij}\overline{c_{jl}}.$$

上式左边是 $\boldsymbol{H}$ 的第 (k,l) 元素, 右边是 $\boldsymbol{C}'\boldsymbol{G}\overline{\boldsymbol{C}}$ 的第 (k,l) 元素, 从而结论得证. □

例 9.4 设 V 是 n 维实 (复) 内积空间, $\boldsymbol{H}$ 是一个 n 阶正定实对称矩阵 (正定 Hermite 矩阵), 求证: 必存在 V 上的一组基 $\{\boldsymbol{f}_1, \boldsymbol{f}_2, \cdots, \boldsymbol{f}_n\}$, 使得它的 Gram 矩阵就是 $\boldsymbol{H}$.

证明 任取 V 的一组基 $\{\boldsymbol{e}_1, \boldsymbol{e}_2, \cdots, \boldsymbol{e}_n\}$, 设其 Gram 矩阵为 $\boldsymbol{G}$, 这也是一个 n 阶正定实对称矩阵 (正定 Hermite 矩阵), 于是 $\boldsymbol{G}$ 与 $\boldsymbol{H}$ 合同 (复相合), 即存在 n 阶非异阵 $\boldsymbol{C} = (c_{ij})$, 使得 $\boldsymbol{H} = \boldsymbol{C}'\boldsymbol{G}\boldsymbol{C}$ ($\boldsymbol{H} = \boldsymbol{C}'\boldsymbol{G}\overline{\boldsymbol{C}}$). 令 $\boldsymbol{f}_j = \sum\limits_{i=1}^{n} c_{ij}\boldsymbol{e}_i\,(1 \leq j \leq n)$, 则由 $\boldsymbol{C}$ 非异可知 $\{\boldsymbol{f}_1, \boldsymbol{f}_2, \cdots, \boldsymbol{f}_n\}$ 是 V 的一组基, 并且从基 $\{\boldsymbol{e}_1, \boldsymbol{e}_2, \cdots, \boldsymbol{e}_n\}$ 到基 $\{\boldsymbol{f}_1, \boldsymbol{f}_2, \cdots, \boldsymbol{f}_n\}$ 的过渡矩阵恰为 $\boldsymbol{C}$, 再由例 9.3 可知, 基 $\{\boldsymbol{f}_1, \boldsymbol{f}_2, \cdots, \boldsymbol{f}_n\}$ 的 Gram 矩阵就是 $\boldsymbol{C}'\boldsymbol{G}\boldsymbol{C} = \boldsymbol{H}$ ($\boldsymbol{C}'\boldsymbol{G}\overline{\boldsymbol{C}} = \boldsymbol{H}$). □

例 9.4 告诉我们, 若给定一个 n 维实 (复) 内积空间 V, 则从 V 所有的基构成的集合到所有 n 阶正定实对称矩阵 (n 阶正定 Hermite 矩阵) 构成的集合有一个满映

射, 它将 V 的一组基映为这组基的 Gram 矩阵. 这个映射当然不会是单映射, 请读者自行思考其中的原因.

Gram 矩阵的概念还可以推广到内积空间中的任一向量组, 我们来看如下例题 (酉空间的情形同理可得).

例 9.5 设 $\boldsymbol{v}_1, \boldsymbol{v}_2, \cdots, \boldsymbol{v}_m$ 是欧氏空间 V 中 m 个向量, 矩阵

$$\boldsymbol{G} = \boldsymbol{G}(\boldsymbol{v}_1, \boldsymbol{v}_2, \cdots, \boldsymbol{v}_m) = \begin{pmatrix} (\boldsymbol{v}_1, \boldsymbol{v}_1) & (\boldsymbol{v}_1, \boldsymbol{v}_2) & \cdots & (\boldsymbol{v}_1, \boldsymbol{v}_m) \\ (\boldsymbol{v}_2, \boldsymbol{v}_1) & (\boldsymbol{v}_2, \boldsymbol{v}_2) & \cdots & (\boldsymbol{v}_2, \boldsymbol{v}_m) \\ \vdots & \vdots & & \vdots \\ (\boldsymbol{v}_m, \boldsymbol{v}_1) & (\boldsymbol{v}_m, \boldsymbol{v}_2) & \cdots & (\boldsymbol{v}_m, \boldsymbol{v}_m) \end{pmatrix}$$

称为向量 $\boldsymbol{v}_1, \boldsymbol{v}_2, \cdots, \boldsymbol{v}_m$ 的 Gram 矩阵. 求证:

(1) $\boldsymbol{G}$ 是半正定实对称矩阵;

(2) 向量组 $\boldsymbol{v}_1, \boldsymbol{v}_2, \cdots, \boldsymbol{v}_m$ 线性无关当且仅当 $\boldsymbol{G}$ 是正定阵, 也当且仅当 $\boldsymbol{G}$ 是可逆矩阵.

证明 (1) 由内积的对称性可知 $\boldsymbol{G}$ 是实对称矩阵. 对任意的实列向量 $\boldsymbol{\alpha} = (a_1, a_2, \cdots, a_m)'$, 令 $\boldsymbol{v} = a_1\boldsymbol{v}_1 + a_2\boldsymbol{v}_2 + \cdots + a_m\boldsymbol{v}_m$, 则有

$$\boldsymbol{\alpha}'\boldsymbol{G}\boldsymbol{\alpha} = \sum_{i,j=1}^{m} a_i a_j (\boldsymbol{v}_i, \boldsymbol{v}_j) = (\sum_{i=1}^{m} a_i \boldsymbol{v}_i, \sum_{j=1}^{m} a_j \boldsymbol{v}_j) = (\boldsymbol{v}, \boldsymbol{v}) \geq 0,$$

因此 $\boldsymbol{G}$ 是半正定阵.

(2) 注意到半正定阵 $\boldsymbol{G}$ 是正定阵当且仅当 $\boldsymbol{G}$ 是非异阵, 故两个充要条件只要证明其中一个即可. 我们用两种方法来证明它们.

证法 1 若 $\boldsymbol{v}_1, \boldsymbol{v}_2, \cdots, \boldsymbol{v}_m$ 线性无关, 则对任意的非零实列向量 $\boldsymbol{\alpha} = (a_1, a_2, \cdots, a_m)'$, $\boldsymbol{v} = a_1\boldsymbol{v}_1 + a_2\boldsymbol{v}_2 + \cdots + a_m\boldsymbol{v}_m \neq \boldsymbol{0}$, 从而 $\boldsymbol{\alpha}'\boldsymbol{G}\boldsymbol{\alpha} = (\boldsymbol{v}, \boldsymbol{v}) > 0$, 故 $\boldsymbol{G}$ 是正定阵. 若 $\boldsymbol{v}_1, \boldsymbol{v}_2, \cdots, \boldsymbol{v}_m$ 线性相关, 则存在非零实列向量 $\boldsymbol{\alpha} = (a_1, a_2, \cdots, a_m)'$, 使得 $\boldsymbol{v} = a_1\boldsymbol{v}_1 + a_2\boldsymbol{v}_2 + \cdots + a_m\boldsymbol{v}_m = \boldsymbol{0}$, 从而 $\boldsymbol{\alpha}'\boldsymbol{G}\boldsymbol{\alpha} = (\boldsymbol{v}, \boldsymbol{v}) = 0$, 故 $\boldsymbol{G}$ 不是正定阵.

证法 2 假设 $\boldsymbol{v}_1, \boldsymbol{v}_2, \cdots, \boldsymbol{v}_m$ 线性相关, 则存在不全为零的数 $k_1, k_2, \cdots, k_m$, 使得 $k_1\boldsymbol{v}_1 + k_2\boldsymbol{v}_2 + \cdots + k_m\boldsymbol{v}_m = \boldsymbol{0}$. 将 k_i 乘以 $\boldsymbol{G}$ 的第 i 行后求和得到

$$(k_1\boldsymbol{v}_1 + k_2\boldsymbol{v}_2 + \cdots + k_m\boldsymbol{v}_m, \boldsymbol{v}_j) = 0, \quad 1 \leq j \leq m, \tag{9.3}$$

即 $\boldsymbol{G}$ 的 m 个行向量线性相关, 因此 $\boldsymbol{G}$ 不是可逆矩阵. 反之, 若 $\boldsymbol{G}$ 不可逆, 则 $\boldsymbol{G}$ 的 m 个行向量线性相关, 即存在不全为零的数 $k_1, k_2, \cdots, k_m$, 使得 (9.3) 式成立. 于是

$$(k_1\boldsymbol{v}_1 + k_2\boldsymbol{v}_2 + \cdots + k_m\boldsymbol{v}_m, k_1\boldsymbol{v}_1 + k_2\boldsymbol{v}_2 + \cdots + k_m\boldsymbol{v}_m) = 0,$$

从而 $k_1\boldsymbol{v}_1 + k_2\boldsymbol{v}_2 + \cdots + k_m\boldsymbol{v}_m = \boldsymbol{0}$, 因此 $\boldsymbol{v}_1, \boldsymbol{v}_2, \cdots, \boldsymbol{v}_m$ 线性相关. □

注　向量组 $\boldsymbol{v}_1,\boldsymbol{v}_2,\cdots,\boldsymbol{v}_m$ 的 Gram 矩阵的几何意义是, 这 m 个向量张成的平行 $2m$ 面体的体积等于其 Gram 矩阵的行列式的算术平方根 (证明可参考例 9.15):

$$V(\boldsymbol{v}_1,\boldsymbol{v}_2,\cdots,\boldsymbol{v}_m)=|\boldsymbol{G}(\boldsymbol{v}_1,\boldsymbol{v}_2,\cdots,\boldsymbol{v}_m)|^{\frac{1}{2}}.$$

特别地, 设 $V=\mathbb{R}^n$ (取标准内积), n 阶实矩阵 $\boldsymbol{A}=(\boldsymbol{\alpha}_1,\boldsymbol{\alpha}_2,\cdots,\boldsymbol{\alpha}_n)$ 为其列分块, 则 $\boldsymbol{G}(\boldsymbol{\alpha}_1,\boldsymbol{\alpha}_2,\cdots,\boldsymbol{\alpha}_n)=\boldsymbol{A}'\boldsymbol{A}$, 于是 $V(\boldsymbol{\alpha}_1,\boldsymbol{\alpha}_2,\cdots,\boldsymbol{\alpha}_n)=|\boldsymbol{A}'\boldsymbol{A}|^{\frac{1}{2}}=\mathrm{abs}(|\boldsymbol{A}|)$. 因此, n 阶行列式的绝对值等于其 n 个列向量张成的平行 $2n$ 面体的体积, 这就是 n 阶行列式的几何意义.

内积的正定性在前面几道例题以及下面这道例题的证明中都发挥了重要的作用.

例 9.6　证明: 在 n 维欧氏空间 V 中, 两两夹角大于直角的向量个数至多是 $n+1$ 个.

证明　用反证法证明. 假设存在 $n+2$ 个两两夹角大于直角的向量 $\boldsymbol{\alpha}_1,\boldsymbol{\alpha}_2,\cdots,\boldsymbol{\alpha}_{n+1},\boldsymbol{\alpha}_{n+2}\in V$, 则由 $\dim V=n$ 可知, $\boldsymbol{\alpha}_1,\boldsymbol{\alpha}_2,\cdots,\boldsymbol{\alpha}_{n+1}$ 必线性相关, 即存在不全为零的实数 $c_1,c_2,\cdots,c_{n+1}$, 使得 $c_1\boldsymbol{\alpha}_1+c_2\boldsymbol{\alpha}_2+\cdots+c_{n+1}\boldsymbol{\alpha}_{n+1}=\boldsymbol{0}$. 将此式按照系数正负整理为如下形式:

$$\sum_{c_i>0}c_i\boldsymbol{\alpha}_i=\sum_{c_j<0}(-c_j)\boldsymbol{\alpha}_j. \tag{9.4}$$

由 $c_1,c_2,\cdots,c_{n+1}$ 不全为零不妨设存在某个 $c_i>0$. 若 (9.4) 式两边都等于零, 则有

$$0=(\sum_{c_i>0}c_i\boldsymbol{\alpha}_i,\boldsymbol{\alpha}_{n+2})=\sum_{c_i>0}c_i(\boldsymbol{\alpha}_i,\boldsymbol{\alpha}_{n+2})<0,$$

矛盾. 因此 (9.4) 式两边都非零, 从而也存在某个 $c_j<0$, 于是

$$0<(\sum_{c_i>0}c_i\boldsymbol{\alpha}_i,\sum_{c_i>0}c_i\boldsymbol{\alpha}_i)=(\sum_{c_i>0}c_i\boldsymbol{\alpha}_i,\sum_{c_j<0}(-c_j)\boldsymbol{\alpha}_j)=\sum_{c_i>0}\sum_{c_j<0}c_i(-c_j)(\boldsymbol{\alpha}_i,\boldsymbol{\alpha}_j)<0,$$

矛盾. 例如, 不妨设 $V=\mathbb{R}^n$ (取标准内积), 则向量 $\boldsymbol{\alpha}_1=(n,-1,\cdots,-1)'$, $\boldsymbol{\alpha}_2=(-1,n,\cdots,-1)'$, $\boldsymbol{\alpha}_n=(-1,-1,\cdots,n)'$, $\boldsymbol{\alpha}_{n+1}=(-1,-1,\cdots,-1)'$ 就满足两两夹角大于直角. 因此, $n+1$ 就是两两夹角大于直角的向量个数的最佳上界, 结论得证. □

注　设 $\boldsymbol{\alpha}_1,\boldsymbol{\alpha}_2,\cdots,\boldsymbol{\alpha}_{n+1}$ 是 n 维欧氏空间 V 中两两夹角大于直角的 $n+1$ 个向量, 利用与例 9.6 的证明完全类似的讨论还能证明:

(1) $\boldsymbol{\alpha}_1,\boldsymbol{\alpha}_2,\cdots,\boldsymbol{\alpha}_{n+1}$ 中任意 n 个向量必线性无关;

(2) $\boldsymbol{\alpha}_1,\boldsymbol{\alpha}_2,\cdots,\boldsymbol{\alpha}_{n+1}$ 中任一向量必为其余向量的负系数线性组合.

我们把上述两个推论的证明留给读者完成.

利用内积与正定实对称矩阵 (正定 Hermite 矩阵) 之间的关系, 我们可以用代数方法来解决几何问题, 也可以用几何方法来处理代数问题, 下面是几个典型的例题.

例 9.7 设 V 是 n 维欧氏空间, $\{\boldsymbol{e}_1,\boldsymbol{e}_2,\cdots,\boldsymbol{e}_n\}$ 是 V 的一组基, $c_1,c_2,\cdots,c_n$ 是 n 个实数, 求证: 存在唯一的向量 $\boldsymbol{\alpha}\in V$, 使得对任意的 i, $(\boldsymbol{\alpha},\boldsymbol{e}_i)=c_i$.

证明 设 $\boldsymbol{\alpha}=x_1\boldsymbol{e}_1+x_2\boldsymbol{e}_2+\cdots+x_n\boldsymbol{e}_n$, 则 $(\boldsymbol{\alpha},\boldsymbol{e}_i)=c_i\,(1\leq i\leq n)$ 等价于如下线性方程组:

$$\begin{cases}(\boldsymbol{e}_1,\boldsymbol{e}_1)x_1+(\boldsymbol{e}_1,\boldsymbol{e}_2)x_2+\cdots+(\boldsymbol{e}_1,\boldsymbol{e}_n)x_n=c_1,\\(\boldsymbol{e}_2,\boldsymbol{e}_1)x_1+(\boldsymbol{e}_2,\boldsymbol{e}_2)x_2+\cdots+(\boldsymbol{e}_2,\boldsymbol{e}_n)x_n=c_2,\\\cdots\cdots\cdots\cdots\\(\boldsymbol{e}_n,\boldsymbol{e}_1)x_1+(\boldsymbol{e}_n,\boldsymbol{e}_2)x_2+\cdots+(\boldsymbol{e}_n,\boldsymbol{e}_n)x_n=c_n.\end{cases}$$

注意到上述方程组的系数矩阵是基 $\{\boldsymbol{e}_1,\boldsymbol{e}_2,\cdots,\boldsymbol{e}_n\}$ 的 Gram 矩阵, 故其行列式非零, 从而上述方程组有唯一解, 于是满足条件的 $\boldsymbol{\alpha}$ 存在且唯一. □

例 9.8 设 V 是实系数多项式全体构成的实线性空间, 任取

$$f(x)=a_0+a_1x+\cdots+a_nx^n,\quad g(x)=b_0+b_1x+\cdots+b_mx^m,$$

证明: 如下定义的二元运算是 V 上的内积:

$$(f,g)=\sum_{i,j}\frac{a_ib_j}{i+j+1}.$$

证明 容易验证 $(f(x),g(x))=\int_0^1 f(x)g(x)\mathrm{d}x$, 故由例 9.1 (5) 即得结论. 因为 $1,x,\cdots,x^{n-1}$ 是 V 中一组线性无关的向量, 所以由例 9.5 知其 Gram 矩阵 $\boldsymbol{A}=\left(\dfrac{1}{i+j-1}\right)_{n\times n}$ 是一个正定阵, 这也给出了例 8.48 (2) 的几何证明. □

例 9.9 设 $\boldsymbol{A}$ 是 n 阶半正定实对称矩阵, 求证: 对任意的 n 维实列向量 $\boldsymbol{x},\boldsymbol{y}$, 有

$$(\boldsymbol{x}'\boldsymbol{A}\boldsymbol{y})^2\leq(\boldsymbol{x}'\boldsymbol{A}\boldsymbol{x})(\boldsymbol{y}'\boldsymbol{A}\boldsymbol{y}).$$

证法 1 由例 8.63 可知, 对任意正实数 t, $\boldsymbol{A}+t\boldsymbol{I}_n$ 都是正定阵, 这决定了 n 维列向量空间 $\mathbb{R}^n$ 上的一个内积, 故由 Cauchy-Schwarz 不等式可得

$$\big(\boldsymbol{x}'(\boldsymbol{A}+t\boldsymbol{I}_n)\boldsymbol{y}\big)^2\leq\big(\boldsymbol{x}'(\boldsymbol{A}+t\boldsymbol{I}_n)\boldsymbol{x}\big)\big(\boldsymbol{y}'(\boldsymbol{A}+t\boldsymbol{I}_n)\boldsymbol{y}\big).$$

注意到上式两边都是关于 t 的连续函数, 同时取极限, 令 $t\to0+$, 即得结论.

证法 2　由于 $\boldsymbol{A}$ 半正定, 故存在实矩阵 $\boldsymbol{C}$, 使得 $\boldsymbol{A}=\boldsymbol{C}'\boldsymbol{C}$. 考虑 n 维列向量空间 $\mathbb{R}^n$ 上的标准内积, 由 Cauchy-Schwarz 不等式可得

$$(\boldsymbol{x}'\boldsymbol{A}\boldsymbol{y})^2=(\boldsymbol{C}\boldsymbol{x},\boldsymbol{C}\boldsymbol{y})^2\leq\|\boldsymbol{C}\boldsymbol{x}\|^2\|\boldsymbol{C}\boldsymbol{y}\|^2=(\boldsymbol{x}'\boldsymbol{A}\boldsymbol{x})(\boldsymbol{y}'\boldsymbol{A}\boldsymbol{y}).$$

证法 3　因为 $\boldsymbol{A}$ 是半正定阵, 故对任意的实数 t, 有

$$(\boldsymbol{x}'\boldsymbol{A}\boldsymbol{x})t^2+2(\boldsymbol{x}'\boldsymbol{A}\boldsymbol{y})t+(\boldsymbol{y}'\boldsymbol{A}\boldsymbol{y})=(t\boldsymbol{x}+\boldsymbol{y})'\boldsymbol{A}(t\boldsymbol{x}+\boldsymbol{y})\geq 0.$$

若 $\boldsymbol{x}'\boldsymbol{A}\boldsymbol{x}=0$, 则由例 8.71 可知 $\boldsymbol{A}\boldsymbol{x}=\boldsymbol{0}$, 从而 $\boldsymbol{x}'\boldsymbol{A}\boldsymbol{y}=(\boldsymbol{A}\boldsymbol{x})'\boldsymbol{y}=0$, 于是结论成立. 若 $\boldsymbol{x}'\boldsymbol{A}\boldsymbol{x}\neq 0$, 则上述关于 t 的二次方程恒大于等于零当且仅当其判别式小于等于零, 由此即得要证的结论. □

本节的大部分结论都有实和复对应的两个版本, 但实内积空间和复内积空间之间还是存在着一些差异, 我们来看下面的例题.

例 9.10　证明: 在 $\mathbb{R}^n$ (取标准内积) 中存在一个非零线性变换 φ, 使 $\varphi(\boldsymbol{\alpha})\perp\boldsymbol{\alpha}$ 对任意的 $\boldsymbol{\alpha}\in\mathbb{R}^n$ 成立, 但是在 $\mathbb{C}^n$ (取标准内积) 中这样的非零线性变换不存在.

证明　任取一个 n 阶非零实反对称矩阵 $\boldsymbol{A}$, 对任意的 $\boldsymbol{\alpha}\in\mathbb{R}^n$, 定义 $\varphi(\boldsymbol{\alpha})=\boldsymbol{A}\boldsymbol{\alpha}$, 则由例 2.5 可得 $(\boldsymbol{\alpha},\varphi(\boldsymbol{\alpha}))=\boldsymbol{\alpha}'\boldsymbol{A}\boldsymbol{\alpha}=0$. 下面给出 $\mathbb{C}^n$ 情形的 3 种证法. 用反证法来证明, 设在 $\mathbb{C}^n$ (取标准内积) 中存在满足条件的非零线性变换 φ.

证法 1　设 $\{\boldsymbol{e}_1,\boldsymbol{e}_2,\cdots,\boldsymbol{e}_n\}$ 是 $\mathbb{C}^n$ 的标准单位列向量, φ 在这组基下的表示矩阵为 $\boldsymbol{A}=(a_{ij})$, 则对任意的 $\boldsymbol{\alpha}\in\mathbb{C}^n$, $\varphi(\boldsymbol{\alpha})=\boldsymbol{A}\boldsymbol{\alpha}$. 由假设可知, 对任意的 $\boldsymbol{\alpha}\in\mathbb{C}^n$, 有 $(\varphi(\boldsymbol{\alpha}),\boldsymbol{\alpha})=\boldsymbol{\alpha}'\boldsymbol{A}'\overline{\boldsymbol{\alpha}}=0$. 取 $\boldsymbol{\alpha}=\boldsymbol{e}_i$, 代入条件可得 $a_{ii}=0\,(1\leq i\leq n)$. 取 $\boldsymbol{\alpha}=\boldsymbol{e}_i+\boldsymbol{e}_j$, 代入条件可得 $a_{ij}+a_{ji}=0\,(1\leq i<j\leq n)$. 取 $\boldsymbol{\alpha}=\boldsymbol{e}_i+\mathrm{i}\boldsymbol{e}_j$, 代入条件可得 $a_{ij}-a_{ji}=0\,(1\leq i<j\leq n)$. 于是 $a_{ij}=a_{ji}=0\,(1\leq i<j\leq n)$, 从而 $\boldsymbol{A}=\boldsymbol{O}$, 这与 $\varphi\neq\boldsymbol{0}$ 矛盾!

证法 2　首先, 我们证明 φ 的特征值全部为零. 设 λ_0 是 φ 的特征值, $\boldsymbol{\alpha}$ 是对应的特征向量, 则 $0=(\varphi(\boldsymbol{\alpha}),\boldsymbol{\alpha})=(\lambda_0\boldsymbol{\alpha},\boldsymbol{\alpha})=\lambda_0(\boldsymbol{\alpha},\boldsymbol{\alpha})$, 由于 $(\boldsymbol{\alpha},\boldsymbol{\alpha})\neq 0$, 故只能是 $\lambda_0=0$. 其次, 由 Jordan 标准型理论可知, 存在 $\mathbb{C}^n$ 的一组基 $\{\boldsymbol{e}_1,\boldsymbol{e}_2,\cdots,\boldsymbol{e}_n\}$, 使得 φ 在这组基下的表示矩阵为 $\mathrm{diag}\{\boldsymbol{J}_{r_1}(0),\boldsymbol{J}_{r_2}(0),\cdots,\boldsymbol{J}_{r_k}(0)\}$. 若 φ 不可对角化, 则必存在某个 $r_i>1$, 不妨设 $r_1>1$, 于是 $\varphi(\boldsymbol{e}_1)=\boldsymbol{0}$, $\varphi(\boldsymbol{e}_2)=\boldsymbol{e}_1$. 由 $(\varphi(\boldsymbol{e}_2),\boldsymbol{e}_2)=0$ 可得 $(\boldsymbol{e}_1,\boldsymbol{e}_2)=0$, 再由 $(\varphi(\boldsymbol{e}_1+\boldsymbol{e}_2),\boldsymbol{e}_1+\boldsymbol{e}_2)=0$ 可得 $(\boldsymbol{e}_1,\boldsymbol{e}_1)=0$, 从而 $\boldsymbol{e}_1=\boldsymbol{0}$, 这与假设矛盾, 于是 φ 可对角化. 最后, 由 φ 的 Jordan 标准型是零矩阵可知 $\varphi=\boldsymbol{0}$, 这与假设矛盾.

证法 3　对任意的 $\boldsymbol{\alpha},\boldsymbol{\beta}\in\mathbb{C}^n$, 有

$$\begin{aligned}(\boldsymbol{\varphi}(\boldsymbol{\alpha}),\boldsymbol{\beta}) &= \frac{1}{4}(\boldsymbol{\varphi}(\boldsymbol{\alpha}+\boldsymbol{\beta}),\boldsymbol{\alpha}+\boldsymbol{\beta})-\frac{1}{4}(\boldsymbol{\varphi}(\boldsymbol{\alpha}-\boldsymbol{\beta}),\boldsymbol{\alpha}-\boldsymbol{\beta})\\ &\quad+\frac{\mathrm{i}}{4}(\boldsymbol{\varphi}(\boldsymbol{\alpha}+\mathrm{i}\boldsymbol{\beta}),\boldsymbol{\alpha}+\mathrm{i}\boldsymbol{\beta})-\frac{\mathrm{i}}{4}(\boldsymbol{\varphi}(\boldsymbol{\alpha}-\mathrm{i}\boldsymbol{\beta}),\boldsymbol{\alpha}-\mathrm{i}\boldsymbol{\beta})=0.\end{aligned}$$

令 $\boldsymbol{\beta}=\boldsymbol{\varphi}(\boldsymbol{\alpha})$, 由内积的正定性可得 $\boldsymbol{\varphi}(\boldsymbol{\alpha})=\mathbf{0}$ 对任意的 $\boldsymbol{\alpha}\in\mathbb{C}^n$ 成立, 即 $\boldsymbol{\varphi}=\mathbf{0}$, 这与假设矛盾. 因此在 $\mathbb{C}^n$ 中满足条件的非零线性变换不存在. □

§ 9.3 Gram-Schmidt 正交化方法和正交补空间

设 V 为 n 维内积空间, 则由例 9.4 可知, 任一 n 阶正定实对称矩阵 (正定 Hermite 矩阵) $\boldsymbol{H}$ 都能成为 V 的某组基的 Gram 矩阵. 特别地, 取 $\boldsymbol{H}=\boldsymbol{I}_n$, 则存在 V 的一组基 $\{\boldsymbol{f}_1,\boldsymbol{f}_2,\cdots,\boldsymbol{f}_n\}$, 使得它的 Gram 矩阵就是单位矩阵 $\boldsymbol{I}_n$, 即 $\{\boldsymbol{f}_1,\boldsymbol{f}_2,\cdots,\boldsymbol{f}_n\}$ 是 V 的一组标准正交基. 由例 9.3 我们也可以具体地构造出一组标准正交基, 以下不妨设 V 是欧氏空间. 首先, 任取 V 的一组基 $\{\boldsymbol{e}_1,\boldsymbol{e}_2,\cdots,\boldsymbol{e}_n\}$, 设其 Gram 矩阵为 $\boldsymbol{G}$, 则 $\boldsymbol{G}$ 是正定实对称矩阵. 其次, 通过对称初等变换法可将 $\boldsymbol{G}$ 化为单位矩阵 $\boldsymbol{I}_n$, 即存在 n 阶非异实矩阵 $\boldsymbol{C}=(c_{ij})$, 使得 $\boldsymbol{C}'\boldsymbol{G}\boldsymbol{C}=\boldsymbol{I}_n$. 最后, 令

$$(\boldsymbol{f}_1,\boldsymbol{f}_2,\cdots,\boldsymbol{f}_n)=(\boldsymbol{e}_1,\boldsymbol{e}_2,\cdots,\boldsymbol{e}_n)\boldsymbol{C},$$

即 $\boldsymbol{f}_j=\sum\limits_{i=1}^n c_{ij}\boldsymbol{e}_i$, 则 $\{\boldsymbol{f}_1,\boldsymbol{f}_2,\cdots,\boldsymbol{f}_n\}$ 是 V 的一组基, 并且它的 Gram 矩阵就是 $\boldsymbol{C}'\boldsymbol{G}\boldsymbol{C}=\boldsymbol{I}_n$. 从上述过程不难看出, 因为当 $n\geq 2$ 时, 过渡矩阵 $\boldsymbol{C}$ 有无穷多种选法, 所以可构造出 V 的无穷多组标准正交基.

从几何的层面上看, 上述构造标准正交基的代数方法虽然简单, 但缺乏几何直观和意义. 然而, Gram-Schmidt 方法却是一个从几何直观入手的向量组的正交化方法, 具有重要的几何意义. Gram-Schmidt 方法 (具体公式参考 §§ 9.1.2) 粗略地说就是, 如果前 $k-1$ 个向量 $\boldsymbol{v}_1,\cdots,\boldsymbol{v}_{k-1}$ 已经两两正交, 那么只要将第 k 个向量 $\boldsymbol{u}_k$ 减去其在 $\boldsymbol{v}_1,\cdots,\boldsymbol{v}_{k-1}$ 张成子空间上的正交投影, 即可得到与 $\boldsymbol{v}_1,\cdots,\boldsymbol{v}_{k-1}$ 都正交的向量 $\boldsymbol{v}_k$. 特别地, 若 $\{\boldsymbol{u}_1,\boldsymbol{u}_2,\cdots,\boldsymbol{u}_n\}$ 是欧氏空间 V 的一组基, 则通过 Gram-Schmidt 方法可得到一组正交基 $\{\boldsymbol{v}_1,\boldsymbol{v}_2,\cdots,\boldsymbol{v}_n\}$, 再将每个基向量标准化, 即可得到 V 的一组标准正交基 $\{\boldsymbol{w}_1,\boldsymbol{w}_2,\cdots,\boldsymbol{w}_n\}$. 这 3 组基之间的关系为

$$(\boldsymbol{u}_1,\boldsymbol{u}_2,\cdots,\boldsymbol{u}_n)=(\boldsymbol{v}_1,\boldsymbol{v}_2,\cdots,\boldsymbol{v}_n)\boldsymbol{B}=(\boldsymbol{w}_1,\boldsymbol{w}_2,\cdots,\boldsymbol{w}_n)\boldsymbol{C},$$

其中 $\boldsymbol{B}$ 是主对角元全为 1 的上三角矩阵, $\boldsymbol{C}$ 是主对角元全为正实数的上三角矩阵. 设 $\boldsymbol{A}=\boldsymbol{G}(\boldsymbol{u}_1,\boldsymbol{u}_2,\cdots,\boldsymbol{u}_n)$, $\boldsymbol{D}=\boldsymbol{G}(\boldsymbol{v}_1,\boldsymbol{v}_2,\cdots,\boldsymbol{v}_n)$ 分别是对应的 Gram 矩阵, 则 $\boldsymbol{A}$

是正定实对称矩阵, $\boldsymbol{D}$ 是正定对角矩阵, 由例 9.3 可得 $\boldsymbol{A}$ 的如下分解:

$$\boldsymbol{A}=\boldsymbol{B}'\boldsymbol{D}\boldsymbol{B}=\boldsymbol{C}'\boldsymbol{C},$$

这就是例 8.12 中关于正定实对称矩阵 $\boldsymbol{A}$ 的两种分解, 再由例 8.12 后面的注可知上述两种分解的唯一性. 因此, 基 $\{\boldsymbol{u}_1,\boldsymbol{u}_2,\cdots,\boldsymbol{u}_n\}$ 的 Gram 矩阵的分解 $\boldsymbol{A}=\boldsymbol{B}'\boldsymbol{D}\boldsymbol{B}$ 一一对应于通过 Gram-Schmidt 方法得到的正交基 $\{\boldsymbol{v}_1,\boldsymbol{v}_2,\cdots,\boldsymbol{v}_n\}$, 而 Gram 矩阵的 Cholesky 分解 $\boldsymbol{A}=\boldsymbol{C}'\boldsymbol{C}$ 则一一对应于通过 Gram-Schmidt 正交化和标准化得到的标准正交基 $\{\boldsymbol{w}_1,\boldsymbol{w}_2,\cdots,\boldsymbol{w}_n\}$.

除了求标准正交基之外, Gram-Schmidt 方法还有许多其他的应用. 设 V 是内积空间, $\boldsymbol{u}$ 是 V 中的向量, $\{\boldsymbol{w}_1,\cdots,\boldsymbol{w}_k\}$ 是子空间 W 的一组标准正交基, 则由 Gram-Schmidt 方法可知 $\boldsymbol{v}=\boldsymbol{u}-\sum\limits_{i=1}^{k}(\boldsymbol{u},\boldsymbol{w}_i)\boldsymbol{w}_i$ 与 $\boldsymbol{w}_1,\cdots,\boldsymbol{w}_k$ 正交. 令 $\boldsymbol{w}=\sum\limits_{i=1}^{k}(\boldsymbol{u},\boldsymbol{w}_i)\boldsymbol{w}_i$, 则 $\boldsymbol{u}=\boldsymbol{v}+\boldsymbol{w}$ 且 $(\boldsymbol{v},\boldsymbol{w})=0$, 于是 $\|\boldsymbol{u}\|^2=\|\boldsymbol{v}\|^2+\|\boldsymbol{w}\|^2$. 由此可得

(1) Bessel 不等式: $\|\boldsymbol{u}\|^2\geq\|\boldsymbol{w}\|^2=\sum\limits_{i=1}^{k}|(\boldsymbol{u},\boldsymbol{w}_i)|^2$;

(2) 向量 $\boldsymbol{u}$ 到子空间 W 的距离为 $\|\boldsymbol{v}\|$, 即 $\min\limits_{\boldsymbol{x}\in W}\|\boldsymbol{u}-\boldsymbol{x}\|=\|\boldsymbol{v}\|$.

我们来看 Gram-Schmidt 正交化方法及其应用的几道典型例题.

例 9.11 设 $V=\mathbb{R}[x]_n$ 为次数小于等于 n 的实系数多项式构成的欧氏空间, 对任意的 $f(x),g(x)$, 其内积定义为 $(f(x),g(x))=\int_{-1}^{1}f(x)g(x)\mathrm{d}x$ (参考例 9.1 (5)). 设 $u_0(x)=1$, $u_k(x)=\dfrac{\mathrm{d}^k}{\mathrm{d}x^k}\Big[(x^2-1)^k\Big]\,(k\geq 1)$, $m_k=\sqrt{\dfrac{2^{k+1}k!(2k)!}{(2k+1)!!}}\,(k\geq 0)$. 求证: 从基 $\{1,x,\cdots,x^n\}$ 出发, 由 Gram-Schmidt 正交化方法得到的标准正交基为 $\left\{\dfrac{u_k(x)}{m_k},\,0\leq k\leq n\right\}$, 称之为 Legendre 多项式.

证明　由 Gram-Schmidt 正交化方法, 从 $1,x,x^2,x^3$ 可得标准正交基中前 4 个基向量分别为 $w_0(x)=\dfrac{1}{\sqrt{2}}$, $w_1(x)=\sqrt{\dfrac{3}{2}}x$, $w_2(x)=\sqrt{\dfrac{5}{8}}(3x^2-1)$, $w_3(x)=\sqrt{\dfrac{7}{8}}(5x^3-3x)$, 读者不难验证这就是 Legendre 多项式的前 4 个多项式. 不过这样的计算很难推广到一般的情形, 但我们可以通过验证 $\{u_k(x)\}$ 是一组正交基以及 Cholesky 分解与 Gram-Schmidt 正交化和标准化之间的一一对应来证明结论.

首先注意到, 对任意的 $j<k$, 有 $\dfrac{\mathrm{d}^j}{\mathrm{d}x^j}\Big[(x^2-1)^k\Big]\Big|_{x=\pm 1}=0$, 故由分部积分可得

$$(u_k(x),x^j)=\int_{-1}^{1}\frac{\mathrm{d}^k}{\mathrm{d}x^k}\Big[(x^2-1)^k\Big]x^j\mathrm{d}x=-j\int_{-1}^{1}\frac{\mathrm{d}^{k-1}}{\mathrm{d}x^{k-1}}\Big[(x^2-1)^k\Big]x^{j-1}\mathrm{d}x.$$

不断做下去可知, 当 $j<k$ 时, $(u_k(x),x^j)=0$; $(u_k(x),x^k)=(-1)^k k!\int_{-1}^{1}(x^2-1)^k\mathrm{d}x$. 注意到 $u_k(x)$ 是一个 k 次多项式且首项系数为 $2k(2k-1)\cdots(k+1)$, 由上述结果并

且经过进一步的计算可知,

$$\|u_k(x)\|^2 = \frac{2^{k+1}k!(2k)!}{(2k+1)!!},\quad (u_k(x), u_l(x)) = 0\ (k > l),$$

因此 $\left\{\dfrac{u_k(x)}{m_k}, 0 \le k \le n\right\}$ 是 V 的一组标准正交基. 设从基 $\{1, x, \cdots, x^n\}$ 到基 $\left\{\dfrac{u_k(x)}{m_k}, 0 \le k \le n\right\}$ 的过渡矩阵为 $\boldsymbol{P}$, 基 $\{1, x, \cdots, x^n\}$ 的 Gram 矩阵为 $\boldsymbol{A}$, 则 $\boldsymbol{P}$ 是一个主对角元全大于零的上三角矩阵, 且由例 9.3 可得 $\boldsymbol{I}_{n+1} = \boldsymbol{P}'\boldsymbol{A}\boldsymbol{P}$, 从而 $\boldsymbol{A} = (\boldsymbol{P}^{-1})'\boldsymbol{P}^{-1}$ 是 Cholesky 分解. 由 Cholesky 分解的唯一性以及它与 Gram-Schmidt 正交化和标准化之间的一一对应可知, $\left\{\dfrac{u_k(x)}{m_k}, 0 \le k \le n\right\}$ 就是从基 $\{1, x, \cdots, x^n\}$ 出发由 Gram-Schmidt 正交化方法得到的标准正交基. □

例 9.12 设 $V = \mathbb{R}[x]_3$ 为次数小于等于 3 的实系数多项式构成的欧氏空间, 其内积定义同例 9.11, 试求 $\min\limits_{f(x)\in V} \displaystyle\int_{-1}^{1} (\mathrm{e}^x - f(x))^2 \mathrm{d}x$.

解 本题即求 $\min\limits_{f(x)\in V} \|\mathrm{e}^x - f(x)\|^2$. 由例 9.11 可知, V 的一组标准正交基为 $w_0(x) = \dfrac{1}{\sqrt{2}}$, $w_1(x) = \sqrt{\dfrac{3}{2}}x$, $w_2(x) = \sqrt{\dfrac{5}{8}}(3x^2 - 1)$, $w_3(x) = \sqrt{\dfrac{7}{8}}(5x^3 - 3x)$, 经计算可得 $(\mathrm{e}^x, w_0(x)) = \dfrac{\sqrt{2}}{2}(\mathrm{e} - \mathrm{e}^{-1})$, $(\mathrm{e}^x, w_1(x)) = \sqrt{6}\mathrm{e}^{-1}$, $(\mathrm{e}^x, w_2(x)) = \dfrac{\sqrt{10}}{2}(\mathrm{e} - 7\mathrm{e}^{-1})$, $(\mathrm{e}^x, w_3(x)) = \dfrac{\sqrt{14}}{2}(37\mathrm{e}^{-1} - 5\mathrm{e})$. 因此, 由 Gram-Schmidt 方法的几何意义可得

$$\begin{aligned}
&\min_{f(x)\in V} \|\mathrm{e}^x - f(x)\|^2 = \|\mathrm{e}^x - \sum_{i=0}^{3} (\mathrm{e}^x, w_i(x)) w_i(x)\|^2 \\
&= \|\mathrm{e}^x - \frac{1}{2}(\mathrm{e} - \mathrm{e}^{-1}) - 3\mathrm{e}^{-1}x - \frac{5}{4}(\mathrm{e} - 7\mathrm{e}^{-1})(3x^2 - 1) - \frac{7}{4}(37\mathrm{e}^{-1} - 5\mathrm{e})(5x^3 - 3x)\|^2 \\
&\approx 0.00002228887.\ \square
\end{aligned}$$

列向量组的 Gram-Schmidt 正交化还给出了矩阵的 QR 分解, 这可以看成是 Gram-Schmidt 正交化方法的另一个应用.

例 9.13 设 $\boldsymbol{A}$ 是 n 阶实 (复) 矩阵, 则 $\boldsymbol{A}$ 可分解为 $\boldsymbol{A} = \boldsymbol{Q}\boldsymbol{R}$, 其中 $\boldsymbol{Q}$ 是正交 (酉) 矩阵, $\boldsymbol{R}$ 是一个主对角元全大于等于零的上三角矩阵, 并且若 $\boldsymbol{A}$ 是可逆矩阵, 则这样的分解必唯一.

证明 设 $\boldsymbol{A}$ 是 n 阶实矩阵, $\boldsymbol{A} = (\boldsymbol{u}_1, \boldsymbol{u}_2, \cdots, \boldsymbol{u}_n)$ 是 $\boldsymbol{A}$ 的列分块. 考虑 n 维实列向量空间 $\mathbb{R}^n$, 并取其标准内积, 我们先通过类似于 Gram-Schmidt 方法的正交化

过程, 把 $\{\boldsymbol{u}_1,\boldsymbol{u}_2,\cdots,\boldsymbol{u}_n\}$ 变成一组两两正交的向量 $\{\boldsymbol{w}_1,\boldsymbol{w}_2,\cdots,\boldsymbol{w}_n\}$, 并且 $\boldsymbol{w}_k$ 或者是零向量或者是单位向量.

我们用数学归纳法来定义上述向量 $\boldsymbol{w}_k\,(1\le k\le n)$. 假设 $\boldsymbol{w}_1,\cdots,\boldsymbol{w}_{k-1}$ 已经定义好, 现来定义 $\boldsymbol{w}_k$. 令

$$\boldsymbol{v}_k=\boldsymbol{u}_k-\sum_{j=1}^{k-1}(\boldsymbol{u}_k,\boldsymbol{w}_j)\boldsymbol{w}_j.$$

若 $\boldsymbol{v}_k=\boldsymbol{0}$, 则令 $\boldsymbol{w}_k=\boldsymbol{0}$; 若 $\boldsymbol{v}_k\neq\boldsymbol{0}$, 则令 $\boldsymbol{w}_k=\dfrac{\boldsymbol{v}_k}{\|\boldsymbol{v}_k\|}$. 容易验证 $\{\boldsymbol{w}_1,\boldsymbol{w}_2,\cdots,\boldsymbol{w}_n\}$ 是一组两两正交的向量, $\boldsymbol{w}_k$ 或者是零向量或者是单位向量, 并且满足:

$$\boldsymbol{u}_k=\sum_{j=1}^{k-1}(\boldsymbol{u}_k,\boldsymbol{w}_j)\boldsymbol{w}_j+\|\boldsymbol{v}_k\|\boldsymbol{w}_k,\quad 1\le k\le n. \tag{9.5}$$

由上式可得

$$\boldsymbol{A}=(\boldsymbol{u}_1,\boldsymbol{u}_2,\cdots,\boldsymbol{u}_n)=(\boldsymbol{w}_1,\boldsymbol{w}_2,\cdots,\boldsymbol{w}_n)\boldsymbol{R}, \tag{9.6}$$

其中 $\boldsymbol{R}$ 是一个上三角矩阵且主对角元依次为 $\|\boldsymbol{v}_1\|,\|\boldsymbol{v}_2\|,\cdots,\|\boldsymbol{v}_n\|$, 全大于等于零, 并且由 (9.5) 式可知, 如果 $\boldsymbol{w}_k=\boldsymbol{0}$, 则 $\boldsymbol{R}$ 的第 k 行元素全为零.

假设 $\boldsymbol{w}_{i_1},\boldsymbol{w}_{i_2},\cdots,\boldsymbol{w}_{i_r}$ 是其中的非零向量全体, 则可将它们扩张为 $\mathbb{R}^n$ 的一组标准正交基 $\{\widetilde{\boldsymbol{w}}_1,\widetilde{\boldsymbol{w}}_2,\cdots,\widetilde{\boldsymbol{w}}_n\}$, 其中 $\widetilde{\boldsymbol{w}}_j=\boldsymbol{w}_j\,(j=i_1,i_2,\cdots,i_r)$. 令 $\boldsymbol{Q}=(\widetilde{\boldsymbol{w}}_1,\widetilde{\boldsymbol{w}}_2,\cdots,\widetilde{\boldsymbol{w}}_n)$, 则 $\boldsymbol{Q}$ 是正交矩阵. 注意到若 $\boldsymbol{w}_k=\boldsymbol{0}$, 则 $\boldsymbol{R}$ 的第 k 行元素全为零, 此时用 $\widetilde{\boldsymbol{w}}_k$ 代替 $\boldsymbol{w}_k$ 仍然可使 (9.6) 式成立, 因此

$$\boldsymbol{A}=(\boldsymbol{u}_1,\boldsymbol{u}_2,\cdots,\boldsymbol{u}_n)=(\widetilde{\boldsymbol{w}}_1,\widetilde{\boldsymbol{w}}_2,\cdots,\widetilde{\boldsymbol{w}}_n)\boldsymbol{R}=\boldsymbol{Q}\boldsymbol{R},$$

从而得到了 $\boldsymbol{A}$ 的 QR 分解.

若可逆实矩阵 $\boldsymbol{A}$ 有两个 QR 分解 $\boldsymbol{A}=\boldsymbol{Q}\boldsymbol{R}=\boldsymbol{Q}_1\boldsymbol{R}_1$, 则 $\boldsymbol{Q}^{-1}\boldsymbol{Q}_1=\boldsymbol{R}\boldsymbol{R}_1^{-1}$. 因为正交矩阵的逆矩阵和乘积仍是正交矩阵, 上三角矩阵的逆矩阵和乘积仍是上三角矩阵, 故 $\boldsymbol{Q}^{-1}\boldsymbol{Q}_1=\boldsymbol{R}\boldsymbol{R}_1^{-1}$ 是正交上三角矩阵, 从而是正交对角矩阵. 又因为正交对角矩阵的主对角元只能是 1 或 -1, 且 $\boldsymbol{R}\boldsymbol{R}_1^{-1}$ 的主对角元全大于零, 故 $\boldsymbol{R}\boldsymbol{R}_1^{-1}=\boldsymbol{I}_n$, 从而 $\boldsymbol{R}_1=\boldsymbol{R}$, $\boldsymbol{Q}_1=\boldsymbol{Q}$, 分解唯一性得证. 复矩阵情形的证明完全类似. □

例 8.12 和例 8.78 证明下列关于 n 阶实对称矩阵 $\boldsymbol{A}=(a_{ij})$ 的命题等价:

(1) $\boldsymbol{A}$ 是正定阵 (半正定阵);

(2) 存在主对角元全等于 1 的上三角矩阵 $\boldsymbol{B}$ 和主对角元全为正数 (非负实数) 的对角矩阵 $\boldsymbol{D}$, 使得 $\boldsymbol{A}=\boldsymbol{B}'\boldsymbol{D}\boldsymbol{B}$;

(3) 存在主对角元全为正数 (非负实数) 的上三角矩阵 $\boldsymbol{C}$, 使得 $\boldsymbol{A}=\boldsymbol{C}'\boldsymbol{C}$.

证法 2 因为半正定阵 $\boldsymbol{A}$ 是正定阵当且仅当 $\boldsymbol{A}$ 是可逆矩阵, 所以由可逆性和例 8.78 的结论很容易推出例 8.12 的结论, 下面只证明例 8.78.

(1) $\Rightarrow$ (3)、(2): 因为 $\boldsymbol{A}$ 半正定, 故存在实矩阵 $\boldsymbol{P}$, 使得 $\boldsymbol{A}=\boldsymbol{P}'\boldsymbol{P}$. 设 $\boldsymbol{P}=\boldsymbol{QC}$ 是 QR 分解, 其中 $\boldsymbol{Q}$ 是正交矩阵, $\boldsymbol{C}$ 是主对角元全大于等于零的上三角矩阵, 则 $\boldsymbol{A}=(\boldsymbol{QC})'(\boldsymbol{QC})=\boldsymbol{C}'(\boldsymbol{Q}'\boldsymbol{Q})\boldsymbol{C}=\boldsymbol{C}'\boldsymbol{C}$. 由例 9.13 的证明可知, 若 $\boldsymbol{C}=(c_{ij})$ 的第 (i,i) 元素 $c_{ii}=0$, 则 $\boldsymbol{C}$ 的第 i 行元素全为零. 令 $\boldsymbol{D}=\mathrm{diag}\{c_{11}^2,c_{22}^2,\cdots,c_{nn}^2\}$, 且 $\boldsymbol{B}=(b_{ij})$ 定义为: 若 $c_{ii}>0$, 则 $b_{ij}=\dfrac{c_{ij}}{c_{ii}}\,(1\leq j\leq n)$; 若 $c_{ii}=0$, 则 $b_{ij}=\delta_{ij}\,(1\leq j\leq n)$, 其中 δ_{ij} 是 Kronecker 符号. 容易验证 $\boldsymbol{B}$ 是主对角元全等于 1 的上三角矩阵且 $\boldsymbol{A}=\boldsymbol{B}'\boldsymbol{D}\boldsymbol{B}$.

(2) $\Rightarrow$ (1) 和 (3) $\Rightarrow$ (1) 都是显然的. □

注 事实上, 正定阵的 Cholesky 分解和非异阵的 QR 分解从某种意义上看是等价的. 上面的证明即是由非异阵的 QR 分解推出正定阵的 Cholesky 分解. 反之, 对任一非异实矩阵 $\boldsymbol{A}$, $\boldsymbol{A}'\boldsymbol{A}$ 是正定阵, 设 $\boldsymbol{A}'\boldsymbol{A}=\boldsymbol{R}'\boldsymbol{R}$ 是 Cholesky 分解, 其中 $\boldsymbol{R}$ 是主对角元全大于零的上三角矩阵. 令 $\boldsymbol{Q}=\boldsymbol{AR}^{-1}$, 则 $\boldsymbol{Q}'\boldsymbol{Q}=(\boldsymbol{AR}^{-1})'(\boldsymbol{AR}^{-1})=(\boldsymbol{R}')^{-1}(\boldsymbol{A}'\boldsymbol{A})\boldsymbol{R}^{-1}=(\boldsymbol{R}')^{-1}(\boldsymbol{R}'\boldsymbol{R})\boldsymbol{R}^{-1}=\boldsymbol{I}_n$, 即 $\boldsymbol{Q}$ 是正交矩阵, 从而 $\boldsymbol{A}=\boldsymbol{QR}$ 是 QR 分解. 从几何的层面上看, 上述两种矩阵分解都等价于 Gram-Schmidt 正交化和标准化过程, 所以它们之间的等价性是自然的.

在内积空间中使用标准正交基通常可以简化问题的讨论. 例如, 因为标准正交基的 Gram 矩阵是单位矩阵 $\boldsymbol{I}_n$, 故通过坐标向量表示内积的 (9.2) 式就变成了列向量空间中的标准内积, 这为我们讨论进一步的问题 (如保积同构、伴随算子等) 提供了方便. 下面的例题推广了例 9.4, 利用标准正交基可以简化其证明过程.

例 9.14 设 V 是 n 维欧氏空间, $\boldsymbol{A}$ 是 m 阶半正定实对称矩阵且 $\mathrm{r}(\boldsymbol{A})=r\leq n$, 求证: 必存在 V 上的向量组 $\{\boldsymbol{\alpha}_1,\boldsymbol{\alpha}_2,\cdots,\boldsymbol{\alpha}_m\}$, 使得其 Gram 矩阵就是 $\boldsymbol{A}$.

证明 采用与例 9.3 类似的讨论可证明: 若向量组 $\{\boldsymbol{\alpha}_1,\boldsymbol{\alpha}_2,\cdots,\boldsymbol{\alpha}_m\}$ 与 $\{\boldsymbol{\beta}_1,\boldsymbol{\beta}_2,\cdots,\boldsymbol{\beta}_k\}$ 满足 $\boldsymbol{\alpha}_j=\sum\limits_{i=1}^{k}c_{ij}\boldsymbol{\beta}_i\,(1\leq j\leq m)$, 即 $(\boldsymbol{\alpha}_1,\boldsymbol{\alpha}_2,\cdots,\boldsymbol{\alpha}_m)=(\boldsymbol{\beta}_1,\boldsymbol{\beta}_2,\cdots,\boldsymbol{\beta}_k)\boldsymbol{C}$, 其中 $\boldsymbol{C}=(c_{ij})_{k\times m}$, 则有

$$\boldsymbol{G}(\boldsymbol{\alpha}_1,\boldsymbol{\alpha}_2,\cdots,\boldsymbol{\alpha}_m)=\boldsymbol{C}'\boldsymbol{G}(\boldsymbol{\beta}_1,\boldsymbol{\beta}_2,\cdots,\boldsymbol{\beta}_k)\boldsymbol{C}.$$

因为 $\boldsymbol{A}$ 是秩为 r 的 m 阶半正定阵, 故由第 8 章解答题 12 可知, 存在 $r\times m$ 实矩阵 $\boldsymbol{T}$, 使得 $\boldsymbol{A}=\boldsymbol{T}'\boldsymbol{T}$. 取 V 的一组标准正交基 $\{\boldsymbol{e}_1,\boldsymbol{e}_2,\cdots,\boldsymbol{e}_n\}$, 令

$$(\boldsymbol{\alpha}_1,\boldsymbol{\alpha}_2,\cdots,\boldsymbol{\alpha}_m)=(\boldsymbol{e}_1,\boldsymbol{e}_2,\cdots,\boldsymbol{e}_r)\boldsymbol{T},$$

则由上面的结论即得

$$\boldsymbol{G}(\boldsymbol{\alpha}_1,\boldsymbol{\alpha}_2,\cdots,\boldsymbol{\alpha}_m)=\boldsymbol{T}'\boldsymbol{G}(\boldsymbol{e}_1,\boldsymbol{e}_2,\cdots,\boldsymbol{e}_r)\boldsymbol{T}=\boldsymbol{T}'\boldsymbol{T}=\boldsymbol{A}. \square$$

下面 3 个例题反映了 Gram-Schmidt 正交化方法对向量组的 Gram 矩阵的影响.

例 9.15 证明: 若用 Gram-Schmidt 方法将线性无关的向量组 $\boldsymbol{u}_1,\boldsymbol{u}_2,\cdots,\boldsymbol{u}_m$ 变成正交向量组 $\boldsymbol{v}_1,\boldsymbol{v}_2,\cdots,\boldsymbol{v}_m$, 则这两组向量的 Gram 矩阵的行列式值不变, 即

$$|\boldsymbol{G}(\boldsymbol{u}_1,\boldsymbol{u}_2,\cdots,\boldsymbol{u}_m)|=|\boldsymbol{G}(\boldsymbol{v}_1,\boldsymbol{v}_2,\cdots,\boldsymbol{v}_m)|=\|\boldsymbol{v}_1\|^2\|\boldsymbol{v}_2\|^2\cdots\|\boldsymbol{v}_m\|^2.$$

证明　由 Gram-Schmidt 正交化过程可得

$$(\boldsymbol{u}_1,\boldsymbol{u}_2,\cdots,\boldsymbol{u}_m)=(\boldsymbol{v}_1,\boldsymbol{v}_2,\cdots,\boldsymbol{v}_m)\boldsymbol{B},$$

其中 $\boldsymbol{B}$ 是一个主对角元全为 1 的上三角矩阵, 再由例 9.14 的证明过程可得

$$\boldsymbol{G}(\boldsymbol{u}_1,\boldsymbol{u}_2,\cdots,\boldsymbol{u}_m)=\boldsymbol{B}'\boldsymbol{G}(\boldsymbol{v}_1,\boldsymbol{v}_2,\cdots,\boldsymbol{v}_m)\boldsymbol{B}.$$

注意到 $\boldsymbol{G}(\boldsymbol{v}_1,\boldsymbol{v}_2,\cdots,\boldsymbol{v}_m)$ 是主对角元分别为 $\|\boldsymbol{v}_1\|^2,\|\boldsymbol{v}_2\|^2,\cdots,\|\boldsymbol{v}_m\|^2$ 的对角矩阵, 故上式两边同取行列式即得结论. $\square$

例 9.16 证明下列不等式:

$$0\le|\boldsymbol{G}(\boldsymbol{u}_1,\boldsymbol{u}_2,\cdots,\boldsymbol{u}_m)|\le\|\boldsymbol{u}_1\|^2\|\boldsymbol{u}_2\|^2\cdots\|\boldsymbol{u}_m\|^2,$$

后一个等号成立的充要条件是 $\boldsymbol{u}_i$ 两两正交或者某个 $\boldsymbol{u}_i=\boldsymbol{0}$.

证明　由例 9.5 可知 $\boldsymbol{G}(\boldsymbol{u}_1,\boldsymbol{u}_2,\cdots,\boldsymbol{u}_m)$ 是一个半正定实对称矩阵, 故由例 8.26 可知 $|\boldsymbol{G}(\boldsymbol{u}_1,\boldsymbol{u}_2,\cdots,\boldsymbol{u}_m)|\ge 0$. 对第二个不等式, 我们分情况讨论. 若 $\boldsymbol{G}(\boldsymbol{u}_1,\boldsymbol{u}_2,\cdots,\boldsymbol{u}_m)$ 是非正定的半正定阵, 则 $0=|\boldsymbol{G}(\boldsymbol{u}_1,\boldsymbol{u}_2,\cdots,\boldsymbol{u}_m)|\le\|\boldsymbol{u}_1\|^2\|\boldsymbol{u}_2\|^2\cdots\|\boldsymbol{u}_m\|^2$, 并且等号成立的充要条件是某个 $\boldsymbol{u}_i=\boldsymbol{0}$. 若 $\boldsymbol{G}(\boldsymbol{u}_1,\boldsymbol{u}_2,\cdots,\boldsymbol{u}_m)$ 是正定阵, 则由例 9.5 可知 $\boldsymbol{u}_1,\boldsymbol{u}_2,\cdots,\boldsymbol{u}_m$ 线性无关. 由 Gram-Schmidt 正交化过程可得

$$\boldsymbol{v}_i=\boldsymbol{u}_i-\sum_{j=1}^{i-1}\frac{(\boldsymbol{u}_i,\boldsymbol{v}_j)}{\|\boldsymbol{v}_j\|^2}\boldsymbol{v}_j.$$

再由勾股定理可得 $\|\boldsymbol{u}_i\|^2=\|\boldsymbol{v}_i\|^2+\sum\limits_{j=1}^{i-1}\dfrac{(\boldsymbol{u}_i,\boldsymbol{v}_j)^2}{\|\boldsymbol{v}_j\|^2}\ge\|\boldsymbol{v}_i\|^2>0$. 最后由例 9.15 可得

$$|\boldsymbol{G}(\boldsymbol{u}_1,\boldsymbol{u}_2,\cdots,\boldsymbol{u}_m)|=\|\boldsymbol{v}_1\|^2\|\boldsymbol{v}_2\|^2\cdots\|\boldsymbol{v}_m\|^2\le\|\boldsymbol{u}_1\|^2\|\boldsymbol{u}_2\|^2\cdots\|\boldsymbol{u}_m\|^2,$$

等号成立当且仅当 $\|\boldsymbol{v}_i\|^2=\|\boldsymbol{u}_i\|^2\,(1\le i\le m)$, 这也当且仅当 $\boldsymbol{v}_i=\boldsymbol{u}_i\,(1\le i\le m)$, 从而当且仅当 $\boldsymbol{u}_i$ 两两正交. $\square$

例 9.17 设 $\boldsymbol{A}=(a_{ij})$ 是 n 阶实矩阵, 证明下列 Hadamard 不等式:

$$|\boldsymbol{A}|^2\le\prod_{j=1}^n\sum_{i=1}^n a_{ij}^2.$$

证明 设 $\boldsymbol{u}_1,\boldsymbol{u}_2,\cdots,\boldsymbol{u}_n$ 是 $\boldsymbol{A}$ 的 n 个列向量, 则 $\boldsymbol{G}=\boldsymbol{A}'\boldsymbol{A}$ 可以看成是 $\boldsymbol{u}_1,\boldsymbol{u}_2,\cdots,\boldsymbol{u}_n$ 在 $\mathbb{R}^n$ 的标准内积下的 Gram 矩阵. 由例 9.16 可得

$$|\boldsymbol{A}|^2=|\boldsymbol{A}'\boldsymbol{A}|=|\boldsymbol{G}|\le\prod_{j=1}^n\|\boldsymbol{u}_j\|^2=\prod_{j=1}^n\sum_{i=1}^n a_{ij}^2.\ \square$$

注 (1) 例 9.16 和例 9.17 还可以直接由例 8.68 得到. 另外, 利用 Hadamard 不等式可以证明如下结论: 若 n 阶实矩阵 $\boldsymbol{A}=(a_{ij})$ 满足 $|a_{ij}|\le M\,(1\le i,j\le n)$, 则 $|\boldsymbol{A}|\le M^n\cdot n^{\frac{n}{2}}$. 这些证明的细节留给读者自行完成.

(2) 例 9.15 和例 9.16 的结论对复内积空间也成立, 不过证明中有两个细微之处需要修改, 请读者自行完成. 因此对 n 阶复矩阵 $\boldsymbol{A}=(a_{ij})$, 用相同的方法可以证明:

$$|\det\boldsymbol{A}|^2\le\prod_{j=1}^n\sum_{i=1}^n|a_{ij}|^2.$$

有限维内积空间 V 是任一子空间 U 与其正交补空间 $U^\perp$ 的正交直和, 因此我们经常利用正交补空间配合数学归纳法证明关于内积空间以及线性算子的某些重要命题. 关于正交补空间的验证, 常常利用有限维空间中的维数关系, 它可以使证明更加简洁. 我们先来看正交补空间性质的两道例题.

例 9.18 设 U_1,U_2,U 是 n 维内积空间 V 的子空间, 求证:

(1) $(U^\perp)^\perp=U$;

(2) $(U_1+U_2)^\perp=U_1^\perp\cap U_2^\perp$;

(3) $(U_1\cap U_2)^\perp=U_1^\perp+U_2^\perp$;

(4) $V^\perp=0,\ 0^\perp=V$.

证明 (1) 因为 $V=U^\perp\oplus(U^\perp)^\perp$, 故 $\dim(U^\perp)^\perp=n-\dim U^\perp=\dim U$. 另一方面, 显然有 $U\subseteq(U^\perp)^\perp$, 因此 $(U^\perp)^\perp=U$.

(2) 显然 $(U_1+U_2)^\perp\subseteq U_1^\perp$, $(U_1+U_2)^\perp\subseteq U_2^\perp$, 于是 $(U_1+U_2)^\perp\subseteq U_1^\perp\cap U_2^\perp$. 反之, 对任一 $\boldsymbol{\alpha}\in U_1^\perp\cap U_2^\perp$, $\boldsymbol{\beta}\in U_1+U_2$, 记 $\boldsymbol{\beta}=\boldsymbol{\beta}_1+\boldsymbol{\beta}_2$, 其中 $\boldsymbol{\beta}_1\in U_1$, $\boldsymbol{\beta}_2\in U_2$, 则

$$(\boldsymbol{\alpha},\boldsymbol{\beta})=(\boldsymbol{\alpha},\boldsymbol{\beta}_1+\boldsymbol{\beta}_2)=(\boldsymbol{\alpha},\boldsymbol{\beta}_1)+(\boldsymbol{\alpha},\boldsymbol{\beta}_2)=0,$$

故 $\boldsymbol{\alpha}\in(U_1+U_2)^\perp$, 于是 $U_1^\perp\cap U_2^\perp\subseteq(U_1+U_2)^\perp$. 因此 $(U_1+U_2)^\perp=U_1^\perp\cap U_2^\perp$.

(3) 由 (1) 及 (2), 有 $(U_1^\perp+U_2^\perp)^\perp=(U_1^\perp)^\perp\cap(U_2^\perp)^\perp=U_1\cap U_2$.

(4) 显然成立. $\square$

例 9.19 设 S 是 n 维内积空间 V 的子集, 证明:

(1) $S^\perp=\{\boldsymbol{\alpha}\in V\,|\,(\boldsymbol{\alpha},S)=0\}$ 是 V 的子空间;

(2) $(S^\perp)^\perp$ 等于由 S 生成的子空间.

证明 (1) 显然成立, 下证明 (2). 设 S 生成的子空间为 U, 一方面有 $U^\perp\subseteq S^\perp$. 另一方面, 对任一 $\boldsymbol{v}\in S^\perp$, $\boldsymbol{u}\in U$, 将 $\boldsymbol{u}$ 表示为 S 中向量的线性组合, $\boldsymbol{u}=a_1\boldsymbol{x}_1+\cdots+a_k\boldsymbol{x}_k$, 其中 $\boldsymbol{x}_i\in S$. 由 $(\boldsymbol{x}_i,\boldsymbol{v})=0$ 可得 $(\boldsymbol{u},\boldsymbol{v})=0$, 于是 $\boldsymbol{v}\in U^\perp$, 从而 $S^\perp\subseteq U^\perp$, 因此 $S^\perp=U^\perp$. 最后由例 9.18 (1) 可知 $(S^\perp)^\perp=(U^\perp)^\perp=U$. □

下面 4 个例题是正交补空间的一些应用, 其中例 9.20 与例 3.103, 例 9.21 与例 3.99 之间有着密切的联系.

例 9.20 设 $\boldsymbol{A}$ 为 $m\times n$ 实矩阵, 齐次线性方程组 $\boldsymbol{Ax}=\boldsymbol{0}$ 的解空间为 U, 求 $U^\perp$ 适合的线性方程组.

解 设 $\boldsymbol{A}$ 的秩为 r, 则解空间 U 是 $\mathbb{R}^n$ (取标准内积) 的 $n-r$ 维子空间. 取 U 的一组基 $\boldsymbol{\eta}_1,\cdots,\boldsymbol{\eta}_{n-r}$, 令 $\boldsymbol{B}=(\boldsymbol{\eta}_1,\cdots,\boldsymbol{\eta}_{n-r})$ 为 $n\times(n-r)$ 实矩阵, 则由例 9.19 (2) 的证明可得 $U^\perp=\{\boldsymbol{\eta}_1,\cdots,\boldsymbol{\eta}_{n-r}\}^\perp$, 因此 $U^\perp$ 适合的线性方程组为 $\boldsymbol{B}'\boldsymbol{x}=\boldsymbol{0}$. □

例 9.21 设 $\boldsymbol{A}$ 为 $m\times n$ 实矩阵, 求证: 非齐次线性方程组 $\boldsymbol{Ax}=\boldsymbol{\beta}$ 有解的充要条件是向量 $\boldsymbol{\beta}$ 属于齐次线性方程组 $\boldsymbol{A}'\boldsymbol{y}=\boldsymbol{0}$ 解空间的正交补空间.

证明 设 $\boldsymbol{A}=(\boldsymbol{\alpha}_1,\boldsymbol{\alpha}_2,\cdots,\boldsymbol{\alpha}_n)$ 为列分块, $U=L(\boldsymbol{\alpha}_1,\boldsymbol{\alpha}_2,\cdots,\boldsymbol{\alpha}_n)$ 为 $\mathbb{R}^m$ (取标准内积) 的子空间, 则 $\boldsymbol{Ax}=\boldsymbol{\beta}$ 有解当且仅当 $\boldsymbol{\beta}\in U$. 另一方面, $\boldsymbol{A}'\boldsymbol{y}=\boldsymbol{0}$ 的解空间即为 $\{\boldsymbol{y}\in\mathbb{R}^m\mid(\boldsymbol{\alpha}_i,\boldsymbol{y})=0,\,1\le i\le n\}=U^\perp$, 注意到 $U=(U^\perp)^\perp$, 故结论得证. □

例 9.22 设 V 为 n 阶实矩阵全体构成的欧氏空间 (取 Frobenius 内积), V_1,V_2 分别为 n 阶实对称矩阵全体和 n 阶实反对称矩阵全体构成的子空间, 求证:

$$V=V_1\perp V_2.$$

证明 一方面, 由例 3.48 可知 $V=V_1\oplus V_2$. 另一方面, 对任意的 $\boldsymbol{A}\in V_1$, $\boldsymbol{B}\in V_2$, 由迹的交换性可得

$$(\boldsymbol{A},\boldsymbol{B})=\operatorname{tr}(\boldsymbol{AB}')=-\operatorname{tr}(\boldsymbol{AB})=-\operatorname{tr}(\boldsymbol{BA})=-\operatorname{tr}(\boldsymbol{BA}')=-(\boldsymbol{B},\boldsymbol{A})=-(\boldsymbol{A},\boldsymbol{B}),$$

于是 $(\boldsymbol{A},\boldsymbol{B})=0$, 从而 $V_1\perp V_2$, 因此 $V=V_1\perp V_2$. □

例 9.11 的证法 2 设 V_k 是由次数小于等于 k 的实系数多项式构成的子空间, $w_k(x)=\dfrac{u_k(x)}{m_k}\,(0\le k\le n)$, 同证法 1 的计算可知这是一组两两正交的单位向量.

下面用归纳法来证明结论. 当 $k=0$ 时结论显然成立, 假设从 $1,x,\cdots,x^k$ 出发, 经过 Gram-Schmidt 正交化方法得到 V_k 的一组标准正交基为 $w_0(x),w_1(x),\cdots,w_k(x)$. 现设 x^{k+1} 经过 Gram-Schmidt 正交化方法得到的单位向量为 $\widetilde{w}_{k+1}(x)$, 满足 $(w_i(x),\widetilde{w}_{k+1}(x))=0\,(0\le i\le k)$, 于是 $V_{k+1}=V_k\perp L(w_{k+1}(x))=V_k\perp L(\widetilde{w}_{k+1}(x))$. 因此 $L(w_{k+1}(x))=L(\widetilde{w}_{k+1}(x))$ 是 V_k 在 V_{k+1} 中的正交补空间, 注意到 $w_{k+1}(x)$ 和 $\widetilde{w}_{k+1}(x)$ 都是范数为 1 且首项系数为正数的 $k+1$ 次多项式, 故 $\widetilde{w}_{k+1}(x)=w_{k+1}(x)$, 结论得证. □

§ 9.4 伴　随

伴随是内积空间理论中最重要的概念之一. 在处理有关伴随的问题时, 除了运用直接验证法外, 也常常采用矩阵方法. 如果线性变换 $\boldsymbol{\varphi}$ 在一组标准正交基下的表示矩阵为 $\boldsymbol{A}$, 则其伴随 $\boldsymbol{\varphi}^*$ 在同一组标准正交基下的表示矩阵为 $\boldsymbol{A}'$ (欧氏空间) 或 $\overline{\boldsymbol{A}}'$ (酉空间). 这使我们能用矩阵来讨论有关问题, 例 9.23、例 9.24 和例 9.25 就是非常典型的例子. 例 9.28 是正规算子及其伴随的基本性质, 它在后面有重要的用途.

例 9.23 设 V 是有限维内积空间, $\boldsymbol{\varphi},\boldsymbol{\psi}$ 是 V 上的线性变换, c 是常数, 求证:

(1) $(\boldsymbol{\varphi}+\boldsymbol{\psi})^*=\boldsymbol{\varphi}^*+\boldsymbol{\psi}^*$;　　(2) $(c\boldsymbol{\varphi})^*=\overline{c}\boldsymbol{\varphi}^*$;

(3) $(\boldsymbol{\varphi}\boldsymbol{\psi})^*=\boldsymbol{\psi}^*\boldsymbol{\varphi}^*$;　　(4) $(\boldsymbol{\varphi}^*)^*=\boldsymbol{\varphi}$;

(5) 若 $\boldsymbol{\varphi}$ 可逆, 则 $\boldsymbol{\varphi}^*$ 也可逆, 此时 $(\boldsymbol{\varphi}^*)^{-1}=(\boldsymbol{\varphi}^{-1})^*$.

证法 1　设 $\boldsymbol{\varphi},\boldsymbol{\psi}$ 在 V 的一组标准正交基下的表示矩阵为 $\boldsymbol{A},\boldsymbol{B}$, 则 $\boldsymbol{\varphi}^*,\boldsymbol{\psi}^*$ 在同一组标准正交基下的表示矩阵为 $\overline{\boldsymbol{A}}',\overline{\boldsymbol{B}}'$. 由线性变换和表示矩阵的一一对应, 我们只要验证矩阵的共轭转置满足上述 5 条性质即可, 而这些都是显然的.

证法 2　我们也可以直接用伴随的定义来证明, 下面以 (3) 为例, 其余的留给读者自行验证. 对任意的 $\boldsymbol{\alpha},\boldsymbol{\beta}\in V$, 有

$$((\boldsymbol{\varphi}\boldsymbol{\psi})(\boldsymbol{\alpha}),\boldsymbol{\beta})=(\boldsymbol{\varphi}(\boldsymbol{\psi}(\boldsymbol{\alpha})),\boldsymbol{\beta})=(\boldsymbol{\psi}(\boldsymbol{\alpha}),\boldsymbol{\varphi}^*(\boldsymbol{\beta}))=(\boldsymbol{\alpha},\boldsymbol{\psi}^*(\boldsymbol{\varphi}^*(\boldsymbol{\beta})))=(\boldsymbol{\alpha},(\boldsymbol{\psi}^*\boldsymbol{\varphi}^*)(\boldsymbol{\beta})),$$

由伴随的唯一性即得 $(\boldsymbol{\varphi}\boldsymbol{\psi})^*=\boldsymbol{\psi}^*\boldsymbol{\varphi}^*$. □

例 9.24 设 $\boldsymbol{\varphi}$ 是有限维内积空间 V 上的线性变换, 求证: 若 $\boldsymbol{\varphi}$ 的全体特征值为 $\lambda_1,\lambda_2,\cdots,\lambda_n$, 则 $\boldsymbol{\varphi}^*$ 的全体特征值为 $\overline{\lambda_1},\overline{\lambda_2},\cdots,\overline{\lambda_n}$.

证明　取 V 的一组标准正交基, 设 $\boldsymbol{A}$ 是 $\boldsymbol{\varphi}$ 的表示矩阵, 则无论 V 是酉空间还是欧氏空间, $\boldsymbol{\varphi}^*$ 的表示矩阵总可写为 $\overline{\boldsymbol{A}}'$. 由假设

$$|\lambda\boldsymbol{I}_n-\boldsymbol{A}|=(\lambda-\lambda_1)(\lambda-\lambda_2)\cdots(\lambda-\lambda_n),$$

令 $\lambda=\overline{\mu}$, 则有

$$
\begin{aligned}
|\lambda \boldsymbol{I}_n-\overline{\boldsymbol{A}}'|&=|\overline{\mu}\boldsymbol{I}_n-\overline{\boldsymbol{A}}|=\overline{|\mu\boldsymbol{I}_n-\boldsymbol{A}|}=\overline{(\mu-\lambda_1)(\mu-\lambda_2)\cdots(\mu-\lambda_n)}\\
&=(\overline{\mu}-\overline{\lambda_1})(\overline{\mu}-\overline{\lambda_2})\cdots(\overline{\mu}-\overline{\lambda_n})=(\lambda-\overline{\lambda_1})(\lambda-\overline{\lambda_2})\cdots(\lambda-\overline{\lambda_n}),
\end{aligned}
$$

故结论成立. □

例 9.25 设 φ 是有限维内积空间 V 上的线性变换, φ 的极小多项式为 $g(x)$, 证明: $\boldsymbol{\varphi}^*$ 的极小多项式为 $\overline{g}(x)$, 这里 $\overline{g}(x)$ 的系数等于 $g(x)$ 系数的共轭.

证明 取 V 的一组标准正交基, 设 $\boldsymbol{A}$ 是 φ 的表示矩阵, 则无论 V 是酉空间还是欧氏空间, $\boldsymbol{\varphi}^*$ 的表示矩阵总可写为 $\overline{\boldsymbol{A}}'$. 注意到 $g(\boldsymbol{A})=\boldsymbol{O}$ 当且仅当 $\overline{g}(\overline{\boldsymbol{A}}')=\boldsymbol{O}$, 故结论成立. □

下面的例题提供了处理内积空间中相关问题的归纳基础.

例 9.26 设 φ 是内积空间 V 上的线性变换, 若 U 是 φ 的不变子空间, 求证: $U^\perp$ 是 φ^* 的不变子空间.

证明 任取 $\boldsymbol{\alpha}\in U$, $\boldsymbol{\beta}\in U^\perp$, 由 $(\boldsymbol{\alpha},\boldsymbol{\varphi}^*(\boldsymbol{\beta}))=(\boldsymbol{\varphi}(\boldsymbol{\alpha}),\boldsymbol{\beta})=0$ 即得结论. □

例 9.27 设 V 是 n 维内积空间, φ 是 V 上的线性变换, 求证: $\operatorname{Im}\boldsymbol{\varphi}^*=(\operatorname{Ker}\boldsymbol{\varphi})^\perp$.

证明 由例 9.18 可知, 只要证明 $\operatorname{Ker}\boldsymbol{\varphi}=(\operatorname{Im}\boldsymbol{\varphi}^*)^\perp$ 即可. 一方面, 任取 $\boldsymbol{\alpha}\in\operatorname{Ker}\boldsymbol{\varphi}$, 则对任一 $\boldsymbol{\beta}\in V$ 有 $(\boldsymbol{\alpha},\boldsymbol{\varphi}^*(\boldsymbol{\beta}))=(\boldsymbol{\varphi}(\boldsymbol{\alpha}),\boldsymbol{\beta})=(\boldsymbol{0},\boldsymbol{\beta})=0$, 即 $\boldsymbol{\alpha}\in(\operatorname{Im}\boldsymbol{\varphi}^*)^\perp$, 于是 $\operatorname{Ker}\boldsymbol{\varphi}\subseteq(\operatorname{Im}\boldsymbol{\varphi}^*)^\perp$. 另一方面, 任取 $\boldsymbol{\alpha}\in(\operatorname{Im}\boldsymbol{\varphi}^*)^\perp$, 则对任一 $\boldsymbol{\beta}\in V$ 有 $0=(\boldsymbol{\alpha},\boldsymbol{\varphi}^*(\boldsymbol{\beta}))=(\boldsymbol{\varphi}(\boldsymbol{\alpha}),\boldsymbol{\beta})$, 令 $\boldsymbol{\beta}=\boldsymbol{\varphi}(\boldsymbol{\alpha})$ 或由例 9.2 即得 $\boldsymbol{\varphi}(\boldsymbol{\alpha})=\boldsymbol{0}$, 即 $\boldsymbol{\alpha}\in\operatorname{Ker}\boldsymbol{\varphi}$, 于是 $(\operatorname{Im}\boldsymbol{\varphi}^*)^\perp\subseteq\operatorname{Ker}\boldsymbol{\varphi}$, 因此结论得证. □

例 9.28 设 V 是 n 维内积空间, φ 是 V 上的正规算子, $\boldsymbol{\alpha}$ 是 V 中的非零向量, 求证: $\boldsymbol{\alpha}$ 是 φ 属于特征值 λ 的特征向量的充要条件是 $\boldsymbol{\alpha}$ 是 φ^* 属于特征值 $\overline{\lambda}$ 的特征向量.

证明 先证明对任意的 $\boldsymbol{\alpha}\in V$, 有 $\|\boldsymbol{\varphi}(\boldsymbol{\alpha})\|=\|\boldsymbol{\varphi}^*(\boldsymbol{\alpha})\|$. 因为 φ 是正规算子, 故

$$
\|\boldsymbol{\varphi}(\boldsymbol{\alpha})\|^2=(\boldsymbol{\varphi}(\boldsymbol{\alpha}),\boldsymbol{\varphi}(\boldsymbol{\alpha}))=(\boldsymbol{\alpha},\boldsymbol{\varphi}^*\boldsymbol{\varphi}(\boldsymbol{\alpha}))=(\boldsymbol{\alpha},\boldsymbol{\varphi}\boldsymbol{\varphi}^*(\boldsymbol{\alpha}))=(\boldsymbol{\varphi}^*(\boldsymbol{\alpha}),\boldsymbol{\varphi}^*(\boldsymbol{\alpha}))=\|\boldsymbol{\varphi}^*(\boldsymbol{\alpha})\|^2.
$$

又因为 $(\lambda\boldsymbol{I}-\varphi)^*=\overline{\lambda}\boldsymbol{I}-\varphi^*$, 且 $(\lambda\boldsymbol{I}-\varphi)(\overline{\lambda}\boldsymbol{I}-\varphi^*)=(\overline{\lambda}\boldsymbol{I}-\varphi^*)(\lambda\boldsymbol{I}-\varphi)$, 所以 $\lambda\boldsymbol{I}-\varphi$ 也是正规算子. 于是

$$
\|(\lambda\boldsymbol{I}-\boldsymbol{\varphi})(\boldsymbol{\alpha})\|=\|(\overline{\lambda}\boldsymbol{I}-\boldsymbol{\varphi}^*)(\boldsymbol{\alpha})\|
$$

对任意的 $\boldsymbol{\alpha}$ 成立, 从而 $(\lambda \boldsymbol{I}-\boldsymbol{\varphi})(\boldsymbol{\alpha})=\mathbf{0}$ 当且仅当 $(\bar{\lambda} \boldsymbol{I}-\boldsymbol{\varphi}^*)(\boldsymbol{\alpha})=\mathbf{0}$. □

下面我们来看几个求伴随算子的具体例子.

例 9.29 设 V 是由 n 阶实矩阵全体构成的欧氏空间 (取 Frobenius 内积), V 上的线性变换 $\boldsymbol{\varphi}$ 定义为 $\boldsymbol{\varphi}(\boldsymbol{A})=\boldsymbol{PAQ}$, 其中 $\boldsymbol{P},\boldsymbol{Q}\in V$.

(1) 求 $\boldsymbol{\varphi}$ 的伴随 $\boldsymbol{\varphi}^*$;

(2) 若 $\boldsymbol{P},\boldsymbol{Q}$ 都是可逆矩阵, 求证: $\boldsymbol{\varphi}$ 是正交算子的充要条件是 $\boldsymbol{P}'\boldsymbol{P}=c\boldsymbol{I}_n$, $\boldsymbol{QQ}'=c^{-1}\boldsymbol{I}_n$, 其中 c 是正实数;

(3) 若 $\boldsymbol{P},\boldsymbol{Q}$ 都是可逆矩阵, 求证: $\boldsymbol{\varphi}$ 是自伴随算子的充要条件是 $\boldsymbol{P}'=\pm\boldsymbol{P}$, $\boldsymbol{Q}'=\pm\boldsymbol{Q}$;

(4) 若 $\boldsymbol{P},\boldsymbol{Q}$ 都是可逆矩阵, 求证: $\boldsymbol{\varphi}$ 是正规算子的充要条件是 $\boldsymbol{P},\boldsymbol{Q}$ 都是正规矩阵.

解 (1) 对任意的 $\boldsymbol{A},\boldsymbol{B}\in V$, 由迹的交换性可得

$$(\boldsymbol{\varphi}(\boldsymbol{A}),\boldsymbol{B})=\mathrm{tr}(\boldsymbol{PAQB}')=\mathrm{tr}(\boldsymbol{AQB}'\boldsymbol{P})=\mathrm{tr}\left(\boldsymbol{A}(\boldsymbol{P}'\boldsymbol{BQ}')'\right)=(\boldsymbol{A},\boldsymbol{P}'\boldsymbol{BQ}').$$

定义 V 上的线性变换 $\boldsymbol{\psi}$ 为 $\boldsymbol{\psi}(\boldsymbol{B})=\boldsymbol{P}'\boldsymbol{BQ}'$, 则上式即为 $(\boldsymbol{\varphi}(\boldsymbol{A}),\boldsymbol{B})=(\boldsymbol{A},\boldsymbol{\psi}(\boldsymbol{B}))$. 由伴随的唯一性即得 $\boldsymbol{\varphi}^*=\boldsymbol{\psi}$.

(2) 若 $\boldsymbol{\varphi}$ 是正交算子, 即 $\boldsymbol{\varphi}^*\boldsymbol{\varphi}=\boldsymbol{I}_V$, 则由 (1) 可知, $\boldsymbol{P}'\boldsymbol{PAQQ}'=\boldsymbol{A}$ 对任意的 $\boldsymbol{A}\in V$ 成立. 由 $\boldsymbol{Q}$ 的非异性可得 $\boldsymbol{P}'\boldsymbol{PA}=\boldsymbol{A}(\boldsymbol{QQ}')^{-1}$ 对任意的 $\boldsymbol{A}\in V$ 成立. 令 $\boldsymbol{A}=\boldsymbol{I}_n$ 可得 $\boldsymbol{P}'\boldsymbol{P}=(\boldsymbol{QQ}')^{-1}$, 因此上式即言 $\boldsymbol{P}'\boldsymbol{P}$ 与任意的 $\boldsymbol{A}$ 均乘法可交换, 于是存在实数 c, 使得 $\boldsymbol{P}'\boldsymbol{P}=c\boldsymbol{I}_n$. 又 $\boldsymbol{P}$ 可逆, 故 $\boldsymbol{P}'\boldsymbol{P}$ 正定, 从而 $c>0$, 由此即得必要性. 充分性显然成立.

(3) 若 $\boldsymbol{\varphi}$ 是自伴随算子, 即 $\boldsymbol{\varphi}^*=\boldsymbol{\varphi}$, 则由 (1) 可知, $\boldsymbol{P}'\boldsymbol{AQ}'=\boldsymbol{PAQ}$ 对任意的 $\boldsymbol{A}\in V$ 成立. 由 $\boldsymbol{P},\boldsymbol{Q}$ 的非异性可得 $\boldsymbol{P}^{-1}\boldsymbol{P}'\boldsymbol{A}=\boldsymbol{AQ}(\boldsymbol{Q}')^{-1}$ 对任意的 $\boldsymbol{A}\in V$ 成立. 令 $\boldsymbol{A}=\boldsymbol{I}_n$ 可得 $\boldsymbol{P}^{-1}\boldsymbol{P}'=\boldsymbol{Q}(\boldsymbol{Q}')^{-1}$, 因此上式即言 $\boldsymbol{P}^{-1}\boldsymbol{P}'$ 与任意的 $\boldsymbol{A}$ 均乘法可交换, 于是存在实数 c, 使得 $\boldsymbol{P}^{-1}\boldsymbol{P}'=c\boldsymbol{I}_n$, 即 $\boldsymbol{P}'=c\boldsymbol{P}$. 此式转置后可得 $\boldsymbol{P}=c\boldsymbol{P}'=c^2\boldsymbol{P}$, 又 $\boldsymbol{P}$ 可逆, 故 $c^2=1$, 从而 $c=\pm1$, 由此即得必要性. 充分性显然成立.

(4) 若 $\boldsymbol{\varphi}$ 是正规算子, 即 $\boldsymbol{\varphi}^*\boldsymbol{\varphi}=\boldsymbol{\varphi}\boldsymbol{\varphi}^*$, 则由 (1) 可知, $\boldsymbol{P}'\boldsymbol{PAQQ}'=\boldsymbol{PP}'\boldsymbol{AQ}'\boldsymbol{Q}$ 对任意的 $\boldsymbol{A}\in V$ 成立. 由 $\boldsymbol{P},\boldsymbol{Q}$ 的非异性可得 $(\boldsymbol{PP}')^{-1}\boldsymbol{P}'\boldsymbol{PA}=\boldsymbol{AQ}'\boldsymbol{Q}(\boldsymbol{QQ}')^{-1}$ 对任意的 $\boldsymbol{A}\in V$ 成立. 令 $\boldsymbol{A}=\boldsymbol{I}_n$ 可得 $(\boldsymbol{PP}')^{-1}\boldsymbol{P}'\boldsymbol{P}=\boldsymbol{Q}'\boldsymbol{Q}(\boldsymbol{QQ}')^{-1}$, 因此上式即言 $(\boldsymbol{PP}')^{-1}\boldsymbol{P}'\boldsymbol{P}$ 与任意的 $\boldsymbol{A}$ 均乘法可交换, 于是存在实数 c, 使得 $(\boldsymbol{PP}')^{-1}\boldsymbol{P}'\boldsymbol{P}=c\boldsymbol{I}_n$, 即 $\boldsymbol{P}'\boldsymbol{P}=c\boldsymbol{PP}'$. 上式两边同时取迹, 由于 $\boldsymbol{P}$ 可逆, 故 $\mathrm{tr}(\boldsymbol{P}'\boldsymbol{P})=\mathrm{tr}(\boldsymbol{PP}')>0$, 从而 $c=1$, 由此即得必要性. 充分性显然成立. □

第 2 章解答题 15 设 $\boldsymbol{A}=(a_{ij})$ 为 n 阶方阵, 定义函数 $f(\boldsymbol{A})=\sum\limits_{i,j=1}^{n}a_{ij}^2$. 设 $\boldsymbol{P}$ 为 n 阶可逆矩阵, 使得对任意的 n 阶方阵 $\boldsymbol{A}$ 成立: $f(\boldsymbol{PAP}^{-1})=f(\boldsymbol{A})$. 证明: 存在非零常数 c, 使得 $\boldsymbol{P}'\boldsymbol{P}=c\boldsymbol{I}_n$.

证法 2 我们把数域限定在实数域上, 并取 $V=M_n(\mathbb{R})$ 上的 Frobenius 内积, 则 $f(\boldsymbol{A})=\sum\limits_{i,j=1}^{n}a_{ij}^2=\|\boldsymbol{A}\|^2$. 设 $\boldsymbol{\varphi}(\boldsymbol{A})=\boldsymbol{PAP}^{-1}$ 为 V 上的线性变换, 则题目条件可改写为 $\|\boldsymbol{\varphi}(\boldsymbol{A})\|=\|\boldsymbol{A}\|$ 对任意的 $\boldsymbol{A}\in V$ 成立, 于是 $\boldsymbol{\varphi}$ 是正交算子, 从而由例 9.29 (2) 即得结论. □

例 9.30 设 V 是 n 阶实对称矩阵构成的欧氏空间 (取 Frobenius 内积).

(1) 求出 V 的一组标准正交基;

(2) 设 $\boldsymbol{T}$ 是一个 n 阶实矩阵, V 上的线性变换 $\boldsymbol{\varphi}$ 定义为 $\boldsymbol{\varphi}(\boldsymbol{A})=\boldsymbol{T}'\boldsymbol{AT}$, 求证: $\boldsymbol{\varphi}$ 是自伴随算子的充要条件是 $\boldsymbol{T}$ 为对称矩阵或反对称矩阵.

证明 (1) 记 $\boldsymbol{E}_{ij}$ 为 n 阶基础矩阵, 则容易验证下列矩阵构成了 V 的一组标准正交基:

$$\boldsymbol{E}_{ii}\ (1\leq i\leq n);\quad \frac{1}{\sqrt{2}}(\boldsymbol{E}_{ij}+\boldsymbol{E}_{ji})\ (1\leq i<j\leq n).$$

(2) 先证充分性. 若 $\boldsymbol{T}$ 为对称矩阵或反对称矩阵, 则由例 9.29 可知, $\boldsymbol{\varphi}^*(\boldsymbol{A})=(\boldsymbol{T}')'\boldsymbol{AT}'=\boldsymbol{TAT}'=\boldsymbol{T}'\boldsymbol{AT}=\boldsymbol{\varphi}(\boldsymbol{A})$ 对任一 $\boldsymbol{A}\in V$ 成立, 故 $\boldsymbol{\varphi}=\boldsymbol{\varphi}^*$ 是自伴随算子.

再证必要性. 若 $\boldsymbol{\varphi}$ 是自伴随算子, 则同上理由可得 $\boldsymbol{TAT}'=\boldsymbol{T}'\boldsymbol{AT}$ 对任一 $\boldsymbol{A}\in V$ 成立. 设 $\boldsymbol{T}=(t_{ij})$, 令 $\boldsymbol{A}=\boldsymbol{E}_{ij}+\boldsymbol{E}_{ji}$ 代入上述等式可得

$$t_{ik}t_{jl}+t_{il}t_{jk}=t_{ki}t_{lj}+t_{li}t_{kj} \tag{9.7}$$

对一切 i,j,k,l 都成立. 令 $k=l$, 则可得

$$t_{ik}t_{jk}=t_{ki}t_{kj}$$

对一切 i,j,k 都成立. 进一步令 $i=j$, 则可得 $t_{ik}^2=t_{ki}^2$ 对一切 i,k 都成立, 因此 $t_{ik}=t_{ki}$ 或 $t_{ik}=-t_{ki}$. 假设有某个 $i\neq k$, $t_{ik}=t_{ki}\neq 0$; 又有某个 $t_{uv}=-t_{vu}\neq 0$, 则从 $t_{ik}t_{uk}=t_{ki}t_{ku}$ 可推出 $t_{uk}=t_{ku}$. 这时若 $t_{uk}\neq 0$, 则从 $t_{uk}t_{uv}=t_{ku}t_{vu}$ 可推出 $t_{uv}=t_{vu}$, 矛盾. 若 $t_{uk}=0$, 则在 (9.7) 式中令 $j=u,l=v$, 仍可推出 $t_{uv}=t_{vu}$, 依然矛盾. 于是或者 $t_{ik}=t_{ki}$ 对一切 i,k 成立, 或者 $t_{ik}=-t_{ki}$ 对一切 i,k 成立, 即 $\boldsymbol{T}$ 或者是对称矩阵, 或者是反对称矩阵. □

有限维内积空间上的线性算子必存在伴随算子, 然而下面的例题告诉我们, 无限维内积空间上线性算子的伴随算子可能不存在. 这一事实也反映了有限维内积空间与无限维内积空间之间的区别.

例 9.31 设 $U = \mathbb{R}[x]$, 取例 9.1 (6) 中的内积. 任取 $f(x), g(x) \in U$, 若设某些系数为零, 则可将它们都写成统一的形式: $f(x) = a_0 + a_1x + \cdots + a_nx^n$, $g(x) = b_0 + b_1x + \cdots + b_nx^n$.

(1) 线性变换 $\boldsymbol{\varphi}$ 定义为 $\boldsymbol{\varphi}(f(x)) = a_1 + a_2x + \cdots + a_nx^{n-1}$, 试求 $\boldsymbol{\varphi}$ 的伴随;

(2) 线性变换 $\boldsymbol{\varphi}$ 定义为 $\boldsymbol{\varphi}(f(x)) = a_0 + a_1(1+x) + a_2(1+x+x^2) + \cdots + a_n(\sum\limits_{i=0}^{n} x^i)$, 求证: $\boldsymbol{\varphi}$ 的伴随不存在.

证明　(1) 经简单的计算可知, $\boldsymbol{\varphi}^*(g(x)) = b_0x + b_1x^2 + \cdots + b_{n-1}x^n + b_nx^{n+1}$.

(2) 注意到 $(f(x), x^i) = a_i$, 也就是说 $f(x)$ 和 x^i 的内积就是 $f(x)$ 的 x^i 项系数. 用反证法来证明, 设 $\boldsymbol{\varphi}$ 的伴随算子 $\boldsymbol{\varphi}^*$ 存在, 我们来推出矛盾. 对任意的 $n \geq m$, 我们有 $(\boldsymbol{\varphi}(x^n), x^m) = (1 + x + \cdots + x^n, x^m) = 1$, 故 $(x^n, \boldsymbol{\varphi}^*(x^m)) = 1$ 对任意给定的 m 以及所有的 $n \geq m$ 都成立, 这说明 $\boldsymbol{\varphi}^*(x^m)$ 有无穷多个单项的系数不为零, 这与 $\boldsymbol{\varphi}^*(x^m)$ 是多项式相矛盾. 因此 $\boldsymbol{\varphi}$ 的伴随不存在. □

§ 9.5 保积同构、正交变换和正交矩阵

设 $\boldsymbol{\varphi} : V \to U$ 是内积空间之间的线性同构, 若 $\boldsymbol{\varphi}$ 保持内积, 则称为保积同构. 若两个线性空间之间存在线性同构, 则它们具有相同的线性结构, 从而在考虑线性问题时可将它们等同起来. 同理, 若两个内积空间之间存在保积同构, 则它们具有相同的内积结构, 从而在考虑内积问题时也可将它们等同起来, 这也是研究保积同构的意义所在. 本节将从 4 个方面研究保积同构的性质及其应用.

1. 保积同构和几何问题代数化

在欧氏空间 (酉空间) V 中取定一组标准正交基, 容易验证将任一向量映射为它在这组基下的坐标向量的线性同构 $\boldsymbol{\varphi} : V \to \mathbb{R}^n$ $(\boldsymbol{\varphi} : V \to \mathbb{C}^n)$ 实际上也是一个保积同构. 因此我们可以把抽象的欧氏空间 (酉空间) V 上的问题转化为具体的取标准内积的列向量空间 $\mathbb{R}^n$ $(\mathbb{C}^n)$ 上的问题来解决, 这就是内积空间版本的"几何问题代数化"技巧 (线性空间的版本请参考 § 3.4). 我们先来看这一技巧的两个应用.

例 9.32 设 V 是 n 维欧氏空间, $\boldsymbol{\alpha}_1, \boldsymbol{\alpha}_2, \cdots, \boldsymbol{\alpha}_n$, $\boldsymbol{\beta}_1, \boldsymbol{\beta}_2, \cdots, \boldsymbol{\beta}_n \in V$. 证明: 若存在非零向量 $\boldsymbol{\alpha} \in V$, 使得 $\sum\limits_{i=1}^{n}(\boldsymbol{\alpha}, \boldsymbol{\alpha}_i)\boldsymbol{\beta}_i = \mathbf{0}$, 则必存在非零向量 $\boldsymbol{\beta} \in V$, 使得 $\sum\limits_{i=1}^{n}(\boldsymbol{\beta}, \boldsymbol{\beta}_i)\boldsymbol{\alpha}_i = \mathbf{0}$.

证明　取 V 的一组标准正交基 $\boldsymbol{e}_1, \boldsymbol{e}_2, \cdots, \boldsymbol{e}_n$, 设 $\boldsymbol{\alpha}, \boldsymbol{\beta}$ 的坐标向量分别为 $\boldsymbol{x}, \boldsymbol{y}$;

$\boldsymbol{\alpha}_i$ 的坐标向量为 $\boldsymbol{x}_i\,(1\leq i\leq n)$; $\boldsymbol{\beta}_i$ 的坐标向量为 $\boldsymbol{y}_i\,(1\leq i\leq n)$; n 阶实矩阵 $\boldsymbol{A}=(\boldsymbol{x}_1,\boldsymbol{x}_2,\cdots,\boldsymbol{x}_n)$, $\boldsymbol{B}=(\boldsymbol{y}_1,\boldsymbol{y}_2,\cdots,\boldsymbol{y}_n)$, 则由抽象向量映射到坐标向量的保积同构 $\boldsymbol{\varphi}:V\to\mathbb{R}^n$, 可把本题化为如下矩阵问题: 若存在非零列向量 $\boldsymbol{x}$, 使得

$$\sum_{i=1}^{n}(\boldsymbol{x}'\boldsymbol{x}_i)\boldsymbol{y}_i=\boldsymbol{B}\boldsymbol{A}'\boldsymbol{x}=\boldsymbol{0}, \tag{9.8}$$

则必存在非零列向量 $\boldsymbol{y}$, 使得

$$\sum_{i=1}^{n}(\boldsymbol{y}'\boldsymbol{y}_i)\boldsymbol{x}_i=\boldsymbol{A}\boldsymbol{B}'\boldsymbol{y}=\boldsymbol{0}. \tag{9.9}$$

事实上, 由齐次线性方程组 (9.8) 有非零解可得 $\mathrm{r}(\boldsymbol{B}\boldsymbol{A}')<n$, 注意到 $\boldsymbol{A}\boldsymbol{B}'=(\boldsymbol{B}\boldsymbol{A}')'$, 故 $\mathrm{r}(\boldsymbol{A}\boldsymbol{B}')<n$, 于是齐次线性方程组 (9.9) 也有非零解, 结论得证. □

例 9.33 设 V 是 n 维欧氏空间, $\{\boldsymbol{\alpha}_1,\boldsymbol{\alpha}_2,\cdots,\boldsymbol{\alpha}_m\}$ 是一组向量, $\boldsymbol{G}=\boldsymbol{G}(\boldsymbol{\alpha}_1,\boldsymbol{\alpha}_2,\cdots,\boldsymbol{\alpha}_m)$ 是其 Gram 矩阵, 求证: $\mathrm{r}(\boldsymbol{\alpha}_1,\boldsymbol{\alpha}_2,\cdots,\boldsymbol{\alpha}_m)=\mathrm{r}(\boldsymbol{G})$.

证明　取 V 的一组标准正交基 $\boldsymbol{e}_1,\boldsymbol{e}_2,\cdots,\boldsymbol{e}_n$, 设 $\boldsymbol{\alpha}_i$ 的坐标向量为 $\boldsymbol{x}_i\,(1\leq i\leq m)$, $\boldsymbol{A}=(\boldsymbol{x}_1,\boldsymbol{x}_2,\cdots,\boldsymbol{x}_m)$ 为 $n\times m$ 实矩阵, 则由抽象向量映射到坐标向量的保积同构 $\boldsymbol{\varphi}:V\to\mathbb{R}^n$ 可知 $\boldsymbol{G}=\boldsymbol{A}'\boldsymbol{A}$, 于是只要证明 $\mathrm{r}(\boldsymbol{A})=\mathrm{r}(\boldsymbol{A}'\boldsymbol{A})$ 成立即可, 而这由例 3.76 即得. □

2. 保积同构的判定及其应用

下面是保积同构的几个例子.

例 9.34 试构造下列内积空间之间的保积同构:
(1) $M_n(\mathbb{R})$ (取 Frobenius 内积) 与 $\mathbb{R}^{n^2}$ (取标准内积);
(2) $M_n(\mathbb{C})$ (取 Frobenius 内积) 与 $\mathbb{C}^{n^2}$ (取标准内积);
(3) $V=\mathbb{R}[x]$ (取 $[0,1]$ 区间的积分内积) 与 $U=\mathbb{R}[x]$ (取例 9.1 (6) 中的内积).

解　(1) 取 $M_n(\mathbb{R})$ 中基础矩阵 $\{\boldsymbol{E}_{ij}\}$ 构成的标准正交基, 则将任一 $\boldsymbol{A}=(a_{ij})$ 映射为在上述基下的坐标向量 $(a_{11},a_{12},\cdots,a_{1n},\cdots,a_{n1},a_{n2},\cdots,a_{nn})'$ 的线性映射 $\boldsymbol{\psi}:M_n(\mathbb{R})\to\mathbb{R}^{n^2}$ 是线性同构. 对任意的 $\boldsymbol{B}=(b_{ij})\in M_n(\mathbb{R})$, 有

$$(\boldsymbol{\psi}(\boldsymbol{A}),\boldsymbol{\psi}(\boldsymbol{B}))=\sum_{i,j=1}^{n}a_{ij}b_{ij}=(\boldsymbol{A},\boldsymbol{B}),$$

故 $\boldsymbol{\psi}:M_n(\mathbb{R})\to\mathbb{R}^{n^2}$ 是保积同构.

(2) 同理可证复矩阵的情形.

(3) 设线性无关向量组 $\{1,x,\cdots,x^n\}$ 在 $[0,1]$ 区间的积分内积下的 Gram 矩阵为 $\boldsymbol{A}=(a_{ij})$, 其中 $a_{ij}=\dfrac{1}{i+j-1}\,(1\le i,j\le n+1)$. 由例 9.5 可知, $\boldsymbol{A}$ 是正定阵, 取其 Cholesky 分解 $\boldsymbol{A}=\boldsymbol{C}'\boldsymbol{C}$, 其中 $\boldsymbol{C}=(c_{ij})$ 是主对角元全大于零的上三角矩阵. 我们先构造一个线性同构 $\boldsymbol{\psi}:V\to U$, 对任意的 $f(x)=a_0+a_1x+\cdots+a_nx^n$, 定义

$$\boldsymbol{\psi}(f(x))=a_0c_{11}+a_1(c_{12}+c_{22}x)+\cdots+a_n(c_{1,n+1}+c_{2,n+1}x+\cdots+c_{n+1,n+1}x^n),$$

即 $(\boldsymbol{\psi}(1),\boldsymbol{\psi}(x),\cdots,\boldsymbol{\psi}(x^n))=(1,x,\cdots,x^n)\boldsymbol{C}$. 容易证明 $\boldsymbol{A}$ 的第 r 个顺序主子阵的 Cholesky 分解恰由 $\boldsymbol{C}$ 的第 r 个顺序主子阵决定 (这仍然是一个上三角矩阵). 若取线性无关向量组 $\{1,x,\cdots,x^m\}$, 则按照上述方法定义出来的 $\boldsymbol{\psi}(1),\boldsymbol{\psi}(x),\cdots,\boldsymbol{\psi}(x^m)$ 与已定义的 $\boldsymbol{\psi}(1),\boldsymbol{\psi}(x),\cdots,\boldsymbol{\psi}(x^n)$ 的前面部分总是相同的. 因此 $\boldsymbol{\psi}$ 的定义不依赖于 n 的选取, 并且容易验证 $\boldsymbol{\psi}$ 是 $V\to U$ 的线性映射. 再由 $\boldsymbol{C}$ 的非异性容易证明 $\boldsymbol{\psi}:V\to U$ 是线性同构. 任取 $f(x),g(x)\in V$, 若设某些系数为零, 则可将它们都写成统一的形式: $f(x)=a_0+a_1x+\cdots+a_nx^n$, $g(x)=b_0+b_1x+\cdots+b_nx^n$. 记 $\boldsymbol{\alpha}=(a_0,a_1,\cdots,a_n)'$, $\boldsymbol{\beta}=(b_0,b_1,\cdots,b_n)'$, 则由内积的定义可得

$$(\boldsymbol{\psi}(f(x)),\boldsymbol{\psi}(g(x)))=(\boldsymbol{C\alpha})'(\boldsymbol{C\beta})=\boldsymbol{\alpha}'(\boldsymbol{C}'\boldsymbol{C})\boldsymbol{\beta}=\boldsymbol{\alpha}'\boldsymbol{A\beta}=(f(x),g(x)),$$

因此 $\boldsymbol{\psi}:V\to U$ 是保积同构. □

注 通过例 9.34 (3) 可以把例 9.31 (2) 中的线性算子 $\boldsymbol{\varphi}$ 从 U 拉回到 V 上, 即有 V 上的线性算子 $\boldsymbol{\psi}^{-1}\boldsymbol{\varphi}\boldsymbol{\psi}$, 它在 $[0,1]$ 区间的积分内积下不存在伴随算子.

两个维数相同的欧氏空间 (酉空间) 之间的线性映射 $\boldsymbol{\varphi}:V\to U$ 是保积同构当且仅当 $\boldsymbol{\varphi}$ 保持内积或保持范数, 当且仅当 $\boldsymbol{\varphi}$ 把 V 的某一组 (任一组) 标准正交基映为 U 的一组标准正交基. 我们已经知道一组基的 Gram 矩阵完全决定了内积结构, 因此也有如下保积同构的判定准则.

例 9.35 设 V,U 都是 n 维欧氏空间, $\{\boldsymbol{e}_1,\boldsymbol{e}_2,\cdots,\boldsymbol{e}_n\}$ 和 $\{\boldsymbol{f}_1,\boldsymbol{f}_2,\cdots,\boldsymbol{f}_n\}$ 分别是 V 和 U 的一组基 (不一定是标准正交基), 线性映射 $\boldsymbol{\varphi}:V\to U$ 满足 $\boldsymbol{\varphi}(\boldsymbol{e}_i)=\boldsymbol{f}_i\,(1\le i\le n)$. 求证: $\boldsymbol{\varphi}$ 是保积同构的充要条件是这两组基的 Gram 矩阵相等, 即

$$\boldsymbol{G}(\boldsymbol{e}_1,\boldsymbol{e}_2,\cdots,\boldsymbol{e}_n)=\boldsymbol{G}(\boldsymbol{f}_1,\boldsymbol{f}_2,\cdots,\boldsymbol{f}_n).$$

证明 $\boldsymbol{\varphi}$ 把 V 的一组基映为 U 的一组基保证了 $\boldsymbol{\varphi}$ 是线性同构. 若 $\boldsymbol{\varphi}$ 保持内积, 则 $(\boldsymbol{e}_i,\boldsymbol{e}_j)=(\boldsymbol{\varphi}(\boldsymbol{e}_i),\boldsymbol{\varphi}(\boldsymbol{e}_j))=(\boldsymbol{f}_i,\boldsymbol{f}_j)$, 从而它们的 Gram 矩阵相同. 反之, 若它们的 Gram 矩阵相同, 任取 $\boldsymbol{\alpha},\boldsymbol{\beta}\in V$, 设它们在基 $\{\boldsymbol{e}_1,\boldsymbol{e}_2,\cdots,\boldsymbol{e}_n\}$ 下的坐标向量分别为 $\boldsymbol{x},\boldsymbol{y}$, 则 $\boldsymbol{\varphi}(\boldsymbol{\alpha}),\boldsymbol{\varphi}(\boldsymbol{\beta})$ 在基 $\{\boldsymbol{f}_1,\boldsymbol{f}_2,\cdots,\boldsymbol{f}_n\}$ 下的坐标向量也分别为 $\boldsymbol{x},\boldsymbol{y}$, 于是

$$(\boldsymbol{\varphi}(\boldsymbol{\alpha}),\boldsymbol{\varphi}(\boldsymbol{\beta}))=\boldsymbol{x}'\boldsymbol{G}(\boldsymbol{f}_1,\boldsymbol{f}_2,\cdots,\boldsymbol{f}_n)\boldsymbol{y}=\boldsymbol{x}'\boldsymbol{G}(\boldsymbol{e}_1,\boldsymbol{e}_2,\cdots,\boldsymbol{e}_n)\boldsymbol{y}=(\boldsymbol{\alpha},\boldsymbol{\beta}),$$

故 $\varphi: V \to U$ 是保积同构. □

接下来我们考虑例 9.35 关于向量组的推广. 我们已经知道向量组 Gram 矩阵的许多性质, 而下面的例题告诉我们, 向量组的 Gram 矩阵不仅决定了向量之间的内积关系, 也决定了向量之间的线性关系.

例 9.36 设 V 是 n 维欧氏空间, $\{\boldsymbol{\alpha}_1, \boldsymbol{\alpha}_2, \cdots, \boldsymbol{\alpha}_m\}$ 是一组向量, $\boldsymbol{G} = \boldsymbol{G}(\boldsymbol{\alpha}_1, \boldsymbol{\alpha}_2, \cdots, \boldsymbol{\alpha}_m)$ 是其 Gram 矩阵.

(1) 求证: $\{\boldsymbol{\alpha}_{i_1}, \boldsymbol{\alpha}_{i_2}, \cdots, \boldsymbol{\alpha}_{i_r}\}$ 是极大无关组的充要条件是 $\boldsymbol{G}$ 的第 $i_1, i_2, \cdots, i_r$ 行和列构成的主子式非零, 且对任意的 $i \neq i_1, i_2, \cdots, i_r$, $\boldsymbol{G}$ 的第 $i_1, i_2, \cdots, i_r, i$ 行和列构成的主子式等于零.

(2) $R = \{(c_1, c_2, \cdots, c_m)' \in \mathbb{R}^m \mid c_1\boldsymbol{\alpha}_1 + c_2\boldsymbol{\alpha}_2 + \cdots + c_m\boldsymbol{\alpha}_m = \boldsymbol{0}\}$ 称为向量组 $\{\boldsymbol{\alpha}_1, \boldsymbol{\alpha}_2, \cdots, \boldsymbol{\alpha}_m\}$ 的线性关系集合, 容易验证它是 $\mathbb{R}^m$ 的线性子空间. 求证: R 是线性方程组 $\boldsymbol{G}\boldsymbol{x} = \boldsymbol{0}$ 的解空间.

(3) 设 $\{\boldsymbol{\alpha}_1, \boldsymbol{\alpha}_2, \cdots, \boldsymbol{\alpha}_m\}$ 线性无关, $\{\boldsymbol{\gamma}_1, \boldsymbol{\gamma}_2, \cdots, \boldsymbol{\gamma}_m\}$ 是由 Gram-Schmidt 方法得到的标准正交向量组. 设上述两组向量之间的线性关系由可逆矩阵 $\boldsymbol{P}$ 定义, 即 $(\boldsymbol{\gamma}_1, \boldsymbol{\gamma}_2, \cdots, \boldsymbol{\gamma}_m) = (\boldsymbol{\alpha}_1, \boldsymbol{\alpha}_2, \cdots, \boldsymbol{\alpha}_m)\boldsymbol{P}$, 求证: $\boldsymbol{P}$ 由 $\boldsymbol{G}$ 唯一确定.

证明 (1) $\{\boldsymbol{\alpha}_{i_1}, \boldsymbol{\alpha}_{i_2}, \cdots, \boldsymbol{\alpha}_{i_r}\}$ 是极大无关组当且仅当 $\{\boldsymbol{\alpha}_{i_1}, \boldsymbol{\alpha}_{i_2}, \cdots, \boldsymbol{\alpha}_{i_r}\}$ 线性无关, 且对任意的 $i \neq i_1, i_2, \cdots, i_r$, $\{\boldsymbol{\alpha}_{i_1}, \boldsymbol{\alpha}_{i_2}, \cdots, \boldsymbol{\alpha}_{i_r}, \boldsymbol{\alpha}_i\}$ 线性相关, 故由例 9.5 (2) 即知结论成立.

(2) 由内积的正定性可知, $\boldsymbol{\beta} = (c_1, c_2, \cdots, c_m)' \in R$ 当且仅当 $(\sum\limits_{i=1}^m c_i\boldsymbol{\alpha}_i, \sum\limits_{i=1}^m c_i\boldsymbol{\alpha}_i) = 0$, 即 $\boldsymbol{\beta}'\boldsymbol{G}\boldsymbol{\beta} = 0$, 再由例 8.71 可知, 这也当且仅当 $\boldsymbol{G}\boldsymbol{\beta} = \boldsymbol{0}$, 即 $\boldsymbol{\beta} = (c_1, c_2, \cdots, c_m)'$ 是线性方程组 $\boldsymbol{G}\boldsymbol{x} = \boldsymbol{0}$ 的解.

(3) 由例 9.14 的证明过程可得

$$\boldsymbol{I}_m = \boldsymbol{G}(\boldsymbol{\gamma}_1, \boldsymbol{\gamma}_2, \cdots, \boldsymbol{\gamma}_m) = \boldsymbol{P}'\boldsymbol{G}(\boldsymbol{\alpha}_1, \boldsymbol{\alpha}_2, \cdots, \boldsymbol{\alpha}_m)\boldsymbol{P} = \boldsymbol{P}'\boldsymbol{G}\boldsymbol{P},$$

从而 $\boldsymbol{G} = (\boldsymbol{P}^{-1})'\boldsymbol{P}^{-1}$ 为 Cholesky 分解. 由 Cholesky 分解的唯一性可知, $\boldsymbol{P}$ 由 $\boldsymbol{G}$ 唯一确定. □

例 9.37 设 $\{\boldsymbol{\alpha}_1, \boldsymbol{\alpha}_2, \boldsymbol{\alpha}_3, \boldsymbol{\alpha}_4\}$ 是欧氏空间 V 中的向量, 其 Gram 矩阵为 $\boldsymbol{G} = \boldsymbol{A}'\boldsymbol{A}$, 其中

$$\boldsymbol{A} = \begin{pmatrix} 1 & 4 & 5 & 3 \\ 1 & 1 & -1 & 3 \\ 1 & 7 & 11 & 9 \\ 1 & 0 & -3 & 1 \end{pmatrix}.$$

试求 $\{\boldsymbol{\alpha}_1,\boldsymbol{\alpha}_2,\boldsymbol{\alpha}_3,\boldsymbol{\alpha}_4\}$ 的一组极大无关组, 以及由这一极大无关组通过 Gram-Schmidt 方法得到的标准正交向量组.

解　设 $\boldsymbol{A}=(\boldsymbol{u}_1,\boldsymbol{u}_2,\boldsymbol{u}_3,\boldsymbol{u}_4)$ 为列分块, 利用初等行变换容易验证 $\{\boldsymbol{u}_1,\boldsymbol{u}_2,\boldsymbol{u}_4\}$ 是 $\boldsymbol{A}$ 的列向量的极大无关组, 再利用 Cauchy-Binet 公式可得 $\boldsymbol{G}\begin{pmatrix}1&2&4\\1&2&4\end{pmatrix}>0$, 但 $|\boldsymbol{G}|=|\boldsymbol{A}|^2=0$, 故由例 9.36 (1) 可知 $\{\boldsymbol{\alpha}_1,\boldsymbol{\alpha}_2,\boldsymbol{\alpha}_4\}$ 是一组极大无关组, 其 Gram 矩阵为

$$\boldsymbol{G}(\boldsymbol{\alpha}_1,\boldsymbol{\alpha}_2,\boldsymbol{\alpha}_4)=\begin{pmatrix}1&1&1&1\\4&1&7&0\\3&3&9&1\end{pmatrix}\begin{pmatrix}1&4&3\\1&1&3\\1&7&9\\1&0&1\end{pmatrix}=\begin{pmatrix}4&12&16\\12&66&78\\16&78&100\end{pmatrix}.$$

经计算可得 $\boldsymbol{G}$ 的 Cholesky 分解为

$$\boldsymbol{G}(\boldsymbol{\alpha}_1,\boldsymbol{\alpha}_2,\boldsymbol{\alpha}_4)=\begin{pmatrix}4&12&16\\12&66&78\\16&78&100\end{pmatrix}=\begin{pmatrix}2&0&0\\6&\sqrt{30}&0\\8&\sqrt{30}&\sqrt{6}\end{pmatrix}\begin{pmatrix}2&6&8\\0&\sqrt{30}&\sqrt{30}\\0&0&\sqrt{6}\end{pmatrix},$$

故由例 9.36 (3) 可知, 经 Gram-Schmidt 正交化方法从 $\{\boldsymbol{\alpha}_1,\boldsymbol{\alpha}_2,\boldsymbol{\alpha}_4\}$ 得到的正交标准向量组 $\{\boldsymbol{\gamma}_1,\boldsymbol{\gamma}_2,\boldsymbol{\gamma}_4\}$ 之间的线性关系为

$$(\boldsymbol{\gamma}_1,\boldsymbol{\gamma}_2,\boldsymbol{\gamma}_4)=(\boldsymbol{\alpha}_1,\boldsymbol{\alpha}_2,\boldsymbol{\alpha}_4)\boldsymbol{P},\quad \boldsymbol{P}=\begin{pmatrix}2&6&8\\0&\sqrt{30}&\sqrt{30}\\0&0&\sqrt{6}\end{pmatrix}^{-1}=\begin{pmatrix}\frac{1}{2}&-\frac{3}{\sqrt{30}}&-\frac{1}{\sqrt{6}}\\0&\frac{1}{\sqrt{30}}&-\frac{1}{\sqrt{6}}\\0&0&\frac{1}{\sqrt{6}}\end{pmatrix}.\ \square$$

例 9.38　设 V,U 都是 n 维欧氏空间, $\{\boldsymbol{\alpha}_1,\boldsymbol{\alpha}_2,\cdots,\boldsymbol{\alpha}_m\}$ 和 $\{\boldsymbol{\beta}_1,\boldsymbol{\beta}_2,\cdots,\boldsymbol{\beta}_m\}$ 分别是 V 和 U 中的向量组. 证明: 存在保积同构 $\boldsymbol{\varphi}:V\to U$, 使得

$$\boldsymbol{\varphi}(\boldsymbol{\alpha}_i)=\boldsymbol{\beta}_i\ (1\le i\le m)$$

成立的充要条件是这两组向量的 Gram 矩阵相等.

证明　必要性类似于例 9.35 的必要性的证明, 下证充分性. 设向量组 $\{\boldsymbol{\alpha}_1,\boldsymbol{\alpha}_2,\cdots,\boldsymbol{\alpha}_m\}$ 和 $\{\boldsymbol{\beta}_1,\boldsymbol{\beta}_2,\cdots,\boldsymbol{\beta}_m\}$ 有相同的 Gram 矩阵, $V_1=L(\boldsymbol{\alpha}_1,\boldsymbol{\alpha}_2,\cdots,\boldsymbol{\alpha}_m)$, $U_1=L(\boldsymbol{\beta}_1,\boldsymbol{\beta}_2,\cdots,\boldsymbol{\beta}_m)$. 设 $\{\boldsymbol{\alpha}_{i_1},\boldsymbol{\alpha}_{i_2},\cdots,\boldsymbol{\alpha}_{i_r}\}$ 是向量组 $\{\boldsymbol{\alpha}_1,\boldsymbol{\alpha}_2,\cdots,\boldsymbol{\alpha}_m\}$ 的极大无关组, 若设 $c_1\boldsymbol{\beta}_{i_1}+c_2\boldsymbol{\beta}_{i_2}+\cdots+c_r\boldsymbol{\beta}_{i_r}=\boldsymbol{0}$, 则由例 9.36 (2) 可得 $c_1\boldsymbol{\alpha}_{i_1}+c_2\boldsymbol{\alpha}_{i_2}+\cdots+$

$c_r\boldsymbol{\alpha}_{i_r}=\mathbf{0}$, 从而 $c_1=c_2=\cdots=c_r=0$, 即 $\boldsymbol{\beta}_{i_1},\boldsymbol{\beta}_{i_2},\cdots,\boldsymbol{\beta}_{i_r}$ 线性无关; 又对任意的 $i\neq i_1,i_2,\cdots,i_r$, 若设 $\boldsymbol{\alpha}_i=a_1\boldsymbol{\alpha}_{i_1}+a_2\boldsymbol{\alpha}_{i_2}+\cdots+a_r\boldsymbol{\alpha}_{i_r}$, 则由例 9.36 (2) 可得 $\boldsymbol{\beta}_i=a_1\boldsymbol{\beta}_{i_1}+a_2\boldsymbol{\beta}_{i_2}+\cdots+a_r\boldsymbol{\beta}_{i_r}$, 于是 $\{\boldsymbol{\beta}_{i_1},\boldsymbol{\beta}_{i_2},\cdots,\boldsymbol{\beta}_{i_r}\}$ 也是向量组 $\{\boldsymbol{\beta}_1,\boldsymbol{\beta}_2,\cdots,\boldsymbol{\beta}_m\}$ 的极大无关组, 从而 $\{\boldsymbol{\alpha}_{i_1},\boldsymbol{\alpha}_{i_2},\cdots,\boldsymbol{\alpha}_{i_r}\}$ 和 $\{\boldsymbol{\beta}_{i_1},\boldsymbol{\beta}_{i_2},\cdots,\boldsymbol{\beta}_{i_r}\}$ 分别是 V_1,U_1 的一组基. 定义线性映射 $\boldsymbol{\varphi}_1:V_1\to U_1$ 为 $\boldsymbol{\varphi}_1(\boldsymbol{\alpha}_{i_k})=\boldsymbol{\beta}_{i_k}\,(1\leq k\leq r)$, 则由例 9.35 的充分性可知, $\boldsymbol{\varphi}_1:V_1\to U_1$ 是保积同构. 对任意的 $i\neq i_1,i_2,\cdots,i_r$,

$$\boldsymbol{\varphi}_1(\boldsymbol{\alpha}_i)=\boldsymbol{\varphi}_1\Big(\sum_{k=1}^r a_k\boldsymbol{\alpha}_{i_k}\Big)=\sum_{k=1}^r a_k\boldsymbol{\varphi}_1(\boldsymbol{\alpha}_{i_k})=\sum_{k=1}^r a_k\boldsymbol{\beta}_{i_k}=\boldsymbol{\beta}_i,$$

从而 $\boldsymbol{\varphi}_1(\boldsymbol{\alpha}_i)=\boldsymbol{\beta}_i\,(1\leq i\leq m)$. 注意到 $V=V_1\perp V_1^\perp$, $U=U_1\perp U_1^\perp$, 故可取 $V_1^\perp$ 的一组标准正交基 $\boldsymbol{\gamma}_{r+1},\cdots,\boldsymbol{\gamma}_n$, $U_1^\perp$ 的一组标准正交基 $\boldsymbol{\delta}_{r+1},\cdots,\boldsymbol{\delta}_n$, 定义线性映射 $\boldsymbol{\varphi}_2:V_1^\perp\to U_1^\perp$ 为 $\boldsymbol{\varphi}_2(\boldsymbol{\gamma}_j)=\boldsymbol{\delta}_j\,(r+1\leq j\leq n)$, 则 $\boldsymbol{\varphi}_2:V_1^\perp\to U_1^\perp$ 也是保积同构. 下面定义线性映射 $\boldsymbol{\varphi}:V\to U$, 对任一 $\boldsymbol{v}=\boldsymbol{\alpha}+\boldsymbol{\gamma}\in V$, 其中 $\boldsymbol{\alpha}\in V_1$, $\boldsymbol{\gamma}\in V_1^\perp$, 定义 $\boldsymbol{\varphi}(\boldsymbol{v})=\boldsymbol{\varphi}_1(\boldsymbol{\alpha})+\boldsymbol{\varphi}_2(\boldsymbol{\gamma})$, 容易验证 $\boldsymbol{\varphi}:V\to U$ 是线性同构. 我们还有

$$\begin{aligned}(\boldsymbol{\varphi}(\boldsymbol{v}),\boldsymbol{\varphi}(\boldsymbol{v}))&=(\boldsymbol{\varphi}_1(\boldsymbol{\alpha})+\boldsymbol{\varphi}_2(\boldsymbol{\gamma}),\boldsymbol{\varphi}_1(\boldsymbol{\alpha})+\boldsymbol{\varphi}_2(\boldsymbol{\gamma}))=(\boldsymbol{\varphi}_1(\boldsymbol{\alpha}),\boldsymbol{\varphi}_1(\boldsymbol{\alpha}))+(\boldsymbol{\varphi}_2(\boldsymbol{\gamma}),\boldsymbol{\varphi}_2(\boldsymbol{\gamma}))\\&=(\boldsymbol{\alpha},\boldsymbol{\alpha})+(\boldsymbol{\gamma},\boldsymbol{\gamma})=(\boldsymbol{\alpha}+\boldsymbol{\gamma},\boldsymbol{\alpha}+\boldsymbol{\gamma})=(\boldsymbol{v},\boldsymbol{v}),\end{aligned}$$

故 $\boldsymbol{\varphi}:V\to U$ 保持范数, 从而是满足题目条件的保积同构. □

注　若设 $\{\boldsymbol{\alpha}_{i_1},\boldsymbol{\alpha}_{i_2},\cdots,\boldsymbol{\alpha}_{i_r}\}$ 是向量组 $\{\boldsymbol{\alpha}_1,\boldsymbol{\alpha}_2,\cdots,\boldsymbol{\alpha}_m\}$ 的极大无关组, 则由例 9.36 (1) 可以直接得到 $\{\boldsymbol{\beta}_{i_1},\boldsymbol{\beta}_{i_2},\cdots,\boldsymbol{\beta}_{i_r}\}$ 也是向量组 $\{\boldsymbol{\beta}_1,\boldsymbol{\beta}_2,\cdots,\boldsymbol{\beta}_m\}$ 的极大无关组.

例 9.38 具有十分明显的几何意义, 并且它的证明是构造性的, 从而可用来构造满足某些条件的保积同构. 例 9.37 的解法 2 和例 9.39 是两个应用.

例 9.37 的解法 2　设 $\boldsymbol{A}=(\boldsymbol{u}_1,\boldsymbol{u}_2,\boldsymbol{u}_3,\boldsymbol{u}_4)$ 为列分块, 容易验证 $\{\boldsymbol{u}_1,\boldsymbol{u}_2,\boldsymbol{u}_4\}$ 是 $\boldsymbol{A}$ 的列向量的极大无关组. 设 $U=L(\boldsymbol{u}_1,\boldsymbol{u}_2,\boldsymbol{u}_3,\boldsymbol{u}_4)$, 则 U 是 $\mathbb{R}^4$ (取标准内积) 的三维子空间, 并且 $\boldsymbol{A}'\boldsymbol{A}$ 就是列向量组 $\{\boldsymbol{u}_1,\boldsymbol{u}_2,\boldsymbol{u}_3,\boldsymbol{u}_4\}$ 的 Gram 矩阵. 由假设 $\boldsymbol{G}(\boldsymbol{\alpha}_1,\boldsymbol{\alpha}_2,\boldsymbol{\alpha}_3,\boldsymbol{\alpha}_4)=\boldsymbol{G}(\boldsymbol{u}_1,\boldsymbol{u}_2,\boldsymbol{u}_3,\boldsymbol{u}_4)$, 故由例 9.38 可知, 存在一个从 V 的三维子空间 W 到 U 上的保积同构 $\boldsymbol{\varphi}$, 使得 $\boldsymbol{\varphi}(\boldsymbol{\alpha}_i)=\boldsymbol{u}_i\,(1\leq i\leq 4)$. 由于保积同构保持极大无关组的下指标, 并且保持对应向量在 Gram-Schmidt 正交化和标准化过程中出现的所有系数 (参考例 9.36 (3)), 故 $\{\boldsymbol{\alpha}_1,\boldsymbol{\alpha}_2,\boldsymbol{\alpha}_4\}$ 就是向量组 $\{\boldsymbol{\alpha}_1,\boldsymbol{\alpha}_2,\boldsymbol{\alpha}_3,\boldsymbol{\alpha}_4\}$ 的极大无关组, 并且求 $\{\boldsymbol{\alpha}_1,\boldsymbol{\alpha}_2,\boldsymbol{\alpha}_4\}$ 与 Gram-Schmidt 正交化方法得到的标准正交向量组 $\{\boldsymbol{\gamma}_1,\boldsymbol{\gamma}_2,\boldsymbol{\gamma}_4\}$ 之间的线性关系等价于求 $\{\boldsymbol{u}_1,\boldsymbol{u}_2,\boldsymbol{u}_4\}$ 与 Gram-Schmidt 正交化方法得

到的标准正交向量组 $\{\boldsymbol{w}_1,\boldsymbol{w}_2,\boldsymbol{w}_4\}$ 之间的线性关系. 经计算可得

$$(\boldsymbol{w}_1,\boldsymbol{w}_2,\boldsymbol{w}_4)=(\boldsymbol{u}_1,\boldsymbol{u}_2,\boldsymbol{u}_4)\boldsymbol{P},\quad \boldsymbol{P}=\begin{pmatrix}\frac{1}{2} & -\frac{3}{\sqrt{30}} & -\frac{1}{\sqrt{6}}\\ 0 & \frac{1}{\sqrt{30}} & -\frac{1}{\sqrt{6}}\\ 0 & 0 & \frac{1}{\sqrt{6}}\end{pmatrix},$$

因此 $(\boldsymbol{\gamma}_1,\boldsymbol{\gamma}_2,\boldsymbol{\gamma}_4)=(\boldsymbol{\alpha}_1,\boldsymbol{\alpha}_2,\boldsymbol{\alpha}_4)\boldsymbol{P}$. □

3. 正交变换与镜像变换

实 (复) 内积空间 V 上的保积自同构称为正交变换 (酉变换), 这是内积空间理论中一个重要的研究对象. 前面关于保积同构的判定准则都适用于正交变换 (酉变换), 此外利用伴随算子, 我们还有如下判定准则: 线性变换 $\boldsymbol{\varphi}$ 是正交变换 (酉变换) 当且仅当 $\boldsymbol{\varphi}^*=\boldsymbol{\varphi}^{-1}$, 当且仅当 $\boldsymbol{\varphi}$ 在 V 的某一组 (任一组) 标准正交基下的表示矩阵为正交矩阵 (酉矩阵).

例 9.39 设 $\boldsymbol{A},\boldsymbol{B}$ 是 $m\times n$ 实矩阵, 求证: $\boldsymbol{A}'\boldsymbol{A}=\boldsymbol{B}'\boldsymbol{B}$ 的充要条件是存在 m 阶正交矩阵 $\boldsymbol{Q}$, 使得 $\boldsymbol{A}=\boldsymbol{Q}\boldsymbol{B}$.

证明 充分性显然成立, 下证必要性. 取 $V=\mathbb{R}^m$ 上的标准内积, 设 $\boldsymbol{A}=(\boldsymbol{\alpha}_1,\boldsymbol{\alpha}_2,\cdots,\boldsymbol{\alpha}_n)$, $\boldsymbol{B}=(\boldsymbol{\beta}_1,\boldsymbol{\beta}_2,\cdots,\boldsymbol{\beta}_n)$ 为列分块, 则由 $\boldsymbol{A}'\boldsymbol{A}=\boldsymbol{B}'\boldsymbol{B}$ 可得 $\boldsymbol{G}(\boldsymbol{\alpha}_1,\boldsymbol{\alpha}_2,\cdots,\boldsymbol{\alpha}_n)=\boldsymbol{G}(\boldsymbol{\beta}_1,\boldsymbol{\beta}_2,\cdots,\boldsymbol{\beta}_n)$, 再由例 9.38 可知, 存在 V 上的正交变换 $\boldsymbol{\varphi}$, 使得 $\boldsymbol{\varphi}(\boldsymbol{\beta}_i)=\boldsymbol{\alpha}_i\,(1\leq i\leq n)$. 设 $\boldsymbol{\varphi}$ 在 V 的标准单位列向量构成的标准正交基下的表示矩阵为 $\boldsymbol{Q}$, 则 $\boldsymbol{Q}$ 为正交矩阵且 $\boldsymbol{Q}\boldsymbol{\beta}_i=\boldsymbol{\alpha}_i\,(1\leq i\leq n)$, 因此

$$\boldsymbol{Q}\boldsymbol{B}=(\boldsymbol{Q}\boldsymbol{\beta}_1,\boldsymbol{Q}\boldsymbol{\beta}_2,\cdots,\boldsymbol{Q}\boldsymbol{\beta}_n)=(\boldsymbol{\alpha}_1,\boldsymbol{\alpha}_2,\cdots,\boldsymbol{\alpha}_n)=\boldsymbol{A}.\ \square$$

镜像变换是一种正交变换, 它特别简单, 容易研究, 而一般的正交变换都可以表示为镜像变换之积, 这就使它在正交变换中显得特别重要. 例 9.40 介绍了镜像变换的定义; 例 9.41 介绍了镜像矩阵的定义以及和镜像变换的基本关系; 例 9.42 是常用的构造镜像变换的方法; 例 9.43 是一个著名的结论, 称为 Cartan-Dieudonné 定理, 它把正交变换 (正交矩阵) 表示为若干个镜像变换 (镜像矩阵) 之积. 证明采用数学归纳法, 这也是处理这类问题的常用方法.

例 9.40 (1) 设 $\boldsymbol{v}$ 是 n 维欧氏空间 V 中长度为 1 的向量, 定义线性变换:

$$\boldsymbol{\varphi}(\boldsymbol{x})=\boldsymbol{x}-2(\boldsymbol{v},\boldsymbol{x})\boldsymbol{v},$$

证明: $\boldsymbol{\varphi}$ 是正交变换且 $\det \boldsymbol{\varphi} = -1$;

(2) 设 $\boldsymbol{\psi}$ 是 n 维欧氏空间 V 中的正交变换, 1 是 $\boldsymbol{\psi}$ 的特征值且几何重数等于 $n-1$, 证明: 必存在 V 中长度为 1 的向量 $\boldsymbol{v}$, 使得

$$\boldsymbol{\psi}(\boldsymbol{x}) = \boldsymbol{x} - 2(\boldsymbol{v}, \boldsymbol{x})\boldsymbol{v}.$$

证明 (1) 取 $\boldsymbol{e}_1 = \boldsymbol{v}$, 并将它扩张为 V 的一组标准正交基 $\boldsymbol{e}_1, \boldsymbol{e}_2, \cdots, \boldsymbol{e}_n$, 则 $\boldsymbol{\varphi}(\boldsymbol{e}_1) = -\boldsymbol{e}_1$, $\boldsymbol{\varphi}(\boldsymbol{e}_i) = \boldsymbol{e}_i\,(i > 1)$, 于是 $\boldsymbol{\varphi}$ 在这组标准正交基下的表示矩阵为 $\mathrm{diag}\{-1, 1, \cdots, 1\}$. 这是一个正交矩阵, 因此 $\boldsymbol{\varphi}$ 是正交变换且行列式值为 -1.

(2) 设 $\boldsymbol{\psi}$ 的属于特征值 1 的特征子空间为 V_1, 由假设 $\dim V_1 = n-1$, 取 V_1 的一组标准正交基 $\boldsymbol{e}_2, \cdots, \boldsymbol{e}_n$, 则 $\boldsymbol{\psi}(\boldsymbol{e}_i) = \boldsymbol{e}_i\,(2 \le i \le n)$. 设 $V_1^\perp = L(\boldsymbol{e}_1)$, 其中 $\boldsymbol{e}_1$ 是单位向量, 则 $\boldsymbol{e}_1, \boldsymbol{e}_2, \cdots, \boldsymbol{e}_n$ 是 V 的一组标准正交基. 注意到 V_1 是 $\boldsymbol{\psi}$ 的不变子空间, 故由例 9.26 可知, $V_1^\perp = L(\boldsymbol{e}_1)$ 是 $\boldsymbol{\psi}^* = \boldsymbol{\psi}^{-1}$ 的不变子空间, 从而也是 $\boldsymbol{\psi}$ 的不变子空间, 于是 $\boldsymbol{e}_1$ 是 $\boldsymbol{\psi}$ 的特征向量. 设 $\boldsymbol{\psi}(\boldsymbol{e}_1) = \lambda_1 \boldsymbol{e}_1$, 其中特征值 λ_1 为实数. 由于 $\boldsymbol{\psi}$ 是正交变换, 故 λ_1 等于 1 或 -1. 若 $\lambda_1 = 1$, 则 $\boldsymbol{\psi}(\boldsymbol{e}_1) = \boldsymbol{e}_1$, 从而 $\boldsymbol{\psi}$ 的属于特征值 1 的特征子空间将是 V, 这与假设矛盾. 因此 $\lambda_1 = -1$, 即有 $\boldsymbol{\psi}(\boldsymbol{e}_1) = -\boldsymbol{e}_1$. 令 $\boldsymbol{v} = \boldsymbol{e}_1$, 作线性变换

$$\boldsymbol{\varphi}(\boldsymbol{x}) = \boldsymbol{x} - 2(\boldsymbol{v}, \boldsymbol{x})\boldsymbol{v},$$

不难验证 $\boldsymbol{\psi}(\boldsymbol{e}_i) = \boldsymbol{\varphi}(\boldsymbol{e}_i)\,(1 \le i \le n)$ 成立, 故 $\boldsymbol{\psi} = \boldsymbol{\varphi}$. □

注 例 9.40 中的线性变换 $\boldsymbol{\varphi}$ 称为镜像变换. 镜像变换的几何意义是: 它将某个向量 (如上例的向量 $\boldsymbol{v}$) 变为其反向向量, 而和该向量正交的向量保持不动. 更加直观的描述是: 镜像变换就是关于某个 $n-1$ 维超平面 (如上例的 $L(\boldsymbol{v})^\perp$) 的镜像对称.

例 9.41 设 n 阶矩阵 $\boldsymbol{M} = \boldsymbol{I}_n - 2\boldsymbol{\alpha}\boldsymbol{\alpha}'$, 其中 $\boldsymbol{\alpha}$ 是 n 维实列向量且 $\boldsymbol{\alpha}'\boldsymbol{\alpha} = 1$, 这样的 $\boldsymbol{M}$ 称为镜像矩阵. 设 $\boldsymbol{\varphi}$ 是 n 维欧氏空间 V 上的线性变换, 求证: $\boldsymbol{\varphi}$ 是镜像变换的充要条件是 $\boldsymbol{\varphi}$ 在 V 的某一组 (任一组) 标准正交基下的表示矩阵为镜像矩阵.

证明 先证必要性. 设 $\boldsymbol{\varphi}$ 是镜像变换, 则由例 9.40 可知, $\boldsymbol{\varphi}$ 在 V 的某一组标准正交基下的表示矩阵为 $\boldsymbol{A} = \mathrm{diag}\{-1, 1, \cdots, 1\} = \boldsymbol{I}_n - 2\boldsymbol{\beta}\boldsymbol{\beta}'$, 其中 $\boldsymbol{\beta} = (1, 0, \cdots, 0)'$. 设 $\boldsymbol{\varphi}$ 在 V 的任一组标准正交基下的表示矩阵为 $\boldsymbol{M}$, 则 $\boldsymbol{M}$ 和 $\boldsymbol{A}$ 正交相似, 即存在正交矩阵 $\boldsymbol{P}$, 使得 $\boldsymbol{M} = \boldsymbol{P}\boldsymbol{A}\boldsymbol{P}'$, 于是

$$\boldsymbol{M} = \boldsymbol{P}(\boldsymbol{I}_n - 2\boldsymbol{\beta}\boldsymbol{\beta}')\boldsymbol{P}' = \boldsymbol{I}_n - 2(\boldsymbol{P}\boldsymbol{\beta})(\boldsymbol{P}\boldsymbol{\beta})'.$$

令 $\boldsymbol{\alpha} = \boldsymbol{P}\boldsymbol{\beta}$, 则 $\boldsymbol{\alpha}$ 的长度为 1 且 $\boldsymbol{M} = \boldsymbol{I}_n - 2\boldsymbol{\alpha}\boldsymbol{\alpha}'$.

再证充分性. 设 φ 在 V 的某一组标准正交基 $\boldsymbol{e}_1,\boldsymbol{e}_2,\cdots,\boldsymbol{e}_n$ 下的表示矩阵为 $\boldsymbol{M}=\boldsymbol{I}_n-2\boldsymbol{\alpha}\boldsymbol{\alpha}'$, 其中 $\boldsymbol{\alpha}'\boldsymbol{\alpha}=1$. 设 $\boldsymbol{\alpha}=(a_1,a_2,\cdots,a_n)'$, 令 $\boldsymbol{v}=a_1\boldsymbol{e}_1+a_2\boldsymbol{e}_2+\cdots+a_n\boldsymbol{e}_n$. 对 V 中任一向量 $\boldsymbol{x}=b_1\boldsymbol{e}_1+b_2\boldsymbol{e}_2+\cdots+b_n\boldsymbol{e}_n$, 记 $\boldsymbol{\beta}=(b_1,b_2,\cdots,b_n)'$, 则

$$\boldsymbol{M}\boldsymbol{\beta}=\boldsymbol{\beta}-2\boldsymbol{\alpha}\boldsymbol{\alpha}'\boldsymbol{\beta}=\boldsymbol{\beta}-2(\boldsymbol{\alpha},\boldsymbol{\beta})\boldsymbol{\alpha}.$$

由线性变换和表示矩阵的一一对应可得

$$\varphi(\boldsymbol{x})=\boldsymbol{x}-2(\boldsymbol{v},\boldsymbol{x})\boldsymbol{v},$$

注意到 $\boldsymbol{v}$ 的长度为 1, 故 φ 是镜像变换. □

例 9.42 设 $\boldsymbol{u},\boldsymbol{v}$ 是欧氏空间中两个长度相等的不同向量, 求证: 必存在镜像变换 φ, 使得 $\varphi(\boldsymbol{u})=\boldsymbol{v}$.

证明 令

$$\boldsymbol{e}=\frac{\boldsymbol{u}-\boldsymbol{v}}{\|\boldsymbol{u}-\boldsymbol{v}\|},$$

定义 φ 如下:

$$\varphi(\boldsymbol{x})=\boldsymbol{x}-2(\boldsymbol{e},\boldsymbol{x})\boldsymbol{e},$$

则 φ 是镜像变换, 注意 $(\boldsymbol{u},\boldsymbol{u})=(\boldsymbol{v},\boldsymbol{v})$, 我们有

$$\|\boldsymbol{u}-\boldsymbol{v}\|^2=(\boldsymbol{u}-\boldsymbol{v},\boldsymbol{u}-\boldsymbol{v})=(\boldsymbol{u},\boldsymbol{u})+(\boldsymbol{v},\boldsymbol{v})-2(\boldsymbol{u},\boldsymbol{v})=2(\boldsymbol{u},\boldsymbol{u})-2(\boldsymbol{u},\boldsymbol{v})=2(\boldsymbol{u},\boldsymbol{u}-\boldsymbol{v}).$$

$$\varphi(\boldsymbol{u})=\boldsymbol{u}-2(\boldsymbol{e},\boldsymbol{u})\boldsymbol{e}=\boldsymbol{u}-2(\frac{\boldsymbol{u}-\boldsymbol{v}}{\|\boldsymbol{u}-\boldsymbol{v}\|},\boldsymbol{u})\frac{\boldsymbol{u}-\boldsymbol{v}}{\|\boldsymbol{u}-\boldsymbol{v}\|}=\boldsymbol{u}-2\frac{(\boldsymbol{u},\boldsymbol{u}-\boldsymbol{v})}{\|\boldsymbol{u}-\boldsymbol{v}\|^2}(\boldsymbol{u}-\boldsymbol{v})=\boldsymbol{v}.\ \square$$

例 9.43 n 维欧氏空间中任一正交变换均可表示为不超过 n 个镜像变换之积.

证明 对 n 进行归纳. 当 $n=1$ 时, 正交变换 φ 或是恒等变换, 或是 $\varphi(\boldsymbol{x})=-\boldsymbol{x}$, 后者已是镜像变换, 而恒等变换可看成是零个镜像变换之积, 故结论成立. 假设结论对 $n-1$ 成立, 现设 V 是 n 维欧氏空间, φ 是 V 上的正交变换. 若 φ 是恒等变换, 则可看成是零个镜像变换之积, 故结论成立. 下设 φ 不是恒等变换, 取 V 的一组标准正交基 $\boldsymbol{e}_1,\boldsymbol{e}_2,\cdots,\boldsymbol{e}_n$, 则存在某个 i, 使得 $\varphi(\boldsymbol{e}_i)\neq\boldsymbol{e}_i$. 不失一般性, 可设 $\varphi(\boldsymbol{e}_1)\neq\boldsymbol{e}_1$, 因为 $\|\varphi(\boldsymbol{e}_1)\|=\|\boldsymbol{e}_1\|=1$, 故由例 9.42 可知, 存在镜像变换 ψ, 使得 $\psi\varphi(\boldsymbol{e}_1)=\boldsymbol{e}_1$. 注意到 $\psi\varphi$ 也是正交变换, 故 $(\psi\varphi)^*(\boldsymbol{e}_1)=(\psi\varphi)^{-1}(\boldsymbol{e}_1)=\boldsymbol{e}_1$, 于是 $V_1=L(\boldsymbol{e}_1)^{\perp}$ 是 $\psi\varphi$ 的不变子空间. 由归纳假设, $\psi\varphi|_{V_1}=\psi_1\psi_2\cdots\psi_k$, 其中 $k\leq n-1$, 且每个 ψ_i 都是 V_1 上的镜像变换. 我们可将 ψ_i 扩张到全空间 V 上, 满足 $\psi_i(\boldsymbol{e}_1)=\boldsymbol{e}_1$, 不难验证得到的线性变换都是 V 上的镜像变换 (仍记为 ψ_i). 注意到 $\psi^{-1}=\psi^*=\psi$, 故

$$\varphi=\psi^{-1}\psi_1\cdots\psi_k=\psi\psi_1\cdots\psi_k$$

可表示为不超过 n 个镜像变换之积, 结论得证. □

下面是镜像变换的两个应用, 首先我们给出矩阵 QR 分解的另一证明.

例 9.13 设 $\boldsymbol{A}$ 是 n 阶实矩阵, 则 $\boldsymbol{A}$ 可分解为 $\boldsymbol{A}=\boldsymbol{QR}$, 其中 $\boldsymbol{Q}$ 是正交矩阵, $\boldsymbol{R}$ 是一个主对角元全大于等于零的上三角矩阵, 并且若 $\boldsymbol{A}$ 是可逆矩阵, 则这样的分解必唯一.

证法 2 对阶数 n 进行归纳. 当 $n=1$ 时结论显然成立. 假设对 $n-1$ 阶矩阵结论成立, 现证 n 阶矩阵的情形. 设 $\boldsymbol{A}=(\boldsymbol{\alpha}_1,\boldsymbol{\alpha}_2,\cdots,\boldsymbol{\alpha}_n)$ 为其列分块, $\boldsymbol{\beta}=(\|\boldsymbol{\alpha}_1\|,0,\cdots,0)'$ 为 n 维列向量, 则 $\|\boldsymbol{\alpha}_1\|=\|\boldsymbol{\beta}\|$, 故由例 9.42 可知, 存在 n 阶单位矩阵或镜像矩阵 $\boldsymbol{M}$, 使得 $\boldsymbol{M\alpha}_1=\boldsymbol{\beta}$. 于是

$$\boldsymbol{MA}=(\boldsymbol{M\alpha}_1,\boldsymbol{M\alpha}_2,\cdots,\boldsymbol{M\alpha}_n)=\begin{pmatrix}\|\boldsymbol{\alpha}_1\| & * \\ \boldsymbol{O} & \boldsymbol{A}_1\end{pmatrix},$$

其中 $\boldsymbol{A}_1$ 是 $n-1$ 阶实矩阵. 由归纳假设, 存在 $n-1$ 阶正交矩阵 $\boldsymbol{Q}_1$ 和主对角元全大于等于零的上三角矩阵 $\boldsymbol{R}_1$, 使得 $\boldsymbol{A}_1=\boldsymbol{Q}_1\boldsymbol{R}_1$. 容易验证单位矩阵或镜像矩阵 $\boldsymbol{M}$ 适合 $\boldsymbol{M}^{-1}=\boldsymbol{M}'=\boldsymbol{M}$, 因此

$$\boldsymbol{A}=\boldsymbol{M}\begin{pmatrix}\|\boldsymbol{\alpha}_1\| & * \\ \boldsymbol{O} & \boldsymbol{Q}_1\boldsymbol{R}_1\end{pmatrix}=\boldsymbol{M}\begin{pmatrix}1 & \boldsymbol{O} \\ \boldsymbol{O} & \boldsymbol{Q}_1\end{pmatrix}\begin{pmatrix}\|\boldsymbol{\alpha}_1\| & * \\ \boldsymbol{O} & \boldsymbol{R}_1\end{pmatrix}.$$

令

$$\boldsymbol{Q}=\boldsymbol{M}\begin{pmatrix}1 & \boldsymbol{O} \\ \boldsymbol{O} & \boldsymbol{Q}_1\end{pmatrix},\quad \boldsymbol{R}=\begin{pmatrix}\|\boldsymbol{\alpha}_1\| & * \\ \boldsymbol{O} & \boldsymbol{R}_1\end{pmatrix},$$

显然 $\boldsymbol{A}=\boldsymbol{QR}$ 满足要求. 当 $\boldsymbol{A}$ 是可逆矩阵时, QR 分解的唯一性同证法 1. □

例 9.44 设 $\boldsymbol{Q}$ 为 n 阶正交矩阵, 1 不是 $\boldsymbol{Q}$ 的特征值. 设 $\boldsymbol{P}=\boldsymbol{I}_n-2\boldsymbol{\alpha\alpha}'$, 其中 $\boldsymbol{\alpha}$ 是 n 维实列向量且 $\boldsymbol{\alpha}'\boldsymbol{\alpha}=1$. 求证: 1 是 $\boldsymbol{PQ}$ 的特征值.

证明 由于 1 不是 $\boldsymbol{Q}$ 的特征值, 故 $\boldsymbol{Q}-\boldsymbol{I}_n$ 为可逆矩阵, 令 $\boldsymbol{x}=(\boldsymbol{Q}-\boldsymbol{I}_n)^{-1}\boldsymbol{\alpha}$, 则非零实列向量 $\boldsymbol{x}$ 满足 $\boldsymbol{Qx}-\boldsymbol{x}=\boldsymbol{\alpha}$. 取 $\mathbb{R}^n$ 的标准内积, 由 $\boldsymbol{Q}$ 为正交矩阵可知 $\|\boldsymbol{Qx}\|=\|\boldsymbol{x}\|$, 并且 $\boldsymbol{P}$ 是关于 $n-1$ 维超平面 $L(\boldsymbol{\alpha})^\perp$ 的镜像对称, 故由 $\boldsymbol{Qx}-\boldsymbol{x}=\boldsymbol{\alpha}$ 以及例 9.42 可知 $\boldsymbol{P}(\boldsymbol{Qx})=\boldsymbol{x}$, 即 $\boldsymbol{x}$ 是 $\boldsymbol{PQ}$ 关于特征值 1 的特征向量, 结论得证. □

4. 正交矩阵的性质

正交矩阵的刻画是: n 阶实矩阵 $\boldsymbol{A}$ 为正交矩阵当且仅当 $\boldsymbol{A}$ 的 n 个行向量构成 $\mathbb{R}_n$ (取标准内积) 的一组标准正交基, 也当且仅当 $\boldsymbol{A}$ 的 n 个列向量构成 $\mathbb{R}^n$ (取标准

内积) 的一组标准正交基. 另外, 正交矩阵的行列式值等于 ±1, 特征值是模长等于 1 的复数. 下面我们来看一些应用正交矩阵性质的典型例题.

例 9.44 的推广 设 $\boldsymbol{Q}$ 为 n 阶正交矩阵, 1 不是 $\boldsymbol{Q}$ 的特征值. 设 $\boldsymbol{P}$ 为 n 阶正交矩阵, $|\boldsymbol{P}|=-1$. 求证: 1 是 $\boldsymbol{PQ}$ 的特征值.

证明 若 $\boldsymbol{A}$ 为正交矩阵, 则可设 $\boldsymbol{A}$ 的全体特征值为 $1,\cdots,1,\ -1,\cdots,-1$, $\cos\theta_i\pm\mathrm{i}\sin\theta_i\,(1\leq i\leq r)$, 其中 $\sin\theta_i\neq0$. 若 1 不是 $\boldsymbol{A}$ 的特征值, 则特征值 -1 有 $n-2r$ 个, 从而 $|\boldsymbol{A}|=(-1)^{n-2r}=(-1)^n$. 回到本题, 由条件可知 $|\boldsymbol{P}|=-1$, $|\boldsymbol{Q}|=(-1)^n$, 从而 $|\boldsymbol{PQ}|=(-1)^{n+1}\neq(-1)^n$. 注意到 $\boldsymbol{PQ}$ 仍为正交阵, 从而 1 必为 $\boldsymbol{PQ}$ 的特征值. □

设正交矩阵 $\boldsymbol{A}=(a_{ij})$, 则 $\boldsymbol{A}'=\boldsymbol{A}^{-1}=|\boldsymbol{A}|^{-1}\boldsymbol{A}^*$, 于是 $a_{ij}=|\boldsymbol{A}|^{-1}A_{ij}=\pm A_{ij}$, 其中 A_{ij} 是元素 a_{ij} 的代数余子式. 这个结论还可以推广, 这就是下面的命题.

例 9.45 设 $\boldsymbol{A}$ 是 n 阶正交矩阵, 求证: $\boldsymbol{A}$ 的任一 k 阶子式 $\boldsymbol{A}\begin{pmatrix}i_1 & i_2 & \cdots & i_k\\ j_1 & j_2 & \cdots & j_k\end{pmatrix}$ 的值等于 $|\boldsymbol{A}|^{-1}$ 乘以其代数余子式的值.

证明 先对特殊情形 $\boldsymbol{A}\begin{pmatrix}1 & 2 & \cdots & k\\ 1 & 2 & \cdots & k\end{pmatrix}$ 进行证明. 设 $\boldsymbol{A}=\begin{pmatrix}\boldsymbol{A}_{11} & \boldsymbol{A}_{12}\\ \boldsymbol{A}_{21} & \boldsymbol{A}_{22}\end{pmatrix}$, 其中 $|\boldsymbol{A}_{11}|=\boldsymbol{A}\begin{pmatrix}1 & 2 & \cdots & k\\ 1 & 2 & \cdots & k\end{pmatrix}$, $|\boldsymbol{A}_{22}|$ 就是 $|\boldsymbol{A}_{11}|$ 的代数余子式. 注意到 $\boldsymbol{A}'=\begin{pmatrix}\boldsymbol{A}_{11}' & \boldsymbol{A}_{21}'\\ \boldsymbol{A}_{12}' & \boldsymbol{A}_{22}'\end{pmatrix}$, 故由 $\boldsymbol{AA}'=\boldsymbol{I}_n$ 可得

$$\begin{pmatrix}\boldsymbol{A}_{11}\boldsymbol{A}_{11}'+\boldsymbol{A}_{12}\boldsymbol{A}_{12}' & \boldsymbol{A}_{11}\boldsymbol{A}_{21}'+\boldsymbol{A}_{12}\boldsymbol{A}_{22}'\\ \boldsymbol{A}_{21}\boldsymbol{A}_{11}'+\boldsymbol{A}_{22}\boldsymbol{A}_{12}' & \boldsymbol{A}_{21}\boldsymbol{A}_{21}'+\boldsymbol{A}_{22}\boldsymbol{A}_{22}'\end{pmatrix}=\begin{pmatrix}\boldsymbol{I}_k & \boldsymbol{O}\\ \boldsymbol{O} & \boldsymbol{I}_{n-k}\end{pmatrix}.$$

于是

$$\boldsymbol{A}_{11}\boldsymbol{A}_{11}'+\boldsymbol{A}_{12}\boldsymbol{A}_{12}'=\boldsymbol{I}_k,\quad \boldsymbol{A}_{21}\boldsymbol{A}_{21}'+\boldsymbol{A}_{22}\boldsymbol{A}_{22}'=\boldsymbol{I}_{n-k},\quad \boldsymbol{A}_{21}\boldsymbol{A}_{11}'+\boldsymbol{A}_{22}\boldsymbol{A}_{12}'=\boldsymbol{O}.$$

令 $\boldsymbol{C}=\begin{pmatrix}\boldsymbol{A}_{11}' & \boldsymbol{O}\\ \boldsymbol{A}_{12}' & \boldsymbol{I}_{n-k}\end{pmatrix}$, 则 $|\boldsymbol{C}|=|\boldsymbol{A}_{11}'|=|\boldsymbol{A}_{11}|$. 又

$$\boldsymbol{AC}=\begin{pmatrix}\boldsymbol{A}_{11}\boldsymbol{A}_{11}'+\boldsymbol{A}_{12}\boldsymbol{A}_{12}' & \boldsymbol{A}_{12}\\ \boldsymbol{A}_{21}\boldsymbol{A}_{11}'+\boldsymbol{A}_{22}\boldsymbol{A}_{12}' & \boldsymbol{A}_{22}\end{pmatrix}=\begin{pmatrix}\boldsymbol{I}_k & \boldsymbol{A}_{12}\\ \boldsymbol{O} & \boldsymbol{A}_{22}\end{pmatrix},$$

故 $|\boldsymbol{AC}|=|\boldsymbol{A}||\boldsymbol{C}|=|\boldsymbol{A}_{22}|$, 即 $|\boldsymbol{A}||\boldsymbol{A}_{11}|=|\boldsymbol{A}_{22}|$, 从而 $|\boldsymbol{A}_{11}|=|\boldsymbol{A}|^{-1}|\boldsymbol{A}_{22}|$.

对一般情形, 将矩阵 $\boldsymbol{A}$ 的第 $i_1, i_2, \cdots, i_k$ 行经过 $(i_1-1)+(i_2-2)+\cdots+(i_k-k)=i_1+i_2+\cdots+i_k-\dfrac{1}{2}k(k+1)$ 次相邻对换移至第 $1, 2, \cdots, k$ 行; 再将第 $j_1, j_2, \cdots, j_k$ 列经过 $(j_1-1)+(j_2-2)+\cdots+(j_k-k)=j_1+j_2+\cdots+j_k-\dfrac{1}{2}k(k+1)$ 次相邻对换移至第 $1, 2, \cdots, k$ 列; 得到的矩阵记为 $\boldsymbol{B}$. 因为第一类初等矩阵 $\boldsymbol{P}_{ij}$ 也是正交矩阵, 故矩阵 $\boldsymbol{B}$ 仍是正交矩阵. 记 $p=i_1+i_2+\cdots+i_k$, $q=j_1+j_2+\cdots+j_k$, 则 $|\boldsymbol{B}|=(-1)^{p+q}|\boldsymbol{A}|$. 注意到

$$\boldsymbol{A}\begin{pmatrix} i_1 & i_2 & \cdots & i_k \\ j_1 & j_2 & \cdots & j_k \end{pmatrix}=\boldsymbol{B}\begin{pmatrix} 1 & 2 & \cdots & k \\ 1 & 2 & \cdots & k \end{pmatrix},$$

$$\widehat{\boldsymbol{A}}\begin{pmatrix} i_1 & i_2 & \cdots & i_k \\ j_1 & j_2 & \cdots & j_k \end{pmatrix}=(-1)^{p+q}\widehat{\boldsymbol{B}}\begin{pmatrix} 1 & 2 & \cdots & k \\ 1 & 2 & \cdots & k \end{pmatrix},$$

并由特殊情形可得 $\boldsymbol{B}\begin{pmatrix} 1 & 2 & \cdots & k \\ 1 & 2 & \cdots & k \end{pmatrix}=|\boldsymbol{B}|^{-1}\widehat{\boldsymbol{B}}\begin{pmatrix} 1 & 2 & \cdots & k \\ 1 & 2 & \cdots & k \end{pmatrix}$, 因此

$$\boldsymbol{A}\begin{pmatrix} i_1 & i_2 & \cdots & i_k \\ j_1 & j_2 & \cdots & j_k \end{pmatrix}=|\boldsymbol{A}|^{-1}\widehat{\boldsymbol{A}}\begin{pmatrix} i_1 & i_2 & \cdots & i_k \\ j_1 & j_2 & \cdots & j_k \end{pmatrix}. \square$$

正交矩阵的特征值的模长都等于 1, 这个结论也可作如下两个推广.

例 9.46 证明: 正交矩阵任一 k 阶子阵的特征值的模长都不超过 1.

证明 设 $\boldsymbol{A}$ 为 n 阶正交矩阵, 先对特殊情形 $\boldsymbol{A}\begin{pmatrix} 1 & 2 & \cdots & k \\ 1 & 2 & \cdots & k \end{pmatrix}$ 进行证明. 设 $\boldsymbol{A}=\begin{pmatrix} \boldsymbol{A}_{11} & \boldsymbol{A}_{12} \\ \boldsymbol{A}_{21} & \boldsymbol{A}_{22} \end{pmatrix}$, 其中 $\boldsymbol{A}_{11}=\boldsymbol{A}\begin{pmatrix} 1 & 2 & \cdots & k \\ 1 & 2 & \cdots & k \end{pmatrix}$. 由 $\boldsymbol{A}'\boldsymbol{A}=\boldsymbol{I}_n$ 可得 $\boldsymbol{A}_{11}'\boldsymbol{A}_{11}+\boldsymbol{A}_{21}'\boldsymbol{A}_{21}=\boldsymbol{I}_k$. 任取 $\boldsymbol{A}_{11}$ 的一个特征值 $\lambda\in\mathbb{C}$ 以及对应的特征向量 $\boldsymbol{\alpha}\in\mathbb{C}^k$, 则将上式左乘 $\overline{\boldsymbol{\alpha}}'$, 右乘 $\boldsymbol{\alpha}$ 可得

$$\overline{(\boldsymbol{A}_{11}\boldsymbol{\alpha})}'(\boldsymbol{A}_{11}\boldsymbol{\alpha})+\overline{(\boldsymbol{A}_{21}\boldsymbol{\alpha})}'(\boldsymbol{A}_{21}\boldsymbol{\alpha})=\overline{\boldsymbol{\alpha}}'\boldsymbol{\alpha},$$

即有 $|\lambda|^2\overline{\boldsymbol{\alpha}}'\boldsymbol{\alpha}+\overline{(\boldsymbol{A}_{21}\boldsymbol{\alpha})}'(\boldsymbol{A}_{21}\boldsymbol{\alpha})=\overline{\boldsymbol{\alpha}}'\boldsymbol{\alpha}$, 从而 $(1-|\lambda|^2)\overline{\boldsymbol{\alpha}}'\boldsymbol{\alpha}=\overline{(\boldsymbol{A}_{21}\boldsymbol{\alpha})}'(\boldsymbol{A}_{21}\boldsymbol{\alpha})\geq 0$. 由 $\boldsymbol{\alpha}\neq\boldsymbol{0}$ 可得 $\overline{\boldsymbol{\alpha}}'\boldsymbol{\alpha}>0$, 于是 $1-|\lambda|^2\geq 0$, 即有 $|\lambda|\leq 1$.

对一般情形, 经过行对换与列对换, 总可将正交矩阵 $\boldsymbol{A}$ 的 k 阶子阵换到左上角. 因为第一类初等矩阵 $\boldsymbol{P}_{ij}$ 也是正交矩阵, 故变换后的矩阵 $\boldsymbol{B}$ 仍是正交矩阵, 从而由特殊情形即得结论成立. $\square$

例 9.47 设 $\boldsymbol{P}$ 是 n 阶正交矩阵, $\boldsymbol{D}=\mathrm{diag}\{d_1,d_2,\cdots,d_n\}$ 是实对角矩阵, 记 m 和 M 分别是诸 $|d_i|$ 中的最小者和最大者. 求证: 若 λ 是矩阵 $\boldsymbol{PD}$ 的特征值, 则 $m\leq|\lambda|\leq M$.

证明 设特征值 λ 对应的特征向量为 $\boldsymbol{\alpha}=(a_1,a_2,\cdots,a_n)'\in\mathbb{C}^n$, 即有 $\boldsymbol{PD\alpha}=\lambda\boldsymbol{\alpha}$, 上式共轭转置后可得 $\overline{\boldsymbol{\alpha}}'\boldsymbol{DP}'=\overline{\lambda}\overline{\boldsymbol{\alpha}}'$. 将这两个等式相乘后可得 $\overline{\boldsymbol{\alpha}}'\boldsymbol{DP}'\boldsymbol{PD\alpha}=\overline{\lambda}\lambda\overline{\boldsymbol{\alpha}}'\boldsymbol{\alpha}$, 即有 $\overline{\boldsymbol{\alpha}}'\boldsymbol{D}^2\boldsymbol{\alpha}=|\lambda|^2\overline{\boldsymbol{\alpha}}'\boldsymbol{\alpha}$. 由假设可得

$$m^2\sum_{i=1}^n|a_i|^2\leq\sum_{i=1}^n d_i^2|a_i|^2=|\lambda|^2\sum_{i=1}^n|a_i|^2\leq M^2\sum_{i=1}^n|a_i|^2,$$

由此即得 $m\leq|\lambda|\leq M$. □

本节所有关于欧氏空间或正交矩阵的例题都可以平行地推广到酉空间或酉矩阵的情形, 我们把相关细节留给读者自己完成.

§ 9.6 用正交变换法化简二次型

设 $f(\boldsymbol{x})=\boldsymbol{x}'\boldsymbol{A}\boldsymbol{x}$ 为实二次型, $\boldsymbol{A}$ 为相伴的实对称矩阵, 则通过非异线性变换 $\boldsymbol{x}=\boldsymbol{P}\boldsymbol{y}$ 可将 $f(\boldsymbol{x})$ 化为只含平方项的标准型. 然而从几何的层面上看, 上述处理方法并不理想. 主要原因是在考虑几何对象的分类问题时, 所作的线性变换通常都要求保持度量, 即在欧氏空间中等价于保持内积或范数, 因为这对应于两组标准正交基之间的基变换, 所以过渡矩阵 $\boldsymbol{P}$ 必须是正交矩阵 (更严格地还可以进一步要求 $|\boldsymbol{P}|=1$). 因此从几何的层面上看, 我们需要考虑实二次型和实对称矩阵在正交相似 (也是正交合同) 变换下的标准型. 由实对称矩阵的正交相似标准型理论可知, 存在正交矩阵 $\boldsymbol{P}$, 使得

$$\boldsymbol{P}'\boldsymbol{A}\boldsymbol{P}=\mathrm{diag}\{\lambda_1,\lambda_2,\cdots,\lambda_n\},$$

其中 $\lambda_1,\lambda_2,\cdots,\lambda_n$ 是 $\boldsymbol{A}$ 的全体特征值. 因此通过正交变换 $\boldsymbol{x}=\boldsymbol{P}\boldsymbol{y}$ 可将 $f(\boldsymbol{x})$ 化为标准型

$$\lambda_1y_1^2+\lambda_2y_2^2+\cdots+\lambda_ny_n^2. \tag{9.10}$$

具体地, 用正交变换化简二次型的步骤是:

(1) 写出二次型的系数矩阵 $\boldsymbol{A}$, 求出 $\boldsymbol{A}$ 的特征值 λ_i 及其线性无关的特征向量.

(2) 若 λ_i 是 $k\,(k>1)$ 重特征值, 则用 Gram-Schmidt 正交化方法将它的 k 个线性无关的特征向量正交化. 由于属于不同特征值的特征向量必互相正交, 故单特征值对应的特征向量不必正交化.

(3) 假设已经得到 n 个两两正交的特征向量 $\boldsymbol{\alpha}_1, \boldsymbol{\alpha}_2, \cdots, \boldsymbol{\alpha}_n$, 令 $\boldsymbol{\beta}_i = \dfrac{\boldsymbol{\alpha}_i}{\|\boldsymbol{\alpha}_i\|}$ $(1 \leq i \leq n)$, 则 $\boldsymbol{\beta}_1, \boldsymbol{\beta}_2, \cdots, \boldsymbol{\beta}_n$ 是一组两两正交的单位特征向量. 令 $\boldsymbol{P} = (\boldsymbol{\beta}_1, \boldsymbol{\beta}_2, \cdots, \boldsymbol{\beta}_n)$, 则 $\boldsymbol{P}$ 就是要求的正交矩阵, 此时 $\boldsymbol{P}'\boldsymbol{A}\boldsymbol{P} = \mathrm{diag}\{\lambda_1, \lambda_2, \cdots, \lambda_n\}$, 注意 $\boldsymbol{\beta}_i$ 是属于特征值 λ_i 的特征向量.

注　如果实二次型中含有未知参数, 通常我们先求出这个参数, 再按上面的步骤求正交矩阵. 因为在正交变换过程中, 特征值保持不变, 所以常常利用特征值的性质确定参数. 比如常用的有: 特征值之和等于矩阵的迹; 特征值之积等于矩阵的行列式值等.

例 9.48　设实二次型 $f(x_1, x_2, x_3) = x_1^2 + ax_2^2 + x_3^2 + 2bx_1x_2 + 2x_1x_3 + 2x_2x_3$ 经过正交变换 $\boldsymbol{x} = \boldsymbol{P}\boldsymbol{y}$ 可化为 $y_2^2 + 4y_3^2$, 求 a, b 的值和正交矩阵 $\boldsymbol{P}$.

解　实二次型 f 的系数矩阵为

$$\boldsymbol{A} = \begin{pmatrix} 1 & b & 1 \\ b & a & 1 \\ 1 & 1 & 1 \end{pmatrix}.$$

由假设可知 $\boldsymbol{A}$ 的特征值为 $0, 1, 4$, 于是 $1 + a + 1 = 0 + 1 + 4$, 从而 $a = 3$. 又 $\boldsymbol{A}$ 的行列式值等于 0, 经计算可得 $b = 1$.

经计算可知, $\lambda_1 = 0$ 的特征向量为 $(1, 0, -1)'$; $\lambda_2 = 1$ 的特征向量为 $(1, -1, 1)'$; $\lambda_3 = 4$ 的特征向量为 $(1, 2, 1)'$. 因为属于不同特征值的特征向量互相正交, 所以只需将它们单位化即可, 于是

$$\boldsymbol{P} = \begin{pmatrix} \frac{1}{\sqrt{2}} & \frac{1}{\sqrt{3}} & \frac{1}{\sqrt{6}} \\ 0 & -\frac{1}{\sqrt{3}} & \frac{2}{\sqrt{6}} \\ -\frac{1}{\sqrt{2}} & \frac{1}{\sqrt{3}} & \frac{1}{\sqrt{6}} \end{pmatrix}. \square$$

如果 n 元实二次型的系数矩阵 $\boldsymbol{A}$ 有 r 重特征根 λ_0, 则 λ_0 必有 r 个线性无关的特征向量, 因此矩阵 $\lambda_0\boldsymbol{I}_n - \boldsymbol{A}$ 的秩为 $n - r$. 利用这个性质也可以决定实二次型中的未知参数. 下面是一个典型的例子.

例 9.49　设实二次型 $f(x_1, x_2, x_3) = 2x_1^2 + 5x_2^2 + 5x_3^2 + 2ax_1x_2 + 2bx_1x_3 - 8x_2x_3$ 经过正交变换 $\boldsymbol{x} = \boldsymbol{P}\boldsymbol{y}$ 可化为 $y_1^2 + y_2^2 + cy_3^2$, 求 a, b, c 的值和正交矩阵 $\boldsymbol{P}$.

解　实二次型 f 的系数矩阵为

$$\boldsymbol{A}=\begin{pmatrix}2 & a & b\\ a & 5 & -4\\ b & -4 & 5\end{pmatrix}.$$

由假设可知 $\boldsymbol{A}$ 的特征值为 $1,1,c$, 于是 $1+1+c=2+5+5$, 从而 $c=10$. 注意到特征值 1 的代数重数等于 2, 故其几何重数也等于 2, 从而 $\mathrm{r}(\boldsymbol{I}_3-\boldsymbol{A})=1$. 对 $\boldsymbol{I}_3-\boldsymbol{A}$ 进行初等变换:

$$\boldsymbol{I}_3-\boldsymbol{A}=\begin{pmatrix}-1 & -a & -b\\ -a & -4 & 4\\ -b & 4 & -4\end{pmatrix}\to\begin{pmatrix}-1 & -a & -b\\ -a & -4 & 4\\ -a-b & 0 & 0\end{pmatrix},$$

故由 $\mathrm{r}(\boldsymbol{I}_3-\boldsymbol{A})=1$ 可得 $-a-b=0$, $\dfrac{-a}{-1}=\dfrac{-4}{-a}=\dfrac{4}{-b}$, 解出 $a=2$, $b=-2$ 或 $a=-2$, $b=2$.

当 $a=2$, $b=-2$ 时, 经计算可知, 特征值 1 的两个线性无关的特征向量为

$$\boldsymbol{\alpha}_1=(-2,1,0)',\quad \boldsymbol{\alpha}_2=(2,0,1)',$$

将它们正交化再单位化得到

$$\boldsymbol{\beta}_1=(-\frac{2}{\sqrt{5}},\frac{1}{\sqrt{5}},0)',\quad \boldsymbol{\beta}_2=(\frac{2}{3\sqrt{5}},\frac{4}{3\sqrt{5}},\frac{\sqrt{5}}{3})';$$

特征值 10 的特征向量为 $\boldsymbol{\alpha}_3=(-1,-2,2)'$, 将其单位化得到 $\boldsymbol{\beta}_3=(-\frac{1}{3},-\frac{2}{3},\frac{2}{3})'$, 于是正交矩阵

$$\boldsymbol{P}=\begin{pmatrix}-\dfrac{2}{\sqrt{5}} & \dfrac{2}{3\sqrt{5}} & -\dfrac{1}{3}\\ \dfrac{1}{\sqrt{5}} & \dfrac{4}{3\sqrt{5}} & -\dfrac{2}{3}\\ 0 & \dfrac{\sqrt{5}}{3} & \dfrac{2}{3}\end{pmatrix}.$$

当 $a=-2$, $b=2$ 时, 经类似的计算可得正交矩阵

$$\boldsymbol{P}=\begin{pmatrix}-\dfrac{2}{\sqrt{5}} & \dfrac{2}{3\sqrt{5}} & -\dfrac{1}{3}\\ -\dfrac{1}{\sqrt{5}} & -\dfrac{4}{3\sqrt{5}} & \dfrac{2}{3}\\ 0 & -\dfrac{\sqrt{5}}{3} & -\dfrac{2}{3}\end{pmatrix}. \square$$

每个 n 阶实对称矩阵 $\boldsymbol{A}$ 都有 n 个两两正交的特征向量. 若已知 $\boldsymbol{A}$ 的部分特征向量, 利用这个性质可求出其余特征向量, 从而求出正交矩阵 $\boldsymbol{P}$ 以及 $\boldsymbol{A}$ 自身. 下面的例子可以说明这一点.

例 9.50 设四阶实对称矩阵 $\boldsymbol{A}$ 的特征值为 $0,0,0,4$, 且属于特征值 0 的线性无关特征向量为 $(-1,1,0,0)'$, $(-1,0,1,0)'$, $(-1,0,0,1)'$, 求出矩阵 $\boldsymbol{A}$.

解 设属于特征值 4 的特征向量为 $(x_1,x_2,x_3,x_4)'$, 则它和属于特征值 0 的特征向量都正交, 故

$$\begin{cases}-x_1+x_2=0,\\-x_1+x_3=0,\\-x_1+x_4=0.\end{cases}$$

解此方程组得到一个线性无关解 $(1,1,1,1)'$. 用 Gram-Schmidt 正交化方法将属于特征值 0 的 3 个特征向量正交化再单位化得到

$$\left(-\frac{1}{\sqrt{2}},\frac{1}{\sqrt{2}},0,0\right)',\quad \left(-\frac{1}{\sqrt{6}},-\frac{1}{\sqrt{6}},\frac{2}{\sqrt{6}},0\right)',\quad \left(-\frac{\sqrt{3}}{6},-\frac{\sqrt{3}}{6},-\frac{\sqrt{3}}{6},\frac{\sqrt{3}}{2}\right)'.$$

又将属于特征值 4 的特征向量 $(1,1,1,1)'$ 单位化得到

$$\left(\frac{1}{2},\frac{1}{2},\frac{1}{2},\frac{1}{2}\right)'.$$

于是正交矩阵

$$\boldsymbol{P}=\begin{pmatrix}-\dfrac{1}{\sqrt{2}} & -\dfrac{1}{\sqrt{6}} & -\dfrac{\sqrt{3}}{6} & \dfrac{1}{2}\\ \dfrac{1}{\sqrt{2}} & -\dfrac{1}{\sqrt{6}} & -\dfrac{\sqrt{3}}{6} & \dfrac{1}{2}\\ 0 & \dfrac{2}{\sqrt{6}} & -\dfrac{\sqrt{3}}{6} & \dfrac{1}{2}\\ 0 & 0 & \dfrac{\sqrt{3}}{2} & \dfrac{1}{2}\end{pmatrix},$$

$$\boldsymbol{A}=\boldsymbol{P}\,\mathrm{diag}\{0,0,0,4\}\boldsymbol{P}'=\begin{pmatrix}1&1&1&1\\1&1&1&1\\1&1&1&1\\1&1&1&1\end{pmatrix}.\ \square$$

例 9.51 设 $\boldsymbol{A}=(a_{ij})$ 为三阶实对称矩阵, $\boldsymbol{A}^*$ 为 $\boldsymbol{A}$ 的伴随矩阵,

$$f(x_1,x_2,x_3,x_4)=\begin{vmatrix} x_1^2 & x_2 & x_3 & x_4 \\ -x_2 & a_{11} & a_{12} & a_{13} \\ -x_3 & a_{21} & a_{22} & a_{23} \\ -x_4 & a_{31} & a_{32} & a_{33} \end{vmatrix}.$$

若 $|\boldsymbol{A}|=-12$, $\mathrm{tr}(\boldsymbol{A})=1$, 且 $(1,0,-2)'$ 为线性方程组 $(\boldsymbol{A}^*-4\boldsymbol{I}_3)\boldsymbol{x}=\boldsymbol{0}$ 的解, 试给出正交变换 $\boldsymbol{x}=\boldsymbol{P}\boldsymbol{y}$ 将 $f(x_1,x_2,x_3,x_4)$ 化为标准型.

解 利用 $\boldsymbol{A}\boldsymbol{A}^*=|\boldsymbol{A}|\boldsymbol{I}_3$ 经简单计算可知, $\boldsymbol{\alpha}_1=(1,0,-2)'$ 也是线性方程组 $(\boldsymbol{A}+3\boldsymbol{I}_3)\boldsymbol{x}=\boldsymbol{0}$ 的解, 因此 $\lambda_1=-3$ 是 $\boldsymbol{A}$ 的特征值, $\boldsymbol{\alpha}_1$ 是对应的特征向量. 设 $\boldsymbol{A}$ 的另外两个特征值为 λ_2,λ_3, 则有

$$|\boldsymbol{A}|=\lambda_1\lambda_2\lambda_3=-12,\quad \mathrm{tr}(\boldsymbol{A})=\lambda_1+\lambda_2+\lambda_3=1,$$

即有 $\lambda_2+\lambda_3=\lambda_2\lambda_3=4$, 从而可解出 $\lambda_2=\lambda_3=2$. 设特征值 2 对应的特征向量为 $(x_1,x_2,x_3)'$, 由于属于不同特征值的特征向量相互正交, 故有 $x_1-2x_3=0$, 从而可解出 $\boldsymbol{\alpha}_2=(0,1,0)'$, $\boldsymbol{\alpha}_3=(2,0,1)'$ 为特征值 2 的两个线性无关的特征向量. 注意到 $\boldsymbol{\alpha}_1,\boldsymbol{\alpha}_2,\boldsymbol{\alpha}_3$ 已经两两正交了, 将其单位化后可得正交矩阵

$$\boldsymbol{Q}=\begin{pmatrix} \frac{1}{\sqrt{5}} & 0 & \frac{2}{\sqrt{5}} \\ 0 & 1 & 0 \\ -\frac{2}{\sqrt{5}} & 0 & \frac{1}{\sqrt{5}} \end{pmatrix},$$

使得 $\boldsymbol{Q}'\boldsymbol{A}\boldsymbol{Q}=\mathrm{diag}\{-3,2,2\}$. 又由降阶公式可得

$$f(x_1,x_2,x_3,x_4)=|\boldsymbol{A}|\big(x_1^2+(x_2,x_3,x_4)\boldsymbol{A}^{-1}(x_2,x_3,x_4)'\big).$$

注意到 $\boldsymbol{Q}'\boldsymbol{A}^{-1}\boldsymbol{Q}=\mathrm{diag}\Big\{-\frac{1}{3},\frac{1}{2},\frac{1}{2}\Big\}$, 若令 $\boldsymbol{P}=\mathrm{diag}\{1,\boldsymbol{Q}\}$, 则 $\boldsymbol{P}$ 是正交矩阵, 并且正交变换 $\boldsymbol{x}=\boldsymbol{P}\boldsymbol{y}$ 可将 $f(x_1,x_2,x_3,x_4)$ 化为标准型

$$-12\Big(y_1^2-\frac{1}{3}y_2^2+\frac{1}{2}y_3^2+\frac{1}{2}y_4^2\Big)=-12y_1^2+4y_2^2-6y_3^2-6y_4^2. \square$$

(9.10) 式还告诉我们: 通过计算实二次型 f 的系数矩阵 $\boldsymbol{A}$ 的全体特征值, 可以快速得到 f 或 $\boldsymbol{A}$ 的正负惯性指数 (即正负特征值的个数) 以及 f 的规范标准型. 下面来看第 8 章中几道例题的新解法.

例 8.8 设 $\boldsymbol{\alpha}$ 是 n 维实列向量且 $\boldsymbol{\alpha}'\boldsymbol{\alpha}=1$, 求矩阵 $\boldsymbol{I}_n-2\boldsymbol{\alpha}\boldsymbol{\alpha}'$ 的正负惯性指数.

解法 2 由例 6.20 或例 9.40 可知, $\boldsymbol{I}_n-2\boldsymbol{\alpha}\boldsymbol{\alpha}'$ 的特征值为 1 ($n-1$ 重), -1 (1 重), 故其正负惯性指数分别为 $n-1$, 1. □

例 8.9 求 $n\,(n\geq 2)$ 阶实对称矩阵 $\boldsymbol{A}$ 的正负惯性指数, 其中 a_i 均为实数:

$$\boldsymbol{A}=\begin{pmatrix} a_1^2 & a_1a_2+1 & \cdots & a_1a_n+1 \\ a_2a_1+1 & a_2^2 & \cdots & a_2a_n+1 \\ \vdots & \vdots & & \vdots \\ a_na_1+1 & a_na_2+1 & \cdots & a_n^2 \end{pmatrix}.$$

解法 2 由例 6.22 可知, $\boldsymbol{A}$ 的特征值为 -1 ($n-2$ 重) 及矩阵 $\boldsymbol{C}$ 的两个特征值:

$$\boldsymbol{C}=\begin{pmatrix} \sum\limits_{i=1}^n a_i^2-1 & \sum\limits_{i=1}^n a_i \\ \sum\limits_{i=1}^n a_i & n-1 \end{pmatrix}.$$

由于 $\boldsymbol{C}$ 是实对称矩阵, 故其特征值 λ_1,λ_2 都是实数; 又 $\lambda_1+\lambda_2=\mathrm{tr}(\boldsymbol{C})\geq 0$, 故 λ_1,λ_2 中至少有一个为非负实数. 因此, 若 $\lambda_1\lambda_2=|\boldsymbol{C}|>0$, 则 λ_1,λ_2 都是正实数; 若 $\lambda_1\lambda_2=|\boldsymbol{C}|=0$, 则不妨设 $\lambda_1=0$, 于是 $\lambda_2=\mathrm{tr}(\boldsymbol{C})\geq 0$. 显然 $\lambda_2\neq 0$, 否则 $\boldsymbol{C}=\boldsymbol{O}$, 矛盾, 故 $\lambda_2>0$; 若 $\lambda_1\lambda_2=|\boldsymbol{C}|<0$, 则 λ_1,λ_2 一正一负.

由例 2.67 可知 $|\boldsymbol{A}|=(-1)^n|\boldsymbol{C}|$, 因此当 $(-1)^n|\boldsymbol{A}|>0$ 时, $\boldsymbol{A}$ 的正负惯性指数分别为 $2,n-2$; 当 $|\boldsymbol{A}|=0$ 时, $\boldsymbol{A}$ 的正负惯性指数分别为 $1,n-2$; 当 $(-1)^n|\boldsymbol{A}|<0$ 时, $\boldsymbol{A}$ 的正负惯性指数分别为 $1,n-1$. □

例 8.10 设 $\boldsymbol{A}$ 是 n 阶可逆实矩阵, $\boldsymbol{B}=\begin{pmatrix} \boldsymbol{O} & \boldsymbol{A} \\ \boldsymbol{A}' & \boldsymbol{O} \end{pmatrix}$, 求 $\boldsymbol{B}$ 的正负惯性指数.

解法 2 由例 2.76 可得

$$|\lambda\boldsymbol{I}_{2n}-\boldsymbol{B}|=|\lambda^2\boldsymbol{I}_n-\boldsymbol{A}'\boldsymbol{A}|.$$

由于 $\boldsymbol{A}$ 是可逆实矩阵, 故 $\boldsymbol{A}'\boldsymbol{A}$ 是正定实对称矩阵, 若设其特征值为 $\lambda_i>0\,(1\leq i\leq n)$, 则 $\boldsymbol{B}$ 的特征值为 $\pm\sqrt{\lambda_i}\,(1\leq i\leq n)$, 因此 $\boldsymbol{B}$ 的正负惯性指数都等于 n. □

例 8.32 化下列实二次型为标准型:

$$f(x_1,x_2,\cdots,x_n)=x_1x_2+x_2x_3+\cdots+x_{n-1}x_n.$$

解法 3　为了方便起见, 不妨考虑 $2f(x_1,x_2,\cdots,x_n)$ 的系数矩阵

$$\boldsymbol{A}=\begin{pmatrix}0&1&&&\\1&0&1&&\\&1&\ddots&\ddots&\\&&\ddots&\ddots&1\\&&&1&0\end{pmatrix}.$$

由例 6.65 的计算可知, $\boldsymbol{A}$ 的特征值为 $\lambda_k=2\cos\dfrac{k\pi}{n+1}\,(1\le k\le n)$. 因此, 当 $n=2m$ 时, $\boldsymbol{A}$ 有 m 个正特征值, m 个负特征值, 于是 f 的规范标准型为 $y_1^2-y_2^2+\cdots+y_{n-1}^2-y_n^2$; 当 $n=2m+1$ 时, $\boldsymbol{A}$ 有 m 个正特征值, m 个负特征值, 1 个零特征值, 于是 f 的规范标准型为 $y_1^2-y_2^2+\cdots+y_{n-2}^2-y_{n-1}^2$. □

例 8.33　化下列实二次型为标准型:

$$f(x_1,x_2,\cdots,x_n)=\sum_{i=1}^n x_i^2+\sum_{1\le i<j\le n}x_ix_j.$$

解法 4　为了方便起见, 不妨考虑 $2f(x_1,x_2,\cdots,x_n)$ 的系数矩阵

$$\boldsymbol{A}=\begin{pmatrix}2&1&1&\cdots&1\\1&2&1&\cdots&1\\1&1&2&\cdots&1\\\vdots&\vdots&\vdots&&\vdots\\1&1&1&\cdots&2\end{pmatrix}.$$

由特征值的降阶公式可得 $|\lambda\boldsymbol{I}_n-\boldsymbol{A}|=(\lambda-1)^{n-1}(\lambda-n-1)$, 故 $\boldsymbol{A}$ 的特征值为 1 ($n-1$ 重), $n+1$ (1 重), 于是 $\boldsymbol{A}$ 是正定阵. 因此 f 为正定型, 其规范标准型为 $y_1^2+y_2^2+\cdots+y_n^2$. □

§ 9.7　实对称矩阵的正交相似标准型

实对称矩阵的正交相似标准型是一个强有力的工具. 设 $\boldsymbol{A}$ 和 $\boldsymbol{B}$ 正交相似, 即存在正交矩阵 $\boldsymbol{P}$, 使得 $\boldsymbol{B}=\boldsymbol{P}'\boldsymbol{A}\boldsymbol{P}$, 由于 $\boldsymbol{P}'=\boldsymbol{P}^{-1}$, 故 $\boldsymbol{B}$ 和 $\boldsymbol{A}$ 既合同又相似, 因此利用正交相似标准型可以得到比一般的合同标准型更加深入的结果. 下面分 4 个方面阐述相关的内容.

1. 实二次型值的估计以及实对称矩阵特征值的估计

例 9.52 设 $\boldsymbol{A}$ 是 n 阶实对称矩阵, 其特征值为 $\lambda_1 \leq \lambda_2 \leq \cdots \leq \lambda_n$, 求证: 对任意的 n 维实列向量 $\boldsymbol{\alpha}$, 均有

$$\lambda_1 \boldsymbol{\alpha}'\boldsymbol{\alpha} \leq \boldsymbol{\alpha}'\boldsymbol{A}\boldsymbol{\alpha} \leq \lambda_n \boldsymbol{\alpha}'\boldsymbol{\alpha},$$

且前一个不等式等号成立的充要条件是 $\boldsymbol{\alpha}$ 属于特征值 λ_1 的特征子空间, 后一个不等式等号成立的充要条件是 $\boldsymbol{\alpha}$ 属于特征值 λ_n 的特征子空间.

证明 设 $\boldsymbol{P}$ 为正交矩阵, 使得 $\boldsymbol{P}'\boldsymbol{A}\boldsymbol{P} = \mathrm{diag}\{\lambda_1, \lambda_2, \cdots, \lambda_n\}$. 对任意的实列向量 $\boldsymbol{\alpha}$, 设 $\boldsymbol{\beta} = \boldsymbol{P}'\boldsymbol{\alpha} = (b_1, b_2, \cdots, b_n)'$, 则

$$\begin{aligned}\boldsymbol{\alpha}'\boldsymbol{A}\boldsymbol{\alpha} &= \boldsymbol{\beta}'(\boldsymbol{P}'\boldsymbol{A}\boldsymbol{P})\boldsymbol{\beta} = \lambda_1 b_1^2 + \lambda_2 b_2^2 + \cdots + \lambda_n b_n^2 \\ &\leq \lambda_n b_1^2 + \lambda_n b_2^2 + \cdots + \lambda_n b_n^2 = \lambda_n \boldsymbol{\beta}'\boldsymbol{\beta} = \lambda_n (\boldsymbol{P}'\boldsymbol{\alpha})'(\boldsymbol{P}'\boldsymbol{\alpha}) = \lambda_n \boldsymbol{\alpha}'\boldsymbol{\alpha},\end{aligned}$$

等号成立的充要条件是若 $\lambda_i \neq \lambda_n$, 则 $b_i = 0$, 这也等价于 $\boldsymbol{\alpha}$ 属于特征值 λ_n 的特征子空间. 同理可证前一个不等式及其等号成立的充要条件. □

注 例 9.52 是例 8.50 的推广, 即利用实对称矩阵的正交相似标准型得到了实二次型取值的精确上下界. 例 9.52 还可以推广到 Hermite 矩阵的情形, 其证明只要将 $\boldsymbol{\alpha}'$ 换成 $\overline{\boldsymbol{\alpha}}'$ 即可. 然而这种推广并不是平凡的, 因为当我们处理一般的实矩阵时, 不可避免地会遇到复特征值和复特征向量, 此时若把实对称矩阵当作 Hermite 矩阵来处理, 会使讨论变得更加简洁. 这种技巧在第 8 章研究正定实对称矩阵时也用到过.

例 9.52 (Hermite 矩阵版本) 设 $\boldsymbol{A}$ 是 n 阶 Hermite 矩阵, 其特征值为 $\lambda_1 \leq \lambda_2 \leq \cdots \leq \lambda_n$, 求证: 对任意的 n 维复列向量 $\boldsymbol{\alpha}$, 均有

$$\lambda_1 \overline{\boldsymbol{\alpha}}'\boldsymbol{\alpha} \leq \overline{\boldsymbol{\alpha}}'\boldsymbol{A}\boldsymbol{\alpha} \leq \lambda_n \overline{\boldsymbol{\alpha}}\boldsymbol{\alpha},$$

且前一个不等式等号成立的充要条件是 $\boldsymbol{\alpha}$ 属于特征值 λ_1 的特征子空间, 后一个不等式等号成立的充要条件是 $\boldsymbol{\alpha}$ 属于特征值 λ_n 的特征子空间. □

下面是应用例 9.52 来估计矩阵特征值的几个典型例题.

例 9.53 设 $\boldsymbol{A}, \boldsymbol{B}$ 是 n 阶实对称矩阵, 其特征值分别为

$$\lambda_1 \leq \lambda_2 \leq \cdots \leq \lambda_n, \ \ \mu_1 \leq \mu_2 \leq \cdots \leq \mu_n.$$

求证: $\boldsymbol{A} + \boldsymbol{B}$ 的特征值全落在 $[\lambda_1 + \mu_1, \lambda_n + \mu_n]$ 中.

证明 由例 9.52 可知, 对任意的 n 维实列向量 $\boldsymbol{\alpha}$, 有 $\boldsymbol{\alpha}'\boldsymbol{A}\boldsymbol{\alpha} \le \lambda_n\boldsymbol{\alpha}'\boldsymbol{\alpha}$, $\boldsymbol{\alpha}'\boldsymbol{B}\boldsymbol{\alpha} \le \mu_n\boldsymbol{\alpha}'\boldsymbol{\alpha}$. 因为 $\boldsymbol{A}+\boldsymbol{B}$ 仍是实对称矩阵, 故其特征值全为实数. 任取 $\boldsymbol{A}+\boldsymbol{B}$ 的实特征值 ν 及其特征向量 $\boldsymbol{\beta}$, 则 $\boldsymbol{\beta}'(\boldsymbol{A}+\boldsymbol{B})\boldsymbol{\beta} = \nu\boldsymbol{\beta}'\boldsymbol{\beta}$. 注意到

$$\boldsymbol{\beta}'(\boldsymbol{A}+\boldsymbol{B})\boldsymbol{\beta} = \boldsymbol{\beta}'\boldsymbol{A}\boldsymbol{\beta} + \boldsymbol{\beta}'\boldsymbol{B}\boldsymbol{\beta} \le \lambda_n\boldsymbol{\beta}'\boldsymbol{\beta} + \mu_n\boldsymbol{\beta}'\boldsymbol{\beta} = (\lambda_n+\mu_n)\boldsymbol{\beta}'\boldsymbol{\beta},$$

且 $\boldsymbol{\beta}'\boldsymbol{\beta} > 0$, 故 $\nu \le \lambda_n + \mu_n$. 同理可证 $\nu \ge \lambda_1 + \mu_1$. □

例 9.54 设 $\lambda = a + b\mathrm{i}$ 是 n 阶实矩阵 $\boldsymbol{A}$ 的特征值, 实对称矩阵 $\boldsymbol{A}+\boldsymbol{A}'$ 和 Hermite 矩阵 $-\mathrm{i}(\boldsymbol{A}-\boldsymbol{A}')$ 的特征值分别为

$$\mu_1 \le \mu_2 \le \cdots \le \mu_n, \ \ \nu_1 \le \nu_2 \le \cdots \le \nu_n.$$

求证: $\mu_1 \le 2a \le \mu_n$, $\nu_1 \le 2b \le \nu_n$.

证明 设 $\boldsymbol{\alpha}$ 是 $\boldsymbol{A}$ 的属于特征值 $\lambda = a + b\mathrm{i}$ 的特征向量, 即有 $\boldsymbol{A}\boldsymbol{\alpha} = \lambda\boldsymbol{\alpha}$. 将此式左乘 $\overline{\boldsymbol{\alpha}}'$ 可得 $\overline{\boldsymbol{\alpha}}'\boldsymbol{A}\boldsymbol{\alpha} = \lambda\overline{\boldsymbol{\alpha}}'\boldsymbol{\alpha}$; 再将此式共轭转置可得 $\overline{\boldsymbol{\alpha}}'\boldsymbol{A}'\boldsymbol{\alpha} = \overline{\lambda}\overline{\boldsymbol{\alpha}}'\boldsymbol{\alpha}$; 最后将上述两式相加以及相减再乘以 $-\mathrm{i}$, 可分别得到

$$\begin{aligned}\overline{\boldsymbol{\alpha}}'(\boldsymbol{A}+\boldsymbol{A}')\boldsymbol{\alpha} &= (\lambda+\overline{\lambda})\overline{\boldsymbol{\alpha}}'\boldsymbol{\alpha} = 2a\overline{\boldsymbol{\alpha}}'\boldsymbol{\alpha},\\ \overline{\boldsymbol{\alpha}}'\big(-\mathrm{i}(\boldsymbol{A}-\boldsymbol{A}')\big)\boldsymbol{\alpha} &= -\mathrm{i}(\lambda-\overline{\lambda})\overline{\boldsymbol{\alpha}}'\boldsymbol{\alpha} = 2b\overline{\boldsymbol{\alpha}}'\boldsymbol{\alpha}.\end{aligned}$$

注意到 $\overline{\boldsymbol{\alpha}}'\boldsymbol{\alpha} > 0$, 故由例 9.52 (Hermite 矩阵版本) 即得结论. □

例 9.55 设 $\boldsymbol{A}$ 是 n 阶实矩阵, $\boldsymbol{A}'\boldsymbol{A}$ 的特征值为

$$\mu_1 \le \mu_2 \le \cdots \le \mu_n.$$

求证: 若 λ 是 $\boldsymbol{A}$ 的特征值, 则

$$\sqrt{\mu_1} \le |\lambda| \le \sqrt{\mu_n}.$$

证明 设 $\boldsymbol{\alpha}$ 是 $\boldsymbol{A}$ 的属于特征值 λ 的特征向量, 即有 $\boldsymbol{A}\boldsymbol{\alpha} = \lambda\boldsymbol{\alpha}$, 将此式共轭转置可得 $\overline{\boldsymbol{\alpha}}'\boldsymbol{A}' = \overline{\lambda}\overline{\boldsymbol{\alpha}}'$, 再将上述两式乘在一起可得 $\overline{\boldsymbol{\alpha}}'\boldsymbol{A}'\boldsymbol{A}\boldsymbol{\alpha} = |\lambda|^2\overline{\boldsymbol{\alpha}}'\boldsymbol{\alpha}$, 最后由例 9.52 (Hermite 矩阵版本) 即得结论. □

例 9.56 设 $\boldsymbol{A}_1, \cdots, \boldsymbol{A}_k$ 是 n 阶实矩阵, $\boldsymbol{A}_i'\boldsymbol{A}_i$ 的特征值为

$$\mu_{i1} \le \mu_{i2} \le \cdots \le \mu_{in}, \ 1 \le i \le k.$$

求证: 若 λ 是 $\boldsymbol{A}_1\cdots\boldsymbol{A}_k$ 的特征值, 则

$$\sqrt{\mu_{11}\cdots\mu_{k1}} \le |\lambda| \le \sqrt{\mu_{1n}\cdots\mu_{kn}}.$$

证明　设 $\boldsymbol{\alpha}$ 是 $\boldsymbol{A}_1\cdots\boldsymbol{A}_k$ 的属于特征值 λ 的特征向量, 即有 $\boldsymbol{A}_1\cdots\boldsymbol{A}_k\boldsymbol{\alpha}=\lambda\boldsymbol{\alpha}$, 将此式共轭转置可得 $\overline{\boldsymbol{\alpha}}'\boldsymbol{A}_k'\cdots\boldsymbol{A}_1'=\overline{\lambda}\overline{\boldsymbol{\alpha}}'$, 再将上述两式乘在一起可得

$$\overline{\boldsymbol{\alpha}}'\boldsymbol{A}_k'\cdots\boldsymbol{A}_1'\boldsymbol{A}_1\cdots\boldsymbol{A}_k\boldsymbol{\alpha}=|\lambda|^2\overline{\boldsymbol{\alpha}}'\boldsymbol{\alpha},$$

最后对 $\boldsymbol{A}_i'\boldsymbol{A}_i\,(1\leq i\leq k)$ 应用例 9.52 (Hermite 矩阵版本) 即得结论. □

注　读者可以自行写出例 9.53 的 Hermite 矩阵版本, 以及例 9.54、例 9.55 和例 9.56 的复矩阵版本, 并证明它们.

例 9.57　设 n 阶复矩阵 $\boldsymbol{M}$ 的全体特征值为 $\lambda_1,\lambda_2,\cdots,\lambda_n$, 则 $\boldsymbol{M}$ 的谱半径 $\rho(\boldsymbol{M})$ 定义为 $\rho(\boldsymbol{M})=\max\limits_{1\leq i\leq n}|\lambda_i|$. 设 $\boldsymbol{A},\boldsymbol{B},\boldsymbol{C}$ 为 n 阶实矩阵, 使得 $\begin{pmatrix}\boldsymbol{A} & \boldsymbol{B}\\ \boldsymbol{B}' & \boldsymbol{C}\end{pmatrix}$ 为半正定实对称矩阵, 证明: $\rho(\boldsymbol{B})^2\leq\rho(\boldsymbol{A})\rho(\boldsymbol{C})$.

证明　我们先来处理 $\begin{pmatrix}\boldsymbol{A} & \boldsymbol{B}\\ \boldsymbol{B}' & \boldsymbol{C}\end{pmatrix}$ 为正定实对称矩阵的情形. 此时, $\boldsymbol{A},\boldsymbol{C}$ 都是正定阵, 设它们的全体特征值分别为

$$\lambda_1\leq\lambda_2\leq\cdots\leq\lambda_n,\ \ \nu_1\leq\nu_2\leq\cdots\leq\nu_n,$$

则 $\rho(\boldsymbol{A})=\lambda_n$, $\rho(\boldsymbol{C})=\nu_n$ 且 $\boldsymbol{A}^{-1}$ 的全体特征值为 $\lambda_n^{-1}\leq\lambda_{n-1}^{-1}\leq\cdots\leq\lambda_1^{-1}$. 考虑如下对称分块初等变换:

$$\begin{pmatrix}\boldsymbol{I}_n & \boldsymbol{O}\\ -\boldsymbol{B}'\boldsymbol{A}^{-1} & \boldsymbol{I}_n\end{pmatrix}\begin{pmatrix}\boldsymbol{A} & \boldsymbol{B}\\ \boldsymbol{B}' & \boldsymbol{C}\end{pmatrix}\begin{pmatrix}\boldsymbol{I}_n & -\boldsymbol{A}^{-1}\boldsymbol{B}\\ \boldsymbol{O} & \boldsymbol{I}_n\end{pmatrix}=\begin{pmatrix}\boldsymbol{A} & \boldsymbol{O}\\ \boldsymbol{O} & \boldsymbol{C}-\boldsymbol{B}'\boldsymbol{A}^{-1}\boldsymbol{B}\end{pmatrix},$$

由 $\begin{pmatrix}\boldsymbol{A} & \boldsymbol{B}\\ \boldsymbol{B}' & \boldsymbol{C}\end{pmatrix}$ 是正定阵可知, $\boldsymbol{C}-\boldsymbol{B}'\boldsymbol{A}^{-1}\boldsymbol{B}$ 也是正定阵. 任取 $\boldsymbol{B}$ 的特征值 $\mu\in\mathbb{C}$ 及其特征向量 $\boldsymbol{\beta}\in\mathbb{C}^n$, 即有 $\boldsymbol{B}\boldsymbol{\beta}=\mu\boldsymbol{\beta}$ 以及 $\overline{\boldsymbol{\beta}}'\boldsymbol{B}'=\overline{\mu}\overline{\boldsymbol{\beta}}'$. 将 $\boldsymbol{C}-\boldsymbol{B}'\boldsymbol{A}^{-1}\boldsymbol{B}$ 看成是正定 Hermite 矩阵, 则有 $\overline{\boldsymbol{\beta}}'(\boldsymbol{C}-\boldsymbol{B}'\boldsymbol{A}^{-1}\boldsymbol{B})\boldsymbol{\beta}>0$, 再由例 9.52 (Hermite 矩阵版本) 可得

$$\nu_n\overline{\boldsymbol{\beta}}'\boldsymbol{\beta}\geq\overline{\boldsymbol{\beta}}'\boldsymbol{C}\boldsymbol{\beta}>\overline{\boldsymbol{\beta}}'\boldsymbol{B}'\boldsymbol{A}^{-1}\boldsymbol{B}\boldsymbol{\beta}=|\mu|^2\overline{\boldsymbol{\beta}}'\boldsymbol{A}^{-1}\boldsymbol{\beta}\geq|\mu|^2\lambda_n^{-1}\overline{\boldsymbol{\beta}}'\boldsymbol{\beta}.$$

注意到 $\overline{\boldsymbol{\beta}}'\boldsymbol{\beta}>0$, 故 $|\mu|^2<\lambda_n\nu_n$, 即 $|\mu|^2<\rho(\boldsymbol{A})\rho(\boldsymbol{C})$, 于是 $\rho(\boldsymbol{B})^2<\rho(\boldsymbol{A})\rho(\boldsymbol{C})$.

我们用摄动法来处理半正定的情形. 对任意的正实数 t, $\begin{pmatrix}\boldsymbol{A}+t\boldsymbol{I}_n & \boldsymbol{B}\\ \boldsymbol{B}' & \boldsymbol{C}+t\boldsymbol{I}_n\end{pmatrix}$ 是正定阵, 从而由正定情形的结论可知

$$\rho(\boldsymbol{B})^2<\rho(\boldsymbol{A}+t\boldsymbol{I}_n)\rho(\boldsymbol{C}+t\boldsymbol{I}_n)=(\rho(\boldsymbol{A})+t)(\rho(\boldsymbol{C})+t),$$

令 $t\to 0+$ 即得 $\rho(\boldsymbol{B})^2\leq\rho(\boldsymbol{A})\rho(\boldsymbol{C})$. □

例 9.58 设 n 阶实对称矩阵 $\boldsymbol{A}=(a_{ij})$ 为非负矩阵, 即所有的元素 $a_{ij}\geq 0$, 且 $\boldsymbol{A}$ 的全体特征值为 $\lambda_1,\lambda_2,\cdots,\lambda_n$, 求证: 存在某个特征值 $\lambda_j=\rho(\boldsymbol{A})=\max\limits_{1\leq i\leq n}|\lambda_i|$, 并可取到 λ_j 的某个特征向量 $\boldsymbol{\beta}$ 为非负向量, 即 $\boldsymbol{\beta}$ 的所有元素都大于等于零.

证明　任取一个特征值 λ_k, 使得 $|\lambda_k|=\max\limits_{1\leq i\leq n}|\lambda_i|$, 并取 λ_k 的特征向量 $\boldsymbol{\alpha}=(a_1,a_2,\cdots,a_n)'$, 即有 $\boldsymbol{A\alpha}=\lambda_k\boldsymbol{\alpha}$, 于是 $\boldsymbol{\alpha}'\boldsymbol{A\alpha}=\lambda_k\boldsymbol{\alpha}'\boldsymbol{\alpha}$. 以下不妨设 $\lambda_1\leq\lambda_2\leq\cdots\leq\lambda_n$, 令 $\boldsymbol{\beta}=(|a_1|,|a_2|,\cdots,|a_n|)'$, 则 $\boldsymbol{\beta}$ 是非负向量且 $\boldsymbol{\beta}'\boldsymbol{\beta}=\sum\limits_{i=1}^n a_i^2=\boldsymbol{\alpha}'\boldsymbol{\alpha}$. 注意到 $a_{ij}\geq 0\,(1\leq i,j\leq n)$, 故由例 9.52 可得如下不等式:

$$\begin{aligned}|\lambda_k|\boldsymbol{\alpha}'\boldsymbol{\alpha} &= |\lambda_k\boldsymbol{\alpha}'\boldsymbol{\alpha}|=|\boldsymbol{\alpha}'\boldsymbol{A\alpha}|=\left|\sum_{i,j=1}^n a_{ij}a_ia_j\right| \\ &\leq \sum_{i,j=1}^n a_{ij}|a_i||a_j|=\boldsymbol{\beta}'\boldsymbol{A\beta}\leq\lambda_n\boldsymbol{\beta}'\boldsymbol{\beta}=\lambda_n\boldsymbol{\alpha}'\boldsymbol{\alpha},\end{aligned}$$

于是 $\lambda_n\geq|\lambda_k|\geq 0$. 再由假设可知 $\lambda_n=|\lambda_k|=\max\limits_{1\leq i\leq n}|\lambda_i|$, 因此上述不等式取等号. 特别地, $\boldsymbol{\beta}'\boldsymbol{A\beta}=\lambda_n\boldsymbol{\beta}'\boldsymbol{\beta}$, 故由例 9.52 中不等式取等号的充要条件可知, $\boldsymbol{\beta}$ 就是属于特征值 λ_n 的非负特征向量. □

2. 正定阵和半正定阵性质的研究

记号　设 $\boldsymbol{A},\boldsymbol{B}$ 是实对称矩阵, 我们用 $\boldsymbol{A}>\boldsymbol{O}$ 表示 $\boldsymbol{A}$ 是正定阵, $\boldsymbol{A}\geq\boldsymbol{O}$ 表示 $\boldsymbol{A}$ 是半正定阵. 当 $\boldsymbol{A}$ 和 $\boldsymbol{B}$ 都是正定阵时, 用 $\boldsymbol{A}>\boldsymbol{B}$ 表示 $\boldsymbol{A}-\boldsymbol{B}$ 是正定阵; 当 $\boldsymbol{A}$ 和 $\boldsymbol{B}$ 都是半正定阵时, 用 $\boldsymbol{A}\geq\boldsymbol{B}$ 表示 $\boldsymbol{A}-\boldsymbol{B}$ 是半正定阵.

例 9.59 求证: 若 $\boldsymbol{A}$ 是 n 阶正定实对称矩阵, 则 $\boldsymbol{A}+\boldsymbol{A}^{-1}\geq 2\boldsymbol{I}_n$.

证法 1　设 $\boldsymbol{P}$ 是正交矩阵, 使得 $\boldsymbol{P}'\boldsymbol{AP}=\mathrm{diag}\{\lambda_1,\lambda_2,\cdots,\lambda_n\}$, 其中 $\lambda_i>0$ 是 $\boldsymbol{A}$ 的特征值, 则

$$\boldsymbol{P}'\boldsymbol{A}^{-1}\boldsymbol{P}=\mathrm{diag}\{\lambda_1^{-1},\lambda_2^{-1},\cdots,\lambda_n^{-1}\}.$$

因为 $\lambda_i+\lambda_i^{-1}\geq 2$, 故 $\boldsymbol{P}'\boldsymbol{AP}+\boldsymbol{P}'\boldsymbol{A}^{-1}\boldsymbol{P}-2\boldsymbol{I}_n$ 是半正定阵, 由此即得 $\boldsymbol{A}+\boldsymbol{A}^{-1}\geq 2\boldsymbol{I}_n$.

证法 2　注意到

$$\boldsymbol{A}+\boldsymbol{A}^{-1}-2\boldsymbol{I}_n=\begin{pmatrix}\boldsymbol{I}_n & \boldsymbol{I}_n\end{pmatrix}\begin{pmatrix}\boldsymbol{A} & -\boldsymbol{I}_n\\ -\boldsymbol{I}_n & \boldsymbol{A}^{-1}\end{pmatrix}\begin{pmatrix}\boldsymbol{I}_n\\ \boldsymbol{I}_n\end{pmatrix},$$

故由例 8.11 可知 $\boldsymbol{A}+\boldsymbol{A}^{-1}\geq 2\boldsymbol{I}_n$. □

在第 8 章, 我们用合同标准型给出了例 8.27 和例 8.28 的证明. 在这里, 我们也可以用正交相似标准型给出这两个例题的新证法. 下面以例 8.27 为例, 例 8.28 留给读者自己完成.

例 8.27 设 $\boldsymbol{A}$ 为 n 阶正定实对称矩阵, $\boldsymbol{\alpha},\boldsymbol{\beta}$ 为 n 维实列向量, 证明: $\boldsymbol{\alpha}'\boldsymbol{A}\boldsymbol{\alpha}+\boldsymbol{\beta}'\boldsymbol{A}^{-1}\boldsymbol{\beta}\geq 2\boldsymbol{\alpha}'\boldsymbol{\beta}$, 且等号成立的充要条件是 $\boldsymbol{A}\boldsymbol{\alpha}=\boldsymbol{\beta}$.

证法 3 设 $\boldsymbol{P}$ 是正交矩阵, 使得 $\boldsymbol{A}=\boldsymbol{P}'\operatorname{diag}\{\lambda_1,\lambda_2,\cdots,\lambda_n\}\boldsymbol{P}$, 其中 $\lambda_i>0$ 是 $\boldsymbol{A}$ 的特征值, 则

$$\boldsymbol{A}^{-1}=\boldsymbol{P}'\operatorname{diag}\{\lambda_1^{-1},\lambda_2^{-1},\cdots,\lambda_n^{-1}\}\boldsymbol{P}.$$

设 $\boldsymbol{\Lambda}=\operatorname{diag}\{\lambda_1,\lambda_2,\cdots,\lambda_n\}$, $\boldsymbol{P}\boldsymbol{\alpha}=(a_1,a_2,\cdots,a_n)'$, $\boldsymbol{P}\boldsymbol{\beta}=(b_1,b_2,\cdots,b_n)'$, 则

$$\begin{aligned}\boldsymbol{\alpha}'\boldsymbol{A}\boldsymbol{\alpha}+\boldsymbol{\beta}'\boldsymbol{A}^{-1}\boldsymbol{\beta}&=(\boldsymbol{P}\boldsymbol{\alpha})'\boldsymbol{\Lambda}(\boldsymbol{P}\boldsymbol{\alpha})+(\boldsymbol{P}\boldsymbol{\beta})'\boldsymbol{\Lambda}^{-1}(\boldsymbol{P}\boldsymbol{\beta})\\&=(\lambda_1a_1^2+\lambda_1^{-1}b_1^2)+(\lambda_2a_2^2+\lambda_2^{-1}b_2^2)+\cdots+(\lambda_na_n^2+\lambda_n^{-1}b_n^2)\\&\geq 2a_1b_1+2a_2b_2+\cdots+2a_nb_n=2(\boldsymbol{P}\boldsymbol{\alpha})'(\boldsymbol{P}\boldsymbol{\beta})=2\boldsymbol{\alpha}'\boldsymbol{\beta},\end{aligned}$$

等号成立当且仅当 $\lambda_ia_i=b_i\,(1\leq i\leq n)$, 即 $\boldsymbol{\Lambda}(\boldsymbol{P}\boldsymbol{\alpha})=(\boldsymbol{P}\boldsymbol{\beta})$, 也即 $(\boldsymbol{P}'\boldsymbol{\Lambda}\boldsymbol{P})\boldsymbol{\alpha}=\boldsymbol{\beta}$, 从而当且仅当 $\boldsymbol{A}\boldsymbol{\alpha}=\boldsymbol{\beta}$ 成立. □

例 9.60 设 $\boldsymbol{B}$ 是 n 阶半正定实对称矩阵, $\mu_1,\mu_2,\cdots,\mu_n$ 是 $\boldsymbol{B}$ 的全体特征值, 证明: 对任意给定的正整数 $k>1$, 存在一个只和 $\mu_1,\mu_2,\cdots,\mu_n$ 有关的实系数多项式 $f(x)$, 满足: $\boldsymbol{B}=f(\boldsymbol{B}^k)$.

证明 设 $\boldsymbol{Q}$ 为正交矩阵, 使得 $\boldsymbol{Q}'\boldsymbol{B}\boldsymbol{Q}=\operatorname{diag}\{\mu_1,\mu_2,\cdots,\mu_n\}$, 其中 $\mu_i\geq 0$. 设 $\mu_{i_1},\mu_{i_2},\cdots,\mu_{i_s}$ 是 $\boldsymbol{B}$ 的全体不同特征值, $\lambda_i=\mu_i^k\,(1\leq i\leq n)$, 则 $\lambda_i\geq 0$ 且 $\lambda_{i_1},\lambda_{i_2},\cdots,\lambda_{i_s}$ 两两互异. 作 Lagrange 插值多项式 (参考例 4.11):

$$f(x)=\sum_{j=1}^{s}\mu_{i_j}\frac{(x-\lambda_{i_1})\cdots(x-\lambda_{i_{j-1}})(x-\lambda_{i_{j+1}})\cdots(x-\lambda_{i_s})}{(\lambda_{i_j}-\lambda_{i_1})\cdots(\lambda_{i_j}-\lambda_{i_{j-1}})(\lambda_{i_j}-\lambda_{i_{j+1}})\cdots(\lambda_{i_j}-\lambda_{i_s})}.$$

显然 $f(\lambda_{i_j})=\mu_{i_j}\,(1\leq j\leq s)$, 从而 $f(\lambda_i)=\mu_i\,(1\leq i\leq n)$, 于是

$$\operatorname{diag}\{\mu_1,\mu_2,\cdots,\mu_n\}=\operatorname{diag}\{f(\lambda_1),f(\lambda_2),\cdots,f(\lambda_n)\}=f(\operatorname{diag}\{\lambda_1,\lambda_2,\cdots,\lambda_n\}).$$

因此

$$\begin{aligned}\boldsymbol{B}&=\boldsymbol{Q}\operatorname{diag}\{\mu_1,\mu_2,\cdots,\mu_n\}\boldsymbol{Q}'=\boldsymbol{Q}f(\operatorname{diag}\{\lambda_1,\lambda_2,\cdots,\lambda_n\})\boldsymbol{Q}'\\&=f(\boldsymbol{Q}\operatorname{diag}\{\lambda_1,\lambda_2,\cdots,\lambda_n\}\boldsymbol{Q}')=f\big((\boldsymbol{Q}\operatorname{diag}\{\mu_1,\mu_2,\cdots,\mu_n\}\boldsymbol{Q}')^k\big)=f(\boldsymbol{B}^k).\ \square\end{aligned}$$

例 9.61 设 $\boldsymbol{A}$ 是 n 阶半正定实对称矩阵, 求证: 对任意的正整数 $k>1$, 必存在唯一的 n 阶半正定实对称矩阵 $\boldsymbol{B}$, 使得 $\boldsymbol{A}=\boldsymbol{B}^k$. 这样的半正定阵 $\boldsymbol{B}$ 称为半正定阵 $\boldsymbol{A}$ 的 k 次方根, 记为 $\boldsymbol{B}=\boldsymbol{A}^{\frac{1}{k}}$.

证明　设 $\boldsymbol{P}$ 是正交矩阵, 使得 $\boldsymbol{P}'\boldsymbol{A}\boldsymbol{P}=\mathrm{diag}\{\lambda_1,\lambda_2,\cdots,\lambda_n\}$, 其中 $\lambda_i\geq 0$ 是 $\boldsymbol{A}$ 的特征值. 令 $\boldsymbol{B}=\boldsymbol{P}\,\mathrm{diag}\{\lambda_1^{\frac{1}{k}},\lambda_2^{\frac{1}{k}},\cdots,\lambda_n^{\frac{1}{k}}\}\boldsymbol{P}'$, 则 $\boldsymbol{B}$ 为半正定阵且 $\boldsymbol{A}=\boldsymbol{B}^k$, 这就证明了 k 次方根的存在性.

设 $\boldsymbol{B}$ 是 $\boldsymbol{A}$ 的 k 次方根, 则对 $\boldsymbol{B}$ 的任一特征值 μ_i, μ_i^k 是 $\boldsymbol{A}$ 的特征值, 即 μ_i 是 $\boldsymbol{A}$ 的某个特征值的非负 k 次方根. 由例 9.60 可知, 存在一个只和 $\boldsymbol{A}$ 的所有特征值的非负 k 次方根有关的实系数多项式 $f(x)$, 使得 $\boldsymbol{B}=f(\boldsymbol{B}^k)=f(\boldsymbol{A})$. 设 $\boldsymbol{C}$ 是 $\boldsymbol{A}$ 的另一个 k 次方根, 则同上讨论也有 $\boldsymbol{C}=f(\boldsymbol{A})$, 从而 $\boldsymbol{B}=\boldsymbol{C}$, 这就证明了 k 次方根的唯一性. □

教材 [1] 是利用几何方法 (谱分解的存在唯一性) 给出半正定自伴随算子的 k 次方根的存在唯一性的, 而上面我们用代数方法给出了另一证明.

例 9.62　若 $\boldsymbol{A}$ 是半正定实对称矩阵, $\boldsymbol{B}$ 是同阶实矩阵且 $\boldsymbol{A}\boldsymbol{B}=\boldsymbol{B}\boldsymbol{A}$, 求证: $\boldsymbol{A}^{\frac{1}{2}}\boldsymbol{B}=\boldsymbol{B}\boldsymbol{A}^{\frac{1}{2}}$.

证明　由例 9.60 可知, 存在实系数多项式 $f(x)$, 使得 $\boldsymbol{A}^{\frac{1}{2}}=f(\boldsymbol{A})$, 再由 $\boldsymbol{A}$ 与 $\boldsymbol{B}$ 乘法可交换可得 $\boldsymbol{A}^{\frac{1}{2}}$ 与 $\boldsymbol{B}$ 乘法可交换. □

作为实对称矩阵正交相似标准型理论的推论, 我们知道实对称矩阵 $\boldsymbol{A}$ 是正定阵 (半正定阵) 当且仅当 $\boldsymbol{A}$ 的所有特征值全大于零 (全大于等于零). 下面两道例题都是这一判定准则的应用.

例 9.63　设 $\boldsymbol{A}$ 为 n 阶实对称矩阵, 求证: $\boldsymbol{A}$ 为正定阵 (半正定阵) 的充要条件是

$$c_r=\sum_{1\leq i_1<i_2<\cdots<i_r\leq n}\boldsymbol{A}\begin{pmatrix}i_1 & i_2 & \cdots & i_r\\ i_1 & i_2 & \cdots & i_r\end{pmatrix}>0\ (\geq 0),\quad 1\leq r\leq n.$$

证明　由正定阵 (半正定阵) 的性质可知必要性成立, 下证充分性. 由例 1.47 可知, $\boldsymbol{A}$ 的特征多项式

$$f(\lambda)=|\lambda\boldsymbol{I}_n-\boldsymbol{A}|=\lambda^n-c_1\lambda^{n-1}+\cdots+(-1)^{n-1}c_{n-1}\lambda+(-1)^nc_n,$$

其中所有的 $c_i>0\,(\geq 0)$. 注意到 $\boldsymbol{A}$ 的特征值, 即 $f(\lambda)$ 的根全是实数, 故由例 5.41 (3) 可知, $f(\lambda)$ 的根全大于零 (全大于等于零), 因此 $\boldsymbol{A}$ 是正定阵 (半正定阵). □

若 $\boldsymbol{A}$ 为半正定实对称矩阵, 则存在实矩阵 $\boldsymbol{C}$, 使得 $\boldsymbol{A}=\boldsymbol{C}'\boldsymbol{C}$. 有了 k 次方根这一工具后, 通常可以取 $\boldsymbol{C}=\boldsymbol{A}^{\frac{1}{2}}$, 这样往往可以有效地化简问题. 这一技巧在后面一些例题中会经常用到.

例 9.64 设 $\boldsymbol{A}, \boldsymbol{B}$ 都是 n 阶实对称矩阵, 证明:

(1) 若 $\boldsymbol{A}$ 半正定或者 $\boldsymbol{B}$ 半正定, 则 $\boldsymbol{AB}$ 的特征值全是实数;

(2) 若 $\boldsymbol{A}, \boldsymbol{B}$ 都半正定, 则 $\boldsymbol{AB}$ 的特征值全是非负实数;

(3) 若 $\boldsymbol{A}$ 正定, 则 $\boldsymbol{B}$ 正定的充要条件是 $\boldsymbol{AB}$ 的特征值全是正实数.

证明 (1) 设 $\boldsymbol{A}$ 半正定, 则由例 6.19 可知, $\boldsymbol{AB} = \boldsymbol{A}^{\frac{1}{2}}\boldsymbol{A}^{\frac{1}{2}}\boldsymbol{B}$ 与 $\boldsymbol{A}^{\frac{1}{2}}\boldsymbol{B}\boldsymbol{A}^{\frac{1}{2}}$ 有相同的特征值. 注意到 $\boldsymbol{A}^{\frac{1}{2}}\boldsymbol{B}\boldsymbol{A}^{\frac{1}{2}}$ 仍是实对称矩阵, 故其特征值全是实数, 于是 $\boldsymbol{AB}$ 的特征值也全是实数. 同理可证 $\boldsymbol{B}$ 为半正定阵的情形.

(2) 采用与 (1) 相同的讨论, 注意到 $\boldsymbol{A}^{\frac{1}{2}}\boldsymbol{B}\boldsymbol{A}^{\frac{1}{2}}$ 仍是半正定阵, 故其特征值全是非负实数, 于是 $\boldsymbol{AB}$ 的特征值也全是非负实数.

(3) 采用与 (1) 相同的讨论, 注意到 $\boldsymbol{A}^{\frac{1}{2}}$ 是正定阵, 故 $\boldsymbol{AB}$ 的特征值全是正实数当且仅当 $\boldsymbol{A}^{\frac{1}{2}}\boldsymbol{B}\boldsymbol{A}^{\frac{1}{2}}$ 的特征值全是正实数, 这当且仅当 $\boldsymbol{A}^{\frac{1}{2}}\boldsymbol{B}\boldsymbol{A}^{\frac{1}{2}}$ 是正定阵, 从而当且仅当 $\boldsymbol{B}$ 是正定阵. □

下面几道例题都可以看成是例 9.64 及其证明方法的应用.

例 9.65 设 $\boldsymbol{A}, \boldsymbol{B}$ 都是半正定实对称矩阵, 其特征值分别为

$$\lambda_1 \leq \lambda_2 \leq \cdots \leq \lambda_n, \quad \mu_1 \leq \mu_2 \leq \cdots \leq \mu_n.$$

求证: $\boldsymbol{AB}$ 的特征值全落在 $[\lambda_1\mu_1, \lambda_n\mu_n]$ 中.

证明 采用与例 9.64 (1) 相同的讨论, 我们只要证明 $\boldsymbol{A}^{\frac{1}{2}}\boldsymbol{B}\boldsymbol{A}^{\frac{1}{2}}$ 的特征值全落在 $[\lambda_1\mu_1, \lambda_n\mu_n]$ 中即可. 任取 $\boldsymbol{A}^{\frac{1}{2}}\boldsymbol{B}\boldsymbol{A}^{\frac{1}{2}}$ 的特征值 ν 及其特征向量 $\boldsymbol{\alpha}$, 即有 $\boldsymbol{A}^{\frac{1}{2}}\boldsymbol{B}\boldsymbol{A}^{\frac{1}{2}}\boldsymbol{\alpha} = \nu\boldsymbol{\alpha}$. 此式两边左乘 $\boldsymbol{\alpha}'$, 并由例 9.52 可得

$$\nu\boldsymbol{\alpha}'\boldsymbol{\alpha} = (\boldsymbol{A}^{\frac{1}{2}}\boldsymbol{\alpha})'\boldsymbol{B}(\boldsymbol{A}^{\frac{1}{2}}\boldsymbol{\alpha}) \geq \mu_1(\boldsymbol{A}^{\frac{1}{2}}\boldsymbol{\alpha})'(\boldsymbol{A}^{\frac{1}{2}}\boldsymbol{\alpha}) = \mu_1\boldsymbol{\alpha}'\boldsymbol{A}\boldsymbol{\alpha} \geq \lambda_1\mu_1\boldsymbol{\alpha}'\boldsymbol{\alpha},$$

由此即得 $\nu \geq \lambda_1\mu_1$. 同理可证 $\nu \leq \lambda_n\mu_n$. □

下面两道例题已用合同标准型证明过, 这里用正交相似标准型再证明一次.

例 8.29 设 $\boldsymbol{A}$ 为 n 阶实对称矩阵, 证明:

(1) 若 $\boldsymbol{A}$ 可逆, 则 $\boldsymbol{A}$ 为正定阵的充要条件是对任意的 n 阶正定实对称矩阵 $\boldsymbol{B}$, $\mathrm{tr}(\boldsymbol{AB}) > 0$;

(2) $\boldsymbol{A}$ 为半正定阵的充要条件是对任意的 n 阶半正定实对称矩阵 $\boldsymbol{B}$, $\mathrm{tr}(\boldsymbol{AB}) \geq 0$.

证法 2 (1) 先证必要性. 若 $\boldsymbol{A}$ 为正定阵, 则由例 9.64 (3) 可知, $\boldsymbol{AB}$ 的特征值全大于零, 从而 $\mathrm{tr}(\boldsymbol{AB}) > 0$. 再证充分性. 用反证法, 设 $\boldsymbol{A}$ 不是正定阵, 则由 $\boldsymbol{A}$ 可逆知 $\boldsymbol{A}$ 至少有一个特征值小于零, 不妨设 $\lambda_1 < 0$. 设 $\boldsymbol{P}$ 为正交矩阵, 使得

$\boldsymbol{P}'\boldsymbol{A}\boldsymbol{P} = \mathrm{diag}\{\lambda_1, \lambda_2, \cdots, \lambda_n\}$. 令 $\boldsymbol{B} = \boldsymbol{P}\,\mathrm{diag}\{N, 1, \cdots, 1\}\boldsymbol{P}'$, 其中 N 是充分大的正实数, 则 $\boldsymbol{B}$ 为正定阵, 且

$$\mathrm{tr}(\boldsymbol{AB}) = \mathrm{tr}\Big((\boldsymbol{P}'\boldsymbol{A}\boldsymbol{P})(\boldsymbol{P}'\boldsymbol{B}\boldsymbol{P})\Big) = N\lambda_1 + \lambda_2 + \cdots + \lambda_n < 0,$$

这与假设矛盾. 因此 $\boldsymbol{A}$ 必为正定阵.

(2) 利用例 9.64 (2) 即可证明必要性, 而充分性的证明与 (1) 完全类似. □

例 8.30 设 $\boldsymbol{A}, \boldsymbol{B}$ 都是 n 阶半正定实对称矩阵, 证明: $\boldsymbol{AB} = \boldsymbol{O}$ 的充要条件是 $\mathrm{tr}(\boldsymbol{AB}) = 0$.

证法 2 必要性是显然的, 下证充分性. 注意到 $0 = \mathrm{tr}(\boldsymbol{AB}) = \mathrm{tr}(\boldsymbol{B}^{\frac{1}{2}}\boldsymbol{A}\boldsymbol{B}^{\frac{1}{2}})$, 并且 $\boldsymbol{B}^{\frac{1}{2}}\boldsymbol{A}\boldsymbol{B}^{\frac{1}{2}}$ 为半正定阵, 故 $\boldsymbol{B}^{\frac{1}{2}}\boldsymbol{A}\boldsymbol{B}^{\frac{1}{2}}$ 的主对角元或特征值全为零. 由例 8.70 或实对称矩阵的正交相似标准型可知

$$\boldsymbol{O} = \boldsymbol{B}^{\frac{1}{2}}\boldsymbol{A}\boldsymbol{B}^{\frac{1}{2}} = (\boldsymbol{A}^{\frac{1}{2}}\boldsymbol{B}^{\frac{1}{2}})'(\boldsymbol{A}^{\frac{1}{2}}\boldsymbol{B}^{\frac{1}{2}}),$$

于是 $\boldsymbol{A}^{\frac{1}{2}}\boldsymbol{B}^{\frac{1}{2}} = \boldsymbol{O}$, 从而 $\boldsymbol{AB} = \boldsymbol{A}^{\frac{1}{2}}(\boldsymbol{A}^{\frac{1}{2}}\boldsymbol{B}^{\frac{1}{2}})\boldsymbol{B}^{\frac{1}{2}} = \boldsymbol{O}$. □

例 8.69 设 $\boldsymbol{A}, \boldsymbol{B}$ 都是 n 阶半正定实对称矩阵, 求证: $\dfrac{1}{n}\mathrm{tr}(\boldsymbol{AB}) \geq |\boldsymbol{A}|^{\frac{1}{n}}|\boldsymbol{B}|^{\frac{1}{n}}$, 并求等号成立的充要条件.

证法 2 注意到 $\boldsymbol{B}^{\frac{1}{2}}\boldsymbol{A}\boldsymbol{B}^{\frac{1}{2}}$ 仍为半正定阵, 若设其特征值为 $\lambda_1, \lambda_2, \cdots, \lambda_n$, 则 $\lambda_i \geq 0$, 且 $\mathrm{tr}(\boldsymbol{AB}) = \mathrm{tr}(\boldsymbol{B}^{\frac{1}{2}}\boldsymbol{A}\boldsymbol{B}^{\frac{1}{2}}) = \sum\limits_{i=1}^{n}\lambda_i$, 故由基本不等式可得

$$|\boldsymbol{A}|^{\frac{1}{n}}|\boldsymbol{B}|^{\frac{1}{n}} = |\boldsymbol{B}^{\frac{1}{2}}\boldsymbol{A}\boldsymbol{B}^{\frac{1}{2}}|^{\frac{1}{n}} = (\lambda_1\lambda_2\cdots\lambda_n)^{\frac{1}{n}} \leq \frac{1}{n}\sum_{i=1}^{n}\lambda_i = \frac{1}{n}\mathrm{tr}(\boldsymbol{AB}),$$

等号成立的充要条件是以下两种情形之一成立:

(1) $\lambda_1 = \lambda_2 = \cdots = \lambda_n = 0$, 此时 $\mathrm{tr}(\boldsymbol{AB}) = 0$, 故由例 8.30 可知 $\boldsymbol{AB} = \boldsymbol{O}$;

(2) $\lambda_1 = \lambda_2 = \cdots = \lambda_n = a > 0$, 此时 $\boldsymbol{B}^{\frac{1}{2}}\boldsymbol{A}\boldsymbol{B}^{\frac{1}{2}} = a\boldsymbol{I}_n$, 故 $\boldsymbol{AB} = a\boldsymbol{I}_n$.

综上所述, 等号成立的充要条件是 $\boldsymbol{AB} = k\boldsymbol{I}_n$, 其中 $k \geq 0$. □

例 9.66 设 $\boldsymbol{A}$ 是 n 阶正定实对称矩阵, $\boldsymbol{B}$ 是同阶实矩阵, 使得 $\boldsymbol{AB}$ 是实对称矩阵. 求证: $\boldsymbol{AB}$ 是正定阵的充要条件是 $\boldsymbol{B}$ 的特征值全是正实数.

证明 由 $\boldsymbol{A}$ 正定可得 $\boldsymbol{A}^{-1}$ 也正定, 再由例 9.64 (3) 可知, $\boldsymbol{AB}$ 正定的充要条件是 $\boldsymbol{A}^{-1}(\boldsymbol{AB}) = \boldsymbol{B}$ 的特征值全是正实数. □

例 9.67 设 $\boldsymbol{A}$, $\boldsymbol{B}$ 都是 n 阶正定实对称矩阵, 求证: $\boldsymbol{AB}$ 是正定实对称矩阵的充要条件是 $\boldsymbol{AB} = \boldsymbol{BA}$.

证明　由例 9.64 (3) 可知, $\boldsymbol{AB}$ 的特征值全大于零, 因此 $\boldsymbol{AB}$ 是正定阵当且仅当它是实对称矩阵, 即 $\boldsymbol{AB}=(\boldsymbol{AB})'=\boldsymbol{BA}$. □

例 9.68　设 $\boldsymbol{A}, \boldsymbol{B}$ 都是 n 阶正定实对称矩阵, 满足 $\boldsymbol{AB}=\boldsymbol{BA}$, 求证: $\boldsymbol{A}-\boldsymbol{B}$ 是正定阵的充要条件是 $\boldsymbol{A}^2-\boldsymbol{B}^2$ 是正定阵.

证明　由 $\boldsymbol{AB}=\boldsymbol{BA}$ 可得 $\boldsymbol{A}^2-\boldsymbol{B}^2=(\boldsymbol{A}+\boldsymbol{B})(\boldsymbol{A}-\boldsymbol{B})$, 其中 $\boldsymbol{A}+\boldsymbol{B}$ 是正定阵. 由例 9.64 (3) 可知, $\boldsymbol{A}-\boldsymbol{B}$ 是正定阵当且仅当 $\boldsymbol{A}^2-\boldsymbol{B}^2$ 的特征值全大于零, 即当且仅当 $\boldsymbol{A}^2-\boldsymbol{B}^2$ 为正定阵. □

3. 利用正交相似标准型化简矩阵问题

当矩阵问题的条件和结论在正交相似变换下不改变时, 可以将其中一个实对称矩阵化为正交相似标准型来处理, 这一技巧与运用相抵、相似以及合同标准型的技巧是类似的. 我们来看 4 道典型的例题.

例 9.69　设 $\boldsymbol{A}, \boldsymbol{C}$ 都是 n 阶正定实对称矩阵, 求证: 矩阵方程 $\boldsymbol{AX}+\boldsymbol{XA}=\boldsymbol{C}$ 存在唯一解 $\boldsymbol{B}$, 并且 $\boldsymbol{B}$ 也是正定实对称矩阵.

证明　设 $\boldsymbol{P}$ 为正交矩阵, 使得 $\boldsymbol{P}'\boldsymbol{AP}=\mathrm{diag}\{\lambda_1,\lambda_2,\cdots,\lambda_n\}$, 其中 $\lambda_i>0$. 注意到问题的条件和结论在同时正交相似变换 $\boldsymbol{A}\mapsto\boldsymbol{P}'\boldsymbol{AP}$, $\boldsymbol{X}\mapsto\boldsymbol{P}'\boldsymbol{XP}$, $\boldsymbol{C}\mapsto\boldsymbol{P}'\boldsymbol{CP}$ 下不改变, 故不妨从一开始就假设 $\boldsymbol{A}=\mathrm{diag}\{\lambda_1,\lambda_2,\cdots,\lambda_n\}$ 为正交相似标准型. 设 $\boldsymbol{X}=(x_{ij})$, $\boldsymbol{C}=(c_{ij})$, 则矩阵方程 $\boldsymbol{AX}+\boldsymbol{XA}=\boldsymbol{C}$ 等价于方程组 $(\lambda_i+\lambda_j)x_{ij}=c_{ij}$, 由此可唯一地解出 $x_{ij}=\dfrac{c_{ij}}{\lambda_i+\lambda_j}\,(1\le i,j\le n)$, 从而矩阵方程有唯一解 $\boldsymbol{B}=\left(\dfrac{c_{ij}}{\lambda_i+\lambda_j}\right)$. 显然 $\boldsymbol{B}$ 是实对称矩阵, 任取 $\boldsymbol{B}$ 的特征值 λ 及其特征向量 $\boldsymbol{\alpha}$, 将等式 $\boldsymbol{AB}+\boldsymbol{BA}=\boldsymbol{C}$ 左乘 $\boldsymbol{\alpha}'$, 右乘 $\boldsymbol{\alpha}$ 可得

$$\boldsymbol{\alpha}'\boldsymbol{A}(\boldsymbol{B\alpha})+(\boldsymbol{B\alpha})'\boldsymbol{A\alpha}=\boldsymbol{\alpha}'\boldsymbol{C\alpha},$$

即有 $2\lambda\boldsymbol{\alpha}'\boldsymbol{A\alpha}=\boldsymbol{\alpha}'\boldsymbol{C\alpha}$, 于是 $\lambda=\dfrac{\boldsymbol{\alpha}'\boldsymbol{C\alpha}}{2\boldsymbol{\alpha}'\boldsymbol{A\alpha}}>0$, 因此 $\boldsymbol{B}$ 为正定阵. □

注　本题还可以作如下推广: 设 $\boldsymbol{A}$ 为 n 阶亚正定阵, $\boldsymbol{C}$ 为 n 阶正定 (半正定) 实对称矩阵, 则矩阵方程 $\boldsymbol{A}'\boldsymbol{X}+\boldsymbol{XA}=\boldsymbol{C}$ 存在唯一解 $\boldsymbol{B}$, 并且 $\boldsymbol{B}$ 也是正定 (半正定) 实对称矩阵. 矩阵方程解的存在唯一性可由例 6.91 得到, 正定 (半正定) 的证明类似于上面的讨论. 另外, 本题的逆命题并不成立, 即若 $\boldsymbol{A}$ 为正定阵, $\boldsymbol{B}$ 为正定 (半正定) 阵, 则 $\boldsymbol{AB}+\boldsymbol{BA}$ 不一定是正定 (半正定) 阵. 例如, $\boldsymbol{A}=\begin{pmatrix}1&1\\1&2\end{pmatrix}$, $\boldsymbol{B}=\begin{pmatrix}1&0\\0&\varepsilon\end{pmatrix}$, 其中 $0\le\varepsilon\ll 1$. 请读者自行验证具体的细节.

例 9.70 设 $\boldsymbol{A},\boldsymbol{B}$ 是 n 阶实对称矩阵, 满足 $\boldsymbol{AB}+\boldsymbol{BA}=\boldsymbol{O}$, 证明: 若 $\boldsymbol{A}$ 半正定, 则存在正交矩阵 $\boldsymbol{P}$, 使得

$$\boldsymbol{P}'\boldsymbol{AP}=\mathrm{diag}\{\lambda_1,\cdots,\lambda_r,0,\cdots,0\},\quad \boldsymbol{P}'\boldsymbol{BP}=\mathrm{diag}\{0,\cdots,0,\mu_{r+1},\cdots,\mu_n\}.$$

证明 由于 $\boldsymbol{A}$ 半正定, 故存在正交矩阵 $\boldsymbol{Q}$, 使得 $\boldsymbol{Q}'\boldsymbol{AQ}=\mathrm{diag}\{\lambda_1,\lambda_2,\cdots,\lambda_n\}$, 其中 $\lambda_i>0\,(1\leq i\leq r)$, $\lambda_{r+1}=\cdots=\lambda_n=0$. 注意到问题的条件和结论在同时正交相似变换 $\boldsymbol{A}\mapsto\boldsymbol{Q}'\boldsymbol{AQ}$, $\boldsymbol{B}\mapsto\boldsymbol{Q}'\boldsymbol{BQ}$ 下不改变, 故不妨从一开始就假设 $\boldsymbol{A}$ 为正交相似标准型 $\mathrm{diag}\{\lambda_1,\lambda_2,\cdots,\lambda_n\}$. 设 $\boldsymbol{B}=(b_{ij})$, 则由 $\boldsymbol{AB}+\boldsymbol{BA}=\boldsymbol{O}$ 可得 $(\lambda_i+\lambda_j)b_{ij}=0$. 当 i,j 至少有一个落在 $[1,r]$ 中时, 有 $\lambda_i+\lambda_j>0$, 从而 $b_{ij}=0$, 于是 $\boldsymbol{B}=\mathrm{diag}\{\boldsymbol{O},\boldsymbol{B}_{n-r}\}$, 其中 $\boldsymbol{B}_{n-r}$ 是 $\boldsymbol{B}$ 右下角的 $n-r$ 阶主子阵. 由于 $\boldsymbol{B}_{n-r}$ 是一个实对称矩阵, 故存在 $n-r$ 阶正交矩阵 $\boldsymbol{R}$, 使得 $\boldsymbol{R}'\boldsymbol{B}_{n-r}\boldsymbol{R}=\mathrm{diag}\{\mu_{r+1},\cdots,\mu_n\}$. 令 $\boldsymbol{P}=\mathrm{diag}\{\boldsymbol{I}_r,\boldsymbol{R}\}$, 则 $\boldsymbol{P}$ 是 n 阶正交矩阵, 使得

$$\boldsymbol{P}'\boldsymbol{AP}=\mathrm{diag}\{\lambda_1,\cdots,\lambda_r,0,\cdots,0\},\quad \boldsymbol{P}'\boldsymbol{BP}=\mathrm{diag}\{0,\cdots,0,\mu_{r+1},\cdots,\mu_n\}.\ \square$$

例 9.71 设 $\boldsymbol{A}$ 为 n 阶半正定实对称矩阵, $\boldsymbol{S}$ 为 n 阶实反对称矩阵, 满足 $\boldsymbol{AS}+\boldsymbol{SA}=\boldsymbol{O}$. 证明: $|\boldsymbol{A}+\boldsymbol{S}|>0$ 的充要条件是 $\mathrm{r}(\boldsymbol{A})+\mathrm{r}(\boldsymbol{S})=n$.

证明 由于 $\boldsymbol{A}$ 半正定, 故存在正交矩阵 $\boldsymbol{Q}$, 使得 $\boldsymbol{Q}'\boldsymbol{AQ}=\mathrm{diag}\{\lambda_1,\lambda_2,\cdots,\lambda_n\}$, 其中 $\lambda_i>0\,(1\leq i\leq r)$, $\lambda_{r+1}=\cdots=\lambda_n=0$. 注意到问题的条件和结论在同时正交相似变换 $\boldsymbol{A}\mapsto\boldsymbol{Q}'\boldsymbol{AQ}$, $\boldsymbol{S}\mapsto\boldsymbol{Q}'\boldsymbol{SQ}$ 下不改变, 故不妨从一开始就假设 $\boldsymbol{A}$ 为正交相似标准型 $\mathrm{diag}\{\boldsymbol{\Lambda},\boldsymbol{O}\}$, 其中 $\boldsymbol{\Lambda}=\mathrm{diag}\{\lambda_1,\cdots,\lambda_r\}$. 设 $\boldsymbol{S}=(b_{ij})$, 则由 $\boldsymbol{AS}+\boldsymbol{SA}=\boldsymbol{O}$ 可得 $(\lambda_i+\lambda_j)b_{ij}=0$. 当 i,j 至少有一个落在 $[1,r]$ 中时, 有 $\lambda_i+\lambda_j>0$, 从而 $b_{ij}=0$, 于是 $\boldsymbol{S}=\mathrm{diag}\{\boldsymbol{O},\boldsymbol{S}_{n-r}\}$, 其中 $\boldsymbol{S}_{n-r}$ 是 $\boldsymbol{S}$ 右下角的 $n-r$ 阶主子阵. 注意到 $\boldsymbol{S}_{n-r}$ 是一个实反对称矩阵, 故由例 8.17 可知 $|\boldsymbol{S}_{n-r}|\geq 0$, 从而

$$|\boldsymbol{A}+\boldsymbol{S}|=|\,\mathrm{diag}\{\boldsymbol{\Lambda},\boldsymbol{S}_{n-r}\}|=|\boldsymbol{\Lambda}|\cdot|\boldsymbol{S}_{n-r}|\geq 0.$$

因此, $|\boldsymbol{A}+\boldsymbol{S}|>0$ 当且仅当 $|\boldsymbol{S}_{n-r}|>0$, 即当且仅当 $\mathrm{r}(\boldsymbol{S}_{n-r})=n-r$, 这也当且仅当 $\mathrm{r}(\boldsymbol{A})+\mathrm{r}(\boldsymbol{S})=\mathrm{r}(\boldsymbol{\Lambda})+\mathrm{r}(\boldsymbol{S}_{n-r})=r+(n-r)=n$. $\square$

第 2 章解答题 11 设 $\boldsymbol{A},\boldsymbol{B}$ 为 n 阶实对称矩阵, 证明: $\mathrm{tr}\left((\boldsymbol{AB})^2\right)\leq\mathrm{tr}(\boldsymbol{A}^2\boldsymbol{B}^2)$, 并求等号成立的充要条件.

证法 2 设 $\boldsymbol{P}$ 为正交矩阵, 使得 $\boldsymbol{P}'\boldsymbol{AP}=\mathrm{diag}\{\lambda_1,\lambda_2,\cdots,\lambda_n\}$. 注意到问题的条件和结论在同时正交相似变换 $\boldsymbol{A}\mapsto\boldsymbol{P}'\boldsymbol{AP}$, $\boldsymbol{B}\mapsto\boldsymbol{P}'\boldsymbol{BP}$ 下不改变, 故不妨从一开始就假设 $\boldsymbol{A}$ 为正交相似标准型 $\mathrm{diag}\{\lambda_1,\lambda_2,\cdots,\lambda_n\}$. 设 $\boldsymbol{B}=(b_{ij})$, 则经计算可知

$$\begin{aligned}\operatorname{tr}(\boldsymbol{A}^2\boldsymbol{B}^2)-\operatorname{tr}\left((\boldsymbol{AB})^2\right)&=\sum_{i,j=1}^n\lambda_i^2b_{ij}^2-\sum_{i,j=1}^n\lambda_i\lambda_jb_{ij}^2\\&=\sum_{1\le i<j\le n}(\lambda_i^2+\lambda_j^2-2\lambda_i\lambda_j)b_{ij}^2=\sum_{1\le i<j\le n}(\lambda_i-\lambda_j)^2b_{ij}^2\ge 0,\end{aligned}$$

且等号成立当且仅当 $\lambda_ib_{ij}=\lambda_jb_{ij}\,(1\le i<j\le n)$, 这也当且仅当 $\lambda_ib_{ij}=\lambda_jb_{ij}\,(1\le i,j\le n)$, 即当且仅当 $\boldsymbol{AB}=\boldsymbol{BA}$ 成立. □

4. 可对角化判定准则 7: 相似于实对称矩阵

实对称矩阵正交相似于对角矩阵, 从而可对角化. 如果一个矩阵相似于某个实对称矩阵, 那么这个矩阵必可对角化, 这也是矩阵可对角化的判定准则 7 (参考 § 6.5). 我们来看 4 道典型的例题.

例 9.72 设 $\boldsymbol{A}$ 是 n 阶实矩阵, $\boldsymbol{B}$ 是 n 阶正定实对称矩阵, 满足 $\boldsymbol{A}'\boldsymbol{B}=\boldsymbol{BA}$, 证明: $\boldsymbol{A}$ 可对角化.

证法 1 注意到 $\boldsymbol{B}$ 正定, 故由 $\boldsymbol{A}'\boldsymbol{B}=\boldsymbol{BA}$ 可得

$$\boldsymbol{B}^{\frac{1}{2}}\boldsymbol{A}\boldsymbol{B}^{-\frac{1}{2}}=\boldsymbol{B}^{-\frac{1}{2}}\boldsymbol{A}'\boldsymbol{B}^{\frac{1}{2}}=(\boldsymbol{B}^{\frac{1}{2}}\boldsymbol{A}\boldsymbol{B}^{-\frac{1}{2}})',$$

即 $\boldsymbol{B}^{\frac{1}{2}}\boldsymbol{A}\boldsymbol{B}^{-\frac{1}{2}}$ 是实对称矩阵, 又 $\boldsymbol{A}$ 相似于 $\boldsymbol{B}^{\frac{1}{2}}\boldsymbol{A}\boldsymbol{B}^{-\frac{1}{2}}$, 故 $\boldsymbol{A}$ 可对角化.

证法 2 设 $V=\mathbb{R}^n$, 取由正定阵 $\boldsymbol{B}$ 定义的内积, $\boldsymbol{\varphi}$ 为由矩阵 $\boldsymbol{A}$ 的乘法定义的线性变换. 由条件 $\boldsymbol{A}'\boldsymbol{B}=\boldsymbol{BA}$ 经过简单的计算不难验证 $(\boldsymbol{\varphi}(\boldsymbol{x}),\boldsymbol{y})=(\boldsymbol{x},\boldsymbol{\varphi}(\boldsymbol{y}))$ 对任意的 $\boldsymbol{x},\boldsymbol{y}\in V$ 成立, 因此 $\boldsymbol{\varphi}$ 是 V 上的自伴随算子, 从而可对角化, 于是 $\boldsymbol{A}$ 也可对角化. □

注 若 $\boldsymbol{B}$ 只是半正定阵, 则例 9.72 的结论一般并不成立. 例如, $\boldsymbol{A}=\begin{pmatrix}0&1\\0&0\end{pmatrix}$, $\boldsymbol{B}=\begin{pmatrix}0&0\\0&1\end{pmatrix}$, 则 $\boldsymbol{A}'\boldsymbol{B}=\boldsymbol{BA}=\boldsymbol{O}$, 但 $\boldsymbol{A}$ 不可对角化.

例 9.73 设 $\boldsymbol{A},\boldsymbol{B}$ 都是 n 阶半正定实对称矩阵, 证明: $\boldsymbol{AB}$ 可对角化.

证明 设 $\boldsymbol{C}$ 为非异实矩阵, 使得 $\boldsymbol{C}'\boldsymbol{AC}=\operatorname{diag}\{\boldsymbol{I}_r,\boldsymbol{O}\}$, 则 $\boldsymbol{AB}$ 相似于

$$\boldsymbol{C}'\boldsymbol{AB}(\boldsymbol{C}')^{-1}=(\boldsymbol{C}'\boldsymbol{AC})\big(\boldsymbol{C}^{-1}\boldsymbol{B}(\boldsymbol{C}^{-1})'\big).$$

注意到 $\boldsymbol{C}^{-1}\boldsymbol{B}(\boldsymbol{C}^{-1})'$ 仍然是半正定阵, 故不妨从一开始就假设 $\boldsymbol{A}$ 是合同标准型 $\operatorname{diag}\{\boldsymbol{I}_r,\boldsymbol{O}\}$. 设 $\boldsymbol{B}=\begin{pmatrix}\boldsymbol{B}_{11}&\boldsymbol{B}_{12}\\\boldsymbol{B}_{21}&\boldsymbol{B}_{22}\end{pmatrix}$ 为对应的分块, 则 $\boldsymbol{AB}=\begin{pmatrix}\boldsymbol{B}_{11}&\boldsymbol{B}_{12}\\\boldsymbol{O}&\boldsymbol{O}\end{pmatrix}$. 因

为 $\boldsymbol{B}$ 半正定, 故由例 8.75 可得 $\mathrm{r}(\boldsymbol{B}_{11} \vdots \boldsymbol{B}_{12}) = \mathrm{r}(\boldsymbol{B}_{11})$, 于是存在实矩阵 $\boldsymbol{M}$, 使得 $\boldsymbol{B}_{12} = \boldsymbol{B}_{11}\boldsymbol{M}$. 考虑如下相似变换:

$$\begin{pmatrix} \boldsymbol{I} & \boldsymbol{M} \\ \boldsymbol{O} & \boldsymbol{I} \end{pmatrix} \boldsymbol{AB} \begin{pmatrix} \boldsymbol{I} & -\boldsymbol{M} \\ \boldsymbol{O} & \boldsymbol{I} \end{pmatrix} = \begin{pmatrix} \boldsymbol{I} & \boldsymbol{M} \\ \boldsymbol{O} & \boldsymbol{I} \end{pmatrix} \begin{pmatrix} \boldsymbol{B}_{11} & \boldsymbol{B}_{12} \\ \boldsymbol{O} & \boldsymbol{O} \end{pmatrix} \begin{pmatrix} \boldsymbol{I} & -\boldsymbol{M} \\ \boldsymbol{O} & \boldsymbol{I} \end{pmatrix} = \begin{pmatrix} \boldsymbol{B}_{11} & \boldsymbol{O} \\ \boldsymbol{O} & \boldsymbol{O} \end{pmatrix},$$

于是 $\boldsymbol{AB}$ 相似于 $\mathrm{diag}\{\boldsymbol{B}_{11}, \boldsymbol{O}\}$, 这是一个实对称矩阵, 从而 $\boldsymbol{AB}$ 可对角化. □

注　由例 9.64 (2) 或上述证明中 $\boldsymbol{B}_{11}$ 的半正定性可知, $\boldsymbol{AB}$ 相似于主对角元全大于等于零的对角矩阵. 另外, 若 $\boldsymbol{A}$ 是正定阵, $\boldsymbol{B}$ 是实对称矩阵, 则 $\boldsymbol{AB}$ 也可对角化. 事实上, $\boldsymbol{AB}$ 相似于 $\boldsymbol{A}^{-\frac{1}{2}}(\boldsymbol{AB})\boldsymbol{A}^{\frac{1}{2}} = \boldsymbol{A}^{\frac{1}{2}}\boldsymbol{B}\boldsymbol{A}^{\frac{1}{2}}$, 这是一个实对称矩阵, 从而 $\boldsymbol{AB}$ 可对角化. 又若 $\boldsymbol{A}$ 是半正定阵, $\boldsymbol{B}$ 是实对称矩阵, 则 $\boldsymbol{AB}$ 一般不可对角化. 例如, $\boldsymbol{A} = \begin{pmatrix} 1 & 0 \\ 0 & 0 \end{pmatrix}$, $\boldsymbol{B} = \begin{pmatrix} 0 & 1 \\ 1 & 0 \end{pmatrix}$, 则 $\boldsymbol{AB} = \begin{pmatrix} 0 & 1 \\ 0 & 0 \end{pmatrix}$ 不可对角化.

例 9.74　设 n 阶实矩阵

$$\boldsymbol{A} = \begin{pmatrix} a_{11} & a_{12} & & & \\ a_{21} & a_{22} & \ddots & & \\ & \ddots & \ddots & \ddots & \\ & & \ddots & a_{n-1,n-1} & a_{n-1,n} \\ & & & a_{n,n-1} & a_{nn} \end{pmatrix},$$

求证: 若 $a_{i,i+1}a_{i+1,i} \geq 0\,(1 \leq i \leq n-1)$, 则 $\boldsymbol{A}$ 的特征值全为实数; 若 $a_{i,i+1}a_{i+1,i} > 0\,(1 \leq i \leq n-1)$, 则 $\boldsymbol{A}$ 在实数域上可对角化.

证明　在三对角矩阵 $\boldsymbol{A}$ 中, 若存在某个 $a_{i,i+1} = 0$ 或 $a_{i+1,i} = 0$, 则 $|\lambda\boldsymbol{I} - \boldsymbol{A}| = |\lambda\boldsymbol{I} - \boldsymbol{A}_1||\lambda\boldsymbol{I} - \boldsymbol{A}_2|$, 其中 $\boldsymbol{A}_1, \boldsymbol{A}_2$ 是满足相同条件的低阶三对角矩阵. 不断这样做下去, 故我们只要证明若 $a_{i,i+1}a_{i+1,i} > 0\,(1 \leq i \leq n-1)$, 则 $\boldsymbol{A}$ 在实数域上可对角化即可. 考虑如下相似变换: 将 $\boldsymbol{A}$ 的第二行乘以 $\sqrt{\dfrac{a_{12}}{a_{21}}}$, 再将第二列乘以 $\sqrt{\dfrac{a_{21}}{a_{12}}}$, 这样第 $(1,2)$ 元素和第 $(2,1)$ 元素都变成了 $\sqrt{a_{12}a_{21}}$; 第 $(1,1)$ 元素和第 $(2,2)$ 元素保持不变; 第 $(2,3)$ 元素变为 $a_{23}\sqrt{\dfrac{a_{12}}{a_{21}}}$, 第 $(3,2)$ 元素变为 $a_{32}\sqrt{\dfrac{a_{21}}{a_{12}}}$. 一般地, 令 $d_{i+1} = \sqrt{\dfrac{a_{12}a_{23}\cdots a_{i,i+1}}{a_{21}a_{32}\cdots a_{i+1,i}}}$, 依次将第 $i+1$ 行乘以 d_{i+1}, 再将第 $i+1$ 列乘以 $d_{i+1}^{-1}\,(1 \leq i \leq n-1)$, 最后可得到 $\boldsymbol{A}$ 实相似于一个实对称矩阵, 从而 $\boldsymbol{A}$ 在实数域上可对角化. □

例 6.65 设 a,b,c 为复数且 $bc\neq 0$, 证明下列 n 阶矩阵 $\boldsymbol{A}$ 可对角化:

$$\boldsymbol{A}=\begin{pmatrix} a & b & & & & \\ c & a & b & & & \\ & c & a & b & & \\ & & \ddots & \ddots & \ddots & \\ & & & c & a & b \\ & & & & c & a \end{pmatrix}.$$

证法 2 简记三对角矩阵 $\boldsymbol{A}=\boldsymbol{T}(a,b,c)$, 要证 $\boldsymbol{A}$ 可对角化, 只要证 $\boldsymbol{A}-a\boldsymbol{I}_n$ 可对角化即可, 故不妨设 $a=0$. 由于 $bc\neq 0$, 故按照上面的方法, 依次将第 $i+1$ 行乘以 $\sqrt{\left(\dfrac{b}{c}\right)^i}$, 再将第 $i+1$ 列乘以 $\sqrt{\left(\dfrac{c}{b}\right)^i}$ $(1\leq i\leq n-1)$, 则可得到 $\boldsymbol{A}$ 复相似于三对角矩阵 $\boldsymbol{T}(0,\sqrt{bc},\sqrt{bc})=\sqrt{bc}\cdot\boldsymbol{T}(0,1,1)$. 因为三对角矩阵 $\boldsymbol{T}(0,1,1)$ 是实对称矩阵, 故 $\sqrt{bc}\cdot\boldsymbol{T}(0,1,1)$ 可对角化, 从而 $\boldsymbol{A}$ 也可对角化. □

§ 9.8 同时合同对角化

本节主要讨论涉及两个实对称矩阵的相关问题. 首先我们用实对称矩阵的正交相似标准型证明例 9.75, 称为同时合同对角化, 这一方法是后面讨论的基础, 在涉及两个实对称矩阵的问题中特别有用.

例 9.75 设 $\boldsymbol{A}$ 是 n 阶正定实对称矩阵, $\boldsymbol{B}$ 是同阶实对称矩阵, 求证: 必存在可逆矩阵 $\boldsymbol{C}$, 使得

$$\boldsymbol{C}'\boldsymbol{A}\boldsymbol{C}=\boldsymbol{I}_n,\ \ \boldsymbol{C}'\boldsymbol{B}\boldsymbol{C}=\mathrm{diag}\{\lambda_1,\lambda_2,\cdots,\lambda_n\},\tag{9.11}$$

其中 $\lambda_1,\lambda_2,\cdots,\lambda_n$ 是 $\boldsymbol{A}^{-1}\boldsymbol{B}$ 的特征值.

证明 因为 $\boldsymbol{A}$ 正定, 故存在可逆矩阵 $\boldsymbol{P}$, 使得 $\boldsymbol{P}'\boldsymbol{A}\boldsymbol{P}=\boldsymbol{I}_n$. 由于 $\boldsymbol{P}'\boldsymbol{B}\boldsymbol{P}$ 仍为实对称矩阵, 故存在正交矩阵 $\boldsymbol{Q}$, 使得

$$\boldsymbol{Q}'(\boldsymbol{P}'\boldsymbol{B}\boldsymbol{P})\boldsymbol{Q}=\mathrm{diag}\{\lambda_1,\lambda_2,\cdots,\lambda_n\}.$$

令 $\boldsymbol{C}=\boldsymbol{P}\boldsymbol{Q}$, 则 $\boldsymbol{C}$ 满足 (9.11) 式的要求. 注意到

$$\boldsymbol{C}'(\lambda\boldsymbol{A}-\boldsymbol{B})\boldsymbol{C}=\lambda\boldsymbol{I}_n-\boldsymbol{C}'\boldsymbol{B}\boldsymbol{C}=\mathrm{diag}\{\lambda-\lambda_1,\lambda-\lambda_2,\cdots,\lambda-\lambda_n\},$$

故 λ_i 是多项式 $|\lambda\boldsymbol{A}-\boldsymbol{B}|$ 的根, 又 $\boldsymbol{A}$ 可逆, 所以也是 $|\lambda\boldsymbol{I}_n-\boldsymbol{A}^{-1}\boldsymbol{B}|$ 的根, 即为 $\boldsymbol{A}^{-1}\boldsymbol{B}$ 的特征值. □

例 9.76 设 $\boldsymbol{A}$ 是 n 阶正定实对称矩阵, $\boldsymbol{B}$ 是 n 阶半正定实对称矩阵. 求证:

$$|\boldsymbol{A}+\boldsymbol{B}| \geq |\boldsymbol{A}|+|\boldsymbol{B}|,$$

等号成立的充要条件是 $n=1$ 或当 $n\geq 2$ 时, $\boldsymbol{B}=\boldsymbol{O}$.

证明 由例 9.75 可知, 存在可逆矩阵 $\boldsymbol{C}$, 使得

$$\boldsymbol{C}'\boldsymbol{A}\boldsymbol{C}=\boldsymbol{I}_n,\quad \boldsymbol{C}'\boldsymbol{B}\boldsymbol{C}=\mathrm{diag}\{\lambda_1,\lambda_2,\cdots,\lambda_n\}.$$

因为 $\boldsymbol{B}$ 半正定, 故 $\boldsymbol{C}'\boldsymbol{B}\boldsymbol{C}$ 也半正定, 从而 $\lambda_i\geq 0$. 注意到

$$\begin{aligned}|\boldsymbol{C}'||\boldsymbol{A}+\boldsymbol{B}||\boldsymbol{C}| &= |\boldsymbol{C}'\boldsymbol{A}\boldsymbol{C}+\boldsymbol{C}'\boldsymbol{B}\boldsymbol{C}| = (1+\lambda_1)(1+\lambda_2)\cdots(1+\lambda_n)\\ &\geq 1+\lambda_1\lambda_2\cdots\lambda_n = |\boldsymbol{C}'\boldsymbol{A}\boldsymbol{C}|+|\boldsymbol{C}'\boldsymbol{B}\boldsymbol{C}| = |\boldsymbol{C}'|(|\boldsymbol{A}|+|\boldsymbol{B}|)|\boldsymbol{C}|,\end{aligned}$$

故有 $|\boldsymbol{A}+\boldsymbol{B}|\geq|\boldsymbol{A}|+|\boldsymbol{B}|$, 等号成立当且仅当 $n=1$ 或当 $n\geq 2$ 时, 所有的 $\lambda_i=0$, 这也当且仅当 $n=1$ 或当 $n\geq 2$ 时, $\boldsymbol{B}=\boldsymbol{O}$. □

注 例 9.76 也可通过与例 8.18 和例 8.45 完全类似的讨论来得到, 具体的细节留给读者完成. 另外, 利用摄动法可将例 9.76 推广到两个矩阵都是半正定阵的情形. 设 $\boldsymbol{A},\boldsymbol{B}$ 都是 n 阶半正定实对称矩阵, 则对任意的正实数 t, $\boldsymbol{A}+t\boldsymbol{I}_n$ 是正定阵, 因此由例 9.76 可得 $|\boldsymbol{A}+t\boldsymbol{I}_n+\boldsymbol{B}|\geq|\boldsymbol{A}+t\boldsymbol{I}_n|+|\boldsymbol{B}|$, 令 $t\to 0+$ 即得 $|\boldsymbol{A}+\boldsymbol{B}|\geq|\boldsymbol{A}|+|\boldsymbol{B}|$. 当然, 也可以分情况讨论来证明. 若 $|\boldsymbol{A}|=|\boldsymbol{B}|=0$, 则结论显然成立; 若 $|\boldsymbol{A}|>0$ 或 $|\boldsymbol{B}|>0$, 则 $\boldsymbol{A}$ 或 $\boldsymbol{B}$ 正定, 直接利用例 9.76 即得结论.

例 9.77 设 $\boldsymbol{A}$, $\boldsymbol{B}$ 都是 n 阶正定实对称矩阵, 求证:

$$|\boldsymbol{A}+\boldsymbol{B}|\geq 2^n|\boldsymbol{A}|^{\frac{1}{2}}|\boldsymbol{B}|^{\frac{1}{2}},$$

等号成立的充要条件是 $\boldsymbol{A}=\boldsymbol{B}$.

证明 由例 9.75 可知, 存在可逆矩阵 $\boldsymbol{C}$, 使得

$$\boldsymbol{C}'\boldsymbol{A}\boldsymbol{C}=\boldsymbol{I}_n,\quad \boldsymbol{C}'\boldsymbol{B}\boldsymbol{C}=\mathrm{diag}\{\lambda_1,\lambda_2,\cdots,\lambda_n\}.$$

因为 $\boldsymbol{B}$ 正定, 故 $\boldsymbol{C}'\boldsymbol{B}\boldsymbol{C}$ 也正定, 从而 $\lambda_i>0$. 注意到

$$\begin{aligned}|\boldsymbol{C}'||\boldsymbol{A}+\boldsymbol{B}||\boldsymbol{C}| &= |\boldsymbol{C}'\boldsymbol{A}\boldsymbol{C}+\boldsymbol{C}'\boldsymbol{B}\boldsymbol{C}| = (1+\lambda_1)(1+\lambda_2)\cdots(1+\lambda_n)\\ &\geq 2^n\sqrt{\lambda_1\lambda_2\cdots\lambda_n} = 2^n|\boldsymbol{C}'\boldsymbol{A}\boldsymbol{C}|^{\frac{1}{2}}|\boldsymbol{C}'\boldsymbol{B}\boldsymbol{C}|^{\frac{1}{2}} = |\boldsymbol{C}'|(2^n|\boldsymbol{A}|^{\frac{1}{2}}|\boldsymbol{B}|^{\frac{1}{2}})|\boldsymbol{C}|,\end{aligned}$$

故 $|\boldsymbol{A}+\boldsymbol{B}|\geq 2^n|\boldsymbol{A}|^{\frac{1}{2}}|\boldsymbol{B}|^{\frac{1}{2}}$, 等号成立当且仅当所有的 $\lambda_i=1$, 也当且仅当 $\boldsymbol{A}=\boldsymbol{B}$. □

注 例 9.77 也可通过摄动法或分情况讨论推广到两个矩阵都是半正定阵的情形, 具体的细节留给读者完成.

例 9.66 设 $\boldsymbol{A}$ 是 n 阶正定实对称矩阵, $\boldsymbol{B}$ 是同阶实矩阵, 使得 $\boldsymbol{AB}$ 是实对称矩阵. 求证: $\boldsymbol{AB}$ 是正定阵的充要条件是 $\boldsymbol{B}$ 的特征值全是正实数.

证法 2 由例 9.75 可知, 存在可逆矩阵 $\boldsymbol{C}$, 使得

$$\boldsymbol{C}'\boldsymbol{AC} = \boldsymbol{I}_n,\quad \boldsymbol{C}'(\boldsymbol{AB})\boldsymbol{C} = \mathrm{diag}\{\lambda_1, \lambda_2, \cdots, \lambda_n\},$$

其中 λ_i 是矩阵 $\boldsymbol{A}^{-1}(\boldsymbol{AB}) = \boldsymbol{B}$ 的特征值. 因此 $\boldsymbol{AB}$ 是正定阵当且仅当 $\boldsymbol{C}'(\boldsymbol{AB})\boldsymbol{C}$ 是正定阵, 这也当且仅当 $\boldsymbol{B}$ 的特征值 λ_i 全是正实数. □

例 9.67 设 $\boldsymbol{A}, \boldsymbol{B}$ 都是 n 阶正定实对称矩阵, 求证: $\boldsymbol{AB}$ 是正定实对称矩阵的充要条件是 $\boldsymbol{AB} = \boldsymbol{BA}$.

证法 2 若 $\boldsymbol{AB}$ 是正定实对称矩阵, 则 $\boldsymbol{AB} = (\boldsymbol{AB})' = \boldsymbol{BA}$. 反之, 若 $\boldsymbol{AB} = \boldsymbol{BA}$, 则 $\boldsymbol{AB}$ 是实对称矩阵. 因为 $\boldsymbol{A}$ 正定, 故 $\boldsymbol{A}^{-1}$ 也正定, 由例 9.75 可知, 存在可逆矩阵 $\boldsymbol{C}$, 使得

$$\boldsymbol{C}'\boldsymbol{A}^{-1}\boldsymbol{C} = \boldsymbol{I}_n,\quad \boldsymbol{C}'\boldsymbol{BC} = \mathrm{diag}\{\lambda_1, \lambda_2, \cdots, \lambda_n\},$$

其中 λ_i 是矩阵 $\boldsymbol{AB}$ 的特征值. 因为 $\boldsymbol{B}$ 正定, 故 $\boldsymbol{C}'\boldsymbol{BC}$ 也正定, 从而 $\lambda_i > 0$, 因此 $\boldsymbol{AB}$ 是正定阵. □

例 9.78 设 $\boldsymbol{A}, \boldsymbol{B}$ 都是 n 阶正定实对称矩阵, 满足 $\boldsymbol{A} \geq \boldsymbol{B}$, 求证: $\boldsymbol{B}^{-1} \geq \boldsymbol{A}^{-1}$.

证明 由例 9.75 可知, 存在可逆矩阵 $\boldsymbol{C}$, 使得

$$\boldsymbol{C}'\boldsymbol{AC} = \boldsymbol{I}_n,\quad \boldsymbol{C}'\boldsymbol{BC} = \mathrm{diag}\{\lambda_1, \lambda_2, \cdots, \lambda_n\}.$$

因为 $\boldsymbol{B}$ 正定, 故 $\boldsymbol{C}'\boldsymbol{BC}$ 也正定, 从而 $\lambda_i > 0$. 一方面, 我们有

$$\boldsymbol{C}'(\boldsymbol{A} - \boldsymbol{B})\boldsymbol{C} = \mathrm{diag}\{1 - \lambda_1, 1 - \lambda_2, \cdots, 1 - \lambda_n\},$$

因为 $\boldsymbol{A} - \boldsymbol{B}$ 半正定, 故 $\lambda_i \leq 1$, 从而 $\lambda_i^{-1} \geq 1$. 另一方面, 我们有

$$\boldsymbol{C}^{-1}\boldsymbol{A}^{-1}(\boldsymbol{C}')^{-1} = \boldsymbol{I}_n,\quad \boldsymbol{C}^{-1}\boldsymbol{B}^{-1}(\boldsymbol{C}')^{-1} = \mathrm{diag}\{\lambda_1^{-1}, \lambda_2^{-1}, \cdots, \lambda_n^{-1}\},$$

于是

$$\boldsymbol{C}^{-1}(\boldsymbol{B}^{-1} - \boldsymbol{A}^{-1})(\boldsymbol{C}^{-1})' = \mathrm{diag}\{\lambda_1^{-1} - 1, \lambda_2^{-1} - 1, \cdots, \lambda_n^{-1} - 1\}$$

为半正定阵, 因此 $\boldsymbol{B}^{-1} - \boldsymbol{A}^{-1}$ 也是半正定阵. □

例 9.79 设 $\boldsymbol{A},\boldsymbol{B}$ 都是 n 阶正定实对称矩阵, 满足 $\boldsymbol{A}\geq\boldsymbol{B}$, 求证: $\boldsymbol{A}^{\frac{1}{2}}\geq\boldsymbol{B}^{\frac{1}{2}}$.

证明 由例 9.75 可知, 存在可逆矩阵 $\boldsymbol{C}$, 使得

$$(\boldsymbol{C}^{-1})'\boldsymbol{A}^{\frac{1}{2}}\boldsymbol{C}^{-1}=\boldsymbol{I}_n,\ \ (\boldsymbol{C}^{-1})'\boldsymbol{B}^{\frac{1}{2}}\boldsymbol{C}^{-1}=\boldsymbol{\Lambda}=\mathrm{diag}\{\lambda_1,\lambda_2,\cdots,\lambda_n\}.$$

因为 $\boldsymbol{B}^{\frac{1}{2}}$ 正定, 故 $(\boldsymbol{C}^{-1})'\boldsymbol{B}^{\frac{1}{2}}\boldsymbol{C}^{-1}$ 也正定, 从而 $\lambda_i>0$. 设正定阵 $\boldsymbol{C}\boldsymbol{C}'=\boldsymbol{D}=(d_{ij})$, 则 $d_{ii}>0$. 注意到 $\boldsymbol{A}^{\frac{1}{2}}=\boldsymbol{C}'\boldsymbol{C}$, $\boldsymbol{B}^{\frac{1}{2}}=\boldsymbol{C}'\boldsymbol{\Lambda}\boldsymbol{C}$, 故有

$$\boldsymbol{A}-\boldsymbol{B}=(\boldsymbol{C}'\boldsymbol{C})^2-(\boldsymbol{C}'\boldsymbol{\Lambda}\boldsymbol{C})^2=\boldsymbol{C}'(\boldsymbol{D}-\boldsymbol{\Lambda}\boldsymbol{D}\boldsymbol{\Lambda})\boldsymbol{C}\geq\boldsymbol{O},$$

于是 $\boldsymbol{D}-\boldsymbol{\Lambda}\boldsymbol{D}\boldsymbol{\Lambda}$ 是半正定阵, 从而其 (i,i) 元素 $d_{ii}(1-\lambda_i^2)\geq 0$, 故 $0<\lambda_i\leq 1$. 因此

$$\boldsymbol{A}^{\frac{1}{2}}-\boldsymbol{B}^{\frac{1}{2}}=\boldsymbol{C}'(\boldsymbol{I}_n-\boldsymbol{\Lambda})\boldsymbol{C}=\boldsymbol{C}'\,\mathrm{diag}\{1-\lambda_1,1-\lambda_2,\cdots,1-\lambda_n\}\boldsymbol{C}\geq\boldsymbol{O},$$

从而结论得证. □

例 9.80 设 $\boldsymbol{A},\boldsymbol{B}$ 是 n 阶实对称矩阵, 其中 $\boldsymbol{A}$ 正定且 $\boldsymbol{B}$ 与 $\boldsymbol{A}-\boldsymbol{B}$ 均半正定, 求证: $|\lambda\boldsymbol{A}-\boldsymbol{B}|=0$ 的所有根全落在 $[0,1]$ 中, 并且 $|\boldsymbol{A}|\geq|\boldsymbol{B}|$.

证明 由例 9.75 可知, 存在可逆矩阵 $\boldsymbol{C}$, 使得

$$\boldsymbol{C}'\boldsymbol{A}\boldsymbol{C}=\boldsymbol{I}_n,\ \ \boldsymbol{C}'\boldsymbol{B}\boldsymbol{C}=\mathrm{diag}\{\lambda_1,\lambda_2,\cdots,\lambda_n\},$$

其中 λ_i 是矩阵 $\boldsymbol{A}^{-1}\boldsymbol{B}$ 的特征值, 即是 $|\lambda\boldsymbol{A}-\boldsymbol{B}|=0$ 的根. 因为 $\boldsymbol{B}$ 半正定, 故 $\boldsymbol{C}'\boldsymbol{B}\boldsymbol{C}$ 也半正定, 从而 $\lambda_i\geq 0$. 因为 $\boldsymbol{A}-\boldsymbol{B}$ 半正定, 故 $\boldsymbol{C}'(\boldsymbol{A}-\boldsymbol{B})\boldsymbol{C}=\mathrm{diag}\{1-\lambda_1,1-\lambda_2,\cdots,1-\lambda_n\}$ 也半正定, 从而 $\lambda_i\leq 1$, 因此 $|\lambda\boldsymbol{A}-\boldsymbol{B}|=0$ 的所有根 λ_i 全落在 $[0,1]$ 中. 由 $|\boldsymbol{A}^{-1}\boldsymbol{B}|=\lambda_1\lambda_2\cdots\lambda_n\leq 1$ 可得 $|\boldsymbol{A}|\geq|\boldsymbol{B}|$. 另外, 这一不等式也可由例 9.76 的半正定版本得到. □

例 9.76 是一个重要的不等式, 下面我们来看它的两个应用.

例 8.56 设 $\boldsymbol{A},\boldsymbol{D}$ 是方阵, $\boldsymbol{M}=\begin{pmatrix}\boldsymbol{A}&\boldsymbol{B}\\\boldsymbol{B}'&\boldsymbol{D}\end{pmatrix}$ 是正定实对称矩阵, 求证: $|\boldsymbol{M}|\leq|\boldsymbol{A}||\boldsymbol{D}|$, 且等号成立当且仅当 $\boldsymbol{B}=\boldsymbol{O}$.

证法 2 注意到 $\boldsymbol{A}$ 正定, 故可对题中矩阵进行下列对称分块初等变换:

$$\begin{pmatrix}\boldsymbol{A}&\boldsymbol{B}\\\boldsymbol{B}'&\boldsymbol{D}\end{pmatrix}\to\begin{pmatrix}\boldsymbol{A}&\boldsymbol{B}\\\boldsymbol{O}&\boldsymbol{D}-\boldsymbol{B}'\boldsymbol{A}^{-1}\boldsymbol{B}\end{pmatrix}\to\begin{pmatrix}\boldsymbol{A}&\boldsymbol{O}\\\boldsymbol{O}&\boldsymbol{D}-\boldsymbol{B}'\boldsymbol{A}^{-1}\boldsymbol{B}\end{pmatrix},$$

得到的矩阵仍正定, 从而 $\boldsymbol{D}-\boldsymbol{B}'\boldsymbol{A}^{-1}\boldsymbol{B}$ 是正定阵. 因为第三类分块初等变换不改变行列式的值, 故

$$\begin{vmatrix}\boldsymbol{A} & \boldsymbol{B}\\ \boldsymbol{B}' & \boldsymbol{D}\end{vmatrix}=|\boldsymbol{A}||\boldsymbol{D}-\boldsymbol{B}'\boldsymbol{A}^{-1}\boldsymbol{B}|.$$

注意到 $\boldsymbol{D}=(\boldsymbol{D}-\boldsymbol{B}'\boldsymbol{A}^{-1}\boldsymbol{B})+\boldsymbol{B}'\boldsymbol{A}^{-1}\boldsymbol{B}$, 其中 $\boldsymbol{B}'\boldsymbol{A}^{-1}\boldsymbol{B}$ 是半正定阵, 故由例 9.76 可得

$$|\boldsymbol{D}|\geq|\boldsymbol{D}-\boldsymbol{B}'\boldsymbol{A}^{-1}\boldsymbol{B}|+|\boldsymbol{B}'\boldsymbol{A}^{-1}\boldsymbol{B}|\geq|\boldsymbol{D}-\boldsymbol{B}'\boldsymbol{A}^{-1}\boldsymbol{B}|,$$

上述不等式的两个等号都成立当且仅当 $\boldsymbol{B}'\boldsymbol{A}^{-1}\boldsymbol{B}=\boldsymbol{O}$. 由 $\boldsymbol{O}=\boldsymbol{B}'\boldsymbol{A}^{-1}\boldsymbol{B}=(\boldsymbol{A}^{-\frac{1}{2}}\boldsymbol{B})'(\boldsymbol{A}^{-\frac{1}{2}}\boldsymbol{B})$ 取迹后可得 $\boldsymbol{A}^{-\frac{1}{2}}\boldsymbol{B}=\boldsymbol{O}$, 从而 $\boldsymbol{B}=\boldsymbol{O}$, 于是上述不等式的两个等号都成立当且仅当 $\boldsymbol{B}=\boldsymbol{O}$. 综上所述, 我们有

$$\begin{vmatrix}\boldsymbol{A} & \boldsymbol{B}\\ \boldsymbol{B}' & \boldsymbol{D}\end{vmatrix}=|\boldsymbol{A}||\boldsymbol{D}-\boldsymbol{B}'\boldsymbol{A}^{-1}\boldsymbol{B}|\leq|\boldsymbol{A}||\boldsymbol{D}|,$$

等号成立当且仅当 $\boldsymbol{B}=\boldsymbol{O}$. □

例 9.81 设 $\boldsymbol{A}$ 是 $m\times n$ 实矩阵, $\boldsymbol{B}$ 是 $s\times n$ 实矩阵, 又假设它们都是行满秩的. 令 $\boldsymbol{M}=\boldsymbol{A}\boldsymbol{B}'(\boldsymbol{B}\boldsymbol{B}')^{-1}\boldsymbol{B}\boldsymbol{A}'$, 求证: $\boldsymbol{M}$ 和 $\boldsymbol{A}\boldsymbol{A}'-\boldsymbol{M}$ 都是半正定阵, 并且 $|\boldsymbol{M}|\leq|\boldsymbol{A}\boldsymbol{A}'|$.

证明 设 $\boldsymbol{C}=\begin{pmatrix}\boldsymbol{A}\\ \boldsymbol{B}\end{pmatrix}$, 则 $\boldsymbol{C}\boldsymbol{C}'=\begin{pmatrix}\boldsymbol{A}\\ \boldsymbol{B}\end{pmatrix}(\boldsymbol{A}',\boldsymbol{B}')=\begin{pmatrix}\boldsymbol{A}\boldsymbol{A}' & \boldsymbol{A}\boldsymbol{B}'\\ \boldsymbol{B}\boldsymbol{A}' & \boldsymbol{B}\boldsymbol{B}'\end{pmatrix}$ 是半正定阵. 因为 $\boldsymbol{A},\boldsymbol{B}$ 都是行满秩阵, 故由第 8 章解答题 6 可得 $\boldsymbol{A}\boldsymbol{A}',\boldsymbol{B}\boldsymbol{B}'$ 都是正定阵, 从而 $(\boldsymbol{B}\boldsymbol{B}')^{-1}$ 也是正定阵, 于是 $\boldsymbol{M}=\boldsymbol{A}\boldsymbol{B}'(\boldsymbol{B}\boldsymbol{B}')^{-1}\boldsymbol{B}\boldsymbol{A}'$ 是半正定阵. 对矩阵 $\boldsymbol{C}\boldsymbol{C}'$ 实施对称分块初等变换可得

$$\begin{pmatrix}\boldsymbol{A}\boldsymbol{A}' & \boldsymbol{A}\boldsymbol{B}'\\ \boldsymbol{B}\boldsymbol{A}' & \boldsymbol{B}\boldsymbol{B}'\end{pmatrix}\to\begin{pmatrix}\boldsymbol{A}\boldsymbol{A}'-\boldsymbol{A}\boldsymbol{B}'(\boldsymbol{B}\boldsymbol{B}')^{-1}\boldsymbol{B}\boldsymbol{A}' & \boldsymbol{O}\\ \boldsymbol{B}\boldsymbol{A}' & \boldsymbol{B}\boldsymbol{B}'\end{pmatrix}\to\begin{pmatrix}\boldsymbol{A}\boldsymbol{A}'-\boldsymbol{M} & \boldsymbol{O}\\ \boldsymbol{O} & \boldsymbol{B}\boldsymbol{B}'\end{pmatrix},$$

由此即得 $\boldsymbol{A}\boldsymbol{A}'-\boldsymbol{M}$ 是半正定阵. 再由例 9.76 的半正定版本或例 9.80 即得 $|\boldsymbol{M}|\leq|\boldsymbol{A}\boldsymbol{A}'|$. □

例 9.75 的结论一般并不能推广到一个是半正定阵, 另一个是实对称矩阵的情形. 例如, $\boldsymbol{A}=\begin{pmatrix}1 & 0\\ 0 & 0\end{pmatrix}$, $\boldsymbol{B}=\begin{pmatrix}0 & 1\\ 1 & 0\end{pmatrix}$, 经过简单的计算可知 $\boldsymbol{A},\boldsymbol{B}$ 不能同时合同对角化. 不过下面的命题告诉我们, 若 $\boldsymbol{A},\boldsymbol{B}$ 都是半正定阵, 则它们可以同时合同对角化.

例 9.82 设 $\boldsymbol{A}$, $\boldsymbol{B}$ 都是 n 阶半正定实对称矩阵, 求证: 存在可逆矩阵 $\boldsymbol{C}$, 使得

$$\boldsymbol{C}'\boldsymbol{A}\boldsymbol{C}=\mathrm{diag}\{1,\cdots,1,0,\cdots,0\},\quad \boldsymbol{C}'\boldsymbol{B}\boldsymbol{C}=\mathrm{diag}\{\mu_1,\cdots,\mu_r,\mu_{r+1},\cdots,\mu_n\}.$$

证明　因为 $\boldsymbol{A}$ 是半正定阵, 故存在可逆矩阵 $\boldsymbol{P}$, 使得 $\boldsymbol{P}'\boldsymbol{A}\boldsymbol{P}=\begin{pmatrix}\boldsymbol{I}_r & \boldsymbol{O}\\ \boldsymbol{O} & \boldsymbol{O}\end{pmatrix}$. 此时 $\boldsymbol{P}'\boldsymbol{B}\boldsymbol{P}=\begin{pmatrix}\boldsymbol{B}_{11} & \boldsymbol{B}_{12}\\ \boldsymbol{B}_{21} & \boldsymbol{B}_{22}\end{pmatrix}$ 仍是半正定阵. 由例 8.75 可知 $\mathrm{r}(\boldsymbol{B}_{21}\,\vdots\,\boldsymbol{B}_{22})=\mathrm{r}(\boldsymbol{B}_{22})$, 故存在实矩阵 $\boldsymbol{M}$, 使得 $\boldsymbol{B}_{21}=\boldsymbol{B}_{22}\boldsymbol{M}$. 考虑两个矩阵如下的同时合同变换:

$$\begin{pmatrix}\boldsymbol{I}_r & -\boldsymbol{M}'\\ \boldsymbol{O} & \boldsymbol{I}_{n-r}\end{pmatrix}\begin{pmatrix}\boldsymbol{B}_{11} & \boldsymbol{B}_{12}\\ \boldsymbol{B}_{21} & \boldsymbol{B}_{22}\end{pmatrix}\begin{pmatrix}\boldsymbol{I}_r & \boldsymbol{O}\\ -\boldsymbol{M} & \boldsymbol{I}_{n-r}\end{pmatrix}=\begin{pmatrix}\boldsymbol{B}_{11}-\boldsymbol{M}'\boldsymbol{B}_{22}\boldsymbol{M} & \boldsymbol{O}\\ \boldsymbol{O} & \boldsymbol{B}_{22}\end{pmatrix},$$

$$\begin{pmatrix}\boldsymbol{I}_r & -\boldsymbol{M}'\\ \boldsymbol{O} & \boldsymbol{I}_{n-r}\end{pmatrix}\begin{pmatrix}\boldsymbol{I}_r & \boldsymbol{O}\\ \boldsymbol{O} & \boldsymbol{O}\end{pmatrix}\begin{pmatrix}\boldsymbol{I}_r & \boldsymbol{O}\\ -\boldsymbol{M} & \boldsymbol{I}_{n-r}\end{pmatrix}=\begin{pmatrix}\boldsymbol{I}_r & \boldsymbol{O}\\ \boldsymbol{O} & \boldsymbol{O}\end{pmatrix}.$$

由于 $\boldsymbol{B}_{11}-\boldsymbol{M}'\boldsymbol{B}_{22}\boldsymbol{M}$ 和 $\boldsymbol{B}_{22}$ 都是半正定阵, 故存在正交矩阵 $\boldsymbol{Q}_1,\boldsymbol{Q}_2$, 使得

$$\boldsymbol{Q}_1'(\boldsymbol{B}_{11}-\boldsymbol{M}'\boldsymbol{B}_{22}\boldsymbol{M})\boldsymbol{Q}_1=\mathrm{diag}\{\mu_1,\cdots,\mu_r\},\quad \boldsymbol{Q}_2'\boldsymbol{B}_{22}\boldsymbol{Q}_2=\mathrm{diag}\{\mu_{r+1},\cdots,\mu_n\}.$$

令 $\boldsymbol{C}=\boldsymbol{P}\begin{pmatrix}\boldsymbol{I}_r & \boldsymbol{O}\\ -\boldsymbol{M} & \boldsymbol{I}_{n-r}\end{pmatrix}\begin{pmatrix}\boldsymbol{Q}_1 & \boldsymbol{O}\\ \boldsymbol{O} & \boldsymbol{Q}_2\end{pmatrix}$, 则 $\boldsymbol{C}$ 是可逆矩阵, 使得

$$\boldsymbol{C}'\boldsymbol{A}\boldsymbol{C}=\mathrm{diag}\{1,\cdots,1,0,\cdots,0\},\quad \boldsymbol{C}'\boldsymbol{B}\boldsymbol{C}=\mathrm{diag}\{\mu_1,\cdots,\mu_r,\mu_{r+1},\cdots,\mu_n\}.\ \Box$$

利用例 9.82 可以给出例 9.76 和例 9.77 的半正定版本的第三种证法, 此外我们再给出例 9.82 的两个应用.

例 9.83　设 $\boldsymbol{A},\boldsymbol{B}$ 都是 n 阶半正定实对称矩阵, 求证:

(1) $\boldsymbol{A}+\boldsymbol{B}$ 是正定阵的充要条件是存在 n 个线性无关的实列向量 $\boldsymbol{\alpha}_1,\boldsymbol{\alpha}_2,\cdots,\boldsymbol{\alpha}_n$, 以及指标集 $I\subseteq\{1,2,\cdots,n\}$, 使得

$$\boldsymbol{\alpha}_i'\boldsymbol{A}\boldsymbol{\alpha}_j=\boldsymbol{\alpha}_i'\boldsymbol{B}\boldsymbol{\alpha}_j=0\ (\forall\, i\neq j),\quad \boldsymbol{\alpha}_i'\boldsymbol{A}\boldsymbol{\alpha}_i>0\ (\forall\, i\in I),\quad \boldsymbol{\alpha}_j'\boldsymbol{B}\boldsymbol{\alpha}_j>0\ (\forall\, j\notin I);$$

(2) $\mathrm{r}(\boldsymbol{A}\,\vdots\,\boldsymbol{B})=\mathrm{r}(\boldsymbol{A}+\boldsymbol{B})$.

证明　(1) 在例 9.82 中, 令 $\boldsymbol{C}=(\boldsymbol{\alpha}_1,\boldsymbol{\alpha}_2,\cdots,\boldsymbol{\alpha}_n)$ 为其列分块, 由此即得结论.

(2) 证明 $\mathrm{r}(\boldsymbol{A}\,\vdots\,\boldsymbol{B})=\mathrm{r}(\boldsymbol{A}+\boldsymbol{B})$ 有 3 种方法. 第一种是利用线性方程组的求解理论, 其讨论过程类似于例 8.76 的证法 1. 第二种方法是直接利用例 8.76 的结论, 请参考例 8.77 的证明. 第三种方法是直接利用例 9.82 的结论, 有 $\mathrm{r}(\boldsymbol{A}\,\vdots\,\boldsymbol{B})=\mathrm{r}(\boldsymbol{C}'\boldsymbol{A}\boldsymbol{C}\,\vdots\,\boldsymbol{C}'\boldsymbol{B}\boldsymbol{C})$, 此时 $\boldsymbol{C}'\boldsymbol{A}\boldsymbol{C}$ 和 $\boldsymbol{C}'\boldsymbol{B}\boldsymbol{C}$ 都是半正定对角矩阵. 若 $\boldsymbol{C}'\boldsymbol{A}\boldsymbol{C}$ 和 $\boldsymbol{C}'\boldsymbol{B}\boldsymbol{C}$ 同一行的主对角元全为零, 则 $(\boldsymbol{C}'\boldsymbol{A}\boldsymbol{C}\,\vdots\,\boldsymbol{C}'\boldsymbol{B}\boldsymbol{C})$ 和 $\boldsymbol{C}'(\boldsymbol{A}+\boldsymbol{B})\boldsymbol{C}$ 的这一行都是零向量, 对求秩不起作用; 若 $\boldsymbol{C}'\boldsymbol{A}\boldsymbol{C}$ 和 $\boldsymbol{C}'\boldsymbol{B}\boldsymbol{C}$ 同一行的主对角元至少有一个大于零, 则 $(\boldsymbol{C}'\boldsymbol{A}\boldsymbol{C}\,\vdots\,\boldsymbol{C}'\boldsymbol{B}\boldsymbol{C})$ 和 $\boldsymbol{C}'(\boldsymbol{A}+\boldsymbol{B})\boldsymbol{C}$ 的这一行对求秩都起了加 1 的作用, 因此 $\mathrm{r}(\boldsymbol{A}\,\vdots\,\boldsymbol{B})=\mathrm{r}(\boldsymbol{C}'\boldsymbol{A}\boldsymbol{C}\,\vdots\,\boldsymbol{C}'\boldsymbol{B}\boldsymbol{C})=\mathrm{r}\big(\boldsymbol{C}'(\boldsymbol{A}+\boldsymbol{B})\boldsymbol{C}\big)=\mathrm{r}(\boldsymbol{A}+\boldsymbol{B})$. $\Box$

例 9.67 (半正定版本) 设 $\boldsymbol{A}, \boldsymbol{B}$ 都是 n 阶半正定实对称矩阵, 求证: $\boldsymbol{AB}$ 是半正定实对称矩阵的充要条件是 $\boldsymbol{AB} = \boldsymbol{BA}$.

证明 由例 9.64 (2) 可知, $\boldsymbol{AB}$ 的特征值全大于等于零, 因此 $\boldsymbol{AB}$ 是半正定阵当且仅当它是实对称矩阵, 即 $\boldsymbol{AB} = (\boldsymbol{AB})' = \boldsymbol{BA}$. □

例 9.84 设 $\boldsymbol{A}, \boldsymbol{B}, \boldsymbol{C}$ 都是 n 阶半正定实对称矩阵, 使得 $\boldsymbol{ABC}$ 是对称矩阵, 即满足 $\boldsymbol{ABC} = \boldsymbol{CBA}$, 求证: $\boldsymbol{ABC}$ 是半正定阵.

证明 由例 9.82 可知, 存在可逆矩阵 $\boldsymbol{P}$, 使得

$$\boldsymbol{P}'\boldsymbol{AP} = \mathrm{diag}\{1, \cdots, 1, 0, \cdots, 0\}, \quad \boldsymbol{P}'\boldsymbol{CP} = \mathrm{diag}\{\mu_1, \cdots, \mu_r, \mu_{r+1}, \cdots, \mu_n\}.$$

注意到问题的条件和结论在合同变换 $\boldsymbol{A} \mapsto \boldsymbol{P}'\boldsymbol{AP}$, $\boldsymbol{B} \mapsto \boldsymbol{P}^{-1}\boldsymbol{B}(\boldsymbol{P}^{-1})'$, $\boldsymbol{C} \mapsto \boldsymbol{P}'\boldsymbol{CP}$ 下不改变, 故不妨从一开始就假设 $\boldsymbol{A} = \begin{pmatrix} \boldsymbol{I}_r & \boldsymbol{O} \\ \boldsymbol{O} & \boldsymbol{O} \end{pmatrix}$, $\boldsymbol{C} = \begin{pmatrix} \boldsymbol{\Lambda}_1 & \boldsymbol{O} \\ \boldsymbol{O} & \boldsymbol{\Lambda}_2 \end{pmatrix}$, 其中 $r = \mathrm{r}(\boldsymbol{A})$, $\boldsymbol{\Lambda}_1 = \mathrm{diag}\{\mu_1, \cdots, \mu_r\}$, $\boldsymbol{\Lambda}_2 = \mathrm{diag}\{\mu_{r+1}, \cdots, \mu_n\}$ 都是半正定对角矩阵. 设 $\boldsymbol{B} = \begin{pmatrix} \boldsymbol{B}_{11} & \boldsymbol{B}_{12} \\ \boldsymbol{B}_{21} & \boldsymbol{B}_{22} \end{pmatrix}$ 为对应的分块, 则由 $\boldsymbol{ABC} = \begin{pmatrix} \boldsymbol{B}_{11}\boldsymbol{\Lambda}_1 & \boldsymbol{B}_{12}\boldsymbol{\Lambda}_2 \\ \boldsymbol{O} & \boldsymbol{O} \end{pmatrix}$ 是对称矩阵可知, $\boldsymbol{B}_{11}\boldsymbol{\Lambda}_1$ 是对称矩阵且 $\boldsymbol{B}_{12}\boldsymbol{\Lambda}_2 = \boldsymbol{O}$. 由 $\boldsymbol{B}$ 半正定可得 $\boldsymbol{B}_{11}$ 半正定, 再由例 9.67 的半正定版本可知 $\boldsymbol{B}_{11}\boldsymbol{\Lambda}_1$ 是半正定阵, 因此 $\boldsymbol{ABC} = \mathrm{diag}\{\boldsymbol{B}_{11}\boldsymbol{\Lambda}_1, \boldsymbol{O}\}$ 也是半正定阵. □

§ 9.9 Schur 定 理

对于一般的复 (实) 矩阵, 我们当然不能期望它酉相似 (正交相似) 于对角矩阵. 但对于复矩阵, 我们可以证明它必酉相似于上三角矩阵, 这就是著名的 Schur 定理. 下面我们给出一个简洁的代数证明, 其几何证明请参考教材 [1].

例 9.85 设 $\boldsymbol{A}$ 是 n 阶复矩阵, 求证: 存在 n 阶酉矩阵 $\boldsymbol{U}$, 使得 $\boldsymbol{U}^{-1}\boldsymbol{AU}$ 是上三角矩阵.

证明 由例 6.39 可知, 存在可逆矩阵 $\boldsymbol{P}$, 使得 $\boldsymbol{P}^{-1}\boldsymbol{AP} = \boldsymbol{M}$ 是上三角矩阵. 又由例 9.13 可知, 存在酉矩阵 $\boldsymbol{U}$ 和上三角矩阵 $\boldsymbol{R}$, 使得 $\boldsymbol{P} = \boldsymbol{UR}$, 于是

$$\boldsymbol{A} = \boldsymbol{PMP}^{-1} = (\boldsymbol{UR})\boldsymbol{M}(\boldsymbol{UR})^{-1} = \boldsymbol{U}(\boldsymbol{RMR}^{-1})\boldsymbol{U}^{-1}.$$

因为上三角矩阵的逆阵是上三角矩阵, 上三角矩阵的乘积是上三角矩阵, 故 $\boldsymbol{RMR}^{-1}$ 仍是上三角矩阵, 从而 $\boldsymbol{U}^{-1}\boldsymbol{AU} = \boldsymbol{RMR}^{-1}$ 是上三角矩阵. □

下面我们来证明实数域上的 Schur 定理, 即例 9.87. 因为实矩阵的特征值未必都是实数, 故任意一个实方阵只能正交相似于分块上三角矩阵, 证明也更加复杂一些. 首先, 我们来讨论实矩阵的复特征值和复特征向量的相关性质.

例 9.86 设 $\boldsymbol{A}$ 是 n 阶实矩阵, 虚数 $a+b\mathrm{i}$ 是 $\boldsymbol{A}$ 的一个特征值, $\boldsymbol{u}+\boldsymbol{v}\mathrm{i}$ 是对应的特征向量, 其中 $\boldsymbol{u},\boldsymbol{v}$ 是实列向量. 求证: $\boldsymbol{u}$, $\boldsymbol{v}$ 必线性无关. 若 $\boldsymbol{A}$ 是正规矩阵, 则 $\boldsymbol{u},\boldsymbol{v}$ 相互正交且长度相同 (取实列向量空间的标准内积).

证明　由假设

$$\boldsymbol{A}(\boldsymbol{u}+\boldsymbol{v}\mathrm{i})=(a+b\mathrm{i})(\boldsymbol{u}+\boldsymbol{v}\mathrm{i})=(a\boldsymbol{u}-b\boldsymbol{v})+(a\boldsymbol{v}+b\boldsymbol{u})\mathrm{i}. \tag{9.12}$$

假设 $\boldsymbol{u},\boldsymbol{v}$ 线性相关, 不妨设 $\boldsymbol{u}\neq\boldsymbol{0}$, $\boldsymbol{v}=k\boldsymbol{u}$, 则 $(1+k\mathrm{i})\boldsymbol{A}\boldsymbol{u}=(1+k\mathrm{i})(a+b\mathrm{i})\boldsymbol{u}$, 于是 $\boldsymbol{A}\boldsymbol{u}=(a+b\mathrm{i})\boldsymbol{u}$, 由此可得 $\boldsymbol{A}\boldsymbol{u}=a\boldsymbol{u}$, $b\boldsymbol{u}=\boldsymbol{0}$, 这与 $b\neq 0$ 且 $\boldsymbol{u}\neq\boldsymbol{0}$ 相矛盾.

若 $\boldsymbol{A}$ 是正规矩阵, 在 (9.12) 式中比较实部和虚部得到

$$\boldsymbol{A}\boldsymbol{u}=a\boldsymbol{u}-b\boldsymbol{v},\quad \boldsymbol{A}\boldsymbol{v}=a\boldsymbol{v}+b\boldsymbol{u}.$$

因为 $\boldsymbol{A}$ 正规, 故由例 9.28 可知, $\boldsymbol{u}+\boldsymbol{v}\mathrm{i}$ 也是 $\boldsymbol{A}'$ 的属于特征值 $a-b\mathrm{i}$ 的特征向量, 即

$$\boldsymbol{A}'(\boldsymbol{u}+\boldsymbol{v}\mathrm{i})=(a-b\mathrm{i})(\boldsymbol{u}+\boldsymbol{v}\mathrm{i})=(a\boldsymbol{u}+b\boldsymbol{v})+(a\boldsymbol{v}-b\boldsymbol{u})\mathrm{i}.$$

比较实部和虚部得到

$$\boldsymbol{A}'\boldsymbol{u}=a\boldsymbol{u}+b\boldsymbol{v},\quad \boldsymbol{A}'\boldsymbol{v}=a\boldsymbol{v}-b\boldsymbol{u}.$$

又 $(\boldsymbol{A}\boldsymbol{u},\boldsymbol{u})=(\boldsymbol{u},\boldsymbol{A}'\boldsymbol{u})$, $(\boldsymbol{A}\boldsymbol{u},\boldsymbol{v})=(\boldsymbol{u},\boldsymbol{A}'\boldsymbol{v})$, 将 $\boldsymbol{A}\boldsymbol{u}$, $\boldsymbol{A}'\boldsymbol{u}$ 及 $\boldsymbol{A}'\boldsymbol{v}$ 代入得到

$$(a\boldsymbol{u}-b\boldsymbol{v},\boldsymbol{u})=(\boldsymbol{u},a\boldsymbol{u}+b\boldsymbol{v}),\quad (a\boldsymbol{u}-b\boldsymbol{v},\boldsymbol{v})=(\boldsymbol{u},a\boldsymbol{v}-b\boldsymbol{u}).$$

由此可得 $(\boldsymbol{u},\boldsymbol{v})=0$, $(\boldsymbol{u},\boldsymbol{u})=(\boldsymbol{v},\boldsymbol{v})$. □

例 9.87 证明: n 阶实方阵 $\boldsymbol{A}$ 必正交相似于下列分块上三角矩阵:

$$\boldsymbol{C}=\begin{pmatrix}\boldsymbol{A}_1 & & & & & \\ & \ddots & & & * & \\ & & \boldsymbol{A}_r & & & \\ & & & c_1 & & \\ & & & & \ddots & \\ & & & & & c_k\end{pmatrix},$$

其中 $\boldsymbol{A}_i\,(1\leq i\leq r)$ 是二阶实矩阵且 $\boldsymbol{A}_i$ 的特征值具有 $a_i\pm b_i\mathrm{i}\,(b_i\neq 0)$ 的形状, $c_j\,(1\leq j\leq k)$ 是实数.

证明 对阶数 n 进行归纳. 当 $n=0$ 时表示归纳过程已结束, 当 $n=1$ 时结论显然成立. 现设对阶小于 n 的矩阵结论成立, 下分两种情况对 n 阶矩阵 $\boldsymbol{A}$ 进行讨论.

首先, 假设 $\boldsymbol{A}$ 有实特征值 λ. 因为 $\boldsymbol{A}$ 和 $\boldsymbol{A}'$ 有相同的特征值, 故 λ 也是 $\boldsymbol{A}'$ 的特征值. 将 $\boldsymbol{A}$ 看成是 n 维实列向量空间 $\mathbb{R}^n$ (取标准内积) 上的线性变换, 显然 $\boldsymbol{A}'$ 是 $\boldsymbol{A}$ 的伴随. 设 $\boldsymbol{e}_n$ 是 $\boldsymbol{A}'$ 的属于特征值 λ 的单位特征向量, 则 $L(\boldsymbol{e}_n)^\perp$ 是 $\boldsymbol{A}$ 的不变子空间. 将 $\boldsymbol{A}$ 限制在 $L(\boldsymbol{e}_n)^\perp$ 上, 由归纳假设, 存在 $L(\boldsymbol{e}_n)^\perp$ 的标准正交基 $\boldsymbol{e}_1,\cdots,\boldsymbol{e}_{n-1}$, 使得线性变换 $\boldsymbol{A}$ 在这组基下的表示矩阵为分块上三角矩阵. 于是在标准正交基 $\boldsymbol{e}_1,\boldsymbol{e}_2,\cdots,\boldsymbol{e}_n$ 下, 线性变换 $\boldsymbol{A}$ 的表示矩阵就是要求的矩阵 $\boldsymbol{C}$. 因为线性变换 $\boldsymbol{A}'$ 在同一组标准正交基下的表示矩阵为 $\boldsymbol{C}'$, 故由 $\boldsymbol{A}'\boldsymbol{e}_n=\lambda\boldsymbol{e}_n$ 可知 $\lambda=c_k$.

其次, 假设 $\boldsymbol{A}$ 没有实特征值, 并设 $a+b\mathrm{i}$ 是 $\boldsymbol{A}$ 的虚特征值. 因为 $\boldsymbol{A}$ 和 $\boldsymbol{A}'$ 有相同的特征值, 故 $a+b\mathrm{i}$ 也是 $\boldsymbol{A}'$ 的特征值. 假设 $\boldsymbol{A}'$ 的属于特征值 $a+b\mathrm{i}$ 的特征向量为 $\boldsymbol{\alpha}+\boldsymbol{\beta}\mathrm{i}$, 其中 $\boldsymbol{\alpha},\boldsymbol{\beta}$ 是实列向量, 则有

$$\boldsymbol{A}'(\boldsymbol{\alpha}+\boldsymbol{\beta}\mathrm{i})=(a+b\mathrm{i})(\boldsymbol{\alpha}+\boldsymbol{\beta}\mathrm{i}).$$

比较实部和虚部得到

$$\boldsymbol{A}'\boldsymbol{\alpha}=a\boldsymbol{\alpha}-b\boldsymbol{\beta},\quad \boldsymbol{A}'\boldsymbol{\beta}=b\boldsymbol{\alpha}+a\boldsymbol{\beta}.$$

由例 9.86 可知, $\boldsymbol{\alpha},\boldsymbol{\beta}$ 必线性无关. 设 $U=L(\boldsymbol{\alpha},\boldsymbol{\beta})$ 为 $\mathbb{R}^n$ 的子空间, 则上式表明 U 是线性变换 $\boldsymbol{A}'$ 的不变子空间, 于是 $U^\perp$ 是 $\boldsymbol{A}'$ 的伴随 $\boldsymbol{A}$ 的不变子空间. 注意到 $\dim U^\perp=n-2$, 故由归纳假设, 存在 $U^\perp$ 的标准正交基 $\boldsymbol{e}_1,\cdots,\boldsymbol{e}_{n-2}$, 使得线性变换 $\boldsymbol{A}$ 在这组基下的表示矩阵为分块上三角矩阵:

$$\begin{pmatrix}\boldsymbol{A}_1 & & *\\ & \ddots & \\ & & \boldsymbol{A}_{r-1}\end{pmatrix}.$$

在 U 中选取一组标准正交基 $\boldsymbol{e}_{n-1},\boldsymbol{e}_n$, 则在标准正交基 $\boldsymbol{e}_1,\boldsymbol{e}_2,\cdots,\boldsymbol{e}_n$ 下, 线性变换 $\boldsymbol{A}$ 的表示矩阵为:

$$\boldsymbol{D}=\begin{pmatrix}\boldsymbol{A}_1 & & & *\\ & \ddots & & \\ & & \boldsymbol{A}_{r-1} & \\ & & & \boldsymbol{A}_r\end{pmatrix}.$$

由于线性变换 $\boldsymbol{A}'$ 在同一组标准正交基下的表示矩阵为 $\boldsymbol{D}'$, 故 $\boldsymbol{A}_r$ 是 $\boldsymbol{A}'$ 在 U 的标准正交基 $\boldsymbol{e}_{n-1},\boldsymbol{e}_n$ 下的表示矩阵. 又 $\begin{pmatrix}a & b\\ -b & a\end{pmatrix}$ 是 $\boldsymbol{A}'$ 在 U 的基 $\boldsymbol{\alpha},\boldsymbol{\beta}$ 下的表示矩

阵, 于是 $\boldsymbol{A}_r$ 相似于 $\begin{pmatrix} a & b \\ -b & a \end{pmatrix}$, 从而它的特征值也为 $a \pm b\mathrm{i}$. □

例 9.88 设 n 阶实矩阵 $\boldsymbol{A}$ 的特征值全是实数, 求证: $\boldsymbol{A}$ 正交相似于上三角矩阵.

证明　这是例 9.87 的直接推论. 另外, 也可由例 6.39 和例 9.13 的实版本, 采用完全类似于例 9.85 的讨论得到. □

例 9.89 设 $\boldsymbol{A}, \boldsymbol{B}$ 是实方阵且分块矩阵 $\begin{pmatrix} \boldsymbol{A} & \boldsymbol{C} \\ \boldsymbol{O} & \boldsymbol{B} \end{pmatrix}$ 是实正规矩阵, 求证: $\boldsymbol{C} = \boldsymbol{O}$ 且 $\boldsymbol{A}, \boldsymbol{B}$ 也是正规矩阵.

证明　由已知

$$\begin{pmatrix} \boldsymbol{A} & \boldsymbol{C} \\ \boldsymbol{O} & \boldsymbol{B} \end{pmatrix} \begin{pmatrix} \boldsymbol{A}' & \boldsymbol{O} \\ \boldsymbol{C}' & \boldsymbol{B}' \end{pmatrix} = \begin{pmatrix} \boldsymbol{A}' & \boldsymbol{O} \\ \boldsymbol{C}' & \boldsymbol{B}' \end{pmatrix} \begin{pmatrix} \boldsymbol{A} & \boldsymbol{C} \\ \boldsymbol{O} & \boldsymbol{B} \end{pmatrix},$$

从而 $\boldsymbol{A}\boldsymbol{A}' + \boldsymbol{C}\boldsymbol{C}' = \boldsymbol{A}'\boldsymbol{A}$. 由于 $\mathrm{tr}(\boldsymbol{A}\boldsymbol{A}' + \boldsymbol{C}\boldsymbol{C}') = \mathrm{tr}(\boldsymbol{A}'\boldsymbol{A}) = \mathrm{tr}(\boldsymbol{A}\boldsymbol{A}')$, 故可得 $\mathrm{tr}(\boldsymbol{C}\boldsymbol{C}') = 0$, 再由 $\boldsymbol{C}$ 是实矩阵可推出 $\boldsymbol{C} = \boldsymbol{O}$, 于是 $\boldsymbol{A}\boldsymbol{A}' = \boldsymbol{A}'\boldsymbol{A}$, $\boldsymbol{B}\boldsymbol{B}' = \boldsymbol{B}'\boldsymbol{B}$. □

利用例 9.87 和例 9.89 的结论, 可以给出实正规矩阵正交相似标准型的一个代数证明, 它和教材 [1] 中的纯几何证明完全不同.

例 9.90 设 $\boldsymbol{A}$ 是 n 阶实正规矩阵, 求证: 存在正交矩阵 $\boldsymbol{P}$, 使得

$$\boldsymbol{P}'\boldsymbol{A}\boldsymbol{P} = \mathrm{diag}\{\boldsymbol{A}_1, \cdots, \boldsymbol{A}_r, c_{2r+1}, \cdots, c_n\},$$

其中 $\boldsymbol{A}_i = \begin{pmatrix} a_i & b_i \\ -b_i & a_i \end{pmatrix}$ $(1 \leq i \leq r)$ 是二阶实矩阵, c_j $(2r+1 \leq j \leq n)$ 是实数.

证明　由例 9.87, $\boldsymbol{A}$ 正交相似于例 9.87 中的分块上三角矩阵, 再反复用例 9.89 的结论可知这是个分块对角矩阵. 又因为每一块都是正规矩阵, 故或是二阶正规矩阵 $\boldsymbol{A}_i$, 或是实数 c_j (一阶矩阵). 对于二阶正规矩阵的情形, 由例 9.86 的证明过程可知, 若设 $\boldsymbol{A}_i$ 的特征值为 $a_i + b_i\mathrm{i}$, 对应的特征向量为 $\boldsymbol{u} + \boldsymbol{v}\mathrm{i}$, 令 $\boldsymbol{P}_i = \left(\dfrac{\boldsymbol{u}}{\|\boldsymbol{u}\|}, \dfrac{\boldsymbol{v}}{\|\boldsymbol{v}\|}\right)$, 则 $\boldsymbol{P}_i$ 为二阶正交矩阵, 且 $\boldsymbol{P}_i'\boldsymbol{A}_i\boldsymbol{P}_i = \begin{pmatrix} a_i & b_i \\ -b_i & a_i \end{pmatrix}$. □

§ 9.10 复正规算子与复正规矩阵

酉空间 V 上的线性变换 φ 是正规算子的充要条件是存在 V 的一组标准正交基，使得 φ 在这组基下的表示矩阵为对角矩阵. 酉变换、Hermite 变换以及斜 Hermite 变换都是正规算子的常见例子. 本节将给出酉空间 V 上的线性变换 φ 是正规算子的其他几个充要条件, 以及复正规矩阵的一些性质等.

例 9.91 设 φ 是 n 维酉空间 V 上的线性变换, 求证: φ 是正规算子的充要条件是对 V 中任意的向量 $\boldsymbol{\alpha}$, 都有 $\|\varphi(\boldsymbol{\alpha})\| = \|\varphi^*(\boldsymbol{\alpha})\|$.

证法 1 必要性由例 9.28 给出, 现证充分性. 我们只要证明对任意的 $\boldsymbol{u}, \boldsymbol{v} \in V$, 都有 $(\varphi(\boldsymbol{u}), \varphi(\boldsymbol{v})) = (\varphi^*(\boldsymbol{u}), \varphi^*(\boldsymbol{v}))$. 事实上, 由上述等式可知 $(\boldsymbol{u}, \varphi^*\varphi(\boldsymbol{v})) = (\boldsymbol{u}, \varphi\varphi^*(\boldsymbol{v}))$ 成立, 由此即可推出 $\varphi\varphi^* = \varphi^*\varphi$. 我们可以仿照教材 [1] 中证明保持范数的线性变换一定保持内积的方法进行讨论. 注意到在酉空间 V 中, 内积可用范数来表示, 即对任意的 $\boldsymbol{u}, \boldsymbol{v} \in V$,

$$(\boldsymbol{u}, \boldsymbol{v}) = \frac{1}{4}\|\boldsymbol{u}+\boldsymbol{v}\|^2 - \frac{1}{4}\|\boldsymbol{u}-\boldsymbol{v}\|^2 + \frac{\mathrm{i}}{4}\|\boldsymbol{u}+\mathrm{i}\boldsymbol{v}\|^2 - \frac{\mathrm{i}}{4}\|\boldsymbol{u}-\mathrm{i}\boldsymbol{v}\|^2,$$

故由 φ, φ^* 的线性可得

$$\begin{aligned}(\varphi(\boldsymbol{u}), \varphi(\boldsymbol{v})) &= \frac{1}{4}\|\varphi(\boldsymbol{u}+\boldsymbol{v})\|^2 - \frac{1}{4}\|\varphi(\boldsymbol{u}-\boldsymbol{v})\|^2 + \frac{\mathrm{i}}{4}\|\varphi(\boldsymbol{u}+\mathrm{i}\boldsymbol{v})\|^2 - \frac{\mathrm{i}}{4}\|\varphi(\boldsymbol{u}-\mathrm{i}\boldsymbol{v})\|^2 \\ &= \frac{1}{4}\|\varphi^*(\boldsymbol{u}+\boldsymbol{v})\|^2 - \frac{1}{4}\|\varphi^*(\boldsymbol{u}-\boldsymbol{v})\|^2 + \frac{\mathrm{i}}{4}\|\varphi^*(\boldsymbol{u}+\mathrm{i}\boldsymbol{v})\|^2 - \frac{\mathrm{i}}{4}\|\varphi^*(\boldsymbol{u}-\mathrm{i}\boldsymbol{v})\|^2 \\ &= (\varphi^*(\boldsymbol{u}), \varphi^*(\boldsymbol{v})).\end{aligned}$$

证法 2 考虑线性算子 $\varphi\varphi^* - \varphi^*\varphi$, 这是一个自伴随算子, 因此存在 V 的一组标准正交基 $\boldsymbol{e}_1, \boldsymbol{e}_2, \cdots, \boldsymbol{e}_n$, 使得 $\varphi\varphi^* - \varphi^*\varphi$ 在这组基下的表示矩阵是对角矩阵 $\mathrm{diag}\{\lambda_1, \lambda_2, \cdots, \lambda_n\}$, 即有 $(\varphi\varphi^* - \varphi^*\varphi)(\boldsymbol{e}_i) = \lambda_i\boldsymbol{e}_i\,(1 \leq i \leq n)$. 于是

$$\lambda_i(\boldsymbol{e}_i, \boldsymbol{e}_i) = (\lambda_i\boldsymbol{e}_i, \boldsymbol{e}_i) = ((\varphi\varphi^* - \varphi^*\varphi)(\boldsymbol{e}_i), \boldsymbol{e}_i) = (\varphi^*(\boldsymbol{e}_i), \varphi^*(\boldsymbol{e}_i)) - (\varphi(\boldsymbol{e}_i), \varphi(\boldsymbol{e}_i)) = 0,$$

从而 $\lambda_i = 0\,(1 \leq i \leq n)$, 因此 $\varphi\varphi^* = \varphi^*\varphi$. □

例 9.92 设 φ 是 n 维酉空间 V 上的线性变换, 求证: φ 是正规算子的充要条件是若 $\boldsymbol{v}$ 是 φ 属于特征值 λ 的特征向量, 则 $\boldsymbol{v}$ 也是 φ^* 属于特征值 $\overline{\lambda}$ 的特征向量.

证法 1 必要性就是例 9.28, 现证充分性. 对维数 n 进行归纳, 当 $n = 1$ 时结论显然成立, 假设对 $n-1$ 维酉空间结论成立. 设 $\boldsymbol{v}$ 是 φ 的属于特征值 λ 的特征

向量, 即 $\boldsymbol{\varphi}(\boldsymbol{v})=\lambda\boldsymbol{v}$, 由条件可知, $\boldsymbol{\varphi}^*(\boldsymbol{v})=\overline{\lambda}\boldsymbol{v}$. 记 $U=L(\boldsymbol{v})^{\perp}$, 则 $\dim U=n-1$, 由例 9.26 可知 U 是 $\boldsymbol{\varphi}$ 及 $\boldsymbol{\varphi}^*$ 的不变子空间. 将 $\boldsymbol{\varphi}$ 和 $\boldsymbol{\varphi}^*$ 限制在 U 上, 容易验证 $\boldsymbol{\varphi}^*|_U=(\boldsymbol{\varphi}|_U)^*$, 故由归纳假设可知, $\boldsymbol{\varphi}|_U$ 是 U 上的正规算子, 即 $\boldsymbol{\varphi}|_U\boldsymbol{\varphi}^*|_U=\boldsymbol{\varphi}^*|_U\boldsymbol{\varphi}|_U$. 显然 $\boldsymbol{\varphi}\boldsymbol{\varphi}^*(\boldsymbol{v})=\boldsymbol{\varphi}^*\boldsymbol{\varphi}(\boldsymbol{v})$, 因此 $\boldsymbol{\varphi}\boldsymbol{\varphi}^*=\boldsymbol{\varphi}^*\boldsymbol{\varphi}$ 成立, 即 $\boldsymbol{\varphi}$ 是 V 上的正规算子.

证法 2　由 Schur 定理可知, 存在 V 的一组标准正交基 $\boldsymbol{e}_1,\boldsymbol{e}_2,\cdots,\boldsymbol{e}_n$, 使得 $\boldsymbol{\varphi}$ 在这组基下的表示矩阵是上三角矩阵 $\boldsymbol{A}=(a_{ij})$, 于是 $\boldsymbol{\varphi}^*$ 在同一组基下的表示矩阵为 $\overline{\boldsymbol{A}}'$. 注意到

$$\boldsymbol{\varphi}(\boldsymbol{e}_1)=a_{11}\boldsymbol{e}_1,\ \ \boldsymbol{\varphi}^*(\boldsymbol{e}_1)=\overline{a_{11}}\boldsymbol{e}_1+\overline{a_{12}}\boldsymbol{e}_2+\cdots+\overline{a_{1n}}\boldsymbol{e}_n,$$

但由条件可知 $\boldsymbol{\varphi}^*(\boldsymbol{e}_1)=\overline{a_{11}}\boldsymbol{e}_1$, 因此 $a_{12}=\cdots=a_{1n}=0$. 同理不断地讨论下去, 可得 $a_{ij}=0\,(1\le i<j\le n)$, 于是 $\boldsymbol{A}$ 是对角矩阵. 因此 $\boldsymbol{\varphi}$ 在一组标准正交基下的表示矩阵是对角矩阵, 从而 $\boldsymbol{\varphi}$ 是正规算子. □

注　在教材 [1] 中, 我们采用了如下证法: $\boldsymbol{\varphi}\boldsymbol{\varphi}^*=\boldsymbol{\varphi}^*\boldsymbol{\varphi}\Rightarrow$ 例 9.91 的充分条件 $\Rightarrow$ 例 9.92 的充分条件 $\Rightarrow$ $\boldsymbol{\varphi}$ 在一组标准正交基下的表示矩阵是对角矩阵 $\Rightarrow$ $\boldsymbol{\varphi}\boldsymbol{\varphi}^*=\boldsymbol{\varphi}^*\boldsymbol{\varphi}$. 因此在这个意义下, 例 9.91 和例 9.92 其实是自然的推论.

例 9.93　设 $\boldsymbol{\varphi}$ 是 n 维酉空间 V 上的线性变换, 求证: $\boldsymbol{\varphi}$ 是正规算子的充要条件是对 $\boldsymbol{\varphi}$ 的任一特征值 λ_0, 都有 $V=\mathrm{Ker}(\boldsymbol{\varphi}-\lambda_0\boldsymbol{I}_V)\perp\mathrm{Im}(\boldsymbol{\varphi}-\lambda_0\boldsymbol{I}_V)$.

证明　设 $\lambda_1,\lambda_2,\cdots,\lambda_k$ 是 $\boldsymbol{\varphi}$ 的全体不同特征值, $V_1,V_2,\cdots,V_k$ 是对应的特征子空间. 先证必要性. 若 $\boldsymbol{\varphi}$ 是正规算子, 则 $V=V_1\perp V_2\perp\cdots\perp V_k$. 容易验证 $\mathrm{Ker}(\boldsymbol{\varphi}-\lambda_i\boldsymbol{I}_V)=V_i$, $\mathrm{Im}(\boldsymbol{\varphi}-\lambda_i\boldsymbol{I}_V)=V_1\perp\cdots\perp V_{i-1}\perp V_{i+1}\perp\cdots\perp V_k$, 于是 $V=\mathrm{Ker}(\boldsymbol{\varphi}-\lambda_i\boldsymbol{I}_V)\perp\mathrm{Im}(\boldsymbol{\varphi}-\lambda_i\boldsymbol{I}_V)\,(1\le i\le k)$.

再证充分性. 由条件可知, 对 $\boldsymbol{\varphi}$ 的任一特征值 λ_0, 都有 $\mathrm{Ker}(\boldsymbol{\varphi}-\lambda_0\boldsymbol{I}_V)\cap\mathrm{Im}(\boldsymbol{\varphi}-\lambda_0\boldsymbol{I}_V)=0$, 故由例 7.40 可知 $\boldsymbol{\varphi}$ 可对角化, 于是 $V=V_1\oplus V_2\oplus\cdots\oplus V_k$. 对任意的 $1\le i\ne j\le k$, $V_i=\mathrm{Ker}(\boldsymbol{\varphi}-\lambda_i\boldsymbol{I}_V)$, $V_j\subseteq\mathrm{Im}(\boldsymbol{\varphi}-\lambda_i\boldsymbol{I}_V)$, 于是 $V_i\perp V_j$, 从而 $V=V_1\perp V_2\perp\cdots\perp V_k$, 因此 $\boldsymbol{\varphi}$ 是正规算子. □

利用复正规算子的谱分解, 我们还可以证明下面 3 个充要条件.

例 9.94　设 $\boldsymbol{\varphi}$ 是 n 维酉空间 V 上的线性变换, 求证: $\boldsymbol{\varphi}$ 是正规算子的充要条件是 $\boldsymbol{\varphi}=\boldsymbol{\varphi}_1+\mathrm{i}\boldsymbol{\varphi}_2$, 其中 $\boldsymbol{\varphi}_1$ 和 $\boldsymbol{\varphi}_2$ 是自伴随算子且 $\boldsymbol{\varphi}_1\boldsymbol{\varphi}_2=\boldsymbol{\varphi}_2\boldsymbol{\varphi}_1$.

证明　先证充分性. 由条件可知, $\boldsymbol{\varphi}\boldsymbol{\varphi}^*=(\boldsymbol{\varphi}_1+\mathrm{i}\boldsymbol{\varphi}_2)(\boldsymbol{\varphi}_1-\mathrm{i}\boldsymbol{\varphi}_2)=\boldsymbol{\varphi}_1^2+\boldsymbol{\varphi}_2^2=\boldsymbol{\varphi}^*\boldsymbol{\varphi}$. 再证必要性. 令

$$\boldsymbol{\varphi}_1=\frac{1}{2}(\boldsymbol{\varphi}+\boldsymbol{\varphi}^*),\ \ \boldsymbol{\varphi}_2=\frac{1}{2\mathrm{i}}(\boldsymbol{\varphi}-\boldsymbol{\varphi}^*),$$

则容易验证 φ_1, φ_2 是自伴随算子且乘法可交换. 上述构造用谱分解来看更加清楚, 设 $\varphi=\lambda_1\boldsymbol{E}_1+\lambda_2\boldsymbol{E}_2+\cdots+\lambda_k\boldsymbol{E}_k$, 其中 $\lambda_1,\lambda_2,\cdots,\lambda_k$ 是 φ 的全体不同特征值, $\boldsymbol{E}_i$ 是从 V 到 λ_i 的特征子空间 V_i 的正交投影. 设 $\lambda_i=a_i+\mathrm{i}b_i$, 其中 a_i,b_i 是实数, 令

$$\varphi_1=a_1\boldsymbol{E}_1+a_2\boldsymbol{E}_2+\cdots+a_k\boldsymbol{E}_k,\ \ \varphi_2=b_1\boldsymbol{E}_1+b_2\boldsymbol{E}_2+\cdots+b_k\boldsymbol{E}_k,$$

则容易验证 $\varphi=\varphi_1+\mathrm{i}\varphi_2$, φ_1,φ_2 是自伴随算子且 $\varphi_1\varphi_2=\varphi_2\varphi_1$. □

例 9.95 设 φ 是 n 维酉空间 V 上的线性变换, 求证: φ 是正规算子的充要条件是存在某个复系数多项式 $f(x)$, 使得 $\varphi^*=f(\varphi)$.

证明 先证充分性. 若 $\varphi^*=f(\varphi)$, 显然有 $\varphi\varphi^*=\varphi^*\varphi$, 因此 φ 是正规算子.

再证必要性. 设 $\lambda_1,\lambda_2,\cdots,\lambda_k$ 是 φ 的全体不同特征值, 由谱分解定理, 有

$$\varphi=\lambda_1\boldsymbol{E}_1+\lambda_2\boldsymbol{E}_2+\cdots+\lambda_k\boldsymbol{E}_k.$$

因为 $\boldsymbol{E}_i^*=\boldsymbol{E}_i$, 所以

$$\varphi^*=\overline{\lambda_1}\boldsymbol{E}_1+\overline{\lambda_2}\boldsymbol{E}_2+\cdots+\overline{\lambda_k}\boldsymbol{E}_k.$$

注意到 $\boldsymbol{E}_i^2=\boldsymbol{E}_i$, $\boldsymbol{E}_i\boldsymbol{E}_j=\boldsymbol{0}\,(i\neq j)$, 故对任意的正整数 m, 有

$$\varphi^m=\lambda_1^m\boldsymbol{E}_1+\lambda_2^m\boldsymbol{E}_2+\cdots+\lambda_k^m\boldsymbol{E}_k.$$

进一步, 对任意的多项式 $f(x)=a_0+a_1x+\cdots+a_mx^m$, 有

$$\begin{aligned}f(\varphi)&=a_0\boldsymbol{I}+a_1\varphi+\cdots+a_m\varphi^m\\&=a_0(\sum_{i=1}^k\boldsymbol{E}_i)+a_1(\sum_{i=1}^k\lambda_i\boldsymbol{E}_i)+\cdots+a_m(\sum_{i=1}^k\lambda_i^m\boldsymbol{E}_i)\\&=\sum_{i=1}^k f(\lambda_i)\boldsymbol{E}_i.\end{aligned}$$

令 $f_j(x)=\prod\limits_{i\neq j}\dfrac{x-\lambda_i}{\lambda_j-\lambda_i}$, 则 $f_j(\lambda_j)=1$, $f_j(\lambda_i)=0\,(i\neq j)$, 由此即得 $f_j(\varphi)=\sum\limits_{i=1}^k f_j(\lambda_i)\boldsymbol{E}_i=\boldsymbol{E}_j$. 再令 $f(x)=\sum\limits_{j=1}^k\overline{\lambda_j}f_j(x)$, 则有

$$f(\varphi)=\sum_{j=1}^k\overline{\lambda_j}f_j(\varphi)=\sum_{j=1}^k\overline{\lambda_j}\boldsymbol{E}_j=\varphi^*. \ \square$$

例 9.96 设 φ 是 n 维酉空间 V 上的线性变换, 求证: φ 是正规算子的充要条件是 $\varphi=\omega\psi$, 其中 ω 为酉算子, ψ 是半正定自伴随算子, 且 ω 与 ψ 乘法可交换.

证明　先证充分性. 若 $\boldsymbol{\varphi}=\boldsymbol{\omega}\boldsymbol{\psi}$, 则 $\boldsymbol{\varphi}^*=\boldsymbol{\psi}^*\boldsymbol{\omega}^*=\boldsymbol{\psi}\boldsymbol{\omega}^{-1}$, 故由 $\boldsymbol{\omega}\boldsymbol{\psi}=\boldsymbol{\psi}\boldsymbol{\omega}$ 可得 $\boldsymbol{\varphi}\boldsymbol{\varphi}^*=\boldsymbol{\omega}\boldsymbol{\psi}^2\boldsymbol{\omega}^{-1}=\boldsymbol{\psi}^2=\boldsymbol{\varphi}^*\boldsymbol{\varphi}$, 因此 $\boldsymbol{\varphi}$ 是正规算子.

再证必要性. 设 $\lambda_1,\lambda_2,\cdots,\lambda_k$ 是 $\boldsymbol{\varphi}$ 的全体不同特征值, 由谱分解定理, 有

$$\boldsymbol{\varphi}=\lambda_1\boldsymbol{E}_1+\lambda_2\boldsymbol{E}_2+\cdots+\lambda_k\boldsymbol{E}_k.$$

若 $\lambda_i\neq 0$, 令 $r_i=|\lambda_i|$, $s_i=\dfrac{\lambda_i}{|\lambda_i|}$; 若 $\lambda_i=0$, 令 $r_i=0$, $s_i=1$ 或 -1. 再令

$$\boldsymbol{\omega}=s_1\boldsymbol{E}_1+s_2\boldsymbol{E}_2+\cdots+s_k\boldsymbol{E}_k,\quad \boldsymbol{\psi}=r_1\boldsymbol{E}_1+r_2\boldsymbol{E}_2+\cdots+r_k\boldsymbol{E}_k,$$

则容易验证 $\boldsymbol{\omega}$ 为酉算子, $\boldsymbol{\psi}$ 是半正定自伴随算子, 且 $\boldsymbol{\omega}$ 与 $\boldsymbol{\psi}$ 乘法可交换. □

例 9.97　设 $\boldsymbol{A}=(a_{ij})$ 是 n 阶复矩阵, $\lambda_1,\lambda_2,\cdots,\lambda_n$ 是其特征值, 求证:

$$\sum_{i=1}^n|\lambda_i|^2\leq\sum_{i,j=1}^n|a_{ij}|^2,$$

且等号成立的充要条件是 $\boldsymbol{A}$ 为正规矩阵.

证明　由 Schur 定理可知, 存在酉矩阵 $\boldsymbol{U}$, 使得

$$\overline{\boldsymbol{U}}'\boldsymbol{A}\boldsymbol{U}=\boldsymbol{B}=\begin{pmatrix}\lambda_1 & b_{12} & \cdots & b_{1n}\\ 0 & \lambda_2 & \cdots & b_{2n}\\ \vdots & \vdots & & \vdots\\ 0 & 0 & \cdots & \lambda_n\end{pmatrix}$$

为上三角矩阵, 于是

$$\boldsymbol{B}\overline{\boldsymbol{B}}'=\begin{pmatrix}\lambda_1 & b_{12} & \cdots & b_{1n}\\ 0 & \lambda_2 & \cdots & b_{2n}\\ \vdots & \vdots & & \vdots\\ 0 & 0 & \cdots & \lambda_n\end{pmatrix}\begin{pmatrix}\overline{\lambda_1} & 0 & \cdots & 0\\ \overline{b_{12}} & \overline{\lambda_2} & \cdots & 0\\ \vdots & \vdots & & \vdots\\ \overline{b_{1n}} & \overline{b_{2n}} & \cdots & \overline{\lambda_n}\end{pmatrix},$$

经计算可得

$$\mathrm{tr}(\boldsymbol{B}\overline{\boldsymbol{B}}')=\sum_{i=1}^n|\lambda_i|^2+\sum_{1\leq i<j\leq n}|b_{ij}|^2.$$

另一方面, 由迹的交换性可得

$$\mathrm{tr}(\boldsymbol{B}\overline{\boldsymbol{B}}')=\mathrm{tr}(\overline{\boldsymbol{U}}'\boldsymbol{A}\overline{\boldsymbol{A}}'\boldsymbol{U})=\mathrm{tr}(\boldsymbol{A}\overline{\boldsymbol{A}}')=\sum_{i,j=1}^n|a_{ij}|^2,$$

再由上述两个等式可得

$$\sum_{i=1}^{n}|\lambda_i|^2+\sum_{1\le i<j\le n}|b_{ij}|^2=\sum_{i,j=1}^{n}|a_{ij}|^2. \tag{9.13}$$

由 (9.13) 式即得要证的不等式, 且等号成立当且仅当 $b_{ij}=0\,(1\le i<j\le n)$, 这也当且仅当 $\boldsymbol{A}$ 酉相似于对角矩阵 $\boldsymbol{B}$, 从而当且仅当 $\boldsymbol{A}$ 是正规矩阵. □

下面我们来看例 9.97 的 3 个应用.

例 9.98 设 $\boldsymbol{A}=(a_{ij})$ 是 n 阶复矩阵, $\lambda_1,\lambda_2,\cdots,\lambda_n$ 是其特征值, 求证:

$$\sum_{i=1}^{n}|\lambda_i|^2=\inf_{\det \boldsymbol{X}\neq 0}\|\boldsymbol{X}^{-1}\boldsymbol{A}\boldsymbol{X}\|_{\mathrm{F}}^2,$$

其中 $\|\cdot\|_{\mathrm{F}}$ 表示由复矩阵的 Frobenius 内积诱导的范数.

证明　注意到对任意的可逆矩阵 $\boldsymbol{X}$, 矩阵 $\boldsymbol{X}^{-1}\boldsymbol{A}\boldsymbol{X}$ 的特征值仍为 $\lambda_1,\lambda_2,\cdots,\lambda_n$, 故由例 9.97 可得

$$\|\boldsymbol{X}^{-1}\boldsymbol{A}\boldsymbol{X}\|_{\mathrm{F}}^2\ge\sum_{i=1}^{n}|\lambda_i|^2. \tag{9.14}$$

另一方面, 设 $\boldsymbol{P}$ 为可逆矩阵, 使得

$$\boldsymbol{P}^{-1}\boldsymbol{A}\boldsymbol{P}=\boldsymbol{J}=\operatorname{diag}\{\boldsymbol{J}_{r_1}(\lambda_1),\boldsymbol{J}_{r_2}(\lambda_2),\cdots,\boldsymbol{J}_{r_k}(\lambda_k)\}$$

为 Jordan 标准型. 对任意的 $\varepsilon>0$, 记 $\boldsymbol{J}_{r_i}(\lambda_i,\varepsilon)$ 为 r_i 阶上三角矩阵, 其主对角元全为 λ_i, 上次对角元全为 ε, 其余元素全为零. 显然, $\boldsymbol{J}_{r_i}(\lambda_i,\varepsilon)$ 的特征值全为 λ_i, 其几何重数为 1, 于是 $\boldsymbol{J}_{r_i}(\lambda_i,\varepsilon)$ 相似于 $\boldsymbol{J}_{r_i}(\lambda_i)\,(1\le i\le k)$. 记 $\boldsymbol{J}(\varepsilon)=\operatorname{diag}\{\boldsymbol{J}_{r_1}(\lambda_1,\varepsilon),\boldsymbol{J}_{r_2}(\lambda_2,\varepsilon),\cdots,\boldsymbol{J}_{r_k}(\lambda_k,\varepsilon)\}$, 则对任意的 $\varepsilon>0$, $\boldsymbol{J}(\varepsilon)$ 相似于 $\boldsymbol{J}$, 从而也相似于 $\boldsymbol{A}$, 因此

$$\inf_{\det \boldsymbol{X}\neq 0}\|\boldsymbol{X}^{-1}\boldsymbol{A}\boldsymbol{X}\|_{\mathrm{F}}^2\le\|\boldsymbol{J}(\varepsilon)\|_{\mathrm{F}}^2\le\sum_{i=1}^{n}|\lambda_i|^2+(n-1)\varepsilon^2. \tag{9.15}$$

最后由 (9.14) 式和 (9.15) 式即得结论. □

例 9.99 设 $\boldsymbol{A}=(a_{ij})$ 是 n 阶实矩阵, 其特征值 $\lambda_1,\lambda_2,\cdots,\lambda_n$ 都是实数, 求证:

$$\sum_{i=1}^{n}\lambda_i^2\le\sum_{i,j=1}^{n}a_{ij}^2,$$

且等号成立的充要条件是 $\boldsymbol{A}$ 为对称矩阵.

证法 1　由例 9.97 即得不等式, 且等号成立当且仅当 $\boldsymbol{A}$ 是实正规矩阵. 又 $\boldsymbol{A}$ 的特征值全为实数, 故由例 9.90 可知, $\boldsymbol{A}$ 正交相似于对角矩阵, 从而为实对称矩阵.

证法 2　由例 9.88 以及完全类似于例 9.97 的讨论可得不等式, 且等号成立当且仅当 $\boldsymbol{A}$ 正交相似于对角矩阵, 从而为实对称矩阵. □

例 9.100　设 $\boldsymbol{A}, \boldsymbol{B}$ 和 $\boldsymbol{AB}$ 都是 n 阶复正规矩阵, 求证: $\boldsymbol{BA}$ 也是复正规矩阵.

证明　设 $\boldsymbol{AB}$ 的特征值为 $\lambda_1, \lambda_2, \cdots, \lambda_n$, 则由例 9.97 可得

$$\operatorname{tr}\left((\boldsymbol{AB})(\overline{\boldsymbol{AB}})'\right) = |\lambda_1|^2 + |\lambda_2|^2 + \cdots + |\lambda_n|^2.$$

由迹的交换性可得

$$\operatorname{tr}\left((\boldsymbol{AB})(\overline{\boldsymbol{AB}})'\right) = \operatorname{tr}\left(\boldsymbol{AB}\overline{\boldsymbol{B}}'\overline{\boldsymbol{A}}'\right) = \operatorname{tr}\left(\boldsymbol{B}\overline{\boldsymbol{B}}'\overline{\boldsymbol{A}}'\boldsymbol{A}\right),$$
$$\operatorname{tr}\left((\boldsymbol{BA})(\overline{\boldsymbol{BA}})'\right) = \operatorname{tr}\left(\boldsymbol{BA}\overline{\boldsymbol{A}}'\overline{\boldsymbol{B}}'\right) = \operatorname{tr}\left(\overline{\boldsymbol{B}}'\boldsymbol{BA}\overline{\boldsymbol{A}}'\right).$$

再由 $\boldsymbol{A}, \boldsymbol{B}$ 是正规矩阵可得 $\boldsymbol{A}\overline{\boldsymbol{A}}' = \overline{\boldsymbol{A}}'\boldsymbol{A}$, $\boldsymbol{B}\overline{\boldsymbol{B}}' = \overline{\boldsymbol{B}}'\boldsymbol{B}$, 由此即得

$$\operatorname{tr}\left((\boldsymbol{BA})(\overline{\boldsymbol{BA}})'\right) = |\lambda_1|^2 + |\lambda_2|^2 + \cdots + |\lambda_n|^2.$$

注意到 $\boldsymbol{BA}$ 和 $\boldsymbol{AB}$ 具有相同的特征值, 故由例 9.97 可知, $\boldsymbol{BA}$ 也是正规矩阵. □

例 9.101　设 $\boldsymbol{A}$ 是 n 阶斜 Hermite 矩阵, 即 $\overline{\boldsymbol{A}}' = -\boldsymbol{A}$. 证明: $\boldsymbol{A}$ 必酉相似于对角矩阵 $\operatorname{diag}\{c_1, c_2, \cdots, c_n\}$, 其中 c_i 是零或纯虚数.

证明　注意到斜 Hermite 矩阵 $\boldsymbol{A}$ 满足 $\boldsymbol{A}\overline{\boldsymbol{A}}' = -\boldsymbol{A}^2 = \overline{\boldsymbol{A}}'\boldsymbol{A}$, 故 $\boldsymbol{A}$ 为正规矩阵, 因此存在酉矩阵 $\boldsymbol{U}$, 使得 $\overline{\boldsymbol{U}}'\boldsymbol{AU} = \operatorname{diag}\{c_1, c_2, \cdots, c_n\}$. 因为 $\overline{(\overline{\boldsymbol{U}}'\boldsymbol{AU})}' = \overline{\boldsymbol{U}}'\overline{\boldsymbol{A}}'\boldsymbol{U} = -\overline{\boldsymbol{U}}'\boldsymbol{AU}$, 故对角矩阵 $\operatorname{diag}\{c_1, c_2, \cdots, c_n\}$ 也是斜 Hermite 矩阵, 从而每个 c_i 都满足 $\overline{c_i} = -c_i$, 即 c_i 是零或纯虚数. □

例 9.102　设 $S = \{n$ 阶斜 Hermite 矩阵 $\boldsymbol{A}\}$, $T = \{\boldsymbol{I}_n + \boldsymbol{B}$ 可逆的 n 阶酉矩阵 $\boldsymbol{B}\}$. 映射 $\boldsymbol{\varphi}: S \to T$ 定义为 $\boldsymbol{\varphi}(\boldsymbol{A}) = (\boldsymbol{I}_n - \boldsymbol{A})(\boldsymbol{I}_n + \boldsymbol{A})^{-1}$, 映射 $\boldsymbol{\psi}: T \to S$ 定义为 $\boldsymbol{\psi}(\boldsymbol{B}) = (\boldsymbol{I}_n - \boldsymbol{B})(\boldsymbol{I}_n + \boldsymbol{B})^{-1}$. 求证: $\boldsymbol{\psi\varphi} = \boldsymbol{I}_S$, $\boldsymbol{\varphi\psi} = \boldsymbol{I}_T$, 即 $\boldsymbol{\varphi}, \boldsymbol{\psi}$ 实现了集合 S, T 之间的一一对应.

证明　由例 9.101 可知斜 Hermite 矩阵 $\boldsymbol{A}$ 的特征值都是零或纯虚数, 于是 $\boldsymbol{I}_n + \boldsymbol{A}$ 是可逆矩阵. 再由矩阵运算不难验证 $\boldsymbol{\varphi}(\boldsymbol{A}) \in T$, 因此 $\boldsymbol{\varphi}$ 的定义是有意义的. 同理由矩阵运算不难验证 $\boldsymbol{\psi}(\boldsymbol{B}) \in S$, 因此 $\boldsymbol{\psi}$ 的定义也是有意义的. $\boldsymbol{\psi\varphi} = \boldsymbol{I}_S$ 和 $\boldsymbol{\varphi\psi} = \boldsymbol{I}_T$ 都可以通过矩阵运算得到验证, 具体的细节留给读者完成.

设 $C=\{z\in\mathbb{C}\mid |z|=1,z\neq -1\}$ 是复平面上的单位圆挖去 $(-1,0)$ 点, $I=\{y\mathrm{i}\mid y\in\mathbb{R}\}$ 是复平面上的虚轴, 容易验证 $f(z)=\dfrac{1-z}{1+z}$ 不仅是 $I\to C$ 的连续映射, 还是 $C\to I$ 的连续映射, 并且由 $f\circ f(z)=z$ 可知, $f:I\to C$ 是一个连续双射 (称为同胚). 下面我们通过酉相似标准型和上述 f 来描述本题中的一一对应.

对任一 $\boldsymbol{A}\in S$, 由例 9.101 可知, 存在酉矩阵 $\boldsymbol{U}$, 使得 $\overline{\boldsymbol{U}}'\boldsymbol{A}\boldsymbol{U}=\boldsymbol{\Lambda}_{\boldsymbol{A}}=\mathrm{diag}\{c_1,c_2,\cdots,c_n\}$, 其中 $c_i\in I$. 因此 $\overline{\boldsymbol{U}}'\boldsymbol{\varphi}(\boldsymbol{A})\boldsymbol{U}=\boldsymbol{\varphi}(\boldsymbol{\Lambda}_{\boldsymbol{A}})=\mathrm{diag}\{f(c_1),f(c_2),\cdots,f(c_n)\}$, 其中 $f(c_i)\in C$, 从而 $\boldsymbol{\varphi}(\boldsymbol{A})\in T$. 再对任一 $\boldsymbol{B}\in T$, 由 §§ 9.1.5 推论 8 可知, 存在酉矩阵 $\boldsymbol{V}$, 使得 $\overline{\boldsymbol{V}}'\boldsymbol{B}\boldsymbol{V}=\boldsymbol{\Lambda}_{\boldsymbol{B}}=\mathrm{diag}\{d_1,d_2,\cdots,d_n\}$, 其中 $d_i\in C$. 因此 $\overline{\boldsymbol{V}}'\boldsymbol{\psi}(\boldsymbol{B})\boldsymbol{V}=\boldsymbol{\psi}(\boldsymbol{\Lambda}_{\boldsymbol{B}})=\mathrm{diag}\{f(d_1),f(d_2),\cdots,f(d_n)\}$, 其中 $f(d_i)\in I$, 从而 $\boldsymbol{\psi}(\boldsymbol{B})\in S$. 最后由 $f:I\to C$ 是一个双射可知, $\boldsymbol{\varphi}:S\to T$ 和 $\boldsymbol{\psi}:T\to S$ 互为逆映射. □

§ 9.11 实正规算子与实正规矩阵

欧氏空间上的正规算子或实正规矩阵的理论要比酉空间上的正规算子或复正规矩阵的理论复杂得多, 其原因是实矩阵不一定有实特征值及实特征向量. 通常可以有多种方法得到实正规矩阵的正交相似标准型理论. 例如在 § 9.9 中, 我们已通过实数版本的 Schur 定理 (例 9.87) 和正规矩阵的性质证明了其正交相似标准型理论, 这是一个代数的证明. 在教材 [1] 中, 通过极小多项式诱导的空间直和分解以及极小多项式为二次多项式的实正规算子的研究给出了其正交相似标准型理论, 这是一个几何的证明. 事实上, 我们还可以通过数学归纳法给出实正规矩阵正交相似标准型理论的直接证明, 其中最关键的技巧就是例 9.86, 即当 $\boldsymbol{A}$ 没有实特征值时, 亦可构造它的二维不变子空间来运用归纳假设.

例 9.90 设 $\boldsymbol{A}$ 是 n 阶实正规矩阵, 求证: 存在正交矩阵 $\boldsymbol{P}$, 使得

$$\boldsymbol{P}'\boldsymbol{A}\boldsymbol{P}=\mathrm{diag}\{\boldsymbol{A}_1,\cdots,\boldsymbol{A}_r,c_{2r+1},\cdots,c_n\},$$

其中 $\boldsymbol{A}_i=\begin{pmatrix}a_i&b_i\\-b_i&a_i\end{pmatrix}$ $(1\leq i\leq r)$ 是二阶实矩阵, $c_j\,(2r+1\leq j\leq n)$ 是实数.

证法 2　对阶数 n 进行归纳. 当 $n=0$ 时表示归纳过程已经结束. 当 $n=1$ 时, 结论显然成立. 假设对小于 n 阶的实正规矩阵结论成立, 现证 n 阶实正规矩阵 $\boldsymbol{A}$ 的情形. 将 $\boldsymbol{A}$ 看成是 n 维实列向量空间 $\mathbb{R}^n$ (取标准内积) 上的线性变换, 则 $\boldsymbol{A}$ 是实正规算子且 $\boldsymbol{A}'$ 是其伴随. 下面分两种情况进行讨论.

首先, 假设 $\boldsymbol{A}$ 有实特征值 λ, 取其单位特征向量 $\boldsymbol{e}_n$, 则由例 9.28 可知, $\boldsymbol{e}_n$ 也是 $\boldsymbol{A}'$ 属于特征值 λ 的特征向量. 因此 $L(\boldsymbol{e}_n)$ 是 $\boldsymbol{A},\boldsymbol{A}'$ 的不变子空间, 故由例 9.26 可知, $L(\boldsymbol{e}_n)^\perp$ 也是 $\boldsymbol{A},\boldsymbol{A}'$ 的不变子空间, 将 $\boldsymbol{A},\boldsymbol{A}'$ 限制在 $L(\boldsymbol{e}_n)^\perp$, 容易验证 $\boldsymbol{A}$ 仍然是实正规算子. 由归纳假设, 存在 $L(\boldsymbol{e}_n)^\perp$ 的标准正交基 $\boldsymbol{e}_1,\cdots,\boldsymbol{e}_{n-1}$, 使得线性变换 $\boldsymbol{A}$ 在这组基下的表示矩阵是 $n-1$ 阶的标准型, 于是在标准正交基 $\boldsymbol{e}_1,\cdots,\boldsymbol{e}_{n-1},\boldsymbol{e}_n$ 下, 线性变换 $\boldsymbol{A}$ 的表示矩阵就是要求的标准型.

其次, 假设 $\boldsymbol{A}$ 没有实特征值, 并设虚数 $a+b\mathrm{i}$ 是 $\boldsymbol{A}$ 的特征值, $\boldsymbol{u}+\boldsymbol{v}\mathrm{i}$ 是对应的特征向量, 其中 $\boldsymbol{u},\boldsymbol{v}$ 是实列向量, 则由例 9.86 可知, $(\boldsymbol{u},\boldsymbol{v})=0$ 且 $\|\boldsymbol{u}\|=\|\boldsymbol{v}\|$. 令 $\boldsymbol{e}_{n-1}=\dfrac{\boldsymbol{u}}{\|\boldsymbol{u}\|}$, $\boldsymbol{e}_n=\dfrac{\boldsymbol{v}}{\|\boldsymbol{v}\|}$, 则由例 9.86 的证明过程可得

$$\boldsymbol{A}\boldsymbol{e}_{n-1}=a\boldsymbol{e}_{n-1}-b\boldsymbol{e}_n,\ \ \boldsymbol{A}\boldsymbol{e}_n=b\boldsymbol{e}_{n-1}+a\boldsymbol{e}_n,$$
$$\boldsymbol{A}'\boldsymbol{e}_{n-1}=a\boldsymbol{e}_{n-1}+b\boldsymbol{e}_n,\ \boldsymbol{A}'\boldsymbol{e}_n=-b\boldsymbol{e}_{n-1}+a\boldsymbol{e}_n.$$

令 $U=L(\boldsymbol{e}_{n-1},\boldsymbol{e}_n)$, 则上式表明 U 是 $\boldsymbol{A},\boldsymbol{A}'$ 的不变子空间, 故由例 9.26 可知, $U^\perp$ 也是 $\boldsymbol{A},\boldsymbol{A}'$ 的不变子空间, 将 $\boldsymbol{A},\boldsymbol{A}'$ 限制在 $U^\perp$, 容易验证 $\boldsymbol{A}$ 仍然是实正规算子. 由归纳假设, 存在 $U^\perp$ 的标准正交基 $\boldsymbol{e}_1,\cdots,\boldsymbol{e}_{n-2}$, 使得线性变换 $\boldsymbol{A}$ 在这组基下的表示矩阵是 $n-2$ 阶的标准型, 又 $\boldsymbol{A}$ 在 $\boldsymbol{e}_{n-1},\boldsymbol{e}_n$ 下的表示矩阵为 $\begin{pmatrix} a & b \\ -b & a \end{pmatrix}$, 于是在标准正交基 $\boldsymbol{e}_1,\cdots,\boldsymbol{e}_{n-2},\boldsymbol{e}_{n-1},\boldsymbol{e}_n$ 下, 线性变换 $\boldsymbol{A}$ 的表示矩阵就是要求的标准型. □

注　实正规矩阵的正交相似标准型理论的上述证明其实是例 9.86 和例 9.87 证明的综合体, 这一证明的特点是将代数方法和几何方法综合在一起, 而不是把它们割裂开来. 运用代数 (矩阵) 技巧, 可以把实矩阵自然地看成复矩阵, 从而得到复特征值和复特征向量, 再将复特征向量分离出两个线性无关的实列向量, 并由此构造出二维不变子空间; 而运用几何 (线性变换) 技巧, 则可以有效地处理不变子空间, 并将问题化约到低维空间上, 以此完成归纳过程. 请读者仔细体会证明中的精妙之处.

下面我们将给出欧氏空间中的线性变换是实正规算子的几个充要条件, 并和复正规算子的情形进行一些比较.

例 9.103　设 φ 是 n 维欧氏空间 V 上的线性变换, 求证: φ 是正规算子的充要条件是对 V 中任意的向量 $\boldsymbol{\alpha}$, 都有 $\|\varphi(\boldsymbol{\alpha})\|=\|\varphi^*(\boldsymbol{\alpha})\|$.

证明　例 9.91 的证法 2 可以原封不动地搬到实正规算子的情形, 而其证法 1 也可以适用于实正规算子的情形, 只要采用实内积空间中内积表示为范数的如下表达式即可:

$$(\boldsymbol{u},\boldsymbol{v})=\frac{1}{4}\|\boldsymbol{u}+\boldsymbol{v}\|^2-\frac{1}{4}\|\boldsymbol{u}-\boldsymbol{v}\|^2.\ \square$$

因为实正规算子可能没有实特征值和实特征向量, 所以需要将例 9.92 和例 9.94 的实正规算子版本作一些调整才行.

例 9.104 设 φ 是 n 维欧氏空间 V 上的线性变换, 求证: φ 是正规算子的充要条件是对 V 中任意两个向量 $\boldsymbol{\alpha},\boldsymbol{\beta}$, 若 $\varphi(\boldsymbol{\alpha})=a\boldsymbol{\alpha}-b\boldsymbol{\beta}$ 且 $\varphi(\boldsymbol{\beta})=b\boldsymbol{\alpha}+a\boldsymbol{\beta}$ (其中 a,b 是实数), 则必有 $\varphi^*(\boldsymbol{\alpha})=a\boldsymbol{\alpha}+b\boldsymbol{\beta}$ 且 $\varphi^*(\boldsymbol{\beta})=-b\boldsymbol{\alpha}+a\boldsymbol{\beta}$.

证明　任取 V 的一组标准正交基, 设 φ 在这组基下的表示矩阵为 $\boldsymbol{A}$, 则 φ^* 在这组基下的表示矩阵为 $\boldsymbol{A}'$, 再设 $\boldsymbol{\alpha},\boldsymbol{\beta}$ 的坐标向量分别为 $\boldsymbol{u},\boldsymbol{v}$.

先证必要性. 若 $\boldsymbol{u}=\boldsymbol{v}=\boldsymbol{0}$, 则结论显然成立, 以下不妨设 $\boldsymbol{u},\boldsymbol{v}$ 不全为零. 若 $b=0$, 则 $\boldsymbol{A}\boldsymbol{u}=a\boldsymbol{u}$, $\boldsymbol{A}\boldsymbol{v}=a\boldsymbol{v}$, 即 $\boldsymbol{u},\boldsymbol{v}$ 是 $\boldsymbol{A}$ 属于实特征值 a 的特征向量或零向量, 从而由例 9.28 可知, $\boldsymbol{u},\boldsymbol{v}$ 也是 $\boldsymbol{A}'$ 属于实特征值 a 的特征向量或零向量, 结论得证. 若 $b\neq 0$, 令 $\boldsymbol{w}=\boldsymbol{u}+\boldsymbol{v}\mathrm{i}$, 则 $\boldsymbol{w}\neq\boldsymbol{0}$ 且 $\boldsymbol{A}\boldsymbol{w}=(a+b\mathrm{i})\boldsymbol{w}$, 即 $\boldsymbol{w}$ 是 $\boldsymbol{A}$ 属于虚特征值 $a+b\mathrm{i}$ 的特征向量, 故由例 9.28 可知, $\boldsymbol{w}$ 也是 $\boldsymbol{A}'$ 属于虚特征值 $a-b\mathrm{i}$ 的特征向量, 从而不难验证结论成立.

再证充分性. 与必要性完全类似的讨论可得, 若 $\boldsymbol{w}$ 是 $\boldsymbol{A}$ 属于特征值 λ 的特征向量, 则 $\boldsymbol{w}$ 也是 $\boldsymbol{A}'$ 属于特征值 $\overline{\lambda}$ 的特征向量, 故由例 9.92 可知, $\boldsymbol{A}$ 是复正规矩阵. 又 $\boldsymbol{A}$ 是实矩阵, 故 $\boldsymbol{A}$ 也是实正规矩阵, 从而 φ 是实正规算子. □

例 9.105 设 φ 是 n 维欧氏空间 V 上的线性变换, 求证: φ 是正规算子的充要条件是 $\varphi=\varphi_1+\varphi_2$, 其中 φ_1 是自伴随算子, φ_2 是斜对称算子, 且 $\varphi_1\varphi_2=\varphi_2\varphi_1$.

证明　先证充分性. 由条件可得

$$\varphi\varphi^*=(\varphi_1+\varphi_2)(\varphi_1-\varphi_2)=\varphi_1^2-\varphi_2^2=\varphi^*\varphi.$$

再证必要性. 令 $\varphi_1=\dfrac{1}{2}(\varphi+\varphi^*)$, $\varphi_2=\dfrac{1}{2}(\varphi-\varphi^*)$, 则容易验证 φ_1 是自伴随算子, φ_2 是斜对称算子, 且 $\varphi_1\varphi_2=\varphi_2\varphi_1$.

上面的构造用正交相似标准型来看更加清楚, 设 φ 在一组标准正交基下的表示矩阵为正交相似标准型

$$\operatorname{diag}\left\{\begin{pmatrix}a_1 & b_1\\ -b_1 & a_1\end{pmatrix},\cdots,\begin{pmatrix}a_r & b_r\\ -b_r & a_r\end{pmatrix},c_{2r+1},\cdots,c_n\right\},$$

则实对角矩阵 $\operatorname{diag}\{a_1,a_1,\cdots,a_r,a_r,c_{2r+1},\cdots,c_n\}$ 对应的自伴随算子即为 φ_1, 实反对称矩阵 $\operatorname{diag}\left\{\begin{pmatrix}0 & b_1\\ -b_1 & 0\end{pmatrix},\cdots,\begin{pmatrix}0 & b_r\\ -b_r & 0\end{pmatrix},0,\cdots,0\right\}$ 对应的斜对称算子即为 φ_2, 并且矩阵的乘法可交换性对应于线性算子的乘法可交换性. □

例 9.106 设 φ 是 n 维欧氏空间 V 上的线性变换, 求证: φ 是正规算子的充要条件是存在某个实系数多项式 $g(x)$, 使得 $\boldsymbol{\varphi}^* = g(\boldsymbol{\varphi})$.

证法 1 先证充分性. 若 $\boldsymbol{\varphi}^* = g(\boldsymbol{\varphi})$, 则 $\boldsymbol{\varphi}\boldsymbol{\varphi}^* = \boldsymbol{\varphi}^*\boldsymbol{\varphi}$ 显然成立. 再证必要性. 设 φ 在 V 的某组标准正交基下的表示矩阵为正交相似标准型

$$\boldsymbol{A} = \mathrm{diag}\left\{\begin{pmatrix} a_1 & b_1 \\ -b_1 & a_1 \end{pmatrix}, \cdots, \begin{pmatrix} a_r & b_r \\ -b_r & a_r \end{pmatrix}, c_{2r+1}, \cdots, c_n\right\},$$

其中 a_i, b_i, c_j 都是实数并且 $b_i \neq 0$. 由线性变换与矩阵的一一对应, 我们只要证明存在某个实系数多项式 $g(x)$, 使得 $\boldsymbol{A}' = g(\boldsymbol{A})$ 即可. 由于分块对角矩阵主对角线上的分块调换次序是一个正交相似变换 (这也等价于调换基向量的次序), 故不妨将完全相同的分块放在一起, 于是可假设 $\boldsymbol{A}$ 已是如下形状:

$$\boldsymbol{A} = \mathrm{diag}\{\boldsymbol{B}_1, \cdots, \boldsymbol{B}_s, \boldsymbol{B}_{s+1}, \cdots, \boldsymbol{B}_t\},$$

其中 $\boldsymbol{B}_i = \mathrm{diag}\left\{\begin{pmatrix} a_i & b_i \\ -b_i & a_i \end{pmatrix}, \cdots, \begin{pmatrix} a_i & b_i \\ -b_i & a_i \end{pmatrix}\right\}$, $1 \leq i \leq s$; $\boldsymbol{B}_j = \mathrm{diag}\{c_j, \cdots, c_j\}$, $s+1 \leq j \leq t$. 注意到 $\boldsymbol{B}_i$ 适合多项式 $g_i(x) = (x-a_i)^2 + b_i^2\,(1 \leq i \leq s)$, $\boldsymbol{B}_j$ 适合多项式 $g_j(x) = x - c_j\,(s+1 \leq j \leq t)$, 故 $\{g_1(x), g_2(x), \cdots, g_t(x)\}$ 是一组两两互素的多项式. 令 $f_i(x) = 2a_i - x\,(1 \leq i \leq s)$, $f_j(x) = x\,(s+1 \leq j \leq t)$, 则容易验证 $\boldsymbol{B}_i' = f_i(\boldsymbol{B}_i)\,(1 \leq i \leq s)$, $\boldsymbol{B}_j' = f_j(\boldsymbol{B}_j)\,(s+1 \leq j \leq t)$, 因此由例 7.31 可知, 存在实系数多项式 $g(x)$, 使得 $\boldsymbol{A}' = g(\boldsymbol{A})$.

证法 2 充分性同证法 1, 下证必要性. 设 $\boldsymbol{A}$ 是 φ 在某组标准正交基下的表示矩阵, 我们只要证明存在某个实系数多项式 $g(x)$, 使得 $\boldsymbol{A}' = g(\boldsymbol{A})$ 即可. 由于 $\boldsymbol{A}$ 是实正规矩阵, 故可以自然地看成是复正规矩阵, 由例 9.95 可知, 存在复系数多项式 $f(x)$, 使得 $\boldsymbol{A}' = f(\boldsymbol{A})$. 将 $f(x)$ 各项系数的实部和虚部分开得到两个实系数多项式 $g(x), h(x)$, 使得 $f(x) = g(x) + \mathrm{i}h(x)$, 于是可得 $\boldsymbol{A}' = g(\boldsymbol{A}) + \mathrm{i}h(\boldsymbol{A})$, 从而只能是 $\boldsymbol{A}' = g(\boldsymbol{A})$, $h(\boldsymbol{A}) = \boldsymbol{O}$, 结论得证. □

例 9.107 设 φ 是 n 维欧氏空间 V 上的线性变换, 求证: φ 是正规算子的充要条件是 $\boldsymbol{\varphi} = \boldsymbol{\omega}\boldsymbol{\psi}$, 其中 $\boldsymbol{\omega}$ 是正交算子, $\boldsymbol{\psi}$ 是半正定自伴随算子, 且 $\boldsymbol{\omega}\boldsymbol{\psi} = \boldsymbol{\psi}\boldsymbol{\omega}$.

证明 充分性的证明同例 9.96 充分性的证明, 下证必要性. 设 φ 在 V 的某组标准正交基下的表示矩阵为正交相似标准型

$$\boldsymbol{A} = \mathrm{diag}\left\{\begin{pmatrix} a_1 & b_1 \\ -b_1 & a_1 \end{pmatrix}, \cdots, \begin{pmatrix} a_r & b_r \\ -b_r & a_r \end{pmatrix}, c_{2r+1}, \cdots, c_n\right\},$$

其中 a_i, b_i, c_j 都是实数并且 $b_i \neq 0$. 由线性变换与矩阵的一一对应, 我们只要证明存在乘法可交换的正交矩阵 $\boldsymbol{P}$ 和半正定实对称矩阵 $\boldsymbol{S}$, 使得 $\boldsymbol{A} = \boldsymbol{PS}$ 即可. 令 $k_i = \sqrt{a_i^2 + b_i^2}$, $a_i = k_i \cos\theta_i$, $b_i = k_i \sin\theta_i$, $1 \leq i \leq r$. 若 $c_j = 0$, 则令 $k_j = 0$, $d_j = 1$ 或 -1; 若 $c_j \neq 0$, 则令 $k_j = |c_j|$, $d_j = \dfrac{c_j}{|c_j|}$, $2r+1 \leq j \leq n$. 令

$$\boldsymbol{P} = \operatorname{diag}\left\{ \begin{pmatrix} \cos\theta_1 & \sin\theta_1 \\ -\sin\theta_1 & \cos\theta_1 \end{pmatrix}, \cdots, \begin{pmatrix} \cos\theta_r & \sin\theta_r \\ -\sin\theta_r & \cos\theta_r \end{pmatrix}, d_{2r+1}, \cdots, d_n \right\},$$

$$\boldsymbol{S} = \operatorname{diag}\{k_1, k_1, \cdots, k_r, k_r, k_{2r+1}, \cdots, k_n\},$$

则容易验证这就是所要求的分解. □

例 9.108 设 φ 是 n 维欧氏空间 V 上的正规算子, 其极小多项式为 $g(x) = (x-a)^2 + b^2$, 其中 $b \neq 0$, 求证: φ 是 V 上的自同构且 $\varphi^* = (a^2+b^2)\varphi^{-1}$.

证明 只要证明 $\varphi^*\varphi = (a^2+b^2)\boldsymbol{I}_V$ 即可. 设 φ 在 V 的某组标准正交基下的表示矩阵为正交相似标准型

$$\boldsymbol{A} = \operatorname{diag}\left\{ \begin{pmatrix} a_1 & b_1 \\ -b_1 & a_1 \end{pmatrix}, \cdots, \begin{pmatrix} a_r & b_r \\ -b_r & a_r \end{pmatrix}, c_{2r+1}, \cdots, c_n \right\},$$

其中 a_i, b_i, c_j 都是实数并且 $b_i \neq 0$. 因为 φ 的极小多项式为 $g(x) = (x-a)^2 + b^2$, 所以在上述分块矩阵中没有一阶的块, 并且每个二阶的块都等于 $\begin{pmatrix} a & b \\ -b & a \end{pmatrix}$ (也可以直接引用教材 [1] 中的定理 9.7.2 得到这一结论), 从而 φ 在这组基下的表示矩阵为

$$\boldsymbol{A} = \operatorname{diag}\left\{ \begin{pmatrix} a & b \\ -b & a \end{pmatrix}, \cdots, \begin{pmatrix} a & b \\ -b & a \end{pmatrix} \right\}, \quad r = \frac{n}{2}.$$

因为 $\boldsymbol{A}'\boldsymbol{A} = (a^2+b^2)\boldsymbol{I}_n$, 所以 $\varphi^*\varphi = (a^2+b^2)\boldsymbol{I}_V$. □

例 9.109 设 φ 是 n 维欧氏空间 V 上的正规算子, ψ 是 V 上某一线性算子, 满足 $\varphi\psi = \psi\varphi$, 求证: $\varphi^*\psi = \psi\varphi^*$.

证法 1 我们引用一下教材 [1] 中证明实正规算子正交相似标准型的几何方法. 设 $g(x)$ 是 φ 的极小多项式, 则 $g(x) = g_1(x)g_2(x)\cdots g_t(x)$ 在实数域上可以分解为互异的首一不可约多项式 $g_i(x)$ 的乘积. 令 $V_i = \operatorname{Ker} g_i(\varphi)$, 则

$$V = V_1 \perp V_2 \perp \cdots \perp V_t,$$

$\boldsymbol{\varphi}_i=\boldsymbol{\varphi}|_{V_i}$ 是 V_i 上的正规算子且极小多项式为 $g_i(x)$. 若 $g_i(x)=(x-a_i)^2+b_i^2$, 则存在 V_i 的标准正交基, 使得 $\boldsymbol{\varphi}_i$ 的表示矩阵为 $\mathrm{diag}\left\{\begin{pmatrix}a_i & b_i\\ -b_i & a_i\end{pmatrix},\cdots,\begin{pmatrix}a_i & b_i\\ -b_i & a_i\end{pmatrix}\right\}$; 若 $g_i(x)=x-c_i$, 则 $\boldsymbol{\varphi}_i=c_i\boldsymbol{I}_{V_i}$. 具体的证明请参考教材 [1] § 9.7. 回到本题的证明, 由于 $\boldsymbol{\varphi}\boldsymbol{\psi}=\boldsymbol{\psi}\boldsymbol{\varphi}$, 故易证 V_i 也是 $\boldsymbol{\psi}$ 的不变子空间. 令 $\boldsymbol{\psi}_i=\boldsymbol{\psi}|_{V_i}$, 则有 $\boldsymbol{\varphi}_i\boldsymbol{\psi}_i=\boldsymbol{\psi}_i\boldsymbol{\varphi}_i$. 若 $g_i(x)=(x-a_i)^2+b_i^2$, 则 $\boldsymbol{\varphi}_i$ 满足例 9.108 的条件, 从而 $\boldsymbol{\varphi}_i^*=(a_i^2+b_i^2)\boldsymbol{\varphi}_i^{-1}$, 于是由 $\boldsymbol{\varphi}_i^{-1}\boldsymbol{\psi}_i=\boldsymbol{\psi}_i\boldsymbol{\varphi}_i^{-1}$ 即得 $\boldsymbol{\varphi}_i^*\boldsymbol{\psi}_i=\boldsymbol{\psi}_i\boldsymbol{\varphi}_i^*$; 若 $g_i(x)=x-c_i$, 则 $\boldsymbol{\varphi}_i=\boldsymbol{\varphi}_i^*=c_i\boldsymbol{I}_{V_i}$, 此时 $\boldsymbol{\varphi}_i^*\boldsymbol{\psi}_i=\boldsymbol{\psi}_i\boldsymbol{\varphi}_i^*$ 显然成立. 因为 $\boldsymbol{\varphi}^*\boldsymbol{\psi}=\boldsymbol{\psi}\boldsymbol{\varphi}^*$ 在每一个 V_i 上都成立, 所以在 V 上也成立. 我们也可以平行地给出代数的证明, 类似于例 9.106 证法 1 中的讨论, 可假设 $\boldsymbol{\varphi}$ 在某组标准正交基下的表示矩阵已是如下形状的标准型:

$$\boldsymbol{A}=\mathrm{diag}\{\boldsymbol{B}_1,\cdots,\boldsymbol{B}_s,\boldsymbol{B}_{s+1},\cdots,\boldsymbol{B}_t\},$$

其中 $\boldsymbol{B}_i=\mathrm{diag}\left\{\begin{pmatrix}a_i & b_i\\ -b_i & a_i\end{pmatrix},\cdots,\begin{pmatrix}a_i & b_i\\ -b_i & a_i\end{pmatrix}\right\}$, $1\leq i\leq s$; $\boldsymbol{B}_j=\mathrm{diag}\{c_j,\cdots,c_j\}$, $s+1\leq j\leq t$. 设 $\boldsymbol{\psi}$ 在同一组基下的表示矩阵是 $\boldsymbol{C}$, 则 $\boldsymbol{AC}=\boldsymbol{CA}$. 因为 $\boldsymbol{B}_i$ 的特征值互不相同, 故由例 6.90 可知, $\boldsymbol{C}=\mathrm{diag}\{\boldsymbol{C}_1,\boldsymbol{C}_2,\cdots,\boldsymbol{C}_t\}$, 从而 $\boldsymbol{B}_i\boldsymbol{C}_i=\boldsymbol{C}_i\boldsymbol{B}_i$. 注意到 $\boldsymbol{B}_i'=(a_i^2+b_i^2)\boldsymbol{B}_i^{-1}\,(1\leq i\leq s)$, $\boldsymbol{B}_j'=\boldsymbol{B}_j\,(s+1\leq j\leq t)$, 故可得 $\boldsymbol{B}_i'\boldsymbol{C}_i=\boldsymbol{C}_i\boldsymbol{B}_i'$, 于是 $\boldsymbol{A}'\boldsymbol{C}=\boldsymbol{C}\boldsymbol{A}'$, 从而 $\boldsymbol{\varphi}^*\boldsymbol{\psi}=\boldsymbol{\psi}\boldsymbol{\varphi}^*$ 成立.

证法 2　由例 9.106 可知, 存在实系数多项式 $g(x)$, 使得 $\boldsymbol{\varphi}^*=g(\boldsymbol{\varphi})$. 因为 $\boldsymbol{\varphi}$ 与 $\boldsymbol{\psi}$ 乘法可交换, 所以 $\boldsymbol{\varphi}^*$ 也与 $\boldsymbol{\psi}$ 乘法可交换. □

例 9.110　设 $\boldsymbol{\varphi}$ 是 n 维欧氏空间 V 上的非零线性变换, 求证: $\boldsymbol{\varphi}$ 保持向量的正交性不变的充要条件是存在正实数 k, 使得 $\boldsymbol{\varphi}^*\boldsymbol{\varphi}=k\boldsymbol{I}_V$.

证法 1　先证充分性. 若 $\boldsymbol{\varphi}^*\boldsymbol{\varphi}=k\boldsymbol{I}_V$, 则对任意正交的向量 $\boldsymbol{u},\boldsymbol{v}$, $(\boldsymbol{\varphi}(\boldsymbol{u}),\boldsymbol{\varphi}(\boldsymbol{v}))=(\boldsymbol{\varphi}^*\boldsymbol{\varphi}(\boldsymbol{u}),\boldsymbol{v})=k(\boldsymbol{u},\boldsymbol{v})=0$, 即 $\boldsymbol{\varphi}$ 保持向量的正交性不变. 再证必要性. 取 V 的一组标准正交基 $\boldsymbol{e}_1,\boldsymbol{e}_2,\cdots,\boldsymbol{e}_n$, 因为 $\boldsymbol{\varphi}$ 保持向量的正交性不变, 所以 $\boldsymbol{\varphi}(\boldsymbol{e}_1),\boldsymbol{\varphi}(\boldsymbol{e}_2),\cdots,\boldsymbol{\varphi}(\boldsymbol{e}_n)$ 是一个两两正交的向量组. 对任意的 $i\neq j$, $(\boldsymbol{e}_i+\boldsymbol{e}_j,\boldsymbol{e}_i-\boldsymbol{e}_j)=0$, 故 $(\boldsymbol{\varphi}(\boldsymbol{e}_i)+\boldsymbol{\varphi}(\boldsymbol{e}_j),\boldsymbol{\varphi}(\boldsymbol{e}_i)-\boldsymbol{\varphi}(\boldsymbol{e}_j))=0$, 从而 $(\boldsymbol{\varphi}(\boldsymbol{e}_i),\boldsymbol{\varphi}(\boldsymbol{e}_i))=(\boldsymbol{\varphi}(\boldsymbol{e}_j),\boldsymbol{\varphi}(\boldsymbol{e}_j))$, 于是 $(\boldsymbol{\varphi}(\boldsymbol{e}_i),\boldsymbol{\varphi}(\boldsymbol{e}_i))$ 是一个不依赖于 i 的常数, 设之为 k. 又因为 $\boldsymbol{\varphi}$ 是非零线性变换, 故至少存在一个 i, 使得 $\boldsymbol{\varphi}(\boldsymbol{e}_i)\neq\boldsymbol{0}$, 从而 $k>0$, 于是 $\|\boldsymbol{\varphi}(\boldsymbol{e}_i)\|=\sqrt{k}\,(1\leq i\leq n)$. 考虑线性变换 $\dfrac{1}{\sqrt{k}}\boldsymbol{\varphi}$, 它将标准正交基 $\boldsymbol{e}_1,\boldsymbol{e}_2,\cdots,\boldsymbol{e}_n$ 映为标准正交基 $\dfrac{1}{\sqrt{k}}\boldsymbol{\varphi}(\boldsymbol{e}_1),\dfrac{1}{\sqrt{k}}\boldsymbol{\varphi}(\boldsymbol{e}_2),\cdots,\dfrac{1}{\sqrt{k}}\boldsymbol{\varphi}(\boldsymbol{e}_n)$, 故为正交变换, 从而 $\left(\dfrac{1}{\sqrt{k}}\boldsymbol{\varphi}^*\right)\left(\dfrac{1}{\sqrt{k}}\boldsymbol{\varphi}\right)=\boldsymbol{I}_V$, 即 $\boldsymbol{\varphi}^*\boldsymbol{\varphi}=k\boldsymbol{I}_V$ 成立.

证法 2　充分性的证明同证法 1, 下证必要性. 设 $S=\{\boldsymbol{v}\in V\,|\,\|\boldsymbol{v}\|=1\}$, 任取两个不正交的向量 $\boldsymbol{u},\boldsymbol{v}\in S$, 由 Gram-Schmidt 正交化方法可知 $(\boldsymbol{v}-(\boldsymbol{v},\boldsymbol{u})\boldsymbol{u},\boldsymbol{u})=0$, 从而有 $(\varphi(\boldsymbol{v})-(\boldsymbol{v},\boldsymbol{u})\varphi(\boldsymbol{u}),\varphi(\boldsymbol{u}))=0$, 于是 $(\varphi(\boldsymbol{v}),\varphi(\boldsymbol{u}))=(\boldsymbol{v},\boldsymbol{u})(\varphi(\boldsymbol{u}),\varphi(\boldsymbol{u}))$. 同理可得 $(\varphi(\boldsymbol{u}),\varphi(\boldsymbol{v}))=(\boldsymbol{u},\boldsymbol{v})(\varphi(\boldsymbol{v}),\varphi(\boldsymbol{v}))$, 由于 $(\boldsymbol{u},\boldsymbol{v})\neq 0$, 故 $(\varphi(\boldsymbol{u}),\varphi(\boldsymbol{u}))=(\varphi(\boldsymbol{v}),\varphi(\boldsymbol{v}))$. 对两个正交的向量 $\boldsymbol{u},\boldsymbol{v}\in S$, 令 $\boldsymbol{w}=\dfrac{1}{\sqrt{2}}(\boldsymbol{u}+\boldsymbol{v})\in S$, 则 $\boldsymbol{w}$ 与 $\boldsymbol{u},\boldsymbol{v}$ 中任意一个都不正交, 从而由上面的讨论可知, $(\varphi(\boldsymbol{u}),\varphi(\boldsymbol{u}))=(\varphi(\boldsymbol{w}),\varphi(\boldsymbol{w}))=(\varphi(\boldsymbol{v}),\varphi(\boldsymbol{v}))$, 因此 $(\varphi(\boldsymbol{v}),\varphi(\boldsymbol{v}))$ 是 S 上的常值函数, 记之为 k. 因为 φ 是非零线性变换, 故存在非零向量 $\boldsymbol{v}\in V$, 使得 $\varphi(\boldsymbol{v})\neq\boldsymbol{0}$, 从而 $\varphi\Big(\dfrac{\boldsymbol{v}}{\|\boldsymbol{v}\|}\Big)=\dfrac{\varphi(\boldsymbol{v})}{\|\boldsymbol{v}\|}\neq\boldsymbol{0}$, 于是 $k>0$. 因此对任一非零向量 $\boldsymbol{v}\in V$, 有 $\sqrt{k}=\Big\|\varphi\Big(\dfrac{\boldsymbol{v}}{\|\boldsymbol{v}\|}\Big)\Big\|=\dfrac{\|\varphi(\boldsymbol{v})\|}{\|\boldsymbol{v}\|}$, 从而 $\Big\|\dfrac{1}{\sqrt{k}}\varphi(\boldsymbol{v})\Big\|=\|\boldsymbol{v}\|$, 这个等式对 $\boldsymbol{v}=\boldsymbol{0}$ 也成立, 这说明 $\dfrac{1}{\sqrt{k}}\varphi$ 保持范数, 从而是正交变换, 于是 $\Big(\dfrac{1}{\sqrt{k}}\varphi^*\Big)\Big(\dfrac{1}{\sqrt{k}}\varphi\Big)=\boldsymbol{I}_V$, 即 $\varphi^*\varphi=k\boldsymbol{I}_V$ 成立. □

例 9.110 及其两种证法可以推广到酉空间的情形, 相关细节留给读者自行完成. 利用例 9.110 还能证明例 9.93 的实正规算子版本.

例 9.111　设 φ 是 n 维欧氏空间 V 上的线性变换, $g(x)$ 是 φ 的极小多项式, 求证: φ 是正规算子的充要条件是对 $g(x)$ 的任一不可约因式 $g_i(x)$, 以下两个条件都成立:

(1) $V=\operatorname{Ker}g_i(\varphi)\perp\operatorname{Im}g_i(\varphi)$;

(2) 任取 $\operatorname{Ker}g_i(\varphi)$ 中两个正交的向量 $\boldsymbol{\alpha},\boldsymbol{\beta}$, 则 $\varphi(\boldsymbol{\alpha})$ 与 $\varphi(\boldsymbol{\beta})$ 也正交.

证明　先证必要性. 若 φ 是正规算子, 则由教材 [1] 中的定理 9.7.1 可知, φ 的极小多项式 $g(x)$ 无重因式, 即 $g(x)=g_1(x)g_2(x)\cdots g_k(x)$, 其中 $g_i(x)$ 是 $g(x)$ 互异的首一不可约因式, 并且

$$V=\operatorname{Ker}g_1(\varphi)\perp\operatorname{Ker}g_2(\varphi)\perp\cdots\perp\operatorname{Ker}g_k(\varphi).\tag{9.16}$$

对任意的 $i\neq j$, 由 $(g_i(x),g_j(x))=1$ 可知, 存在实系数多项式 $u(x),v(x)$, 使得 $g_i(x)u(x)+g_j(x)v(x)=1$, 于是 $g_i(\varphi)u(\varphi)+g_j(\varphi)v(\varphi)=\boldsymbol{I}_V$. 任取 $\boldsymbol{v}\in\operatorname{Ker}g_j(\varphi)$, 则有 $\boldsymbol{v}=g_i(\varphi)u(\varphi)(\boldsymbol{v})+v(\varphi)g_j(\varphi)(\boldsymbol{v})=g_i(\varphi)u(\varphi)(\boldsymbol{v})\in\operatorname{Im}g_i(\varphi)$, 于是 $\operatorname{Ker}g_j(\varphi)\subseteq\operatorname{Im}g_i(\varphi)$. 进一步, $\sum\limits_{j\neq i}\operatorname{Ker}g_j(\varphi)\subseteq\operatorname{Im}g_i(\varphi)$. 由线性映射维数公式以及 (9.16) 式可得 $\operatorname{Im}g_i(\varphi)=\sum\limits_{j\neq i}\operatorname{Ker}g_j(\varphi)=\perp_{j\neq i}\operatorname{Ker}g_j(\varphi)$, 从而 $V=\operatorname{Ker}g_i(\varphi)\perp\operatorname{Im}g_i(\varphi)$, 即条件 (1) 成立. 令 φ_i 为 φ 在 $\operatorname{Ker}g_i(\varphi)$ 上的限制, 则 φ_i 仍为实正规算子且极小多项式为 $g_i(x)$. 若 $g_i(x)=x-c_i$, 则 $\varphi_i=c_i\boldsymbol{I}$ 为纯量变换, 它显然保持向量的正交性不

变. 若 $g_i(x)=(x-a_i)^2+b_i^2$, 其中 $b_i\neq 0$, 则由例 9.108 可得 $\boldsymbol{\varphi}_i^*\boldsymbol{\varphi}_i=(a_i^2+b_i^2)\boldsymbol{I}$, 再由例 9.110 可知 $\boldsymbol{\varphi}_i$ 保持向量的正交性不变, 即条件 (2) 也成立.

再证充分性. 设 $\boldsymbol{\varphi}$ 满足条件 (1) 和 (2), 其极小多项式 $g(x)=g_1(x)^{r_1}g_2(x)^{r_2}\cdots g_k(x)^{r_k}$, 其中 $g_i(x)$ 是 $g(x)$ 互异的首一不可约因式. 若 $r_1>1$, 则对任一 $\boldsymbol{v}\in V$, $g_1(\boldsymbol{\varphi})^{r_1-1}g_2(\boldsymbol{\varphi})^{r_2}\cdots g_k(\boldsymbol{\varphi})^{r_k}(\boldsymbol{v})\in \operatorname{Ker}g_1(\boldsymbol{\varphi})\cap\operatorname{Im}g_1(\boldsymbol{\varphi})=0$, 于是 $\boldsymbol{\varphi}$ 也适合多项式 $g_1(x)^{r_1-1}g_2(x)^{r_2}\cdots g_k(x)^{r_k}$, 这与 $g(x)$ 是极小多项式相矛盾, 因此 $g(x)=g_1(x)g_2(x)\cdots g_k(x)$. 由例 7.87 可知, $V=\operatorname{Ker}g_1(\boldsymbol{\varphi})\oplus\operatorname{Ker}g_2(\boldsymbol{\varphi})\oplus\cdots\oplus\operatorname{Ker}g_k(\boldsymbol{\varphi})$, 由必要性中间完全类似的讨论可得 $\operatorname{Im}g_i(\boldsymbol{\varphi})=\oplus_{j\neq i}\operatorname{Ker}g_j(\boldsymbol{\varphi})$, 再由条件 (1) 可知, 对任意的 $i\neq j$, $\operatorname{Ker}g_i(\boldsymbol{\varphi})\perp\operatorname{Ker}g_j(\boldsymbol{\varphi})$, 于是

$$V=\operatorname{Ker}g_1(\boldsymbol{\varphi})\perp\operatorname{Ker}g_2(\boldsymbol{\varphi})\perp\cdots\perp\operatorname{Ker}g_k(\boldsymbol{\varphi}).$$

若 $g_i(x)=x-c_i$, 则 $\boldsymbol{\varphi}_i=c_i\boldsymbol{I}$ 为纯量变换, 于是存在 $\operatorname{Ker}g_i(\boldsymbol{\varphi})$ 的一组标准正交基, 使得 $\boldsymbol{\varphi}_i$ 的表示矩阵为纯量矩阵 $c_i\boldsymbol{I}$. 若 $g_i(x)=(x-a_i)^2+b_i^2$, 其中 $b_i\neq 0$, 则 $\boldsymbol{\varphi}_i$ 是非零线性变换且保持 $\operatorname{Ker}g_i(\boldsymbol{\varphi})$ 中向量的正交性不变, 故由例 9.110 可知, 存在正实数 k_i, 使得 $\boldsymbol{\varphi}_i^*\boldsymbol{\varphi}_i=k_i\boldsymbol{I}$, 故 $\boldsymbol{\varphi}_i^*=k_i\boldsymbol{\varphi}_i^{-1}$, 于是 $\boldsymbol{\varphi}_i$ 是 $\operatorname{Ker}g_i(\boldsymbol{\varphi})$ 上的正规算子, 从而存在一组标准正交基, 使得 $\boldsymbol{\varphi}_i$ 的表示矩阵为 $\boldsymbol{A}_i=\operatorname{diag}\left\{\begin{pmatrix}a_i & b_i\\ -b_i & a_i\end{pmatrix},\cdots,\begin{pmatrix}a_i & b_i\\ -b_i & a_i\end{pmatrix}\right\}$. 将 $\operatorname{Ker}g_i(\boldsymbol{\varphi})$ 的标准正交基拼成全空间 V 的一组标准正交基, 则 $\boldsymbol{\varphi}$ 在这组基下的表示矩阵为

$$\boldsymbol{A}=\operatorname{diag}\left\{\begin{pmatrix}a_1 & b_1\\ -b_1 & a_1\end{pmatrix},\cdots,\begin{pmatrix}a_r & b_r\\ -b_r & a_r\end{pmatrix},c_{2r+1},\cdots,c_n\right\},$$

这是一个实正规矩阵, 从而 $\boldsymbol{\varphi}$ 是实正规算子. □

例 9.112 设 $\boldsymbol{\varphi}$ 是 n 维欧氏空间 V 上的线性变换, 求证: $\boldsymbol{\varphi}$ 是斜对称算子 (即 $\boldsymbol{\varphi}^*=-\boldsymbol{\varphi}$) 的充要条件是对任意的向量 $\boldsymbol{v}$, $\boldsymbol{\varphi}(\boldsymbol{v})$ 与 $\boldsymbol{v}$ 都正交.

证明 先证必要性. 若 $\boldsymbol{\varphi}^*=-\boldsymbol{\varphi}$, 则对任意的 $\boldsymbol{v}\in V$, $(\boldsymbol{\varphi}(\boldsymbol{v}),\boldsymbol{v})=(\boldsymbol{v},\boldsymbol{\varphi}^*(\boldsymbol{v}))=(\boldsymbol{v},-\boldsymbol{\varphi}(\boldsymbol{v}))=-(\boldsymbol{\varphi}(\boldsymbol{v}),\boldsymbol{v})$, 从而 $(\boldsymbol{\varphi}(\boldsymbol{v}),\boldsymbol{v})=0$. 再证充分性. 任取 $\boldsymbol{u},\boldsymbol{v}\in V$, 则由条件可得

$$\begin{aligned}0=(\boldsymbol{\varphi}(\boldsymbol{u}+\boldsymbol{v}),\boldsymbol{u}+\boldsymbol{v})&=(\boldsymbol{\varphi}(\boldsymbol{u}),\boldsymbol{u})+(\boldsymbol{\varphi}(\boldsymbol{u}),\boldsymbol{v})+(\boldsymbol{\varphi}(\boldsymbol{v}),\boldsymbol{u})+(\boldsymbol{\varphi}(\boldsymbol{v}),\boldsymbol{v}),\\&=(\boldsymbol{\varphi}(\boldsymbol{u}),\boldsymbol{v})+(\boldsymbol{\varphi}(\boldsymbol{v}),\boldsymbol{u}),\end{aligned}$$

从而 $(\boldsymbol{\varphi}(\boldsymbol{u}),\boldsymbol{v})=-(\boldsymbol{\varphi}(\boldsymbol{v}),\boldsymbol{u})=(\boldsymbol{u},-\boldsymbol{\varphi}(\boldsymbol{v}))$ 对任意的 $\boldsymbol{u},\boldsymbol{v}\in V$ 成立, 再由伴随的唯一性即得 $\boldsymbol{\varphi}^*=-\boldsymbol{\varphi}$. □

注 例 9.112 对酉空间就不成立了, 请读者自行思考其中的原因 (参考例 9.10).

在前面我们已经看到不变子空间对研究正规算子的重要意义, 接下去的例 9.113 是关于正规算子不变子空间的最重要的结论, 其中对实正规算子不变子空间的证明虽然比较复杂, 但其方法在前面的例题中已使用过多次, 相信读者是不会陌生的.

例 9.113 设 φ 是 n 维内积空间 V 上的正规算子, U 是 φ 的不变子空间. 求证: U 也是 φ^* 的不变子空间, 从而 φ 在 U 上的限制仍然是一个正规算子.

证法 1 我们对欧氏空间和酉空间分别进行证明. 先假设 V 是酉空间, 我们对不变子空间 U 的维数 k 进行归纳. 当 $k=1$ 时, U 是一维子空间, 可以由一个向量 $\boldsymbol{u}$ 生成. 显然 $\boldsymbol{u}$ 是 φ 的特征向量, 由例 9.28 可知, $\boldsymbol{u}$ 也是 φ^* 的特征向量, 从而 $U=L(\boldsymbol{u})$ 也是 φ^* 的不变子空间. 假设对 $k-1$ 维不变子空间结论成立, 现设 U 是 k 维不变子空间. 将 φ 限制在 U 上, 设 λ 是 $\varphi|_U$ 的特征值, $\boldsymbol{u}\in U$ 是对应的特征向量. 令 $W=L(\boldsymbol{u})$, 则由例 9.28 可知, W 既是 φ 的不变子空间, 也是 φ^* 的不变子空间, 再由例 9.26 可知, $W^\perp$ 也是 φ 和 φ^* 的不变子空间. 令 $W_0=U\cap W^\perp$, 则易证 $U=W\perp W_0$ 且 W_0 是 φ 的 $k-1$ 维不变子空间. 由归纳假设, W_0 是 φ^* 的不变子空间, 于是 U 也是 φ^* 的不变子空间. 至此我们对酉空间证明了结论.

再假设 V 是欧氏空间, 我们也对 U 的维数 k 进行归纳. 当 $k=0$ 时表示归纳过程已经结束. 当 $k=1$ 时, 类似于酉空间的情形同理可证明. 假设对小于 k 维的不变子空间结论成立, 现设 U 是 k 维不变子空间. 取 U 和 $U^\perp$ 的标准正交基组成 V 的基, φ 在此基下的表示矩阵为 $\boldsymbol{N}=\begin{pmatrix}\boldsymbol{A}&\boldsymbol{C}\\\boldsymbol{O}&\boldsymbol{B}\end{pmatrix}$, $\boldsymbol{N}$ 是正规矩阵. 我们将 V 等同于 $\mathbb{R}^n$ (取标准内积), U 等同于 $\mathbb{R}^k$ (看成是 $\mathbb{R}^n$ 的子空间, 后 $n-k$ 个分量全为零), 将 φ 等同于 $\boldsymbol{N}$, $\varphi|_U$ 等同于 $\boldsymbol{A}$. 若 $\boldsymbol{A}$ 有实特征值, 则类似于酉空间的情形用归纳假设即得结论. 以下假设 $\boldsymbol{A}$ 没有实特征值, 并设 $a+b\mathrm{i}$ 是其虚特征值, $\boldsymbol{u}+\boldsymbol{v}\mathrm{i}$ 是对应的特征向量, 注意到它们也是 $\boldsymbol{N}$ 的虚特征值和虚特征向量, 故由例 9.86 可知, $W=L(\boldsymbol{u},\boldsymbol{v})$ 作为 U 的二维子空间, 既是 $\boldsymbol{N}$ 的不变子空间, 也是 $\boldsymbol{N}'$ 的不变子空间, 再由例 9.26 可知, $W^\perp$ 也是 $\boldsymbol{N}$ 和 $\boldsymbol{N}'$ 的不变子空间. 令 $W_0=U\cap W^\perp$, 则易证 $U=W\perp W_0$ 且 W_0 是 $\boldsymbol{N}$ 的 $k-2$ 维不变子空间. 由归纳假设, W_0 是 $\boldsymbol{N}'$ 的不变子空间, 于是 U 也是 $\boldsymbol{N}'$ 的不变子空间. 至此我们对欧氏空间也证明了结论.

证法 2 我们只对欧氏空间证明, 酉空间的证明类似. 取 U 和 $U^\perp$ 的标准正交基组成 V 的基, φ 在此基下的表示矩阵为 $\boldsymbol{N}=\begin{pmatrix}\boldsymbol{A}&\boldsymbol{C}\\\boldsymbol{O}&\boldsymbol{B}\end{pmatrix}$, $\boldsymbol{N}$ 是正规矩阵, 故由例 9.89 可知 $\boldsymbol{C}=\boldsymbol{O}$. 又 φ^* 的表示矩阵为 $\boldsymbol{N}'$, 故 U 也是 φ^* 的不变子空间.

特别地, 可将 φ 和 φ^* 限制在 U 上, 并且容易验证 $\varphi^*|_U$ 仍是 $\varphi|_U$ 的伴随, 故由 $\varphi|_U\varphi^*|_U=\varphi^*|_U\varphi|_U$ 可知 $\varphi|_U$ 仍是正规算子. □

§ 9.12 实正规矩阵的正交相似标准型

上一节我们讨论了实正规算子和实正规矩阵的几何结构及其相关的应用, 这一节将着重讨论实正规矩阵的正交相似标准型在矩阵理论中的一些应用.

例 9.75 告诉我们, 若 $\boldsymbol{A}$ 是正定实对称矩阵, $\boldsymbol{B}$ 是实对称矩阵, 则存在可逆矩阵 $\boldsymbol{C}$, 使得 $\boldsymbol{C}'\boldsymbol{A}\boldsymbol{C}=\boldsymbol{I}_n$, $\boldsymbol{C}'\boldsymbol{B}\boldsymbol{C}$ 是对角矩阵, 这个结论称为同时合同对角化. 在 § 9.8 中, 我们已看到同时合同对角化在处理实对称矩阵时的诸多应用. 类似地, 若 $\boldsymbol{S}$ 是实反对称矩阵, 则例 9.114 告诉我们, 存在可逆矩阵 $\boldsymbol{C}$, 使得 $\boldsymbol{C}'\boldsymbol{A}\boldsymbol{C}=\boldsymbol{I}_n$, $\boldsymbol{C}'\boldsymbol{S}\boldsymbol{C}$ 是实反对称矩阵的正交相似标准型, 我们亦称之为同时合同标准化.

例 9.114 设 $\boldsymbol{A}$ 为 n 阶正定实对称矩阵, $\boldsymbol{S}$ 是同阶实反对称矩阵, 求证: 存在可逆矩阵 $\boldsymbol{C}$, 使得

$$\boldsymbol{C}'\boldsymbol{A}\boldsymbol{C}=\boldsymbol{I}_n,\ \ \boldsymbol{C}'\boldsymbol{S}\boldsymbol{C}=\mathrm{diag}\left\{\begin{pmatrix}0 & b_1\\ -b_1 & 0\end{pmatrix},\cdots,\begin{pmatrix}0 & b_r\\ -b_r & 0\end{pmatrix},0,\cdots,0\right\},\quad (9.17)$$

其中 $b_1,\cdots,b_r$ 是非零实数.

证明 因为 $\boldsymbol{A}$ 是正定阵, 故存在可逆矩阵 $\boldsymbol{P}$, 使得 $\boldsymbol{P}'\boldsymbol{A}\boldsymbol{P}=\boldsymbol{I}_n$. 又矩阵 $\boldsymbol{P}'\boldsymbol{S}\boldsymbol{P}$ 还是实反对称矩阵, 故存在正交矩阵 $\boldsymbol{Q}$, 使得

$$\boldsymbol{Q}'(\boldsymbol{P}'\boldsymbol{S}\boldsymbol{P})\boldsymbol{Q}=\mathrm{diag}\left\{\begin{pmatrix}0 & b_1\\ -b_1 & 0\end{pmatrix},\cdots,\begin{pmatrix}0 & b_r\\ -b_r & 0\end{pmatrix},0,\cdots,0\right\},$$

其中 $b_1,\cdots,b_r$ 是非零实数. 此时 $\boldsymbol{Q}'(\boldsymbol{P}'\boldsymbol{A}\boldsymbol{P})\boldsymbol{Q}=\boldsymbol{I}_n$, 只需令 $\boldsymbol{C}=\boldsymbol{P}\boldsymbol{Q}$ 即得结论. □

同时合同标准化在处理实反对称矩阵时比较有用, 我们来看 3 个典型的例题.

例 8.45 设 $\boldsymbol{A}$ 是 n 阶正定实对称矩阵, $\boldsymbol{S}$ 是 n 阶实反对称矩阵, 求证:

(1) $|\boldsymbol{A}+\boldsymbol{S}|\geq|\boldsymbol{A}|+|\boldsymbol{S}|$, 且等号成立当且仅当 $n\leq 2$ 或当 $n\geq 3$ 时, $\boldsymbol{S}=\boldsymbol{O}$.

(2) $|\boldsymbol{A}+\boldsymbol{S}|\geq|\boldsymbol{A}|$, 且等号成立当且仅当 $\boldsymbol{S}=\boldsymbol{O}$.

证法 2 (2) 由例 9.114 可知, 存在可逆矩阵 $\boldsymbol{C}$, 使得 (9.17) 式成立. 因此我们有

$$\begin{aligned}|\boldsymbol{C}'||\boldsymbol{A}+\boldsymbol{S}||\boldsymbol{C}|&=|\boldsymbol{C}'\boldsymbol{A}\boldsymbol{C}+\boldsymbol{C}'\boldsymbol{S}\boldsymbol{C}|\\&=\left|\mathrm{diag}\left\{\begin{pmatrix}1 & b_1\\ -b_1 & 1\end{pmatrix},\cdots,\begin{pmatrix}1 & b_r\\ -b_r & 1\end{pmatrix},1,\cdots,1\right\}\right|\\&=(1+b_1^2)(1+b_2^2)\cdots(1+b_r^2)\geq 1=|\boldsymbol{C}'||\boldsymbol{A}||\boldsymbol{C}|,\end{aligned}$$

且等号成立的充要条件是 $r=0$, 这也等价于 $\boldsymbol{C}'\boldsymbol{S}\boldsymbol{C}=\boldsymbol{O}$, 即 $\boldsymbol{S}=\boldsymbol{O}$.

(1) 与 (2) 的证明类似, 但等号成立的充要条件需要讨论, 细节留给读者完成. □

例 9.115 设 n 阶实矩阵 $\boldsymbol{A}$ 满足 $\boldsymbol{A}+\boldsymbol{A}'$ 正定 (即 $\boldsymbol{A}$ 是亚正定阵), 求证:

$$|\boldsymbol{A}+\boldsymbol{A}'|\leq 2^n|\boldsymbol{A}|,$$

且等号成立的充要条件是 $\boldsymbol{A}$ 为对称矩阵.

证明 注意到矩阵 $\boldsymbol{A}$ 的如下分解:

$$\boldsymbol{A}=\frac{1}{2}(\boldsymbol{A}+\boldsymbol{A}')+\frac{1}{2}(\boldsymbol{A}-\boldsymbol{A}'),$$

其中 $\frac{1}{2}(\boldsymbol{A}+\boldsymbol{A}')$ 是正定阵, $\frac{1}{2}(\boldsymbol{A}-\boldsymbol{A}')$ 是实反对称矩阵, 故由例 8.45 可得 $|\boldsymbol{A}|\geq \frac{1}{2^n}|\boldsymbol{A}+\boldsymbol{A}'|$, 等号成立的充要条件是 $\frac{1}{2}(\boldsymbol{A}-\boldsymbol{A}')=\boldsymbol{O}$, 即 $\boldsymbol{A}$ 为对称矩阵. □

例 9.116 设 $\boldsymbol{A},\boldsymbol{B}$ 为 n 阶实矩阵, 其中 $\boldsymbol{A}$ 的 n 个特征值都是正实数, 并且满足 $\boldsymbol{AB}+\boldsymbol{BA}'=2\boldsymbol{AA}'$. 证明:

(1) $\boldsymbol{B}$ 必为对称矩阵;

(2) $\boldsymbol{A}$ 为对称矩阵当且仅当 $\boldsymbol{A}=\boldsymbol{B}$, 也当且仅当 $\mathrm{tr}(\boldsymbol{B}^2)=\mathrm{tr}(\boldsymbol{AA}')$;

(3) $|\boldsymbol{B}|\geq|\boldsymbol{A}|$, 且等号成立的充要条件是 $\boldsymbol{A}=\boldsymbol{B}$.

证明 (1) 考虑矩阵方程

$$\boldsymbol{AX}-\boldsymbol{X}(-\boldsymbol{A}')=2\boldsymbol{AA}', \tag{9.18}$$

由于 $\boldsymbol{A}$ 的特征值都是正实数, 故 $-\boldsymbol{A}'$ 的特征值都是负实数, 从而它们没有公共的特征值. 由例 6.91 可知, 矩阵方程 (9.18) 存在唯一解 $\boldsymbol{X}=\boldsymbol{B}\in M_n(\mathbb{R})$. 将等式 $\boldsymbol{AB}+\boldsymbol{BA}'=2\boldsymbol{AA}'$ 两边同时转置, 可得 $\boldsymbol{AB}'+\boldsymbol{B}'\boldsymbol{A}'=2\boldsymbol{AA}'$, 即 $\boldsymbol{X}=\boldsymbol{B}'$ 也是矩阵方程 (9.18) 的解, 由解的唯一性可得 $\boldsymbol{B}=\boldsymbol{B}'$, 即 $\boldsymbol{B}$ 为对称矩阵.

(2) 若 $\boldsymbol{A}$ 为对称矩阵, 则 $\boldsymbol{X}=\boldsymbol{A}$ 也是矩阵方程 (9.18) 的解, 由解的唯一性可得 $\boldsymbol{B}=\boldsymbol{A}$, 于是 $\boldsymbol{B}^2=\boldsymbol{AA}'$, 从而 $\mathrm{tr}(\boldsymbol{B}^2)=\mathrm{tr}(\boldsymbol{AA}')$. 反之, 若 $\mathrm{tr}(\boldsymbol{B}^2)=\mathrm{tr}(\boldsymbol{AA}')$, 则

$$\begin{aligned}\mathrm{tr}\Big((\boldsymbol{A}-\boldsymbol{B})(\boldsymbol{A}-\boldsymbol{B})'\Big)&=\mathrm{tr}\Big((\boldsymbol{A}-\boldsymbol{B})(\boldsymbol{A}'-\boldsymbol{B})\Big)\\&=\mathrm{tr}\Big(\boldsymbol{AA}'+\boldsymbol{B}^2-(\boldsymbol{AB}+\boldsymbol{BA}')\Big)=\mathrm{tr}(\boldsymbol{B}^2)-\mathrm{tr}(\boldsymbol{AA}')=0,\end{aligned}$$

由迹的正定性可得 $\boldsymbol{A}-\boldsymbol{B}=\boldsymbol{O}$, 即 $\boldsymbol{A}=\boldsymbol{B}$ 是对称矩阵.

(3) 注意到 $\boldsymbol{AB}+(\boldsymbol{AB})'=2\boldsymbol{AA}'$ 为正定阵且 $|\boldsymbol{A}|>0$, 故由例 9.115 可得 $|2\boldsymbol{AA}'|\leq 2^n|\boldsymbol{AB}|$, 由此可得 $|\boldsymbol{B}|\geq|\boldsymbol{A}|$, 等号成立当且仅当 $\boldsymbol{AB}$ 为对称矩阵, 即当且仅当 $\boldsymbol{AB}=\boldsymbol{AA}'$, 这也当且仅当 $\boldsymbol{A}=\boldsymbol{B}$. □

例 9.117 设 $\boldsymbol{A}$ 为 n 阶实正规矩阵, 求证: 存在特征值为 1 或 -1 的正交矩阵 $\boldsymbol{P}$, 使得 $\boldsymbol{P}'\boldsymbol{A}\boldsymbol{P}=\boldsymbol{A}'$.

证明 设 $\boldsymbol{Q}$ 为正交矩阵, 使得

$$\boldsymbol{Q}'\boldsymbol{A}\boldsymbol{Q}=\operatorname{diag}\left\{\begin{pmatrix}a_1 & b_1\\ -b_1 & a_1\end{pmatrix},\cdots,\begin{pmatrix}a_r & b_r\\ -b_r & a_r\end{pmatrix},c_{2r+1},\cdots,c_n\right\}$$

为正交相似标准型, 上式两边转置后有

$$\boldsymbol{Q}'\boldsymbol{A}'\boldsymbol{Q}=\operatorname{diag}\left\{\begin{pmatrix}a_1 & -b_1\\ b_1 & a_1\end{pmatrix},\cdots,\begin{pmatrix}a_r & -b_r\\ b_r & a_r\end{pmatrix},c_{2r+1},\cdots,c_n\right\}.$$

设正交矩阵 $\boldsymbol{R}=\operatorname{diag}\left\{\begin{pmatrix}0 & 1\\ 1 & 0\end{pmatrix},\cdots,\begin{pmatrix}0 & 1\\ 1 & 0\end{pmatrix},1,\cdots,1\right\}$, 其中有 r 个二阶分块, 则容易验证 $\boldsymbol{R}'(\boldsymbol{Q}'\boldsymbol{A}\boldsymbol{Q})\boldsymbol{R}=\boldsymbol{Q}'\boldsymbol{A}'\boldsymbol{Q}$, 即有 $(\boldsymbol{Q}\boldsymbol{R}\boldsymbol{Q}')'\boldsymbol{A}(\boldsymbol{Q}\boldsymbol{R}\boldsymbol{Q}')=\boldsymbol{A}'$. 令 $\boldsymbol{P}=\boldsymbol{Q}\boldsymbol{R}\boldsymbol{Q}'$, 则 $\boldsymbol{P}$ 为正交矩阵且 $\boldsymbol{P}'\boldsymbol{A}\boldsymbol{P}=\boldsymbol{A}'$. 又 $\boldsymbol{P}$ 正交相似于 $\boldsymbol{R}$, 故其特征值为 1 或 -1. □

例 9.30 设 V 是 n 阶实对称矩阵构成的欧氏空间 (取 Frobenius 内积).

(1) 求出 V 的一组标准正交基;

(2) 设 $\boldsymbol{T}$ 是一个 n 阶实矩阵, V 上的线性变换 φ 定义为 $\varphi(\boldsymbol{A})=\boldsymbol{T}'\boldsymbol{A}\boldsymbol{T}$, 求证: φ 是自伴随算子的充要条件是 $\boldsymbol{T}$ 为对称矩阵或反对称矩阵.

证法 2 (2) 我们用实正规矩阵的正交相似标准型来证明: 若 $\boldsymbol{T}'\boldsymbol{A}\boldsymbol{T}=\boldsymbol{T}\boldsymbol{A}\boldsymbol{T}'$ 对任意的 n 阶实对称矩阵 $\boldsymbol{A}$ 都成立, 则 $\boldsymbol{T}$ 必为实对称矩阵或实反对称矩阵.

先取 $\boldsymbol{A}=\boldsymbol{I}_n$, 则 $\boldsymbol{T}'\boldsymbol{T}=\boldsymbol{T}\boldsymbol{T}'$, 即 $\boldsymbol{T}$ 为实正规矩阵, 故存在正交矩阵 $\boldsymbol{P}$, 使得 $\boldsymbol{P}'\boldsymbol{T}\boldsymbol{P}=\operatorname{diag}\left\{\begin{pmatrix}a_1 & b_1\\ -b_1 & a_1\end{pmatrix},\cdots,\begin{pmatrix}a_r & b_r\\ -b_r & a_r\end{pmatrix},c_{2r+1},\cdots,c_n\right\}$, 其中 $b_1,\cdots,b_r$ 是非零实数. 注意到此时条件可改写为

$$(\boldsymbol{P}'\boldsymbol{T}\boldsymbol{P})'(\boldsymbol{P}'\boldsymbol{A}\boldsymbol{P})(\boldsymbol{P}'\boldsymbol{T}\boldsymbol{P})=(\boldsymbol{P}'\boldsymbol{T}\boldsymbol{P})(\boldsymbol{P}'\boldsymbol{A}\boldsymbol{P})(\boldsymbol{P}'\boldsymbol{T}\boldsymbol{P})',$$

$\boldsymbol{P}'\boldsymbol{A}\boldsymbol{P}$ 可取到任意的实对称矩阵, 并且 $\boldsymbol{T}$ 对称或反对称当且仅当 $\boldsymbol{P}'\boldsymbol{T}\boldsymbol{P}$ 对称或反对称, 故不妨从一开始就假设 $\boldsymbol{T}$ 是上述标准型. 若 $\boldsymbol{T}$ 主对角线上的分块都是一阶矩阵, 则 $\boldsymbol{T}$ 就是对称矩阵. 若 $\boldsymbol{T}$ 主对角线上的分块存在二阶矩阵, 我们只要证明此时 $\boldsymbol{T}$ 必为反对称矩阵即可. 首先, 对二阶矩阵 $\boldsymbol{T}_1=\begin{pmatrix}a & b\\ -b & a\end{pmatrix}$ $(b\neq 0)$, 令 $\boldsymbol{A}_1=\begin{pmatrix}0 & 1\\ 1 & 0\end{pmatrix}$, 则由 $\boldsymbol{T}_1'\boldsymbol{A}_1\boldsymbol{T}_1=\boldsymbol{T}_1\boldsymbol{A}_1\boldsymbol{T}_1'$ 经过简单计算可得 $ab=0$, 但 $b\neq 0$, 故 $a=0$. 其次, 若

$\boldsymbol{T}$ 主对角线上的分块还存在一阶矩阵, 对三阶矩阵 $\boldsymbol{T}_2=\begin{pmatrix}0&b&0\\-b&0&0\\0&0&\lambda\end{pmatrix}$ $(b\neq 0)$, 令 $\boldsymbol{A}_2=\begin{pmatrix}0&0&0\\0&0&1\\0&1&0\end{pmatrix}$, 则由 $\boldsymbol{T}_2'\boldsymbol{A}_2\boldsymbol{T}_2=\boldsymbol{T}_2\boldsymbol{A}_2\boldsymbol{T}_2'$ 经过简单计算可得 $b\lambda=0$, 但 $b\neq 0$, 故 $\lambda=0$. 因此 $\boldsymbol{T}=\mathrm{diag}\left\{\begin{pmatrix}0&b_1\\-b_1&0\end{pmatrix},\cdots,\begin{pmatrix}0&b_r\\-b_r&0\end{pmatrix},0,\cdots,0\right\}$ 必为反对称矩阵. 综上所述, 结论得证. □

接下来我们看一看正交矩阵的正交相似标准型的若干应用.

例 9.118 证明: (1) 任一正交矩阵均可表示为不超过两个实对称矩阵之积;
(2) 任一 n 阶实矩阵均可表示为不超过 3 个实对称矩阵之积.

证明 (1) 设 $\boldsymbol{A}$ 是正交矩阵, 则存在正交矩阵 $\boldsymbol{P}$, 使得 $\boldsymbol{P}'\boldsymbol{A}\boldsymbol{P}=\boldsymbol{B}=\mathrm{diag}\{\boldsymbol{B}_1,\cdots,\boldsymbol{B}_r,c_{2r+1},\cdots,c_n\}$, 其中 $\boldsymbol{B}_i=\begin{pmatrix}\cos\theta_i&-\sin\theta_i\\\sin\theta_i&\cos\theta_i\end{pmatrix}$ $(1\leq i\leq r)$, $c_j=\pm1\,(2r+1\leq j\leq n)$. 若设

$$\boldsymbol{S}_i=\begin{pmatrix}\cos\theta_i&\sin\theta_i\\\sin\theta_i&-\cos\theta_i\end{pmatrix},\quad \boldsymbol{T}_i=\begin{pmatrix}1&0\\0&-1\end{pmatrix},$$

则 $\boldsymbol{B}_i=\boldsymbol{S}_i\boldsymbol{T}_i\,(1\leq i\leq r)$. 令

$$\boldsymbol{S}=\mathrm{diag}\{\boldsymbol{S}_1,\cdots,\boldsymbol{S}_r,c_{2r+1},\cdots,c_n\},\quad \boldsymbol{T}=\mathrm{diag}\{\boldsymbol{T}_1,\cdots,\boldsymbol{T}_r,1,\cdots,1\},$$

则 $\boldsymbol{B}=\boldsymbol{S}\boldsymbol{T}$, 其中 $\boldsymbol{S},\boldsymbol{T}$ 都是实对称矩阵. 最后 $\boldsymbol{A}=(\boldsymbol{P}\boldsymbol{S}\boldsymbol{P}')(\boldsymbol{P}\boldsymbol{T}\boldsymbol{P}')$, 即 $\boldsymbol{A}$ 是两个实对称矩阵之积.

(2) 对任意的 n 阶实矩阵 $\boldsymbol{A}$, 由矩阵的极分解可得 $\boldsymbol{A}=\boldsymbol{Q}\boldsymbol{S}$, 其中 $\boldsymbol{Q}$ 是正交矩阵, $\boldsymbol{S}$ 是半正定实对称矩阵, 再由 (1) 可知, $\boldsymbol{Q}$ 可以分解为不超过两个实对称矩阵之积, 从而结论得证. □

例 9.119 设 $\boldsymbol{A},\boldsymbol{B}$ 为 n 阶正交矩阵, 求证: $|\boldsymbol{A}|+|\boldsymbol{B}|=0$ 当且仅当 $n-\mathrm{r}(\boldsymbol{A}+\boldsymbol{B})$ 为奇数.

证明 因为正交矩阵的逆矩阵以及正交矩阵的乘积都是正交矩阵, 故 $\boldsymbol{A}\boldsymbol{B}^{-1}$ 还是正交矩阵. $|\boldsymbol{A}|+|\boldsymbol{B}|=0$ 等价于 $|\boldsymbol{A}\boldsymbol{B}^{-1}|=-1$, 又 $\mathrm{r}(\boldsymbol{A}+\boldsymbol{B})=\mathrm{r}(\boldsymbol{A}\boldsymbol{B}^{-1}+\boldsymbol{I}_n)$, 故只要证明: 若 $\boldsymbol{A}$ 是 n 阶正交矩阵, 则 $|\boldsymbol{A}|=-1$ 当且仅当 $n-\mathrm{r}(\boldsymbol{A}+\boldsymbol{I}_n)$ 为奇数即可. 下面给出两种证法.

证法 1　设 $\boldsymbol{P}$ 是正交矩阵, 使得

$$\boldsymbol{P}'\boldsymbol{A}\boldsymbol{P}=\mathrm{diag}\left\{\begin{pmatrix}\cos\theta_1 & -\sin\theta_1\\ \sin\theta_1 & \cos\theta_1\end{pmatrix},\cdots,\begin{pmatrix}\cos\theta_r & -\sin\theta_r\\ \sin\theta_r & \cos\theta_r\end{pmatrix},1,\cdots,1,-1,\cdots,-1\right\},$$

其中 $\sin\theta_i\neq 0\,(1\leq i\leq r)$, 且有 s 个 1, t 个 -1. 于是 $|\boldsymbol{A}|=(-1)^t$, 并且

$$\begin{aligned}&\boldsymbol{P}'(\boldsymbol{A}+\boldsymbol{I}_n)\boldsymbol{P}\\ =&\,\mathrm{diag}\left\{\begin{pmatrix}1+\cos\theta_1 & -\sin\theta_1\\ \sin\theta_1 & 1+\cos\theta_1\end{pmatrix},\cdots,\begin{pmatrix}1+\cos\theta_r & -\sin\theta_r\\ \sin\theta_r & 1+\cos\theta_r\end{pmatrix},2,\cdots,2,0,\cdots,0\right\},\end{aligned}$$

从而 $\mathrm{r}(\boldsymbol{A}+\boldsymbol{I}_n)=n-t$. 因此 $|\boldsymbol{A}|=-1$ 当且仅当 t 为奇数, 即当且仅当 $n-\mathrm{r}(\boldsymbol{A}+\boldsymbol{I}_n)$ 为奇数.

证法 2　由于正交矩阵 $\boldsymbol{A}$ 也是复正规矩阵, 从而酉相似于对角矩阵, 特别地, $\boldsymbol{A}$ 可复对角化. 注意到 $\boldsymbol{A}$ 的特征值是模长等于 1 的复数, 故或者是模长等于 1 的共轭虚特征值, 或者是 ± 1. 设 $\boldsymbol{A}$ 的特征值 -1 的几何重数 $n-\mathrm{r}(\boldsymbol{A}+\boldsymbol{I}_n)=t$, 则其代数重数也为 t, 于是 $|\boldsymbol{A}|=(-1)^t=-1$ 当且仅当 $n-\mathrm{r}(\boldsymbol{A}+\boldsymbol{I}_n)=t$ 为奇数. □

注　例 9.119 的直接推论是: 若正交矩阵 $\boldsymbol{A},\boldsymbol{B}$ 满足 $|\boldsymbol{A}|+|\boldsymbol{B}|=0$, 则 $|\boldsymbol{A}+\boldsymbol{B}|=0$. 这一结论也可由第 2 章矩阵的技巧 (类似于例 2.19 的讨论) 来得到. 又因为正交矩阵行列式的值等于 1 或 -1, 故例 9.119 的等价命题为: 设 $\boldsymbol{A},\boldsymbol{B}$ 为 n 阶正交矩阵, 则 $|\boldsymbol{A}|=|\boldsymbol{B}|$ 当且仅当 $n-\mathrm{r}(\boldsymbol{A}+\boldsymbol{B})$ 为偶数.

例 9.120　设 $\boldsymbol{A}$ 为 n 阶正交矩阵, 证明: $\mathrm{r}(\boldsymbol{I}_n-\boldsymbol{A})=\mathrm{r}\left((\boldsymbol{I}_n-\boldsymbol{A})^2\right)$.

证法 1　设 $\boldsymbol{P}$ 是正交矩阵, 使得

$$\boldsymbol{P}'\boldsymbol{A}\boldsymbol{P}=\mathrm{diag}\left\{\begin{pmatrix}\cos\theta_1 & -\sin\theta_1\\ \sin\theta_1 & \cos\theta_1\end{pmatrix},\cdots,\begin{pmatrix}\cos\theta_r & -\sin\theta_r\\ \sin\theta_r & \cos\theta_r\end{pmatrix},1,\cdots,1,-1,\cdots,-1\right\},$$

其中 $\sin\theta_i\neq 0\,(1\leq i\leq r)$, 且有 s 个 1, t 个 -1. 因此

$$\begin{aligned}&\boldsymbol{P}'(\boldsymbol{I}_n-\boldsymbol{A})\boldsymbol{P}\\ =&\,\mathrm{diag}\left\{\begin{pmatrix}1-\cos\theta_1 & \sin\theta_1\\ -\sin\theta_1 & 1-\cos\theta_1\end{pmatrix},\cdots,\begin{pmatrix}1-\cos\theta_r & \sin\theta_r\\ -\sin\theta_r & 1-\cos\theta_r\end{pmatrix},0,\cdots,0,2,\cdots,2\right\},\end{aligned}$$

从而 $\mathrm{r}(\boldsymbol{I}_n-\boldsymbol{A})=n-s$. 同理可得 $\boldsymbol{P}'(\boldsymbol{I}_n-\boldsymbol{A})^2\boldsymbol{P}$ 的表达式, 并由此可得 $\mathrm{r}\left((\boldsymbol{I}_n-\boldsymbol{A})^2\right)=n-s$, 故结论成立.

证法 2　由于正交矩阵 $\boldsymbol{A}$ 也是复正规矩阵, 从而酉相似于对角矩阵, 特别地, $\boldsymbol{A}$ 可复对角化, 再由例 7.41 即得结论.

证法 3　在第 3 章解答题 8 中, 令 $a=1$ 即得结论. □

例 9.121 设 φ 是 n 维欧氏空间 V 上的正交变换, 若 $\det\varphi=1$, 则称 φ 是一个旋转; 若 $\det\varphi=-1$, 则称 φ 是一个反射. 求证:

(1) 奇数维空间的旋转必有保持不动的非零向量, 即存在 $\mathbf{0}\neq\boldsymbol{v}\in V$, $\boldsymbol{\varphi}(\boldsymbol{v})=\boldsymbol{v}$;

(2) 反射必有反向的非零向量, 即存在 $\mathbf{0}\neq\boldsymbol{v}\in V$, $\boldsymbol{\varphi}(\boldsymbol{v})=-\boldsymbol{v}$.

证明　由正交变换的正交相似标准型理论可知, 存在 V 的一组标准正交基 $\boldsymbol{e}_1,\boldsymbol{e}_2,\cdots,\boldsymbol{e}_n$, 使得 φ 在这组基下的表示矩阵为

$$\boldsymbol{A}=\operatorname{diag}\left\{\begin{pmatrix}\cos\theta_1 & -\sin\theta_1\\ \sin\theta_1 & \cos\theta_1\end{pmatrix},\cdots,\begin{pmatrix}\cos\theta_r & -\sin\theta_r\\ \sin\theta_r & \cos\theta_r\end{pmatrix},1,\cdots,1,-1,\cdots,-1\right\},$$

其中 $\sin\theta_i\neq0\,(1\leq i\leq r)$, 且有 s 个 1, t 个 -1. 因此 $2r+s+t=n$, 且 $\det\varphi=\det\boldsymbol{A}=(-1)^t$.

(1) 若 n 为奇数且 $\det\varphi=1$, 则 t 为偶数, 并且 $s=n-2r-t$ 为奇数. 特别地, $s\geq1$, 因此存在某个基向量 $\boldsymbol{e}_i$, 使得 $\boldsymbol{\varphi}(\boldsymbol{e}_i)=\boldsymbol{e}_i$.

(2) 若 $\det\varphi=-1$, 则 t 为奇数, 特别地, $t\geq1$, 因此存在某个基向量 $\boldsymbol{e}_i$, 使得 $\boldsymbol{\varphi}(\boldsymbol{e}_i)=-\boldsymbol{e}_i$. □

注　我们来看一看二阶、三阶正交矩阵的几何意义. 二阶正交矩阵 $\boldsymbol{A}$ 按照行列式的值可分成两大类: 若 $|\boldsymbol{A}|=1$, 则 $\boldsymbol{A}=\begin{pmatrix}\cos\theta & -\sin\theta\\ \sin\theta & \cos\theta\end{pmatrix}$ 表示以原点为中心的某个角度的旋转; 若 $|\boldsymbol{A}|=-1$, 则由例 9.121 (2) 可知, $\boldsymbol{A}=\begin{pmatrix}\cos\theta & \sin\theta\\ \sin\theta & -\cos\theta\end{pmatrix}$ 表示沿过原点的某条直线的反射. 由例 9.121 可知, 三阶正交矩阵 $\boldsymbol{A}$ 的正交相似标准型总可以选择为 $\operatorname{diag}\left\{\begin{pmatrix}\cos\theta & -\sin\theta\\ \sin\theta & \cos\theta\end{pmatrix},|\boldsymbol{A}|\right\}$ 的形式. 设 $U=L(\boldsymbol{e}_1,\boldsymbol{e}_2)$, $L=L(\boldsymbol{e}_3)$, 则当 $|\boldsymbol{A}|=1$ 时, 正交变换是以 L 为固定轴的旋转 (投影在平面 U 上是某个角度的旋转); 当 $|\boldsymbol{A}|=-1$ 时, 正交变换是关于平面 U 的反射 (即由 $\boldsymbol{e}_3$ 定义的镜像变换) 再复合以 L 为固定轴的旋转.

例 9.122 设 $S=\{n$ 阶实反对称矩阵 $\boldsymbol{A}\}$, $T=\{\boldsymbol{I}_n+\boldsymbol{B}$ 可逆的 n 阶正交矩阵 $\boldsymbol{B}\}$. 映射 $\varphi:S\to T$ 定义为 $\boldsymbol{\varphi}(\boldsymbol{A})=(\boldsymbol{I}_n-\boldsymbol{A})(\boldsymbol{I}_n+\boldsymbol{A})^{-1}$, 映射 $\psi:T\to S$ 定义为 $\boldsymbol{\psi}(\boldsymbol{B})=(\boldsymbol{I}_n-\boldsymbol{B})(\boldsymbol{I}_n+\boldsymbol{B})^{-1}$. 求证: $\boldsymbol{\psi\varphi}=\boldsymbol{I}_S$, $\boldsymbol{\varphi\psi}=\boldsymbol{I}_T$, 即 φ,ψ 实现了集合 S,T 之间的一一对应.

证明　由例 3.82 可知 $\boldsymbol{I}_n+\boldsymbol{A}$ 是可逆矩阵, 再由矩阵运算不难验证 $\boldsymbol{\varphi}(\boldsymbol{A})\in T$, 因此 φ 的定义是有意义的. 同理由矩阵运算不难验证 $\boldsymbol{\psi}(\boldsymbol{B})\in S$, 因此 ψ 的定义也

是有意义的. $\boldsymbol{\psi}\boldsymbol{\varphi} = \boldsymbol{I}_S$ 和 $\boldsymbol{\varphi}\boldsymbol{\psi} = \boldsymbol{I}_T$ 都可以通过矩阵运算得到验证, 具体的细节留给读者完成.

设 $f(z) = (1-z)(1+z)^{-1}$, 显然 $f(0) = 1$ 且 $f(1) = 0$, 即 f 为 $\{0\}$ 和 $\{1\}$ 之间的双射. 设 $\theta \in (-\pi, 0) \cup (0, \pi)$, 若 $\boldsymbol{A} = \begin{pmatrix} 0 & \tan\dfrac{\theta}{2} \\ -\tan\dfrac{\theta}{2} & 0 \end{pmatrix}$, 则通过简单的计算可得 $f(\boldsymbol{A}) = (\boldsymbol{I}_n - \boldsymbol{A})(\boldsymbol{I}_n + \boldsymbol{A})^{-1} = \begin{pmatrix} \cos\theta & -\sin\theta \\ \sin\theta & \cos\theta \end{pmatrix}$; 若 $\boldsymbol{B} = \begin{pmatrix} \cos\theta & -\sin\theta \\ \sin\theta & \cos\theta \end{pmatrix}$, 则通过简单的计算可得 $f(\boldsymbol{B}) = (\boldsymbol{I}_n - \boldsymbol{B})(\boldsymbol{I}_n + \boldsymbol{B})^{-1} = \begin{pmatrix} 0 & \tan\dfrac{\theta}{2} \\ -\tan\dfrac{\theta}{2} & 0 \end{pmatrix}$, 因此 f 也给出了二阶实反对称矩阵与二阶旋转正交矩阵之间的双射. 下面我们通过正交相似标准型和上述 f 来描述本题中的一一对应.

对任一 $\boldsymbol{A} \in S$, 存在正交矩阵 $\boldsymbol{P}$, 使得 $\boldsymbol{P}'\boldsymbol{A}\boldsymbol{P} = \mathrm{diag}\{\boldsymbol{A}_1, \cdots, \boldsymbol{A}_r, 0, \cdots, 0\}$, 其中 $\boldsymbol{A}_i = \begin{pmatrix} 0 & \tan\dfrac{\theta_i}{2} \\ -\tan\dfrac{\theta_i}{2} & 0 \end{pmatrix}$, 则容易验证 $\boldsymbol{P}'\boldsymbol{\varphi}(\boldsymbol{A})\boldsymbol{P} = \mathrm{diag}\{f(\boldsymbol{A}_1), \cdots, f(\boldsymbol{A}_r), 1, \cdots, 1\}$, 从而 $\boldsymbol{\varphi}(\boldsymbol{A}) \in T$. 再对任一 $\boldsymbol{B} \in T$, 存在正交矩阵 $\boldsymbol{Q}$, 使得 $\boldsymbol{Q}'\boldsymbol{B}\boldsymbol{Q} = \mathrm{diag}\{\boldsymbol{B}_1, \cdots, \boldsymbol{B}_r, 1, \cdots, 1\}$, 其中 $\boldsymbol{B}_i = \begin{pmatrix} \cos\theta_i & -\sin\theta_i \\ \sin\theta_i & \cos\theta_i \end{pmatrix}$, 则容易验证 $\boldsymbol{Q}'\boldsymbol{\psi}(\boldsymbol{B})\boldsymbol{Q} = \mathrm{diag}\{f(\boldsymbol{B}_1), \cdots, f(\boldsymbol{B}_r), 0, \cdots, 0\}$, 从而 $\boldsymbol{\psi}(\boldsymbol{B}) \in S$. 最后由 f 是一个双射可知, $\boldsymbol{\varphi} : S \to T$ 和 $\boldsymbol{\psi} : T \to S$ 互为逆映射. □

§ 9.13 同时正交对角化与同时正交标准化

在 § 6.3 中, 我们讨论过乘法交换性诱导的同时上三角化和同时对角化的问题, 接下来我们将讨论这样两个问题:

(1) 同时正交 (酉) 对角化　对实对称矩阵 (复正规矩阵) $\boldsymbol{A}$ 和 $\boldsymbol{B}$, 何时存在正交矩阵 (酉矩阵) $\boldsymbol{P}$, 使得 $\boldsymbol{P}'\boldsymbol{A}\boldsymbol{P}$ 和 $\boldsymbol{P}'\boldsymbol{B}\boldsymbol{P}$ 都是对角矩阵 ($\overline{\boldsymbol{P}}'\boldsymbol{A}\boldsymbol{P}$ 和 $\overline{\boldsymbol{P}}'\boldsymbol{B}\boldsymbol{P}$ 都是对角矩阵). 这个问题的几何版本是: 对欧氏空间上的自伴随算子 (酉空间上的正规算子) $\boldsymbol{\varphi}$ 和 $\boldsymbol{\psi}$, 该内积空间中何时存在一组由它们的公共特征向量构成的标准正交基. 例 9.123 回答了这个问题, 例 9.124 将这一结论推广到多个矩阵或线性变换的情形. 处理这类问题的关键是要找出线性变换的公共特征向量, 然后使用归纳法.

(2) 同时正交标准化　对实正规矩阵 $\boldsymbol{A}$ 和 $\boldsymbol{B}$, 何时存在正交矩阵 $\boldsymbol{P}$, 使得 $\boldsymbol{P}'\boldsymbol{A}\boldsymbol{P}$

和 $\boldsymbol{P}'\boldsymbol{B}\boldsymbol{P}$ 都是正交相似标准型. 例 9.125 回答了这个问题, 例 9.126 将这一结论推广到多个矩阵或线性变换的情形. 因为实矩阵未必有实特征值和实特征向量, 所以我们采用实与复之间相互转换的方法来解决这个问题. 这也是解决实矩阵或实空间问题的一个常用方法, 在 § 9.11 实正规算子和实正规矩阵的有关讨论中经常用到它.

例 9.123 设 $\boldsymbol{\varphi},\boldsymbol{\psi}$ 是 n 维欧氏空间 (酉空间) V 上的两个自伴随算子 (正规算子), 求证: V 有一组由 $\boldsymbol{\varphi},\boldsymbol{\psi}$ 的公共特征向量构成的标准正交基的充要条件是 $\boldsymbol{\varphi}\boldsymbol{\psi}=\boldsymbol{\psi}\boldsymbol{\varphi}$.

证明 先证必要性. 因为 $\boldsymbol{\varphi}$ 和 $\boldsymbol{\psi}$ 在由它们的公共特征向量构成的标准正交基下的表示矩阵都是对角矩阵, 并且对角矩阵乘法可交换, 所以 $\boldsymbol{\varphi}\boldsymbol{\psi}=\boldsymbol{\psi}\boldsymbol{\varphi}$.

再证充分性. 对维数 n 进行归纳. 当 $n=1$ 时结论显然成立. 假设对 $n-1$ 维内积空间结论成立, 现考虑 n 维内积空间的情形. 因为 $\boldsymbol{\varphi},\boldsymbol{\psi}$ 是欧氏空间 (酉空间) 上乘法可交换的自伴随算子 (正规算子), 并且它们的特征值都是实数 (复数), 故由例 6.38 可知, $\boldsymbol{\varphi},\boldsymbol{\psi}$ 至少有一个公共的单位特征向量 $\boldsymbol{e}_1$. 由例 9.28 可知, $\boldsymbol{e}_1$ 也是 $\boldsymbol{\varphi}^*,\boldsymbol{\psi}^*$ 的特征向量, 再由例 9.26 可知, $L(\boldsymbol{e}_1)^\perp$ 是 $\boldsymbol{\varphi},\boldsymbol{\psi}$ 和 $\boldsymbol{\varphi}^*,\boldsymbol{\psi}^*$ 的不变子空间, 从而 $\boldsymbol{\varphi},\boldsymbol{\psi}$ 限制在 $L(\boldsymbol{e}_1)^\perp$ 上仍为乘法可交换的自伴随算子 (正规算子). 由归纳假设, $n-1$ 维子空间 $L(\boldsymbol{e}_1)^\perp$ 有一组由 $\boldsymbol{\varphi},\boldsymbol{\psi}$ 的公共特征向量构成的标准正交基 $\boldsymbol{e}_2,\cdots,\boldsymbol{e}_n$, 于是 V 有一组由 $\boldsymbol{\varphi},\boldsymbol{\psi}$ 的公共特征向量构成的标准正交基 $\boldsymbol{e}_1,\boldsymbol{e}_2,\cdots,\boldsymbol{e}_n$. □

注 例 9.123 还可以有以下两种证法: 或者仿照例 6.41 的证明思路进行讨论 (此时全空间等于特征子空间的正交直和), 或者直接利用例 6.41 的结论得到由 $\boldsymbol{\varphi},\boldsymbol{\psi}$ 的公共特征向量构成的一组基, 再用 Gram-Schmidt 方法得到要求的标准正交基. 例 9.123 的代数版本是: n 阶实对称矩阵 (复正规矩阵) $\boldsymbol{A},\boldsymbol{B}$ 同时正交 (酉) 相似于对角矩阵的充要条件是 $\boldsymbol{AB}=\boldsymbol{BA}$. 下面的例题是例 9.123 关于个数的推广.

例 9.124 设 $\boldsymbol{A}_1,\boldsymbol{A}_2,\cdots,\boldsymbol{A}_m$ 是 m 个实对称矩阵 (复正规矩阵) 且两两乘法可交换, 求证: 存在正交矩阵 (酉矩阵) $\boldsymbol{P}$, 使得 $\boldsymbol{P}'\boldsymbol{A}_i\boldsymbol{P}\,(\overline{\boldsymbol{P}}'\boldsymbol{A}_i\boldsymbol{P})$ 都是对角矩阵.

证明 将 $\boldsymbol{A}_i$ 看成是 n 维列向量空间 (取标准内积) 上的线性变换, 对维数 n 用数学归纳法, 证明存在一组由诸 $\boldsymbol{A}_i$ 的公共特征向量组成的标准正交基. 当 $n=1$ 时结论显然成立, 假设对 $n-1$ 维空间结论成立, 我们用例 9.123 同样的方法来处理 n 维空间的情形. 由例 6.42 可知, 诸 $\boldsymbol{A}_i$ 至少有一个公共的单位特征向量 $\boldsymbol{e}_1$, 这也是诸 $\boldsymbol{A}_i'$ 的公共特征向量, 于是 $L(\boldsymbol{e}_1)^\perp$ 是诸 $\boldsymbol{A}_i,\boldsymbol{A}_i'$ 的 $n-1$ 维不变子空间. 将 $\boldsymbol{A}_i$ 限制在 $L(\boldsymbol{e}_1)^\perp$ 上, 由归纳假设, $L(\boldsymbol{e}_1)^\perp$ 有一组由诸 $\boldsymbol{A}_i$ 的公共特征向量组成的标准正交基 $\boldsymbol{e}_2,\cdots,\boldsymbol{e}_n$, 因此 $\boldsymbol{e}_1,\boldsymbol{e}_2,\cdots,\boldsymbol{e}_n$ 就是要求的标准正交基. □

例 9.125 设 $\boldsymbol{A},\boldsymbol{B}$ 是两个 n 阶实正规矩阵且 $\boldsymbol{AB}=\boldsymbol{BA}$, 求证: 存在正交矩阵 $\boldsymbol{P}$, 使得 $\boldsymbol{P}'\boldsymbol{AP}$ 和 $\boldsymbol{P}'\boldsymbol{BP}$ 同时为正交相似标准型.

证明 同上可将 $\boldsymbol{A},\boldsymbol{B}$ 看成是 n 维列向量空间 (取标准内积) 上的线性变换. 对维数 n 进行归纳. 当 $n=0$ 时表示归纳过程已经结束, 当 $n=1$ 时结论显然成立. 假设对维数小于 n 的空间结论成立, 现考虑 n 维空间的情形. 因为 $\boldsymbol{AB}=\boldsymbol{BA}$, 所以 $\boldsymbol{A},\boldsymbol{B}$ 有公共的特征向量, 但未必是实向量. 如果是实向量, 可设它的长度为 1, 记之为 $\boldsymbol{e}_1$. 由于 $\boldsymbol{A},\boldsymbol{B}$ 都是正规算子, 故由例 9.28 可知, $\boldsymbol{e}_1$ 也是 $\boldsymbol{A}',\boldsymbol{B}'$ 的特征向量, 从而由例 9.26 可知, $L(\boldsymbol{e}_1)^\perp$ 是 $\boldsymbol{A},\boldsymbol{B}$ 的不变子空间, 并且线性变换 $\boldsymbol{A},\boldsymbol{B}$ 限制在 $L(\boldsymbol{e}_1)^\perp$ 上仍为乘法可交换的正规算子, 从而由归纳假设即得结论. 因此我们只需讨论复特征向量的情形. 设这个公共的特征向量为 $\boldsymbol{\alpha}=\boldsymbol{u}+\boldsymbol{v}\mathrm{i}$, 其中 $\boldsymbol{u},\boldsymbol{v}$ 都是实向量, 再设

$$\boldsymbol{A}(\boldsymbol{u}+\boldsymbol{v}\mathrm{i})=(a_1+b_1\mathrm{i})(\boldsymbol{u}+\boldsymbol{v}\mathrm{i}),\quad \boldsymbol{B}(\boldsymbol{u}+\boldsymbol{v}\mathrm{i})=(a_2+b_2\mathrm{i})(\boldsymbol{u}+\boldsymbol{v}\mathrm{i}).$$

由例 9.86 的证明过程及其结论, 我们可得

$$\boldsymbol{Au}=a_1\boldsymbol{u}-b_1\boldsymbol{v},\ \boldsymbol{Av}=b_1\boldsymbol{u}+a_1\boldsymbol{v},\ \boldsymbol{A}'\boldsymbol{u}=a_1\boldsymbol{u}+b_1\boldsymbol{v},\ \boldsymbol{A}'\boldsymbol{v}=-b_1\boldsymbol{u}+a_1\boldsymbol{v};$$

$$\boldsymbol{Bu}=a_2\boldsymbol{u}-b_2\boldsymbol{v},\ \boldsymbol{Bv}=b_2\boldsymbol{u}+a_2\boldsymbol{v},\ \boldsymbol{B}'\boldsymbol{u}=a_2\boldsymbol{u}+b_2\boldsymbol{v},\ \boldsymbol{B}'\boldsymbol{v}=-b_2\boldsymbol{u}+a_2\boldsymbol{v};$$

并且 $\|\boldsymbol{u}\|=\|\boldsymbol{v}\|$, $(\boldsymbol{u},\boldsymbol{v})=0$. 不妨假设 $\boldsymbol{u},\boldsymbol{v}$ 是单位向量, 于是在二维子空间 $L(\boldsymbol{u},\boldsymbol{v})$ 上, 线性变换 $\boldsymbol{A},\boldsymbol{B}$ 在标准正交基 $\boldsymbol{u},\boldsymbol{v}$ 下的表示矩阵分别为

$$\begin{pmatrix} a_1 & b_1 \\ -b_1 & a_1 \end{pmatrix},\quad \begin{pmatrix} a_2 & b_2 \\ -b_2 & a_2 \end{pmatrix}.$$

设 $W=L(\boldsymbol{u},\boldsymbol{v})^\perp$, 因为 $L(\boldsymbol{u},\boldsymbol{v})$ 也是 $\boldsymbol{A}',\boldsymbol{B}'$ 的不变子空间, 故由例 9.26 可知, W 是 $\boldsymbol{A},\boldsymbol{B}$ 的不变子空间, 并且线性变换 $\boldsymbol{A},\boldsymbol{B}$ 限制在 W 上仍为乘法可交换的正规算子. 由归纳假设, 存在 W 的一组标准正交基 $\boldsymbol{e}_3,\cdots,\boldsymbol{e}_n$, 使得 $\boldsymbol{A},\boldsymbol{B}$ 在这组基下的表示矩阵同时为正交相似标准型. 令 $\boldsymbol{e}_1=\boldsymbol{u}$, $\boldsymbol{e}_2=\boldsymbol{v}$, 则 $\boldsymbol{A},\boldsymbol{B}$ 在标准正交基 $\boldsymbol{e}_1,\boldsymbol{e}_2,\cdots,\boldsymbol{e}_n$ 下的表示矩阵同时为正交相似标准型. □

注 例 9.125 的几何版本是: 设 φ,ψ 是 n 维欧氏空间 V 上两个乘法可交换的正规算子, 则存在 V 的一组标准正交基, 使得 φ,ψ 在这组基下的表示矩阵同时为正交相似标准型. 我们也可以沿着教材 [1] 中建立实正规算子正交相似标准型理论的主线, 给出上述结论的纯几何证明. 下面的例题是例 9.125 关于个数的推广, 其证明与例 9.125 的证明完全类似. 上述两个证明细节留给读者自行完成.

例 9.126 设 $\boldsymbol{A}_1,\boldsymbol{A}_2,\cdots,\boldsymbol{A}_m$ 是 m 个实正规矩阵且两两乘法可交换, 求证: 存在正交矩阵 $\boldsymbol{P}$, 使得 $\boldsymbol{P}'\boldsymbol{A}_i\boldsymbol{P}$ 同时为正交相似标准型. □

下面我们先来看同时正交对角化的几个应用.

例 9.67 设 $\boldsymbol{A}$, $\boldsymbol{B}$ 都是 n 阶正定实对称矩阵, 求证: $\boldsymbol{AB}$ 是正定实对称矩阵的充要条件是 $\boldsymbol{AB}=\boldsymbol{BA}$.

证法 3 必要性显然, 下证充分性. 由于 $\boldsymbol{A},\boldsymbol{B}$ 都是正定实对称矩阵且 $\boldsymbol{AB}=\boldsymbol{BA}$, 故由例 9.124 可知, 存在正交矩阵 $\boldsymbol{P}$, 使得

$$\boldsymbol{P}'\boldsymbol{AP}=\mathrm{diag}\{\lambda_1,\lambda_2,\cdots,\lambda_n\},\quad \boldsymbol{P}'\boldsymbol{BP}=\mathrm{diag}\{\mu_1,\mu_2,\cdots,\mu_n\},$$

其中 λ_i,μ_i 都是正实数. 因此 $\boldsymbol{P}'\boldsymbol{ABP}=\mathrm{diag}\{\lambda_1\mu_1,\lambda_2\mu_2,\cdots,\lambda_n\mu_n\}$, 从而 $\boldsymbol{AB}$ 是正定实对称矩阵. □

例 9.68 设 $\boldsymbol{A}$, $\boldsymbol{B}$ 都是 n 阶正定实对称矩阵, 满足 $\boldsymbol{AB}=\boldsymbol{BA}$, 求证: $\boldsymbol{A}-\boldsymbol{B}$ 是正定阵的充要条件是 $\boldsymbol{A}^2-\boldsymbol{B}^2$ 是正定阵.

证法 2 由于 $\boldsymbol{A},\boldsymbol{B}$ 都是正定实对称矩阵且 $\boldsymbol{AB}=\boldsymbol{BA}$, 故由例 9.124 可知, 存在正交矩阵 $\boldsymbol{P}$, 使得

$$\boldsymbol{P}'\boldsymbol{AP}=\mathrm{diag}\{\lambda_1,\lambda_2,\cdots,\lambda_n\},\quad \boldsymbol{P}'\boldsymbol{BP}=\mathrm{diag}\{\mu_1,\mu_2,\cdots,\mu_n\},$$

其中 λ_i,μ_i 都是正实数. 若 $\boldsymbol{A}-\boldsymbol{B}$ 是正定阵, 则 $\boldsymbol{P}'(\boldsymbol{A}-\boldsymbol{B})\boldsymbol{P}$ 也是正定阵, 故 $\lambda_i>\mu_i\,(1\leq i\leq n)$, 于是对任意的正有理数 k, 有

$$\boldsymbol{P}'(\boldsymbol{A}^k-\boldsymbol{B}^k)\boldsymbol{P}=\mathrm{diag}\{\lambda_1^k-\mu_1^k,\lambda_2^k-\mu_2^k,\cdots,\lambda_n^k-\mu_n^k\},$$

从而 $\boldsymbol{A}^k-\boldsymbol{B}^k$ 也是正定阵. 由上述讨论即得本题结论. □

例 9.70 设 $\boldsymbol{A},\boldsymbol{B}$ 是 n 阶实对称矩阵, 满足 $\boldsymbol{AB}+\boldsymbol{BA}=\boldsymbol{O}$, 证明: 若 $\boldsymbol{A}$ 半正定, 则存在正交矩阵 $\boldsymbol{P}$, 使得

$$\boldsymbol{P}'\boldsymbol{AP}=\mathrm{diag}\{\lambda_1,\cdots,\lambda_r,0,\cdots,0\},\quad \boldsymbol{P}'\boldsymbol{BP}=\mathrm{diag}\{0,\cdots,0,\mu_{r+1},\cdots,\mu_n\}.$$

证法 2 注意到 $(\boldsymbol{AB})'=\boldsymbol{B}'\boldsymbol{A}'=\boldsymbol{BA}=-\boldsymbol{AB}$, 即 $\boldsymbol{AB}$ 是实反对称矩阵. 我们断言 $\boldsymbol{AB}=\boldsymbol{O}$. 用反证法, 若 $\boldsymbol{AB}$ 为非零实反对称矩阵, 则存在 n 阶正交矩阵 $\boldsymbol{P}$, 使得

$$\boldsymbol{P}'(\boldsymbol{AB})\boldsymbol{P}=\mathrm{diag}\left\{\begin{pmatrix}0&b_1\\-b_1&0\end{pmatrix},\cdots,\begin{pmatrix}0&b_r\\-b_r&0\end{pmatrix},0,\cdots,0\right\},$$

其中 $b_i\neq 0\,(1\leq i\leq r)$, $r\geq 1$. 设 $\boldsymbol{P}$ 的前两个列向量为 $\boldsymbol{\alpha}_1\neq\boldsymbol{0}$, $\boldsymbol{\alpha}_2\neq\boldsymbol{0}$, 则有

$$\boldsymbol{AB\alpha}_1=-b_1\boldsymbol{\alpha}_2,\quad \boldsymbol{AB\alpha}_2=b_1\boldsymbol{\alpha}_1.$$

由 $\boldsymbol{A}$ 的半正定性可得

$$\boldsymbol{\alpha}_1'\boldsymbol{BAB}\boldsymbol{\alpha}_1=-b_1\boldsymbol{\alpha}_1'\boldsymbol{B}\boldsymbol{\alpha}_2\geq 0,\quad \boldsymbol{\alpha}_2'\boldsymbol{BAB}\boldsymbol{\alpha}_2=b_1\boldsymbol{\alpha}_2'\boldsymbol{B}\boldsymbol{\alpha}_1=b_1\boldsymbol{\alpha}_1'\boldsymbol{B}\boldsymbol{\alpha}_2\geq 0,$$

从而有 $\boldsymbol{\alpha}_1'\boldsymbol{BAB}\boldsymbol{\alpha}_1=0$. 由例 8.71 可知 $\boldsymbol{AB}\boldsymbol{\alpha}_1=\boldsymbol{0}$, 于是 $b_1\boldsymbol{\alpha}_2=\boldsymbol{0}$, 这与 $b_1\neq 0$, $\boldsymbol{\alpha}_2\neq\boldsymbol{0}$ 矛盾. 因此 $\boldsymbol{AB}=\boldsymbol{BA}=\boldsymbol{O}$, 故由例 9.124 可知, $\boldsymbol{A},\boldsymbol{B}$ 可同时正交对角化. 再由 $\boldsymbol{AB}=\boldsymbol{O}$ 即得要证的结论.

证法 3　由 $\boldsymbol{AB}=-\boldsymbol{BA}$ 可得 $\boldsymbol{A}^2\boldsymbol{B}=-\boldsymbol{ABA}=\boldsymbol{BA}^2$, 即 $\boldsymbol{A}^2$ 与 $\boldsymbol{B}$ 乘法可交换. 由例 9.124 可知, 存在 n 阶正交矩阵 $\boldsymbol{P}$, 使得

$$\boldsymbol{P}'\boldsymbol{A}^2\boldsymbol{P}=\mathrm{diag}\{\lambda_1^2,\cdots,\lambda_r^2,0,\cdots,0\},\quad \boldsymbol{P}'\boldsymbol{BP}=\mathrm{diag}\{\mu_1,\cdots,\mu_r,\mu_{r+1},\cdots,\mu_n\},$$

其中 $\lambda_i>0\,(1\leq i\leq r)$, $r=\mathrm{r}(\boldsymbol{A})$. 注意到

$$\boldsymbol{P}'\boldsymbol{A}^2\boldsymbol{P}=(\boldsymbol{P}'\boldsymbol{AP})^2=\big(\mathrm{diag}\{\lambda_1,\cdots,\lambda_r,0,\cdots,0\}\big)^2,$$

由于 $\boldsymbol{A}$ 是半正定阵, 故 $\boldsymbol{P}'\boldsymbol{AP}$ 与 $\mathrm{diag}\{\lambda_1,\cdots,\lambda_r,0,\cdots,0\}$ 都是 $\boldsymbol{P}'\boldsymbol{A}^2\boldsymbol{P}$ 的算术平方根. 由半正定阵算术平方根的唯一性 (即例 9.61) 可得

$$\boldsymbol{P}'\boldsymbol{AP}=\mathrm{diag}\{\lambda_1,\cdots,\lambda_r,0,\cdots,0\}.$$

将上述诸式代入 $\boldsymbol{AB}+\boldsymbol{BA}=\boldsymbol{O}$ 中可得 $\mu_1=\cdots=\mu_r=0$, 结论得证. □

当我们遇到复特征值和复特征向量时, 我们可以把实矩阵看成是复矩阵来处理, 这是我们常用的技巧之一. 因此, 我们可以把实对称矩阵、实反对称矩阵和正交矩阵等实正规矩阵自然地看成是复正规矩阵来处理, 这样便可应用同时酉对角化的技巧.

例 8.44　设 $\boldsymbol{A}$ 是 n 阶可逆实对称矩阵, $\boldsymbol{S}$ 是 n 阶实反对称矩阵且 $\boldsymbol{AS}=\boldsymbol{SA}$, 求证: $\boldsymbol{A}+\boldsymbol{S}$ 是可逆矩阵.

证法 3　$\boldsymbol{A}$ 是实对称矩阵, 可把它看成是 Hermite 矩阵, $\boldsymbol{S}$ 是实反对称矩阵, 可把它看成是斜 Hermite 矩阵. 因为 $\boldsymbol{AS}=\boldsymbol{SA}$, 故由例 9.124 可知, 存在酉矩阵 $\boldsymbol{U}$, 使得

$$\overline{\boldsymbol{U}}'\boldsymbol{AU}=\mathrm{diag}\{\lambda_1,\lambda_2,\cdots,\lambda_n\},\quad \overline{\boldsymbol{U}}'\boldsymbol{SU}=\mathrm{diag}\{\mu_1\mathrm{i},\mu_2\mathrm{i},\cdots,\mu_n\mathrm{i}\},$$

其中 $\lambda_i\neq 0,\mu_i$ 都是实数, 于是

$$\overline{\boldsymbol{U}}'(\boldsymbol{A}+\boldsymbol{S})\boldsymbol{U}=\mathrm{diag}\{\lambda_1+\mu_1\mathrm{i},\lambda_2+\mu_2\mathrm{i},\cdots,\lambda_n+\mu_n\mathrm{i}\},$$

即 $\lambda_i+\mu_i\mathrm{i}$ 是 $\boldsymbol{A}+\boldsymbol{S}$ 的全体特征值. 因为实矩阵的虚特征值成对, 故不妨设 $\lambda_{2i-1}+\mu_{2i-1}\mathrm{i}$ 与 $\lambda_{2i}+\mu_{2i}\mathrm{i}\,(1\leq i\leq r)$ 互为共轭虚特征值, 而 $\mu_j=0\,(2r+1\leq j\leq n)$, 从而

$$|\boldsymbol{A}+\boldsymbol{S}|=|\overline{\boldsymbol{U}}'(\boldsymbol{A}+\boldsymbol{S})\boldsymbol{U}|=(\lambda_1^2+\mu_1^2)\cdots(\lambda_{2r-1}^2+\mu_{2r-1}^2)\lambda_{2r+1}\cdots\lambda_n\neq 0.\ \square$$

下面我们来看同时正交标准化的几个应用.

例 8.44 的证法 4　因为 $\boldsymbol{A}$ 为实对称矩阵, $\boldsymbol{S}$ 为实反对称矩阵且 $\boldsymbol{AS}=\boldsymbol{SA}$, 故由例 9.125 可知, 存在正交矩阵 $\boldsymbol{P}$, 使得

$$\boldsymbol{P}'\boldsymbol{AP}=\operatorname{diag}\{\lambda_1,\lambda_2,\cdots,\lambda_n\},$$
$$\boldsymbol{P}'\boldsymbol{SP}=\operatorname{diag}\left\{\begin{pmatrix}0&b_1\\-b_1&0\end{pmatrix},\cdots,\begin{pmatrix}0&b_r\\-b_r&0\end{pmatrix},0,\cdots,0\right\},$$

其中 $b_1,\cdots,b_r$ 是非零实数. 由 $\boldsymbol{A},\boldsymbol{S}$ 乘法可交换可知 $\boldsymbol{P}'\boldsymbol{AP},\boldsymbol{P}'\boldsymbol{SP}$ 乘法可交换, 从而可得 $\lambda_1=\lambda_2,\cdots,\lambda_{2r-1}=\lambda_{2r}$. 注意到 $\boldsymbol{A}$ 可逆, 故 $\lambda_i\neq 0\,(1\leq i\leq n)$, 于是

$$\boldsymbol{P}'(\boldsymbol{A}+\boldsymbol{S})\boldsymbol{P}=\operatorname{diag}\left\{\begin{pmatrix}\lambda_1&b_1\\-b_1&\lambda_1\end{pmatrix},\cdots,\begin{pmatrix}\lambda_{2r-1}&b_r\\-b_r&\lambda_{2r-1}\end{pmatrix},\lambda_{2r+1},\cdots,\lambda_n\right\},$$

从而

$$|\boldsymbol{A}+\boldsymbol{S}|=|\boldsymbol{P}'(\boldsymbol{A}+\boldsymbol{S})\boldsymbol{P}|=(\lambda_1^2+b_1^2)\cdots(\lambda_{2r-1}^2+b_r^2)\lambda_{2r+1}\cdots\lambda_n\neq 0.\ \square$$

例 9.71　设 $\boldsymbol{A}$ 为 n 阶半正定实对称矩阵, $\boldsymbol{S}$ 为 n 阶实反对称矩阵, 满足 $\boldsymbol{AS}+\boldsymbol{SA}=\boldsymbol{O}$. 证明: $|\boldsymbol{A}+\boldsymbol{S}|>0$ 的充要条件是 $\mathrm{r}(\boldsymbol{A})+\mathrm{r}(\boldsymbol{S})=n$.

证法 2　注意到 $(\boldsymbol{AS})'=\boldsymbol{S}'\boldsymbol{A}'=-\boldsymbol{SA}=\boldsymbol{AS}$, 即 $\boldsymbol{AS}$ 是实对称矩阵. 我们断言 $\boldsymbol{AS}=\boldsymbol{O}$. 用反证法, 若 $\boldsymbol{AS}$ 是非零实对称矩阵, 则它必有非零的实特征值 λ_0 及其实特征向量 $\boldsymbol{\alpha}$, 满足 $\boldsymbol{AS\alpha}=\lambda_0\boldsymbol{\alpha}$. 此式两边左乘 $(\boldsymbol{S\alpha})'$, 并由例 2.5 可得 $(\boldsymbol{S\alpha})'\boldsymbol{A}(\boldsymbol{S\alpha})=-\lambda_0\boldsymbol{\alpha}'\boldsymbol{S\alpha}=0$. 再由例 8.71 可知 $\boldsymbol{A}(\boldsymbol{S\alpha})=\boldsymbol{0}$, 于是 $\lambda_0\boldsymbol{\alpha}=\boldsymbol{0}$, 这与 $\lambda_0\neq 0$, $\boldsymbol{\alpha}\neq\boldsymbol{0}$ 矛盾. 因此 $\boldsymbol{AS}=\boldsymbol{SA}=\boldsymbol{O}$, 故由例 9.125 可知, 存在正交矩阵 $\boldsymbol{P}$, 使得

$$\boldsymbol{P}'\boldsymbol{AP}=\operatorname{diag}\{\lambda_1,\lambda_2,\cdots,\lambda_n\},$$
$$\boldsymbol{P}'\boldsymbol{SP}=\operatorname{diag}\left\{\begin{pmatrix}0&b_1\\-b_1&0\end{pmatrix},\cdots,\begin{pmatrix}0&b_r\\-b_r&0\end{pmatrix},0,\cdots,0\right\},$$

其中 $\lambda_i\geq 0\,(1\leq i\leq n)$, $b_1,\cdots,b_r$ 是非零实数, $\mathrm{r}(\boldsymbol{S})=2r$. 由 $\boldsymbol{AS}=\boldsymbol{O}$ 可得 $\lambda_i=0\,(1\leq i\leq 2r)$, 因此

$$|\boldsymbol{A}+\boldsymbol{S}|=|\boldsymbol{P}'\boldsymbol{AP}+\boldsymbol{P}'\boldsymbol{SP}|=b_1^2\cdots b_r^2\lambda_{2r+1}\cdots\lambda_n>0$$

当且仅当 $\lambda_j>0\,(2r+1\leq j\leq n)$, 这也当且仅当 $\mathrm{r}(\boldsymbol{A})=n-2r$, 即当且仅当 $\mathrm{r}(\boldsymbol{A})+\mathrm{r}(\boldsymbol{S})=n$. 在得到 $\boldsymbol{AS}=\boldsymbol{SA}=\boldsymbol{O}$ 之后, 也可用同时酉对角化的技巧来处理, 这与例 8.44 的证法 3 完全类似, 细节留给读者补充完整.

证法 3　由 $\boldsymbol{AS}=-\boldsymbol{SA}$ 可得 $\boldsymbol{A}^2\boldsymbol{S}=-\boldsymbol{ASA}=\boldsymbol{SA}^2$, 即 $\boldsymbol{A}^2$ 与 $\boldsymbol{S}$ 乘法可交换. 由例 9.125 可知, 存在 n 阶正交矩阵 $\boldsymbol{P}$, 使得

$$\boldsymbol{P}'\boldsymbol{A}^2\boldsymbol{P}=\mathrm{diag}\{\lambda_1^2,\lambda_2^2,\cdots,\lambda_n^2\},$$

$$\boldsymbol{P}'\boldsymbol{SP}=\mathrm{diag}\left\{\begin{pmatrix}0&b_1\\-b_1&0\end{pmatrix},\cdots,\begin{pmatrix}0&b_r\\-b_r&0\end{pmatrix},0,\cdots,0\right\},$$

其中 $\lambda_i\geq 0\,(1\leq i\leq n)$, $b_1,\cdots,b_r$ 是非零实数, $\mathrm{r}(\boldsymbol{S})=2r$. 注意到

$$\boldsymbol{P}'\boldsymbol{A}^2\boldsymbol{P}=(\boldsymbol{P}'\boldsymbol{AP})^2=\big(\mathrm{diag}\{\lambda_1,\lambda_2,\cdots,\lambda_n\}\big)^2,$$

由于 $\boldsymbol{A}$ 是半正定阵, 故 $\boldsymbol{P}'\boldsymbol{AP}$ 与 $\mathrm{diag}\{\lambda_1,\lambda_2,\cdots,\lambda_n\}$ 都是 $\boldsymbol{P}'\boldsymbol{A}^2\boldsymbol{P}$ 的算术平方根. 由半正定阵算术平方根的唯一性 (即例 9.61) 可得

$$\boldsymbol{P}'\boldsymbol{AP}=\mathrm{diag}\{\lambda_1,\lambda_2,\cdots,\lambda_n\}.$$

将上述诸式代入 $\boldsymbol{AS}+\boldsymbol{SA}=\boldsymbol{O}$ 中可得 $\lambda_i=0\,(1\leq i\leq 2r)$, 剩余讨论同证法 2. □

在例 9.96 和例 9.107 中, 满足条件 $\boldsymbol{\omega\psi}=\boldsymbol{\psi\omega}$ 的极分解 $\boldsymbol{\varphi}=\boldsymbol{\omega\psi}$ 虽然不一定唯一 (比如当正规算子 $\boldsymbol{\varphi}$ 不可逆时), 但由例 9.124 和例 9.125 可知, $\boldsymbol{\varphi}$ 的极分解一定是形如必要性证明中那样的构造. 我们把具体的细节留给读者自己验证.

利用例 9.124, 还可以把同时合同对角化 (即例 9.75) 推广到多个矩阵的情形.

例 9.127　设 $\boldsymbol{A}_1,\boldsymbol{A}_2,\cdots,\boldsymbol{A}_m$ 为 n 阶实对称矩阵, 其中 $\boldsymbol{A}_1$ 是正定阵, 且对任意的 $2\leq i<j\leq m$, $\boldsymbol{A}_i\boldsymbol{A}_1^{-1}\boldsymbol{A}_j$ 都是对称矩阵. 求证: 存在可逆矩阵 $\boldsymbol{C}$, 使得

$$\boldsymbol{C}'\boldsymbol{A}_1\boldsymbol{C}=\boldsymbol{I}_n,\ \ \boldsymbol{C}'\boldsymbol{A}_i\boldsymbol{C}=\mathrm{diag}\{\lambda_{i1},\lambda_{i2},\cdots,\lambda_{in}\},\ 2\leq i\leq m,$$

其中 $\{\lambda_{i1},\lambda_{i2},\cdots,\lambda_{in}\}$ 是 $\boldsymbol{A}_1^{-1}\boldsymbol{A}_i$ 的全体特征值.

证明　由 $\boldsymbol{A}_1$ 正定可知 $\boldsymbol{A}_1^{-\frac{1}{2}}\boldsymbol{A}_1\boldsymbol{A}_1^{-\frac{1}{2}}=\boldsymbol{I}_n$, 由 $\boldsymbol{A}_i\boldsymbol{A}_1^{-1}\boldsymbol{A}_j$ 对称可知 $\boldsymbol{A}_i\boldsymbol{A}_1^{-1}\boldsymbol{A}_j=\boldsymbol{A}_j\boldsymbol{A}_1^{-1}\boldsymbol{A}_i$, 从而 $(\boldsymbol{A}_1^{-\frac{1}{2}}\boldsymbol{A}_i\boldsymbol{A}_1^{-\frac{1}{2}})(\boldsymbol{A}_1^{-\frac{1}{2}}\boldsymbol{A}_j\boldsymbol{A}_1^{-\frac{1}{2}})=(\boldsymbol{A}_1^{-\frac{1}{2}}\boldsymbol{A}_j\boldsymbol{A}_1^{-\frac{1}{2}})(\boldsymbol{A}_1^{-\frac{1}{2}}\boldsymbol{A}_i\boldsymbol{A}_1^{-\frac{1}{2}})$, 即实对称矩阵 $\boldsymbol{A}_1^{-\frac{1}{2}}\boldsymbol{A}_i\boldsymbol{A}_1^{-\frac{1}{2}}\,(2\leq i\leq m)$ 两两乘法可交换. 由例 9.124 可知, 存在正交矩阵 $\boldsymbol{P}$, 使得

$$\boldsymbol{P}'\boldsymbol{A}_1^{-\frac{1}{2}}\boldsymbol{A}_i\boldsymbol{A}_1^{-\frac{1}{2}}\boldsymbol{P}=\mathrm{diag}\{\lambda_{i1},\lambda_{i2},\cdots,\lambda_{in}\},\ 2\leq i\leq m,$$

此时 $\boldsymbol{P}'\boldsymbol{A}_1^{-\frac{1}{2}}\boldsymbol{A}_1\boldsymbol{A}_1^{-\frac{1}{2}}\boldsymbol{P}=\boldsymbol{I}_n$, 故只要令 $\boldsymbol{C}=\boldsymbol{A}_1^{-\frac{1}{2}}\boldsymbol{P}$ 即得结论. 由特征值的降阶公式可知, $\{\lambda_{i1},\lambda_{i2},\cdots,\lambda_{in}\}$ 也是 $(\boldsymbol{A}_1^{-\frac{1}{2}}\boldsymbol{P})(\boldsymbol{P}'\boldsymbol{A}_1^{-\frac{1}{2}}\boldsymbol{A}_i)=\boldsymbol{A}_1^{-1}\boldsymbol{A}_i$ 的全体特征值. □

例 9.128 设 $\boldsymbol{A}$ 为 n 阶正定实对称矩阵, $\boldsymbol{B},\boldsymbol{C}$ 为 n 阶半正定实对称矩阵, 使得 $\boldsymbol{B}\boldsymbol{A}^{-1}\boldsymbol{C}$ 是对称矩阵. 求证:

$$|\boldsymbol{A}|\cdot|\boldsymbol{A}+\boldsymbol{B}+\boldsymbol{C}|\leq|\boldsymbol{A}+\boldsymbol{B}|\cdot|\boldsymbol{A}+\boldsymbol{C}|, \tag{9.19}$$

且等号成立的充要条件是 $\boldsymbol{B}\boldsymbol{A}^{-1}\boldsymbol{C}=\boldsymbol{O}$.

证明 由例 9.127 可知, 存在可逆矩阵 $\boldsymbol{P}$, 使得 $\boldsymbol{P}'\boldsymbol{A}\boldsymbol{P}=\boldsymbol{I}_n$,

$$\boldsymbol{P}'\boldsymbol{B}\boldsymbol{P}=\boldsymbol{\Lambda}_{\boldsymbol{B}}=\mathrm{diag}\{\lambda_1,\lambda_2,\cdots,\lambda_n\},\ \ \boldsymbol{P}'\boldsymbol{C}\boldsymbol{P}=\boldsymbol{\Lambda}_{\boldsymbol{C}}=\mathrm{diag}\{\mu_1,\mu_2,\cdots,\mu_n\},$$

其中 $\lambda_i\geq 0,\ \mu_i\geq 0\,(1\leq i\leq n)$. 将 (9.19) 式两边左乘 $|\boldsymbol{P}'|^2$, 右乘 $|\boldsymbol{P}|^2$, 故只要证明

$$|\boldsymbol{I}_n+\boldsymbol{\Lambda}_{\boldsymbol{B}}+\boldsymbol{\Lambda}_{\boldsymbol{C}}|\leq|\boldsymbol{I}_n+\boldsymbol{\Lambda}_{\boldsymbol{B}}|\cdot|\boldsymbol{I}_n+\boldsymbol{\Lambda}_{\boldsymbol{C}}|$$

即可, 而这由 $1+\lambda_i+\mu_i\leq(1+\lambda_i)(1+\mu_i)\,(1\leq i\leq n)$ 即得. (9.19) 式的等号成立当且仅当 $\lambda_i\mu_i=0\,(1\leq i\leq n)$, 即当且仅当 $\boldsymbol{O}=\boldsymbol{\Lambda}_{\boldsymbol{B}}\boldsymbol{\Lambda}_{\boldsymbol{C}}=(\boldsymbol{P}'\boldsymbol{B}\boldsymbol{P})(\boldsymbol{P}'\boldsymbol{C}\boldsymbol{P})=\boldsymbol{P}'(\boldsymbol{B}\boldsymbol{A}^{-1}\boldsymbol{C})\boldsymbol{P}$, 这也当且仅当 $\boldsymbol{B}\boldsymbol{A}^{-1}\boldsymbol{C}=\boldsymbol{O}$. □

利用例 9.126, 还可以把同时合同标准化 (即例 9.114) 推广到多个矩阵的情形.

例 9.129 设 $\boldsymbol{A}_1$ 为 n 阶正定实对称矩阵, $\boldsymbol{A}_2,\cdots,\boldsymbol{A}_m$ 是 n 阶实反对称矩阵, 且对任意的 $2\leq i<j\leq m$, $\boldsymbol{A}_i\boldsymbol{A}_1^{-1}\boldsymbol{A}_j$ 都是对称矩阵. 求证: 存在可逆矩阵 $\boldsymbol{C}$, 使得

$$\boldsymbol{C}'\boldsymbol{A}_1\boldsymbol{C}=\boldsymbol{I}_n,\ \boldsymbol{C}'\boldsymbol{A}_i\boldsymbol{C}=\mathrm{diag}\left\{\begin{pmatrix}0&b_{i1}\\-b_{i1}&0\end{pmatrix},\cdots,\begin{pmatrix}0&b_{ir}\\-b_{ir}&0\end{pmatrix},0,\cdots,0\right\},\ 2\leq i\leq m.$$

证明 由 $\boldsymbol{A}_1$ 正定可知 $\boldsymbol{A}_1^{-\frac{1}{2}}\boldsymbol{A}_1\boldsymbol{A}_1^{-\frac{1}{2}}=\boldsymbol{I}_n$, 由 $\boldsymbol{A}_i\boldsymbol{A}_1^{-1}\boldsymbol{A}_j$ 对称可知 $\boldsymbol{A}_i\boldsymbol{A}_1^{-1}\boldsymbol{A}_j=\boldsymbol{A}_j\boldsymbol{A}_1^{-1}\boldsymbol{A}_i$, 从而 $(\boldsymbol{A}_1^{-\frac{1}{2}}\boldsymbol{A}_i\boldsymbol{A}_1^{-\frac{1}{2}})(\boldsymbol{A}_1^{-\frac{1}{2}}\boldsymbol{A}_j\boldsymbol{A}_1^{-\frac{1}{2}})=(\boldsymbol{A}_1^{-\frac{1}{2}}\boldsymbol{A}_j\boldsymbol{A}_1^{-\frac{1}{2}})(\boldsymbol{A}_1^{-\frac{1}{2}}\boldsymbol{A}_i\boldsymbol{A}_1^{-\frac{1}{2}})$, 即实反对称矩阵 $\boldsymbol{A}_1^{-\frac{1}{2}}\boldsymbol{A}_i\boldsymbol{A}_1^{-\frac{1}{2}}\,(2\leq i\leq m)$ 两两乘法可交换. 由例 9.126 可知, 存在正交矩阵 $\boldsymbol{P}$, 使得

$$\boldsymbol{P}'\boldsymbol{A}_1^{-\frac{1}{2}}\boldsymbol{A}_i\boldsymbol{A}_1^{-\frac{1}{2}}\boldsymbol{P}=\mathrm{diag}\left\{\begin{pmatrix}0&b_{i1}\\-b_{i1}&0\end{pmatrix},\cdots,\begin{pmatrix}0&b_{ir}\\-b_{ir}&0\end{pmatrix},0,\cdots,0\right\},\ 2\leq i\leq m,$$

此时 $\boldsymbol{P}'\boldsymbol{A}_1^{-\frac{1}{2}}\boldsymbol{A}_1\boldsymbol{A}_1^{-\frac{1}{2}}\boldsymbol{P}=\boldsymbol{I}_n$, 故只要令 $\boldsymbol{C}=\boldsymbol{A}_1^{-\frac{1}{2}}\boldsymbol{P}$ 即得结论. □

例 9.130 设 $\boldsymbol{A}$ 为 n 阶正定实对称矩阵, $\boldsymbol{B},\boldsymbol{C}$ 为 n 阶实反对称矩阵, 使得 $\boldsymbol{B}\boldsymbol{A}^{-1}\boldsymbol{C}$ 是对称矩阵. 求证:

$$|\boldsymbol{A}|\cdot|\boldsymbol{B}+\boldsymbol{C}|\leq|\boldsymbol{A}+\boldsymbol{B}|\cdot|\boldsymbol{A}+\boldsymbol{C}|, \tag{9.20}$$

且等号成立的充要条件是 $\boldsymbol{B}\boldsymbol{A}^{-1}\boldsymbol{C}=-\boldsymbol{A}$.

证明　由例 9.129 可知, 存在可逆矩阵 $\boldsymbol{P}$, 使得 $\boldsymbol{P}'\boldsymbol{A}\boldsymbol{P}=\boldsymbol{I}_n$,

$$\boldsymbol{P}'\boldsymbol{B}\boldsymbol{P}=\boldsymbol{\Lambda_B}=\mathrm{diag}\left\{\begin{pmatrix}0&b_1\\-b_1&0\end{pmatrix},\cdots,\begin{pmatrix}0&b_r\\-b_r&0\end{pmatrix},0,\cdots,0\right\},$$

$$\boldsymbol{P}'\boldsymbol{C}\boldsymbol{P}=\boldsymbol{\Lambda_C}=\mathrm{diag}\left\{\begin{pmatrix}0&c_1\\-c_1&0\end{pmatrix},\cdots,\begin{pmatrix}0&c_r\\-c_r&0\end{pmatrix},0,\cdots,0\right\}.$$

将 (9.20) 式两边左乘 $|\boldsymbol{P}'|^2$, 右乘 $|\boldsymbol{P}|^2$, 故只要证明

$$|\boldsymbol{\Lambda_B}+\boldsymbol{\Lambda_C}|\leq|\boldsymbol{I}_n+\boldsymbol{\Lambda_B}|\cdot|\boldsymbol{I}_n+\boldsymbol{\Lambda_C}|$$

即可, 而这由 $(b_i+c_i)^2\leq(1+b_i^2)(1+c_i^2)\,(1\leq i\leq r)$ 即得. (9.20) 式的等号成立当且仅当 $n=2r$ 且 $b_ic_i=1\,(1\leq i\leq r)$, 即当且仅当 $-\boldsymbol{I}_n=\boldsymbol{\Lambda_B}\boldsymbol{\Lambda_C}=(\boldsymbol{P}'\boldsymbol{B}\boldsymbol{P})(\boldsymbol{P}'\boldsymbol{C}\boldsymbol{P})=\boldsymbol{P}'(\boldsymbol{B}\boldsymbol{A}^{-1}\boldsymbol{C})\boldsymbol{P}$, 这也当且仅当 $\boldsymbol{B}\boldsymbol{A}^{-1}\boldsymbol{C}=-(\boldsymbol{P}\boldsymbol{P}')^{-1}=-\boldsymbol{A}$. □

§ 9.14　谱分解、极分解、奇异值分解及其应用

矩阵分解是矩阵理论中一个重要的研究方向, 具有广泛的应用. 前面我们已经介绍过矩阵的满秩分解、Cholesky 分解和 QR 分解等内容, 本节将分成 4 个部分, 分别介绍谱分解、极分解、奇异值分解以及广义逆等内容.

1. 谱分解及其应用

设 φ 是欧氏空间 V 上的自伴随算子或酉空间 V 上的正规算子, $\lambda_1,\lambda_2,\cdots,\lambda_k$ 是 φ 的全体不同特征值, $V_1,V_2,\cdots,V_k$ 是对应的特征子空间, 则

$$V=V_1\perp V_2\perp\cdots\perp V_k. \tag{9.21}$$

设 $\boldsymbol{E}_i$ 是从 V 到 V_i 上的正交投影算子, 则 $\varphi=\lambda_1\boldsymbol{E}_1+\lambda_2\boldsymbol{E}_2+\cdots+\lambda_k\boldsymbol{E}_k$ 称为 φ 的谱分解. 容易验证谱分解一定是存在并且唯一的. 其实, 谱分解等价于欧氏空间中自伴随算子 (实对称矩阵) 的正交相似标准型, 以及酉空间中正规算子 (复正规矩阵) 的酉相似标准型, 因此上述两个标准型分解有时也称为对应算子或矩阵的谱分解.

谱分解有着广泛的用途. 例如在 § 9.10, 我们利用谱分解证明了复正规算子的 3 个充要条件; 在教材 [1] 中, 我们利用谱分解证明了复正规算子是自伴随算子、正定或半正定自伴随算子、酉算子关于特征值的判定准则, 利用谱分解的存在唯一性证明了半正定自伴随算子的算术平方根的存在唯一性, 进一步给出了线性算子的极分解.

事实上, (9.21) 式是欧氏空间中自伴随算子和酉空间中正规算子的判定准则, 即若内积空间 V 上的线性算子 φ 的特征值都在基域中, 则 φ 为实自伴随算子或复正规算子的充要条件是全空间等于特征子空间的正交直和. 这一判定准则的两个典型应用是例 9.93 和例 9.131.

例 9.131 设 φ 是 n 维欧氏空间 V 上的幂等线性变换 (即 $\varphi^2=\varphi$), 若对 V 中任一向量 $\boldsymbol{\alpha}$, 均有 $\|\varphi(\boldsymbol{\alpha})\|\leq\|\boldsymbol{\alpha}\|$, 求证: φ 是自伴随算子.

证明　注意到 φ 是幂等变换, 即适合多项式 x^2-x, 故 φ 的极小多项式无重根, 从而可对角化. 设 φ 的特征值 i 对应的特征子空间为 $V_i\,(i=0,1)$, 则 $V=V_0\oplus V_1$. 任取 $\boldsymbol{v}_0\in V_0$, $\boldsymbol{v}_1\in V_1$, 令 $\boldsymbol{v}=\boldsymbol{v}_0+t\boldsymbol{v}_1$, 其中 t 为实参数, 则 $\boldsymbol{\varphi}(\boldsymbol{v})=t\boldsymbol{v}_1$. 由 $\|\boldsymbol{\varphi}(\boldsymbol{v})\|\leq\|\boldsymbol{v}\|$ 可得

$$t^2\|\boldsymbol{v}_1\|^2\leq t^2\|\boldsymbol{v}_1\|^2+2t(\boldsymbol{v}_0,\boldsymbol{v}_1)+\|\boldsymbol{v}_0\|^2,$$

于是 $2t(\boldsymbol{v}_0,\boldsymbol{v}_1)+\|\boldsymbol{v}_0\|^2\geq 0$ 对任意的 $t\in\mathbb{R}$ 成立, 从而只能是 $(\boldsymbol{v}_0,\boldsymbol{v}_1)=0$, 故 V_0 与 V_1 正交. 因此 $V=V_0\perp V_1$, 故 φ 是自伴随算子. □

下面是利用谱分解唯一性的一个典型例题.

例 9.132 设 φ,ψ 为 n 维酉空间 V 上的正规算子, 它们都满足不同特征值的模长互不相同. 证明: $\|\boldsymbol{\varphi}(\boldsymbol{v})\|=\|\boldsymbol{\psi}(\boldsymbol{v})\|$ 对任意的 $\boldsymbol{v}\in V$ 成立的充要条件是存在谱分解:

$$\varphi=\lambda_1\boldsymbol{E}_1+\cdots+\lambda_k\boldsymbol{E}_k,\quad \boldsymbol{\psi}=\mu_1\boldsymbol{E}_1+\cdots+\mu_k\boldsymbol{E}_k,$$

其中 $\lambda_1,\cdots,\lambda_k$ 和 $\mu_1,\cdots,\mu_k$ 分别是 φ 和 ψ 的全体不同特征值, $\boldsymbol{E}_i$ 是对应的正交投影算子, 并且 $|\lambda_i|=|\mu_i|\,(1\leq i\leq k)$.

证明　先证充分性. 对任意的 $\boldsymbol{v}\in V$, 由谱分解的性质可得

$$\|\boldsymbol{\varphi}(\boldsymbol{v})\|^2=|\lambda_1|^2\|\boldsymbol{E}_1(\boldsymbol{v})\|^2+\cdots+|\lambda_k|^2\|\boldsymbol{E}_k(\boldsymbol{v})\|^2,$$
$$\|\boldsymbol{\psi}(\boldsymbol{v})\|^2=|\mu_1|^2\|\boldsymbol{E}_1(\boldsymbol{v})\|^2+\cdots+|\mu_k|^2\|\boldsymbol{E}_k(\boldsymbol{v})\|^2,$$

于是 $\|\boldsymbol{\varphi}(\boldsymbol{v})\|=\|\boldsymbol{\psi}(\boldsymbol{v})\|$ 成立.

再证必要性. 注意到在酉空间 V 中, 内积可用范数来表示, 即对任意的 $\boldsymbol{u},\boldsymbol{v}\in V$,

$$(\boldsymbol{u},\boldsymbol{v})=\frac{1}{4}\|\boldsymbol{u}+\boldsymbol{v}\|^2-\frac{1}{4}\|\boldsymbol{u}-\boldsymbol{v}\|^2+\frac{\mathrm{i}}{4}\|\boldsymbol{u}+\mathrm{i}\boldsymbol{v}\|^2-\frac{\mathrm{i}}{4}\|\boldsymbol{u}-\mathrm{i}\boldsymbol{v}\|^2,$$

故由 φ,ψ 的线性可得

$$(\boldsymbol{\varphi}(\boldsymbol{u}),\boldsymbol{\varphi}(\boldsymbol{v}))=\frac{1}{4}\|\boldsymbol{\varphi}(\boldsymbol{u}+\boldsymbol{v})\|^2-\frac{1}{4}\|\boldsymbol{\varphi}(\boldsymbol{u}-\boldsymbol{v})\|^2+\frac{\mathrm{i}}{4}\|\boldsymbol{\varphi}(\boldsymbol{u}+\mathrm{i}\boldsymbol{v})\|^2-\frac{\mathrm{i}}{4}\|\boldsymbol{\varphi}(\boldsymbol{u}-\mathrm{i}\boldsymbol{v})\|^2,$$
$$(\boldsymbol{\psi}(\boldsymbol{u}),\boldsymbol{\psi}(\boldsymbol{v}))=\frac{1}{4}\|\boldsymbol{\psi}(\boldsymbol{u}+\boldsymbol{v})\|^2-\frac{1}{4}\|\boldsymbol{\psi}(\boldsymbol{u}-\boldsymbol{v})\|^2+\frac{\mathrm{i}}{4}\|\boldsymbol{\psi}(\boldsymbol{u}+\mathrm{i}\boldsymbol{v})\|^2-\frac{\mathrm{i}}{4}\|\boldsymbol{\psi}(\boldsymbol{u}-\mathrm{i}\boldsymbol{v})\|^2,$$

因此 $(\varphi(\boldsymbol{u}),\varphi(\boldsymbol{v}))=(\psi(\boldsymbol{u}),\psi(\boldsymbol{v}))$, 从而 $(\varphi^*\varphi(\boldsymbol{u}),\boldsymbol{v})=(\psi^*\psi(\boldsymbol{u}),\boldsymbol{v})$, 即 $(\varphi^*\varphi(\boldsymbol{u})-\psi^*\psi(\boldsymbol{u}),\boldsymbol{v})=0$ 对任意的 $\boldsymbol{u},\boldsymbol{v}\in V$ 成立. 对任意给定的 $\boldsymbol{u}\in V$, 在上式中令 $\boldsymbol{v}=\varphi^*\varphi(\boldsymbol{u})-\psi^*\psi(\boldsymbol{u})$, 由内积的正定性可得 $\varphi^*\varphi(\boldsymbol{u})=\psi^*\psi(\boldsymbol{u})$, 又这一等式对任意的 $\boldsymbol{u}\in V$ 成立, 故可得 $\varphi^*\varphi=\psi^*\psi$. 设正规算子 φ,ψ 的谱分解分别为

$$\varphi=\lambda_1\boldsymbol{E}_1+\cdots+\lambda_k\boldsymbol{E}_k,\quad \psi=\mu_1\boldsymbol{F}_1+\cdots+\mu_l\boldsymbol{F}_l,$$

其中 $\lambda_1,\cdots,\lambda_k$ 是 φ 的全体不同特征值, $\boldsymbol{E}_1,\cdots,\boldsymbol{E}_k$ 是对应的正交投影算子; $\mu_1,\cdots,\mu_l$ 是 ψ 的全体不同特征值, $\boldsymbol{F}_1,\cdots,\boldsymbol{F}_l$ 是对应的正交投影算子, 则 φ^*,ψ^* 的谱分解分别为

$$\varphi^*=\overline{\lambda_1}\boldsymbol{E}_1+\cdots+\overline{\lambda_k}\boldsymbol{E}_k,\quad \psi^*=\overline{\mu_1}\boldsymbol{F}_1+\cdots+\overline{\mu_l}\boldsymbol{F}_l,$$

于是有

$$\varphi^*\varphi=|\lambda_1|^2\boldsymbol{E}_1+\cdots+|\lambda_k|^2\boldsymbol{E}_k=|\mu_1|^2\boldsymbol{F}_1+\cdots+|\mu_l|^2\boldsymbol{F}_l=\psi^*\psi.$$

因为 $|\lambda_i|\,(1\leq i\leq k)$ 互不相同, $|\mu_j|\,(1\leq j\leq l)$ 互不相同, 故上式是 $\varphi^*\varphi=\psi^*\psi$ 的两个谱分解. 由正规算子谱分解的唯一性可知 $k=l$, 且在适当调整指标顺序后有 $|\lambda_i|=|\mu_i|$, $\boldsymbol{E}_i=\boldsymbol{F}_i\,(1\leq i\leq k)$. □

2. 极分解及其应用

n 阶实 (复) 矩阵的极分解 $\boldsymbol{A}=\boldsymbol{QS}=\boldsymbol{S}_1\boldsymbol{Q}$, 其中 $\boldsymbol{Q}$ 是正交矩阵 (酉矩阵), $\boldsymbol{S},\boldsymbol{S}_1$ 是半正定实对称矩阵 (Hermite 矩阵), 是复数的极分解 $z=\rho(\cos\theta+\mathrm{i}\sin\theta)$ 的推广. 下面我们来看应用极分解的两道典型例题.

例 9.133 设 $\boldsymbol{A}$ 为 n 阶实矩阵, $\boldsymbol{A}'\boldsymbol{A}$ 的全体特征值为 $\lambda_1^2,\lambda_2^2,\cdots,\lambda_n^2$, 其中 $0\leq\lambda_i\leq 1\,(1\leq i\leq n)$. 证明:

$$|\boldsymbol{I}_n-\boldsymbol{A}|\geq(1-\lambda_1)(1-\lambda_2)\cdots(1-\lambda_n).$$

证明 设 $\boldsymbol{A}$ 的极分解为 $\boldsymbol{A}=\boldsymbol{QS}$, 其中 $\boldsymbol{Q}$ 是正交矩阵, $\boldsymbol{S}$ 是半正定实对称矩阵, 则 $\boldsymbol{A}'\boldsymbol{A}=\boldsymbol{S}^2$, 从而 $\boldsymbol{S}$ 的全体特征值为 $\lambda_1,\lambda_2,\cdots,\lambda_n$, 满足 $0\leq\lambda_i\leq 1$, 于是只要证明 $|\boldsymbol{I}_n-\boldsymbol{QS}|\geq(1-\lambda_1)(1-\lambda_2)\cdots(1-\lambda_n)$ 即可. 设 $\boldsymbol{P}$ 为正交矩阵, 使得 $\boldsymbol{P}'\boldsymbol{SP}=\mathrm{diag}\{\lambda_1,\lambda_2,\cdots,\lambda_n\}$, 则 $|\boldsymbol{I}_n-\boldsymbol{QS}|=|\boldsymbol{I}_n-(\boldsymbol{P}'\boldsymbol{QP})(\boldsymbol{P}'\boldsymbol{SP})|$, 注意到 $\boldsymbol{P}'\boldsymbol{QP}$ 仍为正交矩阵, 故不妨从一开始就假设 $\boldsymbol{S}$ 是正交相似标准型 $\mathrm{diag}\{\lambda_1,\lambda_2,\cdots,\lambda_n\}$. 下面分两种情况进行讨论.

若存在某个 $\lambda_i=1$, 则只要证明 $|\boldsymbol{I}_n-\boldsymbol{QS}|\geq 0$ 即可. 由例 9.47 可知, $\boldsymbol{QS}$ 特征值的模长都小于等于 1, 于是 $\boldsymbol{I}_n-\boldsymbol{QS}$ 特征值的实部都大于等于零. 注意到 $\boldsymbol{I}_n-\boldsymbol{QS}$ 的特征值或者是非负实数, 或者是共轭虚数, 故 $|\boldsymbol{I}_n-\boldsymbol{QS}|\geq 0$ 成立.

若所有的 $\lambda_i < 1$, 令 $\boldsymbol{T} = \boldsymbol{I}_n - \boldsymbol{S} = \mathrm{diag}\{1-\lambda_1, 1-\lambda_2, \cdots, 1-\lambda_n\}$, 则 $\boldsymbol{T}$ 正定且 $|\boldsymbol{T}| = (1-\lambda_1)(1-\lambda_2)\cdots(1-\lambda_n)$. 再令 $\boldsymbol{R} = \boldsymbol{T}^{-1} = \mathrm{diag}\{\mu_1, \mu_2, \cdots, \mu_n\}$, 其中 $\mu_i = \dfrac{1}{1-\lambda_i} \geq 1$, 这时只要证明 $|\boldsymbol{I}_n - \boldsymbol{Q}(\boldsymbol{I}_n - \boldsymbol{T})| \geq |\boldsymbol{T}|$, 或等价地证明 $|\boldsymbol{R} - \boldsymbol{Q}(\boldsymbol{R} - \boldsymbol{I}_n)| \geq 1$ 即可. 任取 $\boldsymbol{R} - \boldsymbol{Q}(\boldsymbol{R} - \boldsymbol{I}_n)$ 的特征值 $\lambda \in \mathbb{C}$ 以及对应的特征向量 $\boldsymbol{\xi} \in \mathbb{C}^n$, 则 $(\boldsymbol{R} - \boldsymbol{Q}(\boldsymbol{R} - \boldsymbol{I}_n))\boldsymbol{\xi} = \lambda\boldsymbol{\xi}$, 即 $(\boldsymbol{R} - \lambda\boldsymbol{I}_n)\boldsymbol{\xi} = \boldsymbol{Q}(\boldsymbol{R} - \boldsymbol{I}_n)\boldsymbol{\xi}$. 设 $\boldsymbol{\xi} = (a_1, a_2, \cdots, a_n)'$, 则

$$\overline{\boldsymbol{\xi}}'(\boldsymbol{R} - \overline{\lambda}\boldsymbol{I}_n)(\boldsymbol{R} - \lambda\boldsymbol{I}_n)\boldsymbol{\xi} = \overline{\boldsymbol{\xi}}'(\boldsymbol{R} - \boldsymbol{I}_n)\boldsymbol{Q}'\boldsymbol{Q}(\boldsymbol{R} - \boldsymbol{I}_n)\boldsymbol{\xi} = \overline{\boldsymbol{\xi}}'(\boldsymbol{R} - \boldsymbol{I}_n)^2\boldsymbol{\xi},$$

从而有

$$\begin{aligned}&|\mu_1 - \lambda|^2|a_1|^2 + |\mu_2 - \lambda|^2|a_2|^2 + \cdots + |\mu_n - \lambda|^2|a_n|^2 \\ =\ &(\mu_1 - 1)^2|a_1|^2 + (\mu_2 - 1)^2|a_2|^2 + \cdots + (\mu_n - 1)^2|a_n|^2.\end{aligned}$$

由于 $a_1, a_2, \cdots, a_n$ 不全为零, 故存在某个 i, 使得 $|\mu_i - \lambda| \leq \mu_i - 1$, 这说明 λ 的实部大于等于 1. 因此 λ 或者为大于等于 1 的实数, 或者为实部大于等于 1 的共轭虚数, 从而 $|\boldsymbol{R} - \boldsymbol{Q}(\boldsymbol{R} - \boldsymbol{I}_n)| \geq 1$ 成立. □

例 9.134 设 $\boldsymbol{J} = \begin{pmatrix} \boldsymbol{O} & \boldsymbol{I}_n \\ -\boldsymbol{I}_n & \boldsymbol{O} \end{pmatrix}$, $\boldsymbol{A}$ 为 $2n$ 阶实矩阵, 满足 $\boldsymbol{AJA}' = \boldsymbol{J}$, 求证: $|\boldsymbol{A}| = 1$.

证法 1 由 Laplace 定理容易算出 $|\boldsymbol{J}| = 1$, 从而由 $\boldsymbol{AJA}' = \boldsymbol{J}$ 可得 $|\boldsymbol{A}|^2 = 1$, 即 $|\boldsymbol{A}| = \pm 1$. 设 $\boldsymbol{A} = \begin{pmatrix} \boldsymbol{B} & \boldsymbol{C} \\ \boldsymbol{D} & \boldsymbol{E} \end{pmatrix}$, 则有

$$\boldsymbol{AJ} + \boldsymbol{JA} = \begin{pmatrix} \boldsymbol{B} & \boldsymbol{C} \\ \boldsymbol{D} & \boldsymbol{E} \end{pmatrix}\begin{pmatrix} \boldsymbol{O} & \boldsymbol{I}_n \\ -\boldsymbol{I}_n & \boldsymbol{O} \end{pmatrix} + \begin{pmatrix} \boldsymbol{O} & \boldsymbol{I}_n \\ -\boldsymbol{I}_n & \boldsymbol{O} \end{pmatrix}\begin{pmatrix} \boldsymbol{B} & \boldsymbol{C} \\ \boldsymbol{D} & \boldsymbol{E} \end{pmatrix} = \begin{pmatrix} \boldsymbol{D} - \boldsymbol{C} & \boldsymbol{B} + \boldsymbol{E} \\ -\boldsymbol{B} - \boldsymbol{E} & \boldsymbol{D} - \boldsymbol{C} \end{pmatrix},$$

由例 2.73 可得 $|\boldsymbol{AJ} + \boldsymbol{JA}| \geq 0$. 注意到 $(\boldsymbol{AJ} + \boldsymbol{JA})\boldsymbol{A}' = \boldsymbol{AJA}' + \boldsymbol{JAA}' = \boldsymbol{J}(\boldsymbol{I}_{2n} + \boldsymbol{AA}')$, 并且 $\boldsymbol{I}_{2n} + \boldsymbol{AA}'$ 为正定阵, 故有

$$|\boldsymbol{AJ} + \boldsymbol{JA}||\boldsymbol{A}| = |(\boldsymbol{AJ} + \boldsymbol{JA})\boldsymbol{A}'| = |\boldsymbol{J}||\boldsymbol{I}_{2n} + \boldsymbol{AA}'| > 0,$$

于是 $|\boldsymbol{A}| > 0$, 从而 $|\boldsymbol{A}| = 1$.

证法 2 设 $\boldsymbol{A} = \begin{pmatrix} \boldsymbol{B} & \boldsymbol{C} \\ \boldsymbol{D} & \boldsymbol{E} \end{pmatrix}$, 则由 $\boldsymbol{AJA}' = \boldsymbol{J}$ 可得

$$\boldsymbol{BC}' = \boldsymbol{CB}', \quad \boldsymbol{DE}' = \boldsymbol{ED}', \quad \boldsymbol{EB}' - \boldsymbol{DC}' = \boldsymbol{I}_n.$$

设 $\boldsymbol{C}=\boldsymbol{S}\boldsymbol{Q}$ 为极分解, 其中 $\boldsymbol{Q}$ 是正交矩阵, $\boldsymbol{S}$ 是半正定实对称矩阵, 则 $\boldsymbol{C}'=\boldsymbol{Q}'\boldsymbol{S}$, 并且有

$$\boldsymbol{C}(\boldsymbol{B}+t\boldsymbol{Q})'=\boldsymbol{C}\boldsymbol{B}'+t\boldsymbol{C}\boldsymbol{Q}'=\boldsymbol{B}\boldsymbol{C}'+t\boldsymbol{S}=(\boldsymbol{B}+t\boldsymbol{Q})\boldsymbol{C}'.$$

因为 $|\boldsymbol{B}+t\boldsymbol{Q}|=|\boldsymbol{Q}||t\boldsymbol{I}_n+\boldsymbol{B}\boldsymbol{Q}'|$ 是一个关于 t 的 n 次多项式, 故在实数域上至多只有 n 个根, 从而可取到一列实数 $t_k\to 0$, 使得 $\boldsymbol{B}+t_k\boldsymbol{Q}$ 均非异. 利用降阶公式计算下列行列式的值:

$$\begin{aligned}
&\begin{vmatrix}\boldsymbol{B}+t_k\boldsymbol{Q} & \boldsymbol{C}\\ \boldsymbol{D} & \boldsymbol{E}\end{vmatrix}\\
&=|\boldsymbol{B}+t_k\boldsymbol{Q}|\cdot|\boldsymbol{E}-\boldsymbol{D}(\boldsymbol{B}+t_k\boldsymbol{Q})^{-1}\boldsymbol{C}|=|\boldsymbol{E}-\boldsymbol{D}(\boldsymbol{B}+t_k\boldsymbol{Q})^{-1}\boldsymbol{C}|\cdot|(\boldsymbol{B}+t_k\boldsymbol{Q})'|\\
&=|\boldsymbol{E}(\boldsymbol{B}+t_k\boldsymbol{Q})'-\boldsymbol{D}(\boldsymbol{B}+t_k\boldsymbol{Q})^{-1}\boldsymbol{C}(\boldsymbol{B}+t_k\boldsymbol{Q})'|=|\boldsymbol{E}(\boldsymbol{B}+t_k\boldsymbol{Q})'-\boldsymbol{D}\boldsymbol{C}'|\\
&=|\boldsymbol{E}\boldsymbol{B}'-\boldsymbol{D}\boldsymbol{C}'+t_k\boldsymbol{E}\boldsymbol{Q}'|=|\boldsymbol{I}_n+t_k\boldsymbol{E}\boldsymbol{Q}'|.
\end{aligned}$$

上式两边同取极限, 令 $t_k\to 0$, 即得 $|\boldsymbol{A}|=|\boldsymbol{I}_n|=1$. □

3. 奇异值分解及其应用

首先, 我们简单地回顾一下矩阵奇异值分解的求法. 设 $\boldsymbol{A}$ 是 $m\times n$ 实矩阵, 则 $\boldsymbol{A}'\boldsymbol{A}$ 是 n 阶半正定实对称矩阵, 故存在 n 阶正交矩阵 $\boldsymbol{Q}$, 使得 $\boldsymbol{Q}'\boldsymbol{A}'\boldsymbol{A}\boldsymbol{Q}=\mathrm{diag}\{\lambda_1,\cdots,\lambda_r,0,\cdots,0\}$, 其中 $r=\mathrm{r}(\boldsymbol{A}'\boldsymbol{A})=\mathrm{r}(\boldsymbol{A})$ 且 $\lambda_1\geq\cdots\geq\lambda_r>0$ 为 $\boldsymbol{A}'\boldsymbol{A}$ 的正特征值. 设 $\boldsymbol{Q}=(\boldsymbol{\alpha}_1,\boldsymbol{\alpha}_2,\cdots,\boldsymbol{\alpha}_n)$ 为列分块, 令 $\sigma_i=\sqrt{\lambda_i}$, $\boldsymbol{\beta}_i=\dfrac{1}{\sigma_i}\boldsymbol{A}\boldsymbol{\alpha}_i\,(1\leq i\leq r)$, 则 $\boldsymbol{\beta}_1,\cdots,\boldsymbol{\beta}_r$ 是两两正交长度为 1 的 m 维列向量, 将其扩张为 $\mathbb{R}^m$ (取标准内积) 的一组标准正交基 $\boldsymbol{\beta}_1,\boldsymbol{\beta}_2,\cdots,\boldsymbol{\beta}_m$. 令 $\boldsymbol{P}=(\boldsymbol{\beta}_1,\boldsymbol{\beta}_2,\cdots,\boldsymbol{\beta}_m)$, 则 $\boldsymbol{P}$ 为 m 阶正交矩阵, 满足 $\boldsymbol{A}\boldsymbol{Q}=\boldsymbol{P}\boldsymbol{\Lambda}$, 其中 $\boldsymbol{\Lambda}=\begin{pmatrix}\boldsymbol{S} & \boldsymbol{O}\\ \boldsymbol{O} & \boldsymbol{O}\end{pmatrix}$, $\boldsymbol{S}=\mathrm{diag}\{\sigma_1,\sigma_2,\cdots,\sigma_r\}$ 且 $\sigma_1\geq\sigma_2\geq\cdots\geq\sigma_r>0$ 为 $\boldsymbol{A}$ 的全体正奇异值, $\boldsymbol{A}=\boldsymbol{P}\boldsymbol{\Lambda}\boldsymbol{Q}'$ 即为 $\boldsymbol{A}$ 的奇异值分解. 我们注意以下两点:

(1) 方阵 $\boldsymbol{A}$ 的极分解和奇异值分解之间可以互相推导. 例如, 由奇异值分解 $\boldsymbol{A}=\boldsymbol{P}\boldsymbol{\Lambda}\boldsymbol{Q}'$ 可得极分解 $\boldsymbol{A}=(\boldsymbol{P}\boldsymbol{Q}')(\boldsymbol{Q}\boldsymbol{\Lambda}\boldsymbol{Q}')$, 反之亦然. 因此在处理方阵问题时, 这两种分解所起的作用是类似的.

(2) $\boldsymbol{A}$ 的正奇异值就是 $\boldsymbol{A}'\boldsymbol{A}$ 的正特征值的算术平方根. 因此遇到 $\boldsymbol{A}'\boldsymbol{A}$ 的问题时 (如例 9.133), 利用极分解或奇异值分解来考虑是一种自然的选择.

下面我们来看一些应用奇异值分解的典型例题.

例 9.39 设 $\boldsymbol{A},\boldsymbol{B}$ 是 $m\times n$ 实矩阵, 求证: $\boldsymbol{A}'\boldsymbol{A}=\boldsymbol{B}'\boldsymbol{B}$ 的充要条件是存在 m 阶正交矩阵 $\boldsymbol{P}$, 使得 $\boldsymbol{A}=\boldsymbol{P}\boldsymbol{B}$.

证法 2　沿用上面的记号. 因为 $\boldsymbol{A}'\boldsymbol{A}=\boldsymbol{B}'\boldsymbol{B}$, 故 $\boldsymbol{A},\boldsymbol{B}$ 有相同的奇异值, 并且 $\boldsymbol{Q}$ 是相同的. 由此可得两个 m 阶正交矩阵 $\boldsymbol{P}_1,\boldsymbol{P}_2$, 使得

$$\boldsymbol{A}=\boldsymbol{P}_1\begin{pmatrix}\boldsymbol{S}&\boldsymbol{O}\\\boldsymbol{O}&\boldsymbol{O}\end{pmatrix}\boldsymbol{Q}',\quad \boldsymbol{B}=\boldsymbol{P}_2\begin{pmatrix}\boldsymbol{S}&\boldsymbol{O}\\\boldsymbol{O}&\boldsymbol{O}\end{pmatrix}\boldsymbol{Q}'.$$

令 $\boldsymbol{P}=\boldsymbol{P}_1\boldsymbol{P}_2'$, 则 $\boldsymbol{P}$ 为 m 阶正交矩阵, 满足 $\boldsymbol{A}=\boldsymbol{P}\boldsymbol{B}$. □

第 2 章解答题 15　设 $\boldsymbol{A}=(a_{ij})$ 为 n 阶方阵, 定义函数 $f(\boldsymbol{A})=\sum\limits_{i,j=1}^{n}a_{ij}^2$. 设 $\boldsymbol{P}$ 为 n 阶可逆矩阵, 使得对任意的 n 阶方阵 $\boldsymbol{A}$ 成立: $f(\boldsymbol{P}\boldsymbol{A}\boldsymbol{P}^{-1})=f(\boldsymbol{A})$. 证明: 存在非零常数 c, 使得 $\boldsymbol{P}'\boldsymbol{P}=c\boldsymbol{I}_n$.

证法 3　我们把数域限定在实数域上, $f(\boldsymbol{A})=\sum\limits_{i,j=1}^{n}a_{ij}^2=\mathrm{tr}(\boldsymbol{A}\boldsymbol{A}')$. 设 $\boldsymbol{P}=\boldsymbol{Q}_1\boldsymbol{D}\boldsymbol{Q}_2$ 为奇异值分解, 其中 $\boldsymbol{Q}_1,\boldsymbol{Q}_2$ 为正交矩阵, $\boldsymbol{D}=\mathrm{diag}\{d_1,d_2,\cdots,d_n\}$ 为对角矩阵, $d_i>0\,(1\leq i\leq n)$, 则 $\boldsymbol{P}'\boldsymbol{P}=\boldsymbol{Q}_2'\boldsymbol{D}^2\boldsymbol{Q}_2$, 于是有

$$\begin{aligned}f(\boldsymbol{P}\boldsymbol{A}\boldsymbol{P}^{-1})&=\mathrm{tr}(\boldsymbol{P}\boldsymbol{A}\boldsymbol{P}^{-1}(\boldsymbol{P}')^{-1}\boldsymbol{A}'\boldsymbol{P}')=\mathrm{tr}\left((\boldsymbol{P}'\boldsymbol{P})\boldsymbol{A}(\boldsymbol{P}'\boldsymbol{P})^{-1}\boldsymbol{A}'\right)\\&=\mathrm{tr}\left(\boldsymbol{Q}_2'\boldsymbol{D}^2(\boldsymbol{Q}_2\boldsymbol{A}\boldsymbol{Q}_2')\boldsymbol{D}^{-2}\boldsymbol{Q}_2\boldsymbol{A}'\right)=\mathrm{tr}\left(\boldsymbol{D}^2(\boldsymbol{Q}_2\boldsymbol{A}\boldsymbol{Q}_2')\boldsymbol{D}^{-2}(\boldsymbol{Q}_2\boldsymbol{A}\boldsymbol{Q}_2')'\right).\\&=f(\boldsymbol{D}(\boldsymbol{Q}_2\boldsymbol{A}\boldsymbol{Q}_2')\boldsymbol{D}^{-1}),\\f(\boldsymbol{A})&=\mathrm{tr}(\boldsymbol{A}\boldsymbol{A}')=\mathrm{tr}\left((\boldsymbol{Q}_2\boldsymbol{A}\boldsymbol{Q}_2')(\boldsymbol{Q}_2\boldsymbol{A}\boldsymbol{Q}_2')'\right)=f(\boldsymbol{Q}_2\boldsymbol{A}\boldsymbol{Q}_2').\end{aligned}$$

因此对任意的 $\boldsymbol{B}=\boldsymbol{Q}_2\boldsymbol{A}\boldsymbol{Q}_2'=(b_{ij})$, 总有 $f(\boldsymbol{D}\boldsymbol{B}\boldsymbol{D}^{-1})=f(\boldsymbol{B})$ 成立, 此式经简单的计算即为

$$\sum_{i,j=1}^{n}\frac{d_i^2}{d_j^2}b_{ij}^2=\sum_{i,j=1}^{n}b_{ij}^2,$$

故只能是 $d_1=d_2=\cdots=d_n=d>0$, 从而 $\boldsymbol{P}'\boldsymbol{P}=\boldsymbol{Q}_2'(d^2\boldsymbol{I}_n)\boldsymbol{Q}_2=d^2\boldsymbol{I}_n$. □

例 9.135　设 $\boldsymbol{A}$ 为 n 阶实矩阵, 求证: $\boldsymbol{A}$ 的谱半径 $\rho(\boldsymbol{A})$ (即 $\boldsymbol{A}$ 的特征值模长的最大值) 小于等于 $\boldsymbol{A}$ 的最大奇异值.

证明　设 $\boldsymbol{A}=\boldsymbol{P}\boldsymbol{\Lambda}\boldsymbol{Q}'$ 为奇异值分解, 其中 $\boldsymbol{\Lambda}=\mathrm{diag}\{\sigma_1,\cdots,\sigma_r,0,\cdots,0\}$ 且 $\sigma_1\geq\cdots\geq\sigma_r>0$ 为 $\boldsymbol{A}$ 的全体正奇异值. 注意到 $\boldsymbol{A}'\boldsymbol{A}=\boldsymbol{Q}\boldsymbol{\Lambda}^2\boldsymbol{Q}'$, 故由例 9.55 即得 $\rho(\boldsymbol{A})\leq\sigma_1$. □

例 9.136　设 $\boldsymbol{A}$ 为 n 阶实矩阵, 求证: $\mathrm{tr}(\boldsymbol{A})^2\leq\mathrm{r}(\boldsymbol{A})\,\mathrm{tr}(\boldsymbol{A}'\boldsymbol{A})$, 并求等号成立的充要条件.

证明 设 $\boldsymbol{A}=\boldsymbol{P\Lambda Q}'$ 为奇异值分解, 其中 $\boldsymbol{\Lambda}=\mathrm{diag}\{\sigma_1,\cdots,\sigma_r,0,\cdots,0\}$ 且 $\sigma_1\geq\cdots\geq\sigma_r>0$ 为 $\boldsymbol{A}$ 的全体正奇异值. 注意到 $\mathrm{tr}(\boldsymbol{A})=\mathrm{tr}(\boldsymbol{P\Lambda Q}')=\mathrm{tr}(\boldsymbol{Q}'\boldsymbol{P\Lambda})$, 若设正交矩阵 $\boldsymbol{Q}'\boldsymbol{P}=(p_{ij})$, 则 $\mathrm{tr}(\boldsymbol{A})=p_{11}\sigma_1+p_{22}\sigma_2+\cdots+p_{rr}\sigma_r$. 另一方面, $\mathrm{tr}(\boldsymbol{A}'\boldsymbol{A})=\mathrm{tr}(\boldsymbol{Q\Lambda}^2\boldsymbol{Q}')=\mathrm{tr}(\boldsymbol{\Lambda}^2)=\sigma_1^2+\sigma_2^2+\cdots+\sigma_r^2$, 故由 Cauchy-Schwarz 不等式可得

$$\begin{aligned}\mathrm{tr}(\boldsymbol{A})^2&=(p_{11}\sigma_1+p_{22}\sigma_2+\cdots+p_{rr}\sigma_r)^2\\&\leq(p_{11}^2+p_{22}^2+\cdots+p_{rr}^2)(\sigma_1^2+\sigma_2^2+\cdots+\sigma_r^2)\\&\leq r(\sigma_1^2+\sigma_2^2+\cdots+\sigma_r^2)=\mathrm{r}(\boldsymbol{A})\,\mathrm{tr}(\boldsymbol{A}'\boldsymbol{A}),\end{aligned}$$

等号成立当且仅当 $p_{11}=\cdots=p_{rr}=\pm1$ 且 $\sigma_1=\cdots=\sigma_r=\sigma>0$, 即当且仅当 $\boldsymbol{Q}'\boldsymbol{P}=\begin{pmatrix}\pm\boldsymbol{I}_r&\boldsymbol{O}\\\boldsymbol{O}&\boldsymbol{P}_{n-r}\end{pmatrix}$, $\boldsymbol{\Lambda}=\begin{pmatrix}\sigma\boldsymbol{I}_r&\boldsymbol{O}\\\boldsymbol{O}&\boldsymbol{O}\end{pmatrix}$. 此时, $\boldsymbol{A}=\boldsymbol{P\Lambda Q}'=\boldsymbol{P\Lambda}(\boldsymbol{Q}'\boldsymbol{P})\boldsymbol{P}'=\boldsymbol{P}\begin{pmatrix}\pm\sigma\boldsymbol{I}_r&\boldsymbol{O}\\\boldsymbol{O}&\boldsymbol{O}\end{pmatrix}\boldsymbol{P}'$ 为实对称矩阵且非零特征值都相等, 不难验证这就是上述不等式等号成立的充要条件. □

例 9.137 设 $\boldsymbol{A}$ 为 n 阶幂等实矩阵, 求证: $\boldsymbol{A}'\boldsymbol{A}$ 的非零特征值都大于等于 1.

证明 设 $\boldsymbol{A}=\boldsymbol{P\Lambda Q}'$ 为奇异值分解, 其中 $\boldsymbol{\Lambda}=\mathrm{diag}\{\sigma_1,\cdots,\sigma_r,0,\cdots,0\}$ 且 $\sigma_1\geq\cdots\geq\sigma_r>0$ 为 $\boldsymbol{A}$ 的全体正奇异值. 注意到 $\boldsymbol{A}'\boldsymbol{A}=\boldsymbol{Q\Lambda}^2\boldsymbol{Q}'$, 故 $\boldsymbol{A}'\boldsymbol{A}$ 的非零特征值为 $\sigma_i^2\,(1\leq i\leq r)$, 我们只要证明 $\sigma_i\geq1$ 即可. 设正交矩阵 $\boldsymbol{PQ}'=(p_{ij})$, 则由 $\boldsymbol{A}^2=\boldsymbol{A}$ 可得 $\boldsymbol{P\Lambda Q}'\boldsymbol{P\Lambda Q}'=\boldsymbol{P\Lambda Q}'$, 于是 $\boldsymbol{\Lambda}(\boldsymbol{Q}'\boldsymbol{P})\boldsymbol{\Lambda}=\boldsymbol{\Lambda}$, 又由此可得 $\sigma_i^2p_{ii}=\sigma_i$, 于是 $\sigma_ip_{ii}=1\,(1\leq i\leq r)$. 注意到 $0<p_{ii}\leq1$, 故 $\sigma_i=p_{ii}^{-1}\geq1\,(1\leq i\leq r)$. □

例 9.131 (代数版本) 设 $\boldsymbol{A}$ 为 n 阶幂等实矩阵, 若对任意的实列向量 $\boldsymbol{x}$, 均有 $\boldsymbol{x}'\boldsymbol{A}'\boldsymbol{A}\boldsymbol{x}\leq\boldsymbol{x}'\boldsymbol{x}$, 求证: $\boldsymbol{A}$ 是实对称矩阵.

证法 2 任取半正定阵 $\boldsymbol{A}'\boldsymbol{A}$ 的特征值 λ_0 及其特征向量 $\boldsymbol{\alpha}$, 即有 $\boldsymbol{A\alpha}=\lambda_0\boldsymbol{\alpha}$, 则 $\boldsymbol{\alpha}'\boldsymbol{A}'\boldsymbol{A\alpha}=\lambda_0^2\boldsymbol{\alpha}'\boldsymbol{\alpha}\leq\boldsymbol{\alpha}'\boldsymbol{\alpha}$, 于是 $\lambda_0^2\leq1$, 从而 $0\leq\lambda_0\leq1$. 又由例 9.137 可知, 若 $\lambda_0\neq0$, 则 $\lambda_0\geq1$, 从而 $\lambda_0=1$. 设 $\mathrm{r}(\boldsymbol{A}'\boldsymbol{A})=\mathrm{r}(\boldsymbol{A})=r$, 则 $\boldsymbol{A}'\boldsymbol{A}$ 的特征值为 1 (r 重), 0 ($n-r$ 重). 注意到 $\boldsymbol{A}$ 是幂等矩阵, 故由例 4.55 可得 $\mathrm{tr}(\boldsymbol{A}^2)=\mathrm{tr}(\boldsymbol{A})=\mathrm{r}(\boldsymbol{A})=r=\mathrm{tr}(\boldsymbol{A}'\boldsymbol{A})$, 再由例 2.49 可知 $\boldsymbol{A}$ 为实对称矩阵.

证法 3 由条件可知 $\boldsymbol{I}_n-\boldsymbol{A}'\boldsymbol{A}$ 为半正定阵, 故存在 n 阶实矩阵 $\boldsymbol{C}$, 使得 $\boldsymbol{I}_n-\boldsymbol{A}'\boldsymbol{A}=\boldsymbol{C}'\boldsymbol{C}$. 注意到 $\boldsymbol{A}^2=\boldsymbol{A}$, 故有 $\boldsymbol{A}'\boldsymbol{C}'\boldsymbol{C}\boldsymbol{A}=\boldsymbol{A}'(\boldsymbol{I}_n-\boldsymbol{A}'\boldsymbol{A})\boldsymbol{A}=\boldsymbol{A}'\boldsymbol{A}-(\boldsymbol{A}')^2\boldsymbol{A}^2=\boldsymbol{A}'\boldsymbol{A}-\boldsymbol{A}'\boldsymbol{A}=\boldsymbol{O}$, 由例 2.9 即得 $\boldsymbol{C}\boldsymbol{A}=\boldsymbol{O}$. 于是 $\boldsymbol{O}=\boldsymbol{C}'\boldsymbol{C}\boldsymbol{A}=(\boldsymbol{I}_n-\boldsymbol{A}'\boldsymbol{A})\boldsymbol{A}=\boldsymbol{A}-\boldsymbol{A}'\boldsymbol{A}^2=\boldsymbol{A}-\boldsymbol{A}'\boldsymbol{A}$, 从而 $\boldsymbol{A}=\boldsymbol{A}'\boldsymbol{A}$ 为实对称矩阵. □

4. 广义逆及其应用

利用奇异值分解, 我们还可以定义线性映射和矩阵的广义逆. 下面对欧氏空间之间的线性映射和实矩阵进行阐述, 酉空间之间的线性映射和复矩阵的情形同理可得.

例 9.138 设 V, U 分别为 n, m 维欧氏空间, $\boldsymbol{\varphi}: V \to U$ 为线性映射, 求证: 存在唯一的线性映射 $\boldsymbol{\psi}: U \to V$, 满足如下条件:

(1) $\boldsymbol{\varphi\psi\varphi} = \boldsymbol{\varphi}$; (2) $\boldsymbol{\psi\varphi\psi} = \boldsymbol{\psi}$; (3) $\boldsymbol{\psi\varphi}$ 与 $\boldsymbol{\varphi\psi}$ 都是自伴随算子.

上述 $\boldsymbol{\psi}$ 称为 $\boldsymbol{\varphi}$ 的 Moore-Penrose 广义逆, 记为 $\boldsymbol{\varphi}^{\dagger}$.

证明　先证存在性. 记 $\boldsymbol{\xi}: (\mathrm{Ker}\,\boldsymbol{\varphi})^{\perp} \to \mathrm{Im}\,\boldsymbol{\varphi}$ 为 $\boldsymbol{\varphi}$ 在 $(\mathrm{Ker}\,\boldsymbol{\varphi})^{\perp}$ 上的限制, 容易验证 $\mathrm{Ker}\,\boldsymbol{\xi} = 0$ 并且 $\dim(\mathrm{Ker}\,\boldsymbol{\varphi})^{\perp} = n - \dim\mathrm{Ker}\,\boldsymbol{\varphi} = \dim\mathrm{Im}\,\boldsymbol{\varphi}$, 故由线性映射的维数公式可知, $\boldsymbol{\xi}$ 为线性同构. 构造映射 $\boldsymbol{\psi}: U \to V$ 如下:

$$\boldsymbol{\psi}(\boldsymbol{u}) = \begin{cases} \boldsymbol{\xi}^{-1}(\boldsymbol{u}), & \text{若 } \boldsymbol{u} \in \mathrm{Im}\,\boldsymbol{\varphi}; \\ \boldsymbol{0}, & \text{若 } \boldsymbol{u} \in (\mathrm{Im}\,\boldsymbol{\varphi})^{\perp}, \end{cases}$$

因为 $U = \mathrm{Im}\,\boldsymbol{\varphi} \oplus (\mathrm{Im}\,\boldsymbol{\varphi})^{\perp}$, 故由例 4.2 可知, 上述定义可以唯一地延拓到整个 U 上并使 $\boldsymbol{\psi}$ 成为线性映射. 考虑 $\boldsymbol{\varphi}$ 的奇异值分解, 设 $\{\boldsymbol{e}_1, \boldsymbol{e}_2, \cdots, \boldsymbol{e}_n\}$ 和 $\{\boldsymbol{f}_1, \boldsymbol{f}_2, \cdots, \boldsymbol{f}_m\}$ 分别为 V 和 U 的标准正交基, 使得 $\boldsymbol{\varphi}$ 在这两组基下的表示矩阵为 $\begin{pmatrix} \boldsymbol{S} & \boldsymbol{O} \\ \boldsymbol{O} & \boldsymbol{O} \end{pmatrix}$, 其中 $\boldsymbol{S} = \mathrm{diag}\{\sigma_1, \sigma_2, \cdots, \sigma_r\}$, $\sigma_1 \geq \sigma_2 \geq \cdots \geq \sigma_r > 0$ 为 $\boldsymbol{\varphi}$ 的全体正奇异值, 即有 $\boldsymbol{\varphi}(\boldsymbol{e}_i) = \sigma_i \boldsymbol{f}_i\,(1 \leq i \leq r)$, $\boldsymbol{\varphi}(\boldsymbol{e}_j) = \boldsymbol{0}\,(r+1 \leq j \leq n)$. 容易验证

$$\mathrm{Ker}\,\boldsymbol{\varphi} = L(\boldsymbol{e}_{r+1}, \cdots, \boldsymbol{e}_n), \quad (\mathrm{Ker}\,\boldsymbol{\varphi})^{\perp} = L(\boldsymbol{e}_1, \cdots, \boldsymbol{e}_r),$$
$$\mathrm{Im}\,\boldsymbol{\varphi} = L(\boldsymbol{f}_1, \cdots, \boldsymbol{f}_r), \quad (\mathrm{Im}\,\boldsymbol{\varphi})^{\perp} = L(\boldsymbol{f}_{r+1}, \cdots, \boldsymbol{f}_m),$$

并且 $\boldsymbol{\psi}(\boldsymbol{f}_i) = \dfrac{1}{\sigma_i}\boldsymbol{e}_i\,(1 \leq i \leq r)$, $\boldsymbol{\psi}(\boldsymbol{f}_j) = \boldsymbol{0}\,(r+1 \leq j \leq m)$. 容易验证 $\boldsymbol{\varphi}, \boldsymbol{\psi}$ 满足题中的 3 个条件, 这就证明了 $\boldsymbol{\varphi}$ 的广义逆的存在性.

再证唯一性. 设 $\boldsymbol{\varphi}^{\dagger}$ 和 $\boldsymbol{\varphi}^{\sharp}$ 是 $\boldsymbol{\varphi}$ 的两个广义逆, 我们来证明它们一定相等. 反复利用广义逆的 3 个条件, 考虑如下计算:

$$\begin{aligned}
\boldsymbol{\varphi}^{\dagger} &= \boldsymbol{\varphi}^{\dagger}\boldsymbol{\varphi}\boldsymbol{\varphi}^{\dagger} = (\boldsymbol{\varphi}^{\dagger}\boldsymbol{\varphi})^*\boldsymbol{\varphi}^{\dagger} = \boldsymbol{\varphi}^*(\boldsymbol{\varphi}^{\dagger})^*\boldsymbol{\varphi}^{\dagger} = (\boldsymbol{\varphi}\boldsymbol{\varphi}^{\sharp}\boldsymbol{\varphi})^*(\boldsymbol{\varphi}^{\dagger})^*\boldsymbol{\varphi}^{\dagger} \\
&= \boldsymbol{\varphi}^*(\boldsymbol{\varphi}^{\sharp})^*\boldsymbol{\varphi}^*(\boldsymbol{\varphi}^{\dagger})^*\boldsymbol{\varphi}^{\dagger} = (\boldsymbol{\varphi}^{\sharp}\boldsymbol{\varphi})^*(\boldsymbol{\varphi}^{\dagger}\boldsymbol{\varphi})^*\boldsymbol{\varphi}^{\dagger} = \boldsymbol{\varphi}^{\sharp}\boldsymbol{\varphi}\boldsymbol{\varphi}^{\dagger}\boldsymbol{\varphi}\boldsymbol{\varphi}^{\dagger} = \boldsymbol{\varphi}^{\sharp}\boldsymbol{\varphi}\boldsymbol{\varphi}^{\dagger}; \\
\boldsymbol{\varphi}^{\sharp} &= \boldsymbol{\varphi}^{\sharp}\boldsymbol{\varphi}\boldsymbol{\varphi}^{\sharp} = \boldsymbol{\varphi}^{\sharp}(\boldsymbol{\varphi}\boldsymbol{\varphi}^{\sharp})^* = \boldsymbol{\varphi}^{\sharp}(\boldsymbol{\varphi}^{\sharp})^*\boldsymbol{\varphi}^* = \boldsymbol{\varphi}^{\sharp}(\boldsymbol{\varphi}^{\sharp})^*(\boldsymbol{\varphi}\boldsymbol{\varphi}^{\dagger}\boldsymbol{\varphi})^* \\
&= \boldsymbol{\varphi}^{\sharp}(\boldsymbol{\varphi}^{\sharp})^*\boldsymbol{\varphi}^*(\boldsymbol{\varphi}^{\dagger})^*\boldsymbol{\varphi}^* = \boldsymbol{\varphi}^{\sharp}(\boldsymbol{\varphi}\boldsymbol{\varphi}^{\sharp})^*(\boldsymbol{\varphi}\boldsymbol{\varphi}^{\dagger})^* = \boldsymbol{\varphi}^{\sharp}\boldsymbol{\varphi}\boldsymbol{\varphi}^{\sharp}\boldsymbol{\varphi}\boldsymbol{\varphi}^{\dagger} = \boldsymbol{\varphi}^{\sharp}\boldsymbol{\varphi}\boldsymbol{\varphi}^{\dagger},
\end{aligned}$$

由此即得 $\boldsymbol{\varphi}^{\sharp} = \boldsymbol{\varphi}^{\dagger}$. □

注 (1) 当 $\boldsymbol{\varphi}: V \to U$ 是线性同构时, 容易看出 $\boldsymbol{\varphi}^{\dagger} = \boldsymbol{\varphi}^{-1}$, 因此线性映射的广义逆是线性同构的逆的推广. 例 9.138 告诉我们, 对于欧氏空间之间的任意线性映射, 其广义逆都存在; 特别地, 当 $\boldsymbol{\varphi} = \mathbf{0}$ 时, $\boldsymbol{\varphi}^{\dagger} = \mathbf{0}$; 进一步, 我们还可以利用线性映射的奇异值分解构造出其广义逆, 即存在 V 和 U 的标准正交基, 使得 $\boldsymbol{\varphi}$ 在这两组基下的表示矩阵为 $\begin{pmatrix} \boldsymbol{S} & \boldsymbol{O} \\ \boldsymbol{O} & \boldsymbol{O} \end{pmatrix}$, 且 $\boldsymbol{\varphi}^{\dagger}$ 在这两组基下的表示矩阵为 $\begin{pmatrix} \boldsymbol{S}^{-1} & \boldsymbol{O} \\ \boldsymbol{O} & \boldsymbol{O} \end{pmatrix}$, 其中 $\boldsymbol{S} = \mathrm{diag}\{\sigma_1, \sigma_2, \cdots, \sigma_r\}$, $\sigma_1 \geq \sigma_2 \geq \cdots \geq \sigma_r > 0$ 为 $\boldsymbol{\varphi}$ 的全体正奇异值.

(2) 例 9.138 的代数版本就是矩阵的广义逆. 设 $\boldsymbol{A}$ 为 $m \times n$ 实矩阵, 则存在唯一的 $n \times m$ 实矩阵 $\boldsymbol{A}^{\dagger}$, 满足如下条件:

(1) $\boldsymbol{A}\boldsymbol{A}^{\dagger}\boldsymbol{A} = \boldsymbol{A}$; (2) $\boldsymbol{A}^{\dagger}\boldsymbol{A}\boldsymbol{A}^{\dagger} = \boldsymbol{A}^{\dagger}$; (3) $\boldsymbol{A}^{\dagger}\boldsymbol{A}$ 与 $\boldsymbol{A}\boldsymbol{A}^{\dagger}$ 都是实对称矩阵.

上述矩阵 $\boldsymbol{A}^{\dagger}$ 称为 $\boldsymbol{A}$ 的 Moore-Penrose 广义逆. 若 $\boldsymbol{A}$ 是 n 阶可逆矩阵, 则 $\boldsymbol{A}^{\dagger} = \boldsymbol{A}^{-1}$, 因此矩阵的广义逆是方阵的逆阵的推广. 当 $\boldsymbol{A} = \boldsymbol{O}_{m\times n}$ 时, $\boldsymbol{A}^{\dagger} = \boldsymbol{O}_{n\times m}$. 若设 $\boldsymbol{A} = \boldsymbol{P}\begin{pmatrix} \boldsymbol{S} & \boldsymbol{O} \\ \boldsymbol{O} & \boldsymbol{O} \end{pmatrix}\boldsymbol{Q}'$ 为 $\boldsymbol{A}$ 的奇异值分解, 则 $\boldsymbol{A}^{\dagger} = \boldsymbol{Q}\begin{pmatrix} \boldsymbol{S}^{-1} & \boldsymbol{O} \\ \boldsymbol{O} & \boldsymbol{O} \end{pmatrix}\boldsymbol{P}'$ 为 $\boldsymbol{A}^{\dagger}$ 的奇异值分解. 这也给出了从矩阵 $\boldsymbol{A}$ 求其广义逆 $\boldsymbol{A}^{\dagger}$ 的计算方法. 矩阵的广义逆在矩阵理论中有着重要的应用, 限于篇幅我们不准备展开这方面的讨论. 为了联系起内积空间理论和线性方程组的求解理论, 我们来看广义逆的如下应用.

例 9.139 设 V, U 分别为 n, m 维欧氏空间, $\boldsymbol{\varphi}: V \to U$ 为线性映射, $\boldsymbol{\varphi}^{\dagger}$ 为 $\boldsymbol{\varphi}$ 的广义逆. 求证: $\boldsymbol{\varphi}^{\dagger}\boldsymbol{\varphi}$ 是 V 到 $(\mathrm{Ker}\,\boldsymbol{\varphi})^{\perp}$ 上的正交投影算子, $\boldsymbol{\varphi}\boldsymbol{\varphi}^{\dagger}$ 是 U 到 $\mathrm{Im}\,\boldsymbol{\varphi}$ 上的正交投影算子.

证明 由例 9.138 的证明过程可知, 存在 V 的标准正交基 $\boldsymbol{e}_1, \boldsymbol{e}_2, \cdots, \boldsymbol{e}_n$, U 的标准正交基 $\boldsymbol{f}_1, \boldsymbol{f}_2, \cdots, \boldsymbol{f}_m$, 使得

$$\boldsymbol{\varphi}(\boldsymbol{e}_i) = \sigma_i \boldsymbol{f}_i \ (1 \leq i \leq r), \quad \boldsymbol{\varphi}(\boldsymbol{e}_i) = \mathbf{0} \ (r+1 \leq i \leq n);$$

$$\boldsymbol{\varphi}^{\dagger}(\boldsymbol{f}_j) = \frac{1}{\sigma_j}\boldsymbol{e}_j \ (1 \leq j \leq r), \quad \boldsymbol{\varphi}^{\dagger}(\boldsymbol{f}_j) = \mathbf{0} \ (r+1 \leq j \leq m).$$

因此 $\boldsymbol{\varphi}^{\dagger}\boldsymbol{\varphi}(\boldsymbol{e}_i) = \boldsymbol{e}_i \, (1 \leq i \leq r)$, $\boldsymbol{\varphi}^{\dagger}\boldsymbol{\varphi}(\boldsymbol{e}_i) = \mathbf{0} \, (r+1 \leq i \leq n)$; $\boldsymbol{\varphi}\boldsymbol{\varphi}^{\dagger}(\boldsymbol{f}_j) = \boldsymbol{f}_j \, (1 \leq j \leq r)$, $\boldsymbol{\varphi}\boldsymbol{\varphi}^{\dagger}(\boldsymbol{f}_j) = \mathbf{0} \, (r+1 \leq j \leq m)$. 注意到 $\mathrm{Ker}\,\boldsymbol{\varphi} = L(\boldsymbol{e}_{r+1}, \cdots, \boldsymbol{e}_n)$, $(\mathrm{Ker}\,\boldsymbol{\varphi})^{\perp} = L(\boldsymbol{e}_1, \cdots, \boldsymbol{e}_r)$, $\mathrm{Im}\,\boldsymbol{\varphi} = L(\boldsymbol{f}_1, \cdots, \boldsymbol{f}_r)$, $(\mathrm{Im}\,\boldsymbol{\varphi})^{\perp} = L(\boldsymbol{f}_{r+1}, \cdots, \boldsymbol{f}_m)$, 故结论成立. □

例 9.140 设 $\boldsymbol{A}$ 为 $m \times n$ 实矩阵, $\boldsymbol{\beta}$ 是 m 维实列向量, 并取实列向量空间上的标准内积. 求证:

(1) 若线性方程组 $\boldsymbol{A}\boldsymbol{x} = \boldsymbol{\beta}$ 有解, 则 $\boldsymbol{z} = \boldsymbol{A}^{\dagger}\boldsymbol{\beta}$ 是唯一的长度最小的解;

(2) 若线性方程组 $\boldsymbol{Ax}=\boldsymbol{\beta}$ 无解, 则 $\boldsymbol{z}=\boldsymbol{A}^{\dagger}\boldsymbol{\beta}$ 是最佳逼近, 即满足

$$\|\boldsymbol{Az}-\boldsymbol{\beta}\|\leq\|\boldsymbol{Ax}-\boldsymbol{\beta}\|,\ \forall\,\boldsymbol{x}\in\mathbb{R}^n,$$

并且是所有最佳逼近中唯一的长度最小的最佳逼近.

证明 (1) 任取线性方程组的解 $\boldsymbol{x}_0$, 即满足 $\boldsymbol{Ax}_0=\boldsymbol{\beta}$, 则由 $\boldsymbol{AA}^{\dagger}\boldsymbol{A}=\boldsymbol{A}$ 可知, $\boldsymbol{z}=\boldsymbol{A}^{\dagger}\boldsymbol{\beta}=\boldsymbol{A}^{\dagger}\boldsymbol{Ax}_0$ 也满足 $\boldsymbol{Az}=\boldsymbol{AA}^{\dagger}\boldsymbol{Ax}_0=\boldsymbol{Ax}_0=\boldsymbol{\beta}$, 即 $\boldsymbol{z}$ 也是线性方程组的解. 由例 9.139 可知, $\boldsymbol{z}=\boldsymbol{A}^{\dagger}\boldsymbol{Ax}_0$ 是 $\boldsymbol{x}_0$ 到 $(\operatorname{Ker}\boldsymbol{A})^{\perp}$ 上的正交投影, 从而 $\|\boldsymbol{z}\|\leq\|\boldsymbol{x}_0\|$, 等号成立当且仅当 $\boldsymbol{x}_0=\boldsymbol{z}$. 由 $\boldsymbol{x}_0$ 的任意性可知, $\boldsymbol{z}=\boldsymbol{A}^{\dagger}\boldsymbol{\beta}$ 是唯一的长度最小的解.

(2) 由例 9.139 可知, $\boldsymbol{Az}=\boldsymbol{AA}^{\dagger}\boldsymbol{\beta}$ 是 $\boldsymbol{\beta}$ 到 $\operatorname{Im}\boldsymbol{A}$ 上的正交投影, 因此对任意的 $\boldsymbol{x}\in\mathbb{R}^n$, $(\boldsymbol{\beta}-\boldsymbol{AA}^{\dagger}\boldsymbol{\beta})\perp\boldsymbol{Ax}$. 于是由勾股定理可得

$$\|\boldsymbol{Ax}-\boldsymbol{\beta}\|^2=\|(\boldsymbol{Az}-\boldsymbol{\beta})+\boldsymbol{A}(\boldsymbol{x}-\boldsymbol{z})\|^2=\|\boldsymbol{Az}-\boldsymbol{\beta}\|^2+\|\boldsymbol{A}(\boldsymbol{x}-\boldsymbol{z})\|^2\geq\|\boldsymbol{Az}-\boldsymbol{\beta}\|^2,$$

等号成立当且仅当 $\boldsymbol{A}(\boldsymbol{x}-\boldsymbol{z})=\boldsymbol{0}$. 对满足 $\boldsymbol{Ax}=\boldsymbol{Az}$ 的任一 $\boldsymbol{x}$, 存在 $\boldsymbol{y}\in\operatorname{Ker}\boldsymbol{A}$, 使得 $\boldsymbol{x}=\boldsymbol{y}+\boldsymbol{z}$. 由例 9.139 的证明过程可知, $\boldsymbol{z}=\boldsymbol{A}^{\dagger}\boldsymbol{\beta}\in(\operatorname{Ker}\boldsymbol{A})^{\perp}$, 因此 $\|\boldsymbol{x}\|^2=\|\boldsymbol{y}\|^2+\|\boldsymbol{z}\|^2\geq\|\boldsymbol{z}\|^2$, 等号成立当且仅当 $\boldsymbol{x}=\boldsymbol{z}$, 即 $\boldsymbol{z}$ 是所有最佳逼近中唯一的长度最小的最佳逼近. □

注 在实际问题中我们遇到的 $\boldsymbol{Ax}=\boldsymbol{\beta}$ 通常都是系数矩阵 $\boldsymbol{A}$ 列满秩但无解的线性方程组. 此时, 容易验证 $\boldsymbol{A}^{\dagger}=(\boldsymbol{A}'\boldsymbol{A})^{-1}\boldsymbol{A}'$, 因此最佳逼近为 $\boldsymbol{z}=(\boldsymbol{A}'\boldsymbol{A})^{-1}\boldsymbol{A}'\boldsymbol{\beta}$, 这就是矛盾线性方程组 $\boldsymbol{Ax}=\boldsymbol{\beta}$ 的最小二乘解.

§ 9.15 基础训练

9.15.1 训 练 题

一、单选题

1. 若 $\boldsymbol{A},\boldsymbol{B}$ 是正交矩阵, k 是非零实数, $\boldsymbol{P}$ 是可逆矩阵, 则 (　　).

(A) $\boldsymbol{A}+\boldsymbol{B}$ 也是正交矩阵　　(B) $k\boldsymbol{A}$ 也是正交矩阵

(C) $\boldsymbol{AB}$ 也是正交矩阵　　(D) $\boldsymbol{P}^{-1}\boldsymbol{AP}$ 也是正交矩阵

2. 下列结论正确的是 (　　).

(A) 若非零向量 $\boldsymbol{u},\boldsymbol{v}$ 正交, 则 $\boldsymbol{u},\boldsymbol{v}$ 线性无关

(B) 若向量 $\boldsymbol{v}_1$ 和 $\boldsymbol{v}_2$ 正交, $\boldsymbol{v}_2$ 和 $\boldsymbol{v}_3$ 正交, 则 $\boldsymbol{v}_1$ 和 $\boldsymbol{v}_3$ 正交

(C) 若 U, W 是欧氏空间 V 的子空间, 适合 $U \cap W = 0$, 则 U 和 W 正交

(D) 若 U, W 是欧氏空间 V 的子空间, 适合 $U \cap W = 0$ 且 $\dim V = \dim U + \dim W$, 则 U 是 W 的正交补空间

3. 和矩阵 $\boldsymbol{M} = \begin{pmatrix} 1 & 0 \\ 0 & -1 \end{pmatrix}$ 正交相似的矩阵是 (　　).

(A) $\begin{pmatrix} 0 & 1 \\ 1 & 0 \end{pmatrix}$　　(B) $\begin{pmatrix} 1 & 2 \\ 0 & -1 \end{pmatrix}$

(C) $\begin{pmatrix} 1 & 1 \\ 1 & -1 \end{pmatrix}$　　(D) $\begin{pmatrix} 0 & 1 \\ -1 & 0 \end{pmatrix}$

4. 设 $\boldsymbol{A}$ 是 n 阶实对称矩阵, 则 (　　).

(A) $\boldsymbol{A}$ 有 n 个不同的特征值

(B) $\boldsymbol{A}$ 的特征值的绝对值等于 1

(C) $\boldsymbol{A}$ 的任意 n 个线性无关的特征向量两两正交

(D) 存在正交矩阵 $\boldsymbol{P}$, 使得 $\boldsymbol{P}'\boldsymbol{A}\boldsymbol{P}$ 为对角矩阵

5. 下列结论正确的是 (　　).

(A) 两个相似的实对称矩阵必正交相似　　(B) 两个同阶的正定实对称矩阵必相似

(C) 两个合同的实对称矩阵必正交相似　　(D) 特征值完全相同的同阶矩阵必相似

6. 设 $\boldsymbol{A}$ 是 n 阶正交矩阵, 则 (　　).

(A) $\boldsymbol{A}$ 的特征值全是实数　　(B) $\boldsymbol{A}$ 的特征值的模长等于 1

(C) $\boldsymbol{A}$ 有 n 个不同的特征值　　(D) $\boldsymbol{A}$ 的线性无关的特征向量两两正交

7. 设 φ 是 n 维欧氏空间 V 上的对称变换, 则 (　　).

(A) φ 在 V 的任意一组基下的表示矩阵是实对称矩阵

(B) φ 在 V 的任意一组正交基下的表示矩阵是实对称矩阵

(C) φ 在 V 的任意一组标准正交基下的表示矩阵是实对称矩阵

(D) φ 在 V 的任意一组基下的表示矩阵都正交相似

8. 在下列条件中, 能保证 n 阶矩阵 $\boldsymbol{A}$ 是正交矩阵的是 (　　).

(A) $\boldsymbol{A}$ 将 n 维正交列向量变成正交列向量

(B) 对任意的 n 维列向量 $\boldsymbol{\alpha}$, $\|\boldsymbol{A}\boldsymbol{\alpha}\| = \|\boldsymbol{\alpha}\|$

(C) $\boldsymbol{A}$ 保持向量夹角不变

(D) $\boldsymbol{A}$ 的特征值全为 1 或 -1

9. n 维欧氏空间 V 上的线性变换 φ 为正交变换的充要条件是 (　　).

(A) φ 在 V 的任一组基下的表示矩阵都是正交矩阵

(B) φ 在 V 的任一组正交基下的表示矩阵都是正交矩阵

(C) φ 在 V 的任一组标准正交基下的表示矩阵都是正交矩阵

(D) φ 在 V 的任一组标准正交基下的表示矩阵都是实对称矩阵

10. 设 $\boldsymbol{u}, \boldsymbol{v}$ 是 n 维欧氏空间 V 中的向量, 下列结论错误的是 (　　).

(A) 若 $\boldsymbol{u}$ 和 V 的一组基中每一个基向量的内积均为零, 则 $\boldsymbol{u}=\mathbf{0}$

(B) 若 $\boldsymbol{e}_1,\cdots,\boldsymbol{e}_n$ 是 V 的基, 从 $(\boldsymbol{u},\boldsymbol{e}_i)=(\boldsymbol{v},\boldsymbol{e}_i)$ 对一切 i 成立可推出 $\boldsymbol{u}=\boldsymbol{v}$

(C) 若 $\boldsymbol{e}_1,\cdots,\boldsymbol{e}_n$ 是 V 的基, 又 $(\boldsymbol{u},\boldsymbol{e}_1)^2+\cdots+(\boldsymbol{u},\boldsymbol{e}_n)^2=1$, 则 $\|\boldsymbol{u}\|=1$

(D) 若 $\boldsymbol{u},\boldsymbol{v}$ 都是单位向量且不相同, 则它们线性相关的充要条件是 $\boldsymbol{u}=-\boldsymbol{v}$

11. 上三角矩阵 $\boldsymbol{A}$ 是正交矩阵的充要条件是 (　　).

(A) $\boldsymbol{A}$ 是对角矩阵

(B) $\boldsymbol{A}$ 是单位矩阵

(C) $\boldsymbol{A}$ 是对角矩阵且主对角线上的元素为 1 或 -1

(D) $\boldsymbol{A}$ 是对角矩阵且主对角线上的元素为 1, -1 或 0

12. n 阶矩阵 $\boldsymbol{A}$ 是正交矩阵的充要条件是 (　　).

(A) $\boldsymbol{A}$ 的特征值全为 1 或 -1

(B) $\boldsymbol{A}$ 的列向量组成 n 维列向量空间 $\mathbb{R}^n$ 的一组标准正交基

(C) $\boldsymbol{A}$ 的列向量两两正交

(D) $\boldsymbol{A}$ 正交相似于单位矩阵

13. 下列矩阵没有实特征值的是 (　　).

(A) 实对称矩阵　　(B) 奇数阶实矩阵

(C) 二阶非零实反对称矩阵　　(D) 实上三角矩阵

14. 两个 n 阶实对称矩阵相似的充要条件是 (　　).

(A) 它们合同

(B) 它们的特征值都是实数 $\lambda_1,\lambda_2,\cdots,\lambda_n$

(C) 它们的特征值都是两两不相等的实数 $\lambda_1,\lambda_2,\cdots,\lambda_n$

(D) 它们都是正交矩阵

15. 在欧氏空间中, 下列命题正确的是 (　　).

(A) 两个正交变换的线性组合仍是正交变换 (B) 两个对称变换的线性组合仍是对称变换

(C) 对称变换将正交向量组变为正交向量组 (D) 对称变换必是可逆变换

16. 正交矩阵 $\boldsymbol{A}$ 经过下列变换后仍是正交矩阵的是 (　　).

(A) 对 $\boldsymbol{A}$ 进行一次初等变换

(B) 对 $\boldsymbol{A}$ 进行一次相似变换, 即将 $\boldsymbol{A}$ 变为 $\boldsymbol{P}^{-1}\boldsymbol{A}\boldsymbol{P}$, 其中 $\boldsymbol{P}$ 是同阶可逆矩阵

(C) 对 $\boldsymbol{A}$ 进行一次合同变换, 即将 $\boldsymbol{A}$ 变为 $\boldsymbol{C}'\boldsymbol{A}\boldsymbol{C}$, 其中 $\boldsymbol{C}$ 是同阶可逆矩阵

(D) 对换 $\boldsymbol{A}$ 的第 i,j 行后再对换第 i,j 列

17. 设 $\boldsymbol{A}$ 是正交矩阵, 则下列矩阵不一定是正交矩阵的是 (　　).

(A) $\boldsymbol{A}'$　　(B) $\boldsymbol{A}^*$

(C) $-\boldsymbol{A}$　　(D) $\boldsymbol{P}^{-1}\boldsymbol{A}\boldsymbol{P}$, 其中 $\boldsymbol{P}$ 是同阶可逆矩阵

18. 二阶实正规矩阵 $\boldsymbol{A}$ 不是对称矩阵, 则 $\boldsymbol{A}$ 是正交矩阵的充要条件是 (　　).

(A) $\boldsymbol{A}$ 的行列式值等于 1　　(B) $\boldsymbol{A}$ 的行列式值等于 -1

(C) $\boldsymbol{A}$ 是可逆矩阵　　(D) $\boldsymbol{A}$ 是奇异矩阵

19. 设 φ, ψ 是 n 维酉空间上的自伴随算子, 则下列线性变换仍是自伴随算子的是 (　　).

(A) $\psi\varphi$　　(B) $\mathrm{i}(\varphi\psi - \psi\varphi)$　　(C) $\mathrm{i}(\varphi\psi + \psi\varphi)$　　(D) $\varphi\psi - \psi\varphi$

20. 设 V 是 n 维欧氏空间, $\boldsymbol{\alpha}_1, \boldsymbol{\alpha}_2, \cdots, \boldsymbol{\alpha}_n$ 是 V 的一组基, $\boldsymbol{G}$ 是关于这组基的度量矩阵. 设线性变换 φ 在这组基下的表示矩阵为 $\boldsymbol{A}$, 则 φ 是自伴随算子的充要条件是 (　　).

(A) $\boldsymbol{A}$ 是对称矩阵　　(B) $\boldsymbol{A}$ 是正交矩阵　　(C) $\boldsymbol{A}'\boldsymbol{G} = \boldsymbol{G}\boldsymbol{A}$　　(D) $\boldsymbol{A}\boldsymbol{G} = \boldsymbol{G}\boldsymbol{A}$

二、填空题

1. 向量 $(1,1,-1,-1), (1,1,0,0), (0,0,-1,-1), (2,2,-1,-1), (1,0,-1,-1)$ 在四维行向量空间 (取标准内积) 中生成的子空间的正交补空间的维数是 (　　).

2. 设 $\boldsymbol{\alpha}, \boldsymbol{\beta}$ 是 n 维欧氏空间 V 中两个非零向量, 定义 $\varphi(\boldsymbol{x}) = (\boldsymbol{x}, \boldsymbol{\alpha})\boldsymbol{\beta}$, 问 φ 是正规算子吗? (　　)

3. 设 $\boldsymbol{e}_1, \boldsymbol{e}_2$ 是二维欧氏空间中的一组标准正交基, $\boldsymbol{\alpha}_1, \boldsymbol{\alpha}_2$ 是空间中两个向量, 已知 $(\boldsymbol{e}_1, \boldsymbol{\alpha}_1) = 1$, $(\boldsymbol{e}_1, \boldsymbol{\alpha}_2) = -1$, $(\boldsymbol{e}_2, \boldsymbol{\alpha}_1) = 2$, $(\boldsymbol{e}_2, \boldsymbol{\alpha}_2) = 1$, 问 $\boldsymbol{\alpha}_1, \boldsymbol{\alpha}_2$ 是否线性相关? (　　)

4. 已知三维欧氏空间中有一组基 $\boldsymbol{\alpha}_1, \boldsymbol{\alpha}_2, \boldsymbol{\alpha}_3$, 其度量矩阵为

$$\boldsymbol{A} = \begin{pmatrix} 1 & -1 & 0 \\ -1 & 2 & 0 \\ 0 & 0 & 3 \end{pmatrix},$$

向量 $\boldsymbol{\beta} = 2\boldsymbol{\alpha}_1 + 3\boldsymbol{\alpha}_2 - \boldsymbol{\alpha}_3$, 求 $\boldsymbol{\beta}$ 的长度.

5. 设 $\boldsymbol{\alpha}_1, \boldsymbol{\alpha}_2, \cdots, \boldsymbol{\alpha}_n$ 是 n 维列向量空间的一组标准正交基, $\boldsymbol{A}$ 是可逆矩阵, 问 $\boldsymbol{A}\boldsymbol{\alpha}_1, \boldsymbol{A}\boldsymbol{\alpha}_2, \cdots, \boldsymbol{A}\boldsymbol{\alpha}_n$ 是否仍是标准正交基? (　　)

6. 设

$$\boldsymbol{A} = \begin{pmatrix} a & -\dfrac{3}{7} & \dfrac{2}{7} \\ b & c & d \\ -\dfrac{3}{7} & \dfrac{2}{7} & e \end{pmatrix}$$

是正交矩阵, 则 $a = $ (　　), $e = $ (　　).

7. 设实对称矩阵 $\boldsymbol{A}$ 的特征多项式为 $\lambda^2 - 5\lambda + 6$, 写出 $\boldsymbol{A}$ 的正交相似标准型.

8. 设 $\boldsymbol{\alpha}$ 是四维实列向量且 $\boldsymbol{\alpha}'\boldsymbol{\alpha} = 1$, 又 $\boldsymbol{A} = \boldsymbol{I}_4 - 2\boldsymbol{\alpha}\boldsymbol{\alpha}'$, 写出 $\boldsymbol{A}$ 的正交相似标准型.

9. 在实三维行向量组成的欧氏空间中, 已知向量 $\boldsymbol{e}_1, \boldsymbol{e}_2, \boldsymbol{e}_3$ 是标准正交基, 问向量 $\dfrac{1}{3}(2\boldsymbol{e}_1 + 2\boldsymbol{e}_2 - \boldsymbol{e}_3)$, $\dfrac{1}{3}(2\boldsymbol{e}_1 - \boldsymbol{e}_2 + 2\boldsymbol{e}_3)$, $\dfrac{1}{3}(\boldsymbol{e}_1 - 2\boldsymbol{e}_2 - 2\boldsymbol{e}_3)$ 是否也是一组标准正交基? (　　)

10. 设 $\boldsymbol{A}$ 是幂零实对称矩阵, 问 $\boldsymbol{A}$ 是否必是零矩阵? (　　)

11. 已知二阶实对称矩阵 $\boldsymbol{A}$ 的一个特征向量为 $(1,-1)'$, 写出 $\boldsymbol{A}$ 的与 $(1,-1)'$ 线性无关且长度为 1 的特征向量 (　　).

12. 已知三阶正交矩阵 $\boldsymbol{A}$ 有一个特征值 $\dfrac{1}{2}+\dfrac{\sqrt{3}}{2}\mathrm{i}$ 且 $\boldsymbol{A}$ 的行列式值等于 1, 则 $\boldsymbol{A}$ 的其余两个特征值为 (　　).

13. 两个同阶实对称矩阵的极小多项式相同, 它们是否相似? (　　)

14. 两个同阶实对称矩阵的特征多项式相同, 它们是否相似? (　　)

15. 设 φ 是欧氏空间 V 上的正交变换, V_0 是 φ 的不变子空间, 问 $V_0^{\perp}$ 是否也是 φ 的不变子空间? (　　)

16. 设 V_1, V_2 是欧氏空间 V 的子空间且 V_1 和 V_2 的正交补空间相同, 问 V_1 和 V_2 是否相同? (　　)

17. 设 V 是由 n 阶实矩阵全体构成的欧氏空间 (取 Frobenius 内积), $\boldsymbol{T}$ 是一个 n 阶实矩阵, 定义 V 上的线性变换 $\varphi(\boldsymbol{A})=\boldsymbol{T}\boldsymbol{A}$, 求 φ 的伴随.

18. n 阶对称正交矩阵按正交相似分类, 共有 (　　) 类.

19. 设 φ 是 n 维酉空间 V 上的线性变换, 若存在 V 的一组基 $\{\boldsymbol{v}_1,\cdots,\boldsymbol{v}_n\}$, 使得 φ 在这组基下的表示矩阵为对角矩阵, 问 φ 是否必是正规算子? (　　)

20. 设 φ 是 n 维酉空间 V 上的正规算子, 若它的特征值全是实数, 则它必是 (　　) 算子.

三、解答题

1. 证明: 在内积空间中平行四边形两对角线平方和等于四边平方和, 即

$$\|\boldsymbol{x}+\boldsymbol{y}\|^2+\|\boldsymbol{x}-\boldsymbol{y}\|^2=2\|\boldsymbol{x}\|^2+2\|\boldsymbol{y}\|^2.$$

2. 设 $\boldsymbol{e}_1,\boldsymbol{e}_2,\cdots,\boldsymbol{e}_n$ 为内积空间 V 的一组标准正交基, 求证: 对任意的 $\boldsymbol{\alpha},\boldsymbol{\beta}\in V$, 有

$$(\boldsymbol{\alpha},\boldsymbol{\beta})=(\boldsymbol{\alpha},\boldsymbol{e}_1)\overline{(\boldsymbol{\beta},\boldsymbol{e}_1)}+(\boldsymbol{\alpha},\boldsymbol{e}_2)\overline{(\boldsymbol{\beta},\boldsymbol{e}_2)}+\cdots+(\boldsymbol{\alpha},\boldsymbol{e}_n)\overline{(\boldsymbol{\beta},\boldsymbol{e}_n)}.$$

3. 设 U 是欧氏空间 V 的子空间, $\boldsymbol{\eta}_1,\boldsymbol{\eta}_2,\cdots,\boldsymbol{\eta}_r$ 是 U 的一组基, $\boldsymbol{\gamma}$ 是 V 中的非零向量. 设 $G_0=|\boldsymbol{G}(\boldsymbol{\eta}_1,\boldsymbol{\eta}_2,\cdots,\boldsymbol{\eta}_r)|$, $G=|\boldsymbol{G}(\boldsymbol{\eta}_1,\boldsymbol{\eta}_2,\cdots,\boldsymbol{\eta}_r,\boldsymbol{\gamma})|$ 分别是向量组的 Gram 矩阵的行列式值. 求证: $\boldsymbol{\gamma}$ 到子空间 U 的距离为 $d=\sqrt{\dfrac{G}{G_0}}$.

4. 设 n 维欧氏空间 V 中有 $n+1$ 个向量 $\boldsymbol{\alpha}_0,\boldsymbol{\alpha}_1,\cdots,\boldsymbol{\alpha}_n$, 它们两两之间的距离都是 $d>0$. 令 $\boldsymbol{\beta}_i=\boldsymbol{\alpha}_i-\boldsymbol{\alpha}_0\,(1\leq i\leq n)$, 求证:

(1) $(\boldsymbol{\beta}_i,\boldsymbol{\beta}_j)=\dfrac{d^2}{2}\,(1\leq i\neq j\leq n)$;　　(2) $\boldsymbol{\beta}_1,\cdots,\boldsymbol{\beta}_n$ 是 V 的一组基.

5. 设 $\boldsymbol{\alpha},\boldsymbol{\beta}$ 是 n 维酉空间 V 中的两个向量, V 上的变换 φ 定义为 $\varphi(\boldsymbol{x})=(\boldsymbol{x},\boldsymbol{\alpha})\boldsymbol{\beta}$, 求证: φ 是 V 上的线性变换, 并求 φ^*. 若 $\boldsymbol{\alpha},\boldsymbol{\beta}$ 是两个正交单位向量, 将它们扩展为 V 的一组标准正交基 $\{\boldsymbol{e}_1=\boldsymbol{\alpha},\boldsymbol{e}_2=\boldsymbol{\beta},\boldsymbol{e}_3,\cdots,\boldsymbol{e}_n\}$, 求 φ 和 φ^* 在这组基下的表示矩阵.

6. 设 φ 是 n 维欧氏空间 V 上的变换, 且满足条件 $(\varphi(\boldsymbol{x}),\varphi(\boldsymbol{y}))=(\boldsymbol{x},\boldsymbol{y})$, 求证: φ 是 V 上的正交变换.

7. 设 V 是由 n 阶实矩阵全体构成的欧氏空间 (取 Frobenius 内积), V 上的线性变换 φ 定义为 $\varphi(\boldsymbol{X}) = \boldsymbol{AX}$, 其中 $\boldsymbol{A} \in V$. 求证: φ 是正交算子的充要条件是 $\boldsymbol{A}$ 为正交矩阵; φ 是自伴随算子的充要条件是 $\boldsymbol{A}$ 为对称矩阵.

8. 设 $\boldsymbol{A}$ 为八阶正交矩阵, 求证: $\boldsymbol{A}$ 中不存在元素皆为 $\dfrac{1}{2\sqrt{2}}$ 的三阶子矩阵.

9. 求证: 正定实对称矩阵 $\boldsymbol{A}$ 为正交矩阵的充要条件是 $\boldsymbol{A}$ 为单位矩阵.

10. 设实对称矩阵

$$\boldsymbol{A} = \begin{pmatrix} a & 1 & 1 & -1 \\ 1 & a & -1 & 1 \\ 1 & -1 & a & 1 \\ -1 & 1 & 1 & a \end{pmatrix}$$

有一个单特征值 -3, 求 a 的值并求正交矩阵 $\boldsymbol{P}$, 使得 $\boldsymbol{P}'\boldsymbol{AP}$ 为对角矩阵.

11. 设三阶实对称矩阵 $\boldsymbol{A}$ 的各行元素之和均为 3, 向量 $\boldsymbol{\alpha}_1 = (-1,2,-1)'$, $\boldsymbol{\alpha}_2 = (0,-1,1)'$ 是线性方程组 $\boldsymbol{Ax} = \boldsymbol{0}$ 的两个解.

(1) 求 $\boldsymbol{A}$ 的特征值和特征向量;

(2) 求正交矩阵 $\boldsymbol{Q}$ 和对角矩阵 $\boldsymbol{D}$, 使得 $\boldsymbol{Q}'\boldsymbol{AQ} = \boldsymbol{D}$.

12. 已知曲面 $2x^2 + ay^2 + 2z^2 + 2xy + 2xz + 2yz = 3$ 经过正交变换

$$\begin{pmatrix} x \\ y \\ z \end{pmatrix} = \boldsymbol{P} \begin{pmatrix} u \\ v \\ w \end{pmatrix}$$

可化为椭球面 $u^2 + v^2 + bw^2 = 3$, 求 a, b 的值和正交矩阵 $\boldsymbol{P}$.

13. 设 $\boldsymbol{A}$ 为 n 阶实对称矩阵, 求证: $\boldsymbol{A}$ 有 n 个不同特征值的充要条件是对 $\boldsymbol{A}$ 的任一特征值 λ_0 及其特征向量 $\boldsymbol{\alpha}$, 矩阵 $\begin{pmatrix} \boldsymbol{A} - \lambda_0 \boldsymbol{I}_n & \boldsymbol{\alpha} \\ \boldsymbol{\alpha}' & 0 \end{pmatrix}$ 均非异.

14. 设 $\boldsymbol{A}, \boldsymbol{B}$ 为 n 阶正定实对称矩阵, 求证: $\dfrac{2^{n+1}}{|\boldsymbol{A}+\boldsymbol{B}|} \leq \dfrac{1}{|\boldsymbol{A}|} + \dfrac{1}{|\boldsymbol{B}|}$, 且等号成立的充要条件是 $\boldsymbol{A} = \boldsymbol{B}$.

15. 设 $\boldsymbol{A}$ 为 n 阶实对称矩阵, 求证:

(1) 若 $\boldsymbol{A}$ 正定, 则对任意的 $\boldsymbol{B} \in M_{n\times m}(\mathbb{R})$, 有 $0 \leq |\boldsymbol{B}'(\boldsymbol{A}+\boldsymbol{BB}')^{-1}\boldsymbol{B}| < 1$, 并且左边等号成立的充要条件是 $\mathrm{r}(\boldsymbol{B}) < m$;

(2) 若 $\boldsymbol{A}$ 半正定, 则存在 $\boldsymbol{B} \in M_{n\times m}(\mathbb{R})$, 使得 $\boldsymbol{A} + \boldsymbol{BB}'$ 正定且 $|\boldsymbol{B}'(\boldsymbol{A}+\boldsymbol{BB}')^{-1}\boldsymbol{B}| = 1$ 的充要条件是 $\mathrm{r}(\boldsymbol{A}) = n - m$.

16. 设 $\boldsymbol{A}, \boldsymbol{B}$ 是 n 阶正定实对称矩阵且 $\boldsymbol{A} - \boldsymbol{B}$ 是半正定阵, $\boldsymbol{A}_r, \boldsymbol{B}_r$ 分别表示 $\boldsymbol{A}, \boldsymbol{B}$ 的由第 $i_1, \cdots, i_r$ 行和列交点上元素组成的主子阵, 求证: $|\boldsymbol{A}_r| \geq |\boldsymbol{B}_r|$.

17. 设 φ 为 n 维欧氏空间 V 上的非异线性变换, 求证: φ 保持向量的夹角不变 (即对任意的非零向量 $\boldsymbol{\alpha}, \boldsymbol{\beta}$, 它们的夹角等于 $\varphi(\boldsymbol{\alpha}), \varphi(\boldsymbol{\beta})$ 的夹角) 的充要条件是 φ 保持向量的正交性不变.

18. 设 $\boldsymbol{A},\boldsymbol{B}$ 是 n 阶实正规矩阵, 求证: 若 $\boldsymbol{A},\boldsymbol{B}$ 相似, 则它们必正交相似.

19. 设 $\boldsymbol{A}$ 为 n 阶实对称矩阵, $\boldsymbol{S}$ 是 n 阶非异实反对称矩阵且 $\boldsymbol{AS}=\boldsymbol{SA}$, 求证: $|\boldsymbol{A}+\boldsymbol{S}|\geq|\boldsymbol{S}|$, 且等号成立的充要条件是 $\boldsymbol{A}=\boldsymbol{O}$.

20. 证明: 谱分解定理之逆也成立, 即若酉空间 V 上存在一组线性算子 $\{\boldsymbol{E}_1,\boldsymbol{E}_2,\cdots,\boldsymbol{E}_k\}$, 适合 $\boldsymbol{E}_1+\boldsymbol{E}_2+\cdots+\boldsymbol{E}_k=\boldsymbol{I}$, $\boldsymbol{E}_i\boldsymbol{E}_j=\boldsymbol{0}\,(i\neq j)$, $\boldsymbol{E}_i^2=\boldsymbol{E}_i=\boldsymbol{E}_i^*$, 并且线性算子 $\boldsymbol{\varphi}=\lambda_1\boldsymbol{E}_1+\lambda_2\boldsymbol{E}_2+\cdots+\lambda_k\boldsymbol{E}_k$, 则 $\boldsymbol{\varphi}$ 是正规算子.

21. 求证: n 维酉空间 V 上秩等于 1 的线性变换 $\boldsymbol{\varphi}$ 是半正定自伴随算子的充要条件是它在某一组 (任一组) 标准正交基下的表示矩阵具有形式: $\overline{\boldsymbol{x}}'\boldsymbol{x}$, 其中 $\boldsymbol{x}$ 是 n 维非零行向量.

22. 设 $\boldsymbol{A}$ 为 n 阶实对称矩阵, 求证: $\boldsymbol{A}$ 是半正定阵的充要条件是存在同阶实对称矩阵 $\boldsymbol{B}$, 使得 $\boldsymbol{A}=\boldsymbol{B}^2$.

23. 设 $\boldsymbol{A}$ 为 $m\times n$ 列满秩实矩阵, $\boldsymbol{P}=\boldsymbol{A}(\boldsymbol{A}'\boldsymbol{A})^{-1}\boldsymbol{A}'$, 求证: 存在 $m\times n$ 实矩阵 $\boldsymbol{Q}$, 使得 $\boldsymbol{I}_n=\boldsymbol{Q}'\boldsymbol{Q}$ 且 $\boldsymbol{P}=\boldsymbol{Q}\boldsymbol{Q}'$.

24. 设 $\boldsymbol{A}$ 为 n 阶实矩阵, 求证: 存在可逆矩阵 $\boldsymbol{Q}$, 使得 $\boldsymbol{QAQ}=\boldsymbol{A}'$.

25. 设 $\boldsymbol{A}$ 为 $m\times n$ 实矩阵, 求证: 对任意的 m 维实列向量 $\boldsymbol{\beta}$, n 元线性方程组 $\boldsymbol{A}'\boldsymbol{A}\boldsymbol{x}=\boldsymbol{A}'\boldsymbol{\beta}$ 一定有解.

9.15.2 训练题答案

一、单选题

1. 应选择 (C).
2. 应选择 (A). 两两正交的非零向量组线性无关.
3. 应选择 (A). 正交相似的矩阵特征值相同, 计算后可知应排除 (C) 和 (D). 又正交相似于实对角矩阵的必为实对称矩阵, 也应排除 (B).
4. 应选择 (D).
5. 应选择 (A). 相似的矩阵具有相同的特征值, 而特征值相同的实对称矩阵必正交相似.
6. 应选择 (B).
7. 应选择 (C).
8. 应选择 (B). 保持范数一定保持内积.
9. 应选择 (C).
10. 应选择 (C). 只有当 $\boldsymbol{e}_1,\cdots,\boldsymbol{e}_n$ 是标准正交基时, (C) 中的结论才成立.
11. 应选择 (C). 正交矩阵的每一个行向量和每一个列向量都是单位向量.
12. 应选择 (B).
13. 应选择 (C).
14. 应选择 (B).

15. 应选择 (B). 对称矩阵的线性组合仍是对称矩阵.

16. 应选择 (D). 因为 (D) 中的变换是正交相似变换, 所以变换后的矩阵仍是正交矩阵.

17. 应选择 (D).

18. 应选择 (A). 非对称的二阶实正规矩阵 $\boldsymbol{A}$ 必正交相似于 $\boldsymbol{B}=\begin{pmatrix} a & b \\ -b & a \end{pmatrix}$, 其中 $b\neq 0$. 若 $|\boldsymbol{A}|=1$, 则 $|\boldsymbol{B}|=a^2+b^2=1$, 于是 $\boldsymbol{B}'\boldsymbol{B}=\boldsymbol{I}_2$, 即 $\boldsymbol{B}$ 是正交矩阵, 从而 $\boldsymbol{A}$ 也是正交矩阵.

19. 应选择 (B).

20. 应选择 (C). 任取 V 中向量 $\boldsymbol{\alpha},\boldsymbol{\beta}$, 设其坐标向量分别为 $\boldsymbol{x},\boldsymbol{y}$, 则 $(\varphi(\boldsymbol{\alpha}),\boldsymbol{\beta})=(\boldsymbol{A}\boldsymbol{x})'\boldsymbol{G}\boldsymbol{y}=\boldsymbol{x}'\boldsymbol{A}'\boldsymbol{G}\boldsymbol{y}$, $(\boldsymbol{\alpha},\varphi(\boldsymbol{\beta}))=\boldsymbol{x}'\boldsymbol{G}(\boldsymbol{A}\boldsymbol{y})=\boldsymbol{x}'\boldsymbol{G}\boldsymbol{A}\boldsymbol{y}$. 因此 φ 是自伴随算子当且仅当对任意的 $\boldsymbol{x},\boldsymbol{y}\in\mathbb{R}^n$, $\boldsymbol{x}'\boldsymbol{A}'\boldsymbol{G}\boldsymbol{y}=\boldsymbol{x}'\boldsymbol{G}\boldsymbol{A}\boldsymbol{y}$ 成立, 分别取 $\boldsymbol{x},\boldsymbol{y}$ 为标准单位列向量可知, 这也当且仅当 $\boldsymbol{A}'\boldsymbol{G}=\boldsymbol{G}\boldsymbol{A}$ 成立.

二、填空题

1. 经计算可知这些向量的秩为 3, 因此它们生成的子空间的维数为 3, 其正交补空间的维数等于 1.

2. 否. 由定义可求出 $\varphi^*(\boldsymbol{y})=(\boldsymbol{\beta},\boldsymbol{y})\boldsymbol{\alpha}$, 于是 $\varphi^*\varphi(\boldsymbol{x})=\varphi^*((\boldsymbol{x},\boldsymbol{\alpha})\boldsymbol{\beta})=(\boldsymbol{x},\boldsymbol{\alpha})(\boldsymbol{\beta},\boldsymbol{\beta})\boldsymbol{\alpha}$, $\varphi\varphi^*(\boldsymbol{x})=\varphi((\boldsymbol{\beta},\boldsymbol{x})\boldsymbol{\alpha})=(\boldsymbol{\beta},\boldsymbol{x})(\boldsymbol{\alpha},\boldsymbol{\alpha})\boldsymbol{\beta}$. 显然 $\varphi^*\varphi$ 与 $\varphi\varphi^*$ 一般不相等.

3. 由条件可知 $\boldsymbol{\alpha}_1=\boldsymbol{e}_1+2\boldsymbol{e}_2$, $\boldsymbol{\alpha}_2=-\boldsymbol{e}_1+\boldsymbol{e}_2$, 显然它们线性无关.

4. 由于 $\boldsymbol{\beta}$ 的坐标向量为 $\boldsymbol{y}=(2,3,-1)'$, 故 $\|\boldsymbol{\beta}\|=(\boldsymbol{y}'\boldsymbol{A}\boldsymbol{y})^{\frac{1}{2}}=\sqrt{13}$.

5. 不一定. 只有当 $\boldsymbol{A}$ 是正交矩阵时结论才成立.

6. 经计算可得 $a=e=-6/7$.

7. 经计算可知 $\boldsymbol{A}$ 的特征值为 $2,3$, 因此 $\boldsymbol{A}$ 的正交相似标准型为 $\mathrm{diag}\{2,3\}$.

8. 由例 9.41 可知 $\boldsymbol{A}$ 是一个镜像矩阵, 故 $\boldsymbol{A}$ 的正交相似标准型为 $\mathrm{diag}\{-1,1,1,1\}$.

9. 经验算后可知是标准正交基.

10. 由于幂零矩阵的特征值全是零, 故 $\boldsymbol{A}$ 的正交相似标准型为零矩阵, 从而 $\boldsymbol{A}=\boldsymbol{O}$.

11. $(\frac{1}{\sqrt{2}},\frac{1}{\sqrt{2}})'$ 或 $(-\frac{1}{\sqrt{2}},-\frac{1}{\sqrt{2}})'$.

12. 实矩阵若有虚特征值必共轭成对出现, 又 $\boldsymbol{A}$ 的特征值之积等于 $|\boldsymbol{A}|=1$, 由此可求得 $\boldsymbol{A}$ 的其余特征值为 $\frac{1}{2}-\frac{\sqrt{3}}{2}\mathrm{i}$, 1.

13. 不一定. 例如:

$$\boldsymbol{A}=\begin{pmatrix} 1 & 0 & 0 \\ 0 & 1 & 0 \\ 0 & 0 & 2 \end{pmatrix},\quad \boldsymbol{B}=\begin{pmatrix} 1 & 0 & 0 \\ 0 & 2 & 0 \\ 0 & 0 & 2 \end{pmatrix},$$

极小多项式都是 $(\lambda-1)(\lambda-2)$, 但特征多项式不同, 故不相似.

14. 相似. 两个实对称矩阵的特征值相同必正交相似.

15. 注意到 φ 可逆, 故限制变换 $\varphi|_{V_0}$ 是单射, 从而是线性同构. 于是 $\varphi^{-1}(V_0)=V_0$, 即 V_0 是 $\varphi^{-1}=\varphi^*$ 的不变子空间, 从而 $V_0^{\perp}$ 也是 $\varphi=(\varphi^*)^*$ 的不变子空间.

16. $V_1=(V_1^{\perp})^{\perp}=(V_2^{\perp})^{\perp}=V_2$.

17. 由定义可求得 $\varphi^*(\boldsymbol{B})=\boldsymbol{T}'\boldsymbol{B}$. 参考例 9.29.

18. 对称正交矩阵正交相似于对角矩阵且主对角线上的元素为 1 或 -1, 故有 $n+1$ 类.

19. 不一定. 因为未必有标准正交基使得 φ 在这组基下的表示矩阵是对角矩阵. 如在二维实行向量空间中, 令 $\boldsymbol{v}_1=(1,0)$, $\boldsymbol{v}_2=(1,1)$, $\varphi(\boldsymbol{v}_1)=\boldsymbol{v}_1$, $\varphi(\boldsymbol{v}_2)=2\boldsymbol{v}_2$, 则可以验证 $\varphi^*\varphi\neq\varphi\varphi^*$.

20. 它必是自伴随 (Hermite) 算子.

三、解答题

1. 根据内积的性质经简单计算即得 $(\boldsymbol{x}+\boldsymbol{y},\boldsymbol{x}+\boldsymbol{y})+(\boldsymbol{x}-\boldsymbol{y},\boldsymbol{x}-\boldsymbol{y})=2(\boldsymbol{x},\boldsymbol{x})+2(\boldsymbol{y},\boldsymbol{y})$.

2. $\boldsymbol{\alpha}=(\boldsymbol{\alpha},\boldsymbol{e}_1)\boldsymbol{e}_1+(\boldsymbol{\alpha},\boldsymbol{e}_2)\boldsymbol{e}_2+\cdots+(\boldsymbol{\alpha},\boldsymbol{e}_n)\boldsymbol{e}_n$, 同理有 $\boldsymbol{\beta}$ 的表达式, 代入 $(\boldsymbol{\alpha},\boldsymbol{\beta})$ 中并利用内积的性质即得结论.

3. 设 γ 到 $U=L(\boldsymbol{\eta}_1,\cdots,\boldsymbol{\eta}_r)$ 的距离为 d, 则 $\gamma=k_1\boldsymbol{\eta}_1+\cdots+k_r\boldsymbol{\eta}_r+d\boldsymbol{e}$, 其中 $\boldsymbol{e}$ 为单位向量且 $\boldsymbol{e}\perp V$. 由假设可得

$$(\boldsymbol{\eta}_1,\cdots,\boldsymbol{\eta}_r,\gamma)=(\boldsymbol{\eta}_1,\cdots,\boldsymbol{\eta}_r,\boldsymbol{e})\boldsymbol{C},\quad \boldsymbol{C}=\begin{pmatrix}1 & & & k_1\\ & \ddots & & \vdots\\ & & 1 & k_r\\ & & & d\end{pmatrix},$$

故由向量组 Gram 矩阵的性质可得 $\boldsymbol{G}(\boldsymbol{\eta}_1,\cdots,\boldsymbol{\eta}_r,\gamma)=\boldsymbol{C}'\boldsymbol{G}(\boldsymbol{\eta}_1,\cdots,\boldsymbol{\eta}_r,\boldsymbol{e})\boldsymbol{C}$, 从而 $G=|\boldsymbol{C}'|\cdot|\operatorname{diag}\{\boldsymbol{G}(\boldsymbol{\eta}_1,\cdots,\boldsymbol{\eta}_r),1\}|\cdot|\boldsymbol{C}|=|\boldsymbol{C}|^2G_0=d^2G_0$, 于是 $d=\sqrt{\dfrac{G}{G_0}}$. 这道题的几何意义是, 一个平行 $2m$ 面体的体积等于其底 (平行 $2(m-1)$ 面体) 的体积乘以高.

4. (1) 显然 $\|\boldsymbol{\beta}_i\|=\|\boldsymbol{\alpha}_i-\boldsymbol{\alpha}_0\|=d\,(1\leq i\leq n)$, 又对任意的 $i\neq j$, $d^2=\|\boldsymbol{\alpha}_i-\boldsymbol{\alpha}_j\|^2=\|\boldsymbol{\beta}_i-\boldsymbol{\beta}_j\|^2=\|\boldsymbol{\beta}_i\|^2+\|\boldsymbol{\beta}_j\|^2-2(\boldsymbol{\beta}_i,\boldsymbol{\beta}_j)$, 故 $(\boldsymbol{\beta}_i,\boldsymbol{\beta}_j)=d^2/2\,(1\leq i\neq j\leq n)$. (2) 注意到 $\boldsymbol{\beta}_1,\cdots,\boldsymbol{\beta}_n$ 的 Gram 矩阵 $\boldsymbol{G}=\boldsymbol{G}(\boldsymbol{\beta}_1,\cdots,\boldsymbol{\beta}_n)$ 的主对角元全为 d^2, 其余元素全为 $d^2/2$, 用求和法可计算出 $|\boldsymbol{G}|=(n+1)d^{2n}/2^n>0$, 故由例 9.5 可知, $\boldsymbol{\beta}_1,\cdots,\boldsymbol{\beta}_n$ 线性无关, 从而是 V 的一组基.

5. 由定义可得 $\varphi^*(\boldsymbol{y})=(\boldsymbol{y},\boldsymbol{\beta})\boldsymbol{\alpha}$. 显然在标准正交基 $\boldsymbol{e}_1,\boldsymbol{e}_2,\cdots,\boldsymbol{e}_n$ 下, φ 的表示矩阵为 $\boldsymbol{E}_{21}$, 即第 $(2,1)$ 元素为 1, 其余元素为零的基础矩阵, φ^* 的表示矩阵为 $\boldsymbol{E}_{12}$.

6. 只要证明 φ 是线性变换, 就能推出 φ 是正交变换. 对任意的 $\boldsymbol{x},\boldsymbol{y},\boldsymbol{z}\in V$, $a,b\in\mathbb{R}$, 有

$$\begin{aligned}(\varphi(a\boldsymbol{x}+b\boldsymbol{y})-a\varphi(\boldsymbol{x})-b\varphi(\boldsymbol{y}),\varphi(\boldsymbol{z}))&=(\varphi(a\boldsymbol{x}+b\boldsymbol{y}),\varphi(\boldsymbol{z}))-a(\varphi(\boldsymbol{x}),\varphi(\boldsymbol{z}))-b(\varphi(\boldsymbol{y}),\varphi(\boldsymbol{z}))\\&=(a\boldsymbol{x}+b\boldsymbol{y},\boldsymbol{z})-a(\boldsymbol{x},\boldsymbol{z})-b(\boldsymbol{y},\boldsymbol{z})=0,\end{aligned}$$

从而可得

$$\begin{aligned}&\|\varphi(a\boldsymbol{x}+b\boldsymbol{y})-a\varphi(\boldsymbol{x})-b\varphi(\boldsymbol{y})\|^2\\=&(\varphi(a\boldsymbol{x}+b\boldsymbol{y})-a\varphi(\boldsymbol{x})-b\varphi(\boldsymbol{y}),\varphi(a\boldsymbol{x}+b\boldsymbol{y}))-a(\varphi(a\boldsymbol{x}+b\boldsymbol{y})-a\varphi(\boldsymbol{x})-b\varphi(\boldsymbol{y}),\varphi(\boldsymbol{x}))\\&-b(\varphi(a\boldsymbol{x}+b\boldsymbol{y})-a\varphi(\boldsymbol{x})-b\varphi(\boldsymbol{y}),\varphi(\boldsymbol{y}))=0.\end{aligned}$$

于是 $\varphi(a\boldsymbol{x}+b\boldsymbol{y})=a\varphi(\boldsymbol{x})+b\varphi(\boldsymbol{y})$, 结论得证.

7. 由例 9.29 可得 $\varphi^*(\boldsymbol{X})=\boldsymbol{A}'\boldsymbol{X}$, 于是 φ 是正交算子, 即 $\varphi^*\varphi=\boldsymbol{I}_V$ 当且仅当 $\boldsymbol{A}'\boldsymbol{A}\boldsymbol{X}=\boldsymbol{X}$ 对任意的 $\boldsymbol{X}\in V$ 成立, 即当且仅当 $\boldsymbol{A}'\boldsymbol{A}=\boldsymbol{I}_n$; φ 是自伴随算子, 即 $\varphi=\varphi^*$ 当且仅当 $\boldsymbol{A}\boldsymbol{X}=\boldsymbol{A}'\boldsymbol{X}$ 对任意的 $\boldsymbol{X}\in V$ 成立, 即当且仅当 $\boldsymbol{A}=\boldsymbol{A}'$.

8. 用反证法, 假设 $\boldsymbol{A}$ 中存在元素皆为 $\dfrac{1}{2\sqrt{2}}$ 的 3 阶子矩阵 $\boldsymbol{B}$, 则那些与 $\boldsymbol{B}$ 同行但不同列的元素按照原来的顺序构成一个 3×5 矩阵, 记为 $\boldsymbol{C}$. 由 $\boldsymbol{A}$ 为正交矩阵可知, $\boldsymbol{C}$ 的 3 个行向量 $\boldsymbol{\alpha}_1,\boldsymbol{\alpha}_2,\boldsymbol{\alpha}_3$ 满足 $(\boldsymbol{\alpha}_i,\boldsymbol{\alpha}_i)=5/8$ 且 $(\boldsymbol{\alpha}_i,\boldsymbol{\alpha}_j)=-3/8\,(i\neq j)$, 故 $\boldsymbol{CC}'=\begin{pmatrix}5/8 & -3/8 & -3/8\\ -3/8 & 5/8 & -3/8\\ -3/8 & -3/8 & 5/8\end{pmatrix}$. 用求和法可计算出 $|\boldsymbol{CC}'|=-1/8$, 这与 $\boldsymbol{CC}'$ 是半正定阵矛盾.

9. 充分性显然成立, 下证必要性. 证法 1: 由 $\boldsymbol{A}'=\boldsymbol{A}$ 可得 $\boldsymbol{I}_n=\boldsymbol{AA}'=\boldsymbol{A}^2$, 从而 $(\boldsymbol{A}+\boldsymbol{I}_n)(\boldsymbol{A}-\boldsymbol{I}_n)=\boldsymbol{O}$. 由 $\boldsymbol{A}$ 正定可知 $\boldsymbol{A}+\boldsymbol{I}_n$ 也正定, 从而可逆, 于是 $\boldsymbol{A}-\boldsymbol{I}_n=\boldsymbol{O}$, 即 $\boldsymbol{A}=\boldsymbol{I}_n$. 证法 2: 由于 $\boldsymbol{A}$ 是正定实对称矩阵, 故存在正交矩阵 $\boldsymbol{P}$, 使得 $\boldsymbol{P}'\boldsymbol{AP}=\boldsymbol{\Lambda}=\mathrm{diag}\{\lambda_1,\lambda_2,\cdots,\lambda_n\}$, 其中 $\lambda_i>0$. 又 $\boldsymbol{A}$ 为正交矩阵, 故 $\boldsymbol{\Lambda}=\boldsymbol{P}'\boldsymbol{AP}$ 也是正交矩阵, 从而所有的 $\lambda_i=1$, 于是 $\boldsymbol{A}=\boldsymbol{PI}_n\boldsymbol{P}'=\boldsymbol{I}_n$.

10. 由降阶公式可得 $|\lambda\boldsymbol{I}_4-\boldsymbol{A}|=(\lambda-a-1)^3(\lambda-a+3)$, 再由 -3 是 $\boldsymbol{A}$ 的单特征值可知 $a=0$, 于是 $\boldsymbol{A}$ 的特征值为 1 (3 重), -3 (1 重). 可求出特征值 1 的特征向量为 $\boldsymbol{\alpha}_1=(1,1,1,1)'$, $\boldsymbol{\alpha}_2=(1,1,-1,-1)'$, $\boldsymbol{\alpha}_3=(1,-1,1,-1)$; 特征值 -3 的特征向量为 $\boldsymbol{\alpha}_4=(1,-1,-1,1)'$. 注意到上述特征向量已经两两正交, 故单位化后即得正交矩阵 $\boldsymbol{P}=\dfrac{1}{2}\begin{pmatrix}1&1&1&1\\1&1&-1&-1\\1&-1&1&-1\\1&-1&-1&1\end{pmatrix}$, 使得 $\boldsymbol{P}'\boldsymbol{AP}=\mathrm{diag}\{1,1,1,-3\}$.

11. (1) 由条件可知, $\boldsymbol{\alpha}_1,\boldsymbol{\alpha}_2$ 是特征值 0 的特征向量, $\boldsymbol{\alpha}_3=(1,1,1)'$ 是特征值 3 的特征向量. (2) 由 Gram-Schmidt 方法可将 $\boldsymbol{\alpha}_1,\boldsymbol{\alpha}_2$ 正交化, 然后再将两两正交的 3 个特征向量单位化, 最后得到正交矩阵 $\boldsymbol{Q}=\begin{pmatrix}-\frac{1}{\sqrt{6}} & -\frac{1}{\sqrt{2}} & \frac{1}{\sqrt{3}}\\ \frac{2}{\sqrt{6}} & 0 & \frac{1}{\sqrt{3}}\\ -\frac{1}{\sqrt{6}} & \frac{1}{\sqrt{2}} & \frac{1}{\sqrt{3}}\end{pmatrix}$, 使得 $\boldsymbol{Q}'\boldsymbol{AQ}=\boldsymbol{D}=\mathrm{diag}\{0,0,3\}$.

12. 由条件可知二次型的相伴实对称矩阵及其正交相似标准型分别为

$$\boldsymbol{A}=\begin{pmatrix}2&1&1\\1&a&1\\1&1&2\end{pmatrix},\quad \boldsymbol{P}'\boldsymbol{AP}=\begin{pmatrix}1&&\\&1&\\&&b\end{pmatrix}.$$

由 $\mathrm{tr}(\boldsymbol{A})=2+a+2=1+1+b$ 可得 $b=a+2$, 再由 $|\boldsymbol{A}|=b$ 可得 $b=3a-2$, 故 $a=2$, $b=4$. 可求出特征值 1 的特征向量为 $\boldsymbol{\alpha}_1=(-1,1,0)'$, $\boldsymbol{\alpha}_2=(-1,0,1)'$; 特征值 4 的特征向量为 $\boldsymbol{\alpha}_3=(1,1,1)'$. 利用 Gram-Schmidt 方法将 $\boldsymbol{\alpha}_1,\boldsymbol{\alpha}_2$ 正交化, 然后再将两两正交的 3 个特征向量单位化, 最后得到正交矩阵 $\boldsymbol{P}=\begin{pmatrix}-\frac{1}{\sqrt{2}} & -\frac{1}{\sqrt{6}} & \frac{1}{\sqrt{3}}\\ \frac{1}{\sqrt{2}} & -\frac{1}{\sqrt{6}} & \frac{1}{\sqrt{3}}\\ 0 & \frac{2}{\sqrt{6}} & \frac{1}{\sqrt{3}}\end{pmatrix}$, 使得 $\boldsymbol{P}'\boldsymbol{AP}=\mathrm{diag}\{1,1,4\}$.

13. 设 $\boldsymbol{P}$ 为正交矩阵, 使得 $\boldsymbol{P}'\boldsymbol{AP}=\mathrm{diag}\{\lambda_1,\lambda_2,\cdots,\lambda_n\}$, 其中 $\lambda_1=\lambda_0$, 正交矩阵 $\boldsymbol{P}$ 的第

一列可取为单位特征向量 $\boldsymbol{\alpha}/\|\boldsymbol{\alpha}\|$. 于是 $\boldsymbol{P}\boldsymbol{e}_1=\boldsymbol{\alpha}/\|\boldsymbol{\alpha}\|$, 即 $\boldsymbol{P}'\boldsymbol{\alpha}=\|\boldsymbol{\alpha}\|\boldsymbol{e}_1=(\|\boldsymbol{\alpha}\|,0,\cdots,0)'$. 考虑如下正交相似变换:

$$\begin{pmatrix}\boldsymbol{P}' & \boldsymbol{O}\\ \boldsymbol{O} & 1\end{pmatrix}\begin{pmatrix}\boldsymbol{A}-\lambda_0\boldsymbol{I}_n & \boldsymbol{\alpha}\\ \boldsymbol{\alpha}' & 0\end{pmatrix}\begin{pmatrix}\boldsymbol{P} & \boldsymbol{O}\\ \boldsymbol{O} & 1\end{pmatrix}=\begin{pmatrix}\boldsymbol{P}'(\boldsymbol{A}-\lambda_0\boldsymbol{I}_n)\boldsymbol{P} & \boldsymbol{P}'\boldsymbol{\alpha}\\ \boldsymbol{\alpha}'\boldsymbol{P} & 0\end{pmatrix}$$

$$=\begin{pmatrix}0 & & & & \|\boldsymbol{\alpha}\|\\ & \lambda_2-\lambda_0 & & & \\ & & \ddots & & \\ & & & \lambda_n-\lambda_0 & \\ \|\boldsymbol{\alpha}\| & & & & 0\end{pmatrix},$$

最后一个矩阵空白处均为 0. 两边取行列式即得 $\begin{vmatrix}\boldsymbol{A}-\lambda_0\boldsymbol{I}_n & \boldsymbol{\alpha}\\ \boldsymbol{\alpha}' & 0\end{vmatrix}=-\|\boldsymbol{\alpha}\|^2(\lambda_2-\lambda_0)\cdots(\lambda_n-\lambda_0)$, 由此即得充要条件.

14. 注意到问题的条件和结论在同时合同变换 $\boldsymbol{A}\mapsto\boldsymbol{C}'\boldsymbol{A}\boldsymbol{C}$, $\boldsymbol{B}\mapsto\boldsymbol{C}'\boldsymbol{B}\boldsymbol{C}$ 下不改变, 故由例 9.75 不妨从一开始就假设 $\boldsymbol{A}=\boldsymbol{I}_n$, $\boldsymbol{B}=\mathrm{diag}\{\lambda_1,\lambda_2,\cdots,\lambda_n\}$, 其中 $\lambda_i>0$. 由基本不等式可得

$$|\boldsymbol{A}+\boldsymbol{B}|(\frac{1}{|\boldsymbol{A}|}+\frac{1}{|\boldsymbol{B}|})=\prod_{i=1}^n(1+\lambda_i)\cdot(1+\frac{1}{\lambda_1\cdots\lambda_n})\geq 2^n\prod_{i=1}^n\sqrt{\lambda_i}\cdot\frac{2}{\sqrt{\lambda_1\cdots\lambda_n}}=2^{n+1},$$

等号成立当且仅当所有的 $\lambda_i=1$, 即当且仅当 $\boldsymbol{A}=\boldsymbol{B}$.

15. 假设 $\boldsymbol{A}+\boldsymbol{B}\boldsymbol{B}'$ 可逆, 考虑如下对称分块初等变换, 其中第一步是将第二分块行左乘 $\boldsymbol{B}$ 加到第一分块行上, 再将第二分块列右乘 $\boldsymbol{B}'$ 加到第一分块列上; 第二步是用 $\boldsymbol{A}+\boldsymbol{B}\boldsymbol{B}'$ 对称地消去同行同列的分块 $\boldsymbol{B},\boldsymbol{B}'$:

$$\begin{pmatrix}\boldsymbol{A} & \boldsymbol{O}\\ \boldsymbol{O} & \boldsymbol{I}_m\end{pmatrix}\to\begin{pmatrix}\boldsymbol{A}+\boldsymbol{B}\boldsymbol{B}' & \boldsymbol{B}\\ \boldsymbol{B}' & \boldsymbol{I}_m\end{pmatrix}\to\begin{pmatrix}\boldsymbol{A}+\boldsymbol{B}\boldsymbol{B}' & \boldsymbol{O}\\ \boldsymbol{O} & \boldsymbol{I}_m-\boldsymbol{B}'(\boldsymbol{A}+\boldsymbol{B}\boldsymbol{B}')^{-1}\boldsymbol{B}\end{pmatrix}. \tag{9.22}$$

(1) 设 $\boldsymbol{A}$ 正定, 则 $\boldsymbol{A}+\boldsymbol{B}\boldsymbol{B}'$ 也正定, 从而 $\boldsymbol{B}'(\boldsymbol{A}+\boldsymbol{B}\boldsymbol{B}')^{-1}\boldsymbol{B}$ 半正定. 由 (9.22) 式可知 $\boldsymbol{I}_m-\boldsymbol{B}'(\boldsymbol{A}+\boldsymbol{B}\boldsymbol{B}')^{-1}\boldsymbol{B}$ 正定, 于是由例 9.76 可得 $0\leq|\boldsymbol{B}'(\boldsymbol{A}+\boldsymbol{B}\boldsymbol{B}')^{-1}\boldsymbol{B}|<1$. 再由第 8 章解答题 6 可知, 上述不等式左边等号成立的充要条件是 $\mathrm{r}(\boldsymbol{B})<m$. (2) 设 $\boldsymbol{A}$ 半正定, 先证必要性: 注意到 $\boldsymbol{B}'(\boldsymbol{A}+\boldsymbol{B}\boldsymbol{B}')^{-1}\boldsymbol{B}$ 半正定, 再由 (9.22) 式可知 $\boldsymbol{I}_m-\boldsymbol{B}'(\boldsymbol{A}+\boldsymbol{B}\boldsymbol{B}')^{-1}\boldsymbol{B}$ 也半正定, 故 $\boldsymbol{B}'(\boldsymbol{A}+\boldsymbol{B}\boldsymbol{B}')^{-1}\boldsymbol{B}$ 的所有特征值都落在 $[0,1]$ 中. 又 $|\boldsymbol{B}'(\boldsymbol{A}+\boldsymbol{B}\boldsymbol{B}')^{-1}\boldsymbol{B}|=1$, 于是其所有特征值都等于 1, 从而 $\boldsymbol{B}'(\boldsymbol{A}+\boldsymbol{B}\boldsymbol{B}')^{-1}\boldsymbol{B}=\boldsymbol{I}_m$. 分别计算 (9.22) 式两边分块对角矩阵的秩可得 $\mathrm{r}(\boldsymbol{A})+m=\mathrm{r}(\boldsymbol{A}+\boldsymbol{B}\boldsymbol{B}')=n$, 故 $\mathrm{r}(\boldsymbol{A})=n-m$. 再证充分性: 由 $\boldsymbol{A}$ 半正定以及 $\mathrm{r}(\boldsymbol{A})=n-m$ 可知, 存在非异实矩阵 $\boldsymbol{C}$, 使得 $\boldsymbol{A}=\boldsymbol{C}\begin{pmatrix}\boldsymbol{I}_{n-m} & \boldsymbol{O}\\ \boldsymbol{O} & \boldsymbol{O}\end{pmatrix}\boldsymbol{C}'$. 令 $\boldsymbol{B}=\boldsymbol{C}\begin{pmatrix}\boldsymbol{O}\\ \boldsymbol{I}_m\end{pmatrix}$, 则 $\boldsymbol{A}+\boldsymbol{B}\boldsymbol{B}'=\boldsymbol{C}\boldsymbol{C}'$ 为正定阵, 且 $\boldsymbol{B}'(\boldsymbol{A}+\boldsymbol{B}\boldsymbol{B}')^{-1}\boldsymbol{B}=(\boldsymbol{O}\ \ \boldsymbol{I}_m)\boldsymbol{C}'(\boldsymbol{C}\boldsymbol{C}')^{-1}\boldsymbol{C}\begin{pmatrix}\boldsymbol{O}\\ \boldsymbol{I}_m\end{pmatrix}=\boldsymbol{I}_m$.

16. 由正定阵和半正定阵的性质可知, $\boldsymbol{A}_r,\boldsymbol{B}_r$ 都是正定阵, $\boldsymbol{A}_r-\boldsymbol{B}_r$ 是半正定阵, 从而由例 9.76 即得结论.

17. 必要性显然成立, 下证充分性. 若 φ 保持向量的正交性不变, 则由例 9.110 可知, 存在正实数 k, 使得 $\varphi^*\varphi = k\boldsymbol{I}_V$. 因此对任意的向量 $\boldsymbol{\alpha},\boldsymbol{\beta}$, 有 $(\varphi(\boldsymbol{\alpha}),\varphi(\boldsymbol{\beta})) = (\varphi^*\varphi(\boldsymbol{\alpha}),\boldsymbol{\beta}) = k(\boldsymbol{\alpha},\boldsymbol{\beta})$, 特别地, $\|\varphi(\boldsymbol{\alpha})\| = \sqrt{k}\|\boldsymbol{\alpha}\|$. 于是对任意的非零向量 $\boldsymbol{\alpha},\boldsymbol{\beta}$, 有

$$\cos\theta_{\varphi(\boldsymbol{\alpha}),\varphi(\boldsymbol{\beta})} = \frac{(\varphi(\boldsymbol{\alpha}),\varphi(\boldsymbol{\beta}))}{\|\varphi(\boldsymbol{\alpha})\|\|\varphi(\boldsymbol{\beta})\|} = \frac{(\boldsymbol{\alpha},\boldsymbol{\beta})}{\|\boldsymbol{\alpha}\|\|\boldsymbol{\beta}\|} = \cos\theta_{\boldsymbol{\alpha},\boldsymbol{\beta}},$$

若将夹角规定在 $[0,\pi]$ 中, 则可得 $\theta_{\varphi(\boldsymbol{\alpha}),\varphi(\boldsymbol{\beta})} = \theta_{\boldsymbol{\alpha},\boldsymbol{\beta}}$, 即 φ 保持向量的夹角不变.

18. 特征值是实正规矩阵在正交相似关系下的全系不变量. 由实正规矩阵 $\boldsymbol{A},\boldsymbol{B}$ 相似可知它们的特征值相同, 从而它们必正交相似.

19. 证法 1 (类似例 8.44 的证法 2): 由例 8.17 以及 $\boldsymbol{S}$ 的非异性可知 $|\boldsymbol{S}| > 0$, 从而只需证明 $|\boldsymbol{I}_n + \boldsymbol{A}\boldsymbol{S}^{-1}| \geq 1$, 等号成立当且仅当 $\boldsymbol{A}\boldsymbol{S}^{-1} = \boldsymbol{O}$ 即可. 由 $\boldsymbol{A}\boldsymbol{S} = \boldsymbol{S}\boldsymbol{A}$ 以及 $\boldsymbol{S}$ 的反对称性容易验证 $\boldsymbol{A}\boldsymbol{S}^{-1}$ 也是实反对称矩阵, 从而由例 8.45 即得结论. 证法 2: 将 $\boldsymbol{A}$ 看成是 Hermite 矩阵, $\boldsymbol{S}$ 看成是斜 Hermite 矩阵, 由于 $\boldsymbol{A}\boldsymbol{S} = \boldsymbol{S}\boldsymbol{A}$, 故由例 9.124 可知 $\boldsymbol{A},\boldsymbol{S}$ 可同时酉对角化, 剩余的证明类似于例 8.44 的证法 3, 请读者自行补充完整. 证法 3: 由于 $\boldsymbol{A},\boldsymbol{S}$ 都是实正规矩阵且 $\boldsymbol{A}\boldsymbol{S} = \boldsymbol{S}\boldsymbol{A}$, 故由例 9.125 可知 $\boldsymbol{A},\boldsymbol{S}$ 可同时正交标准化, 剩余的证明类似于例 8.44 的证法 4, 请读者自行补充完整. 事实上, 我们还可以把例 8.44 的结论推广如下: 设 $\boldsymbol{A}$ 是 n 阶可逆实对称矩阵, $\boldsymbol{S}$ 是 n 阶实反对称矩阵且 $\boldsymbol{A}\boldsymbol{S} = \boldsymbol{S}\boldsymbol{A}$, 则当 $|\boldsymbol{A}| > 0$ 时, $|\boldsymbol{A}+\boldsymbol{S}| \geq |\boldsymbol{A}|$; 当 $|\boldsymbol{A}| < 0$ 时, $|\boldsymbol{A}+\boldsymbol{S}| \leq |\boldsymbol{A}|$, 且等号成立的充要条件都是 $\boldsymbol{S} = \boldsymbol{O}$. 上述推广的证明也请读者自行补充完整.

20. 直接验证即得结论.

21. 先证必要性. φ 在任一组标准正交基下的表示矩阵 $\boldsymbol{H}$ 是一个秩为 1 的半正定 Hermite 矩阵, 故存在非异复矩阵 $\boldsymbol{C}$, 使得 $\boldsymbol{H} = \overline{\boldsymbol{C}}'\operatorname{diag}\{1,0,\cdots,0\}\boldsymbol{C}$. 令 $\boldsymbol{x} = (1,0,\cdots,0)\boldsymbol{C}$, 则 $\boldsymbol{x}$ 是非零行向量, 使得 $\boldsymbol{H} = \overline{\boldsymbol{x}}'\boldsymbol{x}$. 再证充分性. 根据线性变换与矩阵的一一对应, 我们只要证明 $\overline{\boldsymbol{x}}'\boldsymbol{x}$ 是秩为 1 的半正定 Hermite 矩阵, 而这是显然的.

22. 充分性由 $\boldsymbol{A} = \boldsymbol{B}^2 = \boldsymbol{B}'\boldsymbol{B}$ 即得. 必要性由例 9.61 即得.

23. 注意到 $\boldsymbol{A}'\boldsymbol{A}$ 为 n 阶半正定实对称矩阵且 $\mathrm{r}(\boldsymbol{A}'\boldsymbol{A}) = \mathrm{r}(\boldsymbol{A}) = n$, 故 $\boldsymbol{A}'\boldsymbol{A}$ 为正定阵. 令 $\boldsymbol{Q} = \boldsymbol{A}(\boldsymbol{A}'\boldsymbol{A})^{-\frac{1}{2}}$, 则 $\boldsymbol{P} = \boldsymbol{Q}\boldsymbol{Q}'$ 且 $\boldsymbol{Q}'\boldsymbol{Q} = (\boldsymbol{A}'\boldsymbol{A})^{-\frac{1}{2}}\boldsymbol{A}'\boldsymbol{A}(\boldsymbol{A}'\boldsymbol{A})^{-\frac{1}{2}} = \boldsymbol{I}_n$.

24. 设 $\boldsymbol{A} = \boldsymbol{Q}'\boldsymbol{S}$ 为极分解, 其中 $\boldsymbol{Q}$ 为正交矩阵, $\boldsymbol{S}$ 为半正定实对称矩阵, 则 $\boldsymbol{Q}\boldsymbol{A}\boldsymbol{Q} = \boldsymbol{Q}(\boldsymbol{Q}'\boldsymbol{S})\boldsymbol{Q} = \boldsymbol{S}\boldsymbol{Q} = (\boldsymbol{Q}'\boldsymbol{S})' = \boldsymbol{A}'$.

25. 证法 1: 由例 3.76 可知, $\mathrm{r}(\boldsymbol{A}) = \mathrm{r}(\boldsymbol{A}'\boldsymbol{A}) \leq \mathrm{r}(\boldsymbol{A}'\boldsymbol{A} \mid \boldsymbol{A}'\boldsymbol{\beta}) = \mathrm{r}\left(\boldsymbol{A}'(\boldsymbol{A} \mid \boldsymbol{\beta})\right) \leq \mathrm{r}(\boldsymbol{A}') = \mathrm{r}(\boldsymbol{A})$, 故有 $\mathrm{r}(\boldsymbol{A}'\boldsymbol{A} \mid \boldsymbol{A}'\boldsymbol{\beta}) = \mathrm{r}(\boldsymbol{A}'\boldsymbol{A})$, 从而线性方程组 $\boldsymbol{A}'\boldsymbol{A}\boldsymbol{x} = \boldsymbol{A}'\boldsymbol{\beta}$ 一定有解. 证法 2: 我们断言 $\boldsymbol{z} = \boldsymbol{A}^\dagger\boldsymbol{\beta}$ 一定是线性方程组 $\boldsymbol{A}'\boldsymbol{A}\boldsymbol{x} = \boldsymbol{A}'\boldsymbol{\beta}$ 的解, 其中 $\boldsymbol{A}^\dagger$ 是 $\boldsymbol{A}$ 的广义逆. 事实上, 由例 9.139 可知, $\boldsymbol{A}\boldsymbol{z} = \boldsymbol{A}\boldsymbol{A}^\dagger\boldsymbol{\beta}$ 是 $\boldsymbol{\beta}$ 在 $\operatorname{Im}\boldsymbol{A}$ 上的正交投影, 因此 $(\boldsymbol{\beta} - \boldsymbol{A}\boldsymbol{A}^\dagger\boldsymbol{\beta}) \perp \operatorname{Im}\boldsymbol{A}$. 特别地, $\boldsymbol{\beta} - \boldsymbol{A}\boldsymbol{A}^\dagger\boldsymbol{\beta}$ 与 $\boldsymbol{A}$ 的所有列向量都正交, 从而 $\boldsymbol{A}'(\boldsymbol{\beta} - \boldsymbol{A}\boldsymbol{A}^\dagger\boldsymbol{\beta}) = \boldsymbol{0}$, 于是 $\boldsymbol{A}'\boldsymbol{A}\boldsymbol{A}^\dagger\boldsymbol{\beta} = \boldsymbol{A}'\boldsymbol{\beta}$, 即 $\boldsymbol{z} = \boldsymbol{A}^\dagger\boldsymbol{\beta}$ 是线性方程组 $\boldsymbol{A}'\boldsymbol{A}\boldsymbol{x} = \boldsymbol{A}'\boldsymbol{\beta}$ 的解.

第10章 双线性型

§ 10.1 基本概念

10.1.1 对偶空间

1. 对偶空间

设 V 是数域 $\mathbb{F}$ 上的线性空间, 由 V 到 $\mathbb{F}$ 上的线性映射 (即线性函数) 全体组成的线性空间 V^* 称为 V 的共轭空间. 当 V 是有限维空间时, V^* 称为 V 的对偶空间.

2. 对偶基

设 V 是数域 $\mathbb{F}$ 上的 n 维线性空间, $\boldsymbol{e}_1, \boldsymbol{e}_2, \cdots, \boldsymbol{e}_n$ 是 V 的一组基, V 上的线性函数 $\boldsymbol{f}_i$ 定义为 $\boldsymbol{f}_i(\boldsymbol{e}_i) = 1$, $\boldsymbol{f}_i(\boldsymbol{e}_j) = 0\,(j \neq i)$, 则 $\boldsymbol{f}_1, \boldsymbol{f}_2, \cdots, \boldsymbol{f}_n$ 是对偶空间 V^* 的一组基, 称为 $\boldsymbol{e}_1, \boldsymbol{e}_2, \cdots, \boldsymbol{e}_n$ 的对偶基. 特别地, $\dim V^* = \dim V$.

3. 记号 $\langle\ ,\ \rangle$

定义 $\langle \boldsymbol{f}, \boldsymbol{x} \rangle = \boldsymbol{f}(\boldsymbol{x})$, 其中 $\boldsymbol{f} \in V^*$, $\boldsymbol{x} \in V$, 则 $\langle \boldsymbol{f}, - \rangle = \boldsymbol{f}$ 是 V 上的线性函数, $\langle -, \boldsymbol{x} \rangle$ 是 V^* 上的线性函数. 定义线性映射 $\boldsymbol{\eta} : V \to (V^*)^* = V^{**}$, $\boldsymbol{\eta}(\boldsymbol{x}) = \langle -, \boldsymbol{x} \rangle$.

4. 定理

当 V 是有限维空间时, 线性映射 $\boldsymbol{\eta} : V \to V^{**}$ 是线性同构. 如果把 V 与 V^{**} 在这个同构下等同起来, 则 V 可以看成是 V^* 的对偶空间, 从而 V 与 V^* 互为对偶.

5. 定理

设 V, U 是数域 $\mathbb{F}$ 上的线性空间, $\boldsymbol{\varphi}$ 是 V 到 U 的线性映射, 则存在唯一的 U^* 到 V^* 的线性映射 $\boldsymbol{\varphi}^*$, 使得对任意的 $\boldsymbol{x} \in V$, $\boldsymbol{f} \in U^*$ 满足等式:

$$\langle \boldsymbol{\varphi}^*(\boldsymbol{f}), \boldsymbol{x} \rangle = \langle \boldsymbol{f}, \boldsymbol{\varphi}(\boldsymbol{x}) \rangle. \tag{10.1}$$

线性映射 $\boldsymbol{\varphi}^*$ 称为 $\boldsymbol{\varphi}$ 的对偶映射. 对偶映射具有下列性质:

(1) $(k_1\boldsymbol{\varphi}_1+k_2\boldsymbol{\varphi}_2)^*=k_1\boldsymbol{\varphi}_1^*+k_2\boldsymbol{\varphi}_2^*$, 其中 $\boldsymbol{\varphi}_1,\boldsymbol{\varphi}_2\in\mathcal{L}(V,U)$, $k_1,k_2\in\mathbb{F}$;

(2) $(\boldsymbol{\psi}\boldsymbol{\varphi})^*=\boldsymbol{\varphi}^*\boldsymbol{\psi}^*$, 其中 $\boldsymbol{\varphi}\in\mathcal{L}(V,U)$, $\boldsymbol{\psi}\in\mathcal{L}(U,W)$;

(3) 若 $\boldsymbol{\varphi}:V\to U$ 是线性同构, 则 $\boldsymbol{\varphi}^*:U^*\to V^*$ 也是线性同构, 此时 $(\boldsymbol{\varphi}^*)^{-1}=(\boldsymbol{\varphi}^{-1})^*$.

6. 定理

设 V,U 是有限维线性空间, $\boldsymbol{\varphi}:V\to U$ 是线性映射, $\boldsymbol{\varphi}^*$ 是 $\boldsymbol{\varphi}$ 的对偶映射.

(1) 设 $\{\boldsymbol{e}_1,\cdots,\boldsymbol{e}_n\}$ 是 V 的一组基, $\{\boldsymbol{f}_1,\cdots,\boldsymbol{f}_n\}$ 是其对偶基; $\{\boldsymbol{u}_1,\cdots,\boldsymbol{u}_m\}$ 是 U 的一组基, $\{\boldsymbol{g}_1,\cdots,\boldsymbol{g}_m\}$ 是其对偶基; $\boldsymbol{\varphi}$ 在基 $\{\boldsymbol{e}_1,\cdots,\boldsymbol{e}_n\}$ 和基 $\{\boldsymbol{u}_1,\cdots,\boldsymbol{u}_m\}$ 下的表示矩阵是 $\boldsymbol{A}$, 则 $\boldsymbol{\varphi}^*$ 在基 $\{\boldsymbol{g}_1,\cdots,\boldsymbol{g}_m\}$ 和基 $\{\boldsymbol{f}_1,\cdots,\boldsymbol{f}_n\}$ 下的表示矩阵是 $\boldsymbol{A}'$.

(2) $\boldsymbol{\varphi}$ 是单映射的充要条件是 $\boldsymbol{\varphi}^*$ 是满映射, $\boldsymbol{\varphi}$ 是满映射的充要条件是 $\boldsymbol{\varphi}^*$ 是单映射. 特别地, $\boldsymbol{\varphi}$ 是线性同构的充要条件是 $\boldsymbol{\varphi}^*$ 也是线性同构.

10.1.2 双线性型

1. 双线性型

设 U,V 是数域 $\mathbb{F}$ 上的线性空间, $U\times V$ 是它们的积集合, 若存在 $U\times V$ 到 $\mathbb{F}$ 的映射 g 适合下列条件:

(1) 对任意的 $\boldsymbol{x},\boldsymbol{y}\in U$, $\boldsymbol{z}\in V$, $\lambda\in\mathbb{F}$,

$$g(\boldsymbol{x}+\boldsymbol{y},\boldsymbol{z})=g(\boldsymbol{x},\boldsymbol{z})+g(\boldsymbol{y},\boldsymbol{z}),\quad g(\lambda\boldsymbol{x},\boldsymbol{z})=\lambda g(\boldsymbol{x},\boldsymbol{z});$$

(2) 对任意的 $\boldsymbol{x}\in U$, $\boldsymbol{z},\boldsymbol{w}\in V$, $\lambda\in\mathbb{F}$,

$$g(\boldsymbol{x},\boldsymbol{z}+\boldsymbol{w})=g(\boldsymbol{x},\boldsymbol{z})+g(\boldsymbol{x},\boldsymbol{w}),\quad g(\boldsymbol{x},\lambda\boldsymbol{z})=\lambda g(\boldsymbol{x},\boldsymbol{z}),$$

则称 g 是 U 和 V 上的双线性函数或双线性型.

当 U,V 是有限维线性空间时, 任一 $U\times V$ 上的双线性型均可用矩阵来表示. 记 $\boldsymbol{\alpha}_1,\boldsymbol{\alpha}_2,\cdots,\boldsymbol{\alpha}_m$ 是 U 的基, $\boldsymbol{\beta}_1,\boldsymbol{\beta}_2,\cdots,\boldsymbol{\beta}_n$ 是 V 的基, 令 $a_{ij}=g(\boldsymbol{\alpha}_i,\boldsymbol{\beta}_j)$, 则

$$\boldsymbol{G}=\begin{pmatrix}a_{11}&a_{12}&\cdots&a_{1n}\\a_{21}&a_{22}&\cdots&a_{2n}\\\vdots&\vdots&&\vdots\\a_{m1}&a_{m2}&\cdots&a_{mn}\end{pmatrix}$$

称为 g 在给定基下的表示矩阵. 设 $\boldsymbol{\alpha} = x_1\boldsymbol{\alpha}_1 + x_2\boldsymbol{\alpha}_2 + \cdots + x_m\boldsymbol{\alpha}_m$, $\boldsymbol{\beta} = y_1\boldsymbol{\beta}_1 + y_2\boldsymbol{\beta}_2 + \cdots + y_n\boldsymbol{\beta}_n$, $\boldsymbol{x} = (x_1, x_2, \cdots, x_m)'$, $\boldsymbol{y} = (y_1, y_2, \cdots, y_n)'$ 分别为 $\boldsymbol{\alpha}, \boldsymbol{\beta}$ 的坐标向量, 则

$$g(\boldsymbol{\alpha}, \boldsymbol{\beta}) = \boldsymbol{x}'\boldsymbol{G}\boldsymbol{y}.$$

表示矩阵 $\boldsymbol{G}$ 的秩称为双线性型 g 的秩, 记为 $\mathrm{r}(g)$.

2. 定理

设 g 是有限维线性空间 U, V 上的双线性型, 则总存在 U, V 的基, 使得 g 在这两组基下的表示矩阵为相抵标准型 $\begin{pmatrix} \boldsymbol{I}_r & \boldsymbol{O} \\ \boldsymbol{O} & \boldsymbol{O} \end{pmatrix}$, 其中 $r = \mathrm{r}(g)$.

3. 根子空间

设 g 是线性空间 U, V 上的双线性型, 令

$$L = \{\boldsymbol{x} \in U \mid g(\boldsymbol{x}, \boldsymbol{y}) = 0 \text{ 对一切 } \boldsymbol{y} \in V \text{ 成立}\},$$

$$R = \{\boldsymbol{y} \in V \mid g(\boldsymbol{x}, \boldsymbol{y}) = 0 \text{ 对一切 } \boldsymbol{x} \in U \text{ 成立}\},$$

则 L 称为 g 的左根子空间, R 称为 g 的右根子空间.

若 g 的左、右根子空间都等于零, 则称 g 是非退化的双线性型.

4. 定理

设 g 是线性空间 U, V 上的双线性型, 则 g 非退化的充要条件是

$$\dim U = \dim V = \mathrm{r}(g).$$

等价地, g 非退化的充要条件是它的表示矩阵为可逆矩阵.

5. 定理

设 g_1, g_2 是线性空间 U, V 上的两个非退化双线性型, 则存在 U 上的可逆线性变换 $\boldsymbol{\varphi}$ 及 V 上的可逆线性变换 $\boldsymbol{\psi}$, 使得对一切 $\boldsymbol{x} \in U$, $\boldsymbol{y} \in V$, 有

$$g_2(\boldsymbol{\varphi}(\boldsymbol{x}), \boldsymbol{y}) = g_1(\boldsymbol{x}, \boldsymbol{y}), \quad g_2(\boldsymbol{x}, \boldsymbol{\psi}(\boldsymbol{y})) = g_1(\boldsymbol{x}, \boldsymbol{y}).$$

10.1.3 纯　量　积

1. 纯量积

设 g 是线性空间 $U = V$ 上的双线性型, 称 g 是 V 上的一个纯量积 (或数量积).

2. 对称型和交错型

设 g 是线性空间 V 上的纯量积, 若对任意的 $\boldsymbol{x}, \boldsymbol{y} \in V$, 都有

$$g(\boldsymbol{x}, \boldsymbol{y}) = g(\boldsymbol{y}, \boldsymbol{x}),$$

则称 g 是 V 上的对称型; 若对任意的 $\boldsymbol{x}, \boldsymbol{y} \in V$, 都有

$$g(\boldsymbol{x}, \boldsymbol{y}) = -g(\boldsymbol{y}, \boldsymbol{x}),$$

则称 g 是 V 上的交错型 (或反对称型).

3. 正交

设 g 是线性空间 V 上的纯量积, $\boldsymbol{x}, \boldsymbol{y} \in V$, 若 $g(\boldsymbol{x}, \boldsymbol{y}) = 0$, 则称 $\boldsymbol{x}$ 左正交 (或左垂直) 于 $\boldsymbol{y}$, 称 $\boldsymbol{y}$ 右正交 (或右垂直) 于 $\boldsymbol{x}$, 记为 $\boldsymbol{x} \perp \boldsymbol{y}$.

4. 定理

设 g 是线性空间 V 上的纯量积, 若对任意的 $\boldsymbol{x}, \boldsymbol{y} \in V$ 都有 $\boldsymbol{x} \perp \boldsymbol{y}$ 当且仅当 $\boldsymbol{y} \perp \boldsymbol{x}$, 则 g 必是对称型或交错型.

5. 定理

设 g_1, g_2 是线性空间 V 上的非退化纯量积, 则存在 V 上唯一的可逆线性变换 $\boldsymbol{\varphi}$, 使得对任意的 $\boldsymbol{x}, \boldsymbol{y} \in V$, 都有

$$g_2(\boldsymbol{\varphi}(\boldsymbol{x}), \boldsymbol{y}) = g_1(\boldsymbol{x}, \boldsymbol{y}).$$

10.1.4 交错型与辛空间

1. 辛空间

设 V 是数域 $\mathbb{F}$ 上的线性空间, 若在 V 上定义了一个非退化的交错型, 则称 V 为辛空间.

2. 定理

设 g 是 V 上的交错型, 则存在 V 的一组基, 使得 g 在这组基下的表示矩阵为分块对角矩阵:

$$\mathrm{diag}\{\boldsymbol{S}, \cdots, \boldsymbol{S}, 0, \cdots, 0\},$$

其中 $\boldsymbol{S}=\begin{pmatrix}0 & 1\\ -1 & 0\end{pmatrix}$, 这组基称为 V 的辛基.

3. 辛变换

设 V 是辛空间, φ 是 V 上的可逆线性变换, 若 $g(\varphi(\boldsymbol{x}),\varphi(\boldsymbol{y}))=g(\boldsymbol{x},\boldsymbol{y})$ 对任意的 $\boldsymbol{x},\boldsymbol{y}\in V$ 成立, 则称 φ 是 V 上的辛变换.

4. 定理

设 V 是数域 $\mathbb{F}$ 上的辛空间, 则

(1) V 上的线性变换 φ 是辛变换的充要条件是 φ 将辛基变到辛基;

(2) 两个辛变换之积仍是辛变换;

(3) 恒等变换是辛变换;

(4) 辛变换的逆变换是辛变换.

10.1.5 对称型和正交空间

1. 正交空间

设 V 是数域 $\mathbb{F}$ 上的线性空间, 若在 V 上定义了一个非退化的对称型, 则称 V 为 (正则) 正交空间.

2. 定理

设 g 是 V 上的对称型, 则必存在 V 的一组基, 使得 g 在这组基下的表示矩阵为对角矩阵:

$$\mathrm{diag}\{b_1,\cdots,b_r,0,\cdots,0\},$$

这组基称为 V 的正交基.

3. 迷向向量

设 $\boldsymbol{x}$ 是正交空间 V 中的非零向量, 若 $g(\boldsymbol{x},\boldsymbol{x})=0$, 则称 $\boldsymbol{x}$ 是迷向向量. 含有迷向向量的子空间称为迷向子空间.

4. 正交变换

设 V 是正交空间, φ 是 V 上的可逆线性变换, 若 $g(\varphi(\boldsymbol{x}),\varphi(\boldsymbol{y}))=g(\boldsymbol{x},\boldsymbol{y})$ 对任意的 $\boldsymbol{x},\boldsymbol{y}\in V$ 成立, 则称 φ 是 V 上的正交变换.

5. 定理

设 V 是数域 $\mathbb{F}$ 上的正交空间, 则

(1) 两个正交变换之积是正交变换;

(2) 恒等变换是正交变换;

(3) 正交变换的逆变换是正交变换.

§ 10.2 线性函数与对偶空间

线性空间的对偶空间是一个重要的概念, 它在后续的专业课程以及物理学等领域中都有着广泛的应用. 通常的高等代数课程只讲授数域上的有限维线性空间理论, 对无限维线性空间的情形涉及不多, 比如一般并不给出无限维线性空间中基的定义及其存在性证明 (这需要集合论中的选择公理或 Zorn 引理). 因此除非特意指明, 本章的大部分例题一般都在有限维线性空间的范畴内进行讨论. 例如, 教材 [1] 给出了 §§ 10.1.1 定理 6 (2) 在有限维线性空间情形的证明, 但只要建立了无限维线性空间中基的概念及其存在性, 同样可证明 (2) 对无限维线性空间也成立. 然而, 只有当 V 是有限维线性空间时, 才能由对偶基的存在性推出 $\dim V^* = \dim V$ 成立; 当 V 是无限维线性空间时, 上述等式将不再成立, 并且 §§ 10.1.1 定理 4 中的 $\boldsymbol{\eta}: V \to V^{**}$ 也不再是线性同构. 由于这些结论的证明涉及到集合论和抽象代数的一些理论, 故这里不准备展开阐述, 有兴趣的读者可参考 [5].

例 10.1 设 V 是数域 $\mathbb{F}$ 上的线性空间 (不必假设维数有限), $\boldsymbol{f}, \boldsymbol{g}$ 是 V 上的非零线性函数, 求证: $\boldsymbol{f}$ 和 $\boldsymbol{g}$ 线性相关的充要条件是 $\operatorname{Ker} \boldsymbol{f} = \operatorname{Ker} \boldsymbol{g}$.

证明 若 $\boldsymbol{f} = k\boldsymbol{g}$, 则显然 $\operatorname{Ker} \boldsymbol{f} = \operatorname{Ker} \boldsymbol{g}$. 下证充分性. 由 $\boldsymbol{f} \neq \boldsymbol{0}$ 可知, 存在 $\boldsymbol{\alpha} \in V$, 使得 $\boldsymbol{f}(\boldsymbol{\alpha}) \neq 0$, 故可设 $\boldsymbol{g}(\boldsymbol{\alpha}) = k\boldsymbol{f}(\boldsymbol{\alpha})$. 对任意的 $\boldsymbol{v} \in V$, 若设 $\boldsymbol{f}(\boldsymbol{v}) = c\boldsymbol{f}(\boldsymbol{\alpha})$, 则 $\boldsymbol{f}(\boldsymbol{v} - c\boldsymbol{\alpha}) = 0$, 即 $\boldsymbol{v} - c\boldsymbol{\alpha} \in \operatorname{Ker} \boldsymbol{f} = \operatorname{Ker} \boldsymbol{g}$, 从而 $\boldsymbol{g}(\boldsymbol{v} - c\boldsymbol{\alpha}) = 0$, 故 $\boldsymbol{g}(\boldsymbol{v}) = c\boldsymbol{g}(\boldsymbol{\alpha})$. 因此, 对任意的 $\boldsymbol{v} \in V$ 有

$$\boldsymbol{g}(\boldsymbol{v}) = c\boldsymbol{g}(\boldsymbol{\alpha}) = ck\boldsymbol{f}(\boldsymbol{\alpha}) = kc\boldsymbol{f}(\boldsymbol{\alpha}) = k\boldsymbol{f}(\boldsymbol{v}),$$

于是 $\boldsymbol{g} = k\boldsymbol{f}$, 即 $\boldsymbol{f}$ 和 $\boldsymbol{g}$ 线性相关. □

例 10.2 设 V 是数域 $\mathbb{F}$ 上的 n 维线性空间, $\boldsymbol{f}, \boldsymbol{g}$ 是 V 上的非零线性函数. 求证: 若 $\boldsymbol{f}, \boldsymbol{g}$ 线性无关, 则对任意的 $\boldsymbol{v} \in V$, 存在分解 $\boldsymbol{v} = \boldsymbol{u} + \boldsymbol{w}$, 使得 $\boldsymbol{f}(\boldsymbol{v}) = \boldsymbol{f}(\boldsymbol{w})$, $\boldsymbol{g}(\boldsymbol{v}) = \boldsymbol{g}(\boldsymbol{u})$.

证明　设 $\boldsymbol{e}_1,\boldsymbol{e}_2,\cdots,\boldsymbol{e}_n$ 是 V 的一组基, 则 $\boldsymbol{\alpha}=\sum\limits_{i=1}^{n}c_i\boldsymbol{e}_i\in\operatorname{Ker}\boldsymbol{f}$ 当且仅当

$$0=\boldsymbol{f}(\boldsymbol{\alpha})=\boldsymbol{f}(\sum_{i=1}^{n}c_i\boldsymbol{e}_i)=\sum_{i=1}^{n}c_i\boldsymbol{f}(\boldsymbol{e}_i),$$

换言之, $\boldsymbol{\alpha}\in\operatorname{Ker}\boldsymbol{f}$ 当且仅当 $\boldsymbol{\alpha}$ 的坐标向量 $(c_1,c_2,\cdots,c_n)'$ 是线性方程 $\boldsymbol{f}(\boldsymbol{e}_1)x_1+\boldsymbol{f}(\boldsymbol{e}_2)x_2+\cdots+\boldsymbol{f}(\boldsymbol{e}_n)x_n=0$ 的解. 由于 $\boldsymbol{f},\boldsymbol{g}$ 都是非零线性函数, 故由线性映射的维数公式可知 $\dim\operatorname{Ker}\boldsymbol{f}=n-1$, $\dim\operatorname{Ker}\boldsymbol{g}=n-1$. 根据一开始的说明可知, $\operatorname{Ker}\boldsymbol{f}\cap\operatorname{Ker}\boldsymbol{g}$ 是下列联立线性方程组的解空间:

$$\begin{cases}\boldsymbol{f}(\boldsymbol{e}_1)x_1+\boldsymbol{f}(\boldsymbol{e}_2)x_2+\cdots+\boldsymbol{f}(\boldsymbol{e}_n)x_n=0,\\ \boldsymbol{g}(\boldsymbol{e}_1)x_1+\boldsymbol{g}(\boldsymbol{e}_2)x_2+\cdots+\boldsymbol{g}(\boldsymbol{e}_n)x_n=0.\end{cases}$$

若上述方程组的系数矩阵的秩等于 1, 则存在 $k\in\mathbb{F}$, 使得 $\boldsymbol{g}(\boldsymbol{e}_i)=k\boldsymbol{f}(\boldsymbol{e}_i)\,(1\leq i\leq n)$, 于是 $\boldsymbol{g}=k\boldsymbol{f}$, 这与 $\boldsymbol{f},\boldsymbol{g}$ 线性无关矛盾. 因此上述方程组的系数矩阵的秩等于 2, 从而 $\dim(\operatorname{Ker}\boldsymbol{f}\cap\operatorname{Ker}\boldsymbol{g})=n-2$. 再由交和空间的维数公式可知

$$\begin{aligned}\dim(\operatorname{Ker}\boldsymbol{f}+\operatorname{Ker}\boldsymbol{g})&=\dim\operatorname{Ker}\boldsymbol{f}+\dim\operatorname{Ker}\boldsymbol{g}-\dim(\operatorname{Ker}\boldsymbol{f}\cap\operatorname{Ker}\boldsymbol{g})\\&=(n-1)+(n-1)-(n-2)=n=\dim V,\end{aligned}$$

于是 $V=\operatorname{Ker}\boldsymbol{f}+\operatorname{Ker}\boldsymbol{g}$. 因此对任意的 $\boldsymbol{v}\in V$, 存在分解 $\boldsymbol{v}=\boldsymbol{u}+\boldsymbol{w}$, 其中 $\boldsymbol{u}\in\operatorname{Ker}\boldsymbol{f}$, $\boldsymbol{w}\in\operatorname{Ker}\boldsymbol{g}$, 使得 $\boldsymbol{f}(\boldsymbol{v})=\boldsymbol{f}(\boldsymbol{w})$, $\boldsymbol{g}(\boldsymbol{v})=\boldsymbol{g}(\boldsymbol{u})$. □

注　由例 10.2 的证明方法不难得到例 10.1 在有限维线性空间情形的另一证明, 请读者自行补充完整.

例 10.3　设 V 是数域 $\mathbb{F}$ 上的 n 维线性空间, U 是 V 的非平凡子空间, 求证: 必存在 V 上的线性函数 $\boldsymbol{f}_i\,(1\leq i\leq r)$, 使得 $U=\bigcap\limits_{i=1}^{r}\operatorname{Ker}\boldsymbol{f}_i$.

证明　设 $\boldsymbol{e}_{r+1},\cdots,\boldsymbol{e}_n$ 是 U 的一组基, 将它扩张为 V 的一组基 $\boldsymbol{e}_1,\cdots,\boldsymbol{e}_r,\boldsymbol{e}_{r+1},\cdots,\boldsymbol{e}_n$. 设 $\boldsymbol{f}_1,\boldsymbol{f}_2,\cdots,\boldsymbol{f}_n$ 为上述基的对偶基, 即满足 $\boldsymbol{f}_i(\boldsymbol{e}_j)=\delta_{ij}$, 则不难验证 $\operatorname{Ker}\boldsymbol{f}_i=L(\boldsymbol{e}_1,\cdots,\boldsymbol{e}_{i-1},\boldsymbol{e}_{i+1},\cdots,\boldsymbol{e}_n)$, 于是 $U=L(\boldsymbol{e}_{r+1},\cdots,\boldsymbol{e}_n)=\bigcap\limits_{i=1}^{r}\operatorname{Ker}\boldsymbol{f}_i$. □

例 10.4　设 U,V 是数域 $\mathbb{F}$ 上的线性空间 (不必假设维数有限), U^*,V^* 分别是它们的共轭空间. 求证:

$$U^*\oplus V^*\cong(U\oplus V)^*.$$

证明 设 $\boldsymbol{f}_1 \in U^*$, $\boldsymbol{f}_2 \in V^*$, 定义 $\boldsymbol{f}$ 为 $U \oplus V$ 上的线性函数:

$$\boldsymbol{f}(\boldsymbol{x}+\boldsymbol{y}) = \boldsymbol{f}_1(\boldsymbol{x}) + \boldsymbol{f}_2(\boldsymbol{y}), \quad \boldsymbol{x} \in U, \ \boldsymbol{y} \in V.$$

令 $\varphi(\boldsymbol{f}_1+\boldsymbol{f}_2) = \boldsymbol{f}$, 则不难验证 φ 是 $U^* \oplus V^* \to (U \oplus V)^*$ 的线性映射. 另一方面, 假设 $\boldsymbol{f}$ 是 $U \oplus V$ 上的线性函数, 令 $\boldsymbol{f}_1, \boldsymbol{f}_2$ 分别是 $\boldsymbol{f}$ 在 U, V 上的限制, 定义 ψ 是 $(U \oplus V)^* \to U^* \oplus V^*$ 的线性映射: $\psi(\boldsymbol{f}) = \boldsymbol{f}_1 + \boldsymbol{f}_2$. 容易验证 $\psi\varphi$ 和 $\varphi\psi$ 分别是 $U^* \oplus V^*$ 和 $(U \oplus V)^*$ 上的恒等映射, 因此 φ 是线性同构. □

例 10.5 设 V_1 是线性空间 V (不必假设维数有限) 的子空间, 记

$$V_1^{\perp} = \{\boldsymbol{f} \in V^* \mid \langle \boldsymbol{f}, V_1 \rangle = 0\}.$$

求证: $V_1^{\perp}$ 是 V^* 的子空间, 且若 V_2 是 V 的另外一个子空间, 则

$$V_1^{\perp} \cap V_2^{\perp} = (V_1+V_2)^{\perp}.$$

证明 容易验证 $V_1^{\perp}$ 是子空间. 若 U, W 是 V 的子空间且 $U \subseteq W$, 显然有 $W^{\perp} \subseteq U^{\perp}$. 因此 $(V_1+V_2)^{\perp} \subseteq V_1^{\perp}$, $(V_1+V_2)^{\perp} \subseteq V_2^{\perp}$, 从而 $(V_1+V_2)^{\perp} \subseteq V_1^{\perp} \cap V_2^{\perp}$. 反之, 若 $\boldsymbol{f} \in V_1^{\perp} \cap V_2^{\perp}$, 则对任意的 $\boldsymbol{v}_1 \in V_1$, $\boldsymbol{v}_2 \in V_2$, $\langle \boldsymbol{f}, \boldsymbol{v}_1+\boldsymbol{v}_2 \rangle = \boldsymbol{f}(\boldsymbol{v}_1)+\boldsymbol{f}(\boldsymbol{v}_2) = 0$, 因此 $\boldsymbol{f} \in (V_1+V_2)^{\perp}$, 即有 $V_1^{\perp} \cap V_2^{\perp} \subseteq (V_1+V_2)^{\perp}$. 这就证明了后一个结论. □

例 10.6 设 V 是数域 $\mathbb{F}$ 上的 n 维线性空间, V_1 是 V 的子空间, 求证:

$$\dim V = \dim V_1 + \dim V_1^{\perp}.$$

证明 取 V_1 的一组基 $\boldsymbol{e}_1, \cdots, \boldsymbol{e}_r$, 并扩张为 V 的一组基 $\boldsymbol{e}_1, \boldsymbol{e}_2, \cdots, \boldsymbol{e}_n$, 再取其对偶基 $\boldsymbol{f}_1, \boldsymbol{f}_2, \cdots, \boldsymbol{f}_n$. 由对偶基的定义可知 $\boldsymbol{f}_j(\boldsymbol{e}_i) = 0\,(1 \le i \le r, r+1 \le j \le n)$, 从而 $\boldsymbol{f}_j(V_1) = 0$, 即 $\boldsymbol{f}_j \in V_1^{\perp}\,(r+1 \le j \le n)$. 另一方面, 任取 $\boldsymbol{f} \in V_1^{\perp}$, 设 $\boldsymbol{f} = a_1\boldsymbol{f}_1 + a_2\boldsymbol{f}_2 + \cdots + a_n\boldsymbol{f}_n$, 依次作用上 $\boldsymbol{e}_1, \cdots, \boldsymbol{e}_r$ 可得 $a_1 = \cdots = a_r = 0$, 故 $\boldsymbol{f}$ 是 $\boldsymbol{f}_{r+1}, \cdots, \boldsymbol{f}_n$ 的线性组合. 因此 $\boldsymbol{f}_{r+1}, \cdots, \boldsymbol{f}_n$ 是 $V_1^{\perp}$ 的一组基, 特别地, $\dim V_1^{\perp} = n-r$, 故结论成立. □

例 10.7 设 V_1, V_2 是 n 维线性空间 V 的子空间, 将 V 看成是 V^* 的对偶空间. 求证:

$$(V_1^{\perp})^{\perp} = V_1, \quad (V_1 \cap V_2)^{\perp} = V_1^{\perp} + V_2^{\perp}.$$

证明 显然 $V_1 \subseteq (V_1^{\perp})^{\perp}$. 由例 10.6 可知 $\dim V_1^{\perp} = n - \dim V_1$, 故 $\dim (V_1^{\perp})^{\perp} = n - \dim V_1^{\perp} = \dim V_1$, 于是 $(V_1^{\perp})^{\perp} = V_1$. 由例 10.5 和第一个结论可知,

$$(V_1^{\perp} + V_2^{\perp})^{\perp} = (V_1^{\perp})^{\perp} \cap (V_2^{\perp})^{\perp} = V_1 \cap V_2,$$

再次由第一个结论可得 $(V_1 \cap V_2)^{\perp} = \big((V_1^{\perp} + V_2^{\perp})^{\perp}\big)^{\perp} = V_1^{\perp} + V_2^{\perp}$. □

例 10.8 设 φ 是 n 维线性空间 V 上的线性变换, φ^* 是 φ 的对偶变换, 求证:

$$\operatorname{Im}\varphi^* = (\operatorname{Ker}\varphi)^{\perp}.$$

证法 1 假设 $\boldsymbol{f} \in \operatorname{Im}\varphi^*$, 则存在 $\boldsymbol{g} \in V^*$, 使得 $\boldsymbol{f} = \varphi^*(\boldsymbol{g})$. 对 $\operatorname{Ker}\varphi$ 中任一向量 $\boldsymbol{x}$, 有

$$\langle \boldsymbol{f}, \boldsymbol{x}\rangle = \langle \varphi^*(\boldsymbol{g}), \boldsymbol{x}\rangle = \langle \boldsymbol{g}, \varphi(\boldsymbol{x})\rangle = 0.$$

因此 $\boldsymbol{f} \in (\operatorname{Ker}\varphi)^{\perp}$, 从而 $\operatorname{Im}\varphi^* \subseteq (\operatorname{Ker}\varphi)^{\perp}$.

另一方面, 设 $\dim \operatorname{Ker}\varphi = k$, 则由例 10.6 可得 $\dim(\operatorname{Ker}\varphi)^{\perp} = n-k$. 设 φ 在 V 的一组基 $\{\boldsymbol{e}_1, \cdots, \boldsymbol{e}_n\}$ 下的表示矩阵为 $\boldsymbol{A}$, 则 φ^* 在 V^* 的对偶基 $\{\boldsymbol{f}_1, \cdots, \boldsymbol{f}_n\}$ 下的表示矩阵为 $\boldsymbol{A}'$. 于是 $\dim \operatorname{Im}\varphi^* = \mathrm{r}(\boldsymbol{A}') = \mathrm{r}(\boldsymbol{A}) = \dim \operatorname{Im}\varphi = n-k$, 从而可得 $\operatorname{Im}\varphi^* = (\operatorname{Ker}\varphi)^{\perp}$.

证法 2 由例 10.7 可知, 我们只要证明 $\operatorname{Ker}\varphi = (\operatorname{Im}\varphi^*)^{\perp}$ 即可. 若 $\boldsymbol{x} \in \operatorname{Ker}\varphi$, 则对任意的 $\varphi^*(\boldsymbol{f}) \in \operatorname{Im}\varphi^*$, 有 $\langle \varphi^*(\boldsymbol{f}), \boldsymbol{x}\rangle = \langle \boldsymbol{f}, \varphi(\boldsymbol{x})\rangle = 0$, 因此 $\boldsymbol{x} \in (\operatorname{Im}\varphi^*)^{\perp}$, 即 $\operatorname{Ker}\varphi \subseteq (\operatorname{Im}\varphi^*)^{\perp}$. 另一方面, 任取 $\boldsymbol{x} \in (\operatorname{Im}\varphi^*)^{\perp}$, 则对任意的 $\varphi^*(\boldsymbol{f}) \in \operatorname{Im}\varphi^*$, 有 $0 = \langle \varphi^*(\boldsymbol{f}), \boldsymbol{x}\rangle = \langle \boldsymbol{f}, \varphi(\boldsymbol{x})\rangle$. 由 $\boldsymbol{f}$ 的任意性可知 $\varphi(\boldsymbol{x}) = \boldsymbol{0}$, 即 $\boldsymbol{x} \in \operatorname{Ker}\varphi$, 从而 $(\operatorname{Im}\varphi^*)^{\perp} \subseteq \operatorname{Ker}\varphi$, 于是结论得证. □

注 例 10.8 证法 2 的好处是, 证明 $\operatorname{Ker}\varphi = (\operatorname{Im}\varphi^*)^{\perp}$ 的过程不涉及维数的有限性, 从而这一结论在无限维线性空间的情形依然成立 (此时需要无限维线性空间基的存在性). 然而 $\operatorname{Im}\varphi^* = (\operatorname{Ker}\varphi)^{\perp}$ 这一结论一般不能推广到无限维线性空间的情形, 但在一些特殊情况下可以推广, 我们来看下面的例题.

例 10.9 设 φ 是线性空间 V (不要求是有限维) 上的幂等线性变换 (即 $\varphi^2 = \varphi$), φ^* 是 φ 的对偶变换, 求证:

$$\operatorname{Im}\varphi^* = (\operatorname{Ker}\varphi)^{\perp}.$$

证明 与例 10.8 完全一样的证明可得 $\operatorname{Im}\varphi^* \subseteq (\operatorname{Ker}\varphi)^{\perp}$. 另一方面, 任取 $\boldsymbol{f} \in (\operatorname{Ker}\varphi)^{\perp}$, 如果能证明 $\boldsymbol{f} = \varphi^*(\boldsymbol{f})$, 就能得到 $\boldsymbol{f} \in \operatorname{Im}\varphi^*$, 从而 $\operatorname{Im}\varphi^* = (\operatorname{Ker}\varphi)^{\perp}$ 成立. 事实上, 对任意的 $\boldsymbol{v} \in V$, 由 $\varphi^2 = \varphi$ 可知 $\boldsymbol{v} - \varphi(\boldsymbol{v}) \in \operatorname{Ker}\varphi$, 于是 $\boldsymbol{f}(\boldsymbol{v} - \varphi(\boldsymbol{v})) = 0$, 从而 $\boldsymbol{f}(\boldsymbol{v}) = \boldsymbol{f}(\varphi(\boldsymbol{v})) = \varphi^*(\boldsymbol{f})(\boldsymbol{v})$ 对任意的 $\boldsymbol{v} \in V$ 成立, 因此 $\boldsymbol{f} = \varphi^*(\boldsymbol{f})$. □

例 10.10 设 φ 是 n 维线性空间 V 上的线性变换, V_1 是 V 的子空间, 求证: V_1 是 φ 的不变子空间的充要条件是 $V_1^{\perp}$ 是 φ^* 的不变子空间.

证明 若 V_1 是 φ 的不变子空间, 则对任意的 $\boldsymbol{v} \in V_1$, 有 $\varphi(\boldsymbol{v}) \in V_1$, 从而对任意的 $\boldsymbol{f} \in V_1^{\perp}$, 有 $\langle \varphi^*(\boldsymbol{f}), \boldsymbol{v}\rangle = \langle \boldsymbol{f}, \varphi(\boldsymbol{v})\rangle = 0$, 即 $\varphi^*(\boldsymbol{f}) \in V_1^{\perp}$, 于是 $V_1^{\perp}$ 是 φ^* 的不

变子空间. 反之, 若 $V_1^\perp$ 是 $\boldsymbol{\varphi}^*$ 的不变子空间, 则对任意的 $\boldsymbol{f}\in V_1^\perp$, 有 $\boldsymbol{\varphi}^*(\boldsymbol{f})\in V_1^\perp$, 从而对任意的 $\boldsymbol{v}\in V_1$, 有 $\langle\boldsymbol{f},\boldsymbol{\varphi}(\boldsymbol{v})\rangle=\langle\boldsymbol{\varphi}^*(\boldsymbol{f}),\boldsymbol{v}\rangle=0$, 即 $\boldsymbol{\varphi}(\boldsymbol{v})\in(V_1^\perp)^\perp=V_1$, 于是 V_1 是 $\boldsymbol{\varphi}$ 的不变子空间. □

注　设 V 是线性空间 (不要求是有限维), V_1 是 V 的子空间, 若承认无限维线性空间基的存在性, 则可证明对任一 $\boldsymbol{v}\notin V_1$, 存在 $\boldsymbol{f}\in V_1^\perp$, 使得 $\boldsymbol{f}(\boldsymbol{v})\neq 0$. 如果有了这一结论, 则例 10.10 的结论对无限维线性空间也成立.

例 10.11　设 V,U 是 $\mathbb{F}$ 上的有限维线性空间, $\boldsymbol{\varphi}$ 是 $V\to U$ 的线性映射. 求证: 若将 V 与 V^*, U 与 U^* 看成是互为对偶的空间, 则 $(\boldsymbol{\varphi}^*)^*=\boldsymbol{\varphi}$.

证明　对任意的 $\boldsymbol{x}\in V=V^{**}$, $\boldsymbol{f}\in U^*$, 我们有

$$\langle\boldsymbol{f},\boldsymbol{\varphi}(\boldsymbol{x})\rangle=\langle\boldsymbol{\varphi}^*(\boldsymbol{f}),\boldsymbol{x}\rangle=\langle\boldsymbol{f},\boldsymbol{\varphi}^{**}(\boldsymbol{x})\rangle,$$

因此 $\boldsymbol{\varphi}(\boldsymbol{x})=\boldsymbol{\varphi}^{**}(\boldsymbol{x})$, 即 $\boldsymbol{\varphi}=\boldsymbol{\varphi}^{**}$. □

例 10.12　设 V 是 n 维欧氏空间, 则对任一固定的 $\boldsymbol{u}\in V$, $(\boldsymbol{u},-)$ 是 V 上的线性函数, 作映射 $\boldsymbol{\eta}:V\to V^*$, $\boldsymbol{\eta}(\boldsymbol{u})=(\boldsymbol{u},-)$. 证明:

(1) $\boldsymbol{\eta}$ 是线性同构, 特别地, 若将 $\boldsymbol{u}$ 与 $(\boldsymbol{u},-)$ 等同起来, 则 $\langle\boldsymbol{u},\boldsymbol{v}\rangle=(\boldsymbol{u},\boldsymbol{v})$, 即可将 V 看成是自身的对偶空间;

(2) V 的任一组标准正交基 $\boldsymbol{e}_1,\boldsymbol{e}_2,\cdots,\boldsymbol{e}_n$ 的对偶基是其自身;

(3) V 上任一线性变换 $\boldsymbol{\varphi}$ 的对偶变换就是 $\boldsymbol{\varphi}$ 的伴随.

证明　(1) 容易验证 $(\boldsymbol{u},-)$ 是线性函数以及 $\boldsymbol{\eta}$ 是线性映射. 假设 $\boldsymbol{\eta}(\boldsymbol{u})=\boldsymbol{0}$, 则对任意的 $\boldsymbol{v}\in V$, $(\boldsymbol{u},\boldsymbol{v})=\boldsymbol{\eta}(\boldsymbol{u})(\boldsymbol{v})=0$, 由内积的正定性可得 $\boldsymbol{u}=\boldsymbol{0}$, 因此 $\boldsymbol{\eta}$ 是单映射. 又 $\dim V^*=\dim V=n$, 故由线性映射的维数公式可知 $\boldsymbol{\eta}$ 是线性同构.

(2) 由 (1) 以及 $(\boldsymbol{e}_i,\boldsymbol{e}_j)=\delta_{ij}$ 即得结论.

(3) 记 $\boldsymbol{\varphi}^\sharp$ 是 $\boldsymbol{\varphi}$ 的对偶变换, $\boldsymbol{\varphi}^*$ 是 $\boldsymbol{\varphi}$ 的伴随, 则由 (1) 可知

$$\langle\boldsymbol{\varphi}^\sharp(\boldsymbol{u}),\boldsymbol{v}\rangle=\langle\boldsymbol{u},\boldsymbol{\varphi}(\boldsymbol{v})\rangle=(\boldsymbol{u},\boldsymbol{\varphi}(\boldsymbol{v}))=(\boldsymbol{\varphi}^*(\boldsymbol{u}),\boldsymbol{v})=\langle\boldsymbol{\varphi}^*(\boldsymbol{u}),\boldsymbol{v}\rangle,$$

再由 $\boldsymbol{u},\boldsymbol{v}$ 的任意性即得 $\boldsymbol{\varphi}^\sharp=\boldsymbol{\varphi}^*$. □

§ 10.3　双线性型与纯量积

例 10.13　设 g 是 U,V 上的非退化双线性型, 若 $\{\boldsymbol{u}_i\},\{\boldsymbol{v}_i\}\,(1\leq i\leq n)$ 分别是 U,V 的基, 使得 $g(\boldsymbol{u}_i,\boldsymbol{v}_j)=\delta_{ij}$, 则称 $\{\boldsymbol{u}_i\},\{\boldsymbol{v}_i\}$ 是关于 g 的对偶基. 设 $\boldsymbol{\varphi}$ 是 V 上

的线性变换, $\boldsymbol{\varphi}^*$ 是 $\boldsymbol{\varphi}$ 关于 g 的对偶变换. 若 $\boldsymbol{\varphi}$ 在基 $\{\boldsymbol{v}_i\}$ 下的表示矩阵为 $\boldsymbol{A}$, 求证: $\boldsymbol{\varphi}^*$ 在基 $\{\boldsymbol{u}_i\}$ 下的表示矩阵是 $\boldsymbol{A}'$.

证明 设 $\boldsymbol{\varphi}^*$ 在基 $\{\boldsymbol{u}_i\}$ 下的表示矩阵为 $\boldsymbol{B}=(b_{ij})$, 则有

$$\boldsymbol{\varphi}^*(\boldsymbol{u}_i)=b_{1i}\boldsymbol{u}_1+b_{2i}\boldsymbol{u}_2+\cdots+b_{ni}\boldsymbol{u}_n,\ 1\leq i\leq n.$$

设 $\boldsymbol{A}=(a_{ij})$, 则有

$$\boldsymbol{\varphi}(\boldsymbol{v}_j)=a_{1j}\boldsymbol{v}_1+a_{2j}\boldsymbol{v}_2+\cdots+a_{nj}\boldsymbol{v}_n,\ 1\leq j\leq n.$$

注意到

$$b_{ji}=g(\boldsymbol{\varphi}^*(\boldsymbol{u}_i),\boldsymbol{v}_j)=g(\boldsymbol{u}_i,\boldsymbol{\varphi}(\boldsymbol{v}_j))=a_{ij},\ 1\leq i,j\leq n,$$

此即 $\boldsymbol{B}=\boldsymbol{A}'$. □

例 10.14 设 g 是 U,V 上的非零双线性型, 证明: 必存在 U,V 的子空间 U_0,V_0, 使得 g 在 U_0,V_0 上的限制是非退化的双线性型, 且

$$\dim U_0=\dim V_0=\dim U-\dim L,$$

其中 L 是 g 的左根子空间.

证明 设 g 在 U 的基 $\{\boldsymbol{u}_1,\boldsymbol{u}_2,\cdots,\boldsymbol{u}_m\}$ 和 V 的基 $\{\boldsymbol{v}_1,\boldsymbol{v}_2,\cdots,\boldsymbol{v}_n\}$ 下的表示矩阵为相抵标准型, 即

$$\boldsymbol{A}=\begin{pmatrix}\boldsymbol{I}_r & \boldsymbol{O}\\ \boldsymbol{O} & \boldsymbol{O}\end{pmatrix}.$$

令 U_0 是由基向量 $\boldsymbol{u}_1,\cdots,\boldsymbol{u}_r$ 生成的子空间, V_0 是由基向量 $\boldsymbol{v}_1,\cdots,\boldsymbol{v}_r$ 生成的子空间. 显然, 将 g 限制在 U_0,V_0 上是非退化的双线性型, 且 $\dim U_0=\dim V_0=r$. 又 g 的左根子空间就是由 $\boldsymbol{u}_{r+1},\cdots,\boldsymbol{u}_m$ 生成的子空间, 因此 $\dim L=m-r$, 即有 $\dim U_0=\dim U-\dim L$. □

例 10.15 设 g 是 U,V 上的非退化双线性型, $\boldsymbol{\varphi},\boldsymbol{\psi}$ 是 V 上的线性变换, 求证:

(1) $(k\boldsymbol{\varphi}+l\boldsymbol{\psi})^*=k\boldsymbol{\varphi}^*+l\boldsymbol{\psi}^*$, 其中 k,l 是常数;

(2) $(\boldsymbol{\psi}\boldsymbol{\varphi})^*=\boldsymbol{\varphi}^*\boldsymbol{\psi}^*$;

(3) 若 $\boldsymbol{\varphi}$ 是 V 的自同构, 则 $\boldsymbol{\varphi}^*$ 是 U 的自同构, 此时 $(\boldsymbol{\varphi}^*)^{-1}=(\boldsymbol{\varphi}^{-1})^*$;

(4) $(\boldsymbol{\varphi}^*)^*=\boldsymbol{\varphi}$.

证明 (1) 对任意的 $\boldsymbol{u}\in U,\ \boldsymbol{v}\in V$, 由对偶变换的定义可得

$$\begin{aligned} g\big(\boldsymbol{u},(k\boldsymbol{\varphi}+l\boldsymbol{\psi})(\boldsymbol{v})\big) &= g(\boldsymbol{u},k\boldsymbol{\varphi}(\boldsymbol{v}))+g(\boldsymbol{u},l\boldsymbol{\psi}(\boldsymbol{v})) = g(k\boldsymbol{\varphi}^*(\boldsymbol{u}),\boldsymbol{v})+g(l\boldsymbol{\psi}^*(\boldsymbol{u}),\boldsymbol{v}) \\ &= g\big((k\boldsymbol{\varphi}+l\boldsymbol{\psi})^*(\boldsymbol{u}),\boldsymbol{v}\big), \end{aligned}$$

再由对偶变换的唯一性即得 $(k\boldsymbol{\varphi}+l\boldsymbol{\psi})^*=k\boldsymbol{\varphi}^*+l\boldsymbol{\psi}^*$.

(2) 对任意的 $\boldsymbol{u}\in U,\ \boldsymbol{v}\in V$, 由对偶变换的定义可得

$$g(\boldsymbol{u},\boldsymbol{\psi}\boldsymbol{\varphi}(\boldsymbol{v}))=g(\boldsymbol{\psi}^*(\boldsymbol{u}),\boldsymbol{\varphi}(\boldsymbol{v}))=g(\boldsymbol{\varphi}^*\boldsymbol{\psi}^*(\boldsymbol{u}),\boldsymbol{v}),$$

再由对偶变换的唯一性即得 $(\boldsymbol{\psi}\boldsymbol{\varphi})^*=\boldsymbol{\varphi}^*\boldsymbol{\psi}^*$.

(3) 若 $\boldsymbol{\varphi}$ 是 V 的自同构, 则 $\boldsymbol{\varphi}^{-1}\boldsymbol{\varphi}=\boldsymbol{\varphi}\boldsymbol{\varphi}^{-1}=\boldsymbol{I}_V$. 两边同取对偶, 由 (2) 可得

$$\boldsymbol{\varphi}^*(\boldsymbol{\varphi}^{-1})^*=(\boldsymbol{\varphi}^{-1})^*\boldsymbol{\varphi}^*=\boldsymbol{I}_V^*=\boldsymbol{I}_U,$$

故 $\boldsymbol{\varphi}^*$ 是 U 的自同构, 并且 $(\boldsymbol{\varphi}^*)^{-1}=(\boldsymbol{\varphi}^{-1})^*$.

(4) 对任意的 $\boldsymbol{u}\in U,\ \boldsymbol{v}\in V$, 由对偶变换的定义可得

$$g(\boldsymbol{u},\boldsymbol{\varphi}(\boldsymbol{v}))=g(\boldsymbol{\varphi}^*(\boldsymbol{u}),\boldsymbol{v})=g(\boldsymbol{u},(\boldsymbol{\varphi}^*)^*(\boldsymbol{v})),$$

再由对偶变换的唯一性即得 $(\boldsymbol{\varphi}^*)^*=\boldsymbol{\varphi}$. 本题也可利用例 10.13 的结论来证明. □

例 10.16 设 g,h 是 n 维线性空间 V 上秩相同的纯量积, 求证: 必存在 V 上的可逆线性变换 $\boldsymbol{\varphi},\boldsymbol{\psi}$, 使得 $h(\boldsymbol{x},\boldsymbol{y})=g(\boldsymbol{\varphi}(\boldsymbol{x}),\boldsymbol{\psi}(\boldsymbol{y}))$ 对一切 $\boldsymbol{x},\boldsymbol{y}\in V$ 成立.

证明 我们用矩阵方法来证明结论. 设 g,h 在 V 的某一组基下的表示矩阵分别为 $\boldsymbol{A},\boldsymbol{B}$, 向量 $\boldsymbol{x},\boldsymbol{y}$ 的坐标向量 (用列向量表示) 分别为 $\boldsymbol{\alpha},\boldsymbol{\beta}$, 则

$$g(\boldsymbol{x},\boldsymbol{y})=\boldsymbol{\alpha}'\boldsymbol{A}\boldsymbol{\beta},\quad h(\boldsymbol{x},\boldsymbol{y})=\boldsymbol{\alpha}'\boldsymbol{B}\boldsymbol{\beta}.$$

又假设线性变换 $\boldsymbol{\varphi}$ 和 $\boldsymbol{\psi}$ 在同一组基下的表示矩阵分别为 $\boldsymbol{C},\boldsymbol{D}$ (待定), 则

$$g(\boldsymbol{\varphi}(\boldsymbol{x}),\boldsymbol{\psi}(\boldsymbol{y}))=(\boldsymbol{C}\boldsymbol{\alpha})'\boldsymbol{A}(\boldsymbol{D}\boldsymbol{\beta})=\boldsymbol{\alpha}'\boldsymbol{C}'\boldsymbol{A}\boldsymbol{D}\boldsymbol{\beta}.$$

因为 $\boldsymbol{A}$ 和 $\boldsymbol{B}$ 秩相同, 故存在可逆矩阵 $\boldsymbol{C},\boldsymbol{D}$, 使得 $\boldsymbol{C}'\boldsymbol{A}\boldsymbol{D}=\boldsymbol{B}$, 于是结论得证. □

例 10.17 设 $W=U\oplus V$, g 是 U 上的纯量积, h 是 V 上的纯量积. 现定义 W 上的纯量积 q 如下:

$$q(\boldsymbol{x}+\boldsymbol{y},\boldsymbol{u}+\boldsymbol{v})=g(\boldsymbol{x},\boldsymbol{u})+h(\boldsymbol{y},\boldsymbol{v}),$$

其中 $\boldsymbol{x},\boldsymbol{u}\in U$, $\boldsymbol{y},\boldsymbol{v}\in V$, 求证:

(1) 若 g,h 非退化, 则 q 也非退化;

(2) 若 g,h 是对称型 (交错型), 则 q 也是对称型 (交错型);

(3) 若 $\{\boldsymbol{u}_i\}$, $\{\boldsymbol{v}_i\}$ 分别是 U 和 V 的基, 且 g,h 在这两组基下的表示矩阵分别为 $\boldsymbol{A},\boldsymbol{B}$, 则 q 在 W 的基 $\{\boldsymbol{u}_i\}\cup\{\boldsymbol{v}_i\}$ 下的表示矩阵为分块对角矩阵 $\mathrm{diag}\{\boldsymbol{A},\boldsymbol{B}\}$.

证明　若矩阵 $\boldsymbol{A}$ 和 $\boldsymbol{B}$ 可逆, 则 $\mathrm{diag}\{\boldsymbol{A},\boldsymbol{B}\}$ 也可逆, 因此 (1) 是 (3) 的推论. (2) 的验证很容易, 现只需证明 (3). 因为

$$q(\boldsymbol{u}_i,\boldsymbol{v}_j)=q(\boldsymbol{u}_i+\boldsymbol{0},\boldsymbol{0}+\boldsymbol{v}_j)=g(\boldsymbol{u}_i,\boldsymbol{0})+h(\boldsymbol{0},\boldsymbol{v}_j)=0,$$

以及 $q(\boldsymbol{v}_j,\boldsymbol{u}_i)=0$, 所以 q 的表示矩阵是分块对角矩阵. 又

$$q(\boldsymbol{u}_i,\boldsymbol{u}_j)=g(\boldsymbol{u}_i,\boldsymbol{u}_j),\quad q(\boldsymbol{v}_i,\boldsymbol{v}_j)=h(\boldsymbol{v}_i,\boldsymbol{v}_j),$$

因此结论成立. □

例 10.18　设 V 是由 n 阶实矩阵全体构成的欧氏空间 (取 Frobenius 内积), 则 Frobenius 内积 $(-,-)$ 是 V 上的非退化对称型. 设 $\boldsymbol{A}_1,\cdots,\boldsymbol{A}_{n^2}$ 是 V 的一组基, $\boldsymbol{B}_1,\cdots,\boldsymbol{B}_{n^2}$ 是其对偶基, 即满足 $(\boldsymbol{A}_i,\boldsymbol{B}_j)=\delta_{ij}\,(1\le i,j\le n^2)$. 求证:

$$\sum_{i=1}^{n^2}\boldsymbol{A}_i\boldsymbol{B}_i=\boldsymbol{I}_n.$$

证明　设 $\boldsymbol{E}_{11},\cdots,\boldsymbol{E}_{nn}$ 是 n 阶基础矩阵, 为书写方便将它们依次标记为 $\boldsymbol{E}_1,\cdots,\boldsymbol{E}_{n^2}$. 显然, 这是 V 的一组标准正交基, 从而它的对偶基也是其自身. 设

$$(\boldsymbol{A}_1,\cdots,\boldsymbol{A}_{n^2})=(\boldsymbol{E}_1,\cdots,\boldsymbol{E}_{n^2})\boldsymbol{P},\quad (\boldsymbol{B}_1,\cdots,\boldsymbol{B}_{n^2})=(\boldsymbol{E}_1,\cdots,\boldsymbol{E}_{n^2})\boldsymbol{Q},$$

其中 $\boldsymbol{P}=(p_{ij})$, $\boldsymbol{Q}=(q_{ij})$ 是基之间的过渡矩阵, 则 $\boldsymbol{A}_i=\sum\limits_{k=1}^{n^2}p_{ki}\boldsymbol{E}_k$, $\boldsymbol{B}_j=\sum\limits_{l=1}^{n^2}q_{lj}\boldsymbol{E}_l$. 于是对任意的 $1\le i,j\le n^2$ 有

$$\delta_{ij}=(\boldsymbol{A}_i,\boldsymbol{B}_j)=(\sum_{k=1}^{n^2}p_{ki}\boldsymbol{E}_k,\sum_{l=1}^{n^2}q_{lj}\boldsymbol{E}_l)=\sum_{k=1}^{n^2}p_{ki}q_{kj},$$

这即为 $\boldsymbol{P}'\boldsymbol{Q}=\boldsymbol{I}_{n^2}$. 于是 $\boldsymbol{Q}\boldsymbol{P}'=\boldsymbol{I}_{n^2}$, 从而 $\boldsymbol{P}\boldsymbol{Q}'=\boldsymbol{I}_{n^2}$, 此即 $\sum\limits_{i=1}^{n^2}p_{ki}q_{li}=\delta_{kl}$. 因此

$$\begin{aligned}\sum_{i=1}^{n^2}\boldsymbol{A}_i\boldsymbol{B}_i&=\sum_{i,k,l=1}^{n^2}p_{ki}q_{li}\boldsymbol{E}_k\boldsymbol{E}_l=\sum_{k,l=1}^{n^2}\left(\sum_{i=1}^{n^2}p_{ki}q_{li}\right)\boldsymbol{E}_k\boldsymbol{E}_l=\sum_{k,l=1}^{n^2}\delta_{kl}\boldsymbol{E}_k\boldsymbol{E}_l\\&=\sum_{k=1}^{n^2}\boldsymbol{E}_k^2=\sum_{i,j=1}^{n}\boldsymbol{E}_{ij}\boldsymbol{E}_{ij}=\sum_{i=1}^{n}\boldsymbol{E}_{ii}=\boldsymbol{I}_n.\ \square\end{aligned}$$

例 10.19 设 g 是 n 维线性空间 V 上的对称型或交错型, U 是 V 的子空间, 求证: $U\cap U^\perp=0$ 的充要条件是 g 限制在 U 上是一个非退化的纯量积, 这时有直和分解 $V=U\oplus U^\perp$.

证明 设 $U\cap U^\perp=0$, 若 g 限制在 U 上退化, 则存在 U 中非零向量 $\boldsymbol{u}$, 使得 $g(\boldsymbol{u},U)=0$, 从而 $\boldsymbol{u}\in U\cap U^\perp$, 推出矛盾. 反之, 设 g 限制在 U 上非退化, 任取 $\boldsymbol{u}\in U\cap U^\perp$, 则 $g(\boldsymbol{u},U)=0$, 从而 $\boldsymbol{u}=\boldsymbol{0}$, 这表明 $U\cap U^\perp=0$.

对于第二个结论, 我们先证明若 g 限制在 U 上非退化, 则 $\dim U+\dim U^\perp=n$. 对任意的 $\boldsymbol{v}\in V$, $g(\boldsymbol{v},-)$ 限制在 U 上是 U 上的线性函数. 作线性映射 $\boldsymbol{\varphi}:V\to U^*$, $\boldsymbol{\varphi}(\boldsymbol{v})=g(\boldsymbol{v},-)$, 则 $\operatorname{Ker}\boldsymbol{\varphi}=U^\perp$. 因为 g 限制在 U 上非退化, 故限制映射 $\boldsymbol{\varphi}|_U:U\to U^*$ 是单射, 又 $\dim U=\dim U^*$, 从而 $\boldsymbol{\varphi}|_U:U\to U^*$ 是同构. 因此对任意的 $\boldsymbol{f}\in U^*$, 存在 $\boldsymbol{u}\in U$, 使得 $\boldsymbol{f}=g(\boldsymbol{u},-)$, 于是 $\boldsymbol{\varphi}$ 是满射. 最后, 由线性映射的维数公式即得 $\dim U+\dim U^\perp=n$, 又因为 $U\cap U^\perp=0$, 所以 $V=U\oplus U^\perp$. □

§ 10.4 交错型与辛几何

例 10.20 设 h 是三维线性空间 V 上的非零交错型, 求证: 存在 V 上的线性函数 $\boldsymbol{f},\boldsymbol{g}$, 使得对任意的 $\boldsymbol{x},\boldsymbol{y}\in V$, 有 $h(\boldsymbol{x},\boldsymbol{y})=\boldsymbol{f}(\boldsymbol{x})\boldsymbol{g}(\boldsymbol{y})-\boldsymbol{f}(\boldsymbol{y})\boldsymbol{g}(\boldsymbol{x})$.

证明 设 h 在 V 的基 $\boldsymbol{v}_1,\boldsymbol{v}_2,\boldsymbol{v}_3$ 下的表示矩阵为标准型 $\begin{pmatrix}0&1&0\\-1&0&0\\0&0&0\end{pmatrix}$, 令

$$\boldsymbol{f}(\boldsymbol{x})=h(\boldsymbol{x},\boldsymbol{v}_2),\quad \boldsymbol{g}(\boldsymbol{x})=h(\boldsymbol{v}_1,\boldsymbol{x}),$$

不难验证 $\boldsymbol{f},\boldsymbol{g}$ 即为要求之线性函数. □

我们通过下面这道例题来看一看如何求出辛空间的一组辛基.

例 10.21 设四维辛空间 (V,g) 在一组基 $\{\boldsymbol{e}_1,\boldsymbol{e}_2,\boldsymbol{e}_3,\boldsymbol{e}_4\}$ 下的表示矩阵为

$$\boldsymbol{A}=\begin{pmatrix}0&2&-1&3\\-2&0&4&-2\\1&-4&0&1\\-3&2&-1&0\end{pmatrix},$$

求 V 的一组辛基.

解　由例 8.16 可知, 存在可逆矩阵 $\boldsymbol{C}$, 使得 $\boldsymbol{C}'\boldsymbol{A}\boldsymbol{C}=\boldsymbol{B}=\mathrm{diag}\{\boldsymbol{S},\boldsymbol{S}\}$, 其中

$$\boldsymbol{S}=\begin{pmatrix}0&1\\-1&0\end{pmatrix}.$$

基之间的过渡矩阵 $\boldsymbol{C}$ 可用对称初等变换法来求 (类似于对称矩阵合同于对角矩阵的求法): 对矩阵 $(\boldsymbol{A}\,\vdots\,\boldsymbol{I})$ 施以初等行变换, 再对 $\boldsymbol{A}$ 施以对称的初等列变换, 直到将 $\boldsymbol{A}$ 变为 $\boldsymbol{B}$, 此时 $\boldsymbol{I}$ 就变成 $\boldsymbol{C}'$, 转置后即得 $\boldsymbol{C}$.

将 $\dfrac{1}{2}$ 乘以 $(\boldsymbol{A}\,\vdots\,\boldsymbol{I})$ 的第二行, 再乘以第二列得到

$$(\boldsymbol{A}\,\vdots\,\boldsymbol{I})\longrightarrow\left(\begin{array}{cccc:cccc}0&1&-1&3&1&0&0&0\\-1&0&2&-1&0&\frac{1}{2}&0&0\\1&-2&0&1&0&0&1&0\\-3&1&-1&0&0&0&0&1\end{array}\right);$$

将第二行分别乘以 $1,-3$ 后加到第三行及第四行上, 再将第二列分别乘以 $1,-3$ 后加到第三列及第四列上得到

$$\to\left(\begin{array}{cccc:cccc}0&1&0&0&1&0&0&0\\-1&0&2&-1&0&\frac{1}{2}&0&0\\0&-2&0&6&0&\frac{1}{2}&1&0\\0&1&-6&0&0&-\frac{3}{2}&0&1\end{array}\right);$$

将第一行分别乘以 $2,-1$ 后加到第三行及第四行上, 再将第一列分别乘以 $2,-1$ 后加到第三列及第四列上得到

$$\to\left(\begin{array}{cccc:cccc}0&1&0&0&1&0&0&0\\-1&0&0&0&0&\frac{1}{2}&0&0\\0&0&0&6&2&\frac{1}{2}&1&0\\0&0&-6&0&-1&-\frac{3}{2}&0&1\end{array}\right);$$

将第四行乘以 $\frac{1}{6}$, 再将第四列乘以 $\frac{1}{6}$ 后得到

$$\to \left(\begin{array}{cccc:cccc} 0 & 1 & 0 & 0 & 1 & 0 & 0 & 0 \\ -1 & 0 & 0 & 0 & 0 & \frac{1}{2} & 0 & 0 \\ 0 & 0 & 0 & 1 & \frac{1}{3} & \frac{1}{12} & \frac{1}{6} & 0 \\ 0 & 0 & -1 & 0 & -1 & -\frac{3}{2} & 0 & 1 \end{array}\right).$$

因此, 要求的一组辛基 $\{\boldsymbol{v}_1, \boldsymbol{v}_2, \boldsymbol{v}_3, \boldsymbol{v}_4\}$ 为

$$(\boldsymbol{v}_1, \boldsymbol{v}_2, \boldsymbol{v}_3, \boldsymbol{v}_4) = (\boldsymbol{e}_1, \boldsymbol{e}_2, \boldsymbol{e}_3, \boldsymbol{e}_4)\boldsymbol{C}, \quad \text{其中 } \boldsymbol{C} = \begin{pmatrix} 1 & 0 & \frac{1}{3} & -1 \\ 0 & \frac{1}{2} & \frac{1}{12} & -\frac{3}{2} \\ 0 & 0 & \frac{1}{6} & 0 \\ 0 & 0 & 0 & 1 \end{pmatrix}. \square$$

例 10.22 设 (V, g) 是辛空间, φ 是 V 上的辛变换, φ 在一组辛基下的表示矩阵称为辛矩阵. 令 $\boldsymbol{A} = \mathrm{diag}\{\boldsymbol{S}, \cdots, \boldsymbol{S}\}$, 其中 $\boldsymbol{S} = \begin{pmatrix} 0 & 1 \\ -1 & 0 \end{pmatrix}$. 求证: n 阶方阵 $\boldsymbol{T}$ 是辛矩阵的充要条件是 $\boldsymbol{T}'\boldsymbol{A}\boldsymbol{T} = \boldsymbol{A}$. 特别地, 辛变换的行列式值等于 1 或 -1.

证明 选取一组辛基 $\boldsymbol{v}_1, \boldsymbol{v}_2, \cdots, \boldsymbol{v}_n$, 则交错型 g 在这组基下的表示矩阵恰为 $\boldsymbol{A}$. 设 V 中向量 $\boldsymbol{x}, \boldsymbol{y}$ 在这组基下的坐标向量分别为 $\boldsymbol{\alpha}, \boldsymbol{\beta}$, 辛变换 φ 在这组基下的表示矩阵为 $\boldsymbol{T}$, 则

$$\boldsymbol{\alpha}'\boldsymbol{A}\boldsymbol{\beta} = g(\boldsymbol{x}, \boldsymbol{y}) = g(\varphi(\boldsymbol{x}), \varphi(\boldsymbol{y})) = (\boldsymbol{T}\boldsymbol{\alpha})'\boldsymbol{A}(\boldsymbol{T}\boldsymbol{\beta}) = \boldsymbol{\alpha}'\boldsymbol{T}'\boldsymbol{A}\boldsymbol{T}\boldsymbol{\beta}$$

对任意的列向量 $\boldsymbol{\alpha}, \boldsymbol{\beta}$ 都成立, 从而 $\boldsymbol{T}'\boldsymbol{A}\boldsymbol{T} = \boldsymbol{A}$ 成立. 反之亦不难倒推回去, 故结论成立. 由 $\boldsymbol{T}'\boldsymbol{A}\boldsymbol{T} = \boldsymbol{A}$ 取行列式可得 $|\boldsymbol{T}|^2 = 1$, 于是 $|\boldsymbol{T}| = \pm 1$, 从而 $\det \varphi = \pm 1$. $\square$

注 由例 9.134 可知, 实辛空间 (V, g) 上的辛变换 φ 的行列式值等于 1, 请读者自行思考其中的原因.

§ 10.5 对称型与正交几何

例 10.23 设 g 是 n 维线性空间 V 上的非退化对称型, φ 是 V 上的正交变换, 求证: $\det \varphi = \pm 1$.

证明　选取一组正交基 $\boldsymbol{e}_1,\boldsymbol{e}_2,\cdots,\boldsymbol{e}_n$, 则非退化对称型 g 在这组基下的表示矩阵为可逆对角矩阵 $\boldsymbol{A}$. 设 φ 在这组基下的表示矩阵为 $\boldsymbol{T}$, 因为 φ 是正交变换, 故对任意的 $\boldsymbol{x},\boldsymbol{y}\in V$ 有 $g(\boldsymbol{\varphi}(\boldsymbol{x}),\boldsymbol{\varphi}(\boldsymbol{y}))=g(\boldsymbol{x},\boldsymbol{y})$, 由类似于上例的讨论可知 $\boldsymbol{T}'\boldsymbol{A}\boldsymbol{T}=\boldsymbol{A}$. 此式取行列式可得 $|\boldsymbol{T}|^2=1$, 于是 $|\boldsymbol{T}|=\pm1$, 从而 $\det\varphi=\pm1$. □

例 10.24　设 g 是 n 维线性空间 V 上的非退化对称型, φ 是 V 上的线性变换, 求证: φ 是正交变换的充要条件是 $\varphi^*\varphi=\boldsymbol{I}$.

证明　若 φ 是正交变换, 则对任意的 $\boldsymbol{x},\boldsymbol{y}\in V$ 有 $g(\boldsymbol{\varphi}(\boldsymbol{x}),\boldsymbol{\varphi}(\boldsymbol{y}))=g(\boldsymbol{x},\boldsymbol{y})$, 从而可得

$$g(\boldsymbol{x},\boldsymbol{\varphi}^*\boldsymbol{\varphi}(\boldsymbol{y}))=g(\boldsymbol{x},\boldsymbol{y}).$$

因为 g 非退化, 所以 $\varphi^*\varphi=\boldsymbol{I}$. 充分性只要反过来推回去即可. □

例 10.25　设 V 是双曲平面, φ 是 V 上的正交变换且 $\det\varphi=-1$, 求证: φ 是镜像变换.

证明　设 g 是定义双曲平面 V 的非退化对称型, 则由教材 [1] 中的定理 10.5.3 可知, 存在 V 的一组基 $\boldsymbol{u},\boldsymbol{v}$, 使得

$$g(\boldsymbol{u},\boldsymbol{u})=g(\boldsymbol{v},\boldsymbol{v})=0,\quad g(\boldsymbol{u},\boldsymbol{v})=g(\boldsymbol{v},\boldsymbol{u})=1.$$

设 φ 在基 $\boldsymbol{u},\boldsymbol{v}$ 下的表示矩阵为 $\boldsymbol{A}=(a_{ij})$, 即有

$$\boldsymbol{\varphi}(\boldsymbol{u})=a_{11}\boldsymbol{u}+a_{21}\boldsymbol{v},\quad \boldsymbol{\varphi}(\boldsymbol{v})=a_{12}\boldsymbol{u}+a_{22}\boldsymbol{v},$$

则从 $g(\boldsymbol{\varphi}(\boldsymbol{u}),\boldsymbol{\varphi}(\boldsymbol{u}))=g(\boldsymbol{u},\boldsymbol{u})=0$ 可推出 $a_{11}=0$ 或 $a_{21}=0$; 从 $g(\boldsymbol{\varphi}(\boldsymbol{v}),\boldsymbol{\varphi}(\boldsymbol{v}))=g(\boldsymbol{v},\boldsymbol{v})=0$ 可推出 $a_{22}=0$ 或 $a_{12}=0$. 由于 φ 是可逆变换, 故只有下列可能性: 或者 $a_{12}=a_{21}=0$, 或者 $a_{11}=a_{22}=0$. 假设为前者, 由 $g(\boldsymbol{\varphi}(\boldsymbol{u}),\boldsymbol{\varphi}(\boldsymbol{v}))=g(\boldsymbol{u},\boldsymbol{v})=1$ 可推出 $a_{11}a_{22}=1$, 这与 $\det\varphi=-1$ 矛盾, 因此必有 $a_{11}=a_{22}=0$. 这时再由 $g(\boldsymbol{\varphi}(\boldsymbol{u}),\boldsymbol{\varphi}(\boldsymbol{v}))=g(\boldsymbol{u},\boldsymbol{v})=1$ 可推出 $a_{12}a_{21}=1$. 令 $\boldsymbol{\beta}=a_{12}\boldsymbol{u}-\boldsymbol{v}$, 则不难验证 $\varphi=\boldsymbol{S}_{\boldsymbol{\beta}}$ 是镜像变换. □

例 10.26　设 g 是 n 维实线性空间 V 上的非退化对称型, g 的正惯性指数为 p, 负惯性指数为 q. 假设 W 是 V 的极大全迷向子空间, 求证: $\dim W=\min\{p,q\}$.

证明　设 $\{\boldsymbol{e}_1,\boldsymbol{e}_2,\cdots,\boldsymbol{e}_n\}$ 是 V 的一组基, 使得 g 在这组基下的表示矩阵为

$$\mathrm{diag}\{1,\cdots,1,-1,\cdots,-1\},$$

其中有 p 个 1, q 个 -1, 不妨假设 $p \leq q$ ($p > q$ 类似可证). 令

$$\boldsymbol{v}_1 = \boldsymbol{e}_1 + \boldsymbol{e}_{p+1}, \quad \boldsymbol{v}_2 = \boldsymbol{e}_2 + \boldsymbol{e}_{p+2}, \quad \cdots, \quad \boldsymbol{v}_p = \boldsymbol{e}_p + \boldsymbol{e}_{2p};$$

$$\boldsymbol{u}_1 = \boldsymbol{e}_1 - \boldsymbol{e}_{p+1}, \quad \boldsymbol{u}_2 = \boldsymbol{e}_2 - \boldsymbol{e}_{p+2}, \quad \cdots, \quad \boldsymbol{u}_p = \boldsymbol{e}_p - \boldsymbol{e}_{2p}.$$

显然, $\{\boldsymbol{v}_1, \cdots, \boldsymbol{v}_p, \boldsymbol{u}_1, \cdots, \boldsymbol{u}_p, \boldsymbol{e}_{2p+1}, \cdots, \boldsymbol{e}_n\}$ 是 V 的一组基. 由基向量 $\{\boldsymbol{v}_1, \cdots, \boldsymbol{v}_p\}$ 生成的子空间 W, 其维数等于 p, 且不难验证这是一个全迷向子空间.

现假设 W 是维数大于 p 的全迷向子空间, 令 U 是由基向量 $\{\boldsymbol{e}_{p+1}, \cdots, \boldsymbol{e}_n\}$ 生成的子空间. 因为 U 的维数为 $n-p$, W 的维数大于 p, 故由交和空间的维数公式可知 $U \cap W \neq 0$. 任取 $\boldsymbol{0} \neq \boldsymbol{\beta} \in U \cap W$, 可设 $\boldsymbol{\beta} = b_{p+1}\boldsymbol{e}_{p+1} + b_{p+2}\boldsymbol{e}_{p+2} + \cdots + b_n\boldsymbol{e}_n$, 则

$$g(\boldsymbol{\beta}, \boldsymbol{\beta}) = -b_{p+1}^2 - b_{p+2}^2 - \cdots - b_n^2 < 0,$$

这与 $\boldsymbol{\beta}$ 是迷向向量矛盾, 因此 V 中全迷向子空间的维数最多为 p. □

例 10.27 设 $V = U_1 \oplus U_2 \oplus \cdots \oplus U_r$, 若 $U_i \perp U_j$ 对一切 $i \neq j$ 成立, 则称 V 是 U_i 的正交直和, 记为 $V = U_1 \perp U_2 \perp \cdots \perp U_r$. 现假设

$$V = U_1 \perp U_2 \perp \cdots \perp U_r = V_1 \perp V_2 \perp \cdots \perp V_r,$$

若存在保距同构 $\boldsymbol{\varphi}_i : U_i \to V_i \, (1 \leq i \leq r)$, 求证: 存在 V 上的正交变换 $\boldsymbol{\varphi}$, 使之在每个 U_i 上的限制就是 $\boldsymbol{\varphi}_i$.

证明　令 $\boldsymbol{\varphi}(\boldsymbol{u}_1 + \boldsymbol{u}_2 + \cdots + \boldsymbol{u}_r) = \boldsymbol{\varphi}_1(\boldsymbol{u}_1) + \boldsymbol{\varphi}_2(\boldsymbol{u}_2) + \cdots + \boldsymbol{\varphi}_r(\boldsymbol{u}_r)$, 其中每个 $\boldsymbol{u}_i \in U_i$. 不难验证 $\boldsymbol{\varphi}$ 就是所需之正交变换. □

例 10.28 设 g 是 n 维实线性空间 V 上的非退化对称型, $\boldsymbol{\varphi}$ 是 V 上的正交变换, $V_1 = \{\boldsymbol{x} \in V \mid \boldsymbol{\varphi}(\boldsymbol{x}) = \boldsymbol{x}\}$. 求证: V_1 是子空间且 $\dim V = \dim V_1 + \dim(\boldsymbol{I} - \boldsymbol{\varphi})V$.

证明　显然 $V_1 = \mathrm{Ker}(\boldsymbol{I} - \boldsymbol{\varphi})$, 由线性映射的维数公式即得结论. □

例 10.29 设 V 是 n 维欧氏空间, g 是 V 上的一个对称型. 满足 $g(\boldsymbol{u}, \boldsymbol{u}) = 0$ 的非零向量 $\boldsymbol{u}$ 称为迷向向量. 求证: V 存在一组由迷向向量组成的标准正交基的充要条件是 g 在 V 的某一组标准正交基下的表示矩阵的迹等于零.

证明　我们把问题转化成代数语言. 设 $\boldsymbol{A}$ 是 g 在某一组标准正交基下的表示矩阵, 则 $\boldsymbol{A}$ 是实对称矩阵. 因此原问题等价于下面的矩阵问题: 实对称矩阵 $\boldsymbol{A} = (a_{ij})$ 正交相似于主对角元全是零的对称矩阵的充要条件是 $\mathrm{tr}(\boldsymbol{A}) = 0$. 必要性是显然的, 下证充分性. 对阶数 n 进行归纳. 当 $n = 1$ 时结论显然成立, 假设对 $n-1$ 阶矩阵结论已成立, 现证 n 阶矩阵的情形. 下面分两种情况进行讨论.

若 $\boldsymbol{A}$ 的主对角元中有一个为零, 由于主对角元的对换是正交相似变换, 故不妨设 $a_{11}=0$, 于是 $\boldsymbol{A}=\begin{pmatrix}0 & \boldsymbol{\alpha}' \\ \boldsymbol{\alpha} & \boldsymbol{A}_1\end{pmatrix}$. 注意到 $\boldsymbol{A}_1$ 是 $n-1$ 阶实对称矩阵且 $\mathrm{tr}(\boldsymbol{A}_1)=0$, 故由归纳假设可知, 存在 $n-1$ 阶正交矩阵 $\boldsymbol{R}$, 使得 $\boldsymbol{R}'\boldsymbol{A}_1\boldsymbol{R}$ 的主对角元全为零. 令 $\boldsymbol{P}=\mathrm{diag}\{1,\boldsymbol{R}\}$, 则 $\boldsymbol{P}$ 是 n 阶正交矩阵, 使得 $\boldsymbol{P}'\boldsymbol{A}\boldsymbol{P}$ 的主对角元全为零.

若 $\boldsymbol{A}$ 的主对角元全部非零, 我们的目标是通过正交相似变换将 $\boldsymbol{A}$ 化为第 $(1,1)$ 元素为零的实对称矩阵, 再由第一种情况的讨论即得结论. 首先设 $\boldsymbol{P}$ 为正交矩阵, 使得 $\boldsymbol{P}'\boldsymbol{A}\boldsymbol{P}=\mathrm{diag}\{\lambda_1,\lambda_2,\cdots,\lambda_n\}$, 由假设可知 $\lambda_1+\lambda_2+\cdots+\lambda_n=\mathrm{tr}(\boldsymbol{A})=0$. 若存在某个 $\lambda_i=0$, 则结论得证, 故不妨设 λ_i 全部非零. 因为主对角元的对换是正交相似变换, 故不妨进一步假设 $\lambda_1>0$, $\lambda_2<0$. 设 $\boldsymbol{P}=(\boldsymbol{e}_1,\boldsymbol{e}_2,\cdots,\boldsymbol{e}_n)$, 则 $\boldsymbol{e}_1,\boldsymbol{e}_2,\cdots,\boldsymbol{e}_n$ 是 $\mathbb{R}^n$ 的标准正交基, 且满足 $\boldsymbol{A}\boldsymbol{e}_i=\lambda_i\boldsymbol{e}_i$. 设 t,s 为实参数, 满足如下条件:

$$(\boldsymbol{e}_1+t\boldsymbol{e}_2)'\boldsymbol{A}(\boldsymbol{e}_1+t\boldsymbol{e}_2)=\lambda_1+t^2\lambda_2=0,\quad (\boldsymbol{e}_1+t\boldsymbol{e}_2)'(\boldsymbol{e}_1+s\boldsymbol{e}_2)=1+st=0,$$

则容易算出 $t=\sqrt{-\dfrac{\lambda_1}{\lambda_2}}$, $s=-\sqrt{-\dfrac{\lambda_2}{\lambda_1}}$. 令 $\widetilde{\boldsymbol{e}}_1=\dfrac{\boldsymbol{e}_1+t\boldsymbol{e}_2}{\|\boldsymbol{e}_1+t\boldsymbol{e}_2\|}$, $\widetilde{\boldsymbol{e}}_2=\dfrac{\boldsymbol{e}_1+s\boldsymbol{e}_2}{\|\boldsymbol{e}_1+s\boldsymbol{e}_2\|}$, 则 $\widetilde{\boldsymbol{e}}_1,\widetilde{\boldsymbol{e}}_2,\boldsymbol{e}_3,\cdots,\boldsymbol{e}_n$ 是 $\mathbb{R}^n$ 的标准正交基. 令 $\boldsymbol{Q}=(\widetilde{\boldsymbol{e}}_1,\widetilde{\boldsymbol{e}}_2,\boldsymbol{e}_3,\cdots,\boldsymbol{e}_n)$, 则 $\boldsymbol{Q}$ 是正交矩阵, 且由上述条件容易验证 $\boldsymbol{Q}'\boldsymbol{A}\boldsymbol{Q}$ 是一个第 $(1,1)$ 元素为零的实对称矩阵, 从而结论得证. □

例 10.30 设四维实空间 V 上定义了一个对称型 g, 在基 $\{\boldsymbol{e}_1,\boldsymbol{e}_2,\boldsymbol{e}_3,\boldsymbol{e}_4\}$ 下的表示矩阵为

$$\begin{pmatrix}1 & 0 & 0 & 0\\ 0 & 1 & 0 & 0\\ 0 & 0 & 1 & 0\\ 0 & 0 & 0 & -1\end{pmatrix}.$$

上述空间 V 称为 Minkowski 空间. V 中适合 $g(\boldsymbol{\alpha},\boldsymbol{\alpha})>0$ 的向量 $\boldsymbol{\alpha}$ 称为空间向量; 适合 $g(\boldsymbol{\alpha},\boldsymbol{\alpha})<0$ 的向量称为时间向量; 适合 $g(\boldsymbol{\alpha},\boldsymbol{\alpha})=0$ 的非零向量称为光向量. 证明:

(1) V 中任意两个时间向量不可能互相正交;

(2) V 中任意一个时间向量不可能正交于一个光向量;

(3) V 中两个光向量正交的充要条件是它们线性相关.

证明 (1) 设 $\boldsymbol{x},\boldsymbol{y}$ 是两个时间向量且

$$\boldsymbol{x}=a_1\boldsymbol{e}_1+a_2\boldsymbol{e}_2+a_3\boldsymbol{e}_3+a_4\boldsymbol{e}_4,\quad \boldsymbol{y}=b_1\boldsymbol{e}_1+b_2\boldsymbol{e}_2+b_3\boldsymbol{e}_3+b_4\boldsymbol{e}_4.$$

若它们正交, 则 $g(\boldsymbol{x},\boldsymbol{y})=0$ 且 $g(\boldsymbol{x},\boldsymbol{x})<0$, $g(\boldsymbol{y},\boldsymbol{y})<0$. 于是

$$a_1^2+a_2^2+a_3^2<a_4^2,\quad b_1^2+b_2^2+b_3^2<b_4^2,\quad a_1b_1+a_2b_2+a_3b_3=a_4b_4.$$

由 Cauchy 不等式, 有

$$a_4^2b_4^2=(a_1b_1+a_2b_2+a_3b_3)^2\le(a_1^2+a_2^2+a_3^2)(b_1^2+b_2^2+b_3^2),$$

导出矛盾.

(2) 设 $\boldsymbol{u}=c_1\boldsymbol{e}_1+c_2\boldsymbol{e}_2+c_3\boldsymbol{e}_3+c_4\boldsymbol{e}_4$ 是光向量, 则 $g(\boldsymbol{u},\boldsymbol{u})=0$, 即 $c_1^2+c_2^2+c_3^2=c_4^2$. 若 $\boldsymbol{x}\perp\boldsymbol{u}$, 则 $a_1c_1+a_2c_2+a_3c_3=a_4c_4$. 同 (1) 用 Cauchy 不等式可证这是不可能的.

(3) 设 $\boldsymbol{v}=d_1\boldsymbol{e}_1+d_2\boldsymbol{e}_2+d_3\boldsymbol{e}_3+d_4\boldsymbol{e}_4$ 也是光向量, 若它和 $\boldsymbol{u}$ 正交, 则 $c_1d_1+c_2d_2+c_3d_3=c_4d_4$. 又 $d_1^2+d_2^2+d_3^2=d_4^2$, 运用 Cauchy 不等式等号成立的充要条件即知 $\boldsymbol{u},\boldsymbol{v}$ 线性相关. □

§ 10.6 基础训练

10.6.1 训 练 题

一、单选题

1. 设 φ 是有限维线性空间 $V\to U$ 的线性映射, φ^* 是其对偶映射, 则 (　　).

(A) 若 φ 是单映射, 则 φ^* 也是单映射　　(B) 若 φ 是满映射, 则 φ^* 也是满映射

(C) 若 φ 是单映射, 则 φ^* 是满映射　　(D) 若 φ^* 是单映射, 则 φ 也是单映射

2. 设 V 是数域 $\mathbb{F}$ 上的三维空间, V^* 是其对偶空间, $\boldsymbol{v}_1,\boldsymbol{v}_2,\boldsymbol{v}_3$ 是 V 的一组基, $\boldsymbol{v}_1^*,\boldsymbol{v}_2^*,\boldsymbol{v}_3^*$ 是对偶基, 则 V 中基 $\boldsymbol{v}_1,\boldsymbol{v}_1+\boldsymbol{v}_2,\boldsymbol{v}_1+\boldsymbol{v}_2+\boldsymbol{v}_3$ 的对偶基是 (　　).

(A) $\boldsymbol{v}_1^*,\boldsymbol{v}_1^*+\boldsymbol{v}_2^*,\boldsymbol{v}_1^*+\boldsymbol{v}_2^*+\boldsymbol{v}_3^*$　　(B) $\boldsymbol{v}_1^*-\boldsymbol{v}_2^*,\boldsymbol{v}_2^*-\boldsymbol{v}_3^*,\boldsymbol{v}_3^*$

(C) $\boldsymbol{v}_1^*,\boldsymbol{v}_1^*-\boldsymbol{v}_2^*,\boldsymbol{v}_2^*-\boldsymbol{v}_3^*$　　(D) $\boldsymbol{v}_1^*-\boldsymbol{v}_2^*,\boldsymbol{v}_1^*-\boldsymbol{v}_3^*,\boldsymbol{v}_2^*+\boldsymbol{v}_3^*$

3. 设 φ 是 n 维线性空间 V 上的线性变换, φ^* 是其对偶变换. V_1 是 V 的子空间, 记 $V_1^{\perp}=\{\,\boldsymbol{f}\in V^*\mid \boldsymbol{f}(V_1)=0\}$, 则下列结论正确的是 (　　).

(A) $\dim(\operatorname{Ker}\varphi^*)^{\perp}=\dim\operatorname{Ker}\varphi$　　(B) $\dim(\operatorname{Ker}\varphi)^{\perp}=\dim\operatorname{Im}\varphi$

(C) $\dim(\operatorname{Im}\varphi^*)^{\perp}=\dim\operatorname{Im}\varphi$　　(D) $\dim\operatorname{Im}\varphi^*=\dim(\operatorname{Im}\varphi)^{\perp}$

4. 设 V 是数域 $\mathbb{F}$ 上的三维行向量空间, $\boldsymbol{x}=(x_1,x_2,x_3)$, $\boldsymbol{y}=(y_1,y_2,y_3)$, 则下列函数是 $V\times V\to\mathbb{F}$ 的双线性函数的是 (　　).

(A) $f(\boldsymbol{x},\boldsymbol{y})=x_1^2+x_1y_1+2x_1y_2$

(B) $f(\boldsymbol{x},\boldsymbol{y})=x_1y_1+x_2y_3+2x_1-3y_3$

(C) $f(\boldsymbol{x},\boldsymbol{y})=x_1x_2+x_2y_3+2x_3y_3$

(D) $f(\boldsymbol{x},\boldsymbol{y})=2x_1y_2+x_2y_1-5x_3y_2+2x_3y_3$

5. 双线性型 $g:V\times V\to\mathbb{F}$ 在线性空间 V 的不同基下的表示矩阵 (　　).

(A) 必相似　　(B) 必合同　　(C) 必正交相似　　(D) 必相等

6. 设 $g:U\times V\to\mathbb{F}$ 是双线性型, U^* 是 U 的对偶空间, 作映射 $\varphi:V\to U^*$, $\varphi(\boldsymbol{v})=g(-,\boldsymbol{v})$, 则 (　　).

(A) $\mathrm{Ker}\,\varphi$ 为 g 的右根子空间　　(B) $\mathrm{Ker}\,\varphi$ 为 g 的左根子空间

(C) $\mathrm{Im}\,\varphi$ 为 g 的右根子空间　　(D) $\mathrm{Im}\,\varphi$ 为 g 的左根子空间

7. 下列纯量积非退化的是 (　　).

(A) V 是 $\mathbb{F}$ 上的四维行向量空间, $\boldsymbol{x}=(x_1,x_2,x_3,x_4)$, $\boldsymbol{y}=(y_1,y_2,y_3,y_4)$, $g(\boldsymbol{x},\boldsymbol{y})=x_1y_2+2x_1y_3-3x_3y_3$

(B) V 是 $\mathbb{F}$ 上的四维行向量空间, $\boldsymbol{x}=(x_1,x_2,x_3,x_4)$, $\boldsymbol{y}=(y_1,y_2,y_3,y_4)$, $g(\boldsymbol{x},\boldsymbol{y})=x_1y_1+2x_1y_3-2x_2y_1+x_2y_2+x_3y_2+4x_3y_3$

(C) V 是 n 维实列向量空间, $\boldsymbol{A}$ 是 n 阶幂等矩阵, $\boldsymbol{A}\neq\boldsymbol{I}_n$, $g(\boldsymbol{x},\boldsymbol{y})=\boldsymbol{x}'\boldsymbol{A}\boldsymbol{y}$

(D) V 是 n 阶矩阵组成的线性空间, $g(\boldsymbol{A},\boldsymbol{B})=\mathrm{tr}(\boldsymbol{A}\boldsymbol{B})$

8. 设 g,h 是 V 上两个非退化的纯量积, $\boldsymbol{v}_1,\boldsymbol{v}_2,\cdots,\boldsymbol{v}_n$ 是 V 的基, g 在这组基下的表示矩阵为 $\boldsymbol{A}$, h 在这组基下的表示矩阵为 $\boldsymbol{B}$. 设 φ 是 V 上的线性变换, 使得 $h(\boldsymbol{x},\boldsymbol{y})=g(\varphi(\boldsymbol{x}),\boldsymbol{y})$, 则 φ 在上述基下的表示矩阵为 (　　).

(A) $\boldsymbol{A}^{-1}\boldsymbol{B}$　　(B) $\boldsymbol{B}\boldsymbol{A}^{-1}$　　(C) $\boldsymbol{B}'(\boldsymbol{A}^{-1})'$　　(D) $(\boldsymbol{A}^{-1})'\boldsymbol{B}'$

9. 数域 $\mathbb{F}$ 上两个 n 阶反对称矩阵合同的充要条件是 (　　).

(A) 它们相抵　　(B) 它们的特征值相同

(C) 它们相似　　(D) 作为复矩阵它们酉相似

10. U,V 分别是数域 $\mathbb{F}$ 上的 m 维和 n 维线性空间, 则由 $U\times V\to\mathbb{F}$ 全体双线性型组成的线性空间的维数是 (　　).

(A) m　　(B) n　　(C) $m+n$　　(D) mn

二、填空题

1. 若 $\dim V=n$, 则 $\dim V^*=$ (　　).

2. 设 φ 是线性空间 V 到 U 的线性映射, 它在 V 和 U 的一对基下的表示矩阵为 $\boldsymbol{A}$, 则 φ 的对偶映射 φ^* 在对偶基下的表示矩阵是 (　　).

3. 设 V 和 U 分别是数域 $\mathbb{F}$ 上的 n 维和 m 维线性空间, φ 是 V 到 U 的线性映射. 已知 $\dim\mathrm{Im}\,\varphi=r$, 则 $\dim\mathrm{Ker}\,\varphi^*=$ (　　).

4. 设 V 是数域 $\mathbb{F}$ 上的 n 维线性空间, V^* 是 V 的对偶空间. 设 $\{\boldsymbol{e}_1,\cdots,\boldsymbol{e}_n\}$, $\{\boldsymbol{e}'_1,\cdots,\boldsymbol{e}'_n\}$ 是 V 的两组基, 且从 $\{\boldsymbol{e}_1,\cdots,\boldsymbol{e}_n\}$ 到 $\{\boldsymbol{e}'_1,\cdots,\boldsymbol{e}'_n\}$ 的过渡矩阵是 $\boldsymbol{P}$. 又假设 $\{\boldsymbol{f}_1,\cdots,\boldsymbol{f}_n\}$ 和

$\{\boldsymbol{f}_1',\cdots,\boldsymbol{f}_n'\}$ 分别是 $\{\boldsymbol{e}_1,\cdots,\boldsymbol{e}_n\}$ 和 $\{\boldsymbol{e}_1',\cdots,\boldsymbol{e}_n'\}$ 的对偶基, 则从 $\{\boldsymbol{f}_1,\cdots,\boldsymbol{f}_n\}$ 到 $\{\boldsymbol{f}_1',\cdots,\boldsymbol{f}_n'\}$ 的过渡矩阵是 (　　).

5. 设 g 是 $V\times U\to\mathbb{F}$ 的双线性型, g^* 是 $U^*\times V^*\to\mathbb{F}$ 的双线性型. 假设 g 在 V 的基 $\boldsymbol{v}_1,\boldsymbol{v}_2,\cdots,\boldsymbol{v}_n$ 及 U 的基 $\boldsymbol{u}_1,\boldsymbol{u}_2,\cdots,\boldsymbol{u}_m$ 下的表示矩阵为 $\boldsymbol{A}$, g^* 在 U^* 的对偶基 $\boldsymbol{u}_1^*,\boldsymbol{u}_2^*,\cdots,\boldsymbol{u}_m^*$ 及 V^* 的对偶基 $\boldsymbol{v}_1^*,\boldsymbol{v}_2^*,\cdots,\boldsymbol{v}_n^*$ 下的表示矩阵为 $\boldsymbol{B}$. 问 $\boldsymbol{A}$ 和 $\boldsymbol{B}$ 满足什么条件时, 必有 $g(\boldsymbol{v}_i,\boldsymbol{u}_j)=g^*(\boldsymbol{u}_j^*,\boldsymbol{v}_i^*)$?

6. 设 U 和 V 分别是数域 $\mathbb{F}$ 上的 m 维和 n 维线性空间, g 是 $U\times V\to\mathbb{F}$ 的双线性型. 假设 g 在一对基下的表示矩阵为 $\boldsymbol{A}$ 且 $\boldsymbol{A}$ 的秩为 r, 则 g 的左根子空间的维数是 (　　), g 的右根子空间的维数为 (　　).

7. 设 g 是线性空间 V 上的纯量积, $\boldsymbol{\varphi}$ 是 V 上的线性变换, $\boldsymbol{v}_1,\boldsymbol{v}_2,\cdots,\boldsymbol{v}_n$ 是 V 的一组基, g 在这组基下的表示矩阵为 $\boldsymbol{A}$, $\boldsymbol{\varphi}$ 在这组基下的表示矩阵为 $\boldsymbol{B}$, 则双线性型 $h(\boldsymbol{x},\boldsymbol{y})=g(\boldsymbol{\varphi}(\boldsymbol{x}),\boldsymbol{y})$ 在这组基下的表示矩阵为 (　　).

8. 设 V 是由实数域上次数小于 3 的多项式全体组成的线性空间, 定义双线性型

$$g(f_1(x),f_2(x))=\int_0^1 f_1(x)f_2(x)\mathrm{d}x.$$

写出 g 在基 $1,x,x^2$ 下的表示矩阵.

9. 将 V 上的纯量积 g 表示为一个对称型和一个交错型之和.

10. 设 V 是 n 维线性空间, 则 V 上所有交错型组成的线性空间的维数为 (　　).

10.6.2 训练题答案

一、单选题

1. 应选择 (C). $\boldsymbol{\varphi}$ 是单映射的充要条件是 $\boldsymbol{\varphi}^*$ 是满映射.
2. 应选择 (B). 计算方法参考填空题 4.
3. 应选择 (B). 设 $\boldsymbol{\varphi}$ 的秩为 r, 则 $\dim\operatorname{Ker}\boldsymbol{\varphi}=n-r$, 故 $\dim(\operatorname{Ker}\boldsymbol{\varphi})^{\perp}=r=\dim\operatorname{Im}\boldsymbol{\varphi}$.
4. 应选择 (D).
5. 应选择 (B).
6. 应选择 (A).
7. 应选择 (D). 事实上, (A), (B) 中纯量积的表示矩阵都是奇异阵, 因此是退化的. 当矩阵 $\boldsymbol{A}$ 是幂等矩阵而非单位矩阵时, $\boldsymbol{A}$ 必是奇异阵, 故 (C) 也是退化的. 若 $g(\boldsymbol{AB})=\operatorname{tr}(\boldsymbol{AB})=0$ 对任意的矩阵 $\boldsymbol{B}$ 成立, 取 $\boldsymbol{B}=\boldsymbol{E}_{ji}$, 则可得 $a_{ij}=0\,(1\le i,j\le n)$, 即有 $\boldsymbol{A}=\boldsymbol{O}$, 从而 g 是非退化的.
8. 应选择 (D). 不妨设 V 是 n 维列向量空间, 又设 $\boldsymbol{C}$ 是 $\boldsymbol{\varphi}$ 的表示矩阵, 则

$$h(\boldsymbol{x},\boldsymbol{y})=\boldsymbol{x}'\boldsymbol{B}\boldsymbol{y}=g(\boldsymbol{C}\boldsymbol{x},\boldsymbol{y})=(\boldsymbol{C}\boldsymbol{x})'\boldsymbol{A}\boldsymbol{y}=\boldsymbol{x}'\boldsymbol{C}'\boldsymbol{A}\boldsymbol{y}.$$

因此 $\boldsymbol{C}=(\boldsymbol{B}\boldsymbol{A}^{-1})'=(\boldsymbol{A}^{-1})'\boldsymbol{B}'$.

9. 应选择 (A). 同阶反对称矩阵合同的充要条件是它们的秩相等.

10. 应选择 (D). 选定 U,V 的基后, $U\times V\to\mathbb{F}$ 的双线性型组成的线性空间和 $\mathbb{F}$ 上 $m\times n$ 矩阵组成的线性空间同构, 因此维数等于 mn.

二、填空题

1. n.

2. $\boldsymbol{A}'$.

3. 设 $\boldsymbol{A}$ 是 φ 的表示矩阵, 由于 $\boldsymbol{A}$ 和 $\boldsymbol{A}'$ 的秩相等, 故 $\operatorname{Im}\varphi$ 和 $\operatorname{Im}\varphi^*$ 具有相同的维数, 因此 $\dim\operatorname{Ker}\varphi^*=m-r$.

4. 设 $\boldsymbol{P}=(p_{ij})$, 又设从 $\{\boldsymbol{f}_1',\cdots,\boldsymbol{f}_n'\}$ 到 $\{\boldsymbol{f}_1,\cdots,\boldsymbol{f}_n\}$ 的过渡矩阵为 $\boldsymbol{Q}=(q_{ij})$, 于是

$$\boldsymbol{f}_j=q_{1j}\boldsymbol{f}_1'+\cdots+q_{nj}\boldsymbol{f}_n',\quad \boldsymbol{e}_i'=p_{1i}\boldsymbol{e}_1+\cdots+p_{ni}\boldsymbol{e}_n,$$

从而 $\langle\boldsymbol{f}_j,\boldsymbol{e}_i'\rangle=q_{ij}=p_{ji}$, 即 $\boldsymbol{Q}=\boldsymbol{P}'$. 因此从 $\{\boldsymbol{f}_1,\cdots,\boldsymbol{f}_n\}$ 到 $\{\boldsymbol{f}_1',\cdots,\boldsymbol{f}_n'\}$ 的过渡矩阵是 $(\boldsymbol{P}')^{-1}$.

5. $\boldsymbol{B}=\boldsymbol{A}'$.

6. g 的左根子空间的维数为 $m-r$, 右根子空间的维数为 $n-r$.

7. $\boldsymbol{B}'\boldsymbol{A}$.

8. 表示矩阵为 $\begin{pmatrix}1&\frac{1}{2}&\frac{1}{3}\\ \frac{1}{2}&\frac{1}{3}&\frac{1}{4}\\ \frac{1}{3}&\frac{1}{4}&\frac{1}{5}\end{pmatrix}$.

9. $g=\dfrac{1}{2}(g+g^*)+\dfrac{1}{2}(g-g^*)$, 其中 $g^*(\boldsymbol{x},\boldsymbol{y})=g(\boldsymbol{y},\boldsymbol{x})$.

10. 交错型的表示矩阵为反对称矩阵, 因此答案为 $\dfrac{1}{2}n(n-1)$.

参 考 文 献

[1] 谢启鸿, 姚慕生, 吴泉水. 高等代数学 (第四版). 上海: 复旦大学出版社, 2022.

[2] 屠伯埙, 徐诚浩, 王芬. 高等代数. 上海: 上海科学技术出版社, 1987.

[3] 屠伯埙. 线性代数方法导引. 上海: 复旦大学出版社, 1986.

[4] 许以超. 线性代数与矩阵论 (第二版). 北京: 高等教育出版社, 2008.

[5] S. Roman. Advanced Linear Algebra (Third Edition). Springer, 2008.

[6] 谢启鸿. 浅谈高等代数命题中的若干技巧. 大学数学, 2013, 29(3), 127–130.

[7] 谢启鸿. 高等代数中若干概念在基域扩张下的不变性. 大学数学, 2015, 31(6), 50–55.

[8] 谢启鸿. 复旦大学数学学院 2016 级高等代数 II 思考题九的七种解法. 高等代数博客, https://www.cnblogs.com/torsor/p/6819416.html.

[9] 谢启鸿. 复旦大学数学学院 2019 级高等代数 II 期中考试第七大题的两种证法及其推广. 高等代数博客, https://www.cnblogs.com/torsor/p/13925590.html.

[10] 谢启鸿. 利用循环轨道求 Jordan 标准型的过渡矩阵. 高等代数博客, https://www.cnblogs.com/torsor/p/16787466.html.

图书在版编目(CIP)数据

高等代数/谢启鸿,姚慕生编著. —4 版. —上海：复旦大学出版社，2022.11(2024.11 重印)
(大学数学学习方法指导丛书)
ISBN 978-7-309-16352-0

Ⅰ.①高…　Ⅱ.①谢…②姚…　Ⅲ.①高等代数-高等学校-教学参考资料　Ⅳ.①O15

中国版本图书馆 CIP 数据核字(2022)第 146294 号

高等代数(第四版)
谢启鸿　姚慕生　编著
责任编辑/陆俊杰

复旦大学出版社有限公司出版发行
上海市国权路 579 号　邮编：200433
网址：fupnet@fudanpress.com　http://www.fudanpress.com
门市零售：86-21-65102580　团体订购：86-21-65104505
出版部电话：86-21-65642845
常熟市华顺印刷有限公司

开本 787 毫米×960 毫米　1/16　印张 39.75　字数 756 千字
2024 年 11 月第 4 版第 6 次印刷

ISBN 978-7-309-16352-0/O·721
定价：89.00 元